数学基礎論

数学基礎論

新井敏康

Mathematical Logic

岩波書店

かれらはそれとは知らずに，それをおこなう

（K. Marx「資本論」）

はじめに

本書は，集合・位相・代数に関する初歩的な知識を前提にして，数学基礎論(Mathematical Logic，数理論理学，通称「基礎論」)の初歩を一通り学べることを目指して書かれている．具体的には，1970年頃までの数学基礎論の基本的結果とその技法やアイデアをなるべく広く説明するつもりで書いた．想定する読者は基礎論を真剣に勉強し始めている方々である．そのような方にとって本書が有益な道しるべになることを願ってやまない．予備知識としては，斎藤正彦著『数学の基礎』(東京大学出版会)を読まれておれば十二分である．

本書を読了の後に数学基礎論に興味を持たれた読者は，巻末に紹介する数学基礎論の諸分野の専門書をひもといてほしいと願っている．

*　　　*

数学基礎論という分野をひとことで説明することは，いずれの分野でも同じであろうが，難しい．その理由は国内の事情もさることながら，その一種独特の立ち位置によるところも大きい．数学基礎論は「数学についての数学」という批判的な問題意識から生まれたという面があるからである．

数学基礎論での問題意識の多くは，古くから数学の中に，少なくとも胚胎していた．数学基礎論がそれらを明確化し，新しい研究対象としたのである．数学基礎論の基本的態度は，自己(他人も)を内省(reflect)することである．しばしば「数学は何をしているのか？」とか「自分は何をどう考えていたのか？　その方法は？」などといった問いを自分に向けながら，数学しているのである．この態度は容易に「計算」「集合」「証明」「定義可能性」といった基礎的問いへとひとを導く．そのような数学での基礎概念が何であるのか問うことが数学基礎論の創まりであった．

読者のなかには，「不完全性定理」や「連続体仮説の独立性証明」といった言葉を耳にされた方もおありかと思う．前者は，「証明(という行為)は，機械的計算によって確かめ得る一種の記号計算である」という反駁することができない事実と「命題の正しさ」との関係に関する定理と考えることができるし，後者は「実数全体の集合 $\mathbb{R}$ の大きさ(濃度)はどれほどなのか？」というだれでも持ち得る疑問に対するひとつの解答である．このような正に基礎的な問題に関する結果がどのような考え方によって得られたのか，その証明を通して本書で説明していく．それと同時に一冊の本で，数学基礎論という分野を一望できる眺望が得られるようにしたつもりである．

基礎論は，始まってから100年程度の比較的若い分野である．その数学基礎論もいまや研究がたいへんな速さで深化し拡大し続けている．その全貌を現時点で見渡すことは紙幅が許さないよりむしろ，著者の能力をはるかに超えている．ここではその基礎事項に限って入門を試みる次第である．

謝辞

原稿を読んで貴重なコメント・助言を下さった秋吉亮太さん，石宇哲也さん，南裕明さん，依岡輝幸さんに感謝します．

本書の執筆には3年半の年月を要してしまいました．その間，辛抱強く完成を待って頂いた岩波書店編集部吉田宇一さん，それから本書執筆が当為であると教えてくれた新井紀子に深く感謝します．

2011年4月

新 井 敏 康

数学基礎論の問題構制

数学基礎論の結果で最もよく知られているのは，K. Gödel による不完全性定理と Gödel と P. Cohen による選択公理と一般連続体仮説の(相対)独立性証明であろう．このふたつの結果はたしかに基礎論での金字塔ではあるが，それでもともとの問題が解消したわけではない．このことを，ややステレオタイプに基礎論の発生を振り返りながら説明してみよう．

G. Cantor による集合論は，数学の様々な対象をより基礎的な概念から再構成していく場 = 言葉として用いられた(R. Dedekind)．しかしその発生からあまり時を経ずに，次々と集合に関する逆理が発見される．逆理は論理ないし集合から発生したのだから，やり直しをするためには，数学に対する公理論的なアプローチの背後にある「論理」や「集合」をも含めて公理化する，すなわち徹底的に数学を形式化する必要がある．これが「形式的なものの見方」という基礎論に通底する態度になった．

形式化ということは，数学の外に立って数学を眺め，いわば数学を機械になって見る立場に立ってみるということだ．数学から一旦，意味を剥ぎ取ると，数学における証明は記号列(形式的証明)と見なせる．一方でそれらの記号に事後的に意味が付与される(構造，モデル)ことになる．

集合論での当初からの問題として，Cantor がその解決を図った連続体仮説がある．これは，実数全体の集合 $\mathbb{R}$ の濃度が最小の非可算濃度に等しいのかという問題である．この連続体仮説と，D. Hilbert が「すべての問題の解決」として目論んだ証明論 Beweistheorie による無矛盾性証明が基礎論発生時からの大きな問題であった．

Hilbert による証明論の企図は，自然数や集合といった数学での基礎的な対象を公理化し，得られた公理系の無矛盾性，すなわちその公理系から矛盾が演繹できないことを，その公理系での形式的証明を解析することによって示すことにあった．形式的証明は記号列に過ぎず，従ってそこで矛盾が生じないことは，本質的に数論的 = 組合せ論的命題になる．ならばそれを初等数論程度の論法で証明できるであろうと考えたわけである．

周知のようにこの Hilbert の計画は Gödel の不完全性定理によって打ち砕かれてしまう．Gödel の証明は Hilbert の考え(形式的なものの見方)をむしろ徹底的に追尾した果てにもたらされた．つまり(形式化された)公理系の記号列を自然数でコードするという考え(算術化)に基づいて，公理系が自分自身について部分的に語り得るようにしたのである．

この Gödel の結果は単なる否定的なものだろうか？ 否，これこそが数学としての基礎論の出発点のひとつであった．先ず，その定理の成立条件を明示するために，アルゴリズムや(機械的)計算可能性の概念を明確にしておく必要があった．機械的計算の本質について考察した A. Turing の分析と相まって，これが，問題の解法になるアルゴリズムを求めよという問題，例えば Hilbert の第 10 問題(Diophantus 方程式の可解性の決定)への否定的解決を与え，また計算可能性や定義可能性の理論(計算理論)を生み出して行くことになった．

さらに不完全性定理によってわれわれは公理系が階層を成すことを知った．とくに無矛盾性証明は Hilbert が当初，想定していたようにはできない．しかし無矛盾性を Hilbert のアイデアに近いかたちで証明する努力のなかで，形式化された証明という数学的対象に対する標準形定理と呼ぶべき結果(カット消去定理)が G. Gentzen によって得られ，これが現代の証明論研究の源流になった．また不完全性定理により，Cantor の連続体仮説が集合論から独立，すなわち証明も反証もできない可能性が生まれた．

他方で，形式化された数学を考え始めると直ちに逆理に見える現象が発見される．例えば集合に関する公理系，Zermelo-Fraenkel の集合論 ZF を考えてみる．これはわれわれが考える集合概念に基づいて，集合に関して正しいと思える公理の集まりである．この公理系 ZF を形式的に眺めれば，単なる文字列の可算個の集まりである．すると ZF を充たすものの集まり(モデル)として，集合から成る可算集合 M が取れることが分かる．なぜなら，ひとつひとつの公理は「かくかくしかじかの集合が存在すべし」と要求している訳だから，そのような集合を集めてくればよい．つまり公理が要求している，集合全体の世界が閉じているべき操作に関する閉包を M とすればよい．これに似た構成は数学ではおなじみであろう，例えば群におけるある部分集合で生成される部分群などで．ところがここでパラドクシカルな事態が発生している．一方で，集合の公理系 ZF からは非可算集合の存在，例えば実数全体の集合 $\mathbb{R}$ の存在が導ける．他方で M はこの $\mathbb{R}$ の構成について閉じているから，非可算集合 $\mathbb{R}$ が可算

集合 M に属することになる．これは矛盾(Th. Skolem のパラドックス)か，もちろんこれは逆理ではない．$\mathbb{R}$ が非可算ということは，それと自然数全体の集合 $\mathbb{N}$ とのあいだに全単射が存在しないということであった．この事実は，集合の公理系 ZF のモデルである M で成立している，そのような全単射が「M の中には」存在しないというかたちで．M は，従って M の一部分である $\mathbb{R}$ は，ともに M の外から見れば可算集合である．いくら M の住人が M の中で構成された $\mathbb{R}$ を実数全体と信じて疑わなくともである．M では集合の公理系が成立し，従って M は数学的対象すべてを含むとも言い得る．しかし M という宇宙からはその可算性を知ることができないだけなのである．

それでは，これは逆理ではないにせよ公理系によって集合などの数学的対象を捉えようとすることの無意味さを示しているのだろうか？ そうではない，確かに一面で形式的な見方の弱さと考えられるが，他方でその弱さこそが数学的対象の構成法の豊穣さを逆にもたらすことになる．つまり，この Skolem のパラドックスで用いられたモデルの構成法は後に，数学での構造の一般理論たるモデル論の発展へとつながり，また現代の集合論の入り口に位置する結果でもあった．

連続体仮説は集合の公理系 ZF(に選択公理を付け加えても)から独立であることが分かったが，これで集合論の研究が終わったわけではない．事態はむしろまったく逆であった．先ず Gödel がつくった，選択公理と連続体仮説が成り立つ ZF のモデル L (構成可能集合全体)は，その出自がよく分かった集合だけ集めてつくられた．従ってその構造解析を緻密に行うことができる．実数直線の特徴付けに関するある命題(Suslin 仮説)について，R. Jensen はそれが L で成立しないことを示し，ZF が無矛盾である限りその命題は ZF から(選択公理を用いても)証明できないことを示した．他方で，Cohen は強制法と呼ばれる画期的な手法を見出して，連続体仮説の否定が成り立つ公理系 ZF のモデルを作ってみせた．強制法は集合論のモデルを作る際の非常に強力な武器となり，多くの応用，例えば R. Solovay によるすべての実数の部分集合が Lebesgue 可測である ZF のモデルの構成を生み出した．Cohen の証明の第一歩は上で述べた ZF の可算モデルである．強制法によって，連続体 $\mathbb{R}$ はほぼどんな非可算濃度でも持ち得ることが分かった．つまり与えられたたいていの非可算濃度についてもそれが $\mathbb{R}$ の濃度になる集合論のモデルをつくることができる．しかし「連続体 $\mathbb{R}$ の濃度は本当はいくつなのか？」という問いは現代でも重要な問題として残っており，この問いの「本当は」という言葉をどう考えるべきなのかについて集合論において問われ続けている．

公理系からの形式的な演繹(証明)は多くの場合に不完全である．では，それを考察したり，またそもそも公理系を充たす構造としてのモデルを考えること自体が無意味なのだろうか？ そうではあるまい．なぜなら，数学の証明において用いられる仮定(公理)を明示しなければならなくなったら，それらは常に形式的に(基礎論の言葉を使えば1階論理で)表現可能であるべきである．また，数学における「証明できる」という直観的な概念は，形式的概念「1階論理で証明可能」によって置き換え得る．いやむしろこう言ったほうがいいかもしれない．原理的には1階論理で表現できて，そこでの形式的証明が書けない数学の真理は存在しない，というのが数学の「定義(の一部)」になっているのだろう．控えめに言っても，全数学は究極的には1階論理で形式化できる，ということは経験的事実である．そうであるなら，数学はその都度，特定の公理系の中で動いているとみなし得る．だからそれを解析しようという訳である．

モデル論の出発点ともいえる A. Tarski の結果が教えるのは，順序体としての実数 $\mathbb{R}$ (実閉体)および標数0の代数的閉体としての複素数 $\mathbb{C}$ の公理系は，それぞれ完全であるということである．つまりこれらの代数系に関する(1階論理で表現できる)命題は，そのモデルによらずに真偽が決まっているのである．さらに Tarski の証明は，定義可能集合がとても簡単なものに限られることまで示している．例えば平面 $\mathbb{R}^2$ 上で定義可能な集合をひとつの軸に射影して得られる集合は，有限個の点と区間の和であることが分かる．これは実代数幾何学の基本的結果になったものである．

このように数学基礎論は，当初の問題意識・問題設定に答えるなかで，基礎的な概念に十分に満足のいく数学的定義を与え，現在も発展している数学の一分野であると言える．

本書の構成

本書の内容を説明しよう．この本は2部から構成されている．

第I部入門篇は第1章から第3章までの3章から成り，基礎論の初歩事項をまとめてある．

第1章は論理の形式化と最初の重要な定理としてコンパクト性定理とその兄弟たる完全性定理を述べる．初めの1.1節は入門篇で必要になる集合に関する記法をまとめる．

先ず，数学を形式化して捉えることで，一方で形式としての論理式(命題)と形式化された証明が抽出される．他方で，われわれが数学で対象とする構造(モデルと呼ばれる)があり，構造が論理式を充たすという，構造と論理式の関係が定義されることになる．この形式と内容を一旦乖離させてそれからそれらの関係を考える運動を通じて，例えば「論理的に正しい」ということが「あらゆる構造で充たされる」と定義される．コンパクト性定理を簡単に言うと，任意有限部分で成り立てば全体でも成り立つ，あるいは，有限で成り立っていることは無限に持ち上げうるという内容を持っている．これから例えば，任意の正標数代数的閉体で成り立っている(体の言葉で書かれた)命題は複素数体 $\mathbb{C}$ でも成り立つことが結論できる．

第2章は，計算の本質について考察した Turing-Kleene の理論を解説する．初めに計算の対象(入力と出力)は具体的に紙に書けて，計算機でも認識できるものに制限される．これは符号化(coding)を媒介にすれば自然数を対象とするということである．計算の理論の出発点は，計算できるとは何か，と問うたり，我々が持っている様々な「計算」に対する了解を，一つの数学的定義で置き換えるものである．これがなされて初めて，(いかなる理論的限界も越えて)計算できない関数を具体的に与えることができ，その計算不能性が数学の定理として示される．この章では計算という直観的概念の Turing による分析を紹介してから，それに見合うかたちの数学的に単純化されたいくつかの計算機械モデルとアルゴリズムを与えて，それが計算可能性の意味で等価であることが示される．

第3章は不完全性定理を証明する．この定理に関する講釈よりもその証明を読み切ることが，それを理解する唯一の道である．第2章と後の章で見る通り，そこで用いられた考え方(符号化 coding と自己参照 self-reference)は，計算機の実装のみならず，計算の理論や集合論でも繰り返し変奏される．

第II部基礎篇は，数学基礎論の諸分野の入門的事項の解説であり，各論篇でもある．基礎篇は第4章から第8章までの5章から成る．

初めに第4章はその後の章の準備として，数学科で講義されることが少なくなった(形式化されていないという意味での)素朴集合論について紹介しておく．集合の記法と集合全体の集まりがどのように生成されていると考えるかについての説明をしてから，順序と超限帰納法および順序数についてまとめる．選択公理とそれと同等な Zorn の補題も述べる．そして基数に関する簡単な事項やブール代数等の商をつくるために有用なフィルターとイデアルの導入，そして組合せ論が主な内容である．

第5章では，数学的構造の一般論としてのモデル論(model theory)の入り口を解説する．モデル論は，一方で具体的な数学的構造(複素数体など)を研究対象とするが，他方で一般論としての側面も強い．与えられた生成元により生成される代数構造の構成を一般化して捉えるなどである．従ってモデル論の初歩を学ぶとき既視感に襲われるかもしれない：これは代数なりで学んだことがあると．その通りである．モデル論のはじまりは数学での諸構造間の関係を抽象的に捉えることから出発したのだから．しかしモデル論はそれにとどまらない．この一般論の側面が深化されて，従来の数学では考えられてこなかったモデルの構成法などが確立され，具体的な構造にそれが応用されてきている．この章では初めにコンパクト性定理の応用を見た後に，上で述べた Tarski による実閉体と代数的閉体に関する古典的結果を紹介する．つぎにモデルの様々な構成方法(超積や識別不能集合)について説明して，最後に現代的モデル論の端緒となった M. Morley の定理を Baldwin-Lachlan の定理のかたちで述べてこの章が終わる．

第6章では，計算の理論(computability theory，古くは帰納的関数論 recursion theory)の続きを説明する．初めに計算によって解くことのできない具体的問題をいくつか述べる．これらは半計算可能集合という自然数の部分集合から成るクラスに属する集合である．関数や集合は「計算できない度合い」によって分類され階層を成すことが分かるが，半計算可能集合族はこの階層では計算可能集合族のつぎ，つまり計算不能なもののなかでは一番簡単な部類に属する．このクラスに関する簡単な事実や E. Post によって研究された集合について述べた後，Turing 還元可能性という順序に関して比較不可能な集合を構成して Post の問題に答えた Friedberg-Muchnik の証明を説明する．

他方で，自然数や実数の部分集合が計算できない度合いは，その集合なりがどれだけ複雑な定義を要するか，ということと重なることが分かる．こうして計算の理論は定義可能性(definability)の理論の側面も併せ持つ．これは後に，計算の対象を紙に書けない集合に拡げたり，集合論での基礎概念も生み出すこととなる．この章の最後で実数の部分集合の定義可能性に関する基本的結果を紹介する．

第 7 章では，(公理論的)集合論(set theory)の初歩を解説する．集合論は，集合とは何か，という問いに，集合全体のクラス V を公理で規定する試みに端を発する．それは V をいくつかの集合を生成する演算を超限的に果てしなく繰り返した全体と捉える．現代の集合論の成果は正に膨大かつ深遠であり，それらを概観するのは著者の手に余る．ここでは現代集合論のはじまりになった結果，Gödel による構成可能集合全体 L とそこでの無限組合せ論，それから Cohen による強制法とその簡単な応用例，および巨大基数の例として可測基数，最後に J. Silver による識別不能集合について説明する．第 5 章で導入したモデル論のモデル構成法が集合論の研究で有効であることが見て取れると思う．

第 8 章は，(形式化された)証明そのものを対象とする証明論(proof theory)の入門である．

はじめにその基本的結果として，Gentzen による形式的証明の表現法を学び，ここでの基本定理であるカット消去を示す．カット消去の応用例を見てから，正に証明そのものを対象としてその長さに関する結果を説明する．

証明論がはじまった動機は数学の無矛盾性を示すためであった．これに関する基本的結果として，Gentzen と竹内外史による結果の現代的な証明をこの章の最後に述べる．

付録 A 補遺では，本文で述べることができなかった証明を三つほど書いておいた．

なお，数学基礎論に近い分野として理論的計算機科学(Theoretical Computer Science)，言語学，哲学等々があるが，それらに関連する事項の多くは紙幅の都合上，割愛せざるを得なかった．

各章末には読者の理解を深める・確かめる・本文を補うために演習問題を設けてある．やや考える必要のあるものにはヒントを付したので，是非，ご自分で解いてご覧になるとよいと思う．付録B演習略解にその略解を載せておいた．

また付録C文献案内には，書き残した事項，さらに進んで学ぶための文献紹介を付ける．

定義が分からなくなったら，巻末の記号索引，欧文索引と和文索引(和英併記)を利用されるとよい．また，それぞれの章，節がどの章を仮定しているかを示す依存表をすぐ下に付けたので，特定のトピックを読むために必要な箇所がどこなのか分かるようにしてある．しかし可能なら通読して数学基礎論全体を俯瞰されることをおすすめする．

最後に専門用語について一言．数学基礎論は我が国であまり盛んな分野でなかったため，欧語の専門用語の邦訳が定着しているものがほとんどない．今回の執筆で専門用語には漢字を当てるかカタカナに音訳した．これらはあくまで仮の邦訳であって，専門書を読むためには原語を知っておく必要がある．

依存表

カッコで括った第3章は，直接は必要ないが知っていたほうがよい．

章節	仮定する章節
1.4–1.7	1.1–1.3
2	1.1–1.3
3	1，2
4	1.1–1.3
5	1，(3)，4[4.4.2，4.5.4除く]
6	1，2，(3)，4[4.5.4除く]
7	1，2，(3)，4，5.1，5.4–5.5，6.5
8	1，2，3，4[4.5.4除く]，6.5

目　　次

I 部　入門篇

第1章　1階論理入門

1.1 「入門篇」の準備

ここでは第3章までで必要な集合に関する予備知識を復習する.

集合の記法

ここでは集合に関する記法を定めておく.

先ず「集合はその元(要素 element)によって決まる」. これを**外延性公理**(axiom of extensionality)という. つまり元が同じ集合は一致する. よって集合を走る変数 $x, y, \ldots$ についてつぎが成り立つ:

$$\forall u(u \in x \leftrightarrow u \in y) \to x = y.$$

ここで $\forall$ は「任意の」と読み, $\leftrightarrow$ は「同値」または「必要十分」で, $\to$ は「ならば」である. これらはそれぞれ $\Leftrightarrow, \Rightarrow$ とも書く.

部分集合 $a \subset b$ は, $\forall x \in a (x \in b)$ のことである. 但しここで, x に関する条件 $\varphi(x)$ について, $\forall x \in a\, \varphi(x)$ は $\forall x[x \in a \to \varphi(x)]$ の略記である. $\exists x \in a\, \varphi(x)$ も同様で $\exists x[x \in a \wedge \varphi(x)]$ を表し, ここで $\exists$ は「存在」と読み, $\wedge$ は「かつ」と読む. 従って外延性公理を書き直せば

$$(x \subset y \wedge y \subset x) \to x = y$$

となる.

また真部分集合は $a \subsetneq b :\Leftrightarrow (a \subset b \wedge a \neq b)$ である. ここで $:\Leftrightarrow$ は, 左辺の条件を右辺で定義するという意味である.

$P(x)$ を集合に関する条件として, $P(x)$ を成り立たせる集合 a の元 x 全体の集合を $\{x \in a : P(x)\}$ で表す. 外延性公理より集合 $\{x \in a : P(x)\}$ は一意に定まることに注意せよ.

しかし一般に, $P(x)$ を成り立たせる集合 x 全体の集まり(collection), あるいは**クラス**(class) $\{x : P(x)\}$ は集合になるとは限らない(cf. 第4章, Russell の逆理 4.1.1)が, 便利なのでこの記法も用いる.

集合 a,b について**差集合**は $a\setminus b=\{x\in a:x\notin b\}$ で表す．$b\subset a$ のとき，これは b の a での補集合である．

元をひとつも持たない集合を**空集合**(empty set)といって，$\varnothing=\{x:x\neq x\}$ と書く．つまり $\forall x(x\notin\varnothing)$ となる集合 $\varnothing$ である．外延性公理より空集合はただひとつに定まる．

つぎに元が $x_1,...,x_n$ から成る有限集合を $\{x_1,...,x_n\}=\{x:x=x_1\vee\cdots\vee x=x_n\}$ と書く．ここで $\vee$ は「または」と読む．とくに $\{x,y\}$ を**非順序対**(unordered pair)(ここで x,y は互いに異なるとは限らない)，$\{x\}$ を**一点集合**(singleton)という．

x と y の順序のついた組を**順序対**(ordered pair)といって $\langle x,y\rangle$ と書く．これが充たすべき性質は

$$\langle x,y\rangle=\langle u,v\rangle\Rightarrow x=u\wedge y=v \tag{1.1}$$

である．

順序対 $\langle x,y\rangle$ を二重対(pair)と呼べば，三重対(triple)は

$$\langle x,y,z\rangle:=\langle x,\langle y,z\rangle\rangle$$

そして n-重対(n-tuple)も帰納的に定義される：

$$\langle x_1,x_2,...,x_n\rangle=\langle x_1,\langle x_2,...,x_{n-1},x_n\rangle\rangle.$$

これらの対を総称して**有限列**(finite sequence)という．有限列 $\langle x_1,x_2,...,x_n\rangle$ は $(x_1,x_2,...,x_n)$ とも書き表す．ある集合 X の元から成る有限列を $\vec{x},\vec{y}$ などで書き表す．

数学で使う用語「関係」「性質」「条件」「述語」はそれぞれニュアンスが異なるが，集合の言葉で書けば，ある集合の部分集合のことである．これらを総称して**関係**(relation)と呼ぶことにする．集合 X 上の n-項関係(または n-変数関係) R は $R\subset X^n$ のことで，$R(x_1,...,x_n)$ が成立することと，$\langle x_1,...,x_n\rangle\in R$ を同一視している．

ふたつの集合 x,y の**合併**(union) $x\cup y$ は

$$x\cup y:=\{z:z\in x\vee z\in y\}$$

となる．

さらに添数付けられた集合族 $\{x_i\}_{i\in I}$ の合併 $\bigcup_{i\in I}x_i$ は

$$\bigcup_{i\in I}x_i:=\{y:\exists i\in I(y\in x_i)\}$$

となる．

ふたつの集合 x, y の**共通部分，交わり**(intersection)は

$$x \cap y = \{u \in x : u \in y\}$$

と書く．集合族 $\{x_i\}_{i\in I}$ の共通部分 $\bigcap_{i\in I} x_i = \{u : \forall i \in I(u \in x_i)\}$ だが，これは添字集合 I が空でない場合のみ集合となる．$i_0 \in I$ ならば

$$\bigcap_{i\in I} x_i = \{u \in x_{i_0} : \forall i \in I(u \in x_i)\}$$

となるが $I = \varnothing$ なら

$$V := \{u : u = u\} = \bigcap_{i\in\varnothing} x_i = \{u : \forall i \in \varnothing(u \in x_i)\}$$

となり，共通部分 $\bigcap_{i\in\varnothing} x_i$ は全集合から成るクラス V となってしまい，これは集合ではない．

ふたつの集合 a, b の**直積**(Cartesian product) $a \times b$ は

$$a \times b := \{\langle x, y\rangle : x \in a \land y \in b\}$$

と書く．$b = a$ のとき $a^2 = a \times a$ と書き，自然数 n について a^n は a の n 個の直積を表す．

集合 a の**ベキ集合**(power set)を $\mathcal{P}(a) = \{x : x \subset a\}$ と書く．

関数を集合と思いたいときには，集合 A から B への n-変数関数 $f : A^n \to B$ をその**グラフ**(graph)

$$\{\langle x_1, ..., x_n, y\rangle \in A^n \times B : f(x_1, ..., x_n) = y\}$$

と同一視する．この立場では，関数 $f : A^n \to B$ は，集合 $G \subset A^n \times B$ で

$$\forall x_1, ..., x_n \in A \exists! y \in B[\langle x_1, ..., x_n, y\rangle \in G]$$

となるものにほかならない．ここで $\forall x_1, ..., x_n \in A$ は $\forall x_1 \in A \cdots \forall x_n \in A$ の略記で，$\exists!$ は「ただひとつ存在」「一意的に存在」と読む．

集合 a から集合 b への関数全体の集合は ${}^a b := \{f : f : a \to b\}$ と書かれる．

関数 $f : A \to B$ が**単射**(injection)であるのは $\forall x_0, x_1 \in A[f(x_0) = f(x_1) \to x_0 = x_1]$ であるときで，それが**全射**(surjection)であるのは $\forall y \in B \exists x \in A[f(x) = y]$ であるときとなる．そしてそれが全射かつ単射であるとき**全単射**(bijection)であるという．

集合族 $\{x_i\}_{i\in I}$ の**直和**(direct sum) $\sum_{i\in I} x_i$ と**直積**(direct product, Cartesian product) $\prod_{i\in I} x_i$ と呼ばれる集合は，それぞれ

$$\sum_{i\in I} x_i := \{\langle i, u\rangle : i \in I \land u \in x_i\},$$

$$\prod_{i\in I} x_i := \{f : f \text{ は } I \text{ から } \bigcup_{i\in I} x_i \text{ への関数で } \forall i\in I[f(i)\in x_i]\}$$

と定義される．

すべての $i\in I$ について x_i が同じ集合 x のとき，直積 $\prod_{i\in I} x$ を x^I とも書く．これは I から x への関数全体の集合である．x^I を ${}^I x$ と表記することもある．

一般に $i\in I$ で添字付けられた x の元 a_i の列 $\{a_i\}_{i\in I}$ は，関数 $f : I \ni i \mapsto a_i \in x$ と同一視され，x^I もしくは ${}^I x$ の元である．

$X=\{x_0, x_1, ...\}$ というように，その元を(重複を許して)自然数と対応するように一列に並べられる集合を**可算集合**(countable set)という．つまり自然数全体の集合 $\mathbb{N}=\{0,1,2,...\}$ への単射 $f : X\to\mathbb{N}$ が存在する，あるいは同じことだが 全射 $g : \mathbb{N}\to X$ が存在するということである．$\mathbb{N}$ との間に全単射が存在する集合 X は**可算無限集合**(countably infinite set)である．

${}^{<\omega}X := \bigcup_{n\in\mathbb{N}} X^n$ は集合 X の元の有限列全体の集合を表す．

補題 1.1.1 可算集合 X の有限列全体 ${}^{<\omega}X$ も可算である． □

補題 1.1.1 を証明するには可算集合として自然数全体の集合 $\mathbb{N}$ を考えればよく，${}^{<\omega}\mathbb{N}$ と $\mathbb{N}$ との間の全単射をつくればよい．

はじめに二重対全体 $\mathbb{N}^2$ が可算集合であることを見る．

定義 1.1.2 Cantor の対関数(pairing function) $J : \mathbb{N}^2\to\mathbb{N}$ を

$$J(n,m) = \frac{(n+m)(n+m+1)}{2} + m = (\sum_{i\leq n+m} i) + m \tag{1.2}$$

で定める． □

つぎの命題 1.1.3 は容易に分かるので証明は(演習 1)とする．

命題 1.1.3

1. J の逆 $J_i(n)$ $(i=1,2)$ は

$$t(n) = \max\{t\leq n : \sum_{i\leq t} i \leq n\}$$

$$J_2(n) = n - \sum_{i\leq t(n)} i$$

$$J_1(n) = t(n) - J_2(n)$$

で与えられる．

2. $(n,m)\mapsto J(n,m)$ は全単射で

$$J_i(J(n_1,n_2)) = n_i \,\&\, n = J(J_1(n), J_2(n)).$$ □

つぎに J を繰り返すことで，長さ $n(>1)$ が一定の列 $(x_0,...,x_{n-1})\in{}^n\mathbb{N}$ は自

然数に

$$J^n(x_0, x_1, \dots, x_{n-2}, x_{n-1}) = J(x_0, J(x_1, J(\cdots, J(x_{n-2}, x_{n-1})\cdots)))$$

で一対一に写される．この逆は J_2 の i 回繰り返し $J_2^{(i)}$ について

$$J_i^n(x) = \begin{cases} J_1(J_2^{(i)}(x)) & i < n-1 \text{ のとき} \\ J_2^{(n-1)}(x) & i = n-1 \text{ のとき} \end{cases}$$

となる．

そこで長さの情報を入れて，かつ長さ 1 以下の列 $\{\langle\ \rangle\} \cup \mathbb{N}$ (空列 $\langle\ \rangle = \varnothing$ か自然数)を $\{J(0,x) : x \in \mathbb{N}\}$ に写せば，自然数の有限列全体の集合 ${}^{<\omega}\mathbb{N}$ から $\mathbb{N}$ への全単射 $(x_0, \dots, x_{n-1}) \mapsto \langle x_0, \dots, x_{n-1}\rangle$ が

$$\langle x_0, \dots, x_{n-1}\rangle := \begin{cases} J(0,0) & n = 0 \text{ のとき} \\ J(0, 1+x_0) & n = 1 \text{ のとき} \\ J(n-1, J^n(x_0, \dots, x_{n-1})) & n > 1 \text{ のとき} \end{cases} \tag{1.3}$$

で得られる．

ここで $x = \langle x_0, \dots, x_{n-1}\rangle$ のときの列 $(x_0, \dots, x_{n-1})$ の長さ n は

$$lh(x) = \begin{cases} 0 & x = J(0,0) \text{ のとき} \\ J_1(x) + 1 & \text{上記以外} \end{cases}$$

であり，逆は $i < lh(x)$ について

$$(x)_i = \begin{cases} J_2(x) - 1 & lh(x) = 1 \text{ のとき} \\ J_i^{lh(x)}(J_2(x)) & \text{上記以外} \end{cases}$$

で与えられる．

同値関係

ここでは同値関係の定義を思い出そう．その前に，一般に集合 A 上の二項関係 $R(x,y)$ $(x, y \in A)$ を考える．

定義 1.1.4

1. $\forall x \in A[R(x,x)]$ であるとき，R は(A 上)反射的(reflexive)であるという．
2. $\forall x \in A[\neg R(x,x)]$ であるとき，R は(A 上)非反射的(irreflexive)であるという．ここで $\neg$ は「否定」を表す．
3. $\forall x, y \in A[R(x,y) \to R(y,x)]$ であるとき，R は(A 上)対称的(symmetric)であるという．
4. $\forall x, y \in A[R(x,y) \land R(y,x) \to x = y]$ であるとき，R は(A 上)反対称的(an-

tisymmetric)であるという.

5. $\forall x, y \in A \neg[R(x,y) \wedge R(y,x)]$ であるとき，R は(A 上)**非対称的**(asymmetric)であるという.
6. $\forall x, y, z \in A[R(x,y) \wedge R(y,z) \to R(x,z)]$ であるとき，R は(A 上)**推移的**(transitive)であるという.
7. A 上で反射的かつ推移的かつ反対称的な関係を(A 上の)**半順序**(partial order)という．またこのとき組 $\langle A, R\rangle$ を**半順序集合**(partially ordered set)という．半順序，半順序集合はそれぞれ**順序**(order)，**順序集合**(ordered set)とも呼ばれる.
8. $x, y \in A$ について $R(x,y) \vee R(y,x)$ となっているとき，x, y は(関係 R に関して)**比較可能**(comparable)という．比較可能でない x, y は**比較不能**(incomparable)と呼ばれる.
9. A 上での任意の二元が比較可能な半順序を(A 上の)**全順序**(total order)もしくは**線形順序**(linear order)という．またこのとき組 $\langle A, R\rangle$ を**全順序集合**(totally ordered set)もしくは**線形順序集合**(linearly ordered set)という.
10. 半順序集合 $\langle A, R\rangle$ の部分集合 $X \subset A$ の任意の二元が比較可能なとき，X は($\langle A, R\rangle$ 上の)**鎖**(chain)という.
11. 半順序集合 $\langle A, R\rangle$ の部分集合 $X \subset A$ の任意の二元が比較不能なとき，X は半順序集合 $\langle A, R\rangle$ の**反鎖**(antichain)という. □

上では主に反射的な関係を「順序」と呼んだが，これらの非反射版も同様に定義できて，つぎの命題 1.1.5 の意味で対応している.

関係 R の**反射的閉包**(reflexive closure) $R_=$ を

$$R_=(x,y) :\Leftrightarrow R(x,y) \vee x = y$$

で定め

$$R_{\neq}(x,y) :\Leftrightarrow R(x,y) \wedge x \neq y$$

とおく.

命題 1.1.5

1. R が反射的なら，$(R_{\neq})_= = R$ である.
2. R が非反射的なら，$(R_=)_{\neq} = R$ である.
3. R が半順序なら，$R_{\neq}$ は非対称的かつ推移的な関係である.
4. R が非対称的かつ推移的な関係なら，$R_=$ は半順序である. □

証明は(演習 2)とする．よって非対称的かつ推移的な関係も半順序と呼ぶ．反

射的な関係は $\leq$ などで表し，非反射的な関係は $<$ などで表す．$<$ に対しては $\leq$ で $(<)_=$ を，$\leq$ に対しては $<$ で $(\leq)_{\neq}$ をそれぞれ表す．

定義 1.1.6 集合 A 上の反射的，対称的，かつ推移的な二項関係 $R(x,y)$ $(x,y \in A)$ を，A 上の**同値関係**(equivalence relation)という． □

$x \simeq y$ が集合 A 上の同値関係であるとする．このとき A は $\simeq$ によって同値類に類別あるいは分割される．すなわち $x \in A$ について

$$[x] := \{y \in A : y \simeq x\}$$

を，A 上の同値関係 $\simeq$ による x を**代表元**(representative)とする**同値類**(equivalence class)と呼ぶ．すると

$$[x] = [y] \Leftrightarrow x \simeq y.$$

同値類全体の集合，**商集合**(quotient set)は

$$A/{\simeq} := \{[x] : x \in A\}$$

である．

このとき，集合 A を同値関係 $\simeq$ で**割って**商集合 $A/{\simeq}$ を得るという言い方をする．$A/{\simeq} = \{[x_i] : i \in I\}$ と各同値類から代表元 x_i がひとつずつ選ばれていたとすれば，$A = \bigcup_{i \in I} [x_i]$ で $i \neq j \Rightarrow [x_i] \cap [x_j] = \varnothing$ となる．

いま，A の n-変数関係 $R(x_1, \ldots, x_n)$ $(x_i \in A)$ や n-変数関数 $f : A^n \to A$ がいくつか与えられているとする．このとき同値関係 $\simeq$ がこれらの関係・関数と**両立する**(compatible)とき，すなわち

$$\begin{aligned}&(x_1 \simeq y_1 \wedge \cdots \wedge x_n \simeq y_n) \Rightarrow \\ &[\{R(x_1, \ldots, x_n) \leftrightarrow R(y_1, \ldots, y_n)\} \wedge \{f(x_1, \ldots, x_n) = f(y_1, \ldots, y_n)\}]\end{aligned}$$

となっているとき，同値関係 $\simeq$ はこれらの関係・関数に関して**合同関係**(congruence relation)であるという．

$\simeq$ が関係 R や関数 f に関して合同関係であるとき，それらは商集合 $A/{\simeq}$ 上のものとみなせる：

$$\begin{aligned}R([x_1], \ldots, [x_n]) \quad &:\Leftrightarrow \quad R(x_1, \ldots, x_n) \\ f([x_1], \ldots, [x_n]) = [y] \quad &:\Leftrightarrow \quad f(x_1, \ldots, x_n) = y \\ &\text{つまり } f([x_1], \ldots, [x_n]) = [f(x_1, \ldots, x_n)]\end{aligned}$$

ここで右辺が代表元の取り方によらないのは $\simeq$ が合同関係だからである．

例えば実数 $\mathbb{R}$ 上のベクトル空間 V における部分空間 W が与えられると

$$x \simeq y :\Leftrightarrow x - y \in W$$

で同値関係が定まるが，これは同時にベクトルの加法 $x+y$ とスカラー倍 cx ($c \in \mathbb{R}$) に関して合同関係になっている．このとき商集合上に加法とスカラー倍が定義され，W による V の商空間 $V/\simeq$ が得られる．

簡単な帰納的定義

一般的な帰納的定義(inductive definition)の説明は 4. 4. 2 小節で行うので，ここでは簡単な場合のみ説明しておく．

帰納的定義はよくつぎのようなかたちでなされる．

先ず A を集合とし，そこからいくつか元を指定して，選ばれた元全体を $X_0 \subset A$ とする．つぎに A 上の関数(演算)をいくつか指定する．簡単のためそれがひとつであるとして $f: A^n \to A$ とする．すると X_0 から出発して，f を何回か適用して得られる A の元全体 X (X_0, f によって生成された，とか X_0 の f による閉包(closure)とも言われる)が考えられる．これを帰納的定義で書くとつぎのようになる．

1. 先ず初めに X_0 の各元は X の元である：$X_0 \subset X$.
2. $X_m \subset A$ が既に定義されたとする．このとき X_m に f を適用して得られる元と X_m をあわせて
$$X_{m+1} = \{f(x_1, ..., x_n) \in A : x_1, ..., x_n \in X_m\} \cup X_m$$
を得る．
3. こうして得られた $\{X_m\}_m$ を全部あわせて $X = \bigcup_{m \in \mathbb{N}} X_m$ が得られる．

すると X は X_0 を含み，かつ f について閉じている，$x_1, ..., x_n \in X \Rightarrow f(x_1, ..., x_n) \in X$，ような集合の中で最小なものになる：
$$X = \bigcap\{Y \subset A : X_0 \subset Y \land \forall x_1, ..., x_n \in Y[f(x_1, ..., x_n) \in Y]\}.$$
ここで右辺は条件を充たす Y 全体の共通部分を表す．

X が右辺に含まれることは，$m \in \mathbb{N}$ に関する帰納法により X_m が右辺に含まれることを示して分かる．つまり，X の帰納的定義による(もしくは，帰納的定義に沿った)証明による．逆は，X 自身が Y の充たすべき条件を充たしていることから分かる．

上の帰納的定義を言葉で言い表す際に，しばしばつぎのようにする．

1. 先ず初めに X_0 の各元は X の元である．
2. $x_1, ..., x_n \in X$ であることが既に分かっているとき，$f(x_1, ..., x_n) \in X$ で

ある．

3. 上記によって $x \in X$ と分かる元 $x \in A$ のみが X の元である．

この帰納的定義の最後の条項「上記によって $x \in X$ と分かる元 $x \in A$ のみが X の元である」は帰納的に定義されているものが，上記によってのみ生成されていることを宣言している．これ無しでは，帰納的に定義されたものについてなにかを帰納的に証明することができない．例えば「n は自然数である」ということを $n \in X$ と書くことにしてこれを

$$n \in X \leftrightarrow n = 0 \lor \exists m \in X[n = m + 1]$$

とやったのでは，整数 $\mathbb{Z} = X$ もこれを充たしてしまう．

しかしこの最後の条項は帰納的定義であると断ったうえで以下でほぼ省略する．

例えば n 個の変数 $X = x_1, ..., x_n$ $(n \geq 0)$ 上の整数係数の多項式全体 $\mathbb{Z}[X]$ を考える．多項式は通常 $\sum_{I=i_1,...,i_n} a_I x_1^{i_1} \cdots x_n^{i_n}$ $(a_I \in \mathbb{Z})$ などと書かれるが，これはその「標準形」であり，形式的には $\mathbb{Z}[X]$ はつぎのように帰納的に定義(生成)される．

1. 整数 $a \in \mathbb{Z}$ は $a \in \mathbb{Z}[X]$ で，変数 x_i $(i = 1, ..., n)$ も $x_i \in \mathbb{Z}[X]$.
2. $p, q \in \mathbb{Z}[X]$ なら $p + q$, $p \cdot q \in \mathbb{Z}[X]$.
3. 以上によって多項式 $\in \mathbb{Z}[X]$ と分かる式のみが $\mathbb{Z}[X]$ の元である．

さてすると多項式 $p(x_1, ..., x_n)$ と整数 c について，変数 x_n に c を代入した結果(値) $p[x_n := c] :\equiv p(x_1, ..., x_{n-1}, c)$ が，この帰納的定義に沿って定義される．

1. 整数 $a \in \mathbb{Z}[X]$ については $a[x_n := c]$ は a. 変数 x_i については，$i \neq n$ なら $x_i[x_n := c]$ は x_i で $x_n[x_n := c] := c$.
2. $p, q \in \mathbb{Z}[X]$ について，$(p + q)[x_n := c] := (p[x_n := c]) + (q[x_n := c])$, $(p \cdot q)[x_n := c] := (p[x_n := c]) \cdot (q[x_n := c])$.

これですべての多項式 $p \in \mathbb{Z}[x_1, ..., x_n]$ について多項式 $p[x_n := c] \in \mathbb{Z}[x_1, ..., x_{n-1}]$ が(帰納的に)定義されることが，帰納的に証明される．

Zorn の補題

無限集合に関する命題を証明する際にしばしば援用される Zorn の補題を述べておく．先ず，順序に関する定義から始める．

定義 1.1.7 $\leq$ を A 上の半順序とし，$X \subset A$, $a \in A$ とする．

1. a が X の($\leq$ に関する，以下略)最大元(maximum)[最小元(minimum)]であるとは，$a \in X$ でかつ $\forall x \in X(x \leq a)$ $[\forall x \in X(a \leq x)]$ となっていること．
2. a が X の上界(upper bound)[下界(lower bound)]であるとは，$\forall x \in X(x \leq a)$ $[\forall x \in X(a \leq x)]$ となっていること．
3. a が X の上限(supremum)[下限(infimum)]であるとは，a が X の最小上界[最大下界]，すなわち X の上界[下界]全体の集合の($\leq$ に関する)最小元[最大元]であること．
4. a が X の極大元(maximal element)[極小元(minimal element)]であるとは，$a \in X$ でかつ $\forall x \in X(a \not< x)$ $[\forall x \in X(x \not< a)]$ となっていること． □

定義 1.1.8 (半)順序集合 $\langle A, < \rangle$ で，その任意の鎖 $C \subset A$ が上限 $\sup C$ を有するとき，帰納的(inductive) と呼ばれる． □

補題 1.1.9 (Zorn の補題)

空でない帰納的半順序集合は極大元を有する． □

Zorn の補題 1.1.9 は選択公理と呼ばれる原理と同値であるが，その証明は第4章にある．

有限木

木についての一般論は 4.3.4 小節で行うので，ここでは有限の木について簡単に説明しておく．

定義 1.1.10 有限木(finite tree)とは，有限集合 T とその上の半順序 $\leq$ の組で，根(root)と呼ばれる最小元を持ち，かつどんな $x \in T$ についても $\leq$ が $\{y \in T : y < x\}$ 上の全順序になっていること．

以下 $\langle T, \leq \rangle$ を木とする．各 $x \in T$ を節(node)という．$x < y$ でしかも x, y の間にはさまる節が無い($\neg \exists z \in T[x < z < y]$)ときに y は x の子(son, child)という．

$son_T(x)$ で x の子全体の集合を表す．

$son_T(x) = \varnothing$ のとき，x は T で葉(leaf)であるという． □

有限木 $\langle T, \leq \rangle$ は自然数の有限列の有限集合 $\langle s[T], \subset \rangle$ と同型になる．同型写像 $T \ni a \mapsto s(a) \in {}^{<\omega}\mathbb{N}$ を帰納的につぎのように定め，根 r に対しては $s(r) = \varnothing$ (空列)とする．$b \in T$ で $s(b) = (x_0, \ldots, x_{n-1})$ が既に定義されているとする．$\{a_1, \ldots, a_m\} = son_T(b)$ として，$s(a_i) = s(b) * (i) = (x_0, \ldots, x_{n-1}, i)$ とする．${}^{<\omega}\mathbb{N}$ の上の半順序 $\subset$ を，

$$s \subset (x_0, \ldots, x_{n-1}) :\Leftrightarrow \exists m \leq n [s = (x_0, \ldots, x_{m-1})]$$

で定めて，$T \ni a \mapsto s(a) \in {}^{<\omega}\mathbb{N}$ は同型写像となる．$s \subset t$ のとき，s は t の始切片(initial segment)であるという．

$s[T]=\{s(a):a\in T\}$ はこの順序 $\subset$ に関して木になっているのみならず，始切片について閉じている，$s\subset t\in s[T]\Rightarrow s\in s[T]$．よって，${}^{<\omega}\mathbb{N}$ の有限部分集合が有限木であるとは，半順序 $\subset$ に関して木でしかも始切片について閉じているものを意味することにする．

${}^{<\omega}\mathbb{N}$ から $\mathbb{N}$ への全単射 $(x_0,...,x_{n-1})\mapsto\langle x_0,...,x_{n-1}\rangle$(式(1.3))を用いて，有限木 $T\subset {}^{<\omega}\mathbb{N}$ に自然数 $t(T)$ がつぎのように帰納的に対応付けられる．$b\in T$ の子 $son_T(b)=\{a_1,...,a_m\}$ $(m\geq 0)$ として，$t(b)=\langle b,\langle t(a_1),...,t(a_m)\rangle\rangle$．そして根 $r\in T$ に対し，$t(T)=t(r)$ とする．

上記ふたつの定義 $s(a)$, $t(a)$ はともに帰納的になされたがその順序が逆であることに注意せよ．

1.2　1階論理で書き表す練習

ここではいくつかの例を通して，1階論理で命題や関係を書き表す練習から始めよう．論理記号(logical symbol)または論理結合子(logical connective)の読み方は，$\vee$ (or または)，$\wedge$ (and かつ)，$\neg$ (not でない)，$\rightarrow$ (implies ならば)，等号 $=$，量化記号(quantifier) $\exists$ (there exists 存在)，$\forall$ (for all 任意)である．これらの論理記号に加えて，非論理記号(non-logical symbol)の集合 L が与えられているとする．この記号の集合 L は，考察の対象ごとにその都度変わる．例えば，アーベル群について考えているときには，L には群演算を表す関数記号(function symbol) $+$ と単位元のための記号 0 がある．この記号 0 は特定のモノを表すので定数(constant symbol)と呼ばれる．また，順序について考えたいのなら，L には関係記号(relation symbol)(述語記号(predicate symbol)) $<$ がないといけない．次の 1.3 節において，1階論理の論理式(formula=命題の記号表現)の正確な定義(はやや煩雑である)をする．ここでは次のことだけ強調しておく：

$$\text{論理式は記号の有限列} \tag{1.4}$$

1.2.1　群論からの例

次の概念を考えよう：

(a) 群

(b) アーベル群

(c) 非自明アーベル群(non-trivial Abelian group)

(d) ねじれのない(torsion-free)群 例: $\mathbb{Z}$.

(e) ねじれのない可除アーベル群(torsion-free divisible Abelian group) 例: $\mathbb{Q}$.

このうち，どれが記号 $+,-$ と 0 のみを用いて 1 階論理で書き表せるか見てみよう．

群とは構造 $G=\langle G;+,-,0\rangle$ (G は空でない集合，$0\in G$ で $+$ と $-$ は それぞれ G 上の二項演算と一項演算)で次の 1 階論理で書き表された公理(閉論理式(closed formula, sentence)とも呼ばれる)を充たすものである:

$$\forall x\forall y\forall z[x+(y+z)=(x+y)+z]^{*1}; \tag{1.5}$$

$$\forall x[x+0=x], \tag{1.6}$$

$$\forall x[x-x=-x+x=0]. \tag{1.7}$$

これはもちろん

$$\forall x[x+(-x)=0\wedge(-x)+x=0]$$

の略記である．

ここで G が上の 1 階論理の論理式を充たす，というときには，各変数 $x,y,\ldots$ は，構造の対象領域(対象としているモノの集まり) G の元を走っていると解釈する．

G が(1.5), (1.6), (1.7)を充たすと言う代わりに，G は(1.5), (1.6), (1.7)のモデル(model)であるといい，$G\models(1.5)\wedge(1.6)\wedge(1.7)$ と書く．

アーベル群は，群 G で次の公理を充たすもの:

$$\forall x\forall y[x+y=y+x] \tag{1.8}$$

アーベル群 G が非自明とは，$G\neq\{0\}$ ということなので

$$\exists x[x\neq 0] \tag{1.9}$$

を充たすといえばよい．

以下で導入される概念のため省略記法を準備する．$(x+x)$ を $2x$ で，$((x+x)+x)$ を $3x$ で，以下，帰納的に $(nx+x)$ を $(n+1)x$ で略記する．

このとき，アーベル群 G がねじれがない(torsion-free)とは

---

*1 数学ではこれを $x+(y+z)=(x+y)+z$ と書く，つまり，量化記号 $\forall$ を通常省略する．数学基礎論では正式にはこれを略さない．

$$\forall n \geq 1 \forall x[x \neq 0 \to nx \neq 0] \tag{1.10}$$

となっているときである．

(1.10)は記号 $+, -$ と 0 のみを用いた1階論理の閉論理式ではない：なぜなら初めの量化記号 $\forall n \geq 1$ における変数 n が正整数を走っており，議論の対象である集合 G を走っていないからである．しかしながら(1.10)は以下の無限個の公理の列で置き換え得る：

$$\forall x[x \neq 0 \to nx \neq 0] \ (n = 2, 3, \ldots). \tag{1.11}$$

ねじれがないという概念を書き表すには，無限個の公理を要する．この節で述べられた命題の証明は5.1節で与えられる．

命題 1.2.1　有限個の閉論理式がすべてのねじれがないアーベル群で正しければ，それらの閉論理式は，あるねじれがあるアーベル群でも正しい．　□

この結果は，ねじれがないアーベル群は(1階論理で)**公理化可能**(axiomatizable)だが，**有限公理化可能**(finitely axiomatizable)でない，と言い表す．つまり(1階論理の)公理の集合でその構造を特徴付けられるが，そのような集合で有限なものは存在しないということである．

アーベル群 G が可除(divisible)であるとは

$$\forall x \exists y[ny = x] \ (n = 2, 3, \ldots) \tag{1.12}$$

となることであるから，ねじれがないアーベル群のときと同様にして，可除アーベル群は群の言語 $+, -, 0$ で公理化可能だが，有限公理化可能ではない．つまり，群の言語のどんな閉論理式の有限集合をとっても，それが任意の可除アーベル群で正しければ，可除でないアーベル群でも正しくなってしまう．

1.2.2　環 と 体

環や体を考えるために記号 $+, -, \cdot, 0, 1$ を用意する．(単位元を持った可換)環の公理は次の1階の論理式をアーベル群のそれ(1.5)-(1.8)に付け加える：

$$\begin{aligned}
&\forall x \forall y[x \cdot y = y \cdot x], \\
&\forall x \forall y \forall z[(x \cdot y) \cdot z = x \cdot (y \cdot z)], \\
&\forall x \forall y \forall z[x \cdot (y + z) = (x \cdot y) + (x \cdot z)], \\
&\forall x[x \cdot 1 = x], \\
&0 \neq 1.
\end{aligned} \tag{1.13}$$

さらに環が整域(integral domain)であるのは，零因子がないということだから

$$\forall x \forall y[xy = 0 \to x = 0 \lor y = 0]$$

と書けばよい．

環 $\mathcal{R} = \langle R; +, \cdot, 0, 1\rangle$ におけるイデアル(proper ideal)とは，空でない真部分集合 $I \subset R$ で，加法 $+$ に関して $\mathcal{R}$ の部分群を成し，任意の $x \in R$ と任意の $y \in I$ について $x \cdot y \in I$ となるものであった．これを1階論理で書き表すために I の名前(1変数関係記号)を記号に加えて，構造 $(\mathcal{R}, I) := \langle R; +, -, \cdot, 0, 1, I\rangle$ を考える．すると I が $\mathcal{R}$ のイデアルであるのは，$(\mathcal{R}, I)$ が次のモデルであると言い表すことができる：

$$\begin{aligned}
&I(0) \land \neg I(1), \\
&\forall x \forall y[I(x) \land I(y) \to I(x+y)], \\
&\forall x[I(x) \to I(-x)], \\
&\forall x \forall y[I(y) \to I(x \cdot y)].
\end{aligned}$$

ここまで出てきた諸概念はすべて自然に1階論理式で書けたか，そうでないことが簡単に分かるものばかりであった．いつもこうとは限らない．一見，1階論理式で表現できそうにない概念と同値な1階論理式を見いだすことは応用上重要なことがある．

イデアルが極大イデアル(maximal ideal)であるとは，それを真に含むイデアルが存在しないこと，つまり $(\mathcal{R}, I)$ が次のモデルであること：

$$\forall J[I \subset J \land J \text{ an ideal} \to J = I \lor J = R]. \tag{1.14}$$

これは対象領域 R の部分集合を走る変数 J を用いているから1階の論理式でなく，2階の論理式と呼ばれるものである．これを1階論理式で表すために次の事実を思い出そう：イデアル I が $\mathcal{R}$ において極大なのは，商 $\mathcal{R}/I$ が体であること．これを言い換えると，どんな x についても剰余類について $x+I \neq 0+I$ なら $(x+I)(y+I) = 1+I$ となる y が存在すること，となる．$x+I \neq 0+I \leftrightarrow \neg I(x)$ と $(x+I)(y+I) = (x \cdot y)+I$ に注意して (1.14)は

$$\forall x[\neg I(x) \to \exists y((x \cdot y) + I = 1 + I)]$$

よって次と同値である：

$$\forall x[\neg I(x) \to \exists y \exists z(I(z) \land xy + z = 1)]. \tag{1.15}$$

次に体を考えてみる．(可換)環 $\boldsymbol{F}$ が(可換)体(field)であるのは，$\boldsymbol{F}$ が次のモデルであるとき：

$$\forall x \exists y[x \neq 0 \to x \cdot y = 1] \tag{1.16}$$

体 $\boldsymbol{F}$ の標数(characteristic)が素数 p であるのは，$\boldsymbol{F}$ が

$$p1 = 0 \tag{1.17}$$

のモデルであること．

$\boldsymbol{F}$ の標数が 0 であるのは

$$\forall p[p\,\mathrm{prime} \rightarrow p1 \neq 0] \tag{1.18}$$

これは(1.10)と同様，1 階論理式ではない，がそのときのように論理式の無限列

$$\{p1 \neq 0 : p\,\mathrm{prime}\} \tag{1.19}$$

で置き換えればよい．

命題 1.2.1 と同様の結果が成り立つが，これはより興味深いものである．

命題 1.2.2　1 階の閉論理式がすべての標数 0 の体で成り立てば，それは十分大きい素数 p についてすべての標数 p の体でも成立する．　□

1.2.3　代数的閉体

一つ省略記法から始める．x^2 は $(x\cdot x)$ のことで，以下，帰納的に x^{n+1} は $(x^n\cdot x)$ のこととする．このとき，体 $\boldsymbol{F}$ が代数的閉体(algebraically closed)であるのは，n 次の代数方程式が解を持つことだから，次の形の公理の無限列のモデルであること：

$$\forall x_{n-1} \cdots \forall x_1 \forall x_0 \exists y[y^n + x_{n-1}y^{n-1} + \cdots + x_1 y + x_0 = 0]\ (n = 2, 3, \ldots) \tag{1.20}$$

1.2.4　実　　数

ここまでの例はすべて構造のあるクラス全体に関わるものであった．ここでは特定の構造，すなわち実数の順序体 $\mathbb{R} = \langle \mathbb{R}; +, -, \cdot, <, 0, 1\rangle$ を考えよう．

一般に順序体とは構造 $\langle \boldsymbol{F}; +, -, \cdot, <, 0, 1\rangle$ であって，$\langle \boldsymbol{F}; +, -, \cdot, 0, 1\rangle$ が(可換)体で，$<$ は $\boldsymbol{F}$ 上の全順序(線形順序)

$$\forall x \neg(x < x) \tag{1.21}$$

$$\forall x \forall y \forall z(x < y \wedge y < z \rightarrow x < z) \tag{1.22}$$

$$\forall x \forall y(x < y \vee x = y \vee y < x) \tag{1.23}$$

で，しかも次の意味で算法を保存するものである：

$$\begin{aligned} &\forall x \forall y \forall z(x < y \rightarrow x + z < y + z) \\ &\forall x \forall y(0 < x \wedge 0 < y \rightarrow 0 < x \cdot y) \end{aligned} \tag{1.24}$$

実数体 $\mathbb{R}$ の構成および同型を除いて順序体 $\mathbb{R}$ が一意に定まることはよく知られているが，その証明は容易とはいえない．事実

命題 1.2.3　順序体 $\mathbb{R}$ を，同型を除いて一意に定めるような 1 階の論理式の

集合は存在しない. □

つまり, 順序体 $\mathbb{R}$ を同型を除いて一意に定めるにはその完備性:

空でない上に有界な $\mathbb{R}$ の部分集合は上限を有する

が必要であり, これは(1.14)同様, 2階の論理式である.

命題1.2.3は次の命題1.2.4から従う. 命題1.2.4の証明は第5章(演習2)とする.

一般に順序体がアルキメデス的(Archimedean)であるとは

$$\forall x \exists n \in \mathbb{N}[x \leq n1] \tag{1.25}$$

を充たすことである.

命題1.2.4 $\mathbb{R} = \langle \mathbb{R}; +, \cdot, <, r \rangle_{r \in \mathbb{R}}$ の拡大体 $^*\mathbb{R}$ で, アルキメデス的でなく, しかも $\mathbb{R}$ と同じ1階論理の閉論理式(どんな実数を表す定数が現れても可)を充たすものが存在する. □

微分積分学での多くの定理が1階論理で書けるため, それらは $^*\mathbb{R}$ でも成立してしまう. $^*\mathbb{R}$ はアルキメデス的でないため無限大 $c > n\ (n = 0, 1, 2, \ldots)$ が存在する. c^{-1} は正の無限小を表していることに注意すれば, この結果は, 無限小解析または A. Robinson による超準解析(nonstandard analysis)の出発点になっている.

1.2.5 実閉体

Artin-Schreier の実閉体の理論をすこし復習しよう.

体 $\boldsymbol{F} = \langle \boldsymbol{F}; +, -, \cdot, 0, 1 \rangle$ が実体(じつたい real field)であるのは, -1 が自乗和(sum of squares)で書けないことである.

命題1.2.5 体 $\boldsymbol{F}$ についてつぎの二条件は同値:

1. $\boldsymbol{F}$ は実体である.
2. $\boldsymbol{F}$ が順序付けられる. すなわち全順序 $<$ が存在して $(\boldsymbol{F}, <)$ が順序体になる. □

順序体 $(\boldsymbol{F}, <)$ で中間値の定理が成り立つ(intermediate value property)とは, $\boldsymbol{F}$ 上の任意の多項式 $p(X) \in \boldsymbol{F}[X]$ について, もし $a < b$ かつ $p(a) \cdot p(b) < 0$ となっていたら, $p(X)$ の零点が a, b の間に取れる $(\exists c \in \boldsymbol{F}[a < c < b \wedge p(c) = 0])$ こととする.

実体 $\boldsymbol{F}$ が実閉体(real closed field)であるとは, $\boldsymbol{F}$ の代数拡大で実体になるものは $\boldsymbol{F}$ 自身に限ることである.

命題 1.2.6 体 $\boldsymbol{F} = \langle F; +, -, \cdot, 0, 1\rangle$ について，つぎの四条件は互いに同値:

1. $\boldsymbol{F}$ は実閉体である．
2. どんな $x \in \boldsymbol{F}$ についても，平方根 $\sqrt{x}$ か $\sqrt{-x}$ が $\boldsymbol{F}$ で存在し，かつ任意の奇数次の方程式が $\boldsymbol{F}$ で解をもつ．
3. 順序 $\leq$ を
$$x \leq y :\Leftrightarrow \exists z \in \boldsymbol{F}[y - x = z^2]$$
で定めると，この順序で $(\boldsymbol{F}, <) = \langle F; +, -, \cdot, <, 0, 1\rangle$ は順序体となり，しかも順序体 $(\boldsymbol{F}, <)$ で中間値の定理が成り立つ．
4. $\boldsymbol{F}$ が実体で $\boldsymbol{F}(\sqrt{-1})$ が代数的閉体である． □

これより実閉体が環の言語 $\{+, -, \cdot, 0, 1\}$ で公理化可能であることが分かる．

命題 1.2.7 順序体 $(\boldsymbol{F}, <)$ について順序を保つ代数拡大 $(\boldsymbol{G}, <)$ で実閉体($\boldsymbol{F}$ の実閉包)となるものが存在し，しかもそのような $(\boldsymbol{G}, <)$, $(\boldsymbol{G}_1, <_1)$ は順序体として同型である．さらに $\boldsymbol{F}$ を動かさない同型写像はひとつしかない． □

実閉体の例として，実数体 $\mathbb{R}$，実代数的数全体 $\mathbb{R}_{\mathrm{alg}}$ やピュイズー級数(Puiseux series)
$$\sum_{i=-\infty}^{+\infty} a_i X^{\frac{i}{n}} \ (n \in \mathbb{Z}^+, a_i \in \mathbb{R})$$
などが知られている．

さて例はこれくらいにして一般論に入る．

1.3 1 階論理の形式化

関数記号(function symbol)，関係記号(relation symbol)(もしくは述語記号(predicate symbol))の集まり L を言語(language)という．L は空であってもどんなに大きい集合であっても構わない．各関数記号 $f \in$ L は何変数であるか決まっているとする．f が n-変数であるとき，n-変数関数記号と呼び，この n を関数記号 f の項数(arity)という．0-変数関数記号は特定のモノを表し，定数(constant symbol, individual constant)と呼ばれる．同様に，各関係記号 $R \in$ L も何変数であるか決まっており，R の変数の数が $n \geq 0$ であるとき，n-変数関係記号と呼び，n を関係記号 R の項数(arity)という．

この記号の集合 L は，考察の対象ごとにその都度変わる．例えば，アーベル群について考えているときには，L には加法を表す関数記号 $+$ とその逆 $-$ と単位元のための定数記号 0 がある．また，順序について考えたいのなら，L には関係記号 $<$ がないといけない．

言語 L について **L-構造**(structure for L)は，変数の変域を定め，また L の各記号を解釈するものである．構造から見たら，その言語は構造の型に当たる．

またここで「記号」という言葉で言い表そうとしているのは，それが何であるか考えない，それらは互いに区別されているだけということだ．つまり「記号」はそれ自身でなんらかの構造や関係にある数学的対象であろう．例えば集合かもしれないし自然数かもしれない．しかしそれが何であれその内実を考えない立場に立つとき，それを「記号」と呼ぶ．

一般にふたつの記号列 s, t に対して，これらが記号の列として順序を含めて一致していることを

$$s \equiv t$$

で書き表す．

記号列 s において，ひとつの記号 a は複数回現れているかもしれない．このときに同じ記号の現れる場所まで考えてそれらを区別したいときに，記号列 s での記号 a の**出現**(occurrence)と呼ぶ．s での a のすべての出現を記号列 t で置き換えて得られる記号列を

$$s[a := t]$$

で書き表す．また，s において a に注目していることを表すために s を $s(a)$ と書く．このとき，$s(t)$ は $s[a:=t]$ のことである．

但し $s[x:=t]$ において，s が定義 1.3.4 での論理式である場合のように，記号列 s での変数 x の出現が自由なものと束縛されているものに区別されているときには，$s[x:=t]$ は論理式 s での変数 x の自由な出現すべてを t で置き換えて得られる記号列を表す．詳しくは定義 1.5.1 を参照のこと．

定義 1.3.1 (構造 structure)

L-構造(L-structure)とは対 $\mathcal{M} = \langle M; F \rangle$ であって，ここに M は空でない集合，F は L の各記号 α に次のように $\alpha^{\mathcal{M}} = F(\alpha)$ を対応させる写像である：

1. n-変数関係記号 $R \in \mathrm{L}$ に対し $R^{\mathcal{M}}$ は M 上の n-項関係，すなわち $R^{\mathcal{M}} \subset M^n$.
2. n-変数関数記号 $f \in \mathrm{L}$ に対し $f^{\mathcal{M}}$ は M 上の n-項関数，すなわち $f^{\mathcal{M}} : M^n \to M$.
3. とくに定数 $c \in \mathrm{L}$ に対し $c^{\mathcal{M}}$ は M の元 $c^{\mathcal{M}} \in M$.　□

$\mathcal{M}$ は通常 $\langle M; R^{\mathcal{M}}, ..., f^{\mathcal{M}}, ..., c^{\mathcal{M}}, ...\rangle$ と書き表し，$|\mathcal{M}| := M$ を構造 $\mathcal{M}$ の**対象領域**もしくは単に**領域**(universe)という.

例

アーベル群の言語 $\mathrm{L} = \{+, -, 0\}$ について L-構造は組 $\mathcal{M} = \langle M; +^{\mathcal{M}}, -^{\mathcal{M}}, 0^{\mathcal{M}}\rangle$ で，空でない集合 M と M 上の二項演算 $+^{\mathcal{M}}$，一項演算 $-^{\mathcal{M}}$ と $0^{\mathcal{M}} \in M$ から成る．数学の習慣に従って，$\mathcal{M}$ と M を同じ記号 G 等で表す.

次に 1 階論理の構文論(syntax)を述べる．言語 L を固定する．記号 $\mathrm{L} \cup \{\vee, \wedge, \neg, \rightarrow, =, \exists, \forall, x, y, z, ...\}$ の有限列を(L 上の)**記号列**(expression)と呼ぶ．記号列に現れる記号の総数をその**長さ**(length)という．例：$(x+(x+y))$ の長さは(カッコと重複をこめて) 9 である．変数 $x, y, z, ...$ は可算無限個あるとする.

初めにモノを表す表現としての(言語 L の)**式**(term)(多項式，有理式，...)を帰納的に定義する.

定義 1.3.2　式(term)の帰納的定義

1. 各変数と L の定数は式である.
2. n-変数関数記号 $f \in \mathrm{L}$ と式 $t_1, ..., t_n$ について $f(t_1, ..., t_n)$ も式である.
3. 以上によって式と分かる記号列のみが式である.

変数を含まない式を**閉式**(closed term)という.　□

言語 L の式であることを強調したいときには **L-式**(L-term)と呼ぶ．また，L-式全体の集合を Tm_{L} と書く.

次に，命題を表す表現たる(言語 L の)**論理式**(formula)を帰納的に定義する.

定義 1.3.3　**原子論理式**(atomic formula)とは次のいずれかの形をした記号列のこと：

$$(t_1 = t_2), \quad (R(t_1, ..., t_n))$$

ここで $t_i \in Tm_{\mathrm{L}}$ で，$R \in \mathrm{L}$ は n-変数関係記号である.　□

定義 1.3.4　論理式(formula)の帰納的定義

1. 原子論理式は論理式である.
2. 論理式 φ, ψ について，$(\neg\varphi), (\varphi \vee \psi), (\varphi \wedge \psi), (\varphi \rightarrow \psi)$ はいずれも論理式である.
3. 論理式 φ と変数 x について，$(\exists x\varphi), (\forall x\varphi)$ はいずれも論理式である.　□

原子論理式かその否定は**リテラル**(literal)と呼ばれる.

言語 L の論理式であることを強調したいときには **L-論理式**(L-formula)と呼

ぶ．また，L-論理式全体の集合を Fml_{L} と書く．

(1.4)と補題1.1.1により

$$\text{論理式全体の集合 } Fml_{\mathrm{L}} \text{ は L が可算ならばやはり可算である} \tag{1.26}$$

論理式を作る際の最後につけられたカッコ，例えば $(\varphi\vee\psi)$ の一番外側のカッコは大概，省略する．また，同じ論理記号の繰り返しがあるときには，

$$\varphi\wedge\psi\wedge\theta :\equiv \varphi\wedge(\psi\wedge\theta), \quad \varphi\to\psi\to\theta :\equiv \varphi\to(\psi\to\theta)$$

のようにカッコをはずす．

$\varphi\wedge\psi\wedge\theta$ を φ,ψ,θ の**論理積**(conjunction)，$\varphi\vee\psi\vee\theta$ を φ,ψ,θ の**論理和**(disjunction)という．個数が増えても同じである．

次のいずれもアーベル群の言語での論理式である：

$$x+y=0$$
$$\exists y(x+y=0)$$
$$\forall x\exists y(x+y=0)$$

このうち，一つ目のでは変数 x,y がともに「遊んでいる」，つまりそれらに値を代入しない限り真とも偽とも言えない．二つ目では x は遊んでいるが y は「束縛されて」おり，三つ目では x,y 共に「束縛されている」ので記号を解釈する構造が与えられれば，真偽が決められる．

数学で $x+y=0$ と書いたら，$\forall x\forall y(x+y=0)$ を意図していることが多いが，集合 $\{(x,y):x+y=0\}$ であったり，あるいは y はパラメタで変数 x についての方程式を指しているかもしれない．ここではこのような曖昧さを避けるため，$x+y=0$ と $\forall x\forall y(x+y=0)$ ははっきり区別して用いる．

論理式において，遊んでいる変数をその論理式の**自由変数**(free variable)とか**パラメタ**(parameter)と呼び，その変数は論理式に**自由に現れる**(freely occur)という．正確な定義は定義1.5.1で与える．また $\varphi[v_1,\dots,v_n]$ と書いたら，論理式 φ に自由に現れる変数はたかだか $v_1,\dots,v_n$ であることを表す．ここで，実際に $v_1,\dots,v_n$ すべてが自由に現れていなくてよい．

定義 1.3.5　自由変数を持たない(言語Lの)論理式をL-閉論理式または単に**閉論理式**(closed formula, sentence)という．　□

ここまでは言語Lの式，論理式は単なる記号の有限列に過ぎなかった．次に，我々が想定している意味を，論理記号に付与することにする．これは**充足関係**(satisfaction relation) $\mathcal{M}\models\varphi$ を通じてなされる．ここで，$\mathcal{M}$ は構造で φ は閉論理式である．

$\mathcal{M}=\langle M;...\rangle$ を L-構造とする．$\mathcal{M}$ に関する命題(論理式)が書け，それらの $\mathcal{M}$ での真偽を定義するために言語 L を拡張する：集合 M の各元 a ごとにその名前(name)と呼ばれる定数 c_a を言語 L に付け加えて，新しい言語 $\mathrm{L}(\mathcal{M})=\mathrm{L}\cup\{c_a : a\in M\}$ をつくる．この言語 $\mathrm{L}(\mathcal{M})$ の閉論理式 φ について関係 $\mathcal{M}\models\varphi$ を定義していくことになる．

L-構造 $\mathcal{M}$ は，新たに導入された定数 c_a の解釈を

$$(c_a^{\mathcal{M}}) := a$$

と定めることで，自然に $\mathrm{L}(\mathcal{M})$-構造とみなされる．

初めに，$\mathrm{L}(\mathcal{M})$ での閉式 t の値 $t^{\mathcal{M}}\in M$ を定める．

定義 1. 3. 6　L を言語，$\mathcal{M}=\langle M;...\rangle$ を L-構造，t を $\mathrm{L}(\mathcal{M})$-閉式として $t^{\mathcal{M}}\in M$ を以下で再帰的に定義する：

1. t が定数ならば，$t^{\mathcal{M}} := c^{\mathcal{M}}$.
2. $t\equiv f(t_1,...,t_n)\,(f\in\mathrm{L})$ ならば，$t^{\mathcal{M}} := f^{\mathcal{M}}(t_1^{\mathcal{M}},...,t_n^{\mathcal{M}})$. □

次に充足関係 $\mathcal{M}\models\varphi$ の定義をする．

$\varphi[v:=t]$ で，論理式 φ におけるパラメタ v を(全部)式 t で置き換えた記号列を表す．明らかにこれはまた論理式になる．しかし t が閉式でない場合には少し注意を要する．例えば論理式 $\exists y(x+y=0)$ でパラメタ x に $(y+y)$ をそのまま代入すると $\exists y((y+y)+y=0)$ となってしまう．書きたいのは $\exists u((y+y)+u=0)$ のはずである．このように式の代入によって，代入される式の変数が束縛されてしまう場合には，「新しい」つまり現在の文脈(論理式への代入ならその論理式)で用いられていない変数を任意にひとつ選んで束縛する変数のほうを新しい変数で置き換える．変数は可算無限個用意しておいたことを思い出そう．

これと似たことが例えば積分でも起こっている．例えば(連続)関数 $f(x,y)$ について定積分

$$F(y)=\int_0^1 f(x,y)\,dx$$

を考える．ここで x は束縛されているのに対し，y は遊んでいる．y には定数，例えば π を代入できるし，(連続)関数 $y=g(z)$ も代入できる：

$$G(z)=F(g(z))=\int_0^1 f(x,g(z))\,dx.$$

ところでここで，y が x の関数 $y=h(x)$ だったら $H(x)=F(h(x))$ はどう定義

されるだろう？ もちろん

$$H(x) = F(h(x)) = \int_0^1 f(u, h(x))\, du \neq \int_0^1 f(x, h(x))\, dx$$

である．つまり数学では，代入することによって，遊んでいた変数が縛られてしまうときには，自動的に変数の名前を書き換えているのである．

しかしこの章では閉式の代入しか行わないので，この問題は発生しない．詳細は定義 1. 5. 1 で説明する．

定義 1. 3. 7 L を言語，$\mathcal{M} = \langle M; ...\rangle$ を L-構造，φ を L($\mathcal{M}$) での閉論理式として関係 $\mathcal{M} \models \varphi$ ($\mathcal{M}$ は φ を充たす($\mathcal{M}$ satisfies φ)，φ は $\mathcal{M}$ で正しい(φ is true in $\mathcal{M}$))を以下で帰納的に定義する：

1. $\mathcal{M} \models t_1 = t_2 :\Leftrightarrow t_1^{\mathcal{M}} = t_2^{\mathcal{M}}$.
   ここで，左辺の等号 = は形式的な言語の記号であり，右辺のそれは集合 M での相等関係を表すことに注意せよ．
2. $\mathcal{M} \models R(t_1, ..., t_n)$ ($R \in$ L で等号以外) $:\Leftrightarrow (t_1^{\mathcal{M}}, ..., t_n^{\mathcal{M}}) \in R^{\mathcal{M}}$.
3. $\mathcal{M} \models \neg\varphi :\Leftrightarrow \mathcal{M} \not\models \varphi :\Leftrightarrow \mathcal{M} \models \varphi$ でない．
4. $\mathcal{M} \models \varphi \vee \psi :\Leftrightarrow \mathcal{M} \models \varphi$ または $\mathcal{M} \models \psi$ (少なくとも一方が成立，両方正しくても可)．
5. $\mathcal{M} \models \varphi \wedge \psi :\Leftrightarrow \mathcal{M} \models \varphi$ かつ $\mathcal{M} \models \psi$.
6. $\mathcal{M} \models \varphi \to \psi :\Leftrightarrow \mathcal{M} \models \varphi$ ならば $\mathcal{M} \models \psi \Leftrightarrow \mathcal{M} \not\models \varphi$ または $\mathcal{M} \models \psi$.
7. $\mathcal{M} \models \exists v\varphi :\Leftrightarrow \mathcal{M} \models \varphi[v := c_a]$ となる $a \in M$ が存在する．
8. $\mathcal{M} \models \forall v\varphi :\Leftrightarrow$ 任意の $a \in M$ について $\mathcal{M} \models \varphi[v := c_a]$. □

当たり前の定義である：各論理記号はその読み方通りの意味を持ち，言語 L の各記号は，構造 $\mathcal{M}$ での解釈に沿って解釈されている．また，$a \in M$ の名前 c_a はその名の通り a を表している．

命題 1. 3. 8 言語 L($\mathcal{M}$) の閉式 t の構造 $\mathcal{M}$ での値を $a = t^{\mathcal{M}} \in M$ とする．c_a を a の名前として次が成立する．

1. s を L($\mathcal{M}$) の式でその変数は(たかだか) v のみとすると，
$$(s[v := t])^{\mathcal{M}} = (s[v := c_a])^{\mathcal{M}}.$$
2. φ を L($\mathcal{M}$) の論理式でその自由変数は(たかだか) v のみとすると，
$$\mathcal{M} \models \varphi[v := t] \Leftrightarrow \mathcal{M} \models \varphi[v := c_a].$$
   従って，$\mathcal{M} \models \varphi[v := t] \Rightarrow \mathcal{M} \models \exists v\varphi$.

［証明］ 1. 3. 8. 1. $t^{\mathcal{M}} = a = (c_a)^{\mathcal{M}}$ を用いて，式 s の長さについての帰納法で

わかる．

1.3.8.2．論理式 φ の長さに関する帰納法による．φ が原子論理式のときには，命題 1.3.8.1 によればよい． ∎

定義 1.3.9 L を言語とする．L-閉論理式の集合を (L-) 公理系(theory)と呼ぶ．

以下，T は L-公理系であるとする．

1. $\mathcal{M}$ を L-構造とする．どんな $\varphi \in \mathrm{T}$ も $\mathcal{M}$ で充たされる$(\mathcal{M} \models \varphi)$とき，$\mathcal{M}$ は T のモデル(model)であるという．これを $\mathcal{M} \models \mathrm{T}$ と書き表す．

   とくに $\mathrm{T} = \varnothing$ の場合を考えて，構造という言葉の代わりにモデルと呼ぶことがある．

2. T の任意のモデルが L-閉論理式 φ を充たすとき，$\mathrm{T} \models \varphi$ と書き，φ は T の論理的帰結(φ is a logical consequence of T)あるいは φ は T の定理であるという．

   φ が閉論理式でない場合には，その全称閉包(universal closure)を

   $$\varphi^{\forall} :\equiv \forall x_1 \cdots \forall x_n \varphi \ (x_1, ..., x_n \text{ は } \varphi \text{ のパラメタ})$$

   として

   $$\mathrm{T} \models \varphi :\Leftrightarrow \mathrm{T} \models \varphi^{\forall}$$

   と定める．

   とくに $\mathrm{T} = \varnothing$ のときには $\models \varphi$ と書く．これは φ が論理的に正しい(logically valid)ということを意味する．

3. T のあるモデルが L-閉論理式 φ を充たすとき，φ は T で充足可能(φ is satisfiable in T)であるという．

   とくに $\mathrm{T} = \varnothing$ のときには φ は充足可能(φ is satisfiable)であると呼ばれる．

4. $\vdash \varphi \leftrightarrow \psi (:\equiv (\varphi \to \psi) \land (\psi \to \varphi))$ のとき，論理式 φ と ψ は論理的に同値(logically equivalent)であると言われる．

5. L-公理系 T と L′-公理系 T′ を考える．

   記号の集まりとして $\mathrm{L} \subset \mathrm{L}'$ で，かつどんな L-論理式 φ についても

   $$\mathrm{T} \models \varphi \Rightarrow \mathrm{T}' \models \varphi \tag{1.27}$$

   となっているとき，公理系 T′ は T の拡大(extension)であるという．

   T の拡大 T′ が保存拡大(conservative extension)であるのは，(1.27)の逆

   $$\mathrm{T} \models \varphi \Leftarrow \mathrm{T}' \models \varphi$$

が任意のL-論理式 φ で成立するときをいう. □

論理式の標準形

定義 1.3.10

1. リテラルから論理結合子 $\vee, \wedge, \exists, \forall$ のみによって生成される論理式を否定標準形(negation normal form)の論理式という.
2. 論理式 φ に量化記号 $\exists, \forall$ が現れないとき, φ は量化記号なし(quantifier-free)と呼ばれる.
3. 量化記号なしの θ について, $\exists x_1 \cdots \exists x_n \theta\,(n \geq 0)$ の形の論理式を $\exists$-論理式(existential formula)といい, $\forall x_1 \cdots \forall x_n \theta$ の形の論理式を $\forall$-論理式(universal formula)という.
4. 量化記号がいくつか並んでその後が量化記号なしの論理式である形

$$Q_1 x_1 \cdots Q_n x_n \theta\ (n \geq 0,\ Q_i = \exists, \forall,\ \theta \text{ には量化記号なし})$$

を冠頭標準形(prenex normal form)の論理式という. 量化記号なしの θ をこの論理式の母式(matrix)という. □

補題 1.3.11

1. 各論理式 φ と論理的に同値な否定標準形の論理式がつくれる.
2. 各論理式 φ と論理的に同値な冠頭標準形の論理式がつくれる.

[証明] 補題 1.3.11.1 には, 論理式 φ の長さに関する帰納法で求める否定標準形の論理式をつくればよい. 先ず $\to$ を

$$\models (\varphi \to \psi) \leftrightarrow (\neg\varphi \vee \psi) \tag{1.28}$$

により消去してから De Morgan の法則

$$\begin{aligned} &\models \neg(\varphi \vee \psi) \leftrightarrow (\neg\varphi \wedge \neg\psi) \\ &\models \neg(\varphi \wedge \psi) \leftrightarrow (\neg\varphi \vee \neg\psi) \end{aligned} \tag{1.29}$$

$$\begin{aligned} &\models \neg\exists x\varphi \leftrightarrow \forall x \neg\varphi \\ &\models \neg\forall x\varphi \leftrightarrow \exists x \neg\varphi \end{aligned} \tag{1.30}$$

と二重否定の除去

$$\models (\neg\neg\varphi) \leftrightarrow \varphi \tag{1.31}$$

を用いて否定 $\neg$ をどんどん中に入れていけばよい.

補題 1.3.11.2 には, 初めに補題 1.3.11.1 により与えられた論理式 φ をそれと論理的に同値な否定標準形の論理式 φ' に書き換える. それから論理式 φ'

の長さに関する帰納法で求める冠頭標準形の論理式を，$Q \in \{\exists, \forall\}$, $\circ \in \{\lor, \land\}$ と φ に現れない変数 y について以下を用いて求める：

$$\models Qx\varphi \leftrightarrow Qy(\varphi[x := y]), \quad \models (\varphi \circ Qy\psi) \leftrightarrow Qy(\varphi \circ \psi) \tag{1.32}$$

定義 1.3.12 φ を冠頭標準形の論理式とする．

φ の **Skolem** 標準形(Skolem normal form) φ^S は，次のように定義される．

φ 中の各存在量化記号 $\exists y_l$ について，それより前(左)にある全称量化記号が n_l 個 $\forall x_1^l, ..., \forall x_{n_l}^l$ あるとすれば，n_l-変数の新しい関数記号 f_l (**Skolem** 関数(Skolem function))を導入して，存在量化記号 $\exists y_l$ を消し，φ の母式中の変数 y_l を式 $f_l(x_1^l, ..., x_{n_l}^l)$ で置き換えれば φ^S が得られる．

φ^S は拡張された言語での $\forall$-論理式である．□

命題 1.3.13 冠頭標準形の論理式 φ の Skolem 標準形を φ^S とする．このとき φ のモデルにおいて Skolem 関数(記号)に適当な解釈を与えれば φ^S のモデルが得られ，逆に φ^S のモデルでの Skolem 関数の解釈を止めれば φ のモデルが得られる．□

1.4　コンパクト性定理

この節では初めに，命題論理(propositional logic)を解説し，そのコンパクト性定理を証明する．次に，1 階論理の問題を命題論理のそれに帰着させる L. Henkin による方法を説明する．1 階論理のコンパクト性定理 1.4.14 はこの方法からすぐに出てくる．

1.4.1　命 題 論 理

ここでは，命題結合子 $\lor, \land, \neg, \rightarrow$ のみを分析する命題論理を説明する．

初めに，空でない集合 I を固定する．I の元は素論理式(prime formula)とか命題変数(propositional variable)と呼ばれる．つまりこれらはある命題を表しているのだが，その中身については詮索しない，ということを意図している．以下，素論理式を表すのに p, q, r あたりの文字を使う．

I 上の命題論理の論理式(propositional formula)を定義する．

定義 1.4.1 (cf. 定義 1.3.4)

1. 各素論理式 $p \in \mathrm{I}$ は論理式である．

2. 論理式 A,B について，$\neg A, (A\vee B), (A\wedge B), (A\to B)$ はいずれも論理式である．

3. 以上によって論理式と分かる記号列のみが論理式である． □

次に，論理式の真偽がどのようにその構成要素=素論理式に依存するかを述べる．さらに，論理式が素論理式の真偽によらずいつでも真となるかどうかの判定法を示す．このような論理式はトートロジー(tautology)と呼ばれる．形だけから真であることが分かる論理式のことである．

関数 $\nu: \mathrm{I}\to 2\,(2:=\{0,1\})$ を付値(truth assignment)と呼ぶ．ここで，$\mathbf{0}$ は偽を表し，$\mathbf{1}$ は真を表している．

付値 ν は，I 上の論理式全体の上の関数 $\bar{\nu}: A\mapsto \bar{\nu}(A)\in 2$ に一意的に拡張される：

1. $\bar{\nu}(A)=\nu(A)$, $A\in \mathrm{I}$ のとき．
2. $\bar{\nu}(\neg A)=1-\bar{\nu}(A)$.
3. $\bar{\nu}(A\vee B)=\max\{\bar{\nu}(A),\bar{\nu}(B)\}$.
4. $\bar{\nu}(A\wedge B)=\min\{\bar{\nu}(A),\bar{\nu}(B)\}$.
5. $\bar{\nu}(A\to B)=\max\{1-\bar{\nu}(A),\bar{\nu}(B)\}(=\bar{\nu}(\neg A\vee B))$.

関数 $\bar{\nu}$ は付値 ν から一意的に決まるので ν と同一視して単に ν と書く．

定義 1.4.2 (命題論理の)論理式 A がトートロジー(tautology)であるとは，任意の付値 ν について $\nu(A)=1$ となることを意味する．

論理式 A,B について $A\leftrightarrow B\,(:\equiv (A\to B)\wedge(B\to A))$ がトートロジーであるとき，A と B は命題論理で同値(truth functionally equivalent)と呼ぶ．

また，$\nu(A)=1$ となる付値 ν が存在するとき，A は(命題論理で)充足可能(satisfiable)という．

さらに，論理式の集合 T が(命題論理で)充足可能(satisfiable)とは，それらを一挙に充たす付値 ν $(\forall A\in T(\nu(A)=1))$ が存在することをいう． □

付値そのものは，集合 I が無限であれば無限にある．しかし各論理式 A については関係する付値は有限個しかない：$A\equiv A[p_1,\dots,p_n]$ に現れている素論理式たち全部(常に有限個！)を $\{p_1,\dots,p_n\}$ とすれば，付値 ν,μ について次は容易に確かめられる：

$$\forall i[1\le i\le n\Rightarrow \nu(p_i)=\mu(p_i)]\Rightarrow \nu(A)=\mu(A)$$

従って A にとっては 2^n 個の付値しか存在しないも同然である．

このことから，与えられた論理式がトートロジーか否か[充足可能か否か]機械的に判定する方法がつくれた：単に 2^n 個の付値 ν 全部について，真偽値 $\nu(A)$ を計算してみればよい．真偽値 $\nu(A)$ は，素論理式 $\{p_1,\dots,p_n\}$ に $\nu(p_i)\in\{0,1\}$ を代入して計算する．この計算結果を表にまとめたものを論理式 A の真理表 (truth table) という．n 個の素論理式を含む論理式の真理表は全部で 2^{2^n} 個ある．

また論理式 $A\equiv A[p_1,\dots,p_n]$ は真理関数 $f_A:2^n\to 2$ とみなせる．つまり $\vec{b}=(b_1,\dots,b_n)\in 2^n$ について，付値 $\nu_{\vec{b}}$ を $\nu_{\vec{b}}(p_i)=b_i$ で定めて，$f_A(\vec{b}):=\nu_{\vec{b}}(A)$ とすればよい．

トートロジーの例 ($A\leftrightarrow B$ は $(A\to B)\land(B\to A)$ の略)

$$A\lor\neg A \quad (\text{排中律})$$
$$\neg(A\land\neg A) \quad (\text{矛盾律})$$
$$\neg(A\lor B)\leftrightarrow\neg A\land\neg B \quad (\text{De Morgan の法則})$$
$$\neg(A\land B)\leftrightarrow\neg A\lor\neg B \quad (1.29)$$
$$\neg\neg A\leftrightarrow A\ (\text{二重否定の除去}) \quad (1.31)$$
$$(A\to B)\leftrightarrow(\neg A\lor B) \quad (1.28)$$
$$(A\land(B\lor C))\leftrightarrow((A\land B)\lor(A\land C)) \quad (\text{分配法則})$$
$$(A\lor(B\land C))\leftrightarrow((A\lor B)\land(A\lor C)) \quad (1.33)$$

1.4.2　命題論理のコンパクト性定理

定理 1.4.3 (命題論理のコンパクト性定理)

命題論理の論理式の集合 T が充足可能なのは，その任意の有限部分集合が充足可能なときである．

［証明］ T が充足可能なら，その任意の(有限)部分集合も充足可能なのは明らか．

以下，T の任意の有限部分集合は充足可能とする．このような T を有限充足可能 (finitely satisfiable) と呼ぶことにする．

問題を逆に考えてみる：もし T が充足可能として，ν を T を充たす付値としてみる．このとき，ν によって正しくなる論理式全体の集合 $S_\nu:=\{A:\nu(A)=1\}$ を考えると，$T\subset S_\nu$ となる．そこでこのような論理式の集合 S_ν が持つべき性質を明らかにして，有限充足可能な T がその性質を持つ集合に拡張できることを示せばよい．その性質を極大 (maximal) と呼び，論理式の集合 S が極大であることを以下が成り立つことと定義する：

1. S は有限充足可能，かつ

2. 各論理式 A について $A \in S$ か $\neg A \in S$ となっている.

命題 1.4.4 論理式の集合 S について, S が極大であるとき, そのときに限り $S = S_\nu$ となる付値 ν が存在する.

[証明] 明らかにどんな付値 ν についても S_ν は極大である.

逆に S は極大であると仮定する. このとき, 付値 ν を

$$\nu(p) = 1 :\Leftrightarrow p \in S$$
$$\nu(p) = 0 :\Leftrightarrow p \notin S$$

で定める. するとどんな論理式 A についても

$$\nu(A) = 1 \Leftrightarrow A \in S \tag{1.34}$$

が, 論理式 A の長さに関する数学的帰納法で証明できる. これより $S_\nu = S$ となる.

(1.34)を示すのに, 以下を確かめよ:

$$B \in S \Leftrightarrow \neg B \notin S$$
$$A \vee B \in S \Leftrightarrow A \in S \text{ または } B \in S$$
$$A \wedge B \in S \Leftrightarrow A \in S \text{ かつ } B \in S$$
$$A \to B \in S \Leftrightarrow A \notin S \text{ または } B \in S$$

例えば, $B \in S \Rightarrow \neg B \notin S$ は, もし $\{B, \neg B\} \subset S$ なら S が有限充足可能であることに反す. 逆は S の極大性から分かる.

もう一つ, 二番目の同値を考える. 初めに $A \vee B \in S$ だが $A \notin S$ かつ $B \notin S$ としてみる. すると極大性より, $\neg A \in S$ かつ $\neg B \in S$ となるが, $\{A \vee B, \neg A, \neg B\} \subset S$ は明らかに充足不可能である. 逆に $A \in S$ だが $A \vee B \notin S$ とすると, $\{A, \neg(A \vee B)\} \subset S$ は充足不可能である. ∎

一般に次が成り立つ.

補題 1.4.5 S を有限充足可能な論理式の集合で, 論理式 A について $S \cup \{A\}$ は有限充足不可能とする. このとき, $S \cup \{\neg A\}$ は有限充足可能である.

[証明] $S \cup \{\neg A\}$ が有限充足可能であることをみるために S の有限部分 S_0 を勝手に取り, $S_0 \cup \{\neg A\}$ が充足可能であることを示そう.

S が有限充足可能なのに $S \cup \{A\}$ は有限充足不可能ということは, S のある有限部分 S_1 について $S_1 \cup \{A\}$ は充足不可能ということ. 付値 ν を $S_0 \cup S_1$ を充たすように取ると, $\nu(A) = 0$ つまり $\nu(\neg A) = 1$ となり, この ν が $S_0 \cup \{\neg A\}$ を充たす. これで補題 1.4.5 は証明された. ∎

さて, 命題 1.4.4 によって我々の目標が定まった:

補題 1.4.6　有限充足可能な T は極大な S に拡張できる$(S\supset T)$.　□

素論理式の集合 I が可算の場合と一般の場合に分けて証明する．証明の考え方は同じだが，可算の場合のほうが理解しやすいからである．

(素論理式の集合 I が可算の場合の補題 1.4.6 の証明)

I が可算とすると論理式全体の集合も可算であるから(cf. (1.26))，それらを一列に並べて $A_0, A_1, \ldots$ とする．論理式の集合の増加列 $T_0\subset T_1\subset\cdots$ を以下のように定義する：

$$T_0 := T \ (\text{初めに与えられた有限充足可能な集合})$$

$$T_{n+1} := \begin{cases} T_n\cup\{A_n\} & \text{もしこれが有限充足可能なら} \\ T_n\cup\{\neg A_n\} & \text{そうでないとき} \end{cases}$$

補題 1.4.5 により各 T_n は有限充足可能である．よって $S:=\bigcup_n T_n$ もそうである．この S が求めるものであることを示す．$T\subset S$ は明らかだから S の極大性を示す．論理式 A を勝手に取る．A は上のリストに入っているから $A\equiv A_n$ となる n が取れる．$A_n\in S$ または $\neg A_n\in S$ を示す．

もし $T_n\cup\{A_n\}$ が有限充足可能なら，定義より $A_n\in T_{n+1}\subset S$ でよい．そうでなければ再び定義より $\neg A_n\in T_{n+1}\subset S$ となる．

(素論理式の集合 I が一般の場合の補題 1.4.6 の証明)

可算の場合と発想は同じだが Zorn の補題 1.1.9(選択公理)を使う．

有限充足可能な論理式の集合 S で $S\supset T$ なるものたちを $S_0\subset S_1$ で順序付ける．この順序 $\subset$ は帰納的(= 全順序部分集合 $\{S_j\}_{j\in J}$ は上限 $\sup_{j\in J} S_j=\bigcup_j S_j$ を有す)なので，Zorn の補題 1.1.9 により極大元 S がある．この S が上で定義した意味で極大であることを示せば証明は終わる．

A を論理式として $A\notin S$ と仮定して $\neg A\in S$ を導こう．S は順序 $\subset$ の意味で極大だから $A\notin S$ なら $S\cup\{A\}$ は有限充足不可能である．

よって補題 1.4.5 より $S\cup\{\neg A\}$ は有限充足可能．S の極大性より，これは $\neg A\in S$ を意味する．　■

1.4.3　Henkin 定数

ここでは再び 1 階論理を扱う．L を言語とし，I を原子論理式か量化記号 $\exists, \forall$

で始まるL-論理式全体の集合とする．これらの論理式Iがここでの素論理式となる．よって**1階論理のトートロジー**(tautology of first-order logic)は，その素論理式にいかなる付値を与えても真，つまり真偽値=1 となるような論理式のことである．例えば

$$\forall xR(x)\vee\neg\forall xR(x),$$
$$\neg(\forall xR(x)\wedge\exists xS(x))\leftrightarrow(\neg\forall xR(x)\vee\neg\exists xS(x))$$

はともにトートロジーだが

$$c=c,$$
$$\forall x(R(x)\vee\neg R(x)),$$
$$\exists y[\exists x\varphi(x)\rightarrow\varphi(y)],$$
$$\neg\exists xS(x)\rightarrow\forall x\neg S(x)$$

はいずれも論理的に正しいがトートロジーではない．初めの三つはともに素論理式 p で，四つ目は $\neg p\rightarrow q$ の形だからである．

補題 1. 4. 7 Lを言語，$\mathcal{M}$ をL-構造とする．名前付きの言語L($\mathcal{M}$) の閉(かつ)素論理式に対する付値 ν で，どんなL($\mathcal{M}$)-閉論理式 φ についても

$$\mathcal{M}\models\varphi\Leftrightarrow\bar{\nu}(\varphi)=1$$

となるものが(一意的に)存在する．

特に，モデルを持つL-閉論理式の集合は(命題論理の意味で)充足可能である．

［証明］ 明らかに求める付値 ν は，閉素論理式 φ について

$$\mathcal{M}\models\varphi\Rightarrow\nu(\varphi)=1$$
$$\mathcal{M}\not\models\varphi\Rightarrow\nu(\varphi)=0$$

と定めるしかなく，これでよい． ∎

補題1. 4. 7の後半の逆は成り立たない．例えば次の閉論理式の集合

$$\{\forall x(R(x)\rightarrow S(x)),\forall xR(x),\neg\forall xS(x)\}$$

は命題論理では $\{p,q,\neg r\}$ だから充足可能だが，モデルは無い．

言語Lの **Henkin 拡張**(witnessing expansion)と呼ばれる拡張L(C) を，Lに定数を付加してつくる：$\mathrm{L}(C)=\mathrm{L}\cup C$, C は定数の集合である．

帰納的につくる．初めに $C_0=\varnothing$ として，C_n が既に定義されたら $\mathrm{L}_n=\mathrm{L}\cup C_n$ と定める．L_n が既に定義されたら C_{n+1} を次のように決める：L_n-閉論理式で量化記号 $\exists$ で始まっている閉論理式 $\exists x\varphi(x)$ を取り，それに対応して一つ新たに定数 $c_{\exists x\varphi(x)}$ をつくる．但しここで，閉論理式 $\exists x\varphi(x)$ に対応する定数 $c_{\exists x\varphi(x)}$ が既に前の段階で導入されていたら，これはする必要がないし，また，定数 $c_{\exists x\varphi(x)}$

は閉論理式 $\exists x\varphi(x)$ ごとに別々に入れるので，閉論理式が異なれば記号として違うものと理解する．例えば，定数 $c_{\exists x(x=x)}$, $c_{\exists y(y=y)}$ $(y \not\equiv x)$, $c_{\exists x(x=x \land x=x)}$ はみな互いに異なる．このようにして導入された定数 $c_{\exists x\varphi(x)}$ 全部と C_n との合併を C_{n+1} とする．最後に，$C = \bigcup_n C_n$, $\mathrm{L}(C) = \mathrm{L} \cup C$ と定める．

定義 1.4.8 定数 $c_{\exists x\varphi(x)}$ は **Henkin** 定数(witnessing constant)と呼ばれ，その意図は次の **Henkin** 公理(Henkin axiom)から分かる：

$$\exists x\varphi(x) \to \varphi(c_{\exists x\varphi(x)}) \tag{1.35}$$

$$\varphi(c_{\exists x\neg\varphi(x)}) \to \forall x\varphi(x) \tag{1.36}$$

□

何を意図しているかもう明らかだろう．$\exists x\varphi(x)$ が(ある構造で)正しければその証拠(witness)となる品 a があり，これが φ を充たす：$\varphi(a)$ が真，だからそれに新しい名前を付けて $c_{\exists x\varphi(x)}$ と呼ぶことにしたということである．もう一つのほうは，もし $\forall x\varphi(x)$ が間違っていたらその反例，つまり $\exists x\neg\varphi(x)$ の例に名前 $c_{\exists x\neg\varphi(x)}$ を付けるということに当たる．$\neg\forall x\varphi(x)$ と $\exists x\neg\varphi(x)$ は論理的に同値であることに注意せよ．

このような定数の導入の正当性は，一般に論理式 $\exists x\varphi(x)$ とそれに現れていない変数 y について

$$\models \exists y[\exists x\varphi(x) \to \varphi(y)] \tag{1.37}$$

であることによる．

定義 1.4.9 $\mathrm{T}_{\mathtt{Henkin}}$ は $\mathrm{L}(C)$-閉論理式の集まりで，上の Henkin 公理と以下の量化公理(quantifier axiom)より成る：$\mathrm{L}(C)$ の閉式 t について

$$\varphi(t) \to \exists x\varphi(x) \tag{1.38}$$

$$\forall x\varphi(x) \to \varphi(t) \tag{1.39}$$

□

次の補題 1.4.11 で示すように，勝手に与えられた L-構造 $\mathcal{M}$ は，Henkin 定数を適当に解釈してやれば，$\mathrm{T}_{\mathtt{Henkin}}$ のモデルにできる．

定義 1.4.10 一般に，L と L′ を言語とし，記号の集合として，$\mathrm{L} \subset \mathrm{L}'$ とする．また，$\mathcal{M}' = \langle M; F' \rangle$ を L′-構造とする．F' は L′ の記号を解釈するための L′ を定義域とする写像であった(cf. 定義 1.3.1)．いま $F' \restriction \mathrm{L}$ を F' の定義域 L′ を L に制限した写像とする．要するに $F' \restriction \mathrm{L}$ では $\mathrm{L}' \setminus \mathrm{L}$ の記号は解釈しない．このとき，L-構造 $\mathcal{M} = \langle M; F' \restriction \mathrm{L} \rangle$ を $\mathcal{M}'$ の L への縮小(reduct)といい，逆に $\mathcal{M}'$ を $\mathcal{M}$ の L′ への拡張(expansion)という． □

簡単な注意を一つする．任意のL-閉論理式 φ について

$$\mathcal{M} \models \varphi \Leftrightarrow \mathcal{M}' \models \varphi \tag{1.40}$$

は当たり前である：L-閉論理式の真偽はその中のLの記号の解釈と変数の変域で決まる．

補題 1.4.11 $\mathcal{M}=\langle M;...\rangle$ をL-構造，L(C)をLのHenkin拡張とする．C に属するHenkin定数たちに適当に M の元を対応させると，$T_{\mathtt{Henkin}}$ のモデルである $\mathcal{M}$ のL(C)への拡張 $\mathcal{M}'$ が得られる．

［証明］ 量化公理(1.38)，(1.39)はどうやってもいつでも正しいから，Henkin公理(1.35)，(1.36)だけ考える．

初めに(1.35)だけ考えればよいことに注意する．もし拡張 $\mathcal{M}'$ で(1.35)が全部正しくなっていたとしよう．このとき(1.36)も正しくなる．

$$\varphi(c_{\exists x \neg\varphi(x)}) \to \forall x\varphi(x)$$

の対偶をとって

$$\neg\forall x\varphi(x) \to \neg\varphi(c_{\exists x \neg\varphi(x)}).$$

これは次の(1.35)と論理的に同値(どんな構造でも真偽値が一致)だからよい：

$$\exists x\neg\varphi(x) \to \neg\varphi(c_{\exists x \neg\varphi(x)}).$$

そこで公理(1.35)を正しくするようにHenkin定数 $c_{\exists x\varphi(x)}$ の解釈 $(c_{\exists x\varphi(x)})^{\mathcal{M}'} \in M$ を，Henkin定数の構成に沿って帰納的に決めていく．

$\mathcal{M}_0=\mathcal{M}$ として，言語 $L_n=L\cup C_n$ を解釈する L_n-構造 $\mathcal{M}_n$ が既につくられたとする．このとき，$C_{n+1}\setminus C_n$ の元 $c_{\exists x\varphi(x)}$ に M の元を次のように対応させる．初めに公理の前提 $\exists x\varphi(x)$ は L_n-閉論理式であったことを思い出す．だからそれの $\mathcal{M}_n$ での真偽はもう決まっている．場合分け：$\mathcal{M}_n \models \exists x\varphi(x)$ となっていたら，その例となる $a\in M$ を一つ任意に取る．$\mathcal{M}_n \models \varphi(c_a)$ となっている．そこで $(c_{\exists x\varphi(x)})^{\mathcal{M}_{n+1}}=a$ と決める．次に $\mathcal{M}_n \not\models \exists x\varphi(x)$ なら $c_{\exists x\varphi(x)}$ に M の元をどれでもいいから対応させる．こうして $C_{n+1}\setminus C_n$ の元 $c_{\exists x\varphi(x)}$ に M の元を対応させて $\mathcal{M}_n$ の L_{n+1} への拡張 $\mathcal{M}_{n+1}$ ができた．

こうすると，注意(1.40)により $\mathcal{M}_{n+1}$ で $\exists x\varphi(x)\to\varphi(c_{\exists\varphi(x)})$ は正しくなる．

これをずっと続けて $\mathcal{M}$ のL(C)への拡張 $\mathcal{M}'$ が得られ，そこでHenkin公理(1.35)はみな正しくなる． ∎

L(C)-標準構造(canonical structure)とは，L(C)-構造 $\mathcal{M}=\langle M;...\rangle$ でどの元 $a\in M$ もある定数 $c\in C$ で表示されていること，つまり $M=\{c^{\mathcal{M}}:c\in C\}$ となっていることを意味する．

定義 1.4.12 等号公理(equality axiom)は次の形のいずれかの論理式を指す．ここに $t, s, t_1, \dots$ は L(C) の閉式で R は L の n-変数関係記号，f は L の n-変数関数記号:

$$
\begin{aligned}
&t = t \\
&t = s \to s = t \qquad (1.41)\\
&t_1 = t_2 \wedge t_2 = t_3 \to t_1 = t_3
\end{aligned}
$$

$$
\begin{aligned}
&t_1 = s_1 \wedge \cdots \wedge t_n = s_n \to R(t_1, \dots, t_n) \to R(s_1, \dots, s_n) \\
&t_1 = s_1 \wedge \cdots \wedge t_n = s_n \to f(t_1, \dots, t_n) = f(s_1, \dots, s_n)
\end{aligned}
\qquad (1.42)
$$

初めの三つは等号 $=$ が同値関係であることを言っており，あとの二つは合同関係であることを保証することになる．

等号公理のいずれも，どんな L(C)-構造 $\mathcal{M}$ でも正しい．等号公理全体の集合を Eq と書くことにする． □

次の補題 1.4.13 での 1 と 3 が同値である事実により，1 階論理の問題を命題論理のそれに帰着させ得ることになる．T が有限でも $\mathrm{T} \cup \mathrm{T}_{\mathtt{Henkin}} \cup \mathrm{Eq}$ は無限になることに注意せよ．

補題 1.4.13 L を言語，L(C) を L の Henkin 拡張とする．L-閉論理式の集合 T について以下の三つは互いに同値:

1. T はモデルを持つ．
2. T のモデルになる L(C)-標準構造 $\mathcal{M}$ が存在する．
3. $\mathrm{T} \cup \mathrm{T}_{\mathtt{Henkin}} \cup \mathrm{Eq}$ を命題論理の論理式の集合とみなして，充足可能である．

[証明] $2 \to 1 \to 3 \to 2$ の順でみていく．

2 から 1 が出てくることは $\mathcal{M}$ の L への縮小を考えればよい．

1 を仮定して 3 をみるには，先ず T のモデル $\mathcal{M}$ を補題 1.4.11 により L(C)-構造 $\mathcal{M}'$ に $\mathrm{T} \cup \mathrm{T}_{\mathtt{Henkin}} \cup \mathrm{Eq}$ のモデルとなるように拡張し，補題 1.4.7 を使えばよい．

以下，3 を仮定して 2 を示す．L(C) の素論理式への付値 ν で，任意の $\varphi \in \mathrm{T} \cup \mathrm{T}_{\mathtt{Henkin}} \cup \mathrm{Eq}$ について $\nu(\varphi) = 1$ となるものを取る．標準構造 $\mathcal{M} = \langle M; \dots \rangle$ を，どんな L(C)-閉論理式 φ についても

$$\mathcal{M} \models \varphi \Leftrightarrow \nu(\varphi) = 1 \qquad (1.43)$$

となるようにつくりたい．

(M の定義)

Ct(C) を言語 L(C) の閉式全体の集合とする．Ct(C) 上の関係 $\simeq$ を

$$t \simeq s :\Leftrightarrow \nu(t = s) = 1$$

で定める．これが同値関係になることは，ν が Eq とくに(1. 41)を正しくすることから分かる．$[t]$ を t を代表元とするこの同値関係 $\simeq$ による同値類として，$M = \mathrm{Ct}(C)/\simeq = \{[t] : t \in \mathrm{Ct}(C)\}$ と定める．

(関係記号 R の解釈)

n-変数関係記号 R に対し，$R^{\mathcal{M}}$ を

$$\langle [t_1], ..., [t_n] \rangle \in R^{\mathcal{M}} :\Leftrightarrow \nu(R(t_1, ..., t_n)) = 1 \tag{1. 44}$$

で定める．これが代表元 $t_1, ..., t_n$ の選び方によらずに決まることをみるには

$[t_1] = [s_1], ..., [t_n] = [s_n]$ かつ $\nu(R(t_1, ..., t_n)) = 1$ ならば $\nu(R(s_1, ..., s_n)) = 1$

を示さないといけないが，$[t] = [s] \Leftrightarrow t \simeq s \Leftrightarrow \nu(t = s) = 1$ に注意して，(1. 42)の一番目が ν で正しくなることからよい．

(関数記号 f の解釈)

n-変数関数記号 f と $t_1, ..., t_n \in \mathrm{Ct}(C)$ に対し，

$$f^{\mathcal{M}}([t_1], ..., [t_n]) := [f(t_1, ..., t_n)] \tag{1. 45}$$

と定める．

$\nu(t_1 = s_1) = \cdots = \nu(t_n = s_n) = 1$ ならば $\nu(f(t_1, ..., t_n) = f(s_1, ..., s_n)) = 1$ となることが(1. 42)の二番目より分かるのでこれで M 上の n-変数関数 $f^{\mathcal{M}}$ が定義できた．

(定数 c の解釈 $c^{\mathcal{M}}$)

$\mathrm{L}(C)$ の定数 c について $c^{\mathcal{M}} = [c]$ とする．

(標準構造であること)

以上により $\mathrm{L}(C)$-構造 $\mathcal{M}$ がつくれた．これが標準構造になっていることをみるには，どんな閉式 $t \in \mathrm{Ct}(C)$ についても $t \simeq c$ つまり

$$c \in C \text{ で } \nu(t = c) = 1 \text{ となるものが存在する} \tag{1. 46}$$

ことを示せばよい．先ず，論理式 $\varphi(x) :\equiv (t = x)$ として，$\nu(\exists x \varphi(x)) = 1$ を示す．

初めに(1. 41)の一番目から $\nu(t = t) = 1$ つまり $\nu(\varphi(t)) = 1$．そこで量化公理(1. 38)から $\nu(\exists x \varphi(x)) = 1$ が分かる．

これと Henkin 公理(1. 35)より Henkin 定数 $c \equiv c_{\exists x \varphi(x)} \equiv c_{\exists x(t=x)}$ について $\nu(\varphi(c)) = 1$ つまり $\nu(t = c) = 1$ となり(1. 46)が示せた．

((1. 43)の証明)

初めに $\mathrm{L}(C)$-原子閉論理式について(1. 43)を示そう．先ず，等式について考える．$\mathcal{M} \models t = s \Leftrightarrow t^{\mathcal{M}} = s^{\mathcal{M}}$ と $[t] = [s] \Leftrightarrow \nu(t = s) = 1$ より，任意の閉式 $t \in \mathrm{Ct}(C)$

について

$$t^{\mathcal{M}}=[t] \tag{1.47}$$

を示せばよい．これを t の長さに関する帰納法で示そう．t が定数 c の場合は定義そのものである．t が $f(t_1,...,t_n)$ として，帰納法の仮定より，$t_i^{\mathcal{M}}=[t_i]$ $(i=1,...,n)$．これと関数 $f^{\mathcal{M}}$ の定義(1.45)から $t^{\mathcal{M}}=f^{\mathcal{M}}(t_1^{\mathcal{M}},...,t_n^{\mathcal{M}})=f^{\mathcal{M}}([t_1],...,[t_n])=[f(t_1,...,t_n)]=[t]$．これで(1.47)が示せた．

次に等式以外の原子閉論理式 $R(t_1,...,t_n)$ を考える．定義(1.44)と(1.47)より

$$\mathcal{M}\models R(t_1,...,t_n)\Leftrightarrow\langle t_1^{\mathcal{M}},...,t_n^{\mathcal{M}}\rangle\in R^{\mathcal{M}}\Leftrightarrow$$
$$\langle[t_1],...,[t_n]\rangle\in R^{\mathcal{M}}\Leftrightarrow\nu(R(t_1,...,t_n))=1$$

これで原子閉論理式については(1.43)が示せた．

一般の場合については，閉論理式に現れる論理結合子の個数に関する帰納法を用いる．閉論理式が量化記号で始まる場合だけ考える．

初めに $\nu(\exists x\varphi(x))=1$ とすると，Henkin 公理(1.35)より Henkin 定数 $c\equiv c_{\exists x\varphi(x)}$ について $\nu(\varphi(c))=1$ となる．帰納法の仮定より $\mathcal{M}\models\varphi(c)$，よって命題 1.3.8.2 により $\mathcal{M}\models\exists x\varphi(x)$．

逆に $\mathcal{M}\models\exists x\varphi(x)$ とすると定義より，$\mathcal{M}\models\varphi(c_a)$ となる $a\in M=\mathrm{Ct}(C)/\simeq$ が存在する．閉式 $t\in\mathrm{Ct}(C)$ を $[t]=a$ と取ると，(1.47)より $t^{\mathcal{M}}=[t]=a$．従って命題 1.3.8.2 から $\mathcal{M}\models\varphi(t)$．帰納法の仮定より $\nu(\varphi(t))=1$ となり，量化公理(1.38)から $\nu(\exists x\varphi(x))=1$ と結論できる．

$\forall x\varphi(x)$ の形の閉論理式について(1.43)を示すには，Henkin 公理(1.36)と量化公理(1.39)を用いる．∎

定理 1.4.14 (コンパクト性定理 Compactness theorem)

T を 1 階論理の閉論理式の集合で，そのどんな有限部分 $\mathrm{T}_0\subset\mathrm{T}$ もモデルを持つとする．このとき，T 自身もモデルを持つ．

［証明］ T のどんな有限部分 $\mathrm{T}_0\subset\mathrm{T}$ もモデルを持つとする．すると補題 1.4.13 からどんな有限 $\mathrm{T}_0\subset\mathrm{T}$ についても $\mathrm{T}_0\cup\mathrm{T}_{\mathtt{Henkin}}\cup\mathrm{Eq}$ を命題論理の論理式の集合とみなして，充足可能となる．ここで，命題論理のコンパクト性定理 1.4.3 より，$\mathrm{T}\cup\mathrm{T}_{\mathtt{Henkin}}\cup\mathrm{Eq}$ も充足可能となるので，再び補題 1.4.13 から T がモデルを持つことが結論できる．∎

これを言い換えておくと便利なことがある．

系 1.4.15 $\mathrm{T}\cup\{\psi\}$ を 1 階論理の閉論理式の集合で，$\mathrm{T}\models\psi$ であるとする．このとき既に，ある有限部分 $\mathrm{T}_0\subset\mathrm{T}$ について $T_0\models\psi$ となる．□

1.5 完全性定理

数学での「証明」に関する共通認識によれば，各々の定理 φ は，明確に述べられた仮定(公理) T からの証明を有しないといけない．その証明は，結論 φ が公理 T から論理法則のみによって従うことを示すものでなければならない．数学者は証明の概念を理解していると思っているし，特に，省略やギャップの無い「証明」と称しているものが，本当に仮定から結論を導いているのかを，厳密にチェックできる，とも思っている．自然な問い:「論理法則」や「証明」といった概念は数学的に明確化できるだろうか？

数学的に正確な概念「φ は T から証明できる」が定義できて，それが直観的な概念「φ は T から論理法則のみによって従う」を完全に捉えることを示そう．もう少し説明すると，明らかに正しい推論を具体的に提示して「φ は T から論理法則のみによって従う」が，「仮定 T からのこれらの推論のみを用いた φ の証明がある」，と同値になることを示す．

この目標に異議があるやもしれぬ: 概念「論理法則のみによって従う」が何であるかを予め知ることなく，そのような結果を示すことなぞできるのか？ その必要はない．それが何であれ，必要なことのすべては「φ は T から論理法則のみによって従う」とき，少なくとも次のことが成り立つことに同意するだけである: φ が T を充たす任意の構造で正しくなる(これを $T \models \varphi$ と書いたのだった(cf. 定義 1.3.9)．換言すれば，φ や T に含まれている概念・言葉を(論理的にではあるが)如何様に解釈しても，その解釈のもとで T が正しければ必ず φ も正しくなる，ということを意味する．

従って上の目標を達成するためには，正しい推論をいくつか抽出して，$T \models \varphi$ ということと，φ が仮定 T を伴った，これらの推論のみによる証明を有することが同値になることを言えばよい．

これが完全性定理の実際である．

1.5.1 証明体系 $\boldsymbol{H}$

L を言語とする．以下この小節では簡単のため論理記号は $\rightarrow$ (ならば)，$\perp$ (矛盾命題)，$\exists$ (存在量化記号)のみとして，これから形式的体系 $\boldsymbol{H}$ を定義する．

$\varphi \rightarrow \psi \rightarrow \theta$ は $\varphi \rightarrow (\psi \rightarrow \theta)$ を表し，意味の上では $(\varphi \wedge \psi) \rightarrow \theta$ と同等である．また以下の省略記法を用いる:

$$
\begin{aligned}
\neg\psi &:\equiv \psi \to \bot \\
\varphi \vee \psi &:\equiv \neg\varphi \to \psi \\
\varphi \wedge \psi &:\equiv \neg(\varphi \to \neg\psi) \\
\varphi \leftrightarrow \psi &:\equiv (\varphi \to \psi) \wedge (\psi \to \varphi) \\
\forall x\varphi &:\equiv \neg\exists x\neg\varphi
\end{aligned}
\tag{1.48}
$$

下の量化公理を述べるために「論理式 φ における変数 x の自由な出現への(閉じているとは限らない)式 t の代入」ということを定義しないといけない.

定義 1.5.1 φ は論理式, t は式, x は変数とする.

1. x は φ に自由に現れている(x occurs freely in φ)を, φ の長さ(φ 中の記号の出現数)に関する帰納法で定義する.
   (a) x は $\bot$ に自由に現れていない.
   (b) φ が(等式を含めた)原子論理式 $R(t_1, \ldots, t_n)$ のときには, x が φ に自由に現れているのは, x が式 $t_1, \ldots, t_n$ のいずれかに現れているときである.
   (c) $\varphi \equiv \psi \to \theta$ のときは, x が φ に自由に現れているのは, x が ψ に自由に現れているかまたは x が θ に自由に現れているかの少なくとも一方が成立しているときである.
   (d) $\varphi \equiv \exists x\psi$ には, x は φ に自由に現れていない.
   (e) x と異なる変数 y に関して $\varphi \equiv \exists y\psi$ のときには, x が φ に自由に現れているのは, x が ψ に自由に現れているときである.

   つまり x が φ に自由に現れているのは, 先ず x が実際に φ に現れていて, しかもその x の φ での出現(occurrence)の内, 一箇所は $\exists x(\cdots)$ という場所でない場合である.

   $\exists x(\cdots)$ の $(\cdots)$ 内を $\exists x$ のスコープ(scope)と呼ぶ. $\exists x$ のスコープ内の x の出現は束縛されている(bound)と言われる. 束縛されていない出現を自由な出現(free occurrence)と呼ぶ.

2. t は φ において x に関して自由である(t is free for x in φ)を, φ の長さに関する帰納法で定義する.
   (a) x が φ に自由に現れていないならば, t は φ において x に関して自由である.
   (b) $\varphi \equiv \psi \to \theta$ のときは, t は φ において x に関して自由であるのは, t が ψ, θ 双方において x に関して自由であるときである.
   (c) x 以外の変数 y に関して, $\varphi \equiv \exists y\psi$ であるときは, t が ψ において x

に関して自由であり，かつ y が t に現れていなければ，t は φ において x に関して自由である．

つまり t が φ において x に関して自由であるのは，φ 内の x のどの自由な出現($\exists x$ のスコープ内でない出現のこと)も t に現れるいかなる変数 y のスコープ内ではないことを意味する．換言すれば，x の自由な出現すべてを t で置き換えた(代入した)後に，t に現れる変数が束縛されないことである．

3. 式 s 中の x のすべての出現に t を代入した結果 $s[x:=t]$ を，s の長さに関する帰納法で定義する．
   (a) s が定数のときには，$s[x:=t]$ は s を表す．
   (b) s が x であるときには，$s[x:=t]$ は t を表す．
   (c) x 以外の変数 y に関して，s が y であるときには，$s[x:=t]$ は s を表す．
   (d) s が $f(s_1, ..., s_n)$ であるときには，$s[x:=t]$ は $f((s_1[x:=t]), ..., (s_n[x:=t]))$ を表す．
4. 論理式 φ 中の x のすべての自由な出現に t を代入した結果 $\varphi[x:=t]$ を，φ の長さに関する帰納法で定義する．
   (a) φ が $\perp$ のときには $\varphi[x:=t]$ は $\perp$ を表す．
   (b) φ が原子論理式 $R(t_1, ..., t_n)$ のときには，$\varphi[x:=t]$ は $R((t_1[x:=t]), ..., (t_n[x:=t]))$ を表す．
   (c) $\varphi \equiv \psi \to \theta$ のときは，$\varphi[x:=t]$ は $(\psi[x:=t]) \to (\theta[x:=t])$ を表す．
   (d) $\varphi \equiv \exists x\, \psi$ のときは，$\varphi[x:=t]$ は φ を表す．
   (e) x と異なる変数 y に関して $\varphi \equiv \exists y\, \psi$ のときには，$\varphi[x:=t]$ は $\exists y(\psi[x:=t])$ を表す．

   $\varphi[x:=t]$ は，φ での自由な x の出現をパラメタとみなしてそれに t を代入したものだが，t が φ において x に関して自由でないときには，意図したものになっていない．例えば $\varphi \equiv \forall y(y=x), t \equiv y$ のときなどに

$$\varphi[x := t] \to \exists x\, \varphi$$

が論理的に正しくなくなってしまう． □

さて証明体系 $\boldsymbol{H}$ をその公理と推論規則を与えることで定義する．以下で φ, ψ 等は言語 L での勝手な論理式を表しており，よってこれらは公理図式あるいは推論図式である．

H の公理

1. (命題論理の公理)

 (**K**) $\varphi \to \psi \to \varphi$.

 (**S**) $(\varphi \to \psi \to \theta) \to (\varphi \to \psi) \to \varphi \to \theta$.

 ($\bot$) $\bot \to \varphi$.

 ($\neg\neg$) $\neg\neg\varphi \to \varphi$.

2. 等号公理(cf. 定義 1. 4. 12)

$$\forall x(x=x)$$
$$\forall x,y(x=y \to y=x)$$
$$\forall x_1,x_2,x_3(x_1=x_2 \to x_2=x_3 \to x_1=x_3) \tag{1. 49}$$
$$\forall x_1,y_1...,x_n,y_n(x_1=y_1 \to \cdots \to x_n=y_n \to R(x_1,...,x_n) \to R(y_1,...,y_n))$$
$$\forall x_1,y_1...,x_n,y_n(x_1=y_1 \to \cdots \to x_n=y_n \to f(x_1,...,x_n)=f(y_1,...,y_n))$$

 ここで, R は等号 $=$ 以外の n-変数の任意の関係記号で f は n-変数の任意の関数記号である.

3. 量化公理(cf. 式(1. 38)): L の任意の式 t について, t は φ において x に関して自由であるとして

$$\varphi(t) \to \exists x\varphi(x).$$

H の推論規則

1. (モーダスポーネンス Modus Ponens, (**MP**) と略記)

$$\frac{\varphi \to \psi \quad \varphi}{\psi}$$

2. (全称化 Generalization, ($\exists$) と略記) 変数 v が $\exists y\psi(y)$ と φ に自由に現れていないとして

$$\frac{\psi(v) \to \varphi}{\exists y\psi(y) \to \varphi}$$

 但し書きについて少し説明すると, 仮定 $\exists y\psi(y)$ の下で φ を示すのに, 仮定により $\psi(y)$ を充たす y が存在するはずだからそのような v をひとつ任意に取って, φ を言えばよい.

 v が任意ということは, $\psi(y)$ を充たすということ以外では「文脈」ψ, φ によって規定されてはならないということだから, v が $\exists y\psi(y), \varphi$ に自由に現れては困るということである.

T を閉論理式の集合として, ***H*** における T からの論理式 φ の **証明**(proof) と

は，論理式の有限列 $\psi_1, ..., \psi_n$ で，$\varphi = \psi_n$ かつ各 ψ_i は，$\boldsymbol{H}$ の公理か T に属すか，あるいは列の前のもの $\psi_j\,(j<i)$ から $\boldsymbol{H}$ の推論規則を施して得られたものをいう．つまりその規則が (MP) ならば，ある $k, j<i$ について $\psi_k \equiv (\psi_j \to \psi_i)$ となっており，(∃) なら，ある論理式 $\exists y\psi(y), \varphi$ とそれらに自由に現れない変数 v と $j<i$ について，$\psi_i \equiv (\exists y\psi(y) \to \varphi), \psi_j \equiv (\psi(v) \to \varphi)$ ということである．

φ が T から**証明可能**(provable)

$$\mathrm{T} \vdash \varphi$$

とは，φ の T からの証明が存在することをいう．

$\mathrm{T} = \varnothing$ のときには $\varnothing \vdash \varphi$ を

$$\vdash \varphi$$

と書く．また T が有限集合 $\{\theta_1, ..., \theta_n\}$ のときには $\{\theta_1, ..., \theta_n\} \vdash \varphi$ を

$$\theta_1, ..., \theta_n \vdash \varphi$$

と書く．

明らかに

$$\mathrm{T} \vdash \varphi \,\&\, \mathrm{T} \subset \mathrm{T}' \Rightarrow \mathrm{T}' \vdash \varphi.$$

具体的に証明を書き下すときには，推論規則を仮定と結論を上下に書き表すことで，証明を木の形で書き表す．ここで証明木の根を下に書き，それがその証明で証明されている論理式である．

定義 1. 5. 2 (証明木の帰納的定義)

1. $\boldsymbol{H}$ の公理(命題論理の公理，等号公理，量化公理)はその公理の証明木である．
2. $\boldsymbol{H}$ の推論規則(モーダスポーネンス，全称化)の前提になっているふたつないしひとつの論理式の証明木をその推論規則の上に乗せれば，推論規則の結論の証明木になる． □

証明の例

$(q \to r) \to (p \to q) \to p \to r$ の証明：

$$\dfrac{\dfrac{}{(q \to r) \to p \to q \to r}\,(\mathrm{K}) \qquad \dfrac{}{(p \to q \to r) \to (p \to q) \to p \to r}\,(\mathrm{S})}{(q \to r) \to (p \to q) \to p \to r}\,(\mathrm{MP})$$

はじめにつぎの健全性定理 1. 5. 3 は，証明の長さに関する帰納法，すなわち $\boldsymbol{H}$ の公理はすべて論理的に正しく，かつ推論規則は論理的な正しさを保つことから明らかだろう．

定理 1. 5. 3 (健全性定理 Soundness theorem)

$$\mathrm{T} \vdash \varphi \Rightarrow \mathrm{T} \models \varphi$$

つまり

$$\mathrm{T} \vdash \psi(v_1, ..., v_n) \,\&\, \mathcal{M} \models \mathrm{T} \Rightarrow \mathcal{M} \models \forall v_1 \cdots \forall v_n \psi(v_1, ..., v_n). \qquad \Box$$

さて以下の目標はつぎの完全性定理 1. 5. 4 を証明することである．

定理 1. 5. 4 (完全性定理 Completeness theorem, K. Gödel)

$$\mathrm{T} \models \psi \Leftrightarrow \mathrm{T} \vdash \psi. \qquad \Box$$

そのために先ずはじめに命題論理の完全性定理を示し，述語論理の完全性をそれに帰着させる．

1. 5. 2 命題論理の完全性定理

ここでは命題論理を考える．論理記号は $\rightarrow$ と $\bot$ のみとする．命題論理の証明体系 $\boldsymbol{H}_0$ は，公理として(命題論理の公理)すなわち (K), (S), ($\bot$), ($\neg\neg$) を取り，推論規則は (MP) のみとする．(命題論理の)論理式の有限集合 Γ と論理式 φ について

$$\Gamma \vdash_0 \varphi$$

は，仮定 Γ からの φ の $\boldsymbol{H}_0$ での証明が存在することを表す．このとき，$\Gamma \cup \{\varphi\}$ に現れる命題変数に述語論理の閉論理式を代入した結果 Γ_1, φ_1 について

$$\Gamma_1 \vdash \varphi_1$$

となることに注意せよ．さらに，$\vdash_0 \varphi$ のときは，命題変数に閉じているとは限らない論理式を代入しても $\vdash \varphi_1$ となる．

補題 1. 5. 5

$$\vdash_0 \varphi \rightarrow \varphi.$$

［証明］ $\theta \equiv \varphi \rightarrow \varphi$ とおく．以下が θ の証明である：

$$\dfrac{\dfrac{\dfrac{}{\varphi \rightarrow \theta \rightarrow \varphi}\,(\mathrm{K}) \quad \dfrac{}{(\varphi \rightarrow \theta \rightarrow \varphi) \rightarrow (\varphi \rightarrow \theta) \rightarrow \varphi \rightarrow \varphi}\,(\mathrm{S})}{(\varphi \rightarrow \theta) \rightarrow \theta} \quad \dfrac{}{\varphi \rightarrow \varphi \rightarrow \varphi}\,(\mathrm{K})}{\theta}$$

■

定理 1. 5. 6 ((命題論理の)演繹定理 Deduction theorem)

命題論理の論理式の有限集合 Γ と論理式 φ, ψ について

$$\Gamma \cup \{\varphi\} \vdash_0 \psi \Rightarrow \Gamma \vdash_0 \varphi \rightarrow \psi.$$

［証明］ $\Gamma\cup\{\varphi\}\vdash_0\psi$ ということは，仮定 $\Gamma\cup\{\varphi\}$ を用いた ψ の証明 $\theta_1,\dots,\theta_n$ があるということだから，その長さ n に関する数学的帰納法によって証明する．

1. $\psi\in\Gamma$ のとき：長さ1の列 ψ そのものが Γ から ψ の証明だから $\Gamma\vdash_0\psi$ である．一方，(K) により $\Gamma\vdash_0\psi\to\varphi\to\psi$．(MP) をすればよい．
2. $\psi\equiv\varphi$ のとき：補題 1.5.5 より $\Gamma\vdash_0\varphi\to\varphi$.
3. ψ が(命題論理の公理)のとき：$\Gamma\vdash_0\psi$ と (K)$\Gamma\vdash_0\psi\to\varphi\to\psi$ で (MP) をすればよい．
4. ψ が (MP) の結論のとき：ある θ により $\Gamma\cup\{\varphi\}\vdash_0\theta\to\psi$ かつ $\Gamma\cup\{\varphi\}\vdash_0\theta$ とする．帰納法の仮定により，$\Gamma\vdash_0\varphi\to\theta\to\psi$ かつ $\Gamma\vdash_0\varphi\to\theta$ となる．他方 (S) より $\Gamma\vdash_0(\varphi\to\theta\to\psi)\to(\varphi\to\theta)\to\varphi\to\psi$ なので，2回 (MP) をすればよい． ∎

系 1.5.7 ((述語論理の)演繹定理 Deduction theorem)
述語論理の閉論理式の有限集合 $\Gamma\cup\{\varphi\}$ と論理式 ψ について

$$\Gamma\cup\{\varphi\}\vdash\psi\Rightarrow\Gamma\vdash\varphi\to\psi.$$

［証明］ 定理 1.5.6 の証明と同様に，仮定 $\Gamma\cup\{\varphi\}$ を用いた ψ の証明の長さに関する数学的帰納法による．

ψ が (∃) の結論の場合のみ考える．$\psi\equiv\exists y\,\sigma(y)\to\theta$ とする．ある変数 v は ψ に自由に現れていなくて，$\Gamma\cup\{\varphi\}\vdash\sigma(v)\to\theta$ となっている．帰納法の仮定より $\Gamma\vdash\varphi\to\sigma(v)\to\theta$.

ここで一般に (MP) により $\varphi\to\sigma\to\theta,\varphi,\sigma\vdash_0\theta$ だから，定理 1.5.6 より仮定の入替

$$\varphi\to\sigma\to\theta\vdash_0\sigma\to\varphi\to\theta$$

ができることになる．

よって $\Gamma\vdash\sigma(v)\to\varphi\to\theta$. ここで φ は閉論理式なのでとくに変数 v は自由に現れていないから，(∃) により $\Gamma\vdash\exists y\,\sigma(y)\to\varphi\to\theta$ となる．再度，仮定の入替をして $\Gamma\vdash\varphi\to\exists y\,\sigma(y)\to\theta$. ∎

補題 1.5.8

1. $\neg\varphi\vdash_0\varphi\to\psi$.
2. $\psi\vdash_0\varphi\to\psi$.
3. $\varphi,\neg\psi\vdash_0\neg(\varphi\to\psi)$.
4. $\varphi\to\psi\vdash_0\neg\psi\to\neg\varphi$.
5. $\varphi\to\psi,\neg\varphi\to\psi\vdash_0\psi$.

［証明］ 1.5.8.1. 演繹定理 1.5.6 より $\neg\varphi, \varphi \vdash_0 \psi$ を示せばよい：

$$\dfrac{\dfrac{\varphi \quad \neg\varphi}{\bot}\,(\mathrm{MP}) \qquad \dfrac{}{\bot \to \psi}\,(\bot)}{\psi}$$

以降，断り無しに演繹定理 1.5.6 を用いる．

1.5.8.2.

$$\psi, \varphi \vdash_0 \psi.$$

1.5.8.3 と 1.5.8.4.

$$\dfrac{\dfrac{\varphi \quad \varphi \to \psi}{\psi} \qquad \neg\psi}{\bot}$$

1.5.8.5. 補題1.5.8.4により $\varphi \to \psi \vdash_0 \neg\psi \to \neg\varphi$ かつ $\neg\varphi \to \psi \vdash_0 \neg\psi \to \neg\neg\varphi$. よって $\varphi \to \psi, \neg\varphi \to \psi, \neg\psi \vdash_0 \bot$. よって演繹定理 1.5.6 より $\varphi \to \psi, \neg\varphi \to \psi \vdash_0 \neg\neg\psi$. 最後に $(\neg\neg)\neg\neg\psi \to \psi$ により $\varphi \to \psi$, $\neg\varphi \to \psi \vdash_0 \psi$. ∎

補題 1.5.9　論理式の有限集合 Γ について

$$\Gamma \cup \{\neg\varphi\} \vdash_0 \psi \,\&\, \Gamma \cup \{\varphi\} \vdash_0 \psi \Rightarrow \Gamma \vdash_0 \psi.$$

［証明］ 演繹定理 1.5.6 より $\Gamma \vdash_0 \neg\varphi \to \psi$ かつ $\Gamma \vdash_0 \varphi \to \psi$. 補題 1.5.8.5 により $\Gamma \vdash_0 \psi$. ∎

小節 1.4.1 で定義した付値 ν については，$\nu(\bot) = 0$ と定めておく．付値 ν と命題変数 p について

$$p^\nu := \begin{cases} p & \nu(p) = 1 \text{ のとき} \\ \neg p & \nu(p) = 0 \text{ のとき} \end{cases}$$

とおく．

補題 1.5.10　論理式 φ は $p_1, \dots, p_n$ 以外の命題変数を含まないとして

$$\nu(\varphi) = 1 \Rightarrow p_1^\nu, \dots, p_n^\nu \vdash_0 \varphi \tag{1.50}$$

$$\nu(\varphi) = 0 \Rightarrow p_1^\nu, \dots, p_n^\nu \vdash_0 \neg\varphi \tag{1.51}$$

［証明］ 論理式 φ の長さに関する数学的帰納法で(1.50), (1.51)同時に証明する．

1. $\varphi \equiv \bot$ のとき：$\nu(\bot) = 0$ なので，(1.51)のみ考えると，$(\bot)$ もしくは補題 1.5.5 により $\vdash_0 \neg\bot (\equiv \bot \to \bot)$.
2. $\varphi \equiv p_i\ (i = 1, \dots, n)$ のとき：(1.50) $p_i \vdash_0 p_i$，(1.51) $\neg p_i \vdash_0 \neg p_i$. いずれも明らか．

3. $\varphi \equiv \psi \to \theta$ のとき：はじめに(1.50)を考える．$\nu(\varphi)=1$ と仮定すると，$\nu(\psi)=0$ か $\nu(\theta)=1$ である．帰納法の仮定より，$p_1^\nu, ..., p_n^\nu \vdash_0 \neg\psi$ か $p_1^\nu, ..., p_n^\nu \vdash_0 \theta$ である．一方，補題 1.5.8.1，1.5.8.2 により $\neg\psi \vdash_0 \psi \to \theta$ かつ $\theta \vdash_0 \psi \to \theta$ であるからよい．

つぎに(1.51)を考える．$\nu(\varphi)=0$ と仮定すると，$\nu(\psi)=1$ かつ $\nu(\theta)=0$ である．帰納法の仮定より，$p_1^\nu, ..., p_n^\nu \vdash_0 \psi$ かつ $p_1^\nu, ..., p_n^\nu \vdash_0 \neg\theta$ である．補題 1.5.8.3 により $\psi, \neg\theta \vdash_0 \neg(\psi \to \theta)$ なのでよい．■

定理 1.5.11 (命題論理の完全性定理)

命題論理の論理式 φ がトートロジーならば，証明体系 $\boldsymbol{H}_0$ で証明できる，$\vdash_0 \varphi$.

［証明］ 論理式 φ は $p_1, ..., p_n$ 以外の命題変数を含まないとする．φ がトートロジーであるとする．これは，任意の付値 ν について $\nu(\varphi)=1$ ということだから補題 1.5.10 により

$$p_1^\nu, ..., p_n^\nu \vdash_0 \varphi$$

となる．ここで $\nu(p_1), ..., \nu(p_{n-1})$ の値を任意に止めて，$\nu(p_n)$ のみ動かせば，つまり $(\nu(p_1), ..., \nu(p_{n-1})) = (\mu(p_1), ..., \mu(p_{n-1}))$, $\nu(p_n)=1$, $\mu(p_n)=0$ として

$$p_1^\nu, ..., p_{n-1}^\nu, p_n \vdash_0 \varphi$$

$$p_1^\mu, ..., p_{n-1}^\mu, \neg p_n \vdash_0 \varphi$$

となる．そこで補題 1.5.9 により任意の付値 ν について

$$p_1^\nu, ..., p_{n-1}^\nu \vdash_0 \varphi$$

となる．あとはこの議論を $(n-1)$ 回繰り返せばよい．■

定義 1.5.12 Γ を命題論理の論理式の集合とする．

$$\Gamma \nvdash_0 \bot$$

となっているとき，Γ は(命題論理で)無矛盾(consistent)であるという．

系 1.5.13 命題論理の論理式の集合 Γ が(命題論理で)無矛盾ならば，充足可能である．

［証明］ 命題論理のコンパクト性定理 1.4.3 と命題論理の完全性定理 1.5.11 により明らか．■

1.5.3　述語論理の完全性定理の証明

ふたたび述語論理に戻り，L を言語，T を L-閉論理式の集合とする．小節 1.4.3 での Henkin 拡張 $\mathrm{L}(C) = \mathrm{L} \cup C$, $C = \bigcup_n C_n$ と言語 $\mathrm{L}(C)$ での閉論理式の集まり $\mathrm{T}_{\mathtt{Henkin}}$ および定義 1.4.12 での等号公理 Eq すなわち(1.41)，(1.42)を考え

る．$T_{\mathtt{Henkin}}$ は(論理記号 $\forall$ をここでは用いていないので)Henkin 公理(1.35)と L(C) での量化公理(1.38)より成る．

はじめに補題をみっつ述べる．

補題 1.5.14 (cf. (1.37)) 変数 x が $\exists y\varphi(y)$ に現れないとする．このとき

$$\vdash \exists x(\exists y\varphi(y) \to \varphi(x)).$$

［証明］ 変数 v は $\exists y\varphi(y), \psi$ に現れないとする．量化公理

$$(\exists y\varphi(y) \to \varphi(v)) \to \exists x(\exists y\varphi(y) \to \varphi(x)) \tag{1.52}$$

と $(q\to r)\to(p\to q)\to(p\to r)$ が証明可能(トートロジー)であることに注意して

$$\dfrac{\dfrac{\varphi(v)\to(\exists y\varphi(y)\to\varphi(v)) \quad [\varphi(v)\to(\exists y\varphi(y)\to\varphi(v))]\to[\varphi(v)\to\exists x(\exists y\varphi(y)\to\varphi(x))]}{\varphi(v)\to\exists x(\exists y\varphi(y)\to\varphi(x))}}{\exists x\varphi(x)\to\exists x(\exists y\varphi(y)\to\varphi(x))}$$

よって

$$\vdash \exists x\varphi(x) \to \exists x(\exists y\varphi(y) \to \varphi(x)) \tag{1.53}$$

他方，

$$\dfrac{\varphi(v)\to\exists x\varphi(x)}{\exists y\varphi(y)\to\exists x\varphi(x)}$$

と量化公理(1.52)より

$$\vdash \theta \equiv [\neg\exists x\varphi(x)\to(\exists x\varphi(x)\to\varphi(v))]\to[\neg\exists x\varphi(x)\to(\exists y\varphi(y)\to\varphi(v))]$$

$$\vdash \psi \equiv [\neg\exists x\varphi(x)\to(\exists y\varphi(y)\to\varphi(v))]\to[\neg\exists x\varphi(x)\to\exists x(\exists y\varphi(y)\to\varphi(x))]$$

となるので

$$\dfrac{\dfrac{\neg\exists x\varphi(x)\to(\exists x\varphi(x)\to\varphi(v)) \quad \theta}{\neg\exists x\varphi(x)\to(\exists y\varphi(y)\to\varphi(v))} \quad \psi}{\neg\exists x\varphi(x)\to\exists x(\exists y\varphi(y)\to\varphi(x))}$$

従って

$$\vdash \neg\exists x\varphi(x) \to \exists x(\exists y\varphi(y) \to \varphi(x)) \tag{1.54}$$

補題 1.5.8.5 より $(p\to q)\to(\neg p\to q)\to q$ は証明可能(トートロジー)だから，(1.53)，(1.54)と 2 回 (MP) してでき上がりである． ∎

補題 1.5.15 変数 v が $\exists y\varphi(y), \psi$ に現れないとする．このとき $T\vdash(\exists y\varphi(y)\to\varphi(v))\to\psi$ ならば $T\vdash\psi$ となる．

［証明］ $T\vdash(\exists y\varphi(y)\to\varphi(v))\to\psi$ とすると推論規則 $(\exists)$ により $T\vdash\exists x(\exists y\varphi(y)\to\varphi(x))\to\psi$ となるので補題 1.5.14 によりよい． ∎

補題 1.5.16 定数 c は公理系Tのどの論理式にも現れないとする．いま $\mathrm{T}\vdash\varphi(c)$ であるとして，この $\varphi(c)$ のTからの証明において，c をその証明に現れない変数 v で一斉に置き換えれば，$\varphi(v)$ のTからの証明となり，よって $\mathrm{T}\vdash\varphi(v)$ である．

［証明］ 与えられた $\varphi(c)$ のTからの証明の(論理式の列としての)長さに関する帰納法による．$\boldsymbol{H}$ のどの公理もこの置き換えで同じ種類の公理となり，推論規則についても同様である．なお，推論規則 $(\exists)$ における変数への但し書きは置き換えでも保たれるのは，変数 v がそこに現れていないからである． ▮

つぎの補題 1.5.17 での述語論理の論理式を命題論理の論理式とみなす方法については小節 1.4.3 参照．つまり原子論理式か $\exists$ で始まる論理式を命題変数とみるのであった．

補題 1.5.17 ψ をL-論理式とする．$\mathrm{T}\cup\mathrm{T}_{\mathtt{Henkin}}\cup\mathrm{Eq}$ の有限部分をSとする．$\mathrm{S}\cup\{\neg\psi\}$ が命題論理で充足不可能なら，$\mathrm{T}\vdash\psi$ となる．

［証明］ Sの元を $\{\alpha_1,\dots,\alpha_m\}\cup\{\beta_1,\dots,\beta_k\}$ と並べる．ここで α_i は $\mathrm{T}\cup\mathrm{Eq}$ に属すか量化公理(1.38)で，β_i はHenkin公理(1.35)である．

ここで，Henkin公理 $\{\beta_1,\dots,\beta_k\}$ は，β_i が $\exists x\varphi(x)\to\varphi(c_{\exists x\varphi(x)})$ として，Henkin定数 $c_{\exists x\varphi(x)}$ が列の後ろ $\{\beta_j : j>i\}$ に現れないように並べておく．

仮定より

$$\alpha_1\to\cdots\to\alpha_m\to\beta_1\to\cdots\to\beta_k\to\psi$$

はトートロジーであるから命題論理の完全性定理 1.5.11 により

$$\vdash_0 \alpha_1\to\cdots\to\alpha_m\to\beta_1\to\cdots\to\beta_k\to\psi$$

である．よって言語 $\mathrm{L}(C)$ での証明体系 $\boldsymbol{H}$ において

$$\mathrm{T}\vdash\beta_1\to\cdots\to\beta_k\to\psi$$

となる．

Henkin公理 $\beta_1\equiv(\exists x\varphi(x)\to\varphi(c_{\exists x\varphi(x)}))$ について，並べ方により

$$\text{Henkin 定数 } c_{\exists x\varphi(x)} \text{ は列の後ろ } \{\beta_j : j>1\} \text{ に現れていない} \tag{1.55}$$

そこで新しい，つまり $\beta_1\to\cdots\to\beta_k\to\psi$ の仮定Tからの $\boldsymbol{H}$ での与えられた証明に現れていない変数 v をひとつ取って，それでHenkin定数 $c_{\exists x\varphi(x)}$ をその証明中すべて置き換えてしまう．補題 1.5.16 よりこの結果，$(\exists x\varphi(x)\to\varphi(v))\to\cdots\to\beta_k\to\psi$ の証明が得られる．$\beta_2,\dots,\beta_k,\psi$ が変化しないのは(1.55)による．ここで補題 1.5.15 により仮定 β_1 が落とせて

$$\mathrm{T}\vdash\beta_2\to\cdots\to\beta_k\to\psi$$

となる．あとはこれを $(k-1)$ 回繰り返すと，言語 L(C) での仮定 T からの証明体系 $\boldsymbol{H}$ での ψ の証明が得られる．こうなれば Henkin 定数 C はなんの役割も果たしていないので，適当に変数で置き換えて言語 L での仮定 T からの証明体系 $\boldsymbol{H}$ での ψ の証明が得られる．▮

［述語論理の完全性定理 1.5.4 の証明］ T$\models\psi$ と仮定する．ここで ψ は必要なら全称閉包を取ることで閉論理式としてよい．すると T$\cup\{\neg\psi\}$ はモデルを持たない．補題 1.4.13 と命題論理のコンパクト性定理 1.4.3 により，T$\cup$T$_{\mathtt{Henkin}}\cup$ Eq のある有限部分 S について，S$\cup\{\neg\psi\}$ が命題論理で充足不可能となるので，補題 1.5.17 から T$\vdash\psi$ である．▮

1.6　定義による拡張

L を言語，T を L-公理系，$\mathcal{M}$ を L-構造とする．

はじめに論理式で関係を定義することを考える．$\varphi[\vec{x}]$ $(\vec{x}=x_1,...,x_n)$ をパラメタとしてたかだか $\vec{x}$ しか持たない L-論理式とする．このとき言語 L にない新しい n-変数関係記号 R を取って，言語を L$_1$ = L$\cup\{R\}$ に拡張し，L$_1$-公理系 T$_1$ を T につぎの R の定義式を加えたものとする：

$$\forall\vec{x}\{R(\vec{x})\leftrightarrow\varphi[\vec{x}]\} \tag{1.56}$$

この T$_1$ を T の**定義による拡張**(definitional extension)という．

定理 1.6.1　T$_1$ は T の保存拡大である．

より正確には，L$_1$-論理式 ψ について L-論理式 ψ^I でつぎのようなものがつくれる：

$$\mathrm{T}_1\models\psi\leftrightarrow\psi^I$$

$$\mathrm{T}_1\models\psi\Leftrightarrow\mathrm{T}\models\psi^I$$

［証明］ 与えられた L$_1$-論理式 ψ の中に現れるすべての原子論理式 $R(t_1,...,t_n)$ を $\varphi[t_1,...,t_n]$ で置き換えて得られる論理式を ψ^I とすればよい．

$$\mathrm{T}_1\models\psi\Rightarrow\mathrm{T}\models\psi^I$$

を見るには，モデル $\mathcal{M}\models$T を L$_1$-構造 $\mathcal{M}_1$ に，$R^{\mathcal{M}_1}=\{\vec{a}\in|\mathcal{M}|^n:\mathcal{M}\models\varphi[\vec{a}]\}$ によって拡張すればよい．▮

つぎに論理式で定義される関数を考える．こちらのほうがやや煩雑である．

$\varphi[\vec{x},y]$ $(\vec{x}=x_1,...,x_n)$ をパラメタとしてたかだか $\vec{x},y$ しか持たない L-論理式とする．いま T のもとで $\varphi[\vec{x},y]$ が関数のグラフになっている：

$$\mathrm{T} \models \forall \vec{x} \exists ! y \, \varphi[\vec{x}, y]$$

として，言語Lにない新しいn-変数関数記号fを取って，言語を$\mathrm{L}_2 = \mathrm{L} \cup \{f\}$に拡張し，$\mathrm{L}_2$-公理系$\mathrm{T}_2$をTにつぎの$f$の定義式を加えたものとする：

$$\forall \vec{x} \{ f(\vec{x}) = y \leftrightarrow \varphi[\vec{x}, y] \} \tag{1.57}$$

このT_2もTの**定義による拡張**(definitional extension)という．

定理 1.6.2　T_2はTの保存拡大である．

より正確には，L_2-論理式ψについてL-論理式ψ^Iでつぎのようなものがつくれる：

$$\mathrm{T}_2 \models \psi \leftrightarrow \psi^I$$
$$\mathrm{T}_2 \models \psi \Leftrightarrow \mathrm{T} \models \psi^I \qquad \Box$$

T_2がTの保存拡大であることを示すだけなら簡単である．モデル$\mathcal{M} \models \mathrm{T}$を$\mathrm{L}_2$-構造$\mathcal{M}_2$にするため，$f^{\mathcal{M}_2}(\vec{a}) = b :\Leftrightarrow \mathcal{M} \models \varphi[\vec{a}, b]$とすればよい．

しかしほしいのは単なる保存拡大という事実ではなく，L_2-論理式ψとT_2上で，言い換えると関数記号fの定義式(1.57)を使って同等になるL-論理式ψ^Iである．なぜならfを含む論理式がT（正確には(1.57)も用いたT_2)から従うかどうか問題にしたいからである．

以下T_2上で考える．はじめに与えられたL_2-論理式ψを，それと同等なL_2-論理式ψ^Sで，ψ^Sにfが現れるのはなんらかの変数$\vec{x}, y$について

$$f(\vec{x}) = y \text{ もしくは } f(\vec{x}) \neq y$$

の形のみとなるものをつくる．これができればあとは，ψ^S中のすべての$f(\vec{x}) = y$, $f(\vec{x}) \neq y$をそれぞれ$\varphi[\vec{x}, y]$, $\neg\varphi[\vec{x}, y]$で置き換えたものをψ^Iとすればよい．

さて上記のようなψ^Sをつくるにはとくにfが入れ子になっている状況，例えば$f(f(\vec{x}), x_2, \ldots, x_n)$を解消しなければならない．

このためには以下の同値を適当な順番で適用していけばよい：

$$f(g(\vec{z}), x_2, \ldots, x_n) = y \leftrightarrow \exists x_1 [g(\vec{z}) = x_1 \land f(x_1, x_2, \ldots, x_n) = y]$$
$$f(g(\vec{z}), x_2, \ldots, x_n) \neq y \leftrightarrow \exists x_1 [g(\vec{z}) = x_1 \land f(x_1, x_2, \ldots, x_n) \neq y]$$
$$f(\vec{x}) = h(\vec{z}) \leftrightarrow \exists y [h(\vec{z}) = y \land f(\vec{x}) = y]$$
$$f(\vec{x}) \neq h(\vec{z}) \leftrightarrow \exists y [h(\vec{z}) = y \land f(\vec{x}) \neq y]$$
$$\theta(f(\vec{x}), \ldots) \leftrightarrow \exists y [\theta(y, \ldots) \land f(\vec{x}) = y]$$

ψ^Sからψ^Iをつくる際に，$f(\vec{x}) \neq y$は$\exists z [\varphi[\vec{x}, z] \land y \neq z]$とも同等なのでこれと置き換えてもよいことに注意せよ．

∀∃-論理式とは，$\forall x_1 \cdots \forall x_n \exists y_1 \cdots \exists y_m \theta\,(n, m \geq 0)$ のかたちで θ には量化記号がないようなもののこととする．

命題 1.6.3 A を論理式とする．このとき関数記号を含まない ∀∃-論理式 B でつぎのようなものがつくれる．B には A に現れていない新しい関係記号 R が含まれていてよい．A のモデルにおいて新しい関係記号 R を適当に解釈すれば B のモデルが得られ，逆に B のモデルでの新しい関係記号の解釈を止めた縮小は A のモデルになる．

［証明］ はじめに A を冠頭標準形に直してからその Skolem 標準形 A^S をつくる．A^S には，A に現れていない Skolem 関数記号が現れうる．また A^S は ∀-論理式である．

A^S の中の n-変数 Skolem 関数記号 f に対して新しい $(n+1)$-変数関係記号 R を導入して，f のグラフの代わりに用いる．つまり上記の ψ^I をつくる際と同様にして，$f(\vec{x})=y$ を $R(\vec{x}, y)$ で置き換える．こうして得られた論理式を A' として，B を A' と $\forall \vec{x} \exists y\, R(\vec{x}, y), \forall \vec{x} \forall y \forall z [R(\vec{x}, y) \wedge R(\vec{x}, z) \rightarrow y = z]$ との論理積，あるいはそれを冠頭標準形に直して ∀∃-論理式にしたものとすればよい． ∎

1.7 始切片，終延長と有界論理式

ここは再び一般論である．$<$ を 2 変数関係記号とする．

定義 1.7.1

1. （$<$ に関する）**有界量化記号**(bounded quantifier, restricted quantifier)とは，変数 x を含まない式 t について
$$\exists x < t\, \varphi :\Leftrightarrow \exists x [x < t \wedge \varphi]$$
もしくは
$$\forall x < t\, \varphi :\Leftrightarrow \forall x [x < t \rightarrow \varphi]$$
の形の量化のことである．
2. 論理式 φ が，（$<$ に関する）**有界論理式**(bounded formula, restricted formula)もしくは **Δ_0-論理式**(Δ_0-formula)であるとは，φ の中の量化記号がすべて有界であることである．
3. 論理式 φ が，（$<$ に関する）**Σ_n-論理式**(Σ_n-formula)であるのは，（非有界）存在量化記号のブロック $\exists \vec{x}_1$（空でよい）から始まって，次に全称量化記号のブロック $\forall \vec{x}_2$ と入れ違いに量化記号のブロックが n 個続いた後に母式が

(< に関する) Δ_0-論理式であるような論理式のことである:

$$\varphi \equiv \exists \vec{x}_1 \forall \vec{x}_2 \cdots Q\vec{x}_n \theta$$

ここに θ は Δ_0-論理式で

$$Q = \begin{cases} \exists & n \text{ が奇数のとき} \\ \forall & n \text{ が偶数のとき} \end{cases}$$

4. (< に関する) Π_n-**論理式** (Π_n-formula) も同様に定義される:

$$\varphi \equiv \forall \vec{x}_1 \exists \vec{x}_2 \cdots Q\vec{x}_n \theta \, (\theta \in \Delta_0).$$ □

(< に関する) Δ_0-論理式の意味が変わらない構造の関係を考える.

定義 1.7.2 $\mathcal{M}, \mathcal{N}$ を関係記号 $<$ を含むある言語に対する構造とする. $\mathcal{M}$ が $\mathcal{N}$ の (< に関する) **始切片** (initial segment) もしくは $\mathcal{N}$ が $\mathcal{M}$ の**終延長** (end extension) であるのは, 先ず $\mathcal{M}$ が $\mathcal{N}$ の部分構造であって, かつ次が成立することである:

$$\forall a \in |\mathcal{N}| \forall b \in |\mathcal{M}| [a <^{\mathcal{N}} b \to a \in |\mathcal{M}|].$$

このことを関係記号 $<$ が文脈からどれを指すか明らかなときには

$$\mathcal{M} \subset_e \mathcal{N}$$

と書き表す.

定義 1.7.3 公理系 T の言語に 2 変数関係記号 $<$ が入っているとする.

1. 論理式 $\varphi(\vec{v})$ が, $<$ と T に関して**絶対的** (absolute) であるとは, T のモデル $\mathcal{M}, \mathcal{N} \models \mathrm{T}$ で $<$ に関して始切片になっている ($\mathcal{M} \subset_e \mathcal{N}$) なら,

$$\forall \vec{a} \subset |\mathcal{M}| \{\mathcal{M} \models \varphi[\vec{a}] \Leftrightarrow \mathcal{N} \models \varphi[\vec{a}]\}$$

であることとする.

T$=\varnothing$ のときは, 単に φ は絶対的という.

2. 論理式 φ が T に関して Δ_1-**論理式**であるとは, それが T 上で Σ_1-論理式とも, Π_1-論理式とも同値なときとする. つまりある Σ_1-論理式 $\varphi_\exists$ と Π_1-論理式 $\varphi_\forall$ があって

$$\mathrm{T} \models \varphi \leftrightarrow \varphi_\exists \leftrightarrow \varphi_\forall$$

となることである. □

するとつぎの補題 1.7.4 は Δ_0-論理式の長さに関する帰納法により明らかだろう.

補題 1.7.4 $<$ に関する Δ_0-論理式は, $<$ に関して絶対的である. また, $<$ と公理系 T に関する Δ_1-論理式は, $<$ と T に関して絶対的である. □

1.7.1　自然数の公理系群 PA

自然数の公理系を考える．自然数を特徴付ける基本的な性質は，Peano の公理と呼ばれるもので，それを充たす(Peano)構造は同型を除いて一意に定まる(cf. 第 4 章(演習 9))．しかし Peano の数学的帰納法の公理：任意の $\mathbb{N}$ の部分集合 X について

$$0 \in X \land \forall x \in X[x+1 \in X] \to \forall x \in \mathbb{N}[x \in X] \tag{1.58}$$

は 1 階論理の論理式ではない．モデルの領域の任意の部分集合について述べたものになっているからである．

そこで先ず数学的帰納法の公理で問題になる部分集合を 1 階論理で定義できる集合，すなわち論理式に限る．ここで言語，すなわち自然数上の関数や関係としてどれを原始的なものとみなしそれを表す記号と公理を採用するかで様々な選択肢がある．実際この本で，原始的記号が異なる自然数の公理系をいくつか扱うがそれらはすべて互いに解釈できてその意味で同値になるので，代表して PA と書く．

ここでは先ずゼロ 0 と数字の 1 以外に足し算 +，掛け算・と指数関数 x^y および大小関係 $<$ を原始的記号に採用した[*2]自然数の公理系 PA(E) を導入しておく．以下，PA(E) を単に PA と表す．

言語 $\mathrm{L}(\mathsf{PA})=\{0,1,+,\cdot,E,<\}$ で，$0,1$ は定数，$+,\cdot,E$ はそれぞれ 2 変数の関数記号，$<$ は 2 変数の関係記号である．定数記号 $0,1$ の意味は読んで字の如しである．+ は(自然数上の)足し算，・は掛け算，E は指数関数またはベキ $E(x,y)=x^y$ をそれぞれ表すつもりの記号である．以下，$E(x,y)$ を x^y と書いてしまう．また，習慣に従って・を省略して $x\cdot y$ と書くべきところ xy と書く．$<$ はもちろん大小関係を表す．

PA の公理はつぎの三種類である：

1. (関数記号の公理)　$x+1=y+1 \to x=y$, $x+1\neq 0$, $x+0=x$, $x+(y+1)=(x+y)+1$, $x\cdot 0=0$, $x\cdot(y+1)=x\cdot y+x$, $x^0=1$, $x^{y+1}=x^y\cdot x$
   $\forall x(x\neq 0 \to \exists y<x(x=y+1))$.

---

*2　x^y と $<$ はほかの記号のみに関する数学的帰納法を含む公理から定義可能であることが知られている．

2. (順序の公理) 線形順序の公理(1.21), (1.22), (1.23)[*3], $x \not< 0$, $z < x + 1 \leftrightarrow z \leq x (:\Leftrightarrow z < x \lor z = x)$, $x < x + 1$,
$+, \cdot, E$ で $<$ は保存される, (1.24)参照

$$\begin{aligned} &\forall x, y, z\{x < y < x+z \to \exists u < z(y = x+u)\} \\ &\forall x, y, z\{x < y < x \cdot z \to \exists u < z(x \cdot u \leq y < x \cdot (u+1))\} \\ &\forall x, y, z\{x < y < x^z \to \exists u < z(x^u \leq y < x^{u+1})\} \end{aligned} \tag{1.59}$$

3. (数学的帰納法の公理図式) 任意の論理式 $\varphi(x)$ について

$$\varphi(0) \land \forall x(\varphi(x) \to \varphi(x+1)) \to \forall x\, \varphi(x) \tag{1.60}$$

これは(順序の公理)を用いればつぎと同値であることが分かる:

$$\forall x\{\varphi(0) \land \forall z < x(\varphi(z) \to \varphi(z+1)) \to \varphi(x)\}.$$

正確には $\varphi(x)$ は x 以外のパラメタを含んでいてよいので例えばパラメタがひとつなら,

$$\forall y\{\varphi[0, y] \land \forall x(\varphi[x, y] \to \varphi[x+1, y]) \to \forall x\, \varphi[x, y]\}$$

などとなる.

自然数 n を標準的に表す閉式を**数字**(numeral)と呼んで $\bar{n} :\equiv ((\cdots((0+1)+1)\cdots)+1)$ ($+1$ が n 回)と書く.

上で(関数記号の公理)と(順序の公理)だけから成る公理系, つまり PA から(数学的帰納法の公理図式)を取り除いた公理系を PA^- と書くことにする.

各閉式 t はある自然数 n を表す(これを t の値と呼ぶ). つまり $\mathsf{PA}^- \models t = \bar{n}$ となる n が一意に定まる.

PA の **標準モデル**(standard model) は自然数を領域として, L(PA) の記号をふつうに解釈したモデルである.

これ以外の PA のモデルを**超準モデル**(nonstandard model)と呼ぶ. その存在は, 例えば定数(記号) c をひとつ余計に取って, 無限個の公理

$$\bar{n} < c \ (n = 0, 1, \ldots)$$

を PA に加えると, この公理系の任意の有限部分は, 標準モデルで c をその有限部分で言及している数字 $\bar{n}$ たちより大きく解釈すればよいから, モデルを持ち, 従ってコンパクト性定理 1.4.14 よりどんな数字 $\bar{n}$ より大きい「自然数」c を持つモデルが存在するが, このモデル(の L(PA) への縮小)は明らかに PA の

[*3] (1.21), (1.22), (1.23) と (1.59) は(数学的帰納法の公理図式)からほかの公理を用いて従うことが容易に分かるが, 大小と関数 $+, \cdot, E$ に関する基本的性質なので公理に入れておくと便利である. 節 5.5.3 参照.

超準モデルである．

自然数上の関数や関係はL(PA)に含まれているものだけではない．例えば「x は y の約数 $x|y$」とか「x からそれ以下の y を引き算する $x\dot{-}y$」(小学校の引き算)等々．これらは

$$x|y :\Leftrightarrow \exists z \le y(xz = y)$$
$$x\dot{-}y = z :\Leftrightarrow (y \le x \wedge x = z + y) \vee (x < y \wedge z = 0)$$

と定義すればよい．つまり左辺を右辺の略記と思えばよい．こうして省略と思って，例えば $\dot{-}$ をあたかも関数記号とみなして使用しても保存拡大になることは節1.6で見た通りである．

ひとつ注意する．引き算を上のように定義したのは，われわれの一般的な約束として「関数記号はある領域上で全域的に定義された，つまり任意の項数について定義された関数を表す」があったからである．なので，上のようにしないと引き算 $x-y$ が $x<y$ のときに(自然数内では)定義されない．

1.8 演　習

1. 命題1.1.3を確かめよ．

2. 命題1.1.5を証明せよ．

3. R を実閉体とし，$f \in R[X]$ とする．多項式 $f = \sum_{i=0}^{n} a_i x^i$ の微分を $f' = \sum_{i=1}^{n} i a_i x^{i-1}$ と定義する[*4]．

(a) R で多項式 f について，Rolleの定理が成り立つ：

$$a < b \,\&\, f(a) = f(b) = 0 \Rightarrow \exists c \in (a,b)\{f'(c) = 0\}.$$

(b) R で多項式 f について，平均値の定理が成り立つ：

$$a < b \Rightarrow \exists c \in (a,b)\{f(b) - f(a) = f'(c)(b-a)\}.$$

(c) R で多項式 f について，f' が区間 (a,b) で正[負]ならば，f は区間 $[a,b]$ で狭義単調増加[狭義単調減少]である．

4. (a) (命題論理のコンパクト性定理1.4.3の別証明)

素論理式全体の集合を I とする．I 上の命題論理の論理式の集合 T で有限充足可能なものをとる．

$2 = \{0,1\}$ に離散位相を入れて直積空間 2^I (Cantor空間)を考えると，Ty-

[*4] 以下は実数 $\mathbb{R} = R$ とすれば成り立つのは明らかである．よって後に述べる実閉体の公理系RCFの完全性，第5章(演習28)により，すべての実閉体で成り立つ．つまり直接，証明しなくてもよい．

chonoff の定理(「コンパクト位相空間たちの積はコンパクト」でこれは Zorn の補題 1.1.9 と同値)より，2^I はコンパクトハウスドルフ空間になる．この位相での開基(open base)は，I の有限部分集合 I_0 上の関数 $s : I_0 \to 2$ について

$$\{\nu \in 2^I : s \subset \nu\} = \{\nu \in 2^I : \forall i \in I_0[s(i) = \nu(i)]\}$$

の形の集合たちであり，これらは開かつ閉である(clopen)であることに注意せよ．

よって有限交叉性を持つ閉集合族 $\{F_j\}_{j\in J}$ ($F_{j_0} \cap \cdots \cap F_{j_n} \neq \varnothing$) の共通部分は空でない($\bigcap_{j\in J} F_j \neq \varnothing$)．

そこで命題論理の論理式 A について

$$F_A := \{\nu \in 2^I : \nu(A) = 1\}$$

とおく．

i. 各論理式 A について，集合 F_A は開かつ閉である．

ii. これより $\bigcap\{F_A : A \in T\} \neq \varnothing$ を結論し，命題論理のコンパクト性定理 1.4.3 の別証明を与えよ．

(b) 逆に，命題論理のコンパクト性定理 1.4.3 を用いて積空間 2^I がコンパクトになることを示せ．

5. (命題論理の論理式の和積標準形(Disjunctive Normal Form, DNF)と積和標準形(Conjunctive Normal Form, CNF))

命題論理の論理式 A について，リテラルの(有限)集合族 $\{L_{ij} : 1 \leq i \leq n_j, 1 \leq j \leq m\}$ (各 L_{ij} はリテラル)で，$\{L_{ij} : 1 \leq i \leq n_j\}$ を $\wedge$ で結んだ論理式たち $L_{1j} \wedge \cdots \wedge L_{n_j j}$ を $\vee$ で結んだ

$$\bigvee_j \bigwedge \{L_{ij} : 1 \leq i \leq n_j\} \tag{1.61}$$

で A と命題論理で同値になるものがつくれることを示せ．

(1.61)の形の論理式を和積標準形の論理式，A と同値になる和積標準形の論理式を A の和積標準形(のひとつ)という．

さらに論理式 A について，リテラルの(有限)集合族 $\{R_{ij} : 1 \leq i \leq p_j, 1 \leq j \leq q\}$ で，

$$\bigwedge_j \bigvee \{R_{ij} : 1 \leq i \leq p_j\} \tag{1.62}$$

の形で A と命題論理で同値になるものがつくれることを示せ．

(1.62)の形の論理式を積和標準形の論理式，A と同値になる積和標準形の論理式を A の積和標準形(のひとつ)という．

6. (1.40)を示せ．

7. 言語 L での公理系 T に Henkin 定数とそれに関する Henkin 公理(1.35)，

(1.36)を付け加えた L(C)-公理系は，T の保存拡大であることを示せ．

8. コンパクト性定理 1.4.14 と系 1.4.15 が同値であることを示せ．

9. (Herbrand の定理の最も簡単な形，cf. 第 8 章 定理 8.2.7)

T を $\forall$-閉論理式から成る公理系とし，言語には定数がひとつは含まれているとする．いま $\exists$-論理式 $\exists x_1 \cdots \exists x_n\, \theta(x_1, \ldots, x_n)$ (θ: 量化記号なし)について $\mathrm{T} \models \exists x_1 \cdots \exists x_n\, \theta(x_1, \ldots, x_n)$ とする．このとき閉式の列 $(t_1^j, \ldots, t_n^j)$ の有限列が存在して

$$\mathrm{T} \models \bigvee\{\theta(t_1^j, \ldots, t_n^j) : 1 \leq j \leq m\}$$

となることを示せ．

10. 節 1.4 で示されたコンパクト性定理 1.4.14 は，公理化不能性を示すためによく用いられる手法である．節 1.2 で述べた結果をこれから導いてみよ．

(a) 命題 1.2.1 を証明せよ．

(b) 命題 1.2.2 を証明せよ．

11. 構造 $\mathcal{M}$ はその対象領域 $|\mathcal{M}|$ が有限集合のときに有限，さなくば無限と呼ばれる．

定義 1.8.1 $\mathcal{K}$ を L-構造の集まりとする．$\mathcal{K}$ が[有限]公理化可能([finitely] axiomatizable)とは，L-閉論理式の[有限]集合 T が存在して，どんな L-構造 $\mathcal{M}$ についても，$\mathcal{M} \in \mathcal{K} \Leftrightarrow \mathcal{M} \models \mathrm{T}$ となることをいう． □

公理系 T のどんなに大きな有限モデルも存在すれば，T は無限モデルを持つことを示せ．

従って有限な構造全体のクラス $\mathcal{K}$ は公理化可能でない．

12. (はみ出し(overspill)) $\mathcal{M}$ を PA の超準モデルとする．いま論理式 $\varphi(x) \in \mathrm{L}(\mathcal{M})$ をすべての自然数 $n \in \mathbb{N}$ が $\mathcal{M}$ で充たすとする: $\forall n \in \mathbb{N}[\mathcal{M} \models \varphi[\bar{n}]]$．このときある超準元 $a \in (|\mathcal{M}| \setminus \mathbb{N})$ が存在して，$\mathcal{M} \models \varphi[a]$ となることを示せ．

(ヒント) そうでないなら，標準部分 $\mathbb{N}$ が $\mathcal{M}$ で論理式で定義可能，すなわち $\mathbb{N} = \{a \in |\mathcal{M}| : \mathcal{M} \models \varphi[a]\}$ となってしまう．

13. (1.49)は，各論理式 φ と φ において変数 x に関して自由な変数 y について

$$\forall x \forall y\{x = y \to \varphi \to \varphi[x := y]\}$$

と同値であることを示せ．

14. 定数 $c_1, \ldots, c_n$ に対して，互いに異なる新しい変数を n 個 $x_1, \ldots, x_n$ 取り，論理式 $\varphi[c_1, \ldots, c_n]$ の中の各 c_i を x_i で置き換えて論理式 $\varphi[x_1, \ldots, x_n]$ をつくる．

定数 $c_1, \ldots, c_n$ の現れていない閉論理式 ψ について

$$\psi \vdash \varphi[c_1, \ldots, c_n] \Rightarrow \psi \vdash \forall x_1 \cdots \forall x_n\, \varphi[x_1, \ldots, x_n]$$

となることを示せ．

(ヒント) 完全性定理 1.5.4 によるか，もしくは $\varphi[c_1, \ldots, c_n]$ の証明で，必要な

ら変数の書き換えをしてから，c_i を x_i で一斉に置き換えよ．

15. 論理式 $\varphi[\vec{x}, y]$ に現れる変数は $\vec{x}, y$ のみとする．f を論理式 φ, θ に現れない n-変数関数記号 ($\vec{x} = x_1, ..., x_n$) とする．このとき

$$\forall \vec{x} \varphi[\vec{x}, f(\vec{x})] \vdash \theta \Rightarrow \forall \vec{x} \exists y \varphi[\vec{x}, y] \vdash \theta$$

を示せ．

(ヒント) 完全性定理 1. 5. 4 によれ．

16. ここでは簡単のため，論理記号 $\rightarrow$ は無いとする．論理式 φ と関係記号 R について，R の φ での現れがすべて偶数個の否定 $\neg$ のなかにあるとき，φ は ***R*-正**(*R*-positive)であるという．その中での R がすべて奇数個の否定のなかにある論理式は，***R*-負**(*R*-negative)論理式と言われる．論理式 φ が R-正[R-負]であることを $\varphi(R^+)$ [$\varphi(R^-)$]と書き表す．

$\varphi(R^+)$ [$\theta(R^-)$]をそれぞれ R-正[R-負]論理式として，R と同じ引数の関係記号 Q について

$$R \subset Q :\Leftrightarrow \forall \vec{x}[R(\vec{x}) \rightarrow Q(\vec{x})]$$

と書くことにして

$$R \subset Q \vdash \varphi(R^+) \rightarrow \varphi(Q^+)$$
$$R \subset Q \vdash \theta(Q^-) \rightarrow \theta(R^-)$$

を示せ．

17. $(n+1)$-変数関係記号 $R(\vec{x}, y)$ と R-正論理式 $\theta(R^+)$ について

$$\forall \vec{x} \forall y \forall z[R(\vec{x}, y) \land R(\vec{x}, z) \rightarrow y = z], \forall \vec{x} \exists y R(\vec{x}, y) \vdash \theta(R^+)$$

ならば $\forall \vec{x} \exists y R(\vec{x}, y) \vdash \theta(R^+)$ となることを示せ．

第2章　計算理論入門

ここでは断らない限り，数は自然数を，集合は自然数の集合を，関数は自然数上の部分関数，つまり定義域が $\mathbb{N}^n$ の部分集合である関数を意味する．$0 \in \mathbb{N}$ であった．

2.1　計算可能性

ここでいう計算は，紙に書けるような有限的な対象を入力として，ある固定された有限個の規則(アルゴリズムとかプログラムと呼ぶ)に則って，入力に対して機械的な操作を有限回施して出力を得るような過程である．

次のことを仮定する：

1. 出力は各入力に対してたかだかひとつ．
2. 入力の項数はアルゴリズムごとに決まっている．
3. 計算の過程は離散的でひとつずつの計算ステップに分かれる．
4. 計算の各ステップは，入力を決めれば一意に機械的に定まっている(決定性)．
5. とくに計算を始める状態と終わる・停止する状態は予めアルゴリムによって定められている．

しかし次のことは仮定しない：

1. 入力に対して計算は必ず停止して出力を得る(全域性(totality))．
2. 計算に要する手間(時間 = 計算ステップ数もしくは空間 = 計算紙の使用量)は入力の大きさとは無関係の一定の制限がある．

初めの全域性を要請しないことは自然だろう．計算が止まるかどうかは「やってみないと判らない」．アルゴリズムあるいはプログラムは文法に則って書かれていれば，正当なものであり，そこに予め全域性を要求するのはアルゴリズムの範囲を狭くし，それを一般的に考えようとしている主旨にあわない．また与えられたアルゴリズムが全域的かどうか機械的に判定できそうもない(事実，機械的に判定できないことが後に示される)．

二つ目の計算資源が無尽蔵であることの要請は，理論的な仮構である．現実の計算(機)では制限がある．

以下で全域的でない関数(**部分関数** partial function)を扱うので，少し記法を定めておく．

値を持たない，定義されていない(undefined)かもしれない式 e, f について，$e\downarrow$ は e が定義されていることを，$e\uparrow$ は定義されていないことをそれぞれ表し，$e \simeq f$ は，両辺が定義されていてそれらの値が等しいか，もしくは両辺ともに定義されていないことを表す．

$\vec{x} = (x_0, ..., x_{n-1})$ とする．関係 $R \subset \mathbb{N}^n$ が**計算可能**(computable)とは，その**特徴関数**(characteristic function)

$$\chi_R(\vec{x}) = \begin{cases} 1 & R(\vec{x}) \text{ のとき} \\ 0 & \text{そうでないとき} \end{cases}$$

が計算可能なときにいう．つまり勝手に与えられた $\vec{x}$ について，$R(\vec{x})$ ならば YES と答え，そうでない場合には NO と答えてくれるプログラムが存在するということ．

部分関数 $f(\vec{x})$ についてその定義域は以下のように書ける：

$$dom(f) = \{\vec{x} \in \mathbb{N}^n : f(\vec{x})\downarrow\}.$$

自然数上の関係 $R(x)$ について，$\mu x.R(x)$ で，$R(x)$ を充たす自然数が存在すればそのような最小のものを表し，そうでなければ $\mu x.R(x)$ は定義されない．

上で述べた「計算」の概念はまだあまりにも漠としており数学的な定義ではない．しかしこれに見合う**計算可能性**(computability)の正確な定義はいくつも提出され，しかもそれらはすべて同値であることが知られている．

先ず，入出力と計算の途中経過を記録する対象はすべて紙に書けるような有限的対象としたが，これらは本質的にいくつかの文字・記号から成る有限列と考えてよいだろう．するとそのような対象は自然数で表現できることが分かる．これを**コード化**(符号化 (en)coding)という．このためには，先ず自然数の有限列 $(x_0, ..., x_{n-1})\ (n \geq 0)$ をひとつの自然数 $\langle x_0, ..., x_{n-1}\rangle$ でコードする．そして，一般に記号 $a_0, \cdots, a_N$ から成る文字列 $x_0 \cdots x_k$ をコード化するには，先ず，各記号のコード $\ulcorner a_i \urcorner$ を定め(例えば，a_i のコードを i 番目の素数 $\ulcorner a_i \urcorner = p_i$ とする)，文字列 $x_0 \cdots x_k$ のコードを $\langle \ulcorner x_0 \urcorner, ..., \ulcorner x_k \urcorner \rangle$ とすればよい．

これで計算に関わるプログラム，入出力，計算過程はすべて自然数でコードできるのでそれらは自然数[*1]であると思ってよいことになる．

コード化の具体例は小節 2.1.1 で与えるが，ここでは有限的対象は自然数で表現できると仮定して，計算の対象を自然数に限って考えよう．すると計算可能関数の族は以下の操作で閉じている(べきである)ことは直観的には明らかだろう．

1. (合成 composition) 計算可能関数族は合成について閉じている：$G(y_1, ..., y_n), H_1(\vec{x}), ..., H_n(\vec{x})$ がいずれも計算可能ならば $F(\vec{x}) \simeq G(H_1(\vec{x}), ..., H_n(\vec{x}))$ も計算可能[*2]．
2. (再帰的定義 primitive recursion) $G(\vec{x}), H(y, \vec{x}, z)$ がともに計算可能なとき
$$F(0, \vec{x}) \simeq G(\vec{x})$$
$$F(y+1, \vec{x}) \simeq H(y, \vec{x}, F(y, \vec{x}))$$
と定義された F も計算可能[*3]．
3. (同時再帰的定義 simultaneous recursion) $G_i(\vec{x}), H_i(y, \vec{x}, z_0, z_1)\ (i=0,1)$ がすべて計算可能として
$$F_i(0, \vec{x}) \simeq G_i(\vec{x})$$
$$F_i(y+1, \vec{x}) \simeq H_i(y, \vec{x}, F_0(y, \vec{x}), F_1(y, \vec{x}))$$
と定義された F_0, F_1 はともに計算可能．
4. (最小化作用素による定義 minimization, μ-operator) 計算可能関係 $R(\vec{x}, y)$ について
$$F(\vec{x}) \simeq \mu y.R(\vec{x}, y)$$
すなわち
$$F(\vec{x}) \simeq y :\Leftrightarrow R(\vec{x}, y) \wedge \forall z < y \neg R(\vec{x}, z)$$
と定義された F も計算可能である．

 なぜなら $R(\vec{x}, 0), R(\vec{x}, 1), ...$ と順番に $R(\vec{x}, y)$ を充たす y を探していけばよいからである．
5. (場合分けによる定義 definition by cases) $R_1, ..., R_n$ はすべて計算可能関

[*1] 自然数をどのように紙に書くかは，計算資源を無尽蔵でしかも顧慮しないとしたので関係ない．二進数でも十進数でも一進数でも構わない．

[*2] $F(\vec{x})$ が定義されるのは，$H_1(\vec{x}), ..., H_n(\vec{x})$ がすべて定義されて，それらの値が $y_1, ..., y_n$ として，$G(y_1, ..., y_n)$ が定義されるときである．

[*3] $F(y+1, \vec{x})$ が定義されるのは $F(y, \vec{x})$ が定義されていて，その値 z について $G(y, \vec{x}, z)$ が定義されているときである．

係で，どんな $\vec{x}$ についても $R_1(\vec{x}), ..., R_n(\vec{x})$ のうち，ちょうどひとつのみが成立しているとする．いま計算可能関数 $F_1, ..., F_n$ によって

$$F(\vec{x}) \simeq \begin{cases} F_1(\vec{x}) & R_1(\vec{x}) \text{ のとき} \\ \cdots & \cdots \\ F_n(\vec{x}) & R_n(\vec{x}) \text{ のとき} \end{cases}$$

と定義された F もまた計算可能である．

定義 2.1.1

1. 次の三種類の関数を**初期関数**(initial function)と呼ぶ：各 $k \geq 1$ と $1 \leq i \leq k$ について k-変数関数 I_i^k

$$射影(\text{projection}) : I_i^k(x_1, ..., x_k) = x_i.$$

1-変数関数 Sc

$$後者(\text{successor}) : Sc(x) = x + 1.$$

0-変数関数 $zero$

$$zero(\,) = 0.$$

2. 初期関数から出発して，合成，再帰的定義，最小化作用素による定義を有限回施して得られる部分関数を**再帰的部分関数**(partial recursive function)という．
3. 再帰的関数で最小化作用素(μ-作用素)なしで定義できる関数を**原始再帰的関数**(primitive recursive function)という．つまり原始再帰的関数は，初期関数から出発して，合成，再帰的定義を有限回施して得られる関数であり，明らかに全域的である． □

よって上記の説明は「すべての再帰的関数は計算可能である」となる．

2.1.1 コード化

コード化の例を見る．初めに長さに制限のない自然数の有限列 $(x_0, ..., x_{n-1})$ ($n \geq 0$) をひとつの自然数 $\langle x_0, ..., x_{n-1} \rangle$ でコードする．コード化の条件は，先ず写像 ${}^{<\omega}\mathbb{N} \ni (x_0, ..., x_{n-1}) \mapsto \langle x_0, ..., x_{n-1} \rangle$ は一対一であり，しかも以下の関数や関係はすべて「計算可能」：

1. 写像 ${}^{<\omega}\mathbb{N} \ni (x_0, ..., x_{n-1}) \mapsto \langle x_0, ..., x_{n-1} \rangle$ の値域 Seq.
2. 各 n について長さ n の列のコード化 ${}^{n}\mathbb{N} \ni (x_0, ..., x_{n-1}) \mapsto \langle x_0, ..., x_{n-1} \rangle$.
3. 逆 $(x)_i$ つまり $(\langle x_0, ..., x_{n-1} \rangle)_i = x_i$ ($i < n \in \mathbb{N}$) (復号化 decoding).
4. 長さ $lh(x)$ つまり $lh(\langle x_0, ..., x_{n-1} \rangle) = n$.

5. 並置(concatenation) $x*y$ つまり

$$\langle x_0,...,x_{n-1}\rangle * \langle y_0,...,y_{m-1}\rangle = \langle x_0,...,x_{n-1},y_0,...,y_{m-1}\rangle.$$

上記の条件を充たすコード化として，節 1.1 での(1.3)を用いることもできるが，ここでは素数によるコード化を紹介しよう．

p_n を n 番目の素数($p_0=2, p_1=3, ...$)として

$$\langle x_0,...,x_{n-1}\rangle := \prod_{i<n} p_i^{1+x_i} = p_0^{1+x_0}\cdots p_{n-1}^{1+x_{n-1}}$$

と定めればよい．特に空列($n=0$)のコードは $\langle\ \rangle=1$ である．このとき $exp(x,i)=\max\{y\leq x: p_i^y|x\}$ (x を割り切る p_i の最大ベキ)*4とすると，復号化 $(x)_i$ と列(のコード) x の長さ(length) $lh(\langle x_0,...,x_{n-1}\rangle)=n$ は

$$(x)_i = exp(x,i)\dot{-}1$$
$$lh(x)=\min\{i\leq x: exp(x,i)=0\}$$

で与えられる．ここで

$$n\dot{-}1 := \begin{cases} n-1 & n>0 \text{ のとき} \\ 0 & n=0 \text{ のとき}\end{cases}$$

$$(x)_{i,j} := ((x)_i)_j, \quad (x)_{i,j,k} := (((x)_i)_j)_k$$

等々と書くことにする．

列のコードの集合 Seq は

$$x\in Seq \Leftrightarrow \forall i\leq x(p_i|x\rightarrow i<lh(x))$$

また

$$x\neq 0\rightarrow (x)_i<x\wedge lh(x)<x \tag{2.1}$$

ともなっている．

ふたつの列を繋いで(concatenate)得られる列をコード上で実現する関数 $x*y$

$$\langle x_0,...,x_{n-1}\rangle * \langle y_0,...,y_{m-1}\rangle = \langle x_0,...,x_{n-1},y_0,...,y_{m-1}\rangle$$

は

$$x*y = x\cdot \prod_{i<lh(y)} p_{lh(x)+i}^{1+(y)_i}.$$

上記のコード化のための関数・関係はすべて原始再帰的である．

命題 2.1.2 各 n について，n-変数関数 $(x_0,...,x_{n-1})\mapsto\langle x_0,...,x_{n-1}\rangle$ および $x*y$, $(x)_i$, $lh(x)$, Seq はすべて原始再帰的である． □

これを示すために原始再帰的関数・関係について次でまとめておく．

---

*4 $exp(0,i)=0$ と定めておく．

2.1.2 原始再帰的関数

ここではいくつかの関数・関係が原始再帰的であること，また，原始再帰的であることが簡単な操作で閉じていることを見る．

命題 2.1.3 $x\dot{-}1$, $x\dot{-}y(=\max\{x-y,0\})$ (modified subtraction)，$+, \cdot$, $x=y$, $x\leq y$, $x<y$, $x|y$,「x は素数」,

$$sg(x) := \begin{cases} 0 & x=0 \text{ のとき} \\ 1 & \text{上記以外} \end{cases}$$

はすべて原始再帰的である．

また原始再帰的関数・関係は命題論理の結合子，場合分けによる定義および累積足し算

$$f \mapsto \sum_{i<x} f(i,\vec{y}), \tag{2.2}$$

$R\mapsto \exists y<x\, R(\vec{z},y)$, $R\mapsto \forall y<x\, R(\vec{z},y)$, $R\mapsto \min\{y:(y<x\wedge R(\vec{z},y))\vee y=x\}$, $R\mapsto \max\{y:(y<x\wedge R(\vec{z},y))\vee(\forall u<x\,\neg R(\vec{z},u)\wedge y=x)\}$ について閉じている．

［証明］ $pd(x)=x\dot{-}1$ と書けば

$$pd(0)=zero, \quad pd(x+1)=I^2_1(x,pd(x))$$

であるから原始再帰的．以下ここでの第二式を単に $pd(x+1)=x$ と書き，射影や合成は省略する．

$x\dot{-}0=x$, $x\dot{-}(y+1)=(x\dot{-}y)\dot{-}1$ より引き算 $x\dot{-}y$ も原始再帰的．よって $sg(x)=1\dot{-}(1\dot{-}x)$ もそうである．足し算 $x+y$ は，$+1$ を用いて再帰的定義 $x+0=x$, $x+(y+1)=(x+y)+1$ とすればよい．掛け算 $x\cdot y$ についても同様．

R,Q が原始再帰的関係なら，$\chi_{\neg R}(\vec{x})=1\dot{-}\chi_R(\vec{x})$ であり，また $\chi_{R\vee Q}(\vec{x})=sg(\chi_R(\vec{x})+\chi_Q(\vec{x}))$ であるから，$\neg R(\vec{x})$, $(R\vee Q)(\vec{x})$ はともに原始再帰的となり，原始再帰的関係は命題論理の結合子について閉じていることが分かる．

$x\leq y\Leftrightarrow x\dot{-}y=0(\Leftrightarrow x<y+1)$ より $\chi_{\leq}(x,y)=1\dot{-}(x\dot{-}y)$ となるので，$x\leq y$ は原始再帰的関係．これより $x=y\Leftrightarrow(x\leq y\wedge y\wedge x)$, $x<y\Leftrightarrow y\not\leq x$ を用いて，$x=y$, $x<y$ はともに原始再帰的．

場合分けによる定義を考える．簡単のため，F が F_1,F_2，R から

$$F(\vec{x}) = \begin{cases} F_1(\vec{x}) & R(\vec{x}) \text{ のとき} \\ F_2(\vec{x}) & \text{上記以外} \end{cases}$$

と定義されたとする．すると $F(\vec{x})=F_1(\vec{x})\chi_R(\vec{x})+F_2(\vec{x})\chi_{\neg R}(\vec{x})$ であるから，

F_1, F_2, R がすべて原始再帰的なら F もそうである.

$f(i,\vec{y})$ を原始再帰的とすると, $\sum_{i<x} f(i,\vec{y})$ もそうであることを見るには, x についての帰納法で $\sum_{i<0} f(i,\vec{y})=0$, $\sum_{i<x+1} f(i,\vec{y})=\sum_{i<x} f(i,\vec{y})+f(x,\vec{y})$ とする. よって $Q(x,\vec{z}) :\leftrightarrow \exists y<x\, R(\vec{z},y)$ の特徴関数は R のそれの和 $\chi_Q(x,\vec{z})=sg(\sum_{y<x}\chi_R(\vec{z},y)))$ により得られる. $\forall y<x\, R(\vec{z},y) \Leftrightarrow \neg\exists y<x \neg R(\vec{z},y)$ とすればよい.

よって $x|y \Leftrightarrow \exists z\le y(y=xz)$ より $x|y$ も原始再帰的.「x は素数」は $x>1\wedge \forall y<x(1<y\to y\not| x)$ となってこれも原始再帰的.

$\forall y\le i \neg R(\vec{z},y)$ の特徴関数を $f(i,\vec{z})$ として, $\min\{y:(y<x\wedge R(\vec{z},y))\vee y=x\}=\sum_{i<x} f(i,\vec{z})$.

$f(x,\vec{z})=x\dot{-}\min\{y:(0<y\le x\wedge R(\vec{z},x\dot{-}y))\vee y=x+1\}$ とおいて

$$\max\{y:(y<x\wedge R(\vec{z},y))\vee(\forall u<x\neg R(\vec{z},u)\wedge y=x)\}$$
$$=\begin{cases} f(x,\vec{z}) & \exists u<x\, R(\vec{z},u) \text{ のとき} \\ x & \text{上記以外}\end{cases}$$

■

命題 2.1.4　x^y, $x!$, $n\mapsto p_n$, $exp(x,i)$, $(x)_i$, $lh(x)$, Seq, $x*y$ はすべて原始再帰的である.

また原始再帰的関数・関係は, 累積掛け算

$$f\mapsto \prod_{i<x} f(i,\vec{y}) \tag{2.3}$$

および同時再帰的定義について閉じている.

関数 $F(y,\vec{x})$ について

$$\bar{F}(y,\vec{x})=\langle F(0,\vec{x}),...,F(y\dot{-}1,\vec{x})\rangle$$

すなわち

$$\bar{F}(0,\vec{x})=\langle\ \rangle$$
$$\bar{F}(y+1,\vec{x})=\bar{F}(y,\vec{x})*\langle F(y,\vec{x})\rangle$$

このとき, 関数 G から F を累積再帰的定義(course-of-values recursion)により定義するとは

$$F(y,\vec{x})=G(y,\vec{x},\bar{F}(y,\vec{x})).$$

原始再帰的関数はこの累積再帰的定義についても閉じている.

[証明]　指数関数 x^y は, 掛け算を用いて再帰的定義($x^0=1$, $x^{y+1}=x^y\cdot x$)すればよい. 階乗 $x!$ についても同様*5. また同様にして $\prod_{i<x} f(i,\vec{y})$ も原始再帰性

*5　但し $0^0=0!=1$

を保つことが分かる.

命題 2.1.3 より「x は素数」は原始再帰的なので, $p_0=2$, $p_{n+1}=\min\{x\leq p_n!+1 : p_n<x\wedge x$ は素数$\}$ とすれば $n\mapsto p_n$ が原始再帰的であることが分かる.

これらと命題 2.1.3 より $exp(x,i)$, $(x)_i$, $lh(x)$, Seq, $x*y$ が原始再帰的なことも分かる.

同時再帰的定義

$$F_i(0,\vec{x})=G_i(\vec{x})$$
$$F_i(y+1,\vec{x})=H_i(y,\vec{x},F_0(y,\vec{x}),F_1(y,\vec{x}))$$

は $F(y,\vec{x})=\langle F_0(y,\vec{x}),F_1(y,\vec{x})\rangle$ を y に関する帰納法で定義する.

F が G から累積再帰的定義でつくられたとして, G が原始再帰的関数とすると, $\bar{F}(y,\vec{x})$ を y に関する帰納法で定義してから

$$F(y,\vec{x})=(\bar{F}(y+1,\vec{x}))_y$$

とすることで F も原始再帰的であることが分かる. ∎

2.1.3 Church のテーゼ

上記の計算に対する理解のもとに次のことは正しいとしてよいだろう(「計算」の定義を正確に与えていないのだからいまのところ証明はできないが).

1. 関係「列 $y=\langle y_0,\dots,y_k\rangle$ は, 項数 n のプログラム e に入力 $\vec{x}=(x_0,\dots,x_{n-1})$ を与えた環境での(k ステップまでの)計算過程(のコード)である」は計算可能である. これを

   $$Comp(e,\vec{x},y)$$

   と書く.

   ここで各 y_i は計算過程中の計算状態を表し, y_{i+1} はその次の計算状態である.「計算状態」は計算の状態を表すデータから成り, その正確な定義は, 上記の計算概念を実現した計算モデルに依存するが, 例えば紙に鉛筆と消しゴムで計算していく場合には, 紙に書かれた計算の途中経過と思えばよい. 少なくとも y_0 には, プログラム e と初めの入力 $\vec{x}$ に関する情報が含まれているとしておく.

   すると, $Comp(e,\vec{x},y)$ の計算には, 初めにプログラムのコード e を解読して, そのプログラムの入力 $\vec{x}$ のもとでの計算を k ステップ模倣して, その結果と y を見比べればよい.

2. 各 n について

Kleene の T-述語(Kleene T-predicate)$T_n(e, \vec{x}, y)$

で，「項数 n のプログラム e について $Comp(e, \vec{x}, y)$ かつ $y = \langle y_0, ..., y_k \rangle$ の最後 y_k の計算状態は計算の終了状態である」を表すとする．これも計算可能である．

計算過程は一意的なので，$T_n(e, \vec{x}, y)$ を充たす y は $e, \vec{x}$ ごとにたかだかひとつである．この y が存在すればそれを $e, \vec{x}$ の計算数(computation number)と呼ぶ．

また計算数は，プログラムと入出力をすべて含むので(2.1)により，

$$\text{プログラムと入出力と計算ステップ数は計算数より小さい} \quad (2.4)$$

3. 計算数 y について計算結果(出力)を $U(y)$ で表す．これも計算可能である．

上で述べたことをまとめて言えば，有限的対象に関する機械的で有限的な計算過程は，それ自身有限的対象であり，従ってひとつの自然数でコードでき，そのコードからは，プログラム，入力や計算ステップ数，前後の計算状態を機械的に読み取ることが可能であり，しかも計算状態が終了した計算かどうかも分かり，そしてそうなら出力が取り出せる，となる．例えば終了判定は「計算機械の状態あるいは計算紙に書かれていることがかくかくしかじかであるときに計算は終了」と明文化されているはずで，そうならそれはコードの中に書き込むことができ，コードから読み取れるからである．さて命題2.1.2から考えると，上記のコードからの読み出しや終了判定は原始再帰的にできると考えてもよさそうである．

こうして関係 $T_n(e, \vec{x}, y)$ と関数 $U(y)$ はともに原始再帰的としてよい．すると

$$\{e\}(\vec{x}) \simeq U(\mu y. T_n(e, \vec{x}, y))$$

と定義すれば，これは $e, \vec{x}$ の関数として再帰的になる．$\{e\}$ は，コードが e であるプログラムが計算している部分関数を表している．

ところが計算可能な(= プログラムがある) n-変数部分関数 f について，そのプログラムのコードを e とすれば，

$$f(x_0, ..., x_{n-1}) \simeq \{e\}(x_0, ..., x_{n-1})$$

であるから，かくして「計算可能関数は再帰的である」と結論してもよさそうである．もちろんここで断定していないのは「計算可能関数」の数学的定義を与えていないからであるが，上記のことから考えてもっともらしい結論だろう．この計算可能関数を再帰的関数に同定しようという考えを **Church のテーゼ**(Church's thesis)という．

ここまでの議論での Church のテーゼの擁護は「計算可能」という概念の分析からのものであったが，この概念を数学的に定義する試み(Herbrand, Gödel, Turing, Kleene, Church, Post, Markov, et al.)からいくつもの定義が生み出され，それらは外見上異なるのに同値，つまり同じ関数族を計算可能としていたことが分かった．その中のひとつが再帰的関数である．これは再帰的関数族(あるいは同値な他の定義による関数族)が数学的に安定したものであることを示している．この事実は Church のテーゼの傍証と考えることができる．現在では研究者の間で Church のテーゼは広く受け入れられている．

以下，「計算可能」は，定義 2.1.1 での「再帰的」を意味するとする．

2.2 レジスター機械による計算

ここでは数学的に単純だが計算能力ではすべての計算可能部分関数が計算できるほど強力な計算モデルのひとつである**レジスター機械**(register machine)を紹介して，レジスター機械による計算に関する Kleene の T-述語が原始再帰的に構成できることを見る．

レジスター機械は三つの部分から成る：レジスター，プログラム格納所(program holder)，カウンター．

1. **レジスター**は可算無限個 $\mathcal{R}_0, \mathcal{R}_1, \ldots$ 用意されており，計算の各時点においてそれぞれのレジスター $\mathcal{R}_i$ はある自然数をひとつ格納している．
2. **プログラム格納所**にはプログラムがひとつ格納されている．このプログラムは計算したい関数ごとに入れ替えられる．プログラムは以下で述べる命令(instruction)の空でない有限列であり，命令が N 個並んでいるプログラムには，それぞれの命令に順にカッコ付きの番号 $(0), (1), \ldots, (N-1)$ が振られている．この数 N を**プログラムの長さ**と呼ぶ．
3. **カウンター**には計算の各時点でカッコ付きの番号がひとつ格納されている．この番号が割り振られている命令が次に実行されることになる．

レジスターあるいはカウンターに格納された数は計算の進行とともに変わっていく．

計算は次のように進行する：

1. 計算を始めるには先ず，プログラム格納所にプログラムを格納する．プログラムの長さを N とする．

2. それから各レジスターに任意の数を格納し，カウンターを (0) に設定する．
3. 各時点で，カウンター内にある番号 (c) が振られた命令，つまり c 番目の命令を実行する．もし $c \geq N$ ならば，計算はその時点で停止する（終了条件）．
4. 命令は次の三種類である：

(a)

$$\text{INCREASE } \mathcal{R}_i$$

この命令を実行すると，先ずレジスター $\mathcal{R}_i$ に格納されている数*6に 1 足して，それからカウンターの番号も 1 増大させる．

(b)

$$\text{DECREASE } \mathcal{R}_i, (n)$$

この命令の実行はレジスター $\mathcal{R}_i$ に格納されている数がゼロかどうかの条件分岐を含んでいる．その数がゼロである場合には，すべてのレジスターの中身を変えずに，ただカウンターの番号を 1 増大させる．つぎに $\mathcal{R}_i$ の数がゼロでないときにはそれから 1 引いた数を $\mathcal{R}_i$ に入れて，カウンターの番号を (n) にする．

(c)

$$\text{GO TO } (n)$$

この命令を実行すると，カウンターの番号が (n) に変更される．

INCREASE $\mathcal{R}_i$, DECREASE $\mathcal{R}_i, (n)$ のいずれでも $\mathcal{R}_i$ 以外のレジスターの数は変更されないし，GO TO (n) ではどのレジスターの数もそのままである．

上の説明から分かる通り，長さが N であるプログラム中の命令 DECREASE $\mathcal{R}_i, (n)$, GO TO (n) に現れる数 n（命令を飛ばす先）は $n \leq N$ としてよいので，以下そう仮定する．$n = N$ のときに計算が終了する．

（プログラムが計算する部分関数） プログラム P が計算する k-変数の部分関数 F_k^P を定義する．入力 $x_1, ..., x_k$ が与えられたら，レジスター $\mathcal{R}_i$ $(i = 1, ..., k)$ に x_i を格納する．それ以外のレジスターには 0 を入れて，プログラム格納所にあるプログラム P により計算を実行する．この計算が終了した場合，そしてその場合に限り，$F_k^P(x_1, ..., x_k)$ は定義され，その値は計算終了時におけるレジス

*6 もちろんこの命令を実行する前の数．

ター $\mathcal{R}_0$ の中身であると定める．

部分関数がレジスター機械により計算可能(computable by a register machine)とは，それを計算するプログラムが存在することとする．以下，簡単のため「レジスター機械により計算可能」を単に「R-計算可能」と呼ぶ．

定理 2.2.1 部分関数がレジスター機械により計算可能ということは再帰的ということと同値． □

2.2.1 レジスター機械計算可能なら再帰的

初めに R-計算可能部分関数はすべて再帰的であることを示す．そのためにレジスター機械による計算をコード化して T-述語をつくる．

1. 命令 I のコード $\ulcorner I \urcorner$ を決める．

$$\ulcorner \text{INCREASE } \mathcal{R}_i \urcorner = \langle 0, i \rangle, \quad \ulcorner \text{DECREASE } \mathcal{R}_i, (n) \urcorner = \langle 1, i, n \rangle,$$
$$\ulcorner \text{GO TO } (n) \urcorner = \langle 2, n \rangle.$$

「命令のコードである」Instruction(x) は

$$x = \langle 0, (x)_1 \rangle \vee x = \langle 1, (x)_1, (x)_2 \rangle \vee x = \langle 2, (x)_1 \rangle.$$

2. N 行から成るプログラム P のコード $\ulcorner P \urcorner$ は，命令のコードをそれぞれ $x_0, \ldots, x_{N-1}$ として $\ulcorner P \urcorner = \langle x_0, \ldots, x_{N-1} \rangle$.

「プログラムのコードである」Program(x) は

$$Seq(x) \wedge \forall i < lh(x) \{\text{Instruction}((x)_i) \wedge$$
$$[(x)_{i,0} = 1 \rightarrow (x)_{i,2} \leq lh(x)] \wedge [(x)_{i,0} = 2 \rightarrow (x)_{i,1} \leq lh(x)]\}.$$

次にプログラム $e = \ulcorner P \urcorner$ のある固定された長さ k の入力 $\vec{x} = (x_1, \ldots, x_k)$ のもとでの計算過程を考える．(2.1)より $(e)_{i,1} < e$ であるから P が中身を変更し得るレジスター $\mathcal{R}_i$ は $i < e$ に限る．よって入力 $\vec{x}$ での計算に関係のあるレジスター番号は $i < \max\{e, k+1\} \leq e+k$ である．そこで計算過程を，各時点 s でのレジスター $\mathcal{R}_i$ $(i < e+k)$ の中身 r_i^s を並べた $r^s = \langle r_0^s, \ldots, r_{e+k-1}^s \rangle$ を並べて記述する．もしこの計算が ℓ-ステップで終了すれば $r = \langle r^0, \ldots, r^\ell \rangle$ がその計算数(計算過程のコード)であり，出力は $(r^\ell)_0$ であるから，計算数から出力を出力する関数(result extracting function)は

$$U(r) = (r)_{lh(r) \dot{-} 1, 0}.$$

つぎにプログラム $e = \ulcorner P \urcorner$ の入力 $x = \langle \vec{x} \rangle$ のもとでの計算における時点 s でのカウンター数 Counter(e, x, s) とレジスター $\mathcal{R}_i$ の中身を計算する関数 Register$(i, e, x, s) = (\bar{r}(e, x, s))_i$ $(i < e+k)$ を s に関する同時帰納法でつくる．

Counter$(e,x,0)=0$. $x=\langle x_1,...,x_k\rangle$ として，$x_i=(x)_{i-1}$ であるから

$$\text{Register}(i,e,x,0):=(\bar{r}(e,x,0))_i=\begin{cases}(x)_{i-1} & 0<i\leq lh(x) \text{ のとき}\\ 0 & \text{上記以外}\end{cases}$$

ここで

$$\bar{r}(e,x,s)=\langle \text{Register}(0,e,x,s),...,\text{Register}(e+k\dot{-}1,e,x,s)\rangle.$$

以下 $c^s=\text{Counter}(e,x,s)$, $r_i^s=\text{Register}(i,e,x,s)$ とおく．またこれから実行される命令を $y=(e)_{c^s}$ とする．

$$c^{s+1}=\text{Counter}(e,x,s+1)=\begin{cases}(y)_2 & (y)_0=1\,\&\,r^s_{(y)_1}\neq 0 \text{ のとき}\\ (y)_1 & (y)_0=2 \text{ のとき}\\ c^s+1 & \text{上記以外}\end{cases}$$

1行目は $y=\ulcorner\text{DECREASE }\mathcal{R}_{(y)_1},((y)_2)\urcorner$ で $\mathcal{R}_{(y)_1}$ の中身 $r^s_{(y)_1}\neq 0$ のとき，2行目は $y=\ulcorner\text{GO TO }((y)_1)\urcorner$ のときである．

$$r_i^{s+1}=\text{Register}(i,e,x,s+1)=\begin{cases}r_i^s+1 & (y)_0=0\,\&\,i=(y)_1 \text{ のとき}\\ r_i^s\dot{-}1 & (y)_0=1\,\&\,i=(y)_1 \text{ のとき}\\ r_i^s & \text{上記以外}\end{cases}$$

時刻 s での終了(halt)条件は

$$\text{Halt}(e,x,s)\leftrightarrow\text{Counter}(e,x,s)=lh(e)\wedge\forall m<s[\text{Counter}(e,x,m)<lh(e)].$$

最後に「プログラム e の長さ k の入力 $\vec{x}$ のもとでの計算数が y である」を記述した T-述語 $T_k(e,\vec{x},y)$ は

$$T_k(e,\vec{x},y):\Leftrightarrow \text{Program}(e)\wedge Seq(y)\wedge\text{Halt}(e,\langle\vec{x}\rangle,lh(y)\dot{-}1)\wedge$$
$$\forall s<lh(y)[(y)_s=\bar{r}(e,\langle\vec{x}\rangle,s)].$$

ここまでつくってきた Instruction(x), Program(x), $U(r)$, Counter(e,x,s), Register(i,e,x,s), Halt(e,x,s) はすべて原始再帰的であるから T-述語 $T_k(e,\vec{x},y)$ も各 k について原始再帰的となる．

(2.1)より，計算数 y は入出力 $x_i,U(y)$，計算ステップ数 $lh(y)\dot{-}1$ および計算途中でどこかのレジスターに書き込まれた数のいずれよりも大きい．(2.4)を充たすために計算数 $y>e$ (プログラム)としたければ $y=\langle e,(y)_1\rangle$ とする．

こうして $e=\ulcorner P\urcorner$ についてプログラム P が計算する k-変数部分関数 F_k^P は

$$F_k^P(\vec{x})\simeq\{e\}(\vec{x})\simeq U(\mu y.T_k(e,\vec{x},y))$$

と書けるので，レジスター機械で計算できる部分関数はすべて再帰的であることが分かった．

2.2.2 再帰的ならレジスター機械で計算可能

次に逆を示すために先ず初期関数を計算するプログラムを与える．

1. (zero)

(0) GO TO (1)

2. (I_i^k)

(0) GO TO (2)
(1) INCREASE $\mathcal{R}_0$
(2) DECREASE $\mathcal{R}_i, (1)$

3. (Sc)

(0) GO TO (2)
(1) INCREASE $\mathcal{R}_0$
(2) DECREASE $\mathcal{R}_1, (1)$
(3) INCREASE $\mathcal{R}_0$

合成関数を計算する際などに，これらのプログラムを別のプログラムの部品(サブルーチン，マクロ)として使おうとすると都合が悪い点がある．例えば上の I_i^k を計算するプログラムを走らせると，レジスター $\mathcal{R}_i$ の中身 x_i が $\mathcal{R}_0$ に写(移)され，そして $\mathcal{R}_i$ の中身はゼロになってしまう．これでは出力結果と元の入力内容を併せて新たな計算を始めようとするとき不便である．

そこで一般に，レジスター $\mathcal{R}_i$ の中身をレジスター $\mathcal{R}_j$ に写し，しかも $\mathcal{R}_i$ の中身を保持するプログラムを考える．i, j, k は互いに異なるとして，

(0) DECREASE $\mathcal{R}_j, (0)$
(1) DECREASE $\mathcal{R}_k, (1)$
(2) GO TO (5)
(3) INCREASE $\mathcal{R}_j$
(4) INCREASE $\mathcal{R}_k$
(5) DECREASE $\mathcal{R}_i, (3)$
(6) GO TO (8)
(7) INCREASE $\mathcal{R}_i$
(8) DECREASE $\mathcal{R}_k, (7)$

初めの2行(0), (1)で $\mathcal{R}_j, \mathcal{R}_k$ の中身がゼロにされてから，次の4行(2)-(5)で $\mathcal{R}_i$ の中身が $\mathcal{R}_j, \mathcal{R}_k$ に写されて $\mathcal{R}_i$ はゼロになり，そして最後の3行(6)-(8)で

$\mathcal{R}_k$ をゼロにしつつその中身を $\mathcal{R}_i$ に写す．つまり $\mathcal{R}_k$ を「一時置き場」として利用して，$\mathcal{R}_i$ の中身を保持しながら $\mathcal{R}_j$ に写している．また $\mathcal{R}_k$ はゼロに戻されて「準備 OK」としている．

さて上のプログラムを見ると同じ部品が繰り返し使われていることが分かる．例えば初めの 2 行 (n) DECREASE $\mathcal{R}_k, (n)$ は「$\mathcal{R}_k$ の中身をゼロにする」である．これを以降，(n) ZERO $\mathcal{R}_k$ と書く．更に上のプログラム「$\mathcal{R}_i$ の中身を $\mathcal{R}_k$ を用いて $\mathcal{R}_j$ に写す」全体(から命令番地を消去した列)を MOVE $\mathcal{R}_i$ TO $\mathcal{R}_j$ USING $\mathcal{R}_k$ あるいは $\mathcal{R}_k$ は「一時置き場」に過ぎないので省略して MOVE $\mathcal{R}_i$ TO $\mathcal{R}_j$ と書き表す．

すると初期関数を計算するプログラムは，(zero) なら (0) ZERO $\mathcal{R}_0$，(I_i^k) なら (0) MOVE $\mathcal{R}_i$ TO $\mathcal{R}_0$，(Sc) なら (0) MOVE $\mathcal{R}_1$ TO $\mathcal{R}_0$, (1) INCREASE $\mathcal{R}_0$ でよいことになる．

これらの部品を別のプログラムで使う際には，適当に命令番号やレジスター番地を書き換えてやる必要がある．簡単な例

(n)　MOVE $\mathcal{R}_i$ TO $\mathcal{R}_j$ USING $\mathcal{R}_k$
$(n+1)$　ZERO $\mathcal{R}_l$

ならば

(n)　DECREASE $\mathcal{R}_j, (n)$
$(n+1)$　DECREASE $\mathcal{R}_k, (n+1)$
$(n+2)$　GO TO $(n+5)$
$(n+3)$　INCREASE $\mathcal{R}_j$
$(n+4)$　INCREASE $\mathcal{R}_k$
$(n+5)$　DECREASE $\mathcal{R}_i, (n+3)$
$(n+6)$　GO TO $(n+8)$
$(n+7)$　INCREASE $\mathcal{R}_i$
$(n+8)$　DECREASE $\mathcal{R}_k, (n+7)$
$(n+9)$　ZERO $\mathcal{R}_l$

とすればよい．

いま P が k-変数部分関数 F を計算する長さ N のプログラムであるとする．また $i_1, ..., i_k, j$ は互いに異なる数とする．m を十分大きく取って，P 中に現れる命令 INCREASE $\mathcal{R}_i$, DECREASE $\mathcal{R}_i, (n)$ が関与するレジスター $\mathcal{R}_i$ はすべて $i<m$ であり，さらに $i_1, ..., i_k, j<m$ であるようにする．このときプログラ

ム Q でつぎのようなものをつくる：$\mathcal{R}_{i_p}\,(p=1,...,k)$ に x_p を入れて計算を始めると，$F(x_1,...,x_k)\downarrow$ である場合，その場合に限って計算が止まり，計算停止時には答え $F(x_1,...,x_k)$ が $\mathcal{R}_j$ にあり，しかも計算開始時と終了時で中身が異なるレジスターは $\mathcal{R}_j$ か $\mathcal{R}_m,...,\mathcal{R}_{2m}$ しかない．

レジスター $\mathcal{R}_m,...,\mathcal{R}_{2m-1}$ は，計算開始時でのレジスター $\mathcal{R}_0,...,\mathcal{R}_{m-1}$ の中身を保存するために使う．またレジスター $\mathcal{R}_{2m}$ は一時置き場である．

P の q 行目を $(q)\,P_q$ として，Q は次のようにすればよい：

(p) MOVE $\mathcal{R}_p$ TO $\mathcal{R}_{m+p}$ USING $\mathcal{R}_{2m}\,(0\leq p<m)$
$(m+p-1)$ MOVE $\mathcal{R}_{i_p}$ TO $\mathcal{R}_p$ USING $\mathcal{R}_{2m}\,(1\leq p\leq k)$
$(m+k)$ ZERO $\mathcal{R}_0$
$(m+p)$ ZERO $\mathcal{R}_p\,(k<p<m)$
$(2m+q)$ $P_q\,(q<N)$
$(2m+N+p-1)$ MOVE $\mathcal{R}_{m+p}$ TO $\mathcal{R}_p$ USING $\mathcal{R}_{2m}\,(1\leq p<m,\ p\neq j)$
$(3m+N-1)$ MOVE $\mathcal{R}_0$ TO $\mathcal{R}_j$ USING $\mathcal{R}_{2m}$
$(3m+N)$ MOVE $\mathcal{R}_m$ TO $\mathcal{R}_0$ USING $\mathcal{R}_{2m}$

この Q は正確には9行から成る部品 MOVE TO を1行で書いているのでプログラムではない．プログラムにするためには，それを MOVE TO のプログラムで置き換えて，同時に DECREASE $\mathcal{R}_i,(n)$, GO TO (n) のなかの命令番地 (n) を適当に書き換える．さらにこれによってずれてしまったより下の行の命令番地も順に書き換えてゆく．もちろんプログラム P の各行 P_q 中の命令番地も適宜書き換えないといけない．こうして番地を書き換えて得られたプログラム(部品)を

$$F(\mathcal{R}_{i_1},...,\mathcal{R}_{i_k})\to\mathcal{R}_j \text{ USING } \mathcal{R}_m,...,\mathcal{R}_{2m}$$

と書く．以前同様， USING $\mathcal{R}_m,...,\mathcal{R}_{2m}$ は省略する．

さてそれでは R-計算可能部分関数の族が合成，再帰的定義，最小化で閉じていることを示そう．

1. (合成) $H_1(\vec{x}),...,H_n(\vec{x})$ と $G(y_1,...,y_n)$ がすべて R-計算可能であるとして，次のプログラムは $F(\vec{x})\simeq G(H_1(\vec{x}),...,H_n(\vec{x}))$ を計算する：

   $(m-1)$ $H_m(\mathcal{R}_1,...,\mathcal{R}_k)\to\mathcal{R}_{k+m}\,(1\leq m\leq n)$
   (n) $G(\mathcal{R}_{k+1},...,\mathcal{R}_{k+n})\to\mathcal{R}_0$

2. (再帰的定義) $G(\vec{x})$ と $H(y,\vec{x},z)$ がそれぞれ R-計算可能として，次のプログラムは $F(0,\vec{x})\simeq G(\vec{x})$, $F(y+1,\vec{x})\simeq H(y,\vec{x},F(y,\vec{x}))$ を計算する：

(0) $G(\mathcal{R}_2, ..., \mathcal{R}_{k+1}) \to \mathcal{R}_0$
(1) MOVE $\mathcal{R}_1$ TO $\mathcal{R}_{k+2}$
(2) ZERO $\mathcal{R}_1$
(3) GO TO (6)
(4) $H(\mathcal{R}_1, \mathcal{R}_2, ..., \mathcal{R}_{k+1}, \mathcal{R}_0) \to \mathcal{R}_0$
(5) INCREASE $\mathcal{R}_1$
(6) DECREASE $\mathcal{R}_{k+2}$, (4)

3. (最小化) $G(y, \vec{x})$ が R-計算可能として，次のプログラムは部分関数 $F(\vec{x}) \simeq \mu y(G(y, \vec{x}) \simeq 0)$ を計算する：

(0) ZERO $\mathcal{R}_0$
(1) GO TO (3)
(2) INCERASE $\mathcal{R}_0$
(3) $G(\mathcal{R}_0, \mathcal{R}_1, ..., \mathcal{R}_k) \to \mathcal{R}_{k+1}$
(4) DECREASE $\mathcal{R}_{k+1}$, (2)

これで再帰的部分関数はすべてレジスター機械で計算できることが分かった．よって定理 2.2.1 が証明された．

2.3 Turing 機械

ここでは，重要な(原始的な)計算モデルのひとつとして Turing 機械を導入して，Turing 機械で計算可能なことが(レジスター機械)計算可能性あるいは同じことだが再帰的と同値であることを見よう．

定義 2.3.1 Turing 機械(Turing machine) $M = \langle \Sigma, I, b; Q, q_0, q_h; \delta \rangle$ はつぎのような七つ組である：

1. Σ は有限集合で，$\varnothing \neq I \subset \Sigma$ かつ $b \in \Sigma \setminus I$．Σ の元をテープ記号(tapc symbol)と呼び，I の元を入力記号(input symbol)，b を空白記号(blank)という．
2. Q は有限集合で，$q_0, q_h \in Q$．Q の元を状態(state)と呼び，q_0 は初期状態(initial state)，q_h を停止状態(halting state)という．
3. $\delta : \Sigma \times (Q \setminus \{q_h\}) \to \Sigma \times Q \times \{L, R\}$ を遷移関数(transition function)という．

□

Turing 機械 $M = \langle \Sigma, I, b; Q, q_0, q_h; \delta \rangle$ による動作を図式的に言い表すと次の

ようになる.

1. M は，δ とひとつの状態が格納されている本体と，左右無限に延びたテープと，テープ上の記号を読み取り書き込む読み書きヘッドから成る．ヘッドは本体と接続している.
2. テープはマス目に区切られており，ひとつのマス目にはテープ記号がちょうどひとつ書き込まれている．いずれの時点でも空白記号 b 以外の記号が書かれているマス目は有限個に限る．ヘッドは各時点でテープのマス目のいずれかひとつを見ている(scan).
3. 本体の状態は各時点で状態集合 Q のいずれかの状態にある.
4. ある時点でヘッドが見ているテープのマス目に書かれたテープ記号が a, 本体の状態が $q \neq q_h$ であるとする．このとき遷移関数 $\delta(a,q)=(a',q',D)$ によって，つぎの時点での
   (a) ヘッドが見ていたマス目上の記号を a' に書き換え($a'=a$ なら書き換えない),
   (b) 本体の状態を q' にし,
   (c) ヘッドを，$D=L$ ならひとつ左に，$D=R$ ならひとつ右に動かす.

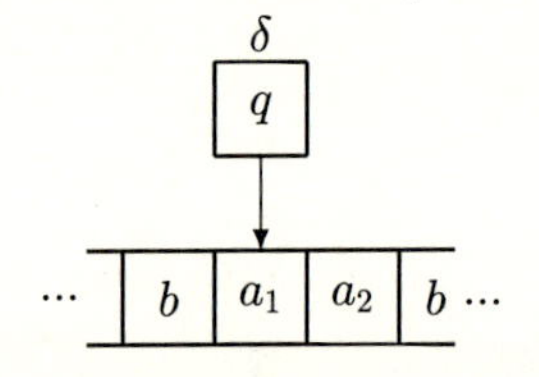

図 **2-1**

一般に(記号の)集合 Σ の元の有限列全体の集合を Σ^* で表す．空列も Σ^* に入れている．Turing 機械 M と正整数 n が与えられると，I^* 上の n-変数部分関数 f_n^M がつぎのように定まる.

1. 初めに n 個の列 $\alpha_1, \alpha_2, ..., \alpha_n$ ($\alpha_i \in I^*$) が入力として与えられているとして，それらをテープ上(の任意の位置)に空白記号を区切り記号として用いて並べる:

$$\cdots \overset{\downarrow}{b}\alpha_1 b\alpha_2 b \cdots b\alpha_n b \cdots$$

図 **2-2**

ここで $\alpha_1 b\alpha_2 b \cdots b\alpha_n$ の左右は b で埋め尽くされている.

2. ヘッドは初め，左端の α_1 の左端の左隣の空白記号 b を見ている(図 2-2 の矢印の位置).
3. 遷移関数に従って，マス目の記号，状態，ヘッドの位置を変更していく.

4. 停止状態 q_h になったら計算は停止する．そうでなければ計算は止まらない．
5. 関数 $f_n^M(\alpha_1,\alpha_2,...,\alpha_n)$ が定義されるのはつぎの場合に限る：計算が停止して，そのときのテープ上には b を間に挟まないひとつながりの記号列 β が β が空でなければただひとつあり，しかもヘッドはこの β の左端の左隣で止まっている．β が空ならテープ上は b で埋め尽くされており，ヘッドは任意の位置で停止しているとする．このとき $f_n^M(\alpha_1,\alpha_2,...,\alpha_n)=\beta$ と定める．

ひとつ簡単な注意をする．計算によってはテープ上の記号を書き換えた後，ヘッドを動かしたくないこともあるだろう．それをするためには，状態を倍に増やして $Q\cup\{r_q : q\in Q\}$ とし，記号 a を状態 $q\in Q$ で読み込んで，記号を a' に書き換え，状態を $q'\in Q$ に変えてヘッドを動かしたくないのなら，遷移関数を $\delta(a,q)=(a',r_{q'},L)$ と一旦左にヘッドを動かしてから $\delta(c,r_{q'})=(c,q',R)$ $(c\in\Sigma)$ とすればよい．

定義 2.3.2 ある Turing 機械 M によって，f_n^M と表せる n-変数部分関数を **Turing 機械計算可能**という． □

以下，考える関数は自然数上の部分関数を考える．このときには，入力記号として $I=\{1\}$ を取り，自然数 n のテープ上の表現として 1 を n 個並べた

$$1^{(n)} := \underbrace{1\cdots1}_{n}$$

を選ぶ．但し $n=0$ の場合には

$$1^{(0)} := \varnothing\,(\text{空列})$$

とする．

このとき自然数上の n-変数部分関数 f を計算する Turing 機械 M とは，任意の自然数列 $x_1,...,x_n$ と m について

$$f(x_1...,x_n)=m \Leftrightarrow f_n^M(1^{(x_1)},...,1^{(x_n)})=1^{(m)}$$

となることである．

上記の定義のもとで以下が分かる．

定理 2.3.3

1. Turing 機械計算可能なら再帰的である．
2. レジスター機械計算可能なら Turing 機械計算可能である．

従って，定理 2.2.1 より，Turing 機械計算可能，再帰的，レジスター機械計算可能は互いに同値である．

［証明］ 定理2. 3. 3.1. 小節2. 2. 1と同様に，Turing機械 $M = \langle \Sigma, I, b; Q, q_0, q_h; \delta \rangle$ による計算をコード化して T-述語をつくればよい．そのためにはつぎのようにする．

M の**時点表示**(instantaneous description)とは，三つ組 $D = (q, \alpha, i)$ で，$q \in Q$, $\alpha = a_1 \cdots a_\ell \, (a_i \in \Sigma)$, $0 \leq i \leq \ell + 1$ となるもの．

これはある時点での M の計算の状態を記したもので，q は M の状態，α はテープ上の b 以外の記号が書かれている部分を含むテープ上の記号列，i はヘッドの位置を表していると考える．ここで $1 \leq i \leq \ell$ ならヘッドは α の中の a_i を読んでおり，$i = 0$ なら a_1 の左隣，$i = \ell + 1$ なら a_ℓ の右隣を見ている．

時点表示 D, E について

$$D \rightarrow_M E$$

は，時点表示 D が M により E になることを表す．例えば $D = (q, \alpha, 1)$ で $\delta(a_1, q) = (a', q', L)$ なら $E = (q', ba'a_2 \cdots a_\ell, 1)$ とすればよい．

M の入力 $\alpha_1, \alpha_2, ..., \alpha_n$ のもとでの(停止する)**計算過程**は時点表示の列 $A_0, A_1, ..., A_m$ で

1. $A_0 = (q_0, \alpha_1 b \alpha_2 b \cdots \alpha_n b, 0)$.
2. 各 $i < m$ について $A_i \rightarrow_M A_{i+1}$.
3. ある $\beta \in I^*$ について $A_m = (q_h, \beta, 0)$.

あとは，時点表示と計算過程をコード化して，これらが(原始)再帰的であることを示せば，証明が終わる．

定理 2. 3. 3. 2. レジスター機械のプログラム P が計算する k-変数部分関数 $F_k^P(x_1, ..., x_k)$ を計算する Turing 機械 $M = \langle \Sigma, I, b; Q, q_0, q_h; \delta \rangle$ をつくりたい．

先ず $\Sigma = \{1, b\}$ とする．プログラム P で言及されるレジスターは $\mathcal{R}_i \, (i \leq R_0)$ のみとする．ここで $R_0 \geq k$ である．またプログラム P の長さを N とする：

$$\begin{array}{ll} (0) & P_0 \\ (1) & P_1 \\ \vdots & \vdots \\ (N-1) & P_{N-1} \end{array}$$

初めに Turing 機械 M のテープ上に入力 $1^{(x_1)}, ..., 1^{(x_k)}$ を空白記号 b で区切って並べる．

$$\cdots \overset{\downarrow}{b} 1^{(0)} b 1^{(x_1)} b \cdots b 1^{(x_k)} b \cdots \qquad \text{図 } \mathbf{2\text{-}3}$$

ヘッドは図 2-3 の矢印の位置を見ているとする．この位置を初位置と呼ぶ．

レジスター機械の計算のある時点でレジスター $\mathcal{R}_i$ の中身が r_i であるとき，これに対応して M のテープは

$$\cdots b1^{(r_0)}b1^{(r_1)}b\cdots b1^{(r_{R_0})}b\cdots$$

となっている．

P のある行の命令に対応する動作の後にはいつも一度，M のヘッドは初位置つまり $1^{(r_0)}$ のすぐ左に戻ってから，次に実行すべきプログラムの命令の動作を開始する．

状態 $Q=\{q_m : m<N\}\cup Q_0$ とし，q_m は「これから P の m 行目の命令 P_m を実行する」つまり P のカウンターが m である状況に対応している．停止状態を $q_h=q_{N+1}$ とする．その他の状態 Q_0 は後で説明する．

命令ごとに具体的に書くと，

1.

$$(m)\quad \text{INCREASE } \mathcal{R}_i$$

この命令を模倣するには，

(a)

ヘッドをレジスター $\mathcal{R}_i$ に対応する位置 $1^{(r_i)}$ のすぐ左の b まで移動 (2.5)

(b) $1^{(r_i)}$ を $1^{(r_i+1)}$ に変化させ，またそれより右にある $1^{(r_j)}$ $(j>i)$ を一つ右に移動させて，間に b がひとつ区切りで入っている状況をつくる．

そしてこれらの動作をして，初位置に戻ってから状態を q_{m+1} にする．

2.

$$(m)\quad \text{DECREASE } \mathcal{R}_i, (n)$$

初めに (2.5) と同じ動作をしてから，ひとつ右へ動いてそこが b かどうか見る．もし b なら，$r_i=0$ ということだから，テープになにも手を加えずに，初位置へ戻り，状態を q_{m+1} にする．もし b でなく 1 ならば，$1^{(r_i)}$ を $1^{(r_i-1)}$ に変化させ，またそれより右にある $1^{(r_j)}$ $(j>i)$ を一つ左に移動させて，間に b がひとつ区切りで入っている状況をつくる．初位置へ戻り，状態を $q_{\min\{n,N\}}$ にする．

3.

$$(m)\quad \text{GO TO } (n)$$

ただ状態を $q_{\min\{n,N\}}$ にする．

さてこれらを実行するには，(2.5)の動作，つまり先ずヘッドを初位置から望みの位置に移動できないといけない．それにはbの個数を勘定すればよい．状態Q_0に$\{BR_{ij}^m : j \leq i \leq R_0\}$を加えて，初位置から右へ移動しながら，$b$を読むたびに$BR_{ij}^m$を$BR_{i(j+1)}^m$に変えて，$BR_{ii}^m$になれば$b$を$i$個数えたので，移動は終わる．つまり状態$BR_{ij}^m$は「$m$行を実行中で，右に移動しながら(初位置を除いて)$b$を$j$個数えた」に対応する．遷移関数は$\delta(b, q_m) = (b, BR_{i0}^m, R)$, $\delta(1, BR_{ij}^m) = (1, BR_{ij}^m, R)$, $\delta(b, BR_{ij}^m) = (b, BR_{i(j+1)}^m, R)\,(i > j)$, $\delta(c, BR_{ii}^m) = (c, F_i^m, L)\,(c \in \Sigma)$. ここで状態$F_i^m \in Q_0$は，「これから$\mathcal{R}_i$の内容を$P_m$の指示通り変化させる」という意味である．状態$F_i^m$においてヘッドは

$$\cdots \overset{\downarrow}{b} 1^{(r_i)} b \cdots \qquad \text{図 2-4}$$

図2-4の矢印の位置を見ている．

仕事内容が$\mathcal{R}_i$を1増やすも減らすも同じようなものなので，P_mが

$$(m) \quad \text{INCREASE } \mathcal{R}_i$$

である場合を考える．

初めにヘッドをbの個数を勘定することで$1^{(r_{R_0})}$の右隣のbまで動かし，そこからヘッドを左に戻しながら$1^{(r_\ell)}b\,(i < \ell \leq R_0)$を$b1^{(r_\ell)}$に，$1^{(r_i)}b$を$1^{(r_i+1)}$にそれぞれ書き換える．例えばヘッドが右端の$b$を見ているところから$1^{(r)}b$を$b1^{(r)}$に書き換えるには，初めに$r$が0かどうか左にヘッドを動かして調べ，$r > 0$なら，つまり左のマス目が1なら右端の$b$を1に書き換えてから$1^{(r)}$のすぐ左の$b$を探し当ててから，すぐに右へヘッドを動かして$1^{(r)}$の左端に到達して，それを$b$に書き換える．この作業を終えてから，ヘッドを初位置に戻して状態をq_{m+1}にする．これを可能にするために次の状態の番号$m+1$を，F_i^mのつぎの状態から記憶しておく，つまり作業中の状態に添字として付けておき，状態によって「記憶内容」を区別できるようにしておく．

また，P_mが

$$(m) \quad \text{DECREASE } \mathcal{R}_i, (n)$$

である場合には，状態F_i^mからひとつ右へヘッドを動かし，もしそれがbならば，「初位置に戻って状態をq_{m+1}にする」という一連の動作をしていく状態にする．またもしそれが1ならばつぎの状態$q_{\min\{n,N\}}$の番号$\min\{n, N\}$をやはり添字に入れることで記憶しておきながら，作業を行うことにすればよい．

このようなことは適当に状態を増やし遷移関数をそれに応じて定義すれば可

能である．

最後に状態が q_N になったらテープの掃除，つまり初位置から $1^{(r_{R_0})}$ までの $1^{(r_i)}$ $(0<i\leq R_0)$ での 1 を消す．そのためには先ず

$$\cdots b1^{(r_0)}\overset{\downarrow}{b}1^{(r_1)}b\cdots \qquad \text{図 2-5}$$

図 2-5 での矢印の位置の b を一旦は 1 に書き換えてから，b の個数を勘定しながら $1^{(r_{R_0})}$ までの 1 を消して，それから先ほど書き換えた $1^{(r_0)}$ の右隣の 1 を探してそれを b に戻す．最後に初位置に戻して状態を $q_h=q_{N+1}$ として終わる． ∎

2.4 計算可能性に関する基本的な諸結果

これ以降，T-述語 $T(e,\vec{x},y)$ は，読者が想定する「計算」あるいは「プログラム」に対する直観的理解に基づいて，理解しても構わない．もしくはレジスター機械のような特定の計算モデルに対して厳密に構成されたものと考えてもよい．$\{e\}^n$ はプログラム e が計算する n-変数部分関数を表す．文脈から明らかなときには項数である n は省略する．

小節 2.2.1 でレジスター機械の計算の場合に具体的に示したように，つぎの計算可能関数の正規形定理 2.4.1 が成り立つ．

定理 2.4.1 (計算可能関数の正規形定理 Normal Form theorem)

ある原始再帰的関数 U と T_n について

$$\{e\}^n(\vec{x}) \simeq U(\mu y.T_n(e,\vec{x},y)).$$ □

正規形定理 2.4.1 よりつぎの枚挙定理 2.4.2 を得る．

定理 2.4.2 (計算可能関数の枚挙定理 Enumeration theorem)

$\{e\}^n$ $(e\in\mathbb{N})$ は n-変数計算可能関数を枚挙する．すなわち $\{\{e\}^n : e\in\mathbb{N}\}$ は n-変数計算可能関数全体と一致する．

また

$$(e,x_1,...,x_n)\mapsto\{e\}^n(x_1,...,x_n)$$

は計算可能である． □

つまりプログラム(のコード) e とその入力 $(x_1,...,x_n)$ を入力として，e が計算する結果 $\{e\}(x_1,...,x_n)$ が存在する場合に限りそれを出力するプログラムが存在する．このようなプログラムは万能プログラム(universal program)と呼ばれる．

逆に計算可能な(= プログラムがある) n-変数部分関数 f について，e (そのプログラムのコード！)が存在して

$$f(x_1, ..., x_n) \simeq \{e\}(x_1, ..., x_n) \simeq U(\mu y. T_n(e, x_1, ..., x_n, y))$$

となる．e を計算可能部分関数 f のコードあるいは指標(index)という．

定理 2. 4. 3 (S-m-n 定理またはパラメタ定理)

各 $m, n \geq 1$ について $(1+m)$-変数原始再帰的関数 $S = S^m_n$ が存在して，任意の e と $\vec{y} = y_1, ..., y_m$ と $\vec{x} = x_1, ..., x_n$ について

$$\{S(e, \vec{y})\}(\vec{x}) \simeq \{e\}(\vec{y}, \vec{x}).$$

[証明] レジスター機械で考える．

プログラム $S(e, \vec{y})$ の入力 $\vec{x}$ に対する動作は，初めに $\vec{y}$ を適当なレジスターに書き込み，それから指標が e であるプログラム P を走らせる．これは $\vec{y}$ に依存するが，明らかにその指標 $S(e, \vec{y})$ は $e, \vec{y}$ の原始再帰的関数である．具体的には次のようにすればよい：

$$\begin{array}{rl} (i-1) & \text{MOVE } \mathcal{R}_i \text{ TO } \mathcal{R}_{m+i}\, (1 \leq i \leq n) \\ (n+i-1) & y_i \to \mathcal{R}_i\, (1 \leq i \leq m) \\ (n+m+k) & P_k\, (k < N) \end{array}$$

ここで P_k は N 行から成るプログラム P の第 k 行である．∎

定理 2. 4. 4 (再帰定理 Recursion theorem)

原始再帰的関数 F で，計算可能関数 G の指標 $g\,(G = \{g\})$ に対して $F(g)$ が不動点

$$\{F(g)\}(\vec{x}) \simeq \{g\}(F(g), \vec{x})$$

の指標を与えるものがある．

[証明] S-m-n 定理 2. 4. 3 より $D(y) = S^1_n(y, y)$ について

$$\{D(y)\}(\vec{x}) \simeq \{y\}(y, \vec{x}).$$

$(g, y, \vec{x}) \mapsto \{g\}(D(y), \vec{x})$ は枚挙定理 2. 4. 2 より計算可能であるから，その指標 f を $\{f\}(g, y, \vec{x}) \simeq \{g\}(D(y), \vec{x})$ と選び，$H(g) = S^1_{1+n}(f, g)$ について $F(g) = D(H(g))$ とおく．すると

$$\begin{aligned} \{F(g)\}(\vec{x}) &\equiv \{D(H(g))\}(\vec{x}) \simeq \{H(g)\}(H(g), \vec{x}) \equiv \{S^1_{1+n}(f, g)\}(H(g), \vec{x}) \\ &\simeq \{f\}(g, H(g), \vec{x}) \simeq \{g\}(D(H(g)), \vec{x}) \equiv \{g\}(F(g), \vec{x}) \end{aligned}$$ ∎

計算数 s 以下の計算のみ考えて

$$\{e\}_s(\vec{x}) \simeq U(\mu y[y \leq s \,\&\, T_n(e, \vec{x}, y)]) \tag{2.6}$$

とおく．すると明らかに

$$\{e\}(\vec{x}) \simeq z \Leftrightarrow \exists s[\{e\}_s(\vec{x}) \simeq z]$$

であり，また(2.4)より $\{e\}_s$ の定義域は有限である．

2.5　半計算可能集合

集合 A が計算可能であるとは，$n \in ?A$ という問いに YES/NO で(正しく)答えてくれるアルゴリズムがあるということである．これに対して，問い $n \in ?A$ が正しい場合，そしてその場合に限って YES と答え，$n \notin A$ の場合には如何なる答えも出さない(計算が終了しない，定義されない)ようなアルゴリズムが存在するとき，A は**半計算可能**(semicomputable)もしくは**再帰的可算**(recursively enumerable, RE)と呼ばれる(cf. 定理 6.2.4)．これでは $n \in ?A$ かどうか機械的に判定できない：$n \in A$ の場合はいずれ答えが出てよいが，$n \notin A$ であるときいくら待っても答えが出ない．しかも待つことを途中で止めるわけにもいかない，いつか YES という答えがでるかもしれないからである．

つまり，計算可能部分関数 $\{e\}$ の定義域を

$$W_e := \{\vec{x} : \{e\}(\vec{x})\downarrow\} \tag{2.7}$$

と書き，計算可能部分関数の定義域になっている関係 $R(\vec{x})$

$$\exists e \forall \vec{x}[R(\vec{x}) \leftrightarrow \vec{x} \in W_e]$$

が半計算可能ということになる．このとき e を半計算可能関係 $R(\vec{x})$ の**指標**(index)と呼ぶ．

計算可能関数の枚挙定理 2.4.2 によりつぎが分かる．

定理 2.5.1 (半計算可能関係の枚挙定理)

各 $k \geq 1$ について $(1+k)$-変数半計算可能関係 $U_{RE}(x, \vec{y})$ で，k-変数半計算可能関係を枚挙する，つまり k 変数半計算可能関係 $A(\vec{y})$ についてある e を取ると

$$\forall \vec{y}[A(\vec{y}) \leftrightarrow U_{RE}(e, \vec{y})]$$

となるものがつくれる．　□

集合 A が計算可能とは，あるプログラムにより，任意に与えられた n について，$n \in A$ なら答え YES，さなくば NO とそのプログラムが答えてくれることだから，答えを入れ換えることにより，つぎは明らかである．

補題 2.5.2　計算可能集合の補集合は，また計算可能である．　□

定理 2.5.3　半計算可能だがその補集合は半計算可能でない集合がつくれる．

［証明］ 半計算可能集合を枚挙する半計算可能関係 $U_{RE}(x,y)$ を取る．$E(x):\Leftrightarrow U_{RE}(x,x)$ とすると，これは半計算可能である．もし E の補集合も半計算可能なら，ある e について

$$\forall y[y \notin E \leftrightarrow U_{RE}(e,y)]$$

となるが，ここで $y=e$ と取って矛盾である． ∎

定理 2.5.4 関係 $R(\vec{x})$ が半計算可能であるのは，それが Σ^0_1 であるとき，すなわちある計算可能関係 S により

$$\forall \vec{x}[R(\vec{x}) \leftrightarrow \exists y\, S(\vec{x},y)]$$

と表せるときである．

［証明］ 関係 $R(\vec{x})$ が半計算可能なら，ある k-変数指標 e により

$$\forall \vec{x}[R(\vec{x}) \leftrightarrow \vec{x} \in W_e \leftrightarrow \exists y\, T_k(e,\vec{x},y)]$$

となり T_k は計算可能なので $\exists y\, T_k(e,\vec{x},y)$ は Σ^0_1 である．

逆に Σ^0_1 である関係 $\exists y\, S(\vec{x},y)$ (S は計算可能)について

$$F(\vec{x}) \simeq \mu y.S(\vec{x},y)$$

とすれば

$$F(\vec{x})\downarrow \leftrightarrow \exists y\, S(\vec{x},y)$$

となる． ∎

この定理 2.5.4 によりすぐに次が分かる：

系 2.5.5 計算可能関係は半計算可能である．

また半計算可能関係は，二者の合併 $R \cup S$，交わり $R \cap S$，射影 $\mathrm{proj}_y S=\{\vec{x}: \exists y\, S(\vec{x},y)\}$ および有限個の合併 $\bigcup_{y<z} S(\vec{x},z,y)=\{(\vec{x},z): \exists y<z\, S(\vec{x},z,y)\}$ と交わり $\bigcap_{y<z} S(\vec{x},z,y)=\{(\vec{x},z): \forall y<z\, S(\vec{x},z,y)\}$ について閉じている．

また，半計算可能関係 R の計算可能部分関数 $\{e\}$ による順像

$$\{y : \exists \vec{x} \in R[\{e\}(\vec{x}) \simeq y]\} = \{y : \exists \vec{x}\, \exists z[R(\vec{x}) \wedge y = U(z) \wedge T(e,\vec{x},z)]\}$$

と逆像

$$\{\vec{x} : \{e\}(\vec{x}) \in R\} = \{\vec{x} : \exists y[\{e\}(\vec{x}) \simeq y \wedge R(y)]\}$$

はともに半計算可能である．

［証明］ S が計算可能関係ならダミー変数 $y \notin \vec{x}$ により

$$S(\vec{x}) \leftrightarrow \exists y\, S(\vec{x})$$

となって計算可能関係は Σ^0_1，従って半計算可能である．系の残りは Σ^0_1 関係について考えればよい．それぞれ

$$\begin{aligned}\exists y\, R_0(\vec{x},y)\vee\exists y\, R_1(\vec{x},y) &\Leftrightarrow \exists y[R_0(\vec{x},y)\vee R_1(\vec{x},y)]\\ \exists y_0\, R_0(\vec{x},y_0)\wedge\exists y_1\, R_1(\vec{x},y_1) &\Leftrightarrow \exists y[R_0(\vec{x},(y)_0)\wedge R_1(\vec{x},(y)_1)]\\ \exists y_0\,\exists y_1\, R(\vec{x},y_0,y_1) &\Leftrightarrow \exists y\, R(\vec{x},(y)_0,(y)_1)\\ \forall y<z\,\exists u\, R(\vec{x},z,y,u) &\Leftrightarrow \exists w\,\forall y<z\, R(\vec{x},z,y,(w)_y)\end{aligned} \tag{2.8}$$

となって，R_0, R_1, R が計算可能なら右辺はすべて Σ^0_1 である． ∎

2.6 演　習

1. 第 1 章定義 1.1.2 で導入された Cantor の対関数 J (式(1.2))とその逆 J_1, J_2 および(1.3)でのコーディングとその逆 $(x)_i$，長さ $lh(x)$ はすべて原始再帰的であることを示せ．

2. 原始再帰的関数は全域的であることを示せ．

3. **定義 2.6.1** 2 変数関数 A(**Ackermann 関数** Ackermann function)を以下で定義する：

$$A(0,y)=y+1,\ A(x+1,0)=A(x,1),\ A(x+1,y+1)=A(x,A(x+1,y)).$$

□

明らかに Ackermann 関数は(直観的に)計算可能である(cf. (演習 9))．

Ackermann 関数 A について，初めに次の六つを示せ：

(a) 各 n について，1 変数関数 $A_n(y):=A(n,y)$ は原始再帰的である．(このこと「各 n について A_n は原始再帰的」は「2 変数関数 $A(x,y)$ が原始再帰的」であることを意味しない．何故か？) 従って 2 変数関数として $A(x,y)$ は全域的である．

(b) $A(x+1,y)=A_x^{(1+y)}(1)$．ここで一般に関数 $f(x,\vec{y})$ について

$$f^{(0)}(x,\vec{y})=x,\quad f^{(u+1)}(x,\vec{y})=f(f^{(u)}(x,\vec{y}),\vec{y}).$$

(c) $y<A(x,y)$ かつ $A(x,y)<A(x,y+1)$．

(d) $A(x,y)<A(x+1,y)$

(e) $A(x,y+1)\le A(x+1,y)$．

(f) $y>1$ なら $A_n(A_n(y))\le A_{n+1}(y)$．

4. 各原始再帰的関数 $f(\vec{x})$ について，十分大きい n を取ると

$$f(\vec{x})\le A_n(\max(\vec{x}\cup\{2\}))$$

となることを示せ．

5. Ackermann 関数 $A(x,y)$ は原始再帰的でないことを結論せよ．

6. **定義 2.6.2** 原始再帰的関数の初期関数(射影，後者，ゼロ)に加えて引き算

$\dot{-}$ から出発して，合成と累積足し算(2. 2)累積掛け算(2. 3)を施して得られる(全域)関数を初等再帰的関数(elementary recursive function)という．　□

(a) 足し算 $+$，掛け算・はともに初等再帰的であることを示せ．

(b) 命題 2. 1. 3 と 2. 1. 4 は，「原始再帰的」を「初等再帰的」に置き換えて成り立つことを示せ．

(c) 初等再帰的関数 $f(\vec{x})$ について適当な自然数係数の多項式 $p(x)$ と定数 c を取ると，$f(\vec{x}) \leq 2_c(p(\max \vec{x}))$ となる．但しここで $2_0(n) = n$, $2_{1+c}(n) = 2^{2_c(n)}$.

7. 部分関数 $f(\vec{x})$ に関して，レジスター機械の命令に $f(\mathcal{R}_{i_1}, ..., \mathcal{R}_{i_k}) \to \mathcal{R}_j$ を加える．この命令も含むあるプログラムで計算される関数を $G(f, \vec{x})$ とする．「関数方程式」

$$f(\vec{x}) \simeq G(f, \vec{x})$$

を充たす，つまり不動点となる計算可能部分関数 f が存在することを，枚挙定理 2. 4. 2 と再帰定理 2. 4. 4 によって示せ．

8. (演習 7)の別証明を以下の方針で示せ．

G を，部分関数 f に部分関数 $G(f) := \lambda\vec{x}.G(f, \vec{x})$ を対応させる(汎)関数とみなす．ここで $\lambda\vec{x}.G(f, \vec{x})$ は部分関数 $\vec{x} \mapsto G(f, \vec{x})$ を表す．これを **Church** のラムダ記法(Church's λ-abstraction)と呼ぶ．

(a) G は単調増加である：

$$f \subset h \Rightarrow G(f) \subset G(h).$$

ここで部分関数 f, h について $f \subset h$ は h が f の延長，つまりグラフが広がっている($\{(\vec{x}, y) : f(\vec{x}) \simeq y\} \subset \{(\vec{x}, y) : h(\vec{x}) \simeq y\}$)ことを意味する．

(b) 再帰的に $f_0 = \varnothing$, $f_{n+1} = G(f_n)$ と定めると，これは増加列 $f_n \subset f_{n+1}$ で，$f = \bigcup_n f_n$ が(最小の)不動点 $f = G(f)$ となる．

9. Ackermann 関数は再帰的であることを示せ．

10. 再帰的部分関数の帰納的定義を少し変更する．変更しても同じ部分関数のクラスが得られることが(演習 15)で分かる．

定数関数，後者，射影，場合分け

$$d(p, q, r, s) = \begin{cases} p & r = s \text{ のとき} \\ q & r \neq s \text{ のとき} \end{cases}$$

(演習 11)で定義される原始再帰的関数 S^1_n (cf. S-m-n 定理 2. 4. 3)，合成，枚挙関数(枚挙定理 2. 4. 2)

$$E(e, \vec{x}) \simeq \{e\}(\vec{x})$$

で構成できる関数を考える．

これらの関数の定義に沿って，その指標(index)を与え，それを通して，関係

$$(e, \vec{x}, n) \in \Omega \leftrightarrow \{e\}(\vec{x}) \simeq n$$

の帰納的定義を与える．

(a) 定義 **2.6.3** 以下は指標の集合 $Index$ と集合 Ω の帰納的定義である．左側は $Index$ を定義しており，$\{e\}(\vec{x})\simeq n$ の意図を説明しているだけで定義しているわけではない．

下の左のカッコ内の数字をその関数(の定義，アルゴリズム)の指標(index)と呼び，$\{e\}$ で，指標が e である部分関数を表す．$(e)_1=k$ が $\{e\}$ の項数になっているので $\{e\}^k$ とも書く．

$\vec{x}=x_1,...,x_k\ (k\geq 0),\ 1\leq i\leq k$ として

$$\{\langle 0,k,0,n\rangle\}(\vec{x})\simeq n \qquad (\langle 0,k,0,n\rangle,\vec{x},n)\in\Omega$$

$$\{\langle 0,k,1,i\rangle\}(\vec{x})\simeq x_i \qquad (\langle 0,k,1,i\rangle,\vec{x},x_i)\in\Omega$$

$$\{\langle 0,k,2,i\rangle\}(\vec{x})\simeq x_i+1 \qquad (\langle 0,k,2,i\rangle,\vec{x},x_i+1)\in\Omega$$

$$\{\langle 0,4+k,3\rangle\}(p,q,r,s,\vec{x})\simeq p\ (r=s) \qquad (\langle 0,4+k,3\rangle,p,q,r,s,\vec{x},p)\in\Omega$$

$$\{\langle 0,4+k,3\rangle\}(p,q,r,s,\vec{x})\simeq q\ (r\neq s) \qquad (\langle 0,4+k,3\rangle,p,q,r,s,\vec{x},q)\in\Omega$$

$$\{\langle 0,2+k,4\rangle\}(p,q,\vec{x})\simeq S^1_k(p,q) \qquad (\langle 0,2+k,4\rangle,p,q,\vec{x},S^1_k(p,q))\in\Omega$$

$$\{\langle 1,k,b,c_1,...,c_\ell\rangle\}(\vec{x})\simeq \{b\}(\{c_1\}(\vec{x}),...,\{c_\ell\}(\vec{x})) \qquad \forall i\leq\ell[(c_i,\vec{x},q_i)\in\Omega]\ \&\ (b,q_1,...,q_\ell,n)\in\Omega$$

$$\Rightarrow(\langle 1,k,b,c_1,...,c_\ell\rangle,\vec{x},n)\in\Omega$$

$$\{\langle 2,1+k\rangle\}(b,\vec{x})\simeq\{b\}(\vec{x}) \qquad (b,\vec{x},n)\in\Omega\Rightarrow(\langle 2,1+k\rangle,b,\vec{x},n)\in\Omega$$

□

このとき指標全体の集合 $Index$ は原始再帰的であることを示せ．

(b) 任意の $e,\vec{x}$ について，$(e,\vec{x},n)\in\Omega$ となる n はたかだかひとつしかないことを示せ．

これより部分関数 $\{e\}$ を

$$\{e\}(\vec{x})\simeq n :\Leftrightarrow (e,\vec{x},n)\in\Omega$$

で定める．

例えば，$e\notin Index$ なら $dom(e)=\varnothing$ である．

以下(演習 15)までの $\{e\}(\vec{x})\simeq n$ は上記の Ω から定義されたものと理解する．

(c) $\{\langle 1,k,b,c_1,...,c_\ell\rangle\}(\vec{x})\simeq\{b\}(\{c_1\}(\vec{x}),...,\{c_\ell\}(\vec{x}))$ すなわち，任意の n について $\{\langle 1,k,b,c_1,...,c_\ell\rangle\}(\vec{x})\simeq n$ iff $\{b\}(\{c_1\}(\vec{x}),...,\{c_\ell\}(\vec{x}))\simeq n$ を示せ．

11. (S-m-n-定理の別証明)

値を x に持つ定数関数 $C_x(y_1,...,y_n)=x$ の指標を $c_x=\langle 0,n,0,x\rangle$ とおく．$x\mapsto c_x$ は原始再帰的関数である．また $I^n_i=\langle 0,n,1,i\rangle$ とおく．そこで合成関数

$$\{e\}(\{c_{x_1}\}(y_1,...,y_n),...,\{c_{x_m}\}(y_1,...,y_n),\{I^n_1\}(y_1,...,y_n),...,\{I^n_n\}(y_1,...,y_n))$$

の指標

$$S^m_n(e,x_1,...,x_m)=\langle 1,n,e,c_{x_1},...,c_{x_m},I^n_1,...,I^n_n\rangle$$

とすれば

$$\{S^m_n(e, x_1, ..., x_m)\}(y_1, ..., y_n) \simeq \{e\}(x_1, ..., x_m, y_1, ..., y_n)$$

となることを確かめよ．

とくに

$$S^1_k(p, q) = \langle 1, k, p, c_q, I^k_1, ..., I^k_k \rangle. \tag{2.9}$$

12. 再帰定理 2.4.4： 原始再帰的関数 F で，指標 g に対して $F(g)$ が不動点

$$\{F(g)\}(\vec{x}) \simeq \{g\}(F(g), \vec{x})$$

の指標を与えるものをつくれ．

13. 指標 a, b を

$$\{a\}(e, y, \vec{x}) \simeq 0, \quad \{b\}(e, y, \vec{x}) \simeq \{e\}(y+1, \vec{x}) + 1$$

となるように選ぶ．b で枚挙関数を使う．

場合分け関数 $d = \{\langle 0, 4, 3 \rangle\}$ を用いて，関数 H を指標 g について，

$$H(e, y, \vec{x}) \simeq \{\{\langle 0, 4, 3 \rangle\}(a, b, \{g\}(y, \vec{x}), 0)\}(e, y, \vec{x})$$

として，再帰定理 2.4.4 より e を

$$\{e\}(y, \vec{x}) \simeq H(e, y, \vec{x})$$

と選ぶ．

すると $F(\vec{x}) \simeq \{e\}(0, \vec{x})$ は，$\{g\}$ から最小化作用素で定義された部分関数 $F(\vec{x}) \simeq \mu y[\{g\}(y, \vec{x}) \simeq 0]$ になることを確かめよ．

14. (演習 13)を用いて前者 $x \dot{-} 1$ を構成せよ．

15. 再帰的定義で作られた関数を構成せよ：

$$F(0, \vec{x}) \simeq \{g\}(\vec{x}), \quad F(y+1, \vec{x}) \simeq \{h\}(F(y, \vec{x}), y, \vec{x}).$$

以上により，$\{\{e\} : e \in Index\}$ が再帰的部分関数全体のクラスと一致することを結論せよ．

注意．(演習 11)の(2.9)により S^1_k は原始再帰的関数であるから，(演習 15)によりある指標 e により $S^1_k(p, q) \simeq \{e\}(p, q)$ となるが，ここまでの証明で既に関数 S^1_k を使ってしまっているので，Ω の定義から S^1_k をはずせない．

16. (cf. 定義 3.2.1) 定義 2.6.3 と同様にして，射影，後者，ゼロから出発して合成，再帰的定義で構成される原始再帰的関数を計算する「プログラム」の指標を定め，指標 e の n-変数原始再帰的関数を $[e]^n(\vec{x})$ と書けば，これで n-変数原始再帰的関数が枚挙される．

このとき $(e, n, \vec{x}) \mapsto [e]^n(\vec{x})$ は計算可能であることを，以下のように示そう．但しここで e が n-変数原始再帰的関数の指標でないときには，$[e]^n(\vec{x}) = 0$ とおく．

$[e]^n(\vec{x}) = m$ の計算を有限のラベル付き木でコード化する．e, n に関する関係「e は n-変数原始再帰的関数の指標」は原始再帰的であるので，以下，n は省略

し，$[e](\vec{x})$ と書けば，e は原始再帰的関数の指標で自然数列 $\vec{x}$ の長さは $[e]$ の項数と一致している場合のみ考える．

原始再帰的関係 $\mathcal{C}(T, e_0, \vec{x}_0)$ を，以下で定める：

(a) $T=(T_0, \ell_T)$ において $T_0 \subset {}^{<\omega}\mathbb{N}$ は自然数上の有限木で，ℓ_T は T_0 のラベル付け関数で，$\ell_T(a)\,(a \in T_0)$ はすべて $[e](\vec{x})=n$ の形の等式である．ここで e は原始再帰的関数の指標で，$\vec{x}$ は自然数列，n は自然数である．

(b) $a \in T_0$ が葉であれば，$\ell_T(a)$ は初期関数の等式 $I(\vec{x})=x_i$，$Sc(x)=x+1$，$zero()=0$ のいずれかである．

(c) $a \in T_0$ が葉でなければ，$\ell_T(a)$ は初期関数以外の等式 $[e](\vec{x})=m$ であり，

i. $[e]$ が $[g], [h_1], ..., [h_n]$ から合成されているなら，ラベルが $[e](\vec{x})=m$ である a は，ある $k_1, ..., k_n$ について，ラベル $[g](k_1, ..., k_n)$, $[h_1](\vec{x})=k_1, ..., [h_n](\vec{x})=k_n$ をこの順に持つ $(1+n)$ 個の子を持つ．

ii. $[e]$ が $[g]$, $[h]$ から再帰的に定義されているとする．$\vec{x}=y, \vec{z}$ と書く．$y=0$ なら，ラベルが $[e](0, \vec{z})=m$ である a は，ラベルが $[g](\vec{z})=m$ であるただ一つの子を持つ．$y=u+1$ なら，ラベルが $[e](u+1, \vec{z})=m$ である a は，ある k についてラベルが $[h](u, \vec{z}, k)=m$, $[e](u, \vec{z})=k$ をこの順に持つ 2 個の子を持つ．

(d) 根 $a \in T_0$ のラベルはある m について $[e_0](\vec{x}_0)=m$ の形の等式である．このとき以下を示せ：

i. $\mathcal{C}(T, e, \vec{x})$ を充たす T はたかだかひとつしかない：

$$\mathcal{C}(T, e, \vec{x}) \,\&\, \mathcal{C}(S, e, \vec{x}) \Rightarrow T = S.$$

ii. $\mathcal{C}(T, e, \vec{x})$ を充たす T が存在する．

iii. $(e, n, \vec{x}) \mapsto [e]^n(\vec{x})$ は計算可能であることを結論せよ．

17. $Ev(x)=[x]^1(x)$ と置くと，Ev は計算可能だが原始再帰的ではないことを結論せよ．

18. (原始再帰的関数の S-m-n 定理)

m, n ごとに原始再帰的関数の指標 S^m_n で次を充たすものが取れることを示せ：

$$[S^m_n(e, x_1, ..., x_m)](y_1, ..., y_n) = [e]^{m+n}(x_1, ..., x_m, y_1, ..., y_n).$$

(ヒント) (演習 11) と同様にできる．

19. (原始再帰的不動点定理 Primitive Recursion theorem)

与えられた原始再帰的関数 F について，原始再帰的関数の指標 e を適当に取ると

$$[e](\vec{x}) = F(e, \vec{x}) \quad (\vec{x} = x_1, ..., x_n)$$

となることを示せ．

20. 半計算可能関係 $P(y, \vec{x})$ が与えられたら，半計算可能関係 $W_e(\vec{x})$ でその指標

e について

$$\forall \vec{x}[W_e(\vec{x}) \leftrightarrow P(e, \vec{x})]$$

となるものがつくれることを示せ.

21. 半計算可能関係の枚挙定理 2.5.1 を証明せよ.

第3章　不完全性定理

不完全性定理は数学の一分野としての数学基礎論の出発点となった最も重要な結果(のひとつ)であり，これによって，公理系が階層を成すことを知る．

この章ではK. Gödelの不完全性定理を説明する．ひとはよくつぎのようにこの定理を語りたがる．曰く「若干の算術を含む公理系では，証明も反証もできない命題があり(第1不完全性定理)，そのような命題にその公理系自身の無矛盾性命題が含まれる(第2不完全性定理)」．さてこれは一体全体どういう意味だろうか？　ここには算術化と形式化という別の側面があるので，すこし考えておこう．

3.1　3章の前書き

数学の論証は整理してみれば，その都度，いくつかの公理からの論理的な，従って機械的な行為である．これは数学の「定義」の一部といってよい．よって数学は形式化され得なければならない(Hilbert's thesis)．

不完全性定理は公理系に関する一般的な結果だが，それを理解するには一度はその証明を詳細に読まなければならない．そのためには対象とする公理系を固定しておかないと，初読では理解しづらい．ここでは，不完全性定理がその対象とする公理系として，自然数に関する公理系のひとつであるPAを選ぶ．

ここで重要なことは，PAの公理，小節1.5.1で導入された証明体系$\boldsymbol{H}$の論理的公理および推論規則は，有限個の図式であり，与えられた論理式がPAの公理かどうか，また論理式の組が推論規則かどうかが機械的に判定できる，ということである．従ってPAの記号列(式，論理式，証明)は，第2章で説明したのと同じ意味で計算の対象となる有限的対象であり，そこでレジスター機械のプログラムを自然数でコードしたのとまったく同様に，PAの記号列も符号化できる．これを算術化(arithmetization)という．レジスター機械は，プログラムの符号化を経て，プログラム自体が計算の対象になった．公理系においては，算術化(と形式化)を経て，PAの証明がPAの推論の対象となる．こうして記号列に関する基本的な関係や操作は自然数上の関係・関数に写されるが，これらはすべて原始再帰的になることが分かる．

論理的な正しさやあるモデルでの正しさに関心があるときには，論理式は同値なものでありさえすればどういう文字列かということはさほど気にしなくてよい．ところがここでは，正に機械となって形式的対象を眺めるので，文字列として異なれば違う対象なのである．例えばふたつの論理式 $\forall v_0(v_0=v_0)$ と $\forall v_1(v_1=v_1)$ は同じことを述べているが文字列としては区別しないといけない．あるいはふたつの式 $2+3$ と 5 は足し算記号 $+$ を普通に解釈すれば同じ対象を表すが，文字列としては違う等々．

いま記号列 E に対応させられたコードを $\ulcorner E\urcorner$ と書くことにすると，例えば「t が式(term)である」と同値になる原始再帰的関係 $\ulcorner t\urcorner\in\mathrm{Tm}$ がつくられることになる．ここで注意すると，この同値性はどこかの公理系で形式的に証明されたものではない．そうではなくて我々が記号列というものを理解して，それによって「ある記号列が式である」を理解する．それと同様に自然数に対する(極めて初等的な)理解に基づいて $n\in\mathrm{Tm}$ を理解して，それらのもとで同値であることを認めるのである．このようなことは以下，述べないし，また「形式化された数学」ということが意味を持ちうるための必須条件である．

不完全性定理では証明可能性と正しさは分離して考えておかなければならないし，関数とその定義もしくはそれを計算するアルゴリズムも同一視できない．よって「$n\in\mathrm{Tm}$ は原始再帰的である」をすこし正確に述べれば，あるアルゴリズム*1について，そのアルゴリズムによって計算された原始再帰的関数 f が $n\in\mathrm{Tm}$ の特徴関数であり，しかもその証明はかくかくしかじかの前提に基づいている，と言わなければならない．この場合の前提は，原始再帰的関数のクラスは累積帰納法で閉じている，あるいは有界量化記号でも閉じている等々である．つまり $n\in\mathrm{Tm}$ とこの証明が公理系 PA で形式化され得るように，$n\in\mathrm{Tm}$ の形式的表現となる論理式を選ぶ．

「記号列 P が PA の証明である」を(自然に)算術化して，原始再帰的関係「自然数 p は PA のある証明のコードである」を得る．これを $\mathrm{Proof}(p)$ と書く．このとき p は論理式の列としての証明のコードだから，その列の最後の論理式，すなわちその証明により証明された論理式を p から原始再帰的に取り出せる．

*1 後述のコードのこと．

よって「記号列 P は PA での論理式 A の証明である」の算術化である原始再帰的関係「自然数 p は PA の証明のコードで，その証明で証明されている論理式のコードは a である」に当たる $\mathrm{Prov}(p, a)$ を得る．

記号の世界が数の世界に算術化を経て忠実に写し取られているのだから，原始再帰的関係 $\mathrm{Prov}(p, a)$ について

P が φ の証明であることと $\mathrm{Prov}(\ulcorner P \urcorner, \ulcorner \varphi \urcorner)$ が正しいことは同値　(3. 1)

これから(PA での標準的な)**証明可能性述語**(provability predicate) Pr を

$$\mathrm{Pr}(a) :\equiv \exists p \, \mathrm{Prov}(p, a) \tag{3. 2}$$

で定める．この自然数に関する述語 $\mathrm{Pr}(a)$ に相当する論理式を書くことで，PA は自身の無矛盾性について語り得ることになる．ここに**形式化**(formalization) が介在する．

このように記号列とみなされた公理系(形式化された数学)は，一旦，算術化されて自然数の世界に写され，そして自然数に関する(初等的)数学となった公理系に関する議論が，形式化されて自然数に関する公理系である PA の俎上にのぼることになる．この形式化は可能であるべきだ(cf. Hilbert's thesis)が，同時に恣意性も避けられない．

論理式 $\Box(a)$ が述語 $\mathrm{Pr}(a)$ に相当するためには論理式 A について

$$\mathsf{PA} \vdash A \Leftrightarrow \mathrm{Pr}(\ulcorner A \urcorner) \Leftrightarrow \mathbb{N} \models \Box(\ulcorner A \urcorner)$$

であるべきだ．初めの同値性は (3. 1)であり，ここでは問わない．ところが，いま自然数についての数学を形式化した公理系 PA において，算術化を経て自然数論の一部となった，記号列に関する数学が，形式化されて埋め込まれてほしいのでせめて

$$\mathrm{Pr}(\ulcorner A \urcorner) \Rightarrow \mathsf{PA} \vdash \Box(\ulcorner A \urcorner)$$

であってほしい*2．

ところがこれだけでは，(第 2)不完全性定理は成立しない(cf. (演習 15))．つまり不完全性定理が成立するためには，「証明可能 Pr」という自然数の述語を論理式に如何に写し取るかが問われなければならない．

第 2 不完全性定理が成立するためには，$\mathrm{Pr}(a)$ を形式化した $\Box(a)$ が充たしてほしい条件がさらにふたつある．ひとつは，論理式 A, B について

$$\mathsf{PA} \vdash \Box(\ulcorner A \to B \urcorner) \to \Box(\ulcorner A \urcorner) \to \Box(\ulcorner B \urcorner).$$

---

*2　ほんとはここで同値であってほしいが，それはある意味では絶対に達成できない，PA の健全性を仮定しない限り．

単なる第2不完全性定理の成立のためではなく，$\mathrm{Pr}(a)$ を形式化した論理式としての $\Box(a)$ がなぜこれを充たすべきか？ われわれの扱っている証明には推論規則 **(Mp)**「$A \to B$ と A から B を推論する」が入っている．ならば，

$$\text{記号列の数学がそこへと写し取られるべき自然数論を形式化した公理系 PA は，記号列=証明に関する基本的事実を証明すべき} \tag{3.3}$$

よって「R が正しい原始再帰的関係ならば，それを論理式に自然に写した論理式 R が PA で証明できる」(補題 3. 4. 2)．さてこのカッコ内は算術化により，自然数に関する命題となり，(3. 3) により形式化して PA で証明できるべきである (補題 3. 4. 5)：

$$\mathsf{PA} \vdash R \to \Box(\ulcorner R \urcorner).$$

これで第2不完全性定理の成立のために論理式 $\Box(a)$ が充たすべき性質は尽きた．

畳の上の水練はこのくらいにしておこう．

3. 2 1階算術 PA(PR)

1階算術 PA(PR) は自然数の公理系で関数記号としてすべての原始再帰的関数を持つものとして定義する．ここでは PA(PR) を単に PA と書く．

第2章 2. 1 節の定義 2. 1. 1 で導入された原始再帰的関数について，それぞれの関数の定義もしくはプログラムにコードを割り付ける．

自然数の有限列のコード化 ${}^{<\omega}\mathbb{N} \ni (x_0, \ldots, x_{n-1}) \mapsto \langle x_0, \ldots, x_{n-1} \rangle$ は適当なものならなんでもよいが，はっきりさせるために小節 2. 1. 1 での素数ベキによるものとしておく．

定義 3. 2. 1 原始再帰的関数全体から成るクラス $\mathrm{PR} \subset \bigcup_{n \in \mathbb{N}} {}^{\mathbb{N}^n}\mathbb{N}$ は次で生成される．右の数字をその関数 (の定義，アルゴリズム) のコード (Gödel 数) と呼び，$[e]$ で，コードが e である関数を表す．$\vec{x} = x_1, \ldots, x_n$ として

$[e]$ の定義式	名称	e
$zero(\ ) = 0$	ゼロ	$\langle 0, 0 \rangle$
$Sc(x) = x + 1$	後者	$\langle 1, 1 \rangle$
$I^n_i(x_1, \ldots, x_n) = x_i\ (1 \leq i \leq n)$	射影	$\langle 2, n, i \rangle$
$f(\vec{x}) = [g]([h_1](\vec{x}), \ldots, [h_m](\vec{x}))$	合成	$\langle 3, n, g, h_1, \ldots, h_m \rangle$

$$f(\vec{x},0)=[g](\vec{x}) \qquad \text{再帰} \qquad \langle 4,n+1,g,h\rangle$$
$$f(\vec{x},y+1)=[h](\vec{x},y,f(\vec{x},y))$$

$(e)_1=n$ のとき，つまり $[e]$ の項数が n のときに $[e]^n$ とも書く．　□

公理系をひとつ決めるには，その言語とその公理の集合を決めればよいのだった．先ず PA は，小節 1.5.1 で導入された証明体系 $\boldsymbol{H}$ 上で考えることにするので，PA の言語は，論理記号 $\to, \bot, \exists$ と変数 $v_i\,(i\in\mathbb{N})$ および等号 $=$ と，PA に固有の記号として，上述の各原始再帰的関数のコード e ごとに関数記号として f_e から成る．とくに $\bar{0}:\equiv f_{\langle 0,0\rangle}$ や $x+1:\equiv f_{\langle 1,1\rangle}(x)$．

いくつか記号について注意する．x,y は変数 v_i のどれかを表すためのメタの記号，つまり我々が公理系について議論する際に用いる記号で，PA の正式な記号ではない．また $[e]$ はコードが e である原始再帰的関数を表すのに対し，f_e は関数 $[e]$ に対応する（ことが公理に書き込まれることになる）PA の関数記号である．

PA の式(term)は，変数 x_i と関数記号 f_e とカッコから定義 1.3.2 によって帰納的に生成される．$\bar{n}$ は 自然数 n を標準的に表す式 $0\underbrace{+1\cdots+1}_{n}$ のことで n 番目の数字(numeral)と呼ばれる．正確にはカッコの入れ方も指定しないといけないので $\bar{0}:\equiv f_{\langle 0,0\rangle}$, $\overline{n+1}:\equiv\bar{n}+1\equiv f_{\langle 1,1\rangle}(\bar{n})$．

また PA の論理式(formula)は，等式 $s=t$ と $\bot$ から $\to, \exists$ で定義 1.3.4 によって帰納的に生成される．但し，$\bot$ は原子論理式で，$\neg, \vee, \wedge, \forall$ はここでは，(1.48)で定義された省略記法としてのみ用い，PA の正式な記号に含めていない．

式，論理式，証明はすべて帰納的に生成される．そこでこれらを記号列というより，記号をラベルにもつ木と捉えることにする．

PA（に特有）の公理はつぎの二種類である：

1. （関数記号の公理）　各原始再帰的関数 $[e]$ について，その定義式である公理．
   $\forall v_0\{f_{\langle 1,1\rangle}(v_0)\neq f_{\langle 0,0\rangle}\}$．射影なら
   $$\forall v_1\cdots\forall v_n\{f_{\langle 2,n,i\rangle}(v_1,\dots,v_n)=v_i\}.$$
   合成なら $\vec{v}\equiv v_1,\dots,v_n$ について
   $$\forall\vec{v}\{f_{\langle 3,n,g,h_1,\dots,h_m\rangle}(\vec{v})=f_g(f_{h_1}(\vec{v}),\dots,f_{h_m}(\vec{v}))\}.$$
   再帰なら
   $$\forall\vec{v}\{f_{\langle 4,n+1,g,h\rangle}(\vec{v},0)=f_g(\vec{v})\}$$
   $$\forall\vec{v}\,\forall v_{n+1}\{f_{\langle 4,n+1,g,h\rangle}(\vec{v},v_{n+1}+1)=f_h(\vec{v},v_{n+1},f_{\langle 4,n+1,g,h\rangle}(\vec{v},v_{n+1}))\}.$$

2. (数学的帰納法の公理) 任意の論理式 $A(v_0,\vec{v})$ ($\vec{v}\equiv v_1,\ldots,v_n$) について

$$\forall\vec{v}\forall v_0\{A(0,\vec{v})\wedge\forall v_{n+1}(A(v_{n+1},\vec{v})\to A(v_{n+1}+1,\vec{v}))\to A(v_0,\vec{v})\}.$$

このほかに小節 1.5.1 で導入された証明体系 $\boldsymbol{H}$ に共通の公理として,(命題論理の公理),等号公理*3,量化公理がある.

PA$\vdash A$ で,論理式 A は PA で証明できる,つまり A の PA での(証明体系 $\boldsymbol{H}$ における)証明が存在する,を表す.

3.3 算 術 化

PA の式,論理式,証明はそれぞれ記号列ということになり,それを自然数でコードできることになる.するとこれら記号列に関する基本的な関係や操作がすべて原始再帰的になることが分かる.

具体的には次のようにする.

1. まず,6 つの記号 $\to,\bot,\exists,=,v,f$ を考え,それぞれに順番にコード $\ulcorner\alpha\urcorner<6$ を割り振る.

記号のコード

α	$\to$	$\bot$	$\exists$	$=$	v	f
$\ulcorner\alpha\urcorner$	0	1	2	3	4	5

カッコ (,) は符号化においては,木の分岐で表現するので表に現れない.

2. 次に PA の記号 α のコード $\ulcorner\alpha\urcorner$ を $\to,\bot,\exists,=$ までは上のコードを使い,$\ulcorner v_n\urcorner:=\langle\ulcorner v\urcorner,n\rangle=\langle 4,n\rangle$ ($4=\ulcorner v\urcorner$), $\ulcorner f_e\urcorner:=\langle\ulcorner f\urcorner,e\rangle=\langle 5,e\rangle$ ($5=\ulcorner f\urcorner$) とする.

PA 記号のコード

α	$\to$	$\bot$	$\exists$	$=$	v_n	f_e
$\ulcorner\alpha\urcorner$	0	1	2	3	$\langle 4,n\rangle$	$\langle 5,e\rangle$

そして PA の記号列(式,論理式,証明)のコードは,これらが帰納的に定義されていたことを思い出し,その生成に沿った構成木をコードする.例えば式 $t\equiv f_{e_0}(v_0,f_{e_1}(v_1))$ のコードは

*3 $\forall$ で束縛する変数は,上記の関数記号の公理でと同様に適当に決めておいたほうが物事がはっきりする.例えば,$\forall x(x=x)$ はどんな変数 x についても公理というわけではなく,$\forall v_0(v_0=v_0)\equiv((\exists v_0(v_0=v_0\to\bot))\to\bot)$ のみを公理とする.

$$\ulcorner t \urcorner = \langle \ulcorner f_{e_0} \urcorner, \langle \ulcorner v_0 \urcorner, \ulcorner f_{e_1}(v_1) \urcorner \rangle\rangle$$
$$= \langle \ulcorner f_{e_0} \urcorner, \langle \ulcorner v_0 \urcorner, \langle \ulcorner f_{e_1} \urcorner, \ulcorner v_1 \urcorner \rangle\rangle\rangle$$

以下

$$(n)_{i,j} := ((n)_i)_j, \quad (n)_{i,j,k} := (((n)_i)_j)_k$$

等と略記する．

3. 初めに「e がある原始再帰的関数のコードである」を表す $e \in \mathrm{PRcode}$ を考える(定義 3. 2. 1)．$(e)_1$ は項数だったことを思い出す．

初めに $e \in \mathrm{PRcode}$ を言葉で言い表すと，$e \in \mathrm{PRcode}$ であるのはつぎのいずれかが成り立つとき：

- $e = \langle 0, 0\rangle$.
- $e = \langle 1, 1\rangle$.
- $e = \langle 2, (e)_1, (e)_2\rangle$ かつ $1 \leq (e)_2$ は e の項数以下．
- $(e)_0 = 3$ で $lh(e) \geq 4$ であり，どんな $2 \leq i < lh(e)$ についても $(e)_i \in \mathrm{PRcode}$ で，かつどんな $3 \leq i < lh(e)$ についても $(e)_i$ の項数は e のそれと一致していて，$(e)_2$ の項数は $lh(e)$ より 3 だけ小さい．
- $e = \langle 4, (e)_1, (e)_2, (e)_3\rangle$ で $(e)_2, (e)_3 \in \mathrm{PRcode}$ でかつ e の項数は $(e)_2$ のそれより 1 大きく，$(e)_3$ のそれは e のそれより 1 大きい．

これを素直に数式に写せば

$$\begin{aligned}
&e \in \mathrm{PRcode} \Leftrightarrow (e)_0 \leq 4 \wedge \\
&\quad \{(e)_0 = 0 \Rightarrow e = \langle 0, 0\rangle\} \wedge \\
&\quad \{(e)_0 = 1 \Rightarrow e = \langle 1, 1\rangle\} \wedge \\
&\quad \{(e)_0 = 2 \Rightarrow lh(e) = 3 \wedge 1 \leq (e)_2 \leq (e)_1\} \wedge \\
&\quad \{(e)_0 = 3 \Rightarrow lh(e) \geq 4 \wedge \forall i < lh(e)(2 \leq i \Rightarrow (e)_i \in \mathrm{PRcode}) \wedge \\
&\qquad\qquad \forall i < lh(e)[3 \leq i \Rightarrow (e)_{i,1} = (e)_1] \wedge (e)_{2,1} + 3 = lh(e)\} \wedge \\
&\quad \{(e)_1 = 4 \Rightarrow lh(e) = 4 \wedge (e)_2, (e)_3 \in \mathrm{PRcode} \wedge (e)_{2,1} + 2 = (e)_1 + 1 = (e)_{3,1}\}
\end{aligned} \tag{3.4}$$

となる．上で $(e)_i < e$ に注意して累積帰納法により PRcode が原始再帰的であることが分かる．

4. PRcode を用いれば，「自然数 n がある PA の関数記号 f_e のコードである」を表す $n \in \mathrm{Fnc}$ は

$$n \in \mathrm{Fnc} :\Leftrightarrow lh(n) = 2 \wedge (n)_0 = 5 \wedge (n)_1 \in \mathrm{PRcode}$$

と書ける．

5. 同様に「自然数 n がある変数のコードである」を表す $n\in\mathrm{Var}$ は

$$n \in \mathrm{Var} :\Leftrightarrow lh(n) = 2 \wedge (n)_0 = 4.$$

6. つぎに「自然数 n がある式 t のコードである $n=\ulcorner t\urcorner$」を表す $n\in\mathrm{Tm}$ は式の帰納的定義 1. 3. 2 に沿って

$n\in\mathrm{Tm}\Leftrightarrow n\in\mathrm{Var}\vee$

$$[(n)_0\in\mathrm{Fnc}\wedge lh(n)=2\wedge lh((n)_1)=(n)_{0,1,1}\wedge\forall i<(n)_{0,1,1}\{(n)_{1,i}\in\mathrm{Tm}\}]$$

ここで $(n)_0=\ulcorner f_e\urcorner$ なら，$(n)_{0,1,1}$ は $[e]$ の項数である．つまり

$$\ulcorner f_e(t_1,...,t_n)\urcorner = \langle\ulcorner f_e\urcorner,\langle\ulcorner t_1\urcorner,...,\ulcorner t_n\urcorner\rangle\rangle.$$

明らかに，t が式であることと $\ulcorner t\urcorner\in\mathrm{Tm}$ が正しいことは同値である．

7. $num(x)$ を x-番目の数字のコードを与える関数とする．すなわち $zero$ のコード $\langle 0,0\rangle$ と Sc のコード $\langle 1,1\rangle$ について

$$num(0)=\langle\ulcorner zero\urcorner,\langle\ \rangle\rangle=\langle\langle 5,\langle 0,0\rangle\rangle,\langle\ \rangle\rangle$$

$$num(x+1)=\langle\ulcorner Sc\urcorner,\langle num(x)\rangle\rangle=\langle\langle 5,\langle 1,1\rangle\rangle,\langle num(x)\rangle\rangle$$

ここで $num(0)$ は式としての $zero$ のコードである．

8. 定義 1. 5. 1 での，式 s 中の変数 v_n のすべての出現に式 t を代入した結果 $s[v_n:=t]$ のコード $\ulcorner s[v_n:=t]\urcorner$ を与える関数 $subtm(x,y,z)$ $(subtm(\ulcorner s\urcorner,\ulcorner v_n\urcorner,\ulcorner t\urcorner)=\ulcorner s[v_n:=t]\urcorner)$ が原始再帰的に取れることは(演習 1)とする．

9. 「自然数 n は原子論理式のコードである」を表す $n\in\mathrm{AtFml}$ は

$n\in\mathrm{AtFml}:\Leftrightarrow$

$$n=\ulcorner\bot\urcorner(=1)\vee[(n)_0=\ulcorner=\urcorner(=3)\wedge lh(n)=lh((n)_1)=2\wedge(n)_{1,0},(n)_{1,1}\in\mathrm{Tm}].$$

つまり

$$\ulcorner t=s\urcorner=\langle\ulcorner=\urcorner,\langle\ulcorner t\urcorner,\ulcorner s\urcorner\rangle\rangle.$$

10. すると「自然数 n がある論理式 A のコードである $n=\ulcorner A\urcorner$」を表す $n\in\mathrm{Fml}$ は論理式の帰納的定義 1. 3. 4 に沿って

$$n\in\mathrm{Fml}\Leftrightarrow n\in\mathrm{AtFml}$$
$$\vee[(n)_0=\ulcorner\to\urcorner(=0)\wedge lh(n)=lh((n)_1)=2\wedge(n)_{1,0},(n)_{1,1}\in\mathrm{Fml}]$$
$$\vee[lh(n)=lh((n)_0)=2\wedge(n)_1\in\mathrm{Fml}\wedge(n)_{0,0}=\ulcorner\exists\urcorner(=2)\wedge(n)_{0,1}\in\mathrm{Var}]$$

つまり

$$\ulcorner\varphi\to\psi\urcorner=\langle\ulcorner\to\urcorner,\langle\ulcorner\varphi\urcorner,\ulcorner\psi\urcorner\rangle\rangle$$
$$\ulcorner\exists v_n\varphi\urcorner=\langle\langle\ulcorner\exists\urcorner,\ulcorner v_n\urcorner\rangle,\ulcorner\varphi\urcorner\rangle$$

明らかに，記号列 A が論理式であることと $\ulcorner A\urcorner\in\mathrm{Fml}$ が真であることは同値である．

11. 論理式 φ 中の変数 v_n のすべての自由な出現に式 t を代入した結果 $\varphi[v_n:=t]$ のコード $\ulcorner\varphi[v_n:=t]\urcorner$ を与える関数 $subfml(x,y,z)$ ($subfml(\ulcorner\varphi\urcorner,\ulcorner v_n\urcorner,\ulcorner t\urcorner)=\ulcorner\varphi[v_n:=t]\urcorner$) が原始再帰的に取れることは(演習 2)とする.
12. 「変数 x が式 t に現れている」を表す $\ulcorner x\urcorner\in\mathrm{VarTm}(\ulcorner t\urcorner)$ が原始再帰的に取れることは(演習 3)とする.
13. 「変数 x が論理式 φ に自由に現れている」を表す $\ulcorner x\urcorner\in\mathrm{VarFml}(\ulcorner\varphi\urcorner)$ が原始再帰的に取れることは(演習 4)とする.
14. 「式 t は論理式 φ において変数 x に関して自由である」を表す $\mathrm{Free}(\ulcorner t\urcorner,\ulcorner\varphi\urcorner,\ulcorner x\urcorner)$ を

$$
\begin{aligned}
&\mathrm{Free}(x,y,z)\Leftrightarrow x\in\mathrm{Tm}\wedge y\in\mathrm{Fml}\wedge z\in\mathrm{Var}\wedge\\
&[\{y\in\mathrm{AtFml}\}\vee\\
&\{(y)_0=\ulcorner\to\urcorner\wedge\forall i<2[\mathrm{Free}(x,(y)_{1,i},z)]\}\vee\\
&\{(y)_{0,0}=\ulcorner\exists\urcorner\wedge[((y)_{0,1}\neq z)\to(\mathrm{Free}(x,(y)_1,z)\wedge\\
&\{z\in\mathrm{VarFml}((y)_1)\to(y)_{0,1}\notin\mathrm{VarTm}(x)\})]\}]
\end{aligned}
$$

すると明らかに，式 t が論理式 φ において変数 v_n に関して自由である場合に限って $\mathrm{Free}(\ulcorner t\urcorner,\ulcorner\varphi\urcorner,\ulcorner v_n\urcorner)$ が正しくなる.
15. 「自然数 n はある公理のコードである」を表す $n\in\mathrm{Ax}$ を

$$
\begin{aligned}
&n\in\mathrm{Ax}\Leftrightarrow(n\in\mathrm{PropAx})\vee\\
&(n\in\mathrm{EqAx})\vee(n\in\mathrm{QfAx})\vee(n\in\mathrm{FncAx})\vee(n\in\mathrm{IndAx})
\end{aligned}
$$

ここでそれぞれ $n\in\mathrm{PropAx}$ は n が命題論理の公理であることに，$n\in\mathrm{EqAx}$ は等号公理に，$n\in\mathrm{QfAx}$ は量化公理に，$n\in\mathrm{FncAx}$ は関数記号の公理に，$n\in\mathrm{IndAx}$ は数学的帰納法の公理に対応している.

(a)

$$
\begin{aligned}
\mathrm{Imp}(x,y)&:=\langle\ulcorner\to\urcorner,\langle x,y\rangle\rangle\\
\mathrm{Imp}(x,y,z)&:=\mathrm{Imp}(x,\mathrm{Imp}(y,z))=\langle\ulcorner\to\urcorner,\langle x,\langle\ulcorner\to\urcorner,\langle y,z\rangle\rangle\rangle\rangle
\end{aligned}
$$

とおく. つまり

$$
\begin{aligned}
\mathrm{Imp}(\ulcorner\varphi\urcorner,\ulcorner\psi\urcorner)&=\ulcorner\varphi\to\psi\urcorner\\
\mathrm{Imp}(\ulcorner\varphi\urcorner,\ulcorner\psi\urcorner,\ulcorner\theta\urcorner)&=\ulcorner\varphi\to\psi\to\theta\urcorner
\end{aligned}
$$

また論理式 φ に対して論理式 $\neg\varphi\equiv(\varphi\to\bot)$ のコードを与える関数 $\mathrm{Not}(\ulcorner\varphi\urcorner)=\ulcorner\neg\varphi\urcorner$ を

$$\mathrm{Not}(x):=\mathrm{Imp}(x,\ulcorner\bot\urcorner)=\langle\ulcorner\to\urcorner,\langle x,\ulcorner\bot\urcorner\rangle\rangle.$$

(b) このとき

$$n \in \mathrm{PropAx} \Leftrightarrow n \in \mathrm{Fml} \wedge$$
$$[\exists m, k < n\{n = \mathrm{Imp}(m, k, m))\} \vee$$
$$\exists p, q, r < n\{n = \mathrm{Imp}(\mathrm{Imp}(p, q, r), \mathrm{Imp}(p, q), \mathrm{Imp}(p, r))\} \vee$$
$$\exists m < n\{n = \mathrm{Imp}(\ulcorner \bot \urcorner, m)\} \vee$$
$$\exists m < n\{n = \mathrm{Imp}(\mathrm{Not}(\mathrm{Not}(m)), m)\}]$$

(c) i. 論理式 $\forall v \varphi \equiv \neg \exists v \neg \varphi$ のコードを与える関数 $\mathrm{Forall}(\ulcorner v \urcorner, \ulcorner \varphi \urcorner) = \ulcorner \forall v \varphi \urcorner$ を

$$\mathrm{Forall}(x, y) := \mathrm{Not}(\langle \langle \ulcorner \exists \urcorner, x \rangle, \mathrm{Not}(y) \rangle).$$

ii. 変数列 $\vec{x} = x_1, ..., x_n$ と論理式 φ に対して論理式 $\forall \vec{x} \varphi \equiv \forall x_1 \cdots \forall x_n \varphi$ のコードを与える関数 $\mathrm{Forallseq}(\ulcorner \vec{x} \urcorner, \ulcorner \varphi \urcorner) = \ulcorner \forall \vec{x} \varphi \urcorner$ $(\ulcorner \vec{x} \urcorner = \langle \ulcorner x_1 \urcorner, ..., \ulcorner x_n \urcorner \rangle)$ を列 $\vec{x}$ の長さについての帰納法で

$$\mathrm{Forallseq}(\langle\ \rangle, y) = y$$
$$\mathrm{Forallseq}(\langle x \rangle * z, y) = \mathrm{Forall}(x, \mathrm{Forallseq}(z, y))$$

iii. 式 t, s に対して等式 $t = s$ のコードを与える関数 $\mathrm{Eq}(\ulcorner t \urcorner, \ulcorner s \urcorner) = \ulcorner t = s \urcorner$ を

$$\mathrm{Eq}(x, y) = \langle \ulcorner = \urcorner, \langle x, y \rangle \rangle.$$

iv. 同じ長さを持った式の列 $\vec{t} = t_1, ..., t_n$, $\vec{s} = s_1, ..., s_n$ について，等式の列 $\vec{t} = \vec{s}$, $(t_1 = s_1, ..., t_n = s_n)$, のコードを与える関数 $\mathrm{Eqseq}(\ulcorner \vec{t} \urcorner, \ulcorner \vec{s} \urcorner) = \langle \mathrm{Eq}(\ulcorner t_1 \urcorner, \ulcorner s_1 \urcorner), ..., \mathrm{Eq}(\ulcorner t_n \urcorner, \ulcorner s_n \urcorner) \rangle$ $(\ulcorner \vec{t} \urcorner = \langle \ulcorner t_1 \urcorner, ..., \ulcorner t_n \urcorner \rangle)$ を

$$\mathrm{Eqseq}(\langle\ \rangle, y) = \mathrm{Eqseq}(x, \langle\ \rangle) = \langle\ \rangle$$
$$\mathrm{Eqseq}(\langle x_0 \rangle * x, \langle y_0 \rangle * y) = \langle \mathrm{Eq}(x_0, y_0) \rangle * \mathrm{Eqseq}(x, y)$$

v. 論理式の列 $\vec{\theta} = \theta_1, ..., \theta_n$ と論理式 φ について，論理式 $\theta_1 \to \cdots \to \theta_n \to \varphi$ のコードを与える関数 $\mathrm{Impseq}(\ulcorner \vec{\theta} \urcorner, \ulcorner \varphi \urcorner) = \ulcorner \theta_1 \to \cdots \to \theta_n \to \varphi \urcorner$ を

$$\mathrm{Impseq}(\langle\ \rangle, y) = y$$
$$\mathrm{Impseq}(\langle x_0 \rangle * x, y) = \mathrm{Imp}(x_0, \mathrm{Impseq}(x, y))$$

(d)

$$n \in \mathrm{EqAx} \Leftrightarrow (n \in \mathrm{EqAx0}) \vee (n \in \mathrm{EqAx1})$$

ここで $n \in \mathrm{EqAx0}$ は「n は $=$ が同値関係であることを主張する公理のコード」で，$n \in \mathrm{EqAx1}$ は「n は $=$ が合同関係であることを主張する公理のコード」である．すなわち

$n \in \mathrm{EqAx0} \Leftrightarrow$

$\{n = \text{Forall}(\ulcorner v_0 \urcorner, \text{Eq}(\ulcorner v_0 \urcorner, \ulcorner v_0 \urcorner))\} \vee$
$\{n = \text{Forallseq}(\langle \ulcorner v_0 \urcorner, \ulcorner v_1 \urcorner \rangle, \text{Imp}(\text{Eq}(\ulcorner v_0 \urcorner, \ulcorner v_1 \urcorner), \text{Eq}(\ulcorner v_1 \urcorner, \ulcorner v_0 \urcorner)))\} \vee$
$\{n = \text{Forallseq}(\langle \ulcorner v_0 \urcorner, \ulcorner v_1 \urcorner, \ulcorner v_2 \urcorner \rangle, \text{Imp}(\text{Eq}(\ulcorner v_0 \urcorner, \ulcorner v_1 \urcorner),$
$\text{Eq}(\ulcorner v_1 \urcorner, \ulcorner v_2 \urcorner), \text{Eq}(\ulcorner v_0 \urcorner, \ulcorner v_2 \urcorner))))\}$

これはそれぞれ

$$\forall v_0 (v_0 = v_0)$$
$$\forall v_0 \forall v_1 (v_0 = v_1 \to v_1 = v_0)$$
$$\forall v_0 \forall v_1 \forall v_2 (v_0 = v_1 \to v_1 = v_2 \to v_0 = v_2)$$

に対応する．

$$n \in \text{EqAx1} \Leftrightarrow$$
$$\exists p, q, r < n \{ r \in \text{Fnc} \wedge lh(p) = lh(q) = (r)_{1,1} \wedge$$
$$\forall i < lh(p) [(p)_i = \langle 4, i \rangle \wedge (q)_i = \langle 4, lh(p) + i \rangle] \wedge$$
$$n = \text{Forallseq}(p * q, \text{Impseq}(\text{Eqseq}(p, q), \text{Eq}(\langle r, p \rangle, \langle r, q \rangle))))\}$$

$\ulcorner v_n \urcorner = \langle 4, n \rangle$ であったから，これは n-変数関数記号 f について，$r = \ulcorner f \urcorner, n = (r)_{1,1} = lh(p) = lh(q), p = \langle \ulcorner v_0 \urcorner, ..., \ulcorner v_{n-1} \urcorner \rangle, q = \langle \ulcorner v_n \urcorner, ..., \ulcorner v_{2n-1} \urcorner \rangle$ と考えて，つぎの公理に対応している：

$$\forall v_0 \cdots \forall v_{n-1} \forall v_n \cdots \forall v_{2n-1} (v_0 = v_n \to \cdots \to v_{n-1} = v_{2n-1} \to f(v_0, ..., v_{n-1}) = f(v_n, ..., v_{2n-1})).$$

(e)

$n \in \text{QfAx}$

$$\Leftrightarrow \exists p, q, r < n \{ n = \text{Imp}(\mathit{subfml}(q, r, p), \langle \langle \ulcorner \exists \urcorner, r \rangle, q \rangle) \wedge \text{Free}(p, q, r) \}$$

量化公理 $\varphi[x := t] \to \exists x \varphi$ では $q = \ulcorner \varphi \urcorner, r = \ulcorner x \urcorner, p = \ulcorner t \urcorner$ に対応している．

(f) 「n は関数記号の公理のコードである」を表す $n \in \text{FncAx}$ は(演習 5)とする．

(g) 「n は数学的帰納法の公理のコードである」を表す $n \in \text{IndAx}$ は(演習 6)とする．

16. 最後に「自然数 n がある証明 P のコードである $n = \ulcorner P \urcorner$」を表す $\text{Proof}(n)$ を

$\text{Proof}(n) \Leftrightarrow lh(n) = 2 \wedge [\{(n)_0 \in \text{Ax} \wedge (n)_1 = \langle \ \rangle\} \vee$
$\{lh((n)_1) = 2 \wedge \forall i < 2[\text{Proof}((n)_{1,i})] \wedge (n)_{1,0,0} = \text{Imp}((n)_{1,1,0}, (n)_0)\} \vee$
$\{lh((n)_1) = 1 \wedge \text{Proof}((n)_{1,0}) \wedge \exists p, q, r, m, k < n[(n)_0 = \text{Imp}(p, r) \wedge$
$(n)_{1,0,0} = \text{Imp}(q, r) \wedge p = \langle \langle \ulcorner \exists \urcorner, m \rangle, (p)_1 \rangle \in \text{Fml}$

$\wedge (p)_1 = subfml(q,k,m) \wedge k \notin \mathrm{VarFml}((n)_0) \wedge k \in \mathrm{Var}]\}$

17. そして「n は証明のコードでその最後の論理式のコードは m」を表す $\mathrm{Prov}(n,m)$ を

$$\mathrm{Prov}(n,m) :\Leftrightarrow \mathrm{Proof}(n) \wedge (n)_0 = m. \tag{3.5}$$

つまり

$$P = \cfrac{\overset{P_0}{\psi \to \varphi} \quad \overset{P_1}{\psi}}{\varphi}\ (\mathrm{Mp})$$

なら

$$\ulcorner P \urcorner = \langle \ulcorner \varphi \urcorner, \langle \ulcorner P_0 \urcorner, \ulcorner P_1 \urcorner \rangle \rangle$$

で

$$P = \cfrac{\overset{P_0}{\varphi \to \psi}}{\exists x\, \varphi[y := x] \to \psi}\ (\exists)$$

なら

$$\ulcorner P \urcorner = \langle \ulcorner \exists x\, \varphi[y := x] \to \psi \urcorner, \langle \ulcorner P_0 \urcorner \rangle \rangle$$

で，上の定義での p,q,r,m,k はそれぞれ $p = \ulcorner \exists x\, \varphi[y := x] \urcorner$, $q = \ulcorner \varphi \urcorner$, $r = \ulcorner \psi \urcorner$, $m = \ulcorner x \urcorner$, $k = \ulcorner y \urcorner$ で $\ulcorner \varphi[y := x] \urcorner = subfml(\ulcorner \varphi \urcorner, \ulcorner y \urcorner, \ulcorner x \urcorner)$.

18. 「m は PA で証明可能である」を表す $\mathrm{Pr}(m)$ を

$$\mathrm{Pr}(m) :\Leftrightarrow \exists n\, \mathrm{Prov}(n,m). \tag{3.6}$$

19. 以上をまとめておく．

解読表

$e \in \mathrm{PRcode}$	e は原始再帰的関数のコード
$n \in \mathrm{Fnc}$	n は PA の関数記号 f_e のコード
$n \in \mathrm{Var}$	n は変数のコード
$n \in \mathrm{Tm}$	n は式のコード
$num(x)$	x-番目の数字のコード
$subtm(x,y,z)$	$subtm(\ulcorner s \urcorner, \ulcorner v_n \urcorner, \ulcorner t \urcorner) = \ulcorner s[v_n := t] \urcorner$
$n \in \mathrm{AtFml}$	n は原子論理式のコード
$n \in \mathrm{Fml}$	n は論理式のコード
$subfml(x,y,z)$	$subfml(\ulcorner \varphi \urcorner, \ulcorner v_n \urcorner, \ulcorner t \urcorner) = \ulcorner \varphi[v_n := t] \urcorner$

$\ulcorner x \urcorner \in \mathrm{VarTm}(\ulcorner t \urcorner)$	変数 x が式 t に現れている
$\ulcorner x \urcorner \in \mathrm{VarFml}(\ulcorner \varphi \urcorner)$	変数 x が論理式 φ に自由に現れている
$\mathrm{Free}(\ulcorner t \urcorner, \ulcorner \varphi \urcorner, \ulcorner x \urcorner)$	式 t は論理式 φ において変数 x に関して自由である
$n \in \mathrm{Ax}$	n は公理のコード
$\mathrm{Proof}(n)$	n は証明のコード
$\mathrm{Prov}(\ulcorner P \urcorner, \ulcorner \varphi \urcorner)$	P は φ の証明
$\mathrm{Pr}(m)$	m は PA で証明可能

補題 3. 3. 1　つぎのような原始再帰的関数 $[e]$ が存在する：PA の論理式 φ が与えられたら自然数 n がつくれて

$$[e](n) = \ulcorner \varphi[v_0 := f_e(\bar{n})] \urcorner$$

となる．

［証明］ $[e](x) = \mathit{subfml}(x, \ulcorner v_0 \urcorner, \mathit{num}(x))$ となるように取る．与えられた論理式 φ に対して論理式 $\varphi[v_0 := f_e(v_0)]$ をつくりそのコードを $n = \ulcorner \varphi[v_0 := f_e(v_0)] \urcorner$ とおく．すると

$$\begin{aligned}[e](n) &= \mathit{subfml}(n, \ulcorner v_0 \urcorner, \mathit{num}(n)) = \mathit{subfml}(\ulcorner \varphi[v_0 := f_e(v_0)] \urcorner, \ulcorner v_0 \urcorner, \ulcorner \bar{n} \urcorner) \\ &= \ulcorner \varphi[v_0 := f_e(\bar{n})] \urcorner \end{aligned}$$ ∎

この証明は，ある「式」[*4] t でその値が $\varphi[v_0 := t]$ のコードに等しいものをつくっている．

$$\begin{aligned} &t \equiv \\ &\mathit{subfml}(\ulcorner \varphi[v_0 := \mathit{subfml}(v_1, \ulcorner v_0 \urcorner, v_1)] \urcorner, \ulcorner v_1 \urcorner, \ulcorner \varphi[v_0 := \mathit{subfml}(v_1, \ulcorner v_0 \urcorner, v_1)] \urcorner) \\ &= \ulcorner \varphi[v_0 := \underbrace{\mathit{subfml}(\ulcorner \varphi[v_0 := \mathit{subfml}(v_1, \ulcorner v_0 \urcorner, v_1)] \urcorner, \ulcorner v_0 \urcorner, \ulcorner \varphi[v_0 := \mathit{subfml}(v_1, \ulcorner v_0 \urcorner, v_1)] \urcorner)}_{t}] \urcorner \\ &\equiv \ulcorner \varphi[v_0 := t] \urcorner \end{aligned}$$

式，論理式，証明等の記号列 E について，$\ulcorner E \urcorner = n$ のとき数字 $\bar{n}$ を $[\![E]\!]$ と書く．また $\mathrm{Prov}(x, y)$ で (3. 5) で定めた原始再帰的関係を自然に論理式に写し取った等式を表し，$\mathrm{Pr}(y)$ で (3. 6) でこの Prov から定めた Σ_1-論理式を表す．

補題 3. 3. 2　論理式 φ, ψ について

$$\mathsf{PA} \vdash \mathrm{Pr}([\![\varphi]\!]) \to \mathrm{Pr}([\![\varphi \to \psi]\!]) \to \mathrm{Pr}([\![\psi]\!]).$$

［証明］ 補題の主張より強く

*4　以下の説明では t を PA での形式的な式 (term) としてでなく，原始再帰的関数を含んだ式として与える．

$$\mathsf{PA} \vdash \mathrm{Pr}(x) \to \mathrm{Pr}(\mathrm{Imp}(x,y)) \to \mathrm{Pr}(y) \tag{3.7}$$

を示す．

$$\mathrm{Prov}(p_1, x) \to \mathrm{Prov}(p_0, \mathrm{Imp}(x,y)) \to \mathrm{Prov}(\langle y, \langle p_0, p_1\rangle\rangle, y)$$

でよい． ■

3.4　Σ_1-完全性

この小節では，Σ_1-論理式 $\exists x\, R(x)$ (R は原始再帰的述語)が(標準モデルで)正しいとき，PA で $\exists x\, R(x)$ が証明できることを示す．

定理 3.4.1 (PA の Σ_1-完全性)

Σ_1-閉論理式 $\exists x\, R(x)$ (R は原始再帰的述語)について

$$\mathbb{N} \models \exists x\, R(x) \Rightarrow \mathsf{PA} \vdash \exists x\, R(x).$$ □

以下，混乱のおそれのない限り「標準モデルで正しい」を表す $\mathbb{N}\models$ を略す．

いま $\exists x\, R(x)$ が正しいとすると，$R(n)$ を正しくする自然数 n が存在する．そこでこの仮定のもとで，$\mathsf{PA}\vdash R(\bar{n})$ が言えれば，量化公理 $R(\bar{n}) \to \exists x\, R(x)$ により $\mathsf{PA}\vdash \exists x\, R(x)$ が言える．よってつぎの補題 3.4.2 を示せばよい．

補題 3.4.2　任意の原始再帰的述語 $R(\vec{n})$ について[*5]

$$R(\vec{n}) \Rightarrow \mathsf{PA} \vdash R(\vec{\bar{n}}).$$ □

もともと $R(\vec{n})$ が原始再帰的とは，その特徴関数 $\chi_R(\vec{n})$ が原始再帰的ということであった．よって補題 3.4.2 にはつぎを示せばよい：

補題 3.4.3　任意の原始再帰的関数 $[e]$ と自然数 $\vec{n}, k$ について

$$[e](\vec{n}) = k \Rightarrow \mathsf{PA} \vdash f_e(\vec{\bar{n}}) = \bar{k}.$$

［証明］ 原始再帰的関数 $[e]$ の構成に関する帰納法による．あるいは原始再帰的関数のコード e に関する帰納法によるといっても同じである．

$[e]$ がゼロ $zero$，後者 Sc，射影 I^n_i のときは，それらの定義式を PA の公理に入れていたので明らか．例えば $Sc(n) \equiv [\langle 1,1\rangle](n) = k$ が正しいのは $k = n+1$ のときだから，$f_{\langle 1,1\rangle}(\bar{n}) = \bar{k}$ は両辺が同じ数字なので等号公理 $\forall x(x=x)$ から言える．

$[e]$ が $[g]$ と $[h_1], \ldots, [h_m]$ から合成で得られたときには，$[e](\vec{n}) = k$ とは $[h_i](\vec{n}) =$

---

*5　以下の左辺の $R(\vec{n})$ での R は自然数上の述語で，右辺の $\mathsf{PA}\vdash R(\vec{\bar{n}})$ での R はそれを形式的に写し取った論理式であり，それらは異なる．しかし区別すると煩雑になりすぎるので，同じ記号で書いている．

k_i として $[g](k_1,...,k_m)=k$ ということだから，帰納法の仮定より

$$[h_i](\vec{n})=k_i \Rightarrow \mathsf{PA}\vdash f_{h_i}(\vec{\bar{n}})=\bar{k}_i$$

$$[g]\,(k_1,...,k_m)=k \Rightarrow \mathsf{PA}\vdash f_g(\bar{k}_1,...,\bar{k}_m)=\bar{k}$$

よって PA での f_e の定義式および等号公理により

$$[e](\vec{n})=k \Rightarrow \mathsf{PA}\vdash f_e(\vec{\bar{n}})=\bar{k}.$$

最後に $[e]$ が $[g]$ と $[h]$ から原始再帰法で定義されたときを考える：

$$[e](\vec{n},0)=[g](\vec{n})$$

$$[e]\,(\vec{n},m+1)=[h](\vec{n},m,[e](\vec{n},m))$$

このとき

$$[e](\vec{n},m)=k \Rightarrow \mathsf{PA}\vdash f_e(\vec{\bar{n}},\bar{m})=\bar{k}$$

を m に関する帰納法で示す．

$m=0$ なら $[e](\vec{n},0)=[g](\vec{n})$ だから，原始再帰的関数のコードに関する帰納法の仮定より

$$[g](\vec{n})=k \Rightarrow \mathsf{PA}\vdash f_g(\vec{\bar{n}})=\bar{k}$$

と f_e の定義式より

$$[e](\vec{n},0)=k \Rightarrow \mathsf{PA}\vdash f_e(\vec{\bar{n}},\bar{0})=\bar{k}.$$

m が $m+1$ のとき．$[e](\vec{n},m)=v$ として，m に関する帰納法の仮定より

$$[e](\vec{n},m)=v \Rightarrow \mathsf{PA}\vdash [e](\vec{\bar{n}},\bar{m})=\bar{v}.$$

また原始再帰的関数のコードに関する帰納法の仮定より

$$[h](\vec{n},m,v)=k \Rightarrow \mathsf{PA}\vdash f_h(\vec{\bar{n}},\bar{m},\bar{v})=\bar{k}.$$

これらと f_e の定義式および等号公理より

$$[e](\vec{n},m+1)=k \Rightarrow \mathsf{PA}\vdash f_e(\vec{\bar{n}},\overline{m+1})=\bar{k}$$

となる．

これで 補題 3. 4. 3 が証明され，補題 3. 4. 2 も証明されたことになる．■

次に，定理 3. 4. 1 を形式化したものを示す．

定理 3. 4. 4 (形式化された PA の Σ_1-完全性)

Σ_1-閉論理式 $\exists x\, R(x)$ (R は原始再帰的述語) について

$$\mathsf{PA}\vdash \exists x\, R(x) \to \mathrm{Pr}(\llbracket \exists x\, R(x) \rrbracket). \qquad \square$$

これを示すには推論規則 (∃) より，$\mathsf{PA}\vdash R(y) \to \mathrm{Pr}(\llbracket \exists x\, R(x) \rrbracket)$ を示せばよい．いま補題 3. 4. 2 を形式化した事実，すなわち，原始再帰的述語 R について

$$\mathsf{PA}\vdash R(y) \to \mathrm{Pr}(\ulcorner R(\dot{y}) \urcorner) \tag{3. 8}$$

が言えたとする．

但しここで論理式 φ について $\ulcorner\varphi[v_0 := \dot{y}]\urcorner$ は，φ 中の変数 v_0 に y 番目の数字を代入して得られる論理式のコードを表す．つまり

$$\ulcorner\varphi[v_0 := \dot{y}]\urcorner :\equiv \mathit{subfml}(\ulcorner\varphi\urcorner, \ulcorner v_0\urcorner, \mathit{num}(y)).$$

よって $\ulcorner\varphi[v_0 := \dot{y}]\urcorner$ は，φ に v_0 が自由に現れている限り，変数 y を含んだ式である．

論理式 φ と式 t について，量化公理 $\varphi[v_0 := t] \to \exists v_0\, \varphi$ より，$\varphi[v_0 := t]$ の証明 P が与えられたら，$\exists v_0\, \varphi$ の証明は推論規則 (Mp) により

$$\frac{\varphi[v_0 := t] \to \exists v_0\, \varphi \quad \overset{P}{\varphi[v_0 := t]}}{\exists v_0\, \varphi} \ (\mathrm{Mp})$$

とつくれる．この証明のコードは

$$\langle \ulcorner\exists v_0\, \varphi\urcorner, \langle\langle \ulcorner\varphi[v_0 := t] \to \exists v_0\, \varphi\urcorner, \langle\,\rangle\rangle, \ulcorner P\urcorner\rangle\rangle$$

となる．

これを形式化して

$$\begin{aligned} \mathsf{PA} \vdash x \in \mathrm{Tm} \land \mathrm{Free}(x, \ulcorner\varphi\urcorner, \ulcorner v_0\urcorner) \land \mathrm{Prov}(y, \mathit{subfml}(\ulcorner\varphi\urcorner, \ulcorner v_0\urcorner, x)) \\ \to \exists z\, \mathrm{Prov}(z, \ulcorner\exists v_0\, \varphi\urcorner) \end{aligned}$$

ここで $\exists z$ の証拠は

$$\langle \ulcorner\exists v_0\, \varphi\urcorner, \langle\langle \mathrm{Imp}(\mathit{subfml}(\ulcorner\varphi\urcorner, \ulcorner v_0\urcorner, x), \ulcorner\exists v_0\, \varphi\urcorner), \langle\,\rangle\rangle, y\rangle\rangle.$$

こうして定理には(3.8)を示せばよいことが分かった．

(3.8)を示すには，補題 3.4.3 を形式化したつぎを示せばよい：

補題 3.4.5 任意の原始再帰的関数 $[e]$ について

$$\mathsf{PA} \vdash f_e(\vec{x}) = z \to \mathrm{Pr}(\ulcorner f_e(\dot{\vec{x}}) = \dot{z}\urcorner). \qquad \square$$

但しここで $\vec{x}, z$ は(形式的な)変数(「任意の数字」とは別物)の列で，$\ulcorner\,\urcorner$ 中の $\dot{z}$ は z 番目の数字のコードを与える $\mathit{num}(z)$ のことであった．他方 e は PA の(形式的な)変数ではなく，原始再帰的関数のコードを走る自然数である．

補題 3.4.5 の証明は，補題 3.4.3 のそれを PA の中で形式化すればよい．つまり関数記号 $[e]$ の構成に関する帰納法(は PA の形式的な「数学的帰納法の公理」ではなく，PA の外での記号に関する帰納法である．このような帰納法を metainduction という)による．

いずれの場合も 補題 3.4.3 の証明で見たように，既に存在が仮定されている PA の証明からごく簡単に望みの証明がつくれるから Pr の中に入れたものが PA で証明できることになる．

ひとつだけ調べてみよう．$f_e(\vec{x},y)$ が f_g, f_h から原始再帰法で定義されているとする．このときには，変数 y に関する PA での形式的な「数学的帰納法の公理」による．

いま

$$\mathsf{PA} \vdash f_e(\vec{x},y) = z \to \mathrm{Pr}(\ulcorner f_e(\dot{\vec{x}},\dot{y}) = \dot{z}\urcorner)$$

を y に関する帰納法で示す．はじめに原始再帰的関数のコードに関する帰納法の仮定により

$$\mathsf{PA} \vdash f_g(\vec{x}) = z \to \mathrm{Pr}(\ulcorner f_g(\dot{\vec{x}}) = \dot{z}\urcorner)$$

また f_e の定義式より

$$\mathsf{PA} \vdash f_e(\vec{x},\bar{0}) = f_g(\vec{x}) \land \mathrm{Pr}(\ulcorner f_e(\dot{\vec{x}},\bar{0}) = f_g(\dot{\vec{x}})\urcorner)$$

等号公理により

$$\mathsf{PA} \vdash \mathrm{Pr}(\ulcorner f_e(\dot{\vec{x}},\bar{0}) = f_g(\dot{\vec{x}})\urcorner) \land \mathrm{Pr}(\ulcorner f_g(\dot{\vec{x}}) = \dot{z}\urcorner) \to \mathrm{Pr}(\ulcorner f_e(\dot{\vec{x}},\bar{0}) = \dot{z}\urcorner).$$

よって

$$\mathsf{PA} \vdash \forall z\{f_e(\vec{x},\bar{0}) = z \to \mathrm{Pr}(\ulcorner f_e(\dot{\vec{x}},\bar{0}) = \dot{z}\urcorner)\}.$$

いま示すべきことは

$$\begin{aligned} \mathsf{PA} \vdash \forall v[f_e(\vec{x},y) = v \to \mathrm{Pr}(\ulcorner f_e(\dot{\vec{x}},\dot{y}) = \dot{v}\urcorner)] \to \\ \forall z[f_e(\vec{x},Sc(y)) = z \to \mathrm{Pr}(\ulcorner f_e(\dot{\vec{x}},Sc(\dot{y})) = \dot{z}\urcorner)] \end{aligned} \tag{3.9}$$

原始再帰的関数のコードに関する帰納法の仮定より

$$\mathsf{PA} \vdash f_h(\vec{x},y,v) = z \to \mathrm{Pr}(\ulcorner f_h(\dot{\vec{x}},\dot{y},\dot{v}) = \dot{z}\urcorner).$$

f_e の定義式および等号公理より

$$\mathsf{PA} \vdash f_e(\vec{x},Sc(y)) = z \land f_e(\vec{x},y) = v \to f_h(\vec{x},y,v) = z$$

および

$$\mathsf{PA} \vdash \mathrm{Pr}(\ulcorner f_e(\dot{\vec{x}},\dot{y}) = \dot{v}\urcorner) \land \mathrm{Pr}(\ulcorner f_h(\dot{\vec{x}},\dot{y},\dot{v}) = \dot{z}\urcorner) \to \mathrm{Pr}(\ulcorner f_e(\dot{\vec{x}},Sc(\dot{y})) = \dot{z}\urcorner).$$

こうして (3.9) が分かったので，PA での形式的な「数学的帰納法の公理」により，

$$\mathsf{PA} \vdash \forall y \forall z[f_e(\vec{x},y) = z \to \mathrm{Pr}(\ulcorner f_e(\dot{\vec{x}},\dot{y}) = \dot{z}\urcorner)].$$

3.5　不完全性定理

ここでは不完全性定理を述べて証明する．

つぎの補題における論理式 F は，論理式 $\varphi(\ulcorner F\urcorner)$ が文字列としての論理式 F はかくかくの性質を持つ，と言っていると考えれば，F が，自分自身が φ で指

定された性質を持つと主張しているとみなせる．この意味でこの補題3.5.1は，限られた範囲(文字列)で自己参照(self-reference)することができる，と解釈できる．

補題 3.5.1 (不動点定理 Diagonalisation lemma)

PA の論理式 φ が与えられたら，論理式 F をうまく取ると

$$\mathsf{PA} \vdash F \leftrightarrow \varphi[v_0 := \llbracket F \rrbracket]$$

とできる．

［証明］ 補題 3.3.1 により，原始再帰的関数 $[e]$ を，ある自然数 n について

$$[e](n) = \ulcorner \varphi[v_0 := f_e(\bar{n})] \urcorner$$

となるように取る．このとき $F :\equiv \varphi[v_0 := f_e(\bar{n})]$ が求める不動点(のひとつ)である．

いま $m = \ulcorner \varphi[v_0 := f_e(\bar{n})] \urcorner = \ulcorner F \urcorner$ とおく．補題 3.4.3 により

$$\mathsf{PA} \vdash f_e(\bar{n}) = \bar{m}.$$

よって等号公理により

$$\mathsf{PA} \vdash F \equiv \varphi[v_0 := f_e(\bar{n})] \leftrightarrow \varphi[v_0 := \bar{m}] \equiv \varphi[v_0 := \llbracket F \rrbracket].$$ ■

3.5.1 証明可能性述語 Pr の性質

ここでは証明可能性述語 $\mathrm{Pr}(a)$ が充たしてほしい性質(Löb's derivability conditions)を三つ列挙して，「A は PA で証明可能」と読ませたい(3.2)で定めた論理式 $\mathrm{Pr}(\llbracket A \rrbracket)$ がこれらを充たすことを説明する．これが(第2)不完全性定理が成立するための十分条件となる．

(D1) どんな (PA での)論理式 A についても

$$\mathsf{PA} \vdash A \Rightarrow \mathsf{PA} \vdash \mathrm{Pr}(\llbracket A \rrbracket).$$

(D2) どんな (PA での)論理式 A, B についても

$$\mathsf{PA} \vdash \mathrm{Pr}(\llbracket A \to B \rrbracket) \to \mathrm{Pr}(\llbracket A \rrbracket) \to \mathrm{Pr}(\llbracket B \rrbracket).$$

(D3) どんな (PA での)論理式 A についても

$$\mathsf{PA} \vdash \mathrm{Pr}(\llbracket A \rrbracket) \to \mathrm{Pr}(\llbracket \mathrm{Pr}(\llbracket A \rrbracket) \rrbracket).$$

初めに (D2) は補題 3.3.2 そのものである．

次に (D1) について考える．PA$\vdash A$ ということは A の (PA での) 証明 P があるということだから，(3.1)により原始再帰的述語 $\mathrm{Prov}(\ulcorner P \urcorner, \ulcorner A \urcorner)$ が真となる．このとき補題 3.4.2 により，PA$\vdash \mathrm{Prov}(\llbracket P \rrbracket, \llbracket A \rrbracket)$ となる．

最後に (D3) について考える．これは (D1) を形式化したもので，定理 3.4.4

と $\mathrm{Pr}(x)$ が Σ_1-論理式であることから従う.

注意. 原始再帰的関数の導入とそれを PA に関数記号として公理とともに加えたのは, 不完全性定理との関連に絞れば, (D1), (D3) を証明する際に Prov という述語の性格を捉えるための枠を与えるためであった.

3.6　第 1 不完全性定理

PA が無矛盾(consistent)であるとは, PA で矛盾 $\bot$ が証明できないこと, 言い換えれば, どんな論理式 F についても F か $\neg F$ の少なくとも一方が PA で証明できないことをいう.

補題 3.6.1　閉論理式 G を

$$\mathsf{PA} \vdash G \leftrightarrow \neg \mathrm{Pr}(\llbracket G \rrbracket) \tag{3.10}$$

となるように取る. もし PA が無矛盾であれば, $\mathsf{PA} \nvdash G$ である.

［証明］ $\mathsf{PA} \vdash G$ と仮定する. このとき G の取り方から $\mathsf{PA} \vdash \neg \mathrm{Pr}(\llbracket G \rrbracket)$ である. 他方, (D1) により $\mathsf{PA} \vdash \mathrm{Pr}(\llbracket G \rrbracket)$ でもあり, $\mathsf{PA} \vdash \mathrm{Pr}(\llbracket G \rrbracket) \land \neg \mathrm{Pr}(\llbracket G \rrbracket)$ となるので PA は矛盾してしまう. ∎

(3.10) となる閉論理式 G を **Gödel 文**(Gödel sentence)という.

さて標準モデルでの意味を考えると, G が正しいのは $\neg \mathrm{Pr}(\llbracket G \rrbracket)$ が正しいとき, 従って (3.1) により, $\mathsf{PA} \nvdash G$ のときである. これが PA の無矛盾性から言えたのだから, G は正しい($\mathbb{N} \models G$)はずである. よって, $\mathbb{N} \models \mathsf{PA}$ より $\mathsf{PA} \nvdash \neg G$ でなければならない. すなわち $\mathsf{PA} \nvdash G$ かつ $\mathsf{PA} \nvdash \neg G$. つまり G は PA で決定不能(undecidable)であろう.

この $\mathsf{PA} \nvdash \neg G$ の証明は, 標準モデルの存在と $\mathbb{N} \models \mathsf{PA}$ を仮定している. これは PA の無矛盾性よりはるかに強い仮定である. しかしもう少し弱い仮定からも言える.

いま $\mathsf{PA} \vdash \neg G$ とする. すると $\mathsf{PA} \vdash \mathrm{Pr}(\llbracket G \rrbracket)$ となる. ここで $\mathrm{Pr}(\llbracket G \rrbracket)$ が Σ_1-論理式であることに注意すると, つぎの仮定(**1-無矛盾性**)

$$\text{PA で証明できる } \Sigma_1\text{-閉論理式は標準モデルで正しい} \tag{3.11}$$

のもとで, $\mathrm{Pr}(\llbracket G \rrbracket)$ が正しいとなる. よって (3.1) により $\mathsf{PA} \vdash G$ となり, PA が矛盾することになる.

明らかに 1-無矛盾性は無矛盾性を導く. それは $\bot$ が Σ_1-論理式だからである. こうして 1-無矛盾性の仮定のもとで, G が PA で決定不能であることが結論できる．しかし(演習 13)で示されるように 1-無矛盾性は無矛盾性より真に強い仮定である(なお PA$\nvdash \neg G$ の強さについては(演習 23)を参照)．そこで単なる無矛盾性の仮定から，PA の決定不能文をつくりたい．

定理 3.6.2　第1不完全性定理(Gödel-Rosser)

PA は無矛盾であるとする．そのとき PA は(定義 5.2.1 の意味で)不完全(incomplete)である．すなわち，閉論理式 φ で PA$\nvdash\varphi$ & PA$\nvdash\neg\varphi$ なる φ をつくることができる．　□

この定理より PA の無矛盾性の仮定のもとで，完全性定理 1.5.4 により PA のモデルが存在するが，それらのモデルで初等的同値(定義 5.1.1.3)にならないものが存在することになる．つまり定理の閉論理式 φ についてそれは標準モデルで正しいとしたら，PA$\cup\{\neg\varphi\}$ のモデルも存在することとなってしまう．つまり閉論理式の正しさは PA のモデルによって異なるのである．また，$\{\varphi:$PA$\vdash\varphi\}\subsetneq\{\varphi:\mathbb{N}\models\varphi\}$ であることも($\mathbb{N}\models$PA の仮定のもとで)結論できる．

さて第1不完全性定理 3.6.2 を証明するために「(形式的)証明」の概念を変更する．もとのと区別するために新しい概念を「R-証明」と呼ぶ．

定義 3.6.3　P が論理式 φ の **R-証明**であるのはつぎの条件を充たすことをいう：

1. P が φ の証明であって，かつ
2. コードが P より小さいいかなる証明 Q ($\ulcorner Q\urcorner<\ulcorner P\urcorner$) も $\neg\varphi$ の証明ではないし，また φ が $\neg\psi$ の形ならば，Q は ψ の証明でもない．

R-証明を算術化した原始再帰的述語およびそれを自然に写し取った論理式を Prov^R と書く：

$$\begin{aligned}\mathrm{Prov}^R(p,x) :\Leftrightarrow{} & \mathrm{Prov}(p,x)\land\forall q<p\{\neg\mathrm{Prov}(q,\mathrm{Not}(x))\land\\ & \forall y<x[x=\mathrm{Not}(y)\to\neg\mathrm{Prov}(q,y)]\}\\ \mathrm{Pr}^R(x) :\Leftrightarrow{} & \exists p\,\mathrm{Prov}^R(p,x)\end{aligned}$$

□

いま Pr^R に対する Gödel 文(**Rosser 文**) R を取る：

$$\mathsf{PA}\vdash R\leftrightarrow\neg\mathrm{Pr}^R(\llbracket R\rrbracket).$$

この R が PA で決定不能であることを，PA の無矛盾性から導く．

初めに PA$\nvdash R$ は補題 3.6.1 の証明より，Pr^R が (D1) を充たすこと：

$$\mathsf{PA}\vdash A\Rightarrow\mathsf{PA}\vdash\mathrm{Pr}^R(\llbracket A\rrbracket)$$

を見てやればよい．PA$\vdash A$ として，証明 P を $\mathrm{Prov}(\ulcorner P\urcorner,\ulcorner A\urcorner)$ が正しくなるように取る．すると原始再帰的述語 $\mathrm{Prov}^R(\ulcorner P\urcorner,\ulcorner A\urcorner)$ も正しい．なぜなら PA

は無矛盾であると仮定しているからである．よって補題 3.4.2 により，$\mathsf{PA}\vdash \mathrm{Prov}^R(\llbracket P\rrbracket, \llbracket A\rrbracket)$ となる．

つぎに $\mathsf{PA}\nvdash \neg R$ を示す．$\mathsf{PA}\vdash \neg R$ と仮定する．R の取り方から $\mathsf{PA}\vdash \mathrm{Pr}^R(\llbracket R\rrbracket)$ である．そこで $\mathsf{PA}\vdash \neg\mathrm{Pr}^R(\llbracket R\rrbracket)$，あるいはより強く

$$\mathsf{PA}\vdash \forall p\{\mathrm{Prov}(p, \llbracket R\rrbracket) \to \exists q < p\,\mathrm{Prov}(q, \llbracket \neg R\rrbracket)\} \tag{3.12}$$

を示せば証明は終わる．

先ず，Q を $\mathrm{Prov}^R(\ulcorner Q\urcorner, \ulcorner \neg R\urcorner)$ が正しくなるように取る．よって，$\mathsf{PA}\vdash \mathrm{Prov}^R(\llbracket Q\rrbracket, \llbracket \neg R\rrbracket)$ となる．ひとつの証明が証明している論理式はひとつなので，$\mathsf{PA}\vdash \mathrm{Prov}(p,x)\wedge\mathrm{Prov}(p,y)\to x=y$. 従って $\mathsf{PA}\vdash \forall p\le \llbracket Q\rrbracket\neg\mathrm{Prov}(p, \llbracket R\rrbracket)$ 言い換えると $\mathsf{PA}\vdash \mathrm{Prov}(p, \llbracket R\rrbracket)\to p>\llbracket Q\rrbracket$．ところが Q は $\neg R$ の証明なので $\mathsf{PA}\vdash \mathrm{Prov}(\llbracket Q\rrbracket, \llbracket \neg R\rrbracket)$ である．よって(3.12)が示された．

3.7　第 2 不完全性定理

ここでは第 2 不完全性定理を証明する．

上でつくった証明可能性述語 Pr から PA の無矛盾性を表す論理式を

$$\mathrm{Con}(\mathsf{PA}) :\Leftrightarrow \forall x\in \mathrm{Fml}\,\neg[\mathrm{Pr}(x)\wedge \mathrm{Pr}(\mathrm{Not}(x))] \tag{3.13}$$

で定義する．

定理 3.7.1　第 2 不完全性定理(Gödel)

PA が無矛盾である限り

$$\mathsf{PA}\nvdash \mathrm{Con}(\mathsf{PA}).$$

［証明］ PA は無矛盾であると仮定する．

初めに，(D2) によりどんな論理式 G についても

$$\mathsf{PA}\vdash \mathrm{Pr}(\llbracket G\rrbracket)\wedge \mathrm{Pr}(\llbracket \neg G\rrbracket)\to \mathrm{Pr}(\llbracket \bot\rrbracket) \tag{3.14}$$

に注意せよ．

G を Gödel 文(3.10)とする．

$$\mathsf{PA}\vdash \mathrm{Pr}(\llbracket G\rrbracket)\to \mathrm{Pr}(\llbracket \neg G\rrbracket) \tag{3.15}$$

これを見るには本質的には 補題 3.6.1 の証明を形式化すればよいのだが，ここで (D3) が要る．

先ず (D3) より $\mathsf{PA}\vdash \mathrm{Pr}(\llbracket G\rrbracket)\to \mathrm{Pr}(\llbracket \mathrm{Pr}(\llbracket G\rrbracket)\rrbracket)$．次に(3.10) $\mathsf{PA}\vdash \mathrm{Pr}(\llbracket G\rrbracket)\to\neg G$ と (D1), (D2) より $\mathsf{PA}\vdash \mathrm{Pr}(\llbracket \mathrm{Pr}(\llbracket G\rrbracket)\rrbracket)\to \mathrm{Pr}(\llbracket \neg G\rrbracket)$．これら二つで $\mathsf{PA}\vdash \mathrm{Pr}(\llbracket G\rrbracket)\to \mathrm{Pr}(\llbracket \neg G\rrbracket)$.

さてPAは無矛盾だがPA$\vdash$Con(PA)と仮定する．PA$\vdash \neg\bot$と(D1)によりPA$\vdash$ $\neg\mathrm{Pr}([\![\bot]\!])$．すると(3.14)よりPA$\vdash \mathrm{Pr}([\![G]\!]) \to \neg\mathrm{Pr}([\![\neg G]\!])]$となり，(3.15)よりPA$\vdash \neg\mathrm{Pr}([\![G]\!])$となる．これは$G$の取り方(3.10)よりPA$\vdash G$を意味して，補題3.6.1に反す．よってPAが無矛盾である限りPA$\nvdash$Con(PA)でなければならない．∎

ここまでの第2不完全性定理3.7.1の証明で用いられた事実は，不動点定理3.5.1と，証明可能性述語Prに関する三つの性質(D1), (D2), (D3)（一般に，この三つを充たす論理式$\mathrm{Pr}(a)$を**標準的な証明可能性述語**(standard provability predicate)と呼ぶ.）のみであったことに注意せよ．よって第2不完全性定理3.7.1はPAでなくても，公理系Tでそれに関する証明可能性述語Pr_Tが三条件を充たすように取れれば，Tが無矛盾としてT$\nvdash \mathrm{Con}(T)(:\Leftrightarrow \forall x \in \mathrm{Fml}\, \neg[\mathrm{Pr}_T(x) \land \mathrm{Pr}_T(\mathrm{Not}(x))])$となる．例えば小節4.1.1で導入される集合論の公理系ZFに対しても第2不完全性定理3.7.1は成立することになる．

これに対して第1不完全性定理3.6.2の証明において必要だったことは，不動点定理3.5.1と，$\mathrm{Prov}(p,x)$が原始再帰的で「Pはφの証明である」を自然に算術化・形式化したものであること，およびPAが「正しい原始再帰的命題を証明する」(補題3.4.2)であった．とくに補題3.4.2には，閉式間の正しい等式，つまり関数記号の公理の数字による例(instances)だけが必要であり，全称論理式としての関数記号の公理そのものや，まして数学的帰納法の公理は必要ない．但し順序$<$に関する公理$x<y \lor y \leq x$は必要であるので，PAから数学的帰納法の公理を取り除いて公理$x<y \lor y \leq x$を付け加えた公理系でも第1不完全性定理は成立することになる．

3.8 演　　習

1. 定義1.5.1での式s中の変数v_nのすべての出現に式tを代入した結果$s[v_n := t]$のコード$\ulcorner s[v_n := t] \urcorner$を与える関数$subtm(x,y,z)$

$$subtm(\ulcorner s \urcorner, \ulcorner v_n \urcorner, \ulcorner t \urcorner) = \ulcorner s[v_n := t] \urcorner$$

が原始再帰的に取れて$\forall x \forall y \forall z \exists ! u[subtm(x,y,z) = u]$で，かつ

$$x \in \mathrm{Tm} \land y \in \mathrm{Var} \land z \in \mathrm{Tm} \Rightarrow subtm(x,y,z) \in \mathrm{Tm}$$

となることを示せ．

2. 論理式φ中の変数v_nのすべての自由な出現に式tを代入した結果$\varphi[v_n := t]$

のコード $\ulcorner\varphi[v_n:=t]\urcorner$ を与える関数 $subfml(x,y,z)$

$$subfml(\ulcorner\varphi\urcorner,\ulcorner v_n\urcorner,\ulcorner t\urcorner)=\ulcorner\varphi[v_n:=t]\urcorner$$

が原始再帰的に取れて，$\forall x\forall y\forall z\exists!u[subfml(x,y,z)=u]$ で，かつ

$$x\in\mathrm{Fml}\wedge y\in\mathrm{Var}\wedge z\in\mathrm{Tm}\Rightarrow subfml(x,y,z)\in\mathrm{Fml}$$

となることを示せ．

3. 「変数 x が式 t に現れている」を表す $\ulcorner x\urcorner\in\mathrm{VarTm}(\ulcorner t\urcorner)$ が原始再帰的に取れて，v_n が式 t に現れている場合に限って $\ulcorner v_n\urcorner\in\mathrm{VarTm}(\ulcorner t\urcorner)$ が正しくなることを示せ．

4. 「変数 x が論理式 φ に自由に現れている」を表す $\ulcorner x\urcorner\in\mathrm{VarFml}(\ulcorner\varphi\urcorner)$ が原始再帰的に取れて，v_n が論理式 φ に自由に現れている場合に限って $\ulcorner v_n\urcorner\in\mathrm{VarFml}(\ulcorner\varphi\urcorner)$ が正しくなることを示せ．

5. 「n は関数記号の公理のコードである」を表す $n\in\mathrm{FncAx}$ が原始再帰的に取れることを示せ．

6. 「n は数学的帰納法の公理のコードである」を表す $n\in\mathrm{IndAx}$ が原始再帰的に取れることを示せ．

7. 補題 3.4.5 の証明を完成せよ．

8. 節 3.2 で定義した，原始再帰的関数を表す関数記号をすべて含んだ PA(PR) は，小節 1.7.1 での PA(E) の定義による拡張であることを示せ．

9. 不動点定理 3.5.1 でパラメタを考慮した次の定理を証明せよ：PA の論理式 $\varphi(x,y)$ が与えられたら，論理式 $F(x)$ をうまく取ると

$$\mathsf{PA}\vdash F(x)\leftrightarrow\varphi(x,\ulcorner F(\dot{x})\urcorner)$$

とできることを示せ．

10. (A. Tarski)

ℕ を PA の標準モデルとする．

PA のどんな論理式 $T(x)$ を取っても，ある閉論理式 φ について

$$\mathbb{N}\not\models\varphi\leftrightarrow T(\ulcorner\varphi\urcorner)$$

となることを示せ．

つまり PA のすべての閉論理式の正しさを PA の論理式では定義できない．これを**真理定義**(truth definition)の(同じ言語での)不可能性という．

(ヒント) φ を

$$\mathbb{N}\models\varphi\leftrightarrow\neg T(\ulcorner\varphi\urcorner)$$

と取れ．

11. PA=PA(PR) の言語で考えている．但し簡単のため，論理記号は $\forall,\exists,\wedge,\vee$ を用い，関係記号は $=,\neq$ のふたつとする．de Moragan の法則と二重否定の除去により，もとの言語の論理式はすべて，論理的に同値な論理式をこの言語に持

つ(cf. 補題 1. 3. 11. 1).

$n \geq 1$ として，Π_n-閉論理式に対する**部分的真理定義**(partial truth definition) Tr_{Π_n} を PA の内部でつくる(cf. 算術枚挙定理 6. 3. 11).

初めにここでいう $\boldsymbol{\Pi_n}$**-論理式**とは，$Q_1x_1 \cdots Q_nx_n\, R$ の形をしており，$Q_1, ..., Q_n$ は量化記号 $\forall, \exists$ が交替に並んでおり，

$$Q_m = \begin{cases} \forall & m \equiv 1 \ (\mathrm{mod.}\, 2) \text{ のとき} \\ \exists & \text{上記以外} \end{cases}$$

で，R は量化記号なしの論理式のこととする(cf. 定義 1. 7. 1).

Σ_n-論理式は，上記の $\forall, \exists$ の並びの順番を逆にしたものである．Σ_n-閉論理式に対する Tr_{Σ_n} も同様である．

Π_n で，Π_n-閉論理式のコード全体の原始再帰的集合を表す．

さらに便法として，Σ_{n-1}-論理式[Π_{n-1}-論理式]はそれぞれ Π_n-論理式[Σ_n-論理式]に含めておく．量化記号なしの論理式を Π_0-論理式とも Σ_0-論理式とも呼び，Π_n [Σ_n]で Π_n-閉論理式[Σ_n-閉論理式]全体の集合と，そのコード全体の集合を同時に表す．コードの集合として Π_n, Σ_n はともに原始再帰的であり，$\Sigma_{n-1} \subset \Pi_n$ である．

(a) $val(n,m)$ を，「n は閉式のコードでその値が m」を意味する論理式とする．$val(n,m)$ は Π_1-論理式でも Σ_1-論理式でも書けて，例えば，$[e]$ が $[g], [h]$ から再帰的に定義されているなら，p-番目の数字のコードを与える関数 $num(p)$ について，

$$val(\langle\ulcorner f_e \urcorner, n * \langle num(0)\rangle\rangle, m) \leftrightarrow val(\langle\ulcorner f_g \urcorner, n\rangle, m)$$

$$val(\langle\ulcorner f_e \urcorner, n * \langle num(k+1)\rangle\rangle, m) \leftrightarrow$$
$$\exists p\{val(\langle\ulcorner f_e \urcorner, n * \langle num(k)\rangle\rangle, p) \wedge val(\langle\ulcorner [h] \urcorner, n * \langle num(k), num(p)\rangle\rangle, m)\}$$

が PA で証明できて，

$$\mathbb{N} \models t = m \Rightarrow \mathsf{PA} \vdash val(\llbracket t \rrbracket, \bar{m})$$

となる．以上を示せ．

(b) 量化記号なしの閉論理式の真理定義 Tr_{Π_0} が，Π_1-論理式でも Σ_1-論理式でも書けて，タルスキ真理条件(Tarski's conditions)を PA で証明可能な形で充たす：例えば $\circ$ が論理積をつくる関数(記号) $\ulcorner A \urcorner \circ \ulcorner B \urcorner = \ulcorner A \wedge B \urcorner$ として，

$$\mathsf{PA} \vdash \forall x, y[x \circ y \in \Pi_0 \rightarrow \{\mathrm{Tr}_{\Pi_0}(x \circ y) \leftrightarrow \mathrm{Tr}_{\Pi_0}(x) \wedge \mathrm{Tr}_{\Pi_0}(y)\}]$$

となる．以上を示せ．

(c) $n \geq 1$ について，Π_n-閉論理式に対する部分的真理定義 Tr_{Π_n} が，Π_n-論理式で書けて，$A \in \Pi_n$ について，

$$\mathsf{PA} \vdash A \leftrightarrow \mathrm{Tr}_{\Pi_n}(\ulcorner A \urcorner)$$

かつ

$$\mathsf{PA}\vdash\forall x\in\Pi_n[\mathrm{Pr}(x)\leftrightarrow\mathrm{Pr}(\ulcorner\mathrm{Tr}_{\Pi_n}(\dot{x})\urcorner)] \tag{3.16}$$

で，$\langle 4,n\rangle=\ulcorner v_n\urcorner$ と $subfml(\ulcorner\varphi\urcorner,\ulcorner v\urcorner,\ulcorner t\urcorner)=\ulcorner\varphi[v:=t]\urcorner$ について

$$\mathsf{PA}\vdash\forall x[\langle\langle\ulcorner\forall\urcorner,\langle 4,n\rangle\rangle,x\rangle\in\Pi_n\to\{\mathrm{Tr}_{\Pi_n}(\langle\langle\ulcorner\forall\urcorner,\langle 4,n\rangle\rangle,x\rangle)\leftrightarrow\forall y\,\mathrm{Tr}_{\Pi_n}(subfml(x,\langle 4,n\rangle,num(y)))\}]$$

等々となる．以上を示せ．

(演習 12–19)において Pr は，節 3.3 の(3.5)で定義した Prov から(3.6)でつくった論理式を表すとする．

12. PA に，有限個の閉論理式 φ_i を付け加えた公理系 $\mathrm{T}=\mathsf{PA}\cup\{\varphi_i\}_i$ でも第 1，第 2 不完全性定理 3.6.2，3.7.1 が成立することを確かめよ．

(ヒント) $\mathrm{T}=\mathsf{PA}\cup\{\varphi\}$ の標準的証明可能性述語として

$$\mathrm{Pr}_\varphi(x):\Leftrightarrow\mathrm{Pr}(\mathrm{Imp}(\llbracket\varphi\rrbracket,x)) \tag{3.17}$$

を取れ．

13. PA の無矛盾性を仮定して，1-無矛盾ではないが無矛盾な公理系をつくれ．

14.

$$\mathsf{PA}\vdash\mathrm{Con}(\mathsf{PA})\leftrightarrow\neg\mathrm{Pr}(\llbracket\bot\rrbracket)$$

を示せ．

15. R-証明からつくった無矛盾性

$$\mathrm{Con}^R(\mathsf{PA}):\Leftrightarrow\forall x\in\mathrm{Fml}\neg[\mathrm{Pr}^R(x)\land\mathrm{Pr}^R(\mathrm{Not}(x))]$$

は PA で証明できる($\mathsf{PA}\vdash\mathrm{Con}^R(\mathsf{PA})$)ことを示せ．

16. PA の各論理式 φ について以下を示せ：

$$\mathsf{PA}\vdash\mathrm{Pr}(\ulcorner\mathrm{Prov}(\dot{y},\ulcorner\varphi[v_0:=\dot{x}]\urcorner)\to\varphi[v_0:=\dot{x}]\urcorner).$$

17. $n\geq 0$ とする．

(演習 11)での Π_n-閉論理式の部分的真理定義 $\mathrm{Tr}_{\Pi_n}(x)$ を用いて $\mathrm{RFN}_{\Pi_n}(\mathsf{PA})$ (PA の Π_n-閉論理式に対する**健全性原理** uniform reflection principle for Π_n-closed formulas in PA)を

$$\mathrm{RFN}_{\Pi_n}(\mathsf{PA}):\Leftrightarrow\forall x\in\Pi_n[\mathrm{Pr}(x)\to\mathrm{Tr}_{\Pi_n}(x)]$$

のこととする．

Σ_n 閉論理式に対する健全性原理 $\mathrm{RFN}_{\Sigma_n}(\mathsf{PA})$ も同様に定義される．

例えば $\mathrm{RFN}_{\Sigma_1}(\mathsf{PA})$ は 1-無矛盾性(3.11)を自然に形式化したものである．

(a) $\mathrm{Con}(\mathsf{PA})$, $\mathrm{RFN}_{\Sigma_0}(\mathsf{PA})$, $\mathrm{RFN}_{\Pi_1}(\mathsf{PA})$ は PA 上互いに同値であることを示せ．

(b)

$$\mathsf{PA}\vdash\mathrm{RFN}_{\Sigma_n}(\mathsf{PA})\leftrightarrow\mathrm{RFN}_{\Pi_{n+1}}(\mathsf{PA})$$

を示せ．とくに $\mathrm{RFN}_{\Pi_{n+1}}(\mathsf{PA})$ は PA 上で Π_{n+1}-論理式と同等である．

(c) Π_n-健全性原理 $\mathrm{RFN}_{\Pi_n}(\mathsf{PA})$ は，

$$\{\mathrm{Pr}(\ulcorner\varphi(\dot{x})\urcorner)\to\varphi(x):\varphi\in\Pi_n\}$$

と PA 上で同等であることを示せ．

18. PA の無矛盾性命題を有限回繰り返した命題を $\mathrm{Con}^{(n)}(\mathsf{PA})$ と書く．つまり

$$\mathrm{Con}^{(0)}(\mathsf{PA}) :\equiv (0=0)$$
$$\mathrm{Con}^{(n+1)}(\mathsf{PA}) :\equiv \mathrm{Con}(\mathsf{PA}+\mathrm{Con}^{(n)}(\mathsf{PA}))$$

ここで閉論理式 φ について PA$+\varphi$ は PA に公理として φ を付け加えた公理系で，その標準的証明可能述語 $\mathrm{Pr}_\varphi(x)$ として（演習 12）の（ヒント）で定めた(3. 17)を取る．また無矛盾性命題 $\mathrm{Con}(\mathsf{PA}+\varphi)$ は $\mathrm{Pr}_\varphi(x)$ から(3. 13)により定める．

このとき任意の自然数 n について

$$\mathsf{PA}+\mathrm{Con}^{(n+1)}(\mathsf{PA}) \vdash \mathrm{Con}^{(n)}(\mathsf{PA}) \,\&\, \mathsf{PA}+\mathrm{Con}^{(n)}(\mathsf{PA}) \nvdash \mathrm{Con}^{(n+1)}(\mathsf{PA})$$

かつ

$$\mathsf{PA}+\mathrm{RFN}_{\Sigma_1}(\mathsf{PA}) \vdash \mathrm{Con}^{(n)}(\mathsf{PA})$$

を $\mathsf{PA}+\{\mathrm{Con}^{(n)}(\mathsf{PA})\}_n$ の無矛盾性のもとに示せ．

（ヒント）$\neg\mathrm{Con}^{(n)}(\mathsf{PA})$ が Σ_1-論理式（と同等）だからである．

19. （Kreisel-Levy）

$n \geq 1$ とする．

$\mathrm{Rfn}_{\Pi_n}(\mathsf{PA})$ （PA の Π_n-閉論理式に対する**局所健全性原理** local reflection principle for Π_n-formulas in PA）を

$$\mathrm{Rfn}_{\Pi_n}(\mathsf{PA}) = \{\mathrm{Pr}(\llbracket B \rrbracket) \to B : B \in \Pi_n\}$$

のこととする．

いま Σ_n-閉論理式 C について

$$\mathsf{PA}+C \vdash \mathrm{Rfn}_{\Pi_n}(\mathsf{PA})$$

とする．このとき

$$\mathsf{PA} \vdash \neg C.$$

つまり PA に付け加えて矛盾しないいかなる Σ_n-閉論理式からも $\mathrm{Rfn}_{\Pi_n}(\mathsf{PA})$ は PA 上で証明できない．とくに

$$\mathsf{PA}+\mathrm{RFN}_{\Pi_n}(\mathsf{PA}) \nvdash \mathrm{Rfn}_{\Pi_{n+1}}(\mathsf{PA})$$

かつ

$$\mathsf{PA}+\{\mathrm{Con}^{(m)}(\mathsf{PA})\}_m \nvdash \mathrm{RFN}_{\Sigma_1}(\mathsf{PA})$$

を $\mathsf{PA}+\mathrm{RFN}_{\Pi_n}(\mathsf{PA})$ の無矛盾性のもとに結論せよ．

（ヒント）Π_n-閉論理式 A を

$$\mathsf{PA} \vdash A \leftrightarrow [C \to \neg\mathrm{Pr}(\llbracket C \to A \rrbracket)]$$

として，PA$\vdash A$ を示せ．

20. （Jeroslow）

Σ_1-論理式 $\mathrm{Pr}(x)$ について定理 3. 4. 4（形式化された PA の Σ_1-完全性）と (D1) を仮定する．(D2) は仮定しない．

いま Σ_1-閉論理式 J (Jeroslow sentence)を

$$\mathsf{PA}\vdash J\leftrightarrow \mathrm{Pr}(\llbracket\neg J\rrbracket)$$

となるように取る．PA の無矛盾性を仮定して，以下を示せ：

(a) $\mathsf{PA}\nvdash\neg J$.

(b) $\mathsf{PA}\vdash J\rightarrow \mathrm{Pr}(\llbracket J\rrbracket)\wedge \mathrm{Pr}(\llbracket\neg J\rrbracket)$.

つまり無矛盾性命題を証明可能性述語 Pr から(3.13)で定義したとき，第2不完全性定理 3.7.1 の成立 $\mathsf{PA}\nvdash\forall x\in \mathrm{Fml}\,\neg[\mathrm{Pr}(x)\wedge \mathrm{Pr}(\mathrm{Not}(x))]$ には Pr にとって，形式化された PA の Σ_1-完全性があれば (D2) は不要である．

(演習 21-24)においては，Pr は PA に対する標準的証明可能性述語のひとつであるとする．

21. PA の無矛盾性の仮定のもとで，

$$\mathsf{PA}\nvdash\neg \mathrm{Pr}(\llbracket\bot\rrbracket)$$

を示せ．

22. 定理 **3.8.1** (Löb の定理)

どんな閉論理式 A についても，$\mathsf{PA}\vdash \mathrm{Pr}(\llbracket A\rrbracket)\rightarrow A$ ならば $\mathsf{PA}\vdash A$. □

あるいはこれを形式化した

$$\mathsf{PA}\vdash \mathrm{Pr}(\llbracket \mathrm{Pr}(\llbracket A\rrbracket)\rightarrow A\rrbracket)\rightarrow \mathrm{Pr}(\llbracket A\rrbracket)$$

を証明せよ．

(ヒント) 公理系 $\mathsf{PA}+\neg A$ に第2不完全性定理を適用するとよい．

23. 論理式上の写像 $\varphi\mapsto \mathrm{Pr}(\llbracket\varphi\rrbracket)$ をひとつの演算子とみなして

$$\Box\varphi :\equiv \mathrm{Pr}(\llbracket\varphi\rrbracket)$$

と書く．

G を PA の Gödel 文($\mathsf{PA}\vdash G\leftrightarrow\neg\Box G$)とする．このとき $\mathsf{PA}\vdash G\leftrightarrow\neg\Box\bot$ となり，また $\mathsf{PA}\vdash\neg\Box\bot\leftrightarrow\neg\Box\neg\Box\bot$ であることを示せ．

すなわち PA の Gödel 文は PA 上での同値性を除いて一意的に決まる．これより $\mathsf{PA}\vdash\neg\Box\neg G\leftrightarrow\neg\Box(\Box\bot)$ を結論せよ．

以下この(演習 23)において Pr は，節 3.3 で Prov からつくった論理式を表すとする．すると Gödel 文 G の反証(否定の証明)不可能性 $\neg\Box\neg G$ は $\mathrm{Con}(\mathsf{PA}+\mathrm{Con}(\mathsf{PA}))\leftrightarrow \mathrm{Con}^{(2)}(\mathsf{PA})$ (cf. (演習 18))と同値であることになる．

従って $\mathsf{PA}+\{\mathrm{Con}^{(n)}(\mathsf{PA})\}_n$ の無矛盾性を仮定して，PA 上で，$\neg\Box\neg G$ は無矛盾性 $\neg\Box\bot$ より強く，1-無矛盾性 $\mathrm{RFN}_{\Sigma_1}(\mathsf{PA})$ より弱い：

$$\mathsf{PA}\vdash[\mathrm{RFN}_{\Sigma_1}(\mathsf{PA})\rightarrow\neg\Box\neg G]\ \wedge\ [\neg\Box\neg G\rightarrow\neg\Box\bot]$$

$$\mathsf{PA}\nvdash\neg\Box\neg G\rightarrow \mathrm{RFN}_{\Sigma_1}(\mathsf{PA})\ \&\ \mathsf{PA}\nvdash\neg\Box\bot\rightarrow\neg\Box\neg G$$

24. Löb の定理 3.8.1 の別証明を，論理式 L (Kreisel sentence)を「私が正しいということは，PA で私を仮定すれば A が証明できるということ」に当たる

$$\mathsf{PA} \vdash L \leftrightarrow \Box(L \to A) \tag{3.18}$$

を用いて示す.

(a)

$$\mathsf{PA} \vdash L \to \Box A \tag{3.19}$$

を示せ.

(b)

$$\mathsf{PA} \vdash \Box(\Box A \to A) \to \Box A$$

を示せ.

25. ここでは$\Box$について **(D1)**：$\mathsf{PA} \vdash A$ ならば $\mathsf{PA} \vdash \Box A$ と **(D2)**：$\mathsf{PA} \vdash \Box(A \to B) \to \Box A \to \Box B$ と (Löb)：$\mathsf{PA} \vdash \Box(\Box A \to A) \to \Box A$ を仮定する.

このとき **(D3)**

$$\mathsf{PA} \vdash \Box A \to \Box\Box A$$

を示せ.

（ヒント）$\boxplus A :\Leftrightarrow A \land \Box A$ とおいて，$\mathsf{PA} \vdash \Box A \to \Box(\Box \boxplus A \to \boxplus A)$ を示せ.

II 部　基礎篇

第 4 章　「基礎篇」の準備

ここでは第 5 章以降で必要となる集合に関する準備をする．関係や順序に関する定義は第 1 章 1. 1 節を参照のこと．

4. 1　集合生成規則

ここでは「集合」という概念に関して必要な共通認識を持つことにしよう．

先ず「集合はその元(要素 element)によって決まる」(外延性公理 axiom of extensionality)，つまり元が同じ集合は一致するのだった．

集合に関する条件 $P(x)$ を成り立たせる集合 x 全体の集まり (collection) $\{x : P(x)\}$ は集合になるとは限らない．

命題 4. 1. 1 (Russell の逆理 Russell's paradox)

$\{x : x \notin x\}$ は集合ではない．

［証明］ $\{x : x \notin x\}$ が集合 a であるとする．このときこの集合の定義より

$$a \notin a \Leftrightarrow a \in a$$

なので矛盾である． ∎

しかし通常，数学において用いる用法は，集合 a の部分集合を定義する際の $\{x \in a : P(x)\}$ である．これは集合になる(**分出公理** axiom of separation)．集合の変域を指定しない集まり $\{x : P(x)\}$ は**クラス**(class)と呼び，集合と区別する．もちろん集合 a はクラス $a = \{x : x \in a\}$ であるが，逆は Russell の逆理 4. 1. 1 で見た通り成り立たない．

しばらく集合生成をいくつか見る．

非順序対(unordered pair) $\{x, y\}$ は集合である(**対公理** axiom of pair)．

集合 $x_1, ..., x_n$ について，$\{x_1, ..., x_n\}$ も集合であることを見るには，下で述べる合併公理の特別な場合「集合 x, y について $x \cup y$ も集合」を認めれば，$n \geq 3$ に対しては帰納的に

$$\{x_1, x_2, ..., x_n\} = \{x_1\} \cup \{x_2, ..., x_n\}$$

とすればよい．

x と y の順序のついた組を順序対(ordered pair)といって $\langle x,y\rangle$ と書く．これが充たすべき性質は

$$\langle x,y\rangle=\langle u,v\rangle\Rightarrow x=u\wedge y=v \tag{1.1}$$

であった．

順序対が集合である必要はないが，集合として実現するには

$$\langle x,y\rangle:=\{\{x\},\{x,y\}\} \tag{4.1}$$

と定義する．以下，もっぱら集合のみを対象にして議論しているとき，とくにこの節では(4.1)を定義に採用する．このように集合論では，数学での様々な対象の対応物を集合だけからつくりだす．つぎの命題 4.1.2 は(演習 1)とする．

命題 4.1.2

1.

$$\{x,y\}=\{x,v\}\Rightarrow y=v.$$

2. (4.1)は(1.1)を充たす． □

つぎに合併(union)について述べる．一般に集合 a の合併(union) $\cup a=\{x:\exists b\in a(x\in b)\}$ で定める．つまり a に属する集合のどれかに入っている元をすべて集めた集合が $\cup a$ である(合併公理 axiom of union)．

これと対公理を用いると，ふたつの集合 x,y の合併 $x\cup y$ は

$$x\cup y:=\cup\{x,y\}$$

となるし，添数付けられた集合族 $\{x_i\}_{i\in I}$ の合併 $\bigcup_{i\in I}x_i$ は

$$\bigcup_{i\in I}x_i:=\cup\{x_i:i\in I\}$$

となる．ここで集合族 $\{x_i\}_{i\in I}$ は関数 $I\ni i\mapsto x_i$ とみなしていて，$\{x_i:i\in I\}$ はその値域である．これも集合である．すなわち「集合 a 上の関数 $F:a\ni x\mapsto F(x)$ の値域 $rng(F)=\{F(x):x\in a\}$ は集合である」これを置換公理(axiom of replacement)という．置換公理を集合の間の関係 $R(x,y)$ を用いて書いておく：

$$\forall x,y,z[R(x,y)\wedge R(x,z)\to y=z]\to\forall a\,\exists b[b=\{y:\exists x\in a\,R(x,y)\}].$$

さてここで「関数」という言葉が出てきたが，関数 f を集合の言葉で考えるときにはグラフ $\{\langle x,y\rangle:f(x)=y\}$ と見る．

先ず，(二項)関係((binary) relation) r は，その元が順序対ばかりから成る集合である．関係 r の定義域 $dom(r)$ と値域 $rng(r)$ をそれぞれ

$$dom(r):=\{x\in\cup\cup r:\exists y\in\cup\cup r(\langle x,y\rangle\in r)\}$$

$$rng(r) := \{y \in \cup\cup r : \exists x \in \cup\cup r(\langle x, y\rangle \in r)\}$$

で定める．ここで

$$x \in y \in z \in a \Rightarrow x \in \cup\cup a$$
$$\{\{x\}, \{x, y\}\} = \langle x, y\rangle \in r \Rightarrow x, y \in \cup\cup r$$

に注意せよ．

関数(function) f は関係でしかも $\langle x, y\rangle \in r$ となる y がたかだかひとつしかないものをいう：

$$\begin{aligned} &f \text{ は関係} :\Leftrightarrow \forall u \in f\, \exists x, y \in \cup\cup f(u = \langle x, y\rangle) \\ &f \text{ は関数} :\Leftrightarrow (f \text{ は関係}) \wedge \forall x, y, z[\langle x, y\rangle \in f \wedge \langle x, z\rangle \in f \Rightarrow y = z] \end{aligned} \tag{4.2}$$

$a = dom(f)$, $rng(f) \subset b$ のとき，$f : a \to b$ と書く：

$$f : a \to b :\Leftrightarrow (f \text{ は関係}) \wedge \forall x \in a\, \exists ! y \in b(\langle x, y\rangle \in f)$$

ここで $\exists !$ は「ただひとつ存在して」と読む．

$f : a \to b$ であるとき，$x \in a$ と集合 c について

$$f(x) = y :\Leftrightarrow \langle x, y\rangle \in f$$
$$f[c] := \{y \in b : \exists x \in c(f(x) = y)\} = \{f(x) \in b : x \in c\}$$
$$f \restriction c := \{\langle x, y\rangle \in f : x \in c\}$$

集合論では $f[c]$ は $f"c$ と書くのが普通である．

定義 4.1.3 ふたつの関数 f, g が両立する(compatible)とは，$f \cup g$ が関数になること，すなわち共通の定義域上で値が一致する

$$\forall x \in dom(f) \cap dom(g)[f(x) = g(x)]$$

ことをいう． □

命題 4.1.4 $\mathcal{F}$ を両立する関数から成る集合とすると $\cup\mathcal{F}$ も関数になる． □

$I = \varnothing$ であるときの集合族 $\{x_i\}_{i \in I}$ の共通部分 $\bigcap_{i \in I} x_i = \{u : \forall i \in I(u \in x_i)\}$ は

$$V := \{u : u = u\} = \bigcap_{i \in \varnothing} x_i = \{u : \forall i \in \varnothing(u \in x_i)\}$$

となり，共通部分 $\bigcap_{i \in \varnothing} x_i$ は全集合から成るクラス V となってしまい，これは分出公理と Russell の逆理 4.1.1 により集合ではない．また後に述べる整礎性公理により $V = \{x : x \notin x\}$ である．

ふたつの集合 a, b の直積(cartesian product) $a \times b$

$$a \times b := \{\langle x, y\rangle : x \in a \wedge y \in b\}.$$

(例題 1) 置換公理より分出公理(図式)と直積の存在を導け．

1. 分出公理 $\exists z[z = \{x \in a : P(x)\}]$.

2. 直積の存在 $\exists u[u=a\times b]$.

(解答)

分出公理 $\exists z[z=\{x\in a:P(x)\}]$ には，$R(x,y):\Leftrightarrow P(x)\wedge x=y$ に置換公理を用いればよい．

つぎに a,b を集合とする．集合 c で

$$x\in a\wedge y\in b\Rightarrow\langle x,y\rangle\in c$$

となるものの存在を言えばよい．そのとき分出公理により $a\times b=\{z\in c:\exists x\in a\exists y\in b(z=\langle x,y\rangle)\}$.

各 $x\in a$ について，関数 $b\ni y\mapsto\langle x,y\rangle$ を考えて置換公理より集合 d_x を $d_x=\{\langle x,y\rangle:y\in b\}$ とし，再び置換公理を関数 $a\ni x\mapsto d_x$ に適用して，集合 $e=\{d_x:x\in a\}$ を得る．このとき $\cup e$ が求める集合 c である．

集合 a の**ベキ集合**(power set) $\mathcal{P}(a)=\{x:x\subset a\}$ は集合である(**ベキ集合公理** power set axiom).

すると集合 a から集合 b への関数全体 ${}^{a}b:=\{f:f:a\to b\}$ も集合になる(演習 3).

集合族 $\{x_i\}_{i\in I}$ の**直和**(direct sum) $\sum_{i\in I}x_i$ と**直積**(direct product) $\prod_{i\in I}x_i$ は

$$\sum_{i\in I}x_i:=\{\langle i,u\rangle:i\in I\wedge u\in x_i\}$$

$$\prod_{i\in I}x_i:=\{f:f\text{ は }I\text{ から }\bigcup_{i\in I}x_i\text{ への関数で }\forall i\in I[f(i)\in x_i]\}$$

ともに集合になる(演習 4).

無限集合の存在を仮定しよう(**無限公理** axiom of infinity)．しかし「有限」「無限」を集合の言葉だけで書くのは一工夫要する．なぜなら自然数全体の集合 $\mathbb{N}$ があれば，例えば「a が有限集合である」を「a からある自然数 $n\in\mathbb{N}$ への単射が存在する」とでも定義できるが，集合 $\mathbb{N}$ あるいは「自然数」ということも集合の言葉で言い表そうとしているからである．

つぎが無限公理 axiom of infinity である：

$$\exists z[\varnothing\in z\wedge\forall x\in z(x\cup\{x\}\in z)]$$

これを充たす集合 z が無限集合であることを直観的に見るには，

$$S(x):=x\cup\{x\}$$

とおいて，自然数 $n\geq 0$ について

$$\bar{n}:=S^{(n)}(\varnothing)=\underbrace{S(S(\cdots S(\varnothing)\cdots))}_{n\text{ 回}} \tag{4.3}$$

として，

$$\bar{n} = \bar{m} \Rightarrow n = m$$

を示せばよい(演習5).

集合論においては，自然数 n と集合 $\bar{n}$ を同一視する．とくに $0 := \bar{0} = \varnothing$．よって自然数全体の集合は

$$\mathbb{N} := \omega := \bigcap\{z : 0 \in z \wedge \forall x \in z(S(x) \in z)\} \tag{4.4}$$

となる．これが集合になることは無限公理(と分出公理)が保証する．また ω は後に説明する(最小の)超限順序数である．

補題 4.1.5 $\mathbb{N} = \omega$ に関して数学的帰納法が成り立つ．

［証明］ $A \subset \mathbb{N}$ について，$0 \in A$ かつ $\forall x \in A(S(x) \in A)$ とする．示すべきは $\mathbb{N} \subset A$ だがこれは $\mathbb{N}$ がそのような集合 A の共通部分だから明らかである． ∎

この補題4.1.5より，漸化式により再帰的に自然数上の関数を定めることが可能になる(cf. 補題4.2.11).

定義 4.1.6 集合 a が**有限**(finite)であるのは，ある自然数 $n \in \mathbb{N}$ と一対一に対応づけられるときをいう：

$$a \text{ は有限} :\Leftrightarrow \exists n \in \mathbb{N} \exists f[f : a \to n \wedge (f \text{ は全単射})].$$

ここでの自然数は定義(4.4)による．

有限でない集合を**無限集合**(infinite set)という． □

4.1.1 集合全体のクラス V

ここまでの集合生成の背景にある集合全体のクラス V の捉え方を簡単に説明しながら，集合に関する公理をまとめておく．

先ず対象は集合のみ，つまり何もかも集合である．最も基本的な概念は**集合**，**属する**，**元**そして公理系には陽には現れず，後に説明する順序数として陰に含まれている(集合生成の) **stage** とそれによる前後関係である．すべての集合は空集合 $\varnothing$ から出発して stages に沿って，その stage より前につくられた，つまり既に得られた集合を集めて得られる．従って $a \in b$ ならば集合 a は集合 b よりも前に生成されていないといけない．また stages に終わりは無い，必ずある stage のつぎの stage はあると仮定する．これから対公理，合併公理，分出公理，ベキ集合公理で要請されているクラスが集合であることが正しいように見えるであろう．例えば集合 a の元 b は a の生成以前につくられていたはずなので，a の部分集合 x は a と同時期の stage で生成される．従って部分集合 $x \subset$

a 全部を集めるのは，a の生成の stage のつぎでできる．

他方で $\in$ に関する無限下降列 $a_0 \ni a_1 \ni a_2 \ni \cdots$ は存在しないことになる．言い換えると，空でない集合 a には $\in$ に関する極小元があることになる(**整礎性公理** axiom of foundation，**正則性公理** axiom of regularity)：

$$a \neq \varnothing \to \exists x \in a(x \cap a = \varnothing).$$

置換公理は，stages が十分に長くあるということを主張する．集合 a と関数 F について，各 $x \in a$ ごとに集合 $F(x)$ が生成された stage を S_x とする．それらの stages $S_x\,(x \in a)$ 全部より後なる stage S をつくる(ことが想定できる)．そこでその stage S で $F(x)\,(x \in a)$ を全部集めて集合をつくれば，それが値域 $\{F(x) : x \in a\}$ になる．

(例題 1)で見た通り，分出公理は置換公理から導けた．

次に**選択公理**(AC，axiom of choice)を導入する．集合 a の空でない元 x からひとつ元 $f(x) \in x$ を取り出す関数 f を a の**選択関数**(choice function)という．選択公理は，任意の集合に対してその選択関数の存在を主張する．この公理は，上の stages による集合全体のクラス V の生成から説明できないが，それから様々な有用なもの(極大イデアルの存在，Hahn-Banach の定理, etc.)も逆理に見えるもの(Banach-Tarski's paradox)も導かれる．

選択公理を用いているこの章の箇所では，その旨を断るために，(AC)と書いておくが，通常，選択公理は正しい公理と認められているので，この本全体で，特別に断らない限り選択公理も仮定する．

簡単なところでは，同値関係による同値類から代表元を選んで代表系をつくる，あるいは空でない集合 x_i たちの直積が空でない $\prod_{i \in I} x_i \neq \varnothing$ などが選択公理から分かる．より有用なのが，後で示す Zorn の補題 1. 1. 9 と整列化可能定理 4. 3. 10 である．

ここまでの公理をまとめておく．$P(x), R(x, y)$ は集合 x, y に関する性質・条件である．また「f は関数」は(4. 2)の略記である：

外延性 **Extensionality**　$\forall x, y[\forall z(z \in x \leftrightarrow z \in y) \to x = y]$.

整礎性 **Foundation**　$\exists x P(x) \to \exists y[P(y) \wedge \forall z \in y \neg P(z)]$.

空 **Empty**　$\exists z \forall x[x \notin z]$.

対 **Pairing**　$\forall x, y \exists z[z = \{x, y\}]$.

合併 **Union**　$\forall x \exists u[u = \cup x = \{z : \exists y \in x(z \in y)\}]$.

置換 Replacement

$$\forall x, y, z[R(x,y) \land R(x,z) \to y = z] \to \forall a \exists b[b = \{y : \exists x \in a\, R(x,y)\}].$$

無限 Infinity　$\exists x[\varnothing \in x \land \forall y \in x(y \cup \{y\} \in x)]$.

ベキ Power set　$\forall x \exists z[z = \mathcal{P}(x) = \{y : y \subset x\}]$.

選択公理 AC　$\forall a \exists f(f$ は関数で $\forall x \in a[x \neq \varnothing \to f(x) \in x])$.

集合に関する公理系 ZF（Zermelo-Fraenkel の集合論 Zermelo-Fraenkel set theory）は，言語としてふたつの二項関係記号 $\{=, \in\}$ を持ち，その公理は上で述べた整礎性公理と置換公理以外の公理（外延性，空，対，合併，無限，ベキ）に，整礎性公理での集合に関する条件 $P(x)$ をこの言語での論理式 $\varphi(x)$ に制限して，また置換公理での集合の関係 $R(x,y)$ を論理式 $\varphi(x,y)$ に制限した公理図式を加えて得られる．公理系 ZFC は ZF に選択公理を付け加えて得られる．

4.2　順序，整礎関係，超限帰納法

ここでは様々な関係とくに順序を考える．とくに重要なのは整礎（well-founded）関係，すなわち無限下降列を持たない関係に関して成立する超限帰納法である．

初めに集合 A 上の二項関係 $R(x,y)$ $(x, y \in A)$ を考える．

定義 4.2.1

1. R が無限下降列を持たないとき，つまり条件 $\neg \exists \{a_n\}_{n \in \mathbb{N}} \forall n \in \mathbb{N}[a_n \in A \land R(a_{n+1}, a_n)]$ が成り立つとき，R は（A 上）整礎的（well-founded）であるという．
2. A 上の全順序 R について，関係
$$R_{\neq}(x,y) :\Leftrightarrow R(x,y) \land x \neq y$$
が整礎的であるとき，R を（A 上の）整列順序（well-order）という．
3. 部分集合 $X \subset A$ が
$$\forall x \in X \forall a \in A[R(a,x) \Rightarrow a \in X]$$
となっているとき，X は（R に関して）始切片（initial segment）であると言われる．
4. A 上のふたつの関係 R, S について $R \circ S$ はそれらの合成（composition）
$$R \circ S := \{\langle a, b \rangle \in A^2 : \exists c \in A[S(a,c) \land R(c,b)]$$
を表す．R, S がともに関数であるとき，$R \circ S$ は合成関数になっている．
5. 半順序集合 $\langle A, \leq \rangle$ の有限全順序部分集合を大小の順に並べて $\{a_n > a_{n-1} >$

$\cdots > a_1 > a_0\}$ と書くことがある．

あるいは(同じ元が複数回現れ得る)列のときには $\{a_n \geq a_{n-1} \geq \cdots \geq a_1 \geq a_0\}$ と書く．　□

定義 4. 2. 2　線形順序 $\langle X; < \rangle$ を考える．

1. $\langle X; < \rangle$ の区間(interval)とは，開区間 (a,b) $(a,b \in X \cup \{\pm\infty\})$，閉区間 $[a,b]$ $(a,b \in X)$，半開区間 $[a,b)$ $(a \in X,\ b \in X \cup \{\infty\})$, $(a,b]$ $(a \in X \cup \{-\infty\},\ b \in X)$ のいずれかである．ここで例えば，$[a,\infty) := \{x \in X : a \leq x\}$．
2. 開区間を基底(base)とする X 上の位相を順序位相(order topology)という．部分集合 $Y \subset X$ が X で稠密(dense in X)とは，順序位相に関して Y が X で稠密であることをいう．言い換えると，$\forall x_0, x_1 \in X\, \exists y \in Y [x_0 < x_1 \to x_0 < y < x_1]$ となることである．
3. $\langle X; < \rangle$ に端点(endpoint)がないとは，$\forall x \in X\, \exists y, z \in X (y < x < z)$ となることをいう．線形順序 $\langle X; < \rangle$ が稠密な線形順序(dense linear order)とは，X はふたつ以上は元を持ち，$\forall y, z \in X\, \exists x \in X [y < z \to y < x < z]$ となることである．
4. 端点のない稠密な線形順序 $\langle X; < \rangle$ が順序完備(order complete)とは，上に有界な空でない部分集合が上限を有するときにいう．このとき X において，下に有界な空でない部分集合が下限を有する．　□

つぎの命題 4. 2. 3 は Dedekind の切断(cut)を用いて，よく知られている．

命題 4. 2. 3　端点のない稠密な線形順序 $\langle X; < \rangle$ が稠密に埋め込める順序完備な $\langle X_1; <_1 \rangle$ が同型を除いて一意に定まる．このような $\langle X_1; <_1 \rangle$ を $\langle X; < \rangle$ の順序完備化(order completion)という．

すなわち，ある $e_1 : X \to X_1$ について，$x < y \leftrightarrow e_1(x) <_1 e_1(y)$ となり，$\{e_1(x) : x \in X\}$ は X_1 で稠密でかつ X_1 は順序完備．そしてこれを充たす順序 $\langle X_2; <_2 \rangle$ と埋込 $e_2 : X \to X_2$ に対し，同型写像 $h : X_1 \to X_2$ で $\forall x \in X [h(e_1(x)) = e_2(x)]$ となるものが存在する．　□

補題 4. 2. 4　集合 A 上の関係 R を含む最小の推移的関係が存在する．これを R の推移的閉包(transitive closure)といって R^* で表す．

［証明］　推移的関係の共通部分はまた推移的であり，また A^2 つまりどんな $a, b \in A$ も関係しているという関係は推移的であることに注意して

$$R^* = \bigcap \{S \subset A^2 : R \subset S \text{ は推移的}\}$$

とすればよい．

あるいは再帰的に関係 $R^{(n)}$ を

$$R^{(1)} = R$$
$$R^{(n+1)} = R^{(n)} \circ R$$

とすれば，$R^* = \bigcup\{R^{(n)} : 1 \leq n \in \mathbb{N}\}$ となる． ▮

前者の証明はベキ集合の公理を用いている．後者の証明は後の定理 4.2.9 で述べる超限帰納法による関数の定義の特別な場合であるが，定理 4.2.9 の証明で推移的閉包の存在を仮定しているので，直接，R^* を定義しておく．

$$\begin{aligned} R^* = \{\langle a,b\rangle \in A^2 : \exists f[f : dom(f) \to A \land dom(f) \in \omega \land \\ \forall n, n+1 \in dom(f)\{\langle f(n+1), f(n)\rangle \in R\} \land \\ \exists n \in dom(f) \setminus \{0\}\{f(n) = a \land f(0) = b\}]\} \\ = \{\langle a,b\rangle \in A^2 : \forall S \subset A^2[R \subset S \text{ は推移的} \land \langle a,b\rangle \in S]\} \end{aligned} \tag{4.5}$$

整礎関係に関する基礎的な事実をふたつ証明する．

定理 4.2.5 (AC)

集合 A 上の関係 $<$ についてつぎの三条件は互いに同値である：

(1)　$<$ は整礎的である：無限下降列 $a_0 > a_1 > \cdots$ $(a_n \in A)$ は存在しない．

(2)　空でない任意の部分集合は $<$ に関する極小元を持つ：

$$\forall X \subset A[X \neq \varnothing \to \exists a \in X \forall b \in X(b \not< a)].$$

(3)　超限帰納法(transfinite induction)が成立する：

$$\forall X \subset A[\forall a \in A\{\forall b < a(b \in X) \to a \in X\} \to X = A].$$

［証明］ (2)と(3)は互いに対偶である．

(2)の否定から(1)の否定，つまり無限下降列の存在を導こう．$\varnothing \neq X \subset A$ について $\forall a \in X \exists b \in X(b < a)$ とする．つまり $a \in X$ について $X_a = \{b \in X : b < a\} \neq \varnothing$ となる．選択関数 $f : X \ni a \mapsto f(a) \in X_a$ を取る．X 上の列 $\{a_n\}$ を，初めに $a_0 \in X$ と任意に取って，$a_{n+1} = f(a_n)$ と再帰的に定めればこれが求める無限下降列になる．

つぎに(3)を仮定して(1)を導く．いま

$$X = \{a \in A : \forall f \in {}^{\mathbb{N}}A \exists n \in \mathbb{N}[f(0) = a \to f(n+1) \not< f(n)]\}$$

とおく．$X = A$ が示せればよいが，そのためには(3)より $\forall b < a\,(b \in X)$ を仮定して $a \in X$ を導けばよいが，これは明らかである． ▮

定義 4.2.6　集合 A 上の関係 $<$ について

$$A_{<a} := \{b \in A : b < a\}$$

とおく． □

つぎの補題 4. 2. 7 の証明は(演習 6)とする.

補題 4. 2. 7 集合 A 上の全順序 $\leq$ についてつぎが成り立つ：$X \subsetneq A$ が始切片で $a \in A$ が $A \setminus X$ の最小元なら $X = A_{<a}$ となる.

従って $\leq$ が整列順序なら任意の真の始切片は $A_{<a}$ の形に限る.　□

定義 4. 2. 8 集合 x, y の間の関係 $R(x, y)$ が「関数」のグラフになっている $(\forall x \exists ! y\, R(x, y))$ とき $F(x) = y :\Leftrightarrow R(x, y)$ による対応を**クラス関数**と呼ぶことにして $F : V \to V$ (V は集合全体のクラス)と書く. 多変数クラス関数 $F : V^n \to V$ も同様である.　□

クラス関数は集合としての関数ではないが, 置換公理により定義域を集合に制限すれば関数になる.

定理 4. 2. 9 (超限帰納法による関数の定義 definition by transfinite recursion)
A, B, C をそれぞれクラスとし, $<$ を A 上の整礎関係で, その推移的閉包 $<^*$ に関して, どんな $a \in A$ についても $A_{<^*a}$ が集合であるとする.

いま

$$S := \{f : \exists X \subset A[f : X \to B]\}.$$

とおいて, クラス関数 $G : C \times A \times S \to B$ が与えられているとする.

このとき, 関数 $F : C \times A \to B$ で

$$F(c, a) = G(c, a, F_c \restriction A_{<^*a}) \tag{4. 6}$$

となるものが一意的に定まる. ただしここで

$$F_c \restriction A_{<^*a} = \{\langle x, b\rangle : \langle c, x, b\rangle \in F, x <^* a\}.$$

［証明］ 整礎関係の推移的閉包も整礎的であるからはじめから $<$ は推移的 $<^* = <$ であるとしてよい.

はじめに F の存在を見る.

$$P(c, a, y, f) :\Leftrightarrow c \in C \wedge a \in A \wedge (f : A_{<a} \to B)$$
$$\wedge (f \text{ は}(4.\,6)\text{を充たす}) \wedge y = G(c, a, f)$$

とおく. ここで $f : A_{<a} \to B$ が(4. 6)を充たす, とは

$$\forall b < a[f(b) = G(c, b, f \restriction A_{<b})]$$

ということである.

P の定義と $<$ の推移性からすぐ分かるのは

$$P(c, a, y, f) \Rightarrow y = G(c, a, f) \tag{4. 7}$$

$$P(c, a, y, f) \wedge b < a \Rightarrow P(c, b, f(b), f \restriction A_{<b}) \tag{4. 8}$$

以下

$$\forall c \in C \, \forall a \in A \, \exists ! y \, \exists f \, P(c,a,y,f) \tag{4.9}$$

を示す．すると $P(c,a,y,f)$ から $y=G(c,a,f)$ という条件を除いた $P'(c,a,y,f)$ に関して

$$F(c,a)=y :\Leftrightarrow \exists f \, P(c,a,y,f) \Leftrightarrow \forall f[P'(c,a,y,f) \rightarrow y=G(c,a,f)] \tag{4.10}$$

が求めるものになっている：$F:C \times A \rightarrow B$ は明らか．F が(4.6)を充たすことを見るには，先ず $P(c,a,G(c,a,f),f)$ なる $f:A_{<a} \rightarrow B$ に関して $F(c,a)=G(c,a,f)$ であるから

$$f = F_c \restriction A_{<a}$$

を示せばよい．$b<a$ について(4.8)より $P(c,b,f(b),f \restriction A_{<b})$ であるから，$F(c,b)=f(b)$ となる．

さて(4.9)を示すには以下を示せばよい：

$$P(c,a,y,f) \wedge P(c,a,y',f') \Rightarrow y=y' \wedge f=f' \tag{4.11}$$

$$\exists y \, \exists f \, P(c,a,y,f) \tag{4.12}$$

これらを順に $a \in A$ に関する超限帰納法で示す．

はじめに(4.11)を示す．$P(c,a,y,f)$ と $P(c,a,y',f')$ を仮定する．$y=G(c,a,f)$，$y'=G(c,a,f')$ であるから $f=f'$ を見ればよい．これらはともに $A_{<a}$ を定義域とする関数であるから $b<a$ について $f(b)=f'(b)$ を示す．(4.8)より $P(c,b,f(b),f \restriction A_{<b})$ かつ $P(c,b,f'(b),f' \restriction A_{<b})$ であるから，帰納法の仮定より $f(b)=f'(b)$ となる．

つぎに(4.12)を示す．まず帰納法の仮定と(4.11)より $\forall b<a \, \exists ! y \, \exists ! f \, P(c,b,y,f)$．そこで $g:A_{<a} \rightarrow B$ を

$$g(b) = y \Leftrightarrow \exists ! f \, P(c,b,y,f)$$

で定める．

$b<a$ について $P(c,b,G(c,b,f),f)$ となる f が一意的に存在するのであった．いまこの f と $b_1<b$ について(4.8)より $P(c,b_1,f(b_1),f \restriction A_{<b_1})$ であるから g の定義より $g(b_1)=f(b_1)$．よって $g \restriction A_{<b}=f$ となり，$\forall b<a[g(b)=G(c,b,g \restriction A_{<b})]$．これより $P(c,a,G(c,a,g),g)$ となって(4.12)が示された．

最後に F の一意性は(4.11)の証明を繰り返せば分かる． ∎

系 4.2.10 (超限帰納法による関数の定義 definition by transfinite recursion) $A,B,C,S,<,G$ は定理4.2.9と同様とする．

このとき関数 $F:C \times A \rightarrow B$ で

$$F(c,a) = G(c,a,F_c \restriction A_{<a}) \tag{4.13}$$

となるものが一意的に定まる．

［証明］ 与えられた G に対して，G^* を

$$G^*(c,a,f)=G(c,a,\{\langle x,y\rangle\in f:x<a\})$$

と取って，定理 4.2.9 による． ■

定理 4.2.9 による関数の定義は次節以降たくさんでてくるので，ここでは例をみっつだけ述べる．

Peano 構造(Peano structure)は，三つ組 $\langle M;0^M,suc^M\rangle$ でつぎを充たすものをいう：

1. $suc^M:M\to M$ は，M から $M\setminus\{0^M\}$ への全単射：

$$\begin{aligned}&\forall x,y\in M[suc^M(x)=suc^M(y)\to x=y]\\ \wedge&\forall x\in M[suc^M(x)\neq 0^M]\\ \wedge&\forall x\in M\,\exists y\in M[x\neq 0^M\to x=suc^M(y)].\end{aligned}$$

2. 0^M を含み suc^M について閉じている部分集合 $X\subset M$ は M と等しい：

$$0^M\in X\wedge\forall x\in X[suc^M(x)\in X]\to\forall x\in M[x\in X]. \tag{1.58}$$

補題 4.2.11 $\langle M;0^M,suc^M\rangle$ を Peano 構造とし，N を集合で $a_0\in N$, $g:N\to N$ とする．

このとき

$$f(0^M)=a_0$$
$$f(suc^M(x))=g(f(x))$$

によって関数 $f:M\to N$ が一意的に定まる．

［証明］ M 上の整礎関係 $\{\langle x,y\rangle\in M^2:y=suc^M(x)\}$ を考えればよい． ■

定義 4.2.12 $\forall x\in a\,\forall y\in x(y\in a)$ となっている集合 a は推移的集合(transitive set)と呼ばれ，$tran(a)$ と書く． □

定義 4.2.13 集合 a の推移的閉包(transitive closure)$trcl(a)$ を

$$trcl(a):=\{b:b\in^* a\}=a\cup\bigcup\{trcl(b):b\in a\}.$$

ここで $\in^*$ は関係 $\in$ の推移的閉包を表す． □

$trcl(a)$ はやはり集合であり，a を含む最小の推移的集合である．$trcl(a)$ の存在を示すには，定理 4.2.9 での関係を自然数上の関係 $<$ に取り，

$$f(0)=a$$
$$f(n+1)=\cup f(n)$$
$$trcl(a)=\bigcup_{n\in\omega}f(n)=\cup rng(f)$$

とすればよい．ここで「無限集合」ω は集合として存在する必要がなくクラスでよいことに注意せよ．

$$\begin{aligned} b = trcl(a) :\Leftrightarrow\, & a \subset b \land tran(b) \\ & \land \forall z \in b \exists f[(f \text{ は関数}) \land 0 \neq dom(f) \in \omega \land f(0) \in a \qquad (4.14) \\ & \land \forall n\{n+1 \in dom(f) \to f(n+1) \in f(n)\} \land z \in rng(f)] \end{aligned}$$

またこの定義で，推移的閉包 $trcl(x)$ の存在とその推移性 $tran(trcl(x))$ （$z \in y \in trcl(x) \to z \in trcl(x)$）を示すには，整礎性公理は必要ないことに注意する．整礎性公理はその最小性

$$a \subset b \land tran(b) \to trcl(a) \subset b$$

に必要である．

（例題 2）　集合に関する整礎性公理

$$\forall a[a \neq \varnothing \to \exists x \in a(a \cap x = \varnothing)]$$

から整礎性公理

$$\exists x P(x) \to \exists y[P(y) \land \forall z \in y \neg P(z)]$$

を導け．

（解答）

集合に関する空でない条件 P を考え $P(x)$ となる x をひとつ取る．分出公理により集合 $a = \{y \in trcl(x \cup \{x\}) : P(y)\}$ を考えれば $a \neq \varnothing$ であるから，整礎性公理より $y \in a$ を $a \cap y = \varnothing$ となるように取る．するとこの y は $P(y) \land \forall z \in y \neg P(z)$ を充たしている．

定義 4.2.14　$<$ を集合 A 上の整礎関係とする．超限帰納法により関数 $clps(x)$ $(x \in A)$ を

$$clps(x) = \{clps(y) : A \ni y < x\}$$

で定める．

関数 $clps$ を（$\langle A, < \rangle$ 上，もしくは単に A 上の）**Mostowski つぶし関数**（Mostowski collapsing function）と呼び，その値 $clps(x)$ を x の **Mostowski つぶし**（Mostowski collapse）という．　□

補題 4.2.15

1. Mostowski つぶし関数は存在して一意的に定まる．
2. $\{clps(x) : x \in A\}$ は推移的集合である．また，関係 $<$ が推移的なら，$clps(x)$ も推移的集合になる．

［証明］　系 4.2.10 におけるクラス関数 $G(x, f) = rng(f)$ とすれば，補題 4.2.15.

1 が分かる. ∎

定理 4.2.16 (つぶし補題 Collapsing lemma)

集合 A 上の整礎関係 $<$ が

$$\forall a, b \in A[\forall c \in A(c < a \leftrightarrow c < b) \to a = b] \tag{4.15}$$

を充たすとする.

このとき Mostowski つぶし関数 $clps : A \to \{clps(x) : x \in A\}$ は同型写像になる, つまり全単射かつ

$$x < y \Leftrightarrow clps(x) \in clps(y).$$

[証明]

$$P(x, y) :\Leftrightarrow (clps(x) = clps(y) \to x = y) \wedge (clps(x) \in clps(y) \to x < y)$$
$$\wedge (clps(y) \in clps(x) \to y < x)$$

とおいて, $\forall x, y \in A\, P(x, y)$ を示せばよい. これを $x, y \in A$ に関する二重帰納法で示す.

すなわち $x \in A$ に関する帰納法で $\forall y \in A\, P(x, y)$ を示す. 帰納法の仮定(MIH, Main Induction Hypothesis)は

$$\forall x_1 < x\, \forall y \in A\, P(x_1, y) \tag{4.16}$$

この仮定 MIH を使って, 固定された x について $\forall y \in A\, P(x, y)$ を $y \in A$ に関する帰納法で示すので, そこでの帰納法の仮定(SIH, Subsidiary Induction Hypothesis)は

$$\forall y_1 < y\, P(x, y_1) \tag{4.17}$$

となる.

はじめに $clps(x) = clps(y)$ と仮定して, $x = y$ を示す. (4.15)より $z < x \leftrightarrow z < y$ を示せばよい. $z < x$ なら $clps(z) \in clps(x) = clps(y)$ であるから, $clps(z) = clps(u)$ となる $u < y$ を取ると, MIH (4.16)より $z = u < y$ となる. 同様に $z < y \to z < x$ も分かる.

つぎに $clps(x) \in clps(y)$ とすると, $clps(x) = clps(u)$ となる $u < y$ が存在し, SIH (4.17)より $x = u < y$ となる.

最後に $clps(y) \in clps(x) \to y < x$ は MIH (4.16)より分かる. ∎

4.3 整列順序と順序数

ここでは整列集合とその代表たる順序数について基本的な事項をまとめる.

4.3.1　整 列 順 序

x を整列集合 $\langle A, < \rangle$ の最大元以外の元として，x のつぎの元(後続者 successor)が存在する．これを $x+1$ と書くことにする：

$$x+1 := \min\{y \in A : x < y\}.$$

このとき明らかに

$$x = \sup\{y+1 : y < x\} \tag{4.18}$$

また

$$x < y \Leftrightarrow x+1 \le y.$$

補題 4.3.1　整列集合 $\langle A, < \rangle$ 上の増加関数 f $(x < y \to f(x) < f(y))$ は，$\forall x \in A[x \le f(x)]$ となっている．

［証明］ $x \in A$ に関する超限帰納法による．$\forall y < x[y \le f(y)]$ と仮定すると，$\forall y < x[y+1 \le f(x)]$ となるから(4.18)より $x \le f(x)$ である． ∎

系 4.3.2

1. 整列集合はその真の始切片と同型にならない．
2. 整列集合の自己同型写像は恒等写像に限る．
3. 同型な整列集合間の同型写像はひとつしかない．

［証明］ 系 4.3.2.1 は，補題 4.2.7 と補題 4.3.1 による．

残りは容易に分かるので(演習 11)とする． ∎

定理 4.3.3 (整列集合の比較可能性)

ふたつの整列集合は，同型であるか，または一方が他方の真の始切片と同型になる．しかもこのみっつの場合のひとつのみが成立する(排他的)．さらにいずれの場合も同型写像はひとつしかない．

［証明］ 系 4.3.2.1 により，ふたつ以上の場合が両立することはない．また，系 4.3.2.3 より同型写像は一意的に定まる．よって，みっつのいずれかが成立することだけ示せばよい．

整列集合 $\langle A_i, <_i \rangle$ $(i=0,1)$ について

$$f = \{\langle x, y \rangle \in A_0 \times A_1 : (A_0)_{<_0 x} \text{ と } (A_1)_{<_1 y} \text{ は同型}\}$$

とおく．

先ず，系 4.3.2.1 により f は関数でしかも単射である．つぎに f は増加関数である．なぜなら $x < x_1$ とし，$(A_0)_{<_0 x_1}$ から $(A_1)_{<_1 y_1}$ $(y_1 = f(x_1))$ への同型写像 g を取ると，$g \restriction (A_0)_{<_0 x}$ は $(A_0)_{<_0 x}$ から $(A_1)_{<_1 g(x)}$ への同型対応となるので，

$f(x)=g(x)<f(x_1)$.

よって f は $dom(f)$ から $rng(f)$ への同型写像になるが，これらは明らかに始切片である．いまもしこれらがともに全体と一致していないとして，補題4.2.7より $dom(f)=(A_0)_{<_0 a}, rng(f)=(A_1)_{<_1 b}$ となるように a,b が取れることになるが，これは $\langle a,b\rangle \in f$ を意味し矛盾である． ∎

4.3.2 順 序 数

順序数(ordinal number, ordinal)は整列集合の型のことだが，集合に関する標準的な整礎関係(整礎性公理)として $\in$ を考え，これが全順序付ける集合 a を考えれば，整列集合 $\langle a, \in\restriction a\rangle$ $(\in\restriction a=\{\langle x,y\rangle \in a\times a : x\in y\})$ が得られるが，これにすきまがあると Mostowski 関数でつぶせてしまう(例えば $\{3,4,5\}\cong\{0,1,2\}$)のでつぶしても変わらない推移的集合のみを考えて順序数が得られる．

定義 4.3.4 推移的で $\in$ によって全順序付けられる集合 a $(\cup a\subset a$ かつ $\forall x,y\in a\,(x\in y\vee x=y\vee y\in x))$ を**順序数**(ordinal number, (von Neumann) ordinal)という．

順序数全体のクラスを ORD で表す：

$$ORD := \{\alpha : \alpha \text{ は順序数}\}.$$

以下，順序数 α,β について

$$\alpha<\beta :\Leftrightarrow \alpha\in\beta.$$

つまり

$$\alpha=\{\beta\in ORD : \beta<\alpha\}.$$

順序数 α に関する超限帰納法と言ったら，自動的にその上の整列順序 $\in$ に関する帰納法を意味する．また，考えている集合がはっきりしているときには，$\in\restriction a$ を単に $\in$ と書く． □

ORD は推移的で $\in$ について全順序になっているが，それ自身が集合，つまり $ORD\in ORD$ と仮定すると矛盾する(Burali-Forti paradox)ので集合ではない．

順序数の例として，(4.3)による自然数 $0=\varnothing$, $1=\{0\}$, $2=\{0,1\}$, ..., $n=\{0,1,...,n-1\}$ がある．以下，順序数を α,β,γ などで表す．

補題 4.3.5

1. 順序数の元もまた順序数となる．
2. ふたつの順序数が同型ならそれらは等しい．

［証明］ 補題 4.3.5.1 は(演習 12)とする．

補題 4.3.5.2 には，順序数 α に関する超限帰納法によって

$$\forall\beta \in ORD[\langle\alpha,\in\rangle \cong \langle\beta,\in\rangle \Rightarrow \alpha=\beta]$$

を示す．ここで $\mathcal{M}\cong\mathcal{N}$ は，モデル $\mathcal{M},\mathcal{N}$ が同型という意味である．

同型写像を $\gamma\in\alpha$ に制限することで，帰納法の仮定より $\forall\gamma\in\alpha\,(\gamma\in\beta)$ すなわち $\alpha\subset\beta$ が分かり，逆も同様なので $\beta\subset\alpha$ つまり $\alpha=\beta$ となる． ■

定理 4.3.3 と補題 4.3.5.2 よりつぎの補題 4.3.6 が分かる．

補題 4.3.6

1. $<$ は ORD 上，全順序である．
2. 順序数だけから成る推移的集合は順序数である．
3. 順序数だけから成る集合 a について，$\cup a$ は順序数でしかも $\cup a=\sup\{\alpha\in a:\alpha\in ORD\}$. □

定義 4.3.7

1. 順序数 α について $\alpha+1:=\alpha\cup\{\alpha\}$ を α の**後続者**(successor)とよぶ．$\alpha+1$ は順序数でしかも $\alpha<\alpha+1\wedge\forall\beta\,(\beta<\alpha+1\leftrightarrow\beta\leq\alpha)$ である．
2. 順序数 α が**後続順序数**(successor ordinal)であるとは，$\exists\beta<\alpha\,(\alpha=\beta+1)$ なることをいう．
3. 順序数 α が**極限順序数**(limit ordinal)であるとは，$\alpha\neq 0$ で α が successor ordinal でないこと，つまり $\forall\beta<\alpha\,(\beta+1<\alpha)$ であることをいう．
4. 順序数 α が**自然数**(natural number)であるとは，$\forall\beta\leq\alpha$ ($\beta=0\vee$ (β は後続順序数)) であることをいう． □

自然数以外の順序数を**超限順序数**(transfinite ordinal)という．$\omega=\mathbb{N}$ が最小の超限順序数でかつ最小の極限順序数である．

定理 4.3.8　整列集合 $\langle A,<_A\rangle$ と同型 $\langle A,<_A\rangle\cong\langle\alpha,\in\rangle$ になる順序数 α がただ一つある．

この順序数 α を整列集合 $\langle A,<_A\rangle$ の**順序型**(order type)と呼んで $otyp(\langle A,<_A\rangle)=\alpha$ と書く．

［証明］ 一意性は補題 4.3.5.2 より分かる．

存在には，集合 $B=\{a\in A:\exists!\alpha\in ORD[\langle A_{<_A a},<_A\rangle\cong\langle\alpha,\in\rangle]\}$ に置換公理(と分出公理)より，集合 $C\subset ORD$ を

$$\forall a\in B\,\exists\alpha\in C[\langle A_{<_A a},<_A\rangle\cong\langle\alpha,\in\rangle]\wedge\forall\alpha\in C\,\exists a\in B[\langle A_{<_A a},<_A\rangle\cong\langle\alpha,\in\rangle]$$

と取る．C は推移的だから，それ自身で順序数となる．また，$\langle B,<_A\rangle\cong\langle C,\in\rangle$ であり，$B=A_{<_A a}$ はあり得ないので，C が求めるものである． ■

選択公理の帰結(実際には同値になる)をふたつ見る．先ず，Zorn の補題 1. 1. 9「空でない帰納的順序集合が極大元を有する」を選択公理(AC)を用いて，少々強い形で証明しておく．「整列部分集合が上界を持つ」は「鎖(全順序部分集合)が上限を有する」より弱い仮定なので，命題 4. 3. 9 は補題 1. 1. 9 より強い．

命題 4. 3. 9 (AC)

$\langle A, <_A \rangle$ を空でない半順序集合でその任意の整列部分集合が上界を持つとする．このとき $\langle A, <_A \rangle$ は極大元を有する．

［証明］ $\mathcal{U}$ を，A の整列部分 X で上界がその外にある$(\exists a \in A \forall x \in X[x <_A a])$ような集合 X 全体から成るとする．選択関数 $\mathcal{U} \ni X \mapsto f(X) \in A$ を $\forall x \in X[x <_A f(X)]$ と取っておく．

列 $\{c_\alpha\} \subset A$ で $\alpha < \beta \Rightarrow c_\alpha <_A c_\beta$ となるように，順序数 α に関する帰納法で定義する．$\{c_\beta\}_{\beta<\alpha}$ が定義されたとする．

整列部分 $\{c_\beta : \beta < \alpha\}$ が $\mathcal{U}$ に属するなら，$c_\alpha := f(\{c_\beta : \beta < \alpha\})$ と決める．$\{c_\beta : \beta < \alpha\} \notin \mathcal{U}$ なら c_α は定義されない．

すると置換公理により，ある $\alpha \in ORD$ について c_α は定義されていないので，α_0 をそのような最小の順序数とする．

このとき整列部分 $\{c_\beta : \beta < \alpha_0\}$ は A で上界 d を有するが，この d が求める極大元のひとつである． ∎

Zorn の補題 1. 1. 9 からすぐに整列化可能定理 4. 3. 10 が出てくる．

補題 4. 3. 10 (AC) (Zermelo の整列化可能定理)

任意の集合 A は整列化可能である．すなわち A 上の整列順序 $<$ が存在する．

［証明］ A の部分集合 X とその上の整列順序 $<_X$ の組全体 $\mathcal{W}$ に半順序

$$\langle X, <_X \rangle \preceq \langle Y, <_Y \rangle :\Leftrightarrow \langle X, <_X \rangle \text{ は } \langle Y, <_Y \rangle \text{ の始切片}$$

を入れて考えると，$\langle \mathcal{W}, \preceq \rangle$ は空でない帰納的順序集合である．帰納的であることを確かめる．鎖 $\{\langle X_i, <_i \rangle : i \in I\}$ について $\bigcup_{i \in I} X_i$ 上に順序 $x < y :\Leftrightarrow \exists i \in I[x <_i y]$ を入れればこの順序は $\bigcup_{i \in I} X_i$ 上の整列順序で，各 $\langle X_i, <_i \rangle$ はその始切片となる．つまり鎖 $\{\langle X_i, <_i \rangle : i \in I\}$ の上界ということだが，明らかに上限でもある．

Zorn の補題 1. 1. 9 より，$\langle \mathcal{W}, \preceq \rangle$ の極大元 $\langle X, <_X \rangle$ を取る．このとき $X = A$ となっていて，$<_X$ が求める A 上の整列順序のひとつとなる．なぜなら，$a \in A$ についてもし $a \notin X$ なら，a を最大元とする $X \cup \{a\}$ 上の整列順序

$$<_X \cup \{\langle x, a \rangle : x \in X\}$$

がつくれてしまうからである. ■

集合 A が整列順序 $<$ で整列化されているとき，ある条件を充たす A の元を指定することは容易い：$<$ に関する最小元とすればよいからである．つまり $\forall x \in B\, \exists y \in A\, R(x,y)$ なら $x \in B$ に $y_x = \min_{<}\{y \in A : R(x,y)\}$，詳しく書けば $R(x,y_x) \land \forall y \in B[R(x,y) \to y_x \leq y]$，を対応させることで関数 $B \ni x \mapsto y_x \in A$ がつくれる．

この簡単な事実は頻繁に，断り無しに用いられる．

補題 4.3.11 整列化可能定理 4.3.10 から選択公理が導ける． □

以下，超限帰納法による定義の例をいくつか述べる．

定義 4.3.12

1. クラス A 上の整礎関係 $<$ の推移的閉包 $<^*$ は，どんな $a \in A$ についても $\{b \in A : b <^* a\}$ が集合になっているとする．$a \in A$ の $<$ に関するランク (rank) $rk_< : A \to ORD$ を
$$rk_<(a) = \sup\{rk_<(b) + 1 : b < a\}.$$
とくに $\langle A, < \rangle = \langle V, \in \rangle$ のとき $rk(a) := rk_\in(a)$ を集合 a のランク (rank) という．
2. 順序数 α について
$$V_\alpha := \{x : rk(x) < \alpha\}.$$
$\bigcup\{V_\alpha : \alpha \in ORD\}$ を累積的階層 (cumulative hierarchy) という． □

補題 4.3.13

1. V_α は推移的で $\beta < \alpha \to V_\beta \subset V_\alpha$.
2. $V = \bigcup\{V_\alpha : \alpha \in ORD\}$.
3.
$$V_0 = \varnothing,$$
$$V_{\alpha+1} - \mathcal{P}(V_\alpha),$$
$$V_\lambda = \bigcup\{V_\alpha : \alpha < \lambda\}\ (\lambda \text{ は極限順序数})$$
4. $rk(x) = \min\{\alpha \in ORD : x \in V_{\alpha+1}\}$.
5. 順序数 α について $rk(\alpha) = \alpha$ で $V_\alpha \cap ORD = \alpha$.
6. 集積公理 (Axiom of Collection)：集合に関する条件 $R(x,y)$ について
$$\forall x \in a\, \exists y\, R(x,y) \to \exists c\, \forall x \in a\, \exists y \in c\, R(x,y).$$

[証明] 補題 4.3.13.3 の $V_{\alpha+1} = \mathcal{P}(V_\alpha)$ を考える．

$x \in V_{\alpha+1}$ なら $rk(x) \leq \alpha$ であるので，$y \in x$ は $rk(y) < rk(x) \leq \alpha$ となり，$x \subset$

V_α つまり $x\in\mathcal{P}(V_\alpha)$. 逆に $x\subset V_\alpha$ なら $y\in x$ は $rk(y)<\alpha$ なので $rk(x)\leq\alpha<\alpha+1$ つまり $x\in V_{\alpha+1}$.

つぎに補題 4. 3. 13. 6 の集積公理を考える. $\forall x\in a\,\exists y\,R(x,y)$ であるとする. すると $\forall x\in a\,\exists!\alpha\in ORD[\alpha=\min\{\alpha\in ORD:\exists y\in V_\alpha\,R(x,y)\}]$ となるので, 置換公理よりこれらの順序数の上限を考えて $\exists\beta\in ORD\,\forall x\in a\,\exists y\in V_\beta\,R(x,y)$ となる.

残りは容易なので(演習 14)とする. ▮

4. 3. 3 順序数演算

順序数上の演算(和, 積, ベキ)を定義しておく.

定義 4. 3. 14 α,β,γ などはすべて順序数, λ は極限順序数とする.

1. 和 $\alpha+\beta$ を β に関する超限帰納法で定義する:

$$\alpha+0=\alpha$$
$$\alpha+(\beta+1)=(\alpha+\beta)+1$$
$$\alpha+\lambda=\sup\{\alpha+\beta:\beta<\lambda\}$$

2. 積 $\alpha\cdot\beta=\alpha\beta$ を β に関する超限帰納法で定義する:

$$\alpha\cdot 0=0$$
$$\alpha(\beta+1)=\alpha\beta+\alpha$$
$$\alpha\cdot\lambda=\sup\{\alpha\cdot\beta:\beta<\lambda\}$$

3. 底(base) $\alpha\geq 2$ について, ベキ α^β を β に関する超限帰納法で定義する:

$$\alpha^0=1$$
$$\alpha^{\beta+1}=\alpha^\beta\cdot\alpha$$
$$\alpha^\lambda=\sup\{\alpha^\beta:\beta<\lambda\}$$

□

つぎの命題は容易に分かるので証明は(演習 15)とする.

命題 4. 3. 15 α,β,γ などは順序数で, ベキの底は 2 以上とする.

1. $(\alpha+\beta)+\gamma=\alpha+(\beta+\gamma)$.
2. $\beta<\gamma\Leftrightarrow\alpha+\beta<\alpha+\gamma$ かつ $\beta\leq\gamma\Rightarrow\beta+\alpha\leq\gamma+\alpha$.
3. 整列集合 $\langle A_i,<_i\rangle\,(i=0,1)$ の順序型を α_i とすると, 直和 $\langle A_0\oplus A_1,<\rangle$, つまり $A_0\oplus A_1=(\{0\}\times A_0)\cup(\{1\}\times A_1)$, $\langle i,x\rangle<\langle j,y\rangle:\Leftrightarrow(i=j\wedge x<_i y)\vee(i<j)$ の順序型が $\alpha_0+\alpha_1$ である.
4. $(\alpha\beta)\gamma=\alpha(\beta\gamma)$.
5. $\beta\neq 0$ なら, $\alpha_0<\alpha_1\Leftrightarrow\beta\alpha_0<\beta\alpha_1$ かつ $\alpha_0\leq\alpha_1\Rightarrow\alpha_0\beta\leq\alpha_1\beta$.

6. $\alpha(\beta+\gamma)=\alpha\beta+\alpha\gamma$.
7. $\beta\neq 0$ なら，α,β に対して $\alpha=\beta\gamma+\delta$ となる γ と $\delta<\beta$ が一意的に存在する.
8. 順序数 α_0,α_1 について，直積 $\alpha_0\times\alpha_1$ に**逆辞書式順序**(reverse lexicographic order) $<$：

$$\langle x_0,x_1\rangle<\langle y_0,y_1\rangle :\Leftrightarrow (x_1<y_1)\vee(x_1=y_1\wedge x_0<y_0)\ (x_i,y_i<\alpha_i)$$

を入れた整列集合の順序型が $\alpha_0\cdot\alpha_1$ である.

この順序での $\langle y_0,y_1\rangle$ (より小さい組全体の始切片)の順序型が $\alpha_0\cdot y_1+y_0$ である.

あるいは，直積 $\alpha_1\times\alpha_0$ に**辞書式順序**(lexicographic order) $<_{lex}$：

$$\langle x_1,x_0\rangle<_{lex}\langle y_1,y_0\rangle :\Leftrightarrow (x_1<y_1)\vee(x_1=y_1\wedge x_0<y_0)\ (x_i,y_i<\alpha_i)$$

を入れてもよい.
9. $\alpha^{\beta+\gamma}=\alpha^{\beta}\cdot\alpha^{\gamma}$ かつ $(\alpha^{\beta})^{\gamma}=\alpha^{\beta\cdot\gamma}$.
10. $\beta<\gamma\Leftrightarrow\alpha^{\beta}<\alpha^{\gamma}$ かつ $\beta\leq\gamma\Rightarrow\beta^{\alpha}\leq\gamma^{\alpha}$.
11. $2\leq\alpha\leq\gamma$ なら $\alpha^{\beta}\leq\gamma$ となる最大の順序数 β が存在する.
12. 順序数 $\alpha\geq 2,\beta$ について，$\alpha=\{\gamma\in ORD:\gamma\in\alpha\}$ の元の β-列 $\{\gamma_\xi\}_{\xi<\beta}$ $(\gamma_\xi<\alpha)$ で台 $\{\xi<\beta:\gamma_\xi\neq 0\}$ が有限なもの全体を $E(\alpha,\beta)$ とおき，$E(\alpha,\beta)$ に(辞書式)順序

$$\{\gamma_\xi\}\prec\{\delta_\xi\} :\Leftrightarrow \exists\xi<\beta[\forall\zeta(\xi<\zeta<\beta\to\gamma_\zeta=\delta_\zeta)\wedge\gamma_\xi<\delta_\xi]$$

を入れた整列集合の順序型が α^{β} である.

この順序での $\{\gamma_\xi\}$ (より小さい組全体の始切片)の順序型は，台 $\{\xi<\beta:\gamma_\xi\neq 0\}=\{\xi_{n-1}>\cdots>\xi_1>\xi_0\}$ として

$$\alpha^{\xi_{n-1}}\gamma_{\xi_{n-1}}+\cdots+\alpha^{\xi_1}\gamma_{\xi_1}+\alpha^{\xi_0}\gamma_{\xi_0}$$

である.
13. β と $\alpha\geq 2$ について，つぎを充たす自然数 n，下降列 $\xi_{n-1}>\cdots>\xi_1>\xi_0$ および $\{\gamma_i:i<n\}$ $(0<\gamma_i<\alpha)$ が一意的に存在する(底 α に関する β の**Cantor 標準形** Cantor normal form)：

$$\beta=\alpha^{\xi_{n-1}}\gamma_{n-1}+\cdots+\alpha^{\xi_1}\gamma_1+\alpha^{\xi_0}\gamma_0.$$

14. 標準形での順序数の大小

$$\alpha^{\xi_{n-1}}\gamma_{n-1}+\cdots+\alpha^{\xi_1}\gamma_1+\alpha^{\xi_0}\gamma_0<\alpha^{\zeta_{m-1}}\delta_{m-1}+\cdots+\alpha^{\zeta_1}\delta_1+\alpha^{\zeta_0}\delta_0$$

は組の列 $(\langle\xi_{n-1},\gamma_{n-1}\rangle,\ldots,\langle\xi_1,\gamma_1\rangle,\langle\xi_0,\gamma_0\rangle)$ と $(\langle\zeta_{m-1},\delta_{m-1}\rangle,\ldots,\langle\zeta_1,\delta_1\rangle,\langle\zeta_0,\delta_0\rangle)$ を入れ子の辞書式に比べれば分かる：

$$(\langle\xi_{n-1},\gamma_{n-1}\rangle,\dots,\langle\xi_1,\gamma_1\rangle,\langle\xi_0,\gamma_0\rangle)<_{lex}(\langle\zeta_{m-1},\delta_{m-1}\rangle,\dots,\langle\zeta_1,\delta_1\rangle,\langle\zeta_0,\delta_0\rangle)$$

$$:\Leftrightarrow$$

$$\exists i<\min\{n,m\}[\forall j(i<j<n\to\langle\xi_j,\gamma_j\rangle=\langle\zeta_j,\delta_j\rangle)\land\langle\xi_i,\gamma_i\rangle<_{lex}\langle\zeta_i,\delta_i\rangle]$$

または

$$\{n<m\land\forall j<n(\langle\xi_j,\gamma_j\rangle=\langle\zeta_j,\delta_j\rangle)\}$$

ここで

$$\langle\xi,\gamma\rangle<_{lex}\langle\zeta,\delta\rangle:\Leftrightarrow(\xi<\zeta)\lor(\xi=\zeta\land\gamma<\delta).$$

15. 標準形での γ_i に 0 も許す$(\xi_{n-1}>\dots>\xi_1>\xi_0,\ 0\le\gamma_i<\alpha)$ことにして，順序数の大小

$$\alpha^{\xi_{n-1}}\gamma_{n-1}+\dots+\alpha^{\xi_1}\gamma_1+\alpha^{\xi_0}\gamma_0<\alpha^{\xi_{n-1}}\delta_{n-1}+\dots+\alpha^{\xi_1}\delta_1+\alpha^{\xi_0}\delta_0$$

は，列 $(\gamma_{n-1},\dots,\gamma_1,\gamma_0)$ と列 $(\delta_{n-1},\dots,\delta_1,\delta_0)$ を辞書式に比べれば分かる：

$$(\gamma_{n-1},\dots,\gamma_1,\gamma_0)<_{lex}(\delta_{n-1},\dots,\delta_1,\delta_0)$$
$$:\Leftrightarrow\exists i<n[\forall j(i<j<n\to\gamma_j=\delta_j)\land\gamma_i<\delta_i].$$

16. $\alpha\ge\omega$ なら $\beta<\gamma\Rightarrow\alpha^\beta+\alpha^\gamma=\alpha^\gamma$. □

和の交換律および左側の狭義単調性は成り立たない：$0+\omega=1+\omega=\omega\neq\omega+1$.

積の交換律，左側の狭義単調性および左分配律は成り立たない：$1\cdot\omega=2\cdot\omega=(1+1)\omega=\omega\neq\omega\cdot2=\omega+\omega=1\cdot\omega+1\cdot\omega$.

底の狭義単調性は成り立たない：$2^\omega=3^\omega=\omega$.

4.3.4 木

木は様々なことがらを表現する組合せ論的対象である．

定義 4.3.16

1. 木(tree)とは半順序集合 $\langle T,\le\rangle$ で，根(root)と呼ばれる最小元を持ち，かつどんな $x\in T$ についても $\le$ が $\{y\in T:y<x\}$ 上の整列順序になっていることをいう．

   以下 $\langle T,\le\rangle$ を木とする．
2. 各 $x\in T$ を節(node)という．
3. $x,y\in T$ とする．

   $x<y$ のとき，x は y の前者(predecessor)または祖先(ancestor)，y は x の後者(successor)または子孫(descendent)という．

   x,y の間にはさまる節が無い$(\neg\exists z\in T[x<z<y])$とき，$x$ は y の親(par-

ent)，y は x の子(son, child)という．根以外でも親がいるとは限らないことに注意せよ．

$son_T(x)$ で x の子全体の集合を表す．

$son_T(x)=\varnothing$ のとき，x は T で葉(leaf)であるという．

4. 任意の $x\in T$ がたかだか n しか子を持たないとき，T は ***n*-分岐**(n-branching)または ***n*-分木**であるという．

 任意の $x\in T$ がたかだか有限個しか子を持たないとき，T は有限分岐(finitely branching)であるという．

5. 整列集合 $\langle\{y\in T : y<x\},\leq\rangle$ の順序型を $h_T(x)$ で表し x の T での高さ(height)という．

6. 順序数 α について，T の α-レベル T_α を

$$T_\alpha := \{x \in T : h_T(x) = \alpha\}.$$

 また

$$T\restriction\alpha := \bigcup_{\beta<\alpha} T_\beta = \{x \in T : h_T(x) < \alpha\}$$

 とおく．

7. T の高さ(height) $h(T)$ を

$$h(T) := \min\{\alpha \in ORD : T_\alpha = \varnothing\}.$$

8. T の枝(branch)は，T の極大鎖のことをいう．枝 b の順序型を $\ell(b)$ と書き，枝 b の長さ(length)という．$\ell(b)=h(T)$ となる枝 b は，T で共終(cofinal)であると言われる．

9. 始切片 $T'\subset T$ を T の部分木(subtree)という．

10. 木 $\langle T,\leq\rangle$ が整礎的(well-founded)とは，$<$ の逆 $<^{-1}$

$$x <^{-1} y :\Leftrightarrow y < x$$

 が整礎的なこと，つまり無限上昇列 $x_0<x_1<\cdots$ が無いことをいう．

11. 整礎木 $\langle T,\leq\rangle$ の深さ(depth)[*1] $|T|\in ORD$ を，T の根 r について

$$|x|_T := \sup\{|y|_T+1 : x<y\}\ (x\in T)$$
$$|T| := |r|_T$$

□

いくつか木の例を挙げる．

1. 順序数 λ と空でない集合 A について，長さが λ 未満の A の元の列全体

[*1] 木の高さと紛らわしいので小節 6.5.1 以外ではあまり使わない．

$$^{<\lambda}A = \bigcup_{\alpha<\lambda} {}^{\alpha}A$$

は順序を $\subset$ にして木 T になる．

$T_\alpha = {}^{\alpha}A$ である．また T の枝 b は，大きくなって行く関数列であるから命題 4.1.4 よりそれ自身で関数 $\cup b \in {}^{\lambda}A$ となり，逆に列 $f \in {}^{\lambda}A$ は $\{f{\restriction}\alpha : \alpha < \lambda\}$ が枝になるので，枝と ${}^{\lambda}A$ の元は同一視される．

2. 集合 A 上の同値関係の列 $\equiv_\alpha$ $(\alpha < \lambda)$ で，添字が大きくなると細分になっている：

$$\forall x, y \in A[x \equiv_0 y]$$
$$\alpha < \beta < \lambda \Rightarrow \forall x, y \in A[x \equiv_\beta y \Rightarrow x \equiv_\alpha y]$$

とする．このとき，$\langle T, \leq \rangle$ を，T_α は $\equiv_\alpha$ による同値類全体，$X \leq Y :\Leftrightarrow Y \subset X$ とすれば，${}^{<\lambda}A$ の部分木と同型な木になる．

3. 区間縮小を表現する木

線形順序 $\langle X; < \rangle$ の空でない区間の縮小列を次々につくっていくことは，つぎのように木で表現される．

$\langle T; \prec \rangle$ を木とする．$x \in T$ に対して，X での空でない区間 $I(x)$ を対応させ，この対応が任意の $x, y \in T$ について

(a) $x \prec y \Leftrightarrow I(x) \supset I(y)$.

(b) x と y が比較不能であるなら，$I(x) \cap I(y) = \varnothing$.

(c) $h_T(y)$ が極限順序数のときには，$I(y) = \bigcap_{x \prec y} I(x)$.

の三条件を充たすとき，この木は区間縮小 $\{I(x) : x \in T\}$ を表現するということにする．

補題 4.3.17 (König 無限補題 König's infinity lemma)

高さが ω の有限分岐な木は無限枝を持つ．

言い換えると，有限分岐な木が整礎的なら(節の集合として)有限である．

［証明］ $\langle T, \leq \rangle$ を有限分岐な木で $h(T) = \omega$ とする．$\langle T, \leq \rangle$ は ${}^{<\omega}\omega$ のある部分木と同型なので初めから $T \subset {}^{<\omega}\omega$ で $\leq$ は $\subset$ としてよい．

T の節の列 $\{a_n\}_{n\in\omega}$ を，各 $n \in \omega$ について

$$\{a \in T : a_n < a\} \text{ が無限集合}$$

となるように再帰的に定義する．

初めに a_0 は T の根とする．a_n が決まったら，a_n の子は有限個しかないので，そのいずれかの b について $\{a \in T : b < a\}$ が無限でないといけない．なぜ

なら有限集合を有限個集めても有限だからである．そこで

$$a_{n+1} := \min\{b \in son_T(a_n) : \{a \in T : b < a\} \text{ が無限集合}\}$$

と決める．但しここでの最小は自然数 ω 上の順序に関するものである．

明らかに $\{a_n\}_{n\in\omega}$ は求める無限枝のひとつである． ∎

4.4 濃度と基数

ふたつの集合のサイズは，それらの元が一対一に対応付けられるときに等しいとするのだった．

定義 4.4.1 ふたつの集合 A, B の間に全単射が存在するとき，A と B は等濃(equipotent)であるといって，$A \simeq B$ と書く． □

補題 4.4.2 (Dedekind, Cantor-Bernstein)

一方から他方への単射がそれぞれ存在するとき，それらは等濃である．

［証明］ $f: A \to B$, $g: B \to A$ をそれぞれ単射として，全単射 $h: A \to B$ をつくりたい．

A を互いに交わらない部分集合 $\{A_n\}_{n<\omega} \cup \{A_\omega\}$ に分割する．

$$\begin{aligned} A_0 &= A \setminus g[B] \\ A_1 &= g[B \setminus f[A]] \\ A_{n+2} &= g[f[A_n]] \\ A_\omega &= A \setminus \bigcup_{n<\omega} A_n \end{aligned}$$

そして

$$h(x) = \begin{cases} f(x) & x \in A_\omega \cup \bigcup_{n<\omega} A_{2n} \text{ のとき} \\ g^{-1}(x) & \text{上記以外} \end{cases}$$

とすれば，この h が求める全単射である． ∎

選択公理，つまり整列化可能定理 4.3.10 によって集合は整列化できるので，ある順序数と等濃になる．そこで集合の濃度をこのような順序数の最小と定義する．従って集合の濃度が定義できるためには，先ずその集合が整列化されなければならない．そこで基数を扱うこの節では，選択公理を仮定する．

定義 4.4.3 (AC)

1. 集合 a の濃度(cardinality) $card(a)$ を

$$card(a) := \min\{\alpha \in ORD : a \simeq \alpha\}$$

$$= \min\{otyp(\langle a, \prec\rangle) : \prec \text{ は } a \text{ 上の整列順序}\}$$

濃度 $\kappa = card(a)$ のとき，a はサイズ(size) κ の集合であるともいう．

2. 順序数 α が基数(cardinal number, cardinal)もしくは始数(initial number)であるとは，$\forall\beta<\alpha[\beta\not\approx\alpha]$ となることをいう． □

集合の濃度は基数である．基数を表すのに κ, λ などの文字を用いる．基数の大小は順序数のそれである．

$card(a) = card(b) \Leftrightarrow a \simeq b$ である．つぎの補題 4. 4. 4 は明らかだろう．

補題 4. 4. 4 (濃度の比較可能性 Cantor's trichotomy)

集合 a, b について

$$(card(a) < card(b)) \lor (card(b) < card(a)) \lor (card(a) = card(b)).$$

言い換えると，一方から他方への単射，同じことだが全射が存在する． □

定義 4. 4. 5 集合の濃度が ω より小さいとき，有限(finite)であるといい，そうでないとき無限(infinite)であると言われる(これは定義 4. 1. 6 と同じである)．濃度が ω 以下の集合は可算(countable, denumerable)と言われ，そうでない集合は非可算(uncountable)という． □

定義 4. 4. 6 集合 X の部分集合 Y について，補集合 $X \setminus Y$ が有限である集合 Y を補有限(cofinite)と呼ぶ．

$$Y \subset_{fin} X$$

は，集合 Y が X の有限部分集合であることを表す．

また

$$\mathcal{P}_{fin}(X) := \{Y : Y \subset_{fin} X\}$$

は，X の有限部分集合全体の集合を表す． □

定理 4. 4. 7 (Cantor)

ベキ集合の濃度は必ず大きくなる：

$$card(A) < card(\mathcal{P}(A)).$$

［証明］ 対角線論法(diagonal method)により，$F : A \to \mathcal{P}(A)$ が全射になり得ないことを示す．

$D \subset A$ を

$$x \in D \Leftrightarrow x \notin F(x)$$

とすれば $D \notin rng(F)$ となる． ■

定理 4. 4. 7 により，いくらでも大きい基数が存在することになる．

定義 4. 4. 8 順序数 α より大きい基数の最小を α^+ で表す．

α^+ の形の基数を後続基数(successor cardinal)といい，そうでない基数 $\kappa>\omega$ を極限基数(limit cardinal)と呼ぶ． □

後続基数でも極限基数でもない基数は，$0,\omega$ のみである．

定義 4.4.9 無限基数を数え上げるアレフ(aleph) $\aleph_\alpha=\omega_\alpha$ を超限帰納法で定義する：

$$\aleph_0=\omega$$
$$\aleph_{\alpha+1}=(\aleph_\alpha)^+$$
$$\aleph_\alpha=\sup\{\aleph_\beta:\beta<\alpha\}\ (\alpha：\text{極限順序数})$$
□

α 番目の無限基数を表すのに，$\aleph_\alpha$, ω_α どちらもほぼ区別なく使う．基数は順序数の一種であるから，その順序数であることを強調したいときには ω_α を用いることが多い．

4.4.1 基数演算

基数の演算(和，積，ベキ)を導入する．

定義 4.4.10 κ,λ は基数とする．

1. 和 $\kappa+\lambda$ は直和の濃度として定義する：
$$\kappa+\lambda:=card(\kappa\oplus\lambda).$$
2. 積 $\kappa\cdot\lambda$ は直積の濃度として定義する：
$$\kappa\cdot\lambda:=card(\kappa\times\lambda).$$
3. ベキ κ^λ は関数空間 ${}^\lambda\kappa=\{f:f:\lambda\to\kappa\}$ の濃度で定義する：
$$\kappa^\lambda:=card({}^\lambda\kappa).$$
特に
$$2^\kappa=card(\mathcal{P}(\kappa)).$$
□

定理 4.4.7 より $\kappa<2^\kappa$ だが，ベキ集合の濃度が可能な限り小さいことを主張するのが，一般連続体仮説である．

定義 4.4.11 (AC) (Cantor)

$$\forall\alpha\in ORD[2^{\aleph_\alpha}=\aleph_{\alpha+1}]\ \text{あるいは同じことだが}\ \forall\kappa\geq\aleph_0[2^\kappa=\kappa^+]$$

すなわち

$$\forall\kappa\geq\aleph_0[card(\mathcal{P}(\kappa))=\kappa^+]$$

を一般連続体仮説(Generalized Continuum Hypothesis, GCH)という．

とくに

$$2^{\aleph_0}=\aleph_1\ \text{つまり}\ card(\mathbb{R})=\aleph_1$$

を連続体仮説(Continuum Hypothesis, CH)という. □

基数は順序数でもあるから，この記法 $\kappa+\lambda, \kappa\cdot\lambda, \kappa^{\lambda}$ は困ったことに，定義 4. 3. 14 での順序数演算と明らかに矛盾する．例えば，基数としての和なら $\omega+\omega=\omega$ だが，順序数としての和 $\omega+\omega>\omega$ である．しかし大概の場合，文脈からどっちを意図しているか分かるので表記上で区別しない.

基数の和と積は順序数と随分違う．先ず交換律が成立する.

Cantor の対関数(定義 1. 1. 2)を用いて

系 4. 4. 12 $\aleph_0\cdot\aleph_0=\aleph_0$．よって $\aleph_0^k=\aleph_0$ $(k<\omega)$ であり，自然数の有限列全体の集合も可算となる($card({}^{<\omega}\mathbb{N})=\aleph_0$)．さらに非可算基数 $\kappa>\aleph_0$ について $\kappa+\aleph_0=\kappa$. □

系 4. 4. 12 の応用をふたつしよう.

定義 4. 4. 13 集合族 $\{x_i\}_i$ が **Δ-システム**(Δ-system)であるとは，ある集合 r が存在して互いに異なるどの x_i, x_j についても $x_i\cap x_j=r$ となることをいう．この共通な交わり r を **Δ-システムの根**(root)という. □

命題 4. 4. 14 $\mathcal{A}$ を有限集合の非可算個の集まりとすると，非可算な Δ-システム $\mathcal{B}\subset\mathcal{A}$ が存在する.

［証明］ 系 4. 4. 12 よりある $n<\omega$ について $\forall x\in\mathcal{A}[card(x)=n]$ としてよい．この n に関する帰納法で証明する.

$n=0$ は何もしなくてよい.

n で成立しているとして $\forall x\in\mathcal{A}[card(x)=n+1]$ とする．$\mathcal{A}(a)=\{x\in\mathcal{A}: a\in x\}$ とおく．もしもある a について $card(\mathcal{A}(a))\geq\aleph_1$ なら，$\{x\setminus\{a\}:\mathcal{A}(a)\}$ に帰納法の仮定を使えばよい．そうでないとする．つまりどの a についても $card(\mathcal{A}(a))\leq\aleph_0$ と仮定する．このとき互いに素な族 $\mathcal{B}=\{x_\alpha:\alpha<\omega_1\}\subset\mathcal{A}$ $(\alpha\neq\beta\rightarrow x_\alpha\cap x_\beta=\varnothing)$ を α に関する帰納法でつくればよい．それは仮定と系 4. 4. 12 より，どの $\alpha<\omega_1$ についても $\bigcup\{x_\beta:\beta<\alpha\}$ と交わる $x\in\mathcal{A}$ は可算個しかないからできる. ■

定義 4. 4. 15 $x, y\subset\omega$ が**ほとんど素**(almost disjoint, a.d.)とは，$card(x\cap y)<\aleph_0$ であることをいう．$\mathcal{A}\subset\mathcal{P}(\omega)$ が**ほとんど素な族**(a.d. family)とは，異なるどの $x, y\in\mathcal{A}$ もほとんど素で，かつ $\forall x\in\mathcal{A}[card(x)=\aleph_0]$ であることをいう．**極大にほとんど素な族**(maximal a.d. family)は，$\subset$ の意味で極大なほとんど素な族のことをいう. □

この定義 4. 4. 15 は一般には無限基数 κ に対してなされる．そのときには，

$x, y \subset \kappa$ がほとんど素とは，$card(x \cap y) < \kappa$ であることとする．

先ずは簡単な事実から始める．

命題 4.4.16 $\mathcal{A} \subset \mathcal{P}(\omega)$ をほとんど素な族とすれば，そのどの有限部分 $F \subset_{fin} \mathcal{A}$ によっても $y \in \mathcal{A} \setminus F$ を有限部分を除いて覆うことはできない：$card(y \setminus \bigcup F) = \aleph_0$．

［証明］ $n \in \omega$ を任意に取って $\exists m > n[m \in (y \setminus \bigcup F)]$ を言えばよい．そうでないとすると無限集合 $\{m \in y : m > n\}$ が $\bigcup F$ に含まれてしまうことになる．すると F は有限なので，ある $x \in F$ が $\{m \in y : m > n\}$ の元を無限に含むことになるが，これは $card(y \cap x) < \aleph_0$ に反する． ∎

命題 4.4.17

1. 可算(無限)な $\mathcal{A} \subset \mathcal{P}(\omega)$ は極大にほとんど素な族ではない．
2. $\mathcal{P}(\omega)$ に非可算な極大にほとんど素な族 $\mathcal{A}$ が存在する．

［証明］ 命題 4.4.17.2 は，Zorn の補題 1.1.9 により $\{\{x\} : x \in \omega\}$ を含む極大にほとんど素な族 $\mathcal{A}$ を取れば命題 4.4.17.1 からよい．

命題 4.4.17.1 を考える．$\mathcal{A} = \{x_n : n < \omega\} \subset \mathcal{P}(\omega)$ なるほとんど素な族とする．$card(z) = \aleph_0 \wedge \forall n < \omega[card(z \cap x_n) < \aleph_0]$ となる $z \subset \omega$ をつくる．$y_n = (x_n \setminus \bigcup_{m<n} x_m)$ とする．$y_n = (x_n \setminus \bigcup_{m<n} (x_n \cap x_m))$ と書き換えれば，$card(x_n) = \aleph_0 > card(x_n \cap x_m)$ より，$y_n \neq \varnothing$．$\xi_n \in y_n$ と選ぶ．$n \neq m$ なら $y_n \cap y_m = \varnothing$ より $\xi_n \neq \xi_m$ である．よって $z = \{\xi_n : n < \omega\}$ とおくと $card(z) = \aleph_0$ で，$z \cap x_n \subset \{\xi_m : m \leq n\}$ であるからこれが求めるものである． ∎

自然数の有限部分集合全体 $\mathcal{P}_{fin}(\omega)$ は，$\mathcal{P}_{fin}(\omega) \subset {}^{<\omega}\omega$ とみなせて，後者は系 4.4.12 よりやはり可算なので，$\mathcal{P}_{fin}(\omega)$ もまた可算である．このことより命題 4.4.17 を強くしたつぎのことが言える．

命題 4.4.18 $\mathcal{P}(\omega)$ に連続体の濃度をもつほとんど素な族 $\mathcal{A}$ が存在する．

［証明］ 上の注意より，ほとんど素な族 $\mathcal{A} \subset \mathcal{P}(\mathcal{P}_{fin}(\omega))$ で連続体の濃度を持つものをつくればよい．$a \subset \omega$ に対して

$$x_a = \{a \cap n : n < \omega\} \subset \mathcal{P}_{fin}(\omega)$$

とおき，$\mathcal{A} = \{x_a : a \subset \omega \wedge card(a) = \aleph_0\}$ を考える．

先ず $card(a) = \aleph_0$ ならば $card(x_a) = \aleph_0$ である．つぎに $a \neq b$ とする．$n = \min\{n < \omega : \neg(n \in a \leftrightarrow n \in b)\}$ とすれば $x_a \cap x_b \subset \{a \cap m : m \leq n\}$ であるからこれは有限である．よって $\mathcal{A}$ はほとんど素な族である．最後にもう一度 $\mathcal{P}_{fin}(\omega)$

が可算であることより $card(\mathcal{A})=card(\mathcal{P}(\omega)\setminus\mathcal{P}_{fin}(\omega))=2^{\aleph_0}$. ∎

つぎに系 4. 4. 12 を任意の無限基数に拡張するために，ひとつ準備として順序数の組上の整列順序 $\prec$ をつくっておく．

補題 4. 4. 19 ORD^2 上の順序 $\prec$ を，辞書式順序 $<_{lex}$ を使って

$$\langle\alpha_0,\alpha_1\rangle\prec\langle\beta_0,\beta_1\rangle :\Leftrightarrow \max\{\alpha_0,\alpha_1\}<\max\{\beta_0,\beta_1\}$$
$$\vee\ [\max\{\alpha_0,\alpha_1\}=\max\{\beta_0,\beta_1\}\wedge\langle\alpha_0,\alpha_1\rangle<_{lex}\langle\beta_0,\beta_1\rangle]$$

で定めると，これは(各組 $\langle\alpha,\beta\rangle$ ごとに集合 $\{\langle\gamma,\delta\rangle\in ORD^2:\langle\gamma,\delta\rangle\prec\langle\alpha,\beta\rangle\}$ 上の)整列順序になる． □

定理 4. 4. 20 $\kappa\geq\aleph_0$ について

$$\kappa\cdot\kappa=\kappa.$$

［証明］ $\kappa\cdot\kappa\geq\kappa$ は明らかだから，κ に関する超限帰納法によって $\kappa\cdot\kappa\leq\kappa$ を示せばよい．

$\kappa=\aleph_0$ は系 4. 4. 12 なので，$\kappa>\aleph_0$ を考える．

このためには

$$otyp(\langle\kappa\times\kappa,\prec\rangle)\leq\kappa$$

を示せばよいが，それには $\alpha_0,\alpha_1\in\kappa$ について

$$card(\{\langle\beta_0,\beta_1\rangle:\langle\beta_0,\beta_1\rangle\prec\langle\alpha_0,\alpha_1\rangle\})<\kappa$$

を示せば足りる．

$\gamma=\max\{\alpha_0,\alpha_1,\omega\}+1<\kappa$ とおく．$\langle\beta_0,\beta_1\rangle\prec\langle\alpha_0,\alpha_1\rangle$ とすると $\max\{\beta_0,\beta_1\}<\gamma$ なので $\langle\beta_0,\beta_1\rangle\in\gamma\times\gamma$ となる．よって帰納法の仮定より

$$card(\{\langle\beta_0,\beta_1\rangle:\langle\beta_0,\beta_1\rangle\prec\langle\alpha_0,\alpha_1\rangle\})\leq card(\gamma\times\gamma)=card(\gamma)<\kappa.$$ ∎

定理 4. 4. 20 と選択公理よりつぎの系 4. 4. 21 が分かる．

系 4. 4. 21 (AC) κ を無限基数とする．

1. 濃度が κ 以下の集合を κ 個寄せ集めても，濃度がたかだか κ の集合しか得られない：

$$\forall\alpha<\kappa[card(X_\alpha)\leq\kappa]\Rightarrow card(\bigcup_{\alpha<\kappa}X_\alpha)\leq\kappa.$$

とくに濃度 κ の集合の元の有限列全体の濃度は κ $(card({}^{<\omega}\kappa)=\kappa)$ である．

また，$\kappa+\kappa=\kappa$.

2. $B\subset A$ で $card(B)\leq\kappa$ とする．また A 上の関数が κ 個 $\mathcal{F}=\{f_\alpha:f_\alpha:A^{n_\alpha}\to A,\ \alpha<\kappa\}$ $(n_\alpha<\omega)$ 与えられているとする．

このとき，B の $\mathcal{F}$ による閉包

$$Cl(B;\mathcal{F}) = \bigcap\{C \subset A : B \subset C \wedge \forall \alpha < \kappa (f_\alpha[C^{n_\alpha}] \subset C)\}$$

すなわち

$$C_0 = B$$
$$C_{k+1} = C_k \cup \bigcup\{f_\alpha[C_k^{n_\alpha}] : \alpha < \kappa\}$$
$$Cl(B;\mathcal{F}) = \bigcup_{k<\omega} C_k$$

の濃度はたかだか κ $(card(Cl(B;\mathcal{F})) \leq \kappa)$.

［証明］ 選択公理は，単射の族 $\{f_\alpha : X_\alpha \to \kappa\}_{\alpha<\kappa}$ を取るところで用いる． ∎

基数の無限和と無限積に関する基本的結果を述べる．

定義 4.4.22 基数の族 $\{\kappa_i\}_{i\in I}$ について

$$\sum_{i\in I} \kappa_i := card(\sum_{i\in I} \kappa_i)$$
$$\prod_{i\in I} \kappa_i = card(\prod_{i\in I} \kappa_i)$$

右辺の $\sum_{i\in I} \kappa_i [\prod_{i\in I} \kappa_i]$ は直和［直積］である． □

つぎの定理 4.4.23 で，$\kappa_i = 1, \lambda_i = 2$ とおいたのが，定理 4.4.7 である．

定理 4.4.23 (AC) (König の定理)

基数族 $\{\kappa_i\}_{i\in I}, \{\lambda_i\}_{i\in I}$ について

$$\forall i \in I[\kappa_i < \lambda_i] \Rightarrow \sum_{i\in I} \kappa_i < \prod_{i\in I} \lambda_i.$$

［証明］ $\forall i \in I[\kappa_i < \lambda_i]$ と仮定する．$\sum_{i\in I} \kappa_i \leq \prod_{i\in I} \lambda_i$ は容易に分かるから，$\sum_{i\in I} \kappa_i \neq \prod_{i\in I} \lambda_i$ だけ示す．

$\sum_{i\in I} \kappa_i = \prod_{i\in I} \lambda_i$ であると仮定して矛盾させる．すると $\prod_{i\in I} \lambda_i$ が $card(A_i) = \kappa_i$ によって直和分解 $\prod_{i\in I} \lambda_i = \bigcup\{A_i : i \in I\}$ されてしまう．いま $i \in I$ に対し

$$B_i = \{f(i) : f \in A_i\}$$

とすれば，$B_i \subset \lambda_i$ である．

$card(B_i) \leq card(A_i) = \kappa_i < \lambda_i$ であるから，特に $B_i \neq \lambda_i$．そこで $g \in \prod_{i\in I} \lambda_i = \bigcup\{A_i : i \in I\}$ を，$g(i) \in (\lambda_i \setminus B_i)$ となるように取る．

$i_0 \in I$ を $g \in A_{i_0}$ とすれば，$g(i_0) \in B_{i_0}$ だが，これは g の取り方 $\forall i \in I[g(i) \notin B_i]$ に矛盾する． ∎

定義 4.4.24 順序数 α, β について

1. $f : \alpha \to \beta$ が共終関数(cofinal map)であるとは，$rng(f)$ が β で非有界

$(\forall \gamma < \beta \exists \delta < \alpha[\gamma \leq f(\delta)])$であることをいう.

2. β の共終数(cofinality) $cf(\beta)$ はそこから β への共終関数が存在するような最小の順序数をいう：

$$cf(\beta) := \min\{\alpha \in ORD : \exists f[f : \alpha \to \beta \text{ は共終}]\}.$$

3. 極限順序数 β が正則(regular)であるとは，$cf(\beta) = \beta$ なるときをいう.
4. 正則でない無限基数を特異基数(singular cardinal)という. □

明らかなのは $cf(\beta) \leq \beta$, $cf(0) = 0$, $cf(\beta+1) = 1$, $cf(\omega) = \omega$ つまり ω は正則である.

補題 4. 4. 25

1. 共終関数 $f : cf(\beta) \to \beta$ は増加関数 $\gamma < \delta \Rightarrow f(\gamma) < f(\delta)$ に取れる.
2. 極限順序数 α について，増加かつ共終関数 $f : \alpha \to \beta$ が存在すれば，$cf(\alpha) = cf(\beta)$ となる.
3. $cf(cf(\beta)) = cf(\beta)$. よって β が極限順序数なら $cf(\beta)$ は正則である.
4. 正則順序数は基数である.

［証明］ 補題 4. 4. 25. 1. 共終関数 $g : cf(\beta) \to \beta$ を

$$f(\gamma) = \max\{g(\gamma), \sup\{f(\delta) + 1 : \delta < \gamma\}\}$$

と作り替えればよい.

補題 4. 4. 25. 2. $cf(\alpha) \geq cf(\beta)$ は補題 4. 4. 25. 1 による.

逆は，共終関数 $g : cf(\beta) \to \beta$ より $\gamma < cf(\beta)$ について $h(\gamma) = \min\{\delta < \alpha : f(\delta) > g(\gamma)\}$ とすれば $h : cf(\beta) \to \alpha$ は共終関数となるので $cf(\alpha) \leq cf(\beta)$ も言える.

補題 4. 4. 25. 3 は補題 4. 4. 25. 1，4. 4. 25. 2 による.

補題 4. 4. 25. 4 は明らかである. ▮

補題 4. 4. 26 (AC) 無限基数 κ のつぎの基数 κ^+ は正則基数である.

［証明］ $\alpha < \kappa^+$ について共終関数 $f : \alpha \to \kappa^+$ が存在したら $\kappa^+ = \sup\{f(\beta) : \beta < \alpha\} = \bigcup\{f(\beta) : \beta < \alpha\}$ となる. ところが $card(\alpha), card(f(\beta)) \leq \kappa$ なので，系 4. 4. 21. 1 より $\kappa^+ = card(\bigcup\{f(\beta) : \beta < \alpha\}) \leq \kappa$ となって矛盾. ▮

$\aleph_\omega$ が最小の特異基数である.

系 4. 4. 27 (AC) 無限基数 κ について

1.

$$\kappa^{cf(\kappa)} > \kappa$$

よって

$$\lambda \geq cf(\kappa) \Rightarrow \kappa^\lambda > \kappa.$$

2.

$$\lambda \geq 2 \Rightarrow cf(\lambda^\kappa) > \kappa.$$

［証明］ 系 4. 4. 27.1. 補題 4. 4. 25. 1 より，κ は $cf(\kappa)$ 個の部分集合 A_α ($\alpha < cf(\kappa)$) で $card(A_\alpha) < \kappa$ に分割できるので定理 4. 4. 23 を用いる．

系 4. 4. 27. 2. $\kappa \geq cf(\lambda^\kappa)$ と仮定する．

系 4. 4. 27. 1 より $(\lambda^\kappa)^\kappa > \lambda^\kappa$ であるはずだが，定理 4. 4. 20 によると $(\lambda^\kappa)^\kappa = \lambda^{\kappa \cdot \kappa} = \lambda^\kappa$ であるから矛盾． ▮

一般連続体仮説 GCH のもとでは基数べキ κ^λ はつぎのように計算できる．

系 4. 4. 28 選択公理 AC と一般連続体仮説 GCH を仮定する．

$\kappa, \lambda \geq 2$ で少なくとも一方は無限基数であるとする．

$$\kappa^\lambda = \begin{cases} \lambda^+ & \kappa \leq \lambda \text{ のとき} \\ \kappa^+ & \kappa > \lambda \geq cf(\kappa) \text{ のとき} \\ \kappa & \lambda < cf(\kappa) \text{ のとき} \end{cases}$$

［証明］ 初めに GCH 無しに

$$2 \leq \min\{\kappa, \lambda\} \,\&\, \aleph_0 \leq \max\{\kappa, \lambda\} \Rightarrow \kappa^\lambda \leq 2^{\max\{\kappa,\lambda\}} \tag{4. 19}$$

を示す．なぜなら $\sigma = \max\{\kappa, \lambda\}$ とおいて

$$\kappa^\lambda \leq \sigma^\sigma \leq card(\mathcal{P}(\sigma \times \sigma)) = 2^\sigma.$$

初めに $\kappa \leq \lambda$ であるとする．このとき (4. 19) より $\kappa^\lambda \leq 2^\lambda$，つまり $\kappa^\lambda = 2^\lambda$．よって GCH より $\kappa^\lambda = \lambda^+$．

つぎに $\kappa > \lambda \geq cf(\kappa)$ であるとする．系 4. 4. 27. 1 より $\kappa^\lambda > \kappa$ であるが，(4. 19) より $\kappa^\lambda \leq 2^\kappa$ なので $\kappa^\lambda = \kappa^+$．

最後に $\lambda < cf(\kappa)$ の場合を考える．${}^\lambda\kappa = \bigcup\{{}^\lambda\alpha : \alpha < \kappa\}$ となる．(4. 19) より $card({}^\lambda\alpha) \leq \max\{\alpha^+, \lambda^+\} \leq \kappa$． ▮

4. 4. 2 帰納的定義入門

簡単な帰納的定義は第 1 章 1. 1 節でも考えたが，ここでは一般的なかたちを考えておく．

様々なものが帰納的に定義されている．例えば実数 $\mathbb{R}$ 上のボレル集合族 $\mathcal{B}$ は帰納的に定義される：

1. 開区間 $(a, b) \in \mathcal{B}$.
2. 既に $\mathcal{B}$ に属すことが分かった集合たちの可算和と補集合も $\mathcal{B}$ に属す．

いま $A=\mathcal{P}(\mathbb{R})$ として，$X\subset A$ について $\varphi(X)\subset A$ を，開区間と X に属す集合の可算和と補集合全体とすれば，φ は以下の定義 4. 4. 29 の意味で単調になり，ボレル集合族 $\mathcal{B}$ は φ を超限的に繰り返した結果として得られる．

定義 4. 4. 29　集合 A のベキ集合上の関数 $\varphi:\mathcal{P}(A)\rightarrow\mathcal{P}(A)$ が

$$X\subset Y\subset A\Rightarrow\varphi(X)\subset\varphi(Y)$$

となっているとき，**単調**(monotonic)であるという．またこのとき φ を A 上の**単調関数**(monotonic function)という．　□

定義 4. 4. 30　単調関数 $\varphi:\mathcal{P}(A)\rightarrow\mathcal{P}(A)$ について

1.

$$I_\varphi:=\bigcap\{X\subset A:\varphi(X)\subset X\}.$$

2. 順序数 α について

$$I_\varphi^{<\alpha}:=\bigcup_{\beta<\alpha}\varphi(I_\varphi^{<\beta}).$$

□

補題 4. 4. 31　単調関数 $\varphi:\mathcal{P}(A)\rightarrow\mathcal{P}(A)$ と $\kappa=card(A)$ について

1. $I_\varphi^{<\alpha}\subset\varphi(I_\varphi^{<\alpha})$.
2. $\varphi(I_\varphi)\subset I_\varphi$.
3.

$$I_\varphi=I_\varphi^{<\kappa^+}=\bigcup_{\alpha<\kappa^+}I_\varphi^{<\alpha}.$$

4. I_φ は φ の最小の不動点である：

$$\varphi(I_\varphi)=I_\varphi\,\&\,\forall X[\varphi(X)=X\Rightarrow I_\varphi\subset X].$$

［証明］ 補題4. 4. 31. 1．$\beta<\alpha$ なら $I_\varphi^{<\beta}\subset I_\varphi^{<\alpha}$ なので，φ の単調性より $\varphi(I_\varphi^{<\beta})\subset\varphi(I_\varphi^{<\alpha})$.

補題 4. 4. 31. 2 は，φ の単調性を使って $\varphi(X\cap Y)\subset\varphi(X)$ から分かる．
補題 4. 4. 31. 3．先ず，補題 4. 4. 31. 2 と単調性より，$I_\varphi^{<\alpha}\subset I_\varphi$ が α に関する超限帰納法で分かる．

$\{I_\varphi^{<\alpha}\}_\alpha$ は単調増加なので，κ^+ 以前に成長を止める．なぜならそうでなければ，κ^+ から濃度 κ の集合への単射がつくれてしまうからである．つまり $I_\varphi^{<\lambda+1}=I_\varphi^{<\lambda}$ となる順序数 $\lambda<\kappa^+$ が存在する．これは $\varphi(I_\varphi^{<\lambda})\subset I_\varphi^{<\lambda}$ ということだから，$I_\varphi\subset I_\varphi^{<\lambda}=I_\varphi^{<\kappa^+}$．よって $I_\varphi=I_\varphi^{<\kappa^+}$ となる．

補題 4. 4. 31. 4．最小性は明らかで，不動点になることは補題 4. 4. 31. 1，補題 4. 4. 31. 2，補題 4. 4. 31. 3 から分かる．　■

定義 4. 4. 32　単調関数 $\varphi:\mathcal{P}(A)\rightarrow\mathcal{P}(A)$ について，$a\in I_\varphi$ の(φ に関する，

もしくは φ-)ノルム(norm)を

$$|a|_\varphi := \min\{\alpha \in ORD : a \in I_\varphi^{<\alpha+1}\}.$$

そして

$$|\varphi| := \sup\{|a|_\varphi + 1 : a \in I_\varphi\} = \min\{\lambda : \varphi(I_\varphi^{<\lambda}) \subset I_\varphi^{<\lambda}\}.$$ □

定義 4.4.33 集合 A 上の二項関係 $<$ の整礎部分(well-founded part) $W(<)$ を

$$W(<) := \bigcap\{X \subset A : \forall x \in A[\forall y < x(y \in X) \to x \in X]\}.$$ □

補題 4.4.34 $x \in W(<)$ は $A_{<^* x} = \{y \in A : y <^* x\}$ 上では $<$ が整礎的であることと同値であり，また

$$\varphi_<(X) = \{x \in A : \forall y < x(y \in X)\}$$

について

$$W(<) = I_{\varphi_<}.$$

さらに $a \in W(<)$ について $|a|_{\varphi_<} = rk_<(a)$. □

補題 4.4.35 κ を正則基数とする．単調関数 $\varphi : \mathcal{P}(A) \to \mathcal{P}(A)$ が任意の $X \subset A$ と $x \in A$ について

$$x \in \varphi(X) \Rightarrow \exists Y \subset X[x \in \varphi(Y) \wedge card(Y) < \kappa]$$

であるとする．

このとき

$$|\varphi| \le \kappa, \quad I_\varphi = I_\varphi^{<\kappa}.$$

従って

$$a \in I_\varphi \Rightarrow |a|_\varphi < \kappa.$$

［証明］ $x \in \varphi(I_\varphi^{<\kappa})$ とする．仮定より $Y \subset I_\varphi^{<\kappa}$ を $x \in \varphi(Y)$ で $card(Y) < \kappa$ にとる．κ は正則だから，$Y \subset I_\varphi^{<\lambda}$ となる $\lambda < \kappa$ が存在するので，$x \in \varphi(I_\varphi^{<\lambda}) = I_\varphi^{<\lambda+1} \subset I_\varphi^{<\kappa}$. ■

補題 4.4.35 で，$\kappa = \omega$ である例は「入門篇」第 1 章–第 3 章でさんざんお目にかかったものである．例えば式の帰納的定義 1.3.2 に沿って，式 t の構成を表す構成木(construction tree) $T(t)$ を対応させてみると，t が変数か定数ならば $T(t)$ は根のみより成る木にラベル t を貼り付けた木で，$t \equiv f(s_1, ..., s_n)$ ならば $T(t)$ は先ず根にラベル t を置き(もしくは関数記号 f を置いても可)，その子を n 個つくりそれぞれにラベル付き木 $T(s_i)$ をつないでいけばよい．

4.5　フィルターと閉非有界集合

4.5.1　集合上のフィルター

定義 4.5.1　$I \neq \varnothing$ を空でない集合とし，$\mathcal{P}(I)$ を I のベキ集合とする．

1. $D \subset \mathcal{P}(I)$ が，集合 I 上のフィルター(filter over$I$)であるとは，以下の条件を充たすことをいう：

   (a)
   $$\varnothing \notin D, \quad I \in D.$$
   (b)
   $$X \in D \,\&\, X \subset Y \subset I \Rightarrow Y \in D. \tag{4.20}$$
   (c)
   $$X, Y \in D \Rightarrow X \cap Y \in D. \tag{4.21}$$

2. $\varnothing \neq X \subset I$ について
   $$\langle X \rangle := \{Y \subset I : X \subset Y\}$$
   を，X で生成される単項フィルター(principal filter generated by X)という．

   単項フィルターでないフィルターは非単項フィルター(non-principal filter)であると言われる．

3. I が無限集合のとき
   $$\mathcal{F} := \{X \subset I : (I \backslash X) \text{ が有限集合}\}$$
   を，**Fréchet** フィルター(Fréchet filter, cofinite filter)という．

4. フィルター D が極大(maximal)であるとは，フィルター間の包含関係に関して極大なことをいう．

5. フィルター D が超フィルター(ultra filter)であるとは，
   $$\forall X \subset I [X \in D \vee (I \backslash X) \in D]$$
   となることをいう．

6. $S \subset \mathcal{P}(I)$ が有限交叉性(finite intersection property)をもつとは，その有限部分の交わりが空でないことをいう：
   $$\forall Q \subset_{fin} S [\bigcap Q \neq \varnothing].$$
   □

つぎの命題 4.5.2 は容易に分かる．

命題 4.5.2

1. 単項フィルター $\langle X \rangle$ が超フィルターになるのは，X が一点集合 $\{a\}$ の場合に限られる．

2. I が無限のときの Fréchet フィルターは非単項フィルターである．

3. フィルターは有限交叉性をもつ．

4. $S \subset \mathcal{P}(I)$ は有限交叉性をもつとする．このとき，S のある有限部分の交わりを含む集合全体：

$$D = \{X \subset I : \exists Q \subset_{fin} S[\bigcap Q \subset X]\}$$

は S を含む最小のフィルターである．

　この D を S で**生成されるフィルター**(filter generated by S)と呼ぶ．

5. フィルター $D \subset \mathcal{P}(I)$ は

$$X, Y \in D \,\&\, X \cap Y \subset Z \Rightarrow Z \in D \tag{4.22}$$

を充たす． □

補題 4.5.3 フィルター D が超フィルターであるための必要十分条件は，それが極大であることである．

［証明］ D を I 上のフィルターとする．

初めに D は超フィルターであるとする．I 上のフィルター E を $D \subset E$ とし，$X \in E$ とする．$X \in D$ を示したい．D が超フィルターであるから，$X \in D$ か $I \backslash X \in D$ である．$I \backslash X \in D \subset E$ なら，$\varnothing = X \cap (I \backslash X) \in E$ となってしまうので，$X \in D$ でなければならない．よって D は極大である．

逆に D は極大であるとして，$X \subset I$ かつ $X \notin D$ とする．$I \backslash X \in D$ を示したい．このとき

$$S = D \cup \{I \backslash X\}$$

は，$D \subset S$ でしかも有限交叉性をもつ．なぜなら $Y \in D$ についてもし $Y \cap (I \backslash X) = \varnothing$ なら，これは $Y \subset X$ を意味し，$X \in D$ となってしまうからである．

よって命題 4.5.2.4 により，S はあるフィルター E に含まれるが D の極大性により，$(I \backslash X) \in S \subset E \subset D$ となりこれでよい． ■

つぎの定理 4.5.4 は Zorn の補題 1.1.9 から出てくる．

定理 4.5.4 (超フィルター定理 ultra filter theorem)

どんなフィルター D，従って有限交叉性を持つ S についてもそれを含む極大(超)フィルターが存在する． □

命題 4.5.5

1. D を I 上の超フィルターとして，$Y_0 \cup \cdots \cup Y_{n-1} \in D$ なら，ある $i < n$ について $Y_i \in D$ となる．

2. D を無限集合 I 上の超フィルターとする．D が 非単項であるための必要十分条件は Fréchet フィルターを含む($\mathcal{F} \subset D$)ことである．

3. 無限集合 I について，$S \subset \mathcal{P}(I)$ は，$\forall Q \subset_{fin} S[\bigcap Q$ が無限$]$ であるとする．このとき S はある非単項超フィルターに含まれる． □

定義 4. 5. 6 一点集合 $\{a\}$ による単項フィルター $\langle\{a\}\rangle$ を自明な超フィルターと呼ぶ(cf. 命題 4. 5. 2. 1)．非単項な超フィルターを非自明な超フィルター(non-principal ultra filter)と呼ぶことにする． □

4. 5. 2 ブール代数

ここではブール代数(Boolean algebra)を導入して，その基本的事項をまとめておく．

ある集合 $X \neq \varnothing$ の部分集合から成る集合族 $\varnothing \neq B \subset \mathcal{P}(X)$ が，補集合とふたつの集合の合併を取る操作で閉じているとき，X 上の**集合代数**(field of sets)と呼ぶ．集合代数 $B \subset \mathcal{P}(X)$ には，$\varnothing, X \in B$ であり，また B はふたつの集合の共通部分を取る操作でも閉じている．

この集合代数の代数構造を抽象化してブール代数の公理が得られる．

定義 4. 5. 7 ブール代数(Boolean algebra)は，集合 B とその元 $0, 1 \in B$ $(0 \neq 1)$ および B 上のふたつの二項演算 $+, \cdot$ と一項演算 $^-$ の組 $\langle B; 0, 1, +, \cdot, ^- \rangle$ で，以下が任意の $a, b, c \in B$ について成り立つものをいう：

(1a)	$a+a=a$	(1b)	$a \cdot a=a$
(2a)	$a+b=b+a$	(2b)	$a \cdot b=b \cdot a$
(3a)	$(a+b)+c=a+(b+c)$	(3b)	$(a \cdot b) \cdot c=a \cdot (b \cdot c)$
(4a)	$a \cdot (b+c)=a \cdot b+a \cdot c$	(4b)	$a+b \cdot c=(a+b) \cdot (a+c)$
(5a)	$a+\bar{a}=1$	(5b)	$a \cdot \bar{a}=0$
(6a)	$a+0=a$	(6b)	$a \cdot 1=a.$

ここで掛け算・は足し算 + より結合力が強い，つまり $a \cdot b+c :\equiv (a \cdot b)+c \neq a \cdot (b+c)$ である． □

ブール代数 $\langle B; 0, 1, +, \cdot, ^- \rangle$ は混乱のおそれのない限り，数学の習慣に従って単に B で表す．

明らかに集合代数 $B \subset \mathcal{P}(X)$ は，$0, 1$ を $\varnothing, X$ で，$+, \cdot, ^-$ を合併，共通部分，X での補集合でそれぞれ解釈すればブール代数である．特に集合 $X \neq \varnothing$ について，部分集合全体 $\mathcal{P}(X)$ と $\{\varnothing, X\}$ はともに集合代数としてブール代数である．

後者は X によらずにブール代数として同型になるから，$\mathbf{2} \cong \{\varnothing, X\}$ と書く．

ブール代数の定義 4.5.7 を見ると，左辺の等式(ia) $(1 \leq i \leq 6)$ において，$+$ と・を入れ換え，0 と 1 を入れ換えると，右辺(ib)が得られる．よって，変数と $0, 1$ から $+, \cdot, ^{-}$ を組み合わせた式間の等式 $t = s$ において同じ置き換えをして得られる等式を $t' = s'$ と書けば，$t = s$ があるブール代数で成り立つことと，$t' = s'$ が成り立つことは同値である．これをブール代数での**双対原理**(duality principle)と呼ぶ．

つぎの命題 4.5.8 の証明は容易なので(演習 23)とする．

命題 4.5.8 B をブール代数，$a, b \in B$ とするとつぎが成立する．

1. $a + 1 = 1, \quad a \cdot 0 = 0.$
2. $a + a \cdot b = a.$
3. $a \cdot (a + b) = a.$
4. $a + b = b \leftrightarrow a \cdot b = a.$ □

集合代数 $B \subset \mathcal{P}(X)$ では，$a \subset b$ は

$$a \subset b \leftrightarrow a \cup b = b \leftrightarrow a \cap b = a$$

と，$\cup$ もしくは $\cap$ から定義できる．これをブール代数に一般化しよう．

定義 4.5.9 ブール代数 B において，

$$a \leq b :\Leftrightarrow a + b = b \Leftrightarrow a \cdot b = a.$$

あとの同値関係は命題 4.5.8.4 による． □

つぎの命題 4.5.10 の証明は容易なので(演習 24)とする．

命題 4.5.10 ブール代数 B 上の関係 $\leq$ についてつぎが成立する．

1. $\leq$ は B 上の半順序である：$a \leq a$, $a \leq b \leq a \rightarrow a = b$, $a \leq b \leq c \rightarrow a \leq c$.
2. 0 が最小元で，1 が最大元.
3. $a + b$ は $\leq$ に関する a, b の上限 $a + b = \sup_{\leq}\{a, b\}$，すなわち $a, b \leq a + b$. $a, b \leq c \rightarrow a + b \leq c$ で，$a \cdot b$ は $\leq$ に関する a, b の下限 $a \cdot b = \inf_{\leq}\{a, b\}$.
4. $+, \cdot$ はともに $\leq$ を保つ：$a \leq b \rightarrow a + c \leq b + c \,\&\, a \cdot c \leq b \cdot c$.
5. $a + b = 1 \leftrightarrow \bar{b} \leq a, \quad a \cdot b = 0 \leftrightarrow a \leq \bar{b}$.
6. $\bar{0} = 1, \quad \bar{1} = 0.$
7. $\bar{\bar{a}} = a.$
8. $\overline{a + b} = \bar{a} \cdot \bar{b}, \quad \overline{a \cdot b} = \bar{a} + \bar{b}.$
9. $a \leq b \Leftrightarrow \bar{b} \leq \bar{a}.$ □

集合 $I \neq \varnothing$ 上のフィルターの概念(定義 4. 5. 1)はブール代数に自然に拡張される．以下で定義されるイデアルはフィルターの双対である．

定義 4. 5. 11 B をブール代数とする．

1. $I \subset B$ が**イデアル**(ideal)であるとは，以下の三条件を充たすことをいう：
   (a) $0 \in I \,\&\, 1 \notin I$.
   (b) $b \in I \,\&\, a \leq b \Rightarrow a \in I$.
   (c) $a, b \in I \Rightarrow a+b \in I$.
2. イデアル I が**素イデアル**(prime ideal)であるのは，$\forall a \in B[a \in I \vee \bar{a} \in I]$ であるときをいう．
3. $F \subset B$ が**フィルター**(filter)であるとは，以下の三条件を充たすことをいう：
   (a) $1 \in F \,\&\, 0 \notin F$.
   (b) $b \in F \,\&\, b \leq a \Rightarrow a \in F$.
   (c) $a, b \in F \Rightarrow a \cdot b \in F$.
4. フィルター F が**超フィルター**(ultra filter)であるのは，$\forall a \in B[a \in F \vee \bar{a} \in F]$ であるときをいう．
5. $b \neq 1$ について $\{a \in B : a \leq b\}$ を，b で生成される**単項イデアル**(principal ideal)という．
6. $b \neq 0$ について $\{a \in B : b \leq a\}$ を，b で生成される**単項フィルター**(principal filter)という． □

定義 4. 5. 12 ブール代数 B において，$a \in B$ が**アトム**(atom)であるとは，$a \neq 0$ かつ $0 < b < a$ となる b が存在しないことをいう． □

命題 4. 5. 13 B をブール代数，$I, F \subset B$ とする．

1. イデアル I について，$\{a, \bar{a}\} \not\subset I$.
2. イデアル I が素イデアルであるための必要十分条件は，
$$\forall a, b \in B[a \cdot b \in I \to a \in I \vee b \in I].$$
3. フィルター F について，$\{a, \bar{a}\} \not\subset F$.
4. フィルター F が超フィルターであるための必要十分条件は，
$$\forall a, b \in B[a + b \in F \to a \in F \vee b \in F].$$
   cf. 命題 4. 5. 5. 1.
5. I がイデアル(素イデアル)であることと，$\{\bar{a} : a \in I\}$ がフィルター(超フィルター)であることは，それぞれ同値である．

6. 単項フィルター $\{b \in B : a \leq b\}$ が超フィルターになることと，a がアトムであることは同値である．cf. 命題 4. 5. 2. 1.
7. $\varnothing \neq X \subset B$ のどんな有限部分 $\{a_0, ..., a_n\} \subset_{fin} X$ についても，$a_0 + \cdots + a_n \neq 1$ ならば，

$$\{b \in B : \exists\{a_0, ..., a_n\} \subset_{fin} X[b \leq a_0 + \cdots + a_n]\}$$

は，X を含む最小のイデアルである．これを X で生成されるイデアル(ideal generated by X) という．

また，$\varnothing \neq X \subset B$ のどんな有限部分 $\{a_0, ..., a_n\} \subset_{fin} X$ についても $a_0 \cdot \cdots \cdot a_n \neq 0$ ならば，

$$\{b \in B : \exists\{a_0, ..., a_n\} \subset_{fin} X[a_0 \cdot \cdots \cdot a_n \leq b]\}$$

は，X を含む最小のフィルターである．これを X で生成されるフィルター(filter generated by X)という．cf. 命題 4. 5. 2. 4.

［証明］ 4. 5. 13. 2. 条件が成り立てば，$a \cdot \bar{a} = 0 \in I$ より，$a \in I$ または $\bar{a} \in I$ となる．

逆に I を素イデアルとして，$a \notin I$ かつ $b \notin I$ とする．このとき $\bar{a}, \bar{b} \in I$ となる．$\overline{a \cdot b} = \bar{a} + \bar{b} \in I$ なので，$a \cdot b \notin I$ である．

残りの証明は容易なので(演習 25)とする．■

つぎの補題 4. 5. 14 の証明は，補題 4. 5. 3 と同じである．

補題 4. 5. 14　ブール代数 B において，イデアル(フィルター)が素イデアル(超フィルター)であるのは，それが極大の場合である．□

イデアルはブール代数の準同型写像の核と密接に関連する．

定義 4. 5. 15　ふたつのブール代数 B, C と写像 $H : B \to C$ について，

1. H が B から C への準同型写像(homomorphism)であるとは，任意の $a, b \in B$ について，$H(a+b) = H(a) + H(b)$, $H(a \cdot b) = H(a) \cdot H(b)$, $H(\bar{a}) = \overline{H(a)}$ となることである．ただしここで，左辺の演算 $+, \cdot, ^-$ は B での演算で，右辺のそれらは C での演算である．
2.

$$Ker(H) := \{a \in B : H(a) = 0\}$$

を準同型 H の核(kernel)という．

3. 準同型 $H : B \to C$ が全単射のときに同型写像(isomorphism)という．□

定義 4. 5. 16　ブール代数での対称差(symmetric difference) $a \triangle b$ を

$$a \triangle b := a \cdot \bar{b} + \bar{a} \cdot b$$

で定義する. □

つぎの命題 4. 5. 17 の証明は容易なので(演習 27)とする.

命題 4. 5. 17 $H : B \to B'$ を準同型とする.

1. $H(0) = 0, \quad H(1) = 1$.
2. $a \leq b \Rightarrow H(a) \leq H(b)$.
3. $H(a) = H(b) \Leftrightarrow a \triangle b \in Ker(H)$. □

つぎの命題 4. 5. 18 の証明も容易なので(演習 29)とする.

命題 4. 5. 18 $H : B \to B'$ を準同型とする.

1. 核 $Ker(H)$ は B のイデアルであり, $\{a \in B : H(a) = 1\}$ はフィルターである.
2. $rng(H) = \mathbf{2}$ であることと, $Ker(H)$ が素イデアルであることは同値である. またこれは, $\{a \in B : H(a) = 1\}$ が超フィルターであることとも同値である. □

つぎの定理 4. 5. 19 は, 超フィルター定理 4. 5. 4 と同様にして, 補題 4. 5. 14 と命題 4. 5. 18. 2 を用いて, Zorn の補題 1. 1. 9 から示される.

定理 4. 5. 19 (素イデアル定理)

ブール代数 B においてつぎが成立する:

1. イデアル I を含む素イデアル J が存在する.
2. 素イデアル K について, 準同型 $H : B \to \mathbf{2}$ で $Ker(H) = K$ となるものが存在する.
3. フィルター F を含む超フィルター U が存在する. □

系 4. 5. 20 ブール代数 B の元 $a, b \in B$ についてつぎの四条件は互いに同値:

1. $a \not\leq b$.
2. $b \in I$ であるが $a \notin I$ なる素イデアル I が存在する.
3. $H(a) = 1, H(b) = 0$ となる準同型 $H : B \to \mathbf{2}$ が存在する.
4. $a \in F$ であるが $b \notin F$ なる超フィルター F が存在する.

[証明] 命題 4. 5. 10. 5 より, $a \not\leq b$ なら, $\bar{a} + b \neq 1$ であるから, $\{\bar{a}, b\}$ で生成されるイデアルを含む素イデアルを考える. ■

ブール代数は集合代数を抽象化したものだが, つぎの定理 4. 5. 21 から, 任意のブール代数はある集合代数と同型になることが分かる.

一般に, 位相空間において, 閉(closed)かつ開(open)な集合を **clopen set** という. また, 位相空間が完全不連結(totally disconnected)とは, その位相の基底(base)として clopen sets が取れることをいう．

定理 4.5.21 (Stone の表現定理)

任意のブール代数 B はある集合代数と同型になる．この集合代数は，B の **Stone 空間**(Stone space)と呼ばれる，ある完全不連結なコンパクトハウスドルフ空間での clopen sets 全体として取れる．

［証明］「集合族」B でなら，「集合」$b\in B$ はその「元」全体の集合 $\{a\in B: a$ はアトムで $a\leq b\}$ で表現できるだろう．しかし常にこのようなアトムが存在するとは限らない．他方，命題 4.5.13.6 により，アトムは単項フィルターが超フィルターであることと関連していた．そこで，超フィルターを「元」と思えばよいことになる．

$\mathcal{U}$ を B 上の超フィルター全体の集合とし，$a\in B$ について

$$H(a) := \{F\in\mathcal{U} : a\in F\}$$

と定める．

系 4.5.20 より H は単射である．つぎに $H:B\rightarrow rng(H)$ が準同型であることを見よう．この証明から，$rng(H)\subset\mathcal{P}(\mathcal{U})$ が集合代数をなすことも分かる．$a,b\in B$, $F\in\mathcal{U}$ とする．命題 4.5.13.3 より，$\bar{a}\in F\leftrightarrow a\notin F$，つまり $H(\bar{a})=\mathcal{U}\setminus H(a)$．また命題 4.5.13.4 より，$a+b\in F\leftrightarrow a\in F\vee b\in F$，つまり $H(a+b)=H(a)\cup H(b)$．

これで B と集合代数 $rng(H)$ が同型であることが分かった．

つぎに $\mathcal{U}$ に位相を入れる．$H(a)\cap H(b)=H(a\cdot b)$ であるから，$rng(H)$ に入っている集合が $\mathcal{U}$ 上の位相の基底になる．$H(\bar{a})=\mathcal{U}\setminus H(a)$ より，各 $H(a)$ は clopen set になる．よって，位相空間 $\mathcal{U}$ は完全不連結である．

つぎに $\mathcal{U}$ がハウスドルフであることを見るために，$F\neq G\,(F,G\in\mathcal{U})$ であるとする．このとき $a\in(F\setminus G)$ とすれば，$\bar{a}\in G$ だから，$F\in H(a)$ かつ $G\in H(\bar{a})$ で $H(a)\cap H(\bar{a})=\varnothing$ である．

つぎに $\mathcal{U}$ がコンパクトであることを示すために，閉集合系 $\{H(a):a\in T\}\subset rng(H)$ が有限交叉性をもつとする．示したいことは $\bigcap\{H(a):a\in T\}\neq\varnothing$ である．$\{a_1,...,a_n\}\subset_{fin}T$ について，$\varnothing\neq H(a_1)\cap\cdots\cap H(a_n)=H(a_1\cdot\cdots\cdot a_n)$ であるから，$a_1\cdot\cdots\cdot a_n\neq 0$ となる．よって命題 4.5.13.7 と素イデアル定理 4.5.19 により，T を含む超フィルター $F\in\mathcal{U}$ が存在し，$F\in\bigcap\{H(a):a\in T\}$ である．

最後に $\mathcal{U}$ の任意の clopen set X が $rng(H)$ に入っていることを見よう．$\mathcal{U}$ はコンパクトで X は閉だから，X もコンパクトである．X は開でもあるので，有

限個の基本開集合の合併になる．$rng(H)$ の元の有限個の合併はまた，$rng(H)$ に属するのでこれでよい． ∎

4.5.3 閉非有界集合

定義 4.5.22 λ を極限順序数とする．

$C \subset \lambda$ が，どんな極限順序数 $\alpha < \lambda$ についても，もし $C \cap \alpha$ が α で非有界 $(\forall \beta < \alpha \exists \gamma \in C \cap \alpha[\gamma \geq \beta])$ なら，$\alpha \in C$ となっているとき，閉(closed)であるという．

閉かつ非有界な $C \subset \lambda$ を，λ で**閉非有界**(closed unbounded)であるという． □

補題 4.5.23 $cf(\lambda) > \omega$ とする．λ の閉非有界集合 $\{C_\alpha\}_{\alpha<\beta}$ の $cf(\lambda) > \beta$ 個の共通部分 $\bigcap_{\alpha<\beta} C_\alpha$ はまた閉非有界になる．

［証明］ 閉集合の任意個数の共通部分はまた閉になる．

$f_\alpha : \lambda \to \lambda$ を

$$f_\alpha(\xi) = \min\{\gamma < \lambda : C_\alpha \ni \gamma > \xi\}$$

で定めて，

$$g(\xi) = \sup\{f_\alpha(\xi) : \alpha < \beta\}$$

とすれば $\beta < cf(\lambda)$ だから $g : \lambda \to \lambda$ で $g(\xi) > \xi$ である．そこで ξ_n を，$\xi_0 = \xi$，$\xi_{n+1} = g(\xi_n)$ と決めて $\zeta = \sup\{\xi_n : n < \omega\}$ とおくと，$cf(\lambda) > \omega$ より $\zeta < \lambda$ である．$\alpha < \beta$ について，C_α は ζ で非有界であるから $\zeta \in C_\alpha$．つまり $\xi < \zeta \in \bigcap_{\alpha<\beta} C_\alpha$． ∎

この補題 4.5.23 より，$cf(\lambda) > \omega$ なら λ 上の閉非有界集合でフィルター(**閉非有界フィルター** closed unbounded filter)

$$\mathcal{C}_\lambda := \{X \subset \lambda : \exists C \subset \lambda[C \subset X \,\&\, (C \text{ は閉非有界})]\} \tag{4.23}$$

が生成されることが分かる．

定義 4.5.24 $cf(\lambda) > \omega$ とする．関数 $f : \lambda \to \lambda$ が**正規**(normal)であるとは，それが狭義増加関数でかつ連続，つまり極限順序数 $\alpha < \lambda$ について $f(\alpha) = \sup\{f(\beta) : \beta < \alpha\}$ となることをいう． □

補題 4.5.25 $\lambda = cf(\lambda) > \omega$ とする．λ 上において，正規関数の値域であることと閉非有界であることは同値である．

［証明］ 正規関数 $f : \lambda \to \lambda$ の値域が非有界なのは，増加関数なので $x \leq f(x)$

だからである．それが閉なのは連続性より分かる．

逆に閉非有界集合 C について，$f(\alpha)$ を C の α 番目の元，と定義すれば，C の**数え上げ関数**(enumerating function) f は λ 全体で定義された正規関数になる． ∎

補題 4.5.26 $\lambda = cf(\lambda) > \omega$ とし，λ 上の正規関数 f を考える．

1. 正規関数 f, g の合成 $f \circ g$ もまた正規となる．
2. 極限順序数 $\alpha < \lambda$ が f の不動点 $f(\alpha) = \alpha$ であるのは，α が f について閉じている$(\forall \beta < \alpha [f(\beta) < \alpha])$ときである．
3. f の不動点全体 $\{\alpha < \lambda : f(\alpha) = \alpha\}$ はまた閉非有界になる．

［証明］ 4.5.26.2. 極限順序数 α について $f(\alpha) = \sup\{f(\beta) : \beta < \alpha\}$ だからである．

4.5.26.3. f を n 回繰り返した関数 $f^{(n)}$ について $C = \bigcap\{rng(f^{(n)}) : n < \omega\}$ は補題 4.5.26.1, 4.5.23 より閉非有界である．不動点が非有界であるのは，$\alpha < \lambda$ について $\alpha < \beta \in C$ と取ると，$f(\beta) = \beta$ となる． ∎

定義 4.5.27 $cf(\lambda) > \omega$ とする．$S \subset \lambda$ がすべての閉非有界集合と交わるとき**定常**(stationary)であるという． □

補題 4.5.23 より定常でない集合を $cf(\lambda)$ 未満個寄せ集めても定常にならない．また閉非有界集合は定常である．

補題 4.5.28 λ を正則として $cf(\mu) > \lambda$ とする．このとき

$$\{\alpha < \mu : cf(\alpha) = \lambda\}$$

は μ で定常である．

［証明］ 閉非有界集合 C の λ 番目の元 α は $cf(\alpha) = \lambda$ になる． ∎

補題 4.5.29 $\kappa > \omega$ は正則基数とする．閉非有界集合 $\{C_\alpha\}_{\alpha<\kappa}$ の**対角共通部分**(diagonal intersection)

$$\triangle_\alpha C_\alpha := \{\beta < \kappa : \beta \in \bigcap_{\gamma<\beta} C_\gamma\}$$

も閉非有界になる．

［証明］ $\triangle_\alpha C_\alpha$ が閉であるのは容易に分かる．

$\beta < \kappa$ に対し，補題 4.5.23 より $\bigcap_{\gamma<\beta} C_\gamma$ は閉非有界なので，$g(\beta)$ を $\bigcap_{\gamma<\beta} C_\gamma$ の元で β より大きく取る．$g : \kappa \to \kappa$ である．すると $\xi_0 = \xi$, $\xi_{n+1} = g(\xi_n)$ とした $\xi < \zeta = \sup\{\xi_n : n < \omega\} \in \triangle_\alpha C_\alpha$. ∎

定義 4.5.30 $f : S \to \kappa\,(S \subset \kappa)$ が，任意の $\kappa > \alpha \neq 0$ について $f(\alpha) < \alpha$ とな

っているとき後退的(regressive)であるという. □

ω 上では, $f(0)=0$, $f(n+1)=n$ は後退的だが, $card(f^{-1}[\{n\}])<\omega$ である.

つぎに ω_1 上で考えてみる. A を定常でないとして, $A\cap C=\varnothing$ となる閉非有界集合 C を取る. A は極限順序数のみから成るとしてよい. $\alpha\in A$ について $f(\alpha)=\sup(C\cap\alpha)$ とおくと, $f(\alpha)\leq\alpha$ だが, $f(\alpha)\in C$ つまり $f(\alpha)\notin A$ なので $f(\alpha)<\alpha$ となり, $f:A\to\omega_1$ は後退的である. この f は, どんな γ についても $card(f^{-1}[\{\gamma\}])<\omega_1$ となっている. 実際, $\gamma<\beta<\alpha, \beta\in C, \alpha\in A$ なら $f(\alpha)\geq\beta$ となるので, 集合 $f^{-1}[\{\gamma\}]$ は ω_1 で有界である.

定常集合は有界でない. よって正則基数 κ 上での定常集合の濃度は κ である.

補題 4. 5. 31 (Fodor の補題)

$\kappa>\omega$ は正則とする. S を κ 上, 定常とし $f:S\to\kappa$ を後退的とする. このとき, ある $\alpha<\kappa$ について $f^{-1}[\{\alpha\}]$ が定常になる.

［証明］ すべての $\alpha<\kappa$ について $f^{-1}[\{\alpha\}]$ が定常にならないとして, 閉非有界集合 C_α を $C_\alpha\cap f^{-1}[\{\alpha\}]=\varnothing$ となるように取る. 補題 4. 5. 29 によると, $D=(\triangle_\alpha C_\alpha)\setminus\{0\}$ は閉非有界だが $D\cap S=\varnothing$ となる. なぜなら $0<\gamma\in D\cap S$ なら $\forall\alpha<\gamma[f(\gamma)\neq\alpha]$ となり後退的 $f(\gamma)<\gamma$ に反する. こうして S が定常であることとの矛盾 $D\cap S=\varnothing$ が生じた. ■

4. 5. 4 poset と Martin の公理 MA

ここでは後の強制法(7. 3 節)で必要になる順序集合に関する基礎事項をまとめておく. この小節を通じて選択公理 AC を仮定する.

半順序集合については, 1. 1 節, 定義 1. 1. 4 を参照のこと. ここで考える半順序集合は, 最大元を有するもののみである.

定義 4. 5. 32

1. 最大元を有する半順序集合を **poset** と呼ぶ. poset $\langle P,\leq_P\rangle$ での最大元を $\mathbf{1}_P$ と書き表す. 文脈から明らかなときには $\leq_P$ を単に $\leq$, $\mathbf{1}_P$ を $\mathbf{1}$ と書く.

   poset P の元を**強制法の条件**(forcing condition) あるいは単に**条件**(condition)と呼び, $p\leq q$ であるとき, p は q を**拡張している**(p extends q)とか p は q より**強い**(p is stronger than q)という.

   以下, $\langle P,\leq,\mathbf{1}\rangle$ を poset とする.

2. $p,q\in P$ が**両立する**(compatible)のは, それらに共通な**拡張**(common extension) r が存在するときをいう:

$$\exists r \in P[r \leq p \wedge r \leq q].$$

p, q が**両立しない**(incompatible)ときに，$p \perp q$ と書く．

集合 $A \subset P$ の任意の二元が両立しないとき，A は **poset** P **の反鎖**(antichain)と呼ばれる[*2]．

poset の可算鎖条件[*3] (countable chain condition, c.c.c.)とは，その poset での反鎖，つまり任意の二元が両立しない集合がたかだか可算であることをいう．

3. $D \subset P$ が
$$\forall p \in P \exists q \in D(q \leq p) \quad (4.24)$$
を充たすとき，D は P で**稠密**(dense)であるという．

4. $p_0 \in P$ として，$D \subset P$ が
$$\forall p \leq p_0 \exists q \in D(q \leq p) \quad (4.25)$$
を充たすとき，D は p_0 **以下で稠密**(dense below p_0)であるという．

5. つぎの二条件を充たす $G \subset P$ を **poset のフィルター**(filter)と呼ぶ：
$$\forall p, q \in G \exists r \in G(r \leq p \wedge r \leq q) \quad (4.26)$$
$$\forall p \in G \forall q \in P(p \leq q \rightarrow q \in G) \quad (4.27)$$
(4.26)を充たす G に対して $\{p \in P : \exists q \in G(q \leq p)\}$ はフィルターになる．これを G が**生成する**(generate)フィルターという．

定義 4.5.1 での集合 I 上のフィルター $D \subset \mathcal{P}(I)$ は，$\mathcal{P}(I) \setminus \{\varnothing\}$ に順序 $X \leq Y \Leftrightarrow X \subset Y$ を入れた poset でのフィルターになっている．

6. poset P のフィルター G が，集合 M に対して $\boldsymbol{M}$**-ジェネリックフィルター**(M-generic filter) あるいは $\boldsymbol{M}$**-ジェネリック**(M-generic)であるとは，任意の稠密な $D \in M$ と G が交わるときをいう：
$$\forall D \in M[D \text{ は } P \text{ で稠密 } \rightarrow G \cap D \neq \varnothing]. \qquad \square$$

ひとつ一般的に成り立つことがらを見て，定義 4.5.32 を論理的に操作することに慣れよう．それからこの定義をいくつか例を通して眺めてみよう．

命題 4.5.33 P を poset, $E \subset P$ とする．
$$D = \{p : \exists r \in E(p \leq r)\} \cup \{q : \forall r \in E(r \perp q)\}$$

---

*2 この定義と定義 1.1.4.11 での「反鎖」は意味が違う．後者は，任意の二元が比較不能ということでここでの意味より弱い．

*3 この条件を可算反鎖条件(countable antichain condition, c.a.c.)と呼ぶこともある．また「可算鎖条件」という言葉は少し意味を変えて，後の定義 7.2.28，定義 7.2.30 にも出てくるので注意されたい．

は稠密である．

フィルター G が D と交わるとする．このときある $p \in G$ について，E が p 以下で稠密ならば，G は E とも交わる．

［証明］ 初めに D の稠密性を見るため，$q \in P$ とする．$q \notin D$ としてよいから，$r \in E$ を q と両立するように取る．そこで $p \leq r, p \leq q$ とすれば $p \in D$ となる．

つぎにフィルター G が D と交わり，$p \in G$ は E が p 以下で稠密になるものとする．$G \cap D \neq \varnothing$ は，G が E と交わるか，さもなくばある $q \in G$ が E の任意の元 $r \in E$ と両立しないということを意味する．後者であるとして，$p, q \in G$ の共通な拡大 q' を(G に)取る．すると E は p 以下で稠密と仮定しているから，$E \ni r \leq q'$ とすれば $r \leq q$ となり $r \perp q$ に反す． ∎

poset の重要な例として有限関数のつくる poset を考える．

定義 4.5.34 空でない集合 I, J に対して，I から J への有限部分関数全体を

$$Fnc_{fin}(I, J) := \{p \subset_{fin} I \times J : p \text{ は関数}\}.$$

$Fnc_{fin}(I, J)$ の順序を，関数としての拡張で定義する：

$$p \leq q :\Leftrightarrow p \supset q. \qquad \Box$$

$Fnc_{fin}(I, J)$ の最大元は空な関数 $\varnothing$ である．p, q が両立するのは定義 4.1.3 での意味と同じである．よって $G \subset Fnc_{fin}(I, J)$ がフィルターであれば，$f_G := \bigcup G$ は I から J への部分関数になる．

つぎはいずれも $Fnc_{fin}(I, J)$ で稠密な集合の例であり，フィルター G がそれらと交わるときの f_G の様子を書いてある．

命題 4.5.35

1. 各 $i \in I$ に対しつぎは稠密である：

$$D_i = \{p \in Fnc_{fin}(I, J) : i \in dom(p)\}.$$

$\forall i \in I\,(G \cap D_i \neq \varnothing)$ ならば，$dom(f_G) = I$ となる．

2. I は無限集合であるとする．

各 $j \in J$ に対しつぎは稠密である：

$$E_j = \{p \in Fnc_{fin}(I, J) : j \in rng(p)\}.$$

$\forall j \in J\,(G \cap E_j \neq \varnothing)$ ならば，$rng(f_G) = J$ となる．

3. I は無限集合，$card(J) \geq 2$ であるとする．

関数 $h \in {}^I J$ に対しつぎは稠密である：

$$F_h = \{p \in Fnc_{fin}(I, J) : \exists i \in dom(p)[p(i) \neq h(i)]\}.$$

$G \cap F_h \neq \varnothing$ ならば $f_G \neq h$. とくにいかなるフィルター G もすべての $D \in \{D_i\}_{i \in I} \cup \{F_h : h \in {}^I J\}$ と交わることはできない. □

定義 4.5.32 を，poset とフィルターがなにかを構成しようとしているという立場から眺めてみよう．poset の元 $p \in P$ は構成しようとしている対象の「部品」のようなものであり，その一部の情報しかもたらさない．$p \leq q$ ということは，「部品」p のほうが q よりもより多くの，あるいは詳細な情報を持っているということである．よって最大元 $\mathbf{1}$ は空な情報を表している．p, q が両立するとは，これらが矛盾しない情報であるということになる．よって条件(4.26)はフィルターが互いに矛盾しない情報の集まり，あるいはフィルターとは構成しようとしている対象の設計図のようなものとも考えられる．

D が稠密ということは，どんな部品 p も D に集められた部品 q の一部であるということなので，考え得るあらゆる対象が D と一部は共有する，つまり D は一般的な性質を記述していると考えられる．するとジェネリックフィルター G が稠密な集合と十分に多く交わるということは，設計図 G から構成しようとしている対象 x_G が十分に一般的ということを意味することになる．つまり与えておいた稠密な集合で記述されている性質を兼ね備えているということである．

7.3 節での強制関係「p は φ を強制する」$p \Vdash \varphi$ は「p という部分情報だけから φ が成り立っていることが結論できる」という意味である．定義 4.5.34 での poset $Fnc_{fin}(\omega, 2)$ の場合にこれをいまの文脈に引き寄せて言えば，例えば $p = \{\langle 0, 1 \rangle\}$ は $f_G(0) = 1$ を強制するとなる．しかしもちろん p は $f_G(1)$ については何も言っていないし，一般の n での値 $f_G(n)$ はどのような部品を持って来ても決定できない．

命題 4.5.36　J が可算ならば，$Fnc_{fin}(I, J)$ は可算鎖条件を充たす．

［証明］ $\{p_\alpha \in Fnc_{fin}(I, J) : \alpha < \omega_1\}$ に対して有限集合 $x_\alpha = dom(p_\alpha)$ を考える．命題 4.4.14 より，ある非可算な $X \subset \omega_1$ について $\{x_\alpha : \alpha \in X\}$ が Δ-システムになる．その根を r とする．ここで J が可算であったから，${}^r J$ も可算である．よってある非可算な $Y \subset X$ について $\forall \alpha, \beta \in Y [p_\alpha \restriction r = p_\beta \restriction r]$，つまりどの $p_\alpha, p_\beta\ (\alpha, \beta \in Y)$ もその共通の定義域 r 上で一致している．言い換えればそれらは両立している．よって $\{p_\alpha : \alpha < \omega_1\}$ は反鎖には成り得ない． ■

定義 4.5.37　κ を無限基数とする．MA_κ は

MA_κ：任意の可算鎖条件を充たす poset P でのたかだか κ 個の稠密な集

合族 $\mathcal{D}=\{D_\alpha : \alpha<\kappa\}$ の元すべてと交わる $(\forall D\in\mathcal{D}[G\cap D\neq\varnothing])$ フィルター G が存在する

という命題を表す．

Martin の公理(Martin's Axiom, MA)は，

$$\mathrm{MA} :\Leftrightarrow \forall\kappa<2^{\aleph_0}\mathrm{MA}_\kappa$$

を表す． □

MA に関してすぐに分かることをまとめる．CH は連続体仮説 $2^{\aleph_0}=\aleph_1$ であった．

命題 4. 5. 38

1. $\kappa<\lambda\,\&\,\mathrm{MA}_\lambda\Rightarrow\mathrm{MA}_\kappa$.
2. $\neg\mathrm{MA}_{2^{\aleph_0}}$.
3. $\mathrm{MA}_{\aleph_0}$.

   さらに可算鎖条件を充たすとは限らない poset P でつぎが成立する：任意に与えられた可算個の稠密集合族 $\{D_n\}_{n<\omega}$ と $p_0\in P$ に対し，D_n すべてと交わりしかも $p_0\in G$ なるフィルター G が取れる．
4. $\mathrm{CH}\Rightarrow\mathrm{MA}$.

［証明］ 命題 4. 5. 38. 2 は，poset $Fnc_{fin}(\omega,2)$ を考えて命題 4. 5. 36，命題 4. 5. 35. 3 による．

命題 4. 5. 38. 3. $\{p_n\}_n\subset P$ を帰納的に選ぶ．$p_0\in P$ は与えられた元．p_n が選ばれたら D_n の稠密性より，$p_n\geq p_{n+1}\in D_n$ と選ぶ．G を鎖 $p_0\geq p_1\geq\cdots$ が生成するフィルターとすればよい．

命題 4. 5. 38. 4 は命題 4. 5. 38. 3 による． ■

よって Martin の公理 MA は CH が正しくない状況でのみ意味を持つ．MA が主張しているのは，$\aleph_0\leq\kappa<2^{\aleph_0}$ は $\aleph_0$ と似た振る舞いをするということなので，しばしば CH の代わりをしてくれることがある．

4. 6 Ramsey の定理

ここでは正整数 c を集合 $\{1,...,c\}$ と同一視し，基数 $\aleph_0$ と正整数全体の可算無限集合 $\mathbb{Z}^+$ と同一視する．

鳩の巣原理(pigeon-hole principle)もしくは**部屋割り論法**と以下で呼ぶのはつぎのいずれかの原理である．

1. 有限集合 X, Y について $card(X) > card(Y)$ とすると，単射 $f : X \to Y$ [全射 $g : Y \to X$] は存在しない．
2. $card(X) > nm$ なら $card(Y) = m$ への $P : X \to Y$ に対して $|P^{-1}(\{y\})| > n$ となる $y \in Y$ が存在する．
3. X を無限集合，Y を有限集合，$f : X \to Y$ とすると，$f^{-1}(\{y\})$ が無限集合となる $y \in Y$ が存在する．

定義 4.6.1 n を正整数($0 < \kappa$ は基数)，X を $card(X) \geq n$ なる集合，C は空でない集合とする．

1. $[X]^n$ で X の部分集合で濃度が n のもの全体を表す：
$$[X]^n := \{Y \subset X : card(Y) = n\}.$$
2. 関数 $P : [X]^n \to C$ を $[X]^n$ の ***C*-分割**(C-partition) とか ***C*-彩色**(C-coloring) と呼ぶ．
3. C-分割 $P : [X]^n \to C$ と $Y \subset X$ ($|Y| \geq n$) について，P を $[Y]^n$ に制限すると定数関数になる ($\exists d \in C \forall Z \in [Y]^n (P(Z) = d)$) とき Y は分割 P に関して均質(homogeneous) あるいは P-均質であるという．均質を単色(monochromatic) と呼ぶこともある．
4. 基数 $\kappa \geq n$ として，
$$X \to (\kappa)^n_C$$
は命題：

   どんな $[X]^n$ の C-分割 P についても P-均質集合 Y で $card(Y) \geq \kappa$ となるものが存在する

   を表す．

   明らかに $X \to (\kappa)^n_C$ は集合 X, C の濃度にしか依存しない．また $\sigma \to (\kappa)^n_C$ であればより大きい $\lambda \geq \sigma$ についても $\lambda \to (\kappa)^n_C$ となる．
5. 正整数 n, m, c ($m \geq n$) について
$$R_n(m; c) := \min\{k \geq n : k \to (m)^n_c\}$$
とおく．このような正整数 k の存在は有限 Ramsey 定理 4.6.2 で保証される． □

例えば $R_2(3; 2) = 6$.

定理 4.6.2 (有限 Ramsey 定理 finite Ramsey theorem)

どんな正整数 $n, m \geq n, c$ ($m, c > 1$) についても十分大きい正整数 k について $k \to (m)^n_c$ となる．

［証明］ n に関する数学的帰納法による．

初めに $n=1$ のときは鳩の巣原理(の拡張)により $R_1(m;c)=1+c(m-1)$ となるからよい．

$\forall m, c \exists k[k \to (m)^n_c]\ (n \geq 1)$ と仮定して $t=R_n(m;c)$ とおく．十分大きい K について $K \to (m)^{n+1}_c$ を示したい．分割 $P:[K]^{n+1} \to c$ を勝手にとり，以下，集合 $K=\{1, ..., K\}$ に例えば自然数の順序 $<$ を入れて考える．このとき $X \in [K]^{n+1}$ を上昇列 $x_1 < \cdots < x_n < x_{n+1}$ と同一視する．

c-分割 P から濃度 t の K のある部分集合 L 上の c-分割 $Q:[L]^n \to c$ をつくって，仮定により保証される Q-均質な集合 $X\ (card(X) \geq m)$ が同時に P-均質集合であるようにしたい．

そのためにひとつ言葉を導入する．K の部分集合 $L=\{a_1 < \cdots < a_\ell\}$ が P に関して**尾均質**(prehomogeneous)とは，$P(x_1, ..., x_n, y)$ が最大元 y に依存しないこと，すなわち

$$\forall x_1, ..., x_n, y, z \in L[x_1 < \cdots < x_n < \min\{y, z\} \Rightarrow P(x_1, ..., x_n, y) = P(x_1, ..., x_n, z)].$$

いま P に関して尾均質な集合 $\{a_1 < \cdots < a_t < a_{t+1}\}$ が取れたとする．このとき $L=\{a_1 < \cdots < a_t\}$ として，$Q:[L]^n \to c$ を

$$Q(x_1, ..., x_n) := P(x_1, ..., x_n, a_{t+1})$$

と定める．いま $t \geq R_n(m;c)$ として，Q-均質な集合 $X\ (card(X) \geq m)$ を取ると，$[X]^{n+1}$ のふたつの元 $x_1 < \cdots < x_n < x_{n+1}$ と $y_1 < \cdots < y_n < y_{n+1}$ について

$$\begin{aligned} P(x_1, ..., x_n, x_{n+1}) &= P(x_1, ..., x_n, a_{t+1}) \\ &= Q(x_1, ..., x_n) = Q(y_1, ..., y_n) \\ &= P(y_1, ..., y_n, a_{t+1}) = P(y_1, ..., y_n, y_{n+1}) \end{aligned}$$

となって X が求める P-均質集合である．

よってつぎの補題 4.6.3 を示せばよい：

補題 4.6.3 与えられた $n, t+1, c$ に対して，十分大きな K を取ると，勝手に与えられた c-分割 $P:[K]^{n+1} \to c$ に対して必ず尾均質な K の部分集合 $L=\{a_1 < \cdots < a_t < a_{t+1}\}$ が取れる． □

［補題 4.6.3 の証明］

K をどの程度まで大きくすればよいかの評価は構成の最後でする．考え方は，$L=\{a_1 < \cdots < a_t < a_{t+1}\}$ が P に関して尾均質であったなら P は $[L]^{n+1}$ 上で最大元に依存しないのだから，y, z についての同値関係

$$y \equiv_i z :\Leftrightarrow$$
$$\forall x_1, ..., x_{n-1} \in L[x_1 < \cdots < x_{n-1} < a_i < \min\{y, z\} \Rightarrow$$
$$P(x_1, ..., x_{n-1}, a_i, y) = P(x_1, ..., x_{n-1}, a_i, z)]$$

が任意の $a_i, y, z \in L$ について成立しているはずである．そこでこの同値関係が成立するように K の元 $a_1 < \cdots < a_t < a_{t+1}$ を再帰的に取っていく．またそれと併行して $\{1, ..., K\}$ の空でない部分集合列 $\{S_i\}_{0 \leq i < t+1}$ を

$$a_{i+1} = \min S_i \,\&\, S_i \supset S_{i+1}$$

となるようにつくる．

ここで各 S_i はある同値関係 $\equiv_i$ による同値類になっている．

1. 初めに $S_0 = \{1, ..., K\}$ とする．S_0 上の同値関係 $x \equiv_0 y$ は「みんな同じ」$x, y \in S_0$ とする．
2. S_i が定義されたら S_i の最小元を a_{i+1} とする．
3. $\{x \in S_i : x > a_{i+1}\}$ 上に同値関係 $\equiv_{i+1}$ を
$$y \equiv_{i+1} z \Leftrightarrow \forall Y \in [\{a_1, ..., a_i\}]^{n-1}[P(Y \cup \{a_{i+1}, y\}) = P(Y \cup \{a_{i+1}, z\})]$$
で定め，$\equiv_{i+1}$ による同値類のうち(濃度が)最大なものをひとつ取り，それを S_{i+1} と定める．

明らかに $i \leq n$ までは a_i は順に $a_i = i$ であり，また同値関係 $\equiv_i$ はより細分化していく．つまり

$$i < \min\{j, k\} \Rightarrow a_j, a_k \in S_i \,\&\, a_j \equiv_i a_k \tag{4.28}$$

すると $L = \{a_1 < \cdots < a_t < a_{t+1}\}$ は P に関して尾均質である．なぜなら $1 \leq i_1 < \cdots < i_n < \min\{j, k\}$ とすると(4.28)により $a_j \equiv_{i_n} a_k$，よって $P(\{a_{i_1}, ..., a_{i_n}\} \cup \{a_j\}) = P(\{a_{i_1}, ..., a_{i_n}\} \cup \{a_k\})$.

最後に K をどのくらい大きくとっておけば上の構成ができるか評価しておく．$a_{i+1} < y \in S_i$ について集合 $[\{a_1, ..., a_i\}]^{n-1}$ の濃度は二項係数 $b_i = \begin{pmatrix} i \\ n-1 \end{pmatrix}$ によって与えられるから，$Y \subset [\{a_1, ..., a_i\}]^{n-1}$ を動かすと $P(Y \cup \{a_{i+1}, y\})$ は c^{b_i} 通りの色の配列になる．これが同値関係 $\equiv_{i+1}$ による同値類の個数の上界を与える．S_{i+1} はこの同値類のうちで最大なものだから

$$card(S_{i+1}) \geq \frac{(card(S_i) - 1)}{c^{b_i}} \tag{4.29}$$

と評価できる．

上の構成が a_{t+1} まで続けられるには $\varnothing \neq S_t$ であればよいから，粗っぽく評価して

$$K \geq c^{t^n}$$

とすればよい.

なぜなら先ず $n=1$ のときには, (4. 29), $K=card(S_0) \geq c^t$ と $b_i=1$ より

$$card(S_i) \geq c^{t-i} \Rightarrow card(S_{i+1}) \geq \frac{c^{t-i}-1}{c} = c^{t-i-1} - \frac{1}{c}\ (c>1)$$

より

$$card(S_t) \geq c^0 = 1.$$

以下 $n>1$ とする. $b_0=0$ に注意して

$$t^n \geq t(t-1)\cdots(t-1-n+2) \geq \sum_{i=0}^{t-1}(1+b_i) \tag{4. 30}$$

となる. あとの不等式は $n>2$ なら $(n-1)!>1$ より

$$b_i \leq \binom{t-1}{n-1} < (t-1)\cdots(t-1-n+2)$$

により, $n=2$ なら

$$t^2 \geq t(t-1) \geq \frac{t(t+1)}{2}$$

は $t \geq R_1(m;c)=1+c(m-1) \geq 3$ による.

よって(4. 30)より $card(S_0)=K \geq c^{t^n}$ であるとして,

$$card(S_0) \geq c^{\sum_{j=0}^{t-1}(1+b_j)}$$

となる. これより

$$card(S_i) \geq c^{\sum_{j=i}^{t-1}(1+b_j)}$$

となる. なぜなら(4. 29)より

$$card(S_{i+1}) \geq \frac{card(S_i)-1}{c^{b_i}} \geq \frac{c^{\sum_{j\geq i}(1+b_j)}-1}{c^{b_i}} = c \cdot c^{\sum_{j>i}(1+b_j)} - \frac{1}{c^{b_i}}\ (c>1).$$

よって

$$card(S_t) \geq c^0 = 1. \qquad \blacksquare$$

上の評価より $R_1(m;c) \leq cm$ で $R_{n+1}(m;c) \leq c^{R_n(m;c)^n}$ なので $R_n(m;c) \leq c_{n-1}$ (ncm). ここで $c_0(a)=a$, $c_{k+1}(a)=c^{c_k(a)}$.

つぎに有限 Ramsey 定理の無限版を示す.

定理 4. 6. 4 (無限 Ramsey 定理 Infinite Ramsey theorem)

任意の正整数 n, c について

$$\aleph_0 \to (\aleph_0)^n_c.$$

言い換えると可算無限集合 $\aleph_0$ の n 元部分集合上の任意の c-分割 $P: [\aleph_0]^n \to c$ に対し，無限部分集合で P-均質なものが存在する． □

定理 4. 6. 4 の証明も n に関する数学的帰納法によるが，$\aleph_0 \to (\aleph_0)^n_c$ を仮定して，$\aleph_0 \to (\aleph_0)^{n+1}_c$ を示すのはつぎの補題 4. 6. 5 による：

補題 4. 6. 5 可算無限集合 K について c-分割 $P: [K]^{n+1} \to c$ が与えられたら，P に関して尾均質な可算無限部分集合 $L = \{a_1 < a_2 < \cdots\}$ がとれる． □

補題 4. 6. 5 の証明は補題 4. 6. 3 の証明とほぼ同じで，再帰的に $a_1 < a_2 < \cdots$ ととっていくが，集合 S_i はすべて無限集合と取る．つまり S_{i+1} は $\equiv_{i+1}$ による同値類のうち可算無限なもの，例えばそのようなものの中で，最小元が最小なものに定める．無限集合を有限個に分割しているからこれは常にいつまでも続行できる．

より大きい，つまり非可算な均質集合を得るにはより大きな無限が必要となる．

先ず

$$2^\kappa \not\to (\kappa^+)^2_2$$

はむずかしくないので(演習 33)とする．

定義 4. 6. 6 無限基数 κ と順序数 α について ベート(beth) $\beth_\alpha(\kappa)$ を超限帰納法で定義する．

$$\begin{aligned} \beth_0(\kappa) &= \kappa \\ \beth_{\alpha+1}(\kappa) &= 2^{\beth_\alpha(\kappa)} \\ \beth_\lambda(\kappa) &= \sup\{\beth_\alpha(\kappa) : \alpha < \lambda\} \quad (\lambda \text{ は極限順序数}) \end{aligned}$$ □

定理 4. 6. 7 (Erdös-Rado)

無限基数 κ と自然数 $n \geq 0$ について，

$$\beth_n(\kappa)^+ \to (\kappa^+)^{n+1}_\kappa.$$

［証明］ n に関する帰納法による．$n = 0$, $\kappa^+ \to (\kappa^+)^1_\kappa$ は明らかである．

$n-1 \geq 0$ で正しいとして $\lambda^+ = \beth_n(\kappa)^+$ について，$P: [\lambda^+]^{n+1} \to \kappa$ を考える．P-尾均質な濃度 $\sigma^+ = \beth_{n-1}(\kappa)^+$ の集合 H が取れれば，有限 Ramsey 定理 4. 6. 2 と同様に $Q: [H]^n \to \kappa$ を定義して Q-均質な濃度 κ^+ の集合が求める P-均質な集合になる．

そこで，補題 4.6.3 の証明と同様に，λ^+ 上の同値関係 $\equiv_\alpha$ $(\alpha<\sigma^+)$ を細分 $\alpha<\beta\,\&\,x\equiv_\beta y \Rightarrow x\equiv_\alpha y$ となるように決めていく．

$x\equiv_0 y \Leftrightarrow x,y<\lambda^+$ とおく．

$y<\lambda^+$ に対して，$a_\alpha(y)=\min\{z : z\equiv_\alpha y\}$ とおく．同値関係 $\equiv_{\alpha+1}$ を

$$y\equiv_{\alpha+1} z \Leftrightarrow y\equiv_\alpha z\wedge\{(y=z=a_\alpha(y))\vee(y,z>a_\alpha(y)$$
$$\wedge\forall Y\in[\{a_\beta(y):\beta<\alpha\}]^{n-1}[P(Y\cup\{a_\alpha(y),y\})=P(Y\cup\{a_\alpha(y),z\})])\}$$

で定める．

$\kappa\le\sigma$, $2^\sigma=\lambda$ であるから，$\kappa^\sigma\le\lambda$ となり，$\equiv_\alpha$ による同値類 S はそれぞれたかだか λ 個の $\equiv_{\alpha+1}$ による同値類 $\{S_i\}_i$ に分割される．よってもし S の濃度が λ^+ なら，ある S_i の濃度も λ^+ であり，また $card(\bigcup\{S_i : card(S_i)\le\lambda\})\le\lambda$ である．

極限順序数 $\alpha<\sigma^+$ については $x\equiv_\alpha y \Leftrightarrow \forall\beta<\alpha(x\equiv_\beta y)$ とおく．

定め方から

$$\beta<\alpha\,\&\,a_\beta(y)\ne y \Rightarrow a_\beta(y)<a_\alpha(y)$$

となっている．

そこで $x<\lambda^+$ に対して $f(x)\le\sigma^+$ を

$$f(x)=\begin{cases}\min\{\alpha<\sigma^+ : card(\{y:y\equiv_\alpha x\})\le\lambda\} & \exists\alpha<\sigma^+[card(\{y:y\equiv_\alpha x\})\le\lambda] \text{ のとき}\\ \sigma^+ & \text{上記以外}\end{cases}$$

すると各 $\alpha<\sigma^+$ について，$\lambda^\sigma=2^{\sigma\cdot\sigma}=\lambda$ より $\equiv_\alpha$ による同値類の個数はたかだか λ 個なので，$card(\{x<\lambda^+ : f(x)=\alpha\})\le\lambda$ となることが $\alpha<\sigma^+$ に関する超限帰納法より分かる．

そこで $f(x)=\sigma^+$ となる x を取り，増加列 $H=\{a_\alpha(x):\alpha<\sigma^+\}$ を考えれば，これが求める P-尾均質集合である． ∎

4.7 演　　習

1. 命題 4.1.2 を証明せよ．

2. 命題 4.1.4 を証明せよ．

3. 集合 a から集合 b への関数全体 ${}^ab:=\{f : f:a\to b\}$ は集合になることを示せ．

4. 直和 $\sum_{i\in I}x_i$ と直積 $\prod_{i\in I}x_i$ はともに集合になることを示せ．

5. 自然数 $n,m\ge 0$ について $\bar{n}=\bar{m}\Rightarrow n=m$ を示せ．

6. 補題 4.2.7 を証明せよ．

7. 整礎的関係の制限 $\{\langle x,y\rangle : x,y\in X\}$ $(X\subset A)$ も整礎的であることを示せ．

8. $\leq$ が整礎的ならその推移的閉包 $\leq^*$ も整礎的であることを示せ．

9. Peano 構造は同型を除いて一意に定まることを示せ．

10. 推移的集合だけから成る集合 a の合併 $\cup a$ も推移的であることを示せ．

11. 系 4.3.2.2, 4.3.2.3 を証明せよ．

12. 補題 4.3.5.1 を証明せよ．

13. 補題 4.3.11 を証明せよ．

14. 補題 4.3.13 の残りを証明せよ．

15. 命題 4.3.15 を証明せよ．

16. 順序数 λ,ρ について，${}^{<\lambda}\rho$ の部分木 $\langle T,\subset\rangle$ を考える．

(a) この木の節 $f\in{}^{\alpha}\rho,\ g\in{}^{\beta}\rho$ に対し

$$f <_{KB} g :\Leftrightarrow [g \subsetneq f] \vee [\exists\gamma < \min\{\alpha,\beta\}(f\upharpoonright\gamma = g\upharpoonright\gamma \wedge f(\gamma) < g(\gamma))]$$

と定めると，これが T 上の全順序になることを示せ．この順序 $<_{KB}$ を T の **Kleene-Brouwer 順序** (Kleene-Brouwer ordering) という．

(b) T 上の順序 $<_{KB}$ が整列順序であることと，T が整礎的であることは同値であることを示せ．

17. (Sierpiński)

ZFC のもとで次を示せ．

(a) 連続体仮説 CH は次を充たす平面上の集合 $S\subset\mathbb{R}^2$ の存在を導くことを示せ：

$$\forall x,y\in\mathbb{R}[card(S^y)\leq\aleph_0\ \&\ card(\mathbb{R}^2\setminus S)_x)\leq\aleph_0].$$

ここで $S\subset\mathbb{R}^2$ について

$$S^y := \{x\in\mathbb{R} : (x,y)\in S\}$$
$$S_x := \{y\in\mathbb{R} : (x,y)\in S\}.$$

(ヒント) 連続体 $\mathbb{R}$ を ω_1 の型に並べる整列順序 $<_S$ を取り，

$$S = \{(x,y)\in\mathbb{R}^2 : x <_S y\} \tag{4.31}$$

とおけ．

(b) Lebesgue 積分について，CH のもとで次を充たす関数 $f:[0,1]^2\to[0,1]$ の存在を示せ：

$$\int_{[0,1]}\left(\int_{[0,1]} f(x,y)\,dy\right)dx = 1 \neq 0 = \int_{[0,1]}\left(\int_{[0,1]} f(x,y)\,dx\right)dy.$$

すなわち f は，累次積分可能なのにその順序交換ができない．よって f は可測関数ではない (cf. Fubini-Tonelli の定理)．

18. 補題 4.4.19 を証明せよ．

19. 補題 4.4.31 で I_φ が不動点になる $(\varphi(I_\varphi)=I_\varphi)$ ことを $I_\varphi^{<\alpha}$ へ分解せずに示せ．

20. 可算基底 $\{U_n : n \in \omega\}$ を持つ位相空間における閉集合の減少列 $\{F_\alpha\}_\alpha$, $\alpha < \beta \Rightarrow F_\alpha \supset F_\beta$, はある可算順序数 α_0 以降で定常になる $(\exists \alpha_0 < \omega_1 \forall \alpha \geq \alpha_0 [F_\alpha = F_{\alpha_0}])$ ことを示せ.

(ヒント) 閉集合 F に対し自然数の集合 $N(F) = \{n \in \omega : U_n \cap F \neq \varnothing\}$ を考える.

21. 命題 4. 5. 2 を証明せよ.

22. 命題 4. 5. 5 を証明せよ.

23. 命題 4. 5. 8 を証明せよ.

24. 命題 4. 5. 10 を証明せよ.

25. 命題 4. 5. 13 のうち, 命題 4. 5. 13. 2 以外を証明せよ.

26. 対称差に関して以下を示せ.

(a) $a \triangle c \leq a \triangle b + b \triangle c$.

(b) $\bar{a} \triangle \bar{b} = a \triangle b$.

(c) $(a_1 + b_1) \triangle (a_2 + b_2) \leq (a_1 \triangle a_2) + (b_1 \triangle b_2)$.

(d) $(a_1 \cdot b_1) \triangle (a_2 \cdot b_2) \leq (a_1 \triangle a_2) + (b_1 \triangle b_2)$.

27. 命題 4. 5. 17 を証明せよ. 命題 4. 5. 17. 3 には $a \triangle b = 0 \Leftrightarrow a = b$ を用いよ.

28. $H : B \to B'$ をブール代数 B, B' 間の全単射で,

$$a \leq b \leftrightarrow H(a) \leq H(b)$$

であるとする. このとき, H は同型写像であることを示せ.

29. 命題 4. 5. 18 を証明せよ.

30. I をブール代数 B のイデアルとする. このときブール代数 B' と上への準同型 $H : B \to B'$ で, $Ker(H) = I$ となるものが存在することを示せ. また, このようなブール代数 B' は同型を除いて一意に定まることも示せ.

(ヒント) B' は, イデアル I が定める合同関係

$$a \equiv_I b :\Leftrightarrow a \triangle b \in I$$

による**商代数**(quotient algebra) $B' = B/I := \{\{b \in B : b \equiv_I a\} : a \in B\}$ と定める.

31. 変数と $0, 1$ から $+, \cdot, ^-$ を組み合わせた式間の等式 $t = s$ を考える. ブール代数 B の元を勝手に変数に代入して等式 $t = s$ が成り立つとき, この等式は B で正しいと呼ぶことにする.

このとき, **2** で正しい等式 $t = s$ は任意のブール代数 B でも正しいことを示せ. これより, ひとつのブール代数 C で正しい等式はすべてのブール代数 B で正しいことを結論せよ.

(ヒント) 系 4. 5. 20 によれ.

32. 無限 Ramsey 定理 4. 6. 4 $(\aleph_0 \to (\aleph_0)^n_c)$ より, 有限 Ramsey 定理 4. 6. 2 $(\forall m \exists k [k \to (m)^n_c])$ を導け.

（ヒント）（コンパクト性論法 compactness argument）

ある k 上の分割 $P:[k]^n \to c$ で濃度 m の均質部分を持たないもの全体を T として，T 上の順序を，$P \le Q$ iff $P:[k]^n \to c$ は $Q:[k']^n \to c\,(k' \ge k)$ を $[k]^n$ に制限したもの，で定める．$\langle T, \le \rangle$ は有限分岐な木になる．そこで König 無限補題 4.3.17 によれ．

33.

(a) 無限基数 $\kappa, \lambda \ge \aleph_0$ について $\kappa \to (\lambda)^2_2$ とする．濃度 κ の線形順序 $\langle L; <\rangle$ は，濃度 λ の増加列か減少列を持つことを示せ．

（ヒント）先ず L を整列化する．

(b) $2^\kappa \not\to (\kappa^+)^2_2$ を示せ．

（ヒント）${}^\kappa 2$ に辞書式順序を入れて考えよ．

34. 非可算基数 κ が $\kappa \to (\kappa)^2_2$ となっていたら，κ は到達不能基数（inaccessible cardinal）である．つまり κ は正則でかつ $\forall \lambda < \kappa (2^\lambda < \kappa)$ となることを示せ（cf. 7.4 節）．

第5章　モデル理論

この章では，様々なモデルの構成法を紹介しながらモデル理論の入門を目指す．初めにコンパクト性定理の応用をいくつか見てから，完全でしかもそのもとでは量化記号 $\exists, \forall$ の消去定理が成り立つための公理系に関する条件と，その代表的な例を見る．量化記号が消去できるということは，定義可能な集合が簡単なものに限られるということになり，具体的な集合に興味がある場合，例えば，多項式の零点などを考えたいときに，応用できる結果である．つぎにモノが充たすべき条件を無限個の論理式によって書き表したタイプというものを考える．これはモデル理論の基本的道具である．それに続いて超積と識別不能集合というモデルの構成法をふたつ導入する．前者は超フィルターによってモデルの直積を割ることによって得られる．また後者は，Ramsey の定理を応用してその存在が分かる．ここではさらに後者の応用として，自然数の公理系 PA から独立な組合せ論的命題を紹介する．この章の最後において，ある非可算濃度において，モデルを同型を除いてひとつしか持たない可算言語上の公理系の特徴付けを与える．この結果もさることながら，その証明において導入された道具立てが現代的なモデル理論の出発点になっている．

5.1　コンパクト性定理の応用

ここではコンパクト性定理 1.4.14 の簡単な応用をしてみよう．

以下の諸定義で出てくる初等(的)(elementary, elementarily)とは，「1 階論理の」という意味である．論理式は，1 階のもの以外に 2 階，高階，無限の長さをもった論理式なども考えるときがあるので，それと区別したいときに，これらの修飾語をつけるのである．

定義 5.1.1　L を言語，$\mathcal{M}, \mathcal{N}$ を L-モデルとする．

1.

(a)　L-モデル $\mathcal{M} = \langle M; \ldots \rangle$ について，言語 $\mathrm{L}(M) = \mathrm{L} \cup \{c_a : a \in M\}$ での閉論理式の集まり $\mathrm{Diag}_{el}(\mathcal{M})$ ($\mathcal{M}$ の初等ダイアグラム elementary diagram)

を

$$\mathrm{Diag}_{el}(\mathcal{M}) := \{\varphi \in \mathrm{L}(\mathcal{M}) : \mathcal{M} \models \varphi\}$$

で定める.

(b) また $\mathrm{L}(M)$ での閉リテラルの集まり $\mathrm{Diag}(\mathcal{M})$ ($\mathcal{M}$ のダイアグラム diagram) は

$$\mathrm{Diag}(\mathcal{M}) := \{\varphi \in \mathrm{L}(\mathcal{M}) : \mathcal{M} \models \varphi \,\&\, \varphi \text{ は閉リテラル}\}$$

のことである.

(c) 他方, L での閉論理式の集まり $\mathrm{Th}(\mathcal{M})$ (**$\mathcal{M}$ の公理系** full theory of $\mathcal{M}$) を

$$\mathrm{Th}(\mathcal{M}) := \{\varphi \in \mathrm{L} : \mathcal{M} \models \varphi\}$$

で定める.

$\mathrm{Diag}_{el}(\mathcal{M})$ と $\mathrm{Th}(\mathcal{M})$ との違いはパラメタ $\{c_a : a \in M\}$ を許しているかどうかである.

2. L-モデル $\mathcal{M}, \mathcal{N}$ 間の準同型, 同型は通常の数学での同型等とまったく同様に定義される. すなわち

(a) $\sigma : |\mathcal{M}| \to |\mathcal{N}|$ が**準同型写像** (homomorphism) であるとは, σ が L のすべての記号の意味を保存すること: どんな n-変数関数記号 $f \in \mathrm{L}$ と n-変数関係記号 $R \in \mathrm{L}$ (ともに $n \geq 0$) と任意の $a_1, \ldots, a_n \in |\mathcal{M}|$ について

$$\sigma(f^{\mathcal{M}}(a_1, \ldots, a_n)) = f^{\mathcal{N}}(\sigma(a_1), \ldots, \sigma(a_n))$$
$$R^{\mathcal{M}}(a_1, \ldots, a_n) \Rightarrow R^{\mathcal{N}}(\sigma(a_1), \ldots, \sigma(a_n))$$

(b) 準同型写像 $\sigma : |\mathcal{M}| \to |\mathcal{N}|$ が, $\mathcal{M}$ から $\mathcal{N}$ への**埋込** (embedding) であるのは, σ が単射でかつ

$$R^{\mathcal{M}}(a_1, \ldots, a_n) \Leftrightarrow R^{\mathcal{N}}(\sigma(a_1), \ldots, \sigma(a_n))$$

となるときである.

(c) 埋込 σ が全単射なら**同型写像** (isomorphism) といい, $\mathcal{M}$ と $\mathcal{N}$ が**同型** (isomorphic) $\mathcal{M} \cong \mathcal{N}$ であるという.

モデル $\mathcal{M}, \mathcal{N}$ の領域間の写像 $\sigma : |\mathcal{M}| \to |\mathcal{N}|$ はしばしば $\sigma : \mathcal{M} \to \mathcal{N}$ と書き表す.

3. $\mathcal{M}$ と $\mathcal{N}$ が**初等的同値** (elementarily equivalent) とは, どんな L-閉論理式 φ についても $\mathcal{M} \models \varphi \Leftrightarrow \mathcal{N} \models \varphi$ となることである. つまり $\mathrm{Th}(\mathcal{M}) = \mathrm{Th}(\mathcal{N})$. このとき, $\mathcal{M} \equiv \mathcal{N}$ と書かれる.

$\mathcal{M} \cong \mathcal{N}$ なら $\mathcal{M} \equiv \mathcal{N}$ だが, 逆は成り立たない.

4. $\mathcal{M}=\langle M; R^{\mathcal{M}},...,f^{\mathcal{M}},...,c^{\mathcal{M}},...\rangle$ が $\mathcal{N}=\langle N; R^{\mathcal{N}},...,f^{\mathcal{N}},...,c^{\mathcal{N}},...\rangle$ の**部分モデル**(submodel)である，あるいは $\mathcal{N}$ が $\mathcal{M}$ の**拡大モデル**(extension)であるとは，$M\subset N$ で各記号の $\mathcal{M}$ での解釈が $\mathcal{N}$ でのそれの M への制限になっていることである．つまり，$R^{\mathcal{M}}=R^{\mathcal{N}}\cap M^n$ ($R\in \mathrm{L}$ は n-変数関係記号), $f^{\mathcal{M}}(a_1,...,a_n)=f^{\mathcal{N}}(a_1,...,a_n)$ $(a_i\in M)$, $c^{\mathcal{M}}=c^{\mathcal{N}}$.

   これを $\mathcal{M}\subset\mathcal{N}$ と書き表す．

   $\mathcal{M}$ から $\mathcal{N}$ への埋込が存在するとは，$\mathcal{M}$ が $\mathcal{N}$ のある部分モデルと同型になるということにほかならない．

5. $\mathcal{M}$ から $\mathcal{N}$ への埋込 σ が**初等埋込**(elementary embedding)であるのは，言語 $\mathrm{L}(\mathcal{M})$ の閉論理式 $\varphi(a_1,...,a_n)$ $(a_i\in|\mathcal{M}|)$ について
$$\mathcal{M}\models\varphi(a_1,...,a_n)\Leftrightarrow\mathcal{N}\models\varphi(\sigma(a_1),...,\sigma(a_n))$$
   となっていることである．

   このとき
$$\sigma:\mathcal{M}\prec\mathcal{N}$$
   と書き表す．

   明らかに初等埋込は埋込になっている．

6. $\mathcal{M}$ が $\mathcal{N}$ の**初等部分モデル**(elementary submodel)である，あるいは $\mathcal{N}$ が $\mathcal{M}$ の**初等拡大モデル**(elementary extension)であるとは，$\mathcal{M}$ が $\mathcal{N}$ の部分モデルであって，しかもどんな $\mathrm{L}(\mathcal{M})$-閉論理式 φ についても $\mathcal{M}\models\varphi\Leftrightarrow\mathcal{N}\models\varphi$ となること．このとき，$\mathcal{M}\prec\mathcal{N}$ と書かれる．$\mathcal{M}\equiv\mathcal{N}$ との違いに注意せよ．

   $\mathcal{M}$ から $\mathcal{N}$ への初等埋込が存在するとは，$\mathcal{M}$ が $\mathcal{N}$ のある初等部分モデルと同型になるということにほかならない．　□

次は明らかだろう．

命題 5.1.2　$\mathcal{N}$ を L-モデル，$\mathcal{M}$ を $\mathcal{N}$ の部分モデルとする．

1. 量化記号なしの $\mathrm{L}(\mathcal{M})$-閉論理式 θ について
$$\mathcal{M}\models\theta\Leftrightarrow\mathcal{N}\models\theta.$$
2. $\mathrm{L}(\mathcal{M})$ での $\exists$-閉論理式 φ について
$$\mathcal{M}\models\varphi\Rightarrow\mathcal{N}\models\varphi.$$
   また $\forall$-閉論理式 φ なら
$$\mathcal{M}\models\varphi\Leftarrow\mathcal{N}\models\varphi.$$
□

補題 5.1.3　$A\equiv\forall\vec{x}\exists\vec{y}\theta(\vec{x},\vec{y})$ を $\forall\exists$-論理式(cf. 命題 1.6.3)，A には関数記

号が一切無く(定数記号はあってよい)$\mathcal{N} \models A$ とする．このとき，$\mathcal{N}$ の有限部分モデルの拡大列 $\mathcal{M}_i \subset \mathcal{M}_{i+1}$ を，どんな i についても

$$\forall \vec{a} \subset |\mathcal{M}_i| \exists \vec{b} \subset |\mathcal{M}_{i+1}| \{\mathcal{M}_{i+1} \models \theta[\vec{a}, \vec{b}]\}$$

となるように取れば，$\mathcal{M} = \bigcup_{i \in \omega} \mathcal{M}_i$ は A の可算モデルである． □

初等拡大とダイアグラムについて簡単な事実をさきに述べる．

補題 5. 1. 4 $\mathcal{M}, \mathcal{N}$ を L-モデルとする．

1. $\mathcal{N}$ の $\mathrm{L}(\mathcal{M})$ への適当な拡張 $\mathcal{N}'$ について $\mathcal{N}' \models \mathrm{Diag}(\mathcal{M})$ となることは，$\mathcal{M}$ から $\mathcal{N}$ への埋込の存在と同値である．

   とくに $|\mathcal{M}| \subset |\mathcal{N}|$ のときは

$$\mathcal{M} \subset \mathcal{N} \Leftrightarrow \mathcal{N} \models \mathrm{Diag}(\mathcal{M}).$$

2. $\mathcal{N}$ の $\mathrm{L}(\mathcal{M})$ への適当な拡張 $\mathcal{N}'$ について $\mathcal{N}' \models \mathrm{Diag}_{el}(\mathcal{M})$ となることは，$\mathcal{M}$ から $\mathcal{N}$ への初等埋込の存在と同値である．

   とくに $|\mathcal{M}| \subset |\mathcal{N}|$ のときは

$$\mathcal{M} \prec \mathcal{N} \Leftrightarrow \mathcal{N} \models \mathrm{Diag}_{el}(\mathcal{M}).$$

3. (Tarski-Vaught test)

   $\mathcal{M} \subset \mathcal{N}$ とする．$\mathcal{M} \prec \mathcal{N}$ となるための必要十分条件は，どんな L-論理式 $\varphi[\vec{x}, y]$ と $\vec{a} \in |\mathcal{M}|$ についても，ある $b \in |\mathcal{M}|$ が存在して

$$\mathcal{N} \models \exists y \varphi[\vec{a}, y] \Rightarrow \mathcal{N} \models \varphi[\vec{a}, b]$$

   となることである．

［証明］ 補題 5. 1. 4. 1 と 5. 1. 4. 2. ともに定義より明らかである．

5. 1. 4. 3. 条件を仮定して $\mathcal{M} \prec \mathcal{N}$ を示すには，L-論理式 $\psi[\vec{x}]$ と $\vec{a} \in |\mathcal{M}|$ について

$$\mathcal{N} \models \psi[\vec{a}] \Leftrightarrow \mathcal{M} \models \psi[\vec{a}]$$

を示さなければならない．これを論理式 ψ の長さに関する帰納法で証明すればよい．$\psi \equiv \exists x \varphi$ (と $\forall x \varphi$)の形のときに，仮定によれ． ■

Tarski-Vaught test よりつぎの補題 5. 1. 5 が分かる．

補題 5. 1. 5 L を言語，$C \subset \mathrm{L}$ を定数の集合とし，L 上の充足可能な公理系 T はつぎの条件を充たすものとする：任意の L-閉論理式 $\exists v \varphi(v)$ について，ある定数 $c \in C$ が存在して

$$\mathrm{T} \models \exists v \varphi(v) \to \varphi(c) \tag{5. 1}$$

このとき，モデル $\mathcal{M} \models \mathrm{T}$ で，標準構造であるもの，すなわち，任意の $a \in |\mathcal{M}|$ についてある定数 $c \in C$ で $\mathcal{M} \models c_a = c$ となるものが存在する．

［証明］ モデル $\mathcal{N}\models \mathrm{T}$ を取って，$|\mathcal{M}|:=\{c^{\mathcal{N}}\in|\mathcal{N}|:c\in C\}$ とすると，これは $\mathcal{N}$ の部分モデル $\mathcal{M}$ の領域になる：関数記号 $f\in \mathrm{L}$ と $c_1,...,c_n\in C$ について，$\mathcal{N}\models\exists v[f(c_1,...,c_n)=v)]$ なので，(5. 1) より $f^{\mathcal{N}}(c_1^{\mathcal{N}},...,c_n^{\mathcal{N}})\in|\mathcal{M}|$.

$\mathcal{M}$ は $\mathcal{N}$ の初等部分モデルになっていることを補題 5. 1. 4. 3，Tarski-Vaught test により見よう．$\vec{d}\subset C$ について，$\mathcal{N}\models\exists v\varphi[\vec{d},v]$ であるとする．(5. 1) より，ある $c\in C$ により $\mathcal{N}\models\varphi[\vec{d},c]$ となってよい．

よって $\mathcal{M}\prec\mathcal{N}\models\mathrm{T}$ より，$\mathcal{M}\models\mathrm{T}$ である． ■

指定された大きさをもつ大きいモデルの存在は，Henkin 定数を使ったコンパクト性定理 1. 4. 14 の証明から結論できる．

初めに補題 1. 4. 13 での構成よりつぎの補題 5. 1. 6 が分かる．

第 1 章 (1. 26) に対応して，系 4. 4. 21. 1 により

$$\text{論理式全体の集合 } Fml_{\mathrm{L}} \text{ の濃度は高々 } card(\mathrm{L})+\aleph_0 \text{ である} \tag{5. 2}$$

補題 5. 1. 6　言語 L での公理系 T がモデルをもてば，T のモデル $\mathcal{M}$ で $card(|\mathcal{M}|)\leq card(\mathrm{L})+\aleph_0$ となるものが存在する．

［証明］ ここで $card(\mathrm{L})+\aleph_0=\max\{card(\mathrm{L}),\aleph_0\}$ に注意せよ．$\mathrm{L}(C)$ を L の Henkin 拡張として補題 1. 4. 13 より，T のモデルになる $\mathrm{L}(C)$-標準構造 $\mathcal{M}$ が存在する．よって $card(|\mathcal{M}|)\leq card(C)$ であり，(5. 2) より $card(C)\leq card(\mathrm{L}(C))\leq card(\mathrm{L})+\aleph_0$ なのでよい． ■

定理 5. 1. 7 (上方 (Upward) Löwenheim-Skolem 定理)

1. 言語 L での公理系 T がどんなにも大きい有限モデルをもてばあるいは無限モデルをもてば (つまり $\forall n\exists\mathcal{M}[\mathcal{M}\models\mathrm{T}\,\&\,card(|\mathcal{M}|)\geq n]$)，どんな無限基数 $\kappa\geq card(\mathrm{L})$ についても T のモデル $\mathcal{N}$ で濃度 κ のものが存在する．
2. 無限モデル $\mathcal{M}$ についてその初等拡大 $\mathcal{N}\succ\mathcal{M}$ で与えられた無限濃度 $card(|\mathcal{N}|)=\kappa\geq card(|\mathcal{M}|)+card(\mathrm{L})$ となるものが存在する．

［証明］ 言語 L_1 での公理系 T_1 を次のように定める．定理 5. 1. 7. 1 では $\mathrm{L}_1=\mathrm{L}$, $\mathrm{T}_1=\mathrm{T}$，定理 5. 1. 7. 2 に関しては $\mathrm{L}_1=\mathrm{L}(\mathcal{M})$, $\mathrm{T}_1=\mathrm{Diag}_{el}(\mathcal{M})$ とおく．

いま言語 L_1 を定数記号を κ 個増やして $\mathrm{L}_2=\mathrm{L}_1\cup\{c_\alpha:\alpha<\kappa\}$ とする．L_2-公理系 $\mathrm{T}_2=\mathrm{T}_1\cup\{c_\alpha\neq c_\beta:\alpha\neq\beta<\kappa\}$ を考えると，仮定より明らかに有限充足可能である．コンパクト性定理 1. 4. 14 と補題 5. 1. 6 より，モデル $\mathcal{N}_2\models\mathrm{T}_2$ で $card(|\mathcal{N}_2|)\leq card(\mathrm{L}_2)=\kappa$ を取る．定数を κ 個入れたので $\kappa\leq card(|\mathcal{N}_2|)$ でもあるから，$card(|\mathcal{N}_2|)=\kappa$ である．$\mathcal{N}_2$ の L_1 への縮小 $\mathcal{N}=\mathcal{N}_2{\restriction}\mathrm{L}_1$ を考えればよい． ■

初等拡大の連鎖によるモデルの構成を導入する.

定義 5.1.8 順序数 $\gamma>0$ について，モデルの列 $\{\mathcal{M}_\alpha\}_{\alpha<\gamma}$ が

$$\alpha<\beta<\gamma \Rightarrow \mathcal{M}_\alpha \prec \mathcal{M}_\beta$$

となっているとき，**初等鎖**(elementary chain)という. □

初めに簡単な事実から述べる. 証明は(演習3)とする.

命題 5.1.9 初等鎖 $\{\mathcal{M}_\alpha\}_{\alpha<\gamma}$ について，モデル $\mathcal{M}_\gamma=\bigcup_{\alpha<\gamma}\mathcal{M}_\alpha$ を，$|\mathcal{M}_\gamma|=\bigcup_{\alpha<\gamma}|\mathcal{M}_\alpha|$, $\vec{a}\cup\{b\}\subset|\mathcal{M}_\gamma|$ について

$$\mathcal{M}_\gamma\models R(\vec{a}) :\Leftrightarrow \exists\alpha<\gamma[\vec{a}\subset\mathcal{M}_\alpha \,\&\, \mathcal{M}_\alpha\models R(\vec{a})]$$
$$\mathcal{M}_\gamma\models f(\vec{a})=b :\Leftrightarrow \exists\alpha<\gamma[\vec{a}\subset\mathcal{M}_\alpha \,\&\, \mathcal{M}_\alpha\models f(\vec{a})=b]$$

で定めることができ，しかも $\mathcal{M}_\gamma$ は各 $\mathcal{M}_\alpha$ の初等拡大になる. □

論理式 $\varphi(v,\vec{w})$ と自然数 n に対し，論理式 $\#\varphi_{\leq n}(\vec{w})$ で，任意のモデル $\mathcal{M}$ と $\vec{a}\subset|\mathcal{M}|$ について，集合 $\{b\in|\mathcal{M}|:\mathcal{M}\models\varphi[b,\vec{a}]\}$ の濃度が n 以下，という事実を表すもの，つまり

$$\forall\mathcal{M}\forall\vec{a}\subset|\mathcal{M}|[\mathcal{M}\models\#\varphi_{\leq n}[\vec{a}] \Leftrightarrow card(\{b\in|\mathcal{M}|:\mathcal{M}\models\varphi[b,\vec{a}]\})\leq n]$$

となるものは簡単につくれる:

$$\#\varphi_{\leq n}(\vec{w}) :\Leftrightarrow \forall v_0\cdots\forall v_n[\bigwedge_{i\leq n}\varphi(v_i,\vec{w}) \to \bigvee_{i<j\leq n} v_i=v_j]$$

とすればよい.

これより，任意のモデル $\mathcal{M}$ と $\vec{a}\subset|\mathcal{M}|$ について，集合 $\{b\in|\mathcal{M}|:\mathcal{M}\models\varphi[b,\vec{a}]\}$ の濃度がちょうど $(n+1)$，は，$\#\varphi_{n+1}(\vec{w}) :\Leftrightarrow \#\varphi_{\leq n+1}(\vec{w})\wedge\neg\#\varphi_{\leq n}(\vec{w})$ で表せることになる.

系 5.1.10 言語 L での公理系 T がどんなにも大きい有限モデルをもてばあるいは無限モデルをもてば，どんな無限基数 $\kappa\geq card(\mathrm{L})$ についても T の濃度 κ のモデル $\mathcal{M}$ で，$\mathcal{M}$ で($|\mathcal{M}|$ の元をパラメタを許して) $\mathrm{L}(\mathcal{M})$-論理式で定義できる無限集合の濃度はすべて κ となる，すなわちある $\mathrm{L}(\mathcal{M})$-論理式 $\varphi(\vec{v})$ ($\vec{v}=v_1,\ldots,v_n$) による集合

$$\varphi(\mathcal{M}):=\{\vec{a}\in|\mathcal{M}|^n:\mathcal{M}\models\varphi[\vec{a}]\} \tag{5.3}$$

が無限であれば，その濃度が κ になるモデル $\mathcal{M}$ がつくれる.

［証明］ 初めに上方 Löwenheim-Skolem 定理 5.1.7.1 により，T の濃度 κ のモデル $\mathcal{M}_0$ を取っておく. また新しい定数を $\kappa\cdot\kappa=\kappa$ 個($C=\sum_{\alpha<\kappa}C_\alpha$, $C_\alpha=\{c_{\alpha,\beta}:\beta<\kappa\}$)用意しておく.

モデル $\mathcal{M}_0$ から始まる初等鎖 $\{\mathcal{M}_n\}_{n<\omega}$ をつくり，求めるモデル $\mathcal{M}=\bigcup_{n<\omega}\mathcal{M}_n$ とする．濃度 κ のモデル $\mathcal{M}_n$ があるとせよ．このとき $\mathrm{L}(\mathcal{M}_n)$-論理式全体は $\{\varphi_\alpha(\vec{v}):\alpha<\kappa\}$ としてよい．公理系
$\mathrm{T}_n:=\mathrm{Diag}_{el}(\mathcal{M}_n)\cup\{\varphi_\alpha(\vec{c}),c_{\alpha,\beta_0}\neq c_{\alpha,\beta_1}:card(\varphi_\alpha(\mathcal{M}_n))\geq\aleph_0,\vec{c}\subset C_\alpha,\beta_0\neq\beta_1\}$
は有限充足可能である．よって $\mathcal{M}_n$ の初等拡大 $\mathcal{M}_{n+1}\models\mathrm{T}_n$ で濃度が κ のものを取る．

先ず，モデル $\mathcal{M}=\bigcup_{n<\omega}\mathcal{M}_n$ の濃度は κ である．つぎに $\mathrm{L}(\mathcal{M}_n)$-論理式 φ_α について $card(\varphi_\alpha(\mathcal{M}))\geq\aleph_0$ であるとする．このとき $card(\varphi_\alpha(\mathcal{M}_n))\geq\aleph_0$ である．なぜならもし $m<\aleph_0$ について $card(\varphi_\alpha(\mathcal{M}_n))=m$ ならば，$card(\varphi_\alpha(\mathcal{M}_n))=m$ を表す論理式が $\mathrm{Diag}_{el}(\mathcal{M}_n)$ に入っており，それが $\mathcal{M}_n$ の初等拡大 $\mathcal{M}$ でも正しいからである．よって構成により $card(\varphi_\alpha(\mathcal{M}))\geq card(\varphi_\alpha(\mathcal{M}_{n+1}))\geq\kappa$ となる． ∎

逆に，小さいモデルの構成は，生成元による代数系の生成を一般化して得られる．以下の定理 5.1.13 はコンパクト性定理 1.4.14 と関係ないが，上方 Löwenheim-Skolem 定理 5.1.7 のついでにここで述べておく．

補題 5.1.11 L-モデル $\mathcal{M}$ と集合 $X\subset|\mathcal{M}|$ について，部分モデル $\mathcal{N}\subset\mathcal{M}$ で $X\subset|\mathcal{N}|$ となる最小のものを取れば，$card(|\mathcal{N}|)\leq card(X)+card(\mathrm{L})+\aleph_0$ となる．

［証明］ 部分集合 $N\subset|\mathcal{M}|$ が $\mathcal{M}$ の部分モデルの対象領域になっているということは，N がすべての $f\in\mathrm{L}$ について $f^{\mathcal{M}}$ で閉じている[*1]:

$$a_1,...,a_n\in N\Rightarrow f^{\mathcal{M}}(a_1,...,a_n)\in N$$

ということだから，集合 $\{X_i\}$ を再帰的に

$$X_0=X$$
$$X_{i+1}=X_i\cup\{f^{\mathcal{M}}(a_1,...,a_n):f\in\mathrm{L}\,\&\,a_1,...,a_n\in X_i\}$$

として，$N=\bigcup_{i<\omega}X_i$ とおけばよい．このとき系 4.4.21.2 により $card(N)\leq card(X)+card(\mathrm{L})+\aleph_0$ となる． ∎

ここで $\mathcal{M}$ が公理系 T のモデルだとして，X からつくったモデル $\mathcal{N}$（X で生成される，あるいは張られるモデル）は，T の公理がすべて ∀-論理式で書けていない限り，再び T のモデルになるとは限らない．

そこで公理系 T の言語 L と公理を，関数記号とそれに関する公理を付け加え

*1 ここで，$n=0$ つまり定数記号 c については，$c^{\mathcal{M}}\in N$ を意味する．

て拡張して言語 L^{sk} での公理系 T^{sk} で，T^{sk} のモデルの L への縮小は T のモデルとなり，しかも T^{sk} の公理はすべて $\forall$-論理式となるものをつくる．これは定義 1.3.12 での Skolem 標準形であるが，再度ここでやや詳しく述べる．T^{sk} を T の **Skolem 化**(Skolemization)という．

言語 L_i を再帰的につくっていく．

1. 初めに $\mathrm{L}_0 = \mathrm{L}$ とおく．
2. L_i は既につくられたとする．

　量化記号のない L_i-論理式 $\varphi[x_1, ..., x_n; y_1, ..., y_m]$ $(n \geq 0, m > 0)$ について **Skolem 関数**(Skolem function)と呼ばれる n-変数関数記号 $f_{\varphi,k}$ $(1 \leq k \leq m)$ をつくる．

　そして L_{i+1} を，量化記号のない L_i-論理式 φ ごとにつくった Skolem 関数 f_φ 全部を L_i に付け加えた言語とする．

3. 言語 $\mathrm{L}^{sk} = \bigcup_i \mathrm{L}_i$ とおく．この言語での論理式 θ について，論理式 θ^{sk} を次のようにつくる．初めに θ を冠頭標準形 ψ に書き換えて，そこから量化記号を Skolem 関数をつかって内側から $\exists$ がなくなるまで順々に消して行って $\forall$-論理式 θ^{sk} ができあがる：$\vec{z} = z_1, ..., z_k$ (パラメタ)，$\vec{x} = x_1, ..., x_n$ として

(a) $\forall \vec{x} \exists y_1 \cdots \exists y_m \varphi[\vec{z}; \vec{x}; y_1, ..., y_m]$ $(k, n \geq 0,\ m > 0)$ を
　$\forall \vec{x} \varphi[\vec{z}; \vec{x}; f_{\varphi,1}(\vec{z}, \vec{x}), ..., f_{\varphi,m}(\vec{z}, \vec{x})]$ に書き換え

(b) $\exists \vec{x} \forall y_1 \cdots \forall y_m \varphi[\vec{z}; \vec{x}; y_1, ..., y_m]$ $(k \geq 0,\ n, m > 0)$ を
　$\exists \vec{x} \varphi[\vec{z}; \vec{x}; f_{\neg\varphi,1}(\vec{z}, \vec{x}), ..., f_{\neg\varphi,m}(\vec{z}, \vec{x})]$ に書き換える．

　ここで $f_{\neg\varphi,k}$ は論理式 $\neg\varphi[\vec{z}; \vec{x}; y_1, ..., y_m]$ に対する Skolem 関数である．

　θ の冠頭標準形 ψ は唯一つに定まらないが，それをどうつくってもできあがる θ^{sk} たちは互いに充足可能性の意味で同値なので以下の議論にはそれでよい．

4. 言語 L^{sk} での公理系 T^{sk} を，各 Skolem 関数 f_φ ごとに次の公理

$$\begin{aligned}&\forall x_1 \cdots \forall x_n \forall y_1 \cdots \forall y_m \{\varphi[x_1, ..., x_n, y_1, ..., y_m] \to \\ &\varphi[x_1, ..., x_n, f_{\varphi,1}(x_1, ..., x_n), ..., f_{\varphi,m}(x_1, ..., x_n)]\}\end{aligned} \tag{5.4}$$

をつくり，これらを

$$\{\theta^{sk} : \theta \in \mathrm{T}\}$$

に付け加えた公理系とする．

まず公理系 T^{sk} は $\forall$-閉論理式のみより成ること，および(5.2)により

$$card(\mathrm{L}^{sk}) = card(\mathrm{L}) + \aleph_0$$

に注意せよ．

また，$\mathcal{M} \models \mathrm{T}$ は $\mathcal{M}^{sk} \models \mathrm{T}^{sk}$ に拡張できる．つまり Skolem 公理(5.4)を充たすように Skolem 関数の解釈を決めてやればよい．

初めに簡単な事実をおさえておく．

補題 5.1.12 どんな L^{sk}-論理式 θ についても

$$(5.4) \models \theta \leftrightarrow \theta^{sk} \leftrightarrow \neg(\neg\theta)^{sk}$$

である．よって T^{sk} ($\mathrm{T} = \varnothing$ でも) のもとで，論理式は $\forall$-論理式とも $\exists$-論理式とも同値である． □

これより T^{sk} のモデルの L への縮小は T のモデルとなることも分かった．

定理 5.1.13 (下方(Downward) Löwenheim-Skolem の定理)

L-無限モデル $\mathcal{M}$ と集合 $X \subset |\mathcal{M}|$ について，初等部分モデル $H(X) \prec \mathcal{M}$ で $X \subset |H(X)|$ かつ $card(|H(X)|) \leq card(\mathrm{L}) + card(X) + \aleph_0$ となるものがつくれる．

以下の証明でつくられる $H(X)$ を X の $\mathcal{M}$ での **Skolem 包**(Skolem hull)と呼ぶ．

［証明］ 初めに L-モデル $\mathcal{M}$ を L^{sk}-モデル $\mathcal{M}^{sk}$ に Skolem 公理(5.4)が充たされるように拡張する．その上で，補題 5.1.11 の証明で X からつくった L^{sk}-モデル $\mathcal{N}$ の L-モデルへの縮小を $H(X)$ とすればよい．

$H(X) \prec \mathcal{M}$ は $\mathcal{N} \prec \mathcal{M}^{sk}$ より分かる．他方，$\mathcal{N} \prec \mathcal{M}^{sk}$ には $|\mathcal{N}|$ の元の名前付き論理式 φ は $\varphi \equiv \theta[\vec{z} := \vec{c}]$ ($\vec{c}$ は $|\mathcal{N}|$ の元の名前)として，L^{sk}-論理式 θ に補題 5.1.12 を用い，命題 5.1.2.2 により

$$\begin{aligned}
\mathcal{M}^{sk} \models \varphi &\Leftrightarrow \mathcal{M}^{sk} \models \theta^{sk}[\vec{z} := \vec{c}] \\
&\Rightarrow \mathcal{N} \models \theta^{sk}[\vec{z} := \vec{c}] \\
&\Leftrightarrow \mathcal{N} \models \varphi \\
&\Leftrightarrow \mathcal{N} \models \neg(\neg\theta)^{sk}[\vec{z} := \vec{c}] \\
&\Rightarrow \mathcal{M}^{sk} \models \neg(\neg\theta)^{sk}[\vec{z} := \vec{c}] \\
&\Leftrightarrow \mathcal{M}^{sk} \models \varphi
\end{aligned}$$ ■

部分的な初等埋込を導入して，それが初等拡大への初等埋込に拡張できることを示そう．

定義 5.1.14 (cf. 定義 5.1.1.5)

L を言語，$\mathcal{M}, \mathcal{N}$ を L-モデルとする．$A \subset |\mathcal{M}|$ として，$\mathrm{L}(A) = \mathrm{L} \cup \{c_a : a \in$

$A\}$ とする．

$f: A \to |\mathcal{N}|$ が，A-**初等埋込**であるのは，言語 L(A) の閉論理式 $\varphi(a_1, ..., a_n)$ $(a_i \in A)$ について

$$\mathcal{M} \models \varphi(a_1, ..., a_n) \Leftrightarrow \mathcal{N} \models \varphi(f(a_1), ..., f(a_n))$$

となっていることをいう．$f: A \to |\mathcal{N}|$ は通常 $f: A \to \mathcal{N}$ と書き表す．

$dom(f)$-初等埋込である f を，**部分初等埋込**(partial elementary embedding, partial elementary map)と呼ぶ．　□

定義 5.1.15　変数 $v_1, ..., v_n$ しかパラメタに持たない論理式の集合 Γ がモデル $\mathcal{M}$ で**充足可能**(satisfiable)とは，ある $a_1, ..., a_n \in |\mathcal{M}|$ が存在して，どんな $\varphi(v_1, ..., v_n) \in \Gamma$ もこれで充たされる，つまり $\mathcal{M} \models \varphi[a_1, ..., a_n]$ となることをいう．　□

これは新しい定数 $c_1, ..., c_n$ を Γ に属す論理式に一斉に代入した閉論理式の集合 $\{\varphi(c_1, ..., c_n) : \varphi(v_1, ..., v_n) \in \Gamma\}$ が $\mathcal{M}$ で充足可能ということである．

補題 5.1.16　L を言語，$\mathcal{M}, \mathcal{N}$ を L-モデルとし，$A \subset |\mathcal{M}|$ とする．

1. A-初等埋込 $f: A \to \mathcal{N}$ と $b \in |\mathcal{M}|$ について，$\mathcal{N}$ の初等拡大 $\mathcal{N}_1$ が存在して，f は $A \cup \{b\}$-初等埋込 $f_1: A \cup \{b\} \to \mathcal{N}_1$ へ拡張できる．
2. A-初等埋込 $f: A \to \mathcal{N}$ は，$\mathcal{N}$ のある初等拡大 $\mathcal{N}'$ への初等埋込 $f': \mathcal{M} \to \mathcal{N}'$ へ拡張できる．
3. $\mathcal{M} \prec \mathcal{N}$ で，$f: \mathcal{M} \prec \mathcal{N}$ は初等埋込であるとする．このとき，初等鎖 $\mathcal{M} \prec \mathcal{N} \prec \mathcal{M}' \prec \mathcal{N}'$ と f の拡張である初等埋込 $f': \mathcal{M}' \to \mathcal{N}'$ で $|\mathcal{N}| \subset rng(f')$ となるものが存在する．
4. A-初等埋込 $f: A \to \mathcal{M}$ は，$\mathcal{M}$ のある初等拡大 $\mathcal{N}$ 上の自己同型 σ へ拡張できる．

［証明］ 補題 5.1.16.1．変数 v について，

$\Gamma = \{\varphi(v, f(a_1), ..., f(a_n)) : \mathcal{M} \models \varphi(b, a_1, ..., a_n),\ a_1, ..., a_n \in A\} \cup \mathrm{Diag}_{el}(\mathcal{N})$

とおいて，補題 5.1.4.2 より，Γ が充足可能であることを見ればよい．そのためにはコンパクト性定理 1.4.14 より，その有限部分が充足可能であることを見ればよい．$\mathcal{M} \models \varphi(b, a_1, ..., a_n)$ とすれば $\mathcal{M} \models \exists v\, \varphi(v, a_1, ..., a_n)$ であり，f が A-初等埋込だから，$\mathcal{N} \models \exists v\, \varphi(v, f(a_1), ..., f(a_n))$ となるからこれでよい．

補題 5.1.16.2．$|\mathcal{M}|$ の元を，A を先にそれ以外を後に整列化する：$|\mathcal{M}| = A \cup \{a_\alpha : \alpha < \kappa\}$ とする．$\mathcal{N}_0 = \mathcal{N}$, $A_\alpha = A \cup \{a_\beta : \beta < \alpha\}$, $f_0 = f$ とおいて，初等鎖 $\{\mathcal{N}_\alpha\}_{\alpha < \kappa}$ と A_α-初等埋込 $f_\alpha : A_\alpha \to \mathcal{N}_\alpha$ が増加列$(\beta < \alpha \Rightarrow f_\beta \subset f_\alpha)$となるよ

うに帰納的につくっていく．

$\alpha=\beta+1$ のときには，補題 5.1.16.1 でよい．α が極限順序数のときには，$\mathcal{N}_\alpha=\bigcup_{\beta<\alpha}\mathcal{N}_\beta$, $f_\alpha=\bigcup_{\beta<\alpha}f_\beta$ とすれば，命題 5.1.9 よりよい．

補題 5.1.16.3. $rng(f)\subset|\mathcal{N}|$ について，逆関数 $f^{-1}:rng(f)\to\mathcal{N}$ と考えるとこれは $rng(f)$-初等埋込だから，補題 5.1.16.2 より，f^{-1} は，$\mathcal{N}$ のある初等拡大 $\mathcal{M}'$ への初等埋込 $g:\mathcal{N}\prec\mathcal{M}'$ へ拡張される．するとその逆関数 $g^{-1}:rng(g)\to\mathcal{M}'$ が，$\mathcal{M}'$ のある初等拡大 $\mathcal{N}'$ への初等埋込 $f':\mathcal{M}'\prec\mathcal{N}'$ へ拡張される．

これで初等鎖 $\mathcal{M}\prec\mathcal{N}\prec\mathcal{M}'\prec\mathcal{N}'$ ができた．このとき，$f^{-1}\subset g$ かつ $g^{-1}\subset f'$ だから，$f\subset f'$ である．また $|\mathcal{N}|=dom(g)=rng(g^{-1})$ なので，$|\mathcal{N}|\subset rng(f')$ となる．

補題 5.1.16.4. $\mathcal{M}_0=\mathcal{M}$ とおく．初めに補題 5.1.16.2 より，f を，$\mathcal{M}_0$ のある初等拡大 $\mathcal{N}_0$ への初等埋込 $f_0:\mathcal{M}_0\prec\mathcal{N}_0$ へ拡張しておく．

初等鎖 $\mathcal{M}_i\prec\mathcal{N}_i\prec\mathcal{M}_{i+1}\prec\mathcal{N}_{i+1}$ と初等埋込 $f_i:\mathcal{M}_i\prec\mathcal{N}_i$ の拡張である初等埋込 $f_{i+1}:\mathcal{M}_{i+1}\prec\mathcal{N}_{i+1}$ で $|\mathcal{N}_i|\subset rng(f_{i+1})$ となるものが，補題 5.1.16.3 を使って帰納的につくれる．そこで $\mathcal{N}=\bigcup_{i<\omega}\mathcal{N}_i=\bigcup_{i<\omega}\mathcal{M}_i$, $\sigma=\bigcup_{i<\omega}f_i$ とおけば，命題 5.1.9 より $\mathcal{M}\prec\mathcal{N}$ で，$\sigma:\mathcal{N}\to\mathcal{N}$ は f を拡張した初等埋込である．$|\mathcal{N}|=\bigcup_{i<\omega}|\mathcal{N}_i|\subset\bigcup_{i<\omega}rng(f_{i+1})=rng(\sigma)$ であるから，σ は全射であり，従って $\mathcal{N}$ 上の自己同型である．∎

5.2　完全な公理系と量化記号消去

5.2.1　完全な公理系

定義 5.2.1　L-公理系 T が完全(complete)であるとは，どんな L-閉論理式 φ についても，$\mathrm{T}\vdash\varphi$ か $\mathrm{T}\vdash\neg\varphi$ のどちらか一方が成立することをいう．□

言い換えると，公理系 T が完全なのは，T の任意のモデルが互いに初等的同値ということである．よって T が完全であることが示されれば，T のひとつのモデルで成立する(1 階論理で書ける)命題は自動的に T のすべてのモデルに転移する(transfer)，つまりすべてのモデルで成立することになる．この事実およびそれをコンパクト性定理 1.4.14 と組み合わせることでいくつか面白い応用がある．

定義 5.2.2　無限基数 κ について，公理系 T が **κ-範疇的**(κ-categorical)であ

るとは，Tの濃度 κ のモデルが存在してしかもそれらすべてが互いに同型になることをいう． □

例を見る前に範疇的であることが完全性を多くの場合導くことをみておく．

定理 5. 2. 3 (Vaught 検査 Vaught's test)

L-公理系Tはモデルをもつが，その有限モデルは無いとする．さらに，Tがある無限基数 $\kappa \geq card(\mathrm{L})$ について κ-範疇的とする．このときTは完全である．

［証明］ Tが完全でないと仮定する．閉論理式 φ を $\mathrm{T} \not\models \varphi$ かつ $\mathrm{T} \not\models \neg\varphi$ とする．これはそれぞれ $\mathrm{T} \cup \{\neg\varphi\}$, $\mathrm{T} \cup \{\varphi\}$ のモデルが存在するということを意味するが，仮定よりそれらは無限モデルでなければならない．上方 Löwenheim-Skolem 定理 5. 1. 7. 1 によって濃度 κ のモデル $\mathcal{M}^- \models \mathrm{T} \cup \{\neg\varphi\}$, $\mathcal{M}^+ \models \mathrm{T} \cup \{\varphi\}$ が取れることになるが，$\mathcal{M}^- \not\equiv \mathcal{M}^+$ なのでとくに $\mathcal{M}^-$ と $\mathcal{M}^+$ は同型でない．これはTが κ-範疇的であることに反す． ■

以下で考察する公理系をここでまとめておく．

1. **端点がなく稠密な線形順序 DLO** (Dense Linear Order without endpoints)
言語 L(DLO) は $<$ のみで，公理は線形順序の公理(1. 21)，(1. 22)，(1. 23)と稠密であることをいう
$$\forall x \forall y \exists z [x < y \to x < z < y] \ (x < y < z :\equiv x < y \land y < z)$$
と端点がないことをいう
$$\forall x \exists y \exists z [y < x < z]$$
から成る．

2. **ねじれのない可除アーベル群 DAG** (torsion-free Divisible Abelian Group)
言語 L(DAG) は $\{+, -, 0\}$ で，公理は非自明なアーベル群の公理(1. 5)，(1. 6)，(1. 7)，(1. 8)，(1. 9)と，ねじれのないことをいう無限個の公理(1. 11)および可除であるための(1. 12)から成る．

3. **代数的閉体 ACF** 言語 L(ACF) は $\{+, -, \cdot, 0, 1\}$ で，公理は体の公理(1. 5)，(1. 6)，(1. 7)，(1. 8)，(1. 13)，(1. 16)に代数的に閉じていることをいう無限個の(1. 20)から成る．

 素数 p を標数にもつ代数的閉体 ACF_p なら(1. 17)を加えて，標数0の代数的閉体 ACF_0 なら無限個の(1. 19)を加える．

4. **実閉体 RCF** 言語 L(RCF) は順序体の言語 $\{+, -, \cdot, 0, 1, <\}$ とし，公理は順序体の公理(1. 5)，(1. 6)，(1. 7)，(1. 8)，(1. 13)，(1. 16)，(1. 24)に，平方根 $\sqrt{x}$ か $\sqrt{-x}$ の存在

$$\forall x \exists y[x = y^2 \vee -x = y^2]$$

と任意の奇数次の方程式が解をもつことをいう無限個の

$$\forall x_{2n} \cdots \forall x_1 \forall x_0 \exists y[y^{2n+1} + x_{2n}y^{2n} + \cdots + x_1 y + x_0 = 0] \quad (n = 1, 2, \ldots)$$

から成る．

（例題）

1. ねじれのない可除アーベル群 DAG は任意の非可算濃度 $\kappa > \aleph_0$ について κ-範疇的であり，よって完全である．
2. 端点がなく稠密な線形順序 DLO は $\aleph_0$-範疇的であり，従って完全であることを示せ．

（解答）

1.

ねじれがないので $x \neq 0$ なら $nx \neq mx\,(n \neq m)$ となり DAG は有限モデルをもたない．有理数 $\mathbb{Q}$ はそのモデルであるから，Vaught 検査により範疇性だけ調べればよい．

$G \models$ DAG は $\mathbb{Q}$ 上のベクトル空間とみなせるので，その次元を決めれば同型になってしまう．$\kappa > \aleph_0$ として濃度 κ の DAG G の次元 λ は $\kappa = card(G) = \lambda + \aleph_0$ なので，$\kappa = \lambda$ となる．よって DAG は κ-範疇的である．

2. （Cantor による証明）

DLO に有限モデルがないことは明らかである．有理数 $\mathbb{Q}$ の順序が可算で端点がなく稠密な線形順序になっている．可算で端点がなく稠密な線形順序をふたつ $(A = \{a_n\}, <)$, $(B = \{b_n\}, <)$ とり，これらの同型写像 $f : A \to B$ をつくればよい．

有限集合の増加列 $A_0 \subset A_1 \subset \cdots \subset A = \bigcup_n A_n$, $B_0 \subset B_1 \subset \cdots \subset B = \bigcup_n B_n$ とその間の増加する同型写像 $f_n : A_n \to B_n$, $f_n \subset f_{n+1}$ を再帰的につくっていく．

初めに $A_0 = B_0 = f_0 = \varnothing$ とおく．

A_n, B_n, f_n まで既につくられたとして次をつくるのに $n+1$ の偶奇で場合分けする．

$n+1 = 2m+1$ の場合：$a_m \in A_{n+1}$ となるようにしたい．つねにこうなっていたら洩れがない $(A = \bigcup_n A_n)$ ことが従う．既に $a_m \in A_n$ となっていたら何もしない：$A_{n+1} = A_n, B_{n+1} = B_n, f_{n+1} = f_n$.

以下 $a_m \notin A_n$ とする．a_m を順序を保って B に写すには $b \in B \setminus B_n$ で

$$\forall a \in A_n[a < a_m \Leftrightarrow f_n(a) < b]$$

となるものが存在すればよい．その存在は，もし a_m をはさむ $\alpha_1, \alpha_2 \in A_n$ があれば $\alpha_1 < a_m < \alpha_2$ となるような最大 α_1，最小 α_2 を取って，b を $f_n(\alpha_1)$ と $f_n(\alpha_2)$ の間に取る(稠密性)．はさめなければ，A_n 全部より小さいか大きいことになり，$\{f_n(\alpha): \alpha \in A_n\}$ より小さく取るか大きく取ればよい(端点なし)．

存在が分かったので，そのような b をひとつ(例えば添字の最小のもの)を取って $A_{n+1} = A_n \cup \{a_m\}$, $B_{n+1} = B_n \cup \{b\}$, $f_{n+1}(a_m) = b$ とすればよい．

$n+1 = 2m$ の場合: $b_m \in B_{n+1}$ となるようにする．a と b の役割を交換すればよい．

以上の同型写像の作り方を**往復論法**(back-and-forth method)という．

このほかに Vaught 検査により完全性が分かる公理系の例を(演習 12)に挙げてある．

5.2.2 量化記号消去

定義 5.2.4 L-公理系 T で**量化記号消去**ができる(T admits quantifier elimination)とは，勝手に与えられた L-論理式 φ について T 上それと同値になる量化記号なしの論理式 $\theta(\mathrm{T} \models \varphi \leftrightarrow \theta)$ が存在することである． □

量化記号消去ができる多くの公理系は完全となり，また**決定可能**(decidable)，つまり勝手に与えられた論理式がその公理系の定理となるかどうか判定するアルゴリズムの存在がいえることになる．さらに閉じていない論理式がその公理系のモデルで定義する集合も簡単なものに限られることが分かる．

量化記号消去ができるための条件をこれから考えていく．

補題 5.2.5 T を L-公理系とする．

いまリテラル $L_i[x, \vec{y}]$ の論理積 $\varphi[x, \vec{y}] \equiv \bigwedge_i L_i[x, \vec{y}]$ が任意に与えられたら，量化記号なしの論理式 $\theta[\vec{y}]$ で T 上 $\exists x \varphi[x, \vec{y}]$ と同値なものが必ず取れるとする．このとき T で量化記号消去ができる．

［証明］ 初めにより強い仮定:

　量化記号なしの論理式 $\varphi[x, \vec{y}]$ が任意に与えられたら

　量化記号なしの論理式 $\theta[\vec{y}]$ で T 上 $\exists x \varphi[x, \vec{y}]$ と同値なものが取れる

のもとで，T で量化記号消去ができることをみる．これは論理式 ψ の長さに関する帰納法で $\mathrm{T} \models \psi \leftrightarrow \theta$ なる量化記号なしの論理式 θ の存在を示せばよい．

つぎにうえで置いた強い仮定がわれわれの仮定から従うことをみるには，量化記号なしの論理式 φ を和積標準形(cf. 第1章(演習5)，(1.61)) $\bigvee_j \bigwedge\{L_{ij} : 1 \leq i \leq n_j\}$ に書き直し，(1.32)を用いると

$$\exists x\varphi \leftrightarrow \bigvee_j \exists x \bigwedge\{L_{ij} : 1 \leq i \leq n_j\}$$

となり，右辺の $\exists x \bigwedge\{L_{ij} : 1 \leq i \leq n_j\}$ それぞれについてそれと T 上同値な量化記号なしの論理式を仮定によって取り，あとはそれらの論理和をつくればよい．∎

つぎの定理5.2.8は量化記号消去のための十分条件を与えるが，与えられた論理式と公理系上同値な量化記号なしの論理式を直接求めるものにはなっていない．

定義 5.2.6　L-公理系 T について言語 L での $\forall$-閉論理式の集合 $T_\forall$ を

$$T_\forall := \{\varphi : T \models \varphi, \varphi \text{ は } \forall\text{-閉論理式}\} \tag{5.5}$$

とする．

公理系 T が**代数的素モデル**(algebraically prime model)をもつとは，$\mathcal{A} \models T_\forall$ なら，モデル $\mathcal{M} \models T$ と埋込 $e : \mathcal{A} \to \mathcal{M}$ が存在して，任意のモデル $\mathcal{N} \models T$ と埋込 $f : \mathcal{A} \to \mathcal{N}$ に対して，$\mathcal{M}$ から $\mathcal{N}$ への埋込 $g : \mathcal{M} \to \mathcal{N}$ で $f = g \circ e$ となるものが存在することである．□

つぎの命題5.2.7の証明は容易なので(演習9)とする．

命題 5.2.7　L-構造 $\mathcal{A}$ について

$$\mathcal{A} \models T_\forall \Leftrightarrow \exists \mathcal{M}[\mathcal{A} \subset \mathcal{M} \models T].$$

□

定理 5.2.8　L-公理系 T で次の三条件が充たされているとする：

1. 言語 L には定数 c がひとつは含まれている．
2. T は代数的素モデルをもつ．
3. T のモデル $\mathcal{M}, \mathcal{N}$ で $\mathcal{M} \subset \mathcal{N}$ とし，リテラルの論理積 $\varphi[x, \vec{y}]$ と $\vec{a} \subset \mathcal{M}$ について $\mathcal{N} \models \exists x\varphi[x, \vec{a}]$ となっていたとする．このとき $\mathcal{M} \models \exists x\varphi[x, \vec{a}]$ となる．

このとき T で量化記号消去ができる．

[証明]　補題5.2.5より，リテラルの論理積 $\varphi[x, \vec{y}]$ について，量化記号なしの論理式 $\theta[\vec{y}]$ で T 上 $\psi[\vec{y}] :\equiv \exists x\varphi[x, \vec{y}]$ と同値になるものの存在をいえばよい．

いま量化記号なしの論理式の集合 $S(\vec{y})$ を

$$S(\vec{y}) := \{\theta[\vec{y}] : \mathrm{T} \models \forall \vec{y}(\psi[\vec{y}] \to \theta[\vec{y}]) \,\&\, \theta \text{ に量化記号なし}\}$$

とおく．$\vec{d}$ を言語 L に含まれない新しい定数として

$$\mathrm{T} \cup S(\vec{d}) \models \psi[\vec{d}] \tag{5.6}$$

となることをみる．このときコンパクト性定理 1.4.14 より $S(\vec{d})$ の有限部分の論理積 $\theta[\vec{d}]$ を取って，$\mathrm{T}\cup\{\theta[\vec{d}]\}\models\psi[\vec{d}]$ となるが，$\vec{d}$ は L になかったので，これは

$$\mathrm{T} \models \forall \vec{y}(\theta[\vec{y}] \to \psi[\vec{y}])$$

を意味し，$S(\vec{y})$ の定義より逆も成り立つから

$$\mathrm{T} \models \forall \vec{y}(\theta[\vec{y}] \leftrightarrow \psi[\vec{y}])$$

となり $\theta[\vec{y}]$ は量化記号がないのでこれでよい．

なお，L に定数 c がひとつはあるという仮定は，これにより集合 $S(\vec{y})$ が空でないことを保証するために用いた．つまり $c=c$ が $S(\vec{y})$ の元となる[*2]．

以下(5.6)を証明する．$\mathcal{M}\models\mathrm{T}\cup S(\vec{d})$ と仮定して，$\mathcal{M}\models\psi[\vec{d}]$ をいいたい．$\mathcal{A}$ を $\vec{d}^{\mathcal{M}}$ ($\vec{d}$ の $\mathcal{M}$ での解釈)で生成される $\mathcal{M}$ の部分モデルとする．このとき

$$\mathrm{T} \cup \mathrm{Diag}(\mathcal{A}) \cup \{\psi[\vec{d}]\} \text{ が充足可能} \tag{5.7}$$

であることを示そう．そのために $\mathrm{Diag}(\mathcal{A})$ の有限部分の論理積 $\theta[\vec{d}]$ を考える．$\mathcal{M}\supset\mathcal{A}\models\theta[\vec{d}]$ より $\mathcal{M}\not\models\neg\theta[\vec{d}]$ である．一方 $\mathcal{M}\models S(\vec{d})$ だったので，$\neg\theta[\vec{d}]\notin S(\vec{d})$ である．よって

$$\mathrm{T} \not\models \forall \vec{y}(\psi[\vec{y}] \to \neg\theta[\vec{y}])$$

つまり $\mathrm{T}\cup\{\exists\vec{y}(\psi[\vec{y}]\wedge\theta[\vec{y}])\}$ のモデルが存在することになるので，そのモデルで L にない定数 $\vec{d}$ を $\exists\vec{y}$ のそのモデルでの証拠で解釈して，$\mathrm{T}\cup\{\psi[\vec{d}],\theta[\vec{d}]\}$ のモデルの存在がいえた．これで(5.7)が証明された．

そこでモデル $\mathcal{N}\models\mathrm{T}\cup\mathrm{Diag}(\mathcal{A})\cup\{\psi[\vec{d}]\}$ を取る．$\mathcal{N}\models\mathrm{Diag}(\mathcal{A})$ より，埋込 $i_{\mathcal{N}}:\mathcal{A}\to\mathcal{N}$ を取っておく．また $\mathcal{A}\subset\mathcal{M}$ なので自明な埋込 $i_{\mathcal{M}}:\mathcal{A}\to\mathcal{M}$ とする．

いま $\mathcal{M}\models\mathrm{T}$ であったので $\mathcal{A}\models\mathrm{T}_{\forall}$ である．そこで T は代数的素モデルをもつというふたつめの仮定から，モデル $\mathcal{H}\models\mathrm{T}$ と埋込 $e:\mathcal{A}\to\mathcal{H}$ および埋込 $h_{\mathcal{N}}:\mathcal{H}\to\mathcal{N}$, $h_{\mathcal{M}}:\mathcal{H}\to\mathcal{M}$ を $h_{\mathcal{N}}\circ e=i_{\mathcal{N}}$, $h_{\mathcal{M}}\circ e=i_{\mathcal{M}}$ となるように取る．

$\mathcal{N}\models\psi[\vec{d}](\equiv\exists x\varphi[x,\vec{d}])$ で φ はリテラルの論理積であったから，みっつめの仮定より $\mathcal{H}\models\exists x\varphi[x,\vec{d}]$ となる．ここで $h_{\mathcal{N}}$ が埋込なので，とくに $\vec{d}^{\mathcal{N}}=h_{\mathcal{N}}(\vec{d}^{\mathcal{H}})$ となることを用いた．

[*2] 定数がひとつもないと，量化記号なしでパラメタもない論理式が書けない．よって $\vec{y}=\varnothing$ のときに困ってしまう．矛盾命題を表す論理記号 $\perp$ でも言語に入れておけば別であるが．

同様にして $\mathcal{M}\models\exists x\varphi[x,\vec{d}](\equiv\psi[\vec{d}])$ となり，$\mathcal{M}\models\psi[\vec{d}]$ が言えて，(5.6)の証明が終わる． ∎

量化記号消去できる公理系が完全になる場合を与える．

補題 5.2.9 言語Lには定数がひとつはあり，L-公理系Tで量化記号消去ができるとする．さらにL-構造 $\mathcal{A}$ でどんなTのモデルにも埋め込めるものがあるとする．このときTは完全である．

［証明］ φ をL-閉論理式とし，量化記号消去して $\mathrm{T}\models\varphi\leftrightarrow\theta$ となる量化記号なしの閉論理式 θ を取る．定数があるからこうできる．

L-モデル $\mathcal{A}$ をTの任意のモデルに埋め込めるものとする．初めに $\mathcal{A}\models\theta$ なら $\mathrm{T}\models\theta$ となり，$\mathrm{T}\models\varphi$ である．逆に $\mathcal{A}\models\neg\theta$ なら $\mathrm{T}\models\neg\varphi$ となる． ∎

公理系Tの決定問題を考える．計算可能性については第2章を，決定問題が否定的に解かれる例は小節6.1.3を参照のこと．

一般に記号 Σ 上の記号列の集まり Γ が計算可能とは，アルゴリズム(計算機械) M で，M に Σ 上の記号列 σ を与えると $\sigma\in\Gamma$ かどうか答えてくれるようなものが存在する場合にいう．

ここでは先ず記号の集まり Σ はたかだか可算であることが仮定されている．よってひとつひとつの記号を例えば0と1の記号列で代用して，Σ 上の記号列を $0,1$ の有限列と思ってしまい，$\Sigma=\{0,1\}$ とみなそう．

この了解のもとに記号の集まりである言語LやL-(閉)論理式の集まりであるL-公理系Tにも計算可能という概念が定義される．

定理 5.2.10 言語LとL-公理系Tはともに計算可能とする．Tが完全ならば，Tの定理 $\{\varphi:\mathrm{T}\models\varphi\}$ も計算可能となる．

すなわち(閉)論理式 φ が勝手に与えられたら，それが $\mathrm{T}\models\varphi$ となっているかどうか判定するアルゴリズムが存在する．

このとき小節6.1.3の意味で，Tの決定問題は肯定的に解かれると言われる．

［証明］ Tが充足可能でない(矛盾する)公理系のときは，Tの定理 $\{\varphi:\mathrm{T}\models\varphi\}$ は論理式全体の集合となってしまい，明らかに(そして無意味に)計算可能である．

Tは充足可能かつ完全とする．するとどんな閉論理式 φ についても，$\mathrm{T}\models\varphi$ か $\mathrm{T}\models\neg\varphi$ のどちらか一方，そして一方のみが成り立つ．つまり $\mathrm{T}\models\varphi\Leftrightarrow\mathrm{T}\not\models\neg\varphi$.

ここで完全性定理1.5.4により $T \models \varphi \Leftrightarrow T \vdash \varphi$ であり，言語Lと L-公理系 T はともに計算可能という仮定から，明らかに $\{\varphi : T \vdash \varphi\}$ は半計算可能となる．つまり T の定理全部を機械的に(重複を許して)一列に並べることができる．

よって $\{\varphi : T \models \varphi\}$ とその補集合 $\{\varphi : T \models \neg\varphi\}$ がともに半計算可能となるので，第6章定理6.2.5により，$\{\varphi : T \models \varphi\}$ は計算可能である． ∎

補題5.2.9の証明から分かる通り，もし与えられた論理式からそれと計算可能な公理系 T 上同値な量化記号のない論理式が機械的に作り出せて，構造 $\mathcal{A}$ でのリテラルの真偽が計算可能ならば，それが論理式が T の定理かどうか機械的に判定するアルゴリズムを与えていることになる．

ひとつ具体例を調べよう．

(例題)　ねじれのない可除アーベル群 DAG を考える．

1. DAG から(1.9)と(1.12)を取り除いた(自明な群も含めた)ねじれのないアーベル群の公理系を T として，T が $\mathrm{DAG}_\forall$ を公理化する．つまりどんな論理式 φ についても $\mathrm{DAG}_\forall \models \varphi \Leftrightarrow T \models \varphi$ である．
2. DAG は代数的素モデルをもつことを示せ．
3. ねじれのない可除アーベル群 G, H で $G \subset H$ とし，リテラルの論理積 $\varphi[x, \vec{y}]$ と $\vec{a} \subset G$ について $H \models \exists x \varphi[x, \vec{a}]$ となっていたとする．このとき $G \models \exists x \varphi[x, \vec{a}]$ を示せ．
4. 以上と定理5.2.8により DAG は量化記号消去ができる．
5. 整数 $\langle \mathbb{Z}, + \rangle$ がすべてのねじれのない可除アーベル群に埋め込めるから，補題5.2.9により DAG は完全である．
6. 言語 $\mathrm{L(DAG)} = \{+, -, 0\}$ での論理式 $\varphi[\vec{y}, x]$ がねじれのない可除アーベル群 G 上で定義する集合
$$\{a \in G : G \models \varphi[\vec{b}, a]\}\ (\vec{b} \subset G)$$
は有限であるかその補集合が有限となる．

　この事実を DAG は強極小な公理系(strongly minimal theory)であると言い表す．cf. 定義5.6.27.

(解答)　言語 $\mathrm{L(DAG)} = \{+, -, 0\}$ でのねじれのないアーベル群の公理系 T は $\forall$-論理式で書かれている．

逆に，先ず自明な群 $\{0\}$ は有理数 $\langle \mathbb{Q}, + \rangle$ に埋め込める．また非自明でねじれのないアーベル群 A はその可除閉包(divisible hull)($\{(a, n) : a \in A, n \in \mathbb{Z}^+\}$ を $(a, n) \cong (b, m) :\Leftrightarrow ma = nb$ で割った商)に自然に部分群として含まれる．命

題 5.2.7 によって，T が $\mathrm{DAG}_\forall$ を公理化することが分かり，また可除閉包 により DAG が代数的素モデルをもつことも分かる．

最後にねじれのない可除アーベル群 G,H で $G\subset H$ とし，$\vec{a}\subset G$ について $H\models\exists x\varphi[x,\vec{a}]$ とする．ここに $\varphi[x,\vec{y}]$ は，等式 $mx+\Sigma_i n_i y_i=0\,(m,n_i\in\mathbb{Z})$ かその否定 $mx+\Sigma_i n_i y_i\neq 0$ を $\wedge$ で結んだ論理式である．よってある $m_j,n_j\in\mathbb{Z}$ と $g_j,h_j\in G$ について

$$\varphi[x,\vec{a}]\leftrightarrow\bigwedge_j(m_j x+g_j=0)\wedge\bigwedge_j(n_j x+h_j\neq 0)$$

としてよい．

いまもしこの中にひとつでも等式 $m_j x+g_j=0$ が含まれていたら，$H\models\exists x\varphi[x,\vec{a}]$ の証拠は $x=-\dfrac{g_j}{m_j}\in G$ であるからよい．

そこで

$$\varphi[x,\vec{a}]\leftrightarrow\bigwedge_j(n_j x+h_j\neq 0)$$

とする．すると H での証拠は $-\dfrac{h_j}{n_j}$ 以外なんでもよく，G は無限群だからそのような x は G でも取れる．

代数的閉体と実閉体の公理系 ACF, RCF でも同様にして量化記号消去ができることが分かる．(演習 20)，(演習 27)をそれぞれ参照せよ．RCF の具体的な量化記号消去のアルゴリズムは，A.1 節にある．

5.3 タ イ プ

タイプというのは，論理式の無矛盾な集合のことで，ある初等拡大の元が持ちうる性質を書き表したものである．例えば順序集合 $\mathbb{Q}=\langle\mathbb{Q};<\rangle$ において，パラメタとして自然数 $\mathbb{N}$ を許した論理式 $\varphi\in\mathrm{L}(\mathbb{N})$ を考えると

$$\varGamma(v)=\{\varphi(v)\in\mathrm{L}(\mathbb{N}):\mathbb{Q}\models\varphi(\frac{1}{2})\}$$

はタイプであり，$\mathbb{Q}$ で $\varGamma(v)$ の論理式を同時に充たす有理数 r は，$0<r<1$ であることが分かる．それには，$\mathbb{N}$ を動かさない同型写像 σ で $\sigma(\frac{1}{2})=r$ となるものの存在をみればよい．

あるいは，

$$\varDelta(v)=\{v>n:n\in\mathbb{N}\}$$

は，$\mathbb{Q}$ で有限充足可能ではあるが，どんな有理数も $\varDelta(v)$ の論理式を一挙には

充たすことができない．$\mathbb{Q}$ の初等拡大を取ればこれが実現できる．

定義 5.3.1 Tを言語L上の公理系とし，p を，有限個の変数 $v_1, ..., v_n$ しかパラメタを持たないL-論理式の集合とする．

1. p が，公理系Tに関する ***n*-タイプ**(n-type)であるとは，$p \cup \mathrm{T}$ が充足可能であるとき，すなわちTのあるモデル $\mathcal{N}$ と $a_1, ..., a_n \in |\mathcal{N}|$ が存在して，任意の $\varphi(v_1, ..., v_n) \in p$ について $\mathcal{N} \models \varphi[a_1, ..., a_n]$ となることである．
2. n-タイプ p が**完全**(complete)であるのは，$v_1, ..., v_n$ しかパラメタを持たない任意のL-論理式 φ が，$\varphi \in p$ か $\neg\varphi \in p$ となっているときをいう．
3. $S_n(\mathrm{T})$ で，Tに関する完全 n-タイプ全体の集合を表す．

   n-タイプの「n-」は省略することがある．
4. $\mathcal{M}$ をL-モデル，$A \subset |\mathcal{M}|$ とする．

$$\mathrm{L}(A) := \mathrm{L} \cup \{c_a : a \in A\}$$

に対し(cf. 定義 5.1.1.c)

$$\mathrm{Th}_A(\mathcal{M}) := \{\varphi : \mathcal{M} \models \varphi, \varphi \text{ は } \mathrm{L}(A)\text{-閉論理式}\}.$$

このとき，公理系 $\mathrm{Th}_A(\mathcal{M})$ に関するタイプ $p \subset \mathrm{L}(A)$ は，モデル $\mathcal{M}$ が固定されているときには，しばしば ***A* 上のタイプ**(type over A)とも呼ばれる．また，

$$S_n^{\mathcal{M}}(A) := S_n(\mathrm{Th}_A(\mathcal{M}))$$

とおく． □

コンパクト性定理 1.4.14 より p が公理系Tに関するタイプであるためには，その有限部分がすべて充足可能であればよい．

また，モデル $\mathcal{M}$ について $|\mathcal{M}| \supset A$ 上のタイプ p の有限部分は，$\mathcal{M}$ で実現できることに注意せよ．それは $\mathrm{Th}_A(\mathcal{M})$ が完全な公理系なのでそのモデルは初等的同値になるからである．

定義 5.3.2 p をTに関する n-タイプ，$\mathcal{M} \models \mathrm{T}$ とする．$\vec{a} \in |\mathcal{M}|^n$ が p を $\mathcal{M}$ で**実現する**(realize)とは，任意の $\varphi(v_1, ..., v_n) \in p$ について $\mathcal{M} \models \varphi[a_1, ..., a_n]$ となることである．

p が $\mathcal{M}$ でいかなる元でも実現されないときに，$\mathcal{M}$ は p を**排除する**(omit)という． □

定義 5.3.3 $\mathcal{M}$ をL-モデル, $A \subset |\mathcal{M}|$, $\vec{a} \in |\mathcal{M}|^n$ とする．このとき $\mathcal{M}$ で $\vec{a}$ が充たすL(A)-論理式全体の集合

$$\mathrm{tp}^{\mathcal{M}}(\vec{a}/A) := \{\varphi(\vec{v}) \in \mathrm{L}(A) : \mathcal{M} \models \varphi[\vec{a}]\}$$

を，（$\mathcal{M}$ に関する）A 上での $\vec{a}$ **の完全タイプ**(complete type of $\vec{a}$ over A with respect to $\mathcal{M}$)という．これは明らかに完全タイプである．

また $A=\varnothing$ のとき

$$\mathrm{tp}^{\mathcal{M}}(\vec{a}) := \mathrm{tp}^{\mathcal{M}}(\vec{a}/\varnothing)$$

と書く． □

命題 5. 3. 4

1. $\mathcal{M}$ を L-モデル, $A\subset|\mathcal{M}|$, p を A 上のタイプとする．このとき $\mathcal{M}$ の適当な初等拡大 $\mathcal{N}$ で p は実現される．
2. $\mathcal{M}\prec\mathcal{N}$ ならば，$S_n^{\mathcal{M}}(A)=S_n^{\mathcal{N}}(A)$.

［証明］ 命題 5. 3. 4. 1．$\Gamma=p\cup\mathrm{Diag}_{el}(\mathcal{M})$ とおいて，Γ が充足可能であることを見ればよく，そのためにはコンパクト性定理 1. 4. 14 よりその有限部分が充足可能であればよい．

$\vec{a}\subset A, \vec{b}\subset|\mathcal{M}|$ として，$\varphi(\vec{v},\vec{a})\in p, \mathcal{M}\models\psi(\vec{b},\vec{a})$ と仮定して $\{\varphi(\vec{v},\vec{a}),\psi(\vec{b},\vec{a})\}$ が充足可能であることを示す．

$\mathcal{N}_0\models\mathrm{Th}_A(\mathcal{M})$ として，$\mathcal{N}_0\models\exists\vec{u}\psi(\vec{u},\vec{a})$ である．ある $\vec{c}\subset|\mathcal{N}_0|$ が $\mathcal{N}_0\models\varphi(\vec{c},\vec{a})$ としてよいから，これでよい．

命題 5. 3. 4. 2．$\mathcal{M}\prec\mathcal{N}$ ならば，$\mathrm{Th}_A(\mathcal{M})=\mathrm{Th}_A(\mathcal{N})$ だからである． ▮

系 5. 3. 5

$$S_n^{\mathcal{M}}(A)=\{\mathrm{tp}^{\mathcal{N}}(\vec{a}/A):\mathcal{M}\prec\mathcal{N}\supset\vec{a}\}.$$

［証明］ 命題5. 3. 4. 2より，$\mathcal{M}\prec\mathcal{N}\supset\vec{a}$ として $\mathrm{tp}^{\mathcal{N}}(\vec{a}/A)\in S_n^{\mathcal{N}}(A)=S_n^{\mathcal{M}}(A)$.

逆に $p\in S_n^{\mathcal{M}}(A)$ とする．命題 5. 3. 4. 1 より，$\mathcal{M}\prec\mathcal{N}\supset\vec{a}$ を $\vec{a}$ が p を $\mathcal{N}$ で実現するように取る．$\mathrm{tp}^{\mathcal{N}}(\vec{a}/A)=p$ であるのは，p が完全だからである． ▮

命題 5. 3. 6 $\mathcal{M}$ を L-モデル，$A\subset|\mathcal{M}|$ とする．

$\vec{a},\vec{b}\subset|\mathcal{M}|$ について，$\mathrm{tp}^{\mathcal{M}}(\vec{a}/A)=\mathrm{tp}^{\mathcal{M}}(\vec{b}/A)$ であることと，$\mathcal{M}$ のある初等拡大 $\mathcal{N}$ 上の自己同型 σ で，σ は A を固定し($\forall x\in A[\sigma(x)=x]$) $\sigma(\vec{a})=\vec{b}$ となるものが存在することは同値である．

［証明］ $\mathcal{M}\prec\mathcal{N}$ とし，$\mathcal{N}$ 上の自己同型 σ が A を固定し($\forall x\in A[\sigma(x)=x]$) $\sigma(\vec{a})=\vec{b}$ となるとすれば，$\vec{c}\subset A$ について，$\mathcal{M}\models\varphi[\vec{a},\vec{c}]\Leftrightarrow\mathcal{N}\models\varphi[\vec{a},\vec{c}]\Leftrightarrow\mathcal{N}\models\varphi[\vec{b},\vec{c}]\Leftrightarrow\mathcal{M}\models\varphi[\vec{b},\vec{c}]$ となって，$\mathrm{tp}^{\mathcal{M}}(\vec{a}/A)=\mathrm{tp}^{\mathcal{M}}(\vec{b}/A)$ である．

逆に $\mathrm{tp}^{\mathcal{M}}(\vec{a}/A)=\mathrm{tp}^{\mathcal{M}}(\vec{b}/A)$ であるとする．これは $f:A\cup\vec{a}\to\mathcal{M}$ を $\forall x\in A[f(x)=x], f(\vec{a})=\vec{b}$ として，f が $A\cup\vec{a}$-初等埋込ということであるから，補題 5. 1. 16. 4 よりよい． ▮

5.3.1　タイプと Stone 空間

T を言語 L 上の公理系とする．L-論理式 φ, ψ に関する同値関係を

$$\varphi \equiv_{\mathrm{T}} \psi :\Leftrightarrow \mathrm{T} \models \varphi \leftrightarrow \psi$$

で定める．この同値関係は，$\vee, \wedge, \neg$（そして $\exists, \forall$ でも）についての合同関係である．例えば，

$$\varphi \equiv_{\mathrm{T}} \psi \Rightarrow \neg\varphi \equiv_{\mathrm{T}} \neg\psi.$$

そこでもし，公理系 T が矛盾しない，つまり $\mathrm{T} \not\models \neg\forall x(x=x)$ なら，この同値関係による同値類全体 $\{[\varphi]_{\mathrm{T}} : \varphi \in \mathrm{L}\}$ はブール代数をなすことになる．演算 $+, \cdot, ^-$ は，それぞれ $\vee, \wedge, \neg$ によるものである．また $0, 1$ は $\neg\forall x(x=x), \forall x(x=x)$ による同値類である．

変数 $v_1, \dots, v_n$ しかパラメタを持たない L-論理式全体を $\mathrm{L}\restriction\{v_1, \dots, v_n\}$ と書くことにする．いま L-論理式のうちで，$\mathrm{L}\restriction\{v_1, \dots, v_n\}$ に属すものだけを考えたときに生ずるブール代数 $B_n(\mathrm{T})$ を考える．すると $B_n(\mathrm{T})$ でのフィルターが T に関する n-タイプに，超フィルターが T に関する完全 n-タイプにそれぞれ対応することがつぎのように分かる．

$\varphi \in \mathrm{L}\restriction\{v_1, \dots, v_n\}$ について，$[\varphi]_{\mathrm{T},n} := \{\psi \in \mathrm{L}\restriction\{v_1, \dots, v_n\} : \psi \equiv_{\mathrm{T}} \varphi\}$ として，p が T に関する n-タイプなら，$\{[\psi]_{\mathrm{T},n} : \varphi \in p \,\&\, \mathrm{T} \models \varphi \to \psi\}$ は，$B_n(\mathrm{T})$ でのフィルターになり，p が T に関する完全 n-タイプなら，$\{[\varphi]_{\mathrm{T},n} : \varphi \in p\}$ は，$B_n(\mathrm{T})$ での超フィルターになる．

また逆に，$B_n(\mathrm{T})$ での（超）フィルター U について，$\{\varphi \in \mathrm{L}\restriction\{v_1, \dots, v_n\} : [\varphi]_{\mathrm{T},n} \in U\}$ は，T に関する（完全）n-タイプとなることが，コンパクト性定理 1.4.14 より，命題 5.3.4.1 と同様に分かる．

そこでブール代数 $B_n(\mathrm{T})$ の Stone 空間は本質的には，完全 n-タイプ全体の集合 $S_n(\mathrm{T})$ に，

$$\langle\varphi\rangle_{\mathrm{T}} := \{p \in S_n(\mathrm{T}) : \varphi \in p\} \tag{5.8}$$

を，位相の基底(base)にした位相空間であることになる．

5.3.2　タイプを排除する

T を言語 L 上の公理系とする．

$p \in S_n(\mathrm{T})$ が，Stone 空間 $S_n(\mathrm{T})$ で孤立点になっているのは，ある $\varphi \in \mathrm{L}\restriction\{v_1, \dots, v_n\}$ について，$\{p\} = \langle\varphi\rangle_{\mathrm{T}}$ となるとき，つまり $p = \{\psi \in \mathrm{L}\restriction\{v_1, \dots, v_n\}:$

$\mathrm{T} \models \varphi \rightarrow \psi\}$ となるときである.

そこで完全とは限らないタイプ p についても孤立性を定義する.

定義 5.3.7 p をL-公理系Tに関する n-タイプとする．論理式 $\varphi \in \mathrm{L}\restriction\{v_1, ..., v_n\}$ は，$\mathrm{T} \cup \{\varphi\}$ が充足可能であるとする.

このとき φ が p を**孤立させる**(isolate)とは,

$$p \subset \{\psi \in \mathrm{L}\restriction\{v_1, ..., v_n\} : \mathrm{T} \models \varphi \rightarrow \psi\}$$

となっていることである.

p を孤立させる論理式が存在するとき，p は**孤立タイプ**(isolated type)と呼ばれる. □

つぎの命題 5.3.8 は容易に分かる.

命題 5.3.8 $\varphi(\vec{v})$ が公理系Tに関するタイプ p を孤立させるなら，p は $\mathrm{T} \cup \{\exists \vec{v} \varphi(\vec{v})\}$ の任意のモデルで実現される．特にTが完全なときには，孤立タイプはTの任意のモデルで実現される.

よって $p \in S_n^{\mathcal{M}}(A)$ が孤立しているなら，$p = \mathrm{tp}^{\mathcal{M}}(\vec{a}/A)$ となる $\vec{a} \subset |\mathcal{M}|$ が存在する. □

逆に言語Lが可算であるときには，Tの任意の(可算)モデルでタイプが実現できるなら，そのタイプは孤立していることがつぎの定理より分かる.

定理 5.3.9 (タイプ排除定理 Omitting Types theorem)

Lを可算言語とする．自然数 N について，L-公理系Tに関する可算個の N-タイプ $\{p_n\}_{n \geq 1}$ のそれぞれが孤立していないならば，ある可算モデル $\mathcal{M} \models \mathrm{T}$ で p_n はそれぞれ排除される.

［証明］ 仮定より，任意の論理式 $\varphi(\vec{v})$ $(\vec{v} = v_1, ..., v_N)$ と $n \geq 1$ について，$\mathrm{T} \cup \{\varphi(\vec{v})\}$ が充足可能であるなら，ある $\psi(\vec{v}) \in p_n$ について

$$\mathrm{T} \not\models \varphi(\vec{v}) \rightarrow \psi(\vec{v}) \tag{5.9}$$

である.

初めに可算個の新しい定数記号 $C = \{c_i : i \in \omega\}$ を用意して，言語 $\mathrm{L}^* := \mathrm{L} \cup C$ として，$\{\varphi_i\}_{i \in \omega}$ を L^*-閉論理式で，一番外側の論理記号が $\exists$ であるようなもの全体を一列に並べた列とする．また，C の元の N-重対全体を一列に並べて $\{\vec{d_i} : i \in \omega\}$ とおく.

L^*-閉論理式の列 $\{\theta_s : s \in \omega\}$ を帰納的に定義して，$\mathrm{T}^* = \mathrm{T} \cup \{\theta_s : s \in \omega\}$ が充足可能であるようにしたい.

$\Theta_s := \{\theta_t : t < s\}$ とおき，$\mathrm{T} \cup \Theta_s$ が充足可能であるように選ばれたとせよ．そ

のとき θ_s をつぎのように決める．J は Cantor の対関数(定義 1.1.2)である．

1. $s=J(0,i)$ のとき：$\mathrm{T}\cup\Theta_s\models\varphi_i$ であるときを先ず考える．$\varphi_i\equiv\exists v\,\varphi(v)$ とする．Θ_s に現れていない定数 $c\in C$ をひとつ選んで，$\theta_s:\equiv\varphi(c)$ とする．このとき $\mathcal{N}\models\mathrm{T}\cup\Theta_s$ として，$\mathcal{N}\models\exists v\varphi(v)$ であるから，$\mathrm{T}\cup\Theta_{s+1}$ は充足可能である．

   上記以外の場合には，$\theta_s:\equiv\forall x(x=x)$ とする．

2. $s=J(n,i)\,(n\geq 1)$ のとき：$\vec{d_i}=(e_1,...,e_N)$, $\vec{v}=(v_1,...,v_N)$ とする．θ_t に現れる $e_k\,(k=1,...,N)$ をそれぞれ変数 v_k で置き換えて*3，さらにそれ以外の定数 $c\in C\setminus\{e_1,...,e_N\}$ を，定数 c ごとに異なる θ_t に現れていない変数 v_c で置き換えたうえで量化記号 $\exists v_c$ で縛って得られる L-論理式を $\gamma_t(v_1,...,v_N)$ とする．このとき(5.9)より，論理式 $\psi(\vec{v})\in p_n$ を

$$\mathrm{T}\not\models\bigwedge_{t<s}\gamma_t(\vec{v})\to\psi(\vec{v})$$

   となるように選び，$\theta_s:\equiv\neg\psi(\vec{d_i})$ とおく．

   このとき，$\mathrm{T}\cup\Theta_{s+1}$ は充足可能である．

   なぜなら，$\mathcal{N}\models\mathrm{T}$ と $\vec{a}\subset|\mathcal{N}|$ を

$$\mathcal{N}\models\bigwedge_{t<s}\gamma_t(\vec{a})\wedge\neg\psi(\vec{a})$$

   となるように選べば，$\mathcal{N}\models\Theta_s$ であり，また $\vec{d_i}$ を $\vec{a}$ で解釈して $\mathcal{N}\models\theta_s$ となるからである．

T^* は充足可能で補題 5.1.5 の条件 (5.1) を $\mathrm{L}^*,\mathrm{T}^*$ について充たすので，モデル $\mathcal{M}\models\mathrm{T}^*$ を L^*-標準構造，すなわちどんな $a\in|\mathcal{M}|$ もある $c\in C$ の解釈になっている($\mathcal{M}\models c_a=c$)ように取る．

すると $\mathcal{M}$ (の L への縮小)は各 p_n を排除する：$\vec{a}=(a_1,...,a_N)\subset|\mathcal{M}|$ として，$\vec{d_i}=(e_1,...,e_N)\subset C$ を，$e_k^{\mathcal{M}}=a_k$ となるようにすると，$s=J(n,i)$ について，$\psi(\vec{v})\in p_n$ を $\theta_s\equiv\neg\psi(\vec{d_i})$ であるとすれば，$\mathcal{M}\models\theta_s$ であるから，$\mathcal{M}\not\models\psi(\vec{a})$ となり，$\mathcal{M}$ は各 p_n を排除している．■

命題 5.3.10　どの $\vec{a}\in A^n$ も $S_n^{\mathcal{M}}(A)$ のある孤立タイプを $\mathcal{M}$ で実現する．

［証明］　列 $\vec{a}=(a_0,...,a_{n-1})$ に対して変数列 $\vec{v}=(v_0,...,v_{n-1})$ を取り，$\vec{a}=\vec{v}:\Leftrightarrow\bigwedge_{i<n}(a_i=v_i)$ とすれば，$\vec{v}=\vec{a}$ が $\mathrm{tp}^{\mathcal{M}}(\vec{a}/A)$ を孤立させる論理式である．■

つぎの補題 5.3.11 は 5.6 節で用いる．

補題 5.3.11　モデル $\mathcal{M}$ について $A\subset B\subset|\mathcal{M}|$ とする．どの $\vec{b}\in B^m$ も $S_m^{\mathcal{M}}(A)$

---

*3　これらの変数は θ_t で束縛されていないとしてよい．

のある孤立タイプを $\mathcal{M}$ で実現すると仮定する．いま $\vec{a}\in|\mathcal{M}|^n$ が $S_n^{\mathcal{M}}(B)$ のある孤立タイプを $\mathcal{M}$ で実現するならば，$\vec{a}$ は $S_n^{\mathcal{M}}(A)$ のある孤立タイプを $\mathcal{M}$ で実現する．

［証明］ 先ず $\vec{a}$ が $\mathcal{M}$ で完全タイプ $p\in S_n^{\mathcal{M}}(B)$ を実現するということは，$p=\mathrm{tp}^{\mathcal{M}}(\vec{a}/B)$ ということである．よって仮定は，$\mathrm{tp}^{\mathcal{M}}(\vec{a}/B)$ が孤立しているということにほかならない．そこで，$\mathrm{tp}^{\mathcal{M}}(\vec{a}/B)$ を孤立させる論理式 $\varphi(\vec{v},\vec{b})$ ($\vec{b}\subset_{fin} B$) を取る．つぎに孤立タイプ $\mathrm{tp}^{\mathcal{M}}(\vec{b}/A)$ を孤立させる L(A)-論理式 $\theta(\vec{w})$ を取る．すると $\varphi(\vec{v},\vec{w})\wedge\theta(\vec{w})$ が $\mathrm{tp}^{\mathcal{M}}(\vec{a},\vec{b}/A)$ を孤立させることが分かる．

なぜなら L(A)-論理式 $\psi(\vec{v},\vec{w})$ は $\mathcal{M}\models\psi(\vec{a},\vec{b})$ なるものとする．すると $\psi(\vec{v},\vec{b})\in\mathrm{tp}^{\mathcal{M}}(\vec{a}/B)$ なので，$\mathrm{Th}_B(\mathcal{M})\models\varphi(\vec{v},\vec{b})\rightarrow\psi(\vec{v},\vec{b})$，とくに $\mathcal{M}\models\varphi(\vec{v},\vec{b})\rightarrow\psi(\vec{v},\vec{b})$，つまり $\forall\vec{v}[\varphi(\vec{v},\vec{w})\rightarrow\psi(\vec{v},\vec{w})]\in\mathrm{tp}^{\mathcal{M}}(\vec{b}/A)$ となる．よって $\mathrm{Th}_A(\mathcal{M})\models\theta(\vec{w})\rightarrow(\varphi(\vec{v},\vec{w})\rightarrow\psi(\vec{v},\vec{w}))$ となる．これで $\gamma(\vec{v},\vec{w}):\equiv\varphi(\vec{v},\vec{w})\wedge\theta(\vec{w})$ が $\mathrm{tp}^{\mathcal{M}}(\vec{a},\vec{b}/A)$ を孤立させていることが分かった．

つぎに $\exists\vec{w}\gamma(\vec{v},\vec{w})$ が $\mathrm{tp}^{\mathcal{M}}(\vec{a}/A)$ を孤立させることを示して証明が終わる．

L(A)-論理式 $\delta(\vec{v})$ は $\mathcal{M}\models\delta(\vec{a})$ であるとする．このとき

$$\mathrm{Th}_A(\mathcal{M})\models\forall\vec{v}\forall\vec{w}[\gamma(\vec{v},\vec{w})\rightarrow\delta(\vec{v})]$$

となる．それは，$\gamma(\vec{v},\vec{w})$ が $\mathrm{tp}^{\mathcal{M}}(\vec{a},\vec{b}/A)$ を孤立させ，しかも $\delta(\vec{v})\in\mathrm{tp}^{\mathcal{M}}(\vec{a},\vec{b}/A)$ であるからである． ∎

5.4 超　　積

L を言語とする．集合 I の各元 $i\in I$ について L-モデル $\mathcal{M}_i$ が与えられているとする．これらの**直積**(direct product) $\prod_I\mathcal{M}_i$ は，領域を直積 $\prod_I|\mathcal{M}_i|$ とし，

$$\prod_I\mathcal{M}_i\models R(f_1,...,f_n):\Leftrightarrow\forall i\in I[\mathcal{M}_i\models R(f_1(i),...,f_n(i))]$$

で，関数記号 F の解釈 F' も同様に成分ごとに考えて

$$F'(f_1,...,f_n)(i):=F^{M_i}(f_1(i),...,f_n(i)).$$

いま D を，I 上のフィルターとする．$i\in I$ に関する命題 $P(i)$ について

$$\{i\in I:P(i)\text{ が成立}\}\in D$$

となるとき，(フィルター D に関して)**ほとんど至る所**(almost everywhere, a.e.) P が成立すると言って，

$$P(i)\ a.e.$$

と書く.

定義 5.4.1 I 上のフィルター D について, L-モデル $\mathcal{M}_i$ の D による約積(reduced product) $\prod_D \mathcal{M}_i$ と呼ばれる L-モデルをつぎのように定義する.

1. 直積 $\prod_I |\mathcal{M}_i|$ の元 f, g について

$$f =_D g :\Leftrightarrow f(i) = g(i)\ a.e. \Leftrightarrow \{i \in I : f(i) = g(i)\} \in D.$$

明らかに $=_D$ は同値関係になる(推移的なのは(4.22)による).

$$f_D := \{g \in \prod_I |\mathcal{M}_i| : g =_D f\}$$

で f を代表元とする同値類を表す.

2. 約積の領域は商集合とする:

$$|\prod_D \mathcal{M}_i| := \{f_D : f \in \prod_I |\mathcal{M}_i|\}.$$

3. 関係記号 R の約積での解釈 R_D は

$$R_D((f_1)_D, ..., (f_n)_D) :\Leftrightarrow \mathcal{M}_i \models R(f_1(i), ..., f_n(i))\ a.e.$$

で定め, 関数記号 F の解釈も同様に

$$F_D((f_1)_D, ..., (f_n)_D) = g_D :\Leftrightarrow \mathcal{M}_i \models F(f_1(i), ..., f_n(i)) = g(i)\ a.e.$$

とくに定数 c の解釈は, $g(i) = c^{\mathcal{M}_i}$ として, g_D になる.

これらが代表元の取り方によらず定まることは, フィルターの性質(4.22)から分かる.

D が超フィルターのとき, 約積 $\prod_D \mathcal{M}_i$ を超積(ultraproduct)と呼ぶ.

さらに, すべてのモデル $\mathcal{M}_i$ が同一であるとき, 超積を超ベキ(ultrapower)と呼んで

$$\prod_D \mathcal{M}$$

で表す. □

定理 5.4.2 (超積の基本定理, Łoś)

$f_1, ..., f_n \in \prod_I |\mathcal{M}_i|$ と超フィルター D による超積 $\prod_D \mathcal{M}_i$ と L-論理式 $\varphi(x_1, ..., x_n)$ について

$$\begin{aligned} &\prod_D \mathcal{M}_i \models \varphi((f_1)_D, ..., (f_n)_D) \\ &\Leftrightarrow \mathcal{M}_i \models \varphi(f_1(i), ..., f_n(i))\ a.e. \\ &\Leftrightarrow \{i \in I : \mathcal{M}_i \models \varphi(f_1(i), ..., f_n(i))\} \in D \end{aligned}$$

[証明] 論理式 φ の構成に関する帰納法による. 論理結合子は, $\neg, \wedge, \exists$ だけ

としてよい．$\varphi \equiv \neg\psi$ のときに，D の極大性を使う．

φ が原子論理式のときは定義そのものである．

$\varphi \equiv \theta \wedge \psi$ のときは，帰納法の仮定を使ってフィルターの性質(4.22)から分かる．

$\varphi \equiv \neg\psi$ とする．帰納法の仮定より

$$\begin{aligned}&\prod_D \mathcal{M}_i \models \varphi((f_1)_D, ..., (f_n)_D)\\ \Leftrightarrow &\prod_D \mathcal{M}_i \not\models \psi((f_1)_D, ..., (f_n)_D)\\ \Leftrightarrow &\{i \in I : \mathcal{M}_i \models \psi(f_1(i), ..., f_n(i))\} \notin D\end{aligned}$$

であるが，D が超フィルターなのでこれは

$$\{i \in I : \mathcal{M}_i \not\models \psi(f_1(i), ..., f_n(i))\} \in D$$

つまり

$$\{i \in I : \mathcal{M}_i \models \varphi(f_1(i), ..., f_n(i))\} \in D$$

と同値である．

最後に $\varphi \equiv \exists x_0 \psi$ の場合を考える．帰納法の仮定より

$$\begin{aligned}&\prod_D \mathcal{M}_i \models \varphi((f_1)_D, ..., (f_n)_D)\\ \Leftrightarrow &\exists f_0 \in \prod_I \mathcal{M}_i [\prod_D \mathcal{M}_i \models \psi((f_0)_D, (f_1)_D, ..., (f_n)_D)]\\ \Leftrightarrow &\exists f_0 \in \prod_I \mathcal{M}_i [\{i \in I : \mathcal{M}_i \models \psi(f_0(i), f_1(i), ..., f_n(i))\} \in D]\end{aligned}$$

となる．

$$\mathcal{M}_i \models \psi(f_0(i), f_1(i), ..., f_n(i)) \Rightarrow \mathcal{M}_i \models \varphi(f_1(i), ..., f_n(i))$$

であるから，フィルターの定義(4.20)よりこのとき

$$J := \{i \in I : \mathcal{M}_i \models \varphi(f_1(i), ..., f_n(i))\} \in D$$

となる．

逆にこれを仮定すると，(選択公理より)ある $f_0 \in \prod_I \mathcal{M}_i$ について

$$\forall i \in J[\mathcal{M}_i \models \psi(f_0(i), f_1(i), ..., f_n(i))]$$

なので再び(4.20)により

$$\{i \in I : \mathcal{M}_i \models \psi(f_0(i), f_1(i), ..., f_n(i))\} \in D. \qquad \blacksquare$$

系 5.4.3 L-モデル $\mathcal{M}_i\,(i \in I)$ の I 上の超フィルター D による超積 $\prod_D \mathcal{M}_i$ を考える．

閉論理式 φ について

$$\prod_D \mathcal{M}_i \models \varphi \Leftrightarrow \{i \in I : \mathcal{M}_i \models \varphi\} \in D.$$

よってもしそれぞれの $\mathcal{M}_i$ が L-公理系 T のモデルであるなら，超積 $\prod_D \mathcal{M}_i$ もそうである.

またとくに超べキ $\prod_D \mathcal{M}$ は $\mathcal{M}$ と初等的同値($\prod_D \mathcal{M} \equiv \mathcal{M}$)である. □

系 5.4.4 I を無限集合，L-モデルの族 $\mathcal{M}_i\,(i \in I)$ と L-公理系 T を考える.

1. どんな $\varphi \in \mathrm{T}$ についても $\{i \in I : \mathcal{M}_i \models \varphi\}$ が補有限ならば，どんな非自明超フィルター D による超積も T のモデルになる($\prod_D \mathcal{M}_i \models \mathrm{T}$).
2.

$$\forall \mathrm{T}_0 \subset_{fin} \mathrm{T} \exists i \in I[\mathcal{M}_i \models \mathrm{T}_0]$$

とすれば，I 上の超フィルター D で

$$\prod_D \mathcal{M}_i \models \mathrm{T}$$

となるものがある.

［証明］ 5.4.4.1. $\varphi \in \mathrm{T}$ とすれば，命題 4.5.5.2 により非自明超フィルター D について，$\{i \in I : \mathcal{M}_i \models \varphi\} \in D$ となるので，系 5.4.3 により $\prod_D \mathcal{M}_i \models \varphi$ である.

5.4.4.2. $\varnothing \notin S \subset \mathcal{P}(I)$ を

$$S = \{\{i \in I : \mathcal{M}_i \models \mathrm{T}_0\} : \mathrm{T}_0 \subset_{fin} \mathrm{T}\}$$

と置くと，有限集合の有限和は有限なのでこれは有限交叉性を持つ. 定理 4.5.4 により S を含む超フィルター D を取る. $\varphi \in \mathrm{T}$ について，$\{i \in I : \mathcal{M}_i \models \varphi\} \in D$ であるから，系 5.4.3 により $\prod_D \mathcal{M}_i \models \varphi$ である. ■

定義 5.4.5 無限基数 κ を考える. I 上の超フィルター D が **κ-完備**(κ-complete)とは，

$$\forall X \subset D[card(X) < \kappa \to \bigcap X \in D]$$

となることをいう.

双対概念として，I 上の素イデアル E が **κ-完備**(κ-complete)とは，

$$\forall X \subset E[card(X) < \kappa \to \bigcup X \in D].$$

$\aleph_1$-完備なフィルターは，しばしば**可算完備**(countably complete)とか **σ-完備**(σ-complete)と呼ばれる. □

フィルターは自動的に $\aleph_0$-完備である.

補題 5.4.6 濃度が $\kappa \geq \aleph_0$ 以上の無限集合 I 上に，κ^+-完備でない超フィル

ター D が存在する．

［証明］ I を，κ 個の空でない集合 $I=\bigcup_{\alpha<\kappa} Y_\alpha$ に分割する：$Y_\alpha\neq\varnothing, Y_\alpha\cap Y_\beta=\varnothing\,(\alpha\neq\beta)$．$S=\{I\setminus Y_\alpha:\alpha<\kappa\}$ は有限交叉性を持つので，超フィルター $D\supset S$ を取れば，$\varnothing=\bigcap S\notin D$ より，κ^+-完備にならない． ∎

$\aleph_1$-完備でない超フィルターからは，タイプを実現するモデルがつくれる．

定義 5.4.7 無限基数 κ とモデル $\mathcal{M}$ を考える．$\mathcal{M}$ が **κ-飽和**（κ-saturated）とは，どんな $A\subset|\mathcal{M}|$ についても，$card(A)<\kappa$ なら，どのタイプ $p\in S_n^{\mathcal{M}}(A)$ も $\mathcal{M}$ で実現できることをいう．

$\mathcal{M}$ が $\kappa=card(|\mathcal{M}|)\geq\aleph_0$ について κ-飽和のとき，$\mathcal{M}$ は**飽和モデル**（saturated model）と呼ばれる． □

定理 5.4.8 可算言語 L を考える．L-モデルの族 $\{\mathcal{M}_i:i\in I\}$ の，$\aleph_1$-完備でない I 上の超フィルター D による超積 $\mathcal{M}=\prod_D \mathcal{M}_i$ は，$\aleph_1$-飽和である．

［証明］ $\aleph_1$-完備でない I 上の超フィルター D による超積 $\mathcal{M}=\prod_D \mathcal{M}_i$ が $\aleph_1$-飽和であることを示す．簡単のため 1-タイプを考える．可算集合 $A\subset|\mathcal{M}|$ とタイプ $p(v)\in S_1^{\mathcal{M}}(A)$ を考える．L, A ともに可算なので，p も可算である．$p(v)=\{\varphi_n(v,\vec{a}_D^{(n)}):n<\omega\}\,(\vec{a}_D^{(n)}\subset A)$ とおく．また，$Y_n\subset I\,(n<\omega)$ を，I の分割 $\bigcup_{n<\omega} Y_n=I, Y_n\cap Y_m=\varnothing\,(n\neq m), Y_n\notin D$ と取っておく．

このような分割が取れることはつぎのように分かる．超フィルター D は $\aleph_1$-完備でないので，$\{X_n\}_n\subset D$ を $\bigcap_n X_n\notin D$ とする．初めに $Y_0=\bigcap_n X_n$ とおき，$n>0$ については $Y_n=\bigcap_{i<n-1} X_i\cap(I\setminus X_{n-1})$ とおけばよい．

さて各 m について，$f_D^{(m)}\in|\mathcal{M}|$ を，$\forall n\leq m(\mathcal{M}\models\varphi_n[f_D^{(m)},\vec{a}_D^{(n)}])$ となるように取る．超積の基本定理 5.4.2 により

$$X_m=\{i\in I:\mathcal{M}_i\models\bigwedge_{n\leq m}\varphi_n[f^{(m)}(i),\vec{a}^{(n)}(i)]\}\in D.$$

そこで $g\in\prod_I|\mathcal{M}_i|$ を，$i\in Y_m$ として，

$$n=\max(\{n\leq m:Y_m\cap X_n\neq\varnothing\}\cup\{0\})$$

について

$$g(i)=f^{(n)}(i)$$

で定める．

n を固定して，$\mathcal{M}\models\varphi_n[g_D,\vec{a}_D^{(n)}]$ を示したい．そのためには超積の基本定理 5.4.2 により，$\{i\in I:\mathcal{M}_i\models\varphi_n[g(i),\vec{a}^{(n)}(i)]\}\in D$ を示せばよい．$Y_k\notin D$ より

$I\setminus(\bigcup_{k<n} Y_k)=\bigcap_{k<n}(I\setminus Y_k)\in D$ であるから，$[I\setminus(\bigcup_{k<n} Y_k)]\cap X_n\in D$ となる．そこで

$$[I\setminus(\bigcup_{k<n} Y_k)]\cap X_n\subset\{i\in I:\mathcal{M}_i\models\varphi_n[g(i),\vec{a}^{(n)}(i)]\}$$

を示せば証明が終わる．

$i\in[I\setminus(\bigcup_{k<n} Y_k)]\cap X_n$ であるとする．$m\geq n$ を，$i\in Y_m\cap X_n$ となる数とする．すると $n\leq k\leq m$ なるある k について，$i\in X_k$ かつ $g(i)=f^{(k)}(i)$ となる．このとき $\mathcal{M}_i\models\varphi_n[f^{(k)}(i),\vec{a}^{(n)}(i)]$ であるから，$\mathcal{M}_i\models\varphi_n[g(i),\vec{a}^{(n)}(i)]$ である． ∎

5.5 識別不能集合

多くの自己同型 (automorphism) を伴うモデルの構成法である識別不能集合を持ったモデルをつくる．

定義 5.5.1 Γ を言語 L での論理式の集合とする．L-モデル $\mathcal{M}$ の部分集合である線形順序集合 $(I,<)$ $(I\subset|\mathcal{M}|)$ が Γ に属するどんな論理式 $\varphi[x_1,...,x_n]$ とどんな I の上昇列 $i_1<\cdots<i_n$, $j_1<\cdots<j_n$ についても

$$\mathcal{M}\models\varphi[i_1,...,i_n]\leftrightarrow\varphi[j_1,...,j_n]$$

となっているとき，$(I,<)$ は($\mathcal{M}$ の) Γ-**識別不能集合**(Γ-indiscernibles)という．

Γ が L-論理式全体のときには，単に**識別不能集合**(indiscernibles)という． □

この定義で集合 I やその上の順序 $<$ が，モデル $\mathcal{M}$ で定義可能である必要はまったくない．

例えば有理数の順序 $(\mathbb{Q},<)$ はそれ自身で識別不能集合である．量化記号消去を考えればよい．

勝手に与えられた論理式の有限集合 Γ と線形順序 $(I,<)$ について，$(I,<)$ を Γ-識別不能集合としてもつモデルが，有限 Ramsey 定理 4.6.2 を用いて常につくれる：

定理 5.5.2 L-無限モデル $\mathcal{M}$ と $|\mathcal{M}|$ 上の線形順序 $<$ が与えられており，Γ を L-論理式の有限集合とする．また k を与えられた自然数とする．このとき十分大きい $|\mathcal{M}|$ の任意の有限部分集合 K を取ると，K の元の上昇列 $a_1<\cdots<a_k$ で Γ-識別不能集合になるものが必ず存在する．

［証明］ $\Gamma=\{\varphi_i[x_1,...,x_n]:i<m\}$ とする．パラメタの個数は論理式に依存するが，有限個なのでムダなパラメタを考えることで個数が揃っているとしてよ

い．K の元を k 個 $a_1<\cdots<a_k$ みつけて，どんな $i<m$ とどんな $a_1<\cdots<a_k$ の中の上昇列 $i_1<\cdots<i_n$, $j_1<\cdots<j_n$ についても

$$\mathcal{M}\models\varphi_i[a_{i_1},...,a_{i_n}]\leftrightarrow\varphi_i[a_{j_1},...,a_{j_n}] \tag{5.10}$$

となるようにすればよい．

そこで分割 $P:[|\mathcal{M}|]^n\to 2^m$ を $|\mathcal{M}|$ の上昇列 $b_1<\cdots<b_n$ について

$$P(b_1,...,b_n)=\{i<m:\mathcal{M}\models\varphi_i[b_1,...,b_n]\}$$

と定める．右辺は $\{0,...,m-1\}$ の部分集合だから 2^m より小さい自然数とみなせる．

そこで有限 Ramsey 定理 4.6.2 $K\to(k)^n_{2^m}$ より $\{a_1<\cdots<a_k\}\subset|\mathcal{M}|$ をこの分割 P に関して均質になるように取る．これが求める(5.10)を充たすものである． ∎

系 5.5.3 $(I,<)$ を線形順序とし，T を無限モデルをもつ L-公理系とする．モデル $\mathcal{M}\models\mathrm{T}$ でそこで I が識別不能集合になるものが存在する．

［証明］ $\mathrm{L}_I=\mathrm{L}\cup\{c_i:i\in I\}$ とおく．言語 L_I での閉論理式の集まり T_I を $\mathrm{T}\cup\{c_i\neq c_j:i\neq j\}$ に次を付け加えたものとする：

$$\{\varphi[c_{i_1},...,c_{i_n}]\leftrightarrow\varphi[c_{j_1},...,c_{j_n}]:\varphi[x_1,...,x_n] \text{ は L-論理式で}$$
$$i_1<\cdots<i_n,\ j_1<\cdots<j_n \text{ は } I \text{ の上昇列}\}.$$

$\mathcal{M}\models\mathrm{T}_I$ とすれば，$\mathcal{M}$ の L への縮小が T のモデルで $\{c_i^{\mathcal{M}}:i\in I\}$ が識別不能集合になる．よって T_I がモデルをもつことをコンパクト性定理 1.4.14 から導けばよい．

無限モデル $\mathcal{M}\models\mathrm{T}$ を取る．$|\mathcal{M}|$ 上の線形順序 $<$ をひとつ任意に固定する．T_I の有限部分 T_0 に現れる定数は k 個とし，また T_0 は有限個の L-論理式 $\varphi_i[x_1,...,x_n]\,(i<m)$ に関してその k 個の定数 $c_{h_1},...,c_{h_k}$ が識別不能であることを主張しているとする．

定理 5.5.2 により $|\mathcal{M}|$ の元を k 個 $a_1<\cdots<a_k$ みつけて，それらで $c_{h_1},...,c_{h_k}$ を解釈して，$\{h_1<\cdots<h_k\}$ が論理式 $\varphi_i\,(i<m)$ に関する識別不能集合となるようにでき，これでよい． ∎

より大きい識別不能集合を得るためにひとつ記法を導入する．

定義 5.5.4 κ を無限基数，α を $\omega\le\alpha\le\kappa$ なる極限順序数，m を $2\le m<\kappa$ なる基数とする．

$$\kappa\to(\alpha)^{<\omega}_m$$

は，どんな分割 $P:[\kappa]^{<\omega}\to m\,([\kappa]^{<\omega}=\bigcup_{n<\omega}[\kappa]^n)$ についても順序型が α である列 $H=\{a_i\}_{i<\alpha}\subset\kappa$ で，各 $n<\omega$ について H が $P\restriction[\kappa]^n$-均質になるものが存在することを意味する．このような H も P-均質と呼ばれる．

添字 m は，$m=2$ のときには省略することがある：

$$\kappa\to(\alpha)^{<\omega}:\Leftrightarrow\kappa\to(\alpha)_2^{<\omega}.$$ □

補題 5.5.5 無限基数 κ,λ と順序数 α について $\kappa\to(\alpha)_{2^\lambda}^{<\omega}$ であるとする．このとき，濃度が λ 以下の言語 L について，$\kappa\subset|\mathcal{M}|$ なる L-モデル $\mathcal{M}$ は順序型 α の識別不能列 $\{a_i\}_{i<\alpha}\subset\kappa$ を持つ．

［証明］ Γ を L-論理式全体の集合とする．

定理 5.5.2 での証明と同様にして，分割 $P:[\kappa]^{<\omega}\to 2^\lambda$ を

$$P(b_1,...,b_n)=\{\varphi\in\Gamma:\mathcal{M}\models\varphi[b_1,...,b_n]\}$$

と定める．右辺は濃度 λ の集合 Γ の部分集合だから 2^λ の元とみなせる．

そこで $\kappa\to(\alpha)_{2^\lambda}^{<\omega}$ より，P-均質な $\{a_i\}_{i<\alpha}\subset\kappa$ を取ればよい． ∎

5.5.1 Ehrenfeucht-Mostowski モデル

T を L-公理系として，5.1 節で導入した T の Skolem 化を L^{sk}-公理系 T^{sk} とする．

$\mathcal{M}\models\mathrm{T}^{sk}$ として $(I,<)$ を $\mathcal{M}$ での識別不能集合とする．識別不能集合 I から下方 Löwenheim-Skolem の定理 5.1.13 でつくった $\mathcal{M}$ での Skolem 包 $H(I)\prec\mathcal{M}$ をとくに **Ehrenfeucht-Mostowski モデル**という．ここで I は無限集合とする．

L^{sk}-論理式の集合 $tp(I)$ を識別不能集合 I の**タイプ**と呼んで

$$tp(I)=\{\varphi[x_1,...,x_n]:\exists i_1<\cdots<i_n\in I(H(I)\models\varphi[i_1,...,i_n])\ (n=0,1,...)\}\tag{5.11}$$

で定める．$\varphi\in tp(I)$ なら任意の上昇列 $i_1<\cdots<i_n$ について $\mathcal{M}\models\varphi[i_1,...,i_n]$ となることに注意せよ．

定理 5.5.6 $(I,<)$ を L^{sk}-モデル $\mathcal{M}$ での識別不能集合とする．

1. （部分集合定理 Subset theorem） 部分順序集合 $J\subset I$ は $H(J)$ での識別不能集合であり，$H(J)\prec H(I)$ となる．
2. （引延し定理 Stretching theorem） $(I,<)$ も $(J,<)$ も無限線形順序とする．L^{sk}-モデル $\mathcal{N}$ でそこで J が識別不能集合となり，$tp(I)=tp(J)$ となるも

のが存在する.

3. (自己同型定理 Automorphism theorem) 順序集合 I の自己同型 $\sigma : I \to I$ は L^{sk}-モデルの自己同型 $\sigma : H(I) \to H(I)$ に一意的に拡張される.
4. (初等埋込定理 Elementary Embedding theorem) $(J, <)$ を L^{sk}-モデル $\mathcal{N}$ での識別不能集合とし, $tp(I) = tp(J)$ であるとする. このとき順序集合間の埋込 $\sigma : I \to J$ は L^{sk}-モデルの初等埋込 $\sigma : H(I) \to H(J)$ に一意的に拡張される. この埋込の値域は順序埋込 σ の値域 $\sigma(I) \subset J$ の Skolem 包 $H(\sigma(I))$ である.

[証明] 5.5.6.2. 言語に定数 $\{c_j : j \in J\}$ を付け加えてこの言語での公理系

$$\mathrm{T} = \{c_{j_1} \neq c_{j_2} : j_1 \neq j_2,\ j_1, j_2 \in J\} \cup \{\varphi[c_{j_1}, ..., c_{j_n}] : j_1 < \cdots < j_n,\ \varphi \in tp(I)\}$$

を考えると, これの任意の有限部分はそこに含まれている有限個の定数 c_j を無限集合 I の元で解釈すれば $\mathcal{M}$ で正しくなる. つまり有限個の定数 c_j の添字たちを $j_1 < \cdots < j_m$ として I から $i_1 < \cdots < i_m$ を取ってこれらにあてがえばよい.

T のモデル $\mathcal{N}$ では J が識別不能集合となり, $tp(I) = tp(J)$ となる.

5.5.6.3 と 5.5.6.4.

5.5.6.3 は 5.5.6.4 の特別な場合なので, 後者を示す.

定義(補題 5.1.11 の証明)により $H(I)$ の元 $X \in H(I)$ はある L^{sk}-式 t と $a_1 < \cdots < a_n \in I$ により $X = t[a_1, ..., a_n]$ と書き表されている. そこで

$$\sigma(X) = t[\sigma(a_1), ..., \sigma(a_n)]$$

と定めたい.

先ずこれが式 t と上昇列 $a_1 < \cdots < a_n \in I$ の選び方に依存しないことをたしかめよう. L^{sk}-式 t, s について $H(I) \models X = t[a_1, ..., a_n] = s[b_1, ..., b_m]$ であったとする. 集合 $\{a_1, ..., a_n, b_1, ..., b_m\}$ の元を一列に並べて $c_1 < \cdots < c_k$ とする. $t[x_1, ..., x_n]$ と $s[y_1, ..., y_m]$ での変数 $x_1, ..., x_n, y_1, ..., y_m$ を上の並べ替えに沿って変数 $z_1, ..., z_k$ で置き換えれば, ある論理式 $\varphi[z_1, ..., z_k]$ について $\varphi[c_1, ..., c_k]$ が $t[a_1, ..., a_n] = s[b_1, ..., b_m]$ と一致するようにできる. よって $\varphi[z_1, ..., z_k] \in tp(I) = tp(J)$ となるので, $H(J) \models \varphi[\sigma(c_1), ..., \sigma(c_k)]$ すなわち $H(J) \models t[\sigma(a_1), ..., \sigma(a_n)] = s[\sigma(b_1), ..., \sigma(b_m)]$ となる.

つぎに σ が初等埋込であることをみる. φ を L^{sk}-論理式とし, $H(I) \models \varphi[X_1, ..., X_m]$ $(X_1, ..., X_m \in H(I))$ とする. このとき適当に上昇列 $a_1 < \cdots < a_n$ を I から取り, また各 X_i について式 t_i を取ると $H(I) \models X_i = t_i[a_1, ..., a_n]$ となる.

よって論理式 $\theta[y_1, ..., y_n] :\equiv \varphi[t_1[y_1, ..., y_n], ..., t_m[y_1, ..., y_n]]$ を考えれば $H(I) \models$

$\theta[a_1, ..., a_n] \leftrightarrow \varphi[X_1, ..., X_m]$ となり，$\theta \in tp(I) = tp(J)$ だから $H(J) \models \theta[\sigma(a_1), ..., \sigma(a_n)]$ を得る．よって $H(J) \models \varphi[\sigma(X_1), ..., \sigma(X_m)]$ となる．

最後に埋込 σ の値域内の $Y = s[\sigma(X_1), ..., \sigma(X_m)]$ は上のようにすれば $s[\sigma(X_1), ..., \sigma(X_m)] = s[t_1[\sigma(a_1), ..., \sigma(a_n)], ..., t_m[\sigma(a_1), ..., \sigma(a_n)]]$ となるので，順序埋込 σ の値域 $\sigma(I) \subset J$ の Skolem 包 $H(\sigma(I))$ の元である． ∎

系 5.5.7 T を無限モデルをもつ L-公理系とする．どんな $\kappa \geq card(\mathrm{L}) + \aleph_0$ についてもモデル $\mathcal{M} \models \mathrm{T}$ で $|\mathcal{M}| = \kappa$ かつ自己同型が最大個数つまり 2^κ 個*4あるものが存在する．

［証明］ L-公理系 T の Skolem 化を T^{sk} とする．系 5.5.3 と自己同型定理 5.5.6.3 により，無限線形順序 $(I, <)$ で $|I| = \kappa$ かつ I での（順序）自己同型が 2^κ 個あるものを見出せばよい．

濃度 κ の集合 κ と有理数 $\mathbb{Q}$ について直積 $I = \kappa \times \mathbb{Q}$ 上に辞書式順序 $<$ を $(x, r) < (y, s) :\Leftrightarrow x < y \vee (x = y \wedge r < s)$ で入れる．勝手な部分集合 $X \subset \kappa$ について σ_X を

$$\sigma_X(x, r) = \begin{cases} (x, r) & x \in X \text{ のとき} \\ (x, r+1) & x \notin X \text{ のとき} \end{cases}$$

とすれば σ_X は順序同型で $\sigma_X = \sigma_Y \Leftrightarrow X = Y$ なので I の自己同型は 2^κ 個ある． ∎

5.5.2 対角識別不能集合

定義 5.5.8 Γ を言語 L での論理式の集合とする．L のモデル $\mathcal{M}$ の部分集合である線形順序集合 $(I, <)$ $(I \subset |\mathcal{M}|)$ が与えられているとして，$J \subset I$ とする．

Γ に属するどんな論理式 $\varphi[y, x_1, ..., x_n]$ とどんな上昇列

$$a < i_0 < \begin{array}{ccccc} i_1 & < & \cdots & < & i_n \\ j_1 & < & \cdots & < & j_n \end{array}, \ (a \in I,\ i_0, i_1, ..., i_n, j_1, ..., j_n \in J)$$

についても

$$\mathcal{M} \models \varphi[a, i_1, ..., i_n] \leftrightarrow \varphi[a, j_1, ..., j_n]$$

となっているとき，J は（$\mathcal{M}$ の）(I, Γ)-**対角識別不能集合**（(I, Γ)-diagonal indiscernibles）という．

Γ が L-論理式全体なら，単に I-**対角識別不能集合**（I-diagonal indiscernibles）

*4 κ のベキ集合の濃度．$2^\kappa = \kappa^\kappa$ である．

という. □

定義 5.5.9 線形順序集合 $(X,<)$ 上の c-分割 $P:[X]^{1+n}\to c\,(1\le n, c<\aleph_0)$ を考える. X が正整数の集合のときは順序は自然なものを考えている.

1. 集合 $Y,Z\subset X$ について

$Z<Y :\Leftrightarrow \forall z\in Z\,\forall y\in Y(z<y)(\Leftrightarrow \max Z<\min Y,\ Z\neq\varnothing\neq Y$ のとき).

また

$$x<Y :\Leftrightarrow \{x\}<Y.$$

2. $H\subset X$ が P に関して**対角均質**(diagonal-homogeneous)とは

$\forall x_0\in H\,\forall a<x_0\,\forall Y,Z\in[H]^n[x_0<Y\,\&\,x_0<Z\Rightarrow P(\{a\}\cup Y)=P(\{a\}\cup Z)]$

となっていることをいう. ここで $a<x_0$ は $a\in X$ でありさえすればよく, $a\in H$ は仮定されていないことに注意せよ.

3. 正整数 n,m,c について

$$X\to_{\Delta}(m)^{1+n}_c$$

は命題:

どんな c-分割 $P:[X]^{1+n}\to c$ についても対角均質な $H\in[X]^m$ が存在する

を表す.

4. **対角均質原理**(Diagonal Homogeneous principle, DH と略記)は, どんな正整数 n,m,c についても十分大きい正整数 K を取れば $K\to_{\Delta}(m)^n_c$ となるという主張である. □

無限 Ramsey 定理 4.6.4 を使えば DH が正しいことが分かる.

補題 5.5.10 無限 Ramsey 定理 4.6.4 から DH が従う.

[証明] (cf. 第 4 章(演習 32), コンパクト性論法) m,n,c が与えられているとして, $K\to_{\Delta}(m)^{1+n}_c$ となる K の存在を言いたい. $(1+n)$ 組の c-彩色のうちでその反例となっているもの全体

$$P\in\mathcal{T} :\Leftrightarrow \exists K>n\{P:[K]^{1+n}\to c\,\&\,\neg\exists H\in[K]^m(H \text{ は } P\text{-対角均質})\}$$

に順序

$$P\le Q :\Leftrightarrow P\subset Q\ (Q \text{ は関数として } P \text{ の拡張})$$

を入れると $(\mathcal{T},\le)$ は有限分岐の木になる. それは $P:[K]^{1+n}\to c$ の $[K+1]^{1+n}$ への拡張は有限個しかないからである.

このとき示すべきことは, この木 $\mathcal{T}$ が有限ということだが, それには König 無限補題 4.3.17 により $\mathcal{T}$ が整礎的であることを示せばよい. つまりどんな

$P_{K_0} \in \mathcal{T}$, $P_{K_0} : [K_0]^{1+n} \to c$ も $K > K_0$ を十分大きく取った拡張 $P_K : [K]^{1+n} \to c$ を考えると $P_K \notin \mathcal{T}$ となることを示す．

いま木 $\mathcal{T}$ に無限枝 $\{P_K\}_{K>n}$ $(P_K : [K]^{1+n} \to c)$ が存在すると仮定する．すると十分大きい K を取ると，ある $H \in [K]^m$ で，H が P_K-対角均質となることを示す．

さて無限枝 $\{P_K\}_{K>n}$ $(P_K : [K]^{1+n} \to c)$ は分割 $P : [\mathbb{Z}^+]^{1+n} \to c$, $P = \bigcup_{K>n} P_K$ を定める．そこで分割 $P : [\mathbb{Z}^+]^{1+n} \to c$ を考える．$x_0 < X < Y$, $X, Y \in [\mathbb{Z}^+]^n$ について条件

$$\forall a < x_0 [P(a, X) = P(a, Y)] \tag{5.12}$$

を考え $D : [\mathbb{Z}^+]^{1+2n} \to c_1$ $(c_1 = 1 + \lceil \log_2 c \rceil)$ を

1. $x_0 < X < Y$ について (5.12) のとき： $D(x_0, X, Y) := c_1$.
2. (5.12) でないとき： $a = \min\{a < x_0 : P(a, X) \neq P(a, Y)\}$ とおき，i を $P(a, X) - 1 = \sum_i b(x, i) 2^i$ と $P(a, Y) - 1 = \sum_i b(y, i) 2^i$ の2進展開がはじめて異なる桁とする．すなわち $i = \min\{i < \lceil \log_2 c \rceil : b(x, i) \neq b(y, i)\}$．また，$D(x_0, X, Y) := 1 + i$ とおく．

無限 Ramsey 定理 4.6.4 より，無限集合 A を D-均質となるように取る．D の $[A]^{1+2n}$ 上の値を $1+i$ とおく．

もし $1+i = c_1$ なら，A のはじめの m 個の元を H とし，$K = \{1, ..., K\}$ を $H \subset K$ と取れば，H は P_K-対角均質である．なぜなら $Z \in [A]^n$ を $H < Z$ と取ると，任意の $a < x_0 < (X \cup Y)$, $x_0 \in H$, $X, Y \in [H]^n$ について

$$P(\{a\} \cup X) = P(\{a\} \cup Z) = P(\{a\} \cup Y)$$

となるからこれでよい．

そこで $i < \lceil \log_2 c \rceil$ とする．A の元を大小の順に並べ $a_0 < a_1 < \cdots$ とする．また $A(a_k) := \{a_k, ..., a_{k+n-1}\} \in [A]^n$ とおく．A の元を a_1 から n 飛びで取って

$$B = \{b_p : b_p = a_{1+(p-1)n},\ p \geq 1\}$$

とする．

$Q : [B]^2 \to (a_0 - 1)$ を

$$Q(b_p, b_q) := \min\{a < a_0 : P(a, A(b_p)) \neq P(a, A(b_q))\}$$

で定めると，有限 Ramsey 定理 4.6.2 より $R = R_2(3; a_0 - 1)$ を

$$R \to (3)^2_{a_0 - 1}$$

と取れば，ある $\{c_1, c_2, c_3\} \in [\{b_1 < \cdots < b_R\}]^3$ は Q-均質である．共通の値を $a = Q(c_i, c_j)$ とおき，$X = A(c_1)$, $Y = A(c_2)$, $Z = A(c_3)$ とおく．

すると D の定義から，$P(a, X) - 1 = \sum_i b(x, i)2^i$，$P(a, Y) - 1 = \sum_i b(y, i)2^i$，$P(a, Z) - 1 = \sum_i b(z, i)2^i$ において

$$b(x, i) \neq b(y, i) \neq b(z, i) \neq b(x, i)$$

とならなければならない．しかし $b(x, i), b(y, i), b(z, i) \in \{0, 1\}$ なのでこれは矛盾である．つまり，$i < \lceil \log_2 c \rceil$ はあり得ない． ∎

定理 5. 5. 11 無限モデル $\mathcal{M}$ と $|\mathcal{M}|$ 上の線形順序 $<$ が与えられており，$\Gamma = \{\varphi_r[x_0, x_1, \ldots, x_n] : r < m\}$ を L-論理式の有限集合とする．また k を与えられた自然数とする．

DH $(\exists K[K \rightarrow_\Delta (k)_{2^m}^{1+n}])$ を用いると，十分大きい $|\mathcal{M}|$ の任意の有限部分集合 K について，K の元の上昇列 $a_1 < \cdots < a_k$ で (K, Γ)-対角識別不能集合になるものの存在が示せる．

［証明］ 証明は定理 5. 5. 2 の証明とほぼ同じである．K を $K \rightarrow_\Delta (k)_{2^m}^{1+n}$ となる数とし，同時に K で $|\mathcal{M}|$ の元の個数が K であるような集合を表す．

K の元を k 個 $a_1 < \cdots < a_k$ みつけて，どんな $r < m$ とどんな上昇列 $K \ni a < a_{i_0}$, $i_0 < i_1 < \cdots < i_n$, $i_0 < j_1 < \cdots < j_n$ についても

$$\mathcal{M} \models \varphi_r[a, a_{i_1}, \ldots, a_{i_n}] \leftrightarrow \varphi_r[a, a_{j_1}, \ldots, a_{j_n}] \tag{5. 13}$$

となるようにすればよい．

そこで分割 $P : [K]^{1+n} \rightarrow 2^m$ を K の上昇列 $b_0 < b_1 < \cdots < b_n$ について

$$P(b_0, b_1, \ldots, b_n) = \{i < m : \mathcal{M} \models \varphi_i[b_0, b_1, \ldots, b_n]\}$$

と定める．

$K \rightarrow_\Delta (k)_{2^m}^{1+n}$ より $\{a_1 < \cdots < a_k\} \subset K$ をこの分割 P に関して対角均質になるように取る．これが求める (5. 13) を充たすものである． ∎

5. 5. 3 組合せ原理 DH の公理系 PA からの独立性

ここでは組合せ原理 DH が公理系 PA の定理にならないこと (PA $\not\models$ DH) を証明する．ここで PA は小節 1. 7. 1 で定義された自然数の公理系 PA(E) を表し，その原始的記号は $0, 1, +, \cdot, E(x, y) \equiv x^y, <$ であった．

定理 5. 5. 12 PA $\not\models$ DH である． □

証明を始める前に少し注意する．

DH, $\forall n, m, c \exists K[K \to_\Delta (m)_c^{1+n}]$ を自然数の公理系 PA の論理式として自然に書くためには，先ず，自然数の有限集合が PA で語り得ないといけない．元の個数が n である自然数の集合 $\{a_1, a_2, ..., a_n\}$ を，初めにこれらを大小の順に並んだ列 $(a_1 < a_2 < \cdots < a_n)$ だとみなして，小節 2.1.1 でしたようにこの列のコードとなる自然数で代用すればよい．また DH での K は一般には元の個数が K である自然数の集合であるが，その特別な場合である区間 $K = [1, K] = \{n \in \mathbb{N} : 1 \leq n \leq K\}$ に限る．さらに分割 $P : [K]^{1+n} \to c$ はそのグラフたる列 $(P(X_0), P(X_1), ...)$ $(X_0, X_1, ... \in [K]^{1+n})$ だと思うことにして，DH を論理式 $\mathrm{DH} :\equiv \forall n, m, c \exists K\{K \to_\Delta (m)_c^{1+n}\}$ に書き表して，以下，考える．

初めに DH を少し見た目が強い形に書き換えておく．

補題 5.5.13 $\mathrm{DH_{min}}$ をつぎの命題（を PA の論理式に自然に書いた論理式）とする：

$$\mathrm{DH_{min}} \Leftrightarrow \forall n, m, c, d \exists K[K \to_\Delta^d (m)_c^{1+n}]$$

$$K \to_\Delta^d (m)_c^{1+n} \Leftrightarrow \forall P : [K]^{1+n} \to c \exists H \in [K]^m[(H \text{ は } P\text{-対角均質}) \wedge \min H \geq d]$$

とする．このとき

$$\mathsf{PA} \models \mathrm{DH} \to \mathrm{DH_{min}}.$$

［証明］ 与えられた n, m, c, d について K を

$$K \to_\Delta (m_d)_c^{1+n} \ (m_d = d - 1 + m)$$

と取る．

分割 $P : [K]^{1+n} \to c$ について，K の取り方から，$H_d \in [K]^{m_d}$ を P について対角均質に取り，$H \in [K]^m$ を H_d の最後の m 個の元とする．H は H_d の部分なのでこれもまた P について対角均質であり，しかも $\min H$ は $H_d \subset \{1, 2, ...\}$ の少なくとも d 番目の元なので $\min H \geq d$ となる． ∎

こうして論理式として書かれた $\mathrm{DH_{min}}$ を使って，定理 5.5.11 の内容を一部，言い換えるとこうなる．

系 5.5.14 $\Gamma = \{\varphi_r[x_0, x_1, ..., x_n] : r < m\}$ を PA-論理式の有限集合とする．このとき

$$\mathsf{PA} \models (K \to_\Delta^d (k)_{2^m}^{1+n}) \to (\dagger)_K^d$$

ここで $(\dagger)_K^d$ は論理式

$$\exists (a_1 < \cdots < a_k) \subset [d, K]$$

$$\bigwedge_{r<m} \forall a < K \forall a_{i_0} \forall (a_{i_1} < \cdots < a_{i_n}) \forall (a_{j_1} < \cdots < a_{j_n})$$

$$[a < a_{i_0} < \min\{a_{i_1}, a_{j_1}\} \to \{\varphi_r[a, a_{i_1}, ..., a_{i_n}] \leftrightarrow \varphi_r[a, a_{j_1}, ..., a_{j_n}]\}]$$

を表し，ここでの $<$ は PA での関係記号である．

［証明］ 証明の方針は定理 5. 5. 11 のとまったく同じだが，分割 $P:[K]^{1+n} \to 2^m$ を，K の上昇列 $b_0 < b_1 < \cdots < b_n$ について

$$P(b_0, b_1, ..., b_n) = \{i < m : \varphi_i[b_0, b_1, ..., b_n]\}$$

と定めるがこの意味は，$P(b_0, b_1, ..., b_n) = c < 2^m$ なる数 c をその 2 進展開での i 桁を $b(c, i)$, $c = \sum_i b(c, i)2^i$ として

$$b(c, i) = 1 \Leftrightarrow \varphi_i[b_0, b_1, ..., b_n]$$

とするということである． ∎

［定理 5. 5. 12 の証明］

PA $\models$ DH と仮定して矛盾させる．仮定と補題 5. 5. 13 より PA $\models \mathrm{DH}_{\min}$ となるので

$$\mathsf{PA} \models \forall n, K_0, c \exists K_1[K_1 = \min\{K : K \to_{\Delta}^{K_0} (K_0)_c^{1+n}\}]$$

である．

コンパクト性定理 1. 4. 14 より，ある $n \geq 2$ といくつかの Σ_n-論理式 ψ_r $(r < m)$ が存在して

$$\Psi := \mathsf{PA}^- \cup \{Ind(\psi_r) : r < m\}$$

について

$$\Psi \models \forall n, K_0, c \exists K_1[K_1 = \min\{K : K \to_{\Delta}^{K_0} (K_0)_c^{1+n}\}]$$

となる．ここで PA$^-$ は PA の公理のうちで数学的帰納法以外のもので，すべて Π_1-論理式であった．また，$Ind(\psi_r)$ は数学的帰納法の公理

$$\forall z \forall y\{\psi_r[z, 0] \wedge \forall u < y(\psi_r[z, u] \to \psi_r[z, u+1]) \to \psi_r[z, y]\} \tag{5. 14}$$

を表す．

Ψ は PA$^-$ をふくむので，$<$ が線形順序であることと $+, \cdot, E$ が $<$ を保存することは PA$^-$ で証明できる：

$$\Psi \models (1. 21), (1. 22), (1. 23), (1. 59). \tag{5. 15}$$

各 Σ_n-論理式

$$\psi_r[z, y] \equiv \exists y_1 \forall y_2 \cdots Qy_n \, \theta_r[z, y, y_1, ..., y_n] \ (\theta_r \in \Delta_0)$$

について Δ_0-論理式 φ_r を，対関数の逆 $J_i(x)$ $(i = 1, 2)$ を用いて

$$\varphi_r[x_0, x_1, ..., x_n] :\equiv \exists y_1 < x_1 \forall y_2 < x_2 \cdots Qy_n < x_n \, \theta_r [J_1(x_0), J_2(x_0), y_1, ..., y_n]$$

$$\theta_r[J_1(x_0), J_2(x_0), y_1, ..., y_n] :\equiv \exists z, y < x_0 + 1(J(z,y) = x_0 \land \theta_r[z, y, y_1, ..., y_n])$$
$$(J(z,y) = x_0) :\equiv ((z+y)(z+y+1) + y \cdot 2 = x_0 \cdot 2)$$

とおく．

また数学的帰納法の公理 $Ind(\varphi_r)$ は

$$\forall x_1, ..., x_n \forall z \forall y \{\varphi_r[J(z,0), x_1, ..., x_n] \land$$
$$\forall u < y(\varphi_r[J(z,u), x_1, ..., x_n] \to \varphi_r[J(z, u+1), x_1, ..., x_n])$$
$$\to \varphi_r[J(z,y), x_1, ..., x_n]$$

を表すとして，論理式の有限集合 Γ を

$\Gamma := \{\varphi_r[x_0, x_1, ..., x_n] : r < m\} \cup \{x_2 = x_1 + x_0, x_1(x_0+1) \leq x_2, x_1^{x_0+1} \leq x_2\}$

とおいておく．Γ の濃度 $m' = m+3$ として $c := 2^{m'}$ とおく．

また系 5.5.14 とコンパクト性定理 1.4.14 より有限個の PA の公理 Ψ_1 を取って

$$\Psi_1 \models \forall K, K_0[(K \to_{\Delta}^{K_0} (K_0)_c^{1+n}) \to (\dagger)_K^{K_0}]$$

としてよい．ここでの $(\dagger)_K^{K_0}$ は論理式の集合 Γ に対するものである．

このとき

$$\Psi_0 := \Psi \cup \{Ind(\varphi_r) : r < m\} \cup \Psi_1$$

としておく．

公理系 Ψ のモデル $\mathcal{I}$ で $\mathcal{I} \not\models \forall n, K_0, c \exists K_1[K_1 = \min\{K : K \to_{\Delta}^{K_0} (K_0)_c^{1+n}\}]$ となるものの存在を示す．Ψ_0 の超準モデル $\mathcal{M}$ を取る．もし $\mathcal{M} \not\models \forall n, K_0, c \exists K_1[K_1 = \min\{K : K \to_{\Delta}^{K_0} (K_0)_c^{1+n}\}]$ ならよい．以下 $\mathcal{M} \models \forall n, K_0, c \exists K_1[K_1 = \min\{K : K \to_{\Delta}^{K_0} (K_0)_c^{1+n}\}]$ と仮定する．面倒なので，$<^{\mathcal{M}}$ を単に $<$ と書く．関数記号 $+, \cdot, x^y$ についても同様である．

$\mathcal{M}$ の超準元 K_0 をひとつ任意に取り[*5]

$$K := \min\{K \in |\mathcal{M}| : \mathcal{M} \models K \to_{\Delta}^{K_0} (K_0)_c^{1+n}\} \quad (5.16)$$

とする．

$\mathcal{M} \models (\dagger)_K^{K_0}$ により，$|\mathcal{M}|$ の区間 $[K_0, K) = \{x \in |\mathcal{M}| : K_0 \leq x < K\}$ 内に，(K, Γ)-対角識別不能集合 $\{c_i : i < K_0\}$ が取れる．ここで $\mathcal{M} \models i < j \to c_i < c_j$ とする．

K_0 が超準元だから，添字 $i < K_0$ にはすべての標準元が含まれている．そこで $\langle|\mathcal{M}|, <\rangle$ の始切片 I を

$$I := \{a \in |\mathcal{M}| : \text{ある標準元 } i \text{ について } \mathcal{M} \models a < c_i\}$$

[*5] n, c ともに標準元(数字)であることに注意せよ．

とおく．$\{c_i : i=0,1,...\} \subset [K_0, K)$ より $K_0 \in I$ に注意せよ．

以下，c_i の添字 i は断らなくても標準元しか考えない．

初めに I が L(PA)-構造の領域であることを示す：

補題 5.5.15 I は $+, \cdot, x^y$ について閉じている．

［補題 5.5.15 の証明］ 足し算について先ず考える．$i<j<k$ として $c_j + c_i \leq c_k$ を示せばよい．$c_k < c_j + c_i$ と仮定すると，(5.15) よりある $a < c_i$ について $c_k = c_j + a$ となる．$x_2 = x_1 + x_0 \in \Gamma$ なので $\{c_i : i=0,1,...\}$ が (K, Γ)-対角識別不能であることより，例えば $c_{k+1} = c_j + a$ となるが，これは $c_k \neq c_{k+1}$ に反す．

つぎに掛け算を考える．$i<j<k$ として $c_j \cdot c_i \leq c_k$ を示せばよい．$c_k < c_j \cdot c_i$ と仮定すると，(5.15) よりある $a < c_i$ について $c_j \cdot a \leq c_k < c_j(a+1)$ となる．c_j を両辺に足して $c_j(a+1) \leq c_k + c_j$．一方，上で示したことより $c_k + c_j \leq c_{k+1}$．よって $a < c_i$ かつ $c_j(a+1) \leq c_{k+1}$．$x_1(x_0+1) \leq x_2 \in \Gamma$ なので $\{c_i : i=0,1,...\}$ が (K, Γ)-対角識別不能であることより，$c_j(a+1) \leq c_k$ となるが，これは $c_k < c_j(a+1)$ に反す．

最後にベキを考える．$i<j<k$ として $c_j^{c_i} \leq c_k$ を示せばよい．$c_k < c_j^{c_i}$ と仮定すると，(5.15) よりある $a < c_i$ について $c_j^a \leq c_k < c_j^{a+1}$ となる．c_j を両辺に掛けて $c_j^{a+1} \leq c_k \cdot c_j$．一方，上で示したことより $c_k \cdot c_j \leq c_{k+1}$．よって $a < c_i$ かつ $c_j^{a+1} \leq c_{k+1}$．$x_1^{x_0+1} \leq x_2 \in \Gamma$ なので $\{c_i : i=0,1,...\}$ が (K, Γ)-対角識別不能であることより，$c_j^{a+1} \leq c_k$ となるが，これは $c_k < c_j^{a+1}$ に反す．

これで補題 5.5.15 が示された． ∎

I を領域とする L(PA)-構造を $\mathcal{I}$ とおく．つぎに

$$\mathcal{I} \models \Psi$$

を示したい．

$\mathcal{I} \subset_e \mathcal{M} \models \mathsf{PA}^-$ で PA^- は Π_1-論理式ばかりなので $\mathcal{I} \models \mathsf{PA}^-$ は問題ない．

数学的帰納法公理 (5.14) を考える．$a_0, a_1 \in I$ を任意に取り，

$$\mathcal{I} \models \psi_r[a_0, 0] \land \forall u < a_1(\psi_r[a_0, u] \to \psi_r[a_0, u+1]) \tag{5.17}$$

と仮定して

$$\mathcal{I} \models \psi_r[a_0, a_1]$$

を示したい．

c_{i_0} を $a = J(a_0, a_1) < c_{i_0}$ としておく．補題 5.5.15 より I は足し算・掛け算で閉じているのでこのような c_{i_0} が取れる．

補題 5.5.16 任意の $r < m$, $b < c_{i_0}$ と $c_{i_0} < c_{i_1} < \cdots < c_{i_n}$ について

$$\mathcal{I} \models \psi_r[J_1(b), J_2(b)] \Leftrightarrow \mathcal{M} \models \varphi_r[b, c_{i_1}, ..., c_{i_n}].$$

［補題 5.5.16 の証明］ $c_0 < c_1 < \cdots$ は I で有界ではないから

$$\mathcal{I} \models \psi_r[J_1(b), J_2(b)] \Leftrightarrow \mathcal{I} \models \exists y_1 \forall y_2 \cdots Qy_n\, \theta_r[J_1(b), J_2(b), y_1, ..., y_n]$$
$$\Leftrightarrow \exists i_1 > i_0 \forall i_2 > i_1 \cdots Qi_n > i_{n-1}\, \mathcal{I} \models \varphi_r[b, c_{i_1}, c_{i_2}, ..., c_{i_n}]$$

ここで

$$\varphi_r[b, c_{i_1}, c_{i_2}, ..., c_{i_n}] \equiv \exists y_1 < c_{i_1} \forall y_2 < c_{i_2} \cdots Qy_n < c_{i_n}\, \theta_r[J_1(b), J_2(b), y_1, ..., y_n].$$

$\varphi_r[b, c_{i_1}, c_{i_2}, ..., c_{i_n}]$ は Δ_0-論理式で $\mathcal{I} \subset_e \mathcal{M}$ なので

$$\mathcal{I} \models \varphi_r[b, c_{i_1}, c_{i_2}, ..., c_{i_n}] \Leftrightarrow \mathcal{M} \models \varphi_r[b, c_{i_1}, c_{i_2}, ..., c_{i_n}]$$

となる．よって

$$\mathcal{I} \models \psi_r[J_1(b), J_2(b)]$$
$$\Leftrightarrow \exists i_1 > i_0 \forall i_2 > i_1 \cdots Qi_n > i_{n-1}\, \mathcal{M} \models \varphi_r[b, c_{i_1}, c_{i_2}, ..., c_{i_n}]$$

だが，$\{c_i : i = 0, 1, ...\}$ は (K, Γ)-対角識別不能で $\varphi_r[x_0, x_1, ..., x_n] \in \Gamma$ なので，

$$\mathcal{M} \models \varphi_r[b, c_{i_1}, c_{i_2}, ..., c_{i_n}]$$
$$\Rightarrow \exists i_1 > i_0 \exists i_2 > i_1 \cdots \exists i_n > i_{n-1}\, \mathcal{M} \models \varphi_r[b, c_{i_1}, c_{i_2}, ..., c_{i_n}]$$
$$\Rightarrow \exists i_1 > i_0 \forall i_2 > i_1 \cdots Qi_n > i_{n-1}\, \mathcal{M} \models \varphi_r[b, c_{i_1}, c_{i_2}, ..., c_{i_n}]$$
$$\Rightarrow \forall i_1 > i_0 \forall i_2 > i_1 \cdots \forall i_n > i_{n-1}\, \mathcal{M} \models \varphi_r[b, c_{i_1}, c_{i_2}, ..., c_{i_n}]$$
$$\Rightarrow \mathcal{M} \models \varphi_r[b, c_{i_1}, c_{i_2}, ..., c_{i_n}]$$

これで補題 5.5.16 が示された． ∎

$t(b) := J(a_0, b)$ とおく．$t(a_1) = a < c_{i_0}$ より $b \leq a_1 \Rightarrow t(b) < c_{i_0}$ に注意せよ．さて仮定(5.17)と補題 5.5.16 により

$$\mathcal{M} \models \varphi_r[t(0), c_{i_1}, c_{i_2}, ..., c_{i_n}]$$
$$\forall b < a_1\, \mathcal{M} \models \varphi_r[t(b), c_{i_1}, c_{i_2}, ..., c_{i_n}] \rightarrow \varphi_r[t(b+1), c_{i_1}, c_{i_2}, ..., c_{i_n}]$$

となる．

$\mathcal{M} \models Ind(\varphi_r)$ だったので

$$\mathcal{M} \models \varphi_r[t(a_1), c_{i_1}, c_{i_2}, ..., c_{i_n}]$$

となるがこれは

$$\mathcal{M} \models \varphi_r[a, c_{i_1}, c_{i_2}, ..., c_{i_n}]$$

を意味し，再び補題 5.5.16 より

$$\mathcal{I} \models \psi_r[a_0, a_1]$$

が示された．

こうして

$$\mathcal{I} \models \Psi$$

が分かった．

よって仮定 $\Psi \models \exists K[K \to_{\Delta}^{K_0} (K_0)_c^{1+n}]$ よりある $L \in I$ で $\mathcal{I} \models L \to_{\Delta}^{K_0} (K_0)_c^{1+n}$ となるはずだが，$L \to_{\Delta}^{K_0} (K_0)_c^{1+n}$ が Δ_0-論理式であること，および(5.16)，K の最小性により $K \leq L$ つまり $K \in I$ となってしまう．すると $c_{K_0-1} < K \in I$ だが I の任意の元は c_{K_0-1} より小さいはずだから矛盾である．

これで定理 5.5.12 の証明が終わる．■

5.6 範疇性定理

可算言語 L 上のモデル $\mathcal{M}$ と無限集合 $A \subset |\mathcal{M}|$ について

$$card(A) \leq card(S^{\mathcal{M}}(A)) \leq 2^{card(A)}$$

は明らかだろう．右の不等式は，言語 $\mathrm{L}(A) = \mathrm{L} \cup \{c_a : a \in A\}$ の論理式が $card(A)$ 個あり，タイプはこの集合の部分集合だからだし，左は，$\mathrm{tp}^{\mathcal{M}}(a/A)\,(a \in A)$ を考えればよい．

ここではタイプの個数を勘定することによって，Morley の範疇性定理 5.6.1 を証明しよう．

定理 5.6.1 (Morley の範疇性定理 Moley's Categoricity theorem)

可算言語上の完全公理系 T は無限モデルしか持たないとする．このとき T がある非可算濃度で範疇的なら，任意の非可算濃度で範疇的となる．□

さて Morley の範疇性定理 5.6.1 の証明はやや長くなるので，予めその筋道を説明する．そのためにふたつ新しい概念を導入する．

初めに，公理系の安定性の概念を導入する．公理系が安定であるのは，そのモデル $\mathcal{M}$ が実現するタイプが少ないということである．

定義 5.6.2 κ を無限基数とする．可算言語上の完全公理系 T が **κ-安定**(κ-stable)であるとは，任意のモデル $\mathcal{M} \models \mathrm{T}$ について，κ 個のパラメタ $A \subset |\mathcal{M}|$ によるタイプ $S_n^{\mathcal{M}}(A)$ の個数が最小であることをいう．すなわち $card(A) = \kappa$ ならば $card(S_n^{\mathcal{M}}(A)) = \kappa$ が任意の n で成り立つことである．

$\aleph_0$-安定な公理系は，**ω-安定**(ω-stable)であると呼ぶ．□

例えば(演習 47)により代数的閉体の公理系 ACF の任意の完全な拡張，例えば標数 p の代数的閉体の公理系 ACF_p は ω-安定である．

他方，端点がなく稠密な線形順序の公理系 DLO は ω-安定ではない．それは，実数 $\alpha \in \mathbb{R}$ に対してタイプ $p_\alpha = \{v > r : \mathbb{Q} \ni r < \alpha\} \cup \{v < r : \mathbb{Q} \ni r > \alpha\}$ を考え

れば

$$card(S_1^{\mathbb{Q}}(\mathbb{Q})) = 2^{\aleph_0}$$

が分かるからである．

すると，可算言語上の完全な公理系Tが，ある非可算濃度 κ で κ-範疇的ならば，Tは ω-安定であることが分かる(cf. 系5.6.6)．これは一言で言うと，識別不能集合を用いて実現するタイプが少ないモデルを構成できるからである(cf. 定理5.6.5)．

つぎに言語Lのモデル $\mathcal{M}$ でL($\mathcal{M}$)-論理式 $\varphi(\vec{v})$ ($\vec{v} = v_1, ..., v_n$) が定義する集合

$$\varphi(\mathcal{M}) := \{\vec{a} \in |\mathcal{M}|^n : \mathcal{M} \models \varphi[\vec{a}]\} \tag{5.3}$$

を考える．

定義5.6.3 公理系Tのふたつのモデル $\mathcal{M}, \mathcal{N}$ が，$\mathcal{M} \prec \mathcal{N}$, $\mathcal{M} \neq \mathcal{N}$，でしかもあるL($\mathcal{M}$)-論理式 $\varphi(\vec{v})$ で，$\varphi(\mathcal{M}) = \varphi(\mathcal{N})$ が無限集合となるものが存在するとき，Tのモデルの対 $(\mathcal{N}, \mathcal{M})$ は **Vaught 対**(Vaughtian pair)と呼ばれる． □

すると，可算言語L上の完全公理系Tがある非可算濃度 κ において κ-範疇的ならば，TはVaught対を持たないことが分かる(cf. 定理5.6.23)．この証明はなかなか容易ではない．Vaught対を持ちしかも ω-安定であるとして，下方Löwenheim-Skolem定理5.1.13により可算なVaught対の存在をいうのは容易い．これから可算なVaught対 $(\mathcal{N}, \mathcal{M})$ で $\mathcal{N}$ と $\mathcal{M}$ が同型になるものを構成する．このために部分初等埋込が拡張できる均質モデルという概念を導入する．つぎにこの $(\mathcal{N}, \mathcal{M})$ から適当に初等鎖をつくることで，濃度 $\aleph_1$ のモデル $\mathcal{N}_0$ で $\varphi(\mathcal{N}_0) = \varphi(\mathcal{N})$ が可算になるもの($(\aleph_1, \aleph_0)$-モデルという)がつくれる．最後に再び ω-安定性を用いて，可算なタイプを実現する $\mathcal{N}_0$ の初等拡大 $\mathcal{N}_1$ が取れることが分かり，これより $\varphi(\mathcal{N}_1) = \varphi(\mathcal{N}_0)$ である．この構成を繰り返して濃度 κ のモデル $\mathcal{N}_\kappa$ で $\varphi(\mathcal{N}_\kappa) = \varphi(\mathcal{N})$ が可算になるものがつくれることが分かる．他方，系5.1.10によるモデルで定義できる無限集合の濃度はすべて κ であるから，濃度 κ において同型でないモデルがつくれたことになる．

以上で可算言語上の完全な公理系Tが，ある非可算濃度 κ で κ-範疇的ならば，Tは ω-安定かつVaught対を持たないことが分かる．

Baldwin-Lachlanの定理5.6.4は，その逆を主張する．

定理 5.6.4 (Baldwin-Lachlan の定理)

可算言語上の無限モデルしか持たない完全公理系 T が ω-安定かつ Vaught 対を持たないならば，T は任意の非可算濃度 κ で κ-範疇的になる． □

この定理から，Morley の範疇性定理 5.6.1 が従うことになる．

Baldwin-Lachlan の定理 5.6.4 の証明も長くなる．$\mathcal{M},\mathcal{N}$ を濃度 κ のモデルとする．先ず ω-安定性より，定義可能という意味ではふたつの無限集合に分割できない定義可能な無限集合(極小集合) $\varphi(\mathcal{M})$, $\varphi(\mathcal{N})$ が存在することが分かる．このとき Vaught 対を持たないという仮定から $\varphi(\mathcal{M})$, $\varphi(\mathcal{N})$ の濃度はともに κ でなければならない．他方，極小集合では(代数的な)独立性の概念が定義され，これより基底の濃度としての次元が定まることが分かる．すると等濃な極小集合 $\varphi(\mathcal{M})$, $\varphi(\mathcal{N})$ の次元は等しくなるので，これらの間に部分初等埋込が作られる．最後にこの部分初等埋込が $\mathcal{M},\mathcal{N}$ の同型写像に拡張される．

5.6.1 ω-安定性

ここでは初めに，可算言語上の完全な公理系 T がある非可算濃度 κ で κ-範疇的ならば，T は ω-安定である(系 5.6.6)ことを証明する．つぎに ω-安定な T のモデル $\mathcal{M}$ と $A\subset|\mathcal{M}|$ について，孤立タイプは Stone 空間 $S_n^{\mathcal{M}}(A)$ で稠密であることを示し，これより，A を含む $\mathcal{M}$ の小さい初等部分モデルで $S_n^{\mathcal{M}}(A)$ の孤立タイプを実現するものの存在を示す．

識別不能集合を用いると，実現するタイプが少ないモデルを構成できる．

定理 5.6.5 無限モデルを持つ可算言語 L 上の公理系 T の Skolem 化 T^{sk} と無限基数 κ を考える．濃度 κ のモデル $\mathcal{M}\models\mathrm{T}^{sk}$ で，どんな $A\subset|\mathcal{M}|$ と $n\geq 1$ についても，$\mathcal{M}$ が実現する $S_n^{\mathcal{M}}(A)$ のタイプがたかだか $card(A)+\aleph_0$ 個しかないものが存在する．

［証明］ L^{sk} を T^{sk} の言語とする．系 5.5.3 によりモデル $\mathcal{M}\models\mathrm{T}^{sk}$ を識別不能集合になる順序 $I=\langle\kappa,<\rangle$ の Skolem 包，つまり Ehrenfeucht-Mostowski モデルに取る．$card(|\mathcal{M}|)=\kappa$ である．この $\mathcal{M}$ が求めるモデルであることを示す．

$A\subset|\mathcal{M}|$ とする．各 $a\in A$ について，式 t_a と $\vec{x}_a\subset I$ を $a=t_a(\vec{x}_a)$ となるように取る．$X=\{x\in I:\exists a\in A[x\in\vec{x}_a]\}$ は $card(X)\leq card(A)+\aleph_0$ である．

I の元の上昇列 $\vec{y}=(y_1<\cdots<y_n)$ と $\vec{z}=(z_1<\cdots<z_n)$ について

$$\vec{y}\equiv_X\vec{z}:\Leftrightarrow\forall x\in X\,\forall i\leq n[y_i<x\Leftrightarrow z_i<x]$$

と定義する．すると，$\vec{y}\equiv_X\vec{z}$ ならば，L^{sk}-式 $t(\vec{v})$ について，$t(\vec{y})$ と $t(\vec{z})$ は

$S_1^{\mathcal{M}}(A)$ の同じタイプを実現することが分かる．なぜなら，$a_1,...,a_m \in A$ として，識別不能性により

$$\begin{aligned}\mathcal{M} \models \varphi(t(\vec{y}), a_1, ..., a_m) &\Leftrightarrow \mathcal{M} \models \varphi(t(\vec{y}), t_{a_1}(\vec{x}_{a_1}), ..., t_{a_m}(\vec{x}_{a_m}))\\ &\Leftrightarrow \mathcal{M} \models \varphi(t(\vec{z}), t_{a_1}(\vec{x}_{a_1}), ..., t_{a_m}(\vec{x}_{a_m}))\\ &\Leftrightarrow \mathcal{M} \models \varphi(t(\vec{z}), a_1, ..., a_m)\end{aligned}$$

よって，同値類 $I^n/\equiv_X$ の個数がたかだか $card(A)+\aleph_0$ であればよい．

I が整列集合なので，同値類を勘定するには，X とそれらによる区間 $(x,y)=\{z \in I : x<z<y\}$ $(y=\min\{y \in X : y>x\})$ を勘定すればよいから，$I^n/\equiv_X$ は $(2card(X)+1)^n$ 個以下しかない． ∎

系 5.6.6 可算言語上の完全公理系 T が，ある非可算濃度 κ で κ-範疇的ならば，T は ω-安定である．

［証明］ T が ω-安定でないと仮定する．すると可算モデル $\mathcal{M} \models \mathrm{T}$ と $A \subset |\mathcal{M}|$ で $card(S_n^{\mathcal{M}}(A)) > \aleph_0$ となるものが存在する．

先ず，上方 Löwenheim-Skolem 定理 5.1.7.1 により，$\mathcal{M}$ の濃度 κ の初等拡大 $\mathcal{N}_0$ を取れば，$\mathcal{N}_0$ は $S_n^{\mathcal{N}_0}(A)$ に属する非可算個のタイプを実現する．

他方，定理 5.6.5 による濃度 κ のモデル $\mathcal{N}_1 \models \mathrm{T}$ を取ると，どんな $B \subset |\mathcal{N}_1|$, $card(B)=\aleph_0$ についても，$\mathcal{N}_1$ は可算個の B 上のタイプしか実現しない．従って $\mathcal{N}_0$ と $\mathcal{N}_1$ は同型にならないから，T は κ-範疇的でないことになる． ∎

つぎの補題 5.6.7 において $\langle\varphi\rangle_{\mathrm{T}}$ は，(5.8) で定義された Stone 空間 $S_n(\mathrm{T})$ の位相的基底であった．$\langle\varphi\rangle_{\mathrm{Th}_A(\mathcal{M})} \neq \varnothing$ は，$\exists p \in S_n^{\mathcal{M}}(A)[\varphi \in p]$ を意味する．

補題 5.6.7 可算言語 L 上の完全公理系 T が ω-安定であるとする．また $\mathcal{M} \models \mathrm{T}$，集合 $A \subset |\mathcal{M}|, n \geq 1$ として，$\vec{v}=(v_1,...,v_n)$ しかパラメタを含まない L(A)-論理式 φ に関する性質 $P(\varphi)$ でつぎの条件を充たすものを考える：

1. $P(\varphi)$ ならば，$\langle\varphi\rangle_{\mathrm{Th}_A(\mathcal{M})} \neq \varnothing$.
2. $P(\varphi)$ なら，ある論理式 ψ について $P(\varphi \wedge \psi)$ かつ $P(\varphi \wedge \neg\psi)$ である．

このとき，$P(\varphi)$ となる論理式 φ は存在しない．

［証明］ ある L(A)-論理式 φ は P を充たすと仮定する．

論理式の二分木 $(\varphi_s : s \in {}^{<\omega}2)$ を，各 s について $P(\varphi_s)$ になるようにつくる．初めは $\varphi_\varnothing=\varphi$ とする．φ_s が $P(\varphi_s)$ となっていたら，論理式 ψ を，$P(\varphi_s \wedge \psi)$ かつ $P(\varphi_s \wedge \neg\psi)$ となるように選び，$\varphi_{s*\langle 0\rangle} \equiv \varphi_s \wedge \psi$, $\varphi_{s*\langle 1\rangle} \equiv \varphi_s \wedge \neg\psi$ とおく．

この選び方から

1. $s \subset t \Rightarrow \models \varphi_t \to \varphi_s$.

2. $\models \varphi_{s*\langle i\rangle} \to \neg\varphi_{s*\langle 1-i\rangle}$.
可算集合 $A_0 \subset A$ を，$\forall s \in {}^{<\omega}2[\varphi_s \in \mathrm{L}(A_0)]$ となるように選び，$\mathrm{Th}_0 = \mathrm{Th}_{A_0}(\mathcal{M})$ とおく．

$\langle\varphi_s\rangle_{\mathrm{Th}_A(\mathcal{M})} \neq \varnothing$ であるからタイプ $p \in S_n^{\mathcal{M}}(A)$ を $\varphi_s \in p \subset \mathrm{L}(A)$ となるように取り，$p{\restriction}A_0 = p \cap \mathrm{L}(A_0)$ を p に属す $\mathrm{L}(A_0)$-論理式全体とすれば，$\varphi_s \in p{\restriction}A_0 \in S_n^{\mathcal{M}}(A_0)$ であるから，$\langle\varphi_s\rangle_{\mathrm{Th}_{A_0}(\mathcal{M})} \neq \varnothing$ となる．

そこで $f \in {}^{\omega}2$ に対して，コンパクト空間 $S_n^{\mathcal{M}}(A_0)$ での空でない閉集合の減少列 $\langle\varphi_{f\restriction m}\rangle_{\mathrm{Th}_0} \supset \langle\varphi_{f\restriction(m+1)}\rangle_{\mathrm{Th}_0}$ が得られたので，$p_f \in S_n^{\mathcal{M}}(A_0)$ を $p_f \in \bigcap_{m\in\omega} \langle\varphi_{f\restriction m}\rangle_{\mathrm{Th}_0}$ と選ぶ．

いま $f \neq g$ なら，m を $f{\restriction}m = g{\restriction}m$, $f(m) \neq g(m)$ として $\models \varphi_{f\restriction(m+1)} \to \neg\varphi_{g\restriction(m+1)}$ となるので，$p_f \neq p_g$ となる．つまり，$f \mapsto p_f$ は単射ということである．よって，$card(S_n^{\mathcal{M}}(A_0)) \geq 2^{\aleph_0}$ となり，これは T が ω-安定という仮定に反する．

よって $P(\varphi)$ となる論理式 φ は存在しない． ∎

補題 5.6.8 可算言語 L 上の完全公理系 T が ω-安定であるとする．このとき，$\mathcal{M} \models \mathrm{T}$, 集合 $A \subset |\mathcal{M}|$, $n \geq 1$ について，孤立タイプは Stone 空間 $S_n^{\mathcal{M}}(A)$ で稠密である．

［証明］ $\mathrm{Th} = \mathrm{Th}_A(\mathcal{M})$ とおく．言語は $\mathrm{L}(A)$ を考えている．ある n について，孤立タイプが $S_n^{\mathcal{M}}(A)$ で稠密でないとする．つまり論理式 $\varphi \equiv \varphi(\vec{v})$ ($\vec{v} = v_1, ..., v_n$) で $\langle\varphi\rangle_{\mathrm{Th}} \neq \varnothing$ が孤立タイプを含まないようなものが取れる．

このとき，

$$\langle\varphi \wedge \psi\rangle_{\mathrm{Th}} \neq \varnothing \text{ かつ } \langle\varphi \wedge \neg\psi\rangle_{\mathrm{Th}} \neq \varnothing \text{ となる論理式 } \psi \text{ が存在する} \quad (5.18)$$

なぜなら，任意の論理式 ψ について，$\langle\varphi\wedge\psi\rangle_{\mathrm{Th}}$ か $\langle\varphi\wedge\neg\psi\rangle_{\mathrm{Th}}$ の一方が空であるとしてみる．いま $\langle\varphi\wedge\neg\psi\rangle_{\mathrm{Th}} = \varnothing$ とすると，$\langle\varphi\rangle_{\mathrm{Th}} = \langle\varphi\wedge\psi\rangle_{\mathrm{Th}} \cup \langle\varphi\wedge\neg\psi\rangle_{\mathrm{Th}}$ であるから，$\langle\varphi\rangle_{\mathrm{Th}} = \langle\varphi\wedge\psi\rangle_{\mathrm{Th}}$ となる．このことより，$p = \{\psi : \langle\varphi\wedge\psi\rangle_{\mathrm{Th}} \neq \varnothing\}$ がタイプであることが分かり，しかも明らかに完全タイプである．

さらに φ は p を孤立させてしまうことも分かる．なぜなら $\psi \in p$ なら仮定より，$\langle\varphi\wedge\neg\psi\rangle_{\mathrm{Th}} = \varnothing$ となるが，いまもし $\mathcal{N} \models \mathrm{Th}$ で $\vec{b} \subset |\mathcal{N}|$ が $\mathcal{N} \models \varphi[\vec{b}]$ となるなら，$\mathrm{tp}^{\mathcal{N}}(\vec{b}) \notin \langle\varphi\wedge\neg\psi\rangle_{\mathrm{Th}}$ より，$\mathcal{N} \models \psi[\vec{b}]$ となるからである．

これは，$\langle\varphi\rangle_{\mathrm{Th}}$ は孤立タイプを含まないという仮定と矛盾してしまう．こうして(5.18)が言えた．

よって，補題 5.6.7 において，

$$P(\varphi) :\Leftrightarrow \langle\varphi\rangle_{\mathrm{Th}} \neq \varnothing \text{ は孤立タイプを含まない}$$

とすれば，P を充たす論理式は存在しない，つまり，$\langle\varphi\rangle_{\mathrm{Th}} \neq \varnothing$ ならそれは孤立タイプを含むことになる． ∎

定義 5.6.9 $\mathcal{M} \models \mathrm{T}$ が，T の**素モデル**(prime model)であるのは，任意のモデル $\mathcal{N} \models \mathrm{T}$ へ $\mathcal{M}$ が初等的に埋め込まれるときをいう． □

例えば T が標数 p の代数的閉体の公理系 ACF_p であるとき，その素体 $\boldsymbol{F}_p, \mathbb{Q}$ の代数的閉包 $\overline{\boldsymbol{F}}_p, \overline{\mathbb{Q}}$ が素モデルである．素体が同じ標数の代数的閉体に埋め込めるのは明らかだが，さらにそれが初等的になっているのは，(演習 20)により ACF がモデル完全だからである．

定義 5.6.9 を $A \subset |\mathcal{M}|$ に相対化してつぎの定義を得る．

定義 5.6.10 $\mathcal{M} \models \mathrm{T}$ で $A \subset |\mathcal{M}|$ とする．$\mathcal{M}$ が T の ***A* 上の素モデル**(prime model over A)あるいは ***A* の素モデル拡大**(prime model extension of A)であるとは，任意の $\mathcal{N} \models \mathrm{T}$ への A-初等埋込 $f : A \to \mathcal{N}$ が初等埋込 $f^* : \mathcal{M} \to \mathcal{N}$ に拡張できることをいう． □

T が完全公理系ならば，$\mathcal{M}, \mathcal{N} \models \mathrm{T}$ は，$\mathcal{M} \equiv \mathcal{N}$ だから，$\varnothing$ は部分初等埋込である．よってこのとき，$\mathcal{M}$ が T の $\varnothing$ 上の素モデルであるのは，単に素モデルということである．

例えば代数的閉体の公理系 ACF を考える．F を，整域 R の分数体(fraction field)の代数閉包とすると，F は R の素モデル拡大である．それは，R から代数的閉体 K への埋込は F へ拡張できるが，(演習 20)により ACF はモデル完全なので，この拡張は自動的に初等埋込になる．

定理 5.6.11 可算言語 L 上の完全公理系 T が ω-安定であるとして，モデル $\mathcal{M} \models \mathrm{T}$, 集合 $A \subset |\mathcal{M}|$ とする．このとき，A の素モデル拡大 $\mathcal{M}_0 \prec \mathcal{M}$ で，しかもどの $\vec{a} \subset_{fin} |\mathcal{M}_0|$ も $S_n^{\mathcal{M}}(A)$ に属するある A 上の孤立タイプを実現するものが存在する．

[証明] ある順序数 $\delta \leq card(|\mathcal{M}|)$ について，$|\mathcal{M}|$ の部分集合の増加列 $(A_\alpha : \alpha \leq \delta)$ をつくる．ここで，$A_0 = A$ である．極限順序数 λ については $A_\lambda = \bigcup_{\alpha<\lambda} A_\alpha$ である．さらにもし $|\mathcal{M}| \setminus A_\alpha$ のどの元も A_α 上の孤立タイプを実現しないなら，$\delta = \alpha$ とし，そうでないなら，$a_\alpha \in |\mathcal{M}| \setminus A_\alpha$ を $\mathrm{tp}^{\mathcal{M}}(a_\alpha / A_\alpha)$ が孤立しているように選び，$A_{\alpha+1} = A_\alpha \cup \{a_\alpha\}$ とおく．

A_δ の構成により，A_δ は $\mathcal{M}$ のある部分モデル $\mathcal{M}_0$ の領域になっている，

$|\mathcal{M}_0|=A_\delta$．つまり関数記号 $f\in\mathrm{L}$ と $\vec{a}\subset A_\delta$ について $f^{\mathcal{M}}(\vec{a})=b$ として，$f(\vec{a})=v$ は $\mathrm{tp}^{\mathcal{M}}(b/\vec{a})$ を孤立させている．この $\mathcal{M}_0$ が求めるものであることを示そう．

初めに，$\mathcal{M}_0\prec\mathcal{M}$ であることを，Tarski-Vaught test，補題 5. 1. 4. 3 により確かめる．$\mathcal{M}\models\exists v\,\psi(v,\vec{a})\,(\vec{a}\subset A_\delta)$ とする．補題5. 6. 8より，孤立タイプは $S_1^{\mathcal{M}}(A_\delta)$ で稠密であるから，$\langle\psi(v,\vec{a})\rangle_{\mathrm{Th}_{A_\delta}(\mathcal{M})}$ に属する孤立タイプ $\mathrm{tp}^{\mathcal{M}}(b/A_\delta)\,(b\in|\mathcal{M}|)$ が取れる．A_δ の構成により，$b\in A_\delta$ としてよく $\mathcal{M}\models\psi(b,\vec{a})$ である．

つぎに $\mathcal{M}_0$ が A の素モデル拡大であることを示す．$\mathcal{N}\models\mathrm{T}$, $f:A\to\mathcal{N}$ を A-初等埋込とする．部分初等埋込の増加列 $\{f_\alpha:\alpha\leq\delta\}$ で $f_\alpha:A_\alpha\to\mathcal{N}$ なるものを帰納的に構成する．$f_0=f$ で，極限順序数 λ では $f_\lambda=\bigcup_{\alpha<\lambda}f_\alpha$ とする．部分初等埋込 $f_\alpha:A_\alpha\to\mathcal{N}$ と，$\mathrm{tp}^{\mathcal{M}}(a_\alpha/A_\alpha)$ を，従って $\mathrm{tp}^{\mathcal{M}_0}(a_\alpha/A_\alpha)$ を孤立させる論理式 $\varphi(v,\vec{a})\,(\vec{a}\subset A_\alpha)$ を取る．このとき $b\in|\mathcal{N}|$ を $\mathcal{N}\models\varphi(b,f_\alpha(\vec{a}))$ として，$\varphi(v,f_\alpha(\vec{a}))$ は $\mathrm{tp}^{\mathcal{N}}(b/rng(f_\alpha))$ を孤立させる．よって $f_{\alpha+1}=f_\alpha\cup\{(a_\alpha,b)\}$ は部分初等埋込になる．

こうして $f_\delta:\mathcal{M}_0\to\mathcal{N}$ は初等埋込である．

最後に，$\vec{a}\subset A_\alpha$ がある A 上の孤立タイプを実現することを α に関する帰納法で示そう．α が極限順序数のときは明らかで，$\alpha=\beta+1$ のときは，補題5. 3. 11 による．$\alpha=0$ のときは，命題5. 3. 10 より，$\vec{a}\subset A$ なので $\mathrm{tp}^{\mathcal{M}}(\vec{a}/A)$ が孤立していることに注意すればよい． ∎

5. 6. 2 Vaught 対

ここでは，可算言語 L 上の完全公理系 T がある非可算濃度 κ において κ-範疇的ならば，T は Vaught 対を持たない（定理 5. 6. 23）ことを示す．

定義 5. 6. 12 $\kappa>\lambda\geq\aleph_0$ とする．濃度 κ の L-モデル $\mathcal{M}$ が，**$(\boldsymbol{\kappa},\boldsymbol{\lambda})$-モデル**（$(\kappa,\lambda)$-model）であるとは，ある L$(\mathcal{M})$-論理式 $\varphi(\vec{v})$ が $\mathcal{M}$ で定義する集合の濃度が λ になることをいう（$card(\varphi(\mathcal{M}))=\lambda$）． □

命題 5. 6. 13 可算言語 L 上の公理系 T が (κ,λ)-モデルを持てば，T は κ-範疇的にはならない．

［証明］ $\mathcal{M}\models\mathrm{T}$ は (κ,λ)-モデルであるとする．L$(\mathcal{M})$-論理式 $\varphi(\vec{v},\vec{b})\,(\vec{b}\subset|\mathcal{M}|)$ を，$card(\varphi(\mathcal{M},\vec{b}))=\lambda$ となるように取る．他方，系 5. 1. 10 によるモデル $\mathcal{N}$ を取ると，$\vec{c}\subset|\mathcal{N}|$ に対して $card(\varphi(\mathcal{N},\vec{c}))\geq\aleph_0\Rightarrow card(\varphi(\mathcal{N},\vec{c}))=\kappa$ なので，$card(\varphi(\mathcal{N},\vec{c}))\neq card(\varphi(\mathcal{M},\vec{b}))$ となり，$\mathcal{M},\mathcal{N}$ は同型にならない． ∎

命題 5.6.14 $\kappa > \lambda \geq \aleph_0$ について，T が (κ, λ)-モデル $\mathcal{N}$ を持てば，Vaught 対 $(\mathcal{N}, \mathcal{M})$ になるようにモデル $\mathcal{M} \models \mathrm{T}$ をつくれる．

［証明］ 論理式 $\varphi(\vec{v})$ を $card(\varphi(\mathcal{N})) = \lambda$ となるように取る．下方 Löwenheim-Skolem 定理 5.1.13 により，濃度 λ のモデル $\mathcal{M}$ を，$\varphi(\vec{v})$ に現れるパラメタを含み，$\mathcal{M} \prec \mathcal{N}$, $\varphi(\mathcal{N}) \subset |\mathcal{M}|$ と取ればよい． ∎

以下，つぎの定理 5.6.15 を証明する．

定理 5.6.15 可算言語上の完全公理系 T が Vaught 対を持てば，T は $(\aleph_1, \aleph_0)$-モデルを持つ． □

この定理 5.6.15 と命題 5.6.14 より

系 5.6.16 (Vaught の二基数定理 Vaught's Two-Cardinal theorem)

$\kappa > \lambda \geq \aleph_0$ について，可算言語上の完全公理系 T が (κ, λ)-モデルを持てば，T は $(\aleph_1, \aleph_0)$-モデルを持つ． □

定理 5.6.15 を証明するには少し準備が要る．

L-公理系 T のモデルの対 $(\mathcal{N}, \mathcal{M})$ で $\mathcal{M} \subset \mathcal{N}$ となっているものを，1 変数関係記号 U を新たに入れた言語 $\mathrm{L}^* := \mathrm{L} \cup \{U\}$ に対する構造であるとみなす．ここで，U は $|\mathcal{M}|$ で解釈すると約束する．

いま L-論理式 φ に L*-論理式 φ^U を対応させて，$\mathcal{M} \subset \mathcal{N}$, $\vec{a} \subset |\mathcal{M}|$ について，

$$\mathcal{M} \models \varphi[\vec{a}] \Leftrightarrow (\mathcal{N}, \mathcal{M}) \models \varphi^U[\vec{a}]$$

となるようにしたい．そのためには，つぎのように帰納的に φ^U を定めればよい：

1. 原子論理式 $\varphi(v_1, \ldots, v_n)$ については，$(\varphi(v_1, \ldots, v_n))^U :\equiv U(v_1) \wedge \cdots \wedge U(v_n) \wedge \varphi(v_1, \ldots, v_n)$．
2. $(\neg\varphi)^U :\equiv \neg\varphi^U$, $(\varphi \circ \psi)^U :\equiv \varphi^U \circ \psi^U$ $(\circ \in \{\vee, \wedge, \rightarrow\})$．
3. $(\exists v\, \varphi(v))^U :\equiv \exists v[U(v) \wedge \varphi^U(v)]$, $(\forall v\, \varphi(v))^U :\equiv \forall v[U(v) \rightarrow \varphi^U(v)]$．

命題 5.6.17 可算言語 L 上の完全公理系 T の Vaught 対 $(\mathcal{N}, \mathcal{M})$ に対し，L-論理式 $\varphi(\vec{v}, \vec{w})$ と $\vec{a} \subset |\mathcal{M}|$ を，$\varphi(\mathcal{M}, \vec{a}) = \varphi(\mathcal{N}, \vec{a})$ が無限集合になるものとする．

L-モデルの対 $(\mathcal{N}_0, \mathcal{M}_0)$ が，$(\mathcal{N}_0, \mathcal{M}_0) \prec (\mathcal{N}, \mathcal{M})$ で $\vec{a} \subset |\mathcal{M}_0|$，もしくは $(\mathcal{N}, \mathcal{M}) \prec (\mathcal{N}_0, \mathcal{M}_0)$ となっていたら，$(\mathcal{N}_0, \mathcal{M}_0)$ も Vaught 対になる．

［証明］ 先ず $\mathcal{M} \prec \mathcal{N}$ であるから，どんな L-論理式 $\psi(\vec{v})$ についても，

$$(\mathcal{N}, \mathcal{M}) \models \forall \vec{v}[\bigwedge\{U(v) : v \in \vec{v}\} \wedge \psi(\vec{v}) \rightarrow \psi^U(\vec{v})].$$

仮定より，これが $(\mathcal{N}_0, \mathcal{M}_0)$ でも正しいので，$\mathcal{M}_0 \prec \mathcal{N}_0$ となる．

つぎにある $\vec{a}\subset|\mathcal{M}|\cap|\mathcal{M}_0|$ が存在して，$(\mathcal{N},\mathcal{M})$ において $\bigwedge\{U(a):a\in\vec{a}\}$, $\exists x\neg U(x)$, $\forall\vec{v}[\varphi(\vec{v},\vec{a})\to\bigwedge\{U(v):v\in\vec{v}\}]$ および各 k について $\exists\vec{v}_1\cdots\exists\vec{v}_k[\bigwedge\{\vec{v}_i\neq\vec{v}_j:1\leq i<j\leq k\}\wedge\bigwedge\{\varphi(\vec{v}_i,\vec{a}):1\leq i\leq k\}]$ がすべて正しいので，これらは $(\mathcal{N}_0,\mathcal{M}_0)$ でも正しく，言い換えると $(\mathcal{N}_0,\mathcal{M}_0)$ は Vaught 対である． ▮

補題 5. 6. 18 可算言語 L 上の完全公理系 T が Vaught 対を持てば，Vaught 対 $(\mathcal{N}_0,\mathcal{M}_0)$ で $\mathcal{N}_0$ が可算なものがつくれる．

［証明］ $(\mathcal{N},\mathcal{M})$ を T の Vaught 対とする．$\mathrm{L}(\mathcal{M})$-論理式 $\varphi(\vec{v})$ を，$\varphi(\mathcal{M})=\varphi(\mathcal{N})$ が無限であるものとする．

下方 Löwenheim-Skolem 定理 5. 1. 13 により可算 L^*-モデル $(\mathcal{N}_0,\mathcal{M}_0)\prec(\mathcal{N},\mathcal{M})$ を $\varphi\in\mathrm{L}(\mathcal{M}_0)$ となるように取ると，命題5. 6. 17によりこれが求める Vaught 対である． ▮

定理 5. 6. 15 を証明のために，均質性の概念を導入する．

$\mathcal{M},\mathcal{N}\models\mathrm{T}$ が同型 $\mathcal{M}\cong\mathcal{N}$ ならば，$\mathcal{M}$ と $\mathcal{N}$ が同じ完全タイプ $p\in S_n(\mathrm{T})$ を実現することは明らかだが，つぎの均質性の概念はその逆が成り立つ十分条件を与える．

定義 5. 6. 19 無限基数 κ について，$\mathcal{M}$ が **κ-均質**（κ-homogeneous）であるとは，濃度 κ 未満の集合 $A\subset|\mathcal{M}|$ $(card(A)<\kappa)$ 上の部分初等埋込 $f:A\to|\mathcal{M}|$ が $a\in|\mathcal{M}|\setminus A$ に拡張できることをいう．すなわち $a\in|\mathcal{M}|\setminus A$ ならば $A\cup\{a\}$-初等埋込 $g:A\cup\{a\}\to|\mathcal{M}|$, $f\subset g$ が存在することである．

無限モデル $\mathcal{M}$ が**均質モデル**（homogeneous model）であるのは，それが $\kappa=card(|\mathcal{M}|)$ について，κ-均質であるときをいう． □

定理 5. 6. 20 可算言語 L 上の完全公理系 T の可算モデル $\mathcal{M},\mathcal{N}\models\mathrm{T}$ が同じ完全タイプ $p\in S_n(\mathrm{T})$ を実現するとする．さらにいま，$\mathcal{M},\mathcal{N}$ ともに均質モデルであれば，$\mathcal{M},\mathcal{N}$ は同型である．

［証明］ 同型写像 $f:\mathcal{M}\to\mathcal{N}$ を往復論法で構成する．

$|\mathcal{M}|=\{a_i:i\in\omega\}$, $|\mathcal{N}|=\{b_i:i\in\omega\}$ とする．（定義域が）有限な部分初等埋込増加列 $f_0\subset f_1\subset\cdots$ で，$a_i\in dom(f_{2i+1})$, $b_i\in rng(f_{2i+2})$ となるものをつくり，$f=\bigcup_{s\in\omega}f_s$ とすればこれが求める同型写像となる．

初めに $f_0=\varnothing$ は，T が完全なので $\mathcal{M}\equiv\mathcal{N}$ だから部分初等埋込である．

f_s は有限な部分初等埋込として，$\vec{a}=dom(f_s)$, $\vec{b}=rng(f_s)$ とおく．

1. $s=2i$ のとき：$\mathcal{M},\mathcal{N}$ は同じタイプを実現するから，$\vec{c},d\in|\mathcal{N}|$ を $\mathrm{tp}^{\mathcal{N}}(\vec{c},d)$

$=\mathrm{tp}^{\mathcal{M}}(\vec{a}, a_i)$ となるように取る．このとき $\mathrm{tp}^{\mathcal{N}}(\vec{c})=\mathrm{tp}^{\mathcal{M}}(\vec{a})$ であるが，他方，f_s が部分初等埋込ということは，$\mathrm{tp}^{\mathcal{M}}(\vec{a})=\mathrm{tp}^{\mathcal{N}}(\vec{b})$ ということだから，$\mathrm{tp}^{\mathcal{N}}(\vec{c})=\mathrm{tp}^{\mathcal{N}}(\vec{b})$ となる．つまり $\vec{c}\mapsto\vec{b}$ は部分初等埋込である．$\mathcal{N}$ が均質モデルなので，この部分初等埋込を d にまで拡張することで，$\mathrm{tp}^{\mathcal{N}}(\vec{c}, d)=\mathrm{tp}^{\mathcal{N}}(\vec{b}, e)$ となる $e\in|\mathcal{N}|$ の存在が言える．この e について $\mathrm{tp}^{\mathcal{M}}(\vec{a}, a_i)=\mathrm{tp}^{\mathcal{N}}(\vec{b}, e)$ なので，これは $f_{s+1}=f_s\cup\{(a_i, e)\}$ が部分初等埋込であることを意味する．

2. $s=2i+1$ のとき：$s=2i$ の場合と同様に，$\mathcal{M}$ が均質モデルであることを用いて，$f_{s+1}=f_s\cup\{(e, b_i)\}$ が部分初等埋込となる $e\in|\mathcal{M}|$ が見出せる． ▮

この定理 5. 6. 20 とつぎの補題 5. 6. 21 により，Vaught 対 $(\mathcal{N}, \mathcal{M})$ で，$\mathcal{N}$ と $\mathcal{M}$ が同型なものがつくれることが分かる．

補題 5. 6. 21 可算言語 L 上の完全公理系 T が可算な Vaught 対 $(\mathcal{N}_0, \mathcal{M}_0)$ を持つとする．このとき可算な Vaught 対 $(\mathcal{N}, \mathcal{M})$ で，$(\mathcal{N}_0, \mathcal{M}_0)\prec(\mathcal{N}, \mathcal{M})$ でしかも $\mathcal{N}, \mathcal{M}$ ともに均質，かつ任意の $n\geq 1$ について $\mathcal{N}, \mathcal{M}$ は $S_n(\mathrm{T})$ の同じタイプを実現するものがつくれる．

［証明］ 初めにつぎの主張 1 を示そう：

主張 1 $\vec{a}\subset|\mathcal{M}_0|$ をパラメタに持つタイプ $p\in S_n^{\mathcal{M}_0}(\vec{a})$ が，$\mathcal{N}_0$ で有限充足可能ならば，可算な $(\mathcal{N}_0, \mathcal{M}_0)\prec(\mathcal{N}', \mathcal{M}')$ で p が $\mathcal{M}'$ で実現されるものが取れる．

［主張 1 の証明］

$\mathrm{L}^*=\mathrm{L}\cup\{U\}$-モデル $(\mathcal{N}_0, \mathcal{M}_0)$ について，

$$\Gamma(\vec{v})=\{\bigwedge\{U(v):v\in\vec{v}\}\wedge\varphi^U(\vec{v}, \vec{a}):\varphi(\vec{v}, \vec{a})\in p\}\cup\mathrm{Diag}_{el}(\mathcal{N}_0, \mathcal{M}_0)$$

を考える．$\{\varphi_i(\vec{v}, \vec{a}):i<m\}\subset p$ に対し，仮定より $\mathcal{N}_0\models\exists\vec{v}\bigwedge_{i<m}\varphi(\vec{v}, \vec{a})$ であるから，$\mathcal{M}_0\prec\mathcal{N}_0$ より，$(\mathcal{N}_0, \mathcal{M}_0)\models(\exists\vec{v}\bigwedge_{i<m}\varphi(\vec{v}, \vec{a}))^U$ となり，$\Gamma(\vec{v})$ は有限充足可能である．可算な初等拡大 $(\mathcal{N}_0, \mathcal{M}_0)\prec(\mathcal{N}', \mathcal{M}')$ で $\Gamma(\vec{v})$ を実現するものを取ればよい． ▮

主張 1 を繰り返し適用して初等鎖をつくればつぎが分かる：

主張 2 それぞれが $\mathcal{N}_0$ で有限充足可能な可算個のタイプ $p_i\in S_{n_i}^{\mathcal{M}_0}(\vec{a}_i)$ ($\vec{a}_i\subset|\mathcal{M}_0|$) が与えられたら，可算な $(\mathcal{N}_0, \mathcal{M}_0)\prec(\mathcal{N}', \mathcal{M}')$ で，どのタイプ p_i も $\mathcal{M}'$ で実現されるものが取れる．

主張 3 可算個のタイプ $p_i\in S_{n_i}^{\mathcal{N}_0}(\vec{b}_i)$ ($\vec{b}_i\subset|\mathcal{N}_0|$) が与えられたら，可算な $(\mathcal{N}_0, \mathcal{M}_0)\prec(\mathcal{N}', \mathcal{M}')$ で，どのタイプ p_i も $\mathcal{N}'$ で実現されるものが取れる．

［証明］ ひとつのタイプ $p\in S_n^{\mathcal{N}_0}(\vec{b})$ については，$\Gamma(\vec{v})=p\cup \mathrm{Diag}_{el}(\mathcal{N}_0,\mathcal{M}_0)$ を実現するように初等拡大すればよい．あとはこれを可算回繰り返した初等鎖をつくる． ∎

そこで長さが ω の可算な Vaught 対から成る初等鎖 $(\mathcal{N}_0,\mathcal{M}_0)\prec(\mathcal{N}_1,\mathcal{M}_1)\prec\cdots$ を，つぎを充たすようにつくる：

1. $S_n(\mathrm{T})$ のタイプで $\mathcal{N}_{3i}$ で実現されるものは $\mathcal{M}_{3i+1}$ で実現される．

   これは $\mathcal{N}_{3i}$ が可算なので，主張 2 により可能である．

2. $\vec{a},\vec{b}\subset|\mathcal{M}_{3i+1}|$ が $\mathrm{tp}^{\mathcal{M}_{3i+1}}(\vec{a})=\mathrm{tp}^{\mathcal{M}_{3i+1}}(\vec{b})$ となっているものとする．このとき $c\in|\mathcal{M}_{3i+1}|$ について，$d\in|\mathcal{M}_{3i+2}|$ で $\mathrm{tp}^{\mathcal{M}_{3i+2}}(\vec{a},c)=\mathrm{tp}^{\mathcal{M}_{3i+2}}(\vec{b},d)$ となるものが存在する．

   これは，このような可算個の $\vec{a},\vec{b},c\subset|\mathcal{M}_{3i+1}|$ について，可算個のタイプ $\{\varphi(\vec{b},w):\varphi(\vec{v},w)\in \mathrm{tp}^{\mathcal{M}_{3i+1}}(\vec{a},c)\}$ を考えて，主張 2 を適用すれば可能である．

3. $\vec{a},\vec{b}\subset|\mathcal{N}_{3i+2}|$ が $\mathrm{tp}^{\mathcal{N}_{3i+2}}(\vec{a})=\mathrm{tp}^{\mathcal{N}_{3i+2}}(\vec{b})$ であるとする．このとき $c\in|\mathcal{N}_{3i+2}|$ について，$d\in|\mathcal{N}_{3i+3}|$ で $\mathrm{tp}^{\mathcal{N}_{3i+3}}(\vec{a},c)=\mathrm{tp}^{\mathcal{N}_{3i+3}}(\vec{b},d)$ となるものが存在する．

   これは，主張 3 により可能である．

そこで $(\mathcal{N},\mathcal{M})=\bigcup\{(\mathcal{N}_i,\mathcal{M}_i):i\in\omega\}$ は，可算な Vaught 対で，3, 2 より $\mathcal{N},\mathcal{M}$ ともに均質，かつ 1 より任意の $n\geq 1$ について $S_n(\mathrm{T})$ の同じタイプを実現する． ∎

［定理 5. 6. 15 の証明］

可算言語 L 上の完全公理系 T が Vaught 対を持つとする．補題 5. 6. 18，補題 5. 6. 21 により，可算な Vaught 対 $(\mathcal{N},\mathcal{M})$ で，$\mathcal{N},\mathcal{M}$ ともに均質，かつ任意の $n\geq 1$ について $S_n(\mathrm{T})$ の同じタイプを実現するものを取る．すると，定理 5. 6. 20 より $\mathcal{N}\cong\mathcal{M}$ である．

初等鎖 $(\mathcal{N}_\alpha:\alpha<\omega_1)$ を，各 $\mathcal{N}_\alpha\cong\mathcal{N}$ かつ $(\mathcal{N}_{\alpha+1},\mathcal{N}_\alpha)\cong(\mathcal{N},\mathcal{M})$ となるようにつくる．すると $\mathcal{N}^*=\bigcup_{\alpha<\omega_1}\mathcal{N}_\alpha$ は，濃度 $\aleph_1$ のモデルで，しかも $(\aleph_1,\aleph_0)$-モデルになることが分かる．

いま，$\mathrm{L}(\mathcal{M})$-論理式 $\varphi(\vec{v})$ を，$\varphi(\mathcal{M})=\varphi(\mathcal{N})$ が可算無限集合になるように取る．$\mathcal{N}^*\models\varphi(\vec{b})$ とすると，$\vec{b}\subset|\mathcal{N}_{\alpha+1}|$ となる最小の α について $\mathcal{N}_{\alpha+1}\models\varphi(\vec{b})$ であるが，$(\mathcal{N}_{\alpha+1},\mathcal{N}_\alpha)\cong(\mathcal{N},\mathcal{M})$ で $\varphi(\mathcal{M})=\varphi(\mathcal{N})$ なので，$\vec{b}\subset|\mathcal{N}_\alpha|$ となってしまい，結局，$\vec{b}\subset|\mathcal{M}|$ となる．つまり $\mathcal{N}^*$ は $(\aleph_1,\aleph_0)$-モデルである．

初等鎖の帰納的構成に入る．初めに $\mathcal{N}_0=\mathcal{N}$ とおく．$\mathcal{N}_\alpha\cong\mathcal{N}$ として，$\mathcal{N}\cong\mathcal{M}$ であるから，$\mathcal{N}_\alpha\cong\mathcal{M}$ となる．よって，$\mathcal{N}$ のコピーを適当に取って，$\mathcal{N}_{\alpha+1}\cong\mathcal{N}$ が $(\mathcal{N}_{\alpha+1},\mathcal{N}_\alpha)\cong(\mathcal{N},\mathcal{M})$ となるようにつくれる．

最後に極限順序数 $\lambda<\omega_1$ に対して，$\mathcal{N}_\lambda=\bigcup_{\alpha<\lambda}\mathcal{N}_\alpha$ と定める．$\mathcal{N}_\alpha\cong\mathcal{N}$ は均質であるから，$(\mathcal{N}_\alpha\prec)\mathcal{N}_\lambda$ も均質である．また，$\mathcal{N}_\lambda$ で実現される $S_n(\mathrm{T})$ のタイプは，ある $\mathcal{N}_\alpha\,(\alpha<\lambda)$ で実現されるから，$\mathcal{N}$ で実現され，逆も成り立つ．よって定理 5. 6. 20 より $\mathcal{N}_\lambda\cong\mathcal{N}$ である．∎

これで定理 5. 6. 15，従って Vaught の二基数定理 5. 6. 16 も示された．よって Vaught 対を持てば，$(\aleph_1,\aleph_0)$-モデルがつくれることが分かったが，このモデルから，非可算濃度 κ について $(\kappa,\aleph_0)$-モデルがつくれることを，つぎに示そう．これにより，可算言語上の完全公理系が Vaught 対を持てば，任意の非可算濃度 κ で κ-範疇的でないことが結論できる．

補題 5. 6. 22　可算言語 L 上の完全公理系 T は ω-安定とする．T の非可算モデル $\mathcal{M}$ が与えられたら，その真の初等拡大 $\mathcal{N}$ で，$\mathcal{N}$ で実現できる $\mathcal{M}$ 上の可算タイプ $\Gamma(\vec{w})$ はすべて $\mathcal{M}$ で実現できるものがつくれる．

［証明］ 初めに，ある $\mathrm{L}(\mathcal{M})$-論理式 $\varphi(v)$ でつぎを充たすものが存在することを示す：

1. $card(\varphi(\mathcal{M}))\geq\aleph_1$.
2. どんな $\mathrm{L}(\mathcal{M})$-論理式 $\psi(v)$ についても，$card(\varphi(\mathcal{M})\cap\psi(\mathcal{M}))\leq\aleph_0$ かまたは $card(\varphi(\mathcal{M})\cap\neg\psi(\mathcal{M}))\leq\aleph_0$.

そうではないと仮定する．補題 5. 6. 7 において

$$P(\varphi):\Leftrightarrow card(\varphi(\mathcal{M}))\geq\aleph_1(\Rightarrow card(\langle\varphi\rangle_{\mathrm{Th}(\mathcal{M})})\geq\aleph_1)$$

とおくと，P を充たす論理式が存在しないことになるが，明らかに，$\varphi(v)$ を $v=v$ とすれば，$card(\varphi(\mathcal{M}))=card(|\mathcal{M}|)\geq\aleph_1$ であり P を充たす．

以下，上の条件を充たす $\mathrm{L}(\mathcal{M})$-論理式 $\varphi(v)$ をひとつ取っておく．

$$p=\{\psi(v)\in\mathrm{L}(\mathcal{M}):card(\varphi(\mathcal{M})\cap\psi(\mathcal{M}))\geq\aleph_1\}$$

とおくと，これは $|\mathcal{M}|$ 上の完全タイプである．なぜなら，$\psi_1,\ldots,\psi_n\in p$ とすると，$card(\varphi(\mathcal{M})\cap\neg\psi_i(\mathcal{M}))\leq\aleph_0$ なので，$card(\varphi(\mathcal{M})\cap\bigvee_{i\leq n}\neg\psi_i(\mathcal{M}))\leq\aleph_0$ となり，$\bigwedge_{i\leq n}\psi_i\in p$ である．また任意の $\mathrm{L}(\mathcal{M})$-論理式 $\psi(v)$ について，$\{\psi(v),\neg\psi(v)\}\cap p\neq\varnothing$ は明らかである．よって p は完全タイプである．

この p は $\mathcal{M}$ で実現できない．なぜなら，$\{v\neq a:a\in|\mathcal{M}|\}\subset p$ だからである．

そこで p を実現する c を $\mathcal{M}$ の初等拡大 $\mathcal{M}'$ に取る．そして定理 5.6.11 により，$|\mathcal{M}|\cup\{c\}$ の素モデル拡大 $\mathcal{N}\prec\mathcal{M}'$ で，どの $\vec{b}\subset_{fin}|\mathcal{N}|$ もある $|\mathcal{M}|\cup\{c\}$ 上の孤立タイプを実現するものを取る．この $\mathcal{N}$ が求めるモデルであることを，以下で見よう．

先ず $\mathcal{N}$ が $\mathcal{M}$ の真の初等拡大であることはよい．つぎに $\mathcal{N}$ で実現できる $\mathcal{M}$ 上の可算タイプ $\Gamma(\vec{w})$ を考える．$\vec{b}\subset|\mathcal{N}|$ が $\Gamma(\vec{w})$ を実現するとする．

このとき $\mathrm{tp}^{\mathcal{N}}(\vec{b}/|\mathcal{M}|\cup\{c\})$ は孤立タイプであるから，それを孤立させる論理式 $\theta(\vec{w},c)$ $(\theta(\vec{w},v)\in\mathrm{L}(\mathcal{M}))$ を取る．

$$\Delta(v) := \{\exists\,\vec{w}\theta(\vec{w},v)\}\cup\{\forall\,\vec{w}(\theta(\vec{w},v)\to\gamma(\vec{w})) : \gamma(\vec{w})\in\Gamma(\vec{w})\}$$

とおく．Δ は可算であり，$p=\mathrm{tp}^{\mathcal{N}}(c/|\mathcal{M}|)$ であるから $\Delta\subset p$ となる．

$\Delta(v)=\{\delta_i(v): i\in\omega\}$ とする．$\Delta\subset p$ なので任意の $n\in\omega$ について $card(\varphi(\mathcal{M})\cap\bigcap_{i<n}\delta_i(\mathcal{M}))\geq\aleph_1$ となる．よって $\varphi(\mathcal{M})\cap\{x\in|\mathcal{M}|: x$ は Δ を実現する$\}\neq\varnothing$ である．$c'\in|\mathcal{M}|$ を $\Delta(v)$ を実現するように取る．また $\vec{b}'\subset|\mathcal{M}|$ を $\mathcal{M}\models\theta(\vec{b}',c')$ と取る．すると，$\vec{b}'$ は $\mathcal{M}$ において $\Gamma(\vec{w})$ を実現している． ∎

定理 5.6.23 可算言語 L 上の完全公理系 T がある非可算濃度 κ において κ-範疇的ならば，T は Vaught 対を持たない．

［証明］ T は $\kappa\geq\aleph_1$ について κ-範疇的であるとする．このとき先ず，系 5.6.6 により，T は ω-安定になる．いま T が Vaught 対を持つと仮定する．すると，定理 5.6.15 より，T は $(\aleph_1,\aleph_0)$-モデル $\mathcal{M}$ を持つ．T が $(\kappa,\aleph_0)$-モデルを持つことを示す．以下，$\kappa>\aleph_1$ とする．

$\mathcal{M}\models\mathrm{T}$ を $card(|\mathcal{M}|)\geq\aleph_1$ で，ある $\mathrm{L}(\mathcal{M})$-論理式 $\varphi(\vec{v})$ について，$card(\varphi(\mathcal{M}))=\aleph_0$ となるものとする．補題 5.6.22 による初等拡大 $\mathcal{N}$ を取る．$\mathcal{M}$ 上の可算タイプ $\Gamma(\vec{v})=\{\varphi(\vec{v})\}\cup\{\vec{v}\neq\vec{a}:\vec{a}\subset|\mathcal{M}|\ \&\ \mathcal{M}\models\varphi[\vec{a}]\}$ は $\mathcal{M}$ で排除されるので，$\mathcal{N}$ でもそうである．つまり $\varphi(\mathcal{N})=\varphi(\mathcal{M})$ となる．

この構成を繰り返すことで，初等鎖 $(\mathcal{M}_\alpha:\alpha<\kappa)$ を，$\mathcal{M}_0=\mathcal{M}$, $\mathcal{M}_{\alpha+1}\neq\mathcal{M}_\alpha$ だが $\varphi(\mathcal{M}_{\alpha+1})=\varphi(\mathcal{M}_\alpha)$ となるようにつくれる．そこで $\mathcal{N}=\bigcup_{\alpha<\kappa}\mathcal{M}_\alpha$ とすれば，これは $(\kappa,\aleph_0)$-モデルになる．

さてこれで T は $(\kappa,\aleph_0)$-モデルを持つことになったが，すると命題 5.6.13 より，T は κ-範疇的でないはずである．これは矛盾である．よって T は Vaught 対を持てない． ∎

5.6.3 Baldwin-Lachlan の定理

系 5.6.6 と定理 5.6.23 によって，可算言語上の完全公理系 T が，ある非可算濃度 κ で κ-範疇的ならば，T は ω-安定で，かつ Vaught 対を持たないことが分かった．

Baldwin-Lachlan の定理 5.6.4 から，Morley の範疇性定理 5.6.1 が従う：

[定理 5.6.1 の証明]

可算言語上の完全公理系 T は無限モデルしか持たないとして，T がある非可算濃度 κ で κ-範疇的なら，系 5.6.6 と定理 5.6.23 により，T は ω-安定かつ Vaught 対を持たない．よって，定理 5.6.4 により，任意の非可算濃度 σ で σ-範疇的となる． ■

さて以下，Baldwin-Lachlan の定理 5.6.4 を証明するために，ふたつ新しい概念を導入する．

定義 5.6.24 L-モデル $\mathcal{M}$ と集合 $A \subset |\mathcal{M}|$ を考える．

1. $b \in |\mathcal{M}|$ が ***A* 上，代数的**(algebraic over A)とは，A の元 $\vec{a} \subset A$ をパラメタに持った L(A)-論理式 $\varphi(x, \vec{a})$ が存在して，
$$b \in \varphi(\mathcal{M}, \vec{a}) \,\&\, card(\varphi(\mathcal{M}, \vec{a})) < \aleph_0$$
となることをいう．
　このとき，b は $\varphi(x, \vec{a})$ の解(solution)であるという．
2. A-上，代数的な元全体
$$\mathrm{acl}(A) := \{b \in |\mathcal{M}| : b \text{ は } A \text{ 上，代数的}\}$$
を，***A* の代数閉包**(algebraic closure of A)という．
3. D は $\mathcal{M}$ で定義可能，すなわちある L($\mathcal{M}$)-論理式 $\varphi(v, \vec{d})$ により，$D = \varphi(\mathcal{M}, \vec{d})$ とする．
　$A \subset D$ として，D を定義するのに使ったパラメタ $\vec{d}$ について，$A_D = A \cup \{\vec{d}\}$ とおく．このとき，A_D-上，代数的な D の元全体を
$$\mathrm{acl}_D(A) := \{b \in D : b \in \mathrm{acl}(A_D)\}$$
で表す． □

代数閉体 K と $A \subset K$ について，ここで定義した A の代数閉包 acl(A) は，A で生成される K の部分体 k の，通常の代数学の意味での代数閉包と一致する．それは，k 上，超越的な元が無限個あり，しかもそれらを互いに写す同型写像がつくれてしまうからである．

つぎの事実の証明は容易なので，（演習 51）とする．

命題 5.6.25 D は $\mathcal{M}$ で定義可能，$A, B \subset D$ とする．

1. $A \subset \mathrm{acl}_D(A)$.
2. $A \subset B \Rightarrow \mathrm{acl}_D(A) \subset \mathrm{acl}_D(B)$.
3. $\mathrm{acl}_D(\mathrm{acl}_D(A)) = \mathrm{acl}_D(A)$.
4. $a \in \mathrm{acl}_D(A)$ ならば，ある有限部分 $A_0 \subset_{fin} A$ により，$a \in \mathrm{acl}_D(A_0)$ となる．

□

命題 5.6.26 $A \subset D$ として $b \in \mathrm{acl}_D(A)$ について，$\mathrm{tp}^{\mathcal{M}}(b/A_D)$ は孤立タイプである．

［証明］ $\mathrm{L}(A_D)$-論理式 $\varphi(v)$ を，$\varphi(\mathcal{M}, \vec{a}) = \{b\} \cup \{c_i : i < n\}$ となるように取る．

$I = \{i < n : \mathrm{tp}^{\mathcal{M}}(b/A_D) \neq \mathrm{tp}^{\mathcal{M}}(c_i/A_D)\}$ として，$i \in I$ に対して論理式 $\theta_i(v) \in \mathrm{tp}^{\mathcal{M}}(b/A_D) \setminus \mathrm{tp}^{\mathcal{M}}(c_i/A_D)$ を取って，$\theta(v) :\equiv \varphi(v) \wedge \bigwedge_{i \in I} \theta_i(v)$ が，$\mathrm{tp}^{\mathcal{M}}(b/A_D)$ を孤立させる $\mathrm{L}(A_D)$-論理式である． ■

定義 5.6.27 L-モデル $\mathcal{M}$ を考える．

1. ある $\mathrm{L}(\mathcal{M})$-論理式 $\varphi(\vec{v}, \vec{a})$ $(\vec{a} \subset |\mathcal{M}|)$ によって定義される無限集合 $D = \varphi(\mathcal{M}, \vec{a})$ が $\mathcal{M}$ **において極小**(minimal in $\mathcal{M}$)であるとは，D が $\mathcal{M}$ で定義可能なふたつの無限集合に分けられないことをいう．すなわち，どんな $\mathrm{L}(\mathcal{M})$-論理式 $\psi(\vec{v}, \vec{b})$ についても，$Y = \psi(\mathcal{M}, \vec{b}) \cap D$ は有限か D で補有限，つまり $D \setminus Y$ が有限となるときをいう．

   極小な集合を定義する $\mathrm{L}(\mathcal{M})$-論理式 $\varphi(\vec{v}, \vec{a})$ を，**極小**(minimal)な論理式という．
2. $\mathcal{M}$ で極小な論理式 $\varphi(\vec{v}, \vec{a})$ が，$\mathcal{M}$ の任意の初等拡大でも極小であり続けるとき，論理式 $\varphi(\vec{v}, \vec{a})$ またはそれが定義する集合 $\varphi(\mathcal{M}, \vec{a})$ は**強極小**(strongly minimal)であると言われる．
3. 公理系 T が**強極小**(strongly minimal)であるとは，論理式 $v = v$ がその任意の無限モデルで強極小であるとき，つまり，任意の無限モデル $\mathcal{M} \models \mathrm{T}$ において，$|\mathcal{M}|$ が極小であるときをいう． □

小節 5.2.2 での例題により，ねじれのない可除アーベル群の公理系 DAG は強極小である．また，標数 p の代数的閉体の公理系 ACF_p も強極小な公理系の例である（演習 20）．

以下，極小な集合の代数的な元を考える．

補題 5. 6. 28 (交換原理 Exchange Principle)

D はL-モデル $\mathcal{M}$ で極小であるとする．

$A \subset D$ と $a, b \in D$ について，a が A_D と b から代数的だが，A_D 上は代数的でないなら，b は A_D と a から代数的となる．つまり，

$$a \in \mathrm{acl}_D(A \cup \{b\}) \backslash \mathrm{acl}_D(A) \Rightarrow b \in \mathrm{acl}_D(A \cup \{a\}).$$

[証明] $\mathrm{acl}_D(A \cup \{b\})$ を $\mathrm{acl}_D(A, b)$ で表す．

$\mathrm{L}(A_D)$-論理式 $\varphi(x, y)$ を，a が $\varphi(x, b)$ の解になるように取る．$card(D \cap \varphi(\mathcal{M}, b)) = n$ であるとして，$\mathrm{L}(A_D)$-論理式 $\#\varphi_{D,n}(y)$ を，$y \in D \,\&\, card(D \cap \varphi(\mathcal{M}, y)) = n$ を表すように取る．

$\#\varphi_{D,n}(\mathcal{M})$ が有限ならば，b は $\#\varphi_{D,n}(y)$ の解，つまり $b \in \mathrm{acl}_D(A)$ なので，命題 5. 6. 25. 3 より $a \in \mathrm{acl}_D(A)$ となってしまう．よって，$\#\varphi_{D,n}(\mathcal{M}) \subset D$ は，D の極小性により，D で補有限である．

いま $D \cap \varphi(a, \mathcal{M}) \cap \#\varphi_{D,n}(\mathcal{M})$ が有限であれば，b は $y \in D \wedge \varphi(a, y) \wedge \#\varphi_{D,n}(y)$ の解であるから，$b \in \mathrm{acl}_D(A, a)$ となる．そこでそうでないとして，D の極小性より $card(D \backslash (\varphi(a, \mathcal{M}) \cap \#\varphi_{D,n}(\mathcal{M}))) = m$ として，$x \in D \,\&\, card(D \backslash (\varphi(x, \mathcal{M}) \cap \#\varphi_{D,n}(\mathcal{M}))) = m$ を表す $\mathrm{L}(A_D)$-論理式 $\theta(x)$ を取る．$\theta(\mathcal{M})$ が有限ならば，a はこれの解となり，$a \in \mathrm{acl}_D(A)$ なので矛盾する．よって，$\theta(\mathcal{M})$ は D で補有限である．

$\theta(x)$ を充たす D の元を $(n+1)$ 個取り，$\{a_i\}_{i \leq n}$ とする．各 $i \leq n$ について，$B_i = D \cap \varphi(a_i, \mathcal{M}) \cap \#\varphi_{D,n}(\mathcal{M})$ は補有限であるから，$\bigcap_{i \leq n} B_i \neq \varnothing$．そこで $b_0 \in \bigcap_{i \leq n} B_i$ とすると，$\forall i \leq n [a_i \in \varphi(\mathcal{M}, b_0)]$ であるので，$card(D \cap \varphi(\mathcal{M}, b_0)) > n$ となってしまうが，これは $\#\varphi_{D,n}(b_0)$ に反す． ∎

極小集合においては，独立性や，基底，そして次元の概念が定義できる．

定義 5. 6. 29 $\mathcal{M} \models \mathrm{T}$ で D は極小であるとする．$A, C \subset D$ について，

1. A が(D に関して代数的に)独立(independent)であるとは，

$$\forall a \in A [a \notin \mathrm{acl}_D(A \setminus \{a\})]$$

であるときをいう．

また，A が(D に関して代数的に) **C 上**，独立(independent over C)であるとは，

$$\forall a \in A [a \notin \mathrm{acl}_D((C \cup A) \setminus \{a\})]$$

であるときをいう．

2. A が C の(D に関する)**基底**(basis for C)であるとは，$A \subset C$，A は独立かつ $\mathrm{acl}_D(A) = \mathrm{acl}_D(C)$ であるときをいう．

3. C の(D に関する)**次元**(dimension of C)は，C の(D に関する)基底を成す集合 A の濃度を意味する．$\dim_D(C)$ で C の次元を表す．

   $\dim_D(D)$ は，単に $\dim(D)$ で表す． □

基底が常に存在して，その濃度が定まることを以下で示す．

命題 5.6.30 $\mathcal{M}$ で D は極小であるとし，$A \subset C \subset D$ で A は(D に関して)独立であるとする．このとき，A の拡張である C の基底 B が存在する：$A \subset B \subset C \,\&\, \mathrm{acl}_D(B) = \mathrm{acl}_D(C)$．

［証明］ A を含む C の独立な部分集合で極大なものを取ればよい．命題5.6.25.4 より Zorn の補題1.1.9が独立な部分集合族に使える． ■

補題 5.6.31 $\mathcal{M}$ で D は極小であるとする．$A, B \subset D$ はそれぞれ独立で，$A \subset \mathrm{acl}_D(B)$ とする．

1. $A_0 \subset A$, $B_0 \subset B$ で $A_0 \cup B_0$ は $\mathrm{acl}_D(B)$ の基底であるとする．このとき $a \in A \setminus A_0$ に対して，$b \in B_0$ で $A_0 \cup \{a\} \cup (B_0 \setminus \{b\})$ が $\mathrm{acl}_D(B)$ の基底になるものが取れる．
2. $card(A) \leq card(B)$．
3. A, B がともに $C \subset D$ の基底になっていたら，$card(A) = card(B)$．

［証明］ 補題 5.6.31.1．$a \in \mathrm{acl}_D(B) = \mathrm{acl}_D(A_0 \cup B_0)$ より，$C \subset B_0$ を $a \in \mathrm{acl}_D(A_0 \cup C)$ となるような有限集合で濃度が最小であるもののひとつとする．A が独立なので，$C \neq \varnothing$ である．$b \in C$ と取る．この b が求めるものであること，つまり，$\mathrm{acl}_D(A_0 \cup \{a\} \cup (B_0 \setminus \{b\})) = \mathrm{acl}_D(B)$ と $A_0 \cup \{a\} \cup (B_0 \setminus \{b\})$ の独立性を示す．

交換原理 5.6.28 により，$b \in \mathrm{acl}_D(A_0 \cup \{a\} \cup (C \setminus \{b\}))$ である．よって，

$$\mathrm{acl}_D(A_0 \cup \{a\} \cup (B_0 \setminus \{b\})) = \mathrm{acl}_D(A_0 \cup B_0) = \mathrm{acl}_D(B).$$

$a \in \mathrm{acl}_D(A_0 \cup (B_0 \setminus \{b\}))$ とすると，$b \in \mathrm{acl}_D(A_0 \cup \{a\} \cup (B_0 \setminus \{b\}))$ より，$b \in \mathrm{acl}_D(A_0 \cup (B_0 \setminus \{b\}))$ となり $A_0 \cup B_0$ の独立性に反す．

また $c \in A_0$ が $c \in \mathrm{acl}_D((A_0 \setminus \{c\}) \cup \{a\} \cup (B_0 \setminus \{b\}))$ ならば，$c \notin \mathrm{acl}_D((A_0 \setminus \{c\}) \cup (B_0 \setminus \{b\}))$ より，$a \in \mathrm{acl}_D(A_0 \cup (B_0 \setminus \{b\}))$ となってしまい，上の結果に反す．$d \in B_0 \setminus \{b\}$ についても同様である．

補題 5.6.31.2.

Aの元を一列に並べて，$A=\{a_\alpha : \alpha<\kappa\}$とする．補題5.6.31.1を用いることで，$B$の元$b_\alpha$を，$A_\beta=\{a_\alpha : \alpha<\beta\}$と$B_\beta=B\setminus\{b_\alpha : \alpha<\beta\}$について，$A_\beta\cup B_\beta$が$\mathrm{acl}_D(B)$の基底になるように帰納的に選んでいく．$\beta<\kappa$について，$\{b_\alpha : \alpha<\beta\}$が選ばれたとして，もし$B_\beta=\varnothing$なら，$a_\beta\in\mathrm{acl}_D(B)=\mathrm{acl}_D(A_\beta)$となり，$A$の独立性に反してしまう．よって，$b_\beta\in B_\beta$を，$A_{\beta+1}\cup B_{\beta+1}$が$\mathrm{acl}_D(B)$の基底になるように選べる．

こうしてAからBへの単射$a_\alpha\mapsto b_\alpha$がつくれたのでよい．

補題5.6.31.3は補題5.6.31.2による． ∎

補題5.6.32 可算言語L上の公理系Tのモデル$\mathcal{M}_0\models\mathrm{T}$と集合$A\subset|\mathcal{M}_0|$が与えられている．また，$\mathcal{M}_0$のふたつの初等拡大$\mathcal{M}_0\prec\mathcal{M}$, $\mathcal{M}_0\prec\mathcal{N}$と強極小なL$(A)$-論理式$\varphi(v)$がある．

1. ふたつの列$\vec{a}\subset\varphi(\mathcal{M})$と$\vec{b}\subset\varphi(\mathcal{N})$がそれぞれ$A$上で独立であるとすると，$\mathrm{tp}^{\mathcal{M}}(\vec{a}/A)=\mathrm{tp}^{\mathcal{N}}(\vec{b}/A)$となる．
2. $\dim(\varphi(\mathcal{M}))=\dim(\varphi(\mathcal{N}))$であるなら，全単射になる部分初等埋込$f:\varphi(\mathcal{M})\to\varphi(\mathcal{N})$が存在する．

とくに，可算言語上の強極小な公理系Tのふたつのモデル$\mathcal{M},\mathcal{N}\models\mathrm{T}$について，

$$\mathcal{M}\cong\mathcal{N}\Leftrightarrow\dim(\mathcal{M})=\dim(\mathcal{N}).$$

［証明］ 補題5.6.32.1. $(\vec{a},a)\subset\varphi(\mathcal{M})$と$(\vec{b},b)\subset\varphi(\mathcal{N})$がそれぞれ$A$上で独立であるとする．L$(A)$-論理式$\psi(\vec{w},u)$を考え，$\mathcal{M}\models\psi(\vec{a},a)$として，$\mathcal{N}\models\psi(\vec{b},b)$を，$\vec{a}$の長さに関する帰納法で示す．帰納法の仮定と$\mathrm{Th}_A(\mathcal{M})=\mathrm{Th}_A(\mathcal{N})$より，$\mathrm{tp}^{\mathcal{M}}(\vec{a}/A)=\mathrm{tp}^{\mathcal{N}}(\vec{b}/A)$である．

$a\in\varphi(\mathcal{M})\cap\psi(\vec{a},\mathcal{M})$で$a\notin\mathrm{acl}_{\varphi(\mathcal{M})}(A,\vec{a})$であるから，$\varphi(\mathcal{M})\cap\psi(\vec{a},\mathcal{M})$は無限集合である．$\varphi$は強極小なので，$\varphi(\mathcal{M})$は極小である．よって，ある$n<\aleph_0$について，$card(\varphi(\mathcal{M})\cap\neg\psi(\vec{a},\mathcal{M}))=n$である．これは，あるL$(A)$-論理式を$\vec{a}$が充たすということだから，$\mathrm{tp}^{\mathcal{M}}(\vec{a}/A)=\mathrm{tp}^{\mathcal{N}}(\vec{b}/A)$より，$card(\varphi(\mathcal{N})\cap\neg\psi(\vec{b},\mathcal{N}))=n$となる．$b\notin\mathrm{acl}_{\varphi(\mathcal{N})}(A,\vec{b})$なので$\mathcal{N}\models\psi(\vec{b},b)$でなければならない．

補題5.6.32.2. 初めにAを，$\varphi(v)$がL(A)-論理式になるような有限集合としておく．

そこで$\varphi(\mathcal{M})$の基底Bと，$\varphi(\mathcal{N})$の基底Cを取る．ここでBは$\varphi(\mathcal{M})$に関して独立であるから，$\forall b\in B[b\notin\mathrm{acl}_{\varphi(\mathcal{M})}(B\setminus\{b\})=\varphi(\mathcal{M})\cap\mathrm{acl}((B\setminus\{b\})\cup A)]$であり，$B\cap A=C\cap A=\varnothing$である．

仮定より B, C は等濃だから，全単射 $f: B\cup A\to C\cup A$ を $\forall a\in A[f(a)=a]$ となるように取る．補題 5. 6. 32. 1 によると，この f は部分初等埋込である．

Zorn の補題 1. 1. 9 により，f の拡張である部分初等埋込 $g: B'\cup A\to C'\cup A\,(B\subset B'\subset\varphi(\mathcal{M}),\, C\subset C'\subset\varphi(\mathcal{N}))$ を極大に取る．$b\in\varphi(\mathcal{M})\backslash B'$ は，$b\in\mathrm{acl}_{\varphi(\mathcal{M})}(B')$ なので，命題 5. 6. 26 により，$\mathrm{tp}^{\mathcal{M}}(b/B'\cup A)\,(B'\cup A=B'_{\varphi(\mathcal{M})})$ を孤立させる $\mathrm{L}(B'\cup A)$-論理式 $\psi(v,\vec{d},\vec{a})\,(\vec{d}\subset B',\,\vec{a}\subset A)$ を取ると，g が部分初等埋込なので，ある $c\in\varphi(\mathcal{N})$ が $\psi(c,g(\vec{d}),\vec{a})$ となり，$\mathrm{tp}^{\mathcal{N}}(c/C'\cup A)=\mathrm{tp}^{\mathcal{M}}(b/B'\cup A)$ となる．g の極大性より，$b\in B'$ でないといけない．つまり $B'=\varphi(\mathcal{M})$ となる．$C'=\varphi(\mathcal{N})$ も同様である． ▮

補題 5. 6. 33 可算言語上の ω-安定な公理系 T の無限モデル $\mathcal{M}\models\mathrm{T}$ には，極小論理式が存在する．

［証明］ 補題 5. 6. 7 において，$\mathrm{L}(\mathcal{M})$-論理式に関する性質 $P(\varphi(\vec{v}))$ を，

$$P(\varphi(\vec{v})) :\Leftrightarrow \varphi(\mathcal{M}) \text{ は無限集合}$$

とすれば，極小論理式が存在しないなら，$P(\varphi(\vec{v}))$ となる論理式は存在しないことになるが，明らかに $\vec{v}=\vec{v}$ は P を充たす． ▮

補題 5. 6. 34 可算言語 L 上の公理系 T は Vaught 対を持たないとし，$\mathcal{M}\models\mathrm{T}$ とする．

このとき $\mathrm{L}(\mathcal{M})$-論理式 $\varphi(\vec{v},\vec{w})$ に対して，ある自然数 n が存在して

$$\forall\vec{a}\subset|\mathcal{M}|[card(\varphi(\mathcal{M},\vec{a}))>n\Rightarrow card(\varphi(\mathcal{M},\vec{a}))\geq\aleph_0].$$

［証明］ $\mathrm{L}(\mathcal{M})$-論理式 $\varphi(\vec{v},\vec{w})$ に現れる $|\mathcal{M}|$ からのパラメタも $\vec{w}$ に込めて考えることで，$\varphi(\vec{v},\vec{w})$ は L-論理式としてよい．$\varphi(\vec{v},\vec{w})$ にはそのような自然数 n は存在しないと仮定する．すると，各 n について $\vec{a}_n\subset|\mathcal{M}|$ が存在して，$n<card(\varphi(\mathcal{M},\vec{a}_n))<\aleph_0$ となる．

新しい 1 変数関係記号 U を追加した言語 $\mathrm{L}^*=\mathrm{L}\cup\{U\}$ でのモデルを T のモデルの対 $(\mathcal{N},\mathcal{M})\,(\mathcal{M}\subset\mathcal{N},|\mathcal{M}|=U^{\mathcal{N}})$ と考える（cf. 命題 5. 6. 17）．

L^*-論理式の集合

$$\begin{aligned}\Gamma(\vec{w}) := \mathrm{T}\cup\{&\exists x\neg U(x), \bigwedge\{U(w): w\in\vec{w}\}, \forall\vec{v}[\varphi(\vec{v},\vec{w})\to\bigwedge\{U(v): v\in\vec{v}\}]\}\\ &\cup\{\forall\vec{z}[\bigwedge\{U(z): z\in\vec{z}\}\wedge\psi(\vec{z})\to\psi^{U}(\vec{z})]: \psi\in\mathrm{L}\}\\ &\cup\{card(\varphi(\mathcal{M},\vec{w}))\geq k: k<\aleph_0\}\end{aligned}$$

を考えると，これは有限充足可能である．なぜなら $\mathcal{M}$ の真の初等拡大 $\mathcal{N}$ を取ると，$\varphi(\mathcal{M},\vec{a}_n)$ が有限だから，$\varphi(\mathcal{M},\vec{a}_n)=\varphi(\mathcal{N},\vec{a}_n)$ となる．

そこで $\Gamma(\vec{w})$ を実現するモデル $(\mathcal{N}',\mathcal{M}')$ と $\vec{a}\subset|\mathcal{M}'|$ を取ると，無限集合

$\varphi(\mathcal{M}',\vec{a})=\varphi(\mathcal{N}',\vec{a})$ により $(\mathcal{N}',\mathcal{M}')$ は Vaught 対となり，仮定に反してしまう． ∎

系 5.6.35 Vaught 対を持たない可算言語 L 上の公理系 T のモデルでの極小論理式は強極小である．

［証明］ 無限モデル $\mathcal{M}\models T$ での極小論理式 $\varphi(\vec{v})\in L(\mathcal{M})$ を取る．また $L(\mathcal{M})$-論理式 $\psi(\vec{v},\vec{w})$ と初等拡大 $\mathcal{M}\prec\mathcal{N}$ を取る．いま示したいのは，任意の $\vec{b}\subset|\mathcal{N}|$ に対して $\varphi(\mathcal{N})\cap\psi(\mathcal{N},\vec{b})$ か $\varphi(\mathcal{N})\cap\neg\psi(\mathcal{N},\vec{b})$ の一方が有限集合になることである．

補題 5.6.34 により $n\in\omega$ を，ふたつの論理式 $\varphi(\vec{v})\wedge\psi(\vec{v},\vec{w})$, $\varphi(\vec{v})\wedge\neg\psi(\vec{v},\vec{w})$ に対して同時に，

$$\begin{aligned}\forall\vec{a}\subset|\mathcal{M}|[&\{card(\varphi(\mathcal{M})\cap\psi(\mathcal{M},\vec{a}))<\aleph_0\Rightarrow card(\varphi(\mathcal{M})\cap\psi(\mathcal{M},\vec{a}))\leq n\}\\ &\&\{card(\varphi(\mathcal{M})\cap\neg\psi(\mathcal{M},\vec{a}))<\aleph_0\Rightarrow card(\varphi(\mathcal{M})\cap\neg\psi(\mathcal{M},\vec{a}))\leq n\}]\end{aligned}$$

となるように取る．

φ が $\mathcal{M}$ で極小だから，$\vec{a}\subset|\mathcal{M}|$ に対して $\varphi(\mathcal{M})\cap\psi(\mathcal{M},\vec{a})$, $\varphi(\mathcal{M})\cap\neg\psi(\mathcal{M},\vec{a})$ の一方が有限集合なので

$$\forall\vec{a}\subset|\mathcal{M}|[card(\varphi(\mathcal{M})\cap\psi(\mathcal{M},\vec{a}))\leq n\ \vee\ card(\varphi(\mathcal{M})\cap\neg\psi(\mathcal{M},\vec{a}))\leq n]$$

となる．$\mathcal{M}\prec\mathcal{N}$ より，

$$\forall\vec{b}\subset|\mathcal{N}|[card(\varphi(\mathcal{N})\cap\psi(\mathcal{N},\vec{b}))\leq n\ \vee\ card(\varphi(\mathcal{N})\cap\neg\psi(\mathcal{N},\vec{b}))\leq n].$$ ∎

補題 5.6.36 Vaught 対を持たない可算言語 L 上の公理系 T のモデル $\mathcal{M}\models T$ で定義可能な無限集合 $\varphi(\mathcal{M})\subset|\mathcal{M}|^n$ は，$\mathcal{M}$ の真の初等部分モデル $\mathcal{N}$ $(\varphi(\vec{v})\in L(\mathcal{N}))$ には含まれない．

さらにもし T が ω-安定ならば，$\mathcal{M}$ は $\varphi(\mathcal{M})$ の素モデル拡大である．

［証明］ $\mathcal{N}$, $\varphi(\vec{v})\in L(\mathcal{N})$ を $\mathcal{M}$ の真の初等部分モデルとする．もし $\varphi(\mathcal{M})\subset|\mathcal{N}|$ なら，$\varphi(\mathcal{M})=\varphi(\mathcal{N})$ となり，$(\mathcal{M},\mathcal{N})$ が Vaught 対になってしまう．

つぎに T は ω-安定とする．定理 5.6.11 により，$\varphi(\mathcal{M})$ の素モデル拡大 $\mathcal{N}\prec\mathcal{M}$ が取れるが，上の結果より，$\mathcal{N}$ は $\mathcal{M}$ の真の初等部分モデルではない．つまり $\mathcal{N}=\mathcal{M}$ である． ∎

［Baldwin-Lachlan の定理 5.6.4 の証明］

可算言語 L 上の無限モデルしか持たない完全公理系 T は ω-安定かつ Vaught 対を持たないとする．定理 5.6.11 において $A=\varnothing$ として，T の (無限) 素モデル $\mathcal{M}_0$ を取っておく．補題 5.6.33 と系 5.6.35 により，$L(\mathcal{M}_0)$-論理式 $\varphi(v)$ を強極小に取る．

$\mathcal{M},\mathcal{N}\models\mathrm{T}$ を濃度 $\kappa\geq\aleph_1$ のモデルであるとする．$\mathcal{M}_0$ は素モデルであるから，$\mathcal{M}_0\prec\mathcal{M}$, $\mathcal{M}_0\prec\mathcal{N}$ と思ってよい．

$\varphi(\mathcal{M})$, $\varphi(\mathcal{N})$ ともに無限集合である．$card(\varphi(\mathcal{M}))=\lambda<\kappa$ なら，$\mathcal{M}\models\mathrm{T}$ は (κ,λ)-モデルということになり，これは命題5. 6. 14より，T がVaught 対を持たないという仮定に反す．よって $card(\varphi(\mathcal{M}))=\kappa$ である．その次元 $\dim(\varphi(\mathcal{M}))$ を考えると，やはり κ である．なぜなら，基底 A 上で代数的な元 $\mathrm{acl}_{\varphi(\mathcal{M})}(A)$ は，L が可算言語なので $(card(A)+\aleph_0)$ 個しか無く $\kappa\geq\aleph_1$ だからである．$\varphi(\mathcal{N})$ についても同様である．こうして $\dim(\varphi(\mathcal{M}))=\dim(\varphi(\mathcal{N}))=\kappa$ が分かった．

そこで補題5. 6. 32. 2により，全単射になる部分初等埋込 $f:\varphi(\mathcal{M})\to\varphi(\mathcal{N})$ を取る．他方，補題5. 6. 36によると，$\mathcal{M}$ は $\varphi(\mathcal{M})$ の素モデル拡大であるので，f を初等埋込 $g:\mathcal{M}\to\mathcal{N}$ に拡張できる．このとき g の像は，$\varphi(\mathcal{N})$ を含む $\mathcal{N}$ の初等部分モデルであるから，再び補題5. 6. 36により，全体 $\mathcal{N}$ と一致する．言い換えると g は全射ということだから，g は同型写像である．■

これでBaldwin-Lachlan の定理5. 6. 4，従ってMorley の範疇性定理5. 6. 1の証明が終わった．

5.7 演　習

1. $\mathcal{M}\cong\mathcal{N}$ なら $\mathcal{M}\equiv\mathcal{N}$ を示せ．

2. 命題1. 2. 4を証明せよ．

3. 命題5. 1. 9を証明せよ．

4. 公理系 T の Skolem 化 T^{sk} は T の保存拡大であることを示せ．

5. 補題5. 1. 12を証明せよ．

6. アーベル群 $G=\langle G;+,0\rangle$ が**順序付けられる**(orderable)とは，G 上の全順序 $<$ で

$$\forall x,y,z[x<y\to x+z<y+z]$$

となるものが存在することを意味する．順序 $<$ により G が順序付けられるとき，この順序を込みにした構造 $G=\langle G;+,0,<\rangle$ を**順序群**(ordered group)と呼ぶ．アーベル群 G について次は容易に分かる：

(a) G に順序が付けられれば，ねじれのない群である．

(b) G が有限生成のねじれのない群ならば，順序付けられる．

後者より，G がねじれのない群ならば順序付けられる，ことをコンパクト性定理1. 4. 14より証明せよ．

7. アーベル群 G がねじれ群(torsion group)であるとは

$$\forall x \in G \exists n \geq 1[nx = 0] \tag{5.19}$$

であるときをいう．アーベル群 G が任意に高い位数の元($\forall n \exists x_n \in G(nx_n \neq 0)$)を持てば(例えば $\oplus_{p:\mathrm{prime}} Z_p$)，あるアーベル群 H で，H はねじれ群でないにもかかわらず，$G \equiv H$ となる．従って，ねじれアーベル群は有限であれ無限であれ，いかなる1階論理の閉論理式の集合でも特徴付けられない．よって，ねじれアーベル群は(1階論理で)公理化可能でない．

従ってすべてのねじれアーベル群で正しい閉論理式全体からなる集合は，あるねじれ群でないアーベル群でも正しい．

上記を証明せよ．

8. $\mathcal{M} \equiv \mathcal{N}$ だが同型にならない例 $\mathcal{M}, \mathcal{N}$ を与えよ．

9. 命題5.2.7を証明せよ．

(ヒント) 仮定 $\mathcal{A} \models \mathrm{T}_\forall$ から $\mathrm{T} \cup \mathrm{Diag}(\mathcal{A})$ が充足可能であることをコンパクト性定理1.4.14により示せ．

10. L-公理系 T が**全称公理化可能**とは，$\mathrm{T}_\forall \models \mathrm{T}$ すなわち $\mathrm{T}_\forall$ の任意のモデルが T のモデルであることとする．

このとき T が全称公理化可能であるための必要十分条件は，T のモデル $\mathcal{M}$ の部分モデル $\mathcal{N}$ が T のモデルになることであることを示せ．このとき公理系 T は部分モデルで**保存される**(preserved)という．

11. 公理系 T が完全なのは，T の任意のモデルが互いに初等的同値になるときであることを示せ．

12. 各標数 p について代数的閉体 ACF_p は任意の非可算濃度 $\kappa > \aleph_0$ について κ-範疇的であり，よって完全であることを示せ．

13. 言語 L(ACF) での閉論理式 φ について次の諸条件は互いに同値である:

(a) 複素数体 $\mathbb{C}$ で正しい: $\mathbb{C} \models \varphi$.

(b) φ は任意の標数0の代数的閉体で正しい: $\mathrm{ACF}_0 \models \varphi$.

(c) φ を正しくする標数0の代数的閉体が存在する．

(d) 十分大きいすべての素数 p について，φ は任意の標数 p の代数的閉体で正しい．

(e) 無限に多くの素数 p について，φ は任意の標数 p の代数的閉体で正しい．

上記を証明せよ．

14. (J. Ax の定理)　複素係数の n 個の多項式 $\{P_i(x_1, ..., x_n) : i = 1, ..., n\}$ で定義される直積 $\mathbb{C}^n$ 上の写像

$$P : (x_1, ..., x_n) \mapsto (P_1(x_1, ..., x_n), ..., P_n(x_1, ..., x_n)) \tag{5.20}$$

が単射なら全射であることを証明せよ．

(ヒント) 言語 L(ACF) での閉論理式 $\Phi_{n,d}$ を，体 K について，$K \models \Phi_{n,d}$ が「次数 d 以下の多項式で定義される K^n 上の単射は全射になる」と同値になるように取り，有限体 $\boldsymbol{F}_p$ の代数的閉包でそれが成り立つこと ($\overline{\boldsymbol{F}}_p \models \Phi_{n,d}$) を示す．その際，有限集合で生成された $\overline{\boldsymbol{F}}_p$ の部分体も有限である，という事実を用いよ．

15. **定義 5.7.1** L-公理系 T が**モデル完全** (model complete) であるとは，T のモデル $\mathcal{M}, \mathcal{N}$ について $\mathcal{M} \subset \mathcal{N}$ ならば $\mathcal{M} \prec \mathcal{N}$ となっていることをいう． □

T で量化記号消去ができれば，T はモデル完全であることを示せ．

16. 公理系 T はモデル完全であるとする．さらに T のモデル $\mathcal{A}$ でどんな T のモデルにも埋め込めるものがあるとする．このとき T は完全であることを示せ．

以下の(演習 17–23)では代数的閉体 ACF を考える．

17. $\mathrm{ACF}_\forall$ を公理化するのは整域の公理系であることを確かめよ．

18. ACF は代数的素モデルをもつことを示せ．

19. 代数的閉体 $\boldsymbol{F}, \boldsymbol{G}$ で $\boldsymbol{F} \subset \boldsymbol{G}$ とし，リテラルの論理積 $\varphi[x, \vec{y}]$ と $\vec{a} \subset \boldsymbol{F}$ について $\boldsymbol{G} \models \exists x \varphi[x, \vec{a}]$ となっていたとする．このとき $\boldsymbol{F} \models \exists x \varphi[x, \vec{a}]$ を示せ．

20. 以上と定理 5.2.8 により ACF は量化記号消去ができることを結論せよ．よって ACF は強極小な公理系であり，またモデル完全でもあることを見よ．

21. 標数 p を固定するとその素体 $\boldsymbol{F}_p, \mathbb{Q}$ は代数的閉体に埋め込めるから，補題 5.2.9 により ACF_p は完全であることを見よ．

22. 言語 $\mathrm{L(ACF)} = \{+, -, \cdot, 0, 1\}$ での論理式 $\varphi[\vec{y}, \vec{x}]$ が代数的閉体 K 上で定義する集合

$$\{\vec{a} \in K^n : K \models \varphi[\vec{b}, \vec{a}]\} \ (\vec{b} \subset K)$$

は多項式 $p[\vec{x}] \in K[\vec{x}]$ の零点集合

$$V(p) = \{\vec{a} \in K^n : p[\vec{a}] = 0\}$$

から補集合と有限の共通部分をとる操作で得られることを示せ．

23. (ヒルベルトの零点定理) 代数的閉体 K 上の多項式環 $K[X_1, ..., X_n]$ の素イデアル A について

$$A = I(V(A))$$

となることを示せ．ここで

$$V(A) := \{(a_1, ..., a_n) \in K^n : \forall p \in A[p(a_1, ..., a_n) = 0]\},$$
$$I(V(A)) := \{p \in K[X_1, ..., X_n] : \forall (a_1, ..., a_n) \in V(A)[p(a_1, ..., a_n) = 0]\}$$

であった．

(ヒント) ヒルベルトの基底定理より，素イデアル $A \subset K[X_1, ..., X_n]$ を生成する有限個の $q_1, ..., q_m \in A$ を取れば，$(a_1, ..., a_n) \in V(A) \Leftrightarrow \bigwedge_i q_i(a_1, ..., a_n) = 0$ となる．

以下の(演習 24–34)では，実閉体 R と公理系 RCF を考える．

24. $\mathrm{RCF}_\forall$ を公理化するのは順序整域の公理系であることを確かめよ.

25. RCF は代数的素モデルをもつことを示せ.

26. 実閉体 $\boldsymbol{F},\boldsymbol{G}$ で $\boldsymbol{F}\subset\boldsymbol{G}$ とし, リテラルの論理積 $\varphi[x,\vec{y}]$ と $\vec{a}\subset\boldsymbol{F}$ について $\boldsymbol{G}\models\exists x\varphi[x,\vec{a}]$ となっていたとする. このとき $\boldsymbol{F}\models\exists x\varphi[x,\vec{a}]$ を示せ.

27. 以上と定理 5. 2. 8 により RCF は量化記号消去ができて, モデル完全であることを結論せよ.

28. 順序体 $\mathbb{Q}$ は実閉体に埋め込めるから, 補題 5. 2. 9 により RCF は完全であることを見よ.

29. (実零点定理 Real Nullstellensatz)

イデアル A が**実イデアル**であるとは

$$\forall a_1,...,a_m\in R[a_1^2+\cdots+a_m^2+1\notin A]$$

となっていることをいう.

実閉体 R 上の多項式環 $R[X_1,...,X_n]$ の実(かつ)素イデアル A について

$$A=I(V(A))$$

を示せ.

30. **定義 5. 7. 2**　R を実閉体とする. 多項式 $p[\vec{x}]\in R[\vec{x}]$ について

$$\{\vec{a}\in R^n:p[\vec{a}]>0\}$$

から補集合と有限の共通部分をとる操作で得られる集合 $X\subset R^n$ を半代数的(semialgebraic)という. □

定理 5. 7. 3 (Tarski-Seidenberg の定理)

半代数的集合 $X\subset R^n$ は, 言語 $\mathrm{L(RCF)}=\{+,-,\cdot,0,1,<\}$ での論理式 $\varphi[\vec{y},\vec{x}]$ で R 上で定義できる集合

$$\{\vec{a}\in R^n:R\models\varphi[\vec{b},\vec{a}]\}\ (\vec{b}\subset R)$$

にほかならない.

よって, 半代数的集合 $X\subset R^{1+n}$ の射影 $\{\vec{a}\in R^n:\exists x\in R[(x,\vec{a})\in X]\}$ はまた半代数的となる.

とくに R の部分集合 $X\subset R$ で上の意味で R 上, 論理式で定義できるものは有限個の点と有限個の区間 (c,d) $(c,d\in R\cup\{\pm\infty\})$ の和に限る. (この事実を RCF は順序極小な公理系(o-minimal theory)であると言い表す.) □

上記を証明せよ.

(演習 31-34)では RCF の順序極小性, (演習 30)の応用を考える.

実閉体 R の位相を, $a\in R$ 中心, 半径 $r>0$ の開区間 $(a-r,a+r)$ を位相の基底としたユークリッド位相とする.

$\vec{a},\vec{b}\in R^n$ については

$$|\vec{a}-\vec{b}| := \sqrt{\sum_{i=1}^{n}(a_i-b_i)^2}$$

とおく.

また R 上の関数 $f: R^n \to R^m$ についてそのグラフ $\{(x,y)\in R^{n+m}: y=f(x)\}$ が半代数的であるとき，関数 f は半代数的であるという.

31. $f: R \to R^m$ を半代数的とすると，どんな区間 (c,d) にも f が連続な点 $x \in (c,d)$ がある．言い換えると半代数的関数の連続点の集合 $\{x\in R: f$ は x で連続$\}$ は稠密である．上記を示せ.

(ヒント) 実数 $\mathbb{R}=R$ で成り立つことを示せばよい．区間 (c,d) のどんな部分区間でも f の値域が無限集合になる場合には，減少区間列 $(c,d)=I_0 \supset I_1 \supset \cdots$ を，閉包 $\overline{I_{n+1}}$ が I_n に含まれ，かつ各 I_{n+1} 上での f の値域は半径 $\dfrac{1}{n}$ 以下の開球に含まれるように取れ.

32. $f: R \to R^m$ を半代数的とすると，不連続点は有限個しかないことを示して，互いに交わらない(開)区間 $I_1,...,I_n$ の各々の上で f は連続になる($R=X\cup I_1\cup \cdots \cup I_n$, X は有限集合)ことを結論せよ.

33. (半代数的集合の一様化, van den Dries)

半代数的集合 $X\subset R^{n+m}$ について半代数的関数 $f: R^n \to R^m$ で

$$\forall \vec{x}\in R^n[\exists \vec{y}\in R^m\{(\vec{x},\vec{y})\in X\} \to (\vec{x}, f(\vec{x}))\in X]$$

となるものが取れることを示せ.

(ヒント) m に関する帰納法で示す．$m=1$ の場合には，$\vec{a}\in R^n$ による $X\subset R^{n+1}$ の切り口 $X(\vec{a})=\{y\in R: (\vec{a},y)\in X\}$ を考えると，順序極小性より $X(\vec{a})$ は空か全体か最小元を持つかあるいは左端が区間であるかである．それぞれの場合に応じて $f(\vec{a})$ を定めればよい.

34. (Milnor's Curve Selection lemma)

半代数的な $X\subset R^n$ の触点 $\vec{a}$ について，半代数的で連続な曲線 $C: [0,1]\to R^n$ で $\lim_{t\to +0} C(t)=C(0)=\vec{a}$ かつ $C((0,1])\subset X$ となるものが取れることを示せ.

(ヒント) (演習 32, 33)による.

35. 代数的閉体の公理系 ACF の量化記号消去を考える.

整係数の多項式環 $R=\mathbb{Z}[\vec{Y}]$ ($\vec{Y}=Y_1,...,Y_n$) を係数に持つ 1 変数多項式環 $p_1(X),...,p_m(X),q_1(X),...,q_k(X)\in R[X]$ について論理式

$$\forall X[\bigwedge_{i=1}^{m} p_i(X)=0 \to \bigvee_{i=1}^{k} q_i(X)=0] \tag{5.21}$$

の量化記号消去を考える.

(a) (5.21)はある多項式 $q(X)$ について(ACF 上)つぎと同値であることを見よ:

$$\forall X[\bigwedge_{i=1}^{m} p_i(X) = 0 \to q(X) = 0] \tag{5.22}$$

(b) 量化記号と変数 X を含まないいくつかの論理式 θ_i と多項式 $r_i(X)$ について

$$\bigwedge_{i=1}^{m} p_i(X) = 0 \tag{5.23}$$

はつぎと同値であることを示せ:

$$\bigvee_{i=1}^{\ell} (\theta_i \wedge r_i(X) = 0).$$

よって(5.21)の量化記号消去にはつぎの(5.24)から量化記号を消去できればよいことを確かめよ:

$$\forall X[r(X) = 0 \to q(X) = 0] \tag{5.24}$$

(ヒント) 互除法により多項式の最大公約元を求めていく計算を論理式で書いていけ.

(c) 多項式 r の変数 X に関する次数を n として, (5.24)はつぎと同値であることを見よ:

$$r(X)|(q(X))^n \tag{5.25}$$

また(5.25)は量化記号消去できることを確かめよ.

(d) 補題5.2.5(とその証明)を組み合わせてACFでの量化記号消去のアルゴリズムが完結したことを見よ.

(e) ACF(の定理)は決定可能であることを示せ.

36. 自然数の公理系PAの可算モデル $\mathcal{M}$ の真の終延長かつ初等拡大 $\mathcal{N}$ が存在することを示せ.

(ヒント) 言語 $\mathrm{L}(\mathcal{M})$ に新しい定数 c を付け加えて, 公理系 $\mathrm{T} = \mathrm{Diag}_{el}(\mathcal{M}) \cup \{c > m : m \in |\mathcal{M}|\}$ として, 各超準元 $a \in (|\mathcal{M}| \setminus \mathbb{N})$ について, 1-タイプ $p_a = \{v < a\} \cup \{v \neq m : m \in |\mathcal{M}|\}$ を考える. 各 p_a を排除するモデル $\mathcal{N} \models \mathrm{T}$ が求めるものである.

37. $\mathcal{M}$ をPAの超準モデルとする. $\vec{a} \subset_{fin} |\mathcal{M}|$ について $\vec{a}$ 上のタイプ p はある n について Π_n-論理式のみより成り, さらにある論理式 P によってそのゲーデル数が $\mathcal{M}$ で定義可能であるとする: $\forall \varphi \in \mathrm{L}[\varphi(\vec{x}, \vec{a}) \in p \Leftrightarrow \mathcal{M} \models P(\ulcorner \varphi \urcorner)]$. このとき, p は $\mathcal{M}$ で実現できることを示せ.

(ヒント) 第3章(演習11)と第1章(演習12)によれ.

38. 系5.4.4.2によってコンパクト性定理1.4.14の別証明を与えよ.

39. P を素数全体の集合とし, 各素数 p について $\boldsymbol{F}_p$ を標数 p の体とする. このとき P 上の任意の非自明超フィルター D について超積 $\prod_D \boldsymbol{F}_p$ は標数0の体になることを示せ.

40. 無限基数 κ とモデル $\mathcal{M}$ に対し, $\mathcal{M}$ の初等拡大 $\mathcal{M}'$ で, どんな $\mathcal{M}$ のタイプ $p(\vec{v}) \in S^{\mathcal{M}}(A)$ $(A \subset |\mathcal{M}|, card(A) < \kappa)$ も実現する, つまり適当な $\vec{a} \in |\mathcal{M}'|$ を取れば, 任意の $\varphi(\vec{v}) \in p(\vec{v})$ について $\mathcal{M}' \models \varphi(\vec{a})$ とできるものが存在する. これを示せ.

41. 無限基数 κ とモデル $\mathcal{M}$ に対し, $\mathcal{M}$ の κ^+-飽和な初等拡大 $\mathcal{M}^+$ が取れることを示せ.

(ヒント) (演習 40)を使って, $\mathcal{M}_0 = \mathcal{M}$ から始まる初等鎖 $\{\mathcal{M}_i\}_{i<\kappa^+}$ を取り, $\mathcal{M}^+ = \bigcup_{i<\kappa^+} \mathcal{M}_i$ とする.

42. 濃度が等しい飽和モデルは, 初等同値なら同型になることを示せ.

(ヒント) 定理 5.6.20 の証明と同様に, 往復論法によれ.

43. $(I, <)$ を線形順序で, I がモデル $\mathcal{M}$ の(領域 $|\mathcal{M}|$ の)部分集合であるとする. 上昇列 $i_1 < \cdots < i_n, j_1 < \cdots < j_n$ ごとに $\mathcal{M}$ 上の自己同型 f で $f(i_k) = j_k$ $(k = 1, ..., n)$ となっているものが存在すれば, $(I, <)$ は $\mathcal{M}$ で識別不能集合であることを示せ.

44. 標数 0 の代数的閉体において代数的に独立な元たちは, 任意の線形順序のもとで識別不能集合であることを示せ.

45. $(I, <)$ を線形順序で $J \subset I$ とし, T を無限モデルをもつ L-公理系とする. モデル $\mathcal{M} \models \mathrm{T}, I \subset |\mathcal{M}|$ でそこで J が I-対角識別不能集合になるものが存在することを示せ.

46. 有限集合に関する Ramsey 型の定理をふたつ紹介する.

定義 5.7.4　正整数 n, m, c, K について, $K \to_* (m)^n_c$ は命題: どんな $[K]^n$ の c-分割 P についても P-均質集合 Y で $card(Y) \geq \max\{m, \min Y\}$ となるものが存在する, を表す.

Paris-Harrington 原理(Paris-Harrington principle, PH と略記)はどんな正整数 n, m, c についても十分大きい K を取れば $K \to_* (m)^n_c$ となるという主張である. □

定義 5.7.5　線形順序集合 $(X, <)$ 上の分割 $P: [X]^n \to X$ を考える. X が正整数の集合のときは順序は自然なものを考えている.

5.7.5.1　P が**後退的**(regressive)とは, どんな $Y \in [X]^n$ についても

$$\exists x \in X(x < \min Y) \Rightarrow P(Y) < \min Y$$

となっていることをいう.

5.7.5.2　$H \subset X$ が P に関して**頭均質**(min-homogeneous)とは, $[H]^n$ 上では P は最小元にしか依存しないことをいう. すなわち

$$\forall Y, Z \in [H]^n[\min Y = \min Z \Rightarrow P(Y) = P(Z)].$$

5.7.5.3　正整数 n, k について

$$X \to (k)^n_{reg}$$

は命題：どんな後退的分割 $P:[X]^n \to X$ についても頭均質な $H \in [X]^k$ が存在する，を表す．

5.7.5.4　Kanamori-McAloon 原理（Kanamori-McAloon principle, KM と略記）はどんな正整数 n, k についても十分大きい正整数 m を取れば $m \to (k)^n_{reg}$ となるという主張である．　□

(a)　Paris-Harrington 原理 PH を無限 Ramsey 定理 4.6.4 より導け．

(b)　$\mathrm{PH}_n(m;c) = \min\{k \geq n : k \to_* (m)^n_c\}$ とおく．

各 n について $\mathsf{PA} \models \forall m, c(\mathrm{PH}_n(m;c)\downarrow)$ を以下の順で示せ．

i.　König 無限補題 4.3.17 は PA で次の意味で証明可能：PA の論理式で定義可能な有限分岐無限木 T は PA の論理式で定義可能な無限枝をもつ．

ii.　各 n について無限 Ramsey 定理 4.6.4 は PA で次の意味で証明可能：PA の論理式で定義可能な無限集合 K と分割 $P:[K]^{n+1} \to c$ に対し，PA の論理式で定義可能な P-均質無限部分 $H \subset K$ が取れる．

(c)　PA で PH を仮定すると，つぎが成り立つことを示せ：

$$\forall n, k, c, d \exists m \forall P:[m]^n \to c \exists H \subset m \tag{5.26}$$
$$[H \text{ は } P\text{-均質で } card(H) \geq \max\{k, \min H + d\} \,\&\, \min H > 1]$$

（ヒント）初めに分割 $Q_d:[\mathbb{N}]^2 \to 2$ で，Q_d-均質で $card(X) \geq d+3$ な任意の X は $\min X > d+1$ となるものをつくる．$n_1 = \max\{n, 2\}$, $c_1 = 2(c+1)$ とし，m を PH により $k' = \max\{d+3, k\}$ として $m \to_* (k')^{n_1}_{c_1}$ と取るとこれが求めるものである．

(d)　$\mathsf{PA} \models \mathrm{PH} \to \mathrm{KM}$ を示せ．

（ヒント）（演習 46(c)）により，m を十分大きく取ってどんな分割 $P:[m]^{1+n} \to 3$ に対しても，P-均質な $H \subset m$ で $card(H) \geq \max\{k+n-1, \min H + n - 1\}$ となるものが存在するようにすると，この m が $m \to (k)^n_{reg}$ を充たす．

(e)　KM を仮定すると DH が PA で言えることを示せ：$\mathsf{PA} \models \mathrm{KM} \to \mathrm{DH}$．

（ヒント）有限 Ramsey 定理 4.6.2 より R を

$$R \to (m_1)^{1+2n}_{c_1} \; (m_1 = \max\{m+n, 1+3n\}, c_1 = 1 + \lceil \log_2 c \rceil)$$

と取り，KM より K を $K \to (R)^{1+2n}_{reg}$ とすれば，この K が $K \to_\Delta (m)^n_c$ となる．条件 (5.12) により，$D:[K]^{1+2n} \to c_1$ を定義し，また後退的分割 $Q: [K]^{1+2n} \to K$ を

$$Q(x_0, X, Y) := \begin{cases} 1 & D(x_0, X, Y) = c_1 \text{ のとき} \\ \min\{a < x_0 : P(a, X) \neq P(a, Y)\} & \text{上記以外} \end{cases}$$

とする．あとは補題 5.5.10 の証明と同様にできる．

(f) こうして(演習(d), (e))と定理 5.5.12 により，$\mathsf{PA} \not\models \mathrm{KM}, \mathrm{PH}$ であることを結論せよ．

47. 代数的閉体の公理系 ACF を考える．K を代数的閉体とし，可算無限部分集合 $A \subset K$ による完全タイプ $S_n^K(A)$ の個数が可算 $card(S_n^K(A)) = \aleph_0$ であることを見よう．A により生成される K の部分体を k と書く．

(a) $p \in S_n^K(A)$ は公理系 $\mathrm{Th}_k(K)$ に関するタイプなので，p を完全タイプ $p' \in S_n^K(k)$ に拡張できる．このとき $S_n^K(A) \ni p \mapsto p' \in S_n^K(k)$ は単射であることを確かめよ．

(b) $p \in S_n^K(k)$ に対して

$$I_p = \{f(\vec{X}) \in k[\vec{X}] : (f(\vec{v}) = 0) \in p\}$$

とおく．I_p は $k[\vec{X}]$ でのイデアル(実際には素イデアル)になることを確かめよ．

(c) $S_n^K(k) \ni p \mapsto I_p \subset k[\vec{X}]$ が単射であることを確かめよ．

(ヒント) $I_p = I_q$ ならば，任意の $f(\vec{v})$ について $(f(\vec{v}) = 0) \in p \Leftrightarrow (f(\vec{v}) = 0) \in q$ である．これと ACF での量化記号消去(演習 20)を用いよ．

(d) Hilbert の基底定理により，$k[\vec{X}]$ でのイデアルの個数は $\aleph_0$ 個しかないことから，$card(S_n^K(A)) = \aleph_0$ を結論せよ．

48. 可算言語上の完全公理系 T が ω-安定ならば，T は任意の非可算濃度 κ で κ-安定になることを示せ．

(ヒント) 補題 5.6.7 を用いる．

49. **定義 5.7.6** $\mathcal{M} \models \mathrm{T}$ が，T の**原子モデル**(atomic model)であるのは，任意の $\vec{a} \subset_{fin} |\mathcal{M}|$ について，そのタイプ $\mathrm{tp}^{\mathcal{M}}(\vec{a})$ が孤立していることをいう．

ただしここで，タイプ $\mathrm{tp}^{\mathcal{M}}(\vec{a})$ は T に関するものと考えている．　□

L を可算言語，T を完全 L-公理系とする．このとき，$\mathcal{M} \models \mathrm{T}$ が素モデルであることと，それが可算な原子モデルであることは同値であることを示せ．

(ヒント) 素モデル $\mathcal{M}$ におけるタイプ $\mathrm{tp}^{\mathcal{M}}(\vec{a})$ が孤立していることを見るには，タイプ排除定理 5.3.9 を用いよ．

逆に，可算な原子モデル $\mathcal{M}$ から $\mathcal{N}$ への初等埋込は，$|\mathcal{M}|$ の元を一列に並べて，帰納的につくっていく．

50. 可算言語 L 上の完全公理系 T の素モデルは，すべて同型になることを示せ．

(ヒント) 初めに，原子モデルは $\aleph_0$-均質であることを示し，定理 5.6.20 を用いよ．

51. 命題 5.6.25 を証明せよ．

第6章　計算理論

この章は計算理論のすこし進んだ話題を紹介する．初めに計算によっては解くことができない決定不能問題をいくつか紹介する．例えば，論理式 φ が与えられたとき，$\models\varphi$ となるか，あるいは完全性定理 1.5.4 により同じことだが，$\vdash\varphi$ となるかどうか決定するアルゴリズムは存在しないことが示される．

つぎに節 2.5 で導入した半計算可能集合族の性質を調べる．

そして，計算可能の概念をある集合または(全域的)関数に相対化する．これはその集合なり関数を用いて計算可能ということである．これにより，自然数の部分集合は，Turing 還元可能性と呼ばれるある擬順序 $\leq_T$ に並べられる．この擬順序 $\leq_T$ で大きいということは，その集合に属すかどうかの判定がより計算しづらいという意味である．そこで半計算可能集合族に限っても，$\leq_T$ で比較不能な集合がつくれることを示した Friedberg-Muchnik の定理 6.4.1 を紹介する．この結果およびその証明が Turing 還元可能性を詳細に調べる際の主要な技法となる．

その後，自然数上の関数全体の集合 ${}^{\mathbb{N}}\mathbb{N}$ の部分集合の性質を調べる．これは，${}^{\mathbb{N}}\mathbb{N}$ の部分集合の定義可能性を考えることになり，**記述集合論**(descriptive set theory)あるいは**定義可能性理論**(definability theory)の入り口になる．

6.1　決定不能問題

決定問題(decision problem)というのは「任意に与えられた(有限的)対象が，かくかくしかじかの性質をもつかどうか機械的に判定するアルゴリズムを見出せ」という類いの問題(群)である．

例えば与えられた(有理)整数の組が互いに素かどうか判定するには，ユークリッドの互除法と呼ばれるアルゴリズムを用いればよい．だから「整数の組を与えてそれらが互いに素か判定せよ」という決定問題は**肯定的に解かれる**(あるいは**可解**(solvable)とか**決定可能**(decidable)ともいう)．このようにその決定問題を肯定的に解くためには，具体的にアルゴリズムを与えて，それが所望のものになっていることを確かめればよい．通常，具体的に与えた手続きが「機械的なアルゴリズム」であるかどうかは実際にそれを見てみれば判断できるので問題ない．

問題なのはある決定問題を**否定的に解く**場合である．これにはいかなるアルゴリズムもその決定問題を解かない，つまりアルゴリズムの非存在を示さなければならない．このときその問題は**非可解**(unsolvable)とか**決定不能**(undecidable)と言われる．

Church のテーゼにより，アルゴリズムの存在と計算可能 = 再帰的は同じこととみなすことにしたので，決定問題を否定的に解くためにはその問題が再帰的でないことを示せばよいことになる．

決定問題は有限的な対象に関する判定問題なので，コード化を経て(自然数の)集合とみなせる．その集合をいま A として A が計算可能でないことを示すのによく用いられる方法は，定理 6. 1. 1 の証明での計算可能でない集合 K を A に還元すること，つまり A を計算可能と仮定したなら K も計算可能になってしまうことを示すことである．

ここではこの方法で否定的に解かれる決定問題をいくつか紹介する．

6. 1. 1 停止性問題

初めにプログラムの**停止性問題**(halting problem)，すなわち与えられた入力に対してプログラムによる計算が停止するかどうかを判定する問題は決定不能であることを見る．

定理 6. 1. 1 停止性問題 $\{(y,x):\{y\}(x)\downarrow\}$ は決定不能である．

さらに特定のプログラム e が存在して，それに対する停止性問題 $\{x:\{e\}(x)\downarrow\}$ が決定不能なものが存在する．

［証明］

$$K:=\{x:\{x\}(x)\downarrow\}$$

とおく．K の補集合が半計算可能としてその指標 e を取る：

$$\forall x[x\notin K\leftrightarrow x\in W_e].$$

他方

$$\forall x[x\in W_x\leftrightarrow x\in K]$$

であるから，ここで $x=e$ と取ると

$$e\notin W_e\leftrightarrow e\notin K\leftrightarrow e\in W_e$$

となり矛盾する．よって K は計算可能ではない．従って，停止性問題 $\{(y,x):\{y\}(x)\downarrow\}$ は決定不能である．

定理の後半は，枚挙定理 2.4.2 により e を

$$\{e\}(x)\simeq\{x\}(x)$$

となるように取ればよい．∎

系 **6.1.2**

1. 入力を 0 に限定しても，停止性問題 $\{e:\{e\}(0)\downarrow\}$ は決定不能である．
2. Turing 機械へ空列を与えて停止するかどうか判定する問題は決定不能である．

［証明］ 系 6.1.2.1. S-m-n 定理 2.4.3 より $\{S(x,x)\}(0)\simeq\{x\}(x,0)$ となり，$\{e:\{e\}(0)\downarrow\}$ が決定可能なら $K_0=\{x:\{x\}(x,0)\downarrow\}$ も決定可能となってしまうが，定理 6.1.1 の証明と同様，その補集合が半計算可能とすると矛盾が生じる．つまり e に対して e_0 を $\forall x[\{e_0\}(x,0)\simeq\{e\}(x)]$ となるように取ればよい．

系 6.1.2.2. Turing 機械 $M=\langle\Sigma,I,b;Q,q_0,q_h;\delta\rangle$ は有限の対象の組だから，自然数 $\ulcorner M\urcorner$ でコードできる．$\{\ulcorner M\urcorner:M$ に空列を与えると停止$\}$ が再帰的でないことを示す．定理 2.3.3.2 の証明より，レジスター機械のプログラム P から F_1^P を計算する Turing 機械 M_P がつくれることが分かり，しかも P のコード e から M_P のコードは計算可能である．よって，問題 $\{\ulcorner M\urcorner:M$ に空列を与えると停止$\}$ が決定可能なら $\{e:\{e\}(0)\downarrow\}$ も決定可能になりこれは系 6.1.2.1 に反す．∎

6.1.2　半群の語の問題

集合 Σ 上の自由半群(free semigroup) Σ^* は Σ 上の語(word)(有限列のこと) $a_1\cdots a_n\ (n\geq 0)$ に演算・を，並置(concatenation) $(a_1\cdots a_n)\cdot(b_1\cdots b_m)=a_1\cdots a_nb_1\cdots b_m$ で定めて得られる．Σ の元を自由半群 Σ^* のアルファベット(alphabet)という．

空列が単位元であり，自動的に結合法則は充たされるからカッコははずして表記する．ここでは語は大文字で表記する．

Σ^* 上の語の組からなる集合 $\mathcal{D}=\{(L_i,R_i)\}_{i\in I}$ (辞書(dictionary)という)に対して，$\mathcal{D}$ を含む最小の合同関係を $=_{\mathcal{D}}$ と書く．$=_{\mathcal{D}}$ は次のように帰納的に生成される:

1. $(L,R)\in\mathcal{D}\Rightarrow L=_{\mathcal{D}}R$.
2. $X=_{\mathcal{D}}X$.

3. $X =_{\mathcal{D}} Y \Rightarrow Y =_{\mathcal{D}} X$.
4. $X =_{\mathcal{D}} Y \wedge Y =_{\mathcal{D}} Z \Rightarrow X =_{\mathcal{D}} Z$.
5. $X =_{\mathcal{D}} Y \Rightarrow ZXW =_{\mathcal{D}} ZYW$.

$X =_{\mathcal{D}} Y$ となっているとき，X と Y は辞書 $\mathcal{D}$ により等しいという．

半群の語の問題(word problem for semigroup)とは，有限集合 Σ と有限辞書(有限個の組) $\mathcal{D}$ と語 $X, Y \in \Sigma^*$ が与えられたとき，$X =_{\mathcal{D}} Y$ かどうか判定する問題である．

定理 6.1.3 (Post and Markov)

半群の語の問題は決定不能である．しかも特定のアルファベットの有限集合 Σ とその上の辞書 $\mathcal{D}$ がつくれて，それに関する語の問題「与えられた語 X, Y について $X =_{\mathcal{D}} Y$ を判定せよ」が決定不能になる．□

この定理を証明するために，先ず定理 6.1.1 により停止性問題が決定不能であるレジスター機械のプログラム P を取って固定する．このプログラムの計算を語の書換えで模倣することを考える．そのため語の順序対の有限集合 $\mathcal{D}$ をつくり，それから語の関係 $\Rightarrow_{\mathcal{D}}$ を，$=_{\mathcal{D}}$ の帰納的定義で対称性を保証する $X =_{\mathcal{D}} Y \Rightarrow Y =_{\mathcal{D}} X$ を取り除いて定義する．つまり $X \Rightarrow_{\mathcal{D}} Y$ とは，語の有限列 $W_0, \ldots, W_n \, (n \geq 0)$ が存在して $X = W_0, W_n = Y$ かつ 各 W_{i+1} は W_i からある L を R に置き換えたもの: $W_i = ULV$, $W_{i+1} = URV$, $(L, R) \in \mathcal{D}$ ということである．このとき $W_i \to_{\mathcal{D}} W_{i+1}$ と書く．

初めに示すのは，$X \Rightarrow_{\mathcal{D}} Y$ が決定不能ということである．

定理 6.1.4 特定のアルファベットの有限集合 Σ とその上の語の順序対の有限集合 $\mathcal{D}$ がつくれて，それに関する決定問題「与えられた語 X, Y について $X \Rightarrow_{\mathcal{D}} Y$ を判定せよ」が決定不能になる．□

先ずプログラム P は N 行から成り，P 中の命令INCREASE $\mathcal{R}_i$, DECREASE $\mathcal{R}_i, (n)$ はすべて $i < M$ となるように $M > 1$ を取る．そして

$$\Sigma = \{1, |\} \cup \{|_i : i \leq M\} \cup \{c_i : i \leq N\} \cup \{d_i, e_i : i < N\}$$

と置く．1 は，$1^r := \underbrace{1 \cdots 1}_{r\,個}$ で数 r を表すための記号．$\{|\} \cup \{|_i : i \leq M\}$ は区切り記号で，c_i はカウンター数が i であることを表す．d_i, e_i の役割は後述する．

いまプログラム P での計算のある時点でカウンター数が n で，レジスター $\mathcal{R}_i$ の中身が r_i であるとする．このときこの計算状況に状況語

$$|c_n|_0 1^{r_0}|_1 1^{r_1} \cdots |_{M-1} 1^{r_{M-1}}|_M$$

を対応させる．入力 x に対する初期状況語は

$$Init(x) := |c_0|_0|_1 1^x|_2 \cdots |_M$$

である．

これから辞書 $\mathcal{D}$ を

$$Init(x) \Rightarrow_{\mathcal{D}} |c_N \text{ iff 入力 } x \text{ のもとでの } P \text{ の計算は停止する} \qquad (6.1)$$

となるようにつくる．これで定理 6.1.4 が証明される*1．

$\mathcal{D}$ は，ひとつの計算ステップで対応する状況語が W から W' に変化するとき，$W \Rightarrow_{\mathcal{D}} W'$ となるようにつくる．プログラム P の各命令(行)を考える．

1.

$$(n) \text{ INCREASE } \mathcal{R}_i$$

これに対して，

$$\{(c_n|_j, |_j c_n) : j < i\} \cup \{(c_n 1, 1 c_n)\} \cup \{(c_n|_i, d_n|_i 1)\} \cup$$
$$\{(1 d_n, d_n 1)\} \cup \{(|_j d_n, d_n|_j) : j < i\} \cup \{(|d_n, |c_{n+1})\}$$

を $\mathcal{D}$ に入れる．

状況語 $W = |c_n|_0 \cdots |_i 1^{r_i}|_{i+1} \cdots |_M$ に対して，$c_n|_j \to |_j c_n \ (j < i)$ と $c_n 1 \to 1 c_n$ で c_n を右に $|_i$ に当たるまで移動させ，$c_n|_i \to d_n|_i 1$ で 1^{r_i} にひとつ 1 を加えるとともに，マーカー c_n を「レジスターの中身の変更作業終わり」を示す別のマーカー d_n に変えて，これを $1 d_n \to d_n 1$ と $|_j d_n \to d_n|_j \ (j < i)$ で左へ $|$ に当たるまで移動させ，最後に $|d_n \to |c_{n+1}$ でカウンター数を 1 増大させて終わる．

2.

$$(n) \text{ DECREASE } \mathcal{R}_i, (m)$$

これに対して，

$$\{(c_n|_j, |_j c_n) : j < i\} \cup \{(c_n 1, 1 c_n)\} \cup \{(c_n|_i 1, d_n|_i)\} \cup$$
$$\{(1 d_n, d_n 1)\} \cup \{(|_j d_n, d_n|_j) : j < i\} \cup \{(|d_n, |c_m)\}$$

と

$$\{(c_n|_i|_{i+1}, e_n|_i|_{i+1})\} \cup \{(1 e_n, e_n 1)\} \cup \{(|_j e_n, e_n|_j) : j < i\} \cup \{(|e_n, |c_{n+1})\}$$

を $\mathcal{D}$ に入れる．

上の対は $r^i \neq 0$ のときのためで，下のは $r^i = 0$ 用である．これらを区別するために二種類のマーカー d_n, e_n を使った．

---

*1 しかも $Y = |c_N$ と固定された問題でも決定不能であることが分かる．

3.

$$(n)\ \text{GO TO}\ (m)$$

に対して，

$$(|c_n, |c_m)\}$$

を $\mathcal{D}$ に入れる．

4. 最後に掃除のためつぎを $\mathcal{D}$ に入れる：

$$\{(c_N|_i, c_N) : 0 \leq i \leq M\} \cup \{(c_N 1, c_N)\}$$

これで(6.1)の半分，入力 x のもとでの P の計算は停止すれば，$Init(x) \Rightarrow_{\mathcal{D}} |c_N$ となることは示された．残り半分のため簡単な事実を注意する．

$\mathcal{D}$ の定義から次は明らかだろう．

命題 6.1.5 ある語の中に記号 $\{c_i : i \leq N\} \cup \{d_i, e_i : i < N\}$ がちょうど1回含まれているとき，その語を**準状況語**と呼ぼう．

1. どの状況語も準状況語である．
2. $(L, R) \in \mathcal{D}$ の両辺 L, R は準状況語なので，$W \to_{\mathcal{D}} U$ で W, U の一方が準状況語ならば他方もそうである．
3. W が準状況語ならば $W \to_{\mathcal{D}} U$ となる U はたかだかひとつしかない．　□

さて(6.1)の残り半分を示すため，入力 x のもとでの P の計算は停止しないと仮定する．この計算を模倣して無限列 $Init(x) = W_0 \to_{\mathcal{D}} W_1 \to_{\mathcal{D}} \cdots$ が得られる．命題 6.1.5 によりこの列 $\{W_i\}_i$ は一意的に決まる．従って $Init(x) \Rightarrow_{\mathcal{D}} |c_N$ はあり得ない，なぜなら $|c_N \to_{\mathcal{D}} W$ なる語は存在しないからである．これで(6.1)，従って定理 6.1.4 が示された．　■

次に半群の語の問題の非可解性，すなわち定理 6.1.3 を考える．記号の集まり Σ は定理 6.1.4 と同じとする．このための辞書 $\mathcal{D}_s$ を

$$\mathcal{D}_s := \{(L, R), (R, L) : (L, R) \in \mathcal{D}\}$$

で定める．すると明らかに $W \Rightarrow_{\mathcal{D}_s} U$ と $W =_{\mathcal{D}_s} U$ は同値である．

そこで

$$Init(x) \Rightarrow_{\mathcal{D}_s} |c_N \text{ iff } Init(x) \Rightarrow_{\mathcal{D}} |c_N \tag{6.2}$$

を示せば定理 6.1.3 の証明が終わる．

列 $\{W_i\}_{i \leq k}$ で $Init(x) = W_0, \forall i < k [W_i \to_{\mathcal{D}_s} W_{i+1}], W_k = |c_N$ となるものを取り，$Init(x) \Rightarrow_{\mathcal{D}} |c_N$ であることを列の長さ k に関する帰納法で示す．

各 i について $W_i \to_{\mathcal{D}} W_{i+1}$ か $W_{i+1} \to_{\mathcal{D}} W_i$ となっている．いま i を $\forall j \geq i [W_j \to_{\mathcal{D}} W_{j+1}]$ となるものの最小に取る．$W_k = |c_N$ であるから $W_{k-1} \to_{\mathcal{D}} W_k$

なのでこのような $i<k$ は存在する.

もし $i=0$ ならもうそれでよい. $i>0$ とする. i の選び方から $W_i \to_{\mathcal{D}} W_{i+1}$ かつ $W_i \to_{\mathcal{D}} W_{i-1}$ となっている. ここで命題6.1.5.1, 6.1.5.2より各 W_j は準状況語であり, 従って命題6.1.5.3により $W_{i-1}=W_{i+1}$ となり列は縮約 $\{W_j\}_{j\neq i,i+1}$ でき, 帰納法の仮定から $Init(x)\Rightarrow_{\mathcal{D}} |c_N$ となる.

6.1.3 論理的な正しさを判定する問題

言語 L 上の公理系 T の**決定問題**(decision problem)とは, L-論理式 φ が与えられたとき $\mathrm{T}\vdash\varphi$ か否か判定する問題である.

ここでは初めに半群の公理系 Semigroup が決定不能, つまりその決定問題が否定的に解かれることを見て, その系として $\mathrm{T}=\varnothing$, つまり論理的な正しさを判定する決定問題も決定不能であることを示す.

(単位元を持った)半群の公理系 Semigroup の言語 $\mathrm{L}_{\mathrm{semigroup}}$ はただ一つの関数記号・から成る. その公理は以下のふたつである:

$$\forall x \forall y \forall z[(x\cdot y)\cdot z = x\cdot(y\cdot z)],\ \exists e \forall x[e\cdot x = x = x\cdot e].$$

定理 6.1.6 半群の公理系 Semigroup は決定不能である.

[証明] 半群の語の問題が決定不能であることを示すために定理6.1.3で構成したアルファベットの有限集合 Σ とその上の辞書 $\mathcal{D}$ を取る. 各 $a\in\Sigma$ について定数記号 c_a を $\mathrm{L}_{\mathrm{semigroup}}$ に付加した言語を L と書く. 以下 c_a と a を同一視する. Σ 上の語(適当な順番でカッコをつける)は L 上の閉式とみなせる. そこで L-閉論理式 D を

$$D := \bigwedge\{\ell = r : (\ell, r)\in\mathcal{D}\}$$

とおく. いま言語 L での半群の公理系を T とおくと, 任意の Σ 上の語 X, Y について

$$[\mathrm{T}\vdash(D\to X=Y)]\Leftrightarrow X=_{\mathcal{D}} Y \tag{6.3}$$

となる.

そこで $\Sigma=\{a_1,\ldots,a_n\}$ として, 互いに異なる新しい変数を n 個 $x_1,\ldots,x_n$ 取り, L での論理式 $\varphi\equiv\varphi[a_1,\ldots,a_n]$ に対して, $\mathrm{L}_{\mathrm{semigroup}}$ での論理式を $\varphi'\equiv\forall x_1\cdots\forall x_n\,\varphi[x_1,\ldots,x_n]$ で定める. このとき

$$\mathrm{T}\vdash\varphi\Leftrightarrow \mathrm{Semigroup}\vdash\varphi'$$

となる(cf. 第1章(演習14)). よって(6.3)と併せて

$$X=_{\mathcal{D}} Y\Leftrightarrow \mathrm{Semigroup}\vdash\forall x_1\cdots\forall x_n\{(D\to X=Y)[a_1:=x_1,\ldots,a_n:=x_n]\}$$

となり，左辺が決定不能であったから右辺もそうでなければならない．　■

公理系 Semigroup は有限個の公理から成るので，それらを $\land$ で結ぶとひとつの閉論理式 SG と同等である．これより

定理 6. 1. 7 (Church, Turing)

言語 L には 2 変数関数記号がひとつは含まれているとする．このとき論理的な正しさを決定する問題，つまり与えられた L-論理式 φ について $\vdash\varphi$ を判定する問題は決定不能である．

［証明］ L に含まれる 2 変数関数記号を半群の演算・とみなせば $\vdash SG\to\varphi\Leftrightarrow$ Semigroup$\vdash\varphi$ であるから，右辺が決定不能であるから左辺もそうである．　■

つぎに解釈(interpretation)という方法により，半順序の公理系が決定不能であることを示そう．

半順序の公理系 PO はその言語がひとつの 2 変数関係記号 $<$ から成り，公理は以下のふたつとする：

$$\forall x[x\not< x](:\equiv\forall x\neg[x<x]),\ \forall x\forall y\forall z[x<y<z\to x<z] \tag{6.4}$$

PO の決定問題は決定不能であることを示す．

定理 6. 1. 7 より，2 変数関数記号 f だけから成る言語 $\mathrm{L}=\{f\}$ について，L-論理式 φ についての決定問題 $\vdash\varphi$ は決定不能であった．

いま L-論理式 φ について PO の言語に三つ定数記号 $\{1,2,3\}$ を付け加えた言語 $\mathrm{L}^*=\{<,1,2,3\}$ での論理式 φ^* をつくり，この言語での半順序の公理系 PO* を公理(6. 4)に

$$\bigwedge_{i\neq j} i\neq j$$

を付け加えたものとして

$$\vdash\varphi\Leftrightarrow \mathrm{PO}^*\vdash\varphi^* \tag{6.5}$$

となる，つまり $\varphi\mapsto\varphi^*$ が PO* への忠実な解釈(faithful interpretation) になるようにする．これより PO の決定問題が可解なら決定問題 $\vdash\varphi$ も可解となり，それはあり得ない．それは，$\varphi^*[1,2,3]$ に対して

$$\mathrm{PO}^*\vdash\varphi^*[1,2,3]\Leftrightarrow \mathrm{PO}\vdash\forall x_1,x_2,x_3(\bigwedge_{i\neq j} x_i\neq x_j\to\varphi^*[x_1,x_2,x_3])$$

だからである．

解釈を定めるには，L での変数の変域を決める L*-論理式 $U[x]$ と，関数記号 f のグラフを定める L*-論理式 $F[x,y,z]$ をつくる．$U[x]$, $F[x,y,z]$ にはそれぞれ $\{x\}$, $\{x,y,z\}$ しか自由に現れている変数はない．

先ず L-論理式 φ を f についての正規形，つまりその中に現れている関数記号 f はある変数 x, y, z について，$f(x,y)=z$ の形に限るように同値変形する (cf. 1.6 節).

次にすべての $f(x,y)=z$ を $F[x,y,z]$ で置き換え，更にすべての量化記号 $\exists x[\cdots], \forall x[\cdots]$ をそれぞれ $\exists x[U[x]\wedge\cdots], \forall x[U[x]\to\cdots]$ に置き換える.

L-論理式 φ からこうして得られた L*-論理式を φ_1 とし，その中に自由に現れている変数(は φ に現れていたのと同じ)を $x_1, ..., x_n$ として，φ^* を

$$\varphi^* :\equiv \exists x\, U[x]\wedge\forall x\,\forall y(U[x]\wedge U[y] \to \exists ! z\,\{U[z]\wedge F[x,y,z]\}) \to \bigwedge_{1\le i\le n} U[x_i] \to \varphi_1$$

で定める.

さて $U[x]$ は

$$U[x] :\equiv \forall y[y \not< x] \wedge x \notin \{1,2,3\}$$

で定め ($x\notin\{1,2,3\} :\Leftrightarrow \bigwedge_{i\in\{1,2,3\}} (x\neq i)$)，$F[x,y,z]$ は

$$\begin{aligned}&F[x,y,z] :\equiv U[x]\wedge U[y]\wedge U[z]\wedge\\ &\exists t\,\exists x_1\,\exists y_1\,\exists z_1[\{x,1\}<x_1\wedge\{y,2\}<y_1\wedge\{z,3\}<z_1\wedge\{x_1,y_1,z_1\}<t]\end{aligned}$$

と置く．ここで $\{a_1, \ldots. a_n\}<b :\Leftrightarrow \bigwedge_{1\le i\le n} (a_i<b)$ である.

さて (6.5) の証明だが，先ず $\vdash\varphi \Rightarrow \mathrm{PO}^*\vdash\varphi^*$ は，U, F がなんであれ明らか. 逆を示すため，$\nvdash\varphi$ とする．φ は閉論理式としてよい．完全性定理 1.5.4 より L-モデル $\mathcal{M}=\langle|M|; f^{\mathcal{M}}\rangle$ を $\mathcal{M}\not\models\varphi$ と取る．この L-モデル $\mathcal{M}$ について L*-モデル $\mathcal{M}^*$ をつぎのようにつくる.

$|\mathcal{M}^*| = |\mathcal{M}| \cup \{1,2,3\} \cup (|\mathcal{M}| \times \{1,2,3\}) \cup \{(a,b,c) \in |\mathcal{M}|^3 : f^{\mathcal{M}}(a,b) = c\}$
ここで $1,2,3$ はそれぞれ定数記号 $1,2,3$ の $\mathcal{M}^*$ での解釈で，$1,2,3\notin|\mathcal{M}|$，また $(|\mathcal{M}|\times\{1,2,3\}), |\mathcal{M}|^3$ は直積である．$<^{\mathcal{M}^*}$ を単に $<^*$ と書いてそれを次のように定める：$\forall a\in|\mathcal{M}|\cup\{1,2,3\}, \forall b\in|\mathcal{M}^*|(b\not<^* a)$, $[b<^*(a,i)\Leftrightarrow b=a\vee b=i]$, $[d<^*(a,b,c)\Leftrightarrow d\in\{(a,1),(b,2),(c,3),a,b,c,1,2,3\}]$．つまり順序 $<^*$ で大きい元を上にして図示すると以下のようになる：

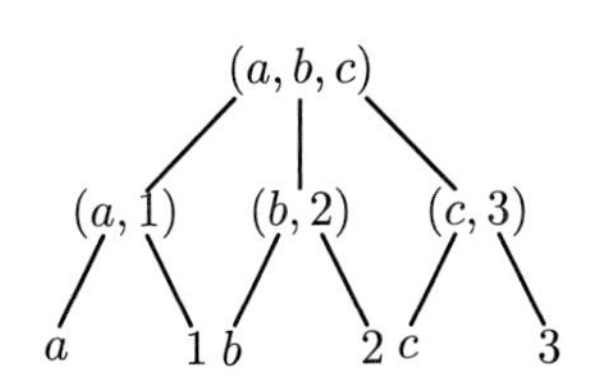

こうすると $<^*$ は半順序になる．しかも明らかに

$$\mathcal{M}^* \models \forall x \forall y (U[x] \wedge U[y] \to \exists ! z\, F[x,y,z])$$

$$U^{\mathcal{M}^*} = |\mathcal{M}|$$

$$F^{\mathcal{M}^*}[x,y,z] \Leftrightarrow x,y,z \in |\mathcal{M}| \,\&\, f^{\mathcal{M}}(x,y) = z$$

となる．これを使って任意の $\mathrm{L}(\mathcal{M})$-閉論理式 ψ について

$$\mathcal{M} \models \psi \Leftrightarrow \mathcal{M}^* \models \psi^*$$

が示せて証明が終わる．

6.1.4　タイル貼り問題

ここでいうタイルとは，1×1 の同じ大きさの正方形のタイルでその各辺に記号が付されているものである．

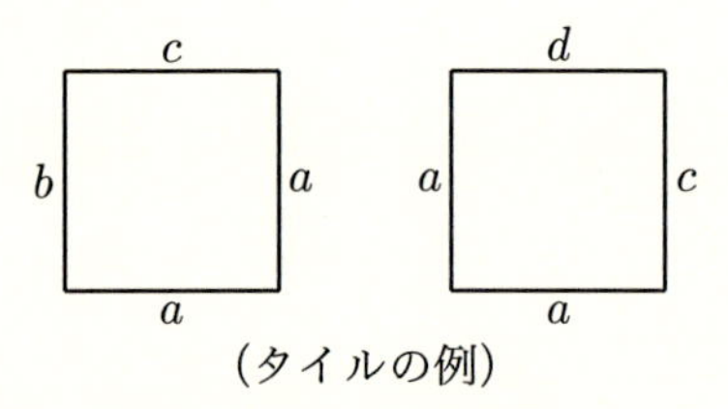

(タイルの例)

このようなタイルが有限種類(それぞれの種類についてタイルは無限枚用意する)与えられて，それによって平面 $\mathbb{R}^2$ を埋め尽くせるかどうか考えるのが**タイル貼り問題**(tiling problem, domino problem)である．その際，もちろん重なりおよびすき間をつくってはいけないし，タイル貼りでは

1. 隣り合う辺は同じ記号でなければならない．
2. タイルには上下左右の区別があり，これを回転したり裏返して用いてはならない．

例えば上の(タイルの例)では，左のタイルの右辺と右のタイルの左辺は同じ記号 a を持っているので，隣接して貼ることができる．しかし例えば右のタイルの上下をひっくり返して左のタイルの下に貼ることは，そうすれば隣接する辺の記号が一致するからといって，できない．

このようなタイル貼りができるかどうかは，つぎのような場合，決定不能である．

定理 6.1.8 (原点に制限のついたタイル貼り問題)

有限種類のタイルとその中の特定の一枚が与えられたとき，この特定のタイ

ルを原点に置いた平面 $\mathbb{R}^2$ のタイル貼りが可能かどうか判定する問題は決定不能である. □

特定のタイルを原点に置くタイル貼りということは，つまりどこかにこの特定のタイルを用いるということである.

証明は，Turing 機械へ空列を与えて停止するかどうか判定する問題の可解性が，原点に制限のついたタイル貼り問題のそれに帰着できることを示して，系 6.1.2.2 により前者が決定不能なので後者もそうであると結論する.

そこで Turing 機械 $M=\langle\Sigma;Q,q_0,q_h;\delta\rangle$ が与えられたとする. ここでテープ記号の集合 $\Sigma=\{s_i:i\leq p\}$，状態の集合 $Q=\{q_i:i\leq h\}$，遷移関数 $\delta:\Sigma\times(Q\setminus\{q_h\})\to\Sigma\times Q\times\{L,R\}$ である. 空白記号 $b=s_p$，終了状態 は q_h とする.

これからタイルを有限種類つくって，それらを横一列に並べたものがある時点での M の時点表示を表すようにしたい. 但し，時点表示ではテープの有限切片のみの情報しか入れないが，ここでは両方向に延びたテープすべてを記述する.

タイルは五つのタイプに分かれる.

初めのふたつのタイルは記号タイルと空白タイルと呼ばれ，記号タイルは各記号 $s_i\in\Sigma$ ごとに用意する. 以下の図で記号が書かれていない辺には空白記号 (Turing 機械のテープ上の空白記号 b とは別) が書かれていると解釈する.

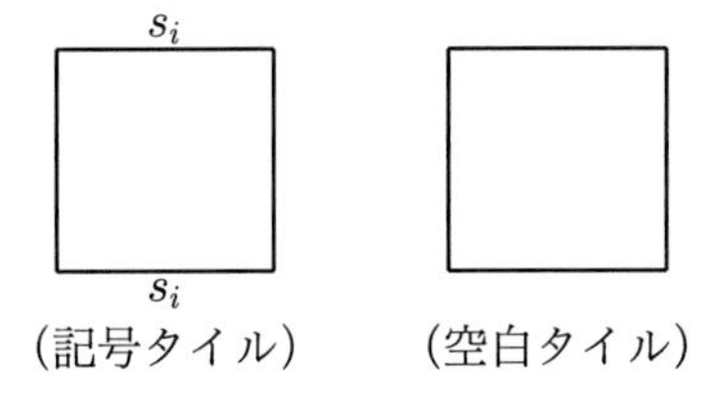

(記号タイル)　　(空白タイル)

つぎのタイルは合流タイルと呼ばれ，記号 $s_i\in\Sigma$ と状態 $q_j\in Q$ の組ごとに二種類ずつ用意する.

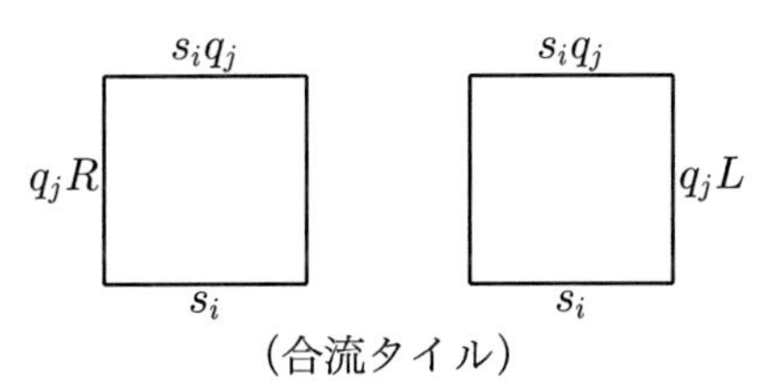

(合流タイル)

つぎのタイルは遷移タイルと呼ばれる. $\delta(s_i,q_j)=(s_k,q_\ell,D)$ であるような組

$(s_i, q_j, s_k, q_\ell, D)$ に対してのみ用意する．ここで $D=L$ なら左のタイルを，$D=R$ なら右のタイルをつくる．

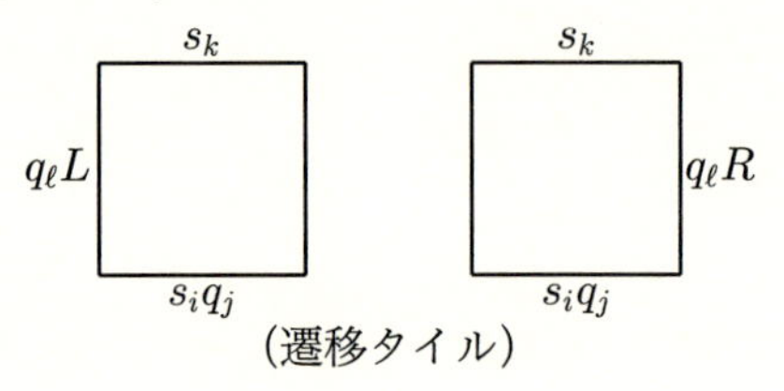

(遷移タイル)

最後のタイルは初期タイルと呼ばれる．

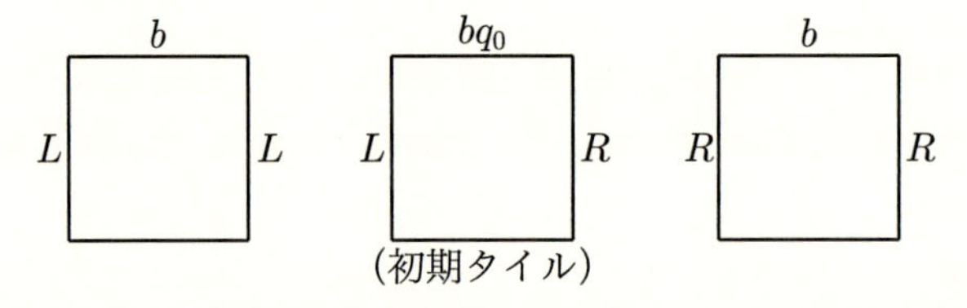

(初期タイル)

これでタイルはすべて用意された．原点に置くタイルとして初期タイルの中央のものを選ぶ．このときつぎの補題 6.1.9 を示せば定理 6.1.8 の証明が終わる．

補題 6.1.9 初期タイルの中央のものを原点に置くタイル貼りが可能である必要十分条件は，Turing 機械 M に空列を与えた計算が停止しないことである． □

以下，補題 6.1.9 を考える．

原点に初期タイルの中央のものを置くと，その左右には初期タイルのそれぞれ左，右のものを連ねるしかない．この横並びが，Turing 機械 M に空列を与えたときの初めの時点表示である．またその下は空白タイルで埋め尽くすしかない．

つぎにある上半平面での y 座標が t である横並びにタイルが並んでおり，それが Turing 機械 M のある時点表示を表しているとする．つまりその横並びのうち，ちょうどひとつのタイルが上辺に記号 $s_i q_j$ を持つ合流タイルもしくは初期タイルであり，それ以外の横並び上のタイルは上辺に記号 s_k を持った記号タイル，遷移タイル，初期タイルのいずれかであるとする．もちろん記号 $s_i q_j$ が上辺に書かれたタイルのところを Turing 機械 M のヘッドは状態 q_j で見ている．いま状態 q_j は終了状態ではないとする．するとこの横並びのすぐ上，つまり y 座標が $(t+1)$ の横並びに並び得るタイルは，ちょうどつぎの時点での時点表示を表すしかないことが分かる．

上辺に記号 s_iq_j を持つ合流タイルの上には遷移タイルを置き，M がここで左に動く，つまり遷移タイルが左のものならその左のタイルの上には右のタイルに合流タイルしか置けず，右に動く場合も同様である．それ以外のタイルの上には記号タイルを置くしかない．合流タイルを置こうとすると，左右の記号 q_jR, q_jL に対応するタイルが無いからである．

従って，Turing 機械 M に空列を与えた計算が停止しなければ，初期タイルの中央のものを原点に置くタイル貼りが可能であり，逆にこのようなタイル貼りが可能ならそれは Turing 機械 M に空列を与えた停止しない計算を表すことになる．これで補題 6.1.9 が証明された．

6.2　半計算可能集合(続)

6.2.1　半計算可能集合族の代数的性質

ここでは，節 2.5 で考えた半計算可能集合族の主に代数的性質 (Post) を調べる．

定理 2.5.4 により，関係 $R(\vec{x})$ が半計算可能であるのは，それが Σ^0_1 であるとき，$\forall \vec{x}[R(\vec{x}) \leftrightarrow \exists y\, S(\vec{x},y)]$，であった．ここで S は計算可能関係である．

Σ^0_1-関係の補関係を $\boldsymbol{\Pi^0_1}$**-関係**(Π^0_1-relation)という．補題 2.5.2 により，計算可能関係の補関係はまた計算可能であるから，Π^0_1-関係はある計算可能関係 S により $\{\vec{x} : \forall y\, S(\vec{x},y)\}$ と表せる関係である．また，補関係が Σ^0_1 である Σ^0_1-関係を，$\boldsymbol{\Delta^0_1}$**-関係**(Δ^0_1-relation)という．

Σ^0_1, Π^0_1, Δ^0_1 は，それぞれ Σ^0_1-関係全体，Π^0_1-関係全体，Δ^0_1-関係全体も表す．よって $\Delta^0_1 = \Sigma^0_1 \cap \Pi^0_1$．また(2.7)により $\Sigma^0_1 = \{W_e : e \in \mathbb{N}\}$．

定理 **6.2.1** (半計算可能集合，Σ^0_1 の一様化 Uniformization)

半計算可能関係 $R(\vec{x},y)$ は計算可能な選択部分関数 $F(\vec{x})$ を有す：

$$\exists y R(\vec{x},y) \to F(\vec{x}) \downarrow \text{かつ} \exists y R(\vec{x},y) \to \wedge R(\vec{x},F(\vec{x})).$$

［証明］ 計算可能な S について $R(\vec{x},y) \leftrightarrow \exists z\, S(\vec{x},y,z)$ として，

$$F(\vec{x}) \simeq (\mu w.S(\vec{x},(w)_0,(w)_1))_0$$

とすればよい．∎

系 **6.2.2** (半計算可能集合，Σ^0_1 の還元性 reduction property)

二つの半計算可能集合 A, B が与えられたら，半計算可能集合 A_1, B_1 で $A_1 \subset A$, $B_1 \subset B$, $A_1 \cap B_1 = \varnothing$ かつ $A_1 \cup B_1 = A \cup B$ となるものがつくれる．

［証明］ 半計算可能関係 $(A\times\{0\})\cup(B\times\{1\})$ の計算可能選択関数 F を定理6.2.1により取り，$A_1=\{x:F(x)\simeq 0\}$, $B_1=\{x:F(x)\simeq 1\}$ とおけばよい． ▮

定理 6.2.3 (グラフ定理)

部分関数 F が計算可能であることと，そのグラフ $\{(\vec{x},y):F(\vec{x})\simeq y\}$ が半計算可能であることは同値である．

［証明］ F は計算可能として，e をその指標のひとつとすれば $F(\vec{x})\simeq y\leftrightarrow \exists s[U(s)=y\wedge T(e,\vec{x},s)]$ よりグラフは半計算可能である．

逆にグラフが半計算可能なら，定理6.2.1よりその選択部分関数 F は計算可能である． ▮

つぎの定理6.2.4により，半計算可能関係は，**再帰的可算**(recursively enumerable)とも呼ばれる．

定理 6.2.4 空でない集合 A について，それが半計算可能なのは，ある計算可能(全域)関数の値域になっているときである．

［証明］ 計算可能部分関数 $F=\{e\}$ の値域 $\{y:\exists\vec{x}(F(\vec{x})\simeq y)\}=\{y:\exists\vec{x}\exists s(y=U(s)\wedge T(e,\vec{x},s))\}$ は(空でも) Σ^0_1 なので半計算可能である．

逆に $W_e\neq\varnothing$ として $a\in W_e$ とする．$x\in W_e\leftrightarrow\exists y\,T_1(e,x,y)$ であるから，全域的計算可能な F を

$$F(x)=\begin{cases}(x)_0 & T_1(e,(x)_0,(x)_1)\ \text{のとき}\\ a & \text{上記以外}\end{cases}$$

とすると，F の値域が W_e となる． ▮

定理 6.2.5 関係 R が計算可能なのは，R とその補関係 $\neg R$ がともに半計算可能なときである．つまり，関係が計算可能とはそれが Δ^0_1 であるときである．

［証明］ 補題2.5.2と系2.5.5により，計算可能関係の補関係はまた計算可能であり，また半計算可能である．

関係 R の特徴関数 χ_R のグラフは

$$\{(\vec{x},y):[R(\vec{x})\wedge y=1]\vee[\neg R(\vec{x})\wedge y=0]\}$$

であるから，もし R と $\neg R$ がともに半計算可能なら，χ_R のグラフは半計算可能となり，グラフ定理6.2.3より χ_R は計算可能となる． ▮

定理6.2.5のより直観的な別証を説明する．簡単のため R は集合とする．R とその補集合 $\mathbb{N}\setminus R$ はともに半計算可能であると仮定する．R も $\mathbb{N}\setminus R$ もともに空でないとしてよい．このとき定理6.2.4により R を値域に持つ計算可能全

域関数 F_1 と $\mathbb{N}\setminus R$ を値域に持つ計算可能全域関数 F_0 の計算を同時に走らせる．つまり $y\in R$ を判定するため，$F_1(x), F_0(x)$ を $x=0,1,\ldots$ についてこの順で計算していく．$\mathbb{N}=\{F_1(x), F_0(x) : x=0,1,\ldots\}$ なのでいつかは $y=F_i(x)$ となる．このときの i を見て，$y\in R$ が判定できる．

系 6.2.6 (Π^0_1-集合の分離 separation)

集合 A, B はともに Π^0_1 で交わりが空 $A\cap B=\varnothing$ とする．このとき，計算可能集合 C で $A\subset C$, $C\cap B=\varnothing$ となるものがつくれる．

このような集合 A, B を**再帰的分離可能**(recursively separable)という．

［証明］ A, B それぞれの補集合を考えて，系 6.2.2 と定理 6.2.5 による． ∎

S-m-n 定理 2.4.3 より

補題 6.2.7 各 $m, n\geq 1$ について(単射で全域的な) $(1+m)$-変数計算可能関数 $S=S^m_n$ が存在して，任意の e と $\vec{y}=y_1,\ldots,y_m$ と $\vec{x}=x_1,\ldots,x_n$ について

$$\vec{x}\in W_{S(e,\vec{y})}\leftrightarrow(\vec{y},\vec{x})\in W_e. \qquad \square$$

定理 6.2.8 $K:=\{x : x\in W_x\}=\{x : \{x\}(x)\downarrow\}$ は半計算可能だがその補集合は半計算可能でない．特に K は計算可能ではない．

しかもつぎの意味で，半計算可能集合の中で**完全**(Σ^0_1-complete, RE-complete)である：半計算可能集合は K に**還元可能**(many-one reducible)つまり各半計算可能集合 X について，計算可能関数 S で

$$x\in X\Leftrightarrow S(x)\in K$$

となるものが取れる．

［証明］ K が半計算可能なのは Σ^0_1 なのでよい．K が計算可能でないことは定理 6.1.1 で見た．

K の Σ^0_1-完全性を示すため，与えられた半計算可能集合 A に対し，補題 6.2.7 により(全域的)計算可能関数 S を，どんな x と y (ダミー)についても

$$y\in W_{S(x)}\leftrightarrow x\in A$$

となるように取る．すなわち

$$W_{S(x)}=\begin{cases}\mathbb{N} & x\in A\text{ のとき}\\ \varnothing & \text{上記以外}\end{cases}.$$

y に $S(x)$ を代入して

$$x\in A\leftrightarrow S(x)\in W_{S(x)}\leftrightarrow S(x)\in K. \qquad ∎$$

定理 6.2.9 (cf. 系 6.2.6) 半計算可能集合 A, B で交わりが空 $A\cap B=\varnothing$ で，

しかもいかなる計算可能集合 C でも分離できない：$\neg[A\subset C \,\&\, C\cap B=\varnothing]$ となるものがつくれる．

このような集合 A, B を**再帰的分離不能**(recursively inseparable)という．

［証明］ 交わらない半計算可能集合 A, B を

$$x\in A :\Leftrightarrow \{x\}(x)\simeq 0$$
$$x\in B :\Leftrightarrow \{x\}(x)\simeq 1$$

で定める．もし計算可能な C が $A\subset C \,\&\, C\cap B=\varnothing$ となっていたら，e を C の特徴関数の指標のひとつとする：

$$\{e\}(x)=\begin{cases} 1 & x\in C \text{ のとき} \\ 0 & \text{上記以外} \end{cases}.$$

$\{e\}$ は全域的だからとくに $\{e\}(e)\downarrow$ でなければならない．$\{e\}(e)=0$ と仮定する．すると $e\in A\subset C$ より $\{e\}(e)=1$ となって矛盾する．$\{e\}(e)=1$ なら $e\in B$ より $x\notin C$ なので $\{e\}(e)=0$ となってやはり矛盾する．∎

定理 6. 2. 10 (Rice の定理)

(指標の)集合 $A\neq\varnothing, \mathbb{N}$ が**外延的**(extensional)つまり(部分)関数として同じプログラムはひとしなみに A に入るか入らない

$$\forall x[\{a\}(x)\simeq\{b\}(x)]\rightarrow(a\in A\leftrightarrow b\in A)$$

となっていたら，K またはその補集合 $\mathbb{N}\setminus K$ が A に還元可能となる．つまり，ある計算可能関数 S によって

$$\forall x[x\in K\leftrightarrow S(x)\in A]\vee\forall x[x\in K\leftrightarrow S(x)\notin A]$$

となり，特に A は計算可能でない．

よって計算可能部分関数の集合 $\mathcal{F}$ について，指標の集合 $\{e:\{e\}\in\mathcal{F}\}$ が計算可能なのは，$\mathcal{F}$ が空か計算可能部分関数全体の場合に限る．

［証明］ $A\neq\varnothing, \mathbb{N}$ は外延的であるとする．e_0 を $\forall x(\{e_0\}(x)\uparrow)$ となるように取る．このとき適当な計算可能関数 S について $e_0\notin A\rightarrow\forall x[x\in K\leftrightarrow S(x)\in A]$ となることを示す．同様に $e_0\in A\rightarrow\forall x[x\in K\leftrightarrow S(x)\notin A]$ も分かる．

$e_0\notin A$ と仮定する．$e_1\in A\neq\varnothing$ を任意に取る．A は外延的なので $\{e_0\}\neq\{e_1\}$ である．S-m-n 定理 2. 4. 3 より計算可能関数 S を

$$\{S(x)\}(y)\simeq f(x,y)\simeq\begin{cases} \{e_1\}(y) & x\in K \text{ のとき} \\ \uparrow & \text{上記以外} \end{cases}$$

となるように取る．f が計算可能であることを見るには，$\{e_1\}(y)$ と $\{x\}(x)$ の

計算を同時に走らせてみればよい.

すると，$x \in K$ なら $\{S(x)\} = \{e_1\}$ で，$x \notin K$ なら $\{S(x)\} = \{e_0\}$ となるので，A の外延性より，$x \in K \to S(x) \in A,\ x \notin K \to S(x) \notin A$. ∎

$\mathbb{N}$ 上の木の無限枝に関する基本的なことを述べておく.

定義 6.2.11

1. 木 $T \subset {}^{<\omega}\omega$ について，T を通る無限の枝全体の集合を $[T]$ と書く：
$$[T] := \{f \in {}^{\omega}\omega : \forall x[\bar{f}(x) = \langle f(0), ..., f(x \dot{-} 1)\rangle \in T].$$
2. 木 $T \subset {}^{<\omega}\omega$ は，$\{\sigma \in {}^{<\omega}\omega : \sigma \in T\}$ が計算可能なとき**計算可能**と呼ばれる.

□

$\{e\}_s$ (式(2.6))の定義域を $W_{e,s}$ と書く．$W_{e,s}$ は有限集合である.
$$x \in W_{e,s} :\Leftrightarrow \{e\}_s(x)\downarrow :\Leftrightarrow \exists y \leq sT_1(e, x, y) \tag{6.6}$$

定理 6.2.12　計算可能な無限二分木 T でその無限枝がすべて計算可能でないものがつくれる($[T] \cap \Delta^0_1 = \varnothing$).

［証明］ 定理 6.2.9 より，半計算可能集合 A, B で再帰的分離不能なものを取る．いま A, B の指標をそれぞれ a, b として，計算可能二分木 $T_{A,B}$ を $\sigma \in {}^{<\omega}2$ について
$$\sigma \in T_{A,B} \Leftrightarrow \forall x < lh(\sigma)[(x \in W_{a,lh(\sigma)} \to (\sigma)_x = 1) \wedge (x \in W_{b,lh(\sigma)} \to (\sigma)_x = 0)]$$
と定める．$W_{e,s} \subset W_{e,s+1}$ であるから，$\tau \subset_e \sigma \in T_{A,B} \Rightarrow \tau \in T_{A,B}$ なので $T_{A,B}$ は木である.

すると任意の $C \in [T_{A,B}]$ は A, B を分離するので計算可能でなく，しかも仮定 $A \cap B = \varnothing$ より $[T_{A,B}] \neq \varnothing$ なので $T_{A,B}$ は無限である. ∎

定義 6.2.13　計算可能集合 R により
$$\{f \in {}^{\omega}\omega : \forall x[R(\bar{f}(x))]\}$$
と表せる ${}^{\omega}\omega$ の部分集合を **Π^0_1-クラス**(Π^0_1-class)という. □

例えば計算可能木 T について $[T]$ は Π^0_1-クラスである．逆も成り立つ.

補題 6.2.14　Π^0_1-クラス $\mathcal{C} \subset {}^{\omega}\omega$ に対し，計算可能な木 $T \subset {}^{<\omega}\omega$ で $\mathcal{C} = [T]$ となるものが取れる.

更に，$\mathcal{C} \subset {}^{\omega}2$ ならば，木 T は二分木 $T \subset {}^{<\omega}2$ と取れる.

［証明］ 計算可能集合 R を $\mathcal{C} = \{f \in {}^{\omega}\omega : \forall x[R(\bar{f}(x))]\}$ となるように取る．木 $T \subset {}^{<\omega}\omega$ を
$$\sigma \in T \Leftrightarrow \forall \tau \subset_e \sigma[R(\tau)]$$
で定めると $\mathcal{C} = [T]$ となる. ∎

6.2.2 創造的集合と単純集合

ここでは E. Post により導入された特別な半計算可能集合のクラスである創造的集合と単純集合を定義して，その簡単な性質を調べる．

定義 6.2.15

1. 集合 P が**生産的**(productive)であるとは，計算可能部分関数 f で次を充たすものが存在することをいう：

$$\forall x[W_x \subset P \Rightarrow \{f(x)\downarrow \,\&\, f(x) \in (P \setminus W_x)\}]. \tag{6.7}$$

このとき f は P の**生産的関数**(productive function)という．

　明らかに生産的集合 P は半計算可能ではない．しかも $P = W_x$ の反例 $f(x)$ が x より計算可能である．

2. 半計算可能集合 C について，その補集合 $\mathbb{N} \setminus C$ が生産的であるとき，C は**創造的**(creative)と呼ばれる． □

命題 6.2.16

1. 生産的関数は全域的計算可能関数に取れる．
2. K は創造的である．
3. 創造的な C は計算可能でない．

［証明］ 命題 6.2.16.1. 生産的集合 P の生産的関数 f を取る．補題 6.2.7 により計算可能関数 S を

$$y \in W_{S(x)} \leftrightarrow f(x)\downarrow \,\&\, y \in W_x$$

となるように取る．

いま $W_x \subset P$ と仮定する．$f(x)\downarrow$ なので $W_{S(x)} = W_x$ となっており，$f(S(x))\downarrow$ かつ $\{f(x), f(S(x))\} \subset (P \setminus W_x)$ である．

またもし $f(x)\uparrow$ なら，$W_{S(x)} = \varnothing$ であるから(6.7)より，$f(S(x))\downarrow$ となる．

そこで $f(x)$ と $f(S(x))$ を同時に計算し，先に計算が終了したほうの値を $g(x)$ と定義すると，g は全域的計算可能関数で，P の生産的関数となる．

命題 6.2.16.2. $x \in K \Leftrightarrow x \in W_x$ であるから，恒等関数が $\mathbb{N} \setminus K$ の生産的関数である．

命題 6.2.16.3. 生産的集合は半計算可能ではないからよい． ▮

補題 6.2.17 生産的集合は半計算可能な無限集合を含む．

［証明］ P を生産的とし，f を P の生産的関数とする．

e を $W_e = \varnothing$ と取り，補題 6.2.7 により計算可能関数 S を $W_{S(x)} = W_x \cup \{f(x)\}$

となるように取る．すると $W=\{f(e), f(S(e)), f(S(S(e))), ...\}$ が求める半計算可能な無限集合である． ∎

補題 6.2.18 集合が創造的であることと，Σ_1^0-完全であることは同値である．

更に C が創造的なら

$$\forall x[g(x) \in C \leftrightarrow g(x) \in W_x] \tag{6.8}$$

となる(全域的)計算可能関数 g が存在する．またこのとき，g は $\mathbb{N}\backslash C$ の生産的関数である．

［証明］ 初めに C は Σ_1^0-完全であるとする．計算可能関数 f を，$e \in W_e \leftrightarrow f(e) \in C$ となるように取る．補題 6.2.7 により計算可能関数 S を，$x \in W_{S(e)} \leftrightarrow f(x) \in W_e$ と取れば，

$$f(S(e)) \in C \leftrightarrow S(e) \in W_{S(e)} \leftrightarrow f(S(e)) \in W_e.$$

つまり $g(x)=f(S(x))$ が(6.8)を充たし，g は $\mathbb{N}\backslash C$ の生産的関数である．

逆に C は創造的として，f を $\mathbb{N}\backslash C$ の全域的生産的関数とする．補題 6.2.7 により計算可能関数 h を，

$$z \in W_{h(x,y)} \leftrightarrow z \simeq f(x) \,\&\, y \in K$$

と取る．

S-m-n 定理 2.4.3 より計算可能関数 k を $\{k(y)\}(x,z) \simeq \{h(x,y)\}(z)$ となるように取る．次に再帰定理 2.4.4 より，計算可能関数 p を，$\{p(y)\}(z) \simeq \{y\}(p(y),z)$ と取って，$g(y)=p(k(y))$ とおく．すると

$$\{g(y)\}(z) \simeq \{p(k(y))\}(z) \simeq \{k(y)\}(g(y),z) \simeq \{h(g(y),y)\}(z)$$

となる．特に

$$W_{g(y)} = W_{h(g(y),y)}.$$

このとき

$$y \in K \Leftrightarrow f(g(y)) \in C$$

となることを示そう．これにより C の Σ_1^0-完全性が言える．

初めに $y \in K$ とする．すると $W_{g(y)}=W_{h(g(y),y)}=\{f(g(y))\}$ となるので，$W_{g(y)} \not\subset (\mathbb{N}\backslash C)$ つまり $f(g(y)) \in C$ となる．

逆に $y \notin K$ とする．すると $W_{g(y)}=W_{h(g(y),y)}=\varnothing \subset (\mathbb{N}\backslash C)$ となるので，$f(g(y)) \notin C$ となる． ∎

定義 6.2.19

1. 無限ではあるが，半計算可能な無限集合を含まない集合を**抗体持ち**(immune)という．

I が抗体持ちということは，どんな半計算可能無限集合 W_e の攻撃もかわす$(W_e \setminus I \neq \varnothing)$ことである．あるいはやせているということである．

2. 補集合が抗体持ちである半計算可能集合を単純(simple)という．

つまり半計算可能集合が単純なのは，補無限(coinfinite)で任意の半計算可能な無限集合と交わることである． □

命題 6. 2. 20

1. 単純集合は計算可能ではない．
2. 単純集合は創造的ではない．
3. 単純集合は Σ^0_1-完全でない．

［証明］ 命題 6. 2. 20. 1. 単純集合の補集合は抗体持ちなので半計算可能ではない．

命題 6. 2. 20. 2. 補題 6. 2. 17 より，生産的集合は抗体持ちではない．

命題 6. 2. 20. 3. 補題 6. 2. 18 と命題 6. 2. 20. 2 による． ■

定理 6. 2. 21 (Post)

単純集合が存在する．

［証明］

$$P=\{(e,x) : x \in W_e \,\&\, 2e < x\}$$

とおく．P は半計算可能なので，定理 6. 2. 1 より計算可能な選択部分関数 $f(e)$ を取る：

$$\exists x[(e,x) \in P] \Rightarrow f(e)\downarrow \,\&\, (e, f(e)) \in P.$$

f の値域 S が求める単純集合になる．

初めに S は計算可能な f の値域なので半計算可能である．

$\mathbb{N}\setminus S$ が無限であることを示すには，任意の e について，$\mathbb{N}\setminus S$ の元で $2e$ 以下のものが e 個以上あることを見ればよい．それは $\{x \in S : x \leq 2e\} \subset \{x : x \simeq f(i) \,\&\, i < e\}$ だからである．

最後に W_e を無限集合として $S \cap W_e \neq \varnothing$ を示す．W_e は無限なので $x \in W_e$ を十分大きく取れば，$x > 2e$ とできる．よって $f(e)\downarrow$ かつ $f(e) \in S \cap W_e$ である． ■

6.3 相対化された計算

A を(自然数の)集合とする．集合 A を神託(oracle)として用いる計算(A-計

算もしくは A に相対化された計算)の概念を導入する．これはプログラムの命令リストの中に

$$n \in ?A$$

という新しい種類のものを加えることにより得られる．但し n は計算の途中で得られている値である．

つまり，A-計算の途中で得られた値 n について，$n \in A$ かどうか訊いてその答え(YES/NO)を得てそれを後の計算に利用できる．

このような命令を含んだプログラムを A-プログラムと呼ぶ．述語「e はある A-プログラムのコードである」は(神託 A なしに)計算可能である．

A-計算で計算できる(部分)関数を A-計算可能関数という．

すると以前の基本的な諸結果はほぼすべて相対化しても成立する．

例えば正規形定理 2.4.1 は，ある A-計算可能関係 T_n^A について

$$\{e\}^A(\vec{x}) \simeq U(\mu y.T_n^A(e, \vec{x}, y)).$$

$T_n^A(e, \vec{x}, y)$ は「A-プログラム e に入力 $\vec{x}$ を与えて計算を実行して計算が終了するまでの A-計算過程が y である」ということなので，y には「$n \in ?A$」という問い(お伺い)とその答え(YES/NO)が含まれており，一般には神託なしでは計算できない．

ところで，終了する各計算過程は有限ステップで終了するので，その間に神託に伺いをたてるのも有限回である．つまり計算ステップ数 s やその計算中に得られた値 n はすべて計算過程 y より小さいとしていたので，この計算では神託 A のうちでたかだか $0 \in ?A, \ldots, y-1 \in ?A$ という問いしか発生していない．つまりこの計算は

$$A \restriction y := \{i < y : i \in A\} \tag{6.9}$$

にしか依存しない．

いま集合 A の y までの情報を記録した数を

$$\bar{A}(y) := \sum_{i<y} 2^i a_i$$

ここで

$$a_i := \chi_A(i) = \begin{cases} 1 & i \in A \text{ のとき} \\ 0 & i \notin A \text{ のとき} \end{cases}$$

として $\bar{A}(y)$ を $A \restriction y$ と同一視する[*2]．上で述べたことは A-計算では有限情報

[*2] 正確にはそれらに長さ y の情報をつけて同一視する．

$\bar{A}(y)$ で足りているということである．

従ってある(相対化されていない)計算可能述語 $T_{n,1}$ が存在して

$$T_n^A(e,\vec{x},y) \leftrightarrow T_{n,1}(e,\vec{x},y,\bar{A}(y))$$

となる．

相対化されていない場合と同様に計算数を限定して

$$\{e\}_s^A(\vec{x}) \simeq U(\mu y[y \leq s \,\&\, T_n^A(e,\vec{x},y)]) \simeq U(\mu y[y \leq s \,\&\, T_{n,1}(e,\vec{x},y,\bar{A}(y))]) \tag{6.10}$$

とおく．

すると明らかに

$$\{e\}^A(\vec{x}) \simeq y \Rightarrow \exists s[\{e\}_s^{\bar{A}(s)}(\vec{x}) \simeq y \,\& \tag{6.11}$$
$$\max\{e,\vec{x},y\} < s \,\&\, \forall B \forall t > s(\bar{B}(s) = \bar{A}(s) \Rightarrow \{e\}_t^B(\vec{x}) \simeq y)].$$

6.3.1 Turing 還元可能性と次数

集合 A,B について，A をその特徴関数 χ_A と同一視して，χ_A が B-計算可能なとき，A は B に **Turing 還元可能**(Turing reducible)といって

$$A \leq_T B$$

と書く．これは次と同値である：ある e について

$$\forall x[(x \in A \to \{e\}^B(x) \simeq 1) \wedge (x \notin A \to \{e\}^B(x) \simeq 0)] \tag{6.12}$$

また

$$A <_T B :\Leftrightarrow A \leq_T B \,\&\, B \not\leq_T A.$$

明らかに集合の関係 $\leq_T$ は擬順序，すなわち反射的 $A \leq_T A$ かつ推移的 $A \leq_T B \leq_T C \Rightarrow A \leq_T C$ であるが，$A \leq_T B \leq_T A \Rightarrow A = B$ は充たさない．そこで同値関係を

$$A \equiv_T B :\Leftrightarrow A \leq_T B \leq_T A$$

で定め，この同値関係による同値類を(**Turing**)**次数**(Turing degree, degree)と呼ぶ．次数は太文字 $\boldsymbol{a}, \boldsymbol{b}$ などで表す．次数上にも関係 $\leq_T$ および $<_T$ は自然に拡張され，次数上では $\leq_T$ は半順序になる．

次数の理論は，$\boldsymbol{D} = \mathcal{P}(\mathbb{N})/\!\equiv_T$ 上での半順序 $\leq_T$ の構造を調べることを目的としている．集合 A の次数，すなわち A の属する $\equiv_T$ に関する同値類を $\deg(A)$ と書こう．$\mathbf{0}$ で計算可能集合の次数を表し，K の次数，従って Σ_1^0-完全な任意の集合の次数を $\mathbf{0}'$ (zero jump)と書く．定理 6.2.8 よりどんな半計算可能集合 A についても

$$\mathbf{0} \leq_T \deg(A) \leq_T \mathbf{0}'.$$

定義 6.3.1

1. 関数列 $\{f_s(x)\}_s$ が計算可能とは，ある計算可能関数 F により $f_s(x) = F(s,x)$ となることをいう．
2. 関数列 $\{f_s(x)\}_s$ が関数 $f(y)$ に（点ごとに）収束する（converge）あるいは f が列 $\{f_s(x)\}_s$ の極限であるとは，
$$\forall x \exists s_0 \forall s > s_0 [f(x) = f_s(x)]$$
となることをいう．このとき $f = \lim_s f_s$ と書く．　□

補題 6.3.2（極限補題 Limit lemma）

関数 f が計算可能関数列の極限になるのは，$\deg(f) \leq_T \mathbf{0}'$ となる場合である．

［証明］ 初めに f は計算可能関数列 $\{f_s\}_s$ の極限であるとする．

$$R(s,x) :\Leftrightarrow \exists t > s[f_t(x) \neq f_s(x)]$$

とおくと，R は半計算可能，従って $\mathbf{0}'$-計算可能である．$m(x) \simeq \mu s.\neg R(s,x)$ (modulus of convergence) とすれば，$m(x)$ は仮定により全域的で $f(x) = f_{m(x)}(x)$ となる．$m(x)$，従って $f(x)$ も $\mathbf{0}'$-計算可能となる．

逆に $\deg(f) \leq_T \mathbf{0}'$ とする．そこで k, e を $f = \{k\}^{W_e}$ と取る．

$$f_s(x) = \begin{cases} \{k\}_s^{W_{e,s}}(x) & \{k\}_s^{W_{e,s}}(x)\downarrow \text{ のとき} \\ 0 & \text{上記以外} \end{cases}$$

が求める関数列である．　∎

定義 6.3.3　集合 A のジャンプ（jump）を

$$A' := \{x : \{x\}^A(x)\downarrow\} = \{x : x \in W_x^A\}$$

で定める．ここで

$$W_e^A := \{\vec{x} : \{e\}^A(\vec{x})\downarrow\}.$$　□

定理 6.3.4

1. A が B-半計算可能ならば，A は B' に還元可能である．
2. A' は A-半計算可能である．
3. $A' \not\leq_T A$.
4. $A \leq_T B \Rightarrow A' \leq_T B'$，従って $A \equiv_T B \Rightarrow A' \equiv_T B'$.
5. A とその補集合 $\mathbb{N} \setminus A$ がともに B-半計算可能ということと，$A \leq_T B$ は同値である．

［証明］ $K = \varnothing'$ に関する定理 6.2.8 および定理 6.2.5 の証明を相対化すればよい．　∎

定義 6.3.5 $\boldsymbol{a}'=\boldsymbol{0}'$ となっている次数 $\boldsymbol{a}$ を低次数(low degree)と呼ぶ.

また $\deg(A)$ が低次数のとき A は低集合(low set)という. □

定理 6.3.6 (低基底定理 Low Basis theorem)

空でない Π^0_1-クラス $\mathcal{C}\subset{}^{\omega}2$ は必ず低い元 $f\in\mathcal{C}\,\&\,\deg(f)'\leq_T\boldsymbol{0}'$ を持つ.

[証明] 初めに補題 6.2.14 より計算可能な二分木 T を, $\mathcal{C}=[T]$ となるように取る. 無限二分木の減少列 $\{T_e\}_e$ で, 各 T_e が計算可能となるものを帰納的につくる.

初めに $T_0=T$ とする. T_e が定義されたとして,

$$U_e=\{\sigma\in{}^{<\omega}2:\{e\}^{\sigma}_{lh(\sigma)}(e)\uparrow\}$$

とおく. すると U_e は計算可能二分木である. そこで

$$T_{e+1}=\begin{cases}T_e & T_e\cap U_e \text{ が有限のとき}\\ T_e\cap U_e & \text{上記以外}\end{cases}$$

と定める.

$g\in[T_{e+1}]$ を任意にひとつ取り, $\{e\}^g(e)$ が定義されるかどうか考えてみる.

先ず $\{e\}^g(e)\downarrow$ とする. このとき十分長い $\sigma\subset_e g$ について $\{e\}^{\sigma}_{lh(\sigma)}(e)\downarrow$ となるので, $\sigma\notin U_e$ であり, 従って $g\notin[U_e]$ つまり $T_{e+1}=T_e$ となる. 言い換えると $T_e\cap U_e$ は有限である.

次に $\{e\}^g(e)\uparrow$ とする. このときどんなに長い $\sigma\subset_e g$ についても $\{e\}^{\sigma}_{lh(\sigma)}(e)\uparrow$ となるので, $\sigma\in T_e\cap U_e$ であり, 従って $g\in[T_e\cap U_e]$ つまり $T_e\cap U_e$ は無限であり, 言い換えると $T_{e+1}=T_e\cap U_e$ となる.

上のふたつの事柄は両立しないから, ひとつの $g\in[T_{e+1}]$ について $\{e\}^g(e)$ が定義されているのは, すべての $g\in[T_{e+1}]$ について $\{e\}^g(e)$ が定義されているということになる.

次に $\bigcap_e[T_e]\neq\varnothing$ を示す. これは, 各 $[T_e]$ がコンパクトである Cantor 空間 ${}^{\omega}2$ での空でない閉集合であることに注意すればすぐ分かるが, 直接, 見るには次のようにすればよい. どんな n についても長さ n の列 $\sigma\in{}^n2$ で $\sigma\in\bigcap_e T_e$ となるものの存在を示せば, König 無限補題 4.3.17 より $\bigcap_e[T_e]\neq\varnothing$ である. $\bigcap_e T_e\cap({}^n2)\neq\varnothing$ を n に関する帰納法で示す. $\langle\rangle\in\bigcap_e T_e$ なので $n=0$ はよい. $\bigcap_e T_e\cap({}^n2)\neq\varnothing$ と仮定する. 集合 ${}^n2$ は有限だから, $\bigcap_e T_e\cap({}^n2)$ も有限である. よってもし $\bigcap_e T_e\cap({}^{n+1}2)=\varnothing$ なら, 十分大きい e について $\forall\sigma\in\bigcap_e T_e\cap({}^n2)\,\forall i<2(\sigma*(i)\notin T_e)$ かつ $T_e\cap({}^n2)\subset\bigcap_e T_e$ とできる. これは T_e が無限であることに反す. よ

って $\bigcap_e T_e \cap ({}^{n+1}2) \neq \varnothing$ である．

そこで $f \in \bigcap_e [T_e]$ を任意にひとつ取り，$f' \leq_T \varnothing'$ を示す．上で見たように

$$e \in f' \Leftrightarrow \{e\}^f(e)\downarrow \Leftrightarrow T_e \cap U_e \text{ が有限}$$

である．他方，$T_e \cap U_e$ が有限ということは König 無限補題 4.3.17 より

$$\exists n \forall \sigma \in T_e \cap ({}^n 2)[\{e\}^{\sigma}_{lh(\sigma)}(e)\downarrow] \tag{6.13}$$

と同値であり，T_e の指標を t_e とすれば，$\forall \sigma \in T_e \cap ({}^n 2)[\{e\}^{\sigma}_{lh(\sigma)}(e)\downarrow]$ は e, t_e, n に関する計算可能関係である．よって(6.13)は，e, t_e の関係として $\varnothing'$-計算可能となる．これにより，t_e も e の関数として $\varnothing'$-計算可能となり，(6.13)が，e の述語として $\varnothing'$-計算可能であることが分かる． ∎

6.3.2 算術的階層

定義 6.3.7 計算可能関係全体の族を Rec とする．

1. Rec に，補集合を取る操作と射影を取る操作

$$\{(\vec{x}, y) : R(\vec{x}, y)\} \mapsto \{\vec{x}; \exists y\, R(\vec{x}, y)\}$$

を有限回施して得られる関係を算術的(arithmetical)という．

2. $R \in Rec$ と $n > 0$ について

$$\{\vec{y} : \exists x_1 \forall x_2 \cdots Q x_n\, R(x_1, x_2, \ldots, x_n, \vec{y})\}$$

と書ける関係を Σ^0_n という．ここで $\exists x_1 \forall x_2 \cdots Q x_n$ は量化記号 $\exists, \forall$ が交互に並んでいる．よって n が偶数なら $Q \equiv \forall$，奇数なら $Q \equiv \exists$ である．

Σ^0_n の補，つまり

$$\{\vec{y} : \forall x_1 \exists x_2 \cdots Q x_n\, R(x_1, x_2, \ldots, x_n, \vec{y})\}$$

と書ける関係を Π^0_n という．

3. 同時に Σ^0_n でもあり Π^0_n でもある関係を Δ^0_n という． □

例．定理 2.5.4 により $A \in \Sigma^0_1$ は A が半計算可能ということで，また定理 6.2.5 より $\Delta^0_1 = Rec$ となる．

(2.8)によりつぎがすぐ分かる．

補題 6.3.8 算術的関係全体のクラスは，$\bigcup_n (\Sigma^0_n \cup \Pi^0_n)$ と一致する． □

また系 2.5.5 と同様にしてつぎも分かる．

補題 6.3.9 Δ^0_n, Σ^0_n, Π^0_n はいずれも，合併 $R \cup S$，交わり $R \cap S$ および有限個の合併 $\bigcup_{y<z} S(\vec{x}, z, y) = \{(\vec{x}, z) : \exists y < z\, S(\vec{x}, z, y)\}$ と交わり $\bigcap_{y<z} S(\vec{x}, z, y) = \{(\vec{x}, z) : \forall y < z\, S(\vec{x}, z, y)\}$ について閉じている．

また Δ_n^0 は補関係について閉じているが，Σ_n^0 $[\Pi_n^0]$に属する関係の補関係はそれぞれ Π_n^0 $[\Sigma_n^0]$である．

Σ_n^0 の射影 $\mathrm{proj}_y S=\{\vec{x}:\exists y\, S(\vec{x},y)\}$ はまた Σ_n^0 だが，Π_n^0 の射影は Σ_{n+1}^0 に属する． □

補題 6. 3. 10 $\Sigma_n^0\cup\Pi_n^0\subset\Delta_{n+1}^0$ かつ $Rec=\Delta_1^0$． □

半計算可能関係の枚挙定理 2. 5. 1 と同様にしてつぎが分かる．

定理 6. 3. 11 (算術枚挙定理 Arithmetical Enumeration theorem)

各 $n\geq 1$ と $k\geq 1$ について $(k+1)$-項 Π_n^0-関係 $U_{\Pi_n^0}(x,\vec{y})$ で，k-項 Π_n^0-関係を枚挙する，つまり Π_n^0-関係 $A(\vec{x})$ についてある e を取ると

$$\forall\vec{y}[A(\vec{y})\leftrightarrow U_{\Pi_n^0}(e,\vec{y})]$$

となるものがつくれる．

Σ_n^0 についても同様である． □

定理 6. 3. 12 (算術的階層定理 Arithmetical Hierarchy theorem)

各 $n\geq 1$ について Π_n^0-集合で Σ_n^0 でないものがつくれる．従ってその補集合は Σ_n^0 だが Π_n^0 でないし，それらは Δ_n^0 でない．

また Δ_{n+1}^0 だが Σ_n^0 でも Π_n^0 でもない集合もつくれる．

［証明］ 前半は定理 2. 5. 3 と同様に枚挙定理から分かる．

後半を示すために，Π_n^0 だが Σ_n^0 でない集合 A と Σ_n^0 だが Π_n^0 でない集合 B を取り，それらの計算論的直和(cf. (演習 11))，$A\oplus B:=\{2x:x\in A\}\cup\{2x+1:x\in B\}$ を考えると，これは Δ_{n+1}^0 だが Σ_n^0 でも Π_n^0 でもない． ■

集合 A の n 回ジャンプ $A^{(n)}$ を帰納的に，$A^{(0)}=A$, $A^{(n+1)}=(A^{(n)})'$ と定める．

定理 6. 3. 13 $n>0$ について

1. $A\in\Sigma_{n+1}^0$ であるための必要十分条件は，A はある Π_n^0 (従ってある Σ_n^0)-集合 B について B-半計算可能であることである．
2. $\varnothing^{(n)}$ は Σ_n^0-完全である．
3. $A\in\Sigma_{n+1}^0$ であるための必要十分条件は，A は $\varnothing^{(n)}$-半計算可能であることである．
4. $A\in\Delta_{n+1}^0\Leftrightarrow A\leq_T\varnothing^{(n)}$．

［証明］ 6. 3. 13. 1. 初めに $A\in\Sigma_{n+1}^0$ として，$B\in\Pi_n^0$ を $x\in A\Leftrightarrow\exists y\, B(x,y)$ と取る．A は Σ_1^0 in B (B を計算可能とみなして Σ_1^0)であるから，(相対化された)定理 2. 5. 4 により，A は B-半計算可能である．

逆に A は，ある $B\in\Pi_n^0$ について B-半計算可能とする．その指標 e を取って，

$$x \in A \Leftrightarrow x \in W_e^B \Leftrightarrow \exists s \exists \sigma[\sigma \subset B \wedge x \in W_{e,s}^\sigma]$$

となる．ここで $x \in W_{e,s}^\sigma$ は計算可能であり，

$$\sigma \subset B \Leftrightarrow \forall n < lh(\sigma)[(\sigma(n)=1 \wedge n \in B) \vee (\sigma(n)=0 \wedge n \notin B)]$$

なので，補題 6.3.9 により，$\sigma \subset B$ は Δ_{n+1}^0 である．

6.3.13.2. $n \geq 1$ に関する帰納法による．$n=1$ は定理 6.2.8 である．$\varnothing^{(n)}$ が Σ_n^0-完全であるとする．このとき $A \in \Sigma_{n+1}^0$ について定理 6.3.13.1 より $B \in \Sigma_n^0$ を，A が B-半計算可能となるように取る．帰納法の仮定から A は $\varnothing^{(n)}$-半計算可能となる．よって定理 6.3.4.1 より A は $\varnothing^{(n+1)}$-還元可能である．

6.3.13.3. 定理 6.3.13.1，6.3.13.2 で示されている．

6.3.13.4. $A \in \Delta_{n+1}^0$ ということは A とその補集合 $\mathbb{N} \setminus A$ がともに Σ_{n+1}^0 ということで，これは定理 6.3.13.3 により，$A, \mathbb{N} \setminus A$ がともに $\varnothing^{(n)}$-半計算可能ということだから，定理 6.3.4.5 より $A \leq_T \varnothing^{(n)}$ となる．∎

6.4　計算により比較不可能な実数の構成

E. Post (1944) は，それまでに得られていた半計算可能集合が計算可能かもしくは Σ_1^0-完全な K と T-同値なものしかなかった，つまりそれらの次数でいえば $\mathbf{0}$ か $\mathbf{0}'$ しかなかった状況から次の問題をたてた：

Post の問題：計算可能でないが半計算可能な集合 A で
$A <_T K$ となるものは存在するか？

これに答えたのが R. M. Friedberg (1957) と A. A. Muchnik (1956) (独立になされた) で，その手法は**優先論法** (priority argument) と呼ばれ，後に様々に洗練されて次数の理論の主要武器としてその理論を深めた．

Friedberg と Muchnik は単に Post の問題に答えるだけでなく半順序 $\leq_T$ が線形順序でないことまで示している．

定理 6.4.1 (Friedberg-Muchnik の定理)

半計算可能集合 A, B でその次数が半順序 $\leq_T$ に関して比較不能なものがつくれる．従ってその次数は $\mathbf{0} <_T \deg(A), \deg(B) <_T \mathbf{0}'$ である．□

さて Friedberg-Muchnik の定理 6.4.1 の証明を始める．

半計算可能，従って計算可能関数で枚挙できる集合 A と B でどんな e についても次の条件 R_{2e} と R_{2e+1} を同時に充たすものをつくりたい：

$$R_{2e} : A \neq \{e\}^B$$

$$R_{2e+1}: B \neq \{e\}^A$$

これは(6.12)によれば各 e ごとに数 x_{2e} をつくり(x_{2e+1} も同様)

$$[x_{2e} \in A \wedge \{e\}^B(x_{2e}) \simeq 0] \vee [x_{2e} \notin A \wedge \{e\}^B(x_{2e}) \not\simeq 0] \tag{6.14}$$

とすればよい.

さて証明のアイデアであるが,先ず集合 A, B の構成および B-計算 $\{e\}^B(n)$ と A-計算 $\{e\}^A(n)$ をすべて時系列に並べて考える.時刻 s は計算のステップ数にほぼ対応しているが,むしろ節2.4で述べた計算数 s ($\{e\}^B(n) \simeq U(\mu s. T_{1,1}(e, n, s, \bar{B}(s))))$ と思えばよい.集合 A, B の時刻 s までの部分情報を含む集合をそれぞれ A_s, B_s と書くとこれらは

1. A_s, B_s はともに有限集合である.
2. $\{A_s\}_s$, $\{B_s\}_s$ はともに増加列 ($s < t \Rightarrow A_s \subset A_t$) で $A = \bigcup_s A_s, B = \bigcup_s B_s$.

条件 R_{2e} つまり(6.14)を充たすことを考える.

もし $\{e\}^B(x_{2e}) \not\simeq 0$ なら $x_{2e} \notin A$ でよい.

$\{e\}^B(x_{2e}) \simeq 0$ であるとしよう.このとき(6.11)より,十分大きい s について

$$\{e\}_s^{B_s}(x_{2e}) \simeq 0 \tag{6.15}$$

となるはずである.そこで(6.15)のとき $x_{2e} \in A_{s+1} (\subset A)$ と定める.これにより(6.14)を充たすためには,$\{e\}_s^{B_s}(x_{2e})$ の計算が安定であればよい.つまり時刻 s 以降の t でもずっと $\{e\}_t^{B_t}(x_{2e}) \simeq 0$ であればよいが,それには(cf. (6.9)),

$$B \restriction s = B_s \restriction s \tag{6.16}$$

となっていれば十分である.言い換えると,一旦時刻 s で(6.15)であるがゆえに $x_{2e} \in A_{s+1}$ としたら,将来において B に s より小さい数を入れたくない.

ところが A と B の役割は対称なので,時刻 $t > s$ で $\{f\}_t^{A_t}(x_{2f+1}) \simeq 0$ となったら*3,$x_{2f+1} \in B_{t+1}$ としたくなる.(6.16)を充たすためには $x_{2f+1} \geq s$ となっていてほしい.ところが計算が進行する前から予め $x_{2f+1} \geq s$ を充たすように大きく取っておくことはできない.そこで x_{2e} と x_{2e+1} 自体も時刻の進行とともに変動させていく.つまり(計算可能な)数列 $\{x_e^s\}_s$ をつくり

$$x_e = \lim_{s \to \infty} x_e^s$$

と定める.これは

$$\exists s [\forall t \geq s (x_e^t = x_e^s) \,\&\, x_e = x_e^s]$$

---

*3 時刻 t でこうなるのは,計算が進んで $\{f\}_t^{A_t}(x_{2f+1})$ の計算が終了したか,あるいは A_t にその計算に必要な情報が t までに盛られたかである.

ということである．

状況を分かりやすくするため，異なる条件を充たす証拠は異なるようにしておく ($e \neq f \Rightarrow x^s_e \neq x^t_f$)：つまり

$$x^s_e \in \{\langle y, e\rangle : y \in \mathbb{N}\}$$

と定める．

後で定義する数列 $\{x^s_e\}_s$ は非減少列 $s < t \Rightarrow x^s_e \leq x^t_e$ となっていて，

$$(x^s_e)_0 \leq s \tag{6.17}$$

つまり $x^s_e = \langle y, e\rangle \Rightarrow y \leq s$ となっている．

すると上で述べた状況は，時刻 s で(6.15)であるがゆえに $x^s_{2e} \in A_{s+1}$ として同時にこれ以降，つまり $t > s$ で $x^t_{2f+1} > (x^t_{2f+1})_0 \geq s$ となるように $\{x^t_{2f+1}\}_t$ を定義する．

しかしこれだけでは数列 $\{x^s_e\}_s$ は上で述べた意味での極限を持たないかもしれない．それはある $t > s$ で x^t_{2f+1} が $\{f\}^{A_t}_t(x^t_{2f+1}) \simeq 0$ となり，この計算を安定にするために $u > t$ で $(x^u_{2e})_0 \geq t > s \geq (x^s_{2e})_0$ としてしまうと，数列 $\{x^s_{2e}\}_s$ が発散してしまう恐れがあるからである．

そこで条件 R_e において，より小さい添字(= プログラム) e に高い優先度(priority)をつける．

そして R_{2e} について時刻 s で(6.15)となったら $x^s_{2e} \in A_{s+1}$ とすることで時刻 $s+1$ では R_{2e} が充たされるようにするが(R_{2e+1} も同様)，より高い優先度の R_f ($f < 2e$) がそれを覆す(injure)，つまり例えば $t > s$ で

$$2f + 1 < 2e \,\&\, \{f\}^{A_t}_t(x^t_{2f+1}) \simeq 0$$

となったら $x^t_{2f+1} < s$ であって(6.16)を壊すのだが，$x^t_{2f+1} \in B_{t+1}$ として，この時点での条件 R_{2e} は優先度の高い R_{2f+1} により覆されてしまい，$x^{t+1}_{2e} \geq t$ と新たに設定し直される．しかしこの「賽の河原積み」は各 e について有限回しかなされず，極限 $x_e = \lim_{s\to\infty} x^s_e$ が存在することが分かる(cf. 補題 6.4.2)．

以上で証明の概略が説明し終わったので，正式な構成をしよう．以下で，有限集合 A_s, B_s と数 x^s_e, r^s_e を同時に s に関する帰納法で定義する．$s \mapsto (A_s, B_s, x^s_e, r^s_e)$ は計算可能となる．

r^s_e は $r^s_e = 0, 1$ で，$r^s_e = 1$ ということは「条件 R_e を充たすための変更が時刻 s かそれ以前になされ，かつ s に至るもなおその変更が覆されていない」ということを示すことになる．

初めに

$$A_0 := B_0 := \varnothing, \quad x_e^0 := \langle 0, e\rangle, \quad r_e^0 := 0.$$

条件 R_{2e} が時刻 $s+1$ で**注意喚起**(require attention)とは

$$\{e\}_s^{B_s}(x_{2e}^s) \simeq 0 \,\&\, r_{2e}^s = 0 \tag{6.18}$$

となっていることをいう．

これが $B_s, 2e$ の代わりに $A_s, 2e+1$ で成立するとき，R_{2e+1} が時刻 $s+1$ で注意喚起と呼ぶ．

時刻 $s+1$ での定め方：

1. $i \leq s$ なるどの i についても R_i が $s+1$ で注意喚起でないとき：何もしない，つまりどんな e についても

$$A_{s+1} := A_s, \quad B_{s+1} := B_s, \quad x_e^{s+1} := x_e^s, \quad r_e^{s+1} := r_e^s.$$

2. ある $i \leq s$ について R_i が $s+1$ で注意喚起であるとき：そのような最小の i を取る．$i=2e$ とする($i=2e+1$ なら以下で，A と B の役割を交換する)．
   (a)

$$A_{s+1} := A_s \cup \{x_{2e}^s\}, \quad B_{s+1} := B_s, \quad x_{2e}^{s+1} := x_{2e}^s, \quad r_{2e}^{s+1} := 1.$$

   (b) R_{2e} より高い優先度の $R_j\,(j<2e)$ については変更しない：

$$x_j^{s+1} := x_j^s, \quad r_j^{s+1} := r_j^s.$$

   (c) R_{2e} より低い優先度の $R_j\,(j>2e)$ については設定し直す：

$$x_j^{s+1} := \langle s+1, j\rangle > s+1, \quad r_j^{s+1} := 0.$$

構成から分かる通り(6.17)が充たされ，よって

$$y \in A_s \cup B_s \Rightarrow \max\{(y)_0, (y)_1\} < s. \tag{6.19}$$

まとめ

1. x_e^s が $t>s$ で変化するのは，ある $R_i\,(i<e)$ が t で注意喚起される場合に限る．
2. $r_e^s=1$ が $t>s$ で $r_e^t=0$ となるのは，ある $R_i\,(i<e)$ が t で注意喚起される場合に限る．
3. $\langle y, 2e\rangle \in A$ なのは，ある $s>y$ で R_{2e} が注意喚起される場合に限る．
4. s で R_i が注意喚起になる最小の $i \leq s$ で $2e>i$ ならば，$x_{2e}^s=\langle s, 2e\rangle, r_{2e}^s=0$.

補題 6.4.2 どの条件 R_i もたかだか有限個の時刻でしか注意喚起されない．従って極限 $x_i = \lim_{s\to\infty} x_i^s$ が定義され，x_i が $A=\bigcup_s A_s$, $B=\bigcup_s B_s$ に関して条件 R_i を充たす．

[証明] i に関する帰納法で，注意喚起の有限性と条件 R_i が充たされること

を示す．

各 $j<i$ について R_j はある時刻以降では注意喚起されないから，十分大きい s を取ると，その時刻以降ではどの $R_j\,(j<i)$ も注意喚起されないとしてよい．s をこれを充たす最小の数とする．先ず $t>s\Rightarrow x_i^t=x_i^s=x_i$ である．

初めに R_i が $t>s$ で注意喚起されるとしたら $u>t\Rightarrow r_i^u=r_i^t=1$ であるから，そのような機会はたかだか一回である．よって R_i は有限回しか注意喚起されない．

次に s の最小性より，$s>0$ なら時刻 s においてある $R_j\,(j<i)$ が注意喚起されていたはずなので $x_i=x_i^s=\langle s,i\rangle$ となり，(6.19) より

$$x_i\notin A_s\cup B_s\,\&\,r_i^s=0. \tag{6.20}$$

以下，$i=2e$ として ($i=2e+1$ も同様)，x_{2e} が R_{2e} を充たすことを見る．

初めに R_{2e} がある $t+1>s$ で注意喚起である場合を考える．このとき $x_{2e}\in A_{t+1}\subset A$ で $\{e\}_t^{B_t}(x_{2e})\simeq 0$ だが，$j>2e,u>t$ について $x_j^u>t$ となっているので (6.16) $B{\restriction}t=B_t{\restriction}t$ が成り立ち，よって (6.11) より $\{e\}^B(x_{2e})\simeq 0$ となり，条件 R_{2e} が充たされる．

次に R_{2e} はどんな $t+1>s$ でも注意喚起されない場合を考える．すると (6.20) より $x_{2e}\notin A$ となり，また $r_{2e}^t=0$ より $\{e\}_t^{B_t}(x_{2e})\not\simeq 0$ なので ($\simeq 0$ なら R_{2e} が $t+1$ で注意喚起になる) (6.16) $B{\restriction}t=B_t{\restriction}t$ と (6.11) より $\{e\}^B(x_{2e})\not\simeq 0$ となり，この場合も条件 R_{2e} が充たされる．∎

つぎの定理 6.4.3 の証明は，**神託構成** (oracle construction) と呼ばれ，しばしば有用である．この証明は，Friedberg-Muchnik の定理 6.4.1 の証明より簡単だが，その分，示すことが弱くなる．

定理 6.4.3 (Kleene-Post)

(半計算可能とは限らない) A,B で，その次数が半順序 $\leq_T$ に関して比較不能かつ $A,B\leq_T\varnothing'$ となるものがつくれる．従ってその次数は $\mathbf{0}<_T\deg(A)$, $\deg(B)<_T\mathbf{0}'$ である．

［証明］ Friedberg-Muchnik の定理 6.4.1 の証明と同様に，帰納的に $0,1$ の有限列の増加列 $\{a_s\}_s$, $\{b_s\}_s$ をつくっていき，$x\in A:\Leftrightarrow\exists s(a_s(x)=1)$ とし，B も同様に $\{b_s\}_s$ から定義する．ここで増加列とは $s<t\Rightarrow a_s\subset_e a_t$ (列としての終延長) のことで，また

$$lh(a_s),lh(b_s)\geq s$$

となっている．よって

$$A \restriction lh(a_s) = a_s \,\&\, (x \in A \Leftrightarrow a_{x+1}(x) = 1).$$

列 $\{a_s\}_s$, $\{b_s\}_s$ はともに $\varnothing'$-計算可能になるので，A, B も $\varnothing'$-計算可能となり，$A, B \leq_T \varnothing'$ である．

前と同様に，どんな e についても次の条件 R_{2e} と R_{2e+1} を同時に充たすものをつくりたい：

$$R_{2e} : A \neq \{e\}^B,$$
$$R_{2e+1} : B \neq \{e\}^A.$$

初めに

$$a_0 := b_0 := \varnothing.$$

時刻 $s+1$ での定め方：$s+1=2e+2$ とする（$s+1=2e+1$ なら以下で，A と B の役割を交換する）．このとき R_{2e} を充たすようにする．

$$n = lh(a_s)$$

とする．$lh(a_s) \geq s$ より $n \geq s$ である．以下，σ は $0,1$-有限列を表す．また集合 A とその特徴関数 χ_A を同一視している．

1.

$$\exists t \exists \sigma [b_s \subsetneq_e \sigma \,\&\, \{e\}_t^\sigma(n) \downarrow] \tag{6.21}$$

のとき：$\langle t, \sigma \rangle$ を $b_s \subsetneq_e \sigma \,\&\, \{e\}_t^\sigma(n) \downarrow$ となる最小に取り，$b_{s+1} = \sigma, a_s \subset_e a_{s+1}$ を $a_{s+1}(n) = 1 \dot{-} \{e\}_t^\sigma(n)$ とおく．

2. (6.21) でないとき：$a_{s+1}(lh(a_s)) = b_{s+1}(lh(b_s)) = 0$ とおく．

先ず $lh(a_{s+1}), lh(b_{s+1}) \geq s+1$ である．次に，(6.21) は半計算可能，従って列 $\{a_s\}_s$, $\{b_s\}_s$ はともに $\varnothing'$-計算可能である．

最後に $s+1=2e+2$ として $n = lh(a_s)$ について，$A(n) \neq \{e\}^B(n)$ となることを確かめる．(6.21) である場合は，$A(n) = a_{s+1}(n) \neq \{e\}_t^{b_{s+1}}(n) \simeq \{e\}^B(n)$ でよい．そうでないなら $A(n) = 0$ だが $\{e\}^B(n) \uparrow$ である．■

神託構成の応用例を見る．

定理 6.4.4　集合列 $\{A_i\}_i$ で，各 i について $A_i \leq_T \varnothing'$ かつ $A_i \not\leq_T \oplus\{A_j : j \neq i\} := \{\langle j, x \rangle : x \in A_j,\ j \neq i\}$ となるものがつくれる．

後者の条件を充たす集合列 $\{A_i\}_i$ を再帰的独立(recursively independent)という．

［証明］（cf. 神託構成による定理 6.4.3 の証明）

帰納的に $0,1$ の有限列の $\varnothing'$-計算可能な増加列 $\{a_i^s\}$ をつくっていき，$x \in A_i :\Leftrightarrow \exists s(a_i^s(x) = 1)$ とおく．

どんな e と i についても次の条件 $R_{e,i}$ を充たすものをつくりたい：

$$R_{e,i} : A_i \neq \{e\}^{\oplus\{A_j : j \neq i\}}.$$

初めに

$$a_i^0 := \varnothing.$$

時刻 $s+1 = \langle e, i \rangle + 1$ での定め方： このとき $R_{e,i}$ を充たすようにする．構成から $\{a_j^s\}_j$ のうち，有限個しか空でない．それらは $a_0^s, ..., a_k^s\ (i \leq k)$ までに含まれているとしておく．$n = lh(a_i^s)$ とする．

1.

$$\exists t \exists \langle \sigma_0, ..., \sigma_k \rangle [\{e\}_t^{\oplus\{\sigma_j : j \neq i\}}(n) \downarrow \wedge \forall j \leq k (j \neq i \to a_j^s \subsetneq_e \sigma_j)] \quad (6.22)$$

のとき：$t, \sigma_0, ..., \sigma_k$ を上を充たすように取り，$a_j^{s+1} = \sigma_j\ (i \neq j \leq k)$, $a_j^{s+1} = a_j^s\ (j > k)$ として，$a_i^s \subset_e a_i^{s+1}$ を $a_i^{s+1}(n) = 1 \dot{-} \{e\}_t^{\oplus\{\sigma_j : j \neq i\}}(n)$ とおく．

2. (6.22)でないとき：どんな j についても $a_j^{s+1}(lh(a_j^s)) = 0$ とおく． ∎

$$\boldsymbol{D}(\leq_T \mathbf{0}') := \{\boldsymbol{a} \in \boldsymbol{D} : \boldsymbol{a} \leq_T \mathbf{0}'\}$$

とおく．

定理 6.4.5 任意の可算半順序 $(P, \leq_P)$ は，$(\boldsymbol{D}(\leq_T \mathbf{0}'), \leq_T)$ に埋め込める，つまり写像 $f : P \to \boldsymbol{D}(\leq_T \mathbf{0}')$ で

$$i \leq_P j \Leftrightarrow f(i) \leq_T f(j)$$

となるものが存在する．

［証明］ 初めに $P = \mathbb{N}$ で $\leq_P$ は計算可能である場合を考える．$\{A_i\}_i$ を定理 6.4.4 でつくった集合列とし $\oplus\{A_j : j \leq_P i\}$ の次数を $\boldsymbol{a}_i$ で表す．そこで写像 $f : \mathbb{N} \to \boldsymbol{D}(\leq_T \mathbf{0}')$ を $f(i) := \boldsymbol{a}_i$ で定める．

初めに $i \leq_P j$ とする．このとき $\boldsymbol{a}_i \leq_T \boldsymbol{a}_j$ となるのは，$\boldsymbol{a}_i$ の定義と $\leq_P$ が計算可能であることから分かる．逆に $\boldsymbol{a}_i \leq_T \boldsymbol{a}_j$ とする．特に $A_i \leq_T \oplus\{A_k : k \leq_P j\}$ である．もし $i \not\leq_P j$ なら $\oplus\{A_k : k \leq_P j\} \leq_T \oplus\{A_j : j \neq i\}$ となり，$A_i \not\leq_T \oplus\{A_j : j \neq i\}$ と矛盾する．よって $i \leq_P j$ である．

次に計算可能半順序 $\leq_U$ で，任意の可算半順序 $(P, \leq_P)$ がそこへ埋め込めるようなもの(**可算普遍半順序** countably universal partial order という)をつくる．これで証明が終わる．

有限集合 P_s とその上の半順序 $\leq_s$ で増加列($P_s \subset P_{s+1}$, $\leq_s \subset \leq_{s+1}$)を帰納的につくっていき，$a \leq_U b \Leftrightarrow \exists s \leq \max\{a, b\}\ (a \leq_s b)$ と定める．但しここでの最大は自然数上での通常の順序の意味である．

$P_0 = \varnothing$ として，$(P_s, \leq_s)$ が既につくられたとする．P_s のすべての空な間隙

$(a,b)\ (a,b \in P_s \cup \{-\infty,\infty\} \ \&\ a <_s b)$ を考える．間隙とは開区間 $(a,b) := \{x \in P_s : a <_s x <_s b\}$ が空ということであり，$-\infty <_s x <_s \infty\ (x \in P_s)$ と定めておく．$P_s = \{0, ..., n-1\}$ として，このような間隙と区間 $(-\infty,\infty)$ が全部で m 個あれば，それらを $I_0, ..., I_{m-1}$ とする．ここで $I_k = (a_k, b_k)$ として，$P_{s+1} = \{0, ..., n-1, n, ..., n+m-1\}$ とおき，$a_k <_{s+1} n+k <_{s+1} b_k$ と定めて，間隙ひとつずつに元を置く．

例えば $P_1 = \{0\}$ で，$P_2 = \{0,1,2,3\}$ は $1 <_2 0 <_2 2$，3 は $<_2$ で他元と比較不能，となる．

いま可算半順序 $(P, \leq_P)$ が与えられたら，$P = \{p_0, p_1, ...\}$ とその元を一列に並べておき，埋込 $f : (P, \leq_P) \to (\mathbb{N}, \leq_U)$ を帰納的につくる．

$f(p_k)\ (k < i)$ が埋込になるように定義されたとして，$f(p_i)$ を埋込になるように延長する． ∎

6.5 解析的階層

先ず初めに，考える対象を自然数 $\mathbb{N}$ 上の関数から，ベール空間(Baire space) $\mathcal{N}$ へ広げる．ここで $\mathcal{N}$ は自然数上の(1変数全域的)関数全体 ${}^{\mathbb{N}}\mathbb{N}$ である．位相を考えるときには，$\mathbb{N}$ に離散位相を入れて，その直積空間 $\prod_{i \in \mathbb{N}} \mathbb{N}$ とする．この位相の基底は

$$\{\{f \in {}^{\mathbb{N}}\mathbb{N} : s \subset f\} : s \in {}^{n}\mathbb{N}, n \in \mathbb{N}\}$$

であり，距離

$$d(f,g) = \frac{1}{2^{n+1}} \quad (n = \min\{n : f(n) \neq g(n)\}, f \neq g)$$

による距離空間と同相になる．よって $\mathcal{N}$ はポーランド空間(可分完備距離空間)である．

自然数 $k, m\ (k+m > 0)$ について，直積 $\mathcal{N}_{k,m} := \mathbb{N}^k \times \mathcal{N}^m$ 上の自然数値部分関数(汎関数 functional) $F(\vec{x}, \vec{f})$ が考える対象である．このような部分関数が**計算可能**(computable)あるいは**再帰的**(recursive)とは，自然数上の再帰的関数の定義 2.1.1 において，**適用**(application)

$$Ap^{k,m}_{i,j}(\vec{x}, \vec{f}) \simeq f_j(x_i) \quad (1 \leq i \leq k, 1 \leq j \leq m)$$

を追加して得られる．つまり再帰的関数はつぎのように帰納的に生成される：

1. 以下が初期関数である：

$$I_i^{k,m}(x_1, ..., x_k, f_1, ..., f_m) = x_i \quad (1 \le i \le k),$$
$$Sc_i^{k,m}(\vec{x}, \vec{f}) = x_i + 1 \quad (1 \le i \le k),$$
$$zero^{k,m}(\vec{x}, \vec{f}) = 0,$$
$$Ap_{i,j}^{k,m}(\vec{x}, \vec{f}) \simeq f_j(x_i) \quad (1 \le i \le k, 1 \le j \le m).$$

2. $G(y_1, ..., y_n, \vec{f})$, $H_1(\vec{x}, \vec{f}), ..., H_n(\vec{x}, \vec{f})$ がいずれも再帰的ならば,
$$F(\vec{x}, \vec{f}) \simeq G(H_1(\vec{x}, \vec{f}), ..., H_n(\vec{x}, \vec{f}), \vec{f})$$
も再帰的である.
3. $G(\vec{x}, \vec{f}), H(y, \vec{x}, z, \vec{f})$ がともに再帰的なとき
$$F(0, \vec{x}, \vec{f}) \simeq G(\vec{x}, \vec{f}),$$
$$F(y+1, \vec{x}, \vec{f}) \simeq H(y, \vec{x}, F(y, \vec{x}, \vec{f}), \vec{f})$$
と定義された F も再帰的である.
4. 再帰的関係 $R(\vec{x}, y, \vec{f})$ について
$$F(\vec{x}, \vec{f}) \simeq \mu y.R(\vec{x}, y, \vec{f})$$
すなわち
$$F(\vec{x}, \vec{f}) \simeq y :\Leftrightarrow R(\vec{x}, y, \vec{f}) \land \forall z < y \neg R(\vec{x}, z, \vec{f})$$
と定義された F も再帰的である.

この定義から明らかなように，計算可能な $F(\vec{x}, \vec{f})$ の計算において $\vec{f}$ は値を変えない，つまり神託としてのみ計算の途中でその値 $f_j(x_i)$ を有限回訊かれるだけである.

よって節 6.3 でと同様に，ある $(1+k+1+m)$-変数の原始再帰的関係 $T_{k,m}(e, \vec{x}, y, z_1, ..., z_m)$ と原始再帰的関数 U でつぎのようなものがつくれることになる：$f \in \mathcal{N}, x \in \mathbb{N}$ について $\bar{f}(x) = \langle f(0), ..., f(x \dot{-} 1) \rangle$ とする．$F(\vec{x}, \vec{f})$ が計算可能であることは，ある $e \in \mathbb{N}$ が存在して,
$$\forall \vec{x} \in \mathbb{N}^k \forall f_1 \in \mathcal{N} \cdots \forall f_m \in \mathcal{N} [F(\vec{x}, f_1, ..., f_m)$$
$$\simeq U(\mu y.T_{k,m}(e, \vec{x}, y, \bar{f}_1(y), ..., \bar{f}_m(y)))]$$
となることが同値となる.

これより，$\mathcal{N}_{k,m}\,(k, m \ge 0,\ k+m > 0)$ 上の計算可能関数についても，正規形定理 2.4.1，枚挙定理 2.4.2，S-m-n 定理 2.4.3($\{S(e, \vec{y})\}(\vec{x}, \vec{f}) \simeq \{e\}(\vec{y}, \vec{x}, \vec{f})$)，再帰定理 2.4.4 がそのまま成立する.

つぎに計算可能関数を計算可能関数 $F(\vec{x}, \vec{f})$ の関数引数 f_j に代入することを考えよう.

一般に，部分関数 H と $\vec{x}, \vec{f}$ について，$\lambda z.H(z,\vec{x},\vec{f})$ は部分関数 $z \mapsto H(z,\vec{x},\vec{f})$ を表す，**Church のラムダ記法**(Church's λ-abstraction)と呼ばれる．

補題 6. 5. 1 計算可能関数 $G(\vec{x},\vec{f},h), H(z,\vec{x},\vec{f})$ について計算可能関数 F でつぎを充たすものがつくれる：$\vec{x},\vec{f}$ で $\lambda z.H(z,\vec{x},\vec{f})$ が全域的となるなら

$$F(\vec{x},\vec{f}) \simeq G(\vec{x},\vec{f},\lambda z.H(z,\vec{x},\vec{f})).$$

[証明] g を G の指標とする．$\lambda y.H(y,\vec{x},\vec{f})$ が全域的なら，

$$G(\vec{x},\vec{f},\lambda y.H(y,\vec{x},\vec{f}))$$
$$\simeq U(\mu y.\exists s[T(g,\vec{x},y,\bar{f}_1(y),\dots,\bar{f}_m(y),s) \land \forall z<y\{(s)_z = H(z,\vec{x},\vec{f})\}])$$

となるので，$F(\vec{x},\vec{f})$ をこの右辺で定めればよい． ∎

つぎに上記の定義を相対化しておこう．$\Phi \subset \mathcal{N}$ とする．関数 $F(\vec{x},\vec{f})$ が Φ-計算可能とは，ある計算可能な $G(\vec{x},\vec{f},\vec{h})$ と $\vec{\alpha} \subset \Phi$ が存在して，どんな $\vec{x},\vec{f}$ についても

$$F(\vec{x},\vec{f}) \simeq G(\vec{x},\vec{f},\vec{\alpha})$$

となることをいう．

先ず $\mathcal{N}_{k,m}$ 上の算術的関係は，定義 6. 3. 7 と同様に計算可能関係全体の族に，補集合を取る操作と $\mathbb{N}$ での射影を取る操作を有限回施して得られる関係としてつくられる．

さらにこれに $\mathcal{N}$ での射影を取る操作

$$\{(\vec{x},\vec{f},g) : R(\bar{x},\vec{f},g)\} \mapsto \{(\vec{x},\vec{f}) : \exists g\, R(\vec{x},\vec{f},g)\}$$

も許して得られる関係を**解析的関係**(analytical relation)という．

$$\exists x\, A(x) \Leftrightarrow \exists f\, A(f(0))$$
$$\exists f \exists g\, A(f,g) \Leftrightarrow \exists h\, A((h)_0,(h)_1)\ ((h)_i(x) = h(\langle i,x\rangle)) \tag{6. 23}$$
$$\forall x \exists f\, A(x,f) \Leftrightarrow \exists f \forall x\, A(x,(f)_x)$$

であるから，解析的関係はつぎの Σ^1_n, Π^1_n のいずれか，すなわち**解析的階層**(analytic hierarchy) $\bigcup_n(\Sigma^1_n \cup \Pi^1_n)$ に属す．

1. 計算可能関係 R と $n>0$ について

$$\{(\vec{x},\vec{f}) : \exists g_1 \forall g_2 \cdots Qg_n \bar{Q}y\, R(\vec{x},y,\vec{f},g_1,g_2,\dots,g_n)\}$$

と書ける関係を Σ^1_n という．ここで $\exists g_1 \forall g_2 \cdots Qg_n$ は量化記号 $\exists, \forall$ が交互に並んでいる．よって n が偶数なら $Q \equiv \forall$，奇数なら $Q \equiv \exists$ である．また

$$\bar{Q} := \begin{cases} \forall & Q = \exists \text{ のとき} \\ \exists & Q = \forall \text{ のとき} \end{cases}$$

Σ^1_n の補，つまり

$$\{(\vec{x},\vec{f}\,):\forall g_1\,\exists g_2\cdots Qg_n\bar{Q}y\,R(\vec{x},y,\vec{f},g_1,g_2,...,g_n)\}$$

と書ける関係を Π^1_n という．

2. 同時に Σ^1_n でもあり Π^1_n でもある関係を Δ^1_n という．

3. 算術的関係を $\Sigma^1_0=\Pi^1_0=\Delta^1_0=\bigcup_n \Sigma^0_n$ とおく．

小節 6.3.2 と同様にしてつぎが成り立つ．

定理 6.5.2 (解析枚挙定理 Analytic Enumeration theorem)

各 $n\geq 1$ と k,m について $(1+k,m)$-変数 Π^1_n-関係 $U_{\Pi^1_n}(x,\vec{y},\vec{f}\,)$ で，(k,m)-変数 Π^1_n-関係を枚挙する，つまり Π^1_n-関係 $A(\vec{y},\vec{f}\,)$ についてある e を取ると

$$\forall\vec{y}\forall\vec{f}\,[A(\vec{y},\vec{f}\,)\leftrightarrow U_{\Pi^1_n}(e,\vec{y},\vec{f}\,)]$$

となるものがつくれる． □

Σ^1_n についても同様である．

定理 6.5.3 (解析的階層定理)

各 $n\geq 1$ と k,m について，$\mathcal{N}_{k,m}$ の部分集合で Π^1_n-集合で Σ^1_n でないものがつくれる．従ってその補集合は Σ^1_n だが Π^1_n でないし，それらは Δ^1_n でない．

また Δ^1_{n+1} だが Σ^1_n でも Π^1_n でもない集合もつくれる． □

解析関係の定義において「計算可能関係」を，$\Phi\subset\mathcal{N}$ について，「Φ-計算可能関係」に相対化すると，Φ-解析的関係が得られる．とくに $\mathcal{N}$-解析的関係を**射影関係**(projective relation)と呼び，対応する階層 Σ^1_n, Π^1_n をそれぞれ太文字を使って，$\boldsymbol{\Sigma}^1_n$, $\boldsymbol{\Pi}^1_n$ で表し，$\bigcup_n(\boldsymbol{\Sigma}^1_n\cup\boldsymbol{\Pi}^1_n)$ を**射影的階層**(projective hierarchy)と呼ぶ．

用語上の注意．古くは $\boldsymbol{\Sigma}^1_1$ に属する集合を**解析的集合**(analytic set)と呼んでいたが，解析的階層 $\bigcup_n \Sigma^1_n$ と混同しやすいので，以下この用語は使わず，$\boldsymbol{\Sigma}^1_1$ を用いる．

6.5.1 $\boldsymbol{\Pi}^1_1$

解析的階層の一番下の Π^1_1-集合と Δ^1_1-集合はよくその構造が分かっているので，ここと次の小節 6.5.2 ではそれを説明する．

初めに自然数の有限列(のコード)に関する記法を復習しておく．コード化は，節 1.1 のものでも小節 2.1.1 のものでも構わない．

1. 全単射であるコード化 $\langle\cdot\rangle:{}^{<\omega}\mathbb{N}\to\mathbb{N}$ を用いて，自然数の有限列 $t\in{}^{<\omega}\mathbb{N}$ と

そのコード $\langle t \rangle$ を同一視する．ただ自然数 t を列と見ていることを強調したいときには $t \in {}^{<\omega}\mathbb{N}$ と書く．

以下，$t, s, \cdots \in {}^{<\omega}\mathbb{N}$ とする．

2. $lh(s)$ は列 s の長さを表す．
3. $s*t$ は列 s, t をこの順に繋いだ列を表す．
4. $s \subset t :\Leftrightarrow s \subset_e t :\Leftrightarrow s = t \restriction lh(s)$ と定め，このとき s は t の始切片 (initial segment) という．真の始切片は $s \subsetneq t \Leftrightarrow s \subset t \,\&\, s \neq t$ と書かれる．
5. 自然数の無限列 $f \in {}^{\omega}\mathbb{N}$ について $\bar{f}(n) := \langle f(0), \ldots, f(n \dot{-} 1) \rangle$.

定理 6. 5. 4 (Π^1_1-正規形定理)

Π^1_1-関係 $\forall f A(n, g, f)$ について，計算可能関係 $S_A(n, s, t)$ でつぎを充たすものが取れる：どんな $n \in \mathbb{N}$, $x, y \in \mathbb{N}$ と $g, f \in \mathcal{N}$ についても

(1) $\forall f A(n, g, f) \leftrightarrow \forall f \exists x S_A(n, \bar{g}(x), \bar{f}(x))$ かつ

(2) $x \leq y \,\&\, S_A(n, \bar{g}(x), \bar{f}(x)) \to S_A(n, \bar{g}(y), \bar{f}(y))$.

$\forall f \exists x S_A(n, \bar{g}(x), \bar{f}(x))$ を Π^1_1-関係 $\forall f A(n, g, f)$ の **Π^1_1-正規形** (Π^1_1-normal form) という．

［証明］ 計算可能関係 R を $\forall f A(n, g, f) \leftrightarrow \forall f \exists x R(n, x, g, f)$ となるように取る．それには(6. 23)を用いればよい．あるプログラム e_A と T-述語により

$$\exists x R(n, x, g, f) \leftrightarrow \exists x T(e_A, n, \bar{g}(x), \bar{f}(x), x)$$

として

$$S_A(n, s, t) :\Leftrightarrow lh(s) = lh(t) \,\&\, \exists x \leq lh(s) T(e_A, n, s, t, x)$$

とすればよい． ∎

定義 6. 5. 5

1. ${}^{<\omega}A$ は，A の元の有限列全体の集合を表す．
2. 集合 A について，$X \subset {}^{<\omega}A$ が順序 $s \subset t$ (t は s の終延長)のもとで，定義 4. 3. 16 の意味で木になっているとき，ここでは単に **A 上の木** (tree over A) と呼ぶ．つまり $\forall s \forall t (s \in X \,\&\, t \subset s \Rightarrow t \in X)$ となっていることである．
3. $\mathcal{TR}$ は，$\mathbb{N}$ 上の木全体の集合を表す．
4. 木 $T \in \mathcal{TR}$ と列 s について

$$T_s := \{t \in {}^{<\omega}\mathbb{N} : s * t \in T\}$$

とおく．T_s も木である． □

Π^1_1-正規形定理 6. 5. 4 より，つぎの Σ^1_2-集合の正規形定理が得られる．

定理 6.5.6 (Σ^1_2-正規形定理，Shoenfield)

$A\subset\mathcal{N}$ を Σ^1_2 とすると，順序数 $\alpha\geq\omega$ に木 $T^\alpha\subset{}^{<\omega}(\mathbb{N}\times\alpha)$ を対応させる関数 $\alpha\mapsto T^\alpha$ で，どんな非可算順序数 λ についてもつぎが成り立つようなものがつくれる：一般に木 $T\subset{}^{<\omega}(\mathbb{N}\times\alpha)$ に対して

$$T(f):=\{(\alpha_0,...,\alpha_{n-1})\in{}^{<\omega}\alpha:((f(0),\alpha_0),...,(f(n-1),\alpha_{n-1}))\in T\} \tag{6.24}$$

として(cf. 補題 7.5.7)，

$$\begin{aligned} f\in A &\Leftrightarrow \exists\alpha\geq\omega[T^\alpha(f)\text{ は整礎的でない}]\\ &\Leftrightarrow \exists\alpha\geq\omega[\alpha<\omega_1\wedge T^\alpha(f)\text{ は整礎的でない}]\\ &\Leftrightarrow T^\lambda(f)\text{ は整礎的でない}. \end{aligned}$$

［証明］ 初めに $A\in\Sigma^1_2$ であるから計算可能関係 R を

$$f\in A\Leftrightarrow\exists g\forall h\exists n\,R(\bar{f}(n),\bar{g}(n),\bar{h}(n))$$

となるように取る．しかも定理 6.5.4 より

$$S^{f,g}:=\{t\in{}^{<\omega}\mathbb{N}:\neg R(\bar{f}(lh(t)),\bar{g}(lh(t)),t)\}\text{ は木で}$$

$$f\in A\Leftrightarrow\exists g[S^{f,g}\text{ は整礎的}]$$

としてよいから，整礎的な $S^{f,g}$ のランク関数 $N:S^{f,g}\to\omega_1$ を定義 4.3.12.1 によって与えれば

$$f\in A\Leftrightarrow\exists g\exists N:S^{f,g}\to\omega_1\forall t,s\in S^{f,g}[s\subsetneq t\Rightarrow N(s)>N(t)] \tag{6.25}$$

$s\subsetneq t\Rightarrow s<t$ が充たされているコード化としてよい．これを用いて，各 α について木 $S^\alpha\subset{}^{<\omega}(\mathbb{N}\times\mathbb{N}\times\alpha)$ を

$$((a_0,b_0,\alpha_0),...,(a_{n-1},b_{n-1},\alpha_{n-1}))\in S^\alpha\Leftrightarrow \tag{6.26}$$
$$\forall s,t<n[s\subsetneq t\,\&\,\neg R(\langle a_0,...,a_{lh(t)-1}\rangle,\langle b_0,...,b_{lh(t)-1}\rangle,t)\Rightarrow\alpha_s>\alpha_t]$$

と定める．

$$S^\alpha(f)$$
$$=\{((b_0,\alpha_0),...,(b_{n-1},\alpha_{n-1})):((f(0),b_0,\alpha_0),...,(f(n-1),b_{n-1},\alpha_{n-1}))\in S^\alpha\}$$

は，$\mathbb{N}\times\alpha$ 上の木になっている．定義からつぎが分かる：

$$f\in A\Rightarrow\exists\alpha<\omega_1[S^\alpha(f)\text{ は整礎的でない}] \tag{6.27}$$

なぜなら $f\in A$ として，g と $N:S^{f,g}\to\omega_1$ を(6.25)の右辺を充たすように取る．順序数 α_i をつぎのように定める．

$$t\in S^{f,g}\Rightarrow N(t)=\alpha_t \tag{6.28}$$

それ以外の i については $\alpha_i=0$ とする．するとどんな n と α についても

$$\alpha_0, ..., \alpha_{n-1} < \alpha \Rightarrow ((f(0), g(0), \alpha_0), ..., (f(n-1), g(n-1), \alpha_{n-1})) \in S^\alpha$$

となる．$S^{f,g} \subset {}^{<\omega}\mathbb{N}$ は可算なので，ω_1 の正則性より順序数 $\alpha < \omega_1$ を $rng(N) \subset \alpha$ と取れば(6. 27)の右辺が充たされる．

つぎに逆を見よう：

$$[S^\alpha(f) \text{ は整礎的でない}] \Rightarrow f \in A \quad (6.\,29)$$

g と $\{\alpha_n\}_n$ を $\forall n[((f(0), g(0), \alpha_0), ..., (f(n-1), g(n-1), \alpha_{n-1})) \in S^\alpha]$ となるように取る．$N : S^{f,g} \to \alpha$ を(6. 28)で定めると，(6. 25)の右辺が充たされる．

こうして

$$f \in A \Leftrightarrow \exists \alpha < \omega_1 [S^\alpha(f) \text{ は整礎的でない}] \Leftrightarrow \exists \alpha [S^\alpha(f) \text{ は整礎的でない}]$$

が分かった．

これでほぼ証明は終わったが，$S^\alpha \subset {}^{<\omega}(\mathbb{N} \times \mathbb{N} \times \alpha)$ であり $T^\alpha \subset {}^{<\omega}(\mathbb{N} \times \alpha)$ としたかったので，最後にすこし調整する．

三重対の列 $t = ((a_0, b_0, \alpha_0), ..., (a_{2n+1}, b_{2n+1}, \alpha_{2n+1}))$ を二重対の列 $bin(t) := ((a_0, b_0), (a_1, \alpha_0), ..., (a_{2n}, b_n), (a_{2n+1}, \alpha_n))$ ($i > n$ について b_i, α_i は捨てる)と見なして，

$$T^\alpha := \{s \in {}^{<\omega}(\mathbb{N} \times (\mathbb{N} \cup \alpha)) : \exists t \in S^\alpha (s \subset bin(t))\}.$$

すると $\alpha \geq \omega (= \mathbb{N})$ なら $T^\alpha \subset {}^{<\omega}(\mathbb{N} \times \alpha)$ で T^α は木であり

$$T^\alpha(f) \text{ は整礎的でない} \Leftrightarrow S^\alpha(f) \text{ は整礎的でない}$$

となって証明が終わる． ∎

定義 6. 5. 7

$$T(e) := \{s \in {}^{<\omega}\mathbb{N} : \{e\}(s) \simeq 1\}$$

とおく．

WT は，整礎的な計算可能木のコード全体の集合を表す：

$$e \in WT :\Leftrightarrow T(e) \text{ は整礎木}. \quad \square$$

定理 6. 5. 8 WT は Π^1_1-完全(Π^1_1-complete)である．つまり，Π^1_1-関係 $\forall f A(n, g, f)$ に対して，計算可能関数 w_A でつぎを充たすものが取れる：

$$\forall n \forall g [\forall f A(n, g, f) \leftrightarrow w_A(n, g) \in WT].$$

［証明］ 定理 6. 5. 4 の条件(2)は，

$$T^{n,g} := \{t \in {}^{<\omega}\mathbb{N} : \neg S_A(n, \bar{g}(lh(t)), t)\} \quad (6.\,30)$$

が木になっているということを意味し，条件(1)はこの木 $T^{n,g}$ が整礎的であることである．

さらに S_A が計算可能であるから $T^{n,g}$ もそうである．こうして

$$\forall f A(n,g,f) \leftrightarrow \text{計算可能木 } T^{n,g} \text{ が整礎的}$$

となる.

自然数 e を

$$\{e\}(n,t,g) \simeq 1 \Leftrightarrow \neg S_A(n,\bar{g}(lh(t)),t) \Leftrightarrow t \in T^{n,g}$$

と取り，S-m-n 定理 2.4.3 より，計算可能関数 w_A を

$$\{w_A(n,g)\}(t) \simeq \{e\}(n,t,g)$$

とすればよい. ∎

系 6.5.9 $WT \notin \Sigma^1_1$.

［証明］ $WT \in \Sigma^1_1$ とすると $\Sigma^1_1 = \Pi^1_1$ となり，解析的階層定理 6.5.3 に反す. ∎

帰納的集合

帰納的定義については，小節 4.4.2 を思い出してほしい.

自然数の公理系 PA の言語に $\mathcal{N}$ を走る変数 $f,g,\ldots$ と $\mathcal{P}(\mathcal{N}_{k,m}) = \mathcal{P}(\mathbb{N}^k \times \mathcal{N}^m)$ を走る変数 X を一個，加えた言語を考える. 端的には f,g は 1 変数関数記号であり，X は式の列 $\vec{t}$ と関数記号の列 $\vec{f}$ について $X(\vec{t},\vec{f})$ が原子論理式になるような関係記号である. この言語には自然数 n を表す式(数字) $\bar{n}$ 以外に，自然数 n を恒等的に値にとる定数関数 $c_n(x) = \bar{n}$ も関数記号に含まれているとする. この言語での X-正論理式 $\varphi[X,\vec{n},\vec{g}]$ (パラメタは $\vec{n}$ のみで，新たな関数記号は $\vec{g}$ のみ)は，標準モデル $\mathbb{N}$ で，$\mathcal{N}_{k,m}$ 上の単調関数 Γ_φ

$$\Gamma_\varphi(\mathcal{X}) := \{(\vec{n},\vec{g}) \in \mathcal{N}_{k,m} : \mathbb{N} \models \varphi[\mathcal{X},\vec{n},\vec{g}]\}$$

を定義する. この Γ_φ により帰納的に定義される集合 I_{Γ_φ} を単に I_φ と書くことにする. また $a \in I_\varphi$ のノルム $|a|_{\Gamma_\varphi}$ も $|a|_\varphi$ と書こう.

定義 6.5.10

1. 関係 $R \subset \mathcal{N}_{n+k,\ell+m}$ の切り口(section)とは，自然数列 $\vec{m}$ と定数関数列 $\vec{c}$ により

$$\{(\vec{x},\vec{f}) \in \mathcal{N}_{k,m} : R(\vec{m} \oplus \vec{x}, \vec{c} \oplus \vec{f})\}$$

   と表せる関係のことをいう. ただしここで $\vec{m} \oplus \vec{x}$ は，それぞれの成分 $m_0,\ldots,m_{n-1},x_0,\ldots,x_{k-1}$ を，$\vec{m},\vec{x}$ によらない，ある決まった順序に並べ替えた列を表す. $\vec{c} \oplus \vec{f}$ も同様である.

2. 集合 $\mathcal{X} \subset \mathcal{N}_{k,m}$ が($\mathbb{N}$ 上)帰納的(inductive)とは，それがある X-正論理式 $\varphi[X,\vec{n},\vec{g}]$ により定まる $\mathcal{N}_{k,m}$ 上の単調関数により帰納的に定義される I_φ

の切り口になっていることをいう.

3. 帰納的集合の補集合を余帰納的(coinductive)と呼ぶ.

4. 帰納的でかつ余帰納的な集合は超初等的(hyperelementary)と言われる.

□

帰納的であることと Π^1_1 であることが同値になることを見よう.

系 6.5.11 X-正論理式 $\varphi[X,n,g]$ により帰納的に定義される I_φ は Π^1_1 である. よって, 帰納的集合も Π^1_1 である.

[証明] 定義 4.4.30.1 による. ∎

命題 6.5.12 $T\in\mathcal{TR}$ を算術的木とする.

$$\mathcal{T}[X,s] :\Leftrightarrow T_s=\varnothing(\leftrightarrow s\notin T)\lor\forall m[s*\langle m\rangle\in X]$$

とおくと, 任意の $s\in{}^{<\omega}\mathbb{N}$ について

$$s\in I_\mathcal{T}\Leftrightarrow T_s \text{ は整礎的} \tag{6.31}$$

となる. とくに

$$\varnothing\in I_\mathcal{T}\Leftrightarrow T \text{ は整礎的.}$$

[証明] $\mathcal{A}=\{s\in{}^{<\omega}\mathbb{N}:T_s \text{ は整礎的}\}$ とおく.

$\mathcal{T}[\mathcal{A},s]\Rightarrow s\in\mathcal{A}$ であるから, $s\in I_\mathcal{T}$ に関する超限帰納法により, $I_\mathcal{T}\subset\mathcal{A}$.

逆に $s\in\mathcal{A}$ つまり T_s は整礎的とする. $T_s\neq\varnothing$ の場合のみ考えればよい. $t\in T_s$ に関する超限帰納法により

$$t\in T_s\Rightarrow s*t\in I_\mathcal{T}$$

となる. そこで $t=\varnothing$ (空列) とおいて, $s=s*\varnothing\in I_\mathcal{T}$. ∎

自然数上の算術的な木 $T\in\mathcal{TR}$ が整礎的なら, $\forall s\in T(s\in I_\mathcal{T})$ となる. $s\in T$ のノルム $|s|_\mathcal{T}$ は

$$|s|_\mathcal{T}=\sup\{|s*\langle m\rangle|_\mathcal{T}+1:m\in\mathbb{N}\}$$

である. $s\in T$ に関する超限帰納法は端的には順序数 $|s|_\mathcal{T}$ に関する帰納法だが, それは

$$\forall s\in T[\forall m\in\mathbb{N}(s*\langle m\rangle\in T\to s*\langle m\rangle\in P)\to s\in P]\to T\subset P$$

という形で書ける. これを L. E. J. Brouwer の **Bar** 帰納法(Bar induction)と呼ぶ.

定理 6.5.13 Π^1_1-集合は帰納的である.

[証明] Π^1_1-集合 $\{(n,g)\in\mathcal{N}_{1,1}:\forall fA(n,g,f)\}$ に対し, 定理 6.5.4 でつくった計算可能関係 $S_A(n,s,t)$ を取る:

$$\forall fA(n,g,f)\Leftrightarrow \text{木 } T^{n,g}=\{t:\neg S_A(n,\bar g(lh(t)),t)\} \text{ は整礎的}$$

$$\Leftrightarrow \forall f\, \exists x S_A(n, \bar{g}(x), \bar{f}(x)).$$

${}^{<\omega}(\mathbb{N}\times\mathbb{N})$ 上の順序

$$(s,n) \leq (t,m) :\Leftrightarrow s \subset t \,\&\, n = m$$

について，木 $T^g \subset {}^{<\omega}\mathbb{N}\times\mathbb{N}$ を

$$(t,n) \in T^g \Leftrightarrow t \in T^{n,g}$$

で定める．

$$(s,n) \in T^g_{(t,n)} :\Leftrightarrow (t*s, n) \in T^g$$

とすれば

$$(s,n) \in T^g_{(t,n)} \Leftrightarrow s \in T^{n,g}_t$$

である．

そこで

$\mathcal{T}[X,t,n,g] :\Leftrightarrow T^g_{(t,n)} = \varnothing (\leftrightarrow S_A(n, \bar{g}(lh(t)), t)) \vee \forall m[(t*\langle m\rangle, n, g) \in X]$

とすると，命題 6.5.12(の証明)により

$$\begin{aligned}(t,n,g) \in I_{\mathcal{T}} &\Leftrightarrow T^g_{(t,n)} \text{ は整礎的 } \Leftrightarrow T^{n,g}_t \text{ は整礎的}\\ &\Leftrightarrow \forall f\, \exists x S_A(n, \bar{g}(lh(t)+x), t*\bar{f}(x)) \end{aligned} \tag{6.32}$$

とくに

$$\begin{aligned}(\varnothing,n,g) \in I_{\mathcal{T}} &\Leftrightarrow T^{n,g}_{\varnothing} = T^{n,g} \text{ は整礎的}\\ &\Leftrightarrow \forall f\, \exists x S_A(n, \bar{g}(x), \bar{f}(x)) \Leftrightarrow \forall f A(n,g,f).\end{aligned}$$

よって $\{(n,g) \in \mathcal{N}_{1,1} : \forall f A(n,g,f)\}$ は集合 $I_{\mathcal{T}}$ の切り口になっているから帰納的である． ∎

系 6.5.14 $\mathcal{N}_{1,1}$ の部分集合について，それが Π^1_1 であることと帰納的であることは同値であり，また Δ^1_1 であることと超初等的であることは同値である． □

ここで定義 6.5.7 の整礎的かつ計算可能な木のコードの集合 WT を帰納的に定義する正論理式 $\mathcal{W}$ を書いておこう．

$$\mathcal{W}[X,e] :\Leftrightarrow \forall n[\{e\}(n)\downarrow] \wedge T(e) \in \mathcal{TR} \wedge [T(e) = \varnothing \vee \forall n(e\restriction\langle n\rangle \in X)].$$

ここで $e\restriction\langle n\rangle$ は $\{e\restriction\langle n\rangle\}(s) \simeq \{e\}(\langle n\rangle * s)$ となる数，つまり木では $T(e\restriction\langle n\rangle) = T(e)_{\langle n\rangle}$ となる．$(e,n) \mapsto e\restriction\langle n\rangle$ は計算可能である．

すると明らかに $I_{\mathcal{W}} = WT$ となる．$e \in WT$ について，ノルム $|e|_{\mathcal{W}}$ は整礎木 $T(e)$ の深さ $|T(e)|$ (定義 4.3.16.11)であることに注意せよ．

定義 6.5.15

1. ある $e \in WT$ について $\alpha = |e|_{\mathcal{W}}$ と表せる順序数 α を帰納的順序数(recursive ordinal)という．帰納的順序数全体の上限を ω^{CK}_1 で表し，Church-Kleene

ω_1 と呼ぶ.

2. 帰納的順序数 α について,

$$WT_{<\alpha} := \{e \in WT : |e|_{\mathcal{W}} < \alpha\}.$$ □

明らかに $\omega_1^{CK} < \omega_1$ であり，また帰納的順序数全体は始切片 $\{\alpha : \alpha < \omega_1^{CK}\}$ となり，よって ω_1^{CK} が最小の帰納的でない順序数となる.

定理 6. 5. 16 (Σ^1_1-整礎木の有界性定理，C. Spector)

整礎木 T の深さ $|T|$ (定義 4. 3. 16. 11)に関して

$$\omega_1^{CK} = \sup\{|T| : T \in \mathcal{TR} \text{ は } \Sigma^1_1\text{-整礎木}\}.$$

［証明］ T を自然数上の Σ^1_1-整礎木として $|T| < \omega_1^{CK}$ を示せばよい．$\omega_1^{CK} \leq |T|$ と仮定する．$\omega_1^{CK} = |T|$ としてよい．すると

$e \in WT \Leftrightarrow |e|_{\mathcal{W}} \leq |T| \Leftrightarrow \exists f \in \mathcal{N}[f$ は $T(e)$ から T への順序を保つ関数]

で右辺は Σ^1_1 なので，これは系 6. 5. 9 に反す. ∎

第 4 章(演習 16)より，自然数上の Σ^1_1-整列順序の順序型の上限も ω_1^{CK} になることが分かる．またこの定理 6. 5. 16 の証明と後の被覆定理 6. 5. 26 の証明を見比べよ.

ひとつ系 6. 5. 11 の応用を見ておく.

いま有限の言語 $\mathcal{L} = \{R_1, ..., R_n, f_1, ..., f_m\}$ を考える.

$$\mathcal{M} = \langle M; R_1^{\mathcal{M}}, ..., R_n^{\mathcal{M}}, f_1^{\mathcal{M}}, ..., f_m^{\mathcal{M}}\rangle$$

を，この言語による可算モデル，つまり $card(M) \leq \aleph_0$ とする．このモデルを関数 $F \in \mathcal{N}$ でコードしよう．M は可算であるから，自然数の部分集合 $F_M = \{n \in \mathbb{N} : F(\langle 0, n\rangle) = 1\}$ と同一視する．また，関係記号 $R_i \subset M^{k_i}$ は，$F_{R_i} = \{\vec{a} \in \mathbb{N}^{k_i} : F(\langle i, \vec{a}\rangle) = 1\}$ と同一視し，関数記号 $f_i : M^{k_i} \to M$ は，関数 $F_{f_i}(\vec{a}) = F(\langle n + i, \vec{a}\rangle)$ と同一視する．F がある $\mathcal{M}$ にこの意味で対応しているのは，$F_{f_i} : F_M^{k_i} \to F_M$ となっていることであり，これは算術的条件である.

そこで $\mathcal{M}$ での充足関係 $\mathcal{M} \models \varphi[\vec{a}]$ $(\vec{a} \subset M)$ に対応する関係 $Sat(F, n, \vec{a})$ $(n = \ulcorner\varphi\urcorner)$ を考える．これは $\mathcal{N}_{2,1}$ の部分集合である.

補題 6. 5. 17 有限言語の可算モデルでの充足関係 $Sat(F, n, \vec{a})$ は Δ^1_1 である.

［証明］ 直接，$Sat(F, n, \vec{a})$ を Π^1_1 かつ Σ^1_1 で書くことも容易だが，ここでは $Sat(F, n, \vec{a})$ とその補関係 $\neg Sat(F, n, \vec{a})$ がともに帰納的であることを見る.

初めに，論理式はすべて定義 1. 3. 10 での否定標準形に限る.

すると，$Sat(F, n, \vec{a})$ は論理式のコード n に関する単調帰納法で定義されるから帰納的である．また，(原始)再帰的関数 nt を，$nt(\ulcorner\varphi\urcorner)$ が $\neg\varphi$ での否定を

中に入れてしまって得られる論理式(cf. 補題 1.3.11.1)のコードを与えるとすれば，その否定 $\neg Sat(F,n,\vec{a})$ は，$Sat(F,nt(n),\vec{a})$ とすればよいので，やはり帰納的となる. ■

帰納的集合族の構造

$\mathbb{N}$ 上の帰納的集合全体のつくる族の構造を調べる.

補題 6.5.18 (同時帰納的定義)

X_0, X_1 がともに正にしか現れないふたつの論理式 $\Gamma_0[X_0,X_1,n_0,f_0]$, $\Gamma_1[X_0,X_1,n_1,f_1]$ が与えられている. 同時帰納法で $i=0,1$ について

$$(n_i,f_i)\in I^{\alpha}_{\Gamma_i} \Leftrightarrow \Gamma_i[I^{<\alpha}_{\Gamma_0}, I^{<\alpha}_{\Gamma_1}, n_i, f_i]$$
$$I_{\Gamma_i} = \bigcup_{\alpha} I^{\alpha}_{\Gamma_i}$$

と定義する.

このとき X-正論理式 $\Phi[X,m,n_0,n_1,f_0,f_1]$ で，I_{Γ_i} $(i=0,1)$ がともに I_Φ の切り口になるようなものが取れる.

［証明］ $\Phi[X,m,n_0,n_1,f_0,f_1]$ を

$$\bigvee_{i<2}\{(m=i)\land\Gamma_i[\{(n'_0,f'_0):X(0,n'_0,0,f'_0,c_0)\},\{(n'_1,f'_1):X(1,1,n'_1,c_1,f'_1)\},n_i,f_i]\}$$

で定めると，順序数 α に関する帰納法で，

$$(n_0,f_0)\in I^{\alpha}_{\Gamma_0} \Leftrightarrow (0,n_0,0,f_0,c_0)\in I^{\alpha}_{\Phi}$$
$$(n_1,f_1)\in I^{\alpha}_{\Gamma_1} \Leftrightarrow (1,1,n_1,c_1,f_1)\in I^{\alpha}_{\Phi}$$

が分かる. ■

補題 6.5.19 (繰り返し補題 Combination lemma)

$\Gamma[Y,z,y,f]$ を Y-正論理式とし，$\Phi[X,Y,x,f]$ には X,Y がともに正にしか現れていないとする.

Γ により帰納的に定義される I_Γ のある切り口 $Q=\{(y,f):(a,y,f)\in I_\Gamma\}$ を，Φ の Y に代入した $\Psi[X,x,f]:\Leftrightarrow\Phi[X,Q,x,f]$ により帰納的に定義される I_Ψ は帰納的となる.

［証明］

$$\Theta[Z,m,z,y,x,f]:\Leftrightarrow$$
$$[m=0\land\Gamma[\{(z',y',f'):Z(0,z',y',0,f')\},z,y,f]]\lor$$
$$[m=1\land\Phi[\{(x',f'):Z(1,1,1,x',f')\},\{(y',f'):Z(0,a,y',0,f')\},x,f]]$$

とおくと，Φ が X,Y について正であることを用いて順序数 α に関する超限帰

納法により

$$(z,y,f)\in I^{\alpha}_{\Gamma}\Leftrightarrow(0,z,y,0,f)\in I^{\alpha}_{\Theta}$$
$$(1,1,1,x,f)\in I^{\alpha}_{\Theta}\Rightarrow(x,f)\in I^{\alpha}_{\Psi}$$
$$(x,f)\in I^{\alpha}_{\Psi}\Rightarrow(1,1,1,x,f)\in I_{\Theta}$$

が分かるので,

$$(z,y,f)\in I_{\Gamma}\Leftrightarrow(0,z,y,0,f)\in I_{\Theta}$$
$$(x,f)\in I_{\Psi}\Leftrightarrow(1,1,1,x,f)\in I_{\Theta}$$

となる. ∎

つぎの系 6. 5. 20 と命題 6. 5. 21 の証明は容易なので(演習 19)とする.

系 **6. 5. 20** $\mathbb{N}$ 上の帰納的集合族は $\wedge,\vee,\forall,\exists$ について閉じている. ここでの量化記号は自然数上の $\forall n\in\mathbb{N}$ 等である. □

命題 **6. 5. 21** X-正論理式 $\Gamma_0[X,n,f]$, $\Gamma_1[X,n,f]$ について

$$X\neq\mathbb{N}\times\mathcal{N}\Rightarrow\forall n\in\mathbb{N}\forall f\in\mathcal{N}\{\Gamma_0[X,n,f]\Leftrightarrow\Gamma_1[X,n,f]\}$$

であるとする. このとき順序数 α について $I^{\alpha}_{\Gamma_0}=I^{\alpha}_{\Gamma_1}$ となり, $I_{\Gamma_0}=I_{\Gamma_1}$. □

命題 6. 5. 21 により, 集合 I^{α}_{Γ} を調べる際には $\forall n\forall f\in\mathcal{N}\Gamma[\mathbb{N}\times\mathcal{N},n,f]$ を仮定してよいことが分かる. さなくば $\Phi[X,n,f]:\Leftrightarrow\Gamma[X,n,f]\vee\forall x\in\mathbb{N}\times\mathcal{N}(x\in X)$ と置けばよい.

つぎの比較定理 6. 5. 22 が, 帰納的集合族に関するもっとも重要な結果である.

定理 **6. 5. 22** (比較定理 Stage Comparison theorem)

X-正論理式 $\Gamma[X,x]$ に関する $x\in\mathbb{N}\times\mathcal{N}$ の Γ-ノルム $|x|_{\Gamma}$ (定義 4. 4. 32)についてふたつの関係 $\leq^*_{\Gamma}$ と $<^*_{\Gamma}$ を

$$x\leq^*_{\Gamma}y:\Leftrightarrow x\in I_{\Gamma}\wedge[y\notin I_{\Gamma}\vee|x|_{\Gamma}\leq|y|_{\Gamma}]$$
$$x<^*_{\Gamma}y:\Leftrightarrow x\in I_{\Gamma}\wedge[y\notin I_{\Gamma}\vee|x|_{\Gamma}<|y|_{\Gamma}]$$

で定義すれば, このふたつの関係はともにある正論理式で帰納的に定義される.

［証明］ 以下の証明で, $\leq^*_{\Gamma}$, $<^*_{\Gamma}$, $|x|_{\Gamma}$ での添字 Γ を省略する. I_{Γ} に入っていない元にもノルムを定義しておく: 連続体 $\mathcal{N}$ の濃度のつぎの正則基数 $\kappa=(2^{\aleph_0})^+$ について

$$|x|:=\kappa\quad(x\notin I_{\Gamma}).$$

すると

$$x\in I_{\Gamma}\Leftrightarrow|x|<\kappa$$
$$x\leq^* y\Leftrightarrow x\in I_{\Gamma}\wedge|x|\leq|y|$$

$$x <^* y \Leftrightarrow |x| < |y|.$$

以下，命題 6.5.21 により $\forall x \Gamma[\mathbb{N} \times \mathcal{N}, x]$ を仮定する．

容易に分かるように

$$x \leq^* y \Leftrightarrow \Gamma[\{x' : |x'| < |y|\}, x] \tag{6.33}$$

となる．つぎに

$$|y| \leq |x| \Leftrightarrow \Gamma[\{y' : \neg(x \leq^* y')\}, y] \tag{6.34}$$

を示す．初めに $x \notin I_\Gamma$ の場合を考えると，左辺は正しい．他方 $\{y' : \neg(x \leq^* y')\} = \mathbb{N} \times \mathcal{N}$ なので右辺も仮定より正しい．

つぎに $x \in I_\Gamma$ として $\alpha = |x|$ と置く．

$$\begin{aligned} |y| \leq \alpha \Leftrightarrow y \in I_\Gamma^\alpha & \\ & \Leftrightarrow \Gamma[I^{<\alpha}, y] \\ & \Leftrightarrow \Gamma[\{y' : |y'| < \alpha\}, y] \\ & \Leftrightarrow \Gamma[\{y' : \neg(\alpha \leq |y'|)\}, y] \\ & \Leftrightarrow \Gamma[\{y' : \neg(x \leq^* y')\}, y]. \end{aligned}$$

これで(6.34)が示された．

そこで

$$\begin{aligned} x \leq^* y & \Leftrightarrow \Gamma[\{x' : |x'| < |y|\}, x] && (6.33) \\ & \Leftrightarrow \Gamma[\{x' : \neg(|y| \leq |x'|)\}, x] \\ & \Leftrightarrow \Gamma[\{x' : \neg\Gamma[\{y' : \neg(x' \leq^* y')\}, y]\}, x] && (6.34) \end{aligned}$$

なので，$\leq^*$ は U-正論理式 $\Phi[U, x, y] :\Leftrightarrow \Gamma[\{x' : \neg\Gamma[\{y' : \neg U(x', y')\}, y]\}, x]$ の不動点(のひとつ)であり，$(x, y) \in I_\Phi \Rightarrow x \leq^* y$ となる．

逆を示そう．

$$\forall y \{x \leq^* y \Rightarrow (x, y) \in I_\Phi\} \tag{6.35}$$

(6.35)を，$|x|$ に関する超限帰納法で示す．

$x \leq^* y$ だが $(x, y) \notin I_\Phi$ と仮定してみる．すると $\neg\Phi[I_\Phi, x, y]$ つまり

$$\neg\Gamma[\{x' : \neg\Gamma[\{y' : (x', y') \notin I_\Phi\}, y]\}, x] \tag{6.36}$$

$x \leq^* y$ より $\alpha = |x| < \kappa$ とおくと

$$\Gamma[I^{<\alpha}, x] \tag{6.37}$$

(6.36)と(6.37)を見比べて $x' \in I^{<\alpha}$ を

$$\Gamma[\{y' : (x', y') \notin I_\Phi\}, y] \tag{6.38}$$

となるように取る．

$|x'| < \alpha = |x|$ より帰納法の仮定から $\{y' : (x', y') \notin I_\Phi\} \subset \{y' : \neg(x' \leq^* y')\}$．よ

って(6. 38)から $\Gamma[\{y':\neg(x'\leq^* y')\},y]$ となるが，これは(6. 34)によると $|y|\leq |x'|<|x|\leq|y|$ を意味してしまい，矛盾である．これで(6. 35)が示され，$x\leq^* y\Leftrightarrow(x,y)\in I_\Phi$ なので $\leq^*$ は Φ により帰納的に定義されることが分かった．

$x<^* y\Leftrightarrow(x,y)\in I_\Psi$ となる正論理式 Ψ は $\Psi[U,x,y]:\Leftrightarrow\neg\Gamma[\{y':\neg\Gamma[\{x':U(x',y')\},x]\},y]$ でよい． ∎

比較定理 6. 5. 22 の応用をいくつか述べる．

定義 6. 5. 23 帰納的集合 P について正論理式 Γ と自然数や定数関数 a を $P=\{x\in\mathbb{N}\times\mathcal{N}:(a,x)\in I_\Gamma\}$ と取って，

$$x\leq^*_P y:\Leftrightarrow(a,x)\leq^*_\Gamma(a,y)$$
$$x<^*_P y:\Leftrightarrow(a,x)<^*_\Gamma(a,y)$$

と定める．これらを P の**比較関係**(stage comparison relations)と呼ぶ．

系 6. 5. 24 P を帰納的集合とする．$P(x)$ となっている各 x について，集合 $\{y:y\leq^*_P x\}$ と $\{y:y<^*_P x\}$ はともに超初等的，すなわち Δ^1_1 である．

［証明］ $P(x)$ なら $y\leq^*_P x\Leftrightarrow\neg(x<^*_P y)$ であるからである． ∎

系 6. 5. 25 (帰納的集合の還元性と余帰納的集合の分離，cf. 系 6. 2. 2)

1. 二つの帰納的集合 A,B が与えられたら，帰納的集合 A_1,B_1 で $A_1\subset A$, $B_1\subset B$, $A_1\cap B_1=\varnothing$ かつ $A_1\cup B_1=A\cup B$ となるものがつくれる．
2. 交わらない二つの余帰納的集合 A,B は，ある超初等的集合 C で分離できる：$A\subset C$, $C\cap B=\varnothing$.

［証明］ 系 6. 5. 25. 1.

$$C(m,x):\Leftrightarrow[m=0\wedge A(x)]\vee[m=1\wedge B(x)]$$

と置き，

$$A_1(x):\Leftrightarrow(0,x)\leq^*_C(1,x)$$
$$B_1(x):\Leftrightarrow(1,x)<^*_C(0,x)$$

とすればよい．

系 6. 5. 25. 2 は系 6. 5. 25. 1 から分かる． ∎

定理 6. 5. 26 (被覆定理 Covering theorem)

P は帰納的だが余帰納的でない，つまり Π^1_1 だが Σ^1_1 でない集合とする．また Q を余帰納的集合とする．

超初等的関数 f は Q を P へ移す($f[Q]\subset P$)とする．このとき像 $f[Q]$ は P において関係 $\leq^*_P$ に関して有界である：

$$\exists c\in P[f[Q]\leq^*_P c].$$

［証明］ そうでなければ $\forall c\in P\,\exists x\in Q[\neg(f(x)\leq^*_P c)]$ ということで

$$c\in P\Leftrightarrow\exists x[x\in Q\wedge\neg(f(x)\leq^*_P c)]$$

となり，P は余帰納的になってしまう． ∎

定理 6. 5. 27 (cf. 定理 6. 2. 1)

1. (超初等的選択定理 Hyperelementary Selection theorem)

   $P(x,y)\,(x,y\in\mathbb{N}\times\mathcal{N})$ を帰納的関係とする．ともに帰納的な関係 $P^+(x,y)$ と $P^-(x,y)$ でつぎを充たすものが取れる：

   (a) $P^+\subset P$.

   (b) $\exists yP(x,y)\Rightarrow\exists yP^+(x,y)$.

   (c) $\exists yP(x,y)\Rightarrow\{y:P^+(x,y)\}=\{y:\neg P^-(x,y)\}$.

2. (Π^1_1-一様化定理 Π^1_1-Uniformization theorem，Novikov-近藤*4-Addison)

   $P(x,y)\,(x,y\in\mathbb{N}\times\mathcal{N})$ を帰納的関係とする．このときある帰納的関係 $P^*(x,y)$ で以下を充たすものが取れる：

   (a) $P^*(x,y)\Rightarrow P(x,y)$.

   (b) $P^*(x,y)\wedge P^*(x,z)\Rightarrow y=z$.

   (c) $\exists yP(x,y)\Rightarrow\exists yP^*(x,y)$.

   つまり P^* は定義域が $\{x:\exists yP(x,y)\}$ である関数 f のグラフとなる：

   $$\exists yP(x,y)\Rightarrow P(x,f(x)).$$

   このとき帰納的すなわち Π^1_1 である P^* は帰納的 P を(y に関して)一様化(uniformize)するという．

   とくに，$\forall x\exists yP(x,y)$ となっていたら，f は $\forall xP(x,f(x))$ を充たす Δ^1_2-関数である．

［証明］ 定理 6. 5. 27. 1 を先に考える．

$$P^+(x,y):\Leftrightarrow\forall y'[(x,y)\leq^*_P(x,y')]$$
$$P^-(x,y):\Leftrightarrow\exists y'[(x,y')<^*_P(x,y)]$$

とおくと，系 6. 5. 20 により P^+,P^- はともに帰納的であり，明らかに所望のものである．(1b)には，x について $P(x,y)$ となる $\leq^*_P$ に関して極小な y を取ればよい．

つぎに定理 6. 5. 27. 2 を示そう．

以下，簡単のため $x,y\in\mathcal{N}$ とする．x は止めて考える．$P:=\{y:P(x,y)\}$ は

---

*4 近藤基吉

空でないとして，定理 6.5.27.1 によりその部分 P^+ が超初等的に取れる．しかしいま問題なのは，そこから一点を指定することにある．そこでこれから P の部分集合の減少列 $\{P_n\}_n$ を帰納的に定義する．求める P^* は $P^* = \bigcap_n P_n$ と定めることになる．

P は Π^1_1 であるから，$P(x,y) \Leftrightarrow \forall f \exists n S_P(\bar{x}(n), \bar{y}(n), \bar{f}(n))$ と Π^1_1-正規形にする．定理 6.5.13 の証明での (6.32) により正論理式

$$\mathcal{T}[X,t,x,y] :\Leftrightarrow S_P(\bar{x}(lh(t)), \bar{y}(lh(t)), t) \vee \forall m[(t * \langle m \rangle, x, y) \in X]$$

に関して

$$(t,x,y) \in I_{\mathcal{T}} \Leftrightarrow \forall f \exists n S_P(\bar{x}(lh(t)+n), \bar{y}(lh(t)+n), t * \bar{f}(n))$$

となる．

各 $t \in {}^{<\omega}\mathbb{N}$ について，$\{(x,y) : (t,x,y) \in I_{\mathcal{T}}\}$ も帰納的である．これに付随するノルムを $|\cdot|_t$ とおいておく．またこれに付随する比較関係を $\leq^*_t$ と書くことにする．x を止めているので x を省略して，$|y|_t = |x,y|_t$, $y \leq^*_t z \Leftrightarrow (x,y) \leq^*_t (x,z)$ と書く．

考え方は，P の元 y をすべて考えて，順序数 $|y|_t$ が最小なものに絞り込み，かつ $y(t)$ が最小なものだけを残していく．ここで $y \in P$ なら $|y|_t$ は，木

$$\{s \in {}^{<\omega}\mathbb{N} : \neg S_P(\bar{x}(lh(t)+lh(s)), \bar{y}(lh(t)+lh(s)), t * s)\}$$

の深さである．

ここでも全単射であるコード化 $\langle\cdot\rangle : {}^{<\omega}\mathbb{N} \to \mathbb{N}$ により自然数とその有限列を同一視している．ここでコード化は，空列 $\varnothing$ のコードは 0，$lh(t) \leq t$ かつ $s \subsetneq t \Rightarrow s < t$ としておこう．

n に関する帰納法で順序数 $|n|$, $P_n \subset P$, s_n を

$$\forall y, z \in P_n[s_n := \bar{y}(n) = \bar{z}(n)]$$

となるように決めていく．

初めに

$$|0| := \min\{|y|_0 : y \in P\}$$
$$P_0 := \{y \in P : |y|_0 = |0|\} = \{y \in P : \forall y'(y \leq^*_0 y')\}.$$

$s_0 = \varnothing$ である．

P_n, s_n がすでに定義されたとする．

$$|n| := \min\{|y|_n : y \in P_n\}$$
$$a_n := \min\{y(n) \in \mathbb{N} : y \in P_n \wedge |y|_n = |n|\}$$

$$P_{n+1} := \{y \in P_n : y(n) = a_n \wedge |y|_n = |n|\} \\ = \{y \in P_n : y(n) = a_n \wedge \forall y' \in P_n (y \leq^*_n y')\} \tag{6.39}$$

で定める．$s_{n+1} = s_n * \langle a_n \rangle$ となっている．

$P^* := \bigcap_n P_n$ とおく．P^* が P に含まれること，(2a)は明らかである．$P^*(x, y)$ であるとすると，$\forall n(\bar{y}(n) = s_n)$ であるから，一意性(2b)もよい．以下で(2c)と P^* が Π^1_1 であることを見る．

$\forall n(\bar{u}(n) = s_n)$ によって u を決めて，$u \in P^*$ を示す．それには $u \in P$ と帰納的に $\forall n(u \in P_n)$ を示せばよい．

初めに

$$\forall n \forall y \in P_n[\bar{u}(n) = s_n = \bar{y}(n)].$$

これより

$$\neg S_P(\bar{x}(lh(t)), \bar{u}(lh(t)), t) \Rightarrow \forall y \in P_t[\neg S_P(\bar{x}(lh(t)), \bar{y}(lh(t)), t)].$$

よって $\neg S_P(\bar{x}(lh(t)), \bar{u}(lh(t)), t) \wedge s \subsetneq t$ として $y \in P_t \subseteq P_{s+1}$ を取れば，$|t| \leq |y|_t < |y|_s = |s|$ となる．つまり

$$\neg S_P(\bar{x}(lh(t)), \bar{u}(lh(t)), t) \wedge s \subsetneq t \Rightarrow |t| < |s| \tag{6.40}$$

こうして順序数 $|t|$ に関する超限帰納法により

$$\forall t \forall f \exists n S_P(\bar{x}(lh(t) + n), \bar{u}(lh(t) + n), t * \bar{f}(n))$$

となり，とくに

$$\forall f \exists n S_P(\bar{x}(n), \bar{u}(n), \bar{f}(n))$$

つまり $u \in P$ である．

つぎに

$$\neg S_P(\bar{x}(lh(t)), \bar{u}(lh(t)), t) \Rightarrow |u|_t \leq |t| \tag{6.41}$$

を，順序数 $|t|$ に関する超限帰納法で示す．(あるいは整礎木 $\{t : \neg S_P(\bar{x}(lh(t)), \bar{u}(lh(t)), t)\}$ に関する超限帰納法と言っても同じ.) $\neg S_P(\bar{x}(lh(t)), \bar{u}(lh(t)), t)$ とすれば，$y \in P_t$ について $\neg S_P(\bar{x}(lh(t)), \bar{y}(lh(t)), t)$ なので $|t| > 0$ である．

$$|u|_t = \sup\{|u|_{t*\langle m \rangle} + 1 : m \in \mathbb{N}\}$$

であり，$\neg S_P(\bar{x}(lh(t)+1), \bar{u}(lh(t)+1), t*\langle m \rangle)$ なら帰納法の仮定と(6.40)より，$|u|_{t*\langle m \rangle} \leq |t*\langle m \rangle| < |t|$．また $S_P(\bar{x}(lh(t)+1), \bar{u}(lh(t)+1), t*\langle m \rangle)$ なら $|u|_{t*\langle m \rangle} = 0$．よって $|u|_t \leq |t|$ となる．

つぎに $u \in P_0$ を示す．それには $|u|_0 \leq |0|$ を示せばよいが，これは(6.41)と $\neg S_P(0, 0, 0)$ と仮定してよいことによる．$S_P(0, 0, 0)$ なら $\forall x, y\, P(x, y)$ となってしまい，$P^*(x, y) \Leftrightarrow x = y$ でよいからである．

いま $u \in P_n$ であるとする．$u(n)=s_{n+1}(n)=a_n$ であるから，定義(6.39)と(6.41)より $u \in P_{n+1}$ となる．こうして，帰納的に $\forall n(u \in P_n)$ つまり $u \in P^*$ が言えた．

最後に P^* が Π^1_1 であることを見よう．

いま $y \in P_n$ であるとすれば，

$$y \in P_{n+1} \Leftrightarrow \forall z \in P_n[y \leq^*_n z] \wedge \forall z \in P_n[y <^*_n z \vee y(n) \leq z(n)]$$

であるが，ここで $z \in P_n$ の部分を $y \in P_n$ の仮定のもとで考えると

$$z \in P_n \Leftrightarrow \bar{z}(n) = \bar{y}(n) \wedge \forall m[(m < n \vee m = 0) \to y \not<^*_m z]$$

となる．右辺を $p(n,y,z)$ とおくと，これは余帰納的，Σ^1_1 である．従って

$$y \in P^* \Leftrightarrow y \in P \wedge \forall z[y \leq^*_0 z] \wedge \forall z\{p(n,y,z) \to [y \leq^*_n z \wedge (y <^*_n z \vee y(n) \leq z(n))]\}$$

となり，P^* は Π^1_1 である．∎

系 6.5.28 (Σ^1_2-一様化定理 Σ^1_2-Uniformization theorem)

Σ^1_2-関係 $P(x,y)\,(x,y \in \mathbb{N} \times \mathcal{N})$ を一様化する Σ^1_2-関係 P^* が取れる．

［証明］ $P(x,y) \equiv \exists f\, Q(x,y,f)$ とする．ここで Q は Π^1_1 である．Π^1_1-一様化定理 6.5.27.2 により，y,f に関して Q を一様化する Π^1_1-関係 $Q^*(x,y,f)$ を取ると，$P^*(x,y) \equiv \exists f\, Q^*(x,y,f)$ が P を一様化する．∎

以降，この小節では $\mathbb{N}$ 上の関係のみ考える．

定義 6.5.29 Π^1_1-完全な WT (cf. 定義 6.5.7) について $U \subset \mathbb{N}^2$ を

$$U(a,x) :\Leftrightarrow \forall y(\{a\}(y)\downarrow) \wedge \{a\}(x) \in WT$$

とおく．□

以下の定理 6.5.30 とその系 6.5.31 は容易に分かる．

定理 6.5.30 (帰納的集合の枚挙 Parametrization)

どんな帰納的集合 $P(x) \subset \mathbb{N}$ も U の切り口になる：ある $a \in \mathbb{N}$ が存在して，$\forall x \in \mathbb{N}[P(x) \Leftrightarrow U(a,x)]$．□

系 6.5.31 U は Π^1_1-完全で余帰納的ではない．□

つぎの定理 6.5.32 は，$\{H^+_a : a \in I\}$ が超初等的集合を枚挙し，しかもその指標 $a \in I$ が超初等的集合 $P_y=\{x : P(y,x)\}$ のパラメタ y から計算できるということである．

定理 6.5.32 (超初等的集合の Good Parametrization)

帰納的集合 $I \subset \mathbb{N}$ と $H^+, H^- \subset \mathbb{N}^2$ で以下を充たすものが取れる：

1. $a \in I \Rightarrow H^+_a = \neg H^-_a$，ここで $H^\pm_a = \{x : H^\pm(a,x)\}$．
2. $R \subset \mathbb{N}$ が超初等的であることと $\exists a \in I[R = H^+_a]$ は同値である．

3. 帰納的な $P(y,x)$ と余帰納的な $Q(y,x)$ に対して $(P,Q\subset\mathbb{N}^2)$，計算可能関数 $j(y)$ で以下を充たすものが取れる：任意の y について

$$P_y=Q_y\Rightarrow j(y)\in I\wedge H^+_{j(y)}=P_y.$$

［証明］

$$I(a):\Leftrightarrow U((a)_0,(a)_1)$$
$$H^+(a,x):\Leftrightarrow I(a)\wedge((a)_2,x)\leq^*_U((a)_0,(a)_1)$$
$$H^-(a,x):\Leftrightarrow((a)_0,(a)_1)<^*_U((a)_2,x)$$

とおくとこれらはいずれも帰納的である．

定理 6.5.32.1．$a\in I$ とすると

$$H^+_a(x)\Leftrightarrow((a)_2,x)\leq^*_U((a)_0,(a)_1)\Leftrightarrow\neg[((a)_0,(a)_1)<^*_U((a)_2,x)]\Leftrightarrow\neg H^-_a(x).$$

定理 6.5.32.2．定理 6.5.32.1 により，R が超初等的であると仮定して，$\exists a\in I[R=H^+_a]$ を示せばよい．b を $R=U_b$ と取る．

被覆定理 6.5.26 と系 6.5.31 により，$(c,d)\in U$ を

$$\forall x[R(x)\Rightarrow(b,x)\leq^*_U(c,d)]$$

となるように取る．

$a=\langle c,d,b\rangle$ と置くと，任意の x について

$$H^+_a(x)\Leftrightarrow U(c,d)\wedge(b,x)\leq^*_U(c,d)\Leftrightarrow R(x).$$

定理 6.5.32.3．$P(y,x)$ は帰納的で，$Q(y,x)$ は余帰納的とする．

定義 6.5.29 において，$U^2(a,y,x)\Leftrightarrow U(a,\langle y,x\rangle)$ を $\{\{(y,x):U^2(a,y,x)\}:a\in\omega\}$ が 2 変数帰納的関係全体であるように取り，計算可能関数 $S(x,y)$ を $U^2(a,y,x)\Leftrightarrow U(S(a,y),x)$ となるように取る．

先ず a を

$$P(y,x)\Leftrightarrow U^2(a,y,x)\Leftrightarrow U(S(a,y),x)$$

となるように選び，b を帰納的関係 $\forall x'[Q(y,x')\rightarrow(S(a,y),x')\leq^*_U(S(x,y),x)]$ に対して

$$\forall x'[Q(y,x')\rightarrow(S(a,y),x')\leq^*_U(S(x,y),x)]\Leftrightarrow U^2(b,y,x)\Leftrightarrow U(S(b,y),x) \tag{6.42}$$

と選んでおく．そして

$$R(y):\Leftrightarrow U(S(b,y),b)$$

とする．

$$P_y=Q_y\Rightarrow R(y) \tag{6.43}$$

(6.43)を証明する．$\neg R(y)$ つまり $\neg U(S(b,y),b)$ と仮定する．x' を $Q(y,x')$ で

$(S(a,y),x') \not\leq^*_U (S(b,y),b)$ となるように取る(cf. (6. 42)). すると $\neg U(S(b,y),b)$ より $\neg U(S(a,y),x')$ つまり $\neg P(y,x')$ であるから, $x' \in Q_y \,\&\, x' \notin P_y$ である.

$$P_y = Q_y \Rightarrow P_y = \{x : (S(a,y),x) \leq^*_U (S(b,y),b)\} \tag{6.44}$$

(6. 44)を証明する. $P_y = Q_y$ であるとする.

もし $(S(a,y),x) \leq^*_U (S(b,y),b)$ なら $U(S(a,y),x)$ であるから $P(y,x)$ となる.

逆に $x \in P_y = Q_y$ であるとする. (6. 43)より $R(y)$ となる. よって(6. 42)より $(S(a,y),x) \leq^*_U (S(b,y),b)$ である.

そこで

$$j(y) := \langle S(b,y), b, S(a,y) \rangle$$

と定める.

$P_y = Q_y$ であるとすれば, (6. 43)により $j(y) \in I (\Leftrightarrow U(S(b,y),b))$ となる. さらに(6. 44)より

$$x \in H^+_{j(y)} \Leftrightarrow j(y) \in I \wedge (S(a,y),x) \leq^*_U (S(b,y),b) \Leftrightarrow x \in P_y. \qquad \blacksquare$$

6. 5. 2 Δ^1_1

ここでは Δ^1_1-集合族は, 半計算可能集合族から, 補集合と, 計算可能な意味での一様な可算集合族の合併をとるというふたつの操作を超限的に繰り返して得られる集合族と一致することを主張する Suslin-Kleene の定理 6. 5. 38 を紹介する. 後者で得られる集合は, **超算術的集合**(hyperarithmetical sets)と呼ばれていて, ボレル集合の計算可能類似物である.

初めに節 2. 5 での, コードが e である半計算可能集合 $W_e \subset \mathbb{N}$ を思い出そう. $\{W_e : e \in \mathbb{N}\}$ が $\mathbb{N}$ 上の半計算可能集合全体であった. 同様にして各 k,m について, $\mathcal{N}_{k,m} = \mathbb{N}^k \times \mathcal{N}^m$ 上の半計算可能集合をコードによって枚挙する $W^{k,m}_e \subset \mathcal{N}_{k,m}$ を取っておく. $W^{1,0}_e = W_e$ である.

定義 6. 5. 33 超算術的集合のコード全体の集合 $H \subset \mathbb{N}$ を帰納的に定義する. 各 $e \in H$ を H-コードと呼ぶ.

1. $e \in \mathbb{N}$ について, $\langle 0, e \rangle \in H$.
2. $e \in H \Rightarrow \langle 1, e \rangle \in H$.
3. $W^{1,0}_e \subset H \Rightarrow \langle 2, e \rangle \in H$. □

H は, ある X について正論理式である Π^0_1-論理式 $\varphi[X,e]$ によって帰納的に定義されている, $H = I_\varphi$. それはみっつ目の $W^{1,0}_e \subset H$ が Π^0_1 だからである.

つぎに H の帰納的定義に沿って, $e \in H$ がコードしている集合 $J^{k,m}_e \subset \mathcal{N}_{k,m}$

を定める.

定義 6.5.34

1. $J^{k,m}_{\langle 0,e\rangle} := W^{k,m}_e$.
2. $e \in H \Rightarrow J^{k,m}_{\langle 1,e\rangle} := (\mathcal{N}_{k,m} \setminus J^{k,m}_e)$.
3. $W^{1,0}_e \subset H \Rightarrow J^{k,m}_{\langle 2,e\rangle} := \bigcup\{J^{k,m}_n : n \in W^{1,0}_e\}$.

ある H-コード $e \in H$ により $X = J^{k,m}_e$ と表せる集合 X を**超算術的集合**(hyperarithmetical sets)という. またこのとき $e \in H$ を超算術的集合 $J^{k,m}_e$ の H-コードと呼ぶ. □

定義 6.5.34 によれば, 超算術的集合族は, 半計算可能集合から始めて(定義 6.5.34.1), 超算術的集合の補集合は超算術的集合であり(定義 6.5.34.2), また超算術的集合族のコードがある計算可能関数によって枚挙できていれば, それらの合併も超算術的集合(定義 6.5.34.3)と, 帰納的に生成されている.

つぎに超算術的集合族 $\bigcup_{k,m}\{J^{k,m}_e : e \in H\}$ の性質を調べる. 上付きの k, m は省略する. $x, y, \ldots$ は, ある k, m について $\mathcal{N}_{k,m}$ を走る変数として用いる.

つぎの補題 6.5.35 は, 超算術的集合族が切り口や射影について閉じていることを示すだけでなく, 超算術的集合の H-コードからそれらの H-コードが計算できることを示す.

補題 6.5.35

1. 半計算可能関係 R について, 計算可能関数 r でつぎを充たすものが取れる:
$$\forall n[R(n,i) \Rightarrow n \in H] \Rightarrow J_{r(i)} = \bigcup\{J_n : R(n,i)\}.$$
2. 計算可能関数 not, or でつぎを充たすものが取れる:
$$i, j \in H \Rightarrow [\{J_{not(i)} = (\mathcal{N}_{k,m} \setminus J_i)\} \,\&\, \{J_{or(i,j)} = J_i \cup J_j\}].$$
3. つぎを充たす計算可能関数 T がつくれる:
$$i \in H \Rightarrow [x \in J_{T(i,n)} \Leftrightarrow (n,x) \in J_i].$$
4. 計算可能関数 ex でつぎを充たすものが取れる:
$$i \in H \Rightarrow [x \in J_{ex(i)} \Leftrightarrow \exists n[(n,x) \in J_i]].$$
5. 算術的関係は超算術的である.
6. 計算可能関数 G に対して, 計算可能関数 h でつぎを充たすものが取れる:
$$i \in H \Rightarrow [J_{h(i)} = \{x : G(x) \in J_i\}].$$

[証明] 補題 6.5.35. 1. $R = W_e$ として S-m-n 定理 2.4.3 より,

$$W_{S(e,i)}(n) \leftrightarrow W_e(n,i)$$

となるから，$r(i)=\langle 2,S(e,i)\rangle$ とすればよい．

補題 6. 5. 35. 2. $not(i)=\langle 1,i\rangle$ でよい．$x\in J_i\cup J_j \Leftrightarrow \exists n\in\{i,j\}[x\in J_n]$ であるから，補題 6. 5. 35. 1 で $R(n,i,j)$ を $n=i\vee n=j$ とすればよい．

補題 6. 5. 35. 3. $i\in H$ の帰納的定義に沿って，$T(n,i)$ を定義していく．

$i=\langle 0,e\rangle$ なら，$J_i=W_e$ であるから $x\in W_{S(e,n)} \Leftrightarrow (n,x)\in W_e$ として，$T(\langle 0,e\rangle, n)=S(e,n)$ とすればよい．

$i=\langle 1,e\rangle$ なら，J_i は J_e の補集合であるから，$T(\langle 1,e\rangle,n)=not(T(e,n))=\langle 1,T(e,n)\rangle$ とすればよい．

$i=\langle 2,e\rangle$ なら，$J_i=\bigcup\{J_p : p\in W_e\}$ であるから，帰納法の仮定として

$$\forall p\in W_e[x\in J_{T(p,n)} \Leftrightarrow (n,x)\in J_p]$$

であるとして

$$\begin{aligned}(n,x)\in J_i &\Leftrightarrow \exists p[p\in W_e \,\&\, (n,x)\in J_p]\\ &\Leftrightarrow \exists p[p\in W_e \,\&\, x\in J_{T(p,n)}]\\ &\Leftrightarrow \exists q[\exists p\{p\in W_e \,\&\, q\simeq T(p,n)\} \,\&\, x\in J_q]\end{aligned}$$

となる．計算可能関数 T のコードを t とするとこれは

$$(n,x)\in J_i \Leftrightarrow \exists q[\exists p(p\in W_e \,\&\, q\simeq \{t\}(p,n)) \,\&\, x\in J_q]$$

と書ける．ここで $\{(q,e,t,n) : \exists p(p\in W_e \,\&\, q\simeq\{t\}(p,n))\}$ は半計算可能関係で，$W_e\subset H$ の仮定のもとで $\forall q[\exists p(p\in W_e \,\&\, q\simeq\{t\}(p,n)) \Rightarrow q\in H]$ と帰納法の仮定からしてよいから，補題 6. 5. 35. 1 より計算可能関数 L を適当に取れば，

$$(n,x)\in J_i \Leftrightarrow x\in J_{L(e,t,n)}$$

となる．

そこで $T=\{t\}$ が充たすべき性質は

$$\{t\}(i,n)\simeq\begin{cases} S((i)_1,n) & (i)_0=0 \text{ のとき}\\ \langle 1,\{t\}((i)_1,n)\rangle & (i)_0=1 \text{ のとき}\\ L((i)_1,t,n) & (i)_0=2 \text{ のとき}\end{cases}$$

なので，再帰定理 2. 4. 4 よりこれを充たす t が取れる．ここで $(i)_1<i$ に注意して，i に関する帰納法により $\{t\}(i,n)$ が常に定義されていることが分かる．

こう定義された $\{t\}=T$ が望みのものになっていることは，$i\in H$ に関する超限帰納法により証明される．

補題 6. 5. 35. 4. 補題 6. 5. 35. 3 を用いて，

$$\exists n[(n,x)\in J_i] \Leftrightarrow \exists n[x\in J_{T(i,n)}] \Leftrightarrow \exists p[\exists n(p\simeq T(i,n)) \,\&\, x\in J_p]$$

であるから，補題 6.5.35.1 より望みの計算可能関数 ex が取れる．

補題 6.5.35.5 は，補題 6.5.35.2，6.5.35.4 と，半計算可能関係がすべて超算術的だからよい．

補題 6.5.35.6.

$$G(x) \in J_i \Leftrightarrow \exists p[p \simeq G(x) \,\&\, p \in J_i]$$

であるから，補題 6.5.35.2，6.5.35.4 を組み合わせればよい． ∎

補題 6.5.35 によると，$x \in J_i^{k,m}$ $(x \in \mathcal{N}_{k,m})$ を $(1+k, m)$-変数の関係記号とみなして PA の言語に付け加えた論理式 $\varphi[x, \vec{n}, J]$ に対して計算可能関数 f が取れて，$x \in J_{f(\vec{n})} \Leftrightarrow \varphi[x, \vec{n}, J]$ となる．

補題 6.5.36 各帰納的順序数 $\alpha < \omega_1^{CK}$ について，定義 6.5.15 の $WT_{<\alpha}$ は超算術的である．

［証明］ $a \in WT$ を $|a|_{\mathcal{W}} = \alpha$ と取る．各 $t \in T(a)$ について，コード $a_t \in WT$ を $T(a_t) = T(a)_t = \{s : t * s \in T(a)\}$ となるように取る．$(a, t) \mapsto a_t$ は計算可能である．$\alpha_t = |a_t|_{\mathcal{W}}$ と置く．また

$$e \in WT_{\leq \alpha} :\Leftrightarrow |e|_{\mathcal{W}} \leq \alpha$$

と定めておく．すると

$$e \in WT_{<\alpha} \Leftrightarrow \exists t \in T(a)[t \neq \varnothing \,\&\, e \in WT_{\leq \alpha_t}]$$

となる．計算可能関数 F を

$$WT_{\leq \alpha_t} = J_{F(t)} \tag{6.45}$$

となるように取れたとする．すると

$$e \in WT_{<\alpha} \Leftrightarrow \exists t \in T(a)[t \neq \varnothing \,\&\, e \in J_{F(t)}]$$

となり，補題 6.5.35.1 により，$WT_{<\alpha}$ が超算術的であることが分かる．

さて

$$\begin{aligned} e \in WT_{<\alpha_t} &\Leftrightarrow \exists s \in T(a)[t \subsetneq s \,\&\, e \in WT_{\leq \alpha_s}] \\ &\Leftrightarrow \exists s \in T(a)[t \subsetneq s \,\&\, e \in J_{F(s)}] \end{aligned}$$

となるべきだから，$F = \{f\}$ とすると

$$e \in WT_{<\alpha_t} \Leftrightarrow \exists i[\exists s \in T(a)(t \subsetneq s \,\&\, \{f\}(s) \simeq i) \,\&\, e \in J_i]$$

となる．そこで補題 6.5.35 により，計算可能関数 G を

$$\exists i[\exists s \in T(a)(t \subsetneq s \,\&\, \{f\}(s) \simeq i) \,\&\, e \in J_i] \Leftrightarrow e \in J_{G(f,t)}$$

と取る．

他方，再び補題 6.5.35 により，計算可能関数 H を

$$e \in J_{H(i)} \Leftrightarrow \forall s \in T(e)[s \neq \varnothing \Rightarrow e_s \in J_i]$$

と取れば，

$$e \in WT_{\leq \alpha_t} \Leftrightarrow \forall s \in T(e)[s \neq \varnothing \Rightarrow e_s \in WT_{<\alpha_t}]$$

であるから，

$$e \in WT_{\leq \alpha_t} \Leftrightarrow e \in J_{H(G(f,t))}$$

となる．

よって再帰定理 2.4.4 より f を

$$\{f\}(t) \simeq H(G(f,t))$$

を充たすようにとると，$F=\{f\}$ が(6.45)を充たす全域的計算可能関数であることが分かる． ∎

定理 6.5.37 (Σ^1_1-集合の分離，cf. 系 6.2.6)

Σ^1_1-集合は超算術的集合で分離できる．

すなわち，集合 A, B はともに Σ^1_1 で交わりが空 $A \cap B = \varnothing$ とする．このとき，超算術的集合 C で $A \subset C$, $C \cap B = \varnothing$ となるものが存在する．

［証明］ B の補集合は Π^1_1 であるから，定理 6.5.8 より，計算可能関数 w を

$$x \notin B \Leftrightarrow w(x) \in WT$$

と取る．

A, B は交わらないので，以下で定義される Σ^1_1-集合 D は

$$D := \{w(x) : x \in A\} \subset WT$$

となる．よって，系 6.5.9 と被覆定理 6.5.26 より，$a \in WT$ を

$$\forall d \in D[d <^*_W a]$$

つまり $\alpha = |a|_W$ について

$$D \subset WT_{<\alpha}$$

となっている．そこで

$$C := \{x : w(x) \in WT_{<\alpha}\}$$

とおくと，補題 6.5.36 と補題 6.5.35.6 により，C は超算術的であり，また $A \subset C$ かつ $C \cap B = \varnothing$ となる． ∎

定理 6.5.38 (Suslin-Kleene)

$\mathcal{N}_{k,m}$ の部分集合について，Δ^1_1 であることと超算術的であることは同値である．

［証明］ $A \subset \mathcal{N}_{k,m}$ とする．

初めに $A \in \Delta^1_1$ であるとする．このとき定理 6.5.37 により，A と A の補集合は交わらない Σ^1_1-集合であるから，ある超算術的集合 C によって分離される，$A \subset C$ かつ $C \subset A$. これは $A = C$ を意味する．

逆に，超算術的集合 $J_{i_0}\,(i_0\in H)$ が Δ^1_1 であることを示す．

$X\subset\mathbb{N}$ を走る変数 X を用いて，$P(e,h,X)$ を
$[\langle 0,e\rangle\in X\leftrightarrow h\in W_e]\land[\langle 1,e\rangle\in X\leftrightarrow e\notin X]\land[\langle 2,e\rangle\in X\leftrightarrow\exists n(n\in W_e\cap X)]$
とおく．

$$X_h:=\{i\in H:h\in J_i\}$$

は

$$\forall e\,P(e,h,X_h)$$

を充たす．また

$$i\in H\to[\forall e\,P(e,h,X)\to(i\in X\leftrightarrow i\in X_h)]$$

となることが $i\in H$ に関する超限帰納法により分かる．よって

$$\begin{aligned}i\in H\to\{h\in J_i&\leftrightarrow\exists X[\forall e\,P(e,h,X)\land i\in X]\\&\leftrightarrow\forall X[\forall e\,P(e,h,X)\to i\in X]\}\end{aligned}$$

これに $i_0\in H$ を代入して，$h\in J_{i_0}$ が Δ^1_1 であることが示された．■

ここまでの証明は，任意の有限集合 $\Phi\subset\mathcal{N}$ に相対化できる．これより，$\boldsymbol{\Delta}^1_1$ がボレル集合族($\mathcal{N}_{k,m}$ 上の，$\boldsymbol{\Delta}^0_1$-集合をすべてを含む最小の σ-代数)と一致することが分かる．直接証明は(演習 24-26)を参照のこと．

6.6 演　習

1. 一般に(全域的)計算可能関数 g,d と計算可能関係 $\prec$ により，部分関数 f を

$$f(y,\vec{x})\simeq\begin{cases}g(y,\vec{x},f(d(y,\vec{x}),\vec{x})) & d(y,\vec{x})\prec y\ \text{のとき}\\ 0 & \text{上記以外}\end{cases}$$

で定めたら，f の定義域は $W(\prec)\times\mathbb{N}^n$ を含むことを示せ．ここで $W(\prec)$ は $\prec$ の整礎部分(定義 4.4.33)であり，n は $\vec{x}$ の長さである．

特に $\prec$ が整礎的なら f も全域的となる．

2. 命題 6.1.5 を確かめよ．

3. 定理 6.1.3 の証明中の，$W\Rightarrow_{\mathcal{D}_s}U$ と $W=_{\mathcal{D}_s}U$ が同値であることを確かめよ．

4. (6.3)を確かめよ．

(ヒント) $[\mathrm{T}\vdash(D\to X=Y)]\Rightarrow X=_{\mathcal{D}}Y$ を示すには，$=$ を $=_{\mathcal{D}}$ で置き換えよ．

5. 述語「有限種類のタイルとその中の特定の一枚が与えられたとき，この特定のタイルを原点に置いた平面 $\mathbb{R}^2$ のタイル貼りが可能である」は Π^0_1 であることを示せ．

(ヒント) König 無限補題 4.3.17 によれ．

6. 全域関数 F が計算可能であることと，そのグラフが計算可能であることは同値であることを示せ．

7. 無限集合 A について，それが半計算可能なのは，ある単射な計算可能全域関数の値域になっているときである．これを示せ．

8. Rice の定理 6.2.10 の証明における計算可能関数 S の存在が S-m-n 定理 2.4.3 より従うことを示せ．

9. $Tot=\{e:\forall x(\{e\}(x)\downarrow)\}$, $\{e:\{e\}=\varnothing\}$ はともに計算可能でないことを示せ．

10. 定理 6.2.12 の証明中の計算可能二分木 $T_{A,B}$ に対し，$[T_{A,B}]=S_{A,B}$ となるように Π^0_1-クラス $S_{A,B}$ を定めよ．

11. 集合 A,B の計算論的直和(join)を

$$A\oplus B:=\{2x:x\in A\}\cup\{2x+1:x\in B\}$$

と定める．

$A\oplus B$ は擬順序 $\leq_T$ に関する A,B の上限であることを示せ：

$$A,B\leq_T A\oplus B\,\&\,[A,B\leq_T C\Rightarrow A\oplus B\leq_T C].$$

12. 算術枚挙定理 6.3.11 を確かめよ．

13. 補題 6.4.2 の証明で，R_e はたかだか (2^e-1) 回しか覆されないことを示せ．

14. ここでは，単純な低集合 A を優先論法により構成しよう．

先ず，単純な低集合 A は

$$\mathbf{0}<_T \deg(A)<_T \mathbf{0}'$$

を充たす半計算可能集合であり，従って Post の問題の解答になることを示せ．

有限集合列 $\{A_s\}_s$ を帰納的につくる．$A_s\subset A_{s+1}$ で $A:=\bigcup_s A_s$ と定める．$x\in A_s$ は計算可能であるので，A は半計算可能である．

A は次の条件 N_e と P_e を同時に充たすようにつくる：

$$N_e:\exists^\infty s[\{e\}^{A_s}_s(e)\downarrow]\Rightarrow\{e\}^A(e)\downarrow$$

$$P_e:W_e \text{ が無限 } \Rightarrow W_e\cap A\neq\varnothing$$

但し $\exists^\infty s\,\varphi(s):\Leftrightarrow card(\{s\in\mathbb{N}:\varphi(s)\})=\aleph_0$.

これらの条件の優先度は $\cdots>N_e>P_e>N_{e+1}>P_{e+1}>\cdots$ の順で高い．

$A_0=\varnothing$ とする．

時刻 s での定め方：A_s は既につくられている．以下，(6.6)での $W_{e,s}$ を用いる．また(6.10)での計算数により

$$r(e,s)=\begin{cases}\mu y[y\leq s\,\&\,T_{1,1}(e,e,y,\bar{A}_s(y))] & \{e\}^{A_s}_s(e)\downarrow \text{ のとき}\\ 0 & \text{そうでないとき}\end{cases}$$

これは $\{e\}^{A_s}_s(e)$ の計算での計算数であった．

このとき，P_i が時刻 $s+1$ で**注意喚起**とは，$i\leq s$ でかつ i が次の二条件を充たす最小であるときとする：

$$W_{i,s} \cap A_s = \varnothing \tag{6.46}$$

$$\exists x[x \in W_{i,s} \,\&\, \forall e \leq i(\{e\}_s^{A_s}(e)\downarrow \to r(e,s) < x) \,\&\, x > 2i] \tag{6.47}$$

もし P_i が時刻 $s+1$ で注意喚起であるような i があれば，(6.47)を充たす最小の $x_s = x$ を取り，それを A_{s+1} に入れる：$A_{s+1} = A_s \cup \{x_s\}$.

このような i が存在しなければ，$A_{s+1} = A_s$ とする.

x が N_e を時刻 $s+1$ で覆すとは，$\{e\}_s^{A_s}(e)\downarrow$ で $x = x_s \in (A_{s+1} \setminus A_s)$ について，$x_s \leq r(e,s)$ であることをいう.

$$I_e = \{x : x \text{ が } N_e \text{ をある時刻で覆す}\}$$

とおく.

(a) もし P_i が時刻 $s+1$ で注意喚起であれば，P_i は $s+1$ 以降で二度と注意喚起されないことと，P_i が充たされることを示せ.

(b) $\forall e[card(I_e) \leq e]$ を示せ．とくに各 e について，N_e は有限回しか覆されない.

(c) どんな e についても，N_e は充たされ，$r(e) = \lim_{s\to\infty} r(e,s)$ が存在することを示せ.

(d) 計算可能関数 g を

$$g(e,s) = \begin{cases} 1 & \{e\}_s^{A_s}(e)\downarrow \text{ のとき} \\ 0 & \text{上記以外} \end{cases}$$

で定める.

このとき先ず，N_e が正しければ，$G(e) = \lim_{s\to\infty} g(e,s)$ が存在することを示せ.

つぎに任意の e に対し N_e であることより，$A' \leq_T \varnothing'$，すなわち A が低集合であることを結論せよ.

(e) どんな i についても，P_i が充たされることを示せ(cf. 定理 6.2.21 の証明での単純集合の構成).

(f) A は補無限であることを示し，A が単純であることを結論せよ.

15. ベール空間 $\mathcal{N}$ がポーランド空間(可分完備距離空間)になることを示せ.

16. $\mathcal{N}_{k,m}$ $(k, m \geq 0, k+m > 0)$ 上の計算可能関数についても，正規形定理 2.4.1，枚挙定理 2.4.2，S-m-n 定理 2.4.3，再帰定理 2.4.4 が成立することを確かめよ.

17. $\mathcal{N}_{k,m}$ に，離散空間 $\mathbb{N}$ とベール空間 $\mathcal{N}$ の直積位相を入れて考える.

全域的関数 $F(\vec{x}, \vec{f})$ が連続であることと，ある $g \in \mathcal{N}$ が存在して F が $\{g\}$-計算可能であることは同値であることを示せ.

18. 解析枚挙定理 6.5.2 と解析的階層定理 6.5.3 を確かめよ.

19. 系 6.5.20 と命題 6.5.21 を証明せよ.

(ヒント) 系 6.5.20 は繰り返し補題 6.5.19 によれ．命題 6.5.21 は，場合分け

$I_{\Gamma_0}^{<\alpha} = \mathbb{N}\times\mathcal{N}$, $I_{\Gamma_0}^{<\alpha} \neq \mathbb{N}\times\mathcal{N}$ しながら α に関する超限帰納法によれ．

20. 比較定理 6.5.22 の証明において，正論理式 $\Psi[U,x,y] :\Leftrightarrow \neg\Gamma[\{y' : \neg\Gamma[\{x' : U(x',y')\},x]\},y]$ とおくと，$x <^* y \Leftrightarrow (x,y)\in I_\Psi$ となっていることを確かめよ．

21. 定理 6.5.30 と系 6.5.31 を証明せよ．

22. (Σ_2^1-集合基底定理) パラメタ $f_0\in\mathcal{N}$ を持った $\mathcal{N}$ 上の $\Sigma_2^1(f_0)$ 集合 $\{f\in\mathcal{N} : P(f,f_0)\}$ が空でないとする．このとき，ある $\Delta_2^1(f_0)$-関数 f (f のグラフがパラメタ f_0 を持った $\Sigma_2^1(f_0)$ ということ)がこの集合に属す($P(f,f_0)$)ことを示せ．

この事実を，Δ_2^1-関数は，$\mathcal{N}$ 上の Σ_2^1-集合の基底(basis)を成すという．

(ヒント) 初めに P が Π_1^1 の場合だけ示せば十分であることを確かめよ．そして Π_1^1-一様化定理 6.5.27.2 を用いて，Π_1^1-一点集合 $P^* = \{f\}\subset P$ を取り，この f が Δ_2^1-関数であることを結論せよ．

23. 計算可能汎関数 $G_1,\dots,G_k$, $F_1,\dots,F_m$ に対して，計算可能関数 h でつぎを充たすものが取れることを証明せよ：

$$i\in H \Rightarrow$$
$$J_{h(i,n)} = \{x : (G_1(n,x),\dots,G_k(n,x),\lambda p.F_1(n,p,x),\dots,\lambda p.F_m(n,p,x))\in J_i\}].$$

24. $\bigcup_{k,m}\mathcal{N}_{k,m}$ の部分集合族が，補集合と可算個の合併を取る操作について閉じているとき，σ-代数(σ-ring，σ-algebra)と呼ぶ．

$\bigcup_{k,m}\mathcal{N}_{k,m}$ 上の，$\boldsymbol{\Delta}_1^0$-集合すべてを含む最小の σ-代数をボレル集合族といい，ボレル集合族に属す集合を**ボレル集合**(Borel set)という．

ボレル集合は $\boldsymbol{\Delta}_1^1$ であることを示せ．

(ヒント) $\boldsymbol{\Delta}_1^1$-集合全体から成る集合族が，$\boldsymbol{\Delta}_1^0$-集合を含む σ-代数であることを示せ．

25. ボレル集合 A_i, B_j $(i,j\in\omega)$ について，$\bigcup_{i\in\omega}A_i$ と $\bigcup_{j\in\omega}B_j$ がボレル集合で分離できないとする．

このとき，ある $i,j\in\omega$ が存在して，A_i と B_j がボレル集合で分離できないことを示せ．

26. (cf. 定理 6.5.37.)

$\boldsymbol{\Sigma}_1^1$ はボレル集合で分離できることを示せ．すなわち，集合 A,B はともに $\boldsymbol{\Sigma}_1^1$ で交わりが空 $A\cap B=\varnothing$ とすると，ボレル集合 C で $A\subset C$, $C\cap B=\varnothing$ となるものが存在することを示せ．

これより，$\boldsymbol{\Delta}_1^1$ はボレル集合であることを結論せよ．

(ヒント) 簡単のため $A,B\subset\mathcal{N}_{0,1}$ とする．$\mathcal{N}$-計算可能関係 R_A, R_B を

$$f\in A\Leftrightarrow \exists g\,\forall n\, R_A(\bar{f}(n),\bar{g}(n))$$
$$f\in B\Leftrightarrow \exists h\,\forall n\, R_B(\bar{f}(n),\bar{h}(n))$$

とする.

$t, s \in {}^{<\omega}\omega$ について

$$f \in A_{t,s} :\Leftrightarrow t = \bar{f}(lh(t)) \ \&\ \exists\, g[s = \bar{g}(lh(s)) \ \&\ \forall n\, R_A(\bar{f}(n), \bar{g}(n))]$$

$$f \in B_{t,s} :\Leftrightarrow t = \bar{f}(lh(t)) \ \&\ \exists\, h[s = \bar{h}(lh(s)) \ \&\ \forall n\, R_B(\bar{f}(n), \bar{h}(n))]$$

とおいて，A, B がボレル集合で分離できないという仮定のもとで，$f(n), g(n)$, $h(n)$ を

$$A_{\bar{f}(n), \bar{g}(n)} \text{ と } B_{\bar{f}(n), \bar{h}(n)} \text{ がボレル集合で分離できない} \tag{6.48}$$

ように帰納的に定義せよ.

第7章　集　合　論

この章では，(公理的)集合論の基本結果を紹介する．

集合論の公理系 ZF(ツェルメロ-フレンケルの集合論 Zermelo-Fraenkel set theory)は，言語としてふたつの二項関係記号 $\{=, \in\}$ を持ち，その公理は以下のものである．ここで，整礎性公理での $\varphi(x)$ および置換公理での $\varphi(x,y)$ は，集合論の言語での任意の論理式(x, y 以外のパラメタも許す)である．よって整礎性公理，置換公理はひとつの論理式ではなく，公理図式である．

ここで用いている略記法については，節 4.1 を参照せよ．

外延性 Extensionality　$\forall x, y[\forall z(z \in x \leftrightarrow z \in y) \rightarrow x = y]$.

整礎性 Foundation　$\exists x \varphi(x) \rightarrow \exists y[\varphi(y) \land \forall z \in y \neg\varphi(z)]$.

空 Empty　$\exists z \forall x[x \notin z]$.

対 Pairing　$\forall x, y \exists z[z = \{x, y\}]$.

合併 Union　$\forall x \exists u[u = \cup x = \{z : \exists y \in x(z \in y)\}]$.

置換 Replacement

$$\forall x, y, z[\varphi(x,y) \land \varphi(x,z) \rightarrow y = z] \rightarrow \forall a \exists b[b = \{y : \exists x \in a\, \varphi(x,y)\}].$$

無限 Infinity　$\exists x[\varnothing \in x \land \forall y \in x(y \cup \{y\} \in x)]$.

ベキ Power set　$\forall x \exists z[z = \mathcal{P}(x) = \{y : y \subset x\}]$.

公理系 ZFC は ZF に選択公理を付け加えて得られる．

選択公理 AC　$\forall a \exists f(f$ は関数で $\forall x \in a[x \neq \varnothing \rightarrow f(x) \in x])$.

第 4 章の結果はすべて ZFC で証明できることが容易に分かる．

以下，とくに断らない限り，「かくかくしかじかが成り立つ」は「かくかくしかじかが ZFC で証明できる」という意味である．ZFC 以外の公理系 T で成り立つことがらであることを明言したいときには，「T で成り立つ(正しい)」「T で証明できる」などと言うことにする．

クラス(class)とは，ある論理式により $\{x : \varphi(x)\}$ と表せる集まりである．クラス $M = \{x : \varphi(x)\}$ に対して，$x \in M :\Leftrightarrow \varphi(x)$.

また，以下で考えるモデルは断らない限りすべて，あるクラス M による $\langle M; \in \restriction (M \times M)\rangle$ だけ，つまり関係記号 $\in$ は集合での所属関係で解釈されるので，$\in$

$\restriction(M \times M)$ を単に $\in$ と書き，$\langle M; \in\restriction(M \times M)\rangle \models \varphi$ を $M \models \varphi$ と書いてしまう．さらに M が集合全体のクラス V のときには，$V \models \varphi$ を φ と書く．

この章では先ず集合論での絶対性についてまとめて，反映原理を述べる．つぎに Gödel による構成可能集合のクラス L を導入して，選択公理と一般連続体仮説の ZF からの相対無矛盾性を証明する．さらに L で成立する無限組合せ命題を述べてから，順序集合としての実数直線 $\mathbb{R}$ の特徴付けの問題を紹介する．つぎに P. Cohen による強制法を導入して基本的な性質を証明した後にいくつかの独立性証明を述べる．そして巨大な無限集合の存在を仮定する巨大基数の理論の入り口として，可測基数を定義して，それからつくられる超ベキを調べる (D. Scott)．最後に可測基数の存在から導かれる識別不能列について述べる (J. Silver)．

7.1 絶 対 性

ここでは初めに集合論での絶対性についてまとめる．

つぎに**反映原理** (reflection principle) を述べる．これを簡単に言うと，集合全体のクラス V で成り立つ事実ごとに，それが既に成り立っている小さい世界 V_α を見出せるということである．ここでの順序数 α は，その事実に依存するので，反映原理は $V_\alpha \prec V$ ということは意味しない．

7.1.1 絶 対 性

第 1.7 節での，二項関係 $<$ を集合論では $\in$ に取る．すると，Δ_0-論理式は，その中の量化記号がすべて $\exists x \in y, \forall x \in y$ の形のもので，M が N の始切片 $M \subset_e N$ とは

$$\forall a \in N \forall b \in M[a \in b \to a \in M]$$

のことである．よって V の始切片 $M \subset_e V$ とは，M が推移的ということにほかならない．つまり，論理式 φ が絶対的とは，どんな推移的クラス M についても

$$\forall \vec{a} \subset M\{M \models \varphi[\vec{a}] \Leftrightarrow \varphi[\vec{a}]\}$$

となることである．ここでの $M \models \varphi[\vec{a}]$ を集合論の論理式にするために，それを φ の量化記号をすべて $\in M$ に制限して得られる $\varphi^M[\vec{a}]$ とし，

$$\forall \vec{a} \subset M\{\varphi^M[\vec{a}] \leftrightarrow \varphi[\vec{a}]\} \tag{7.1}$$

であるときに絶対的と呼ぶ．より一般にはつぎのようにする．

定義 7.1.1 ふたつのクラス $M \subset N$ に対して，論理式 $\varphi(\vec{x})$ が M, N に関して絶対的(absolute for M, N)とは，

$$\forall \vec{x} \subset M[\varphi^M(\vec{x}) \leftrightarrow \varphi^N(\vec{x})]$$

となることをいう．

$N = V$ のときには，単に，$\varphi(\vec{x})$ は M に関して絶対的(absolute for M)と言われる． □

(7.1)が公理系 T ($V \models$ T) の任意の推移的モデル M で正しいとき，φ は **T-絶対的**(T のモデルに関して絶対的)という．

ひとつ注意する．「どんな(推移的)クラス M についてもかくかくしかじかが正しい」は，集合論の(ひとつの)論理式では書くことができない．クラスとは論理式のことであるから，これは「任意の論理式に関してかくかくしかじかが正しい」と言っていることになり，多くの場合それは第 3 章(演習 10)における真理定義を論理式ですることを意味し，それは不可能だからである：つまりどんな論理式 $\varphi[v]$ を取っても，適当な閉論理式 θ を取れば，ZFC の無矛盾性の仮定のもとで，ゲーデル数(コード) $\lceil\theta\rceil$ について

$$\mathsf{ZFC} \nvdash \theta \leftrightarrow \varphi[\lceil\theta\rceil]$$

となる．

同様にして，一般に「クラス M が公理系 T のモデルである」もしくは「T は M で正しい」は T が有限公理化可能でない限り，ひとつの論理式では表せない．T がひとつの論理式 θ のときには「クラス M が公理系 T のモデルである」は，θ^M という論理式，もしくはそれが ZFC で証明できる，を意味することにする．しかし T が公理の無限集合の場合には「クラス M が公理系 T のモデルである」とは，「T の各公理 θ について ZFC$\vdash \theta^M$」ということを意味するものとする．

補題 1.7.4 より，Δ_0-論理式は絶対的である．また，公理系 T で Δ_1 である論理式，すなわちある Σ_1-論理式 ψ_+, ψ_- が存在して

$$\mathrm{T} \vdash \varphi(\vec{x}) \leftrightarrow \psi_+(\vec{x}) \leftrightarrow \neg\psi_-(\vec{x})$$

となる論理式 $\varphi(\vec{x})$ は，T で絶対的である．このような論理式は T-Δ_1 論理式と呼ばれる．証明において公理は常に有限個しか用いないから，T-Δ_1 あるいは T で絶対的なら，その都度，T のある有限部分 T_0 が存在してそれは T_0-Δ_1 あるいは T_0 で絶対的となる．

より一般的には，T-絶対的な論理式 φ, ψ が

$$\mathrm{T} \vdash \exists y\, \varphi(\vec{x}, y) \leftrightarrow \forall y\, \psi(\vec{x}, y)$$

となっていたら，$\exists y\, \varphi(\vec{x}, y)\ (\forall y\, \psi(\vec{x}, y))$ も T-絶対的となる．

関数 $F(\vec{x}) = y$ が論理式 $\varphi(\vec{x}, y)$ で定義されている：

$$F(\vec{x}) = y \leftrightarrow \varphi(\vec{x}, y)$$

ときには，$\varphi(\vec{x}, y)$ が T で絶対的で，かつ

$$\mathrm{T} \vdash \forall \vec{x}\, \exists ! y\, \varphi(\vec{x}, y)$$

であるときに，T で絶対的という．

V 全体で定義されているわけではない関数 $F : A^n \to V$ については，

$$\mathrm{T} \vdash \forall \vec{x} \in A^n\, \exists ! y\, \varphi(\vec{x}, y)$$

であるとして，さらに $x \in A$ が T-絶対的であるときに，F も T-絶対的と言われる．

このとき，論理式 $\psi(y)$ に $F(\vec{x})$ を代入した $\psi(F(\vec{x}))$ は，

$$\psi(F(\vec{x})) \leftrightarrow \exists y[y = F(\vec{x}) \land \psi(y)] \leftrightarrow \forall y[y = F(\vec{x}) \to \psi(y)]$$

であるから，ψ が T で絶対的なら，これもそうである．

さて，絶対的になる関係・関数の例をいくつか見ていく．初めに Δ_0-論理式で書ける，従ってすべての推移的モデルで絶対的になる関係の例を挙げる．

命題 7.1.2 つぎの関係や関数はすべて Δ_0 であり，任意の推移的モデルで絶対的である：

$x \subset y$ $\quad z = \{x, y\}$ $\quad z = \langle x, y \rangle$ $\quad z = 0 (:= \varnothing)$ $\quad z = \cup x$

$z = x \setminus y$ $\quad z = S(x) (:= x \cup \{x\})$ $\quad tran(x)$ $\quad z = x \times y$ $\quad z = dom(x)$

$z = rng(x)$ $\quad x \in ORD$ $\quad x$ は極限順序数 $\quad z = \omega$ $\quad x \in \omega$

また「x は二項関係」や「x は関数」，x, a, b の三項関係「$x : a \to b$」，f, x, y の三項関係「$y = f(x)$」，「x は極限順序数 α で閉非有界」も Δ_0 である．

［証明］ 証明は，第4章のそれぞれの定義を見ればよい．例えば $x \in \omega$ には，先ず「x は後続者」を，$\exists y \in x[x = y \cup \{y\}] (\leftrightarrow \exists y \in x[\forall z \in x(z \in y \lor z = y) \land y \subset x])$ として，$x \in \omega :\Leftrightarrow \forall y \in x \cup \{x\}[(y$ は後続者$) \lor y = 0]$ とすればよい．

また

$$x \in dom(f) :\Leftrightarrow \exists y \in \cup \cup f[\langle x, y \rangle \in f \land \forall z \in \cup \cup f(\langle x, z \rangle \in f \to y = z)]$$

として

$$y = f(x) :\Leftrightarrow [x \in dom(f) \land \langle x, y \rangle \in f] \lor [x \notin dom(f) \land y = 0].$$ ∎

以下で，命題 7.1.2 は断りなく使う．

つぎに ZF の公理がクラス M で成立するための条件を見ておく．

命題 7.1.3

$M\neq\varnothing$ を推移的クラスとする．

1. M で外延性公理は正しい：
$$\forall x,y\in M[\forall z\in M(z\in x\leftrightarrow z\in y)\rightarrow x=y].$$
2. M で整礎性の公理は正しい：
$$\exists x\in M\,\varphi^M(x)\rightarrow\exists y\in M[\varphi^M(y)\wedge\forall z\in y\neg\varphi^M(z)].$$
3. M で空集合の存在が言える：$\exists z\in M\,\forall x\in M[x\notin z]$．
4. $\forall x,y\in M[\{x,y\}^M=\{x,y\}\in M]$ ならば，対の公理が M で正しい．
5. $\forall x\in M[(\cup x)^M=\cup x\in M]$ ならば，合併の公理が M で正しい．
6. 各論理式 $\varphi(x,y,\vec{w})$ について
$$\forall\vec{w}\subset M\{\forall x,y,z\in M[\varphi^M(x,y,\vec{w})\wedge\varphi^M(x,z,\vec{w})\rightarrow y=z]$$
$$\rightarrow\forall a\in M[\{y\in M:\exists x\in a\,\varphi^M(x,y,\vec{w})\}\in M]\}$$
ならば，置換公理は M で正しい．
7. $\omega\in M$ ならば，M で無限公理が正しい．
8. $\forall x\in M[\mathcal{P}^M(x)=\mathcal{P}(x)\cap M\in M]$ ならば，M でベキ集合の公理は正しい．
9. $\forall a\in M\,\exists f\in M(f$ は関数で $\forall x\in a[x\neq\varnothing\rightarrow f(x)\in x])$ ならば，M で選択公理は正しい．

［証明］ Δ_0-論理式が推移的クラス M に対して絶対的なことから分かる． ∎

T-絶対的という条件は，公理系 T が弱いほど強い，あるいはより一般的なので，T を弱く取っておきたい．そこでつぎのような公理系を導入する．

定義 7.1.4

1. 集合論 ZF の公理系からベキ集合の公理を取り除いた公理系を ZF-P と表記する．
2. ZF の公理系から置換公理とベキ集合の公理を取り除き，集合 $\mathcal{F}_4(a,b)=\{x\cup\{y\}:x\in a,y\in b\}$ の存在と Δ_0-論理式に対する分出公理（Δ_0-分出公理 Δ_0-separation）を加えた公理系を BS（Basic Set theory）と，ここでは表記する．すなわち BS の公理は，外延性，整礎性公理図式，空，対，合併，無限と以下である：

   直積
$$\forall a\forall b\exists z[z=\{x\cup\{y\}:x\in a,y\in b\}].$$
   Δ_0-分出公理　Δ_0-論理式 $\varphi(x)$（x 以外のパラメタを含んでよい）について

$$\forall a \exists y[y = \{x \in a : \varphi(x)\}].$$ □

第4章(例題1)では置換公理から直積の存在と分出公理を導いた．同様に集合 $\mathcal{F}_4(a,b)$ の存在も導ける．よって BS は ZF-P の部分である．

このような ZF の小さい部分を考える理由は，以下の絶対性が単に ZFC もしくは ZF ではなく，BS や ZF-P でも成り立つことを見ておく必要があるからである．

直積 $a \times b$ は $\mathcal{F}_4$ から構成できるので，${}^{n+1}a = \mathcal{F}_4({}^n a, \{n\} \times a)$ より

$$\mathsf{BS} \vdash \forall n \in \omega \forall a \exists z[z = {}^n a] \tag{7.2}$$

よって，自然数 $n \in \omega$ について ${}^n a$ は BS-Δ_1 となる．これより

$$\exists f \in {}^{<\omega}a :\Leftrightarrow \exists n \in \omega \exists f \in {}^n a$$

$$\forall f \in {}^{<\omega}a :\Leftrightarrow \forall n \in \omega \forall f \in {}^n a$$

と書くことにより「集合 a の元のある(すべての)有限列に対して」を用いても BS-Δ_1 であることは保たれる．

定義 7.1.5 以下の9個の関数を Gödel operations という：

1. $\mathcal{F}_1(x,y) = \{x,y\}$.
2. $\mathcal{F}_2(x,y) = \cup x$.
3. $\mathcal{F}_3(x,y) = x \setminus y$.
4. $\mathcal{F}_4(x,y) = \{u \cup \{v\} : u \in x, v \in y\}$.
5. $\mathcal{F}_5(x,y) = dom(x) = \{u \in \cup\cup x : \exists v \in \cup\cup x(\langle u,v\rangle \in x)\}$.
6. $\mathcal{F}_6(x,y) = rng(x) = \{v \in \cup\cup x : \exists u \in \cup\cup x(\langle u,v\rangle \in x)\}$.
7. $\mathcal{F}_7(x,y) = \{\langle v,u\rangle \in y \times x : v \in u\}$.
8. $\mathcal{F}_8(x,y) = \{\langle u,v,w\rangle : \langle u,v\rangle \in x, w \in y\}$.
9. $\mathcal{F}_9(x,y) = \{\langle u,w,v\rangle : \langle u,v\rangle \in x, w \in y\}$. □

ここで例えば $\mathcal{F}_2(x,y) = \cup x$ は y に依存しないが，後の表記の便利のためにすべて2変数にそろえてある．$\mathcal{F}_i\,(i=1,\ldots,9)$ のうちで分かりづらいのは $i=8,9$ だろう．$\mathcal{F}_8(x,y)$ は順序対 $\langle u,v\rangle$ から成る集合 x と y の「直積」$x \times y$ をつくるのだが，$w \in y$ についての直積では $\langle\langle u,v\rangle,w\rangle$ が元になる．つくりたいのは $\langle u,v,w\rangle = \langle u,\langle v,w\rangle\rangle$ なのでそれを直接に実行するために $\mathcal{F}_8$ が入れてある．また $\mathcal{F}_9$ は「間に y の元 w をはさむ」効果がある．また y と x の直積は上で述べた通り $\mathcal{F}_4$ から構成できる．

命題 7.1.6 Gödel operation $\mathcal{F}_i\,(i=1,\ldots,9)$ はそれぞれ $\mathcal{F}_i(x,y) = z$ が Δ_0-論理式で書けて，しかも $\mathsf{BS} \vdash \forall x,y \exists! z[\mathcal{F}_i(x,y) = z]$ となる．従って，BS-絶対

的である.

［証明］ $\mathsf{BS}\vdash\forall x,y\,\exists z[z=\mathcal{F}_i(x,y)]$ はよいだろう．また $z=\mathcal{F}_i(x,y)$ はすべて Δ_0-論理式になっている．例えば $\mathcal{F}_4(x,y)=\{u\cup\{v\}:u\in x,v\in y\}$ を考えると，$w=u\cup\{v\}$ が

$$\begin{aligned}&w=u\cup\{v\}\\ \Leftrightarrow\ &\forall z\in w(z\in u\vee z=v)\wedge\forall z\in u(z\in w)\wedge v\in w\end{aligned}$$

と Δ_0-論理式で書き表せるから

$$\begin{aligned}&z=\mathcal{F}_4(x,y)=\{u\cup\{v\}:u\in x,v\in y\}\\ \Leftrightarrow\ &\forall w\in z\,\exists u\in x\,\exists v\in y(w=u\cup\{v\})\wedge\forall u\in x\,\forall v\in y\,\exists w\in z(w=u\cup\{v\})\end{aligned}$$

より $z=\mathcal{F}_4(x,y)$ も Δ_0-論理式である.

以上の証明から分かる通り，関数 $f(x)$ について $f(x)=y$ が Δ_0-論理式 $F(x,y)$ と同値なとき，$f(x)\in z$ は $\exists y\in z(f(x)=y)$ と書き直せば Δ_0 であることが分かる．また，Δ_0-分出公理でつくられた集合 $f(a,b)=\{x\in a:\varphi(x,b)\}$ について $f(a,b)=c$ はやはり Δ_0 で書ける：

$$c=\{x\in a:\varphi(x,b)\}\Leftrightarrow\forall x\in c[x\in a\wedge\varphi(x,b)]\wedge\forall x\in a(\varphi(x,b)\to x\in c).$$

この事実を用いれば例えば $\mathcal{F}_5(x,y)=dom(x)$ において $u\in\cup\cup x$ や $\langle u,v\rangle\in x$ の部分が Δ_0 で書けることが分かる. ∎

Gödel operations はつぎの定理 7.1.7 を充たすように選ばれている.

BS' を外延性公理と Gödel operations による集合が存在するという仮定，すなわち公理 $\{\forall x,y\,\exists z[\mathcal{F}_i(x,y)=z]:i=1,...,9\}$ から成る公理系とする．ここで $\mathcal{F}_i(x,y)=z$ は命題 7.1.6 における Δ_0-論理式を表す.

定理 7.1.7 $\varphi(x_1,...,x_n)$ をパラメタは $x_1,...,x_n$ 以外にない Δ_0-論理式とし，$1\leq i\leq n$ とする．すると「関数記号」$\mathcal{F}_k$ $(k=1,...,9)$ から作られた式 $\mathcal{F}$ で

$$\mathsf{BS}'\vdash\mathcal{F}(a,x_1,...,x_{i-1},x_{i+1},...,x_n)=\{x_i\in a:\varphi(x_1,...,x_n)\}$$

となるものがつくれる. □

定理 7.1.7 の証明は，基本的には Δ_0-論理式 φ の構成に関する帰納法による．φ が原子論理式 $x\in y$ のときには $\mathcal{F}_7$ を，否定のときには $\mathcal{F}_3$ を，$\varphi_1\wedge\varphi_2$ のときには $x\cap y=x\setminus(x\setminus y)=\mathcal{F}_3(x,\mathcal{F}_3(x,y))$ を，$\exists z\in x\varphi$ のときには $\mathcal{F}_2(x,y)=\cup x$ をそれぞれ用いるのは想像がつくだろう．しかし定理 7.1.7 の証明を実行することは難しくはないが，場合分けが多く長くなるので付録 A.2 に廻すことにする.

BS の公理のうちで集合生成に関わる，空，対，合併，$\mathcal{F}_4(a,b)$ の存在，Δ_0-

分出公理はいずれも，BS$'$で導けることが定理 7.1.7 から分かる．つまり BS$'$ に無限公理と整礎性公理図式を付け加えた公理系は BS と等価である．よって以降，この公理系を BS と呼ぶことにする．この BS の公理は整礎性公理図式以外は有限個でしかもすべて Π_2-論理式で書かれていることに注意する．

充足関係と定義可能集合

定義 7.1.8 集合 $a \neq \varnothing$，つまりモデル $\langle a; \in\rangle$ で定義可能な集合全体の集合 (the set of all definable sets over a) を $\mathrm{Df}(a)$ と書き表す．すなわち $x \in \mathrm{Df}(a)$ とは，ある論理式 φ とパラメタ $\vec{b} \subset a$ について

$$x = \{y \in a : \langle a; \in\rangle \models \varphi[y, \vec{b}]\}$$

と書けることである． □

$b \in \mathrm{Df}(a)$ は，ある論理式 $\varphi(x, \vec{y})$ とパラメタ $\vec{c} \subset a$ により，$b = \{x \in a : a \models \varphi[x, \vec{c}]\} = \{x \in a : \varphi^a[x, \vec{c}]\}$ というつもりだが，このままでは「ある論理式があって」の部分があるので，集合論での定義にはなっていない．集合論の内部でこれを定義するには，$\varphi^a[x, \vec{c}]$ が Δ_0-論理式であるから，Δ_0-論理式に関する充足関係 (satisfaction relation) $\mathrm{Sat}^a_{\Delta_0}(x, y)$ をつくればよい．ここで x は Δ_0-論理式 φ のコード (ゲーデル数) $\ulcorner\varphi\urcorner$ で y は推移的集合 a の元の有限列 $f = \langle a_0, \ldots, a_{n-1}\rangle$ $(a_i \in a)$ を意図している．$x = \ulcorner\varphi\urcorner$ のとき Δ_0-論理式 φ に (自由に) 現れるパラメタがたかだか $\vec{\mathsf{v}} = (\mathsf{v}_0, \ldots, \mathsf{v}_{n-1})$ に限るとき，

$$\mathrm{Sat}^a_{\Delta_0}(\ulcorner\varphi\urcorner, f) \leftrightarrow \varphi[\vec{\mathsf{v}} := f]$$

となっていてほしい．ここで $\varphi[\vec{\mathsf{v}} := f]$ は各 v_i に $f(i) = a_i$ (の名前である定数記号) を代入した閉論理式を表す．

以下簡単のため，関係記号は $\in$ に制限して，$x = y :\Leftrightarrow \forall z \in x(z \in y) \wedge \forall z \in y(z \in x)$ と定義する[*1]．変数の集合を $Var = \{\mathsf{v}_i : i < \omega\}$ とする．また定義 1.3.10 での否定標準形と同様に，Δ_0-論理式はすべて否定を極力，中に入れたかたち，つまり，Δ_0-論理式は $\mathsf{v}_i \in \mathsf{v}_j$, $\mathsf{v}_i \notin \mathsf{v}_j$ から $\vee, \wedge$ と $\exists \mathsf{v}_i \in \mathsf{v}_j$, $\forall \mathsf{v}_i \in \mathsf{v}_j$ によってつくられるものしか考えない．また論理式のなかでひとつの変数が自由に現れ，かつ束縛もされていることはないものとする．

1. Fml_{Δ_0} を，このようにつくられた Δ_0-論理式のコードの集合とする．

[*1] 等号をこのように定義したとき，外延性公理は不要となるが等号公理のうち，$x = y \wedge z \in x \to z \in y$ は証明可能となるが，$x = y \wedge x \in u \to y \in u$ つまり $\forall z \in x(z \in y) \wedge \forall z \in y(z \in x) \wedge x \in u \to y \in u$ は公理として必要である．

2. $x \in Fml_{\Delta_0}$ とする．

(a) $var(x)$ は論理式 x に(自由・束縛問わず)現れている変数 v_i の添字 i の最大プラス 1 を表す．また $frv(x)$ は論理式 x に自由に現れている変数 v_i の添字 i の最大プラス 1 を表す．

(b) $x \in Pfml^+[x \in Pfml^-]$ は x がある $i, j \in \omega$ について論理式 $\mathsf{v}_i \in \mathsf{v}_j[\mathsf{v}_i \notin \mathsf{v}_j]$ (のコード)であることをそれぞれ表す．

$$(\mathsf{v}_i \in^+ \mathsf{v}_j) :\equiv (\mathsf{v}_i \in \mathsf{v}_j)$$
$$(\mathsf{v}_i \in^- \mathsf{v}_j) :\equiv (\mathsf{v}_i \notin \mathsf{v}_j)$$

またこのとき，$fst(x) = i$, $scd(x) = j$ と定める．つまり $x \in Pfml^{\pm}$ なら $x = \ulcorner \mathsf{v}_{fst(x)} \in^{\pm} \mathsf{v}_{snd(x)} \urcorner$ となる．

(c) $x \notin Pfml^{\pm}$ のとき，$lc(x) \in \{\ulcorner\vee\urcorner, \ulcorner\wedge\urcorner, \ulcorner\exists\urcorner, \ulcorner\forall\urcorner\}$ は論理式 x の構成の最後で用いられた論理記号を表す．

$lc(x) \in \{\ulcorner\vee\urcorner, \ulcorner\wedge\urcorner\}$ のときには，$fst(x), snd(x)$ で x の直前の部分論理式を表す．$x = \ulcorner\varphi_1 \vee \varphi_2\urcorner$ なら $fst(x) = \ulcorner\varphi_1\urcorner$, $snd(x) = \ulcorner\varphi_2\urcorner$ である．

また $lc(x) \in \{\ulcorner\exists\urcorner, \ulcorner\forall\urcorner\}$ のときには，$i = fst(x)$ で最後に束縛された変数の添字を，$snd(x)$ でその変数が走る変域の変数の添字をそれぞれ表す．さらに $thd(x)$ で量化記号を取り除いた x の部分論理式を表す．

$x = \ulcorner\exists \mathsf{v}_i \in \mathsf{v}_j \varphi\urcorner$ のときには，$fst(x) = i$, $snd(x) = j$, $thd(x) = \ulcorner\varphi\urcorner$ である．

3. 以上の Fml_{Δ_0}, $var(x)$, $frv(x)$, $Pfml^{\pm}$, $lc(x)$, $fst(x)$, $snd(x)$, $thd(x)$ はすべて原始再帰的であり，(7.2) での $a = \omega$ より BS-Δ_1 である．

さて推移的集合 a について $\mathrm{Sat}^a_{\Delta_0}(x, f)$ は次を充たしてほしい：

$$\begin{aligned}
\mathrm{Sat}^a_{\Delta_0}(x, f) \leftrightarrow\ & x \in Fml_{\Delta_0} \wedge f \in {}^{<\omega}a \wedge var(x) \subset dom(f) \wedge rng(f) \subset a \\
& \wedge\ [x \in Pfml^+ \to f(fst(x)) \in f(snd(x))] \\
& \wedge\ [x \in Pfml^- \to f(fst(x)) \notin f(snd(x))] \\
& \wedge\ [lc(x) = \ulcorner\vee\urcorner \to \mathrm{Sat}^a_{\Delta_0}(fst(x), f) \vee \mathrm{Sat}^a_{\Delta_0}(snd(x), f)] \\
& \wedge\ [lc(x) = \ulcorner\wedge\urcorner \to \mathrm{Sat}^a_{\Delta_0}(fst(x), f) \wedge \mathrm{Sat}^a_{\Delta_0}(snd(x), f)] \\
& \wedge\ [lc(x) = \ulcorner\exists\urcorner \to \exists b \in f(snd(x)) \mathrm{Sat}^a_{\Delta_0}(thd(x), f[fst(x) := b])] \\
& \wedge\ [lc(x) = \ulcorner\forall\urcorner \to \forall b \in f(snd(x)) \mathrm{Sat}^a_{\Delta_0}(thd(x), f[fst(x) := b])]
\end{aligned}$$

ここで $g = f[i := b]$ は，$dom(g) = dom(f)$ で

$$g(j) = \begin{cases} f(j) & i \neq j \in dom(f) \text{ のとき} \\ b & j = i \text{ のとき} \end{cases}$$

を表す．

すると $x \in Fml$ を論理式のコード，$rst(x, var(x))$ でその論理式の量化記号をすべてそこに現れない変数 v_j $(j = var(x))$ により $\in \mathsf{v}_j$ で制限して得られる Δ_0-論理式を表すとして，

$$b \in \mathrm{Df}(a) :\Leftrightarrow \exists x \in Fml \, \exists i \in var(x) \, \exists f \in {}^{<\omega}a[\mathrm{Df}^a(x, i, f, b)] \tag{7.3}$$

ここで $\mathrm{Df}^a(x, i, f, b)$ は「論理式 x に f による代入を行うと，変数 v_i に関して a 上で b を定義する」のつもりで

$$\begin{aligned} &\mathrm{Df}^a(x, i, f, b) \\ &:\Leftrightarrow \forall y \in a[\mathrm{Sat}_{\Delta_0}^{a \cup \{a\}}(rst(x, var(x)), f[i := y, var(x) := a]) \leftrightarrow y \in b] \end{aligned} \tag{7.4}$$

もし $\mathrm{Sat}_{\Delta_0}^a(x, f)$ が BS-Δ_1 なら，$b \in \mathrm{Df}(a)$ も BS-Δ_1 になる．

さて上記を充たすように $\mathrm{Sat}_{\Delta_0}^a(x, f)$ を定義する．$x \in Fml_{\Delta_0}$ として $SFml(x)$ で次の意味での部分論理式全体を表す：$x \in SFml(x)$ で，$y \in SFml(x)$ であるとき

$$lc(y) \in \{\ulcorner\vee\urcorner, \ulcorner\wedge\urcorner\} \to SFml(fst(y)) \cup SFml(snd(y)) \subset SFml(x),$$
$$lc(y) \in \{\ulcorner\exists\urcorner, \ulcorner\forall\urcorner\} \to SFml(thd(y)) \subset SFml(x).$$

$$\begin{aligned} &\mathrm{Sat}_{\Delta_0}^a(x, f) \\ &:\Leftrightarrow x \in Fml_{\Delta_0} \wedge f \in ({}^{var(x)}a) \wedge \exists S \subset SFml(x) \times ({}^{var(x)}a)\{ST(a, x, f, S)\} \end{aligned}$$

ここで

$$\begin{aligned} ST(a, x, f, S) :\Leftrightarrow \forall y \in SFml(x) \, \forall g \in ({}^{dom(f)}a)\{f \restriction frv(x) = g \restriction frv(x) \to \\ \wedge\ [y \in Pfml^+ \to (S(y, g) \leftrightarrow g(fst(y)) \in g(snd(y)))] \\ \wedge\ [y \in Pfml^- \to (S(y, g) \leftrightarrow g(fst(y)) \notin g(snd(y)))] \\ \wedge\ [lc(y) = \ulcorner\vee\urcorner \to (S(y, g) \leftrightarrow S(fst(y), g) \vee S(snd(y), g))] \\ \wedge\ [lc(y) = \ulcorner\wedge\urcorner \to (S(y, g) \leftrightarrow S(fst(y), g) \wedge S(snd(y), g))] \\ \wedge\ [lc(y) = \ulcorner\exists\urcorner \to (S(y, g) \leftrightarrow \exists b \in g(snd(y)) S(thd(y), g[fst(y) := b]))] \\ \wedge\ [lc(y) = \ulcorner\forall\urcorner \to (S(y, g) \leftrightarrow \forall b \in g(snd(y)) S(thd(y), g[fst(y) := b]))]\} \end{aligned}$$

まとめておく．

定理 7.1.9 a を推移的集合とする．a の元をパラメタに持つ Δ_0-閉論理式に対する充足関係 $\mathrm{Sat}_{\Delta_0}^a(x, f)$ は a, x, f の関係として BS-Δ_1 である．従って「a 上定義可能集合である」$b \in \mathrm{Df}(a)$ および $b = \mathrm{Df}(a)$ も a, b の関係として BS-Δ_1 である．

［証明］

$$\mathsf{BS} \vdash \forall a \forall x \in Fml_{\Delta_0} \forall f \in {}^{<\omega}a[var(x) \subset dom(f) \\ \to \exists! S \subset SFml(x) \times ({}^{dom(f)}a)\{ST(a,x,f,S)\}]$$

なので $\mathrm{Sat}^a_{\Delta_0}(x,f)$ は BS-Δ_1 である．

$b \in \mathrm{Df}(a)$ は(7. 3)による．$b = \mathrm{Df}(a)$ を考えると，$\forall c \in \mathrm{Df}(a)\varphi$ は $\forall x \in Fml \forall f \in {}^{<\omega}a \forall i \in var(x)[\mathrm{Df}^a(x,i,f,c) \to \varphi]$ と書けば，$\mathrm{Df}^a(x,i,f,c)$ が BS-Δ_1 なので，やはり $b = \mathrm{Df}(a)$ もそうである． ∎

つぎに ZF-P-絶対的となる重要な例をふたつ挙げる．

命題 7. 1. 10　「r は a 上の整礎関係」は ZF-P-絶対的である．

［証明］ 定義より，「r は a 上の整礎関係」は Π_1 である．また，定義 4. 3. 12. 1 でのランクを用いれば，置換公理によりこれは Σ_1，つまり $\exists \alpha \in ORD \exists f[f: a \to \alpha \wedge \forall x,y \in a\{\langle x,y\rangle \in r \to f(x) < f(y)\}]$ と書ける． ∎

クラス $A = \{x : \varphi(x)\}$ は，それを定義する論理式 φ が絶対的なときに絶対的という．クラス M について

$$A^M := \{x \in M : \varphi^M(x)\} (= \{x \in M : M \models \varphi[x]\})$$

と書くと，A が絶対的ということは，任意の推移的クラス M について

$$A^M = A \cap M$$

ということになる．

超限帰納法による関数の定義 4. 2. 9 もしくはその系 4. 2. 10 において，クラス A 上の整礎関係 $<$ が $\in$ の場合を考える．定理 4. 2. 9 の証明において，集合 a の推移的閉包 $trcl(a)$（定義 4. 2. 13）の存在が必要であるが，これは(4. 5)によって定めればベキ集合の公理は必要無いことに注意せよ．

補題 7. 1. 11　クラス A, B, C とクラス関数 $G : C \times A \times \{f : \exists X \subset A[f : X \to B]\} \to B$ から超限帰納法によって，クラス関数 $F : C \times A \to B$ を

$$F(c,a) = G(c,a,F_c \restriction (A \cap a))$$

で定めたとき，A, B, C, G が ZF-P-絶対的(ZF-P-Δ_1)ならば，F も ZF-P-絶対的(ZF-P-Δ_1)になる．

［証明］ 定理 4. 2. 9 の証明より，仮定により絶対的になる関係 P から，F は

$$F(c,a) = y :\Leftrightarrow \exists f\, P(c,a,y,f) \Leftrightarrow \forall f[P(c,a,y,f) \to f(c,a) = y] \tag{4. 10}$$

と定義されたのでこれも絶対的である． ∎

この補題 7. 1. 11 より，「${}^n x$」($n \in \omega$)，集合 a のランク $rk(a)$（定義 4. 3. 12. 1）や順序数演算 $\alpha + \beta$, $\alpha \cdot \beta$, α^β はすべて ZF-P-絶対的であることが分かる．

7.1.2 反映原理

つぎの反映原理 7.1.13 を証明するためにひとつ準備をする.

補題 7.1.12 順序数上のクラス関数 $F_i : ORD \to ORD\ (i<n)$ が有限個与えられている. このときこれらについて閉じている極限順序数 β が共終に存在する:

$$\mathsf{ZF\text{-}P} \vdash \forall\alpha\,\exists\beta>\alpha\{(\beta \text{ は極限順序数}) \wedge \bigwedge_{i<n} \forall\gamma<\beta[F_i(\gamma)<\beta]\}.$$

[証明] 与えられた α に対し, 順序数の増加列 $\{\beta_m\}_{m<\omega}$ を帰納的に, $\beta_0=\alpha$, $\beta_{m+1}=\sup(\{\beta_m+1\}\cup\{F_i(\gamma) : i<n,\, \gamma<\beta_m\})$ と定めて, $\beta=\sup\{\beta_m : m<\omega\}$ とおく. β_{m+1}, β の存在は置換公理と無限公理による.

$\alpha\le\beta_m<\beta_{m+1}$ であるから, $\beta>\alpha$ は極限順序数である.

$\gamma<\beta$ として, $\gamma<\beta_m$ と取れば, $F_i(\gamma)\le\beta_{m+1}<\beta$ となる. ∎

定理 7.1.13 (反映原理 Reflection Principle)

任意に与えられた論理式の有限集合 Γ とクラス M およびクラス関数 $\alpha\mapsto M_\alpha$ について, つぎが ZF-P で成り立つ:

クラス M は, 集合 $M_\alpha\ (\alpha\in ORD)$ によってつぎの意味で階層付けられているとする:

1. $\alpha<\beta \to M_\alpha \subset M_\beta$.
2. 極限順序数 λ について, $M_\lambda = \bigcup_{\alpha<\lambda} M_\alpha$.
3. $M = \bigcup_{\alpha\in ORD} M_\alpha$.

このとき

$$\forall\alpha\,\exists\beta>\alpha[\text{どの } \varphi\in\Gamma \text{ も } M_\beta, M \text{ に関して絶対的}].$$

[証明] 与えられた順序数 α について, $\beta>\alpha$ を, M_β が M のいわば「Γ に属する論理式のみに関しての」初等部分モデルとしたいのだから, 証明は, 下方 Löwenheim-Skolem の定理 5.1.13 のそれとよく似ている. 違いは, Skolem 関数 f_φ (5.4) が論理式の有限集合にたいしてのみ必要なことと, f_φ は存在する集合を直接, $\forall x\in M\{\exists y\in M\varphi^M[x,y]\to\varphi^M[x,f_\varphi(x)]\}$, のかたちで取らずに, そのような $y\in M$ が, $x\in M_\gamma$ である限り $y\in M_{f_\varphi(\gamma)}$ で取れるような順序数 $f_\varphi(\gamma)$ を対応させることである. 「かくかくしかじかを充たす順序数」が存在する場合には, そのような最小のものを指示できるので, 選択公理は不要である.

初めに, 論理記号は $\neg, \vee, \exists$ のみとする. それから, 論理式の有限集合 Γ は,部分を取る操作について閉じているとしてよい：

$$(\neg\varphi \in \Gamma \Rightarrow \varphi \in \Gamma) \,\&\, (\varphi \vee \psi \in \Gamma \Rightarrow \{\varphi, \psi\} \subset \Gamma) \,\&\, (\exists v \varphi \in \Gamma \Rightarrow \varphi \in \Gamma).$$

さてそのうえで，Γ に属する論理式で量化記号 $\exists$ で始まっているもの全体を $\{\exists y\, \varphi_i : i < n\}$ とする．各 $i < n$ について，初めに(クラス)関数 G_i を，

$$G_i(\vec{x}) := \begin{cases} 0 & \neg\exists y \in M\, \varphi_i^M[\vec{x}, y] \text{ のとき} \\ \min\{\gamma \in ORD : \exists y \in M_\gamma\, \varphi_i^M[\vec{x}, y]\} & \exists y \in M\, \varphi_i^M[\vec{x}, y] \text{ のとき} \end{cases}$$

として，ORD 上の関数 F_i を

$$F_i(\gamma) = \sup\{G_i(\vec{x}) : \vec{x} \subset M_\gamma\}.$$

M_γ は集合であるから，置換公理により，順序数 $F_i(\gamma)$ は存在する．

与えられた順序数 α に対して，補題 7.1.12 により極限順序数 $\beta > \alpha$ を，各 F_i について閉じているように取る．するとこれが求める順序数であることが分かる：どんな $\varphi \in \Gamma$ についても

$$\forall \vec{x} \subset M_\beta [\varphi^{M_\beta}(\vec{x}) \leftrightarrow \varphi^M(\vec{x})].$$

これを，論理式 φ の構成に関する帰納法で示せばよい．$\varphi(\vec{x}) \equiv \exists y\, \varphi_i(\vec{x}, y)$ のときに，β が極限順序数であることと，F_i について閉じていることを使う． ∎

反映原理 7.1.13 で，$M = V$, $M_\alpha = V_\alpha$ とおいてつぎの系 7.1.14 を得る．

系 7.1.14 任意に与えられた論理式の有限集合 Γ について，

$$\mathsf{ZF} \vdash \forall \alpha \exists \beta > \alpha [\text{どの } \varphi \in \Gamma \text{ も } V_\beta \text{ に関して絶対的}]. \qquad \Box$$

ZFC の公理は ZFC で証明できるから

系 7.1.15 任意に与えられた ZFC の公理の有限集合 Γ について，

$$\mathsf{ZFC} \vdash \forall \alpha \exists \beta > \alpha \bigwedge\{\varphi^{V_\beta} : \varphi \in \Gamma\}. \qquad \Box$$

7.2 構成可能集合

ここでは，K. Gödel による**構成可能集合**(constructible sets)のクラス L を導入する．L に関する基本性質をまとめるとつぎのようになる．

1. L は順序数により階層付けられており $L = \bigcup_{\alpha \in ORD} L_\alpha$，この階層は反映原理 7.1.13 の仮定を充たす：
   (a) $\alpha < \beta \rightarrow L_\alpha \subset L_\beta$ (補題 7.2.2.2)．
   (b) 極限順序数 λ について，$L_\lambda = \bigcup_{\alpha < \lambda} L_\alpha$.
2. 各 L_α は推移的集合である(補題 7.2.2.1)．よって L は推移的クラスで

ある.

3. $ORD \subset L$ (補題 7. 2. 2. 4).

4. L は ZF のモデルである(定理 7. 2. 3).

5. $x \in L_\alpha$ は, x, α の関係として, BSL-Δ_1 である(補題 7. 2. 5). よって

$$x \in L :\Leftrightarrow \exists \alpha \in ORD(x \in L_\alpha)$$

は Σ_1 である.

ここで BSL は ZF-P のある部分である(定義 7. 2. 4).

6. L を整列化する Σ_1-関係 $x <_L y$ がつくれる. よって選択公理 AC が L で成り立つ.

7. $\alpha \geq \omega$ について, $card(L_\alpha) = card(\alpha)$.

8. $\alpha \geq \omega$ について, $\mathcal{P}(L_\alpha) \cap L = \mathcal{P}^L(L_\alpha) \subset L_{\alpha^+}$. よって一般連続体仮説 GCH が L で成立する.

7. 2. 1 構成可能集合

累積的階層 $V = \bigcup_{\alpha \in ORD} V_\alpha$ はベキ集合をつくる操作を繰り返してつくられた:

$$V_{\alpha+1} = \mathcal{P}(V_\alpha).$$

これに対して構成可能集合のクラス $L = \bigcup_{\alpha \in ORD} L_\alpha$ では, 既に得られた集合上で定義可能な集合(定義 7. 1. 8)のみを集めていく:

$$L_{\alpha+1} = \mathrm{Df}(L_\alpha).$$

定義 7. 2. 1

1. 順序数 $\alpha \in ORD$ に関する帰納法で, 集合 L_α を定義する.
   (a) $L_0 = \varnothing$.
   (b) $L_{\alpha+1} = \mathrm{Df}(L_\alpha)$.
   (c) 極限順序数 λ に対して, $L_\lambda = \bigcup_{\alpha < \lambda} L_\alpha$.

2.
$$L := \bigcup_{\alpha \in ORD} L_\alpha.$$

$x \in L$ を構成可能集合(constructible set)という.

3. $x \in L$ について

$$rk_L(x) := \min\{\alpha \in ORD : x \in L_{\alpha+1}\}$$

を x の ***L*-ランク**(L-rank)という. □

初めに $L = \bigcup_{\alpha \in ORD} L_\alpha$ の簡単な性質をまとめる.

補題 7.2.2 $\alpha \in ORD$ とする．

1. L_α は推移的集合である．
2. $\forall \beta < \alpha [L_\beta \subset L_\alpha]$.
3. $L_\alpha = \{x \in L : rk_L(x) < \alpha\}$.
4. $\alpha \in L \wedge rk_L(\alpha) = \alpha$.
5. $L_\alpha \cap ORD = \alpha$.
6. $L_\alpha \in L_{\alpha+1}$.
7. $\alpha \geq \omega \Rightarrow card(L_\alpha) = card(\alpha)$.

［証明］ 補題 7.2.2.1，7.2.2.2 は，α に関する超限帰納法で証明される．$\alpha = \beta + 1$ のときに，$L_\alpha = \mathrm{Df}(L_\beta)$ より，$L_\beta \subset L_\alpha \subset \mathcal{P}(L_\beta)$ となる事実を用いる．

補題 7.2.2.5 も α に関する超限帰納法で証明される．$L_\beta \cap ORD = \beta$ で $\alpha = \beta + 1$ として，$L_\alpha \cap ORD = \alpha$ を示せばよい．再び $L_\beta \subset L_\alpha \subset \mathcal{P}(L_\beta)$ より，$\beta \subset L_\alpha \cap ORD \subset \alpha$ であるから，$\beta \in L_\alpha$ だけ考えればよい．$x \in ORD$ は Δ_0 なので絶対的だから，

$$\beta = L_\beta \cap ORD = \{x \in L_\beta : x \in ORD\} = \{x \in L_\beta : (x \in ORD)^{L_\beta}\} \in L_\alpha.$$

補題 7.2.2.6 は，$L_\alpha \in \mathrm{Df}(L_\alpha) = L_{\alpha+1}$.

補題 7.2.2.7 も α に関する超限帰納法で証明される．先ず，$\alpha < \omega$ なら $L_\alpha = V_\alpha$ で $card(L_\alpha) < \aleph_0 = card(\omega)$ である．

つぎに $\alpha \geq \omega$ の場合を考える．補題 7.2.2.5 より $\alpha \subset L_\alpha$ なので，$card(L_\alpha) \leq card(\alpha)$ を示せばよい．

α が極限順序数なら，$L_\alpha = \bigcup_{\beta < \alpha} L_\beta$ は，$card(\alpha)$ 以下の濃度の集合の $card(\alpha)$ 個の合併であるから，系 4.4.21 つまり選択公理より $card(L_\alpha) \leq card(\alpha)$ となる．

$\alpha = \beta + 1$ なら，$card(\alpha) = card(\beta) = card(L_\beta) \geq \aleph_0$ で $L_\alpha = \mathrm{Df}(L_\beta)$．一般に，無限集合 a について $card(\mathrm{Df}(a)) = card(a)$ なのでよい． ∎

定理 7.2.3 L は ZF のモデルである．

すなわち ZF の各公理 θ について

$$\mathsf{ZF} \vdash \theta^L.$$

［証明］ 命題 7.1.3 を用いる．

$L \neq \varnothing$ は推移的クラスであるから，外延性公理，整礎性公理図式，空集合の存在は問題ない．

$a,b\in L$ とする．$\alpha\in ORD$ を $a,b\in L_\alpha$ となるように選ぶ．$L_{\alpha+1}=\mathrm{Df}(L_\alpha)$ より $\{a,b\}=\mathcal{F}_1(a,b)\in L_{\alpha+1}$, $\cup a=\mathcal{F}_2(a,b)\in L_{\alpha+1}$ なので，対の公理と合併の公理はよい．

$\alpha>\omega$ なら，補題 7. 2. 2. 5 より $\omega\in L_\alpha$ なので，無限公理もよい．

ベキ集合の公理を考える．$\mathcal{P}^L(a)=\mathcal{P}(a)\cap L=\{x\in L:x\subset a\}$ が L の元ならばよい．ベキ集合の公理と置換公理より，順序数 $\beta=\sup\{rk_L(x)+1:x\in\mathcal{P}(a)\cap L\}$ が存在する．すると，$\{x\in L:x\subset a\}=\{x\in L_\beta:x\subset a\}\in L_{\beta+1}$ となってよい．

最後に置換公理を考える．論理式 $\varphi(x,y,\vec{w})$ と $\vec{b}\subset L_\alpha$ について，

$$\forall x,y,z\in L[\varphi^L(x,y,\vec{b})\wedge\varphi^L(x,z,\vec{b})\to y=z]$$

であるとする．示すべきは $a\in L_\alpha$ について

$$\{y\in L:\exists x\in a\,\varphi^L(x,y,\vec{b})\}\in L$$

である．

初めに $f:a\to ORD$ を

$$f(x)=\begin{cases}\min\{rk_L(y)+1:y\in L\wedge\varphi^L(x,y,\vec{b})\} & \exists y\in L\,\varphi^L(x,y,\vec{b})\text{ のとき}\\ 0 & \text{そうでないとき}\end{cases}$$

で定め，置換公理により，$\gamma>\alpha$ を

$$\gamma=\max(\alpha+1,\sup\{f(x):x\in a\}) \tag{7.5}$$

とすれば，

$$y\in L\wedge\exists x\in a\,\varphi^L(x,y,\vec{b})\to y\in L_\gamma$$

となる．

つぎに反映原理 7. 1. 13 により $\beta>\gamma$ を，論理式 $\varphi(x,y,\vec{w})$ が，L_β, L に関して絶対的になるように取る．すると

$$\forall x,y\in L_\beta[\varphi^{L_\beta}(x,y,\vec{b})\leftrightarrow\varphi^L(x,y,\vec{b})]$$

つまり

$$\{y\in L:\exists x\in a\,\varphi^L(x,y,\vec{b})\}=\{y\in L_\beta:\exists x\in a\,\varphi^{L_\beta}(x,y,\vec{b})\}\in L_{\beta+1}.$$ ∎

7. 2. 2 L_α の絶対性

つぎに x,α の関係としての $x\in L_\alpha$, $x=L_\alpha$ の絶対性を見ておく．

定義 7. 2. 4 集合論の公理系 BS に列 $\{L_\beta\}_{\beta\leq\alpha}$ の存在を付け加えて BSL を得る：

$$\forall\alpha\in ORD\,\exists f[f=\{L_\beta\}_{\beta\leq\alpha}].$$

ここで $f=\{L_\beta\}_{\beta\leq\alpha}$ は，「f は $dom(f)=\alpha+1$ なる関数」でかつ，以下を充た

すという論理式である：

$$[f(0)=\varnothing]\wedge[\forall\lambda\leq\alpha\{(\lambda\text{ が極限順序数})\rightarrow f(\lambda)=\bigcup_{\beta<\lambda}f(\beta)\}]$$
$$\wedge[\forall\beta<\alpha\{f(\beta+1)=\mathrm{Df}(f(\beta))\}] \tag{7.6}$$

□

補題 7.2.5 $x\in L_\alpha$, $x=L_\alpha$ は，x,α の関係として，BSL-Δ_1 であり，BSL-絶対的である．また $\alpha\mapsto L_\alpha$ も BSL-絶対的である．

よって $x\in L(:\Leftrightarrow\exists\alpha\in ORD(x\in L_\alpha))$ は Σ_1 である．

［証明］ 初めに定理 7.1.9 により，$f=\{L_\beta\}_{\beta\leq\alpha}$ は BS-Δ_1 である．

つぎに $\forall\alpha\in ORD\,\exists f[f=\{L_\beta\}_{\beta\leq\alpha}]$ だから，$x=L_\alpha\leftrightarrow\exists f[f=\{L_\beta\}_{\beta\leq\alpha}\wedge x=f(\alpha)]\leftrightarrow\forall f[f=\{L_\beta\}_{\beta\leq\alpha}\rightarrow x=f(\alpha)]$ となりこれは BSL-Δ_1 である．また明らかに $\forall\alpha\exists!x[x=L_\alpha]$ かつ $x\in L_\alpha\leftrightarrow\exists z[x\in z=L_\alpha]\leftrightarrow\forall z[z=L_\alpha\rightarrow x\in z]$ となる． ∎

補題 7.2.6 $\lambda>\omega$ を極限順序数とすると，$L_\lambda\models$ BSL．よって補題 7.2.5 より，$x\in L_\alpha$, $x=L_\alpha$, $\alpha\mapsto L_\alpha$ は，L_λ-絶対的である．

［証明］ $\lambda>\omega$ を極限順序数とする．BSL の公理のうち，BS の部分，すなわち $\forall x,y\forall i\in\{1,...,9\}\exists z[z=\mathcal{F}_i(x,y)]$ と無限公理と整礎性公理図式は明らかに L_λ で成立している：$L_\lambda\models$ BS.

$$\forall\alpha<\lambda\,\exists f\in L_\lambda[(f=\{L_\beta\}_{\beta\leq\alpha})^{L_\lambda}]$$

を示せばよいが，$f=\{L_\beta\}_{\beta\leq\alpha}$（式(7.6)）が L_λ で絶対であるので，示すべきは

$$\forall\alpha<\lambda\,\exists f\in L_\lambda[f=\{L_\beta\}_{\beta\leq\alpha}] \tag{7.7}$$

である．これを極限順序数 λ に関する超限帰納法で示そう．$\lambda>\omega$ を極限順序数として，(7.7)が λ で正しいことを見るために $\alpha<\lambda$ に関する超限帰納法を用いる．

$\alpha=\gamma+1<\lambda$ とする．α に関する超限帰納法の仮定より，$f\in L_\lambda$ を $f=\{L_\beta\}_{\beta\leq\gamma}$ となるように取る．求める $\{L_\beta\}_{\beta\leq\alpha}$ は $f\cup\{\langle\gamma+1,L_{\gamma+1}\rangle\}$ とすればよいから，$L_{\gamma+1}$ の L_λ での存在とその絶対性を言えばよい．$L_{\gamma+1}=\mathrm{Df}(f(\gamma))$（ここで $f(\gamma)=L_\gamma$）であるから，上で見た通りやはり $L_{\gamma+1}^{L_\lambda}=L_{\gamma+1}\in L_\lambda$ となる．

つぎに α が極限順序数の場合を考える．λ に関する超限帰納法の仮定より α について(7.7)が正しい，$L_\alpha\models$ BSL から，とくに L_β は L_α で絶対的である．よって $g=\{L_\beta\}_{\beta<\alpha}$ となる g は L_α で定義可能となる：$g=\{x\in L_\alpha : L_\alpha\models\exists\beta\in ORD[x=\langle\beta,L_\beta\rangle]\}$．従って $g\in L_\lambda$ であり，$\{L_\beta\}_{\beta\leq\alpha}=g\cup\{\langle\alpha,\cup rng(g)\rangle\}\in L_\lambda$.

ここで $\cup rng(g) = \mathcal{F}_2(\mathcal{F}_6(g,0),0)$. ∎

補題 7.1.11 より ZF-P が BSL を含むことが分かる．とくに $x \in L_\alpha$, $x = L_\alpha$, $\alpha \mapsto L_\alpha$ はすべて ZF-P-絶対的である．

「すべての集合は構成可能である」という仮説に名前を付ける．

定義 7.2.7

$$V = L :\Leftrightarrow \forall x \exists \alpha (x \in L_\alpha)$$

を，**構成可能性公理**(Axiom of Constructibility)と呼ぶ． □

ひとつ言葉に関する注意をする．構成可能性「公理」となっているが，$V = L$ をだれも疑い得ない真理と言っているわけでは決してない．むしろ「(作業)仮説」(Hypothesis)のほうがしっくりくる．同じことが，小節 4.5.4, 定義 4.5.37 で導入した Martin の公理 MA がその典型例である「強制法公理」(forcing axioms)や「巨大基数公理」(large cardinal axioms)にも言える．

定理 7.2.8 L は ZF+$(V = L)$ のモデルである：

$$\mathsf{ZF\text{-}P} \vdash (V = L)^L.$$

［証明］ 補題 7.2.5 により，$x \in L_\alpha$ は絶対的であるから，

$$\mathsf{ZF\text{-}P} \vdash (V = L)^L \leftrightarrow \forall x \in L \exists \alpha (x \in L_\alpha)^L \leftrightarrow \forall x \in L \exists \alpha (x \in L_\alpha). \quad ∎$$

系 7.2.9 (構成可能性公理の相対無矛盾性)

ZF が無矛盾ならば，ZF+$(V = L)$ も無矛盾である．この事実は，ZF さらに自然数の公理系 PA で証明できる：

$$\mathsf{PA} \vdash \mathrm{Con}(\mathsf{ZF}) \to \mathrm{Con}(\mathsf{ZF} + (V = L)). \quad □$$

$x \in L_\alpha$ の絶対性から分かる L の最小性を述べておく．

定義 7.2.10 すべての順序数を含む$(ORD \subset M)$推移的なクラス M が，集合論の公理系 T のモデルであるとき，M は T の**内部モデル**(inner model)と呼ばれる． □

例えば L は ZF+$(V = L)$ の内部モデルである．

命題 7.2.11 L は BSL の最小の内部モデルである：BSL の内部モデル M について

$$L = L^M \subset M.$$

［証明］ $L = L^M$ を示せばよい．

$ORD \subset M$ と $x \in L_\alpha$ の絶対性より，$L_\alpha \subset M$ に注意して

$$L^M = \{x \in M : (\exists \alpha (x \in L_\alpha))^M\} = \bigcup \{L_\alpha \cap M : \alpha \in ORD\}$$

$$=\bigcup\{L_\alpha : \alpha\in ORD\}=L.$$ ▮

系 7.2.12 M を BSL の内部モデルとすると

$$\mathsf{BSL}\vdash(V=L\to M=L).$$

［証明］ 命題 7.2.11 により $L\subset M\subset V$. ▮

定義 7.2.13

補題 7.2.5 の証明において，$x\in L_\alpha$, $\alpha\mapsto L_\alpha$ の絶対性を保証するのに必要な有限個の BSL の公理を BSL_{abs} とする．BSL_{abs} は，BSL の公理のうちで，整礎性公理図式以外はすべて含むとしておく．

クラス M について，

$$\mathsf{BSL}_{abs}^M :\Leftrightarrow \bigwedge\{\gamma^M : \gamma\in\mathsf{BSL}_{abs}\}$$

とし，「M は順序数をすべて含む推移的なクラス」で，論理式 $\forall\alpha\in ORD(\alpha\in M)\wedge\forall x\in M(x\subset M)$ を意味するとして，命題 7.2.11 は

$\mathsf{BSL}\vdash[(M$ は順序数をすべて含む推移的なクラス$)\wedge\mathsf{BSL}_{abs}^M\to L=L^M\subset M]$

となる． □

定義 7.2.14

$$o(M):=M\cap ORD.$$ □

命題 7.2.15 M が推移的集合ならば，

$$o(M)=\min\{\alpha\in ORD:\alpha\notin M\}\in ORD.$$ □

命題 7.2.16 定義 7.2.13 の BSL の有限部分 BSL_{abs} について，

1.

$$\mathsf{BSL}\vdash\forall M(M \text{ は推移的}\wedge\mathsf{BSL}_{abs}^M\to L_{o(M)}=L^M\subset M).$$

とくに極限順序数 $\lambda>\omega$ について $L_\lambda\models V=L$.

2.

$$\mathsf{BSL}\vdash[(M \text{ は順序数をすべて含む推移的なクラス})$$
$$\wedge\mathsf{BSL}_{abs}^M\wedge(V=L)^M\to M=L].$$

3.

$$\mathsf{BSL}\vdash\forall M(M \text{ は推移的}\wedge\mathsf{BSL}_{abs}^M\wedge(V=L)^M\to M=L_{o(M)}).$$

［証明］ 命題 7.2.16.1.

$L^M=\{x\in M:(\exists\alpha(x\in L_\alpha))^M\}=\bigcup\{L_\alpha:\alpha\in o(M)\}$ は，命題 7.2.11 の証明と同じである．

ここで M において順序数に限りが無い$(\forall\alpha[\alpha\cup\{\alpha\}=\alpha+1\in ORD])$ので，

$o(M)$ は極限順序数であるから，$\bigcup\{L_\alpha : \alpha \in o(M)\} = L_{o(M)}$.

命題 7. 2. 16. 2，7. 2. 16. 3．$(V=L)^M$ は $\forall x \in M(x \in L^M)$ ということだから，$M = L^M$ を意味する． ∎

7. 2. 3 構成可能性公理の帰結

ここでは構成可能性公理 $V=L$ から選択公理 AC と一般連続体仮説 GCH が導け，さらにある無限組合せ論的命題も帰結することを見よう．

L での選択公理

L 全体を整列化する順序 $<_L$ をつくろう．$x <_L y \, (x, y \in L)$ は，初めに L-ランク $rk_L(x), rk_L(y)$ の大小で比較する．そこで $\alpha = rk_L(x) = rk_L(y)$ である場合の比較のみが問題になる．(7. 3)により $x \in \mathrm{Df}(L_\alpha) \Leftrightarrow \exists s \in Fml \, \exists i \in var(s) \, \exists f \in {}^{<\omega}L_\alpha[\mathrm{Df}^{L_\alpha}(s, i, f, x)]$ であった．

この際のパラメタの代入 f に関する「標準形」を決めておく．

命題 7. 2. 17 $x \in \mathrm{Df}(L_\alpha)$ であれば，ある論理式 φ と変数 v_n および有限個の順序数 $\vec{\gamma} = (\gamma_0, \ldots, \gamma_{n-1}) \leq \alpha$ が存在して，$f(i) = L_{\gamma_i}$ に関して，$\varphi(\mathsf{v}_n) \equiv \varphi[\mathsf{v}_0 := L_{\gamma_0}, \ldots, \mathsf{v}_{n-1} := L_{\gamma_{n-1}}]$ が L_α で x を定義する：$\mathrm{Df}^{L_\alpha}(\ulcorner\varphi\urcorner, n, f, x)$.

［証明］ α に関する超限帰納法による．$x \in \mathrm{Df}(L_\alpha)$ が論理式 φ，変数 v_n，パラメタ代入 $\mathsf{v}_i := a_i \, (a_i \in L_\alpha)$ により L_α で定義されているとする：$x = \{\mathsf{v}_n \in L_\alpha : L_\alpha \models \varphi[\vec{a}, \mathsf{v}_n]\}$.

$\beta < \alpha$ を $\vec{a} \subset L_{\beta+1}$ と取る．帰納法の仮定より各 $a_i \in \vec{a}$ に対して，論理式 θ_i，変数 v_{n_i}，パラメタ $\vec{\gamma}_i \leq \beta$ を $a_i = \{\mathsf{v}_{n_i} \in L_\beta : L_\beta \models \theta_i[L_{\vec{\gamma}_i}, \mathsf{v}_{n_i}]\}$ となるように取る．ただしここで $\vec{\gamma}_i = (\gamma_{i,0}, \ldots, \gamma_{i,n_i-1})$ に対して $L_{\vec{\gamma}_i} = (L_{\gamma_{i,0}}, \ldots, L_{\gamma_{i,n_i-1}})$ という列を表す．すると

$$x = \{\mathsf{v}_n \in L_\alpha : L_\alpha \models \exists \vec{\mathsf{v}}(\bigwedge_i(\mathsf{v}_i = \{\mathsf{v}_{n_i} \in L_\beta : \theta_i^{L_\beta}[L_{\vec{\gamma}_i}, \mathsf{v}_{n_i}]\}) \land \varphi[\vec{\mathsf{v}}, \mathsf{v}_n])\}. \quad ∎$$

さて，$\alpha = rk_L(x) = rk_L(y)$ である場合に話を戻す．命題 7. 2. 17 により，$x \in \mathrm{Df}(L_\alpha)$ を表す論理式 φ，変数 v_n，順序数の有限列 $\vec{\gamma} = (\gamma_0, \ldots, \gamma_{n-1}) \leq \alpha$ の組 $\langle\ulcorner\varphi\urcorner, n, \vec{\gamma}\rangle$ を考える．このような組全体を考える：

$$Trp(\alpha, x) := \{\langle t, n, \vec{\gamma}\rangle : \mathrm{Df}^{L_\alpha}(t, n, L_{\vec{\gamma}}, x)\}. \tag{7. 8}$$

$\alpha = rk_L(x) = rk_L(y)$ のときには，これらの組を辞書式順序で比較して $x <_L y$ を決めることにする．

定義 7.2.18 $x, y \in L$ に対し

$$x <_L y$$

は

1.

$$rk_L(x) < rk_L(y) \Leftrightarrow \exists\alpha[x \in L_\alpha \wedge y \notin L_\alpha]$$
$$\Leftrightarrow \forall\alpha[y \in L_{\alpha+1} \to x \in L_\alpha]$$

であるか，または

2.

$$rk_L(x) = rk_L(y) \Leftrightarrow \exists\alpha[x \in (L_{\alpha+1} \setminus L_\alpha) \wedge y \in (L_{\alpha+1} \setminus L_\alpha)]$$
$$\Leftrightarrow \forall\alpha[x \in L_\alpha \leftrightarrow y \in L_\alpha]$$

で，$\alpha = rk_L(x)$ とおいて以下が成立することとする：

$$\exists\langle t_x, n_x, \vec{\gamma}_x\rangle \in Trp(\alpha, x)\,\forall\langle t_y, n_y, \vec{\gamma}_y\rangle \in Trp(\alpha, y)$$
$$[\langle t_x, n_x\rangle <_{lex} \langle t_y, n_y\rangle \vee (\langle t_x, n_x\rangle = \langle t_y, n_y\rangle \wedge \vec{\gamma}_x <_{lex} \vec{\gamma}_y)].$$

ここで，$\langle t_x, n_x\rangle <_{lex} \langle t_y, n_y\rangle$ は自然数の組での辞書式順序で，順序数列 $f_x = \vec{\gamma}_x, f_y = \vec{\gamma}_y$ についての辞書式順序は

$f_x <_{lex} f_y :\Leftrightarrow dom(f_x) < dom(f_y)$

$\vee[dom(f_x) = dom(f_y) \wedge \exists i < dom(f_x)\,\forall j < i\{f_x(j) = f_y(j) \wedge f_x(i) < f_y(i)\}].$

$$x <_\alpha y :\Leftrightarrow x, y \in L_\alpha \wedge x <_L y$$

とおけば，$\alpha < \beta$ なら $<_\beta$ が $<_\alpha$ の終延長になっていることが分かる：

$$x <_\alpha y \Leftrightarrow x <_\beta y \wedge x, y \in L_\alpha$$

$$x \in L_\alpha \wedge y \in (L_\beta \setminus L_\alpha) \Rightarrow x <_\beta y$$

□

補題 7.2.19

1. ZF-P$\vdash (V = L \to \mathrm{AC})$．ここで AC は選択公理を表す．
2. $<_L$ は L 上の(集合ではないクラスの)整列順序である．L_α は L の $<_L$ に関する始切片で，$<_L\restriction(L_\alpha \times L_\alpha) = <_\alpha$．
3. $<_\alpha$ は BSL-Δ_1 で BSL で絶対的である．よって，$<_L$ は Σ_1 となる．また $<_L$ は BSL$+(V = L)$ において Δ_1 で BSL$+(V = L)$ で絶対的である．

   とくに $<_L$ は $L_\lambda\,(\lambda > \omega)$ で絶対的である．

［証明］ 補題 7.2.19.1 は，$x \in L = V$ に対し，$x \subset L_\alpha$ と取れば，$<_\alpha$ は x を整列化することから分かる．

補題 7.2.19.3．(7.8) での $Trp(\alpha, x)$ は BSL-Δ_1 でしかも $L_{\alpha+1}$ で定義可能なので $Trp(\alpha, x) \in L_{\alpha+2}$ である．

$x <_\alpha y \Leftrightarrow x, y \in L_\alpha \wedge x <_L y$ かつ $x <_L y \Leftrightarrow rk_L(x) < rk_L(y) \vee [rk_L(x) = rk_L(y) \wedge x <_{rk_L(x)} y]$ なので，これは BSL-Δ_1 である．

$V = L$ のもとでは，$x <_L y \leftrightarrow \exists \alpha[x <_\alpha y] \leftrightarrow \forall \alpha[x, y \in L_\alpha \to x <_\alpha y]$ であるから Δ_1 である． ∎

L での一般連続体仮説

L で GCH が成立することを示す際の主な武器は，下方 Löwenheim-Skolem の定理 5. 1. 13 と Mostowski つぶし(定義 4. 2. 14)である．これが無限組合せ論的命題を示す際にも有効となる．

初めに(形式的な)集合論での初等部分モデルと Skolem 包について注意する．X が集合であっても $X \prec V$ に相当する論理式が書けない，それは V での真理定義を要するからである．

しかし集合 X, Y について $X \prec Y$ は論理式で書けて，どんな論理式 $\varphi(\vec{v})$ についても

$$\mathsf{ZF\text{-}P} \vdash X \prec Y \to \forall \vec{a} \subset X\{\varphi[\vec{a}]^X \leftrightarrow \varphi[\vec{a}]^Y\}$$

となる：

$$\begin{aligned} X \prec Y :\Leftrightarrow\ & \varnothing \neq X \subset Y \wedge \forall x \in Fml\, \forall f \in {}^{<\omega}X \\ & [\mathrm{Sat}_{\Delta_0}^{X \cup \{X\}}(rst(x, var(x)), f[var(x) := X]) \\ & \leftrightarrow \mathrm{Sat}_{\Delta_0}^{Y \cup \{Y\}}(rst(x, var(x)), f[var(x) := Y])] \end{aligned}$$

とすればよいからである．ここでの記号は(7. 4)を参照せよ．$x = \ulcorner \varphi(\mathsf{v}_0, \ldots, \mathsf{v}_{n-1}) \urcorner$, $var(x) = n$, $f \restriction n = (a_0, \ldots, a_{n-1}) \subset X$ ならば，$\mathrm{Sat}_{\Delta_0}^{X \cup \{X\}}(rst(x, var(x)), f[var(x) := X])$ は $\varphi^X(a_0, \ldots, a_{n-1})$ ということであった．

つぎに集合 a の Skolem 包 $H(a)$ も，どこでそれを取っているか注意しないといけない．Skolem 包 $H(a)$ は下方 Löwenheim-Skolem の定理 5. 1. 13 で定義したが，それを集合論のモデルで考えれば，a があるクラス M の部分集合であるときにモデル $\langle M; \in \rangle$ で $H(a)$ をつくることになる．

先ず $V = L$ の仮定のもとで，ひとつひとつの Skolem 関数 f_φ は，$<_L$-最小なものを取るとすることで定義可能になる：

$$f_\varphi^L(\vec{x}) = \begin{cases} \min_{<_L}\{y \in L : L \models \varphi[\vec{x}, y]\} & L \models \exists y \varphi[\vec{x}, y] \text{ のとき} \\ 0 & \text{そうでないとき} \end{cases} \tag{7. 9}$$

しかしそれでも $H(a)$ をもし全体 L で考えて集合としてつくろうとすると，

やはり任意の論理式 φ に関する L での真理定義が必要になり，無理である．そこでこれもある集合 $X \supset a$ での Skolem 包 $H(a;X)$ のみを考える．これならば

$b = \min_{<_L}\{x \in X : \varphi(x)\} :\Leftrightarrow$

$[b \in X(\cap L) \land \varphi(b) \land \forall x <_L b(x \in X \to \neg\varphi(x))] \lor [b = 0 \land \neg \exists x \in X(\cap L)\varphi(x)]$

とおいて (cf. 式(7.3))

$Cl(a;X) =$

$\{b \in X : \exists x \in Fml \, \exists i \in var(x) \, \exists f \in {}^{<\omega}a(b = \min_{<_L}\{y \in X : \mathrm{Df}^X(x,i,f,y)\})\}$

について

$$H_0(a;X) = a, \quad H_{n+1}(a;X) = Cl(H_n(a;X);X)$$

と帰納的に定義して

$$H(a;X) := \bigcup_{n \in \omega} H_n(a;X)$$

とすればよい．このとき上の初等部分モデルに相当する論理式を用いて $H(a;X) \prec X$ となる．

補題 7.2.20 (凝集性補題 Condensation lemma)

X を推移的集合，$\beta = o(X)$ とし，$\lambda > \omega$ を極限順序数とする．BSL_{abs} は定義 7.2.13 で導入された有限個の論理式である．

1. X が $\mathsf{BSL}_{abs} + (V = L)$ のモデル，$\langle X; \in \rangle \models \mathsf{BSL}_{abs} + (V = L)$ ならば，$X = L_\beta$ である．
2. とくに初等的同値 $\langle X; \in \rangle \equiv \langle L_\lambda; \in \rangle$ もしくは $\langle X; \in \rangle \prec_{\Sigma_1} \langle L_\lambda; \in \rangle$ ならば，$X = L_\beta$ である．

   但しここで $\langle a; \in \rangle \prec_{\Sigma_1} \langle b; \in \rangle$ は，$a \subset b$ かつパラメタ $\vec{c} \subset a$ を伴った Σ_1-論理式 $\varphi[\vec{c}]$ について

   $$\langle b; \in \rangle \models \varphi[\vec{c}] \Rightarrow \langle a; \in \rangle \models \varphi[\vec{c}]$$

   を意味し，このとき $\langle a; \in \rangle$ が $\langle b; \in \rangle$ の Σ_1-初等部分モデル (Σ_1-elementary submodel) という．
3. さらに $x \subset L_\lambda$ の L_λ での Skolem 包 $H(x;L_\lambda)$ の Mostowski つぶし $clps : H(x;L_\lambda) \to X$ ($z \in H(x;L_\lambda)$ について $clps(z) = \{clps(y) : y \in z \cap H(x;L_\lambda)\}$) は同型写像で，$X \cong H(x;L_\lambda)$ とすると，$X = L_\beta$ となる．

［証明］ 補題 7.2.20.1．X は $V = L$ のモデルであるから，$\forall x \in X \, \exists \alpha \in X[x \in L_\alpha^X]$ となるが，X は BSL_{abs} のモデルでもあるので，補題 7.2.5 により，$L_\alpha^X = L_\alpha$ である．$\beta = o(X)$ が極限順序数であるからこれは $X \subset L_\beta$ を意味する．逆

も L_α の絶対性より分かる．

補題 7. 2. 20. 2. 補題 7. 2. 6 により，L_λ は BSL のモデルである．また $L_\lambda \models V = L$ も L_α の L_λ での絶対性より分かる (cf. 命題 7. 2. 16. 1)．他方，$\mathsf{BSL}_{abs}+(V=L)$ の公理のうち，整礎性公理図式以外は Π_2-論理式である．よって補題 7. 2. 20. 1 より，$\langle a;\in\rangle \prec_{\Sigma_1} \langle b;\in\rangle$ ならばパラメタ $\vec{c}\subset a$ を伴った Π_2-論理式 $\varphi[\vec{c}]$ について

$$\langle b;\in\rangle \models \varphi[\vec{c}] \Rightarrow \langle a;\in\rangle \models \varphi[\vec{c}]$$

を見ればよいがこれは明らかである．

補題 7. 2. 20. 3. 先ず L_λ は推移的なので外延性公理を $H(x;L_\lambda)$ は充たす．つぶし補題 4. 2. 16 での条件 (4. 15) を考えると，これは正に $H(x;L_\lambda)$ が外延性公理のモデルということである．よって，Mostowski つぶし関数 $clps: H(x;L_\lambda) \to \{clps(x): x\in H(x;L_\lambda)\} = X$ は同型写像になっている．また X は明らかに推移的である．よって補題 7. 2. 20. 2 より $X = L_\beta$ となる． ∎

定理 7. 2. 21

$$\mathsf{ZF} \vdash (V = L \to \forall\alpha \geq \omega[\mathcal{P}(L_\alpha) \subset L_{\alpha^+}]).$$

［証明］ $V=L$ を仮定する．すると補題 7. 2. 19. 1 により，選択公理を用いてよい．選択公理は，補題 7. 2. 2. 7 $card(L_\alpha) = card(\alpha)$ $(\alpha \geq \omega)$ に用いられていたことに注意する．$a \in \mathcal{P}(L_\alpha)$ とする．

$x = L_\alpha \cup \{a\}$ を考える．x は推移的であり，$card(x) = card(\alpha)$ である．極限順序数 $\lambda > \omega$ を $x \subset L_\lambda$ となるように取る．凝集性補題 7. 2. 20. 3 により，x の L_λ での Skolem 包 $H(x;L_\lambda)$ の Mostowski つぶし $clps: H(x;L_\lambda) \to X \cong H(x;L_\lambda)$ は推移的 x 上で恒等写像なので $x \subset X$ となる．$\beta = o(X)$ とおくと $X = L_\beta$ で，$card(X) = card(H(x;L_\lambda)) \leq card(\alpha)$ となる．(ここでも系 4. 4. 21. 2 の形で選択公理を用いている．) よって $\beta < \alpha^+$．従って $a \in X = L_\beta \subset L_{\alpha^+}$． ∎

系 7. 2. 22

$$\mathsf{ZF} \vdash (V = L \to \mathrm{AC} \wedge \mathrm{GCH}).$$

［証明］ 定理 7. 2. 21 と補題 7. 2. 2. 7 による． ∎

系 7. 2. 9 とこの系 7. 2. 22 を併せて，選択公理と一般連続体仮説の相対無矛盾性すなわち ZF が無矛盾ならば ZFC＋GCH も無矛盾である (ZFC で GCH が否定できない) ことが分かる．

つぎの節 7. 3 で，GCH の独立性，すなわち ZF が無矛盾ならば ZFC で GCH が証明できないことも分かる．

ひとつ，V と L の関係についてふれておく．

補題 7. 2. 23 (Shoenfield-Levy Absoluteness lemma)

パラメタ無しの Σ_1-閉論理式 $\exists x\,\theta(x)$ (θ は Δ_0) について

$$\mathsf{ZF} \vdash (\exists x\,\theta(x) \to \exists x \in L_{\omega_1^L}\theta(x))$$

となる．ただしここで ω_1^L は L での最小の非可算順序数を表す：

$$\omega_1^L = \min\{\alpha \in L : \neg\exists f \in L[(f:\omega \to \alpha) \wedge (f\ \text{は全射})]\}.$$

よって Σ_1-閉論理式が V で正しければそれは既に L でも正しい．さらにパラメタ無しの Π_1-閉論理式 $\forall x\,\neg\theta(x)$ について

$$\mathsf{ZF} + (V = L) \vdash \forall x\,\neg\theta(x) \Rightarrow \mathsf{ZF} \vdash \forall x\,\neg\theta(x).$$

［証明］ $\exists x\,\theta(x)$ であるとする．反映原理 7. 1. 13 により，推移的集合 X を $X \models \exists x\,\theta(x)$ となるように取る．$\exists x\,\theta(x)$ と外延性公理との論理積を A とする．命題 1. 6. 3 により A を関数記号を含まない $\forall\exists$-論理式に書き換えて $B \equiv \forall\vec{x}\,\exists\vec{y}\varphi[\vec{x},\vec{y}]$ が得られたとする．新たに付け加わった関係記号の解釈を A のモデル $\langle X; \in^X\rangle$ に付け足した $\mathcal{N} = \langle X; \in^X, ...\rangle$ が B のモデルになる．補題 5. 1. 3 で述べられている，$\mathcal{N}$ の有限部分モデルの拡大列 $\mathcal{M}_i \subset \mathcal{M}_{i+1}$ を

$$\forall\vec{a} \subset |\mathcal{M}_i|\ \exists\vec{b} \subset |\mathcal{M}_{i+1}|\,(\mathcal{M}_{i+1} \models \varphi[\vec{a},\vec{b}]) \tag{7. 10}$$

となるように取れば，$\mathcal{M} = \bigcup_{i\in\omega} \mathcal{M}_i$ は B の可算モデルである．ここで $\mathcal{M}_i$ と同型なモデルを自然数の中に取ることにより，$\mathcal{M}_i \in L_\omega$ としてよい．

しかも拡大列 $\{\mathcal{M}_i\}_{i\in\omega}$ 自身が L にあるとしてよい．それは，以下(7. 11)で定める関係 $<$ が L で絶対的になり，その関係 $<$ に関する無限下降列 $\mathcal{M}_{i+1} < \mathcal{M}_i$ が L の中で取れるからである．さらに $\mathcal{M}$ での $\in^{\mathcal{M}}$ は整礎的であるとしてよい．このことを示そう．

それにはモデル $\mathcal{M}_i$ と関数 $f_i : |\mathcal{M}_i| \to ORD$ との組 $(\mathcal{M}_i, f_i)$ を考える．ここで，f_i は $\in^{\mathcal{M}_i}$ が整礎的であることを保証するもので，$\mathcal{M}_i \models a \in b \Rightarrow f_i(a) < f_i(b)$ なるものである．そして順序 $<$ を，

$$(\mathcal{M}_{i+1}, f_{i+1}) < (\mathcal{M}_i, f_i) :\Leftrightarrow \mathcal{M}_i \subset \mathcal{M}_{i+1}\ \&\ f_i \subset f_{i+1}\ \&\ (7.10) \tag{7. 11}$$

で定める．

仮定 $\mathcal{N} \models B$ より，$<$ は無限下降列を持ち，命題 7. 1. 10 より整礎性は L で絶対的だから，無限下降列は L に属するとしてよく，これより $\mathcal{M} = \bigcup_{i\in\omega} \mathcal{M}_i \in L$ は B のモデルで，しかも $\in^{\mathcal{M}}$ は整礎的かつ $\mathcal{M}$ は L で可算である．

$\mathcal{M}' = \langle|\mathcal{M}|; \in^{\mathcal{M}}\rangle \models \exists x\,\theta(x)$ として，そこで $\mathcal{M}'$ の Mostowski つぶしを Y とすると，Y は L で可算な推移的モデルであり，$Y \subset L_{\omega_1^L}$ かつ $Y \models \exists x\,\theta(x)$ であ

る．θ は Δ_0 だから，$L_{\omega_1^L} \models \exists x\, \theta(x)$ となって証明が終わる． ▮

◇-列

つぎに無限組合せ命題に移る．

初等部分モデルとその Mostowski つぶしに関してひとつ準備しておく．

補題 7.2.24 以下が ZF-P$+(V=L)$ で示せる．

1. 集合 X,Y について，$X \prec Y$ とする．このとき，Y の元 a でそこで X から定義可能なもの，つまり X の元をパラメタに伴った集合論の論理式 φ があって，$Y \models \varphi[a] \wedge \exists! x\, \varphi(x)$ となっていたら，$a \in X$ となる．
2. $a \subset L_{\omega_2}$ を $card(a) < \omega_1$ として，a の L_{ω_2} での Skolem 包を $X = H(a; L_{\omega_2}) \prec L_{\omega_2}$ とする．このとき X の Mostowski つぶし $X \cong Y$ は $\lambda = o(Y)$ について $Y = L_\lambda$ となる．

   さらに
   $$\alpha = \min\{\alpha < \omega_1 : \alpha \notin X\} = o(X \cap L_{\omega_1})$$
   について
   $$X \cap L_{\omega_1} = L_\alpha.$$

［証明］ 補題 7.2.24.1. $X \models \exists x\, \varphi(x)$ より，$b \in X$ を $X \models \varphi[b]$ とすれば，$Y \models \varphi[b]$ なので $a = b \in X$ となるからである．

補題 7.2.24.2. 凝集性補題 7.2.20.3 より，後半だけ示せばよい．

$card(X) < \omega_1$ だから，$\omega_1 \not\subset X$ である．再び凝集性補題 7.2.20.2 により，$X \cap L_{\omega_1} = L_\alpha$ を見るには，$X \cap L_{\omega_1} \prec L_{\omega_1}$ かつ $X \cap L_{\omega_1}$ が推移的であればよい．

定理 7.2.21 により $\alpha, \beta < \omega_2$ について，$f : \alpha \to \beta$ は常に $f \in L_{\omega_2}$ であるから，ω_1 は L_{ω_2} において，「最大の正則順序数」（もしくは「最小の非可算順序数」）で定義できるので，補題 7.2.24.1 により $\omega_1 \in X$，よって $L_{\omega_1} \in X$ である．$X \cap L_{\omega_1}$ の元をパラメタに含む論理式 φ について
$$L_{\omega_1} \models \varphi \Leftrightarrow L_{\omega_2} \models \varphi^{L_{\omega_1}} \Leftrightarrow X \models \varphi^{L_{\omega_1}} \Leftrightarrow X \cap L_{\omega_1} \models \varphi.$$

つぎに $X \cap L_{\omega_1}$ が推移的であること，つまり $x \in X \cap L_{\omega_1}$ として $x \subset X$ を示す．

$\gamma = \max\{\omega, rk_L(x)\}$ について $x \subset L_\gamma$ だから $card(x) \leq card(L_\gamma) = \aleph_0$ となる．全射 $f : \omega \to x$ を取ると定理 7.2.21 により $f \in L_{\omega_1}$ である．そこで f を $<_L$ の意味で最小としておけば，補題 7.2.24.1 と $X \cap L_{\omega_1} \prec L_{\omega_1}$ より $f \in X$ となる．また $\omega \subset X$ であるから，$\forall n \in \omega [f(n) \in X]$ すなわち $x \subset X$ となる． ▮

定義 7.2.25 (R. Jensen) $S_\alpha \subset \alpha$ なる順序数の集合の列 $\{S_\alpha\}_{\alpha < \omega_1}$ が以下を

充たすとき，◇-列(diamond sequence) と呼ばれる：

$$\forall S \subset \omega_1[\{\alpha < \omega_1 : S \cap \alpha = S_\alpha\} \text{ は定常}].$$

定常集合の定義 4.5.27 によりこれを言い換えると，

$$\forall S \subset \omega_1 \forall \text{ 閉非有界 } C \subset \omega_1 \exists \alpha \in C[S \cap \alpha = S_\alpha].$$

◇ により，「◇-列が存在する」という論理式を表す． □

◇-列 $\{S_\alpha\}_{\alpha<\omega_1}$ が存在すれば，ω_2 個以上はある ω_1 の任意の部分集合 S のおよその様子が長さが ω_1 の列 $\{S_\alpha\}_{\alpha<\omega_1}$ で捉えられている，と考えられる．

命題 7.2.26 $\diamondsuit \to \mathrm{CH}$.

［証明］ ◇-列 $\{S_\alpha\}_{\alpha<\omega_1}$ を取る．$S \subset \omega$ に対して，閉非有界集合 $C = \{\alpha < \omega_1 : \alpha > \omega\}$ を考えて，$\omega < \alpha < \omega_1$ を $S = S \cap \alpha = S_\alpha$ とできるから，$\mathcal{P}(\omega) \subset \{S_\alpha : \alpha < \omega_1\}$ となる． ■

$V = L$ が ◇-列の存在を導く．

定理 7.2.27 ZF$\vdash (V = L \to \diamondsuit)$.

［証明］ $\alpha < \omega_1$ に関する超限帰納法により，列 $(S_\alpha, C_\alpha)_{\alpha<\omega_1}$ を $S_\alpha \cup C_\alpha \subset \alpha$ となるように定義する．

極限順序数以外では，$(S_\alpha, C_\alpha) = (\alpha, \alpha)$.

α を極限順序数とする．つぎの条件

$$S \subset \alpha \,\&\, C \text{ は } \alpha \text{ で閉非有界で } \forall \beta \in C(S \cap \beta \neq S_\beta) \tag{7.12}$$

を充たす組 (S, C) が存在するときには，(S_α, C_α) はそのような組のなかで整列順序 $<_L$ で最小のものと決め，そのような組が存在しないときには，$(S_\alpha, C_\alpha) = (\alpha, \alpha)$ とおく．

こうしてできた列 $\{S_\alpha\}_{\alpha<\omega_1}$ が求める ◇-列になる．

いまそうでないとすると，ある $S \cup C \subset \omega_1$ が存在して，

$$S \subset \omega_1 \,\&\, C \text{ は閉非有界で } \forall \beta \in C[S \cap \beta \neq S_\beta] \tag{7.13}$$

となる．組 (S, C) をこのような組のなかで整列順序 $<_L$ で最小のものとする．

ここでふたつの条件(7.12), (7.13)はともに ZF-P で Δ_1 である．

さて先ず定理 7.2.21 により，$(S_\alpha, C_\alpha)_{\alpha<\omega_1}$, (S, C) ともに L_{ω_2} に属すことはよい．さらに条件(7.12), (7.13)の L_{ω_2} に関する絶対性と，補題 7.2.19.3 より $V = L$ のもとで $<_L$ が Δ_1 であったから

$$L_{\omega_2} \models (S, C) \text{ は(7.13)を充たす } <_L \text{ に関する最小} \tag{7.14}$$

$$L_{\omega_2} \models \forall \text{極限 } \alpha[(S_\alpha, C_\alpha) \text{ は(7.12)を充たす } <_L \text{ に関する最小}$$
$$\text{かまたはそのような組が無ければ } (S_\alpha, C_\alpha) = (\alpha, \alpha)]$$

つぎに L_{ω_2} において Skolem 包 $X=H(\varnothing;L_{\omega_2})$ をつくる．すると $X\prec L_{\omega_2}$ であるから，補題 7. 2. 24. 1 より

$$\omega_1,(S_\alpha,C_\alpha)_{\alpha<\omega_1},(S,C)\in X.$$

また補題 7. 2. 24. 2 により

$$\alpha=\min\{\alpha<\omega_1:\alpha\notin X\}=o(X\cap L_{\omega_1})$$

について

$$X\cap L_{\omega_1}=L_\alpha \tag{7. 15}$$

となる．さらに X の Mostowski つぶし $clps:X\to Y$ は $\lambda=o(Y)$ について $Y=L_\lambda$ となる．

さてそこで，

$$\forall x\in L_\alpha[clps(x)=x],\quad clps(\omega_1)=\alpha$$

であるから

$$clps(S)=S\cap\alpha,\quad clps(C)=C\cap\alpha,$$
$$clps(\{S_\gamma:\gamma<\omega_1\})=\{S_\gamma:\gamma<\alpha\},\quad clps(\{C_\gamma:\gamma<\omega_1\})=\{C_\gamma:\gamma<\alpha\}$$

となる．例えば $clps(S)=S\cap\alpha$ は $S\subset\omega_1$ と(7. 15)より $clps(S)=\{clps(y):y\in S\cap X\}=\{clps(y):y\in S\cap\alpha\}=S\cap\alpha$ となる．

これにより，(7. 14)を L_λ に写すと

$$L_\lambda\models(S\cap\alpha,C\cap\alpha)\text{ は(7. 13)を充たす }<_L\text{ に関する最小}$$

となる．ここで再び絶対性より，

$$(S\cap\alpha,C\cap\alpha)\text{ は(7. 13)を充たす }<_L\text{ に関する最小}$$

となるが，これは $(S\cap\alpha,C\cap\alpha)$ が(7. 12)を充たす $<_L$ に関する最小ということ，すなわち $(S\cap\alpha,C\cap\alpha)=(S_\alpha,C_\alpha)$ となる．

さらに

$$L_{\omega_2}\models C\text{ は閉非有界}$$

を写して

$$L_\lambda\models C\cap\alpha\text{ は閉非有界.}$$

そして絶対性より，$C\cap\alpha$ は α で非有界となり，$\alpha\in C$ である．これは(7. 13)と矛盾する． ∎

7. 2. 4 Suslin 直線

実数直線 $\mathbb{R}=\langle\mathbb{R};<\rangle$ は

1. 端点のない稠密な線形順序 (DLO) で，

2. 順序完備で，しかも
3. 可分(separable)，つまり可算な稠密集合を持つ.

しかもこれらの条件が順序集合としての実数直線を同型を除いて決定してしまう(G. Cantor).

実数直線は可分なので，互いに交わらない開区間の族はたかだか可算個しかない．これは重要な性質なので名前を付けておく.

定義 7.2.28 **線形順序の可算鎖条件**(c.c.c.)とは，互いに交わらない空でない開区間の族がたかだか可算個しかないことをいう．すなわち線形順序 $\langle X;<\rangle$ において，

$$\forall\gamma\forall\{(x_\alpha,y_\alpha)\}_{\alpha<\gamma}[\forall\alpha,\beta<\gamma\{x_\alpha<y_\alpha\,\&\,(\alpha\neq\beta\Rightarrow(x_\alpha,y_\alpha)\cap(x_\beta,y_\beta)=\varnothing)\}\\ \Rightarrow\gamma<\omega_1]$$

となることである. □

M. Suslin(もしくは M. Souslin，ススリン)は，実数直線を特徴付ける上の条件のうち，「可分性」を「可算鎖条件」に置き換えられないか？と問うた.

定義 7.2.29

1. 完備で端点のない稠密な線形順序が可算鎖条件を充たすが，可分でないとき，**Suslin 直線**(Suslin line)と呼ぶ.
2. **Suslin 仮説**(Suslin Hypothesis, SH)とは「Suslin 直線は存在しない」という命題のことである. □

ここでは，先ず線形順序に関する命題である SH を，木に関する命題に言い換える．木については小節 4.3.4 を参照.

定義 7.2.30 高さが ω_1 なのに，定義 1.1.4.11 の意味での反鎖は可算なものしか無く(これも**可算鎖条件**(c.c.c.)と呼ばれる)，かつ任意の枝の長さも可算である木を **Suslin 木**(Suslin tree)という. □

補題 7.2.31 Suslin 直線が存在することは，Suslin 木の存在と同値である. □

よって Suslin 仮説 SH は「Suslin 木は存在しない」と同値である．補題 7.2.31 の証明は(演習 8)とする.

つぎに Suslin 木を構成可能性公理のもとで構成することを考えよう．先ず Suslin 木に似た木，Aronszajn 木は ZFC で構成できる.

定義 7.2.32 木 T の高さが $h(T)=\omega_1$ なのに，高さ $\alpha<\omega_1$ のところは可算しかなく($card(T_\alpha)<\omega_1$)かつ任意の枝の長さも可算であるとき，木 T を **Aron-**

szajn(アロンシャイン)木(Aronszajn tree)という. □

木 T と順序数 $\alpha<h(T)$ について $T_\alpha=\{x\in T:h_T(x)=\alpha\}$ は明らかに反鎖であるから Suslin 木は Aronszajn 木である.

補題 7. 2. 33 Aronszajn 木は存在する.

[証明] Aronszajn 木となる T の $T_\alpha\,(\alpha<\omega_1)$ をつぎを充たすように構成する:

1. $card(T_\alpha)\leq\aleph_0$.
2. $f\in T_\alpha$ は単射 $f:\alpha\to\omega$ で $rng(f)$ は補無限, つまり $\omega\setminus rng(f)$ は無限集合である.
3. $f\in T_\alpha\,\&\,\beta<\alpha\Rightarrow f\restriction\beta\in T_\beta$.
4. $g\in T_\beta$ で有限集合 $X\subset\omega$ は $X\cap rng(g)=\varnothing$ であるとする. このとき任意の $\beta<\alpha<\omega_1$ に対して, $f\in T_\alpha$ で $g\subset f$ かつ $X\cap rng(f)=\varnothing$ となるものが存在する.

このとき $T=\bigcup_{\alpha<\omega_1}T_\alpha$ は Aronszajn 木になる. 長さ ω_1 以上の枝が無いことは, ω_1 から ω への単射が無いことから従う.

T_α を構成する. 初めは $T_0=\{\varnothing\}$ とする. T_α が与えられたら, $T_{\alpha+1}=\{f\cup\{(\alpha,n)\}:f\in T_\alpha,\,n\in(\omega\setminus rng(f))\}$ とすると, 上の四条件は充たされる.

$\alpha<\omega_1$ は極限順序数とする. $g\in T_\beta\,(\beta<\alpha)$ と有限集合 $X\subset\omega$ が $X\cap rng(g)=\varnothing$ であるように与えられたとせよ. 上昇列 $\{\alpha_n\}_{n<\omega}$ を $\alpha_0=\beta$, $\sup_{n<\omega}\alpha_n=\alpha$ となるように予め選んでおく. このとき $f_n\in T_{\alpha_n}$ と有限集合 $X_n\cap rng(f_n)=\varnothing$ を増大列 $f_n\subset f_{n+1}$, $X_n\subsetneq X_{n+1}$ となるように帰納的に定義する. $f_0=g$, $X_0=X$ とする. f_n, X_n がつくられたら, 先ず有限集合 $X_{n+1}\supsetneq X_n$ を $X_{n+1}\cap rng(f_n)=\varnothing$ となるように取る. 例えば最小な $x_n\in(\omega\setminus(X_n\cup rng(f_n)))$ を X_n に付け加える, $X_{n+1}=X_n\cup\{x_n\}$. そして $f_{n+1}\in T_{\alpha_{n+1}}$ を $f_{n+1}\supset f_n$, $X_{n+1}\cap rng(f_{n+1})=\varnothing$ となるように選ぶ. これは四つ目の条件より可能である.

そして $f=f(g,X)=\bigcup_{n<\omega}f_n$ と定める. すると $f:\alpha\to\omega$ は単射で, $rng(f)\cap(\bigcup_{n<\omega}X_n)=\varnothing$ である. $\bigcup_{n<\omega}X_n$ は無限集合だから, $\omega\setminus rng(f)$ も無限集合で $rng(f)\cap X=\varnothing$ となる. 従って $T_\alpha=\{f(g,X):g\in T_\beta,\,\beta<\alpha,\,X\subset_{fin}\omega,X\cap rng(g)=\varnothing\}$ は上の四条件を充たす. T_α が可算であることは, 帰納法の仮定 $\forall\beta<\alpha[card(T_\beta)\leq\aleph_0]$ と系 4. 4. 21. 1(可算集合の可算和は可算)から分かる. ∎

ここでは $\diamondsuit$-列から Suslin 木を構成する.

定理 7.2.34 (R. Jensen)

$$\mathsf{ZFC} \vdash (\Diamond \to \neg \mathrm{SH}).$$

よって ZF が無矛盾である限り，ZFC+GCH で SH は証明できない．

［証明］ Suslin 木 $T = \bigcup_{\alpha<\omega_1} T_\alpha = \omega_1$ をつぎの六条件を充たすように帰納的につくっていく．T の順序を $\prec$ と書き，$T \restriction \alpha = \bigcup_{\beta<\alpha} T_\beta$ であった．

$$\beta < \alpha \Rightarrow \beta \in T \restriction \alpha \tag{7.16}$$

$$y \in T_\beta \,\&\, \beta < \alpha < \omega_1 \Rightarrow \exists x \in T_\alpha (y \prec x) \tag{7.17}$$

$$card(T_\alpha) \le \aleph_0 \tag{7.18}$$

$$x \in T_\alpha \text{ は可算無限個の子 } x \prec x_n \in T_{\alpha+1}\,(n \in \omega) \text{ を持つ} \tag{7.19}$$

$$card(T_0) = 1 \tag{7.20}$$

極限順序数 $\alpha < \omega_1$, $x, y \in T_\alpha$ について

$$\{z \in T \restriction \alpha : z \prec x\} = \{z \in T \restriction \alpha : z \prec y\} \Rightarrow x = y \tag{7.21}$$

このようにしてつくった T が Suslin 木になることを初めに見ておく．

条件(7.16)より $T = \omega_1$ となる．条件(7.18)は，T_α が反鎖だから必要である．条件(7.17)は，$h(T) = \omega_1$ を保証する．条件(7.19)により，T での枝 $b = \{x_\alpha : \alpha < \lambda\}$ に対して，$x_\alpha \in T_\alpha$ の子 $y_\alpha \in T_{\alpha+1}$ を $y_\alpha \notin b$ と取ると，反鎖 $\{y_\alpha : \alpha < \lambda\}$ が得られるので，T での反鎖が可算であることさえ見れば，枝の長さも可算となる．

T が Suslin 木であるために残るのは，T での反鎖が可算になることである．いま T での反鎖 S を取る．それは極大であるとしてよい．

初めにどんな $\alpha < \omega_1$ に対してもつぎを充たす $\beta < \omega_1$ が存在することを見る：

$$(\alpha \subset T \restriction \beta) \wedge (T \restriction \alpha \subset \beta) \wedge \forall \gamma \in T \restriction \alpha \exists \delta \in S \cap \beta (\delta \preceq \gamma \vee \gamma \preceq \delta) \tag{7.22}$$

十分大きい $\beta < \omega_1$ を取ればこれが可能なのは，$T \restriction \alpha$ が可算で $T = \omega_1$ でしかも S が極大反鎖だからである．そこで ω_1 上の関数 f を

$$f(\alpha) = \min\{\beta < \omega_1 : \beta \text{ は } \alpha \text{ に対して(7.22)を充たす}\}$$

と決めると，f は広義単調増加 $\alpha < \gamma \to f(\alpha) \le f(\gamma)$，連続，かつ条件(7.16)より $f(\alpha) \ge \alpha$ となっているので $rng(f)$ は ω_1 で閉非有界である．そこで $rng(f)$ の数え上げ関数 F は正規関数で $rng(f) = rng(F)$ である．F の不動点全体 $C = \{\alpha < \omega_1 : F(\alpha) = \alpha\}$ も閉非有界になる．

$\alpha \in C$ は，$T \restriction \alpha = \alpha$ で $S \cap \alpha$ が $T \restriction \alpha$ での極大反鎖になっている．

そこで，$\{S_\alpha\}_{\alpha<\omega_1}$ を $\Diamond$-列とすると，ある $\alpha \in C$ で $S \cap \alpha = S_\alpha$ となる．よって，

S_α は $T\restriction\alpha$ での極大反鎖である．

いまこの α がつぎの条件(7.23)を充たすとする：

$$\forall z \in T_\alpha \exists y \in S_\alpha (y \prec z). \tag{7.23}$$

このとき $S \cap \alpha = S_\alpha$ が既に T 全体での極大反鎖になっていることが分かる．なぜなら，$x \in T$ について，もし $h_T(x) < \alpha$ なら S_α の $T\restriction\alpha$ での極大性より，x は S_α のある元と比較可能である．$h_T(x) \geq \alpha$ として，$T_\alpha \ni z \preceq x$ と取る．(7.23)より，ある $y \in S_\alpha$ について $y \prec z \preceq x$ となるので，やはり x は S_α のある元と比較可能である．

こうして $S \cap \alpha = S_\alpha$ が既に T 全体での極大反鎖であることが分かった．すると，S の極大性より $S = S_\alpha$ となり，$S_\alpha \subset \alpha$ だから S は可算でなければならないことになる．そこで

$$\forall 極限順序数\ \alpha[S_\alpha\ は\ T\restriction\alpha = \alpha\ での極大反鎖\ \Rightarrow \forall z \in T_\alpha \exists y \in S_\alpha (y \prec z)] \tag{7.24}$$

として，条件(7.16)，(7.17)，(7.18)，(7.19)，(7.20)，(7.21)，(7.24)を充たすように $\{T_\alpha\}_{\alpha<\omega_1}$ をつくれば，$T = \bigcup_{\alpha<\omega_1} T_\alpha$ は求める Suslin 木になる．

T の構成に入る．$T_0 = \{0\}$ とおく，(7.20)．条件(7.19)を充たすように，各 $x \in T_\alpha$ が可算無限個の子 $x \prec x_n \in T_{\alpha+1}\ (n \in \omega)$ を持つように $x_n \notin T\restriction(\alpha+1)$ を親が異なれば子も異なる $(x \neq y \Rightarrow x_i \neq y_j)$ ように条件(7.16)も考慮して選ぶ．補題7.2.33の証明と同様にこれは可能である．

α を極限順序数とする．先ず各 $x \in T_\beta\ (\beta < \alpha)$ に対して，x を通る長さが α の $T\restriction\alpha$ での枝 b_x を取る．枝 b_x は常に存在する：上昇列 $\{\alpha_n\}_{n<\omega}$ を $\alpha_0 = \beta$，$\sup_{n<\omega} \alpha_n = \alpha$ となるように選んでおく．条件(7.17)を使って，$x_n \in T_{\alpha_n}$ を，$x_0 = x$，$x_n \prec x_{n+1}$ となるように帰納的に選んでいき，$b_x = \{y : \exists n < \omega (y \prec x_n)\}$ と定めればよい．

ふたつの場合がある．

1. 初めに $\alpha \neq T\restriction\alpha$ もしくは $\alpha = T\restriction\alpha$ だが $S_\alpha \subset T\restriction\alpha$ が $T\restriction\alpha$ での極大反鎖でない場合：

   各 $x \in T\restriction\alpha$ に対して $\lambda_x \in (\omega_1 \setminus (T\restriction\alpha))$ を，$b_x = b_y \Leftrightarrow \lambda_x = \lambda_y$ となるように選ぶ．$T\restriction\alpha$ は可算だからこれはできる．そして，$\forall y \in b_x (y \prec \lambda_x)$ と定めて $\lambda_x \in T_\alpha$ とする(条件(7.21))．

2. つぎに $\alpha = T\restriction\alpha$ で S_α が $T\restriction\alpha$ での極大反鎖である場合：

条件(7.24)を充たすために

$$X=\{x\in T\restriction\alpha:\exists y\in S_\alpha(y\preceq x)\}$$

とおき,

$$T_\alpha=\{\lambda_x\in\omega_1:x\in X\}$$

と定める．ここでの λ_x は一つ目の場合と同様である．こう定めたときの条件(7.17)を考える．$x\in T\restriction\alpha$ について，S_α が極大反鎖であるから，ある $y\in S_\alpha$ について $y\preceq x$ もしくは $x\preceq y$ となる．$y\preceq x$ なら $x\in X$ だから $x\prec\lambda_x\in T_\alpha$ であり，$x\preceq y$ なら $S_\alpha\subset X$ より，$x\preceq y\prec\lambda_y\in T_\alpha$ となる．

いずれの場合でも条件(7.16)も考慮して必要ならある x について $\lambda_x=\alpha$ としておく． ∎

7.3 強　制　法

ここでは P. Cohen により創始された**強制法**(forcing method)を紹介する．考えるモデル $\mathcal{M}=\langle M;\in^{\mathcal{M}}\rangle$ での $\in$ の解釈 $\in^{\mathcal{M}}$ は標準的な $\in\restriction(M\times M)$ なので，モデル $\mathcal{M}$ と呼ぶ代わりに M で代用する．

これまでに考えてきた ZF 以外の公理 AC, GCH, $V=L$, $\diamondsuit$, SH の中で，ZF 上でそれを仮定すれば他を決定する(肯定か否定が証明できる)という意味で最強なのは構成可能性公理 $V=L$ であるから，これが最も否定しやすいはずである．いまこれを ZF$+(V\neq L)$ の内部モデルをつくることで示そうとしたとする．ZF$+(V=L)$ の内部モデル L は既に持っておりこれが最小であるから，$V=L$ を否定するにはモデルを拡大するしかない．しかしクラスである内部モデル N が $N\neq L$ であることが ZFC で言えたなら，それは ZFC で $V=L$ が否定できたことになり，これは ZFC が無矛盾である限りあり得ない．そこで公理系 ZF$+(V=L)$ のモデルになる**集合** M を拡大することを考える．もしそれで ZFC のモデル N で真の拡大にはなっているが($M\subsetneq N$)，しかも順序数を増やさない($o(N)=o(M)$)ものが得られたら，L_α の絶対性より $L^N=L^M=M\subsetneq N$ となって $N\models V\neq L$ である．

強制法は，このような $V\neq L$ に限らず，ZFC のモデルをつくる強力でかつおそろしく柔軟な方法である．それは ZFC の可算推移的モデル M (**基礎モデル** ground model)と poset$\langle P,\leq,\mathbf{1}\rangle\in M$ および M-ジェネリックフィルター G から，新しい ZFC の可算推移的モデル $M[G]$ を作り出す．poset に関することは小節 4. 5. 4 を読み直しておくとよい.

$M[G]$ がどのようなモデルになるかは poset P の取り方に依存する. つまりある命題 φ を充たすモデルをつくろうとするとき, φ を見てから, その用途に見合った P をつくることになる. こうして ZFC のモデルで φ がそこで成り立っているものが得られる. これを通じて証明されるのは, ZFC$+\varphi$ の相対無矛盾性である:

$$\mathsf{ZFC} \vdash \mathrm{Con}(\mathsf{ZFC}) \to \mathrm{Con}(\mathsf{ZFC}+\varphi).$$

NB. ここでひとつ注意しなければならないことがある. 完全性定理 1. 5. 4 によれば, ZFC の無矛盾性 Con(ZFC) から言えるのは ZFC のモデル $\mathcal{M}=\langle M;\in^{\mathcal{M}}\rangle$ の存在である. あるいはこれに下方 Löwenheim-Skolem の定理 5. 1. 13 を組み合わせても, M が可算に取れるということまでである. つまり M 上の関係 $\in^{\mathcal{M}}$ が整礎的であることの保証がない(こうなっていたら Mostowski つぶしを考えればよいのだが). 従って「M を(正確には $\mathcal{M}=\langle M;\in\rangle$ を)ZFC の(可算推移的)モデルとする」とは, 仮定 Con(ZFC) からは言えない. しかし(形式的)証明は有限の対象だから, 公理系の無矛盾性はその任意有限部分の無矛盾性と同値である. よって Con(ZFC$+\varphi$) を示すには, ZFC の有限部分 T を任意に与えて T$+\varphi$ のモデルが, ZFC の十分に大きい有限部分 T$'$ のモデル $\mathcal{M}=\langle M;\in\rangle$ から作り出せればよい. なぜなら反映原理 7. 1. 15(に下方 Löwenheim-Skolem の定理 5. 1. 13 と Mostowski つぶしを組み合わせて)により, 有限部分の可算推移的モデルの存在は保証されているからである.

そこで以下「M を ZFC の可算推移的モデルとする」とは「M は以下の議論がうまくいくような ZFC の有限部分の可算推移的モデルとする」を意味することにする. しかしどの有限部分であるかはここでは興味がないので, はっきり述べず, 素朴に ZFC 全体のモデルが与えられたと思ってよい. なぜならわれわれの証明はいつでも有限なのでそこで使う公理は有限個に限られるからである.

さてという訳で以下, M を ZFC の可算推移的モデルとし, $P\in M$ を poset[*2] とする.

M は可算なのでそこに属する稠密集合 $D\in M$ も可算個しかない. よって命題 4. 5. 38. 3 により, 勝手に与えられた $p\in P$ に対し, $p\in G$ となる M-ジェネリックフィルター G は必ず存在する. この G から M の**ジェネリック拡大**(generic extension)と呼ばれるモデル $M[G]$ をつくる.

拡大 $M[G]$ の元はすべてそれがどうやってつくられたかを記述している「名前」を M の中に持っている. この名前全体は G とは無関係なのでそれを初め

[*2] ここも正確には $\langle P,\leq_P,\mathbf{1}_P\rangle\in M$ あるいは同じことだが $\{P,\leq_P\}\subset M$ と言うべきだが, 集合 P と poset$\langle P,\leq_P,\mathbf{1}_P\rangle$ を同一視する数学の習慣に従っている. また P での順序は単に $\leq$ と書いてしまう.

に帰納的に定義しておく．

定義 7.3.1 τ が $\boldsymbol{P}$**-名**(P-name)なのは，τ が二項関係で

$$\forall\langle\sigma,p\rangle\in\tau[\sigma \text{ は } P\text{-名で } p\in P].$$

この定義は $\in$ に関する超限帰納法によっている．つまり「τ は P-名」を $rk(\tau)$ に関する超限帰納法で定義している．よって ZFC のモデル M に関して絶対である．P-名で M に属するものだけ集めて

$$M^P:=\{\tau\in M:\tau \text{ は } P\text{-名}\}=\{\tau\in M:(\tau \text{ は } P\text{-名})^M\}.$$ □

つぎに M-ジェネリックフィルター G に対して，P-名 $\tau\in M$ が表している対象 τ_G を決めて，これらを集めて $M[G]$ が得られる．

定義 7.3.2

$$\tau_G:=\{\sigma_G:\exists p\in G(\langle\sigma,p\rangle\in\tau)\}$$

$$M[G]:=\{\tau_G:\tau\in M^P\}$$ □

$M\subset M[G]$ であることはすぐに分かる．

定義 7.3.3 P-名 $\check{x}$ を帰納的に

$$\check{x}:=\{\langle\check{y},\mathbf{1}\rangle:y\in x\}.$$ □

命題 7.3.4 G を M-ジェネリックフィルターとする．このとき

$$\forall x\in M[(\check{x})_G=x]$$

である．よって

$$M\subset M[G].$$

［証明］ $\in$ に関する超限帰納法による．$x\in M$ とする．先ず $\check{x}\in M^P$ が分かり，$\mathbf{1}\in G$ より $(\check{x})_G=x$ となる． ∎

簡単に分かることだけ片付けておく．

命題 7.3.5

1. $M[G]$ は推移的である．
2. $M[G]$ は対公理を充たす．
3. 関数 $M\ni f:a\to M^P$ に対して，関数 $F:a\to M[G]$ を $F(x)=(f(x))_G$ とすれば $F\in M[G]$.

［証明］ $M[G]$ が推移的なのは定義より分かる．

$\sigma,\tau\in M^P$ とすると，$\mu=\{\langle\sigma,\mathbf{1}\rangle,\langle\tau,\mathbf{1}\rangle\}\in M^P$ が $\mu_G=\{\sigma_G,\tau_G\}$ となるから対公理が成り立つ．これより，$(\pi(\sigma,\tau))_G=\langle\sigma_G,\tau_G\rangle$ となる $\pi(\sigma,\tau)\in M^P$ もつくれる．よって $\pi=\{\langle\pi(\check{x},f(x)),\mathbf{1}\rangle:x\in a\}\in M^P$ は $\pi_G=F$ となる． ∎

強制法の基本定理は以下に述べるみっつ：7.3.6，7.3.9，7.3.10である．

定理 7.3.6 (ジェネリック拡大定理)

M はZFCの可算推移的モデル，poset $P \in M$，G を M-ジェネリックフィルターとする．このとき

1. $M[G]$ は，$M \subset M[G]$, $G \in M[G]$ なるZFCの可算推移的モデルである．さらに $o(M[G]) = o(M)$ となっている．
2. $M[G]$ は上記を充たす最小のモデルである．すなわち，N が $M \subset N$, $G \in N$ なるZF-Pの推移的モデルであれば $M[G] \subset N$. □

これを証明するために強制関係を考える．

定義 7.3.7 $\varphi(v_1, \dots, v_n)$ をパラメタが $v_1, \dots, v_n$ 以外にない論理式とする．

ZFCの可算推移的モデル M，poset $P \in M$，P-名 $\tau_1, \dots, \tau_n, p \in P$ に対して強制関係(forcing relation)を以下で定義する：

$$p \Vdash_{P,M} \varphi(\tau_1, \dots, \tau_n) :\Leftrightarrow \forall G[(G \text{ は } M\text{-ジェネリックフィルターで } p \in G) \to (\varphi((\tau_1)_G, \dots, (\tau_n)_G))^{M[G]}]$$

M や P が固定されている文脈では添字を省略して $p \Vdash \varphi(\tau_1, \dots, \tau_n)$ と書き表す．

P-名を定数と思って集合論の言語に付け加えた言語を(P に関する)強制言語(forcing language)という．強制言語での閉論理式 $\varphi(\tau_1, \dots, \tau_n)$ に対し，その中の P-名 τ を τ_G で置き換えたのを

$$(\varphi(\tau_1, \dots, \tau_n))_G :\equiv \varphi((\tau_1)_G, \dots, (\tau_n)_G).$$ □

小節4.5.4での読み，$p \Vdash \varphi$ は「p という部分情報だけから φ が成り立っていることが結論できる」であったが，ジェネリックフィルター G がこれから構成しようとしている理想元の設計図で p はその部品と思ってこれを言い直すと「$p \in G$ という情報だけから $M[G]$ で φ が正しいことが判断できる」となる．実際，定義7.3.7よりつぎが分かる．

命題 7.3.8 φ, ψ を強制言語での閉論理式とする．

1.
$$p \Vdash_{P,M} \varphi \wedge q \leq p \Rightarrow q \Vdash_{P,M} \varphi.$$

2.
$$p \Vdash_{P,M} \varphi \,\&\, p \Vdash_{P,M} \psi \Leftrightarrow p \Vdash_{P,M} \varphi \wedge \psi.$$

3.
$$(\varphi_G)^{M[G]} \to (\psi_G)^{M[G]}$$

ならば

$$p \Vdash_{P,M} \varphi \Rightarrow p \Vdash_{P,M} \psi. \qquad \square$$

$M[G]$ での正しさと強制関係を結びつけるのがつぎの真理性定理である．

定理 7. 3. 9 (強制法の真理性定理)

$\varphi(v_1, ..., v_n)$ をパラメタが $v_1, ..., v_n$ 以外にない論理式とし，M を ZFC の可算推移的モデル，poset $P \in M$，P-名 $\tau_1, ..., \tau_n \in M^P$ と M-ジェネリックフィルター G を考える．このとき

$$(\varphi((\tau_1)_G, ..., (\tau_n)_G))^{M[G]} \leftrightarrow \exists p \in G[p \Vdash \varphi(\tau_1, ..., \tau_n)]. \qquad \square$$

これを強制関係の定義に戻して書けば $(\varphi((\tau_1)_G, ..., (\tau_n)_G))^{M[G]}$ と以下が同値となる：

$$\exists p \in G \forall \text{ジェネリック } H[p \in H \to (\varphi((\tau_1)_H, ..., (\tau_n)_H))^{M[H]}].$$

これは，ジェネリックフィルター G もしくはそれによって構成する対象は「極めて一般的」なものという考えによる．そのように一般的なものに関する事柄が成り立っているのなら，G とある一部 p を共有するすべてのジェネリックフィルターでも同じ事柄が成り立つだろうと考える．

最後に強制関係が $\boldsymbol{M}$ で定義可能になることを述べたのがつぎの定義可能性定理である．

定理 7. 3. 10 (強制法の定義可能性定理)

$\varphi(v_1, ..., v_n)$ をパラメタが $v_1, ..., v_n$ 以外にない論理式とする．このときパラメタが $v_1, ..., v_n, x, y$ 以外にない論理式 $x \Vdash^*_y \varphi(v_1, ..., v_n)$ がつくれて，以下を充たす：任意の ZFC の可算推移的モデル M と poset $P \in M$, $p \in P$, P-名 $\tau_1, ..., \tau_n \in M^P$ について

$$p \Vdash_{P,M} \varphi(\tau_1, ..., \tau_n) \leftrightarrow (p \Vdash^*_P \varphi(\tau_1, ..., \tau_n))^M. \qquad \square$$

簡単に言うと論理式 φ ごとに強制関係 $\{\langle p, \tau_1, ..., \tau_n \rangle : p \Vdash_{P,M} \varphi(\tau_1, ..., \tau_n)\}$ が M, P に関して一様な仕方で M で定義できるということである．

定理 7. 3. 6，7. 3. 9，7. 3. 10 の証明は，後回しにして小節 7. 3. 2 でする．先ずは簡単な強制法の応用をつぎの小節 7. 3. 1 で見てみよう．その前に $V = L$ を否定しておく．

命題 7. 3. 11　M を ZFC の(可算)推移的モデル，poset $P \in M$，G を M-ジェネリックフィルターとする．

poset P が

$$\forall p \in P \exists q, r \in P[q \leq p \wedge r \leq p \wedge q \perp r] \qquad (7.25)$$

となっていたら，$G \notin M$.

［証明］ $G \in M$ と仮定する．$D = (P \setminus G) \in M$ は稠密であることが分かる．なぜなら $p \in P$ に対して(7. 25)を充たす q, r を取ればそのどちらかは G に属さないからである．$D \cap G = \varnothing$ なのでこれは矛盾である． ∎

定義 4. 5. 34 での $Fnc_{fin}(I, J)$ は I が無限で $card(J) \geq 2$ なら(7. 25)を充たしていたことに注意せよ．よって $P = Fnc_{fin}(\omega, 2)$ と取ればジェネリック拡大 $M[G]$ は，$M \subsetneq M[G]$ かつ $o(M[G]) = o(M)$ なので，M が $V = L$ を充たしていれば，$M[G]$ は $\mathsf{ZF} + (V \neq L)$ のモデルになる．

系 **7. 3. 12**

$$\mathrm{Con}(\mathsf{ZF}) \to \mathrm{Con}(\mathsf{ZFC} + (V \neq L)). \qquad \square$$

7. 3. 1　強制法による濃度の操作

強制法の簡単な例として，ここでは集合の濃度を変化させてみよう．M を ZFC の可算推移的モデル(基礎モデル)とする．

κ を M での非可算基数とする．この意味は，$\kappa \in M$ で (κ は非可算基数)^M ということである．これは，$\kappa > \omega$ は順序数で，任意の $\alpha < \kappa$ から κ への全射が M の中には存在しないということを意味する．

そこでそのような全射がジェネリック拡大において取れるようにし，κ を可算順序数にしてしまおう．poset $P = Fnc_{fin}(\omega, \kappa) \in M$ を考え，M-ジェネリックフィルター G を取る．このとき命題 4. 5. 35 により $f_G = \bigcup G \in M[G]$ は ω から κ への全射になる．つまり (κ は可算順序数)$^{M[G]}$ である．このとき P は κ を ω へ崩壊させる (P collapses κ to ω) という．

この例から，基数の概念が絶対的でないことが分かる．

つぎに自然数の部分集合(実数(real)とも呼ばれる)をたくさん付け加えるジェネリック拡大を考える．これにより連続体仮説 CH を否定する．

定義 7. 3. 13　順序数 $\kappa \in M$ について $Fnc_{fin}(\kappa \times \omega, 2)$ を **Cohen** ポセット(Cohen poset)という．M-ジェネリックフィルター $G \subset Fnc_{fin}(\kappa \times \omega, 2)$ は，**Cohen** 実数(Cohen real)

$$f_\alpha(n) = (\bigcup G)(\alpha, n) \ (\alpha < \kappa)$$

の列 $\{f_\alpha\}_{\alpha<\kappa} \in M[G]$ を付け加える． □

ここで，$\alpha \neq \beta$ なら $f_\alpha \neq f_\beta$ である：それは稠密集合 $D_{\alpha\beta} = \{p \in Fnc_{fin}(\kappa \times \omega, 2) : \exists n[\langle \alpha, n \rangle, \langle \beta, n \rangle \in dom(p) \wedge p(\alpha, n) \neq p(\beta, n)]\}$ を考えればよい．

いま例えば $\kappa = \omega_2^M$ であるとすれば，$M[G]$ に ω_2^M 個の実数が新たに付け加わったのだから，$M[G]$ では連続体の濃度が ω_2 以上であると結論してよいかというとそうではない．問題なのは ω_2^M が $M[G]$ においても「二番目の非可算基数」のままかどうかである．$Fnc_{fin}(\omega,\kappa)$ でのジェネリック拡大で見た通り，基数であることはいつでも保たれるとは限らないので注意を要する．

$P\in M$ が $\boldsymbol{M}$ で可算鎖条件を充たす場合には基数崩壊がおこらないことを示す．

定義 7. 3. 14　M を ZFC の可算推移的モデル，$P\in M$ を poset とする．P が**基数を保存する**(preserves cardinals)とは，任意の M-ジェネリックフィルター $G\subset P$ について

$$\forall\alpha\in o(M)[\alpha>\omega\wedge(\alpha\text{ は基数})^M\rightarrow(\alpha\text{ は基数})^{M[G]}]$$

となることをいう．□

$\alpha\leq\omega$ については明らかに崩壊は起こらないので省いてある．また「α は基数」は Π_1 なので，いつでも逆は成り立つ：

$$\forall\alpha\in o(M)[(\alpha\text{ は基数})^{M[G]}\rightarrow(\alpha\text{ は基数})^M].$$

補題 7. 3. 15　M を ZFC の可算推移的モデル，$P\in M$ を poset とし，(P は可算鎖条件を充たす)^M とする．$G\subset P$ を M-ジェネリックフィルター，$f\in M[G]$ は $f:A\rightarrow B$ で $A,B\in M$ であるとする．このとき $F:A\rightarrow\mathcal{P}(B)$ で

$$\forall a\in A[f(a)\in F(a)\wedge(card(F(a))\leq\aleph_0)^M]$$

となる $F\in M$ が存在する．

［証明］ P-名 $\tau\in M^P$ を $f=\tau_G$ となるように取る．

$$M[G]\models\tau_G\text{ は }(\check{A})_G\text{ から }(\check{B})_G\text{ への関数}$$

であるから強制法の真理性定理 7. 3. 9 より，$p\in G$ を

$$p\Vdash\tau\text{ は }\check{A}\text{ から }\check{B}\text{ への関数}$$

となるように取っておく．そこで $F(a)$ を

$$F(a)=\{b\in B:\exists q\leq p[q\Vdash\tau(\check{a})=\check{b}]\}.$$

強制法の定義可能性定理 7. 3. 10 よりこれは M 上で定義可能なので $F\in M$ となる．

$a\in A$ とする．$M[G]\models b=f(a)$ とすれば再び定理 7. 3. 9 より $r\Vdash\tau(\check{a})=\check{b}$ となる $r\in G$ を取る．$p,r\in G$ の共通拡張 q を取ると，命題 7. 3. 8 より $q\Vdash\tau(\check{a})=\check{b}$ となり $b\in F(a)$ が言えた．つぎに $F(a)$ の濃度を M で考える．M での選択公理により，選択関数 $M\ni S:F(a)\rightarrow P$ を $b\in F(a)$ について $S(b)\leq p\wedge S(b)\Vdash\tau(\check{a})=\check{b}$ とする．このとき $b\neq c$ ならば $S(b)\perp S(c)$ であることが分かる．なぜ

なら q が $S(b)$, $S(c)$ の共通拡張であるなら，$q \Vdash \tau(\check{a})=\check{b}$ かつ $q \Vdash \tau(\check{a})=\check{c}$ であるから，命題 7. 3. 8 より $q \Vdash \check{b}=\check{c}$ となるが $b \neq c$ よりこれはあり得ない．従って $\{S(b): b \in F(a)\} \in M$ は反鎖である．仮定 (P は可算鎖条件を充たす)^M より $(card(F(a)) \leq \aleph_0)^M$ でなければならない． ∎

定理 7. 3. 16 M を ZFC の可算推移的モデル，$P \in M$ を poset とする．(P は可算鎖条件を充たす)^M であれば P は基数を保存する．

［証明］ M-ジェネリックフィルター $G \subset P$ について順序数 $\omega < \alpha \in o(M)$ が $M[G]$ で基数でないとする．このとき順序数 $\beta < \alpha$ と全射 $f: \beta \to \alpha$ が $M[G]$ で取れる．ここで補題 7. 3. 15 により，$M \ni F: \beta \to \mathcal{P}(\alpha)$ を $\forall \gamma < \beta[f(\gamma) \in F(\gamma) \wedge (card(F(\gamma)) \leq \aleph_0)^M]$ となるように取れば，$\alpha = \bigcup_{\gamma<\beta} F(\gamma)$ で M において $card(\alpha) \leq \max\{\aleph_0, card(\beta)\}$ となり，α は M においても非可算基数ではない． ∎

定理 7. 3. 17 連続体の濃度 $2^{\aleph_0}$ は如何様にも大きくし得る．

つまり ZFC の可算推移的モデル M での非可算基数 $\kappa = (\aleph_{1+\alpha})^M$ に対し，poset $P = Fnc_{fin}(\kappa \times \omega, 2)$ によるジェネリック拡大 $M[G]$ ($G \subset P$ は M-ジェネリックフィルター)において

$$(2^{\aleph_0} \geq \aleph_{1+\alpha})^{M[G]}.$$

［証明］ 先ず命題 4. 5. 36 により $P = Fnc_{fin}(\kappa \times \omega, 2)$ は M で可算鎖条件を充たす．よって定理 7. 3. 16 により P は基数を保存する．よって $(\aleph_{1+\alpha})^M = (\aleph_{1+\alpha})^{M[G]}$ である．

他方，$M[G]$ においては実数族 $\{f_\alpha\}_{\alpha<\kappa}$ が付け加わっているので連続体の濃度は $M[G]$ において，$(2^{\aleph_0} \geq card(\kappa))^{M[G]}$ である． ∎

系 7. 3. 18

$$\text{ZFC} \vdash \text{Con(ZF)} \to \text{Con(ZFC} + \neg\text{CH)}. \qquad \square$$

ここまでは連続体の濃度を大きくすることを考えてきたが，例えばそれがちょうど $\aleph_2$ になっているかどうか分からない．これをするためには，ジェネリック拡大でのベキ集合の濃度を抑えないといけない．

補題 7. 3. 19 poset $P \in M$ は，M において「可算鎖条件を充たし，$card(P) = \kappa \geq \omega$，$\lambda$ は無限基数で $\theta = \kappa^\lambda$」であるとする．このとき任意の M-ジェネリック拡大 $M[G]$ において $2^\lambda \leq \theta$ となる．

［証明］ $\sigma = \check{\lambda}$ とおく．P-名 $\mu \in M^P$ を

$$\mu_G \in \mathcal{P}(\lambda)^{M[G]} = \{x \in M[G] : x \subset \lambda\}$$

であるとする．このとき P-名 $\tau \in M^P$ で，$\tau_G = \mu_G$ かつ，ある P での反鎖の列 $\{A_\pi\}_{\pi \in dom(\sigma)} \in M$ により

$$\tau = \sum_{\pi \in dom(\sigma)} A_\pi = \bigcup_{\pi \in dom(\sigma)} (\{\pi\} \times A_\pi) \tag{7. 26}$$

つまり

$$\langle \pi, p \rangle \in \tau \Leftrightarrow \pi \in dom(\sigma) \wedge p \in A_\pi$$

と書けるものが存在することを示す．

$\pi \in dom(\sigma)$ に対して $A_\pi \subset P$, $A_\pi \in M$ を

$$\forall p \in A_\pi [p \Vdash \pi \in \mu]$$

となるような極大反鎖とする．M での選択公理と定義可能性定理 7. 3. 10 よりこれは可能である．$\tau = \sum_{\pi \in dom(\sigma)} A_\pi \in M^P$ を考えて $\tau_G = \mu_G$ を示す．

$$\tau_G = \{\pi_G : \pi \in dom(\sigma) \,\&\, G \cap A_\pi \neq \varnothing\}.$$

初めに $\tau_G \subset \mu_G$ を示すため，$y \in \tau_G$ とする．$\langle \pi, p \rangle \in \tau$ を $y = \pi_G$, $p \in G$ と取る．すると $p \in A_\pi$ でもあるので，$p \Vdash \pi \in \mu$ である．よって真理性定理 7. 3. 9 より $y = \pi_G \in \mu_G$ となる．

つぎに逆を考える．$y \in \mu_G \subset \lambda = \sigma_G$ であるから $y = \pi_G$ となる $\pi \in dom(\sigma)$ を取る．$G \cap A_\pi \neq \varnothing$ なら $y \in \tau_G$ となるので，$G \cap A_\pi = \varnothing$ と仮定してみる．すると命題 4. 5. 33 により $\{p : \exists r \in A_\pi (p \leq r)\} \cup \{q : \forall r \in A_\pi (r \perp q)\} \in M$ は稠密なので G と交わるから，ある $q \in G$ は A_π の任意の元と両立しないことになる．他方 $\pi_G \in \mu_G$ と真理性定理 7. 3. 9 より，$p \in G$ を $p \Vdash \pi \in \mu$ と取る．このとき q, p の共通拡張 r は $r \Vdash \pi \in \mu$ かつ $A_\pi \cup \{r\}$ は反鎖になる．これは A_π の極大性に反する．

こうして任意の $x \in \mathcal{P}(\lambda)^{M[G]}$ は (7. 26) を充たすある P-名 $\tau \in M^P$ により $x = \tau_G$ と書けることが分かった．

つぎにこのような $\tau \in M^P$ の個数を先ずは M において数えよう．M において反鎖 A_π は可算であるから，反鎖全体の濃度は $\kappa^{\aleph_0}$ ($\kappa = card(P)$) 以下である．また $dom(\sigma) = dom(\check{\lambda})$ の濃度は λ である．よって (7. 26) を充たす P-名 $\tau \in M^P$ はたかだか $(\kappa^{\aleph_0})^\lambda = \kappa^\lambda = \theta$ 個ということになる．そこでこれらを並べて $\{\tau_\alpha\}_{\alpha < \theta} \in M$ とする．

さてつぎに $M[G]$ に移る．定義域が θ である関数 $f \in M[G]$ を $f(\alpha) = (\tau_\alpha)_G$

となるように取る(cf. 命題 7. 3. 5). すると $\forall x \in \mathcal{P}(\lambda)^{M[G]} \exists \alpha < \theta[x = f(\alpha)]$ となるので, $2^\lambda \leq \theta$ である. ∎

これでジェネリック拡大における連続体の濃度を抑えることができる.

補題 7. 3. 20 κ を M における無限基数で $(\kappa^{\aleph_0} = \kappa)^M$ であるとする. poset $Fnc_{fin}(\kappa \times \omega, 2)$ によるジェネリック拡大 $M[G]$ において

$$(2^{\aleph_0} = \kappa)^{M[G]}.$$

[証明] 補題 7. 3. 19 において $\lambda = \aleph_0$ とすると, $(2^{\aleph_0} \leq \kappa)^{M[G]}$ であり, また定理 7. 3. 17 で見た通り $(2^{\aleph_0} \geq \kappa)^{M[G]}$ となる. ∎

ここまでで, 連続体の濃度 $2^{\aleph_0}$ を制約するのは, 系 4. 4. 27. 2 による

$$cf(2^{\aleph_0}) > \aleph_0$$

だけであった. 実際, これ以外に無い.

系 7. 3. 21 M を ZFC+GCH の可算推移的モデルとする. κ を M における無限基数で $(cf(\kappa) > \aleph_0)^M$ であるとすれば, poset $Fnc_{fin}(\kappa \times \omega, 2)$ によるジェネリック拡大 $M[G]$ において

$$(2^{\aleph_0} = \kappa)^{M[G]}.$$

従って後続基数 $\kappa = \aleph_{\alpha+1}$ や $\kappa = \aleph_{\omega_1}$ などで

$$\mathsf{ZFC} \vdash \mathrm{Con}(\mathsf{ZF}) \to \mathrm{Con}(\mathsf{ZFC} + (2^{\aleph_0} = \kappa)).$$

[証明] M で GCH が成り立つので, $(cf(\kappa) > \aleph_0)^M$ であるとすれば系 4. 4. 28 より $(\kappa^{\aleph_0} = \kappa)^M$ となるので, 補題 7. 3. 19 により $(2^{\aleph_0} = \kappa)^{M[G]}$ である. ∎

7. 3. 2 強制法の基本定理の証明

延期されてきた定理 7. 3. 6, 7. 3. 9, 7. 3. 10 の証明をする.

真理性定理 7. 3. 9 と定義可能性定理 7. 3. 10 の証明

初めに真理性定理 7. 3. 9 と定義可能性定理 7. 3. 10 を同時に論理式 φ の長さに関する帰納法で証明する. それと平行して強制関係 $p \Vdash_{P,M} \varphi(\tau_1, \ldots, \tau_n)$ が論理結合子のもとでどのように振る舞うかも見ていく.

ここでは, 論理結合子は $\neg, \wedge, \exists$ と有界量化記号 $\exists x \in y$, $\forall x \in y$ を省略記法としてではなく使って論理式が原子論理式 $x = y$, $x \in y$ からつくられると考えることにする.

以下で, M を ZFC の可算推移的モデル, $P \in M$ を poset, $\tau, \sigma, \pi, \ldots$ は M に属する P-名, G を M-ジェネリックフィルター であるとする. V^P で P-名全

体のクラスを表す．また強制関係 $\Vdash_{P,M}, \Vdash^*_P$ の添字は省略する．さらに論理式 $\varphi(v_1, ..., v_n)$ のパラメタ $v_1, ..., v_n$ は省略する．

真理性定理 7.3.9 の片方，つまり

$$\exists p \in G[p \Vdash \varphi(\tau_1, ..., \tau_n)] \to (\varphi((\tau_1)_G, ..., (\tau_n)_G))^{M[G]}$$

は，強制関係 $\Vdash$ の定義 7.3.7 より明らかであるので，逆方向のみ示せばよい．

定理の証明でたいへんなのは φ が原子論理式の場合なので，それを延期して最後に考える．よって先ずは原子論理式については真理性定理 7.3.9 と定義可能性定理 7.3.10 を仮定して，論理式の長さに関する帰納法で証明していく．この帰納法は ZFC の外側で行われる．

($\wedge$) $\varphi \equiv \varphi_0 \wedge \varphi_1$ の場合：真理性定理 7.3.9 は帰納法の仮定，すなわち φ_i $(i = 0, 1)$ について成立していることと，命題 7.3.8 による．また，定義可能性定理 7.3.10 は同じく命題 7.3.8 により

$$p \Vdash^* \varphi_0 \wedge \varphi_1 :\Leftrightarrow (p \Vdash^* \varphi_0) \wedge (p \Vdash^* \varphi_1)$$

とすればよい．

($\neg$) $\varphi \equiv \neg\psi$ の場合：先ず

$$p \Vdash^* \neg\psi :\Leftrightarrow \forall q \le p[q \not\Vdash^* \psi]$$

と決める．定義可能性定理 7.3.10 のためにはこれに対応して

$$p \Vdash \neg\psi \Leftrightarrow \forall q \le p[q \not\Vdash \psi] \tag{7.27}$$

となっていてほしい．

$q \le p$ とする．$q \Vdash \psi$ であるとして，$q \in G$ なら $\Vdash$ の定義より $\psi_G^{M[G]}$ となり，$p \in G$ だから $p \not\Vdash \neg\psi$ である．

逆に $p \in G$ で $\psi_G^{M[G]}$ であるとする．帰納法の仮定の真理性定理 7.3.9 より $r \in G$ を $r \Vdash \psi$ と取り，$q \in G$ を p, r の共通の拡張に取る．すると命題 7.3.8 より $q \Vdash \psi$ となる．これで(7.27)が示された．

つぎに $(\neg\psi)_G^{M[G]}$ を仮定して，真理性定理 7.3.9 を示すため

$$D = \{p \in P : (p \Vdash \psi) \vee (p \Vdash \neg\psi)\}$$

を考える．上で示した $\neg\psi$ に対する定義可能性定理 7.3.10 により，$D \in M$ である．さらに(7.27)により D は稠密である．よって $p \in D \cap G$ と取る．$p \Vdash \neg\psi$ ならよいので $p \Vdash \psi$ とする．このとき $\psi_G^{M[G]}$ となってしまう．

($\exists$) $\varphi \equiv \exists x \psi(x)$ の場合：先ず

$$p \Vdash^* \exists x\psi(x) :\Leftrightarrow \{r : \exists \sigma \in V^P[r \Vdash^* \psi(\sigma)]\} \text{ は } p \text{ 以下で稠密}$$

と決める．定義可能性定理 7.3.10 のために

$$p \Vdash \exists x\psi(x) \Leftrightarrow \{r : \exists\tau \in M^P[r \Vdash \psi(\tau)]\} \text{ は } p \text{ 以下で稠密} \qquad (7.28)$$

を示す．

$p \Vdash \exists x\psi(x)$ かつ $q \leq p$ とする．命題 7.3.8 より $q \Vdash \exists x\psi(x)$ なので $q \in G$ について $(\exists x\psi(x))_G^{M[G]}$ とする．$\tau \in M^P$ を $\psi_G(\tau_G)^{M[G]}$ となるように取る．このとき帰納法の仮定の真理性定理 7.3.9 より $q_1 \in G$ を $q_1 \Vdash \psi(\tau)$ と取り，q, q_1 の共通の拡張 $r \in G$ は $r \Vdash \psi(\tau)$ である．

逆に $D = \{r : \exists\tau \in M^P[r \Vdash \psi(\tau)]\}$ は p 以下で稠密とし，$p \in G$ とする．帰納法の仮定の定義可能性定理 7.3.10 より $D \in M$ であるから命題 4.5.38.3 より $r \in D \cap G$ と取る．さらに $\tau \in M^P$ を $r \Vdash \psi(\tau)$ と取れば，$\psi_G(\tau_G)^{M[G]}$ である．よって $(\exists x\psi(x))_G^{M[G]}$ となる．

つぎに真理性定理 7.3.9 を示すため $(\exists x\psi(x))_G^{M[G]}$ であるとし，$\tau \in M^P$ を $\psi_G(\tau_G)^{M[G]}$ と取る．このとき帰納法の仮定より，$p \in G$ を $p \Vdash \psi(\tau)$ となるように取る．すると命題 7.3.8 より $p \Vdash \exists x\psi(x)$ である．

$(\exists x \in y)$ $\varphi \equiv \exists x \in y\psi(x)$ の場合：この場合は $(\exists)$ の場合とほとんど同じである．先ず

$$p \Vdash^* \exists x \in \tau\psi(x) :\Leftrightarrow \{r : \exists\langle\sigma, s\rangle \in \tau[r \leq s \wedge r \Vdash^* \psi(\sigma)]\} \text{ は } p \text{ 以下で稠密}$$

と決める．定義可能性定理 7.3.10 のために，$\tau \in M^P$ について

$$p \Vdash \exists x \in \tau\psi(x) \Leftrightarrow \{r : \exists\langle\sigma, s\rangle \in \tau[r \leq s \wedge r \Vdash \psi(\sigma)]\} \text{ は } p \text{ 以下で稠密} \qquad (7.29)$$

を示す．

$q \leq p$ かつ $q \Vdash \exists x \in \tau\psi(x)$ とする．$q \in G$ について $(\exists x \in \tau_G\psi_G(x))^{M[G]}$ とする．$\langle\sigma, s\rangle \in \tau$ を $s \in G$ かつ $\psi_G(\sigma_G)^{M[G]}$ となるように取る．このとき帰納法の仮定の真理性定理 7.3.9 より $q_1 \in G$ を $q_1 \Vdash \psi(\sigma)$ と取り，s, q, q_1 の共通の拡張 $r \in G$ は $r \Vdash \psi(\sigma)$ である．

逆に $\{r : \exists\langle\sigma, s\rangle \in \tau[r \leq s \wedge r \Vdash \psi(\sigma)]\}$ は p 以下で稠密とし，$p \in G$ とする．上と同様に $r \in G$ と $\langle\sigma, s\rangle \in \tau$ を $r \leq s$ かつ $r \Vdash \psi(\sigma)$ となるように取る．すると $s \in G$ より $\sigma_G \in \tau_G$ であり，しかも $\psi_G(\sigma_G)^{M[G]}$ である．

つぎに真理性定理 7.3.9 を示すため $(\exists x \in \tau_G\psi_G(x))^{M[G]}$ であるとし，$\langle\sigma, s\rangle \in \tau$ を $\sigma_G \in \tau_G$ かつ $\psi_G(\sigma_G)^{M[G]}$ と取る．このとき帰納法の仮定より，$p \in G$ を $p \Vdash \sigma \in \tau$ かつ $p \Vdash \psi(\sigma)$ となるように取る．すると命題 7.3.8 より $p \Vdash \exists x \in \tau\psi(x)$ となる．

$(\forall x \in y)$ $\varphi \equiv \forall x \in y\psi(x)$ の場合：先ず

$$p \Vdash^* \forall x \in \tau\psi(x) :\Leftrightarrow \forall\langle\sigma, s\rangle \in \tau[\{r : r \leq s \to r \Vdash^* \psi(\sigma)\} \text{ は } p \text{ 以下で稠密}]$$

と決める．定義可能性定理 7.3.10 のために，$\tau \in M^P$ について

$$p \Vdash \forall x \in \tau\psi(x) \Leftrightarrow \forall\langle\sigma, s\rangle \in \tau[\{r : r \leq s \to r \Vdash \psi(\sigma)\} \text{ は } p \text{ 以下で稠密}] \tag{7.30}$$

を示す．

$\langle\sigma, s\rangle \in \tau, q \leq p$ かつ $q \Vdash \forall x \in \tau\psi(x)$ とし，$q \in G$ とする．$(\forall x \in \tau_G \psi_G(x))^{M[G]}$ である．場合分けする．

先ず $s \in G$ である場合を考える．$\sigma_G \in \tau_G$ となるから $\psi_G(\sigma_G)^{M[G]}$ である．帰納法の仮定より $q_1 \in G$ を $q_1 \Vdash \psi(\sigma)$ と取り，s, q, q_1 の共通の拡張 $r \in G$ は $r \Vdash \psi(\sigma)$ である．

つぎに $s \notin G$ とする．このとき $q \in G$ より $q \not\leq s$ であるからこれでよい．

逆に任意の $\langle\sigma, s\rangle \in \tau$ に対して $\{r : r \leq s \to r \Vdash \psi(\sigma)\}$ が p 以下で稠密であるとして，$p \in G$ とする．$(\forall x \in \tau_G \psi_G(x))^{M[G]}$ を示すため，$\langle\sigma, s\rangle \in \tau$ を $s \in G, \sigma_G \in \tau_G$ とする．s, p の共通拡張を G から取っておくことにより，$p \leq s$ としてよい．仮定と定義可能性定理 7.3.10 の帰納法の仮定により $r \in G$ を $r \leq s$ かつ $r \Vdash \psi(\sigma)$ となるように取る．よって $\psi_G(\sigma_G)^{M[G]}$.

つぎに真理性定理 7.3.9 を示すため $(\forall x \in \tau_G \psi_G(x))^{M[G]}$ であるとする．

$$D = \{p \in P : [p \Vdash \forall x \in \tau\psi(x)] \vee \exists\langle\sigma, s\rangle \in \tau \forall r \leq p[r \leq s \wedge r \nVdash \psi(\sigma)]\}$$

は(7.30)により稠密で，定義可能性定理 7.3.10 の帰納法の仮定により $D \in M$ となる．$p \in D \cap G$ と取る．$p \Vdash \forall x \in \tau\psi(x)$ ならよいので，$\langle\sigma, s\rangle \in \tau$ を $\forall r \leq p[r \leq s \wedge r \nVdash \psi(\sigma)]$，つまり $p \leq s \wedge \forall r \leq p[r \nVdash \psi(\sigma)]$ であるように取る．$s \in G$ だから $(\psi_G(\sigma_G))^{M[G]}$ である．他方，(7.27)より $p \Vdash \neg\psi(\sigma)$ となる．$p \in G$ より $(\neg\psi_G(\sigma_G))^{M[G]}$ であり，これは矛盾である．

これで原子論理式の場合を仮定してそれ以外の場合の証明が終わった．原子論理式 $x \in y$, $x = y$ の場合の証明は，組の間の整礎的な関係

$$\langle x_0, x_1\rangle \prec \langle y_0, y_1\rangle :\Leftrightarrow \bigvee_{i,j=0,1} [rk(x_i) < rk(y_j) \wedge x_{1-i} = y_{1-j}] \tag{7.31}$$

による同時超限帰納法による．$\{\langle x_0, x_1\rangle : \langle x_0, x_1\rangle \prec \langle y_0, y_1\rangle\} \subset V_\alpha \times V_\alpha$ ($\alpha = \max\{rk(y_i) : i = 0, 1\}$) であるから，これは集合になっていることに注意せよ．

($\in$) $x \in y \leftrightarrow \exists z \in y(x = z)$ であり，$z \in y \to \langle x, z\rangle \prec \langle x, y\rangle$ である．そこで $(\exists x \in y)$ の場合(7.29)より，P-名 π, τ について

$$p \Vdash^* \pi \in \tau :\Leftrightarrow \{r : \exists\langle\sigma, s\rangle \in \tau[r \leq s \wedge r \Vdash^* \pi = \sigma]\} \text{ は } p \text{ 以下で稠密}$$

と定め，定義可能性定理 7.3.10 には $\pi, \tau \in M^P$ について

$$p \Vdash \pi \in \tau \Leftrightarrow \{r : \exists \langle \sigma, s\rangle \in \tau[r \leq s \wedge r \Vdash \pi = \sigma]\} \text{ は } p \text{ 以下で稠密}$$

を示せばよいことになるが，これは命題 7.3.8 より $p \Vdash \pi \in \tau \Leftrightarrow p \Vdash \exists z \in \tau(\pi = z)$ に注意して，(7.29)同様，帰納法の仮定から従う．真理性定理 7.3.9 も同じである．

(=) $M[G]$ は推移的だから外延性公理が成り立っているので，$M[G]$ で，$x = y \leftrightarrow \forall z \in x(z \in y) \wedge \forall z \in y(z \in x)$ であり，$z \in y \to \langle z, x\rangle \prec \langle x, y\rangle$ 等である．そこで $(\forall x \in y)$ の場合(7.30)より，P-名 π, τ について

$$\begin{aligned} p \Vdash^* \pi = \tau :\Leftrightarrow\ & \forall \langle \sigma, s\rangle \in \pi[\{r : r \leq s \to r \Vdash^* \sigma \in \tau\} \text{ は } p \text{ 以下で稠密}] \\ \wedge\ & \forall \langle \sigma, s\rangle \in \tau[\{r : r \leq s \to r \Vdash^* \sigma \in \pi\} \text{ は } p \text{ 以下で稠密}] \end{aligned}$$

と定め，定義可能性定理 7.3.10 には $\pi, \tau \in M^P$ について

$$\begin{aligned} p \Vdash \pi = \tau \Leftrightarrow\ & \forall \langle \sigma, s\rangle \in \pi[\{r : r \leq s \to r \Vdash \sigma \in \tau\} \text{ は } p \text{ 以下で稠密}] \\ \wedge\ & \forall \langle \sigma, s\rangle \in \tau[\{r : r \leq s \to r \Vdash \sigma \in \pi\} \text{ は } p \text{ 以下で稠密}] \end{aligned}$$

を示せばよいことになるが，これは命題 7.3.8 より $p \Vdash \pi = \tau \Leftrightarrow p \Vdash \forall z \in \pi(z \in \tau) \wedge p \Vdash \forall z \in \tau(z \in \pi)$ に注意して，(7.30)同様，帰納法の仮定から従う．真理性定理 7.3.9 も(7.27)を用いて，同様である．

以上で，真理性定理 7.3.9 と定義可能性定理 7.3.10 の証明が終わった．

ジェネリック拡大定理 **7.3.6** の証明

ジェネリック拡大定理 7.3.6 の証明をする．M は ZFC の可算推移的モデル，poset $P \in M$，G を M-ジェネリックフィルターとする．命題 7.3.4，7.3.5 において，$M \subset M[G]$ と $M[G]$ が推移的で対公理を充たすことまでは見た．また $M[G]$ が可算なのは M^P が可算だからである．

$G \in M[G]$ を示すには G の P-名をつくればよい．定義 7.3.3 での $a \in M$ の標準的な P-名 $\check{a}$, $(\check{a})_G = a$ に対して

$$\dot{G} = \{\langle \check{p}, p\rangle : p \in P\} \in M^P$$

とおく．すると

$$\dot{G}_G = \{(\check{p})_G : p \in G\} = G.$$

つぎに $M[G]$ での順序数を考える．そのため先ず τ_G の定義 7.3.2 より，τ に関する超限帰納法を用いて

$$\forall \tau \in M^P[rk(\tau_G) \leq rk(\tau)]$$

が分かる．すると $\tau \in M^P$ について，$rk(\tau_G) \leq rk(\tau) \in M$ であるから，$\alpha = \tau_G \in$

$M[G] \cap ORD$ なら，M の推移性より $\alpha \in M$ である．よって $o(M[G]) = o(M)$ となる．

つぎに $M[G]$ の最小性を確かめる．N を $M \subset N, G \in N$ なる ZF-P の推移的モデルであるとする．$M^P \ni \tau \mapsto \tau_G$ が ZF-P-絶対的な超限帰納法で定義されているので，$G \in N$ を使って，$\tau \in M^P \subset N$ について $\tau_G = (\tau_G)^N \in N$ となる．よって $M[G] \subset N$ である．

これで残るのは，$M[G]$ が ZFC のモデルであることを示すだけになった．推移性より外延性公理はよい．また整礎性公理(図式)もよい．無限公理は $\omega \in M \subset M[G]$ でよい．空集合の存在も明らかである．よって残るのは，合併の公理，ベキ集合の公理，置換公理図式，選択公理である．

初めに第 4 章(例題 1)の分出公理が $M[G]$ で成り立っていることを示す．すなわち，$M[G]$ の元をパラメタに持つ論理式 $\varphi_G(x)$ と $\sigma_G \in M[G]$ について

$$\pi_G = \{x \in \sigma_G : \varphi_G^{M[G]}(x)\}$$

となる $\pi \in M^P$ の存在を示す．$\varphi(x)$ は強制言語での論理式で，その中の P-名 τ を τ_G で置き換えて $\varphi_G(x)$ が得られるものとする．このとき

$$\pi = \{\langle \tau, p \rangle \in dom(\sigma) \times P : p \Vdash (\tau \in \sigma \wedge \varphi(\tau))\}$$

が求める P-名になる．

先ず $\pi \in M$ は定義可能性定理 7. 3. 10 による．つぎに $\tau_G \in \pi_G$ とする．$\langle \tau, p \rangle \in \pi \,\&\, p \in G$ としてよく，$p \Vdash (\tau \in \sigma \wedge \varphi(\tau))$ である．このとき真理性定理 7. 3. 9 により $\tau_G \in \sigma_G$ かつ $\varphi_G^{M[G]}(\tau_G)$ となる．逆に $\tau_G \in \sigma_G \,\&\, \varphi_G^{M[G]}(\tau_G)$ とする．$\tau \in dom(\sigma)$ としてよい．再び真理性定理 7. 3. 9 により $p \in G$ を $p \Vdash (\tau \in \sigma \wedge \varphi(\tau))$ と取れる．すると $\langle \tau, p \rangle \in \pi$ で $\tau_G \in \pi_G$ である．

分出公理が $M[G]$ で成り立っていることが分かったので，残りの公理を確かめるには，存在を要求されている集合を含む集合が $M[G]$ に存在することを示せばよい．

合併の公理を見るため $\tau \in M^P$ を取り，$\pi \in M^P$ を $\bigcup \tau_G \subset \pi_G$，つまり $\sigma_G \in \tau_G \Rightarrow \sigma_G \subset \pi_G$ となるようにつくりたい．$\pi = \bigcup dom(\tau)$ が求める P-名である．$\pi \in M$ は明らかで，$\sigma \in dom(\tau)$ とすれば $\sigma \subset \pi$ なので $\sigma_G \subset \pi_G$ となる．

つぎに置換公理図式を確かめる．$\varphi_G(x, y)$ を $M[G]$ の元をパラメタに持つ論理式とする．いま任意の $x \in M[G]$ に対して $\varphi_G^{M[G]}(x, y)$ となる $y \in M[G]$ がたかだかひとつしかないとする．このとき $\tau_G \in M[G]$ として

$$\{y \in M[G] : \exists x \in \tau_G \, \varphi_G^{M[G]}(x, y)\} \subset \pi_G$$

となる $\pi\in M^P$ の存在を示したい．そこで定義可能性定理 7. 3. 10 と M での反映原理 7. 1. 13 により集合 $Y\in M$ を $Y\subset M^P$ で

$$\forall\sigma\in dom(\tau)\,\forall p\in P[\exists\rho\in M^P(p\Vdash\varphi(\sigma,\rho))\to\exists\rho\in Y(p\Vdash\varphi(\sigma,\rho))]$$

となるように選ぶ．そして $\pi=Y\times\{\mathbf{1}\}$ とおく．すると $\pi_G=\{\rho_G:\rho\in Y\}$ である．さて $\sigma_G\in\tau_G$, $\rho_G\in M[G]$ が $\varphi_G^{M[G]}(\sigma_G,\rho_G)$ であるとする．示したいのは $\rho_G\in\pi_G$ である．$\sigma\in dom(\tau)$ としてよく，また真理性定理 7. 3. 9 により $p\in G$ を $p\Vdash\varphi(\sigma,\rho)$ と取れる．よって Y の取り方より $\rho\in Y$ としてよく，そのとき $\rho_G\in\pi_G$ となる．

つぎにベキ集合の公理を見る．$\tau\in M^P$ に対して $\pi\in M^P$ を，任意の $\sigma\in M^P$ に対して

$$\sigma_G\subset\tau_G\Rightarrow\sigma_G\in\pi_G$$

となるようにつくりたい．

$$S=\{\sigma\in M^P:dom(\sigma)\subset dom(\tau)\}=(\mathcal{P}(dom(\tau)\times P))^M$$

とおき，$\pi=S\times\{\mathbf{1}\}$ と決める．$\pi_G=\{\sigma_G:\sigma\in S\}$ であった．

$\sigma\in M^P$ は $\sigma_G\subset\tau_G$ であるとする．$\sigma\in S$ と思ってよいことを示せばよい．

$$\rho=\{\langle\mu,p\rangle\in dom(\tau)\times P:p\Vdash\mu\in\sigma\}$$

を考えると，定義可能性定理 7. 3. 10 より $\rho\in M^P$ であるから $\rho\in S$ である．あとは $\rho_G=\sigma_G$ を示せばよい．$\langle\mu,p\rangle\in\rho$ を $p\in G$ とすると $p\Vdash\mu\in\sigma$ であるから，$\mu_G\in\sigma_G$ となる．よって $\rho_G\subset\sigma_G$ はよい．逆に $\mu_G\in\sigma_G\subset\tau_G$ とすると $\mu\in dom(\tau)$ としてよく，真理性定理 7. 3. 9 より $p\in G$ を $p\Vdash\mu\in\sigma$ と取れば $\langle\mu,p\rangle\in\rho$ となる．よって $\mu_G\in\rho_G$ となる．

最後に選択公理を考える．$x=\sigma_G\in M[G]$ が与えられたとする．M での選択公理により，$dom(\sigma)$ の元を整列順序に並べる関数 $f:\alpha\to M^P$ を M で取って，$dom(\sigma)=\{\pi_\beta:\beta<\alpha\}=rng(f)$ とする．このとき関数 $F:\alpha\to M[G]$ を $F(\beta)=(f(\beta))_G=(\pi_\beta)_G$ とすれば，命題 7. 3. 5. 3 により $F\in M[G]$ である．このとき $\sigma_G\subset rng(F)$ となる．つまり ZF のモデルである $M[G]$ において

$$\forall x\,\exists\alpha\,\exists F:\alpha\to V[x\subset rng(F)]$$

が言えた．このとき x を整列化するには，$y\in x$ に $g(y)=\min\{\beta<\alpha:y=F(\beta)\}$ を対応させて，$g(y)$ の大小比較をすればよい．

以上で，$M[G]$ が ZFC のモデルであることが示され，ジェネリック拡大定理 7. 3. 6 の証明が終わった．

7.3.3 強制法の応用例

ここでは有限関数の poset 以外の強制概念の応用例をいくつか紹介する．いずれも小節 4.5.4，定義 4.5.37 で導入した Martin の公理 MA と関連したものを取り上げる．以下，M を ZFC の可算推移的モデル，$P \in M$ を poset，G を M-ジェネリックフィルターとする．

ほとんど素な族による強制概念

先ず，定義 4.4.15 で導入されたほとんど素な族 $\mathcal{A} \subset \mathcal{P}(\omega)$ による強制概念を考える．

定義 7.3.22（ほとんど素な強制概念 almost disjoint forcing notion）

$\mathcal{A} \subset \mathcal{P}(\omega)$ に対して

$$P_{\mathcal{A}} := \{\langle s, F\rangle : s \subset_{fin} \omega, F \subset_{fin} \mathcal{A}\}$$

としその上の順序を

$$\langle s_0, F_0\rangle \leq \langle s_1, F_1\rangle :\Leftrightarrow (s_0 \supset s_1) \land (F_0 \supset F_1) \land \forall x_1 \in F_1[x_1 \cap s_0 \subset s_1].$$

$\forall x_1 \in F_1[x_1 \cap s_0 \subset s_1]$ は $(s_0 \setminus s_1) \cap \bigcup F_1 = \varnothing$ ということである．□

この強制法の条件 $\langle s, F\rangle \in P_{\mathcal{A}}$ は，自然数の部分集合 $d \subset \omega$ で $\mathcal{A}$ の各元とほとんど素であるものの部分情報である．

つぎは定義 7.3.22 から明らかだろう．

命題 7.3.23 poset $P_{\mathcal{A}}$ において，$\langle s_0, F_0\rangle$ と $\langle s_1, F_1\rangle$ が両立することと

$$\forall x_1 \in F_1[x_1 \cap s_0 \subset s_1] \land \forall x_0 \in F_0[x_0 \cap s_1 \subset s_0]$$

であることは同値である．さらにこのとき $\langle s_0 \cup s_1, F_0 \cup F_1\rangle$ が共通の拡張になる．□

定義 7.3.24

1. $P_{\mathcal{A}}$ のフィルター G に対し
$$d_G := \bigcup\{s : \exists F[\langle s, F\rangle \in G]\}.$$
2. $x \in \mathcal{A}$ に対し
$$D_x := \{\langle s, F\rangle \in P_{\mathcal{A}} : x \in F\}.$$ □

命題 7.3.25

1. $P_{\mathcal{A}}$ のフィルター G が $G \cap D_x \neq \varnothing$ なら $card(x \cap d_G) < \aleph_0$.
2. $x \in \mathcal{A}$ に対し D_x は $P_{\mathcal{A}}$ で稠密である．
3. $P_{\mathcal{A}}$ は可算鎖条件を充たす．

［証明］ 命題7.3.25.1. $x\in\mathcal{A}$とする. $\langle s,F\rangle\in G\cap D_x$に対し, $x\cap d_G\subset s$を示せばよいが, そのために$\langle s',F'\rangle\in G$に対し$x\cap s'\subset s$を示す. $\langle s',F'\rangle\in G$と$\langle s,F\rangle\in G$は両立するので, 命題7.3.23より$x\cap s'\subset s$である.

命題7.3.25.2は$\langle s,F\cup\{x\}\rangle\leq\langle s,F\rangle$による.

命題7.3.25.3. $s_0=s_1$なら$\langle s_0,F_0\rangle$と$\langle s_1,F_1\rangle$は両立するので, $\langle s_0,F_0\rangle$と$\langle s_1,F_1\rangle$が両立しないなら, $s_0\neq s_1$となる. $s\subset_{fin}\omega$で自然数の有限集合は可算個しかない$(card(\mathcal{P}_{fin}(\omega))=\aleph_0)$ので, 非可算反鎖は$P_{\mathcal{A}}$には存在しない. ∎

以上により, ほとんど素な族$\mathcal{A}\subset\mathcal{P}(\omega)$に対し, もしもすべての稠密な$D_x$と交わるフィルター$G$が取れれば, $d_G\subset\omega$を加えた$\mathcal{A}\cup\{d_G\}$も, d_Gが無限集合になれば, ほとんど素な族になる. つまり$\mathcal{A}$は極大ではないことになる.

補題 7.3.26

1. MA_κを仮定する.

   $\mathcal{A},\mathcal{C}\subset\mathcal{P}(\omega)$は, $card(\mathcal{A})\leq\kappa$, $card(\mathcal{C})\leq\kappa$で, かつ
   $$\forall y\in\mathcal{C}\,\forall F\subset_{fin}\mathcal{A}[card(y\setminus\bigcup F)=\aleph_0] \tag{7.32}$$
   であるとする. このとき
   $$\exists d\subset\omega[\forall x\in\mathcal{A}(card(d\cap x)<\aleph_0)\wedge\forall y\in\mathcal{C}(card(d\cap y)=\aleph_0)] \tag{7.33}$$

2. Mにおいて, $\mathcal{A},\mathcal{C}\subset\mathcal{P}(\omega)$, $\mathcal{A},\mathcal{C}\in M$は(7.32)を充たすとする. このとき$P_{\mathcal{A}}$による拡大$M[G]$で(7.33)が成り立つ.

［証明］ 補題7.3.26.1. MA_κを仮定する.

$y\in\mathcal{C}$と$n\in\omega$に対し
$$E_y^n=\{\langle s,F\rangle\in P_{\mathcal{A}}:s\cap y\not\subset n\}$$
を考えるとこれは稠密である. なぜなら$\langle s,F\rangle\in P_{\mathcal{A}}$について仮定より$card(y\setminus\bigcup F)=\aleph_0$だから, $n\leq m\in(y\setminus\bigcup F)$とすれば$E_y^n\ni\langle s\cup\{m\},F\rangle\leq\langle s,F\rangle$となるからである.

そこでMA_κによりκ個の稠密な集合たち$\{D_x:x\in\mathcal{A}\}\cup\{E_y^n:y\in\mathcal{C},n\in\omega\}$と交わるフィルター$G$を取り, d_Gを考える. 命題7.3.25.1より$\forall x\in\mathcal{A}(card(d\cap x)<\aleph_0)$で, $G\cap E_y^n\neq\varnothing$より$d_G\cap y\not\subset n$となる. よって$card(d_G\cap y)=\aleph_0$である.

補題7.3.26.2には, $\mathcal{A},\mathcal{C}\in M$なら, $P_{\mathcal{A}},E_y^n\,(y\in\mathcal{C},n\in\omega)$, $D_x\,(x\in\mathcal{A})$はすべてMに属すことに注意する. ∎

補題7.3.26をいくつか応用してみる. 先ず命題4.4.17.1を$\kappa<2^\omega$に拡張する.

系 7.3.27

1. MA_κ の仮定のもとで，サイズ κ のほとんど素な族は極大に成り得ない．
2. M におけるほとんど素な族 $\mathcal{A}\subset\mathcal{P}(\omega)$, $\mathcal{A}\in M$ は，$P_{\mathcal{A}}$ によるジェネリック拡大 $M[G]$ では極大ではない．

［証明］ $\mathcal{A}\subset\mathcal{P}(\omega)$ をサイズ κ のほとんど素な族とする．補題 7.3.26 において $\mathcal{C}=\{\omega\}$ とおく．仮定(7.32)は，$y\in(\mathcal{A}\setminus F)$ を取って命題 4.4.16 より $\forall F\subset_{fin}\mathcal{A}[card(y\setminus\bigcup F)=\aleph_0]$ だからよい． ∎

補題 7.3.28

1. MA_κ を仮定する．

   $\mathcal{B}\subset\mathcal{P}(\omega)$ をサイズ κ のほとんど素な族とし，$\mathcal{A}\subset\mathcal{B}$ とする．このときつぎを充たす $d\subset\omega$ が存在する：

   $$\forall x\in\mathcal{A}(card(d\cap x)<\aleph_0)\wedge\forall y\in(\mathcal{B}\setminus\mathcal{A})[card(d\cap y)=\aleph_0]. \quad (7.34)$$

2. M におけるほとんど素な族 $\mathcal{B}\subset\mathcal{P}(\omega)$, $\mathcal{A}\in M$ と $M\ni\mathcal{A}\subset\mathcal{B}$ に対して，$P_{\mathcal{A}}$ によるジェネリック拡大 $M[G]$ で(7.34)を充たす $d\in\mathcal{P}(\omega)^{M[G]}$ が存在する．

［証明］ 補題 7.3.26 において $\mathcal{C}=(\mathcal{B}\setminus\mathcal{A})$ とおく．仮定(7.32)は命題 4.4.16 より充たされる． ∎

サイズ κ の集合 $\mathcal{B}$ の部分集合 $\mathcal{A}\subset\mathcal{B}$ に(7.34)を充たす $d(\mathcal{A})\subset\omega$ を対応させれば，$\mathcal{P}(\mathcal{B})\ni\mathcal{A}\mapsto d(\mathcal{A})\in\mathcal{P}(\omega)$ なる単射になる．こうして MA_κ の仮定のもとで，κ の部分集合が ω の部分集合でコードできることになる．

系 7.3.29

1. $MA_\kappa\rightarrow 2^\kappa=2^{\aleph_0}$.
2. MA の仮定のもとで，$2^{\aleph_0}$ は正則基数である．

［証明］ 系 7.3.29.1．命題 4.4.18 より，サイズ $card(\mathcal{B})=\kappa<2^{\aleph_0}$ なほとんど素な族 $\mathcal{B}\subset\mathcal{P}(\omega)$ を取り，(7.34)により単射 $\mathcal{P}(\mathcal{B})\ni\mathcal{A}\mapsto d(\mathcal{A})\in\mathcal{P}(\omega)$ を考えることで $2^\kappa\leq 2^{\aleph_0}$ となる．

系 7.3.29.2．$\aleph_0\leq\kappa<2^{\aleph_0}$ について系 7.3.29.1 と系 4.4.27.2 より $cf(2^{\aleph_0})=cf(2^\kappa)>\kappa$ となる． ∎

つぎの系 7.3.30 の前に実数直線 $\mathbb{R}$ の位相に関することがらを少し思い出しておく．先ず位相空間 $\mathbb{R}$ は可分(separable)，つまり可算な稠密集合 $\mathbb{Q}$ を持つ．さらに可算基底(countable base)を持つ(第 2 可算公理)．端点が有理数である開区間を考えればよい：

$$\{(r,s) : r,s \in \mathbb{Q}\} = \{B_i : i \in \omega\}.$$

このいずれからも位相空間 $\mathbb{R}$ が**可算鎖条件**(c.c.c.)を充たす，すなわち互いに交わらない開集合族はたかだか可算であることが分かる．

つぎに Baire の定理(Baire category theorem)に関連した用語を復習する．$X \subset \mathbb{R}$ が**全疎**(nowhere dense)とは，その(位相的)閉包が縁集合(border set)，つまり内点を持たないことであった．つまり補集合 $X^c = (\mathbb{R} \backslash X)$ の内部(interior)が稠密ということである．よって閉集合が全疎(closed nowhere dense)なのは内点を持たないということで，その補集合は開かつ稠密(open dense)ということになる．$Y \subset \mathbb{R}$ が**痩せた集合**(meager set)あるいは**第1類集合**(first category)であるのは，可算個の全疎集合 $\{X_n\}_n$ の合併 $Y = \bigcup_n X_n$ であるときである．言い換えると Y が可算個の closed nowhere dense sets $\{X_n\}_n$ で覆われる，すなわち $Y \subset \bigcup_n X_n$ ということである．補集合に移って言えば，Y^c に可算個の open dense sets $\{Z_n\}_n$ の交わりが含まれる($\bigcap_n Z_n \subset Y^c$)ということになる．

系 7.3.30

1. MA_κ を仮定する．
   このとき，位相空間 $\mathbb{R}$ の痩せた集合 κ 個の合併も痩せている．
2. M の元である痩せた集合の族 $\{Y_\alpha\}_\alpha$ が与えられたら，適当なジェネリック拡大 $M[G]$ において合併 $\bigcup_\alpha Y_\alpha$ は痩せている．

［証明］ 系 7.3.30.1．上で述べたことより，κ 個の open dense sets $\{U_\alpha : \alpha < \kappa\}$ に対して可算個の open dense sets $\{V_n : n < \omega\}$ で

$$\bigcap_{n<\omega} V_n \subset \bigcap_{\alpha<\kappa} U_\alpha$$

となるものが取れればよい．

有理端点 $r_i < s_i$ による空でない開区間 $B_i = (r_i, s_i)$ により $\mathbb{R}$ の可算基底 $\{B_i : i \in \omega\}$ を取る．$d \subset \omega$ に対して

$$V_n = \bigcup \{B_i : i \in d \land i > n\}$$

とおく．

先ず V_n が open dense になるための d に関する条件を考えよう．

$$y_j = \{i \in \omega : B_i \subset B_j\}$$

に関して，$card(d \cap y_j) = \aleph_0$ であるとする．これはどんな n についても $i > n$ が取れて，$i \in d$ かつ $B_i \subset B_j$ ということだから，$\varnothing \neq B_i \subset V_n \cap B_j$ となる．よって

$$\forall j[card(d \cap y_j) = \aleph_0] \to V_n \text{ は open dense}$$

になる．

つぎに $\bigcap_{n<\omega} V_n \subset \bigcap_{\alpha<\kappa} U_\alpha$ となる条件を考えよう．

$$x_\alpha = \{i \in \omega : B_i \not\subset U_\alpha\}$$

に関して，$card(d \cap x_\alpha) < \aleph_0$ であるとする．$d \cap x_\alpha \subset (n+1)$ と取れば，$\forall i > n(i \in d \to B_i \subset U_\alpha)$ となる．つまり $V_n \subset U_\alpha$ である．よって

$$\forall \alpha < \kappa[card(d \cap x_\alpha) < \aleph_0] \to \bigcap_{n<\omega} V_n \subset \bigcap_{\alpha<\kappa} U_\alpha.$$

そこで補題 7.3.26 において $\mathcal{C} = \{y_j : j < \omega\}$, $\mathcal{A} = \{x_\alpha : \alpha < \kappa\}$ とおき，仮定(7.32)が充たされていることを見ればよい．つまり y_j と $F \subset_{fin} \kappa$ に対して

$$(y_j \setminus \bigcup_{\alpha \in F} x_\alpha) = \{i \in \omega : B_i \subset (B_j \cap \bigcap_{\alpha \in F} U_\alpha)\}$$

が無限集合であることを示す．$\bigcap_{\alpha \in F} U_\alpha$ が稠密で $B_j \neq \varnothing$ なので，$B_j \cap \bigcap_{\alpha \in F} U_\alpha$ は空でない開集合である．よってそれに含まれる B_i は無限に多くある．

系 7.3.30.2．$\{Y_\alpha\}_\alpha \in M$ ならその補集合 $U_\alpha = Y_\alpha^c$ の族 $\{U_\alpha\}_\alpha \in M$ なので，上記の $\mathcal{C} = \{y_j : j < \omega\}$, $\mathcal{A} = \{x_\alpha\}_\alpha \in M$ となる． ∎

Suslin 木をひとつ壊す強制概念

MA を仮定すると，Suslin 木が，従って Suslin 直線が存在しないことが導ける．

補題 7.3.31　$\mathrm{MA}_{\aleph_1} \to \mathrm{SH}$.

［証明］ Suslin 木 $\langle T; \prec \rangle$ が存在するとすればそれは定理 7.2.34 の証明の条件(7.17)を充たすとしてよい．なぜなら Suslin 木の各レヴェル α は可算($card(T_\alpha) \leq \aleph_0$, (7.18))なので必要ならそこから先は可算個しか子孫を持たないところで刈り取ってしまえばよい．つまり $\{x \in T : card(\{y \in T : x \prec y\}) = \aleph_1\}$ も Suslin 木になる．

そこで poset として T での逆順序 $x < y :\Leftrightarrow y \prec x$ を考えると，順序集合 $\langle T; \prec \rangle$ での可算鎖条件より poset$\langle T; < \rangle$ も可算鎖条件を充たす．$\alpha < \omega_1$ に対し $D_\alpha = \{x \in T : h_T(x) \geq \alpha\}$ は，(7.17)より稠密である．$\mathrm{MA}_{\aleph_1}$ によりすべての D_α と交わるフィルター G を取ると，これは正に長さが ω_1 の枝である．よって T は Suslin 木ではない． ∎

この補題 7.3.31 の証明をジェネリック拡大に移せば，実数を付け加えずに

M での Suslin 木 T を Suslin 木でないようにするジェネリック拡大がつくれる．

系 7.3.32 $T\in M$ を M での Suslin 木とする．補題 7.3.31 の証明での poset $\langle T;<\rangle$ によるジェネリック拡大 $M[G]$ において T は長さが ω_1 の枝を持ち，Suslin 木でなくなる．

さらに，$\alpha<\omega_1^M$ と $B\in M$ について

$$^{\alpha}B\cap M[G]={}^{\alpha}B\cap M.$$

とくにこのジェネリック拡大は実数を付け加えない

$$\mathcal{P}(\omega)^{M[G]}=\mathcal{P}(\omega)^M.$$

［証明］ $\alpha<\omega_1^M$ と $B\in M$ について $f:\alpha\to B$ を $f\in M[G]$ として，$f\in M$ だけ示せばよい．$f=\tau_G$, $\tau\in M^P$ とする．$\xi<\alpha$ に対して $x_\xi=f(\xi)\in M$ と置いて，$p_\xi\in G$ を $p_\xi\Vdash\tau(\check{\xi})=\check{x_\xi}$ となるように取る．すると $\{p_\xi\}_{\xi<\alpha}\in M[G]$ である．ここで G が木 T での枝で $\{p_\xi\}_{\xi<\alpha}\subset G$ である．しかも $\alpha<\omega_1^M=\omega_1^{M[G]}$ なので，$\forall\xi<\alpha(q\leq p_\xi)$ となる $q\in T$ が存在する．すると $\forall\xi<\alpha[q\Vdash\tau(\check{\xi})=\check{x_\xi}]$ なので $f=\{\langle\xi,y\rangle\in\alpha\times B:q\Vdash\tau(\check{\xi})=\check{y}\}\in M$ である． ■

急成長実数を付け加える強制概念

定義 7.3.33 $f,g\in{}^{\omega}\omega$ について，f は g を抑える（f eventually dominates g）とは，$g(n)<f(n)$ がほとんどいたるところの n で，つまり有限個の n を除いて成り立つことをいう．これを

$$g<^* f:\Leftrightarrow\exists m\forall n\geq m[g(n)<f(n)]$$

と書くことにする． □

補題 7.3.34

1. MA_κ を仮定する．このときサイズがたかだか κ の関数族 $\mathcal{G}\subset{}^{\omega}\omega$ に対してそのすべての元を抑えるひとつの $f\in{}^{\omega}\omega$ が存在する：
$$\exists f\in{}^{\omega}\omega\forall g\in\mathcal{G}[g<^* f].$$
2. 適当な可算鎖条件を充たすジェネリック拡大 $M[G]$ をつくると，M での関数族 $({}^{\omega}\omega)^M$ に対してそのすべての元を抑えるひとつの $f\in({}^{\omega}\omega)^{M[G]}$ が存在するようにできる：
$$\exists f\in({}^{\omega}\omega)^{M[G]}\forall g\in({}^{\omega}\omega)^M[g<^* f].$$

［証明］ 補題 7.3.34.1 を考える．

poset $\mathbb{D}$ を，f が s の延長になっている（$s\subset f$）ような自然数の有限列 s と $f\in{}^{\omega}\omega$ の組全体

$$\mathbb{D} := \{\langle s, f\rangle \in ({}^{<\omega}\omega) \times {}^{\omega}\omega : s \subset f\}$$

とし，順序を

$$\langle s, f\rangle \leq \langle t, g\rangle :\Leftrightarrow (s \supset t) \wedge [\forall n \in \omega(f(n) \geq g(n))]$$

で定める(**Hechler 強制概念** Hechler forcing)．

ふたつの条件 $\langle s, f\rangle, \langle s, f'\rangle$ は $\langle s, \max\{f, f'\}\rangle$ という共通拡張を持つので両立する．ここで $f, g \in {}^{\omega}\omega$ について $\max\{f, g\} \in {}^{\omega}\omega$ は $\max\{f, g\}(n) = \max\{f(n), g(n)\}$ で定める．この事実と ${}^{<\omega}\omega$ が可算であることにより，$\mathbb{D}$ は可算鎖条件を充たす．

$n \in \omega$, $g \in {}^{\omega}\omega$ について $E_n = \{\langle s, f\rangle \in \mathbb{D} : n \in dom(s)\}$, $D_g = \{\langle s, f\rangle \in \mathbb{D} : \forall n \notin dom(s)(f(n) > g(n))\}$ とおくとこれらは明らかに稠密である．MA_κ により，稠密集合族 $\{E_n : n \in \omega\} \cup \{D_g : g \in \mathcal{G}\}$ すべてと交わるジェネリックフィルター G を取る．

$$f_G = \bigcup\{s : \exists f[\langle s, f\rangle \in G]\}$$

を考えるとこれが求める急成長関数になっている．先ず $f_G \in {}^{\omega}\omega$ は，$\langle s, f\rangle, \langle t, g\rangle$ での s, t が両立しない，つまり $s \cup t$ が関数でなければ，$\mathbb{D}$ の元として $\langle s, f\rangle, \langle t, g\rangle$ は両立しないので，f_G は関数であり，G が E_n と交わるから $dom(f_G) = \omega$ である．

つぎに $g \in \mathcal{G}$ とする．$G \cap D_g \neq \varnothing$ より $\langle s, f\rangle \in G \cap D_g$ と取る．任意の $n \notin dom(s)$ について $G \ni \langle t, f'\rangle \leq \langle s, f\rangle$ を $n \in dom(t)$ とすれば $f_G(n) = t(n) = f'(n) \geq f(n) > g(n)$．つまり

$$\forall n \notin dom(s)[f_G(n) > g(n)].$$

補題 7.3.34.2 は，$\mathbb{D}^M$ によるジェネリック拡大 を考えればよい． ∎

7.4 可 測 基 数

巨大基数(large cardinal)は，集合論の公理 ZFC からは存在を証明することができないくらいに，強い意味で集合生成・集合の存在について閉じているような大きい基数のことである．従ってその存在は ZFC が無矛盾である限り，ZFC では証明できない．

例えば**弱到達不能基数**(weakly inaccessible cardinal) $\kappa = \aleph_\alpha$ は

・**極限基数**(limit cardinal)，つまり α が極限順序数でしかも

・正則

である基数のことであり，**到達不能基数**(inaccessible cardinal)もしくは弱到達

不能基数と対比させるときには**強到達不能基数**(strongly inaccessible cardinal)は，非可算 $\kappa > \aleph_0$ で正則かつ

・**強極限基数**(strong limit cardinal)，つまり

$$\lambda < \kappa \Rightarrow 2^\lambda < \kappa$$

となっている基数 κ のことである.

明らかに到達不能基数は弱到達不能基数であり，一般連続体仮説 GCH のもとでは両者は一致する.

ここでは巨大基数の典型例のひとつとして可測基数を導入しよう．空でない集合 S 上のフィルターについては小節 4.5.1 を参照せよ．定義 4.5.6 では，非単項な超フィルターを非自明な超フィルターと呼ぶことにしたが，以降この章では断らない限り，集合上の超フィルターは非自明な超フィルターを意味するものと約束する.

κ を無限基数とする．無限集合 S 上のフィルター D が κ-完備とは，κ 個未満の交わりについてそれが閉じていることをいうのであった(定義 5.4.5). $\aleph_1$-完備なフィルターは，しばしば**可算完備**(countably complete)とか σ-**完備**(σ-complete)と呼ばれる.

無限集合 S 上の可算完備(非自明)超フィルターは，その集合上の 2 値測度 $\mu: \mathcal{P}(S) \to \{0,1\}$ と同じである.

定義 7.4.1 集合 S 上の **2 値測度**(two-valued measure)は，$\mu: \mathcal{P}(S) \to \{0,1\}$ で以下を充たすものをいう:

1. (単調性)

$$X \subset Y \subset S \Rightarrow \mu(X) \leq \mu(Y).$$

2. (可算加法性)

互いに交わらない S の可算部分集合族 $\{X_n\}_{n<\omega}$ について

$$\mu(\bigcup_{n<\omega} X_n) = \sum_{n=0}^{\infty} \mu(X_n).$$

3. (正規性)

$$\mu(S) = 1.$$

4. (非自明性)

$$\forall a \in S[\mu(\{a\}) = 0].$$

□

補題 7.4.2 S を無限集合とする.

S 上の可算完備(非自明)超フィルター U に対し，$\mu: \mathcal{P}(S) \to \{0,1\}$ を

$$\mu(X) = 1 :\Leftrightarrow X \in U$$

で定めれば，μ は S 上の 2 値測度になる．

逆に S 上の 2 値測度 μ が与えられたら

$$X \in U :\Leftrightarrow \mu(X) = 1$$

とすれば，U は S 上の可算完備(非自明)超フィルターになる．

定義 7.4.3 非可算基数 $\kappa > \aleph_0$ が**可測基数**(measurable cardinal)であるとは，κ 上に κ-完備な(非自明)超フィルターが存在することをいう． □

その上に 2 値測度が存在する無限集合の濃度の最小 κ を考えると，κ が最小の可測基数になる．

補題 7.4.4 無限集合 S 上に可算完備超フィルターが存在するような集合 S の濃度 $card(S)$ のうちで最小なものを κ とし，κ 上の可算完備超フィルターを U とする．このとき U は κ-完備となり，従って κ は可測基数である．

［証明］ $\kappa = \bigcup\{\{\alpha\} : \alpha < \kappa\}$ なので κ は非可算である．

いま U は κ-完備ではないと仮定する．するとある $\gamma < \kappa$ と $\{X_\alpha\}_{\alpha<\gamma} \subset U$ について，$\bigcap_{\alpha<\gamma} X_\alpha \notin U$ となる．

任意の $f : \kappa \to (\gamma+1)$ は，$(\gamma+1)$ 上に可算完備超フィルター D を誘導する：

$$D := \{Y \subset (\gamma+1) : f^{-1}(Y) \in U\}.$$

とくに f を

$$f(x) = \begin{cases} \gamma & x \in \bigcap_{\alpha<\gamma} X_\alpha \text{ のとき} \\ \min\{\alpha < \gamma : x \notin X_\alpha\} & \text{上記以外} \end{cases}$$

で定めると，D は非単項になる．なぜなら $f^{-1}(\{\gamma\}) = \bigcap_{\alpha<\gamma} X_\alpha \notin U$ で，$\alpha < \gamma$ について，$f^{-1}(\{\alpha\}) \cap X_\alpha = \varnothing$ となるからである．

よって濃度が κ より小さい $(\gamma+1)$ 上に可算完備超フィルター D があることになり，これは κ の最小性と矛盾する． ■

可測基数は巨大基数である．

補題 7.4.5 可測基数 κ は到達不能基数である．

［証明］ κ を可測基数として，U を κ 上の κ-完備(非自明)超フィルターとする．

初めにどんな有界な集合 $X \subset \alpha\,(\alpha < \kappa)$ も κ 個未満の一点集合の合併なので，$X \notin U$ である．これより，κ の正則性が分かる．

κ が強極限基数でないとし，$\lambda < \kappa$ は $2^\lambda \geq \kappa$ となるとする．$S = \{f_\gamma \in {}^\lambda 2 :$

$\gamma<\kappa\}$ を濃度 κ の関数の集合とし，$\alpha<\lambda$ に対し，$\{\gamma<\kappa: f_\gamma(\alpha)=0\}, \{\gamma<\kappa: f_\gamma(\alpha)=1\}$ のいずれか一方のみが U に属すから，それを X_α とする．すると $\bigcap_{\alpha<\lambda} X_\alpha \in U$ であるが，明らかに $\bigcap_{\alpha<\lambda} X_\alpha$ は一点集合なので矛盾である． ∎

後に補題7.4.16において，より強い結果を見る．

7.4.1 可測基数と超ベキ

さてこれから可測基数の存在が，集合全体のクラス V にどのような制限をもたらすかみていこう．

κ を可測基数とし，U をその上の κ-完備超フィルターとする．この超フィルターを用いて，節5.4での超ベキをつくる．ここで考えるのは，U による V の超ベキ

$$Ult(V,U) := \prod_U V = \{f_U : f \in {}^\kappa V\} \quad ({}^\kappa V \text{ は } \kappa \text{ 上の関数全体のクラス})$$

である．但しここで ${}^\kappa V \subset V$ で，同値類 $f_U = \{g \in {}^\kappa V : g =_U f\}$ は集合ではないクラスになってしまうので，ランク $rk(g)$（定義4.3.12.1）が最小のものだけを考えて

$$f_U := \{g \in {}^\kappa V : g =_U f \wedge \forall h(h =_U f \to rk(h) \geq rk(g))\}$$

とする．こうすれば $\alpha = rk(f)$ について $f_U \subset V_{\alpha+1}$ となって f_U は集合である．

このようにしてもやはり $f, g \in {}^\kappa V$ について

$$f_U = g_U \Leftrightarrow \{x \in \kappa : f(x) = g(x)\} \in U$$

$$f_U \in g_U \Leftrightarrow \{x \in \kappa : f(x) \in g(x)\} \in U$$

となる．それは U がフィルターなので，U に関してほとんど至る所で成り立っているふたつの事柄は同時に成り立つからである．

以上により，超ベキ $\langle Ult(V,U); \in_U \rangle$ について基本定理5.4.2を述べ直す：論理式 $\varphi(x_1, \ldots, x_n)$ と $f_1, \ldots, f_n \in {}^\kappa V$ について

$$Ult(V,U) \models \varphi((f_1)_U, \ldots, (f_n)_U) \Leftrightarrow \{x \in \kappa : \varphi(f_1(x), \ldots, f_n(x))\} \in U$$

$a \in V$ に対して定数関数

$$\forall x \in \kappa [c_a(x) = a]$$

により

$$c_U(a) := (c_a)_U$$

とすれば，$c_U : V \to Ult(V,U)$ であるが，これは初等埋込 $c_U : V \prec Ult(V,U)$ になっている：

$$Ult(V,U) \models \varphi(c_U(a_1),...,c_U(a_n)) \Leftrightarrow \{x \in \kappa : \varphi(c_{a_1}(x),...,c_{a_n}(x))\} \in U$$
$$\Leftrightarrow \varphi(a_1,...,a_n).$$

ここまでの超ベキ $Ult(V,U)$ に関する議論では，U は超フィルターでありさえすればよかった．以下の補題 7. 4. 6 より，κ 上の超フィルター U が可算完備であるときに，超ベキ $\langle Ult(V,U); \in_U \rangle$ が整礎的になることが分かる．

補題 7. 4. 6 U が可算完備であれば，超ベキ $\langle Ult(V,U); \in_U \rangle$ は整礎的である．

［証明］ 初めに

$$\{g_U : g_U \in_U f_U\} \text{ は集合} \tag{7. 35}$$

であることに注意する．

$\in_U$ が整礎的でないとしたら，列 $\{f_n\}_{n<\omega} \subset {}^{\kappa}V$ で

$$\forall n < \omega[(f_{n+1})_U \in_U (f_n)_U]$$

となるものが存在する．つまり

$$\forall n < \omega[I_n := \{x \in \kappa : f_{n+1}(x) \in f_n(x)\} \in U]$$

である．そこで U が可算完備であることより，

$$\bigcap_{n<\omega} I_n \in U$$

となり，$x \in \bigcap_{n<\omega} I_n$ と取れば

$$\forall n < \omega[f_{n+1}(x) \in f_n(x)]$$

となって矛盾である．■

超ベキ $\langle Ult(V,U); \in_U \rangle$ は整礎的であり，$\langle Ult(V,U); \in_U \rangle$ は外延性公理を充たすので定理 4. 2. 16 により，その Mostowski つぶし

$$\pi_U : Ult(V,U) \to M_U, \quad \pi_U(x) = \{\pi_U(y) : y \in_U x\}$$

は同型写像 $\pi_U : \langle Ult(V,U); \in_U \rangle \cong \langle M_U; \in \rangle$ を与える．ここで，(7. 35)より $\{y \in Ult(V,U) : y \in_U x\}$ が集合であるから，π_U が定義されることに注意せよ．

そこで $f \in {}^{\kappa}V$ について

$$[f]_U := \pi_U(f_U)$$

とおく．

初等埋込 $c_U : V \prec Ult(V,U)$ を用いて，

$$j_U(a) := [c_a]_U = \pi_U(c_U(a))$$

とすれば，初等埋込

$$j_U : V \prec M_U \cong Ult(V,U)$$

が得られる．

この V から M_U への初等埋込 j_U を**標準埋込**(canonical embedding)という．以下，文脈から明らかな場合には，M_U, j_U などでの添字 U を省略する．

補題 7.4.7 κ を可測基数，U を κ 上の κ-完備超フィルターとする．標準埋込 $j : V \prec M \cong Ult(V, U)$ の**臨界点**(critical point) $crit(j)$ は κ である．

ここで 臨界点 $crit(j)$ とは j によって動く最小の順序を指す：

$$crit(j) := \min\{\alpha \in ORD : j(\alpha) > \alpha\}.$$

［証明］ 初めに j が初等埋込であるから，$\alpha \in ORD \Leftrightarrow j(\alpha) \in ORD$ であり，$\alpha < \beta \Rightarrow j(\alpha) < j(\beta)$ である．よって $j(\alpha) \geq \alpha$ となる．

$\alpha < \kappa$ を $\alpha < j(\alpha)$ となる最小の順序数であるとする．$[f]_U = \alpha < j(\alpha)$ と取れば，$\{\beta \in \kappa : f(\beta) < \alpha\} \in U$ となる．U が κ-完備であるので，ある $\delta < \alpha$ について $\{\beta \in \kappa : f(\beta) = \delta\} \in U$ となり，$\delta = c_\delta(\beta)$ よりこれは $\delta < \alpha = [f]_U = j(\delta)$ となって α の最小性に反す．よって $\alpha < \kappa \Rightarrow j(\alpha) = \alpha$ となる．

つぎに κ 上の恒等写像(または対角写像) $d : \kappa \to \kappa$

$$d(\alpha) = \alpha \tag{7.36}$$

を考える．U は κ-完備であるから，κ のどんな有界集合も U に含まれない．これより，$\alpha < \kappa$ なら $\{\beta : \alpha < \beta < \kappa\} \in U$ となる．つまり $\{\beta \in \kappa : c_\alpha(\beta) < d(\beta)\} \in U$ であるから

$$\alpha = j(\alpha) < [d]_U < j(\kappa)$$

となるので

$$\kappa \leq [d]_U < j(\kappa) \tag{7.37}$$

となる． ∎

次の定理 7.4.8 から，強制法による(相対)無矛盾性証明とは違い，巨大基数の存在が独立な命題を決定することがあることが分かる．

定理 7.4.8 (D. Scott)

可測基数が存在すれば，構成可能性公理 $V = L$ は否定される：

$$\mathsf{ZFC} \vdash \exists\kappa\,(\kappa \text{ は可測基数}) \to V \neq L.$$

［証明］ κ を最小の可測基数とし，U を κ 上の κ-完備超フィルターとする．補題 7.4.7 によると，標準埋込 $j_U : V \prec M_U$ は κ を動かす：$j_U(\kappa) > \kappa$．また $j_U(\alpha) \geq \alpha$ であるから，推移的モデル M_U はすべての順序数を含む($ORD \subset M_U$)ので M_U は ZFC の内部モデルである．いま $V = L$ を仮定すると，系 7.2.12 により $M_U = V$ となる．他方 $M_U \models$「$j(\kappa)$ は最小の可測基数」であるから，$j(\kappa)$ は最小の可測基数であることになり，$\kappa < j(\kappa)$ と矛盾する． ∎

定理 7.4.8 の証明から分かる通り，$V=L$ を否定するには，ある内部モデル M への自明でない(恒等写像でない)初等埋込 $j:V\prec M$ があればよい．実はこれは可測基数の存在と同値である．

命題 7.4.9 $j:V\prec M$ が初等埋込とする．$a\in V$ がある論理式 $\varphi[x,\vec{b}]$ ($\vec{b}\subset_{fin} V$) によって V で定義される，つまり $V\models\varphi[a,\vec{b}]\wedge\exists!x\varphi[x,\vec{b}]$ であるとき，$j(a)$ は $\varphi[x,j(\vec{b})]$ によって M で定義される． □

補題 7.4.10 M を ZFC の内部モデルとし，$j:V\prec M$ を自明でない初等埋込とする．このとき j の臨界点 $crit(j)=\delta$ は可測基数である．

［証明］ 初めに j によって動く順序数の存在を言おう．x を $j(x)\neq x$ となるランク最小のものとする．$y\in x$ とすれば $rk(y)<rk(x)$ より $y=j(y)\in j(x)$，つまり $x\subsetneq j(x)$ である．いま $z\in(j(x)\setminus x)$ とする．ここでもし $rk(j(x))=rk(x)$ ならば，$j(z)=z\in j(x)$，つまり $z\in x$ となり矛盾する．よって $j(rk(x))=rk(j(x))>rk(x)$ となるので，$\alpha=rk(x)$ が求める順序数である．

なおここで $j(rk(x))=rk(j(x))$ は，命題 7.4.9 による．

$\delta=crit(j)$ とする．順序数 $\alpha\leq\omega$ は定義可能であるから $j(\alpha)=\alpha$ となり，$\delta>\omega$ である．$U\subset\mathcal{P}(\delta)$ を

$$X\in U:\Leftrightarrow\delta\in j(X) \tag{7.38}$$

で定める．この U が δ 上の δ-完備超フィルターになることを示そう．これより，δ が正則であることも分かり，特に δ が基数であることにもなる．

$\delta\in j(\delta)$ より $\delta\in U$ はよい．$j(0)=0$ より $0\notin U$ もよい．命題 7.4.9 より $j(X\cap Y)=j(X)\cap j(Y)$，$X\subset Y\to j(X)\subset j(Y)$，$\delta\in j(\delta)=j(X)\cup j(\delta\setminus X)$ となる．これらより U が超フィルターであることが分かる．また $\alpha<\delta$ なら $j(\{\alpha\})=\{j(\alpha)\}=\{\alpha\}\not\ni\delta$ より U は非単項である．

δ-完備性を見るために $\mathcal{X}=\langle X_\alpha:\alpha<\gamma\rangle$ を，長さ $\gamma<\delta$ の δ の部分集合 X_α の列で，$\delta\in j(X_\alpha)$ ($\alpha<\gamma$) であるとする．$j(\bigcap_{\alpha<\gamma}X_\alpha)=\bigcap_{\alpha<\gamma}j(X_\alpha)$ を示せばよい．

$\mathcal{X}$ を初等埋込 j で写せば，$j(\mathcal{X})$ は長さ $j(\gamma)$ の $j(\delta)$ の部分集合 $j(X_\alpha)$ の列となるが，$j(\gamma)=\gamma$ により $j(\mathcal{X})=\langle j(X_\alpha):\alpha<\gamma\rangle$ となる．よって $j(\bigcap_{\alpha<\gamma}X_\alpha)=\bigcap_{\alpha<\gamma}j(X_\alpha)$ である． ■

命題 7.4.11 κ 上の κ-完備超フィルター U と標準埋込

$$j_U:V\prec M_U\cong Ult(V,U)$$

を考える．

このとき $\forall x \in V_\kappa(j_U(x)=x)$ である．また $X \subset V_\kappa$ に対して $j_U(X) \cap V_\kappa = X$ となり，従って $V_{\kappa+1}^{M_U} = V_{\kappa+1} \subset M_U$ である．

［証明］ 初めに補題 7.4.10 の証明同様，ランクを考えることで $\forall x \in V_\kappa(j_U(x) = x)$ が分かる．$X \subset V_\kappa$ に対して $j_U(X) = j_U(\{z \in V_\kappa : z \in X\}) = \{z \in j_U(V_\kappa) : z \in j_U(X)\}$ より，$j_U(X) \cap V_\kappa = \{z \in V_\kappa : z \in j_U(X)\} = \{z \in V_\kappa : j_U(z) \in j_U(X)\} = X$ となる．よって $V_{\kappa+1}^{M_U} = V_{\kappa+1} \subset M_U \subset V$ である． ▮

7.4.2 正規測度

補題 4.5.29 で導入された対角共通部分について閉じているフィルターを考える．

定義 7.4.12 順序数 κ 上のフィルター D が対角共通部分について閉じている：

$$\forall \{X_\alpha\}_{\alpha<\kappa} \in {}^\kappa D[\triangle_\alpha X_\alpha = \{\beta \in \kappa : \beta \in \bigcap_{\gamma<\beta} X_\gamma\} \in D]$$

とき，D を**正規フィルター**(normal filter)という．

正規でかつ κ-完備な(非自明)超フィルターは**正規測度**(normal measure)と呼ばれる． □

補題 4.5.29 により，非可算正則基数上で閉非有界集合の生成するフィルター $\mathcal{C}_\kappa$ (式(4.23))は正規となる．

補題 7.4.13 κ 上の κ-完備な(非自明)超フィルター U について，以下の四条件は互いに同値である．

(1) U は正規である．

(2) (cf. Fodor の補題 4.5.31) $f : \kappa \to \kappa$ が，$\{\alpha \in \kappa : f(\alpha) < \alpha\} \in U$ ならば，

$$\exists \gamma < \kappa[f^{-1}(\{\gamma\}) \in U].$$

(3) 対角写像(7.36) d は M_U において κ を表す：

$$[d]_U = \kappa.$$

(4) (cf. 補題 7.4.10, (7.38))

$$U = \{X \subset \kappa : \kappa \in j_U(X)\}.$$

［証明］

[(1)⇒(2)].

U を正規とし，f は $Y \in U$ 上で退行的 $\forall \alpha \in Y[f(\alpha) < \alpha]$ とする．もし $\forall \gamma < \kappa[X_\gamma := \{\alpha \in Y : f(\alpha) \neq \gamma\} \in U]$ ならば，正規性より $\triangle_\gamma X_\gamma \in U$ なので $\alpha \in Y \cap$

$\triangle_\gamma X_\gamma$ と取る．すると $\alpha \leq f(\alpha) < \alpha$ となり矛盾である．

[(2)⇒(3)]．

$f:\kappa \to \kappa$ を $[f]_U = \kappa$ と取る．ほとんど至る所で $f(\alpha) = \alpha = d(\alpha)$ を示せばよい．

もしこの f がほとんど至る所で退行的ならば，仮定よりある $\gamma < \kappa$ について $f_U = c_\gamma$ なので $[f]_U = \gamma$ となってしまう．またもし $\{\alpha \in \kappa : f(\alpha) > \alpha\} \in U$ ならば，$\kappa = [f]_U > [d]_U$ となるが，補題 7.4.7 の証明中の(7.37)より，$\kappa \leq [d]_U$ であった．よって $\{\alpha \in \kappa : f(\alpha) = \alpha\} \in U$ である．

[(3)⇒(4)]．

$$U = \{X \subset \kappa : d(\alpha) \in X \ (a.e.\ \alpha)\} = \{X \subset \kappa : [d]_U \in j_U(X)\}$$

なのでよい．

[(4)⇒(1)]．

$\{X_\alpha\}_{\alpha<\kappa} \in {}^\kappa U$ を，$\kappa \in j_U(X_\alpha)\ (\alpha < \kappa)$ とする．$X = \triangle_\alpha X_\alpha$ として $\kappa \in j_U(X)$ を示せばよい．

$j_U(X)$ は M_U において $\{j_U(X_\alpha) : \alpha < j_U(\kappa)\}$ の対角共通部分になるから，$\kappa < j_U(\kappa)$ より $\kappa \in j_U(X) \Leftrightarrow \forall \alpha < \kappa[\kappa \in j_U(X_\alpha)]$ でよい． ∎

系 7.4.14 κ 上の正規測度 U は，閉非有界集合フィルター $\mathcal{C}_\kappa$ を含む．

［証明］ U を κ 上の正規測度，C を κ での閉非有界集合とする．$C \in U$ を示したいがそのためには補題 7.4.13.4 より $\kappa \in j_U(C)$ を示せばよい．

C は κ で閉じているので $\forall \alpha < \kappa[\sup(C \cap \alpha) = \alpha \to \alpha \in C]$．これを j_U で写して $\forall \alpha < j_U(\kappa)[\sup(j_U(C) \cap \alpha) = \alpha \to \alpha \in j_U(C)]$．そこで $\sup(j_U(C) \cap \kappa) = \kappa$ を示せばよいことになるが，これは $j_U(C) \cap \kappa = C$ より C が κ で非有界であることを意味する． ∎

系 7.4.15 (cf. 補題 7.4.10)

M を ZFC の内部モデルとし，$j : V \prec M$ を自明でない初等埋込とする．j の臨界点 $crit(j) = \kappa$ について

$$D := \{X \subset \kappa : \kappa \in j(X)\}$$

と定めれば，D は κ 上の正規測度になる．

とくに可測基数 κ 上には正規測度が存在する．

［証明］ 補題 7.4.10 により D の正規性だけ見ればよいが，これは補題 7.4.13 の証明中の[(4)⇒(1)]で既に示されている．そこで使った事実は $\kappa < j(\kappa)$ かつ j が初等埋込であることだけであった． ∎

補題 7. 4. 16 可測基数 κ 上の正規測度 D に関して，$Inacc \cap \kappa := \{\lambda < \kappa :$ λ は到達不能基数$\} \in D$ となる．

よってとくに $Inacc \cap \kappa$ は κ で定常である．(このような到達不能基数 κ はマーロ基数(Mahlo cardinal)と呼ばれる．)

［証明］ D を κ 上の正規測度とする．

補題 7. 4. 5 により可測基数 κ は到達不能基数である．「κ は到達不能基数」は正則かつ強極限ということであった．つまり $V \models \forall \alpha < \kappa \forall f : \alpha \to \kappa (\sup rng(f) < \kappa), V \models \forall \alpha < \kappa (2^\alpha < \kappa)$ であるから命題 7. 4. 11 により，$M_D \models$「κ は到達不能基数」となる．

補題 7. 4. 13. 3 より $M_D \models [d]_D = \kappa$ なので，$M_D \models [d]_D$ は到達不能基数，つまり $\{\lambda < \kappa : \lambda$ は到達不能基数$\} \in D$ となる． ∎

7. 5 Silver 識別不能集合

ここでは初めに可測基数がある分割の性質を充たすことを見て，つぎにこの分割の性質を充たす基数の存在から V と L の大きな隔たりを導く．

$\kappa \to (\alpha)^{<\omega}_\lambda$ については定義 5. 5. 4 を参照せよ．

定理 7. 5. 1 可測基数 κ と $\lambda < \kappa$ について，

$$\kappa \to (\kappa)^{<\omega}_\lambda.$$

［証明］ κ 上の正規測度 D を取る．また $\lambda < \kappa$ について分割 $P : [\kappa]^{<\omega} \to \lambda$ を考える．各 $n \geq 1$ について $H_n \in D$ で P が $[H_n]^n$ 上で一定なものが取れることを n に関する帰納法で示す．そして $H = \bigcap_{n<\omega} H_n \in D$ が P-均質になる．

$n=1$ なら，P により κ が λ 個に分割されているから，そのうちのひとつは D に属す．n で正しいとする．$P : [\kappa]^{n+1} \to \lambda$ と考えて，各 $\alpha < \kappa$ について $P_\alpha : [\{\beta : \alpha < \beta < \kappa\}]^n \to \lambda$ を $P_\alpha(x) = P(\{\alpha\} \cup x)$ で定める．帰納法の仮定より，$X_\alpha \in D$ を P_α-均質に取り，その一定の値を $f(\alpha) < \lambda$ とする．$\alpha \geq \lambda$ では f は退行的である．よって補題 7. 4. 13 より，$H_{n+1} \in D$ を f が H_{n+1} 上で一定とできる．すると，H_{n+1} が求める集合である． ∎

さて可測基数 κ は，$\kappa > 2^{\aleph_0}$ (補題 7. 4. 5) と定理 7. 5. 1 により，

$$\kappa \to (\omega_1)^{<\omega}_{2^{\aleph_0}} \tag{7. 39}$$

も充たしていることも分かった．

また(演習 21)により，ある極限順序数 α について $\kappa \to (\alpha)^{<\omega}$ となっていた

ら，$\kappa > 2^{\aleph_0}$ である．

基数 κ が(7.39)を充たしていれば，補題 5.5.5 より，$\kappa \subset M$ なる 集合論のモデル $\langle M; \in \rangle$ は順序型 ω_1 の識別不能列を持つことになる．

定理 7.4.8 において可測基数の存在から $V \neq L$ が導かれたのだった．さらに(7.39)を充たす基数 κ の存在(これは可測基数の存在より弱い仮定)を仮定すると，V と L が大きく異なってしまうことを見よう．以下の結果は，V の豊穣さに比べて L が硬直していること，あるいは V の L に対する超越性と理解することができる．

7.5.1 顕著な識別不能列

L_λ での Skolem 包 $H(x) = H(x; L_\lambda)$ は標準的な，従って定義可能な Skolem 関数 f_φ^L(式(7.9))によっていたことを思い出そう．よって $\langle L_\lambda; \in \rangle$ と初等的同値なモデル $\mathcal{M} = \langle M; \in^\mathcal{M} \rangle$ においても，同じ定義のもとに $f_\varphi^\mathcal{M}$ を考えて Skolem 包 $H(x; \mathcal{M})$ をつくる．$a \in H(x; \mathcal{M})$ は Skolem 関数(記号)を含んだ式(**Skolem 式**(Skolem term)と呼ぶ) t と $\vec{x} \subset x$ により

$$a = t^\mathcal{M}[\vec{x}] \text{ (閉式 } t[\vec{x}] \text{ の } \mathcal{M} \text{ での値)}$$

と表されることになる．

与えられたふたつの極限順序数 $\lambda \geq \alpha > \omega$ に対して，$\langle L_\lambda; \in \rangle$ と初等的同値な $\mathcal{M} = \langle M; \in^\mathcal{M} \rangle$ で，順序型 α の識別不能列 $I \subset ORD^\mathcal{M}$ をもつようなものの存在を見ることは容易い．系 5.5.3 における公理系 $\mathrm{T} = \mathrm{Th}(L_\lambda)$ として，新たな定数 $\{c_i : i < \alpha\}$ が $c_i < c_j$ $(i < j < \alpha)$ と $c_i \in ORD$ $(i < \alpha)$ を充たせばよいからである．従って以下の定義 7.5.2 はそのような $\mathcal{M} = \langle M; \in^\mathcal{M} \rangle$ で整礎的なものを考えるということである(cf. 定理 7.5.3)．

またつぎの定義 7.5.2 で，ある極限順序数 $\lambda > \omega$ に関して $\langle L_\lambda; \in \rangle$ と初等的同値なモデル $\langle M; \in^\mathcal{M} \rangle$ を考えるのは，補題 7.2.6 (L_α の絶対性)，補題 7.2.19.3 ($<_L$ の絶対性)，凝集性補題 7.2.20.2 による．

定義 7.5.2 $\mathcal{M} = \langle M; \in^\mathcal{M} \rangle$ は，ある極限順序数 $\lambda > \omega$ に関して $\langle L_\lambda; \in \rangle$ と初等的同値であるとする．また $I \subset ORD^\mathcal{M}$ を $\mathcal{M}$ での識別不能列とし，$\langle I; \in^\mathcal{M} \rangle$ は整礎的かつその順序型は極限順序数 $> \omega$ であるとする．i_ξ は $\langle I; \in^\mathcal{M} \rangle$ の ξ 番目の元を表す．さらに $H(x; \mathcal{M})$ を $x \subset M$ の $\mathcal{M}$ での Skolem 包とする．

このとき $(\mathcal{M}, I)$ が顕著(remarkable)であるとは，以下の三条件を充たすことをいう：

1.

$$M = H(I; \mathcal{M}) \tag{7.40}$$

2. (非有界性 unboundedness)

　I は $ORD^{\mathcal{M}}$ で非有界である:

$$\forall x \in ORD^{\mathcal{M}} \exists i \in I[\mathcal{M} \models x \leq i] \tag{7.41}$$

3. (顕著性 remarkability)

$$[\mathcal{M} \models x \in ORD \wedge x < i_\omega] \Rightarrow x \in H(\{i_n : n < \omega\}; \mathcal{M}) \tag{7.42}$$

□

この定義 7.5.2 の意味を以下で少しずつほぐしていくが，先ずはその存在を見よう．

定理 7.5.3　$\delta > \omega$ を，$\forall \alpha < \delta (\alpha + \delta = \delta)$ となる極限順序数とする．$\langle L_\lambda; \in \rangle$ が順序型 δ の識別不能列をもつような極限順序数 $\lambda > \omega$ が存在するとする．

このとき，極限順序数 $\lambda > \omega$ と順序型 δ の $I \subset \lambda$ で (L_λ, I) が顕著であるものが存在する．

とくに(7.39)を充たす基数 κ が存在すれば，順序型 ω_1 の識別不能列 I を持つ顕著な (L_λ, I) が存在することになる．

［証明］ $\langle L_\lambda; \in \rangle$ が順序型 δ の識別不能列 I をもつような最小の極限順序数 $\lambda > \omega$ を考えると，(7.40)と(7.41)が充たされていると思ってよいことを見る．

初めに(7.40)を考える．

なぜなら，凝集性補題 7.2.20.3 により，ある $\beta \leq \lambda$ について $H(I; L_\lambda)$ は L_β と同型になるが，この同型写像により I が写る J は L_β で順序型 δ の識別不能列になり，λ の最小性より $\beta = \lambda$ となる．また明らかに $H(J; L_\beta) = L_\beta$ であり，この J について(7.40)が充たされる．

つぎに(7.41)が充たされていることを見よう．いま I は λ で有界であるとして，$\gamma = \sup\{i+1 : i \in I\} < \lambda$ とおく．δ が極限順序数なので γ もそうである．Skolem 式 t と $\gamma_1 < \cdots < \gamma_n \in I$ を取って，$\gamma = t^{L_\lambda}[\gamma_1, \ldots, \gamma_n]$ とする．このとき $J = \{i \in I : i > \gamma_n\}$ が順序型 δ を持つ L_γ での識別不能列になることを示す．これは λ の最小性に反することになる．$J = \{i \in I : i > \gamma_n\}$ の順序型が δ になるのは，δ に関する仮定による．

さて $\varphi(v_1, \ldots, v_k)$ を論理式，$i_1 < \cdots < i_k \in J$ とする．このとき $a \in L_\lambda$ について $a \in L_\gamma \Leftrightarrow L_\lambda \models a \in L_\gamma$ なので

$$L_\gamma \models \varphi[i_1, \ldots, i_k] \Leftrightarrow L_\lambda \models \varphi^{L_\gamma}[i_1, \ldots, i_k]$$

である．ここで $\gamma = t^{L_\lambda}[\gamma_1, ..., \gamma_n]$ であるから $\varphi^{L_\gamma}[i_1, ..., i_k]$ は $\gamma_1, ..., \gamma_n, i_1, ..., i_k$ に関する条件となる．つまりある論理式 $\psi(u_1, ..., u_n, v_1, ..., v_k)$ を取ると

$$L_\lambda \models (\varphi^{L_\gamma}[i_1, ..., i_k] \leftrightarrow \psi[\gamma_1, ..., \gamma_n, i_1, ..., i_k]).$$

I は L_λ で識別不能だから，$L_\lambda \models \psi[\gamma_1, ..., \gamma_n, i_1, ..., i_k]$ は J の列 $i_1 < \cdots < i_k$ によらない．よって J は L_γ で識別不能である．

最後に λ の最小性に加えて，L_λ での順序型 δ の識別不能列 $I \subset \lambda$ で $H(I; L_\lambda) = L_\lambda$ となる I のうちで，ω 番目の元 i_ω が最小になるような I を考える．このとき(7.42)が充たされることを見よう．

順序数 $x < i_\omega$ を表す Skolem 式 t と $\vec{x} < i_\omega = y_1 < y_2 < \cdots < y_n \in I$ を取る：

$$x = t^{L_\lambda}[\vec{x}, y_1, ..., y_n] < y_1 = i_\omega.$$

$x \in H(\{i_n : n < \omega\}; L_\lambda)$ を示すためには I の列 $w_1 < \cdots < w_n < i_\omega$ で

$$x = t^{L_\lambda}[\vec{x}, w_1, ..., w_n]$$

となるものが存在すればよい．

いま I の元の長さ n の上昇列で $\vec{x}$ より大きいものを下から順に z_α $(\alpha < \delta = n\delta)$ とする：$z_\alpha = (z_{\alpha,1} < \cdots < z_{\alpha,n}) \subset I$ であり，$\alpha < \beta \Rightarrow z_{\alpha,n} < z_{\beta,1}$ となっている．また $y_1 = i_\omega$ であるから $z_\omega = (y_1 < y_2 < \cdots < y_n)$ であり，$z_m < i_\omega$ $(m < \omega)$ でもある．これにより

$$j_\alpha = t^{L_\lambda}[\vec{x}, z_{\alpha,1}, ..., z_{\alpha,n}]$$

とおく．

さて I は L_λ で識別不能であるから，任意の $\alpha < \beta < \delta$ について，$j_\alpha \in ORD$ で，α, β によらず $j_\alpha = j_\beta$，$j_\alpha < j_\beta$，$j_\alpha > j_\beta$ のいずれかになっている．

初めの場合なら，$x = j_\omega = j_0$ となって，これは示すべきことなのでよい．三番目の場合は順序数の無限下降列 $j_0 > j_1 > \cdots$ を生じ，あり得ない．二番目の場合を考える．$J - \{j_\alpha\}_{\alpha<\delta}$ は順序型 δ の上昇列である．

これが L_λ での識別不能列になっている．それは論理式 $\varphi(v_1, ..., v_k)$ と $\alpha_1 < \cdots < \alpha_k < \delta$ について，

$$L_\lambda \models \varphi(j_{\alpha_1}, ..., j_{\alpha_k}) \Leftrightarrow L_\lambda \models \varphi(t[\vec{x}, z_{\alpha_1,1}, ..., z_{\alpha_1,n}], ..., t[\vec{x}, z_{\alpha_k,1}, ..., z_{\alpha_k,n}])$$

の真偽は $\vec{x} \cup \bigcup\{z_{\alpha_i} : 1 \leq i \leq k\} \subset I$ より $\alpha_1 < \cdots < \alpha_k < \delta$ によらないからである．

ところが $j_\omega = x < i_\omega$ である．そこで Skolem 包 $H(J; L_\lambda)$ の Mostowski つぶしを考えると，定理の証明の最初で見た通り，λ の最小性により $clps : H(J; L_\lambda) \leftrightarrow L_\lambda$ となる．すると $H(J; L_\lambda)$ での識別不能列 J と同型な $K = clps(J)$ は L_λ で順序型 δ の識別不能列で，$H(K; L_\lambda) = L_\lambda$，しかもその列の ω 番目は $clps(j_\omega) \leq$

$j_\omega < i_\omega$ となる．これは i_ω の最小性に反する．よって二番目の場合もあり得ない．∎

この証明で $\langle L_\lambda; \in\rangle$ が整礎的であることが用いられていることに注意してほしい．

整礎的かつ顕著な $(\mathcal{M}, I)$ の存在は，論理式の集合である条件を充たすものの存在と同値になる．これを順に見ていく．

定義 7.5.4

1. $\mathcal{M} = \langle M; \in^{\mathcal{M}}\rangle$ を，ある極限順序数 $\lambda > \omega$ に関して $\langle L_\lambda; \in\rangle$ と初等的同値とし，$I \subset ORD^{\mathcal{M}}$ を $\mathcal{M}$ での識別不能列とする．このとき(集合論の言語での)論理式の集合 $\Sigma(\mathcal{M}, I)$ を
$$\Sigma(\mathcal{M}, I) = \{\varphi(v_1, ..., v_n) : \exists i_1 \in^{\mathcal{M}} \cdots \in^{\mathcal{M}} i_n \in I(\mathcal{M} \models \varphi[i_1, ..., i_n])\}.$$
(cf. (5.11)での識別不能列 I のタイプ $tp(I)$)
2. 論理式の集合 Σ が **EM 集合**(Ehrenfeucht-Mostowski set)であるとは，ある極限順序数 $\lambda > \omega$ に関して $\langle L_\lambda; \in\rangle$ と初等的同値な $\mathcal{M} = \langle M; \in^{\mathcal{M}}\rangle$ と $\mathcal{M}$ での識別不能列 $I \subset ORD^{\mathcal{M}}$ が存在して
$$\Sigma = \Sigma(\mathcal{M}, I)$$
となることをいう．□

補題 7.5.5　Σ を EM 集合，$\alpha \geq \omega$ を順序数とする．このときモデル $\mathcal{M}$ と $\mathcal{M}$ での識別不能列 $I \subset ORD^{\mathcal{M}}$ で，以下を充たすものが存在する：

1. $\Sigma = \Sigma(\mathcal{M}, I)$.
2. I の順序型は α.
3. $M = H(I; \mathcal{M})$.

しかもこのような $(\mathcal{M}, I)$ は同型を除いてただひとつに決まる．

［証明］ $(\mathcal{M}, I)$ の同型を除いた一意性は初等埋込定理 5.5.6.4 による．またその存在は，引延し定理 5.5.6.2 の証明で，$tp(I)$ を Σ に変えて，新たな定数 $\{c_i : i < \alpha\}$ が $c_i < c_j$ $(i < j < \alpha)$ と $c_i \in ORD$ $(i < \alpha)$ も考慮すればよい．∎

定義 7.5.6　EM 集合 Σ と順序数 $\alpha \geq \omega$ に対して，補題 7.5.5 により一意的に存在する $(\mathcal{M}, I)$ を **(Σ, α)-モデル**((Σ, α)-model)と呼ぶ．□

(Σ, α)-モデルの整礎性を先ず考える．

補題 7.5.7　EM 集合 Σ についてつぎの三条件は互いに同値である：

(1)　任意の $\alpha \geq \omega$ について，(Σ, α)-モデルは整礎的である．

(2)　ある $\alpha \geq \omega_1$ について，(Σ, α)-モデルは整礎的である．

(3) 任意の $\omega_1 > \alpha \geq \omega$ について，(Σ, α)-モデルは整礎的である．

［証明］ 先ず(1)なら(2)は明らかである．

つぎに(2)を仮定して，(3)を考える．$\alpha \geq \omega$ について (Σ, α)-モデルが整礎的なら，$\omega \leq \beta < \alpha$ について (Σ, β)-モデルも整礎的である(cf. 部分集合定理 5.5.6.1)．

最後に(3)を仮定して(1)を考える．ある $\alpha \geq \omega$ について (Σ, α)-モデル $(\mathcal{M}, I)$ $(\mathcal{M} = \langle M; \in^{\mathcal{M}} \rangle)$ が整礎的でないとする．M の元の無限下降列 $a_0 \ni^{\mathcal{M}} a_1 \ni^{\mathcal{M}} \cdots$ を取る．$a_n \in H(I; \mathcal{M})$ であるから，ある可算部分集合 $I_0 \subset I$ について $\{a_n : n < \omega\} \subset H(I_0; \mathcal{M})$ となる．I_0 の順序型を $\beta < \omega_1$ とすれば，$(H(I_0; \mathcal{M}), I_0)$ は (Σ, β)-モデルになっており，しかも整礎的でない． ∎

定義 7.5.8 EM 集合 Σ が整礎的(well-founded)とは，任意の $\omega_1 > \alpha \geq \omega$ について，(Σ, α)-モデルが整礎的なことをいう． □

つぎに非有界性条件(7.41)について調べよう．以下で (Σ, α)-モデルを考えるときには α は極限順序数である場合のみとする．

補題 7.5.9 EM 集合 Σ について次の三条件は互いに同値である：

(1) 任意の極限順序数 $\alpha \geq \omega$ について，(Σ, α)-モデルは非有界である．

(2) ある極限順序数 $\alpha \geq \omega$ について，(Σ, α)-モデルは非有界である．

(3) 任意の Skolem 式 $t(v_1, \ldots, v_n)$ について Σ はつぎの論理式 $\varphi(v_1, \ldots, v_n, v_{n+1})$ を含む：

$$t(v_1, \ldots, v_n) \in ORD \to t(v_1, \ldots, v_n) < v_{n+1}. \tag{7.43}$$

［証明］ 先ず(1)なら(2)は明らかである．

つぎに(2)を仮定して(3)を示す．ある極限順序数 $\alpha \geq \omega$ について (Σ, α)-モデル $(\mathcal{M}, I)$ は非有界であるとする．(7.43)を Σ が含むことを言うには，(7.43)が I のある列 $j_1 <^{\mathcal{M}} \cdots <^{\mathcal{M}} j_n <^{\mathcal{M}} j_{n+1}$ で正しければよい．$x = t^{\mathcal{M}}[j_1, \ldots, j_n] \in ORD^{\mathcal{M}}$ とする．I は非有界なので $x <^{\mathcal{M}} j_{n+1} \in I$ が選べるからそれでよい．

最後に(3)を仮定して(1)を示す．(7.43)をすべて Σ が含むとし，極限順序数 $\alpha \geq \omega$ について，(Σ, α)-モデル $(\mathcal{M}, I)$ を考える．$x \in ORD^{\mathcal{M}}$ に対して Skolem 式 t と I の列 $j_1 <^{\mathcal{M}} \cdots <^{\mathcal{M}} j_n$ を，$x = t^{\mathcal{M}}[j_1, \ldots, j_n]$ となるように選ぶ．α は極限順序数だから，$j_n < j_{n+1} \in I$ と取ると，仮定より $x <^{\mathcal{M}} j_{n+1}$ となる． ∎

(7.43)は「I に属す順序数はひどく離れている」つまり I の元 $\alpha_1 < \cdots < \alpha_n < \alpha_{n+1}$ についてどんな定義可能な(Skolem)関数 f でも下から α_{n+1} に到達できない $f(\alpha_1, \ldots, \alpha_n) < \alpha_{n+1}$ ということを言っている．

定義 7.5.10 EM集合Σが非有界(unbounded)とは，任意のSkolem式$t(v_1, ..., v_n)$についてΣが論理式(7.43)を含むことをいう． □

(Σ, α)-モデル$(\mathcal{M}, I)$が顕著なのは，非有界かつ顕著性条件(7.42)を充たすことであった．

補題 7.5.11 非有界なEM集合Σについて次の三条件は互いに同値である：

(1) 任意の極限順序数$\alpha > \omega$について，(Σ, α)-モデルは顕著である．

(2) ある極限順序数$\alpha > \omega$について，(Σ, α)-モデルは顕著である．

(3) 任意のSkolem式$t(x_1, ..., x_m, y_1, ..., y_n)$について$\Sigma$はつぎの論理式$\varphi(x_1, ..., x_m, y_1, ..., y_n, z_1, ..., z_n)$を含む：

$$t(x_1, ..., x_m, y_1, ..., y_n) \in ORD \wedge t(x_1, ..., x_m, y_1, ..., y_n) < y_1$$
$$\rightarrow t(x_1, ..., x_m, y_1, ..., y_n) = t(x_1, ..., x_m, z_1, ..., z_n) \qquad (7.44)$$

さらに顕著な(Σ, α)-モデル$(\mathcal{M}, I)$において，極限順序数番目のIの元i_γ $(\gamma < \alpha)$より小さい$\mathcal{M}$の順序数$x <^{\mathcal{M}} i_\gamma$は$H(\{i_\delta : \delta < \gamma\}; \mathcal{M})$に含まれる(cf. (7.42))．

［証明］ この証明ではモデル$\mathcal{M}$での$x <^{\mathcal{M}} y$つまり$x \in^{\mathcal{M}} y \wedge x, y \in ORD^{\mathcal{M}}$を，$x < y$で略記する．

先ず(1)なら(2)は明らかである．

つぎに(2)を仮定して(3)を示す．極限順序数$\alpha > \omega$について，(Σ, α)-モデル$(\mathcal{M}, I)$は顕著であるとする．(7.44)が$\mathcal{M}$で正しくなる列$j_1 < \cdots < j_m < k_1 < \cdots < k_n < l_1 < \cdots < l_n$をひとつ見つければよい．$j_1, ..., j_m$は$I$のはじめの$m$個$i_0, ..., i_{m-1}$とし，$k_1 = i_\omega$は$\omega$番目とする．$x = t^{\mathcal{M}}[i_0, ..., i_{m-1}, k_1, ..., k_n] \in ORD^{\mathcal{M}}$かつ$x < k_1 = i_\omega$とする．(7.42)より$x \in H(\{i_n : n < \omega\}; \mathcal{M})$である．Skolem式$s(u_0, ..., u_p)$ $(p \geq m-1)$を$\mathcal{M} \models x = t[i_0, ..., i_{m-1}, k_1, ..., k_n] = s[i_0, ..., i_p]$となるように選ぶ．つまりある論理式$\psi(u_0, ..., u_p, y_1, ..., y_n)$を$i_0, ..., i_p, k_1, ..., k_n$が$\mathcal{M}$で充たしている．よって$\psi$は$k_n < l_1$なる$i_0, ..., i_p, l_1, ..., l_n$でも充たされないといけない．言い換えると$\mathcal{M} \models t[i_0, ..., i_{m-1}, l_1, ..., l_n] = s[i_0, ..., i_p] = x$．よって$t^{\mathcal{M}}[j_1, ..., j_m, k_1, ..., k_n] = t^{\mathcal{M}}[j_1, ..., j_m, l_1, ..., l_n]$となる．

最後に(3)を仮定して(1)を示す．(7.44)がΣに入っているとして，極限順序数$\alpha > \omega$について(Σ, α)-モデル$(\mathcal{M}, I)$を考える．極限順序数$\gamma < \alpha$について$ORD^{\mathcal{M}} \ni x < i_\gamma$が$H(\{i_\delta : \delta < \gamma\}; \mathcal{M})$に属すことを示す．Skolem式$t$と$j_1 < \cdots < j_m < k_1 < \cdots < k_n \in I$を，$k_1 = i_\gamma$かつ$x = t^{\mathcal{M}}[j_1, ..., j_m, k_1, ..., k_n]$となるように取る．さらに，$p_1, ..., p_n, q_1, ..., q_n \in I$を

$$j_1 < \cdots < j_m < p_1 < \cdots < p_n < k_1 < \cdots < k_n < q_1 < \cdots < q_n$$

となるように取る．$k_1=i_\gamma$ が極限順序数番目で I の順序型 α が極限順序数だからこれは可能である．すると(7.44)と $x=t^{\mathcal{M}}[j_1,...,j_m,k_1,...,k_n]<k_1=i_\gamma$ より

$$t^{\mathcal{M}}[j_1,...,j_m,k_1,...,k_n]=t^{\mathcal{M}}[j_1,...,j_m,q_1,...,q_n]$$

となり，識別不能性より

$$H(\{i_\delta:\delta<\gamma\};\mathcal{M})\ni t^{\mathcal{M}}[j_1,...,j_m,p_1,...,p_n]=t^{\mathcal{M}}[j_1,...,j_m,k_1,...,k_n]=x.$$

■

条件(7.44)の意味を考えるため識別不能列 I の元 $\alpha_1<\cdots<\alpha_m$ をいったん固定してみる．するとこれは定義可能な I から順序数への(Skolem)関数 $f(\beta_1,...,\beta_n)=f(\alpha_1,...,\alpha_m,\beta_1,...,\beta_n)$ が後退的 $f(\beta_1,...,\beta_n)<\beta_1$ なら，それが $\beta_1,...,\beta_n$ によらない定数である $f(\alpha_1,...,\alpha_m,\beta_1,...,\beta_n)=g(\alpha_1,...,\alpha_m)$ ことを言っている(cf. 第5章(演習46)の Kanamori-McAloon 原理)．よってそれが極限順序数番目 i_γ より小さければ，i_γ より小さい元で記述できることになるし，逆にそうなら(7.44)が成立するわけである．

7.5.2 $0^\#$

ここまでをまとめておく．

定義 7.5.12 EM 集合 Σ が顕著(remarkable)とは，Σ が非有界でかつ任意の Skolem 式 $t(x_1,...,x_m,y_1,...,y_n)$ について Σ は論理式(7.44)を含むことをいう． □

定義 7.5.13 論理式の集合 Σ が $0^\#$ (ゼロシャープ zero-sharp)である(これを $\Sigma=0^\#$ と表記する)とは，Σ が EM 集合，かつ(非有界で)顕著，かつ整礎的となっていることをいう． □

論理式のコードを考えれば，$0^\#$ とはある条件を充たす自然数の集合である．後に見るように，定義 7.5.13 を充たす Σ は存在するとすれば，一意的に決まるので，$\Sigma=0^\#$ という書き方をした．

初めにその存在から考える．

補題 7.5.14 つぎの二条件は互いに同値である：

(1) $0^\#$ が存在する．

(2) ある極限順序数 $\lambda>\omega$ について L_λ は順序型 ω_1 の識別不能列 $\subset ORD$ をもつ．

[証明] 初めに(1)を仮定して(2)を示す．$0^\#=\Sigma$ が存在すれば，極限順序数 α に対して，(Σ,α)-モデルはある極限順序数 $\lambda>\omega$ について L_λ と同型である．

つぎに(2)を仮定して(1)を示す．ある極限順序数 $\lambda>\omega$ について L_λ が順序型 ω_1 の識別不能列 $\subset ORD$ をもつとすれば，定理 7.5.3 より，順序型 ω_1 の識別不能列 I を持つ顕著な (L_λ, I) が存在する．このとき $\Sigma=\Sigma(L_\lambda, I)=tp(I)$ とおけば，(L_λ, I) は (Σ, ω_1)-モデルになり，この Σ は EM 集合で，補題 7.5.7, 7.5.9, 7.5.11 より整礎的かつ顕著である．つまり $\Sigma=0^{\#}$ となる． ▮

系 7.5.15 (7.39)を充たす基数 κ が存在すれば，$0^{\#}$ が存在する． □

$0^{\#}$ の存在から導かれる著しい帰結を見ていく．

補題 7.5.16 $(\mathcal{M}, I)$ が顕著な (Σ, α)-モデルであるとする．このとき I は $ORD^{\mathcal{M}}$ で閉である．つまり $I=\{i_\delta\}_{\delta<\alpha}$ とし，極限順序数 $\gamma<\alpha$ について $J=\{i_\delta : \delta<\gamma\}$ とおく．すると

$$(\mathcal{M}\models ORD^{\mathcal{M}}\ni x<i_\gamma)\Rightarrow \exists\delta<\gamma(\mathcal{M}\models x\leq i_\delta).$$

よって (Σ, γ)-モデル $(H(J;\mathcal{M}), J)$ について

$$ORD^{H(J;\mathcal{M})}=\{x : \mathcal{M}\models ORD\ni x<i_\gamma\}.$$

とくに $\mathcal{M}$ が推移的ならば $H(J;\mathcal{M})$ も推移的で

$$H(J;\mathcal{M})\cap ORD=i_\gamma.$$

［証明］ $\mathcal{M}\models ORD^{\mathcal{M}}\ni x<i_\gamma$ とする．補題 7.5.11 より $x\in H(J;\mathcal{M})$ である．ここで $(H(J;\mathcal{M}), J)$ は (Σ, γ)-モデルで Σ が非有界であるから，$x\leq^{\mathcal{M}} i_\delta$ となる $\delta<\gamma$ が存在する．

また $\mathcal{M}$ が推移的であるとして，$x\in y\in H(J;\mathcal{M})$ とする．Skolem 式 s, t と $\{j_1<\cdots<j_n\}\subset I$, $\{k_1<\cdots<k_m\}\subset J$ を $x=s^{\mathcal{M}}[j_1, \ldots, j_n]$, $y=t^{\mathcal{M}}[k_1, \ldots, k_m]$ と取る．$\mathcal{M}\models s[j_1, \ldots, j_n]\in t[k_1, \ldots, k_m]$ で I が識別不能かつ γ が極限順序数だから $\{j_1<\cdots<j_n\}\subset J$ としてよい．よって $x\in H(J;\mathcal{M})$ である． ▮

補題 7.5.17 $\Sigma=0^{\#}$ とし，$\kappa>\aleph_0$ を非可算基数とする．

このとき (Σ, κ)-モデル (L_β, I) において $\beta=\kappa$ となる．

また，$J=\{j_\delta : \delta<\lambda\}$ を (Σ, λ)-モデル (L_β, J) での識別不能列とすると，$\kappa<\lambda$ なら $j_\kappa=\kappa$ である．

［証明］ I の順序型が κ であるから $\beta\geq\kappa$ である．$\beta>\kappa$ と仮定する．すると I は β で非有界なので，$\kappa<i_\gamma$ となるような極限順序数 $\gamma<\kappa$ が取れる．よって補題 7.5.11 より $\kappa\subset H(\{i_\delta : \delta<\gamma\}; L_\beta)$ となるが，$card(H(\{i_\delta : \delta<\gamma\}; L_\beta))=card(\gamma)<\kappa$ であるから矛盾である．

また $\kappa<j_\kappa$ とすると，補題 7.5.16 より $\kappa<j_\gamma$ となる $\gamma<\kappa$ が取れて，あとは上と同様に矛盾する． ▮

定義 7.5.18 $\Sigma = 0^{\#}$ とする.

非可算基数 $\kappa > \aleph_0$ について, $I_\kappa \subset \kappa$ を (L_κ, I_κ) が (Σ, κ)-モデルになるような集合とする. I_κ は(Σ に対して)一意的に決まる. また補題 7.5.16 より, I_κ は κ において閉非有界である. □

補題 7.5.19 $\Sigma = 0^{\#}$ とする.

$\kappa < \lambda$ をともに非可算基数とする. このとき $I_\lambda \cap \kappa = I_\kappa$ であり, また $H(I_\kappa; L_\lambda) = L_\kappa$ である.

[証明] $I_\lambda = \{i_\delta : \delta < \lambda\}$ として, $J = \{i_\delta : \delta < \kappa\}$ とおく. 補題 7.5.17 より, $i_\kappa = \kappa$ である. つまり $J = I_\lambda \cap \kappa$ である. よって, 補題 7.5.16 より $\kappa = i_\kappa = ORD^{H(J;L_\lambda)} = H(J; L_\lambda) \cap ORD$ である.

他方, $(H(J; L_\lambda), J)$, (L_κ, I_κ) ともに (Σ, κ)-モデルなので同型である. この同型対応は推移的集合である順序数 $\kappa = H(J; L_\lambda) \cap ORD = L_\kappa \cap ORD$ 上では恒等写像だから $J = I_\kappa$ となる. よって, $I_\lambda \cap \kappa = I_\kappa$ かつ $H(I_\kappa; L_\lambda) = L_\kappa$ である. ■

定義 7.5.20

$$\mathbb{S} := \bigcup\{I_\kappa : \kappa > \aleph_0 \text{ は非可算基数}\}$$

とおく.

$\mathbb{S}$ を **Silver 識別不能列**(Silver indiscernibles)という. □

$0^{\#}$ が存在するという仮定のもとで, 補題 7.5.17, 7.5.19 により, $\mathbb{S}$ はすべての非可算基数 $\aleph_\alpha\ (\alpha \geq 1)$ を含むクラスである.

先ず $0^{\#}$ の一意性を示す.

補題 7.5.21 $0^{\#}$ すなわち整礎的かつ顕著な EM 集合 Σ が存在するとすれば一意に決まる.

[証明] そのような Σ が存在するとして, $(\Sigma, \aleph_\omega)$-モデル $(L_{\aleph_\omega}, I_{\aleph_\omega})$ において,

$$\varphi(v_1, \ldots, v_n) \in \Sigma \Leftrightarrow L_{\aleph_\omega} \models \varphi(\aleph_1, \ldots, \aleph_n)$$

であるからである. ■

さて $0^{\#}$ の存在から V と L の大きな隔たりを導こう.

定理 7.5.22 $0^{\#}$ が存在すると仮定する. このとき, すべての非可算基数を含む順序数から成るクラス, Silver 識別不能列 $\mathbb{S} \subset ORD$ は, 任意の非可算基数 κ について以下を充たす:

1. $\mathbb{S} \cap \kappa$ の順序型は κ で, κ が正則のときには $\mathbb{S} \cap \kappa$ は κ の閉有界集合である.
2. $\mathbb{S} \cap \kappa$ は $\langle L_\kappa; \in \rangle$ で識別不能である.
3. 各 $a \in L_\kappa$ は $\mathbb{S} \cap \kappa$ から L_κ で定義可能である.

[証明] Silver 識別不能列 $\mathbb{S}$ が上の三条件を充たすことは，補題 7.5.16, 7.5.17, 7.5.19 より分かる. ▮

逆に，$\mathbb{S}$ は上の三条件を充たすすべての非可算基数を含む順序数から成るクラスであるとする. $\mathbb{S}\cap\aleph_1$ は $L_{\aleph_1}$ の識別不能列だから補題 7.5.14 より，$0^\# = \Sigma$ が存在する.

系 **7.5.23** $0^\#$ が存在すると仮定する.

1. $\kappa<\lambda$ がともに非可算基数なら $L_\kappa \prec L_\lambda$.

2.

$$Sat(L)$$
$$=\{(\ulcorner\varphi\urcorner, a_1, ..., a_n) : \forall\kappa\geq\aleph_1(\{a_1, ..., a_n\}\subset L_\kappa \to L_\kappa\models\varphi[a_1, ..., a_n])\}$$

は L での充足関係である. よって L での充足関係は定義可能となる. つまり，どの論理式 φ と $a_1, ..., a_n\in L$ についても

$$L\models\varphi[a_1, ..., a_n] \Leftrightarrow (\ulcorner\varphi\urcorner, a_1, ..., a_n)\in Sat(L).$$

とくに

$$Tr(L) = \{\ulcorner\varphi\urcorner : \varphi \text{ は閉論理式で } L_{\omega_1}\models\varphi\}$$

は，L での真理定義を与える: どの閉論理式 φ についても

$$L\models\varphi \Leftrightarrow \ulcorner\varphi\urcorner\in Tr(L).$$

3. 非可算基数 κ について

$$L_\kappa \prec L.$$

L での充足関係は定義可能なのでこれはひとつの論理式で書けている.

とくに Silver 識別不能列 $\mathbb{S}$ は L で識別不能である.

4. L で(パラメタ無しに)定義可能な集合 $a\in L$ は可算である. つまり可算構成可能集合しか L では定義できない. さらに L でパラメタ $\vec{b}\subset L_{\kappa^+}$ $(\kappa\geq\aleph_0)$ から定義可能な $a\in L$ の濃度は $card(a)\leq\kappa$ である.

5. $\alpha\geq\omega$ について，$card(V_\alpha\cap L)\leq card(\alpha)$. とくに $\mathcal{P}^L(\kappa)=\mathcal{P}(\kappa)\cap L$ の濃度は κ である.

6. 任意の非可算基数は L で到達不能基数である.

7. Silver 識別不能列 $\mathbb{S}$ 上の順序を保つ写像 $f:\mathbb{S}\to\mathbb{S}$ は，L 上の初等埋込を引き起こす. とくに自明でない初等埋込 $j:L\prec L$ が存在する.

[証明] 系 7.5.23.1.

補題 7.5.19 により $L_\kappa = H(I_\kappa; L_\lambda)$ であるからである.

系 7.5.23.2, 系 7.5.23.3.

先ず，論理式 φ について反映原理 7.1.13 により非可算基数 κ が

$$\forall\{a_1, ..., a_n\} \subset L_\kappa(L_\kappa \models \varphi[a_1, ..., a_n] \Leftrightarrow L \models \varphi[a_1, ..., a_n])$$

となるように非有界に取れる．系 7.5.23.1 より任意の非可算基数 λ について

$$\forall\{a_1, ..., a_n\} \subset L_\lambda(L_\lambda \models \varphi[a_1, ..., a_n] \Leftrightarrow L \models \varphi[a_1, ..., a_n])$$

となる．系 7.5.23.3 は系 7.5.23.2 より分かる．

系 7.5.23.4，系 7.5.23.5.

$a \in L$ が論理式 $\varphi(v, \vec{u})$ で L において $\vec{b} \subset L_{\kappa^+}$ $(\kappa \geq \aleph_0)$ から定義可能とする．$L \models \varphi[a, \vec{b}]$ かつ $L \models \exists! v\varphi(v, \vec{b})$ である．系 7.5.23.3 $(L_{\kappa^+} \prec L)$ より $a \in L_{\kappa^+}$ となる．系 7.5.23.5 はこれより分かる．

系 7.5.23.6.

$L \models$「$\aleph_1$ は正則」と $L \models$「$\aleph_\omega$ は極限基数」だから，$\aleph_1, \aleph_\omega \in \mathbb{S}$ より，任意の $\gamma \in \mathbb{S}$ について $L \models$「γ は弱到達不能基数」となる．$L \models \mathrm{GCH}$ なのでこれは $L \models$「γ は到達不能基数」を意味し，$\mathbb{S}$ は非可算基数をすべて含むのでよい．

系 7.5.23.7.

自己同型定理 5.5.6.3 により，$\mathbb{S}$ 上の順序を保つ写像 $f : \mathbb{S} \to \mathbb{S}$ は，$L = H(\mathbb{S}; L)$ 上の自己同型(よって初等埋込) j に一意的に拡張される：Skolem 式 t と $\vec{\gamma} \subset \mathbb{S}$ について

$$j(t^L[\vec{\gamma}]) = t^L[j(\vec{\gamma})]. \qquad \blacksquare$$

$0^\#$ が存在するとする．すると，系 7.5.23.2 により，L での真理定義が論理式でできてしまうことになるが，これは V ではできないことである．つまりどんな論理式 θ を取ってもある論理式 φ について $\varphi \not\Leftrightarrow \theta(\ulcorner\varphi\urcorner)$ (cf. 第 3 章(演習 10))．

つぎに系 7.5.23.4，7.5.23.5，7.5.23.6 はいずれも L の元(構成可能集合)は V から見るととても小さいということを述べている．

最後に系 7.5.23.7 は，V から V への自明でない初等埋込が存在しないという結果(演習 19)と対比せよ．

7.6 演　習

1. ZFC が無矛盾である限り，ZFC は有限公理化できないことを示せ．

2. 集合 a の Gödel operations による閉包を $Cl\mathcal{F}(a)$ と書く．すなわち

$$Cl\mathcal{F}(0, a) = a$$

$$ Cl\mathcal{F}(n+1,a)=Cl\mathcal{F}(n,a)\cup\{\mathcal{F}_i(x,y):x,y\in Cl\mathcal{F}(n,a),i=1,...,9\} $$

とおいて

$$ Cl\mathcal{F}(a)=\bigcup_{n\in\omega}Cl\mathcal{F}(n,a). $$

このとき a が推移的ならば $Cl\mathcal{F}(a)$ もそうである $(tran(a)\rightarrow tran(Cl\mathcal{F}(a)))$ ことを示せ.

3. 無限基数 κ について，推移的閉包の濃度が κ 未満である集合を(サイズが)**推移的に κ 未満**(hereditarily of cardinality less than κ)といい，そのような集合全体を

$$ H_\kappa:=\{x:card(trcl(x))<\kappa\}. $$

とくに $x\in H_{\aleph_1}$ を**推移的に可算**(hereditarily countable)，$x\in H_{\aleph_0}$ を**推移的に有限**(hereditarily finite)という.

無限基数 κ について以下を示せ.

(a) $H_\kappa\subset V_\kappa$ でありとくに H_κ は集合である.

(b) H_κ は推移的である.

(c) $H_\kappa\cap ORD=\kappa$.

(d) $(x,y\in H_\kappa)\wedge(z\subset x)\rightarrow\{\{x,y\},\cup x,z\}\subset H_\kappa$.

(e) (AC) κ が正則であるなら $\forall x(x\in H_\kappa\leftrightarrow x\subset H_\kappa\wedge card(x)<\kappa)$.

(f) (AC) κ が正則であるなら H_κ は ZFC の公理のうち，ベキ集合と無限公理以外のモデルになっている．さらに $\kappa>\aleph_0$ なら，H_κ は無限公理のモデルでもある.

4. 6.5 節でのベール空間 $\mathcal{N}={}^\omega\omega$ と解析的階層を考える.

(a) $L\cap\mathcal{N}$ は Σ^1_2 であることを示せ.

(ヒント) 凝集性補題 7.2.20 により，ある論理式の有限集合 $\mathsf{BSL}_{abs}+(V=L)$ について，$f\in L$ を，ある条件を充たす可算かつ推移的集合 A で $f\in A$ となるものの存在と同値であることをいう．つぎにこの条件を，Mostowski つぶしを考えて，ある可算モデル $\langle M;\in^M\rangle$ の存在に言い換える．そして補題 6.5.17 を用いよ.

(b) $f<_L g\,(f,g\in\mathcal{N})$ も Σ^1_2 であることを示せ．とくに $\mathcal{N}\subset L$ ならば，$f<_L g\,(f,g\in\mathcal{N})$ は $f<_L g\leftrightarrow\neg(g<_L f\vee f=g)$ より Δ^1_2 となる.

5. 構成可能集合 $L=\bigcup_\alpha L_\alpha$ を，集合 A に相対化する．初めに集合論の言語に 1 変数の関係記号 R を付け加える．原子論理式 $R(\mathsf{v})$ を $\mathsf{v}\in R$ と書く．この言語に対するモデルは R を解釈するための集合 $B\subset|\mathcal{M}|$ により $\mathcal{M}=\langle|\mathcal{M}|;\in^{\mathcal{M}},B\rangle$ のかたちをしている．このとき集合 a,A に対して $\mathrm{Df}^A(a)$ は，モデル $\langle a;\in,A\cap a\rangle$ 上で定義可能な集合全体を表す．$b\in\mathrm{Df}^A(a)$ は，関係記号 R を伴った論理式 $\varphi[x,\vec{\mathsf{v}},R]$ とパラメタ $\vec{c}\subset a$ により $b=\{x\in a:\langle a;\in,A\cap a\rangle\models\varphi[x,\vec{c},R]\}$ と表せ

るということである．

順序数 α に関する超限帰納法により，$L[A]=\bigcup_{\alpha} L_\alpha[A]$ を

$$L_0[A]=\varnothing,\ L_{\alpha+1}[A]=\mathrm{Df}^A(L_\alpha[A]),\ L_\lambda[A]=\bigcup_{\alpha<\lambda} L_\alpha[A]\ (\lambda：\text{極限順序数})$$

と定義する．$x\in L[A]$ は **A から構成可能な集合**(constructible from A, constructible relative to A)と呼ばれる．

(a) 定理 7.2.3 は「$L[A]$ は ZF のモデルである」と言い換えて成り立つことを確かめよ．

さらに

$$A\cap L_\alpha[A]=B\cap L_\alpha[A]\to L_\alpha[A]=L_\alpha[B]$$

も確かめよ．

(ヒント) $A\cap a=B\cap a\to \mathrm{Df}^A(a)=\mathrm{Df}^B(a)$ を用いる．

(b) 補題 7.2.6 を「$\lambda>\omega$ を極限順序数とする．このとき $x\in L_\alpha[A], x=L_\alpha[A]$, $\alpha\mapsto L_\alpha[A]$ は，$L_\lambda[A]$-絶対的である」として成り立つことを確かめよ．但しここで $L_\lambda[A]$ において R は $A\cap L_\lambda[A]$ で解釈されるものとする．

(ヒント) 関係記号 R を伴った言語での集合の公理系 BSR を定義 7.1.4 と同様に，但し Δ_0-分出公理を R も伴った Δ_0-論理式 $\varphi(x,R)$ に関するものにする．これは $\forall a\exists b[b=a\cap R]$ を加えることと同じである．つまり Gödel operations のリストに $\mathcal{F}_{10}(x,y)=x\cap R$ を付け加える．そして定理 7.1.9, 補題 7.2.5 を適当に言い換えて示す．

つぎに $\alpha<\lambda$ なら $A\cap L_\alpha[A]\in L_\lambda[A]$ であり $L_\alpha[A]=(L_\alpha[A\cap L_\alpha[A]])^{L_\lambda[A]}$ となることに注意して $L_\lambda[A]$ での絶対性を示す．

(c) 以下を確かめよ．

$L[A]$ は，$X=A\cap L[A]$ と取って $\exists X(V=L[X])$ のモデルである．

定義 7.2.18 でと同様に，$x,y\in L[A]$ に対し $x<_{L[A]}y$ をつくると，補題 7.2.19 でのように，$x<_{L[A]}y$ は $L[A]$ の整列順序になり，また $<_{L[A]}$ は $L_\lambda[A]$ $(\lambda>\omega)$ で絶対的となる．

(d) 凝集性補題 7.2.20.3 は，つぎのかたちになる：$\lambda>\omega$ を極限順序数とする．$x\subset L_\lambda[A]$ の $L_\lambda[A]$ での Skolem 包 $H(x;L_\lambda[A])$ の Mostowski つぶし $X\cong H(x;L_\lambda[A])$ とする．$A\in X$ ならば，$\beta=o(X)$ について $X=L_\beta[A]$ となる．

(ヒント) $\alpha<\beta$ について $(L_\alpha[A])^X=L_\alpha[A]$.

これより(cf. 定理 7.2.21),

$$\mathsf{ZF}\vdash V=L[A]\to\forall\alpha\geq\omega[A\in L_\alpha[A]\to\mathcal{P}(L_\alpha[A])\subset L_{\alpha^+}[A]].$$

$L[A]\models\forall\kappa\geq\sigma[2^\kappa=\kappa^+]$ となることを示せ．ここで σ は $A\in L_\sigma[A]$ となる基数である．

6. (Σ^1_2-集合の絶対性) 6.5節でのベール空間$\mathcal{N}={}^\omega\omega$と解析的階層を考える．ある ZF の有限部分$\Gamma_{sh}$について以下が成り立つことを示せ．

Σ^1_2である$A\subset\mathcal{N}$は$\omega_1\subset M$なる任意のモデル$\mathcal{M}=\langle M;\in\rangle\models\Gamma_{sh}$に関して絶対的となる：

$$\forall f\in\mathcal{N}\cap M[f\in A\leftrightarrow\mathcal{M}\models f\in A].$$

これより$f_0\in\mathcal{N}\cap M$をパラメタに許して定義される$\Delta^1_2(f_0)$-一点集合$\{f\}$はMに属する(cf. 第6章(演習22) Σ^1_2-集合基底定理)．さらに自然数のΔ^1_3-集合$B\subset\mathbb{N}$は$\mathcal{M}$に対して絶対的$B^{\mathcal{M}}=\{n\in\mathbb{N}:\mathcal{M}\models n\in B\}=B$となる．

とくに$L=M$について上記が成り立ち，Π^1_2-閉論理式Aに対して

$$\mathsf{ZF}+(V=L)\vdash A\Rightarrow\mathsf{ZF}\vdash A$$

およびΔ^1_3-集合$B\subset\mathbb{N}$に対して$B^L=B$.

(ヒント) Σ^1_2-集合の正規形定理 6.5.6 での関数$\alpha\mapsto T^\alpha$が ZF-P-絶対的であることによる．

7. $\{T_\alpha\}_{\alpha<\omega_1}$が$\diamondsuit'$-列であるとは，$T_\alpha\subset\mathcal{P}(\alpha)$, $card(T_\alpha)\leq\aleph_0$で，

$$\forall T\subset\omega_1[\{\alpha<\omega_1:T\cap\alpha\in T_\alpha\}\text{ は定常}]$$

となることをいう．$\diamondsuit'$で$\diamondsuit'$-列の存在を意味する論理式を表す．$\diamondsuit\to\diamondsuit'$は明らかなので

$$\diamondsuit'\to\diamondsuit$$

を示そう．$\{T_\alpha\}_{\alpha<\omega_1}$を$\diamondsuit'$-列とする．

(a) $\alpha<\omega_1$をωで割り算して$\alpha=\omega\beta+n\,(n<\omega)$とする．自然数上の Cantor の対関数$J$ (定義 1.1.2)とその逆J_1,J_2 (命題 1.1.3)により，$f(\alpha)=(\omega\beta+J_1(n),J_2(n))$によって，$f:\omega_1\to\omega_1\times\omega$を定めると，これは全単射であり，しかも任意の極限順序数αについて$f\restriction\alpha:\alpha\to\alpha\times\omega$も全単射になることを確かめよ．

(b) 上記のfを用いて

$$U_\alpha=\begin{cases}\{\{f(x):x\in U\}:U\in T_\alpha\} & \alpha\text{ が極限順序数}\\ \varnothing & \text{上記以外}\end{cases}$$

により$\{U_\alpha\}_{\alpha<\omega_1}$を定めると，これが$\omega_1\times\omega$上の$\diamondsuit'$-列であること，すなわち$U_\alpha$は$\mathcal{P}(\omega_1\times\omega)$の可算部分集合で，

$$\forall X\subset\omega_1\times\omega[\{\alpha<\omega_1:X\cap(\alpha\times\omega)\in U_\alpha\}\text{ は定常}]$$

となっていることを確かめよ．

(c) $U_\alpha=\{U^k_\alpha:k<\omega\}$として，$U^k_{\alpha,n}=\{x:(x,n)\in U^k_\alpha\}$とおく．このとき，ある$n<\omega$について$\{U^n_{\alpha,n}:\alpha<\omega_1\}$が$\diamondsuit$-列になることを示せ．

(ヒント) $\{\alpha<\omega_1:X_n\cap\alpha=U^n_{\alpha,n}\}$が定常でないような$X_n\subset\omega_1$に対して，$X=\bigcup\{X_n\times\{n\}:n<\omega\}$を考えよ．

8. 補題 7.2.31，すなわち Suslin 直線の存在と Suslin 木の存在の同値性を示そう．

(a) Suslin 直線の定義から順序完備性を落とした線形順序を仮に，擬 Suslin 直線と呼ぶ．すなわち端点のない稠密な線形順序で可算鎖条件を充たすが，可分でないものである．擬 Suslin 直線 $\langle X; < \rangle$ を順序完備化した $\langle X_1; <_1 \rangle$ は Suslin 直線であることを示せ．

(b) 定理 7.2.34 の証明の四条件 (7.18)-(7.21) を充たす Suslin 木 $\langle T, \prec \rangle$ から Suslin 直線をつくれ．

（ヒント）(7.18)-(7.21) を充たす Suslin 木 $\langle T; \prec \rangle$ を取る．任意の $x \in T$ について $\{y \in T : y$ は x の子$\} = \mathbb{Q}$ としてよい．

T での枝全体の集合を $B \subset {}^{<\omega_1}\mathbb{Q}$ として，その元を辞書式順序で並べると $\langle B; < \rangle$ が(演習 8(a))での擬 Suslin 直線になる．

(c) Suslin 直線 $\langle S; < \rangle$ から定理 7.2.34 の証明の四条件 (7.18)-(7.21) を充たす Suslin 木 $\langle T, \prec \rangle$ をつくれ．

（ヒント）小節 4.3.4 の区間縮小による．$T \subset {}^{<\omega_1}\omega$ と S の開区間によるラベル付け I を帰納的につくっていく．

(d) Suslin 木 $\langle T; \prec \rangle$ から定理 7.2.34 の証明の四条件 (7.18)-(7.21) を充たす部分 Suslin 木 $T' \subset T$ をつくれ．

これで補題 7.2.31 の証明が終わる．

（ヒント）初めに子孫が $\aleph_1$ 個ある節のみ考え，つぎに枝分かれしている節のみを考え，最後に高さが極限順序数である節だけ残せばよい．

9. 定義 7.3.13 の Cohen 実数 f_α について，$f_\alpha \notin M$ を示せ．

10. $Fnc_{fin}(\omega, 2)$ によるジェネリック拡大 $M[G]$ を考えることにより

$$\mathsf{ZFC} \vdash \mathrm{Con}(\mathsf{ZF}) \to \mathrm{Con}(\mathsf{ZFC} + \mathrm{GCH} + (V \neq L))$$

を示せ．

11. **定義 7.6.1**　ZFC の可算推移的モデル M と poset $P \in M$ について，P が共終度を保存する (preserves cofinalities) とは，任意の M-ジェネリックフィルター G と極限順序数 $\alpha \in M$ について

$$cf(\alpha)^{M[G]} = cf(\alpha)^M \tag{7.45}$$

であることをいう．　□

以下，M を ZFC の可算推移的モデル，$P \in M$ は poset，$G \subset P$ を M-ジェネリックフィルターとする．

(a) P が共終度を保存するなら，基数も保存する（定義 7.3.14）ことを示せ．

(b) M での任意の正則非可算基数 κ が $M[G]$ でも正則であるとする．このとき極限順序数 $\alpha \in M$ について (7.45) が成り立つことを示せ．

(c) (P は可算鎖条件を充たす)^M であれば，P は共終度を保存することを示せ．

(ヒント) (演習 11(b))と，定理 7.3.16 でと同様，補題 7.3.15 を用いよ.

(d) poset $Fnc_{fin}(\kappa\times\omega, 2)$ によるジェネリック拡大を考えることにより
Con(ZFC$+\exists\,\kappa$(κ は弱到達不能基数)) $\rightarrow$ Con(ZFC$+$($2^{\aleph_0}$ は弱到達不能基数))
を示せ.

12. 強制関係 $\Vdash$ について以下が同値であることを示せ.

(a) $p\Vdash\varphi$.

(b) $\forall q\leq p[q\Vdash\varphi]$.

(c) $\{q\in P: q\Vdash\varphi\}$ は p 以下で稠密である.

13. 以下のそれぞれが同値であることを確かめよ.

(a) $p\Vdash(\varphi\vee\psi)$ と，$\{q\in P:(q\Vdash\varphi)\vee(q\Vdash\psi)\}$ が p 以下で稠密であること.

(b) $p\Vdash(\varphi\rightarrow\psi)$ と $\{q\in P:\exists r\leq q(r\Vdash\varphi)\rightarrow(q\Vdash\psi)\}$ が p 以下で稠密であること.

(c) $p\Vdash\forall x\psi(x)$ と，任意の P-名 τ について $\{r\in P: r\Vdash\psi(\tau)\}$ が p 以下で稠密であること.

14. 真理性定理 7.3.9 と定義可能性定理 7.3.10 の原子論理式の場合の証明での関係 $\prec$ (式(7.31))が整礎的であることを確かめよ.

15. M を ZFC の可算推移的モデル，$P\in M$ を poset とする.

(a) $A\in M$ は反鎖で，$f\in M$ は $f: A\ni q\mapsto f(q)\in M^P$ であるとする．このとき $\exists\tau\in M^P\,\forall q\in A[q\Vdash\tau=f(q)]$ となることを示せ.

(ヒント)

$$\langle\pi, r\rangle\in\tau :\Leftrightarrow \exists q\in A[\pi\in dom(f(q))\wedge r\leq q\wedge r\Vdash\pi\in f(q)]$$

とせよ.

(b) (強制法の極大原理(maximal principle))

強制言語の閉論理式 $\exists x\varphi(x)$ と $p\in P$ に関して

$$p\Vdash\exists x\varphi(x)\Rightarrow\exists\tau\in M^P[p\Vdash\varphi(\tau)]$$

を示せ.

(ヒント)

$$\forall q\in A(q\leq p\wedge\exists\sigma\in M^P[q\Vdash\varphi(\sigma)])$$

となる極大反鎖 $A\in M$ を考えて(演習 15(a))を用いよ.

16. 無限集合 S 上の測度(measure)は，実数値関数 $\mu:\mathcal{P}(S)\rightarrow\mathbb{R}$, $\mu(X)\geq 0$ で 2 値測度(定義 7.4.1)と同じ四条件を充たすものを指す.

μ を S 上の測度とする．$A\subset S$ が(μ に関して)原子(atom)であるとは，$\mu(A)>0$ かつ $\forall X\subset A[\mu(X)=0\vee\mu(X)=\mu(A)]$ であることをいう．μ が原子を持たない(atomless)とは，μ に関する原子が存在しないことを意味する.

(a) μ を無限集合 S 上の測度とする．互いに交わらない集合族 $\{X_i\}_{i\in I}$ ($X_i\subset$

S) において正の測度を持つものはたかだか可算であることを示せ：$card(\{i \in I : \mu(X_i) > 0\}) \leq \aleph_0$.

(b) μ を無限集合 S 上の測度とし，A を μ の原子とする．

$$U = \{X \subset S : \mu(X \cap A) = \mu(A)\}$$

は，S 上の可算完備(非自明)超フィルターになることを示せ．

これより，S 上に原子を持つ測度が存在すれば，$card(S)$ は最小の可測基数以上であることを結論せよ．

(c) 無限集合 S 上に測度が存在するような集合 S の濃度 $card(S)$ のうちで最小なものを κ とし，μ を κ 上の測度とする．このとき**零集合イデアル**(ideal of null sets)

$$I_\mu = \{X \subset \kappa : \mu(X) = 0\}$$

は κ-完備である(定義 5.4.5)ことを示せ．

これより，μ が **κ-加法性**(κ-additive)を持つ，すなわち κ 個未満の互いに交わらない集合族 $\{X_\alpha\}_{\alpha<\gamma}$ ($\gamma < \kappa$) について

$$\mu(\bigcup_{\alpha<\gamma} X_\alpha) = \sum_{\alpha<\gamma} \mu(X_\alpha) := \sup\{\sum_{i \in I} \mu(X_i) : I \subset_{fin} \gamma\}$$

となることを示せ．

従って κ は**実数値可測基数**(real-valued measurable cardinal)，すなわち，無限基数 κ 上には κ-加法性を持つ測度が存在することになる．

(ヒント) 補題 7.4.4 の証明をまねる．

(d) μ が原子を持たない S 上の測度とすると，$2^{\aleph_0}$ 上に測度が存在することを示せ．

(ヒント) 測度が正の集合から成る二分木 T をつくる．

17. 補題 7.4.6 とは逆に，無限基数 κ 上の超フィルター U が可算完備でなければ，超ベキ $\langle Ult(V, U); \in_U \rangle$ は整礎的にならないことを示せ．

18. 可測基数 κ 上の κ-完備超フィルター U による標準埋込 $j_U : V \prec M_U \cong Ult(V, U)$ について，$f : \kappa \to \kappa$ を $[f]_U = \kappa$ とすれば，$X \subset \kappa$ について

$$\kappa \in j_U(X) \Leftrightarrow f^{-1}(X) \in U$$

を示せ．

19. (Kunen) V から V への自明でない初等埋込は存在しないことを示そう．

(a) 集合 A の可算無限部分集合全体の集合を $[A]^\omega$ で表す．無限基数 λ に対し，ある $F : [\lambda]^\omega \to \lambda$ で

$$\forall B \subset \lambda[card(B) = \lambda \to rng(F \restriction [B]^\omega) = \lambda] \tag{7.46}$$

となるものが存在することを示せ．

(ヒント) $[\lambda]^\omega$ の同値関係 $x \cong y :\Leftrightarrow \exists \alpha < \cup x[x \setminus \alpha = y \setminus \alpha]$．この同値関係 $\cong$ に

よる x の同値類から代表元 x' を取る．$G:[\lambda]^\omega \to \lambda$ を，$G(x)=\min\{\alpha:\forall\beta>\alpha[\beta\in x\leftrightarrow\beta\in x']\}$ で定めたとき，サイズ λ の λ のある部分集合 A で $\forall B\subset A[card(B)=\lambda\to rng(G\restriction[B]^\omega)\supset A]$ となっているものの存在を言え．

(b) $j:V\prec M$ を自明でない初等埋込として，κ をその臨界点とする．κ に j を n 回適用して λ_n が得られるとする：$\lambda_0=\kappa$, $\lambda_{n+1}=j(\lambda_n)$．$\lambda=\sup_{n<\omega}\lambda_n$ とおく．このとき $\{j(\alpha):\alpha<\lambda\}$ のサイズ λ の部分集合 B は M に属さないことを示せ．よって $M\neq V$ である．

（ヒント）そのような B が M に属すると仮定して，（演習 19(a)）を用いて $\kappa\in rng(j)$ を結論する．

20. 可測基数 κ より下で連続体仮説が成り立っていたら κ でも成立すること

$$\forall\lambda<\kappa(2^\lambda=\lambda^+\Rightarrow 2^\kappa=\kappa^+)$$

を示せ．

（ヒント）κ 上の正規測度 D を取り，$M_D\cong Ult(V,D)$ を考え，仮定のもとで $M_D\models 2^{[d]_D}=[d]^+$ を示せ．

21. 極限順序数 α について $\kappa\to(\alpha)^{<\omega}$ であるとする．このとき $\kappa\to(\alpha)^{<\omega}_{2^{\aleph_0}}$ となることを示せ．よってとくに $\kappa>2^{\aleph_0}$ となる．

（ヒント）$P:[\kappa]^{<\omega}\to{}^\omega 2$ に対して，$Q(\alpha_1,\ldots,\alpha_k)=(P(\alpha_1,\ldots,\alpha_n))(m)$ $(k=J(n,m))$（定義 1.1.2）なる $Q:[\kappa]^{<\omega}\to 2$ を考えよ．

22. （cf. 定義 5.5.4.）

$$\kappa\to(\kappa)^{<\omega}$$

となる無限基数 κ を **Ramsey 基数**(Ramsey cardinal)という．

定理 7.5.1 により，可測基数 κ は Ramsey 基数である．

(a) $\kappa\to(\kappa)^{<\omega}$ なら $\lambda<\kappa$ に対して $\kappa\to(\kappa)^{<\omega}_\lambda$ となることを示せ．

（ヒント）$\lambda<\kappa$ として分割 $P:[\kappa]^{<\omega}\to\lambda$ が与えられたら，$Q(\alpha_1,\ldots,\alpha_k,\alpha_{k+1},\ldots,\alpha_{2k})=1\Leftrightarrow P(\alpha_1,\ldots,\alpha_k)=P(\alpha_{k+1},\ldots,\alpha_{2k})$ となるような分割 $Q:[\kappa]^{<\omega}\to 2$ を考える．

(b) κ を Ramsey 基数とする．濃度が κ 未満の言語 $\mathcal{L}$ について，$\kappa\subset|\mathcal{M}|$ なる $\mathcal{L}$-モデル $\mathcal{M}$ は濃度 κ の識別不能集合を持つことを結論せよ．

23. ($0^\#$ の定義可能性)

論理式の(コードの)集合 Σ が $\Sigma=0^\#$ ということは，Σ が EM 集合，かつ顕著，かつ整礎的ということであった．

(a) このうち，先ず「Σ が EM 集合」という条件を言い換える．集合論の言語 $\mathcal{L}=\{\in,=\}$ に定数を可算無限個 $\{c_n:n\in\omega\}$ 付加した言語 $\mathcal{L}_c$ をつくり，集合論の言語での論理式の集合 Σ に対して，$\mathcal{L}_c$ での閉論理式の集合

$$\Sigma'=\mathsf{BSL}\cup(V=L)\cup\{\varphi(c_0,\ldots,c_n):\varphi(\mathsf{v}_0,\ldots,\mathsf{v}_n)\in\Sigma\}$$

$\cup \{c_0 \in ORD,\, c_0 < c_1\}$

$\cup \{\varphi(c_{i_0}, ..., c_{i_n}) \leftrightarrow \varphi(c_{j_0}, ..., c_{j_n}) : i_0 < \cdots < i_n, j_0 < \cdots < j_n, \varphi \in \mathcal{L}\}$

を考える．このとき

$$\Sigma \text{ は EM 集合} \Leftrightarrow \Sigma' \text{ は無矛盾}$$

を示せ．

(b) 解析的階層におけるある Π^1_2-論理式 $\varphi(\Sigma)$ $(\Sigma \subset \mathbb{N})$ が存在して，

$$\Sigma = 0^\# \Leftrightarrow \varphi(\Sigma)$$

となる．よって，$0^\# \subset \mathbb{N}$ は存在するとして

$$n \in 0^\# \Leftrightarrow \exists\, \Sigma(\subset \mathbb{N})[\varphi(\Sigma) \wedge n \in \Sigma] \Leftrightarrow \forall\, \Sigma[\varphi(\Sigma) \rightarrow n \in \Sigma]$$

となり，Δ^1_3 である．

(演習 6)での $\mathbb{N}$ の Σ^1_2-部分集合 $A = A^L \in L$ であることと対照せよ．また $0^\# = (0^\#)^L \notin L$.

(ヒント) EM 集合の顕著性は補題 7.5.9，7.5.11 により再帰的な条件に言い換えよ．EM 集合 Σ の整礎性を Π^1_2 で表すのに，補題 7.5.7，6.5.17 を用いる．

第8章　証　明　論

証明論(proof theory)では，形式化された証明をその分析対象とする．よって，証明系，つまり証明が如何に表されるかに強く依存した議論になる．つまり証明可能な論理式の集合が一致するふたつの証明系に関する証明論的分析が同様にできるとは限らない．ここではG. Gentzenによって導入された**推件計算**(sequent calculus)を分析されるべき証明系とし，証明論の初歩を解説する．

8.1　推件計算とカット消去

ここで考える1階の述語論理の言語$\mathcal{L}$は記号の集合として**可算**とし，論理式は定義1.3.10での否定標準形のものしか考えない．つまり否定記号$\neg$はなるべく中のほうに入れてしまい，原子論理式にしか作用していないとする．そして関係記号Rの否定に相当する関係記号$\bar{R}$を入れることで，否定記号$\neg$は正式には論理式に現れないようにする．

詳しくいうと，論理結合子は$\{\lor, \land, \exists, \forall\}$のみで，$\mathcal{L}$の述語記号の集まり$\mathcal{R}$は

$$\mathcal{R} = \{R_i, \bar{R}_i : i \in I\} \ (I\text{: 空でない可算集合})$$

を充たすとする．ここで，Rと$\bar{R}$は互いに**補**(complement)であり，互いに否定あるいは補関係を表す．

$$\bar{\bar{R}} := R$$

と定める．

注意．等号$=$とその補$\neq$は記号として$\mathcal{L}$に入っていることを仮定しない．つまり等号$=$と呼ばれる特別な二項関係があり，そのモデルでの解釈が「一致」に限る，ということは仮定しない．

リテラル(literal)とは，原子論理式つまり述語記号$R, \bar{R}$について$R(t_1, ..., t_n)$, $\bar{R}(t_1, ..., t_n)$のことである．

$A, B, C, ...$で論理式を表す．

論理式Aの否定$\neg A$は，De Moraganの法則と二重否定の除去により，次の

ように帰納的に定める(cf. 補題 1. 3. 11. 1)：

1. リテラル L については，$\neg L :\equiv \bar{L}$.
2. $\neg(A \vee B) :\equiv \neg A \wedge \neg B$ で $\neg(A \wedge B) :\equiv \neg A \vee \neg B$.
3. $\neg \exists x A :\equiv \forall x \neg A$ で $\neg \forall x A :\equiv \exists x \neg A$.

ここでは変数を，**自由変数**(free variable，パラメタとも呼ばれる)と**束縛変数**(bound variable)の予め二種類に分けておくと便利である．自由変数は $a, b, ...$ を用い，束縛変数は $x, y, ...$ で表記する．

式(term)に現れうる変数は自由変数のみとする．従って式の帰納的定義は「各自由変数は式である」から始まる．式の中の自由変数のいくつかを束縛変数で置き換えて得られる記号列を**擬式**(semi term)と呼ぶ．

他方，束縛変数は論理式 A を量化記号で縛る $\exists x A[a := x], \forall x A[a := x]$ ときのみに使う．こうすると「論理式 A の変数 x の自由な出現に対する式 t の代入」において心配しなければならなかった「t に現れている変数は代入後，束縛されない」という制約は無くなる．

論理式の有限集合 $\{A_0, ..., A_{n-1}\}$ $(n \geq 0)$ を**推件**(sequent)と呼ぶ．そのココロは論理和 $\bigvee_{i<n} A_i$ である．だから，コンマ , は論理結合子 $\vee$ を表し，$n = 0$ のときの空(推)件は矛盾 $\bot$ を表す．

推件 $\Gamma = \{A_0, ..., A_{n-1}\}$ を導出するとき，様々な見方ができる．その一部 $\{A_i : i \in I\}$ $(I \subset \{0, ..., n-1\})$ を $B \equiv \bigwedge\{\neg A_i : i \in I\}$ として，B を仮定として A_i $(i < n)$ のいずれかを結論したものとみなせる．推件は集合*[1]であり，何度も同じ論理式を順番に関係なく仮定/結論に役割を入れ替えながら用いてよいし，仮定/結論の分別の仕方も一意的ではなく，またひとつの分別で仮定 B にも結論 A_i にも含めなかった論理式 A_j は，結論の留保 $B \to A_i \vee A_j$ ともみなせる．

推件は $\Gamma, \Delta, ...$ などで表記する．推件 Γ, Δ と論理式 A について，Γ, Δ は合併 $\Gamma \cup \Delta$ を表し，$\Gamma, A := \Gamma \cup \{A\}$ とする．

さてでは，(等号なしの) 1 階古典述語論理の論理計算，**推件計算**(one-sided sequent calculus) $\boldsymbol{G}$ を導入しよう．それは**始件**(initial sequent, axiom)と四つの推論規則 $(\vee), (\wedge), (\exists), (\forall)$ から成り，一般にそれらは

---

*[1] 推件(sequent)を論理式の有限列，もしくは順序を考えない有限列(multiset)と定義することもある．順序を込めて考えるなら，それらの並び替えを許す推論規則(exchange)が必要であり，また順序を考えるか否かによらず列なら，ふたつの同一の論理式の出現をひとつにまとめる推論規則(contraction)を入れる．

$$\frac{\{\varDelta_i : i \in I\}}{\varGamma}$$

という形をしている($I=\varnothing$ のときが始件に当たる)．ここで $\varGamma$ をこの推論規則の下件(lowersequent)，各 $\varDelta_i$ を上件(uppersequent)という．推論規則の読み方は「上件 $\varDelta_i$ がそれぞれ導出されたら，下件 $\varGamma$ を導出してよい」．

始件　任意の推件 $\varGamma$ とリテラル L について

$$\varGamma,\ \bar{L},\ L$$

リテラル $L, \bar{L}$ をこの始件の主論理式(principal formula, main formula)と呼ぶ．

推論規則

$$\frac{\varGamma, A_i}{\varGamma}\ (\vee)_i\ (\text{ここで } A_0 \vee A_1 \in \varGamma, i=0,1)$$

$$\frac{\varGamma, A_0 \quad \varGamma, A_1}{\varGamma}\ (\wedge)\ (\text{ここで } A_0 \wedge A_1 \in \varGamma)$$

$A_0 \vee A_1$, $A_0 \wedge A_1$ がそれぞれ $(\vee)$, $(\wedge)$ の主論理式，また A_i を $(\vee)_i$ の，A_0, A_1 を $(\wedge)$ のそれぞれ副論理式(auxiliary formula, minor formula)と呼ぶ．

$$\frac{\varGamma, A(t)}{\varGamma}\ (\exists)\ (\text{ここで } \exists x A(x) \in \varGamma)$$

$$\frac{\varGamma, A(a)}{\varGamma}\ (\forall)\ (\text{ここで } \forall x A(x) \in \varGamma)$$

但し，$(\forall)$ において

(変数条件)　変数 a は下件 $\varGamma$ に現れていない．

変数 a をこの $(\forall)$ の固有変数(eigenvariable)と呼ぶ．

$\exists x A(x), \forall x A(x)$ がそれぞれ $(\exists)$, $(\forall)$ の主論理式，また $A(t)$, $A(a)$ をそれぞれ副論理式と呼ぶ．

始件　$\varGamma, \bar{L}, L$ は論理的公理 $L \to L$ あるいはより正確には余計な仮定を伴った

$$L \to A \to L\ (A \equiv \bigwedge\{\neg A_i : A_i \in \varGamma\})$$

を表している．

推論規則 $(\vee), (\wedge)$ は，それぞれ $A_0 \vee A_1$, $A_0 \wedge A_1$ という形の論理式をどういう状況で結論してよいか述べていて，ほとんど論理結合子 $\vee, \wedge$ (とコンマ)の定義である．ここで $\varGamma$ を仮定 $B \equiv \bigwedge\{\neg C : C \in \varGamma\}$ とみなせば，推論規則 $(\wedge)$ は

$$(B \to A_0) \to (B \to A_1) \to (B \to A_0 \wedge A_1)$$

を表しており，他方 $(\vee)_i$ は

$$(B \to A_i) \to (B \to A_0 \vee A_1)$$

となる．

$(\vee)_0, (\vee)_1$ 両方で

$$\frac{\Gamma, A_0, A_1}{\Gamma}\ (\vee)_{01} \quad (A_0 \vee A_1 \in \Gamma)$$

でも同等(こちらを使えば，上の $(\vee)_i$ が言えて，逆も同じ)である．$(\vee)_{01}$ を $(\vee)_0, (\vee)_1$ から導くには $A_0 \vee A_1 \in \Gamma$ として

$$\cfrac{\cfrac{\Gamma, A_0, A_1}{\Gamma, A_1}\ (\vee)_0}{\Gamma}\ (\vee)_1$$

とすればよく，逆にはすぐ後で述べる薄め補題 8.1.3 による．

つぎの推論規則カット(cut)は $\boldsymbol{G}$ の推論規則ではない：

$$\frac{\Gamma, \neg C \quad C, \Delta}{\Gamma, \Delta}\ (cut)$$

ここで C をこのカットのカット論理式(cut formula)と呼ぶ．

$\boldsymbol{G}$ での**証明(図)**(proof (figure), derivation, deduction)は，推件がラベルとして貼り付けられた(有限の二分)木で，$\boldsymbol{G}$ での上の始件と推論規則により帰納的に定義される．ここでの証明はラベル付きの木であるから，**証明木**(proof tree)ともいう．つまり $\boldsymbol{G}$ の始件($I = \varnothing$)を含む推論規則は

$$\frac{\{\Delta_i : i \in I\}}{\Gamma}$$

という形をしており，各 P_i が Δ_i の証明なら

$$P = \frac{\begin{matrix} & P_i & \\ \cdots & \Delta_i & \cdots\ (i \in I) \end{matrix}}{\Gamma}$$

が Γ の証明となる．このとき Γ を証明 P の**終件**(endsequent)と呼ぶ．

$\boldsymbol{G}+(cut)$ での証明は，上の定義で使ってよい推論規則に (cut) を加えて得られる．

定義 8.1.1 $\boldsymbol{G}$ [または $\boldsymbol{G}+(cut)$]での証明でその終件が Γ であるものが存在するとき，Γ は $\boldsymbol{G}[\boldsymbol{G}+(cut)]$ で**証明可能**(provable, derivable)と呼んで，

$$\boldsymbol{G} \vdash \Gamma \ [\boldsymbol{G} + (cut) \vdash \Gamma]$$

と書く. □

推件 $\Gamma = \{A_i : i < n\}$ とモデル $\mathcal{M}$ について, Γ が $\mathcal{M}$ で正しい, $\mathcal{M} \models \Gamma$ を

$$\mathcal{M} \models \Gamma :\Leftrightarrow \mathcal{M} \models \bigvee_{i<n} A_i$$

とし, 任意のモデル $\mathcal{M}$ で正しいとき Γ は恒真と呼ぶ.

命題 8.1.2 ($\boldsymbol{G}+(cut)$ の健全性 Soundness)

$\boldsymbol{G}+(cut)$ で証明できる推件は恒真である.

[証明] モデル $\mathcal{M}$ を任意にひとつ固定して, $\boldsymbol{G}+(cut)$ で証明できる推件は $\mathcal{M}$ で正しくなることを, $\boldsymbol{G}+(cut)$ での証明の長さまたは証明の構成に関する帰納法で示せばよい. 自由変数への割当が固定できないのは $(\forall)$ のせいである. ∎

命題 8.1.2 の逆, すなわち $\boldsymbol{G}$ の完全性をつぎに示すが, その前に後で必要になる $\boldsymbol{G}$ の簡単な性質を述べておく.

補題 8.1.3 (薄め補題 Weakening lemma)

$$\vdash \Gamma \ \Rightarrow \vdash \Gamma, \Delta.$$

[証明] 正式には証明の構成に関する帰納法によるが, 直観的にはつぎのような操作をすることになる.

P を Γ の証明とし, $P * \Delta$ を証明木 P の各推件 Λ に Δ を足し合わせて Λ, Δ をラベルとする木とすると, これが求める証明にほぼなっている. 若干の手直しが必要なのは, 固有変数のところで, ある $(\forall)$ の固有変数 a が Δ に(自由に)現れていると, Δ を足し合わせることで, 固有変数条件が保てない. これを避けるために, 予め固有変数を Δ に自由に現れていない新しい変数に書き換えておく. ∎

論理式 A の複雑さを表す量として, A の論理的な深さ(depth) $\mathrm{dp}(A)$ を定義する.

定義 8.1.4 $\mathrm{dp}(A)$ の帰納的定義

1. リテラル L について $\mathrm{dp}(L) := 0$.
2. $\mathrm{dp}(A_0 \vee A_1) := \mathrm{dp}(A_0 \wedge A_1) := \max\{\mathrm{dp}(A_i) : i = 0, 1\} + 1$.
3. $\mathrm{dp}(\exists x A(x)) := \mathrm{dp}(\forall x A(x)) := \mathrm{dp}(A(a)) + 1$. □

$$\mathrm{dp}(\neg A) = \mathrm{dp}(A)$$

に注意せよ. また A に現れている式の複雑さは $\mathrm{dp}(A)$ には反映されていないことにも注意せよ.

8.1.1　カット無し体系の完全性

ここでは次の定理8.1.5を示す.

定理 8.1.5（カット無し $\boldsymbol{G}$ の完全性）

$\bigvee \Lambda$ が恒真なら $\boldsymbol{G} \vdash \Lambda$.　□

これと健全性命題8.1.2により

系 8.1.6（カット消去定理 Cut-elimination theorem）

$$\boldsymbol{G} + (cut) \vdash \Lambda \Rightarrow \boldsymbol{G} \vdash \Lambda.$$

[定理8.1.5の証明]

初めに以下の証明では $(\vee)_i$ の代わりに $(\vee)_{01}$ を用いる.

$\boldsymbol{G} \nvdash \Lambda$ と仮定する．**証明探索**(canonical proof search)と呼ばれる方法によりモデル $\mathcal{M}$ で Λ を反駁するものをつくりたい：$\mathcal{M} \not\models \bigvee \Lambda$.

アイデアは，(未だつくられていない)モデル $\mathcal{M}$ においてある推件 Γ が正しくないという事実を分析することにある．例えば，$\Gamma, A_0 \vee A_1$ が正しくないなら，それは Γ, A_0, A_1 が正しくないということである．また $\Gamma, \forall x\, A(x)$ が正しくないなら，$A(x)$ の反例があるはずである．その反例に名前を付けて a と呼ぶ．よって，$\Gamma, A(a)$ が正しくない，となる．これらは正に推論規則 $(\vee)_{01}, (\forall)$ の逆読みである：

$$\frac{\Gamma, A_0, A_1}{\Gamma, A_0 \vee A_1}\ (\vee)_{01} \quad \frac{\Gamma, A(a)}{\Gamma, \forall x\, A(x)}\ (\forall)$$

下件が正しくなければ上件も正しくない．つまり推論規則は上から下へ読むと証明をつくっているのだが，逆に読むと反例探しを行っているとみなせる.

もちろんモデル $\mathcal{M}$ を決めるにはその領域 $|\mathcal{M}|$ と各記号の解釈を決めなければならない．また $\mathcal{M} \not\models \bigvee \Lambda$ とするには，Λ に自由に現れている変数への $|\mathcal{M}|$ の元の割当も決めないといけない．これらは構成の最後に決めることになるが，決めていない中途の段階でも上で書いたことは意味を持ち，反例として名指した a は領域 $|\mathcal{M}|$ のある元を表すことになる.

さて探索木の構成にとりかかる．言語 $\mathcal{L}$ は可算と仮定していたので，式全部を一列に並べて $\{t_n : n \in \omega\}$ とし，また自由変数を一列に並べて $\{a_n : n \in \omega\}$ とする.

初めに与えられた推件 Λ を木の根(root, bottom node) $\varnothing$ に置き，二分木 T をボトムアップで帰納的につくってゆく．各節 $\sigma \in T$ は構成の段階を表し，三つのデータをラベルとして持つ：推件 $Seq_i(\sigma)\,(i=0,1)$ 二つ，$Seq_0(\sigma)$ 上の線形順序 $Ord(\sigma)$ そして各存在論理式 $\exists xB(x)$ に対して式の有限集合 $Term(\sigma;\exists xB(x))$.

ここで $Seq_0(\sigma)$ はリテラル以外の論理式のみより成る．$Seq(\sigma):=Seq_0(\sigma)\cup Seq_1(\sigma)$ と置き，また写像 $Term(\sigma):\exists xB(x)\mapsto Term(\sigma;\exists xB(x))$ とする．

これらの意味を簡単に説明すると，段階 σ において $Seq_0(\sigma)$ は未だ分析されていない論理式たちのことで，$Seq_1(\sigma)$ は分析済みの論理式たちである．また，式 t が $Term(\sigma;\exists xB(x))$ に入っているとは，既に $\exists xB(x)$ の分析において $B(x)$ の x に t が代入されたことを示す．

一般に，推件 Γ について，$L(\Gamma)$ で Γ 中のリテラル全体の集合を表し，残りを $NL(\Gamma)$ と記す．

初めは $Seq_0(\varnothing)=NL(\Lambda)$, $Seq_1(\varnothing)=L(\Lambda)$, $Term(\varnothing;\exists xB(x))=\varnothing$ として，$NL(\Lambda)$ 上の線形順序 $Ord(\varnothing)$ は任意に定める．

木 $\mathcal{T}$ が節 σ までつくられたとせよ．以下，$\Gamma_i=Seq_i(\sigma)$ と記す．

葉条件 σ が $\mathcal{T}$ の葉になるのは，$Seq(\sigma)$ が $\boldsymbol{G}$ の始件のとき，すなわちあるリテラル L について $\{L,\bar{L}\}\subset Seq(\sigma)$ のときと定める．

以下，σ は葉でないとする．

もし，$\Gamma_0=\varnothing$ ならば繰り返し，つまり $\sigma*(0)\in\mathcal{T}$, $Term(\sigma*(0))=Term(\sigma)$, $Seq_0(\sigma*(0))=Seq_0(\sigma)=\varnothing$, $Seq_1(\sigma*(0))=Seq_1(\sigma)$ と定める：

$$\frac{;Seq_1(\sigma)}{;Seq_1(\sigma)}$$

以下，$\Gamma_0\neq\varnothing$ とし順序 $Ord(\sigma)$ に関して最初の論理式 $B\in\Gamma_0$ を取り，B の形によって場合分けして，次の段階を決める．

($\vee$) $B\equiv A_0\vee A_1$：先ず $\sigma*(0)\in\mathcal{T}$, $Term(\sigma*(0))=Term(\sigma)$ とする．$\Delta_i=Seq_i(\sigma*(0))$ と書くことにして $\Delta_0=(\Gamma_0\cup NL(A_0,A_1))\setminus\{A_0\vee A_1\}$ かつ $\Delta_1=\Gamma_1\cup L(A_0,A_1)\cup\{A_0\vee A_1\}$ とする．そして Δ_0 上の順序 $Ord(\sigma*(0))$ は，$NL(A_0,A_1)$ を最後の元（これらの順序は任意）とする，$Ord(\sigma)$ から誘導される順序とする．

$$Ord(\sigma):A_0\vee A_1,...$$
$$Ord(\sigma*(0)):...,NL(A_0,A_1)$$

$L(A_0,A_1)=\varnothing$ として，以上を図に描く：

$$\frac{\Psi,A_0,A_1;\Gamma_1,A_0\vee A_1}{A_0\vee A_1,\Psi;\Gamma_1}$$

($\wedge$) $B\equiv A_0\wedge A_1$：先ず $\sigma*(n)\in\mathcal{T}\,(n=0,1)$, $Term(\sigma*(n))=Term(\sigma)$ とす

る．$\Delta_{ni}=Seq_i(\sigma*(n))$ と書くことにして $\Delta_{n0}=(\Gamma_0\cup NL(A_n))\setminus\{A_0\wedge A_1\}$ かつ $\Delta_{n1}=\Gamma_1\cup L(A_n)\cup\{A_0\wedge A_1\}$ とする．そして Δ_{n0} 上の順序 $Ord(\sigma*(n))$ は，$NL(A_n)$ を最後の元とする，$Ord(\sigma)$ から誘導される順序とする．$L(A_0,A_1)=\varnothing$ として，以上を図に描く：

$$\frac{\Psi,A_0;\Gamma_1,A_0\wedge A_1 \quad \Psi,A_1;\Gamma_1,A_0\wedge A_1}{A_0\wedge A_1,\Psi;\Gamma_1}$$

(∃)　$B\equiv\exists xA(x)$: 先ず $\sigma*(0)\in\mathcal{T}$．t を，有限集合 $Term(\sigma;B)$ に入っていない式の中で式の並べ上げ $\{t_n\}$ で最初のものと取っておく．$Term(\sigma*(0))$ は，$Term(\sigma*(0);B)=Term(\sigma;B)\cup\{t\}$ かつ $C\not\equiv B$ に対して $Term(\sigma*(0);C)=Term(\sigma;C)$ で定める．$\Delta_i=Seq_i(\sigma*(0))$ と書くことにして $\Delta_0=\Gamma_0\cup NL(A(t))$，$\Delta_1=\Gamma_1\cup L(A(t))$ とおく．

$$Ord(\sigma):\exists xA(x),...(=\Gamma_0)$$
$$Ord(\sigma*(0)):...,NL(A(t)),\exists xA(x)(=\Delta_0)$$

注意．ここのみ分析された主論理式 $\exists xA(x)$ が $Seq_0(\sigma*(0))$ に残されていることに注意せよ．なぜなら作成中のモデル $\mathcal{M}$ で $\mathcal{M}\not\models\exists xA(x)$ と思っているのだから，どんな対象 t でも $\mathcal{M}\not\models A(t)$ となっているはずである．推件は有限だから一挙に無限個は調べられないので，このことをすべての対象(式)を一列に並べて，順に要求していく．

$L(A(t))=\varnothing$ として，以上を図に描く：

$$\frac{\Psi,A(t),\exists xA(x);\Gamma_1}{\exists xA(x),\Psi;\Gamma_1}$$

(∀)　$B\equiv\forall xA(x)$: 先ず $\sigma*(0)\in\mathcal{T}$, $Term(\sigma*(0))=Term(\sigma)$．$\Delta_i=Seq_i(\sigma*(0))$ とし a を，$\Gamma_0\cup\Gamma_1$ に現れていない変数のうちで変数の並べ上げ $\{a_n\}$ で最初のものと取っておく．そして，$\Delta_0=(\Gamma_0\cup NL(A(a)))\setminus\{\forall xA(x)\}$ かつ $\Delta_1=\Gamma_1\cup L(A(a))\cup\{\forall xA(x)\}$．$\Delta_0$ 上の順序 $Ord(\sigma*(0))$ は，$NL(A(a))$ を最後の元とする $Ord(\sigma)$ から誘導される順序とする．

$L(A(a))=\varnothing$ として，以上を図に描く：

$$\frac{\Psi,A(a);\Gamma_1,\forall xA(x)}{\forall xA(x),\Psi;\Gamma_1}$$

これで木 $\mathcal{T}$ の構成は終わった．すぐに分かる事実を列挙しておく：

$$\sigma\subset\tau\in\mathcal{T}\Rightarrow Seq(\sigma)\subset Seq(\tau) \tag{8.1}$$

$$\frac{\{Seq(\sigma*(i)):\sigma*(i)\in\mathcal{T}\}}{Seq(\sigma)} \text{ は } \boldsymbol{G} \text{ の正しい推論になっている} \tag{8.2}$$

つまり

$$\frac{\{Seq(\sigma*(i)):\sigma*(i)\in\mathcal{T}\}}{Seq(\sigma)}$$

は $\boldsymbol{G}$ の推論規則のいずれかか，または上下一致しており，いずれにせよ

$$\boldsymbol{G}\nvdash Seq(\sigma)\Rightarrow\exists i[\sigma*(i)\in\mathcal{T}\;\&\;\boldsymbol{G}\nvdash Seq(\sigma*(i))].$$

リテラルでない論理式 $A\in Seq_1(\sigma)$ ならば，ある $\tau\subsetneq\sigma$ で $A\in Seq_0(\tau)$.

(8.3)

命題 8.1.7 $\mathcal{T}$ を通る無限の枝が存在する．

［証明］ 木 $\mathcal{T}$ が有限ならば，**葉条件**と(8.2)より，$\boldsymbol{G}\vdash\Lambda$ となってしまい仮定に反す．よって二分木 $\mathcal{T}$ は無限なので König 無限補題 4.3.17 より無限の枝が存在する． ∎

$\mathcal{T}$ を通る無限の枝 $\mathcal{P}$ をひとつ取り，以下固定する．

$$Seq^+(\mathcal{P}):=\bigcup\{Seq(\sigma):\sigma\in\mathcal{P}\} \tag{8.4}$$

と置くと次が成り立つ：

$$A_0\vee A_1\in Seq^+(\mathcal{P})\Rightarrow\{A_0,A_1\}\subset Seq^+(\mathcal{P}) \tag{8.5}$$

$$A_0\wedge A_1\in Seq^+(\mathcal{P})\Rightarrow\{A_0,A_1\}\cap Seq^+(\mathcal{P})\neq\varnothing \tag{8.6}$$

$$\exists xA(x)\in Seq^+(\mathcal{P})\Rightarrow\{A(t_n):n\in\omega\}\subset Seq^+(\mathcal{P}) \tag{8.7}$$

いずれも容易に示せるがここでは(8.7)を考えよう．ある $\sigma\in\mathcal{P}$ について $\exists xA(x)\in Seq(\sigma)$ とすると，(8.3)より $\exists xA(x)\in Seq_0(\sigma)$ と仮定してよい．いま $\exists xA(x)$ が順序 $Ord(\sigma)$ で n-番目にあるとしたら，τ を $\sigma*\tau\in\mathcal{P}$, $lh(\tau)=n-1$ と取ると，順序 $Ord(\sigma*\tau)$ では $\exists xA(x)$ は 1 番目の論理式になるので，$\sigma*\tau$ で分析され，ある式 t_m について $A(t_m)$ が追加される．

他方，構成より $\forall\tau[\sigma\subset\tau\Rightarrow\exists xA(x)\in Seq_0(\tau)]$ となるので，$A(t_{m+1})$ が追加されるのももうすぐである．

$$\forall xA(x)\in Seq^+(\mathcal{P})\Rightarrow\{A(a_n):n\in\omega\}\cap Seq^+(\mathcal{P})\neq\varnothing \tag{8.8}$$

$$\{\bar{L},L\}\not\subset Seq^+(\mathcal{P}) \tag{8.9}$$

もしリテラル L について $\{\bar{L},L\}\subset Seq^+(\mathcal{P})$ となっていたら，(8.1)より，ある $\sigma\in\mathcal{P}$ について $\{\bar{L},L\}\subset Seq(\sigma)$ となるが，これでは σ は葉である．

モデル $\mathcal{M}$ を，その領域 $|\mathcal{M}|$ を式全体の集合 $\{t_n:n\in\omega\}$ とし，関数記号の解釈は文字通り $f^{\mathcal{M}}(s_1,\dots,s_n):=f(s_1,\dots,s_n)$.

関係記号 R について

$$\mathcal{M} \models R(s_1, ..., s_n) :\Leftrightarrow R(s_1, ..., s_n) \notin Seq^+(\mathcal{P}) \tag{8.10}$$

と定める．ここで式 $t \in |\mathcal{M}|$ とその名 c_t, $c_t^{\mathcal{M}} = t$ が同一視されている．左辺は本来なら $\mathcal{M} \models R(c_{s_1}, ..., c_{s_n})$ と書くべきところである．

命題 8. 1. 8

$$A \in Seq^+(\mathcal{P}) \Rightarrow \mathcal{M} \not\models A.$$

［証明］ dp(A) に関する帰納法で示す．

A がリテラル $L \equiv R(s_1, ..., s_n)$ のときは定義(8. 10)そのもので，その補リテラル $\bar{L} \equiv \neg R(s_1, ..., s_n)$ のときは，定義より $\mathcal{M} \not\models \bar{L} \Leftrightarrow L \notin Seq^+(\mathcal{P})$．(8. 9)より，$\bar{L} \in Seq^+(\mathcal{P}) \Rightarrow L \notin Seq^+(\mathcal{P})$．

A がリテラルでないときには，帰納法の仮定と (8. 5), (8. 6), (8. 7), (8. 8)による． ∎

定理 8. 1. 5 の証明を終わらせる．$A \in \Lambda = Seq(\varnothing) \subset Seq^+(\mathcal{P})$ とすると命題 8. 1. 8 より $\mathcal{M} \not\models A$，よって $\mathcal{M} \not\models \bigvee \Lambda$．

ここで $B \equiv \bigvee \Lambda$ とすると，$\mathcal{M} \not\models B$ は B に自由に現れる変数への $|\mathcal{M}|$ の元のある割当のもとで B が偽ということだが，$|\mathcal{M}|$ は式全体の集合だから文字通りに，自由変数 a には $a \in |\mathcal{M}|$ を割り当てる．

中件定理 Midsequent theorem

つぎの定理 8. 1. 9 は，1 階古典述語論理での冠頭標準形論理式の証明は，上部に命題論理部分，その下は量化記号に関する推論規則のみから成るようにできることを示している．

定理 8. 1. 9 (中件定理 Midsequent theorem)

$\boldsymbol{G}$ の証明中の推件 Γ がその証明で中件(midsequent)であるとは，Γ の下には量化記号に関する推論規則 $(\exists), (\forall)$ しかなく，また Γ の上には命題論理の推論規則 $(\vee), (\wedge)$ しかないことをいう．

冠頭標準形の論理式ばかりから成る推件 Λ が証明できる $\boldsymbol{G} + (cut) \vdash \Lambda$ なら，Λ の $\boldsymbol{G}$ のカット無しの証明で中件を持つものが存在する．

［証明］ 定理 8. 1. 5 の証明において「リテラル」を「量化記号なしの論理式」に置き換えて，Λ の証明探索列 $\Lambda = \Gamma_0, \Gamma_1, ...$ をつくる．ここで使用する「推論規則」は $(\exists), (\forall)$ のみである．

この列の生成で葉条件は「トートロジーであること」とする．但し推件 Γ がトートロジーであるとは，ここでは，Γ 中の量化記号なしの論理式たちを $\vee$ で結んだ論理式が，(正)リテラルを命題変数とみなしてトートロジーであることとする．

いまもしこの証明探索列で葉，すなわちトートロジーに当たれば，$\boldsymbol{G}$ の命題論理部分 $\boldsymbol{G}_0$ の完全性(小節 8.1.1 の(演習 3)参照)によりそれが中件となる．証明探索列 $\Lambda = \Gamma_0, \Gamma_1, \ldots$ が無限に続くとして，その中の量化記号なしの論理式たちを $\{\theta_n\}_n$ とする．仮定よりどんな n についても $\bigvee_{i<n} \theta_i$ はトートロジーでないから，命題論理のコンパクト性定理 1.4.3 よりすべての θ_n を偽にする付値が存在する．これにより $\mathcal{M} \not\models \Lambda$ なるモデル $\mathcal{M}$ がつくれる． ∎

8.1.2 応用推件計算

純粋に論理的というわけではない証明つまり，(数学的)公理を伴った証明において，できるだけカットを消去したものを考える．

一般に**推論規則**(inference rule)とは，推件 Φ_i, Φ について組 $\langle\{\Phi_i(\vec{a}_i;\vec{b}) : i \in I\}, \Phi(\vec{b})\rangle$ (I: 有限集合) のこととする．これは

$$\forall \vec{b}[\bigwedge_i \forall \vec{a}_i \bigvee \Phi_i(\vec{a}_i;\vec{b}) \to \bigvee \Phi(\vec{b})]$$

のことで，推論図で書けば，適当な**固有変数条件**の下に $\vec{b}$ への式 $\vec{t}$ による代入例 $\Phi'_i(\vec{a}_i) \equiv \Phi_i(\vec{a}_i;\vec{t}), \Phi' \equiv \Phi(\vec{t})$ を使って

$$\frac{\{\Phi'_i(\vec{a}_i), \Gamma\}_i}{\Phi', \Gamma}$$

と書ける．

以下簡単のため，主論理式 Φ' が空である形に書き換えておく．$\langle\{\Phi_i(\vec{a}_i;\vec{b}) : i \in I\}, \Phi(\vec{b})\rangle$ (I: 有限集合) は $\langle\{\Phi_i(\vec{a}_i;\vec{b})) : i \in I\} \cup \{\neg\varphi : \varphi \in \Phi(\vec{b})\}, \varnothing\rangle$ と同値であるから，推論図では

$$\frac{\{\Phi'_i(\vec{a}_i), \Gamma\}_i \quad \{\neg\varphi', \Gamma : \varphi' \in \Phi'\}}{\Gamma}$$

で置き換えればよい．

このような推論規則の集まり T について(応用)推件計算 $\boldsymbol{G} + (cut) + T$ での証明の概念が定まる．

例．

1. T を閉論理式の(可算)集合とする．公理系 T を推件計算で考えるには $\boldsymbol{G}$

に次の推論規則を付け加える:

$$\frac{\neg A, \Gamma}{\Gamma}\ (T)\ (A \in T)$$

2. 推移律 $x=y \wedge y=z \to x=z$ を推論規則で書く方法はいろいろあるが，例えば

$$\frac{\Gamma, s=t \quad \Gamma, t=u}{\Gamma, s=u}$$

これをさらに主論理式 $s=u$ の否定を取って上件に乗せて

$$\frac{\Gamma, s=t \quad \Gamma, t=u \quad s\neq u, \Gamma}{\Gamma}$$

3. 数学的帰納法

$$\forall \vec{y}[A(0,\vec{y}) \wedge \forall x(A(x,\vec{y}) \to A(x+1,\vec{y})) \to \forall x A(x,\vec{y})] \qquad (8.11)$$

を推論図で書けば，例えば固有変数 a を伴って

$$\frac{\Gamma, A(0,\vec{s}) \quad \Gamma, A(a,\vec{s}) \to A(a+1,\vec{s})}{\Gamma, A(t,\vec{s})}$$

書き換えて

$$\frac{\Gamma, A(0,\vec{s}) \quad \Gamma, \neg A(a,\vec{s}), A(a+1,\vec{s}) \quad \Gamma, \neg A(t,\vec{s})}{\Gamma}$$

定理 8.1.10 (応用推件計算のカット消去)

$\boldsymbol{G}+T+(cut)$ で証明できる推件 Λ は，$\boldsymbol{G}+T$ でのカット無しの証明を持つ.

[証明]

$$\boldsymbol{G}+T+(cut) \vdash \Lambda \Rightarrow \boldsymbol{G}+T \vdash \Lambda$$

を示す.

定理 8.1.5 の証明と同様にして，$\boldsymbol{G}+T \nvdash \Lambda$ の仮定のもとで，$\boldsymbol{G}+T$ での証明探索をする．その際，組織的に T の推論を試していく.

初めに T の推論を一列に並べておく．木 T の構成で，例えば節 σ の長さが偶数 $2n$ のときに，n-番目の推論 $\langle\{\Phi_{ni} : i\in I\}, \varnothing\rangle$ を $Seq(\sigma)$ に加える：各 $i\in I$ について $\sigma*(i)\in T$, $Term(\sigma*(i))=Term(\sigma)$ で，Φ_{ni} がリテラルでないとして図を描くと

$$\frac{\{Seq_0(\sigma), \Phi_{ni}; Seq_1(\sigma)\}_{i\in I}}{Seq_0(\sigma); Seq_1(\sigma)}$$

∎

8.2 カット消去の応用

ここではカット消去定理 8.1.6 の簡単な応用をいくつか述べておく.

8.2.1 論理的な複雑さ

カットの無い $\boldsymbol{G}$ の証明に現れる論理式の論理的な形, つまり現れる式を除いた形は, 終件から有限個に決まってしまう. カット消去定理 8.1.6 により, 論理的な証明において用いる論理式の論理的複雑さは予め制限できることになる.

論理式 A の部分論理式(subformula) の集合 $Sbfml(A)$ の帰納的定義をする.

定義 8.2.1 $Sbfml(A)$ の帰納的定義

1. リテラル L について $Sbfml(L):=\{L\}$.
2. $Sbfml(A):=\{A\}\cup\bigcup\{Sbfml(A_i):i=0,1\}$, $A\in\{A_0\lor A_1, A_0\land A_1\}$ のとき.
3. $Sbfml(A):=\{A\}\cup\bigcup\{Sbfml(B(t)):t$ は式 $\}$, $A\in\{\exists x B(x), \forall x B(x)\}$ のとき. □

明らかに

$$B\in Sbfml(A)\Rightarrow \mathrm{dp}(B)\leq \mathrm{dp}(A).$$

A は A 自身の部分論理式と定められており, また t がどんなに長い(例えば記号数の意味で)式でも $B(t)$ は $\exists x\, B(x)$ の部分論理式になっている. よって $Sbfml(A)$ は無限集合であり得る.

補題 8.2.2 (カット無し証明の部分論理式性 Subformula property of cut-free proofs)

$\boldsymbol{G}$ の(カット無しの)証明に現れる論理式は, 終件に含まれるある論理式の部分論理式である.

[証明] $\boldsymbol{G}$ の各推論規則を眺めると, 上件に現れる論理式は下件のある論理式の部分論理式になっているからよい. ∎

8.2.2 補間定理

言語 $\mathcal{L}$ の関係記号 R は必ずその補 $\bar{R}$ を伴っていた. いま $\mathcal{L}$ に入っていない 0-変数関係記号 $\top$ (真な命題を表す)とその補 $\bot:\equiv\bar{\top}$ を取り, 言語を拡張した上で, 新たな始件として

$$(\top)\ \ \Gamma, \top$$

を付け加えた証明系を $\boldsymbol{G}+(\top)$ と書く.

定義 8. 2. 3　論理式 A に**正出現**(positively occur)する関係記号と**負出現**(negatively occur)する関係記号を定義する．

$Rel^+(A)$ $[Rel^-(A)]$を，それぞれ A に正出現[負出現]する関係記号全体の集合として，

$$R \in Rel^+(A) :\Leftrightarrow R \notin \{\top, \bot\} \text{ が } A \text{ に現れている}$$
$$R \in Rel^-(A) :\Leftrightarrow \bar{R} \notin \{\top, \bot\} \text{ が } A \text{ に現れている}$$

$\top, \bot$ は正負出現を考えていないことに注意せよ．　□

(cf. 第1章(演習16)) $R \notin \{\top, \bot\}$ が，$R \notin Rel^-(A)$ であるとき A は ***R*-正論理式**(R-positive)といい，$R \notin Rel^+(A)$ であるとき A は ***R*-負論理式**(R-negative)という．

定理 8. 2. 4 (Lyndon の補間定理 Interpolation theorem)

$\boldsymbol{G}+(cut) \vdash A \to B$ ならば，A, B の補間(interpolant) C がつぎの意味で取れる：

1. $\boldsymbol{G}+(\top) \vdash A \to C$ かつ $\boldsymbol{G}+(\top) \vdash C \to B$.
2. $Rel^{\pm}(C) \subset Rel^{\pm}(A) \cap Rel^{\pm}(B)$ (複号同順).

[定理 8. 2. 4 の証明]

カット消去定理 8. 1. 6 より $\boldsymbol{G}+(cut) \vdash$ と $\boldsymbol{G} \vdash$ を同じ意味に用い，単に $\vdash$ と書く．

$\boldsymbol{G}+(cut) \vdash A \to B$ とすれば，$\boldsymbol{G}+(cut) \vdash \neg A \vee B$ であるから，$\boldsymbol{G} \vdash \neg A, B$ となる．以下，前原(昭二)の方法により，少し一般化された形で定理 8. 2. 4 を証明する．

推件(論理式の集合) Γ について，$Rel^+(\Gamma)[Rel^-(\Gamma)]$ は Γ に属するいずれかの論理式に正出現[負出現]する関係記号の集まりをそれぞれ表す．

補題 8. 2. 5 (前原)

$\boldsymbol{G} \vdash \Gamma, \Delta$ ならば，つぎを充たす論理式 C を取れる：

1. $\boldsymbol{G}+(\top) \vdash \Gamma, C$ かつ $\boldsymbol{G}+(\top) \vdash \neg C, \Delta$.
2. $Rel^{\pm}(C) \subset Rel^{\mp}(\Gamma) \cap Rel^{\pm}(\Delta)$ (複号同順).

[証明]　Γ, Δ の $\boldsymbol{G}$ のカット無し証明 P を取り，証明の構成に関する帰納法で所望の C をつくっていく．

初めに P が始件 $\Lambda, \bar{L}, L = \Gamma, \Delta$ のときを考える．$\bar{L} \in \Gamma$ かつ $L \in \Delta$ ならば，$C \equiv L$ とすればよい．さなくば例えば $\{L, \bar{L}\} \subset \Delta$ としてよい．このときは $C \equiv \top$ とする．

以下，P の最後の推論規則で場合分けする．

P の最後の推論規則が $(\wedge)$ のとき：

$$P = \cfrac{\begin{array}{cc} P_0 & P_1 \\ \Gamma, \Delta, A_0 & \Gamma, \Delta, A_1 \end{array}}{\Gamma, \Delta}\ (\wedge)$$

ここで $A_0 \wedge A_1 \in \Gamma \cup \Delta$.

$A_0 \wedge A_1 \in \Delta$ ならば，$P_i\,(i=0,1)$ の終件を Γ と $\Delta \cup \{A_i\}$ とに分けて考えれば，帰納法の仮定より，それぞれ補間 C_i が $\boldsymbol{G}+(\top) \vdash \Gamma, C_i$, $\boldsymbol{G}+(\top) \vdash \neg C_i, \Delta, A_i$, $Rel^{\pm}(C_i) \subset Rel^{\mp}(\Gamma) \cap Rel^{\pm}(\Delta \cup \{A_i\})$ となるように取れる．そこで $C \equiv C_0 \wedge C_1$ とすればよい．

$A_0 \wedge A_1 \in \Gamma$ ならば，$P_i\,(i=0,1)$ の終件を $\Gamma \cup \{A_i\}$ と Δ とに分けて考え，帰納法の仮定による補間 C_i から $C \equiv C_0 \vee C_1$ とすればよい．

P の最後の推論規則が $(\forall)$ のとき：

$$P = \cfrac{\begin{array}{c} P_0 \\ \Gamma, \Delta, A(a) \end{array}}{\Gamma, \Delta}\ (\forall)$$

ここで $\forall x A(x) \in \Gamma \cup \Delta$ で a は Γ, Δ に現れていない．

$\forall x A(x) \in \Delta$ ならば，P_0 の終件を Γ と $\Delta \cup \{A(a)\}$ とに分けて考えれば，帰納法の仮定より，それぞれ補間 $C_0(a)$ が $\boldsymbol{G}+(\top) \vdash \Gamma, C_0(a)$, $\boldsymbol{G}+(\top) \vdash \neg C_0(a), \Delta, A(a)$, $Rel^{\pm}(C_0(a)) \subset Rel^{\mp}(\Gamma) \cap Rel^{\pm}(\Delta \cup \{A(a)\})$ となるように取れる．そこで $C \equiv \forall x C_0(x)$, $\neg C \equiv \exists x \neg C_0(x)$ とすればよい．次の図で，例えば $\boldsymbol{G}+(\top) \vdash \Gamma, C_0(a)$ から $\boldsymbol{G}+(\top) \vdash \Gamma, \forall x C_0(x), C_0(a)$ としているのは薄め補題 8.1.3 による．

$$\cfrac{\begin{array}{c} \vdots \\ \Gamma, \forall x C_0(x), C_0(a) \end{array}}{\Gamma, \forall x C_0(x)}\ (\forall)$$

$$\cfrac{\cfrac{\begin{array}{c} \vdots \\ \neg C_0(a), \neg\forall x C_0(x), \Delta, A(a) \end{array}}{\neg\forall x C_0(x), \Delta, A(a)}\ (\exists)}{\neg\forall x C_0(x), \Delta}\ (\forall)$$

$\forall x A(x) \in \Gamma$ ならば，P_0 の終件を $\Gamma \cup \{A(a)\}$ と Δ とに分けて考えれば，帰納法の仮定より，それぞれ補間 $C_0(a)$ が $\boldsymbol{G}+(\top) \vdash \Gamma, A(a), C_0(a)$, $\boldsymbol{G}+(\top) \vdash$

$\neg C_0(a), \Delta,\ Rel^{\pm}(C_0(a)) \subset Rel^{\mp}(\Gamma \cup \{A(a)\}) \cap Rel^{\pm}(\Delta)$ となるように取れる．そこで $C \equiv \exists x C_0(x)$ とすればよい．

P の最後の推論規則が $(\vee)$ か $(\exists)$ のときも同様なので(演習 5)とする． ∎

8. 2. 3 Herbrand の定理

Herbrand(エルブラン)の定理と呼ばれる一群の定理のうち，代表的なものをふたつ紹介する．簡単のためここでは言語は定数記号を含むとする．またここでは自由変数と束縛変数の区別はしないことにする．

定義 8. 2. 6

1. 論理式 A の **Herbrand 領域**(Herbrand universe)とは，A に現れる定数記号と自由に現れる変数(それらのどちらもが無ければ定数記号を任意にひとつ取る)から A に現れる関数記号により生成される式全体のことをいう．
2. A を定義 1. 3. 10 での $\exists$-論理式，すなわちある量化記号なしの論理式 R について $A \equiv \exists \vec{x} R(\vec{x}; \vec{a})$ であるとする．

   このとき式の列 $\vec{t}^{\,i}$ の列 $\{\vec{t}^{\,i} : i \leq r\}$ について $\bigvee\{R(\vec{t}^{\,i}; \vec{a}) : i \leq r\}$ を A の例(instance)と呼ぶ．さらに式 $\{\vec{t}^{\,i} : i \leq r\}$ がすべて A の Herbrand 領域に入っているときには，**H-例**と呼ぶ．
3. 量化記号なしの論理式において，各(正)リテラルを互いに異なる命題変数だと思えば，命題論理の論理式と見なせる．こうして量化記号なしの論理式がトートロジーであるとか，充足可能であるとかいう．

定理 8. 2. 7 ($\exists$-論理式の Herbrand の定理)

$\exists$-論理式 $A \equiv \exists \vec{x} R(\vec{x}; \vec{a})$ について，$\vdash A$ であるためには，A のある H-例がトートロジーになることが必要十分である(cf. 第 1 章(演習 9))．

[証明] トートロジーになる H-例があれば，$\boldsymbol{G}$ の命題論理に対する完全性と推論規則 $(\exists)$ より $\vdash A$.

逆に $\vdash A$ と仮定する．

A の $\boldsymbol{G}$ のカット無し証明 P を取る．P には(量化記号なしも含めて) $\exists$-論理式しか現れていない．

その中のすべての推論規則 $(\exists)$ をやめてしまう：

$$\frac{\Gamma, \exists x_j \cdots \exists x_n R(..., t_{j-1}, x_j, ..., x_n; \vec{a})}{\Gamma, \exists x_{j-1} \exists x_j \cdots \exists x_n R(..., x_{j-1}, x_j, ..., x_n; \vec{a})}\ (\exists)$$

と A の例 $\{R(\vec{t}^{\,i}; \vec{a}) : i \leq r\}$ の証明になる．最後に Herbrand 領域に入っていな

い式，つまり余計な定数記号，変数，関数記号で始まる式には，Herbrand 領域内の式を代入しておけばよい． ∎

次に冠頭標準形に対する Herbrand の定理を述べる．

定義 8.2.8 A を冠頭標準形の論理式とする．

1. A の **Herbrand 標準形**(Herbrand normal form) A^H は，Skolem 標準形(Skolem normal form)の双対として次のように定義される．

   A 中の各全称量化記号 $\forall x_l$ について，それより前(左)にある存在量化記号が n_l 個 $\exists x_1^l, ..., \exists x_{n_l}^l$ あるとすれば，n_l-変数の新しい関数記号 f_l (**Herbrand 関数** Herbrand function)を導入して，全称量化記号 $\forall x_l$ を消し，A の母式(matrix)中の変数 x_l を式 $f_l(x_1^l, ..., x_{n_l}^l)$ で置き換えれば A^H が得られる．

   A^H は拡張された言語での $\exists$-論理式である．

2. $\mathcal{L}_A$ で A 中の記号(A に定数記号や自由に現れる変数が無ければ定数記号をひとつ $\mathcal{L}_A$ に入れる)を表し，$\mathcal{L}_H$ で $\mathcal{L}_A$ に，A^H をつくるときに導入した Herbrand 関数を付け加えた言語とする．

3. A の **H-例**(H-instance)を定義するために A の母式を $R(\vec{y}; \vec{x}; \vec{a})$ と表記する．ここで，$\vec{y} = y_1, ..., y_E$ は存在量化記号で束縛された変数で $\vec{x} = x_1, ..., x_U$ は全称量化記号で束縛されているとし，それぞれ対応する量化記号 $\exists y_j, \forall x_m$ はこの順に並んでいる，つまり $\exists y_j$ は $\exists y_{j+1}$ より左にあるとする．

   初めに互いに異なる変数の列の列 $\{\vec{x}^i : i \leq r\}$ $(\vec{x}^i = x_1^i, ..., x_U^i)$ を取る．次に式の列の列 $\{\vec{t}^i : i \leq r\}$ $(\vec{t}^i = t_1^i, ..., t_E^i)$ で次の条件を充たすものを取る：

   (a) t_j^i に現れてよい関数記号(含む定数記号)は，元々 A に現れていた $\mathcal{L}_A$ 中のものに限る．

   (b) (変数条件)

   変数と式の集合 $\bigcup\{\vec{x}^i : i \leq r\} \cup \bigcup\{\vec{t}^i : i \leq r\}$ 上の線形順序 $<$ で x_m^i, t_j^i 間は対応する量化記号間の順序と両立するもの，つまり

$$
\begin{aligned}
&x_m^i < x_{m+1}^i \;\&\; t_j^i < t_{j+1}^i \\
&t_j^i < x_m^i \text{ iff } \exists y_j \text{ は } \forall x_m \text{ の左} \\
&x_m^i < t_j^i \text{ iff } \forall x_m \text{ は } \exists y_j \text{ の左}
\end{aligned}
\tag{8.12}
$$

   を充たすものがあり，それに関して t_j^i に現れてよい変数はパラメタ $\vec{a}$ と $x_m^k < t_j^i$ だけとする．

   このような $\{\vec{x}^i : i \leq r\}$ と $\{\vec{t}^i : i \leq r\}$ を代入した言語 $\mathcal{L}_A$ での量化記号な

しの論理式 $\bigvee\{R(\vec{t}^{\,i};\vec{x}^i;\vec{a}):i\leq r\}$ を A の **H-例**と呼ぶ. □

例えば, $A\equiv\exists y\forall xR(y;x;a)$ ならば, A^H とその例 A^{H+} は a 以外に Herbrand 関数 f も現れ得る式 t^i からつくられ, A の H-例 A^+ は変数 $\{x^i\}$ と式 $t^i=t^i(x^1,\ldots,x^{i-1};a)$ (順序は $t^0<x^0<t^1<x^1<\cdots$) により以下のようにつくられる:

$$
\begin{aligned}
A&\equiv\exists y\forall xR(y;x;a)\\
A^H&\equiv\exists yR(y;f(y);a)\\
A^{H+}&\equiv\bigvee_i\{R(t^i;f(t^i);a)\}\ (f\text{ は }t^i\text{ に現れてよい})\\
A^+&\equiv\bigvee\{R(t^i(x_1,\ldots,x_{i-1};a);x^i;a):i\leq r\}\\
&\equiv R(t^0(;a);x^0;a)\vee R(t^1(x^0;a);x^1;a)\vee\cdots\vee R(t^r(x^0,\ldots,x^{r-1};a);x^r;a)
\end{aligned}
$$

定理 8. 2. 9 (冠頭標準形の Herbrand の定理)

冠頭標準形 A について, 次は互いに同値である:

1. $\vdash A$.
2. $\vdash A^H$.
3. A^H のある H-例がトートロジーである.
4. A のある H-例がトートロジーである.

[証明] $1\Rightarrow 2$ は論理的に明らかである.

$2\Leftrightarrow 3$ は定理 8. 2. 7 である.

$4\Rightarrow 1$ は推論図 $(\forall)$, $(\exists)$ を順序 $<$ の大きいほうの量化記号からやって重ねていけばよい. そのとき(変数条件)が要る. 例えば

$t_1^0(;\,;a)<x_1^0<t_2^0(;x_1^0;a)<x_2^0<t_1^1(x_1^0,x_2^0;\,;a)<x_1^1<t_2^1(x_1^0,x_2^0;x_1^1;a)<x_2^1$
なら

$$
\dfrac{\dfrac{\dfrac{\dfrac{\dfrac{\dfrac{\dfrac{\dfrac{R(t_1^0(;\,;a),t_2^0(;x_1^0;a);x_1^0,x_2^0;a),R(t_1^1(x_1^0,x_2^0;\,;a),t_2^1(x_1^0,x_2^0;x_1^1;a);x_1^1,x_2^1;a)}{R(t_1^0(;\,;a),t_2^0(;x_1^0;a);x_1^0,x_2^0;a),\forall x_2^1R(t_1^1(x_1^0,x_2^0;\,;a),t_2^1(x_1^0,x_2^0;x_1^1;a);x_1^1,x_2^1;a)}(\forall)}{R(t_1^0(;\,;a),t_2^0(;x_1^0;a);x_1^0,x_2^0;a),\exists y_2\forall x_2^1R(t_1^1(x_1^0,x_2^0;\,;a),y_2;x_1^1,x_2^1;a)}(\exists)}{R(t_1^0(;\,;a),t_2^0(;x_1^0;a);x_1^0,x_2^0;a),\forall x_1^1\exists y_2\forall x_2^1R(t_1^1(x_1^0,x_2^0;\,;a),y_2;x_1^1,x_2^1;a)}(\forall)}{R(t_1^0(;\,;a),t_2^0(;x_1^0;a);x_1^0,x_2^0;a),A}(\exists)}{\forall x_2^0R(t_1^0(;\,;a),t_2^0(;x_1^0;a);x_1^0,x_2^0;a),A}(\forall)}{\exists y_2\forall x_2^0R(t_1^0(;\,;a),y_2;x_1^0,x_2^0;a),A}(\exists)}{\forall x_1^0\exists y_2\forall x_2^0R(t_1^0(;\,;a),y_2;x_1^0,x_2^0;a),A}(\forall)}{A}(\exists)
$$

最後に $3\Rightarrow 4$ を示す. 簡単のため $A\equiv\exists y_1\forall x_1\exists y_2\forall x_2R(y_1,y_2;x_1,x_2)$ (パラ

メタ a 略) として A^H の H-例でトートロジーになっている

$$\bigvee_{i\leq r}\{R(t_1^i,t_2^i;f_1(t_1^i),f_2(t_1^i,t_2^i))\} \tag{8.13}$$

を取る．これから適当な順番で Herbrand 関数 f_1,f_2 を含んだ式に新しい変数を代入することで Herbrand 関数を消去し，A の H-例をつくる．このような置き換えでトートロジーであることは保存される．

初めに(8.13)中の式 $f_1(t),f_2(t,s)$ で $f_1(t_1^i),f_2(t_1^i,t_2^i)$ という形をしていないもの全部をひとしなみに $\mathcal{L}_A$ の勝手な式で置き換える．

次に(上で変更された)(8.13)中のセミコロンの右側の $(2(r+1)\geq)r_0$ 個の式 $Tm=\{f_1(t_1^i),f_2(t_1^i,t_2^i):i\leq r\}$ 全部を考える．それらを長さ(＝記号数)の順に短いのを先にして一列に並べる：$Tm=s_1<s_2<\cdots<s_{r_0}$.

この順序で $f_1(t_1^i)<f_2(t_1^i,t_2^i)$，また $t<s$ なら s は t の部分式になっていない．従って $t\equiv f_1(t_1^i),f_2(t_1^i,t_2^i)$ として s は t の部分式である t_1^i もしくは t_1^i,t_2^i の部分式でもない．

新しい変数 $x_1,\ldots,x_{r_0}$ を取っておく．

さて初めに最も長い s_{r_0} を取る(それは $f_2(t_1^r,t_2^r)$ だと思ってよい)．s_{r_0} を変数 $x_{r_0}(\equiv x_2^r)$ で置き換える．これで残りの式 $\{s_k:1\leq k<r_0\}$ は影響を受けない．つまり x_{r_0} は残りの式中に現れない．次に残りの式で最長な s_{r_0-1} を取り，それを変数 x_{r_0-1} で置き換える．これでも残りの式 $\{s_k:1\leq k<r_0-1\}$ は影響を受けない．

こうして順々に s_k を変数 x_k で置き換えていき Herbrand 関数が完全に消去される．すると $j<k$ として x_k は s_j に現れない．特に例えば $s_j\equiv f_2(t_1^i,t_2^i)$ なら，x_k は t_1^i,t_2^i に現れない．

得られたトートロジーが (変数条件) を充たすことを見る．変数と式間の順序を次のように定める．まず $x_k<x_j$ iff $s_k<s_j$ iff $k<j$ とする．t_j^{i+} を t_j^i の代入後の姿とする．$j=1$ なら $f_1(t_1^i)\equiv s_k$ として，t_j^{i+} を x_k の直前と定める．また $j=2$ なら $f_2(t_1^i,t_2^i)\equiv s_k$ として，t_j^{i+} を x_k の直前と定める．

変数の添字を付け替えて $f_1(t_1^i),f_2(t_1^i,t_2^i)$ は x_1^i,x_2^i で置き換わるとすれば，$f_1(t_1^i)<f_2(t_1^i,t_2^i)$ だったので $t_1^{i+}<x_1^i<t_2^{i+}<x_2^i$ となる．

いま t_j^{i+} に x_k が現れているとする．t_j^{i+} の直後の元を $x_m\equiv x_j^i$ とする．t_j^i は s_m の部分式である．さっき注意したように s_k は $m<k$ なる s_m の部分式ではないので，その代理 x_k は s_m に，従って t_j^{i+} に現れない．よって $m\geq k$ である

が t^i_j は s_m の部分式であるので $m \neq k$，つまり $m > k$ となり，t^{i+}_j は x_m の直前なので $x_k < t^{i+}_j$．これで（変数条件）が充たされることが分かった． ∎

実際の応用ではつぎの形がよく用いられる．

系 **8. 2. 10**（∃∀ 形の Herbrand の定理）

量化記号の無い R について，∃∀ 形

$$A \equiv \exists \vec{y} \forall \vec{x} R(\vec{y}; \vec{x}; a)$$

を考え，$\vdash A$ とする．

このとき A のある H-例

$$\bigvee \{R(\vec{t}^i; \vec{x}^i; a) : i \leq r\}$$

がトートロジーとなる．

ここで，変数列の列 $\{\vec{x}^i : i \leq r\}$ と式の列の列 $\{\vec{t}^i, : i \leq r\}$ について，$\vec{t}^i$ に現れる変数は，パラメタ a 以外は，$\bigcup\{\vec{x}^j : j < i\}$ に含まれるもののみである．

［証明］ 直接証明は，中件定理 8. 1. 9 による． ∎

8. 3 証明の長さ

形式化された証明そのものを対象とする証明論は，カット消去定理のような証明の標準化定理を導くが，他方でそれらの標準化定理を，形式化された証明を正に標準化する手順を与えることによって示すことで，単なる存在定理としての標準化以上の結果を得ることができる．その例としてここでは，形式化された証明のモノとしての性質として，その大きさを考察する．証明(木)の大きさは，その深さ，節の個数，記号総数などで計る．

ここでの $\boldsymbol{G}$ は $(\vee)_i$ $(i = 0, 1)$ を使い，$(\vee)_{01}$ は用いない．

初めに，証明の木としての深さ(高さ)とその中に現れているカット論理式の深さを顧慮した記法を導入する．

定義 8. 3. 1 自然数 α, c と推件 Γ について，$\vdash^\alpha_c \Gamma$ は，Γ の $(\boldsymbol{G} + (cut)$ での$)$ 証明でその木としての高さがたかだか α，そしてそのどのカット論理式の深さも c より小さいようなのがあることを意味する．

従って

$$\vdash^\alpha_0 \Gamma$$

は，Γ のカット無しの証明でその高さが α で抑えられるものが存在することを意味する．

帰納的に$\vdash^{\alpha}_{c} \Gamma$ を定義すると：

1. Γ が $\boldsymbol{G}$ の始件のときは$\vdash^{\alpha}_{c} \Gamma$ が任意の α と c で成立する．
2. カット以外の推論規則 $\dfrac{\{\Gamma_i : i \in I\}}{\Gamma}$ では，ある $\beta < \alpha$ について $\forall i \in I[\vdash^{\beta}_{c} \Gamma_i]$ となっていたら，$\vdash^{\alpha}_{c} \Gamma$.
3. カットのときには，ある $\beta < \alpha$ について$\vdash^{\beta}_{c} \Gamma, \neg C$ かつ$\vdash^{\beta}_{c} C, \Delta$ でしかも $\mathrm{dp}(C) < c$ ならば$\vdash^{\alpha}_{c} \Gamma, \Delta$. □

薄め補題 8.1.3 の証明より，それが証明の深さやカット深度も保っていることが分かる．

補題 8.3.2 (深さ保存付き薄め補題)

$\beta \leq \alpha$, $d \leq c$ として

$$\vdash^{\beta}_{d} \Gamma \ \Rightarrow \vdash^{\alpha}_{c} \Gamma, \Delta.$$ □

定義 8.3.3 P を $\boldsymbol{G}+(cut)$ の証明とする．

P の長さ，**ステップ数**(length, number of steps)とは，P 中の(始件も込めた)推論規則の個数，すなわち P 中の推件(の現れ)の個数，つまり木としての P の(葉を含む)節の個数とする．P の長さを $length(P)$ で表す．

また，証明に限らず，式や論理式 e についてもその構成木の深さ(depth) $\mathrm{dp}(e)$，記号(の現れ)の総数としての**サイズ**(size) $size(e)$ が定義される．推件 Γ のサイズは

$$size(\Gamma) := \sum\{size(A) : A \in \Gamma\}$$

と定める． □

8.3.1 カット消去アルゴリズム

ここではカット消去のアルゴリズムを紹介する．これにより，カット消去の後の証明の長さをもとの証明に関するデータから適切に抑えることができる．後の順序数解析の節 8.4 の証明はここでの証明の拡張になっている．

補題 8.3.4 (遡及補題 Inversion lemma)

1. $i = 0, 1$ について

$$\vdash^{\alpha}_{c} \Gamma, A_0 \wedge A_1 \ \Rightarrow \vdash^{\alpha}_{c} \Gamma, A_i.$$

2. 任意の式 t について

$$\vdash^{\alpha}_{c} \Gamma, \forall x A(x) \Rightarrow \vdash^{\alpha}_{c} \Gamma, A(t).$$

[証明] 補題 8.3.4.2 を深さ α に関する帰納法で示す．

$\Gamma, \forall x A(x)$ が始件なら $\Gamma, A(t)$ もそうである，なぜなら始件 $\Gamma, \bar{L}, L$ の主論理式 L はリテラルだからである．

$\Gamma, \forall x A(x)$ をある推論規則の下件とする．$\forall x A(x)$ がその推論規則の主論理式でなければ，帰納法の仮定でよい．例えばある $\beta < \alpha$ について

$$\frac{\vdash_c^\beta \Lambda, \forall x A(x), \forall y B(y), B(a)}{\vdash_c^\alpha \Lambda, \forall x A(x), \forall y B(y)}\ (\forall)$$

は別の $(\forall)$ になる：

$$\frac{\vdash_c^\beta \Lambda, A(t), \forall y B(y), B(b)}{\vdash_c^\alpha \Lambda, A(t), \forall y B(y)}\ (\forall)$$

ここで必要なら固有変数 a の書き換えもする．

$\forall x A(x)$ がその推論規則の主論理式とする：ある $\beta < \alpha$ について

$$\frac{\vdash_c^\beta \Gamma, \forall x A(x), A(a)}{\vdash_c^\alpha \Gamma, \forall x A(x)}\ (\forall)$$

帰納法の仮定より $\vdash_c^\beta \Gamma, A(t), A(a)$ を得る．a は t に現れていないとしてよいから，$\Gamma, A(t), A(a)$ の証明で a に t を代入して $\vdash_c^\beta \Gamma, A(t), A(t)$ となり，$\beta < \alpha$ だからよい． ∎

リテラルか論理積 $A_0 \wedge A_1$ か 全称論理式 $\forall x B(x)$ のことを **A-**論理式と呼ぶことにする．

どんな論理式 C も C か $\neg C$ の少なくとも一方は A-論理式である．そこで以下，カット論理式は常に左上のは A-論理式 C であるとする：

$$\frac{\Gamma, C \quad \neg C, \Delta}{\Gamma, \Delta}\ (cut)$$

補題 8.3.5 C を $\mathrm{dp}(C) \leq c (< \omega)$ なる A-論理式とすると

$$\vdash_c^\alpha \Gamma, C \ \& \vdash_c^\beta \neg C, \Delta \Rightarrow \vdash_c^{\alpha+\beta} \Gamma, \Delta.$$

［証明］ β に関する帰納法で示す．

初めに $\neg C, \Delta$ が始件であるとする．Δ が始件なら，Γ, Δ もそうなので，始件でないとすると，$\neg C$ がリテラルということになり $\neg(\neg C) = C \in \Delta$ より $\Gamma \cup \{C\} \subset \Gamma \cup \Delta$ に注意して，深さ保存付き薄め補題 8.3.2 によりよい．

以下 $\neg C, \Delta$ はある推論規則の下件とする．$\neg C$ がその推論規則の主論理式でなければ帰納法の仮定よりよい．例えば $\gamma < \beta$, $\mathrm{dp}(D) < c$ について

$$\cfrac{\vdash_c^\alpha \Gamma, C \qquad \cfrac{\vdash_c^\gamma \neg C, \Phi, \neg D \quad \vdash_c^\gamma D, \neg C, \Psi}{\vdash_c^\beta \neg C, \Phi, \Psi}\ (cut)}{\Gamma, \Phi, \Psi (= \Gamma, \Delta)}$$

とすれば $\beta \mapsto \alpha + \beta$ は狭義単調増加なので帰納法の仮定より

$$\frac{\vdash_c^{\alpha+\gamma} \Gamma, \Phi, \neg D \quad \vdash_c^{\alpha+\gamma} D, \Gamma, \Psi}{\vdash_c^{\alpha+\beta} \Gamma, \Phi, \Psi}\ (cut)$$

$\neg C$ がその推論規則の主論理式であるとする．2 通り $C \equiv A_0 \wedge A_1$ と $C \equiv \forall x A(x)$ の場合がある．

先ず $C \equiv A_0 \wedge A_1$ の場合を考える．$\gamma < \beta$ について

$$\cfrac{\vdash_c^\alpha \Gamma, A_0 \wedge A_1 \qquad \cfrac{\vdash_c^\gamma \neg A_0 \vee \neg A_1, \Delta, \neg A_i}{\vdash_c^\beta \neg A_0 \vee \neg A_1, \Delta}\ (\vee)_i}{\Gamma, \Delta}$$

帰納法の仮定より $\vdash_c^{\alpha+\gamma} \Gamma, \Delta, \neg A_i$ を得る．他方，遡及補題8.3.4から $\vdash_c^\alpha \Gamma, A_i$ となり，深さ保存付き薄め補題8.3.2により $\vdash_c^{\alpha+\gamma} \Gamma, A_i$ である．$\mathrm{dp}(A_i) < \mathrm{dp}(A_0 \wedge A_1) \leq c$ に注意して

$$\frac{\vdash_c^{\alpha+\gamma} \Gamma, \Delta, \neg A_i \quad \vdash_c^{\alpha+\gamma} \Gamma, A_i}{\vdash_c^{\alpha+\beta} \Gamma, \Delta}\ (cut)$$

となる．

つぎにいまとほぼ同様だが $C \equiv \forall x A(x)$ の場合を考える．$\gamma < \beta$ について

$$\cfrac{\vdash_c^\alpha \Gamma, \forall x A(x) \qquad \cfrac{\vdash_c^\gamma \exists x \neg A(x), \Delta, \neg A(t)}{\vdash_c^\beta \exists x \neg A(x), \Delta}\ (\exists)}{\Gamma, \Delta}$$

帰納法の仮定より $\vdash_c^{\alpha+\gamma} \Gamma, \Delta, \neg A(t)$ を得る．他方，遡及補題 8.3.4 から $\vdash_c^\alpha \Gamma, A(t)$ となり，深さ保存付き薄め補題 8.3.2 により $\vdash_c^{\alpha+\gamma} \Gamma, A(t)$ である．$\mathrm{dp}(A(t)) < \mathrm{dp}(\forall x A(x)) \leq c$ に注意して

$$\frac{\vdash_c^{\alpha+\gamma} \Gamma, \Delta, \neg A(t) \quad \vdash_c^{\alpha+\gamma} \Gamma, A(t)}{\vdash_c^{\alpha+\beta} \Gamma, \Delta}\ (cut)$$

となる． ∎

補題 8.3.6 (カット深度低下定理)

$$\vdash_{c+1}^\alpha \Gamma \Rightarrow \vdash_c^{2^\alpha} \Gamma.$$

［証明］ α に関する帰納法による．

$\alpha \mapsto 2^\alpha$ は狭義単調増加だから Γ が (cut) の下件のときのみ考えれば十分である．A-論理式 C について，$\mathrm{dp}(C) < c+1$, $\beta < \alpha$ として：

$$\frac{\vdash^{\beta}_{c+1} \Lambda, C \quad \vdash^{\beta}_{c+1} \neg C, \Delta}{\vdash^{\alpha}_{c+1} \Lambda, \Delta (=\Gamma)}$$

帰納法の仮定と補題 8. 3. 5 および $2^\beta + 2^\beta \leq 2^\alpha$ により

$$\frac{\vdash^{2^\beta}_{c} \Lambda, C \quad \vdash^{2^\beta}_{c} \neg C, \Delta}{\vdash^{2^\alpha}_{c} \Lambda, \Delta (=\Gamma)}$$ ∎

順序数 $\alpha, \beta\,(\beta \geq 2)$ と $c < \omega$ について帰納的に $\beta_0(\alpha) := \alpha$, $\beta_{c+1}(\alpha) := \beta^{\beta_c(\alpha)}$ と定める．カット深度低下定理 8. 3. 6 から次が分かる．

定理 8. 3. 7 (深さ評価付きカット消去定理)

$c < \omega$ について

$$\vdash^{\alpha}_{c} \Gamma \Rightarrow \vdash^{2_c(\alpha)}_{0} \Gamma.$$ □

定理 8. 3. 7 に至る，与えられた証明 P のカット消去のアルゴリズムを説明してみよう．最も深度 c が深いカット論理式のうちで最も上にあるもののひとつを取り，補題 8. 3. 5 によって，そのカットをより浅い $<c$ カットに置き換える．いま $n_c(P)$ で 深度 c の P 中のカットの個数を表すとして，この置き換えを $n_c(P)$-回繰り返して，カット深度が浅い証明 P_1 が得られる (cf. 補題 8. 3. 6)．ここで注意してほしいのは，$n_{c-1}(P_1)$ は $n_{c-1}(P)$ よりずっと大きくなるかもしれないことである．次に 深度 $c-1$ のカットを取り除き，以下同様とする．

一方で補題 8. 3. 5 の証明のアルゴリズムでは，先ず $\vdash^{\beta}_{c} \neg C, \Delta$ の証明中の主論理式が $\neg C$ である推論規則まで，$\vdash^{\alpha}_{c} \Gamma, C$ の証明を持ち上げる．そこで遡及補題 8. 3. 4 により，副論理式の補をつくり，それでカット深度の浅いカットをする．

C がリテラルの場合は，$\neg C, \Delta$ の証明中の始件まで Γ, C の証明を持ち上げて，その上に乗せている．

こうして Γ, Δ の深さがたかだか $\alpha + \beta$ の カット深度 $<c$ の証明ができあがる．

8. 3. 2 単一化とその応用

単一化 (unification) は，定理の自動証明，そして論理プログラミング (logic programming) で用いられる**導出原理** (resolution principle) の一部として導入された．しかし単一化は形式的な式を等価させる問題なので，様々な応用が考えられる．ここでは証明の長さの問題への単一化の応用を述べる．

単 一 化

初めに可算無限個の変数 $\{x_i : i < \omega\}$ と 0-変数関数記号としての定数を含めた関数記号の(有限)集合 $\mathcal{F}$ を固定する．これらの記号上の式の集まりを $Tm(\mathcal{F})$ と書くことにする．

($Tm(\mathcal{F})$ に対する)代入(substitution)とは，変数の有限集合 $dom(\sigma)$ から式の集合 $Tm(\mathcal{F})$ への写像 $\sigma : dom(\sigma) \to Tm(\mathcal{F})$ のことである．

代入 σ は，$x \notin dom(\sigma)$ に対して

$$\sigma(x) := x$$

と定めて，変数全体へ拡張される．

さらに σ は $Tm(\mathcal{F})$ 上の写像に帰納的に拡張される．σ の $t \in Tm(\mathcal{F})$ での値 $\sigma(t)$ を習慣に従って $t\sigma$ と書く：

1. 変数 x については $x\sigma := \sigma(x)$.
2. $f(t_1, ..., t_n)\sigma := f(t_1\sigma, ..., t_n\sigma)$.

要するに $t\sigma$ は，式 t 中の変数 $x \in dom(\sigma)$ に同時に $\sigma(x)$ を代入して得られる式である．よってこの同時代入を

$$t[\vec{x} := \sigma(\vec{x})] := t[x_1 := \sigma(x_1), ..., x_n := \sigma(x_n)] := t\sigma \ (dom(\sigma) = \{x_1, ..., x_n\})$$

とも書こう．

ふたつの代入 σ, τ についてその合成(composition) $\sigma \circ \tau$ を習慣に従って

$$\tau\sigma := \sigma \circ \tau$$

と書く．ここで τ, σ は $Tm(\mathcal{F})$ 上の写像と見立てていて，変数の有限集合としての定義域は $dom(\tau\sigma) = dom(\tau) \cup dom(\sigma)$ である．

こうすると $t(\tau\sigma) = (\sigma \circ \tau)(t) = \sigma(\tau(t)) = (t\tau)\sigma$ となる．

σ が τ の例(instance)であるとは，

$$\sigma = \tau\theta$$

となる代入 θ が存在することをいう．

定義 8.3.8 式間の等式(式の非順序対)の有限集合 $E = \{t_i = s_i : i < n\}$ が与えられているとして

1. 代入 σ が E の単一子(unifier，解 solution)であるとは，

$$\forall i < n[t_i\sigma = s_i\sigma]$$

となることをいう．但し，$t_i\sigma = s_i\sigma$ とは，両辺が(記号列として)一致する

ことを意味する.

2. 単一子を持つ等式の集合 E を**単一化可能**(unifiable)という.
3. E の単一子 σ が**最汎単一子**(most general unifier, mgu)であるとは，どんな E の単一子 τ も σ の例になっていることをいう.
4. **単一化問題**(unification problem)は，与えられた等式集合 E に対して，単一化可能かどうか判定する問題である.
5. 等式 $t=s$ の**不一致集合**(disagreement set)とは，両辺の式の構成木を考えて，より浅いところから調べていって初めて異なった対応する節同士を等式にしたもの全体とする.

 不一致集合を $D(s,t)$ と書けばこれは帰納的に定義される：

 (a) $D(f(s_1,...,s_n),f(t_1,...,t_n)):=\bigcup\{D(s_i,t_i):1\leq i\leq n\}$.

 (b) $D(f(s_1,...,s_n),g(t_1,...,t_m))=:\{f(s_1,...,s_n)=g(t_1,...,t_m)\}$，$f,g$ が異なる関数記号のとき.

 (c) $D(x,f(t_1,...,t_n)):=\{x=f(t_1,...,t_n)\}$

 (d) $D(x,y):=\{x=y\}$, x,y が異なる変数のとき.

 (e) $D(x,x):=\varnothing$.

 そして等式集合 $E=\{t_i=s_i:i<n\}$ の不一致集合 $D(E)$ を，各等式 $t_i=s_i$ の不一致集合の合併と定義する：

$$D(E):=\bigcup\{D(t=s):(t=s)\in E\}.$$

定理 8.3.9 (単一化アルゴリズム unification algorithm)

単一化問題は決定可能である. 更につぎのようなアルゴリズムがある：与えられた等式集合 E が単一化可能でなければ，「NO」と答えて，単一化可能なら「YES」と答えるのみならず，E の最汎単一子 $\sigma[E]$ を出力する. □

単一化アルゴリズムを定義してそれが所望のものであることを示す. $E=\{t_i=s_i:i<n\}$ を与えられた等式集合として，等式集合と代入の組の列 $\{\langle E_k,\sigma_k\rangle\}_k$ を次のようにつくっていく.

初めに $E_0:=E$, $\sigma_0:=\varnothing$. $\varnothing$ は空な代入 $dom(\varnothing)=\varnothing$ である.

E_k,σ_k が既につくられたとせよ. E_k の不一致集合を $D(E_k)$ とする.

Case 1 $D(E_k)=\varnothing$，つまり E_k 中のすべての等式の両辺が一致していたら，$\sigma[E]=\sigma_k$ と答えて，アルゴリズムは停止する. $\ell>k$ に対して E_ℓ,σ_ℓ はつくらない.

Case 2 $D(E_k)\neq\varnothing$ とする.

Case 2.1 $D(E_k)$ 中に異なる関数記号で始まる等式 $f(s_1, ..., s_n) = g(t_1, ..., t_m)$ が含まれているとき：このときには「NO」つまり単一化不能と答える．

以下，このような等式を $D(E_k)$ は含まないとする．すると $D(E_k)$ 中の等式はすべて，少なくとも一辺は変数 $x = u$ の形に限る．また不一致集合なので $D(E_k)$ は $x = x$ を含まない．

$D(E_k)$ 上の関係を考える：

$$(x = u) < (y = v) :\Leftrightarrow y \text{ が } u \text{ に現れていて } u \not\equiv y.$$

Case 2.2 $D(E_k)$ 上の関係 $<$ がサイクル

$$(x_0 = u_0) < (x_1 = u_1) < \cdots < (x_m = u_m) < (x_0 = u_0) \quad (m \geq 0)$$

を含むとき，つまり $<$ の推移的閉包 $<^*$ が非反射的でない $((x = u) <^* (x = u))$ となる $x = u$ を含むとき：このときには「NO」つまり単一化不能と答える．

Case 2.3 $D(E_k)$ 上の関係 $<$ がサイクルを含まないとき：$D(E_k)$ は有限集合だから関係 $<$ に関する極小元がある．極小元 $x = u$ をひとつ取り，代入 $[x := u]$ を E_k の各等式の両辺に実行して E_{k+1} をつくり σ_{k+1} は σ_k と代入 $[x := u]$ との合成とする．

$$E_{k+1} := E_k[x := u] = \{s[x := u] = t[x := u] : (s = t) \in E_k\}$$
$$\sigma_{k+1} := \sigma_k[x := u]$$

補題 8. 3. 10 (単一化アルゴリズムの正当性)

上記，単一化アルゴリズムについて

1. 単一化アルゴリズムは必ず停止する．
2. Case 1 のとき $\sigma[E]$ は E の単一子である．
3. τ が E の単一子であるとする．このとき各 k についてある代入 ρ_k で $\tau = \sigma_k \rho_k$ となる．つまり τ は σ_k の例となる．
4. Case 1 のとき $\sigma[E]$ は E の最汎単一子である．
5. Case 2.1, Case 2.2 で「NO」と答えたら，E は単一化不能である．

［証明］ 補題 8. 3. 10. 1. Case 2.3 で $x = u$ を選ばれた極小元とする．このとき $(x = u) \not< (x = u)$ であり $(x = x) \notin D(E_k)$ であるから，変数 x は u に現れない．よって代入 $[x := u]$ を実行すると，等式集合中の変数の個数がひとつ減る．つまり与えられた等式集合 E に変数が V 個現れていたとすれば，アルゴリズムはたかだか V ステップで止まる．

補題 8. 3. 10. 2.

$$E\sigma_k = E_k \tag{8. 14}$$

であるからである．

補題 8. 3. 10. 3．$k=0$ では明らかに成り立っている．いま $\tau=\sigma_k\rho_k$ であるとして，Case 2.3 で $E_{k+1}, \sigma_{k+1}=\sigma_k[x:=u]$ がつくられたとする．代入 ρ_{k+1} で $[x:=u]\rho_{k+1}=\rho_k$ となるものがほしい．(8. 14)より，ρ_k は E_k の単一子である．よってそれは不一致 $x=u$ を等価させないといけない：$\rho_k(x)=u\rho_k$．求める ρ_{k+1} は，先ず $dom(\rho_{k+1})=(dom(\rho_k)\setminus\{x\})$ とし，x 以外の変数 y には $\rho_{k+1}(y)=\rho_k(y)$ とする．x が u に現れていないから，$u\rho_k=u\rho_{k+1}$ である．

補題 8. 3. 10. 4．補題 8. 3. 10. 2，8. 3. 10. 3 による．

補題 8. 3. 10. 5．E が単一化可能ならば，補題 8. 3. 10. 3 と(8. 14)より，各 E_k も単一化可能でなければならない．よって，Case 2.1 は起こり得ず，また Case 2.2 なら明らかに単一化不能なのでこの場合も起こり得ない．∎

代入 σ についての条件で，変数 x と定数 c について

$$\sigma(x) \text{ に } c \text{ は現れない} \tag{8. 15}$$

という類いのものを考える．

つぎの補題 8. 3. 11 は明らかである．

補題 8. 3. 11　等式の集合 E の単一子で，いくつかの変数と定数に関して条件(8. 15)を充たすものがあれば，E の任意の最汎単一子も同じ条件を充たす．□

式 t の深さ $\mathrm{dp}(t)$ は，(構成)木としての t の深さであった．

系 8. 3. 12　$E=\{t_{2i}=t_{2i+1}: i<n\}$ を単一化可能として，V を E に現れる変数の個数とする．E に上記の単一化アルゴリズムを与えて産出される最汎単一子 $\sigma=\sigma[E]$ はつぎを充たす：

$$\max\{\mathrm{dp}(t_i\sigma) : i<2n\} \leq (1+V)\max\{\mathrm{dp}(t_i) : i<2n\}.$$

［証明］ Case 2.3 で $x=u$ を選ばれた極小元とする．このとき E_{k+1} の不一致集合 $D(E_{k+1})$

$$D(E_{k+1})=\bigcup\{D(t,s) : (t=s)\in(D(E_k)[x:=u])\}$$

であるが，これは等式 $(t=s)\in(D(E_k)[x:=u])$ がある $(y=v)\in D(E_k)$ について $(y=v)[x:=u]$ と書けて，しかも $x=u$ が関係 $<$ の極小元であるので，E_k の不一致集合 $D(E_k)$ から $x=u$ を取り除き，$D(E_k)$ 中の $x=v$ について不一致集合 $D(u,v)$ をすべて付け加えたものになっている：

$$D(E_{k+1})=(D(E_k)\setminus\{x=u\})\cup\bigcup\{D(u,v) : (x=v)\in D(E_k)\}.$$

このことより $D(E_{k+1})$ 中の等式 $w_0=w_1$ の両辺 w_0, w_1 は，$D(E_k)$ 中のある等式 $t_0=t_1$ の両辺のいずれかの部分式になっていることが分かる．よって，新た

な代入 $[x:=u]$ での式 u は，$D(E_0)$ の，従って初めに与えた等式集合 $E=\{t_{2i}=t_{2i+1}:i<n\}$ に現れる式 $t_i\,(i<2n)$ の部分式となる．

よって各 k について

$$\max\{\mathrm{dp}(t_i\sigma_k):i<2n\}\leq(1+k)\max\{\mathrm{dp}(t_i):i<2n\}$$

となる．$\sigma=\sigma_k$ として，補題 8.3.10.1 の証明より，$k\leq V$ であるから系は示された． ∎

単一化の応用

通常の数学理論のある範囲を形式化した公理系をそれこそ形式的に眺めると，その多くは単なる閉論理式の集まりではなく，また不完全性定理で重要な点だが，単に閉論理式の再帰的な集まりでもなく，それらは有限個の公理図式(axiom schema)の集まりである．公理図式とは簡単に言うと，ある特定の形をした論理式の集まりのことで，これは論理式を走る変数を伴った(2 階の)論理式をひとつ取ってその変数に論理式を代入した結果をひとまとまりに考えたものである．論理的な公理や推論規則もこの意味での図式と捉えることができる．

するとこのような有限個の公理図式による公理系での証明は，いくつかのパターンに分類できるはずである．このパターンを**骨組み**(skelton)という．この考え方によって，形式的な証明に関するいくつかの問題が単一化の問題に帰着されることが分かる．

ここでは理解を助けるため，考える対象を証明系 $\boldsymbol{G}+(cut)$ に限定する．しかし多くの議論は他の図式的な証明系，例えば小節 1.5.1 での証明体系 $\boldsymbol{H}$ でも成り立つことが容易に分かるであろう．

定義 8.3.13

1. ($\boldsymbol{G}+(cut)$ の)**骨組み**(skelton, proof skelton, proof analysis)とは，二分木であって，その葉にはラベル**始件**が，葉以外の節にはラベル $(\vee),(\wedge),(\exists),(\forall)$, (cut) のいずれかが付けられており，ラベル $(\vee),(\exists),(\forall)$ の付いている節の子はひとつ，ラベル $(\wedge),(cut)$ のところでは子はふたつであるようなものをいう．

   骨組み $\mathcal{S}$ の**長さ**(length) $lh(\mathcal{S})$ は，その木の節の個数を指す．
2. ラベル (cut) の無い骨組みを**カット無し**とか $\boldsymbol{G}$ の骨組みとかいう．
3. ($\boldsymbol{G}+(cut)$ の)証明 P の骨組み $skl(P)$ は，二分木 P からラベルとしての推件をすべて取り除いて得られる． □

骨組みのラベルは有限通りしかないのでつぎの命題 8. 3. 14 は明らかである.

命題 8. 3. 14 長さを k 以下に限定すると，骨組みは有限個しかない. □

定義 8. 3. 15 $\boldsymbol{G}+(cut)$ の始件を，関係記号 R と擬式 $s_1, ..., s_n, t_1, ..., t_n$ について

$$\Gamma, \bar{R}(s_1, ..., s_n), R(t_1, ..., t_n) \tag{8.16}$$

に変えてつくられる証明を**証明モドキ**と呼ぶ. (8. 16) で，式 s_i と t_i は一致している必要がない. □

証明モドキ P の骨組み $skl(P)$ や終件などは証明に対してと同様に定義される.

定義 8. 3. 16 証明系 $\boldsymbol{J}$ の $\boldsymbol{k}$**-証明可能性問題**(k-provability problem)とは，自然数 k と論理式 A[*2]が与えられたら，$\boldsymbol{J}$ での A の証明で長さがたかだか k のものが存在するかどうか決定する問題のことを指す. □

証明のサイズを抑えたときの証明可能性問題は，記号数を有限に限ってよいので，明らかに決定可能である.

つぎの定理 8. 3. 17 は，カット無しの証明に関する k-証明可能性問題の決定可能性を示すのみならず，カット無しの証明中の式の大きさが終件と証明の長さだけで抑えることができることも示している.

定理 8. 3. 17 (カット無しの証明に関する k-証明可能性問題の決定可能性)

1. 推件 Λ とカット無しの骨組み $\mathcal{S}$ が与えられたとする. このとき，Λ の証明 P でその骨組みが $skl(P)=\mathcal{S}$ であるものが存在するかどうか決定できる.

   またそのような P が存在するとき，P 中の式 s の深さは，$\mathcal{S}$ 中のラベル $(\exists)$ の個数を V, Λ に現れる擬式の集合を T として
   $$\mathrm{dp}(s) \leq (1+V) \max\{\mathrm{dp}(t) : t \in T\}$$
   とできる.

2. 従って Λ と k が与えられたとき，Λ の長さがたかだか k であるカット無しの証明が存在するかどうか決定できる. つまり $\boldsymbol{G}$ の k-証明可能性問題は決定可能である.

   しかもそのような証明 P が存在するとき，P 中の式 s の深さは，Λ に現れる擬式の集合を T として
   $$\mathrm{dp}(s) \leq k \cdot \max\{\mathrm{dp}(t) : t \in T\}$$
   とできる.

---

*2 $\boldsymbol{G}$ のように証明する対象が推件なら推件 Γ を考える.

［証明］ 定理 8.3.17.2 は定理 8.3.17.1 から従うので，定理 8.3.17.1 を示す．

終件が Λ でその骨組みが $\mathcal{S}$ であるような証明モドキを証明木の上下で言えば，下から探していく．このようなものがあるかどうか，また存在する場合，証明モドキは有限個であることが分かる．そしてそれぞれの証明モドキごとに条件(8.15)付きの単一化問題を定義する．

初めに Λ を一番下に置く．証明モドキ木が途中まで構成されたら，その葉のひとつを考え，同時にその節に対応する骨組みのラベルを見る．葉にある推件を Γ とする．

そのラベルが推論規則のであれば，その推論規則で導入される主論理式の一番外側の論理結合子は決まるので，そのような論理式が Γ に含まれているか見る．もしそのような論理式が存在しなければ，この探索は失敗と分かる．さもなくばそのような論理式をひとつ取る(ここで複数の場合に分かれる)．そしてラベルと同じ推論規則を逆向きに適用して証明モドキ木の上にひとつ延ばす．

ラベルである推論規則ごとに具体的に述べると，ラベルが $(\vee), (\wedge)$ なら

$$\frac{\Gamma, A_i}{\Gamma}\ (\vee)_i\ (A_0 \vee A_1 \in \Gamma) \qquad \frac{\Gamma, A_0 \quad \Gamma, A_1}{\Gamma}\ (\wedge)\ (A_0 \wedge A_1 \in \Gamma)$$

とする．$(\vee)_i$ で $i=0,1$ の選択もある．

以下の単一化問題では，自由変数は定数とみなし，束縛変数を式が代入される変数とみなす．

$$\frac{\Gamma, A(y)}{\Gamma}\ (\exists) \qquad \frac{\Gamma, A(a)}{\Gamma}\ (\forall)$$

とする．但し $(\forall)$ での変数 a はここまでの構成で用いられていないもの，従って下件に現れていないものを適当に選ぶ．一方，$(\exists)$ での y もここまでの構成で用いられていないものを選ぶ．

次にラベルが始件である場合を考える．Γ が証明モドキの始件たりうるか，つまりある関係記号 R と式 $s_1, ..., s_n, t_1, ..., t_n$ について(8.16)の形をしているか見る．そうでなければこの探索は失敗である．さなくば証明モドキの探索は(その枝については)終わる．

もしすべての探索が失敗し，証明モドキがひとつもみつからなければ，$skl(P) = \Lambda$ となる証明 P は存在しない，と答える．

以下，存在する場合を考える．得られた証明モドキをひとつ考え，その始件

ひとつひとつを見て，関係記号 R と式 $s_1, ..., s_n, t_1, ..., t_n$ をそれが始件(8.16)たる証拠であるものを選ぶ(ここで場合分けがある)．そしてこの証明モドキおよびそのそれぞれの始件の始件たる証拠選びに対する単一化問題を，(8.16)による等式

$$s_1 = t_1,\ ...,\ s_n = t_n$$

をすべて集めたものとする．

するとこれらの単一化問題は有限個である，なぜなら探索木をひとつ上に延ばすとき，推件に含まれる論理式の個数はたかだかひとつ増えるだけだからである．

さてこうして得られた単一化問題に条件(8.15)をいくつか付ける．それは $(\exists)$ で導入された「変数」y への代入により，$(\forall)$ で導入された「定数」a に関する(変数条件)が壊れない，という条件とする．つまり $(\forall)$ の下件 Γ に y が現れていたら，そこで導入する固有変数 a は y への代入結果に現れてはいけない．

これら有限個の条件付き単一化問題のいずれかひとつが単一化可能であることと推件 Λ が骨組み $\mathcal{P}$ の証明を持つことは明らかに同値である*3．よって系 8. 3. 12 と補題 8. 3. 11 により，この問題は決定可能であり，また解が存在するときその最汎単一子を取ることにより，補題の不等式が充たされる． ▮

系 8. 3. 18 推件 $\Lambda, A(t)$ のカット無しの証明 P が与えられたとする．このときある式 s について，骨組みを変えることなく $(skl(P_0) = skl(P))$ $\Lambda, A(s)$ の証明 P_0 をつくることができて，式 s は

1. t が s の代入例 $t = s\sigma$ であり
2. $k = length(P)$ と $\Lambda, A(y)$ に現れる擬式の集合を T として
$$\mathrm{dp}(s) \leq (k+1) \cdot \max\{\mathrm{dp}(t) : t \in T\}$$

を充たす．

［証明］ 定理 8. 3. 17 の証明で初めに一番下に置く推件を変数 y について $\Lambda, A(y)$ とする． ▮

つぎにカットも許した論理計算 $\boldsymbol{G}+(cut)$ での証明中の論理式の深さを，終件と証明の長さだけを使って抑えることを考える．

補題 8. 3. 19 つぎのような関数 $f(k, m)$ が存在する：推件 Γ の骨組みが $\mathcal{S}$ である $\boldsymbol{G}+(cut)$ の証明が与えられたとする．$\mathcal{S}$ の長さを k とし，Γ 中の論理

---

*3 代入の結果，束縛変数 y の自由な出現が残ったら，それらを適当に自由変数で置き換える．

式の深さの最大を $m = \max(\{\mathrm{dp}(A) : A \in \Gamma\} \cup \{\#\Gamma\})$ とおく．ここで $\#\Gamma$ は Γ に含まれる論理式の個数である．

すると与えられた証明の骨組みを変えることなく Γ の証明でそこに現れる任意の論理式の深さが $f(k, m)$ で抑えられるものがつくれる．

[証明] つぎのような関数記号を考える：各関係記号 $R, \bar{R}$ を定数と思い，$\vee, \wedge$ を 2 変数関数記号，束縛変数 x ごとに $\exists x, \forall x$ を 1 変数関数記号とする．これらの関数記号の集まりを $\mathcal{F}$ とする(関係記号や束縛変数は，与えられた証明中に現れるものしか考えなくてよいので有限個である)．変数は，初めに可算無限個 $p, q, \ldots$ 取り，次にそれらの補となる変数 $\bar{p}, \bar{q}, \ldots$ を加えてこれら両方を変数とする．但し，代入は p を t で置き換えるなら必ず $\bar{p}$ は $\neg t$ で置き換えるものとする．ここで $\neg t$ は論理式の否定をつくるときと全く同様に定義する．よって最汎単一子を探すアルゴリズムでも p または $\bar{p}$ に t を代入すると決めたら，その補には $\neg t$ を代入することに決める．

この関数記号上の式 $Tm(\mathcal{F})$ は本質的には命題論理の論理式で，述語論理の論理式から式に関する情報を(束縛変数以外は)すべて消し去ったものである．

もともとの述語論理の論理式 A について $Tm(\mathcal{F})$ での閉式 A' を，A 中の量化記号直後の束縛変数以外の式に関する情報を消してつくる．例えば

$$(R(t_1, \ldots, t_n))' :\equiv R$$
$$(\exists x A)' :\equiv \exists x A'$$

さて P 中の論理式を $Tm(\mathcal{F})$ の式で上から順に置き換えていく．それと同時に等式を生成していく．

先ず始件

$$\Gamma,\ \bar{L},\ L$$

の Γ 中の各論理式 $A \in \Gamma$ ごとに変数 p を取り，A を p で置き換える．またリテラル $\bar{L}, L$ は定数 $(\bar{L})', L'$ で置き換える．

つぎにカット以外の推論規則において，副論理式が t または t, s で置き換わっていたら，主論理式の置き換えである変数 p について，等式 $p = f(t)$ または $p = f(t, s)$ を加える．下件の論理式の変数または定数への置き換えは上件のを引き継ぐ．ここで f はこの推論規則で導入される関数記号(束縛変数が付くかもしれない論理結合子)であり，$\exists x, \forall x,\ \vee, \wedge$ のいずれかとなる．また，t, s はいずれも変数か定数である．

更に推論規則 $(\wedge)$ に隠れている「論理式の合流」(contraction)を考慮して，

$$\frac{\Gamma, A_0 \quad \Gamma, A_1}{\Gamma} \ (\wedge)$$

での左右上件の Γ に現れている同じ形の論理式の置き換え t, s について等式 $t=s$ を入れる．また下件 Γ の論理式の置き換えは例えば左上件のを引き継ぐ．つまりひとつの論理式 $B \in \Gamma$ が左上件では t_0 で，右上件では t_1 で置き換わっていたら $t_0=t_1$ を加えて，下件の B を t_0 で置き換える．

カットでは左右のカット論理式 $C, \neg C$ がそれぞれ t, s で置き換わっていたとする．ここで等式 $(\neg t)=s$ を加える．

最後に終件に現れる論理式 A が t で置き換わっていたら，等式 $t=A'$ を加える．

こうして得られた等式をすべて集めた単一化問題を E とする．E 中の変数の個数は，P 中の推論規則の個数とひとつの始件に含まれる論理式の個数のみで決まり，後者は $m+k$ で抑えられる，なぜなら下件から上件に推論規則を上ると，論理式の個数はたかだかひとつ増えるだけだからである．また始件は k 個以下しかない．よって変数の個数はたかだか

$$k(m+k)+k$$

である．

また E 中の式の深さはたかだか $\max\{m, 1\}$ である．E は P により解を持つので，その最汎単一子による代入結果の深さは系 8.3.12 により k, m のみの関数

$$f(k,m) = \{k^2+(m+1)k+1\}(m+1)$$

で抑えられることになる．

この最汎単一子による代入結果から必要な式に関する情報を P から復元すれば望みの証明が得られる． ∎

系 8.3.20 推件 Γ が $\boldsymbol{G}+(cut)$ の長さ k の証明を持てば，Γ のカット無しの証明でその長さが $2_{1+f(k,m)}(k)$ 以下であるものがつくれる．但しここで $m=\max(\{\mathrm{dp}(A) : A \in \Gamma\} \cup \{\#\Gamma\})$ である．

［証明］ 先ず補題 8.3.19 より Γ のカット付きの証明中の論理式の深さはたかだか $n=f(k,m)$ であるとしてよい．よって $\vdash_n^k \Gamma$ となる．

定理 8.3.7 より Γ の深さがせいぜい $2_n(k)$ のカット無しの証明を得る．その長さは証明が二分木なのでたかだか $2_{1+n}(k)$ である． ∎

この系 8.3.20 を用いて**証明の一般化**(generalization of proofs)ができること

を示そう．

定理 8.3.21　定数 0 と 1 変数関数記号 S を含む有限の言語[*4] $\mathcal{L}$ を考える．自然数 n に対応する数字 $\bar{n}$ は $0, S$ からつくられる．

C を閉論理式で，任意の自然数 n について

$$C \to \forall y[\bigvee\{y = \bar{m} : m < n\} \vee \exists x(y = S^n(x))]$$

が($\boldsymbol{G}$ で)証明でき，また言語 $\mathcal{L}$ の関数記号と関係記号に関する等号公理(1.41)，(1.42)が C から証明できると仮定する．

このとき論理式 $A(x)$ について，ある k が存在してどんな n についても $C \to A(\bar{n})$ が長さ k 以下で証明できるなら，既に $C \to \forall x A(x)$ が証明できる．

［証明］ 初めに系 8.3.20 により，どんな n についても，$\neg C, A(\bar{n})$ の長さ k 以下のカット無しの証明があるとしてよい．

いま n を，$C \to A(y)$ に現れる式の深さの最大値 d について $n > (k+1)d$ となるように取っておき，$\neg C, A(\bar{n})$ の長さ k 以下の証明を考える．

すると系 8.3.18 よりある式 s について，同じ骨組みの $\neg C, A(s)$ の証明で $\mathrm{dp}(s) \leq (k+1)d < n$ なるものが取れ，しかも $\bar{n}$ は s の代入例でないといけない．つまりある変数 a と $m \leq n$ について $s \equiv S^m(a)$ ということになり，$\boldsymbol{G} \vdash C \to \forall x A(S^m(x))$ である．これと仮定より $C \to \forall x A(x)$ が証明できることになる．　■

8.4　1 階自然数論の順序数解析

一定の自然数論が展開できる公理系 T を考える．例えば，第 3 章での算術化程度のことが T で形式化できるとする．すると，原始再帰的整列順序 $\prec$ の整列性を自然に論理式 $TI[\prec]$ で表現できる．このとき T の**証明論的順序数**(proof-theoretic ordinal) $|\mathrm{T}|$ が，T で整列性が証明できる原始再帰的整列順序 $\prec$ の順序型 $|\prec|$ の上限として定義される：

$$|\mathrm{T}| := \sup\{|\prec| : \mathrm{T} \vdash TI[\prec] \;\&\; \prec \text{ は原始再帰的整列順序}\}$$

T の**順序数解析**(ordinal analysis)の目的は，もっとも大雑把に言って，この順序数 $|\mathrm{T}|$ を記述することである．

順序数 $|\mathrm{T}|$ を記述もしくは計算することで，多くの場合，順序数で添字付けられた様々な階層のどこに T が位置するか決定できる．その結果，公理系間の

[*4] 関数記号と関係記号の集まりとして有限ということを意味する．

例えば無矛盾性の強さの比較や，T で証明できる算術的論理式が，既に $|\mathrm{T}|$ の手前までのある順序数までの整列性だけを仮定すれば導けることなどが分かる．つまり，T の公理で仮定されている事柄は，整列性に置き換えることで消去できることが分かる．また T の順序数解析により，T で計算可能性が証明できる関数が，順序数で添字付けられた計算可能関数の階層のどこに位置するか決定できることも知られている．この結果はしばしば，具体的な組合せ論的命題の T からの独立性を導く．

さて，順序数 $|\mathrm{T}|$ の上限を決める方法はいくつかあるが，カット消去がもっとも有効である．ここで取る方法を簡単に言うと，T の証明を無限の証明に埋め込んで，そこでカット消去を行うと，できあがるカット無しの無限の証明の高さが $|\mathrm{T}|$ の上限を与えることになる．

他方，$|\mathrm{T}|$ の下限は，具体的に順序型 $|\mathrm{T}|$ を持った原始再帰的整列順序 $\prec$ をつくって，その各始切片までの整列性を T で証明することで決めることができる．

ここでは先ず，1 階自然数論 PA の順序数解析を紹介する．ここでいう「自然数論(arithmetic)」は自然数に関する公理系の意味である．自然数の部分集合を走る変数も扱う 2 階自然数論と対照するときに「1 階」自然数論と呼ぶ．

8.4.1 1 階自然数論 PA(X)

初めにここで扱う 1 階自然数論 PA(X) の言語 $\mathcal{L}(\mathsf{PA}(X))$ を決めておこう．PA(X) は，3.2 節での公理系 PA$=$PA(PR) に，直観的には自然数の(未定の)部分集合を表す 1 変数関係記号 X を付加しただけのものである*5．PA(X) を(応用)推件計算として定式化するので，その言語には関係記号として，等号 $=$ とその補(否定) $\neq$，さらに 1 変数関係記号 X とその補 $\bar{X}$ がある．$X(t), \bar{X}(t)$ をそれぞれ $t \in X, t \notin X$ と書く．

関数記号は 3.2 節での PA と同じであり，各原始再帰的関数のコード e ごとに e をコードにもつ関数に対応する関数記号 f_e がある．とくに定数 0 と後者関数(successor function) S は入っている．また論理結合子は $\vee, \wedge, \exists, \forall$ である．

PA(X) の公理は，3.2 節での公理系 PA の公理，(関数記号の公理)と(数学的帰納法の公理)である．但し，(数学的帰納法の公理)と等号公理は新しい関係記号 $X, \bar{X}$ を含む論理式に拡張されている．つまり

---

*5 このような 1 変数関係記号とその補が可算無限個あると仮定したほうが自然だが，簡単のためひとつとする．

$$\forall x \forall y[x = y \to x \in X \to y \in X].$$

初めに PA(X) を **ω-論理**$(\omega$-logic$)$ と呼ばれる無限推件計算 $\boldsymbol{G}_\omega$ へ埋め込む．

まず ω-論理の言語 $\mathcal{L}_\omega$ は PA(X) の言語から自由変数を取り除いたものとする*6．つまり ω-論理では式，論理式としては自由変数を持たない閉じたものしか考えない．閉式 t の(標準モデル)での値を val(t) と書き，閉式 t，その値である自然数 $n = \mathrm{val}(t)$ および数字 $\bar{n}$ のみっつを同一視することにする．

言語 $\mathcal{L}_\omega$ のリテラルは，等式 $n = m$ か $n \in X$ およびそれらの補である．推件は，閉論理式の有限集合とする．

ω-論理の無限推件計算 $\boldsymbol{G}_\omega + (cut)$ を定義する．

1. $\boldsymbol{G}_\omega + (cut)$ の推論規則のうち，$(\vee)$, $(\wedge)$, (cut), $(\exists)$ は 1 階述語論理の推件計算 $\boldsymbol{G} + (cut)$ でと同じ*7とし，$(\forall)$ を，つぎの **ω-規則**$(\omega$-rule$)$ と呼ばれる，無限個の上件を持つ推論規則で置き換える：

$$\frac{\{\Gamma, A(n) : n \in \omega\}}{\Gamma}\ (\forall\omega)\ \ (\forall x A(x) \in \Gamma)$$

図式的に書くと

$$\frac{\Gamma, A(0) \quad \Gamma, A(1) \quad \cdots \quad \Gamma, A(n) \quad \cdots}{\Gamma}\ (\forall\omega)$$

2. 始件は 2 種類ある：

(a)

$$\Gamma,\ n \notin X,\ n \in X$$

つまり $\boldsymbol{G}$ での始件 $\Gamma, \bar{L}, L$ でのリテラル L を $n \in X$ に制限する．

$n \notin X, n \in X$ はともにこの始件の主論理式である．

(b)

$$\Gamma,\ \top$$

ここで $\top$ は正しい等式 $t_0 = t_1$ $(\mathrm{val}(t_0) = \mathrm{val}(t_1))$, $s_0 \neq s_1$ $(\mathrm{val}(s_0) \neq \mathrm{val}(s_1))$ のどれかを表す．

$\top$ がこの始件の主論理式である．

無限推件計算 $\boldsymbol{G}_\omega + (cut)$ での証明は，ω-分岐の整礎木の節に推件等がラベルとして貼られたものである．

---

*6　これは，通常の 1 階論理の言語ではない．

*7　但し推件は閉論理式のみから成る．

以下，節 8. 3 と同様に話がすすむ.

定義 8. 3. 1 でと同様に，**順序数** α と自然数 c と推件 Γ について，$\vdash_c^\alpha \Gamma$ は，Γ の $(\boldsymbol{G}_\omega + (cut)$ での$)$証明で，その木としての高さがたかだか α，そしてそのどのカット論理式の深さも c より小さいようなのがあることを示す.

定義により ω-規則では，ある $\beta < \alpha$ について $\forall n \in \mathbb{N}[\vdash_c^\beta \Gamma, A(n)]$ となっていて，$\forall x A(x) \in \Gamma$ なら，$\vdash_c^\alpha \Gamma$ となる.

すると深さ保存付き薄め補題 8. 3. 2，小節 8. 3. 1 での遡及補題 8. 3. 4，補題 8. 3. 5 は証明も込めてそのまま $\boldsymbol{G}_\omega + (cut)$ でも成り立つ．但し，補題 8. 3. 4. 2 での式 t は閉式に限る．また補題 8. 3. 5：C を $\mathrm{dp}(C) \leq c(<\omega)$ なる A-論理式とすると

$$\vdash_c^\alpha \Gamma, C \,\&\, \vdash_c^\beta \neg C, \Delta \Rightarrow \vdash_c^{\alpha+\beta} \Gamma, \Delta.$$

において，$\neg C, \Delta$ が始件でしかも C または $\neg C$ が等式 $t = s$ である場合には，C または $\neg C$ のいずれかが真 $\top$ であるから，他方が偽となり，つぎの補題 8. 4. 1 によればよい.

補題 8. 4. 1 (偽リテラルの消去)

$\bot$ を偽なリテラル $\bar{n} = \bar{m}\,(n \neq m), \bar{n} \neq \bar{n}$ とすると

$$\boldsymbol{G}_\omega + (cut) \vdash_c^\alpha \Gamma, \bot \Rightarrow \boldsymbol{G}_\omega + (cut) \vdash_c^\alpha \Gamma.$$

［証明］ 偽なリテラル $\bot$ を消去すればよい．こうしても始件が始件で推論規則は同じ種類の推論規則なのは，$\bot$ がこれらの主論理式でないからである． ▮

こうしてカット深度低下定理 8. 3. 6：

$$\vdash_{c+1}^\alpha \Gamma \Rightarrow \vdash_c^{2^\alpha} \Gamma$$

を経て，深さ評価付きカット消去定理 8. 3. 7：$c < \omega$ について

$$\vdash_c^\alpha \Gamma \Rightarrow \vdash_0^{2_c(\alpha)} \Gamma$$

が得られる.

8. 4. 2　1 階自然数論で証明できる超限帰納法

自然数上の原始再帰的二項関係 $\prec$ を考える.

定義 8. 4. 2

1.

$$Prog[\prec, X] :\Leftrightarrow \forall x[\forall y \prec x(y \in X) \rightarrow x \in X]$$

X は $\prec$ に関して前進的(X is progressive with respect to $\prec$)と読む.

2.

$$TI[\prec] :\Leftrightarrow Prog[\prec, X] \to \forall x(x \in X)$$

X は公理で何も規定されていないので，自然数の勝手な部分集合と思える．よって $TI[\prec]$ は $\prec$ に関する超限帰納法を表す．

3. 以下 $\prec$ は整礎的として

$$|n|_{\prec} := \sup\{|m|_{\prec} + 1 : m \prec n\}.$$

4.

$$|\prec| := \sup\{|n|_{\prec} + 1 : n \in \omega\}. \qquad \square$$

ひとつ，順序数に関する準備をする．順序数上の底 $\alpha \geq 2$ の指数関数 $f:\beta \mapsto \alpha^{\beta}$ は(任意の正則基数上で)正規関数である．そこで補題 4.5.26 より，正規関数 f の不動点 $Fix(f) := \{\beta \in ORD : f(\beta) = \beta\}$ は閉非有界であるから，それを数え上げる関数 f' もまた正規関数となる．底 $\alpha = \omega$ の場合に，f' の値域に属する順序数を **ε-数**(epsilon number)といって

$$\varepsilon_{\beta} = f'(\beta)$$

と書く．β が ε-数であるのは $\omega^{\beta} = \beta$ ということだが，これは $2 \leq \alpha < \omega$ については $\alpha^{\beta} = \beta \,\&\, \beta > \omega$ と同値である．

ここでは G. Gentzen の結果を紹介する．

定理 8.4.3　原始再帰的関係 $\prec$ について

$$\mathsf{PA}(X) \vdash TI[\prec] \Rightarrow |\prec| < \varepsilon_0. \qquad \square$$

つまり，ε_0 以上の順序型を持ったいかなる原始再帰的整礎関係 $\prec$ についても，1 階自然数論はそれに関する超限帰納法 $TI[\prec]$ を一様な仕方では証明できない．「一様な仕方では」というのは，論理式 A によらずにそれに関する超限帰納法 $Prog[\prec, A] \to \forall x A(x)$ が「同じ」証明でという意味である．

初めに $\mathsf{PA}(X)$ を $\boldsymbol{G}_{\omega} + (cut)$ に埋め込む．

補題 8.4.4（トートロジー補題 Tautology lemma）

どんな推件 $\varGamma$ と閉論理式 A についても

$$\vdash_0^{2d} \varGamma, \neg A, A$$

ここで $d := \mathrm{dp}(A)$.

［証明］ $\mathrm{dp}(A)$ に関する帰納法によればよい．論理式 A の深さが 1 増すごとに証明の深さが 2 増すのは，$\neg A, A$ のそれぞれの論理記号を導くためである．例えば

$$\cfrac{\cdots \quad \cfrac{\Gamma, \neg A(n), A(n)}{\Gamma, \neg A(n), \exists x\, A(x)}\ (\exists) \quad \cdots (n \in \omega)}{\Gamma, \forall x \neg A(x), \exists x\, A(x)}\ (\forall \omega)$$ ∎

補題 8. 4. 5 (帰納法補題 Induction lemma)

自然数 k, n, 推件 Γ と自由変数をたかだかひとつしか持たない論理式 $A(a)$ について

$$\vdash_0^{2(d+|n|)} \Gamma,\ \Theta,\ \neg A(k),\ A(k+n)$$

ここで $d := \mathrm{dp}(A)$, $|n| := \min\{m : n < 2^m\}$ (2 進数 n の長さ),

$$\Theta := \neg \forall x (A(x) \to A(x+1)) \equiv \exists x (A(x) \land \neg A(x+1)).$$

［証明］ $|n|$ に関する帰納法による. $n=0$ はトートロジー補題 8. 4. 4 でよい.

$n>0$ として $p := 2(d+|n|-1)$, $m := \lfloor n/2 \rfloor$ とする. $n \in \{2m, 2m+1\}$ であり, $n=2m$ ならば $m>0$ かつ $|n|>|m|, |m-1|$ となっている. 帰納法の仮定より

$$\vdash_0^p \Gamma, \Theta, \neg A(k), A(k+m) \text{ かつ } \vdash_0^p \Gamma, \Theta, \neg A(k+m+1), A(k+n).$$

よって

$$\cfrac{\cfrac{\vdash_0^p \Gamma, \Theta, \neg A(k), A(k+m) \quad \vdash_0^p \Gamma, \Theta, \neg A(k+m+1), A(k+n)}{\vdash_0^{p+1} \Gamma, \Theta, A(k+m) \land \neg A(k+m+1), \neg A(k), A(k+n)}\ (\land)}{\vdash_0^{p+2} \Gamma, \Theta, \neg A(k), A(k+n)}\ (\exists)$$ ∎

補題 8. 4. 6 (埋込補題 Embedding lemma)

PA(X) の推件 $\Gamma(\vec{a}; X)$ に現れるすべての自由変数 $\vec{a}$ に数字列 $\vec{n}$ を代入した推件を $\Gamma(\vec{n}; X)$ とする.

PA(X)$\vdash \Gamma(\vec{a}; X)$ ならば, ある $m, c < \omega$ が存在して

$$\forall \vec{n} \{\vdash_c^{\omega+m} \Gamma(\vec{n}; X)\}.$$

［証明］ PA(X) の証明の深さに関する帰納法による.

PA(X) の公理のうち, (数学的帰納法) 以外の公理 $\Gamma(\vec{a}; X)$ の例 $\Gamma(\vec{n}; X)$ は, 本質的には $\boldsymbol{G}_\omega$ の始件である. 例えば (関数記号の公理) はいずれも等式を $\forall$ で縛ったかたちをしている: $\forall \vec{v}[s(\vec{v}) = t(\vec{v})]$. 明らかにどんな $\vec{n}$ についても $s(\vec{n}) = t(\vec{n})$ は正しいので $\boldsymbol{G}_\omega$ の始件である. そこで $(\forall \omega)$ を変数列 $\vec{v}$ の長さ m 回だけすればよい.

$$\cfrac{s(\vec{n}) = t(\vec{n})}{\vdash_0^m \forall \vec{v}[s(\vec{v}) = t(\vec{v})]}\ (\forall \omega)$$

公理 (数学的帰納法) は帰納法補題 8. 4. 5 と $(\forall \omega)$ により

$$\frac{\vdash^{\omega}_{0} \neg A(0), \neg \forall x(A(x) \to A(x+1)), \forall x A(x), A(n)}{\vdash^{\omega+1}_{0} \neg A(0), \neg \forall x(A(x) \to A(x+1)), \forall x A(x)}\ (\forall \omega)$$

である．

推論規則

$$\frac{\Gamma(\vec{a}; X), \forall x A(\vec{a}, x; X), A(\vec{x}, b; X)}{\Gamma(\vec{a}; X), \forall x A(\vec{a}, x; X)}\ (\forall)$$

を考える．帰納法の仮定よりある $m, c < \omega$ が存在して

$$\forall \vec{n} \forall k \vdash^{\omega+m}_{c} \Gamma(\vec{n}; X), \forall x A(\vec{n}, x; X), A(\vec{n}, k; X)$$

であるから

$$\frac{\{\vdash^{\omega+m}_{c} \Gamma(\vec{n}; X), \forall x A(\vec{n}, x; X), A(\vec{n}, k; X) : k \in \omega\}}{\vdash^{\omega+m+1}_{c} \Gamma(\vec{n}; X), \forall x A(\vec{n}, x; X)}\ (\forall \omega)$$

これ以外の場合は帰納法の仮定から簡単に分かる．■

定理 8.4.3 を証明する．

原始再帰的関係 $\prec$ について PA$(X) \vdash TI[\prec]$ とする．自由変数 a を取って，PA$(X) \vdash \neg Prog[\prec, X], a \in X$ であるから埋込補題 8.4.6 により自然数 $c, m < \omega$ を

$$\forall n \{\vdash^{\omega+m}_{c} \neg Prog[\prec, X], n \in X\}$$

となるように取る．

ここで新しい推論規則 (prg) を導入する：任意の自然数 m について

$$\frac{\Gamma, \forall y \prec m (y \in X), m \in X}{\Gamma, m \in X}\ (prg)$$

$(prg) \vdash^{\alpha}_{c} \Gamma$ は $\boldsymbol{G}_{\omega} + (cut) + (prg)$ での証明可能性を表すとする．

$(prg) \vdash^{6}_{0} Prog[\prec, X]$ は容易に分かる．

従って $\mathrm{dp}(Prog[\prec, X]) = 4$ より $d = \max\{c, 5\}$ について $\forall n \{(prg) \vdash^{\omega+\omega}_{d} n \in X\}$ となる．他方 $\boldsymbol{G}_{\omega} + (cut) + (prg)$ での深さ評価付きカット消去定理 8.3.7 $(c < \omega)$

$$\boldsymbol{G}_{\omega} + (cut) + (prg) \vdash^{\alpha}_{c} \Gamma \Rightarrow \boldsymbol{G}_{\omega} + (cut) + (prg) \vdash^{2_c(\alpha)}_{0} \Gamma$$

が，$m \notin X$ が始件以外の主論理式でないので成り立つから[*8]

$$\forall n \{(prg) \vdash^{\alpha}_{0} n \in X\},\ \ \alpha = 2_d(\omega + \omega) = \omega_d < \varepsilon_0\ (d \geq 2)$$

ここで $\omega_0 = 1, \omega_{n+1} = \omega^{\omega_n}$.

---

*8　$m \in X$ のほうを A-論理式にする．

あとはつぎの補題 8. 4. 7 を示せば終わる.

補題 8. 4. 7 (ω-論理での限界補題 Boundedness lemma)

Δ を推件 $\{n_i \in X : i \leq k\}$ $(k \geq 0)$ とする.

$$(prg) \vdash_0^\alpha \Delta \Rightarrow \min\{|n_i|_\prec : i \leq k\} \leq \alpha.$$

[証明] α に関する帰納法による.

最後の推論規則が主論理式 $n_i \in X$ である (prg) の場合のみ考える:

$$\frac{(prg) \vdash^\beta \forall y \prec n_i (y \in X), \Delta}{(prg) \vdash^\alpha \Delta} \ (prg) \quad (\beta < \alpha)$$

どんな $m \prec n_i$ についても, $\boldsymbol{G}_\omega + (cut) + (prg)$ に対する遡及補題 8. 3. 4. 2 より, $(prg) \vdash^\beta m \prec n_i \rightarrow m \in X, \Delta$ となり $(prg) \vdash^\beta m \not\prec n_i, m \in X, \Delta$ である. ここで, 補題 8. 4. 1 により偽なリテラル $m \not\prec n_i$ を消去して

$$(prg) \vdash^\beta m \in X, \Delta.$$

帰納法の仮定より

$$\min(\{|m|_\prec\} \cup \{|n_i|_\prec : i \leq k\}) \leq \beta.$$

$\min\{|n_i|_\prec : i \leq k\}) > \beta$ と仮定してみると

$$\forall m [m \prec n_i \Rightarrow |m|_\prec \leq \beta < \alpha].$$

よって

$$|n_i|_\prec = \sup\{|m|_\prec + 1 : m \prec n_i\} \leq \alpha.$$ ∎

定理 8. 4. 3 により ε_0 の順序に関する超限帰納法は 1 階自然数論では示せないことが分かったが, その逆に, ε_0 の順序を自然数上にふつうにつくれば, その順序の各々の始切片までの超限帰納法は証明できることを示す.

$<_{\varepsilon_0}$ を自然数上の原始再帰的順序で以下が成り立つものとする. このような順序を標準的な (standard) ε_0-順序と呼ぶ.

1. $<_{\varepsilon_0}$ は整列順序で, その順序型は ε_0.

   0 が $<_{\varepsilon_0}$ の最小元.

2. 関係 $<_{\varepsilon_0}$, 定義域 $dom := \{\alpha \in \omega : \exists \beta \in \omega (\alpha <_{\varepsilon_0} \beta)\}$, 関数 $(\alpha, \beta) \mapsto \alpha + \beta$ (足し算) $(\alpha, n) \mapsto \omega^\alpha \cdot n \ (\alpha \in dom, n \in \omega)$ はすべて原始再帰的.

   以下 $\alpha, \beta, \gamma, \ldots$ は定義域 dom 上を走る変数とし, $\alpha <_{\varepsilon_0} \beta$ の代わりに $\alpha < \beta$, $\alpha \in dom$ の代わりに $\alpha < \varepsilon_0$ と書く.

   $\omega^\alpha := \omega^\alpha \cdot 1$, $1 := \omega^0$ とする.

3. $(<_{\varepsilon_0}, \alpha + \beta, \omega^\alpha \cdot n)$ に関する以下の性質がすべて 1 階自然数論 PA で証明できる:

(a)　$<_{\varepsilon_0}$ は定義域を dom とする線形順序.

(b)　0 が $<_{\varepsilon_0}$ の最小元.

(c)　$(\alpha+\beta)+\gamma=\alpha+(\beta+\gamma)$ (結合法則)

(d)　$\alpha+0=0+\alpha=\alpha$.

(e)　$\omega^\alpha\cdot 0=0$,　$\omega^\alpha\cdot(n+1)=\omega^\alpha\cdot n+\omega^\alpha$.

(f)　$\alpha<\beta+1(=\beta+\omega^0)\Rightarrow\alpha\leq\beta(:\Leftrightarrow\alpha<\beta\vee\alpha=\beta)$.

(g)　$\alpha>0\,\&\,\gamma<\beta+\omega^\alpha\to\exists\delta<\alpha\exists n\in\omega(\gamma<\beta+\omega^\delta\cdot n)$.

言い換えると

$$\lambda\in Lim\,\&\,\gamma<\beta+\omega^\lambda\Rightarrow\exists\alpha<\lambda(\gamma<\beta+\omega^\alpha)$$

(ここで $\alpha\in Lim:\Leftrightarrow\alpha>0\,\&\,\forall\beta<\alpha(\beta+1<\alpha)$)　かつ

$$\gamma<\beta+\omega^{\alpha+1}\Rightarrow\exists n\in\omega(\gamma<\beta+\omega^\alpha\cdot n).$$

$\alpha<\varepsilon_0$ について $<_\alpha$ は制限

$$\{(\beta,\gamma):\beta<_{\varepsilon_0}\gamma<_{\varepsilon_0}\alpha\}$$

を表す.

このような順序 $<_{\varepsilon_0}$ を順序数のコードを用いて自然数上で実現するには，第 4 章の命題 4.3.15 によればよい.

以下，各 $\alpha<\varepsilon_0$ までの超限帰納法 $TI[<_\alpha]$ が $\mathsf{PA}(X)$ で証明できることを示す.

定理 8.4.8 (Gentzen)

各 $\alpha<\varepsilon_0$ について

$$\mathsf{PA}(X)\vdash TI[<_\alpha].$$

[証明]　各自然数 n について

$$\mathsf{PA}(X)\vdash Prog[<,A]\to\forall\alpha<\omega_n(0)A(\alpha)\ (\text{任意の論理式 } A(\alpha) \text{ について})\tag{8.17}$$

を示せばよい.

以下，$\mathsf{PA}(X)$ で議論する. $\vdash$ は $\mathsf{PA}(X)\vdash$ を意味する.

与えられた論理式 $A(\alpha)$ に対し，論理式 $\mathrm{j}[A](\alpha)$ を

$$\mathrm{j}[A](\alpha):\Leftrightarrow\forall\beta[\forall\gamma<\beta A(\gamma)\to\forall\gamma<\beta+\omega^\alpha A(\gamma)].$$

初めにつぎの補題 8.4.9 を示す.

補題 8.4.9　$\vdash Prog[<,A]\to Prog[<,\ \mathrm{j}[A]]$.

[証明]　$A(\alpha)$ は前進的で

$$\forall\delta<\alpha\,\mathrm{j}[A](\delta)\tag{8.18}$$

であると仮定する. いま $\mathrm{j}[A](\alpha)$ を示したいので，さらに

$$\forall \gamma < \beta A(\gamma) \tag{8.19}$$

かつ $\gamma < \beta + \omega^\alpha$ と仮定して $A(\gamma)$ を示す．

Case 1 $\alpha = 0$: このとき $\gamma < \beta + 1$．(3(f))により $\gamma \le \beta$．(8.19)と $Prog[<, A]$ ($\gamma = \beta$ のときに要る)より $A(\gamma)$ となる．

Case 2 $\alpha > 0$: (3(g))より，ある $\delta < \alpha$ と $n \in \omega$ について $\gamma < \beta + \omega^\delta \cdot n$．(8.18)より $\mathrm{j}[A](\delta)$．そこで $n \in \omega$ に関する数学的帰納法で

$$\forall n \in \omega \forall \gamma < \beta + \omega^\delta \cdot n A(\gamma)$$

が，論理式 $\mathrm{j}[A]$ の定義と(8.19)，(3(e))から分かる．

これで補題 8.4.9 が証明された． ∎

さて(8.17)を $n \in \omega$ に関する帰納法[*9]で示す．

A は前進的とする．$n = 0$ の場合は(3(b))から分かる．

つぎに帰納法の仮定として，どんな論理式 $B(\alpha)$ についても $Prog[<, B] \to \forall \alpha < \omega_n(0) B(\alpha)$ であるとする．補題 8.4.9 により $\mathrm{j}[A]$ も前進的であるので，帰納法の仮定により $\forall \alpha < \omega_n(0) \mathrm{j}[A](\alpha)$ となり $\mathrm{j}[A](\omega_n(0))$ である．論理式 $\mathrm{j}[A]$ の定義で $\beta := 0$ と置けば，(3(b))と(3(d))から $\forall \gamma < 0 + \omega^{\omega_n(0)} A(\gamma)$ つまり $\forall \gamma < \omega_{n+1}(0) A(\gamma)$ となる． ∎

定理 8.4.3，8.4.8 を併せてつぎを得る．

定理 8.4.10 (1 階自然数論の証明論的順序数 proof-theoretic ordinal of the first order arithmetic)

$$|\mathsf{PA}(X)| = \varepsilon_0.$$

すなわち順序数 $\alpha < \omega_1^{\mathrm{CK}}$ (cf. 定義 6.5.15)について，順序型 α の原始再帰的整列順序 $\prec$ に関する超限帰納法が $\mathsf{PA}(X)$ で証明できる($\mathsf{PA}(X) \vdash TI[\prec]$)なら，$\alpha < \varepsilon_0$ であり，逆に標準的な ε_0-順序 $<_{\varepsilon_0}$ と各順序数 $\alpha < \varepsilon_0$ (のコード)について $\mathsf{PA}(X) \vdash TI[<_\alpha]$ となる． □

8.5 帰納的定義の順序数解析

ここでは自然数上の帰納的定義の順序数解析を考える．これは PA のそれよりずっと難しい．困難さの原因を簡単に言うと，整列性そのものが帰納的に定義でき，ある種の悪循環が潜んでいることと，さらにその証明論的順序数の具

[*9] 形式的な公理系 $\mathsf{PA}(X)$ での(数学的帰納法)ではないので *metainduction* と呼ぶことがある．

体的記述が容易でないことによる．帰納的定義の公理系で整列性が自然に表現できるからといって，その公理系ですべての原始再帰的整列順序の整列性が証明できるわけではない．その理由は，公理系(の公理の集合)が再帰的だからである．帰納的定義一般については小節 4.4.2 を参照せよ．

8.5.1　公理系 IDΩ

自然数 $\mathbb{N}$ の上の帰納的定義の公理系 IDΩ を導入する．IDΩ は，1 階自然数論 PA(X) の X-正論理式 $P[X,n]$ による帰納的定義 $\{I_P^{<\xi}\}_\xi$ を公理にしている．先ずその言語 $\mathcal{L}$(IDΩ) には変数が二種類(ソート(sort)という)ある：ひとつは自然数を走る変数($\mathbb{N}$-変数 $x,y,...$)でもうひとつは順序数を走る変数($\boldsymbol{O}$-変数 $\xi,\zeta,\eta,...$)である．言語 $\mathcal{L}$(IDΩ) は，1 階自然数論 PA の言語 $\mathcal{L}$(PA) にさらにつぎの関係記号を加えて得られる：それぞれのソート $\iota\in\{\mathbb{N},\boldsymbol{O}\}$ について等号と不等号 $=^\iota, <^\iota$，それから PA(X) の各 X-正論理式で実際に X が現れる $P[X,x]$ ごとに 2 変数 $\mathcal{I}_P^<(x,\xi)$ と 1 変数 $\mathcal{I}_P^{<\Omega}(x)$ 関係記号．これらをそれぞれ $x\in\mathcal{I}_P^{<\xi}$, $x\in\mathcal{I}_P^{<\Omega}$ と書く．推件計算を通じて証明論的解析を行うので，それぞれの関係記号の補も言語に入れる．$\mathbb{N}$-ソートの式 t は PA のそれと同じであり，$\boldsymbol{O}$-ソートの式は変数 $\xi,\zeta,...$ のみである．$t\in\mathcal{I}_P^{<\Omega}$ が論理式なのは t が $\mathbb{N}$-ソートのときのみで，$t\in\mathcal{I}_P^{<\xi}$ でも同じである．

Ω は $\boldsymbol{O}$-ソートの定数ではないが，$\boldsymbol{O}$-変数 ξ とまぜて使って $x\in\mathcal{I}_P^{<\xi}$ と $x\in\mathcal{I}_P^{<\Omega}$ をひとしなみに扱う．また $\forall\xi<\Omega$ は $\forall\xi$ を表す．$\exists\xi<\Omega$ も同様である．

IDΩ の公理は，言語 $\mathcal{L}$(IDΩ) での PA の公理，つまり数学的帰納法公理は $\mathcal{L}$(IDΩ) の任意の論理式に適用できる．そして $\boldsymbol{O}$-ソートの等号 $=^{\boldsymbol{O}}$ に関する等号公理として，例えば

$$\forall\xi,\eta,\zeta[\xi=^{\boldsymbol{O}}\eta\to\zeta<^{\boldsymbol{O}}\xi\to\zeta<^{\boldsymbol{O}}\eta]$$

を持つ．なお，

$$\forall\xi,\eta\forall x[\xi=^{\boldsymbol{O}}\eta\to x\in\mathcal{I}_P^{<\xi}\to x\in\mathcal{I}_P^{<\eta}]$$

は，以下の $(\mathcal{I}_P^<)$ とこの等号公理より導ける．さらに以下を付け加える：

(Lin) $\xi<\zeta$ が順序数上の全順序であることを主張する公理.

(WF) $\xi<\zeta$ に関する超限帰納法公理図式：任意の論理式 $F\in\mathcal{L}$(IDΩ) について

$$\forall\xi[\forall\eta<\xi F(\eta)\to F(\xi)]\to\forall\xi F(\xi).$$

$(\boldsymbol{\mathcal{I}_P^<})$ $\forall\xi\leq\Omega\{x\in\mathcal{I}_P^{<\xi}\leftrightarrow\exists\eta<\xi P[\mathcal{I}_P^{<\eta},x]\}$.

つまり

$$\forall \xi < \Omega \{ x \in \mathcal{I}_P^{<\xi} \leftrightarrow \exists \eta < \xi \, P[\mathcal{I}_P^{<\eta}, x] \}$$

かつ

$$x \in \mathcal{I}_P^{<\Omega} \leftrightarrow \exists \eta < \Omega \, P[\mathcal{I}_P^{<\eta}, x].$$

(Cl) (Closure axiom) $P[\mathcal{I}_P^{<\Omega}, x] \rightarrow x \in \mathcal{I}_P^{<\Omega}$.

補題 8.5.1 $\mathcal{I}_P^{<\Omega}$ は定義可能な集合の中で正論理式 $P[X,x]$ の定める単調関数の最小の不動点になっている：言語 $\mathcal{L}(\mathsf{ID}\Omega)$ の勝手な論理式 $F(x)$ について

$$\mathsf{ID}\Omega \vdash \forall x \{ P[F,x] \rightarrow F(x) \} \rightarrow \forall x \{ x \in \mathcal{I}_P^{<\Omega} \rightarrow F(x) \}$$

かつ

$$\mathsf{ID}\Omega \vdash \forall x \{ P[\mathcal{I}_P^{<\Omega}, x] \rightarrow x \in \mathcal{I}_P^{<\Omega} \}.$$

［証明］ 後者は(Closure axiom)そのもので，前者は $\forall x \{ P[F,x] \rightarrow F(x) \} \rightarrow \forall x \{ x \in \mathcal{I}_P^{<\xi} \rightarrow F(x) \}$ を ξ に関する超限帰納法で示せばよい．その際に $P[X,x]$ に X が正にしか現れていないことを使う． ∎

$\mathsf{ID}\Omega$ はある集合論の公理系 $\mathrm{KP}\omega$ と互いに解釈できるという意味で同等である(cf. 付録 A. 3 節).

8.5.2 つぶし関数による順序数表記

ここでは $\mathsf{ID}\Omega$ の証明論的順序数，つまり $\mathsf{ID}\Omega$ で整礎性が証明できない帰納的順序数 Λ をつくる．

この節の定理 8.5.32 で示すことは，この Λ とノルム $|n|_P$ (定義 4.4.32)と n-番目の数字 n に関して

$$\mathsf{ID}\Omega \vdash n \in \mathcal{I}_P^{<\Omega} \Rightarrow |n|_P < \Lambda \tag{8.20}$$

である．これが示せれば補題 4.4.34 より証明論的順序数は $|\mathsf{ID}\Omega| \leq \Lambda$ となる．

いま順序数 $\Lambda > 0$ について，言語 $\mathcal{L}(\mathsf{ID}\Omega)$ に対する構造

$$I(\Lambda) = \langle \mathbb{N}, \Lambda, \{ I_P^{<\xi} \}_{\xi \leq \Lambda}, \ldots \rangle$$

を考える．ここで $\mathbb{N}$ は言語 $\mathcal{L}(\mathsf{PA})$ の部分の標準モデルで，$\Lambda = \{ \alpha \in ORD : \alpha < \Lambda \}$ は $\boldsymbol{O}$-変数の変域，$I_P^{<\xi}$ は $\mathbb{N}$ 上で正論理式 $P[X,x]$ を解釈した単調関数 $P : \mathbb{N} \supset X \mapsto P(X) := \{ n \in \mathbb{N} : \mathbb{N} \models P[X,n] \}$ により帰納的に定義される集合族 $\{ I_P^{<\xi} \}_\xi$ (cf. 定義 4.4.30.)を $\xi \leq \Lambda$ で切ったものである．

すると Λ が帰納的である限り $I(\Lambda)$ が $\mathsf{ID}\Omega$ のモデルになることはあり得ない．それは順序型が $\Lambda + 1$ である再帰的関係 $\prec$ がつくれるので，それから正論理式 $P_\prec[X,x] :\Leftrightarrow \forall y \prec x \, (y \in X)$ をつくれば(Closure axiom)が $I(\Lambda)$ で正しく

なくなる $I(\Lambda) \not\models \forall x\{P_{\prec}[\mathcal{I}_{P_{\prec}}^{<\Omega}, x] \to x \in \mathcal{I}_{P_{\prec}}^{<\Omega}\}$ からである．

$n \in \mathcal{I}_P^{<\Omega}$ で終わる $\mathsf{ID}\Omega$ の証明を無限の証明に埋め込んでから，(Closure axiom) に関わるカットを予め消去しようとする．但しその際には上で述べたように，Ω は少なくともいかなる帰納的順序数より大きいある順序数で解釈されないといけない．いま

$$\dfrac{\dfrac{\begin{array}{c}\vdots\\ \Gamma, P[\mathcal{I}_P^{<\Omega}, n]\end{array}}{\Gamma, n \in \mathcal{I}_P^{<\Omega}} \qquad \dfrac{\cdots \neg P[\mathcal{I}_P^{<\eta}, n], \Gamma \cdots \ (\eta < \Omega)}{n \notin \mathcal{I}_P^{<\Omega}, \Gamma}}{\Gamma} \tag{8.21}$$

となっていたら，適当な帰納的順序数 η を選んで $P[\mathcal{I}_P^{<\eta}, n]$ が正しい，つまり $I(\eta) \models P[\mathcal{I}_P^{<\Omega}, n]$ としなければならない．いかにしてこのようなことが可能であろうか？　このような η の候補としては ε-数 $\omega^\eta = \eta$ だけ考えることにする．

ここでもし $\Gamma, P[\mathcal{I}_P^{<\Omega}, n]$ に至る(無限)証明に $m \in \mathcal{I}_P^{<\Omega}$ が正にしか現れず，従ってその証明が

$$\begin{array}{c} \dfrac{\Delta_1, \exists \xi < \eta\, P[\mathcal{I}_P^{<\xi}, k]}{\Delta_1, k \in \mathcal{I}_P^{<\eta}} \\ \vdots \\ \dfrac{\Delta_0, \exists \eta < \Omega\, P[\mathcal{I}_P^{<\eta}, m]}{\Delta_0, m \in \mathcal{I}_P^{<\Omega}} \\ \vdots \\ \Gamma, P[\mathcal{I}_P^{<\Omega}, n] \end{array}$$

の形になっているとしてみる．しかもその中に現れている順序数 η (を表す定数，Ω 以外)がみな，ある順序数，たとえば ε_0 より小さいとしたら，その証明中の $n \in \mathcal{I}_P^{<\Omega}$ を一斉に $n \in \mathcal{I}_P^{<\varepsilon_0}$ で置き換えることができるであろう．そうして (8.21) は，右上で $\eta = \varepsilon_0$ の枝を選ぶことで通常のカットになる：

$$\dfrac{\Gamma, P[\mathcal{I}_P^{<\varepsilon_0}, n] \quad \neg P[\mathcal{I}_P^{<\varepsilon_0}, n], \Gamma}{\Gamma}$$

すると順序数 ε_0 が証明に現れることになり，つぎに必要になる，つまり上の図の推件 Γ の下の部分での同様のカット消去の際に出てくるのは，ε_0 のつぎの ε-数 ε_1 になる．

他方，証明の深さはどのくらい深くならざるを得ないか考えてみよう．$\mathsf{PA}(X)$

の順序数解析は無限の証明図におけるカット消去を通じてなされた．そこで順序数 ε_0 が限界として現れた理由は，そこに数学的帰納法があり，そこでの論理式の複雑さが有限 $\mathrm{dp}(A) < \omega$ でかつ $\varepsilon_0 = \min\{\alpha > 0 : \alpha > \omega \,\&\, \forall\beta < \alpha(2^\beta < \alpha)\}$ だからである．つまりカット論理式の複雑さをひとつ減らすには，指数関数だけ証明の深さが深くなってしまう(cf. ω-論理でのカット深度低下定理 8. 3. 6)．

ここでは，順序数の超限帰納法公理を無限の証明に埋め込むので，$\boldsymbol{O}$-変数の変域が Ω であるから証明の深さは Ω より深くなってしまう．するとそこでカット消去すると Ω のつぎの ε-数 $\varepsilon_{\Omega+1}$ までは必要になることが分かる．

(Closure axiom)に関わるカット消去には，上述の順序数の導入を証明の深さ $\varepsilon_{\Omega+1}$ だけ繰り返すことになるので，必要になる順序数は $\varepsilon_{\Omega+1} = \sup\{\varepsilon_\alpha : \alpha < \varepsilon_{\Omega+1}\}$ となり Ω が帰納的順序数より大きいのだから，$\varepsilon_{\Omega+1}$ もまたそうであり，所期の目的の帰納的順序数 Λ を見いだす企ては暗礁に乗り上げてしまう．

以下，説明の簡単のため $\Omega = \omega_1$ として，少し見方を変えてみる．順序数上で集合 $\{0\}$ の足し算 $+$ と指数関数 $\alpha \mapsto \omega^\alpha$ による Skolem 包は，ちょうど ε_0 より小さい順序数の集合となる．この集合は $\{0, \Omega\}$ の足し算と指数関数による Skolem 包 $\mathcal{H}_0$ の Ω より小さい部分と一致しており，$\mathcal{H}_0$ の Mostowski つぶしによる Ω の像が ε_0 であることになる．これを $\psi 0 = \varepsilon_0$ と書こう．

つぎに ε_1 は $\{0, \Omega, \psi 0 (= \varepsilon_0)\}$ の同じ関数による Skolem 包 $\mathcal{H}_1$ の Mostowski つぶしによる Ω の像 $\psi 1 = \varepsilon_1$ になる．このような Skolem 包の構成とその Mostowski つぶしが $\varepsilon_{\Omega+1}$ 回繰り返されなければならない．構成を α 回繰り返して得られる Skolem 包を $\mathcal{H}_\alpha$ と書こう．但しここで順序数 $\psi\gamma$ は関数 $\gamma \mapsto \psi\gamma$ として捉え直して，$\mathcal{H}_\alpha$ は $\{0, \Omega\}$ の足し算，指数関数とこの関数 $\psi{\restriction}\alpha$ (ψ を α より小さい順序数に制限した関数)の Skolem 包である．すると，$\mathcal{H}_\alpha$ は可算集合となるので，可算順序数部分 $\mathcal{H}_\alpha \cap \Omega$ は $\Omega = \omega_1$ が正則であるから有界であり，Ω の Mostowski つぶし $\psi\alpha$ がつくれることになる．

一般に $\mathcal{H}_\alpha$ に属する(または α-ステップで記述された)順序数は，次の図のように飛び飛びのギャップを伴った実線上のものだけである：

$$0 \quad [\!\!\longmapsto\!\!) \; \psi\alpha \qquad \Omega \quad [\!\!\longmapsto\!\!) \; \Omega + \psi\alpha \qquad \cdots\cdots\cdots$$

このギャップたちを下へ隙間なくつぶしたのが Mostowski つぶしにほかならない．これにより Ω は初めての記述不能順序数 $\psi\alpha$ へつぶされる．すると，$\mathcal{H}_\alpha$ に属する順序数たちは，Ω と $\psi\alpha$ の区別がつかない，つまり $\gamma < \Omega \Leftrightarrow \gamma <$

$\psi\alpha\,(\gamma\in\mathcal{H}_\alpha)$．こうして，順序数としては $\mathcal{H}_\alpha$ しか考えなくてよい制限された状況においては，帰納的順序数 $\psi\alpha$ が帰納的でない順序数 Ω の身替りになれるので，上述の(Closure axiom)に関わるカット消去において，$\Gamma, P[\mathcal{I}_P^{<\Omega}, n]$ に至る証明の深さが α であれば $n\in\mathcal{I}_P^{<\Omega}$ での Ω を $\psi\alpha$ で置き換え得る．

以上でこれから定義する順序数の説明を終わる．

定義 8.5.2 順序数 $\alpha<\varepsilon_{\Omega+1}$ に関する同時帰納法により，順序数のベキ集合上の関数 $\mathcal{H}_\alpha:\mathcal{P}(ORD)\rightarrow\mathcal{P}(ORD)$ と順序数 $\psi\alpha$ を以下のように定義する．$X\subset ORD$ として，$\mathcal{H}_\alpha(X)$ は集合 $\{0,\Omega\}\cup X$ の順序数上の足し算 $\beta+\gamma$，指数関数 $\beta\mapsto\omega^\beta$ と関数 $\psi\restriction\alpha$ (ψ を α より小さい順序数に制限した関数)による Skolem 包を表す．そして

$$\psi\alpha := \min\{\beta\leq\Omega : \mathcal{H}_\alpha(\beta)\cap\Omega\subset\beta\} \tag{8.22}$$

ここで $\beta=\{\gamma\in ORD:\gamma<\beta\}$． □

補題 8.5.3 $\Omega=\omega_1$ として，どんな順序数 α についても $\psi\alpha<\Omega$．

［証明］ 可算順序数 β で $\mathcal{H}_\alpha(\beta)\cap\Omega\subset\beta$ となっているものの存在を言えばよい．$X\subset ORD$ が可算なら $\mathcal{H}_\alpha(X)$ も可算であることに注意して，$\Omega=\omega_1$ の正則性より可算順序数列 $\{\beta_n\}_n$ を $\beta_0=0$, $\beta_{n+1}=\min\{\beta<\Omega:\mathcal{H}_\alpha(\beta_n)\cap\Omega\subset\beta\}$ として $\beta=\sup\{\beta_n:n\in\omega\}<\Omega$ とすればよい． ■

定義 8.5.4 $X\subset ORD$ が関数 $f:ORD^n\rightarrow ORD$ について閉じているとは，以下が成立することを指す：

$$\{\alpha_1,\ldots,\alpha_n\}\subset X\Rightarrow f(\alpha_1,\ldots,\alpha_n)\in X.$$

順序数 γ が順序数上の関数について閉じているとは，集合 $\{\delta\in ORD:\delta<\gamma\}$ がその関数で閉じていることを意味する． □

定義 8.5.5 順序数 α に対し，順序数の有限集合 $\mathsf{E}(\alpha)$ を定める．$\mathsf{E}(0):=\varnothing$．Cantor の底 ω に関する $\alpha>0$ の標準形(命題 4.3.15.13)を

$$\alpha=\omega^{\alpha_{n-1}}m_{n-1}+\cdots+\omega^{\alpha_0}m_0$$

として，$\alpha>\alpha_{n-1}$ なら

$$\mathsf{E}(\alpha):=\bigcup\{\mathsf{E}(\alpha_i):i<n\} \tag{8.23}$$

とし，α が ε-数なら $\mathsf{E}(\alpha):=\{\alpha\}$ とする． □

つぎの命題 8.5.6 は定義から容易に分かる．

命題 8.5.6

1. $\alpha_0\leq\alpha_1\wedge X_0\subset X_1\Rightarrow\mathcal{H}_{\alpha_0}(X_0)\subset\mathcal{H}_{\alpha_1}(X_1)$.
2. $X\subset\mathcal{H}_\alpha(X)$. $X\subset\mathcal{H}_\alpha(Y)\Rightarrow\mathcal{H}_\alpha(X)\subset\mathcal{H}_\alpha(Y)$.

3. $\mathcal{H}_\alpha(\psi\alpha)\cap\Omega=\psi\alpha$ かつ $\psi\alpha\notin\mathcal{H}_\alpha(\psi\alpha)$.

4. $\alpha_0\leq\alpha\Rightarrow\psi\alpha_0\leq\psi\alpha\wedge\mathcal{H}_{\alpha_0}(\psi\alpha_0)\subset\mathcal{H}_\alpha(\psi\alpha)$.

5. $\alpha_0<\alpha\wedge\alpha_0\in\mathcal{H}_\alpha(\psi\alpha)\Rightarrow\psi\alpha_0<\psi\alpha$. よって

$$\alpha_0\in\mathcal{H}_{\alpha_0}(\psi\alpha_0)\wedge\alpha_1\in\mathcal{H}_{\alpha_1}(\psi\alpha_1)\Rightarrow(\alpha_0<\alpha_1\Leftrightarrow\psi\alpha_0<\psi\alpha_1).$$

6. $\{0,\Omega\}\subset\mathcal{H}_\alpha(\varnothing)$. $\mathsf{E}(\beta)\subset\mathcal{H}_\alpha(X)\Rightarrow\beta\in\mathcal{H}_\alpha(X)$.

　$\mathcal{H}_\alpha(X)$ と $\psi\alpha$ はともに足し算と底 ω の指数関数で閉じている.

7. $\psi\alpha$ は ε-数である. □

以下，順序数 $\psi\varepsilon_{\Omega+1}=\Lambda$ が(8.20)を充たすことを示す．初めに $\psi\varepsilon_{\Omega+1}$ が帰納的であることを示す.

補題 8.5.7 $\mathcal{H}_\alpha(\psi\alpha)=\mathcal{H}_\alpha(0)$ かつ $\psi\alpha=\min\{\xi:\xi\notin\mathcal{H}_\alpha(0)\cap\Omega\}$.

［証明］ α に関する超限帰納法による．$\xi=\min\{\xi:\xi\notin\mathcal{H}_\alpha(0)\cap\Omega\}$ と置くと $\xi\subset\mathcal{H}_\alpha(0)\cap\Omega$ より $\mathcal{H}_\alpha(0)=\mathcal{H}_\alpha(\xi)$ である．命題 8.5.6.6 より ξ は ε-数である.

$\mathcal{H}_\alpha(0)\cap\Omega\subset\xi$ を Skolem 包 $\mathcal{H}_\alpha(0)$ の帰納的定義に沿って示す．$\gamma\in\mathcal{H}_\alpha(0)\cap\alpha$ とすると α に関する超限帰納法の仮定より $\psi\gamma=\mathcal{H}_\gamma(0)\cap\Omega\subset\mathcal{H}_\alpha(0)\cap\Omega$ となる．他方 $\psi\gamma\in\mathcal{H}_\alpha(0)\cap\Omega\not\ni\xi$ なので $\psi\gamma<\xi$ である.

以上より $\mathcal{H}_\alpha(\xi)\cap\Omega=\mathcal{H}_\alpha(0)\cap\Omega\subset\xi$ となり $\psi\alpha\leq\xi$ である．よって $\mathcal{H}_\alpha(0)\subset\mathcal{H}_\alpha(\psi\alpha)\subset\mathcal{H}_\alpha(\xi)=\mathcal{H}_\alpha(0)$. ■

補題 8.5.7 により $\mathcal{H}_{\varepsilon_{\Omega+1}}(0)=\mathcal{H}_{\varepsilon_{\Omega+1}}(\psi\varepsilon_{\Omega+1})$ なので，$\mathcal{H}_{\varepsilon_{\Omega+1}}(0)$ に属す順序数は記号 $0,\Omega,+,\omega,\psi$ 上の式として表せることになる．但し，この式による順序数表示は一意的に決まらない，例えば $\psi(\psi\Omega)=\psi\Omega$ である(cf.(演習 30))．そこで式による順序数表示の標準形が要るが，命題 8.5.6.5 より

$$\alpha\in\mathcal{H}_\alpha(0)=\mathcal{H}_\alpha(\psi\alpha) \tag{8.24}$$

となっている場合のみ式 $\psi\alpha$ をつくることにすればよい．あとは条件 $\alpha\in\mathcal{H}_\alpha(0)$ を式上の再帰的条件に書き換えれば，$\mathcal{H}_{\varepsilon_{\Omega+1}}(0)$ の式表示である式の(適当なコード化を経て)原始再帰的集合 $H_{\varepsilon_{\Omega+1}}(0)$ とその上の原始再帰的順序 $<$ を得る.

$T(\varepsilon_{\Omega+1})$ を記号 $0,\Omega,+,\omega,\psi$ 上の式全体の集合とする．ここで $0,\Omega$ は定数，ω,ψ は1変数関数記号，$+$ は任意の式の有限列 $\alpha_1,\ldots,\alpha_n\,(n\geq 2)$ について $\alpha_1+\cdots+\alpha_n$ も式であるとする.

(Cantor 標準形とは限らない)式 $\alpha=\omega^{\alpha_{n-1}}m_{n-1}+\cdots+\omega^{\alpha_0}m_0$ についても定義 8.5.5, (8.23)で $\mathsf{E}(\alpha)$ を定義する．$\mathsf{E}(0)=\varnothing$, $\mathsf{E}(\Omega)=\{\Omega\}$, $\mathsf{E}(\psi\alpha)=\{\psi\alpha\}$ である.

定義 8.5.8 式 $\alpha\in T(\varepsilon_{\Omega+1})$ について，式の有限集合 $G(\alpha)\subset T(\varepsilon_{\Omega+1})$ を帰納

的に定義する.

1. $G(0)=G(\Omega)=\varnothing$.

2. $G(\psi\alpha)=\{\alpha\}\cup G(\alpha)$.

3. $G(\alpha)=\bigcup\{G(\beta):\beta\in \mathsf{E}(\alpha)\}$, 上記以外のとき. □

式 $\beta\in T(\varepsilon_{\Omega+1})$ に対し, 順序数 $o(\beta)$ を $o(0)=0$, $o(\Omega)=\Omega$, $o(\psi\beta)=\psi o(\beta)$, $o(\omega^{\alpha_{n-1}}m_{n-1}+\cdots+\omega^{\alpha_0}m_0)=\omega^{o(\alpha_{n-1})}m_{n-1}+\cdots+\omega^{o(\alpha_0)}m_0$ で定める.

命題 8.5.9 式 $\beta\in T(\varepsilon_{\Omega+1})$ と順序数 α について

$$o(G(\beta))<\alpha[:\Leftrightarrow \forall\gamma\in G(\beta)(o(\gamma)<\alpha)]\Leftrightarrow o(\beta)\in\mathcal{H}_\alpha(0).$$

［証明］ 式 β の長さに関する帰納法で示せる. ■

この命題 8.5.9 により

$$\alpha\in H_{\varepsilon_{\Omega+1}}(0)\,\&\,G(\alpha)<\alpha\Rightarrow\psi\alpha\in H_{\varepsilon_{\Omega+1}}(0)$$

とすることで, $\mathcal{H}_{\varepsilon_{\Omega+1}}(0)$ の式表示である式の原始再帰的集合 $H_{\varepsilon_{\Omega+1}}(0)\subsetneq T(\varepsilon_{\Omega+1})$ とその上の原始再帰的順序 $<$ が得られた. 以下, 式 α とそのコードたる自然数を区別しない. 式は順序数同様 α,β などで表す.

つぎにこの順序の各始切片 $\alpha<\psi\varepsilon_{\Omega+1}$ までの超限帰納法が $\mathsf{ID}\Omega$ で証明できることを示そう.

定理 8.5.10 各 $n<\omega$ について

$$\mathsf{ID}\Omega\vdash TI[<\restriction\psi\omega_n(\Omega+1),B]$$

が任意の論理式 B に関して成立する. □

正論理式 $\mathcal{A}[X,\alpha]:\Leftrightarrow\forall\beta<\alpha\,(\beta\in X)$ について $Acc=\mathcal{I}^{<\Omega}_{\mathcal{A}}$ とおく. これは $H_{\varepsilon_{\Omega+1}}(0)$ 上の関係 $<$ の整礎部分を表す.

補題 8.5.1 により, 定理 8.5.10 の証明にはつぎの補題 8.5.11 を示せばよい.

補題 8.5.11 各 $\alpha<\psi\varepsilon_{\Omega+1}$ について $\mathsf{ID}\Omega\vdash\alpha\in Acc$. □

$$\alpha\in\mathcal{W}:\Leftrightarrow \mathsf{E}(\alpha)\cap\Omega\subset Acc$$

と置く. $\mathsf{E}(\Omega)\cap\Omega=\varnothing$ であるから $\Omega\in\mathcal{W}$ に注意せよ.

命題 8.5.12 $\mathsf{ID}\Omega$ でつぎが証明できる.

1. $0\in Acc$.

2. $\{\gamma,\delta\}\subset Acc\leftrightarrow\gamma+\delta\in Acc$.

3. $\gamma\in Acc\leftrightarrow\omega^\gamma\in Acc$.

4. $\forall\alpha<\Omega[\alpha\in Acc\leftrightarrow \mathsf{E}(\alpha)\subset Acc]$.

5. $\mathcal{W}\cap\Omega=Acc\cap\Omega$.

［証明］ 命題 8.5.12.2. $\delta\in Acc$ に関する超限帰納法により $\forall\gamma\in Acc(\gamma+\delta\in$

$Acc)$ を示せばよい.

命題 8. 5. 12. 3. 命題 8. 5. 12. 2 を使って, $\gamma \in Acc$ に関する超限帰納法により $\omega^\gamma \in Acc$ を示せばよい. ∎

命題 8. 5. 13 各 $n<\omega$ について

$$\mathsf{ID}\Omega \vdash \forall \alpha \in \mathcal{W}[\forall \beta \in \mathcal{W}(\beta<\alpha \to B(\beta)) \to B(\alpha)]$$
$$\to \forall \alpha \in \mathcal{W}[\alpha<\omega_n(\Omega+1) \to B(\alpha)]$$

が任意の論理式 B について成立する.

[証明] 定理 8. 4. 8 の証明と同様に $n<\omega$ に関する metainduction による. $n=0$ の場合は命題 8. 5. 12. 5 による.

論理式 B について $\mathrm{j}[B](\alpha)$ を

$$\mathrm{j}[B](\alpha) :\Leftrightarrow \forall \beta \in \mathcal{W}[\forall \gamma \in \mathcal{W}(\gamma<\beta \to B(\gamma))$$
$$\to \forall \gamma \in \mathcal{W}(\gamma<\beta+\omega^\alpha \to B(\gamma))]$$

で定義すれば, $\mathcal{W} \Rightarrow B := \{\alpha : \alpha \in \mathcal{W} \to B(\alpha)\}$ として $\mathsf{ID}\Omega \vdash Prog[<, \mathcal{W} \Rightarrow B] \to Prog[<, \mathcal{W} \Rightarrow \mathrm{j}[B]]$ となる(cf. 補題 8. 4. 9). ∎

命題 8. 5. 12. 5 よりあとはつぎを示せばよい.

補題 8. 5. 14 各 $\alpha \in H_{\varepsilon_{\Omega+1}}(0)$ について $\mathsf{ID}\Omega \vdash \alpha \in \mathcal{W}$.

[証明] 式 $\alpha \in H_{\varepsilon_{\Omega+1}}(0)$ の長さに関する metainduction による. 各 $n<\omega$ についてつぎを示せばよい:

$$\mathsf{ID}\Omega \vdash \alpha_0 \in \mathcal{W} \land G(\alpha_0) < \alpha_0 < \omega_n(\Omega+1) \to \psi\alpha_0 \in Acc.$$

命題 8. 5. 13 により, これを $\omega_n(\Omega+1)$ までの $\alpha_0 \in \mathcal{W}$ に関する超限帰納法で示す.

$\alpha_0 \in \mathcal{W} \land G(\alpha_0) < \alpha_0 < \omega_n(\Omega+1)$ とする. 式 β の長さに関する帰納法でつぎを示す:

$$\forall \beta < \psi\alpha_0\ (\beta \in Acc).$$

命題 8. 5. 12. 4 と式の長さに関する帰納法の仮定より, $G(\beta_0)<\beta_0$ であるようなある β_0 について $\beta=\psi\beta_0$ の場合のみ考えればよい. $\beta_0<\alpha_0$ であるから, $\mathcal{W}$ に関する帰納法の仮定より, $\beta_0 \in \mathcal{W}$ つまり $\mathsf{E}(\beta_0) \subset Acc$ を示せば終わる. $\gamma \in \mathsf{E}(\beta_0)$ として γ_0 を $\gamma=\psi\gamma_0$ と取ると, $\gamma_0 \in G(\beta_0)<\beta_0$ であるから, $\gamma<\psi\beta_0<\psi\alpha_0$ でしかも $\gamma \in \mathsf{E}(\beta_0)$ の長さは $\psi\beta_0$ より短いから, 式の長さに関する帰納法の仮定より $\gamma \in Acc$ である. ∎

8.5.3 作用素により統御された証明

帰納的順序数 $\Lambda=\psi\varepsilon_{\Omega+1}$ に関して(8.20)を証明する．初めに IDΩ を W. Buchholz が導入したある無限の推件計算 IDΩ^∞ に埋め込んで，そこでカット消去を行う．

IDΩ^∞ の言語は $\mathcal{L}(\mathsf{ID}\Omega)$ に各順序数 $\alpha\in H_{\varepsilon_{\Omega+1}}(0)\cap\Omega$ に対応する定数を付け加えて得られる．小節 8.4.1 での ω-論理の推件計算同様，式，論理式としては自由変数を持たない閉じたものしか考えない．閉式 t，その値である自然数 $n=\mathrm{val}(t)$ および n-番目の数字 $\bar{n}$ を同一視する．推件は，閉論理式の有限集合である．**素リテラル**は，$n=m, n<m, \alpha=\beta, \alpha<\beta\,(\alpha,\beta\in H_{\varepsilon_{\Omega+1}}(0)\cap\Omega)$ およびそれらの補である．素リテラル，$A_0\vee A_1, \exists xA(x), \exists\xi A(\xi), n\in\mathcal{I}_P^{<\xi}\ (\xi\leq\Omega)$ の形の論理式を **E-論理式**と呼ぶ．E-論理式の否定が A-論理式である．

以下，断らなくても論理式や推件は IDΩ^∞ の言語でのものを指す．つぎの定義 8.5.15 は論理式 A の深さ $\mathrm{dp}_\Omega(A)<\Omega+\omega$ であるが，リテラル $n\in\mathcal{I}_P^{<\Omega}$ とその補が現れない論理式の深さをゼロに設定しているのは，そのようなカット論理式をここでは消去しないからである．

定義 8.5.15

1. A にリテラル $n\in\mathcal{I}_P^{<\Omega}$ とその補が現れないなら $\mathrm{dp}_\Omega(A):=0$.

 以下でリテラル $n\in\mathcal{I}_P^{<\Omega}$ かその補が現れる論理式の深さを定義する．

2. $\mathrm{dp}_\Omega(n\in\mathcal{I}_P^{<\Omega}):=\mathrm{dp}_\Omega(n\notin\mathcal{I}_P^{<\Omega}):=\Omega$.
3. $\mathrm{dp}_\Omega(A_0\vee A_1):=\mathrm{dp}_\Omega(A_0\wedge A_1)=:\max\{\mathrm{dp}_\Omega(A_i):i=0,1\}+1$.
4. $\mathrm{dp}_\Omega(\exists xA(x)):=\mathrm{dp}_\Omega(\forall xA(x)):=\mathrm{dp}_\Omega(A(0))+1$.
5. $\mathrm{dp}_\Omega(\exists\xi A(\xi)):=\mathrm{dp}_\Omega(\forall\xi A(\xi)):=\mathrm{dp}_\Omega(A(0))+1$. □

$$\mathrm{dp}_\Omega(\exists xA(x))\geq\Omega\Rightarrow\forall n\in\omega[\mathrm{dp}_\Omega(\exists xA(x))>\mathrm{dp}_\Omega(A(n))]$$
$$\mathrm{dp}_\Omega(\exists\xi A(\xi))\geq\Omega\Rightarrow\forall\alpha\in H_{\varepsilon_{\Omega+1}}(0)\cap\Omega[\mathrm{dp}_\Omega(\exists\xi A(\xi))>\mathrm{dp}_\Omega(A(\alpha))]$$

に注意せよ．

推件計算 IDΩ^∞ の証明は，$\mathcal{P}(H_{\varepsilon_{\Omega+1}}(0))$ ($H_{\varepsilon_{\Omega+1}}(0)$ のベキ集合)上の作用素によって，その中に現れる順序数を統御する．しばらくこの作用素に関する定義などをする．

定義 8.5.16

以下，$\mathcal{H}$ は関数 $\mathcal{H}:\mathcal{P}(H_{\varepsilon_{\Omega+1}}(0))\to\mathcal{P}(H_{\varepsilon_{\Omega+1}}(0))$ を表す．

1. $\alpha\in H_{\varepsilon_{\Omega+1}}(0)$ と $X\in\mathcal{P}(H_{\varepsilon_{\Omega+1}}(0))$ について

$$\alpha \in \mathcal{H} :\Leftrightarrow \alpha \in \mathcal{H}(0)$$
$$X \subset \mathcal{H} :\Leftrightarrow X \subset \mathcal{H}(0)$$

と定める．

2. $\mathcal{H}$ が $H_{\varepsilon_{\Omega+1}}(0)$ 上の関数 f について**閉じている**とは，どんな $X \subset H_{\varepsilon_{\Omega+1}}(0)$ についても $\mathcal{H}(X)$ が定義 8.5.4 の意味で f について閉じていることを意味する．

3. $M \in \mathcal{P}(H_{\varepsilon_{\Omega+1}}(0))$ により誘導される関数 $\mathcal{H}[M]$ を

$$\mathcal{H}[M](X) := \mathcal{H}(M \cup X)$$

で定める．　□

定義 8.5.17　$\mathcal{H} : \mathcal{P}(H_{\varepsilon_{\Omega+1}}(0)) \to \mathcal{P}(H_{\varepsilon_{\Omega+1}}(0))$ がつぎの条件を充たすとき，$\mathcal{H}$ は（$H_{\varepsilon_{\Omega+1}}(0)$ 上の）**作用素**（operator）と呼ばれる．

(N.0)　$0, \Omega \in \mathcal{H}$.

(N.1)　$\mathcal{H}$ は足し算と底 ω の指数関数で閉じている．

(N.2)　$\forall X \in \mathcal{P}(H_{\varepsilon_{\Omega+1}}(0))[X \subset \mathcal{H}(X)]$.

(N.3)　$\forall X \in \mathcal{P}(H_{\varepsilon_{\Omega+1}}(0)) \forall Y \in \mathcal{P}(H_{\varepsilon_{\Omega+1}}(0))[X \subset \mathcal{H}(Y) \Rightarrow \mathcal{H}(X) \subset \mathcal{H}(Y)]$.

□

命題 8.5.6.2 および 8.5.6.6 により $\mathcal{H}_\alpha$ $(\alpha \in H_{\varepsilon_{\Omega+1}}(0))$ は定義 8.5.17 の意味で作用素である．

以下，$\mathcal{H}$ は作用素を表す．

補題 8.5.18　$\mathcal{H}$ を作用素，$M \in \mathcal{P}(H_{\varepsilon_{\Omega+1}}(0))$ とする．

1. $\mathcal{H}[M]$ もまた作用素になる．

2. $M \subset \mathcal{H} \Rightarrow \mathcal{H}[M] = \mathcal{H}$.

［証明］ 8.5.18.1. (N.2) より任意の Y について $M \subset \mathcal{H}(M \cup Y) = \mathcal{H}[M](Y)$ となり，これより $\mathcal{H}[M]$ が (N.3) を充たす．

8.5.18.2. (N.3) 任意の Y について $M \subset \mathcal{H}(0) \subset \mathcal{H}(Y)$ なので $\mathcal{H}[M](Y) \subset \mathcal{H}(Y)$ である．　■

定義 8.5.19　論理式 A について

$$\mathsf{k}(A) := \{\alpha \in H_{\varepsilon_{\Omega+1}}(0) \cap \Omega : A \text{ に定数 } \alpha \text{ が現れている}\}.$$　□

さて，作用素 $\mathcal{H}$，推件 Γ，$a \in H_{\varepsilon_{\Omega+1}}(0)$，$\rho < \Omega + \omega$ に関して関係

$$\mathcal{H} \vdash^a_\rho \Gamma$$

を定義する．おおよその意味は，深さがたかだか a でその中のカット論理式 C の深さ $\mathrm{dp}_\Omega(C)$ が ρ より小さい Γ の証明でしかもその中に現れている順序数と a

が$\mathcal{H}$で統御もしくは制限されているようなもの(operator controlled derivation)が存在するということである.

定義 8.5.20 $\mathcal{H}\vdash^a_\rho \Gamma$ であるのは

$$\{a\}\cup \mathsf{k}(\Gamma)\subset \mathcal{H} \tag{8.25}$$

であって,かつつぎのいずれかが成立するときである:

始件　ある $\mathrm{dp}_\Omega(A)=0$ かつ $I(\psi\varepsilon_{\Omega+1})\models A$ である論理式 A について

$$A\in\Gamma$$

(∨)　$A_0\vee A_1\in\Gamma$ で,ある $a_0<a$ と $i<2$ について

$$\mathcal{H}\vdash^{a_0}_\rho \Gamma, A_i$$

これを以下,推論図の形で

$$\frac{\mathcal{H}\vdash^{a_0}_\rho \Gamma, A_i}{\mathcal{H}\vdash^a_\rho \Gamma}\ (\vee)$$

と書く.

(∧)　$A_0\wedge A_1\in\Gamma$ で,ある $a_0<a$ について

$$\frac{\mathcal{H}\vdash^{a_0}_\rho \Gamma, A_0 \quad \mathcal{H}\vdash^{a_0}_\rho \Gamma, A_1}{\mathcal{H}\vdash^a_\rho \Gamma}\ (\wedge)$$

(∃ℕ)　$\exists x A(x)\in\Gamma$ で,ある $n\in\omega$ とある $a(n)<a$ について

$$\frac{\mathcal{H}\vdash^{a(n)}_\rho \Gamma, A(n)}{\mathcal{H}\vdash^a_\rho \Gamma}\ (\exists\mathbb{N})$$

(∀ℕ)　$\forall x A(x)\in\Gamma$ で,$a(n)<a$ となる $a(n)$ が各 $n\in\omega$ について与えられていて

$$\frac{\{\mathcal{H}\vdash^{a(n)}_\rho \Gamma, A(n) : n\in\omega\}}{\mathcal{H}\vdash^a_\rho \Gamma}\ (\forall\mathbb{N})$$

($\exists\boldsymbol{O}$)　$\exists\xi A(\xi)\in\Gamma$ で,ある $\alpha<\Omega$ とある $a(\alpha)<a$ について

$$\frac{\mathcal{H}\vdash^{a(\alpha)}_\rho \Gamma, A(\alpha)}{\mathcal{H}\vdash^a_\rho \Gamma}\ (\exists\boldsymbol{O})$$

($\forall\boldsymbol{O}$)　$\forall\xi A(\xi)\in\Gamma$ で,$a(\alpha)<a$ となる $a(\alpha)$ が各 $\alpha<\Omega$ について与えられていて

$$\frac{\{\mathcal{H}[\{\alpha\}]\vdash^{a(\alpha)}_\rho \Gamma, A(\alpha) : \alpha<\Omega\}}{\mathcal{H}\vdash^a_\rho \Gamma}\ (\forall\boldsymbol{O})$$

$(\boldsymbol{\mathcal{I}_P^<})$　ある $\alpha \leq \Omega$ について $(n \in \mathcal{I}_P^{<\alpha}) \in \Gamma$ で，ある $\beta < \alpha$ と $a(\beta) < a$ について

$$\beta < a \tag{8.26}$$

となっていて[*10]

$$\frac{\mathcal{H} \vdash_\rho^{a(\beta)} \Gamma, P[\mathcal{I}_P^{<\beta}, n]}{\mathcal{H} \vdash_\rho^a \Gamma} \ (\mathcal{I}_P^<)$$

$(\boldsymbol{\neg\mathcal{I}_P^<})$　ある $\alpha \leq \Omega$ について $(n \notin \mathcal{I}_P^{<\alpha}) \in \Gamma$ で，$a(\beta) < a$ となる $a(\beta)$ が各 $\beta < \alpha$ について与えられていて

$$\frac{\{\mathcal{H}[\{\beta\}] \vdash_\rho^{a(\beta)} \Gamma, \neg P[\mathcal{I}_P^{<\beta}, n]\}_{\beta<\alpha}}{\mathcal{H} \vdash_\rho^a \Gamma} \ (\neg\mathcal{I}_P^<)$$

$(\boldsymbol{Cl})$　$(n \in \mathcal{I}_P^{<\Omega}) \in \Gamma$ で，ある $a_0 < a$ について

$$\frac{\mathcal{H} \vdash_\rho^{a_0} \Gamma, P[\mathcal{I}_P^{<\Omega}, n]}{\mathcal{H} \vdash_\rho^a \Gamma} \ (Cl)$$

$(\boldsymbol{cut})$　ある E-論理式 C と $\mathrm{dp}_\Omega(C) < \rho$ で，ある $a_0 < a$ について

$$\frac{\mathcal{H} \vdash_\rho^{a_0} \Gamma, \neg C \quad \mathcal{H} \vdash_\rho^{a_0} C, \Gamma}{\mathcal{H} \vdash_\rho^a \Gamma} \ (cut)$$

□

深さ保存付き薄め補題 8.3.2 と遡及補題 8.3.4 はつぎのかたちになる．

補題 8.5.21　$\mathcal{H}'$ は $\forall X \in \mathcal{P}(H_{\varepsilon_{\Omega+1}}(0))[\mathcal{H}(X) \subset \mathcal{H}'(X)]$ となる作用素とする．$\beta \leq \alpha \in \mathcal{H}'$, $d \leq c$ かつ $\mathsf{k}(\Delta) \subset \mathcal{H}'$ として

$$\mathcal{H} \vdash_d^\beta \Gamma \;\Rightarrow\; \mathcal{H}' \vdash_c^\alpha \Gamma, \Delta.$$

□

補題 8.5.22

1. $\mathcal{H} \vdash_\rho^a \Gamma, A_0 \vee A_1 \Rightarrow \mathcal{H} \vdash_\rho^a \Gamma, A_0, A_1$.
2. どの $i < 2$ についても $\mathcal{H} \vdash_\rho^a \Gamma, A_0 \wedge A_1 \Rightarrow \mathcal{H} \vdash_\rho^a \Gamma, A_i$.
3. どの $n \in \omega$ についても $\mathcal{H} \vdash_\rho^a \Gamma, \forall x A(x) \Rightarrow \mathcal{H} \vdash_\rho^a \Gamma, A(n)$.
4. $\alpha \in \mathcal{H}$ かつ $\alpha < \Omega$ とする．このとき $\mathcal{H} \vdash_\rho^a \Gamma, \forall \xi A(\xi) \Rightarrow \mathcal{H} \vdash_\rho^a \Gamma, A(\alpha)$.
5. $\beta \in \mathcal{H}$ かつ $\beta < \alpha \leq \Omega$ とする．このとき $\mathcal{H} \vdash_\rho^a \Gamma, n \notin \mathcal{I}_P^{<\alpha} \Rightarrow \mathcal{H} \vdash_\rho^a \Gamma, n \notin \mathcal{I}_P^{<\beta}$.

［証明］補題8.5.22.4, 8.5.22.5 における条件 $\alpha \in \mathcal{H}, \beta \in \mathcal{H}$ は条件(8.25)を充たすために必要である．証明はすべて関係 $\mathcal{H} \vdash_\rho^a \Gamma$ の帰納的定義に沿って，もしくは a に関する超限帰納法でできる．補題 8.5.22.5 の証明は

---

*10　有界補題 8.5.24 の $(\mathcal{I}_P^<)$ の場合に必要になる．

$$\frac{\{\mathcal{H}[\{\gamma\}]\vdash_{\rho}^{a(\gamma)} \Gamma, \neg P[\mathcal{I}_P^{<\gamma}, n]\}_{\gamma<\alpha}}{\mathcal{H}\vdash_{\rho}^{a} \Gamma, n\notin\mathcal{I}_P^{<\alpha}}\ (\neg\mathcal{I}_P^{<})$$

で枝 $\mathcal{H}[\{\beta\}]\vdash_{\rho}^{a(\beta)} \Gamma, \neg P[\mathcal{I}_P^{<\beta}, n]$ を取り出すのではなく，$\beta\leq\gamma<\alpha$ なる枝を刈る枝刈り (pruning)

$$\frac{\{\mathcal{H}[\{\gamma\}]\vdash_{\rho}^{a(\gamma)} \Gamma, \neg P[\mathcal{I}_P^{<\gamma}, n]\}_{\gamma<\beta}}{\mathcal{H}\vdash_{\rho}^{a} \Gamma, n\notin\mathcal{I}_P^{<\beta}}\ (\neg\mathcal{I}_P^{<})$$

する． ∎

定義 8.5.23 Σ^{Ω}-論理式はその中に順序数の量化記号 $Q\xi$ や負リテラル $n\notin\mathcal{I}_P^{<\Omega}$ が現れない論理式を指す．Σ^{Ω}-論理式全体の集合を Σ^{Ω} で表す．

$C\in\Sigma^{\Omega}$ と $\alpha<\Omega$ について $C^{(\alpha)}$ は，C の中のいくつかの正リテラル $n\in\mathcal{I}_P^{<\Omega}$ を $n\in\mathcal{I}_P^{<\alpha}$ で置き換えた結果を表す．推件 $\Gamma\subset\Sigma^{\Omega}$ については $\Gamma^{(\alpha)}:=\{C^{(\alpha)}: C\in\Gamma\}$. □

補題 8.5.24 (有界補題 Boundedness lemma)

$$\mathcal{H}\vdash_{\rho}^{a} \Lambda, \Gamma\ \&\ a\leq\beta<\Omega\ \&\ \beta\in\mathcal{H}\ \&\ \Gamma\subset\Sigma^{\Omega} \Rightarrow \mathcal{H}\vdash_{\rho}^{a} \Lambda, \Gamma^{(\beta)}.$$

［証明］ a に関する超限帰納法による．簡単のため $\Gamma=\{n\in\mathcal{I}_P^{<\Omega}\}$ とする．

$(\boldsymbol{\mathcal{I}_P^{<}})$ ある $a(\alpha)<a$ について

$$\frac{\mathcal{H}\vdash_{\rho}^{a(\alpha)} \Gamma, n\in\mathcal{I}_P^{<\Omega}, P[\mathcal{I}_P^{<\alpha}, n]}{\mathcal{H}\vdash_{\rho}^{a} \Gamma, n\in\mathcal{I}_P^{<\Omega}}\ (\mathcal{I}_P^{<})$$

とする．(8.26) より $\alpha<\min\{\Omega, a\}=a\leq\beta$ である．帰納法の仮定より

$$\frac{\mathcal{H}\vdash_{\rho}^{a(\alpha)} \Gamma, n\in\mathcal{I}_P^{<\beta}, P[\mathcal{I}_P^{<\alpha}, n]}{\mathcal{H}\vdash_{\rho}^{a} \Gamma, n\in\mathcal{I}_P^{<\beta}}\ (\mathcal{I}_P^{<})$$

$(\boldsymbol{Cl})$ ある $a_0<a\leq\beta$ について

$$\frac{\mathcal{H}\vdash_{\rho}^{a_0} \Gamma, n\in\mathcal{I}_P^{<\Omega}, P[\mathcal{I}_P^{<\Omega}, n]}{\mathcal{H}\vdash_{\rho}^{a} \Gamma, n\in\mathcal{I}_P^{<\Omega}}\ (Cl)$$

とする．(8.25) より $a_0\in\mathcal{H}$ である．帰納法の仮定を二回使って

$$\frac{\mathcal{H}\vdash_{\rho}^{a_0} \Gamma, n\in\mathcal{I}_P^{<\beta}, P[\mathcal{I}_P^{<a_0}, n]}{\mathcal{H}\vdash_{\rho}^{a} \Gamma, n\in\mathcal{I}_P^{<\beta}}\ (\mathcal{I}_P^{<})$$

∎

定義 8.5.25

$$\mathrm{dp}_{\Omega}(\Gamma):=\max\{\mathrm{dp}_{\Omega}(A): A\in\Gamma\}.$$

□

補題 8. 5. 26 (真理性補題 Truth lemma)

$$\mathcal{H} \vdash^{a}_{\Omega} \Gamma \,\&\, \mathrm{dp}_{\Omega}(\Gamma) < \Omega \Rightarrow I(\psi\varepsilon_{\Omega+1}) \models \Gamma.$$

[証明] 仮定により Γ の証明には (Cl) は現れない. ∎

つぎに $\mathsf{ID}\Omega$ を $\mathsf{ID}\Omega^{\infty}$ に埋め込む.

補題 8. 5. 27 (トートロジー補題 Tautology lemma)

$d=(\mathrm{dp}_{\Omega}(A)+1)-\Omega$ として

$$\mathsf{k}(\{A\}\cup\Gamma)\subset\mathcal{H}\Rightarrow\mathcal{H}\vdash^{2d}_{0}\Gamma,\neg A, A.$$

[証明] $d<\omega$ に関する帰納法による. 例えば

$$\cfrac{\cfrac{\{\mathcal{H}[\{\beta\}]\vdash^{0}_{0}\Gamma, P[\mathcal{I}^{<\beta}_{P}, n], \neg P[\mathcal{I}^{<\beta}_{P}, n] : \beta<\Omega\}}{\{\mathcal{H}[\{\beta\}]\vdash^{1}_{0}\Gamma, n\in\mathcal{I}^{<\Omega}_{P}, \neg P[\mathcal{I}^{<\beta}_{P}, n] : \beta<\Omega\}}\,(\mathcal{I}^{<}_{P})}{\mathcal{H}\vdash^{2}_{0}\Gamma, n\in\mathcal{I}^{<\Omega}_{P}, n\notin\mathcal{I}^{<\Omega}_{P}}\,(\neg\mathcal{I}^{<}_{P})$$

∎

補題 8. 5. 28 (超限帰納法補題 Transfinite Induction lemma)

$$\mathsf{k}(\{F\}\cup\Gamma)\cup\{\alpha\}\subset\mathcal{H}\Rightarrow\mathcal{H}\vdash^{f(\alpha)}_{0}\Gamma,\Theta,F(\alpha)$$

ここで $\Theta=\{\neg\forall\xi[\forall\eta<\xi F(\eta)\to F(\xi)]\}$ で $d=(\mathrm{dp}_{\Omega}(F(\alpha))+1)-\Omega$ として $f(\alpha)=2(d+2\alpha+1)$.

[証明] $\alpha<\Omega$ に関する帰納法による. $d>0$ とする.

推件 Γ を省略して考える. $\mathsf{k}(F)\cup\{\alpha\}\subset\mathcal{H}$ であるとする. $f(\alpha)-2=2d+4\alpha$ について

$$\cfrac{\cfrac{\cfrac{\mathcal{H}[\{\beta\}]\vdash^{f(\beta)}_{0}\Theta, F(\beta)\,(\beta<\alpha)}{\mathcal{H}[\{\beta\}]\vdash^{f(\beta)+1}_{0}\Theta, \beta\not<\alpha\vee F(\beta)}\,(\vee)\quad\cfrac{\mathcal{H}[\{\beta\}]\vdash^{0}_{0}\beta\not<\alpha\,(\alpha\le\beta<\Omega)}{\mathcal{H}[\{\beta\}]\vdash^{1}_{0}\Theta, \beta\not<\alpha\vee F(\beta)}\,(\vee)}{\mathcal{H}\vdash^{f(\alpha)-2}_{0}\Theta, \forall\eta<\alpha F(\eta)}\,(\forall\boldsymbol{O})\quad\mathcal{H}\vdash^{2d}_{0}\neg F(\alpha), F(\alpha)}{\cfrac{\mathcal{H}\vdash^{f(\alpha)-1}_{0}\Theta, \forall\eta<\alpha F(\eta)\wedge\neg F(\alpha), F(\alpha)}{\mathcal{H}\vdash^{f(\alpha)}_{0}\Theta, F(\alpha)}\,(\exists\boldsymbol{O})}\,(\wedge)$$

∎

トートロジー補題 8. 5. 27 と超限帰納法補題 8. 5. 28 によりつぎが得られる.

補題 8. 5. 29 (埋込補題 Embedding lemma)

$\Gamma[\vec{x}:=\vec{n},\vec{\xi}:=\vec{\alpha}]\,(\vec{\alpha}<\Omega)$ を推件 Γ の閉じた代入例とする. $\mathsf{ID}\Omega\vdash\Gamma$ であるなら

$$\exists m,k,l<\omega\,\forall\vec{n}\,\forall\vec{\alpha}<\Omega\,\forall\mathcal{H}[\vec{\alpha}\subset\mathcal{H}\Rightarrow\mathcal{H}\vdash^{\Omega\cdot k+l}_{\Omega+m}\Gamma[\vec{x}:=\vec{n},\ \vec{\xi}:=\vec{\alpha}]].\qquad\Box$$

補題 8. 5. 30 $\mathcal{H}\vdash^{b}_{\Omega+1+m}\Gamma\Rightarrow\mathcal{H}\vdash^{\omega_m(b)}_{\Omega+1}\Gamma.$

[証明] 作用素 $\mathcal{H}$ は足し算と底 ω の指数関数について閉じているので, 補題

8.3.5 に相当する事実：E-論理式 C で $\mathrm{dp}_\Omega(C) \le \rho\,(\rho > \Omega)$ として

$$\mathcal{H} \vdash^b_\rho \Gamma, \neg C \,\&\, \mathcal{H} \vdash^c_\rho C, \Delta \Rightarrow \mathcal{H} \vdash^{b+c}_\rho \Gamma, \Delta$$

を考えればよい．例えば C が $\exists \xi\, A(\xi)$ のときに

$$\frac{\mathcal{H} \vdash^{c_0}_\rho A(\alpha), \exists \xi\, A(\xi), \Delta}{\mathcal{H} \vdash^c_\rho \exists \xi\, A(\xi), \Delta}$$

として，$\alpha \in \mathsf{k}(A(\alpha))$ なら $\alpha \in \mathcal{H}$ なので補題 8.5.18.2 より $\mathcal{H}[\{\alpha\}] = \mathcal{H}$ に注意して，補題 8.5.22.4 を用いればよい．それ以外の場合は補題 8.5.22 による． ∎

つぎの定理 8.5.31 が肝心である．

定理 8.5.31 (つぶしてカット消去 Collapsing and Impredicative Cut-Elimination)

$\gamma \in \mathcal{H}_\gamma$ かつ $\Gamma \subset \Sigma^\Omega$ であるとする．このとき $\hat{a} = \gamma + \omega^a$ について

$$\mathcal{H}_\gamma \vdash^a_{\Omega+1} \Gamma \Rightarrow \mathcal{H}_{\hat{a}+1} \vdash^{\psi\hat{a}}_\Omega \Gamma.$$

［証明］ a に関する超限帰納法による．

初めに $\mathcal{H}_{\hat{a}+1} \vdash^{\psi\hat{a}}_\Omega \Gamma$ での条件(8.25)の成立を確かめる．$\gamma < \hat{a} + 1$ であるから $\mathsf{k}(\Gamma) \subset \mathcal{H}_\gamma \subset \mathcal{H}_{\hat{a}+1}$ はよい．仮定と $\mathcal{H}_\gamma \vdash^a_{\Omega+1} \Gamma$ での(8.25)より $\{\gamma, a\} \subset \mathcal{H}_\gamma$ であるから，(N.1) (定義 8.5.17)より $\hat{a} = \gamma + \omega^a \in \mathcal{H}_\gamma \subset \mathcal{H}_{\hat{a}}$ となり $\psi\hat{a} \in \mathcal{H}_{\hat{a}+1}$．また(8.24)が充たされ $\psi\hat{a} \in H_{\varepsilon_{\Omega+1}}(0)$ になっていることも分かる．

また $\hat{a} \in \mathcal{H}_{\hat{a}}$ と命題 8.5.6.5 より，$a_0 < a$ かつ $\mathcal{H}_\gamma \vdash^{a_0}_{\Omega+1} \Gamma_0$ なら $\psi\widehat{a_0} < \psi\hat{a}$ である．

Case 1.

$$\frac{\{\mathcal{H}_\gamma[\{\beta\}] \vdash^{a(\beta)}_{\Omega+1} \Gamma, n \notin \mathcal{I}^{<\alpha}_P, \neg P[\mathcal{I}^{<\beta}_P, n] : \beta < \alpha\}}{\mathcal{H}_\gamma \vdash^a_{\Omega+1} \Gamma, n \notin \mathcal{I}^{<\alpha}_P} \;(\neg\mathcal{I}^<_P)$$

ここで $a(\beta) < a$．また $(n \notin \mathcal{I}^{<\alpha}_P) \in \Sigma^\Omega$ より $\alpha < \Omega$．

$$\forall \beta < \alpha (\beta \in \mathcal{H}_\gamma) \tag{8.27}$$

を示す．すると補題 8.5.18.2 より $\mathcal{H}_\gamma[\{\beta\}] = \mathcal{H}_\gamma$ なので帰納法の仮定より $\widehat{a(\beta)} = \gamma + \omega^{a(\beta)}$ について $\psi\widehat{a(\beta)} < \psi\hat{a}$ であるから

$$\frac{\{\mathcal{H}_{\widehat{a(\beta)}+1} \vdash^{\psi\widehat{a(\beta)}}_\Omega \Gamma, n \notin \mathcal{I}^{<\alpha}_P, \neg P[\mathcal{I}^{<\beta}_P, n] : \beta < \alpha\}}{\mathcal{H}_{\hat{a}+1} \vdash^{\psi\hat{a}}_\Omega \Gamma, n \notin \mathcal{I}^{<\alpha}_P} \;(\neg\mathcal{I}^<_P)$$

ここで $\mathcal{H}_{\widehat{a(\beta)}+1}(X) \subset \mathcal{H}_{\hat{a}+1}(X)$ より補題 8.5.21 を用いた．

(8.27)を示すため $\beta<\alpha$ とする．$\Omega>\alpha\in\mathsf{k}(n\notin\mathcal{I}_P^{<\alpha})\subset\mathcal{H}_\gamma$ なので補題 8.5.7 より $\beta<\alpha\in\mathcal{H}_\gamma(0)\cap\Omega=\psi\gamma$ から $\beta\in\mathcal{H}_\gamma$ となる．

Case 2．ある $\beta<\min\{\alpha,a\}$ と $\alpha\leq\Omega$ について

$$\frac{\mathcal{H}_\gamma\vdash^{a(\beta)}_{\Omega+1}\Gamma,n\in\mathcal{I}_P^{<\alpha},P[\mathcal{I}_P^{<\beta},n]}{\mathcal{H}_\gamma\vdash^{a}_{\Omega+1}\Gamma,n\in\mathcal{I}_P^{<\alpha}}\ (\mathcal{I}_P^{<})$$

とする．

$\mathcal{I}_P^{<\beta}$ は $P[\mathcal{I}_P^{<\beta},n]$ に現れているので，(8.25)より $\Omega>\beta\in\mathsf{k}(P[\mathcal{I}_P^{<\beta},n])\subset\mathcal{H}_\gamma$ であるから $\beta<\psi\gamma\leq\psi\hat{a}$ である．よって下の図で(8.26)が充たされ，帰納法の仮定より $\widehat{a(\beta)}=\gamma+\omega^{a(\beta)}$ について

$$\frac{\mathcal{H}_{\widehat{a(\beta)}+1}\vdash^{\psi\widehat{a(\beta)}}_{\Omega}\Gamma,n\in\mathcal{I}_P^{<\alpha},P[\mathcal{I}_P^{<\beta},n]}{\mathcal{H}_{\hat{a}+1}\vdash^{\psi\hat{a}}_{\Omega}\Gamma,n\in\mathcal{I}_P^{<\alpha}}\ (\mathcal{I}_P^{<})$$

Case 3．ある $a_0<a$ について

$$\frac{\mathcal{H}_\gamma\vdash^{a_0}_{\Omega+1}\Gamma,n\notin\mathcal{I}_P^{<\Omega}\quad\mathcal{H}_\gamma\vdash^{a_0}_{\Omega+1}n\in\mathcal{I}_P^{<\Omega},\Gamma}{\mathcal{H}_\gamma\vdash^{a}_{\Omega+1}\Gamma}\ (cut)$$

先ず右上の部分から $\widehat{a_0}=\gamma+\omega^{a_0}$ と $\beta=\psi\widehat{a_0}$ について

$$\mathcal{H}_{\widehat{a_0}+1}\vdash^{\beta}_{\Omega}n\in\mathcal{I}_P^{<\Omega},\Gamma$$

そこで $\beta\in\mathcal{H}_{\widehat{a_0}+1}$ に注意して有界補題 8.5.24 より

$$\mathcal{H}_{\widehat{a_0}+1}\vdash^{\beta}_{\Omega}n\in\mathcal{I}_P^{<\beta},\Gamma$$

他方，左上の部分に補題 8.5.22.5 を適用して

$$\mathcal{H}_{\widehat{a_0}+1}\vdash^{a_0}_{\Omega+1}\Gamma,n\notin\mathcal{I}_P^{<\beta}$$

$(n\notin\mathcal{I}_P^{<\beta})\in\Sigma^\Omega$ に注意して

$$\widehat{a_1}=\widehat{a_0}+1+\omega^{a_0}=\gamma+\omega^{a_0}+1+\omega^{a_0}<\gamma+\omega^{a}=\hat{a}$$

に関して帰納法の仮定より

$$\mathcal{H}_{\widehat{a_1}+1}\vdash^{\psi\widehat{a_1}}_{\Omega}\Gamma,n\notin\mathcal{I}_P^{\beta}$$

ここで $\widehat{a_i}\in\mathcal{H}_{\widehat{a_i}}(0)$ で $\widehat{a_i}<\hat{a}\,(i<2)$ であるから $\beta=\psi\widehat{a_0},\psi\widehat{a_1}<\psi\hat{a}$．従って

$$\frac{\mathcal{H}_{\widehat{a_1}+1}\vdash^{\psi\widehat{a_1}}_{\Omega}\Gamma,n\notin\mathcal{I}_P^{\beta}\quad\mathcal{H}_{\widehat{a_0}+1}\vdash^{\beta}_{\Omega}n\in\mathcal{I}_P^{\beta},\Gamma}{\mathcal{H}_{\hat{a}+1}\vdash^{\psi\hat{a}}_{\Omega}\Gamma}\ (cut)$$

上記以外の場合は容易に分かる． ∎

定理 8.5.32

$$\mathsf{ID}\Omega\vdash n\in\mathcal{I}_P^{<\Omega}\Rightarrow\exists m<\omega[|n|_P<\psi\omega_m(\Omega+1)].$$

［証明］ $\mathsf{ID}\Omega\vdash n\in\mathcal{I}_P^{<\Omega}$ とする．埋込補題 8.5.29 よりある $m<\omega$ と $\omega^{\Omega+1}=\Omega\cdot\omega$ について $\mathcal{H}_0\vdash^{\omega^{\Omega+1}}_{\Omega+1+m} n\in\mathcal{I}_P^{<\Omega}$ となる．

補題 8.5.30 より $\mathcal{H}_0\vdash^{\omega_{m+1}(\Omega+1)}_{\Omega+1} n\in\mathcal{I}_P^{<\Omega}$ である．

そこで，つぶしてカット消去定理 8.5.31 より $\beta=\psi\omega_{1+m+1}(\Omega+1)$ について $\mathcal{H}_{\omega_{1+m+1}(\Omega+1)+1}\vdash^{\beta}_{\Omega} n\in\mathcal{I}_P^{<\Omega}$ を得る．これと $\beta\in\mathcal{H}_{\omega_{1+m+1}(\Omega+1)+1}$ に注意して有界補題 8.5.24 を用いて $\mathcal{H}_{\omega_{1+m+1}(\Omega+1)+1}\vdash^{\beta}_{\Omega} n\in\mathcal{I}_P^{<\beta}$ となり，最後に真理性補題 8.5.26 により $|n|_P<\beta$ を結論する． ∎

定理 8.5.33 ($\mathsf{ID}\Omega$ の証明論的順序数)

$$|\mathsf{ID}\Omega|=\psi\varepsilon_{\Omega+1}.$$

［証明］ 定理 8.5.32 と補題 4.4.34 より $|\mathsf{ID}\Omega|\leq\psi\varepsilon_{\Omega+1}$. 他方，定理 8.5.10 より $\psi\varepsilon_{\Omega+1}\leq|\mathsf{ID}\Omega|$. ∎

$\mathsf{ID}\Omega$ の証明論的順序数，つまり $\mathsf{ID}\Omega$ で証明できる Π^1_1-論理式ではなく，Π_n-論理式について考えるためには，カット消去を $\mathrm{dp}_\Omega(C)=0$ なるカット論理式 C にも行わなければならない．それには先ず始件を，$\Gamma, n\notin\mathcal{I}_P^{<0}$ と真な素リテラル L を含む Γ, L とし，また論理式の複雑さを定義し直し，しかも $<\Omega$ の範囲での指数関数を超限的に繰り返す関数（Veblen 関数）を，Skolem 包 $\mathcal{H}_\alpha(X)$ の段階から入れた方がよい．詳しくは（演習 33）を見られたい．

8.6 演　　習

1. $\boldsymbol{G}$ で以下がすべて証明できることを示せ：

$$\begin{aligned}&\neg A, A\\ &A_i\to A_0\vee A_1\ (i=0,1)\\ &(A_0\to B)\wedge(A_1\to B)\to(A_0\vee A_1\to B)\\ &A_0\wedge A_1\to A_i\ (i-0,1)\\ &A_0\to A_1\to A_0\wedge A_1\\ &A(t)\to\exists x A(x)\end{aligned}$$

ここで $A\to B:=\neg A\vee B$.

2. 定理 8.1.5 の［証明］中の (8.1), (8.2), (8.3), (8.5), (8.6), (8.8) を確かめよ．

3. $\boldsymbol{G}_0$ を $\boldsymbol{G}$ の命題論理部分，すなわち，始件 $\Gamma, \bar{L}, L$ と推論規則として $(\vee), (\wedge)$ のみから成る証明系とする．$\boldsymbol{G}_0+(cut)$ は健全で，$\boldsymbol{G}_0$ は完全であることを示せ．

4. 1 階自然数論 PA が有限公理化不能であることを示せ（但し PA の無矛盾性は仮定する）．すなわち，どんな PA の閉論理式 A を取っても

$$\forall B[\mathsf{PA} \vdash B \Leftrightarrow \{A\} \vdash B] \tag{8.28}$$

とならない.

(ヒント) 補題 8.2.2 と第3章(演習 11)における部分的真理定義によれ.

5. 補題 8.2.5 の証明を完結させよ.

6. $Rel(C) := Rel(C)^{+} \cup Rel^{-}(C)$ とおく.

n 個の互いに異なる変数の列 $\vec{x} = x_1, ..., x_n$ と n-変数関係記号 R, Q について

$$\boldsymbol{G} \vdash \varphi(R) \wedge \varphi(Q) \to \forall \vec{x}[R(\vec{x}) \leftrightarrow Q(\vec{x})]$$

であるとする. ここで $Q \notin Rel(\varphi(R))$ & $R \notin Rel(\varphi(Q))$. このとき

$$\boldsymbol{G} \vdash \varphi(R) \to \forall \vec{x}[R(\vec{x}) \leftrightarrow C(\vec{x})]$$

となる論理式 C で $R \notin Rel(C)$ なるものが取れることを示せ(Beth Implicit Definability theorem).

7. n 個の互いに異なる変数の列 $\vec{x} = x_1, ..., x_n$ と n-変数関係記号 $R(\vec{x})$ を伴った論理式 $\varphi(R, \vec{x})$ についてつぎの二条件は互いに同値であることを示せ.

(a) $\varphi(R, \vec{x})$ に現れない n-変数関係記号 $Q(\vec{x})$ について

$$\boldsymbol{G} \vdash \forall \vec{x}[Q(\vec{x}) \to R(\vec{x})] \to \forall \vec{x}[\varphi(Q, \vec{x}) \to \varphi(R, \vec{x})].$$

(b) $\varphi(R, \vec{x})$ は $\boldsymbol{R}$**-正**(R に関して正 R-positive)な論理式 $\theta(R, \vec{x})$ と同値になる

$$\boldsymbol{G} \vdash \forall \vec{x}[\varphi(R, \vec{x}) \leftrightarrow \theta(R, \vec{x})] \text{ かつ } R \notin Rel^{-}(\theta).$$

8. (定理 8.2.7 の別証明) A のどんな H-例も反駁可能とする. H_A を A の Herbrand 領域とする. つぎを示せ.

(a) 量化記号なしの論理式の集合 $\{\neg R(\vec{t}; \vec{a}) : \vec{t} \subset H_A\}$ は有限充足可能である.

(b) $\{\neg R(\vec{t}; \vec{a}) : \vec{t} \subset H_A\}$ を充たす付値 ν が存在する.

(c) 前問で取った付値 ν からモデル $\mathcal{M} = \langle H_A; \cdots \rangle$ を, 関係記号 Q について

$$\mathcal{M} \models Q(\vec{t}) :\Leftrightarrow \nu(Q(\vec{t})) = 1 (= \top)$$

で定めると, $\mathcal{M} \not\models A$ となる.

(d) $\nvdash A$.

9. T を定義 1.3.10 での $\forall$-論理式 $\forall \vec{x} R$ (R は量化記号なし)とする. 定理 8.2.7 は, $\forall$-閉論理式 T の下でも $\exists$-論理式 A について, $T \vdash A (:\Leftrightarrow \vdash T \to A)$ iff A のある H-例が T から証明できる, として成立することを示せ.

例えばそのような T について, $T \vdash \forall x \exists y R(x, y)$ (R は量化記号なし)としたら式 t_i が取れて $T \vdash \bigvee_i \{R(x, t_i(x))\}$ とできる.

10. (変数条件)(8.12)を充たす線形順序が存在するためには, 関係 $<$ を(8.12)が成立するか, または x_m^k が t_j^i に現れれば $x_m^k < t_j^i$ で定義したとき, これが acyclic になる(その推移閉包が非反射的)ことと同値であることを示せ.

11. 定理 8.2.9 において,

(a) $2 \Rightarrow 1$ を, Skolem 関数を $\neg A$ のモデルで取ることで示せ.

(b) $4 \Rightarrow 3$ を，変数 x_l^i に式 $f_l(t_1^i, ..., t_{n_l}^i)$ を $i=0,1,...,r$ の順に代入していくことで示せ．例えば $R(t^0; x^0) \lor R(t^1(x^0); x^1)$ はこの結果

$$R(t^0; f(t^0)) \lor R(t^1(f(t^0)); f(t^1(f(t^0))))$$

になる．

(c) $1 \Rightarrow 4$ を中件定理 8.1.9 を用いて示せ．

12. 系 8.2.10 の証明を完結させよ．

13. 補題 8.3.4.1 の証明を与えよ．

14. 中件定理 8.1.9 を，カット無しの証明図を書き換える，すなわち命題論理の結合子に関する推論規則と量化記号に関するそれを適当に入れ替えることで示せ．

15. 応用推件計算のカット消去定理 8.1.10 を証明の深さの評価付きで証明せよ：

$$\boldsymbol{G} + T + (cut) \vdash_c^{\alpha} \Gamma \Rightarrow \boldsymbol{G} + T \vdash_0^{2_c(\alpha)} \Gamma.$$

(ヒント) 定理 8.3.7 の証明と同様のアルゴリズムによる．

16. 補題 8.3.10.5 の Case 2.2 のときに E_k，従って E は単一化不能であることを示せ．

17. 補題 8.3.11 を証明せよ．

18. 証明のサイズを抑えたときの証明可能性問題が決定可能であることを示せ．例えば証明系として $\boldsymbol{G}+(cut)$ を考えよ．

19. 補題 8.3.19 をより強くしたつぎの主張を証明せよ：推件 Γ の骨組みが $\mathcal{S}$ である $\boldsymbol{G}+(cut)$ の証明が与えられたら，Γ の証明でそこに現れる任意の論理式の深さがたかだか

$$\max(\{\mathrm{dp}(A) : A \in \Gamma\} \cup \{\mathrm{dp}(\mathcal{S})\})$$

であるものがつくれる．

骨組み $\mathcal{S}$ の深さ $\mathrm{dp}(\mathcal{S})$ は木としての $\mathcal{S}$ の深さである．

20. $\boldsymbol{G}+(cut)$ の命題論理部分 $\boldsymbol{G}_0+(cut)$ の k-証明可能性問題は決定可能であることを示せ．

21. $\boldsymbol{G}_\omega+(cut)$ で証明できる推件 Λ は標準モデルで正しいことを確かめよ：

$$\boldsymbol{G}_\omega + (cut) \vdash \Lambda \Rightarrow \mathbb{N} \models \Lambda.$$

但しここで，$\mathbb{N} \models \Lambda$ は，関係記号 X は自然数の部分集合を任意に走らせて正しいという意味である．

22. 逆に $\mathbb{N} \models \Lambda$ なら，$\boldsymbol{G}_\omega \vdash \Lambda$ (ω-論理のカット消去定理) であるのみならず，Λ の証明木 $\mathcal{T} \subset {}^{<\omega}\omega$, $\mathcal{T} \ni t \mapsto Seq(t)$ (節 t にある推件) 等はすべて再帰的に取れることを示せ．

23. 1 階古典述語論理の推件計算 $\boldsymbol{G}+(cut)$ でカット消去をすると，証明の長さが指数関数 2^n の定数回の繰り返し以上に大きくならざるを得ないことを示そう．

言語 $\mathcal{L}=\{0,S,f,=,\neq,N,\bar{N}\}$ を考える．ここで 0 は定数，S は 1 変数関数記号，f は 2 変数関数記号，N は 1 変数関係記号である．

$N(x)$ を $x\in N$，$\bar{N}(x)$ を $x\notin N$，$S(x)$ を Sx とそれぞれ書く．

$$\mathrm{Hyp}_N=\{0\in N,\forall x\in N(Sx\in N),\forall x\forall y[x=y\wedge y\in N\to x\in N]\}$$

とし Hyp は，言語 $\{0,S,f\}$ に対する等号公理(= は合同関係)と次の全称閉包からなる集合とする：

$$\begin{cases} f(y,0)=Sy \\ f(y,Sx)=f(f(y,x),x) \end{cases} \tag{8.29}$$

$\mathrm{Hyp}^+:=\mathrm{Hyp}_N\cup\mathrm{Hyp}$ とし $\neg\mathrm{Hyp}^+=\{\neg A:A\in\mathrm{Hyp}^+\}$.

$0<k\leq\omega$ について $\mathcal{L}$-モデルは $\mathbb{N}_k$ で，その領域 $|\mathbb{N}_k|$ は ω，そこで N は $\mathbb{N}_k:=\{n\in\omega:n<k\}$ と解釈され 0 はゼロ，$Sx=x+1$ で $f(y,x)=y+2^x$．特に $f(0,x)=2^x$.

自然数 k について帰納的に式 $f^{(k)}(y)$ を $f^{(0)}(y):\equiv y$, $f^{(k+1)}(y):\equiv f(y,f^{(k)}(y))$ と定める．また $\mathrm{val}(t)$ は，モデル $\mathbb{N}_\omega$ での閉式 t の値を表す．これはそれに対応する数字とも同一視する．例えば $\mathrm{val}(f^{(k)}(0))=2_k(0)$.

(a)

$$\boldsymbol{G}\vdash\neg\mathrm{Hyp}^+,t=\mathrm{val}(t) \tag{8.30}$$

を示せ．

定理 8.6.1 $k\geq 5$ について

$$\boldsymbol{G}\vdash^n_0\neg\mathrm{Hyp}^+,f^{(k)}(0)\in N\Rightarrow n\geq 2_{k-5}(0)-7.$$

よって関数

$$F(k):=\min\{n\in\omega:\boldsymbol{G}\vdash^n_0\neg\mathrm{Hyp}^+,f^{(k)}(0)\in N\}$$

について

$$\forall c\exists k[F(k)>2_c(k+c)].$$

[定理 8.6.1 の証明]

Hyp_N を対応する推論規則で置き換える．初めに始件

$$(\mathrm{zero})\ \Gamma,0\in N$$

を加え，それからふたつ新しい推論規則 (S) と (eq_N) を加える：式 t,s について

$$\frac{\Gamma,t\in N,S(t)\in N}{\Gamma,S(t)\in N}\ (S)\ ;\quad \frac{\Gamma,s=t\quad \Gamma,t\in N}{\Gamma,s\in N}\ (eq_N)$$

$(N)\vdash^\alpha_c\Gamma$ でこうして拡張された証明系 (N) での証明可能性を表すことにする．

(b) $(N)\vdash^4_0\forall x\in N(Sx\in N)$ を示せ．

(c) $(N)\vdash^6_0\forall x\forall y[x=y\wedge y\in N\to x\in N]$ を示せ．

(d) $\boldsymbol{G}\vdash_0^n 0\notin N, \neg\forall x\in N(Sx\in N), \neg\forall x\forall y[x=y\wedge y\in N\to x\in N], \neg\mathrm{Hyp}, f^{(k)}(0)\in N$ ならば $(N)\vdash_5^{n+7}\neg\mathrm{Hyp}, f^{(k)}(0)\in N$ となることを示せ.

(e) 証明系 (N) でも，深さ評価付きカット消去定理 8.3.7 が成立することを確かめよ：$c<\omega$ として

$$(N)\vdash_c^n \varGamma \Rightarrow (N)\vdash_0^{2_c(n)} \varGamma$$

よって

$$(N)\vdash_0^{2_5(n+7)} \neg\mathrm{Hyp}, f^{(k)}(0)\in N.$$

(f) N-正推件 $\varDelta$ と $k\geq m$ とする．自由変数へのある割当の下で $\varDelta$ が $\mathbb{N}_m$ で成立すれば，$\mathbb{N}_k$ でも成立することを示せ.

(g) つぎを確かめよ：N-正推件 $\varDelta$ について

$$(N)\vdash_0^k \varDelta \Rightarrow \mathbb{N}_{1+k}\models \varDelta.$$

(h) 定理 8.6.1 の[証明]を終わらせよ.

24. 推件 Hyp^+ について，$\boldsymbol{G}+(cut)$ での深さおよびカット深度が線形の $\neg\mathrm{Hyp}^+, f^{(k)}(0)\in N$ の証明があることを示せ：ある定数 c について

$$\forall k\{\boldsymbol{G}+(cut)\vdash_{ck+c}^{ck+c}\neg\mathrm{Hyp}^+, f^{(k)}(0)\in N\}.$$

(ヒント) 定理 8.4.8 の証明をまねよ.

論理式 $A_n(x)$ を帰納的に：

$$A_0(x):\equiv x\in N$$
$$A_{n+1}(x):\equiv \forall y[A_n(y)\to A_n(f(y,x))] \tag{8.31}$$

これについて以下を示せ：

$$\exists d\forall n\{\boldsymbol{G}+(cut)\vdash_{dn+d}^{dn+d}\neg\mathrm{Hyp}^+, A_n(0)\} \tag{8.32}$$

25. k の定数倍の深さの証明で $\boldsymbol{G}+(cut)\vdash\neg\mathrm{Hyp}^+, A_0(f^{(k)}(0))$ となることを示せ.

26. 以下を結論せよ.

(a)

$$\neg\exists c\forall a\forall\varGamma[\vdash_a^a \varGamma \Rightarrow\vdash_0^{2_c(a+size(\varGamma))} \varGamma].$$

(b) どんな定数 c についても証明 P_c が存在して，P_c の終件 $\varGamma_c$ のカット無しの証明(の最短の長さ)は $2_c(length(P))$ 以上に長い.

(c) どんな定数 c についても証明 P_c が存在して，P_c の終件 $\varGamma_c$ のカット無しの証明の深さ，従って最小のサイズは $2_c(size(P))$ 以上に大きい.

27. g を関数 $g(x)=2_x(0)$ つまり $g(0)=0$, $g(Sx)=f(0,g(x))$ とする．Hyp^{++} を Hyp^+ と関数記号 g に関する等号記号との合併とする．このとき

$$\boldsymbol{G}\not\vdash\neg\mathrm{Hyp}^{++}, g(0)\neq 0, \neg\forall x[g(Sx)=f(0,g(x))], \forall x\in N[g(x)\in N]$$

を示せ.

28. 自然数 $\mathbb{N}$ の上の帰納的定義の公理系 ID をもうひとつ導入する．言語 $\mathcal{L}$(ID) は，1 階自然数論 PA の言語 $\mathcal{L}$(PA) に，PA(X) の各 X-正論理式 $P[X,x]$ ごと

に1変数 $\mathcal{I}_P(x)$ 関係記号を入れる．これが最小不動点 I_P を表す．ID の公理は，言語 $\mathcal{L}$(ID) での PA の公理に以下のふたつを付け加える：

$$\forall x\{P[\mathcal{I}_P, x] \to \mathcal{I}_P(x)\}$$

と $\mathcal{L}$(ID) の任意に論理式 F について

$$\forall x\{P[F, x] \to F(x)\} \to \forall x\{\mathcal{I}_P(x) \to F(x)\}.$$

(a)

$$\mathsf{ID} \vdash \forall x\{\mathcal{I}_P(x) \to P[\mathcal{I}_P, x]\}$$

を示せ．

(b) $\mathcal{I}_P$ を $\mathcal{I}_P^{<\Omega}$ で置き換えて，ID が IDΩ に解釈できることを確かめよ．

(c) 定理 8. 5. 10 が ID で成立していることを確かめよ．

29. $\gamma \in \mathcal{H}_\alpha(\beta) \Rightarrow \mathsf{E}(\gamma) \subset \mathcal{H}_\alpha(\beta)$ を示せ．

30. $\forall \alpha[\psi\Omega \leq \alpha < \Omega \to \psi\alpha = \psi\Omega]$ とくに $\psi(\psi\Omega) = \psi\Omega$ だが，これが ψ の唯一の不動点である．また $\forall \alpha \leq \psi\Omega[\psi\alpha = \varepsilon_\alpha]$, $\psi\Omega = \min\{\alpha : \varepsilon_\alpha = \alpha\}$ となる．

31. 式 $\alpha \in T(\varepsilon_{\Omega+1})$ について $\mathsf{E}(\alpha) \subset \{\psi\beta : \beta \in G(\alpha)\}$ を示せ．

32. 作用素 $\mathcal{H}$ は単調であることを示せ：$\forall X, Y \in \mathcal{P}(H_{\varepsilon_{\Omega+1}}(0))[X \subset Y \Rightarrow \mathcal{H}(X) \subset \mathcal{H}(Y)]$.

33. $\Omega := \omega_1$ とおく．正規関数 $\varphi_0\beta = \omega^\beta$ から出発して，それまでに得られた可算個の関数族 $\{\varphi_\gamma : \gamma < \alpha\}$ $(\alpha < \Omega)$ の共通不動点を数え上げる関数 φ_α, $rng(\varphi_\alpha) = \bigcap\{Fix(\varphi_\gamma) : \gamma < \alpha\}$ をつくる．こうして得られる Ω 上の関数族 $\{\varphi_\alpha \in {}^\Omega\Omega : \alpha < \Omega\}$ を **Veblen 階層**(Veblen hierarchy)といい，Ω 上の 2 変数関数 $\varphi : (\alpha, \beta) \mapsto \varphi_\alpha\beta$ を **Veblen 関数**(Veblen function)という．以下，$\varphi\alpha\beta := \varphi_\alpha\beta$ と書く．

φ_α $(\alpha < \Omega)$ はすべて Ω 上の正規関数になることを示せ．

34. $\forall \gamma < \alpha[\varphi\gamma(\varphi\alpha\beta) = \varphi\alpha\beta]$ を示せ．

35. $\varphi\alpha\beta < \varphi\gamma\delta$ であることとつぎのいずれかが成立することは同値であることを示せ：

(a) $\alpha < \gamma \,\&\, \beta < \varphi\gamma\delta$.

(b) $\alpha = \gamma \,\&\, \beta < \delta$.

(c) $\alpha > \gamma \,\&\, \varphi\alpha\beta < \delta$.

36. Ω 上の関数 f と自然数 n について f^n は f の n-回繰返し，$f^0(\alpha) = \alpha$, $f^{n+1}(\alpha) := f(f^n(\alpha))$ を表す．このとき以下を示せ：

$$\begin{aligned}
\varphi 0\beta &= \omega^\beta \\
\varphi\alpha\lambda &= \sup\{\varphi\alpha\beta : \beta < \lambda\}, \text{ 極限順序数 } \lambda \\
\varphi(\alpha+1)0 &= \sup\{\varphi_\alpha^n 0 : n < \omega\} \\
\varphi\lambda 0 &= \sup\{\varphi\alpha 0 : \alpha < \lambda\}, \text{ 極限順序数 } \lambda \\
\varphi(\alpha+1)(\beta+1) &= \sup\{\varphi_\alpha^n((\varphi(\alpha+1)\beta)+1) : n < \omega\}
\end{aligned} \tag{8.33}$$

$$\varphi\lambda(\beta+1)=\sup\{\varphi\alpha((\varphi\lambda\beta)+1):\alpha<\lambda\},\ \text{極限順序数}\ \lambda$$

37. $\alpha\mapsto\varphi\alpha 0$ は正規関数であり，その最小の不動点を Γ_0 と書けば，Γ_0 は帰納的順序数であることを示せ.

(ヒント) 帰納的であることは(演習 35)による.

38. 正規関数 $\alpha\mapsto\varphi\alpha 0$ の不動点は閉非有界集合族 $\{rng(\varphi_\alpha)\}_{\alpha<\Omega}$ の対角共通部分の 0 以外であることを示せ(cf. 補題 4.5.29).

39. $\Omega=\omega_1$ 上の正規関数族 $\{\theta_\alpha\in{}^{\Omega}\Omega:\alpha<\Omega\}$ を定義する．$\theta_0\beta=\beta$, $\theta_1\beta=\omega^\beta$, $\theta_{\alpha+1}=\theta_\alpha\circ\theta_1$ とし，極限順序数 λ については $rng(\theta_\lambda)=\bigcap\{rng(\theta_\gamma):\gamma<\lambda\}$ で定める．以下，$\theta\alpha\beta=\theta_\alpha\beta$ と書く.

(a) $\theta_\alpha\ (\alpha<\Omega)$ はすべて Ω 上の正規関数になることを示せ.

(b) $\theta_{\alpha+\beta}=\theta_\alpha\circ\theta_\beta$ を示せ.

(c) $\theta_{\omega^\beta}=\varphi_\beta$ を示せ.

40. Skolem 包 $\mathcal{H}_\alpha(X)$ を，底 ω の指数関数の代わりに Veblen 関数 φ によって閉じさせる．こうすると $\psi\alpha$ は正規関数 $\alpha\mapsto\varphi\alpha 0$ の不動点になることを示せ.

41. $\mathsf{ID}\Omega$ の論理式の複雑さ $\mathrm{dg}(A)<\Omega+\omega$ を

(a) $\mathsf{SC}(\mathrm{dg}(A))\subset\bigcup\{\mathsf{SC}(\alpha):\alpha\in\mathsf{k}(A)\}$.

(b)

$$\beta<\alpha\Rightarrow\mathrm{dg}(P[\mathcal{I}_P^{<\beta},n])<\mathrm{dg}(n\in\mathcal{I}_P^{<\alpha})$$

が成り立つように定義せよ．ここで $\mathsf{SC}(\alpha)$ は $\mathsf{E}(\alpha)$ の定義同様，α の構成で用いられた $\psi\gamma$ のかたちの順序数を集めた集合である．とくに $\{\alpha,\beta\}<\varphi\alpha\beta$ なら $\mathsf{SC}(\varphi\alpha\beta)=\mathsf{SC}(\alpha)\cup\mathsf{SC}(\beta)$.

42. (演習 41)での論理式の複雑さを以下用いる．関係 $\mathcal{H}\vdash^a_\rho\Gamma$ において，その証明中のカット論理式 C が $\mathrm{dg}(C)<\rho$ であることを条件に加える.

このとき $c\neq\Omega$ かつ $a<\Omega$ として $\mathcal{H}\vdash^b_{c+\omega^a}\Gamma\Rightarrow\mathcal{H}\vdash^{\varphi ab}_c\Gamma$ を (a,b) に関する二重帰納法で示せ.

43. $\mathsf{PA}+TI(<\psi\varepsilon_{\Omega+1})$ を，PA に各 $m<\omega$ について

$$TI(\psi\omega_m(\Omega+1)):=\{Prog[A]\to\forall\alpha<\psi\omega_m(\Omega+1)A(\alpha):A\in\mathcal{L}(\mathsf{PA})\}$$

を公理図式として加えた公理系とする.

ID, $\mathsf{ID}\Omega$, $\mathsf{PA}+TI(<\psi\varepsilon_{\Omega+1})$ で証明できる $\mathcal{L}(\mathsf{PA})$-論理式は等しいことを示せ.

(ヒント) $\mathsf{ID}\Omega\vdash A$ としてこれを $\mathsf{ID}\Omega^\infty$ に埋め込んでから，完全にカット消去して，第 3 章(演習 11)での部分的真理定義を経て，$\mathsf{PA}+TI(<\psi\varepsilon_{\Omega+1})\vdash A$ を結論せよ.

付録 A　補　　遺

A. 1　実閉体の量化記号消去のアルゴリズム

ここでは，実閉体の公理系 RCF について量化記号消去のアルゴリズムを具体的に与える．

以下，いくつかの変数の列 $\vec{Y}$ についての整係数多項式 $h(\vec{Y}) \in R = \mathbb{Z}[\vec{Y}]$ を係数にもつ変数 X に関する多項式 $f(X) = a_m X^m + \cdots + a_1 X + a_0 \in R[X]$ $(a_m, \ldots, a_0 \in R)$ を考える．このような多項式の X に関する次数を $m = \deg_X(f)$ $(a_m \neq 0)$ とし，またその X に関する微分を $f' = m a_m X^{m-1} + \cdots + a_1$ で定める．

さらに多項式 f を g で割った余り r とは，まず通常の割り算を実行して $f = qg + r_0$ $(q, r_0 \in \mathbb{Z}(\vec{Y})[X], \deg_X(r_0) < \deg_X(g))$，その余り r_0 の係数の分母の自乗を掛け合わせた $r \in R[X]$ のこととする．

ひとつ略記法を導入する：

$$\mathrm{sign}(a) = 0 :\Leftrightarrow a = 0$$
$$\mathrm{sign}(a) = 1 :\Leftrightarrow a > 0$$
$$\mathrm{sign}(a) = -1 :\Leftrightarrow a < 0$$

また

$$\boldsymbol{P} := \{-1, 0, 1\}$$

とおく．

補題 5. 2. 5 (とその証明)により，RCF の量化記号消去には，勝手に与えられた多項式の列 $f_1, \ldots, f_s$ と $\varepsilon : \{1, \ldots, s\} \to \boldsymbol{P}$ について

$$\exists X [\mathrm{sign}(f_1(X)) = \varepsilon(1) \wedge \cdots \wedge \mathrm{sign}(f_s(X)) = \varepsilon(s)] \tag{A. 1}$$

を RCF 上で同等であるように，量化記号がなく変数は $\vec{Y}$ しか含まない論理式に書き換えないといけない．以下，多項式列 $\vec{f} = f_1, \ldots, f_s \in R[X]$ を固定する．m を $f_1, \ldots, f_s$ の最高次数 $m = \max\{\deg_X(f_i) : i = 1, \ldots, s\}$ とする．

一般に多項式列 $\vec{g} = g_1(X), \ldots, g_t(X) \in R[X]$ に対して，多項式列 $\vec{h} = \mathcal{S}(\vec{g})$ をつぎのように定義する：

1. $\vec{g}$ が定数項 $\in R = \mathbb{Z}[\vec{Y}]$ ばかりから成るときには，$\mathcal{S}(\vec{g}) = \vec{g}$ としておく．
2. $\vec{g}$ 中で最高次数のものをひとつ，例えば添字の最大なものを取る．それを g_s とする．$g_1, \ldots, g_{s-1}, g_s, g_{s+1}, \ldots, g_t$ のなかで定数項でないものを $g_{i_1}, \ldots, g_s, \ldots,$

g_{i_k} とする.

g_s を $g_{i_1}, ..., g'_s, ..., g_{i_k}$ のうちの定数項以外で割り算してその余りをこの順に $r_{i_1}, ..., (r_s), ..., r_{i_k}$ とする(ここでもし g'_s が定数項なら r_s は無い). このとき

$$\vec{h} = \mathcal{S}(\vec{g}) = g_1, ..., g_{s-1}, g'_s, g_{s+1}, ..., g_t, r_{i_1}, ..., (r_s), ..., r_{i_k} \tag{A. 2}$$

と定める.

与えられた多項式列 $\vec{f} = f_1, ..., f_s$ に対して多項式列の列 $\{\vec{f_k}\}$ をつぎのようにつくる:

1. $\vec{f_0} := \vec{f}$.
2.

$$\vec{f}_{k+1} = \begin{cases} \mathcal{S}(\vec{f_k}) & \text{もし } \mathcal{S}(\vec{f_k}) \neq \vec{f_k} \text{ なら} \\ \text{定義されない} & \text{そうでないとき} \end{cases}$$

このときこの列 $\{\vec{f_k}\} = \{\vec{f_k}\}_{k \leq M}$ は有限である: 実際, $\vec{f_k}$ から $\vec{f}_{k+1}$ にすすむと最大次数 m の多項式がひとつ減っている. $\vec{f_k}$ に次数 m の多項式が n 個あったとしたら, $\vec{f}_{k+n}$ の最高次数は m より小さい. これを繰り返せばいずれ最高次数がゼロになる.

列の長さ M は, 初項 $\vec{f_0} = (f_1, ..., f_s)$ でその最高次数が m とすれば, $M \leq L(s, m)$ と抑えられる. ここで $L(s, 0) = s$, $L(s, k+1) = L(s, k) \cdot 2^{L(s,k)}$. またこの $L(s, m)$ が列 $\vec{f_M}$ の長さも抑えている.

さてこれからやろうとしていることは, 定数項ばかりから成る(長い)多項式列 $\vec{f_M}$ (列ベクトルとみなす)について, それと同じ長さを持った(たくさんの) $\boldsymbol{P}$-列ベクトルから成る集合 $\boldsymbol{P}(M)$ をつくり, (A. 1)と後述の $\mathrm{SIGN}(\vec{f_M}) \in \boldsymbol{P}(M)$ を同等にすることである.

そこで成分が $\boldsymbol{P}$ である行列を考えていく. $\boldsymbol{P}_{s,m}$ で, $\boldsymbol{P}$-成分の s' 行 ℓ 列行列 $(1 \leq s' \leq s,\ 1 \leq \ell \leq 2sm+1)$ 全体を表す.

最高次数がたかだか n である多項式列 $g_1, ..., g_t \in R[X]$ と t 行, $(2N+1)$ 列行列 $A = [a_{ij}] \in \boldsymbol{P}_{t,n}\ (N \leq nt)$ について

$$\mathrm{SIGN}(g_1, ..., g_t) = A \ (A \text{ は } g_1, ..., g_t \text{ の符号表である})$$

でつぎの事柄を書き記した論理式を表すとする:

	$\cdots$	X_k	I_k	X_{k+1}	$\cdots$
$\vdots$					
g_i		$\mathrm{sign}(g_i(X_k))$	$\mathrm{sign}(g_i(I_k))$	$\mathrm{sign}(g_i(X_{k+1}))$	
$\vdots$					

ある $X_1 < \cdots < X_N$ が存在して

1. $\{X_1, ..., X_N\} = \{X : X$ はある $g_i \notin R$ の解$\}$.
2. $X_0 := -\infty$, $X_{N+1} := \infty$ とおいて，区間 $I_k = (X_k, X_{k+1})\,(0 \le k \le N)$ と $p \in \boldsymbol{P}$ について（I_k 上では各 g_i は定符号であるので）
$$\mathrm{sign}(g_i(I_k)) = p :\Leftrightarrow \exists x \in I_k(\mathrm{sign}(g_i(x)) = p)$$
とおく．
3. どんな $1 \le i \le t$ とどんな $k \le N$ についても
$$\mathrm{sign}(g_i(I_k)) = a_{i,2k+1} \wedge [k > 0 \to \mathrm{sign}(g_i(X_k)) = a_{i,2k}].$$

以降，解といったら R に属さない定数項以外の多項式の解を指すことにする．

初めに簡単な補題をひとつ．

補題 A. 1. 1　与えられた $\varepsilon : \{1, ..., s\} \to \boldsymbol{P}$ について部分集合 $\boldsymbol{P}(\varepsilon) \subset \boldsymbol{P}_{s,m}$ でつぎのようなものがつくれる：(A. 1) と
$$\mathrm{SIGN}(\vec{f_0}) = \mathrm{SIGN}(f_1, ..., f_s) \in \boldsymbol{P}(\varepsilon)$$
が同等となる．

［証明］ (A. 1) は行列 $\mathrm{SIGN}(f_1, ..., f_s)$ のある列と列ベクトル
$$\vec{\varepsilon} = {}^t\begin{bmatrix} \varepsilon(1) & \varepsilon(2) & \cdots & \varepsilon(s) \end{bmatrix}$$
が一致するということだから，$\vec{\varepsilon}$ を列にもつ行列たち $\boldsymbol{P}(\varepsilon)$ を考えればよい． ▮

つぎが主要な補題となる：

補題 A. 1. 2　行列 $A \in \boldsymbol{P}_{2t,n}$ が与えられたらそれを $B = \mathcal{T}(A) \in \boldsymbol{P}_{t,n}$ に書き換えるアルゴリズムで，最高次数がたかだか n であるどんな多項式列 $\vec{g} = g_1, ..., g_t \in R[X]$ についても
$$A = \mathrm{SIGN}(\mathcal{S}(\vec{g})) \Rightarrow B = \mathrm{SIGN}(\vec{g}) \tag{A. 3}$$
となるものがある． □

そこで行列の集合列 $\{\boldsymbol{P}(k)\}_{k \le M}$ をつぎのようにつくる：

1. 与えられた $\varepsilon : \{1, ..., s\} \to \boldsymbol{P}$ による $\boldsymbol{P}(\varepsilon)$（補題 A. 1. 1）で，$\boldsymbol{P}(0) := \boldsymbol{P}(\varepsilon)$.
2. $\boldsymbol{P}(k+1)$ は $\boldsymbol{P}(k)$ の補題 A. 1. 2 での書き換え $\mathcal{T}(A)$ の逆像 $\boldsymbol{P}(k+1) := \{A : \mathcal{T}(A) \in \boldsymbol{P}(k)\}$ とする．

すると(A. 3)より

$$\mathrm{SIGN}(\vec{f_k}) \in \boldsymbol{P}(k) \Leftrightarrow \mathrm{SIGN}(\vec{f}_{k+1}) \in \boldsymbol{P}(k+1).$$

よって補題 A. 1. 2 により

$$(\mathrm{A.\,1}) \Leftrightarrow \mathrm{SIGN}(\vec{f_M}) \in \boldsymbol{P}(M).$$

ところが，$\vec{f_M}$ は(X を含まない)定数項 $\{h_i(\vec{Y})\}_{i \le M}$ ばかりより成るから，SIGN $(\{h_i(\vec{Y})\}) = \mathrm{SIGN}(\vec{f_M}) \in \boldsymbol{P}(M)$ は量化記号がなく変数は $\vec{Y}$ しか含まない(長い)論理式で書けている．

［補題 A. 1. 2 の証明］

行列 $A=[a_{ij}]$ と $\vec{g}=g_1, \dots, g_t \in R[X]$ について $A=\mathrm{SIGN}(\mathcal{S}(\vec{g}))$ となっているものが与えられている．行列 $B=\mathcal{T}(A)$ を A だけを見ながらつくって，$B=\mathrm{SIGN}(\vec{g})$ となるようにしたい．

$$\mathcal{S}(\vec{g}) = g_1, \dots, g_{s-1}, g'_s, g_{s+1}, \dots, g_t, r_{i_1}, \dots, (r_s), \dots, r_{i_k}$$

とする(式(A. 2))．

$\mathcal{S}(\vec{g})$ (の定数項以外)の解全部を並べて $X_1 < \cdots < X_N$ としておく．これから $g_1(X), \dots, g_{s-1}(X), g'_s(X), g_{s+1}(X), \dots, g_t(X)$ の解だけ抜き出して $X_{i_1} < \cdots < X_{i_T}$ とする．

- $i_1 < \cdots < i_T$ は A だけ見て決められる：$g_1, \dots, g_{s-1}, g'_s, g_{s+1}, \dots, g_t$ の符号を記述した行列 A の上から t 行までのうちでスカラーベクトル(成分が全部同じ)でない行だけに注目して，そのような行に成分 0 を持つ偶数番目の列たちを $2i_1$列$, \dots, 2i_T$列 とすればよい．

いつも通り $i_0=0, X_0=-\infty$, $i_{T+1}=N+1, X_{N+1}=\infty$ とおく．また $I_k=(X_{i_k}, X_{i_{k+1}})$ $(0 \le k \le T)$ とおく．

関数 $\theta: \{1, \dots, T\} \to \{1, \dots, t\}$ を

$$g_s(X_{i_k}) = r_{\theta(k)}(X_{i_k}) \qquad (\mathrm{A.\,4})$$

となるように選ぶ．

- θ は A だけ見て決められる：X_{i_k} は $g_1, \dots, g_{s-1}, g'_s, g_{s+1}, \dots, g_t$ のどれかの解である．つまり A において，スカラーベクトルでないある ℓ 行の $(\ell, 2i_k)$ 成分 $a_{\ell\, 2i_k}=0$ である．このような $\ell\,(1 \le \ell \le t)$ の最小を $\theta(k)$ とおけばよい．
- g_s が区間 I_k $(0 \le k \le T)$ で解を持つかどうかを A だけを見て決める．初めに I_k に g'_s は解を持たないのでそこで定符号であり，よって g_s の I_k での解はたかだかひとつであることに注意せよ(Rolle の定理，第 1 章(演習 3(a))による)．

1. $1<k<T$ のとき：g_s が I_k で解を持つのは，
$$\mathrm{sign}(g_s(X_{i_k}))\mathrm{sign}(g_s(X_{i_{k+1}})) = -1$$
ということだから，(A. 4)より
$$\mathrm{sign}(r_{\theta(k)}(X_{i_k}))\mathrm{sign}(r_{\theta(k+1)}(X_{i_{k+1}})) = -1$$
つまり $a_{\theta(k)\,2i_k}a_{\theta(k+1)\,2i_{k+1}}=-1$ と同値である．
2. $k=0<T$ のとき：g_s が I_k で解を持つのは，
$$\mathrm{sign}(g_s'(-\infty, X_1))\mathrm{sign}(r_{\theta(1)}(X_{i_1})) = 1$$
と同値である．
3. $k=T>0$ のとき：g_s が I_k で解を持つのは，
$$\mathrm{sign}(g_s'(X_N, \infty))\mathrm{sign}(r_{\theta(T)}(X_{i_T})) = -1$$
と同値である．
4. $T=0$ のとき：g_s' が解を持たず，$g_s\notin R$ より g_s は $I_0=(-\infty,\infty)$ で解を持つ．

以上により g_s の解の $X_{i_1}<\cdots<X_{i_T}$ と比べたときの在処が完全に分かったので，$g_1,\dots,g_{s-1},g_s,g_{s+1},\dots,g_t$ のいずれかの解の在処とその個数 $L\le tn$ も A から求まる．

$Y_1<\cdots<Y_L$ をこれらの解全部として，$Y_0=-\infty, Y_{L+1}=\infty$ とおく．また $J_\ell=(Y_\ell,Y_{\ell+1})\,(0\le\ell\le L)$ とおく．

関数
$$\rho:\{0,\dots,L+1\}\to\{0,\dots,T+1\}\cup\{(k,k+1):0\le k\le T\}$$
を
$$\rho(\ell)=\begin{cases} k & Y_\ell=X_{i_k}\ \text{のとき} \\ (k,k+1) & Y_\ell\in I_k=(X_{i_k},X_{i_{k+1}})\ \text{のとき}\end{cases}$$
と定義する．$\rho(\ell)=(k,k+1)$ となるのは，Y_ℓ が $g_1,\dots,g_{s-1},g_{s+1},\dots,g_t$ の(そして g_s' の)いずれの解でもなく，従って g_s の解であることを意味する．つぎの事実に注意せよ：
$$\rho(\ell)\in\{k,(k,k+1)\}\Rightarrow J_\ell\subset I_k. \tag{A. 5}$$

・関数 ρ は A からつくれる：$Y_1<\cdots<Y_L$ のうち，$g_1,\dots,g_{s-1},g_{s+1},\dots,g_t$ のいずれかの解であるのはどれか，そして Y_ℓ がそうなら $X_{i_1}<\cdots<X_{i_T}$ の何番目なのか．また Y_ℓ が $g_1,\dots,g_{s-1},g_{s+1},\dots,g_t$ のいずれの解でもないならそれがどの X_{i_k} の間にはさまるか．これらのことは，g_s の解の $X_{i_1}<\cdots<X_{i_T}$ と比べたときの在処から分かるから，A で決まる．

さてでは行列 $B=[b_{ij}]=\mathrm{SIGN}(\vec{g})$ の成分を A, ρ, θ から与えよう．

1. $j\neq s$ として

$$\mathrm{sign}(g_j(Y_\ell)) = b_{j,2\ell} = \begin{cases} \mathrm{sign}(g_j(X_{i_k})) & \rho(\ell)=k \text{ のとき} \\ \mathrm{sign}(g_j(I_k)) & \rho(\ell)=(k,k+1) \text{ のとき} \end{cases}$$

2. $j\neq s$ で $\rho(\ell)\in\{k,(k,k+1)\}$ として，(A.5)より $J_\ell\subset I_k$ だから

$$\mathrm{sign}(g_j(J_\ell)) = b_{j,2\ell+1} = \mathrm{sign}(g_j(I_k)).$$

3. (A.4)より

$$\mathrm{sign}(g_s(Y_\ell)) = \begin{cases} \mathrm{sign}(r_{\theta(k)}(X_{i_k})) & \rho(\ell)=k \text{ のとき} \\ 0 & \rho(\ell)=(k,k+1) \text{ のとき} \end{cases}$$

4. 最後に $\mathrm{sign}(g_s(J_\ell))$ を考える．

(a) $\ell\neq 0$, $\rho(\ell)=k$ かつ $\mathrm{sign}(r_{\theta(k)}(X_{i_k}))\neq 0$ のとき：

$$g_s(Y_\ell) = g_s(X_{i_k}) = r_{\theta(k)}(X_{i_k}) \neq 0$$

で J_ℓ に g_s の解はないから

$$\mathrm{sign}(g_s(J_\ell)) = \mathrm{sign}(r_{\theta(k)}(X_{i_k})).$$

(b) $\ell\neq 0$, $\rho(\ell)=k$ かつ $\mathrm{sign}(r_{\theta(k)}(X_{i_k}))=0$ のとき：

$$g_s(Y_\ell) = g_s(X_{i_k}) = r_{\theta(k)}(X_{i_k}) = 0$$

で $J_\ell\subset I_k$ なので，第 1 章(演習 3(c))(微分係数が正なら狭義単調増加，等々)により，$g_s(J_\ell)$ の正負は $g_s'(I_k)$ の正負と一致するので

$$\mathrm{sign}(g_s(J_\ell)) = \mathrm{sign}(g_s'(I_k)).$$

(c) $\ell\neq 0$ かつ $\rho(\ell)=(k,k+1)$ のとき：

$$Y_\ell\in I_k, Y_{\ell+1} = X_{i_{k+1}}$$

で $g_s(Y_\ell)=0$ なのでやはり第 1 章(演習 3(c))により

$$\mathrm{sign}(g_s(J_\ell)) = \mathrm{sign}(g_s'(I_k)).$$

(d) $\ell=0$ のとき：

$$\mathrm{sign}(g_s(J_\ell)) = -\mathrm{sign}(g_s'(-\infty, X_1)).$$

Y_1 が g_s の解である場合は容易にこれでよいことが分かる．そうでないとして例えば $\mathrm{sign}(g_s'(-\infty, X_1))=1$ とする．よって g_s' の次数 p が偶数なら最高次の係数 a は正であり，p が奇数なら a は負である．すると g_s の最高次の項は $\dfrac{a}{n+1}X^{n+1}$ となる．よって十分に絶対値の大きい負の数 x で $g_s(x)<0$ である．従って $\mathrm{sign}(g_s(Y_1))=-1$ となる． ∎

以上で，RCF の量化記号消去のアルゴリズムができた．また RCF での量化記号なしの閉論理式は閉式どうしの等式と不等式の命題論理の結合子による組合

せで，閉式 t は整数 $n(t)$ を表し，$\mathrm{RCF} \models n(t)=n(s) \Leftrightarrow n(t)=n(s)$ かつ $\mathrm{RCF} \models n(t)<n(s) \Leftrightarrow n(t)<n(s)$ なので，RCF(の定理)は決定可能である．

A. 2　定理 7. 1. 7 の証明

ここでは第 7 章で延期された，定理 7. 1. 7 の証明をしよう．

初めに Gödel operations $\mathcal{F}_i\,(i=1,...,9)$ を思い出しておく．

1. $\mathcal{F}_1(x,y)=\{x,y\}$.
2. $\mathcal{F}_2(x,y)=\cup x$.
3. $\mathcal{F}_3(x,y)=x\setminus y$.
4. $\mathcal{F}_4(x,y)=\{u\cup\{v\}:u\in x, v\in y\}$.
5. $\mathcal{F}_5(x,y)=dom(x)=\{u\in\cup\cup x:\exists v\in\cup\cup x(\langle u,v\rangle\in x)\}$.
6. $\mathcal{F}_6(x,y)=rng(x)=\{v\in\cup\cup x:\exists u\in\cup\cup x(\langle u,v\rangle\in x)\}$.
7. $\mathcal{F}_7(x,y)=\{\langle v,u\rangle\in y\times x:v\in u\}$.
8. $\mathcal{F}_8(x,y)=\{\langle u,v,w\rangle:\langle u,v\rangle\in x, w\in y\}$.
9. $\mathcal{F}_9(x,y)=\{\langle u,w,v\rangle:\langle u,v\rangle\in x, w\in y\}$.

定理 7. 1. 7 を示すために，つぎの補題 A. 2. 1 を証明する．

補題 A. 2. 1　$\varphi(x_1,...,x_n)$ をパラメタは $x_1,...,x_n$ 以外にない Δ_0-論理式とする．すると「関数記号」$\mathcal{F}_i\,(i=1,...,9)$ からつくられた式 $\mathcal{F}_\varphi$ で

$$\mathsf{BS}'\vdash \mathcal{F}_\varphi(a_1,...,a_n)=\{\langle x_n,...,x_1\rangle\in a_n\times\cdots\times a_1:\varphi(x_1,...,x_n)\} \tag{A. 6}$$

となるものがつくれる．

ただしここで $\langle x_1\rangle:=x_1$ とおく．　□

初めに補題 A. 2. 1 から定理 7. 1. 7 が従うことを見よう．与えられた Δ_0-論理式 $\varphi(x_1,...,x_n)$ と $1\leq i<n$ に対して，補題 A. 2. 1 より式 $\mathcal{F}_\varphi$ を(A. 6)となるように取ると，

$$\begin{aligned}&\mathcal{F}_\varphi(\{x_1\},...,\{x_{i-1}\},a,\{x_{i+1}\},...,\{x_n\})\\&\quad=\{\langle x_n,...,x_{i+1},x_i,x_{i-1},...,x_1\rangle:x_i\in a\wedge\varphi(x_1,...,x_n)\}\end{aligned}$$

であるから，$\mathcal{F}_\varphi$ に $\mathcal{F}_6$ (rng) を $(n-i)$ 回適用してから，$\mathcal{F}_5$ (dom) を適用した式を $\mathcal{F}$ とすればこれが求める式

$$\mathcal{F}(a,x_1,...,x_{i-1},x_{i+1},...,x_n)=\{x_i\in a:\varphi(x_1,...,x_n)\}$$

となる．直積は $\mathcal{F}_4$ から構成できたので $\mathcal{F}_0(x,y)=y\times x$ も用いる．

以下で補題 A. 2. 1 を証明する．先ず初めにここで考える Δ_0-論理式 φ を制限

しておく．外延性公理のもとで $x=y\leftrightarrow\forall z\in x(z\in y)\wedge\forall z\in y(z\in x)$ であるから，すべての等式を右辺で置き換えて関係記号は $\in$ だけとしてよい．

つぎに論理記号は $\wedge,\neg$ と有界量化記号 $\exists x\in y$ とする．さらに有界量化記号が束縛している変数 x_m の添字 m はその有界量化記号が束縛している範囲では最大，つまり $\exists x_m\in x_i\varphi$ において，$i<m$ かつ φ に自由に現れている変数 x_j は $j\leq m$ であるとする．変数の名前を書き換えれば論理的に同値でこのような条件を充たす論理式が作り出せる．

さてこのような制限を充たす Δ_0-論理式の「構成」に関する帰納法により，補題 A.2.1 を証明する．以下で「BS′ で証明できる」を省略する．

初めに原子論理式以外の場合を考える．

($\neg$) $\neg\varphi$ であれば，帰納法の仮定よりとして，$\mathcal{F}_{\neg\varphi}(a_1,\ldots,a_n)=(a_n\times\cdots\times a_1)\setminus\mathcal{F}_{\varphi}(a_1,\ldots,a_n)$ としたいので $\mathcal{F}_{\varphi}$ に $\mathcal{F}_0$ (直積)と $\mathcal{F}_3$ (差)を適用すればよい．

($\wedge$) つぎに $\varphi\equiv\varphi_1\wedge\varphi_2$ を考える．$\mathcal{F}_{\varphi}=\mathcal{F}_{\varphi_1}\cap\mathcal{F}_{\varphi_2}$ としたいが，これは

$$x\cap y=(x\setminus(x\setminus y))=\mathcal{F}_3(x,\mathcal{F}_3(x,y))$$

より可能である．

($\exists$) つぎに $\theta\equiv\exists x_{n+1}\in x_i\varphi_2(x_1,\ldots,x_{n+1})$ を考える．$\varphi_1(x_1,\ldots,x_{n+1}):\equiv(x_{n+1}\in x_i)$ と置いて，式 $\mathcal{F}_{\varphi_1},\mathcal{F}_{\varphi_2}$ から上のように $\mathcal{F}_{\varphi}=\mathcal{F}_{\varphi_1}\cap\mathcal{F}_{\varphi_2}$ となる式 $\mathcal{F}_{\varphi}$ をつくると

$$\begin{aligned}&\mathcal{F}_{\varphi}(a_1,\ldots,a_n,\cup a_i)\\&\quad=\{\langle x_{n+1},x_n,\ldots,x_1\rangle\in\cup a_i\times a_n\times\cdots\times a_1:x_{n+1}\in x_i\wedge\varphi_2(x_1,\ldots,x_n,x_{n+1})\}\end{aligned}$$

であるから

$$\mathcal{F}_{\theta}(a_1,\ldots,a_n)=rng(\mathcal{F}_{\varphi}(a_1,\ldots,a_n,\cup a_i))=\mathcal{F}_6(\mathcal{F}_{\varphi}(a_1,\ldots,a_n,\mathcal{F}_2(a_i,a)),a)$$

でよい．ここで a は $a_1,\ldots,a_n$ のどれでもよい．

さてこれで残るのは原子論理式 $x_i\in x_j$ の場合である．

($\boldsymbol{x_2\in x_1}$) 初めに $\varphi(x_1,x_2)$ が $x_2\in x_1$ のときを考える．このときには

$$\mathcal{F}_{x_2\in x_1}(a_1,a_2)=\{\langle x_2,x_1\rangle\in a_2\times a_1:x_2\in x_1\}=\mathcal{F}_7(a_1,a_2).$$

($\boldsymbol{i>j}$) つぎに $\varphi(x_1,\ldots,x_n)$ が $x_i\in x_j$ $(n\geq i>j\geq 1)$ の場合を考える．このときには $\mathcal{F}_{x_2\in x_1}(a_j,a_i)=\{\langle x_i,x_j\rangle\in a_i\times a_j:x_i\in x_j\}$ から $\mathcal{F}_8$ を適用して

$$\begin{aligned}&\mathcal{F}_8(\mathcal{F}_{x_2\in x_1}(a_j,a_i),a_{j-1}\times\cdots\times a_1)\\&\quad=\{\langle x_i,x_j,x_{j-1},\ldots,x_1\rangle\in a_i\times a_j\times a_{j-1}\times\cdots\times a_1:x_i\in x_j\}\end{aligned}$$

ここで

$$a_n\times\cdots\times a_1=\mathcal{F}_0(a_1,\ldots,a_n)$$

で，一般に 2 変数関数 $\mathcal{F}(x,y)$ に対して

$$\mathcal{F}(b,a_1,a_2,...,a_n)=\mathcal{F}(\cdots\mathcal{F}(\mathcal{F}(b,a_1),a_2)\cdots,a_n)$$

とここでは書いておく．

つぎに $\mathcal{F}_9$ を $(i-j-1)$ 回適用して x_i,x_j の間に挿み込んで $\langle x_i,x_{i-1},...,x_{j+1},x_j,...,x_1\rangle$ を得て，最後に $\mathcal{F}_0$ (直積)を $(n-i)$ 回適用して左に付け加えて $\langle x_n,...,x_{i+1},x_i,...,x_1\rangle$ を得る．つまり $i>j$ のときには

$$\begin{aligned}&\mathcal{F}_{x_i\in x_j}(a_1,...,a_n)\\&\quad=\mathcal{F}_0(\mathcal{F}_9(\mathcal{F}_8(\mathcal{F}_{x_2\in x_1}(a_j,a_i),\mathcal{F}_0(a_1,...,a_{j-1})),a_{j+1},...,a_{i-1}),a_{i+1},...,a_n)\end{aligned}$$

($\boldsymbol{x_i\in x_j}$)　最後に $\varphi(x_1,...,x_n)$ が $x_i\in x_j\ (1\le i,j\le n)$ の場合を考える．$\psi(x_1,...,x_n,x_{n+1},x_{n+2})$ を

$$(x_i=x_{n+2})\wedge(x_j=x_{n+1})\wedge(x_{n+2}\in x_{n+1})$$

とする．つまり $\psi(x_1,...,x_n,x_{n+1},x_{n+2})$ は五つの論理式

$$\begin{gathered}\neg\exists x_{n+3}\in x_i\neg(x_{n+3}\in x_{n+2})\,,\quad \neg\exists x_{n+3}\in x_{n+2}\neg(x_{n+3}\in x_i),\\ \neg\exists x_{n+3}\in x_j\neg(x_{n+3}\in x_{n+1})\,,\quad \neg\exists x_{n+3}\in x_{n+1}\neg(x_{n+3}\in x_j),\\ (x_{n+2}\in x_{n+1})\end{gathered}$$

を $\wedge$ で結んだものである．これらを順番に $\theta_k\ (k=1,...,5)$ とおく．それぞれについて

$$\mathcal{F}_{\theta_k}(a_1,\cdots,a_{n+2})=\{\langle x_{n+2},...,x_1\rangle\in a_{n+2}\times\cdots a_1:\theta_k(x_1,...,x_{n+2})\}$$

となる式 $\mathcal{F}_{\theta_k}$ が求まれば，それから場合 ($\wedge$) でしたように $\psi(x_1,...,x_n,x_{n+1},x_{n+2})$ を表す式 $\mathcal{F}_\psi(a_1,...,a_{n+2})$ が $\mathcal{F}_3$ を用いてつくれる：

$$\begin{aligned}&\mathcal{F}_\psi(a_1,...,a_n,a_{n+1},a_{n+2})\\&\quad=\{\langle x_{n+2},...,x_1\rangle\in a_{n+2}\times\cdots\times a_1:(x_i=x_{n+2})\wedge(x_j=x_{n+1})\wedge(x_{n+2}\in x_{n+1})\}\\&\quad=\{\langle x_{n+2},...,x_1\rangle\in a_{n+2}\times\cdots\times a_1:(x_i=x_{n+2})\wedge(x_j=x_{n+1})\wedge(x_i\in x_j)\}\end{aligned}$$

そこで $\mathcal{F}_6$ (rng) を 2 回適用して

$$\mathcal{F}_\varphi(a_1,...,a_n)=\mathcal{F}_6(\mathcal{F}_6((\mathcal{F}_\psi(a_1,...,a_n,a_j,a_i))))$$

とすればできあがりである．

他方，θ_5 つまり $x_{n+2}\in x_{n+1}$ は場合 $(i>j)$ で済んでいる．またそれ以外，例えば θ_1 つまり $\neg\exists x_{n+3}\in x_i\neg(x_{n+3}\in x_{n+2})$ を考えるには，先ず $\sigma_1(x_1,...,x_{n+2},x_{n+3})$ として $(x_{n+3}\in x_i)\wedge\neg(x_{n+3}\in x_{n+2})$ を考える．これは場合 $(i>j)$ と場合 ($\neg$) および場合 ($\wedge$) で扱えて，これから場合 ($\exists$) のように $\mathcal{F}_2,\mathcal{F}_6$ を用いれば式 $\mathcal{F}_{\theta_1}$ が求まる．$\mathcal{F}_{\theta_k}\ (k=2,3,4)$ も同様である．

これで補題 A. 2. 1，従って定理 7. 1. 7 の証明が終わる．

A.3 集合の整礎木による解釈

ここでは遺伝的可算集合と自然数上の整礎木 $T\,(\varnothing \neq T \subset {}^{<\omega}\omega)$ の対応を考える．木に関する記法は定義 6.5.5 を参照せよ．$T \in \mathcal{TR}$ は $\omega = \mathbb{N}$ 上の木 $T \subset {}^{<\omega}\omega$ であった．

A.3.1 遺伝的有限集合

遺伝的有限集合すなわちその推移的閉包 $trcl(x)$ が有限である集合 x 全体 $H_{\aleph_0}$ を先ず考える：

$$H_{\aleph_0} = \{x : card(trcl(x)) < \aleph_0\} = L_\omega = V_\omega.$$

これは集合論 ZF-Infinity（無限公理無しの ZF）のモデルである（cf. 第 7 章（演習 3(f)））．

有限の木 $\varnothing \neq T \subset_{fin} {}^{<\omega}\omega$ に遺伝的有限集合 $m(T)$ をつぎのように対応させる．

$$\begin{aligned} m(T,u) &:= \{m(T, u * \langle n\rangle) : u * \langle n\rangle \in T\}\ (u \in T) \\ m(T) &:= m(T, \langle\ \rangle) \\ \mathcal{M}_{fin} &:= \{m(T) : \varnothing \neq T \subset_{fin} {}^{<\omega}\omega\} \end{aligned} \tag{A.7}$$

このとき明らかに

$$\mathcal{M}_{fin} = H_{\aleph_0}.$$

いま有限の木を自然数でコードして，コード a の木を $T(a)$ と書くことにする．$Code_{fin}$ で有限木のコード全体を表す．これは原始再帰的である．また $x \in T(a)$ について木 $T(b) = T(a)_x = \{y : x * y \in T(a)\}$ のコード b は a より小さいとする．さらに

$$u * \langle x\rangle \in T(a) \Rightarrow x < bd(a,u)$$

となる原始再帰的関数 $bd(a,u)$ をとっておく．

補題 A.3.1 自然数の関係

$$\begin{aligned} a \dot{\in} b &\Leftrightarrow m(T(a)) \in m(T(b)) \\ a \dot{=} b &\Leftrightarrow m(T(a)) = m(T(b)) \end{aligned}$$

はともに原始再帰的となる．

［証明］ 初めに

$$P_=(a,u,b,v) :\Leftrightarrow a, b \in Code_{fin} \wedge u \in T(a) \wedge v \in T(b) \wedge m(T(a),u) = m(T(b),v)$$

とおくと，$P_=$ が原始再帰的であることを示す．それには

$$\begin{aligned}\Gamma[X,u,v,a,b] :\Leftrightarrow\ & a,b\in Code_{fin}\wedge u\in T(a)\wedge v\in T(b)\\ & \wedge\forall x<bd(a,u)[u*\langle x\rangle\in T(a)\\ & \quad\to\exists y<bd(b,v)\{v*\langle y\rangle\in T(b)\wedge X(u*\langle x\rangle,v*\langle y\rangle,a,b)\}]\\ & \wedge\forall y<bd(b,v)[v*\langle y\rangle\in T(b)\\ & \quad\to\exists x<bd(a,u)\{u*\langle x\rangle\in T(a)\wedge X(u*\langle x\rangle,v*\langle y\rangle,a,b)\}]\end{aligned}$$

を考えれば，これが $P_{=}(a,u,b,v)$ を帰納的に定義しているのでよい．よって $a\doteq b$ を $P_{=}(a,\langle\ \rangle,b,\langle\ \rangle)$ とする．つぎに

$$\begin{aligned}a\dot{\in}b &\Leftrightarrow a,b\in Code_{fin}\wedge\exists x<bd(b,\langle\ \rangle)P_{=}(a,\langle\ \rangle,b,\langle x\rangle)\\ &\Leftrightarrow\exists x[\langle x\rangle\in T(b)\wedge m(T(a))=m(T(b),\langle x\rangle)]\end{aligned}$$

∎

これを使って集合論 ZF-Infinity を自然数の公理系 PA に解釈しよう．集合論の閉論理式 φ において，$\in$ を $\dot{\in}$ で，$=$ を $\doteq$ で置き換え，量化記号 Qx を $Qx\in Code_{fin}$ で置き換えて得られる PA の論理式を φ^* と書けば

$$\text{ZF-Infinity}\vdash\varphi\Rightarrow\text{PA}\vdash\varphi^*$$

となることを示そう．

初めに $u\in T(a)$ 等について $T(a)_u=\{v:u*v\in T(a)\}$ の深さ $|T(a)_u|$ に関する帰納法により，等号公理

$$P_{=}(a,u,b,v)\wedge P_{=}(b,v,c,w)\to P_{=}(a,u,c,w) \tag{A. 8}$$

が分かる．

等号公理(あるいは外延性公理)

$$a\doteq b\dot{\in}c\to a\dot{\in}c$$

を確かめてみる．これは $a,b,c\in Code_{fin}$ のもとで

$$P_{=}(a,\langle\ \rangle,b,\langle\ \rangle)\wedge\exists zP_{=}(b,\langle\ \rangle,c,\langle z\rangle)\to\exists zP_{=}(a,\langle\ \rangle,c,\langle z\rangle)$$

を示すことになる．$P_{=}(a,u,b,v)$ の帰納的定義により $P_{=}(b,\langle\ \rangle,c,\langle z\rangle)$ となる z に対して，$\exists y\{\langle y\rangle\in T(b)\wedge P_{=}(b,\langle y\rangle,c,\langle z\rangle)\}$ となり，この y に対して $\exists x\{\langle x\rangle\in T(a)\wedge P_{=}(a,\langle x\rangle,b,\langle y\rangle)\}$ であるから(A. 8)より，この x に対して $P_{=}(a,\langle x\rangle,c,\langle z\rangle)$ となり $P_{=}(a,\langle\ \rangle,c,\langle z\rangle)$ が言える．

逆

$$\text{ZF-Infinity}\vdash\varphi\Leftarrow\text{PA}\vdash\varphi^*$$

は容易に分かる．

A. 3. 2　遺伝的可算集合

つぎに遺伝的可算集合 $x\in H_{\aleph_1}$ の木表現を考える．$H_{\aleph_1}$ は ZF-P のモデルで

あった(cf. 第7章(演習3(f))).

整礎木 $\varnothing \neq T \in \mathcal{TR}$ に対して(A. 7)で $m(T,u), m(T)$ を定めて，$a \in \mathcal{N} = {}^{\omega}\omega$ に対し $T(a) = \{s \in {}^{<\omega}\omega : a(s) = 0\}$ とおいて

$$a \in Code_{\omega} :\Leftrightarrow T(a) \text{ は空でない整礎木}$$
$$\mathcal{M}_{\omega} := \{m(a) : a \in Code_{\omega}\}$$

明らかに

$$\mathcal{M}_{\omega} = H_{\aleph_1}.$$

$Code_{\omega}$ 上で $a \doteq b, a \dot{\in} b$ を帰納的に定義できる．但し，限界 $bd(a,u)$ はもはや取れず，また $Code_{\omega}$ は Π^1_1 である．

そこでつぎに超初等的な整礎木 $\varnothing \neq T \in \mathcal{TR}$ のみを考えてみる．帰納的 I と H^+, H^- については小節6. 5. 1の定理6. 5. 32を参照せよ．以下，H^+_a の代わりに H_a と書く．R が超初等的であることと $\exists a \in I[R = H_a]$ は同値であった．以下，a, b などは自然数を表す．

$$T \in \mathcal{WT}_{\Delta} :\Leftrightarrow \varnothing \neq T \in \mathcal{TR} \text{ は空でない整礎木で超初等的}$$
$$a \in M :\Leftrightarrow I(a) \wedge (H_a \text{ は空でない整礎木})$$
$$\mathcal{M} := \{m(H_a) : a \in M\}$$

$\mathcal{M}$ は，以下で定義する ZF-P のある部分 KPω のモデルになっていることを示す．

定理 A. 3. 2

$$\mathcal{M} \models \mathrm{KP}\omega. \qquad \square$$

補題 A. 3. 3　$\mathcal{M}$ は推移的である．

［証明］ $a \in M$ について $T = H_a$ なら $T_{\langle n \rangle} \in \mathcal{WT}_{\Delta}$. ▮

補題 A. 3. 4　$X \subset M$ と $P(a,u)$ はともに超初等的とすると

$$\{m(H_a, u) : a \in X, u \in H_a, P(a,u)\} \in \mathcal{M}.$$

とくに $\{m(H_a) : a \in X\} \in \mathcal{M}$.

［証明］ $T = \{\langle\ \rangle\} \cup \{\langle\langle a,u \rangle\rangle * v : a \in X, u * v \in H_a, P(a,u)\} \in \mathcal{WT}_{\Delta}$ である．一方 $m(T) = \{m(T, \langle\langle a,u \rangle\rangle) : a \in X, u \in H_a, P(a,u)\}$ で $m(T, \langle\langle a,u \rangle\rangle) = m(T_{\langle\langle a,u \rangle\rangle})$ $= m(H_a, u)$. ▮

補題 A. 3. 5　$\mathcal{M}$ は空，対，合併，無限公理のモデルである．

［証明］ $m(\{\langle\ \rangle\}) = \varnothing$. $a, b \in M$ について，補題 A. 3. 4 において $X = \{a, b\}$ とすれば $\{m(H_a), m(H_b)\} \in \mathcal{M}$ となるし，$X = \{a\}, P(x,u) \Leftrightarrow lh(u) = 2$ とおけば，$\mathcal{M} \ni \{m(H_a, u) : P(a,u), u \in H_a\} = \{m(H_a, \langle x,y \rangle) : \langle x,y \rangle \in H_a\} = \bigcup m(H_a)$

となる．

無限公理には，T を自然数の(狭義)単調減少列全体とすれば $m(T)=\omega$． ▮

論理式 φ と $\star=\pm$ について

$$\varphi^\star := \begin{cases} \varphi & \star=+ \text{ のとき} \\ \neg\varphi & \star=- \text{ のとき} \end{cases}$$

補題 A. 3. 6 以下はともに帰納的である：

$$P^{\pm}_{=}(a,u,b,v) :\Leftrightarrow a,b\in M\wedge u\in H_a\wedge v\in H_b\wedge m(H_a,u)=^{\pm} m(H_b,v).$$

［証明］

$$\begin{aligned}\Gamma[X,u,v,a,b] :\Leftrightarrow\ & a,b\in M\wedge u\in H^+_a\wedge v\in H^+_b\\ & \wedge\ \forall x[u*\langle x\rangle\notin H^-_a\to\exists y\{v*\langle y\rangle\in H^+_b\wedge X(u*\langle x\rangle,v*\langle y\rangle,a,b)\}]\\ & \wedge\ \forall y[v*\langle y\rangle\notin H^-_b\to\exists x\{u*\langle x\rangle\in H^+_a\wedge X(u*\langle x\rangle,v*\langle y\rangle,a,b)\}]\end{aligned}$$

とおく．繰り返し補題 6. 5. 19 により Γ で帰納的に定義される I_Γ は帰納的である．

$(u,v,a,b)\in I_\Gamma\Leftrightarrow m(H_a,u)=m(H_b,v)$ となることを示す．順序数 α に関する超限帰納法により $(u,v,a,b)\in I^\alpha_\Gamma\Rightarrow m(H_a,u)=m(H_b,v)$．他方 $a,b\in M$, $u\in H^+_a\wedge v\in H^+_b$ とする．逆に $m(H_a,u)=m(H_b,v)\Rightarrow(u,v,a,b)\in I_\Gamma$ は整礎木 $u\in H_a$ に関する帰納法で分かる．

以上により $P^+_{=}(a,u,b,v)$ が帰納的であることが分かった．$P^-_{=}(a,u,b,v)$ についても同様である． ▮

補題 A. 3. 7 集合論の Δ_0-論理式 $\varphi(x_1,...,x_n)$ に対して以下の $P^{\pm}_\varphi$ は帰納的である：

$$P^{\pm}_\varphi(a_1,...,a_n) :\Leftrightarrow \{a_1,...,a_n\}\subset M\wedge\varphi^{\pm}(m(H_{a_1}),...,m(H_{a_n})).$$

［証明］ Δ_0-論理式 φ の構成に関する帰納法による．補題 A. 3. 6 より $x_1=x_2$ は済んでいる．

$x_1\in x_2$ のときを考える．系 6. 5. 20 より帰納的であることは $\wedge,\vee,\forall x\in\omega,\exists x\in\omega$ で閉じていることに注意して

$$\begin{aligned}P^+_{\in}(a,b)&\Leftrightarrow a,b\in M\wedge\exists xP^+_{=}(a,\langle\ \rangle,b,\langle x\rangle)\\ &\Leftrightarrow\exists x[\langle x\rangle\in H_b\wedge m(H_a)=m(H_b,\langle x\rangle)]\\ P^-_{\in}(a,b)&\Leftrightarrow a,b\in M\wedge\forall x[\langle x\rangle\notin H^-_b\to P^-_{=}(a,\langle\ \rangle,b,\langle x\rangle)]\\ &\Leftrightarrow\forall x[\langle x\rangle\in H_b\to m(H_a)\neq m(H_b,\langle x\rangle)]\end{aligned}$$

$\varphi(y,z)\equiv\forall x\in y\,\psi(x,y,z)$ のときには

$$P^+_\varphi(b,c)\Leftrightarrow b,c\in M\wedge\forall x[\langle x\rangle\notin H^-_b\to\exists d\in M\{P^+_{=}(b,\langle x\rangle,d,\langle\ \rangle)\wedge P^+_\psi(d,b,c)\}]$$

でよい. ∎

定義 A. 3. 8 集合論の公理系 KPω は公理として, 外延性, 整礎性公理図式, 空, 対, 合併, 無限公理のほかに Δ_0-論理式に対する分出公理(Δ_0-separation axiom)と集積公理(Δ_0-collection axiom)より成る: Δ_0-論理式 φ について

$\boldsymbol{\Delta_0}$-Separation

$$\exists b \forall x[x \in b \leftrightarrow x \in a \wedge \varphi(x)].$$

$\boldsymbol{\Delta_0}$-Collection

$$\forall x \in a \exists y \, \varphi(x,y) \to \exists b \forall x \in a \exists y \in b \, \varphi(x,y).$$

つまりベキ集合の公理は無く, 置換公理は上記ふたつに弱めている. □

KPω は ZF-P の部分で, BSL を含むことが分かる. 直積の存在は 4. 1 節(例題 1)の証明を見よ. また Δ_0-集積公理を用いれば超限帰納法で定義された $\{L_\alpha\}_\alpha$ の存在も分かる.

$\mathcal{M}$ が Δ_0-分出公理と Δ_0-集積公理のモデルであることを示せば, 定理 A. 3. 2 の証明は終わる.

定理 6. 5. 32 より計算可能関数 $j(a,s)$ を

$$a \in I \Rightarrow j(a,s) \in I \wedge H_{j(a,s)} = \{u : \langle s \rangle * u \in H_a\}$$

となるように取る.

Δ_0-分出公理を考える. $a \in M$ で $\varphi(x)$ を Δ_0-論理式とする. $\{x \in m(H_a) : \varphi(x)\} \in \mathcal{M}$ を示したい.

補題 A. 3. 4 において

$$X = \{j(a,s) : \langle s \rangle \in H_a \wedge P^+_\varphi(j(a,s))\} = \{j(a,s) : \langle s \rangle \in H_a \wedge \neg P^-_\varphi(j(a,s))\}$$

とおけば, $a \in M \subset I$ より $X \subset M$ は超初等的で $\{x \in m(H_a) : \varphi(x)\} = \{m(H_c) : c \in X\} \in \mathcal{M}$ となる.

つぎに Δ_0-集積公理を考える. $a \in M$ で $\varphi(x,y)$ を Δ_0-論理式とする. いま $\forall x \in z \exists y \varphi(x,y)$ であると仮定すると, 補題 A. 3. 7 より

$$\forall s[\langle s \rangle \in H_a \Rightarrow \exists c \in M \, P^+_\varphi(j(a,s),c)].$$

そこで超初等的選択定理 6. 5. 27. 1 により, 帰納的な $Q(s,c)$ と $Q^-(s,c)$ を

$$Q(s,c) \Rightarrow P^+_\varphi(j(a,s),c)$$

$$\forall s[\langle s \rangle \in H_a \Rightarrow \exists c Q(s,c) \wedge \{c : Q(s,c)\} = \{c : \neg Q^-(s,c)\}]$$

となるように取る. 補題 A. 3. 4 において

$$X = \{c : \exists s[\langle s \rangle \in H_a \wedge Q(s,c)]\} = \{c : \exists s[\langle s \rangle \in H_a \wedge \neg Q^-(s,c)]\}$$

とすれば, これは超初等的で $c \in X \Rightarrow \exists s Q(s,c) \Rightarrow \exists s P^+_\varphi(j(a,s),c) \Rightarrow c \in M$.

そこで $w=\{m(H_c):c\in X\}\in\mathcal{M}$ を考えれば $\forall x\in z\,\exists y\in w\,\varphi(x,y)$ となる． ∎

定理 6. 5. 16 より

$$o(\mathcal{M})=\omega_1^{CK}$$

となる．また $\mathcal{M}$ が KPω，従って BSL のモデルであるから $L_{\omega_1^{CK}}\subset\mathcal{M}$ が分かる．実はここで $L_{\omega_1^{CK}}=\mathcal{M}$ となることが知られている（$L_{\omega_1^{CK}}$ の中で $m(T)$ をつくる）．これより ω の部分集合 A について $L_{\omega_1^{CK}}$ 上で Σ_1-論理式で定義可能であることは，帰納的すなわち Π^1_1 ということと同値になることが，補題 A. 3. 7 を使って分かる．

定理 A. 3. 2 ($\mathcal{M}\models\mathrm{KP}\omega$) を用いて，集合論の公理系 KP$\omega$ を，小節 8. 5. 1 で導入された自然数上の帰納的定義に関する公理系 IDΩ へ解釈する．

先ず比較定理 6. 5. 22 における正論理式 Γ に対する比較関係 $x\leq^*_\Gamma y$, $x<^*_\Gamma y$ は，比較定理 6. 5. 22 の証明での正論理式 Φ,Ψ を取って IDΩ での論理式 $(x,y)\in\mathcal{I}^{<\Omega}_\Phi$, $(x,y)\in\mathcal{I}^{<\Omega}_\Psi$ と思えば，IDΩ で以下が任意の論理式 φ について証明できることになる：

1. $x\in\mathcal{I}^{<\Omega}_\Gamma\vee y\in\mathcal{I}^{<\Omega}_\Gamma\rightarrow(x\leq^*_\Gamma y\leftrightarrow y\not<^*_\Gamma x)$.
2. $\forall x\in\mathcal{I}^{<\Omega}_\Gamma(\forall y<^*_\Gamma x\varphi(y)\rightarrow\varphi(x))\rightarrow\mathcal{I}^{<\Omega}_\Gamma\subset\varphi$.
3. $\exists x\in\mathcal{I}^{<\Omega}_\Gamma(\varphi(x))\rightarrow\exists x\in\mathcal{I}^{<\Omega}_\Gamma(\varphi(x)\wedge\forall y(\varphi(y)\rightarrow x\leq^*_\Gamma y))$.

これより IDΩ で，超初等的選択定理 6. 5. 27. 1，被覆定理 6. 5. 26 と定理 6. 5. 32 が証明できることが分かる．つまり定理 A. 3. 2 の証明が IDΩ において遂行される．よって集合論の論理式 $\varphi(x_1,...,x_n)$ に対して，

$$P_\varphi(a_1,...,a_n):\Leftrightarrow\{a_1,...,a_n\}\subset M\wedge\varphi(m(H_{a_1}),...,m(H_{a_n}))$$

つまり $=$ を $\doteq$ で，$\in$ を $\dot\in$ で，変数の走る変域を $a\in M$ にすれば

$$\mathrm{KP}\omega\vdash\varphi\Rightarrow\mathrm{ID}\Omega\vdash P_\varphi$$

ということが分かる．

逆は容易である．

付録 B　演習略解

第　1　章

3(a)　f は区間 (a,b) で解がないとしてよい．そこで $f=(X-a)^m(X-b)^n g\ (m,n>0)$ とおく．g は区間 $[a,b]$ で解を持たない．よって中間値の定理より g は $[a,b]$ で定符号である．

f を微分して $f'=(X-a)^{m-1}(X-b)^{n-1}g_1$，$g_1=m(X-b)g+n(X-a)g+(X-a)(X-b)g'$ となる．すると $g_1(a)=m(a-b)g(a)$，$g_1(b)=n(b-a)g(b)$ となり，$g(a)g(b)>0$ だから $g_1(a)g_1(b)<0$ である．よって中間値の定理から g_1 は (a,b) に解を持ち，それが f' の解でもある．

5　与えられた論理式に対して(1.28)，(1.29)，(1.31)，(1.33)を用いて変形していく．あるいは以下のようにしてもよい．

$b\in 2$ と命題変数 p について

$$p^b := \begin{cases} p & b=1 \text{ のとき} \\ \neg p & b=0 \text{ のとき} \end{cases}$$

とおく．

$A[p_1,\ldots,p_n]$ を真理関数 $f_A:2^n\to 2$ とみて逆像 $f_A^{-1}(1)$ を考える．$\vec{b}=(b_1,\ldots,b_n)\in f_A^{-1}(1)$ についてリテラルの論理積 $C(\vec{b}):\equiv\bigwedge\{p_i^{b_i}:1\le i\le n\}$ を考えて，それらの和 $\bigvee_{\vec{b}\in f_A^{-1}(1)} C(\vec{b})$ を取れば，これが求める A の和積標準形である．なぜなら付値 ν について $\nu(p^b)=1\Leftrightarrow\nu(p)=b$ であるから，$\nu(C(\vec{b}))=1\Leftrightarrow(\nu(p_1),\ldots,\nu(p_n))=\vec{b}$．よって

$$\begin{aligned}\nu(\bigvee\{C(\vec{b}):\vec{b}\in f_A^{-1}(1)\})=1 &\Leftrightarrow (\nu(p_1),\ldots,\nu(p_n))\in f_A^{-1}(1)\\ &\Leftrightarrow \nu(A)=1\end{aligned}$$

A の積和標準形を求めるには，$\neg A$ の和積標準形 $\bigvee_j\bigwedge\{A_{ij}:1\le i\le n_j\}$ の否定を，De Morgan の法則と二重否定の除去を用いて積和標準形 $\bigwedge_j\bigvee\{\bar{A}_{ij}:1\le i\le n_j\}$ に直せばよい．ただしリテラル L について $\bar{L}$ は，L が素論理式 R なら否定 $\neg R$ を表し，L が素論理式の否定 $\neg R$ なら $\bar{L}:\equiv R$ を表す．

9　簡単のため $n=1$ として，どんな閉式の有限列 $(t^j:1\le j\le m)$ についても

$$\mathrm{T}\not\models\bigvee\{\theta(t^j):1\le j\le m\}$$

であるとする．このとき $\mathrm{T}\cup\{\forall x\neg\theta(x)\}$ のモデルの存在を示したいが，そのためにはコンパクト性定理 1.4.14 より T の任意の有限部分と $\{\forall x\neg\theta(x)\}$ の合併がモデルを持てばよい．よって初めから T は有限集合としてよい．さらに $\forall$-論理式の論理積は $\forall$-論理式と同値なので，初めから T は無いとしてよい．

そこで Ct_{L} を閉式全体の集合として，$\Gamma=\{\neg\theta(t):t\in Ct_{\mathrm{L}}\}$ を命題論理の論理式の集合とみなして，有限充足可能となる(cf. 補題 1.4.7)．命題論理のコンパクト性定理 1.4.3 より付値 ν で Γ を充たすものを取る．あとは補題 1.4.13 の証明と同様に $|\mathcal{M}|=Ct_{\mathrm{L}}$ で

あるモデル $\mathcal{M}$ で $\mathcal{M}\models\forall x\neg\theta(x)$ をつくればよい．その際に，定義 1.4.12 での等号公理は $\forall$-論理式 $\forall\vec{x}\varphi(\vec{x})$ だから，Γ に等号公理の例 $\varphi(\vec{t})$ が含まれているとしておけばよい．

10(a)　$\{\psi_1,...,\psi_k\}$ をすべてのねじれのないアーベル群で正しい閉論理式とし，ψ をそれらを $\land$ で結んだ $(\psi_1\land\cdots\land\psi_k)$ とする．ψ を充たすねじれのあるアーベル群の存在を示したい．

T をねじれのないアーベル群の公理(1.5)-(1.8)，(1.11) $(n=2,3,...)$ から成る集合とする．仮定により $T\models\psi$ である．ここで系 1.4.15 により，有限部分 $T_0\subset T$ を $T_0\models\psi$ となるように取る．T_0 はアーベル群の公理(1.5)-(1.8)を含むとしてよいから，これは，十分大きい N を取ると，ψ が(1.11) $(n=2,3,...,N)$ を充たすすべてのアーベル群で正しいことを意味する．そこで素数 $p>N$ についてアーベル群 $\mathbb{Z}_p$ (群演算は加法)を考えると，$\mathbb{Z}_p$ は明らかに(1.11) $(n=2,3,...,N)$ を充たし，従って ψ も充たすが，明らかにねじれがある，位数が p 以下だからである．よってこの $\mathbb{Z}_p$ が求めるアーベル群である．

10(b)　体の言語での閉論理式 φ がすべての標数 0 の体で成り立つとする．すなわち体の公理 $T=(1.5)$-(1.8)，(1.13)，(1.16)について $T\cup\{p1\neq 0:p:\text{ prime}\}\models\varphi$ とする．コンパクト性定理 1.4.14 より十分大きい素数 p_0 について $T\cup\{p1\neq 0:p_0\leq p:\text{ prime}\}\models\varphi$ となるから，すべての標数 $p\geq p_0$ の体でも φ は成立することになる．

11　各 $n>1$ について閉論理式 φ_n を

$$\varphi_n:\Leftrightarrow\exists x_n\cdots\exists x_1\bigwedge_{i\neq j}x_i\neq x_j$$

とすれば，どんな構造 $\mathcal{M}$ についても

$$\mathcal{M}\models\varphi_n\Leftrightarrow|\mathcal{M}|\geq n$$

となる．

仮定より公理系 $\mathrm{T}\cup\{\varphi_n:n>1\}$ は有限充足可能だからコンパクト性定理 1.4.14 より無限モデル $\mathcal{M}\models\mathrm{T}\cup\{\varphi_n:n>1\}$ が存在する．

12　$\mathcal{M}$ は PA のモデルなので，そこで数学的帰納法 $\varphi(0)\land\forall x[\varphi(x)\to\varphi(x+1)]\to\forall x\varphi(x)$ が成り立つ．

$\mathcal{M}$ を PA の超準モデルとする．いま論理式 $\varphi(x)\in\mathrm{L}(\mathcal{M})$ をすべての自然数 $n\in\mathbb{N}$ が $\mathcal{M}$ で充たすとする：$\forall n\in\mathbb{N}[\mathcal{M}\models\varphi[\bar{n}]]$．いまもし超準元 $a\in(|\mathcal{M}|\setminus\mathbb{N})$ で $\mathcal{M}\models\varphi[a]$ となるものが存在しないとすると，$\mathbb{N}=\{a\in|\mathcal{M}|:\mathcal{M}\models\varphi[a]\}$ を意味するから，$\mathcal{M}\models\varphi(0)\land\forall x[\varphi(x)\to\varphi(x+1)]$ となり，$\forall a\in|\mathcal{M}|(\mathcal{M}\models\varphi[a])$ である．しかしこれでは $\mathcal{M}=\mathbb{N}$ となってしまう．

第　2　章

2　原始再帰的関数の帰納的定義に沿って示す．

3(a)　n に関する帰納法により，各 n について，1 変数関数 $A_n(y):=A(n,y)$ は原始再帰的であることを示せ．

3(c)　x についての帰納法で

$$A(x,0)>0\,\&\,\forall y[A(x,y)<A(x,y+1)]$$

を示せばよい．

4　原始再帰的関数の帰納的定義に沿って示せばよい．(合成)で得られた場合には，

$$A_n(A_m(y)) \le A_p(y)\ (p = \max\{n, m\} + 1, y \ge 2)$$

を使えばよい．

(再帰的定義)による場合には

$$A_n^{(x)}(y) \le A_{n+1}(2 \max\{x, y\}).$$

6(a)

$$xy = \sum_{i<y} x$$

$$x + y = (x+1)(y+1) \dot{-} (xy+1)$$

10(a) 以下の $Index$ の累積再帰的定義(命題 2. 1. 2)による定義により分かる：

$x \in Index \leftrightarrow (x)_1 > 0 \land$

$[(x)_0 = 0 \land lh(x) = 4 \land (x)_2 \le 2 \land \{(x)_2 > 0 \to 1 \le (x)_3 \le (x)_1\}] \lor$

$[(x)_0 = 0 \land lh(x) = 3 \land (x)_2 \in \{3, 4\} \land \{(x)_2 = 3 \to (x)_1 \ge 4\}] \land \{(x)_2 = 4 \to (x)_1 \ge 2\}] \lor$

$[(x)_0 = 1 \land lh(x) = 3 + ((x)_2)_1 \land (x)_2 \in Index \land$

$\forall i < ((x)_2)_1 \{(x)_1 = ((x)_{3+i})_1\} \land \forall i < ((x)_2)_1 \{(x)_{3+i} \in Index\}] \lor$

$[(x)_0 = 2 \land lh(x) = 2 \land (x)_1 > 1]$

10(b) Ω の帰納的定義に沿って帰納的に証明する．

12 再帰定理 2. 4. 4 の証明とほぼ同じだが，枚挙定理 2. 4. 2 を使う代わりに枚挙関数 $\{\langle 2, 1+n \rangle\}$ を使う．

13 $\{g\}(y, \vec{x}) \simeq 0 \Rightarrow \{e\}(y, \vec{x}) \simeq 0$ かつ $\{g\}(y, \vec{x}) \simeq n > 0 \Rightarrow \{e\}(y, \vec{x}) \simeq \{e\}(y+1, \vec{x}) + 1$ による．

15 指標 a, b を

$$\{a\}(e, y, \vec{x}) \simeq \{g\}(\vec{x}),\ \{b\}(e, y, \vec{x}) \simeq \{h\}(\{e\}(y \dot{-} 1, \vec{x}), y \dot{-} 1, \vec{x})$$

と選ぶ．

関数 I を

$$I(e, y, \vec{x}) \simeq \{\{\langle 0, 4, 3 \rangle\}(a, b, y, 0)\}(e, y, \vec{x})$$

として，指標 e を

$$\{e\}(y, \vec{x}) \simeq I(e, y, \vec{x})$$

とすれば，$\{e\} = F$ となる．

16(i) 木 T, S の高さの和に関する帰納法による．

16(ii) 原始再帰的関数の指標 e の帰納的定義に関する帰納法で，$\forall \vec{x} \exists T\, \mathcal{C}(T, e, \vec{x})$ を示す．

16(iii) 原始再帰的関数 $U_0(T)$ を，ある $e, \vec{x}$ について $\mathcal{C}(T, e, \vec{x})$ ならその根のラベル $[e](\vec{x}) = m$ から，$U_0(T) = m$ として，それ以外は $U_0(T) = 0$ とでもする．このとき，

$$[e](\vec{x}) \simeq U_0(\mu T. \mathcal{C}(T, e, \vec{x})).$$

20 再帰定理 2. 4. 4 により $\{e\}(\vec{x}) \simeq \{p\}(e, \vec{x})$ となるように e を取る．

第 3 章

1 (解答例)

$$\varphi(x, y, z) :\Leftrightarrow x \in \mathrm{Tm} \land y \in \mathrm{Var} \land z \in \mathrm{Tm}$$

とおいて，帰納的定義に沿って

$$subtm(x,y,z)=u \Leftrightarrow [\neg\varphi(x,y,z)\wedge u=0]\vee\{\varphi(x,y,z)\wedge([y=x\wedge u=z]$$
$$\vee\ [y\neq x\in \mathrm{Var}\wedge u=x]$$
$$\vee\ [(u)_0=(x)_0\wedge lh(u)=2\wedge\forall i<(x)_{0,1,1}\{(u)_{1,i}=subtm((x)_{1,i},y,z)\}])\}$$

2 （解答例）

$$\varphi(x,y,z) :\Leftrightarrow x\in \mathrm{Fml}\wedge y\in \mathrm{Var}\wedge z\in \mathrm{Tm}$$

とおいて，帰納的定義に沿って

$$subfml(x,y,z)=u$$
$$\Leftrightarrow [\neg\varphi(x,y,z)\wedge u=0]\vee\{\varphi(x,y,z)\wedge([x=\ulcorner\bot\urcorner\wedge u=x]$$
$$\vee\ [(x)_0=\ulcorner=\urcorner\wedge u=\langle\ulcorner=\urcorner,\langle subtm((x)_{1,0},y,z),subtm((x)_{1,1},y,z)\rangle\rangle]$$
$$\vee\ [(x)_{0,0}=\ulcorner\exists\urcorner\wedge(x)_{0,1}=y\wedge u=x]$$
$$\vee\ [(x)_{0,0}=\ulcorner\exists\urcorner\wedge(x)_{0,1}\neq y\wedge u=\langle(x)_0,subfml((x)_1,y,z)\rangle])\}$$

3 （解答例）

$$x\in \mathrm{VarTm}(y)\Leftrightarrow x\in \mathrm{Var}\wedge y\in \mathrm{Tm}\wedge$$
$$[(x=y)\vee\{\exists i<(y)_{0,1,1}[x\in \mathrm{VarTm}((y)_{1,i})]\}]$$

4 （解答例）

$$x\in \mathrm{VarFml}(y)\Leftrightarrow x\in \mathrm{Var}\wedge y\in \mathrm{Fml}\wedge$$
$$[\{(y)_0=\ulcorner=\urcorner\wedge\exists i<2[x\in \mathrm{VarTm}((y)_{1,i})]\}\vee$$
$$\{(y)_0=\ulcorner\rightarrow\urcorner\wedge\exists i<2[x\in \mathrm{VarFml}((y)_{1,i})]\}\vee$$
$$\{(y)_{0,0}=\ulcorner\exists\urcorner\wedge(y)_{0,1}\neq x\wedge x\in \mathrm{VarFml}((y)_1)\}]$$

5 （解答例）

$$n\in \mathrm{FncAx}\Leftrightarrow(n\in \mathrm{FncAx1})\vee(n\in \mathrm{FncAx2})\vee(n\in \mathrm{FncAx3})\vee(n\in \mathrm{FncAx4})$$

ここで $n\in \mathrm{FncAx1}\Leftrightarrow n=\ulcorner\forall v_0\{f_{\langle 1,1\rangle}(v_0)\neq f_{\langle 0,0\rangle}\}\urcorner$.

$$n\in \mathrm{FncAx2}\Leftrightarrow$$
$$\exists p,q,r<n\{lh(p)=q>r\wedge\forall i<lh(p)[(p)_i=\langle\ulcorner v\urcorner,i\rangle]\wedge$$
$$n=\mathrm{Forallseq}(p,\mathrm{Eq}(\langle\langle\ulcorner f\urcorner,\langle 2,q,r\rangle\rangle,p\rangle,(p)_r))\}$$

$n\in \mathrm{FncAx2}$ での p,q,r は，公理 $\forall v_0\cdots\forall v_{m-1}\{f_{\langle 2,m,i\rangle}(v_0,\ldots,v_{m-1})=v_i\}$ での $p=\langle\ulcorner v_0\urcorner,\ldots,\ulcorner v_{m-1}\urcorner\rangle$, $q=m$, $r=i$ に当たる.

$$n\in \mathrm{FncAx3}\Leftrightarrow$$
$$\exists p,q,r,s,t<n\{lh(p)=q\wedge lh(s)=(r)_1=lh(t)\wedge\forall i<lh(p)[(p)_i=\langle\ulcorner v\urcorner,i\rangle]$$
$$\wedge n=\mathrm{Forallseq}(p,\mathrm{Eq}(\langle\langle\ulcorner f\urcorner,\langle 3,q,r\rangle * s\rangle,p\rangle,\langle\langle\ulcorner f\urcorner,r\rangle,t\rangle))\wedge$$
$$\forall i<lh(t)[(t)_i=\langle\langle\ulcorner f\urcorner,(s)_i\rangle,p\rangle]\}$$

$n\in \mathrm{FncAx3}$ での p,q,r,s,t は，公理

$$\forall\vec{v}\{f_{\langle 3,k,g,h_1,\ldots,h_m\rangle}(\vec{v})=f_g(f_{h_1}(\vec{v}),\ldots,f_{h_m}(\vec{v}))\}\ (\vec{v}=v_0,\ldots,v_{k-1})$$

での $p=\langle\ulcorner v_0\urcorner,\ldots,\ulcorner v_{k-1}\urcorner\rangle$, $q=k$, $r=g$, $s=\langle h_1,\ldots,h_m\rangle$, $t=\langle\ulcorner f_{h_1}(\vec{v})\urcorner,\ldots,\ulcorner f_{h_m}(\vec{v})\urcorner\rangle$ に当たる.

$$n\in \mathrm{FncAx4}\Leftrightarrow$$
$$\exists p,q,g,h<n\{lh(p)+2=(g)_1+2=(h)_1\wedge$$

$\forall i < lh(p)[(p)_i = \langle \ulcorner v \urcorner, i \rangle] \wedge q = \langle \ulcorner f \urcorner, \langle 4, lh(p)+1, g, h \rangle \rangle \wedge$
$[(n = \mathrm{Forallseq}(p, \mathrm{Eq}(\langle q, p * \langle num(0) \rangle \rangle, \langle \langle \ulcorner f \urcorner, g \rangle, p \rangle)))$
$\vee$
$(n = \mathrm{Forallseq}(p, \mathrm{Forall}(\langle \ulcorner v \urcorner, lh(p) \rangle, \mathrm{Eq}(\langle q, p * \langle \langle \langle \ulcorner f \urcorner, \langle 1, 1 \rangle \rangle, \langle \ulcorner v \urcorner, lh(p) \rangle \rangle \rangle \rangle,$
$\langle \langle \ulcorner f \urcorner, h \rangle, p * \langle \langle \ulcorner v \urcorner, lh(p) \rangle \rangle * \langle \langle q, p * \langle \ulcorner v \urcorner, lh(p) \rangle \rangle \rangle \rangle \rangle)))]$

$n \in \mathrm{FncAx4}$ での，p, q, g, h は公理

$$\forall \vec{v}\{f_{\langle 4,k+1,g,h \rangle}(\vec{v}, 0) = f_g(\vec{v})\}\ (\vec{v} = v_0, \dots, v_{k-1})$$
$$\forall \vec{v} \forall v_k \{f_{\langle 4,k+1,g,h \rangle}(\vec{v}, v_k + 1) = f_h(\vec{v}, v_k, f_{\langle 4,k+1,g,h \rangle}(\vec{v}, v_k))\}$$

での $p = \langle \ulcorner v_0 \urcorner, \dots, \ulcorner v_{k-1} \urcorner \rangle$, $q = f_{\langle 4,k+1,g,h \rangle}$ に当たる．$\langle \langle \ulcorner f \urcorner, \langle 1, 1 \rangle \rangle, \langle \ulcorner v \urcorner, lh(p) \rangle \rangle = \ulcorner Sc(v_k) \urcorner$ である．

6 （解答例）

$n \in \mathrm{IndAx} \Leftrightarrow$
$\exists p, q, y, z < n\{y = \langle \ulcorner v \urcorner, 0 \rangle \wedge z = \langle \ulcorner v \urcorner, lh(p)+1 \rangle \wedge \forall i < lh(p)[(p)_i = \langle \ulcorner v \urcorner, 1+i \rangle] \wedge$
$\forall x < n \exists i \le lh(p)[x \in \mathrm{VarFml}(q) \to x = \langle \ulcorner v \urcorner, i \rangle] \wedge$
$n = \mathrm{Forallseq}(p, \mathrm{Forall}(y,$
$\mathrm{Imp}(subfml(q, y, num(0)), \mathrm{Forall}(z, \mathrm{Imp}(subfml(q, y, z),$
$subfml(q, y, \langle \langle \ulcorner f \urcorner, \langle 1, 1 \rangle \rangle, z \rangle))), q)))\}$

$n \in \mathrm{IndAx}$ での，p, q は公理 $\forall \vec{v} \forall v_0 \{A(0, \vec{v}) \to \forall v_{n+1}(A(v_{n+1}, \vec{v}) \to A(Sc(v_{n+1}), \vec{v})) \to A(v_0, \vec{v})\}\ (\vec{v} = v_1, \dots, v_n)$ での，$p = \langle \ulcorner v_1 \urcorner, \dots, \ulcorner v_n \urcorner \rangle$, $q = \ulcorner A(v_0, \vec{v}) \urcorner$ に当たる．

8 PA(E) において，各原始再帰的関数 $[e]$ ごとに $[e]$ のグラフを表す論理式 $F_e(\vec{x}, y)$ を書き，

$$\mathsf{PA}(E) \vdash \forall \vec{x} \exists ! y\, F_e(\vec{x}, y)$$

で，$[e]$ の定義に対応する公理が PA(E) で証明できるようにしたい．

例えば，$[e]$ が $[g], [h]$ から再帰的に定義されているなら，$[e](\vec{x}, z) = y$ に対応して，$t = \langle [e](\vec{x}, 0), \dots, [e](\vec{x}, z) \rangle$ とコードして，

$$F_e(\vec{x}, z, y) :\Leftrightarrow \exists t[lh(t) = 1 + z \wedge F_g(\vec{x}, (t)_0) \wedge \forall i < z\{F_h(\vec{x}, i, (t)_i, (t)_{i+1})\}]$$

とすれば，

$$\mathsf{PA}(E) \vdash F_e(\vec{x}, z, y) \leftrightarrow$$
$$[z = 0 \wedge F_g(\vec{x}, y)] \vee [\exists u \exists v\{z = u + 1 \wedge F_e(\vec{x}, u, v) \wedge F_h(\vec{x}, u, v, y)\}]$$

となる．

11(a) 第2章(演習16)の証明を模倣して，閉式の計算をラベル付きの有限木でコードする．

11(b) (演習11(a))を用いて，(演習11(a))と同様．

11(c) (演習11(b))を用いて n に関して帰納的につくる．

12 論理積 $\bigwedge_i \varphi_i$ を考えて，ひとつの閉論理式 φ を加える場合 $\mathrm{T} = \mathsf{PA} \cup \{\varphi\}$ の証明可能性述語 $\mathrm{Pr}_\varphi(x)$ を(3.17)で定義する．演繹定理 1.5.7 より，この Pr_φ は三条件 (D1), (D2), (D3) を充たす Σ_1-論理式になる．

13 例えば $\mathsf{PA} \cup \{\neg \mathrm{Con}(\mathsf{PA})\}$．

14 Pr が (D2) を強くした(3.7)を充たすからである．

15 PA は順序 $<$ が全順序であることを証明するからである．よって $\mathrm{Con}^R(\mathsf{PA})$ を証明するのに PA 全体も要らない．

16 $\mathrm{Prov}(\dot{y}, \ulcorner\varphi[v_0 := \dot{x}]\urcorner)$ の真偽で場合分けして，補題 3.4.5 による．

17(c) ある Π_n-論理式 $\varphi(z)$ について

$$\forall x \in \Pi_n[\mathrm{Pr}(x) \to \mathrm{Tr}_{\Pi_n}(x)] \leftrightarrow \forall z[\forall x \in \Pi_n[\mathrm{Prov}(z,x) \to \mathrm{Tr}_{\Pi_n}(x)]] \leftrightarrow \forall z\, \varphi(z)$$

と書くと，(演習 16) と (3.16) により

$$\mathsf{PA} \vdash \mathrm{Pr}(\ulcorner\varphi(\dot{z})\urcorner).$$

19 Π_n-閉論理式 A を

$$\mathsf{PA} \vdash A \leftrightarrow [C \to \neg\mathrm{Pr}(\llbracket C \to A \rrbracket)]$$

と取る．

$\mathsf{PA}+C \vdash \mathrm{Rfn}_{\Pi_n}(\mathsf{PA})$ より $\mathsf{PA}+C \vdash \mathrm{Pr}(\llbracket C \to A \rrbracket) \to C \to A$，つまり $\mathsf{PA} \vdash \mathrm{Pr}(\llbracket C \to A \rrbracket) \to C \to A$ となるので，$\mathsf{PA} \vdash A$.

すると $\mathsf{PA} \vdash \mathrm{Pr}(\llbracket C \to A \rrbracket)$．しかも $\mathsf{PA} \vdash \mathrm{Pr}(\llbracket C \to A \rrbracket) \to \neg C$．よって $\mathsf{PA} \vdash \neg C$.

22 (S. Kripke)

$\mathsf{PA} \nvdash A$ と仮定する．これは PA に公理として $\neg A$ を付け加えた公理系 $\mathsf{PA}+\neg A$ が無矛盾であることを意味する．いま $\mathsf{PA}+\neg A$ に対する証明可能性述語 $\mathrm{Pr}_{\neg A}(x)$ として(演習 12)の(ヒント)で定めた(3.17)を取ると，(演習 21)により $\mathsf{PA}+\neg A \nvdash \neg\mathrm{Pr}_{\neg A}(\llbracket \bot \rrbracket)$ だが，これは $\mathsf{PA} \nvdash \mathrm{Pr}(\llbracket A \rrbracket) \to A$ を意味する．

この証明において用いられた不動点は，第 2 不完全性定理 3.7.1 の証明を考えると

$$\mathsf{PA}(+\neg A) \vdash K \leftrightarrow \neg\mathrm{Pr}_{\neg A}(\llbracket K \rrbracket)$$

つまり

$$\mathsf{PA} \vdash \neg K \leftrightarrow \mathrm{Pr}(\llbracket \neg K \to A \rrbracket)$$

となっていることに注意せよ．下の Kreisel sentence (3.18) $L \equiv \neg K$ である．

24(a) 初めに L の取り方(3.18)と (D1), (D2) より

$$\mathsf{PA} \vdash \Box(\Box(L \to A)) \to \Box L.$$

一方 (D3) より

$$\mathsf{PA} \vdash \Box(L \to A) \to \Box(\Box(L \to A)).$$

これらより

$$\mathsf{PA} \vdash \Box(L \to A) \to \Box L.$$

再び L の取り方とこれより

$$\mathsf{PA} \vdash L \to [\Box L \land \Box(L \to A)]$$

となって (D2) で(3.19)が示される．

24(b) (3.19)に (D1) より

$$\mathsf{PA} \vdash \Box(L \to \Box A)$$

となるので

$$\mathsf{PA} \vdash \Box(\Box A \to A) \to \Box(L \to A)$$

となるが，これは L の取り方(3.18)より

$$\mathsf{PA} \vdash \Box(\Box A \to A) \to L$$

よって，再び(3. 19)よりよい．

25

$$\boxplus A :\Leftrightarrow A\wedge\Box A$$

とおく．

一般に $\mathsf{PA}\vdash\Box A\wedge\Box B\leftrightarrow\Box(A\wedge B)$ に注意して $\mathsf{PA}\vdash A\to\Box\boxplus A\to\boxplus A$ に箱入れして $\mathsf{PA}\vdash\Box A\to\Box(\Box\boxplus A\to\boxplus A)$.

ここで (Löb) を使って $\mathsf{PA}\vdash\Box A\to\Box\boxplus A$. とくに $\mathsf{PA}\vdash\Box A\to\Box\Box A$.

第 4 章

1 命題 4. 1. 2. 1. $x=y$ なら $v\in\{x,y\}=\{y\}$ なので $y=v$. $x\neq y$ なら $y\in\{x,v\}$ より $y=v$.

命題 4. 1. 2. 2. $\{x\}\in\{\{u\},\{u,v\}\}$ より，$x=u$. とくに $\{x\}=\{u\}$ なので命題 4. 1. 2. 1 より $\{x,y\}=\{x,v\}$ となり，再び命題 4. 1. 2. 1 より $y=v$.

3 $f:a\to b$ ならば，$f\in\mathcal{P}(a\times b)$ だからである．

4 $\sum_{i\in I}x_i\subset I\times\bigcup_{i\in I}x_i$ だから直和はよい．直積 $f\in\prod_{i\in I}x_i$ なら $f:I\to\bigcup_{i\in I}x_i$ であるから，(演習 3)よりよい．

5 自然数 $n,m\geq 0$ について

$$\bar{n}=\bar{m}\Rightarrow n=m$$
$$\bar{n}\in\bar{m}\Rightarrow n<m$$

を $n+m$ に関する数学的帰納法で示せばよい．

9 補題 4. 2. 11 を用いてペアノ構造間の同型対応がつくれる．

17(a) 連続体 $\mathbb{R}$ を ω_1 の型に並べる整列順序 $<_S$ を取り，

$$S=\{(x,y)\in\mathbb{R}^2 : x<_S y\} \tag{4. 31}$$

とおく．すると，各 $y\in\mathbb{R}$ について $S^y=\{x\in\mathbb{R}:x<_S y\}$ であるから，S^y は可算である．また，$x\in\mathbb{R}$ について $(\mathbb{R}^2\setminus S)_x=\{y\in\mathbb{R}:x\not<_S y\}=\{y\in\mathbb{R}:y\leq_S x\}$ となり，再びこれも可算である．

17(b) (演習 17(a))で存在がいえた S について f を $[0,1]^2$ 上での S の特性関数とする：$(x,y)\in S\cap[0,1]^2$ のときは $f(x,y)=1$ とし，そうでなければ $f(x,y)=0$. すると任意の $x,y\in[0,1]$ について $\int_{[0,1]}f(x,y)\,dx=0$ かつ $\int_{[0,1]}f(x,y)\,dy=1$ となる．

19 補題 4. 4. 31. 2 を用いて $\varphi(\varphi(I_\varphi))\subset\varphi(I_\varphi)$ を示す．

20 閉集合 F に対し自然数の集合 $N(F)=\{n\in\omega:U_n\cap F\neq\varnothing\}$ を考える．すると $F\subset G\Rightarrow N(F)\subset N(G)$ であり，また $N(F)=N(G)\Rightarrow F=G$ となる．よって閉集合の減少列 $\{F_\alpha\}_\alpha$ から自然数の集合の減少列 $\{N(F_\alpha)\}_\alpha$ が得られ，後者は明らかにある可算順序数 α_0 以降で定常になる．

28 H が $+,\cdot,^-$ を保つのは，これらが順序 $\leq$ から定義できるからである．例えば $+$ について考えてみる．$H(a+b)$ が $H(a),H(b)$ の上限であることを示せばよい．

$a,b\leq a+b$ より，$H(a),H(b)\leq H(a+b)$ となる．いま $c'\in B'$ が，$H(a),H(b)\leq c'$ であるとすると，H が全射であるから，$c\in B$ を $c'=H(c)$ と取ると，$a,b\leq c$, 従って $a+b\leq c$ となり，$H(a+b)\leq H(c)=c'$ である．

$H(\bar{a})=\overline{H(a)}$ には，命題 4.5.10.5 によればよい．

30 B' は，イデアル I が定める合同関係

$$a \equiv_I b :\Leftrightarrow a \triangle b \in I$$

による商代数 $B'=B/I:=\{\{b\in B: b\equiv_I a\}: a\in B\}$ と定める．

$\equiv_I$ が合同関係になるのは，(演習 26) による．$H(a)=\{b\in B: b\equiv_I a\}$ とすれば，これが B から B' への上への準同型を定め，$Ker(H)=I$ であることは，$a\triangle 0=a$ より分かる．最後に，$H(0)\neq H(1)$ は，$1\notin I$ による．

つぎに $H:B\to C$, $G:B\to D$ がともに上への準同型で，$Ker(H)=Ker(G)$ であるとすれば，$J=\{\langle H(a),G(a)\rangle : a\in B\}$ で定める．命題 4.5.17.3 により，J は同型写像 $J: C\to D$ になっており，$J\circ H=G$ である．

31 $t=s$ が B で正しくないとする．つまり，変数 $x_1,\ldots,x_n$ への B の元の適当な代入 $a_1,\ldots,a_n$ の結果 $a:=t_1, b:=s_1\,(a,b\in B)$ について $a\neq b$ であるとする．このとき一般性を失うことなく，$a\not\leq b$ としてよい．系 4.5.20 より準同型 $H:B\to \mathbf{2}$ を $H(a)=1, H(b)=0$ となるように取る．すると，x_i へ $H(a_i)$ を代入した結果を t_2, s_2 とすると，$t_2=H(t_1)=1\neq 0=H(s_1)=s_2$ であるから，等式 $t=s$ は $\mathbf{2}$ で成立しない．

32 n,c,m を固定する．ある k 上の分割 $P:[k]^n\to c$ で濃度 m の均質部分を持たないもの全体を T として，T 上の順序を，$P\leq Q$ iff $P:[k]^n\to c$ は $Q:[k']^n\to c\,(k'\geq k)$ を $[k]^n$ に制限したもの，で定める．$\langle T,\leq\rangle$ は明らかに有限分岐な木である．この木における無限枝は無限 Ramsey 定理 4.6.4 $(\aleph_0\to(\aleph_0)^n_c)$ の反例になってしまうので，無限枝を持たない．よって König 無限補題 4.3.17 により，木 $\langle T,\leq\rangle$ の高さは有限である．その高さを k とすれば $k\to(m)^n_c$ となる．

33(a) L 上の整列順序 $\prec$ を取り，分割 $P:[L]^2\to 2$ を，$P(x,y)=0:\Leftrightarrow (x<y\leftrightarrow x\prec y)$ で定める．仮定より P-均質な濃度 λ の集合 $\{a_\alpha\}_{\alpha<\lambda}$ を $\alpha<\beta\Leftrightarrow a_\alpha\prec a_\beta$ と取れば，これが求める列になる．

33(b) ${}^\kappa 2$ に辞書式順序 $<$ を入れる．もし $2^\kappa\to(\kappa^+)^2_2$ なら，(演習 33(a)) より濃度 κ^+ の増加列もしくは減少列が存在することになる．いま順序数 $y\leq\kappa$ を，${}^y 2$ に濃度 κ^+ の増加列もしくは減少列が存在するような最小とし，$\{f_\alpha\}_{\alpha<\kappa^+}\subset {}^y 2$ を増加列とする．

各 $\alpha<\kappa^+$ について f_α と $f_{\alpha+1}$ が初めて異なる点 $x_\alpha=\min\{x<y: f_\alpha(x)\neq f_{\alpha+1}(x)\}$，つまり $f_\alpha\restriction x_\alpha=f_{\alpha+1}\restriction x_\alpha \,\&\, f_\alpha(x_\alpha)=0,\ f_{\alpha+1}(x_\alpha)=1$ とすれば，ある $x<y$ について集合 $X=\{\alpha<\kappa^+: x_\alpha=x\}$ の濃度が κ^+ になる．ここで $\alpha,\beta\in X$ について，もし $f_\alpha\restriction x=f_\beta\restriction x$ なら $\alpha=\beta$ である．なぜならもし $\alpha<\beta$ とすると $f_\alpha<f_{\alpha+1}\leq f_\beta$ と $f_{\alpha+1}(x)=1$ より $f_\beta(x)=1$ となるがこれは矛盾である．従って $\{f_\alpha\restriction x: \alpha\in X\}\subset {}^x 2$ は濃度 κ^+ の増加列になり，これは y の最小性に反す．

34 $\lambda<\kappa$ とする．(演習 33(b)) より $2^\lambda\not\to(\lambda^+)^2_2$ である．他方 $\lambda^+\leq\kappa$ であるから $\kappa\to(\lambda^+)^2_2$ となる．よって $2^\lambda<\kappa$．

もし κ が特異基数ならある $\alpha<\kappa$ について，$\kappa=\bigcup_{\xi<\alpha} A_\xi$ と濃度 κ 未満の集合 A_ξ に分割できてしまう．そこで分割 $P:[\kappa]^2\to 2$ を，$P(x,y)=0:\Leftrightarrow\exists\xi<\alpha(x,y\in A_\xi)$ で定める．P-均質な集合は明らかに濃度が κ 未満である．

第 5 章

3 $\vec{a}$ を含む限り $R(\vec{a})$ の真偽がどの $\mathcal{M}_\alpha$ でも同じなのは，それらが初等拡大 $\prec$ の意味で比較できるからよい．よってモデル $\mathcal{M}_\gamma$ が定まる．

$\mathcal{M}_\gamma$ が $\mathcal{M}_\alpha$ の初等拡大になることは，Tarski-Vaught test によればよい．

9 命題 5. 1. 2. 2 より，$\mathcal{A}\subset\mathcal{M}\models \mathrm{T}$ なら $\mathcal{A}\models \mathrm{T}_\forall$.

逆に $\mathcal{A}\models \mathrm{T}_\forall$ と仮定して $\mathcal{A}\subset\mathcal{M}\models \mathrm{T}$ となるモデル $\mathcal{M}$ の存在を示したい．そのためには補題 5. 1. 4. 1 より $\mathrm{T}\cup\mathrm{Diag}(\mathcal{A})$ が充足可能であることをコンパクト性定理 1. 4. 14 により示せばよい．

$\mathrm{T}\cup\mathrm{Diag}(\mathcal{A})$ が充足可能であることをみるために $\mathrm{Diag}(\mathcal{A})$ の有限部分 $\{\theta_i[\vec{c}]\}$ を取る．ここに θ_i は量化記号のない L-論理式で $\vec{c}$ は $|\mathcal{A}|$ の元の名前である．よって $\mathcal{A}\models\exists\vec{x}\bigwedge_i\theta_i[\vec{x}]$ となり，仮定 $\mathcal{A}\models \mathrm{T}_\forall$ より $\mathrm{T}\not\models\neg\exists\vec{x}\bigwedge_i\theta_i[\vec{x}]$ つまり L-モデル $\mathcal{M}\models \mathrm{T}\cup\{\exists\vec{x}\bigwedge_i\theta_i[\vec{x}]\}$ の存在がいえ，このモデルでの量化記号 $\exists\vec{x}$ の証拠で名前 $\vec{c}$ を解釈すれば(定数 $\vec{c}$ は言語 L に含まれず，従って T に現れていないので勝手に解釈しても T の真偽に影響しないことに注意) $\mathrm{T}\cup\{\theta_i[\vec{c}]\}$ のモデルの存在がいえる．

12 (例題) DAG での証明と同じである．次元の代わりに素体上の超越次数(transcendence degree)を考えよ．代数的閉体が無限になるのは，例えば代数方程式 $1+\prod_{i=1}^{n}(x-\alpha_i)=0$ を考えればよい．

13 ACF_p の完全性とコンパクト性定理 1. 4. 14 を用いよ．

14 与えられた多項式写像 P の多項式はいずれもたかだか次数が d であるとする．このとき体 K について「次数 d 以下の多項式で定義される K^n 上の単射は全射になる」という事実は，言語 L(ACF) での閉論理式 $\Phi_{n,d}$ で書き表せる：$K\models\Phi_{n,d}$.

いま示したいのは $\mathbb{C}\models\Phi_{n,d}$ だが，(演習 13) より有限体 $\boldsymbol{F}_p$ の代数的閉包 $K=\overline{\boldsymbol{F}}_p$ でそれが成り立つこと $(\overline{\boldsymbol{F}}_p\models\Phi_{n,d})$ を示せばよい．

そこで (5. 20) を K-係数の K^n 上の多項式写像とし単射と仮定する．それらの係数を $\vec{a}\subset K$ とし，$\vec{b}=(b_1,\dots,b_n)\subset K$ を勝手にとる．$\vec{b}$ が P の値域に入っていることをみたい．

有限集合 $\vec{a}\cup\vec{b}$ で生成される K の部分体(環)を k とする．P を k^n に制限した写像は k^n 上の単射となる(単射である，は $\forall$-論理式で書けるからである)．他方，$K=\overline{\boldsymbol{F}}_p=\bigcup_n\boldsymbol{F}_{p^n}$ なので有限集合 $\vec{a}\cup\vec{b}$ で生成された K の部分体 k も有限集合である．有限集合上では単射と全射は同じことだから P を k^n に制限した写像は全射，とくに $\vec{b}\subset k^n$ はその値域に入っている．こうして $\overline{\boldsymbol{F}}_p\models\Phi_{n,d}$ が示された．

19 $\boldsymbol{F}$-係数の多項式 $p[x]$ について，$\boldsymbol{G}\models\exists x(p[x]=0)$ ならその解は $\boldsymbol{F}$ 上代数的となり $\boldsymbol{F}$ は代数的に閉じているので解は $\boldsymbol{F}$ で取れている．また代数方程式 $p[x]=0$ の解は有限個しかないのでそれらを無限体 $\boldsymbol{F}$ で避けられる．

23 素イデアル $A\subset K[X_1,\dots,X_n]$ について $I(V(A))\subset A$ を示せばよい．$p\notin A$ とする．

A は素イデアルなので，$K[X_1,\dots,X_n]/A$ は整域である．自然な全準同型 $X_i\mapsto\bar{X}_i$ において，$p(\bar{X}_1,\dots,\bar{X}_n)\neq 0$. 一方，$q\in A$ は $q(\bar{X}_1,\dots,\bar{X}_n)=0$.

ここでヒルベルトの基底定理より A を生成する有限個の $q_1,\dots,q_m\in A$ を取る．

整域 $K[X_1,\dots,X_n]/A$ の商体の代数的閉包を F とすると

$$F \models \exists \bar{X}_1 \cdots \exists \bar{X}_n [\bigwedge_i q_i(\bar{X}_1, ..., \bar{X}_n) = 0 \wedge p(\bar{X}_1, ..., \bar{X}_n) \neq 0]$$

と論理式で書けた.

$K \subset F$ と ACF_p のモデル完全性よりこれを K に移送して $p \notin I(V(A))$ を得る.

26 $\boldsymbol{F}$-係数の多項式 $p[x]$ について, $\boldsymbol{G} \models \exists x(p[x]=0)$ ならその解は $\boldsymbol{F}$ 上代数的となり $\boldsymbol{F}$ の代数的拡大で実体になるのは $\boldsymbol{F}$ のみなので, 解は $\boldsymbol{F}$ で取れている.

不等式 $p[x]>0$ の解が $\boldsymbol{G}$ であれば, 多項式 $p[x]$ は $\boldsymbol{F}$ での零点でのみその符号を変化させるから, $c, d \in \boldsymbol{F}$ を適当に取ると, 区間 $(c,d) \subset \boldsymbol{G}$ 上で不等式 $p[x]>0$ はつねに成立させることができる. よって $(c,d) \cap \boldsymbol{F}$ が $\boldsymbol{F}$ での不等式 $p[x]>0$ の解を与える.

29 $I(V(A)) \subset A$ のみ考えればよい. 整域 $R[X_1, ..., X_n]/A$ の商体は, A が実イデアルなので実体になり, それの R 上での順序の拡張(例えば正元は自乗和)による実閉包を考えよ. あとは代数的閉体での零点定理の証明と同じで, RCF のモデル完全性を使う.

31 これは論理式で書けるので, 実数 $\mathbb{R}$ で成り立つことを示せば, RCF の完全性より任意の実閉体 R に移送できる.

そこで $f: \mathbb{R} \to \mathbb{R}^m$ は半代数的関数, (c,d) は $\mathbb{R}$ の区間とする.

初めにある区間 $(a,b) \subset (c,d)$ での f の値 $\{y \in \mathbb{R}^m : \exists x \in (a,b)[y=f(x)]\}$ が有限個しかない場合を片付ける. このとき値域から一点 e を取りその逆像 $f^{-1}(e) \cap (a,b)$ が無限集合である場合を考えると, RCF の順序極小性, (演習 30)により, (a,b) の部分区間上で f は定数, 従って連続でなければならない.

次に (c,d) のどんな部分区間でも f の値域が無限集合になるとする. 減少区間列 $(c,d) = I_0 \supset I_1 \supset \cdots$ を, 閉包 $\overline{I_{n+1}}$ が I_n に含まれ, かつ各 I_{n+1} 上での f の値域は半径 $\dfrac{1}{n}$ 以下の開球に含まれるように取る.

I_n 上での f の値域を $X \subset \mathbb{R}^m$ とすると, X は仮定によって無限である. RCF の順序極小性が使えるように X の各座標軸への射影を考えれば, X は集積点をもつこと, 従って X と半径 $\dfrac{1}{n}$ 以下のある開球 B との交わりが無限集合であるようにできる. そこで RCF の順序極小性により $\{x \in I_n : f(x) \in B\}$ 内に適当に区間 I_{n+1} を取ればよい.

$\mathbb{R}$ は局所コンパクトだから, $\bigcap_n I_n = \bigcap_n \overline{I_n} \neq \varnothing$ となる. 実数 $\mathbb{R}$ の順序はアルキメデス的なので f は点 $x \in \bigcap_n I_n$ で連続である.

32 1変数半代数的関数 f の不連続点全体の集合 D は論理式で定義できるので, RCF の順序極小性により, 有限集合かまたはその開核 D° は空でない. (演習 31)より $D^\circ \neq \varnothing$ はあり得ない.

33 m に関する帰納法で示す.

初めに $m=1$ の場合を考える. $\vec{a} \in R^n$ による $X \subset R^{n+1}$ の切り口 $X(\vec{a}) = \{y \in R : (\vec{a}, y) \in X\}$ を考えると, 順序極小性より $X(\vec{a})$ は空か全体か最小元を持つかあるいは左端が区間であるかである.

それぞれの場合に応じて $f(\vec{a})$ を定める:

1. $X(\vec{a}) \in \{\varnothing, R\}$: $f(\vec{a}) = 0$.
2. $X(\vec{a})$ に最小元 c がある: $f(\vec{a}) = c$.

3. $X(\vec{a})$ の左端は区間 (c,d)： $f(\vec{a})=\dfrac{d-c}{2}$.

4. $X(\vec{a})$ の左端は区間 (c,∞)： $f(\vec{a})=c+1$.

5. $X(\vec{a})$ の左端は区間 $(-\infty,d)$： $f(\vec{a})=d-1$.

定め方から $X(\vec{a})\neq\varnothing$ なら $(\vec{a},f(\vec{a}))\in X$ となっている．また f のグラフは定義可能である．例えば三つめの場合の $f(\vec{a})=y$ は

$$\exists c,d[\forall x(x<c\to x\notin X(\vec{a}))\land\forall x(c<x<d\to x\in X(\vec{a}))\land y=\frac{d-c}{2}]$$

と書けばよい．

つぎに m で正しいと仮定して，$X\subset R^{n+m+1}$ とする．$X\subset R^{n+1+m}$ と考えて，半代数的な $f:R^n\to R^{1+m}$ で，$\vec{a}\in R^n$ について $\exists y\exists\vec{z}((\vec{a},y,\vec{z})\in X)$ ならば $(\vec{a},f(\vec{a}))\in X$ となるものをつくればよい．

初めに $\{(\vec{x},y):\exists\vec{z}((\vec{x},y,\vec{z})\in X)\}$ も半代数的なので，$m=1$ の場合より半代数的 $g:R^n\to R$ で，$\vec{a}\in R^n$ について $\exists y\exists\vec{z}((\vec{a},y,\vec{z})\in X)$ ならば $\exists\vec{z}((\vec{a},g(\vec{a}),\vec{z})\in X)$ となるものを取る．

ここで

$$\{(\vec{a},\vec{z}):(\vec{a},g(\vec{a}),\vec{z})\in X\}=\{(\vec{a},\vec{z}):\exists y[y=g(\vec{a})\land(\vec{a},y,\vec{z})\in X]\}$$

なのでこれは半代数的である．よって帰納法の仮定から半代数的 $h:R^n\to R^m$ で $\vec{a}\in R^n$ について $\exists\vec{z}\in R^m((\vec{a},g(\vec{a}),\vec{z})\in X)$ ならば $(\vec{a},g(\vec{a}),h(\vec{a}))\in X$ となるものが取れる．

そこで $f:R^n\to R^m$ を $f(\vec{a})=(g(\vec{a}),h(\vec{a}))$ とすると，$f(\vec{a})=\vec{u}\leftrightarrow\exists\vec{z}\exists y[u=(y,\vec{z})\land y=g(\vec{a})\land\vec{z}=h(\vec{a})]$ となり f は半代数的で明らかに所要のものである．

34 半代数的集合 $\{(r,\vec{x})\in R^{1+n}:r>0\,\&\,\vec{x}\in X\,\&\,|\vec{x}-\vec{a}|<r\}$ に(演習 33)により半代数的関数 $f:R\to R^n$ を，$r>0$ ならば $f(r)\in X\,\&\,|f(r)-\vec{a}|<r$ となるように取る．

ここで(演習 32)により f はある区間 $(0,b]\,(b>0)$ 上で連続となるので，$C:[0,1]\to R^n$ を，$t>0$ では $C(t)=f(bt)$ とし $C(0):=\lim_{t\to+0}C(t)=\vec{a}$ とすればよい．

35(a) 積 $q(X)=\prod_{i=1}^{k}q_i(X)$ を考えれば

$$\mathrm{ACF}\models\forall X[\bigvee_{i=1}^{k}q_i(X)=0\leftrightarrow q(X)=0]$$

なのでよい．

35(b) 本質的には互除法により多項式 $p_1(X),\ldots,p_m(X)$ の最大公約元を求めていく計算を論理式で書いていくだけである．

多項式がふたつ $m=2$ の場合を考える．$p_1(X)$ と $p_2(X)$ で X に関する次数 $\deg_X p$ が低いほうを考え，例えばそれを p_1 とする．(論理式で書くには，以下で p_1 と p_2 を入れ替えたものとの論理和をつくる．)

以下，簡単のため $\deg_X p_1,\deg_X p_2\leq 2$ の場合を考える．つまり(形式的な)式としては $p_1(X)=a_2X^2+a_1X+a_0$ の場合である．

初めに $\deg_X p_1=0$ なら(5. 23)$(m=2)$は p_1 の定数項 $a_0\in\mathbb{Z}[\vec{Y}]$ について $a_0=0\land p_2(X)=0$ と同値になる．つまりこの場合の $\theta_i\land r_i(X)=0$ に相当する部分は $(a_2=0\land$

$a_1=0\wedge a_0=0)\wedge p_2(X)=0$ となる.

つぎに $\deg_X p_1=1$ なら $p_2(X)$ を $p_1(X)$ で割り算してその余り $\frac{a}{b}\in\mathbb{Z}(\vec{Y})$ を考えれば, (5.23) は $a=0\wedge p_1(X)=0$ と同値である.

最後に $\deg_X p_1=2$ なら $p_2(X)$ を $p_1(X)$ で割り算してそのたかだか 1 次式である余り $r(X)\in R[X]$ $(R=\mathbb{Z}(\vec{Y}))$ を求めて, $p_1(X)$ と $r(X)$ について上と同様のことを考えればよい.

一般の m については上記を繰り返せばよい.

35(c) $r(X)$ を 1 次式に分解して $r(X)=a\prod_{i=1}^{n_1}(X-\alpha_i)\,(n_1\leq n)$ とする. このとき $\forall i[(X-\alpha_i)|q(X)]\Rightarrow r|q^n$.

35(e) ACF での量化記号なしの閉論理式は閉式どうしの等式の命題論理の結合子による組合せで, 閉式は整数を表すから決定できる.

36 言語 $\mathrm{L}(\mathcal{M})$ に新しい定数 c を付け加えて, 公理系 $\mathrm{T}=\mathrm{Diag}_{el}(\mathcal{M})\cup\{c>m:m\in|\mathcal{M}|\}$ として, 各超準元 $a\in(|\mathcal{M}|\setminus\mathbb{N})$ について, 1-タイプ $p_a=\{v<a\}\cup\{v\neq m:m\in|\mathcal{M}|\}$ を考える. a が超準元なので, $\mathrm{T}\cup p_a$ の任意の有限部分は $\mathcal{M}$ で c,v を適当に解釈して充たされるから, p_a は T に関するタイプである. 各 p_a を排除するモデル $\mathcal{N}\models\mathrm{T}$ は, $\mathcal{M}$ の真の初等拡大でしかも終延長になるので, タイプ排除定理 5.3.9 により, 各 p_a が孤立していないことを示せばよい.

$\varphi(v,c)$ を $\mathrm{L}(\mathcal{M})\cup\{c\}$-論理式とする. いま $\mathrm{T}\cup\{\varphi(v,c)\}$ が充足可能で, かつ $\mathrm{T}\models\varphi(v,c)\to v<a$ であると仮定する.

$\mathcal{M}$ の真の初等拡大 $\mathcal{M}_1$ における $m_1,b\in|\mathcal{M}_1|$ を, $\forall m\in|\mathcal{M}|[\mathcal{M}_1\models m_1>m]$, $\mathcal{M}_1\models\varphi[b,m_1]$ となるように取る. すると $\mathcal{M}_1\models b<a$ である. よって任意の $m\in|\mathcal{M}|$ について, $\mathcal{M}_1\models\exists y>m\,\exists v<a\varphi(v,y)$ となる. $\mathcal{M}\prec\mathcal{M}_1$ であるから, $\mathcal{M}\models\forall x\,\exists y>x\,\exists v<a\varphi(v,y)$ となる.

鳩の巣原理は PA で証明できる, つまり a に関する帰納法により, $\mathrm{PA}\models\forall x\,\exists y>x\,\exists v<a\varphi(v,y)\to\exists v<a\,\forall x\,\exists y>x\varphi(v,y)$ であるから, $a>m\in|\mathcal{M}|$ を

$$\mathcal{M}\models\forall x\,\exists y>x\varphi(m,y)$$

と取る. この m に関して, 任意の $n\in|\mathcal{M}|$ について

$$\mathcal{M}\models\mathrm{Diag}_{el}(\mathcal{M})\cup\{\exists y[y>n\wedge\varphi(m,y)]\}$$

である. よって $\mathrm{T}\cup\{\varphi(m,c)\}$ (の任意の有限部分) は充足可能である. 従って $\mathrm{T}\not\models\varphi(v,c)\to v\neq m$ であり, φ はタイプ p_a を孤立させない.

37 簡単のため p は 1-タイプであるとする. 論理式 $\theta[x,\vec{y}]$ と $b\in|\mathcal{M}|$ について, 原始再帰的関数 s を $s(\ulcorner\theta\urcorner,b)=\ulcorner\theta[b,\vec{a}]\urcorner$ となるものとする (cf. 3.3 節の $subfml$). ここで論理式 $\varphi\in\mathrm{L}(\vec{a})$ のゲーデル数 $\ulcorner\varphi\urcorner$ は, 定数 $a\in\vec{a}$ に適当なコード $\ulcorner a\urcorner$ を割り当てて, 節 3.3 と同様に定義される. また第 3 章(演習 11)により, Tr_{Π_n} を Π_n-閉論理式に対する真理定義とする. このとき p のどんな有限部分 Γ も $\mathcal{M}$ で実現できるから, 各 $k\in\mathbb{N}$ について

$$\mathcal{M}\models\exists b\forall m<k[P(m)\to\mathrm{Tr}_{\Pi_n}(s(m,b))]\Leftrightarrow:\psi(k)$$

となる. そこで第 1 章(演習 12)により ψ を充たす超準元を取ればよい.

38 系 5.4.4.2 において, I を T の有限部分集合全体から成る集合に取ればよい.

39 超積 $\prod_D \boldsymbol{F}_p$ が体になることは系 5. 4. 3 から分かる．それが標数 0 ということは，どんな正整数 n についても

$$\prod_D \boldsymbol{F}_p \models n \cdot 1 \neq 0$$

ということだが，それには系 5. 4. 4. 1 により，

$$\{p \in P : \boldsymbol{F}_p \models n \cdot 1 = 0\}$$

が有限であることを見ればよく，これは p が n の素因数ということだからよい．

40 簡単のため 1-タイプを考える．ある $A \subset |\mathcal{M}|$, $card(A) < \kappa$ による $\mathcal{M}$ のタイプ $p(v) \in S^{\mathcal{M}}(A)$ を全部集めて S とし，各 $p \in S$ ごとに新しい定数 c_p を用意する．求める $\mathcal{M}'$ は，公理系 $\mathrm{T} = \mathrm{Diag}_{el}(\mathcal{M}) \cup \bigcup_{p \in S} p(c_p)$ のモデルであればよい．T は有限充足可能であるから，コンパクト性定理 1. 4. 14 よりモデル $\mathcal{M}'$ が存在する．

41 $\mathcal{M}_0 = \mathcal{M}$ から始まる初等鎖 $\{\mathcal{M}_i\}_{i<\kappa^+}$ を，$\mathcal{M}_{i+1}$ は $\mathcal{M}_i$ に対して（演習 40）でつくったモデル $\mathcal{M}'$ とする．極限順序数 λ では $\mathcal{M}_\lambda = \bigcup_{i<\lambda} \mathcal{M}_i$ とする．命題 5. 1. 9 よりこれは可能である．$\mathcal{M}^+ = \bigcup_{i<\kappa^+} \mathcal{M}_i$ とおいて，$A \subset |\mathcal{M}^+|$ を $card(A) < \kappa^+$ とすると，κ^+ の正則性より，$i < \kappa^+$ が $A \subset |\mathcal{M}_i|$ となるように取れる．命題 5. 3. 4. 2 により $p(v) \in S^{\mathcal{M}^+}(A) = S^{\mathcal{M}_i}(A)$ であるから p は $\mathcal{M}_{i+1}$ で実現される．

42 $\mathcal{M} \equiv \mathcal{N}$ をともに飽和で濃度が κ であるとする．$|\mathcal{M}| = \{a_i : i < \kappa\}$, $|\mathcal{N}| = \{b_i : i < \kappa\}$ と並べておいて，部分初等埋込の増加列 $\{f_i\}_{i<\kappa}$ を

$$\{a_j : j < i\} \subset dom(f_i),\ \{b_j : j < i\} \subset rng(f_i),\ card(dom(f_i)) \leq 2 \cdot card(i)$$

となるようにつくる．

$f_0 = \varnothing$ とし，極限順序数 λ では $f_\lambda = \bigcup_{i<\lambda} f_i$．$f_i$ が定義されたとして，$card(dom(f_i)) < \kappa$ である．タイプ $p(v) = \mathrm{tp}^{\mathcal{M}}(a_i / dom(f_i)) \in S^{\mathcal{M}}(dom(f_i))$ のパラメタを部分初等埋込 f_i で写したタイプ $p'(v) \in S^{\mathcal{N}}(rng(f_i))$ を考える．$\mathcal{N}$ が飽和モデルであるから p' を実現する $b' \in |\mathcal{N}|$ が取れる．つぎに部分初等埋込 $f_i \cup \{(a_i, b')\}$ の逆と b_i に対して同じことをして $a' \in |\mathcal{M}|$ を選んでから，$f_{i+1} = \cup\{(a_i, b'), (a', b_i)\}$ とすればよい．

45 定理 5. 5. 11 とコンパクト性定理 1. 4. 14 による．

46(a) 証明は補題 5. 5. 10 のそれとほぼ同じである．n, m, c が与えられたとする．有限分岐木

$$P \in \mathcal{T} :\Leftrightarrow P : [K]^n \to c,\ K \geq n$$

に順序

$$P \leq Q :\Leftrightarrow P \subset Q \ (Q \text{ は関数として } P \text{ の拡張})$$

を入れる．$\mathcal{T}$ の無限枝 $P_n < P_{n+1} < \cdots$ について $P = \bigcup_i P_i$ とおくと，$P : [\mathbb{Z}^+]^n \to c$ となる．よって無限 Ramsey 定理 4. 6. 4 $(\aleph_0 \to (\aleph_0)^n_c)$ より P-均質な無限集合 $a_1 < a_2 < \cdots$ が取れる．

いま $k = \max\{m, a_1\}$, $K = a_k$ とおいて集合 $Y = \{\min Y = a_1 < a_2 < \cdots < a_k = K\}$ を考えれば，$P_K : [K]^n \to c$ に関して Y は均質でしかも $card(Y) = k = \max\{m, \min Y\}$ とな

っている．よって König 無限補題 4. 3. 17 により十分大きい K をとれば，枝によらず，言い換えると分割 $P:[K]^n \to c$ によらず PH が要求している均質部分集合が取れるので $K \to_* (m)^n_c$ である．

46(b) i.　König 無限補題 4. 3. 17 の証明を見よ．

46(b) ii.　補題 4. 6. 5 の証明よりつぎが分かる．PA に関係記号 P, K を付け加えた公理系を PA(P,K) とする．PA(P,K) では，P,K に関する等号公理が含まれ，また P,K を含む論理式に数学的帰納法の公理図式が適用できる．

このときある論理式 $H(P,K,n,c,a)$ を取ると，K は無限で $P:[K]^{n+1} \to c$ なら，$\{a: H(P,K,n,c,a)\}$ は P に関して尾均質な K の可算無限部分集合である，が PA(P,K) で証明できる．

46(c)　n,k,c,d が与えられたとする．初めに分割 $Q_d:[\mathbb{N}]^2 \to 2$ で，Q_d-均質で $card(X) \geq d+3$ な任意の X は $\min X > d+1$ となるものをつくる．

このためには

$$Q_d(x,y) = \begin{cases} 1, & x \leq d+1 \text{ のとき} \\ 2, & x > d+1 \text{ のとき} \end{cases}$$

とすればよい．なぜなら X が Q_d-均質で $card(X) \geq d+3$ であるとする．$[X]^2$ 上での Q_d の値を p とおく．

$p=1$ とすると，X の最大元以外は $(d+1)$ 以下になってしまうが，このような正整数は $(d+1)$ 個しかなく，$card(X) \geq d+3$ に反す．よって $p \neq 1$．ということは $\min X > d+1$ を意味する．

さてそこで $n_1 = \max\{n,2\}$, $c_1 = 2(c+1)$ とし，m を PH により $k' = \max\{d+3,k\}$ として $m \to_* (k')^{n_1}_{c_1}$ と取る．分割 $P:[m]^n \to c$ が与えられたら，まず分割 $P_d:[m]^n \to c+1$ を

$$P_d(x_1,\ldots,x_n) = \begin{cases} P(x_1-d,\ldots,x_n-d), & x_1 > d+1 \text{ のとき} \\ c+1, & \text{上記以外} \end{cases}$$

として，分割 $P_1:[m]^{n_1} \to c_1$ を $X \in [m]^{n_1}$ について

$$P_1(X) = 2(P_d(X(n)) - 1) + Q_d(X(2))$$

とおく．ただしここで $card(X) = n_1 \geq \ell$ について $X(\ell)$ は X のはじめの ℓ 個の元を表す．

ここで PH により P_1-均質な G で $card(G) \geq \max\{\min G, k'\}$ と取る．G は P_d-均質かつ Q_d-均質である．Q_d-均質性と $card(G) \geq d+3$ より $\min G > d+1$ となる．また $[G]^n$ 上の P_d の値は $c+1$ ではない．なぜなら $\min G > d+1$ だからである．

さて $H = \{x-d : x \in G\}$ とおく．G が P_d-均質でその値が $c+1$ でないことより，この H は P-均質である．また $card(G) \geq k$ で $card(H) = card(G) \geq \min G = \min H + d$ かつ $\min H > 1$ となり求めるものである．

46(d)　PA で PH を仮定する．n,k が与えられたとする．

(演習 46(c))により，m を十分大きく取ってどんな分割 $P:[m]^{1+n} \to 3$ に対しても，P-均質な $H \subset m$ で $card(H) \geq \max\{k+n-1, \min H + n - 1\}$ となるものが存在するようにする．この m が $m \to (k)^n_{reg}$ を充たすことを示す．

すなわち，後退的分割 $Q:[m]^n \to m$ が与えられたとして，Q-頭均質な $H_0 \in [m]^k$ が存

在することを言いたい.

そこで $P:[m]^{1+n}\to 3$ を

$$P(x_0,x_1,x_2,...,x_{n-1},x_n)=$$
$$\begin{cases} 1, & Q(x_0,x_1,x_2,...,x_{n-1})=Q(x_0,x_2,...,x_{n-1},x_n) \text{ のとき} \\ 2, & Q(x_0,x_1,x_2,...,x_{n-1})<Q(x_0,x_2,...,x_{n-1},x_n) \text{ のとき} \\ 3, & Q(x_0,x_1,x_2,...,x_{n-1})>Q(x_0,x_2,...,x_{n-1},x_n) \text{ のとき} \end{cases}$$

とする. m の取り方から, P-均質な $H\subset m$ で $card(H)\geq\max\{k+n-1,\min H+n-1\}$ かつ $\min H>1$ となるものを取り, $H_0\in[m]^k$ を H の初めの k 個の元とする. $card(H)\geq k+n-1$ より $H_1=(H\setminus H_0)$ にはまだ $(n-1)$ 個以上の元が残っていることに注意せよ.

するとこの H_0 が求める Q-頭均質となる.

初めに $[H]^{1+n}$ 上での P の値は 1 となることをみる. もしそれが例えば 2 であれば, $card(H)\geq\min H+n-1$ より, H のはじめの $(\min H+n-1)$ 個の元を $1<x_0<x_1<\cdots<x_e$ $(e=\min H+n-2)$ とすると, x_0 より大きい連続した $(n-1)$ 個の元の組が $e-n+2=\min H$ 個あることになる. P の値を 2 としたので, これらの組 $x_0<y_1<\cdots<y_{n-1}$ での Q の値の大小は, 先頭 y_1 の大小と同じである.

ところが Q が後退的であるからこれらのどの組 $x_0<y_1<\cdots<y_{n-1}$ についても

$$\min H=x_0>Q(x_0,y_1,...,y_{n-1})$$

つまり

$$\min H=x_0>Q(x_0,x_{e-n+2},...,x_e)>Q(x_0,x_{e-n+1},...,x_{e-1})>\cdots$$
$$>Q(x_0,x_2,...,x_n)>Q(x_0,x_1,...,x_{n-1})>0$$

これは鳩の巣原理からあり得ない.

よって $[H]^{1+n}$ 上での P の値は 1 である. 最後に $H=H_0\cup H_1$, $card(H_0)=k$ について, H_0 が Q-頭均質であることを示す. $x_0<x_1<\cdots<x_{n-1}$, $x_0<y_1<\cdots<y_{n-1}$ を H_0 から取る. つぎを示したい:

$$Q(x_0,x_1,...,x_{n-1})=Q(x_0,y_1,...,y_{n-1}) \tag{B. 1}$$

H_1 の元 $z_1<\cdots<z_{n-1}$ を取る. $z_1>\max\{x_{n-1},y_{n-1}\}$ である. すると $x_1<\cdots<x_{n-1}<z_1<\cdots<z_{n-1}$ で, $x_1<\cdots<x_{n-1}$ から始めて, $(n-1)$ 個の連続した組をひとつずつ右へずらして $z_1<\cdots<z_{n-1}$ まで動かしてみると, $Q(x_0,...)$ の値は変わらない, 例えば, $Q(x_0,x_1,...,x_{n-1})=Q(x_0,x_2,...,x_{n-1},z_1)$ なので

$$Q(x_0,x_1,...,x_{n-1})=Q(x_0,z_1,...,z_{n-1})$$

となる. 同様にして

$$Q(x_0,y_1,...,y_{n-1})=Q(x_0,z_1,...,z_{n-1})$$

だから(B. 1)がいえた.

46(e) 与えられた n,m,c について大きい K を取る. K をどれくらい大きく取れば $K\to_{\varDelta}(m)^n_c$ となるかは, 証明をしながら分かる.

分割 $P:[K]^{1+n}\to c$ が与えられたとする. 補題 5. 5. 10 の証明での条件(5. 12)により, $D:[K]^{1+2n}\to c_1$ $(c_1=1+\lceil\log_2 c\rceil)$ を補題 5. 5. 10 の証明でと同様に定義する.

また後退的分割 $Q:[K]^{1+2n}\to K$ を

$$Q(x_0,X,Y) := \begin{cases} 1 & D(x_0,X,Y)=c_1 \text{ のとき} \\ \min\{a<x_0 : P(a,X)\neq P(a,Y)\} & \text{上記以外} \end{cases}$$

とする.

初めに有限 Ramsey 定理 4.6.2 より R を

$$R \to (m_1)^{1+2n}_{c_1}\ (m_1 = \max\{m+n, 1+3n\})$$

と取っておく.

ここで KM より K を $K \to (R)^{1+2n}_{reg}$ となるようにとる. 初めに Q に関して頭均質な $K_1 \in [K]^R$ を取り, つぎに $D : [K_1]^{1+2n} \to c_1$ について均質な $H_1 \in [K_1]^{m_1}$ と取る. そして, $m_1 \geq m+n$ より, H_1 の最後の n 個の元を Z として, $H_1 = H \cup Z$ とおく. $card(H) \geq m$ である. この H が望みのものであることを示す.

H_1 は D-均質なのでその共通の値を $1+i$ とおく.

もし $1+i=c_1$ なら, $x_0 \in H$ と $x_0 < X$, $x_0 < Y$ $(X, Y \in [H]^n)$ として, 条件(5.12)が $x_0 < X < Z, x_0 < Y < Z$ について成立しているから $\forall a < x_0 [P(a,X) = P(a,Z) = P(a,Y)]$ となり H が求めるものになっている.

以下, $i < \lceil \log_2 c \rceil$ とする. $H_1 \subset K_1$ なので H_1 は Q に関して頭均質であるから, $card(H_1) \geq 1+3n$ を思い出して H_1 の元 $x_0 < X < Y < Z\ (X,Y,Z \in [H_1]^n)$ を取ると, $x_0 < X < Y, x_0 < Y < Z, x_0 < X < Z$ での Q の値は等しい. 共通の値を $a = Q(x_0, X, Y)$ とおく. あとは補題 5.5.10 の証明でと同様に $i < \lceil \log_2 c \rceil$ があり得ないことが分かる.

48 $\mathcal{M} \models \mathrm{T}$, $A \subset |\mathcal{M}|$, $card(A) = \kappa \geq \aleph_1$ とする. いま $card(S^{\mathcal{M}}_n(A)) > \kappa$ であると仮定する.

L(A)-論理式は κ 個しかないから, ある論理式 φ について,

$$P(\varphi) :\Leftrightarrow card(\langle\varphi\rangle_{\mathrm{Th}_A(\mathcal{M})}) > \kappa$$

となる. このとき, $P(\varphi)$ ならば, $P(\varphi \wedge \psi)$ かつ $P(\varphi \wedge \neg\psi)$ となる論理式 ψ が存在する.

なぜならそうでないなら, $p = \{\psi(\vec{v}) : P(\varphi \wedge \psi)\}$ とおくと, 補題 5.6.22 の証明と同様にして p は完全タイプであることが分かる. ところが $\varphi \in p$ より

$$\langle\varphi\rangle_{\mathrm{Th}_A(\mathcal{M})} = \bigcup_{\psi \notin p} \langle\varphi \wedge \psi\rangle_{\mathrm{Th}_A(\mathcal{M})} \cup \{p\}$$

であるから, 濃度が κ より大きいはずの集合 $\langle\varphi\rangle_{\mathrm{Th}_A(\mathcal{M})}$ が, κ 以下の集合の κ 個の和になってしまい, これは矛盾である.

よって, 上記のような ψ は必ず取れることになるが, 補題 5.6.7 により矛盾する.

49 初めに $\mathcal{M}$ は T の素モデルであるとする. T は可算モデルを持ち, そこへ $\mathcal{M}$ は埋め込めるのだから $\mathcal{M}$ は可算である. $\vec{a} \subset_{fin} |\mathcal{M}|$ とする. タイプ $\mathrm{tp}^{\mathcal{M}}(\vec{a})$ が孤立していることを見るには, タイプ排除定理 5.3.9 より, 任意の(可算な)モデル $\mathcal{N} \models \mathrm{T}$ で $\mathrm{tp}^{\mathcal{M}}(\vec{a})$ が実現できることを示せばよいが, これは初等埋込 $j : \mathcal{M} \prec \mathcal{N}$ により $j(\vec{a})$ を考えればよい.

逆に $\mathcal{M} \models \mathrm{T}$ は可算な原子モデルであるとする. $\mathcal{N} \models \mathrm{T}$ として, $\mathcal{M}$ から $\mathcal{N}$ への初等埋込 f をつくる. 先ず $|\mathcal{M}|$ の元を一列 $\{m_i\}_{i\in\omega}$ に並べておく. $\mathcal{N}$ への $\{m_i\}_{i<s}$-初等埋込 f_s を増加列 $f_s \subset f_{s+1}$ になるように帰納的につくっていく. すると $f = \bigcup_{s\in\omega} f_s$ が求める初等埋込となる.

初めに $f_0=\varnothing$ は，T が完全なので，$\mathcal{M}\equiv\mathcal{N}$ であるから，$\varnothing$-初等埋込である．

つぎに f_s が既につくられたとして $n_i=f_s(m_i)\,(i<s)$ とおく．またタイプ $\mathrm{tp}^{\mathcal{M}}(\langle m_i\rangle_{i<s}*\langle m_s\rangle)$ を孤立させる論理式 $\theta_s(\vec{v},u)$ を取る．$\mathrm{tp}^{\mathcal{M}}(\langle m_i\rangle_{i<s}*\langle m_s\rangle)$ は完全タイプだから，勝手な論理式 $\varphi(\vec{v},u)$ について

$$\mathrm{T}\models\theta_s(\vec{v},u)\to\varphi(\vec{v},u)\Leftrightarrow\varphi(\vec{v},u)\in\mathrm{tp}^{\mathcal{M}}(\langle m_i\rangle_{i<s}*\langle m_s\rangle)$$

となっている．

すると先ず $\mathcal{M}\models\theta_s(\langle m_i\rangle_{i<s},m_s)$ である．なぜならもし $\mathcal{M}\models\neg\theta_s(\langle m_i\rangle_{i<s},m_s)$ とすれば，$\mathrm{T}\models\theta_s(\vec{v},u)\to\neg\theta_s(\vec{v},u)$ つまり $\mathrm{T}\models\neg\theta_s(\vec{v},u)$ となってしまい，$\mathrm{T}\cup\{\theta_s(\vec{v},u)\}$ が充足可能でなくなってしまう．

そこで $\mathcal{M}\models\exists u\,\theta_s(\langle m_i\rangle_{i<s},u)$ となり f_s が $\{m_i\}_{i<s}$-初等埋込なので $\mathcal{N}\models\exists u\,\theta_s(\langle n_i\rangle_{i<s},u)$ である．$n_s=f_{s+1}(m_s)$ を $\mathcal{N}\models\theta_s(\langle n_i\rangle_{i<s},n_s)$ となるように選ぶ．すると

$$\mathrm{tp}^{\mathcal{M}}(\langle m_i\rangle_{i<s+1})=\mathrm{tp}^{\mathcal{N}}(\langle n_i\rangle_{i<s+1})$$

となり，これは f_{s+1} が $\{m_i\}_{i<s+1}$-初等埋込であることを意味する．

50 先ず，(演習 49)により，素モデル $\mathcal{M},\mathcal{N}$ は，可算な原子モデルである．

原子モデル $\mathcal{M}$ での初等埋込 $\vec{a}\mapsto\vec{b}$ および $c\in|\mathcal{M}|$ が与えられているとする．$\mathrm{tp}^{\mathcal{M}}(\vec{a},c)$ を孤立させる論理式 $\varphi(\vec{v},w)$ を取ると，$\mathcal{M}\models\exists w\,\varphi(\vec{a},w)$ であるから，$\mathcal{M}\models\exists w\,\varphi(\vec{b},w)$ となるので，$d\in|\mathcal{M}|$ を $\mathcal{M}\models\varphi(\vec{b},d)$ となるように取る．$\varphi(\vec{v},w)$ は $\mathrm{tp}^{\mathcal{M}}(\vec{a},c)$ を孤立させるので，$\mathrm{tp}^{\mathcal{M}}(\vec{a},c)=\mathrm{tp}^{\mathcal{M}}(\vec{b},d)$，つまり $\vec{a},c\mapsto\vec{b},d$ は初等埋込である．従って，可算原子モデルは均質であることが分かった．さらに，原子モデルで実現される $S_n(\mathrm{T})$ のタイプは，すべて孤立しているから，命題 5. 3. 8 により，$\mathcal{M},\mathcal{N}$ は，同じ完全タイプ $p\in S_n(\mathrm{T})$ を実現する．よって，定理 5. 6. 20 により $\mathcal{M},\mathcal{N}$ は同型である．

51 命題 5. 6. 25. 3 のみ考える．$c\in D$ が $\varphi(x,\vec{b})$ の解で，各 $b_i\in D$ が $\psi_i(y_i,\vec{a})\,(\vec{a}\subset A_D)$ の解とする．自然数 n を，$card(\varphi(\mathcal{M},\vec{b}))\leq n$ となるように取る．このとき，c は $\exists\vec{y}[\varphi(x,\vec{y})\wedge\bigwedge_i\psi_i(y_i,\vec{a})\wedge card(\varphi(\mathcal{M},\vec{y}))\leq n]$ の解となる．

第 6 章

7 定理 6. 2. 4 の証明で W_e が無限集合ならば，F の代わりに単射な G で値域が F と同じものを重なりを取り除くことによりつくればよい：$H(n)=\mu x(\forall m<n[F(x)\neq F(H(m))])$ について $G(n)=F(H(n))$．

8 定数関数 $one(y)=1$ により $k(x)\simeq one(\{x\}(x))$ として，$\{S(x)\}(y)\simeq f(x,y)\simeq k(x)\cdot\{e_1\}(y)$ とする．

10

$$C\in S_{A,B}\Leftrightarrow\forall x[(x\in A\to x\in C)\wedge(x\in B\to x\notin C)]$$

14 A が単純な低集合なら，補題 6. 2. 20. 1 により，A は計算可能ではない半計算可能集合であるから $\mathbf{0}<_T\deg(A)$ を充たし，しかも低集合なので $A'\leq_T\varnothing'$ であり，$\deg(A)<_T\mathbf{0}'$ である．

14(a) $W_{i,s}\cap A_{s+1}\neq\varnothing$ となり，$\{W_{i,s}\}_s$, $\{A_s\}_s$ ともに増加列であるので，$s+1$ 以降で(6. 46)が充たされなくなるからである．

14(b) x_s が N_e を時刻 $s+1$ で覆すとしたら，(6. 47)の真ん中の条件より，P_i が時

刻 $s+1$ で注意喚起として，$i<e$ である．各 P_i はたかだかひとつの元しか A に足さないので，$card(I_e) \le e$ となる．

14(c)　(演習 14(b))により，s_e を，s_e より後の時刻では N_e が覆されないように取る．いま $s>s_e$ について，$\{e\}_s^{A_s}(e)\downarrow$ であるとする．$t \ge s$ に関する帰納法で，$r=r(e,s)$ について，$A_t \upharpoonright r = A_s \upharpoonright r \,\&\, r(e,t)=r(e,s) \,\&\, \{e\}_t^{A_t}(e)=\{e\}_s^{A_s}(e)$ が分かる．これより，$r(e)=\lim_{s\to\infty} r(e,s)$ の存在と，(6.11)により $\{e\}^A(e)\downarrow$ が分かるので，N_e が充たされる．

14(d)　N_e が正しいとすると，(6.11)により $G(e)=\lim_{s\to\infty} g(e,s)$ が存在する．

極限補題 6.3.2 により，A' の特徴関数 $G \le_T \varnothing'$ となるので $A' \le_T \varnothing'$.

14(e)　W_i は無限集合であるとする．$W_i \cap A \ne \varnothing$ を示したい．

(演習 14(c))により，s_0 を以下を充たすように取る：

$$\forall t \ge s_0 \, \forall e \le i[r(e,t)=r(e)].$$

つぎに(演習 14(a))より，$s_1 \ge s_0$ を，s_1 以降でどの $P_j\,(j<i)$ も注意喚起されないように取る．そして $s>s_1$ を

$$\exists x[x \in W_{i,s} \,\&\, \forall e \le i(r(e)<x) \,\&\, x>2i]$$

と取る．

$W_{i,s} \cap A_s \ne \varnothing$ ならもうよい．そうでないなら，P_i が時刻 $s+1$ で注意喚起されて，従って $W_{i,s} \cap A_{s+1} \ne \varnothing$ となる．

14(f)　$x \in A$ が $x \le 2e$ なら，(6.47)の最後の条件より，ある $i<e$ について P_i がある時刻 $s+1\,(i \le s)$ で注意喚起されて，$x=x_s$ となる．つまり $card(\{x \in A : x \le 2e\}) \le e$.

17　$\{g\}$-計算可能なら，$F(\vec{x},\vec{f}) \simeq n$ は $\vec{f}$ の有限個の値にしか依存しないことを用いて連続であることが分かる．

逆を示すため簡単のため $\mathcal{N}_{0,1}$ 上の連続関数 $F(f)$ を考える．ラベル付きの木 $T: {}^{<\omega}\mathbb{N} \to (\mathbb{N} \cup \{+\})$ を

$$T(s)=\begin{cases} n & \forall f \in \mathcal{N}[\bar{f}(lh(s))=s \to F(f)=n] \text{ のとき} \\ + & \text{それ以外} \end{cases}$$

F が連続ということは，木 $\{s \in {}^{<\omega}\mathbb{N} : T(s)=+\}$ が整礎的ということにほかならない．この木 T を $g \in \mathcal{N}$ でコードすれば，F は $\{g\}$-計算可能となる．

21　定理 6.5.30 は定理 6.5.8 と系 6.5.11 による．系 6.5.31 は，対角集合 $\neg U(x,x)$ を考えよ．

22　初めに P が $\Pi_1^1(f_0)$ の場合を扱えばよいことを示す．$\mathcal{N}$ 上の $\Sigma_2^1(f_0)$-集合 $\{f \in \mathcal{N} : P(f_0,f)\}$ が空でないとする．このとき Π_1^1-関係 Q を，$P(f_0,f) \leftrightarrow \exists g\, Q(f_0,f,g)$ として，$\exists h\, Q(f_0,(h)_0,(h)_1)$ であるから，$\Delta_2^1(f_0)$-関数 h を $Q(f_0,(h)_0,(h)_1)$ と取れば，$f=(h)_0$ が求める $\Delta_2^1(f_0)$-関数になる．

そこで $\Pi_1^1(f_0)$-集合 $\{f \in \mathcal{N} : P(f_0,f)\}$ が空でないとする．Π_1^1-一様化定理 6.5.27.2 により，$P^*(f_0,f)$ により一意的に決まる f を取る．つまり Π_1^1-一点集合 $P^*(f_0)=\{f\} \subset P(f_0)$ を取る．すると

$$f(n)=m \leftrightarrow \exists g[P^*(f_0,g) \wedge g(n)=m] \leftrightarrow \forall g[P^*(f_0,g) \to g(n)=m]$$

であるから，f は $\Delta_2^1(f_0)$-関数である．

23　補題 6.5.35.3 の証明と同様にして，再帰定理 2.4.4 を用いて $h(i,n)$ を定義し，

$i\in H$ に関する超限帰納法により，それが望みのものであることを示せ．

25 どんな $i,j\in\omega$ についても A_i と B_j を分離するボレル集合 C_{ij} が存在するとする：

$$A_i \subset C_{ij} \,\&\, C_{ij}\cap B_j=\varnothing.$$

このとき $C=\bigcap_{j\in\omega}\bigcup_{i\in\omega}C_{ij}$ は，$\bigcup_{i\in\omega}A_i$ と $\bigcup_{j\in\omega}B_j$ を分離するボレル集合になる：

$$\bigcup_{i\in\omega}A_i\subset C \,\&\, C\cap\bigcup_{j\in\omega}B_j=\varnothing.$$

26 $\boldsymbol{\Delta}^1_1$-集合族とボレル集合族が一致するのは，定理 6.5.38 を定理 6.5.37 から導いたのと同じように，$\boldsymbol{\Sigma}^1_1$ がボレル集合で分離できることと（演習 24）による．

$\boldsymbol{\Sigma}^1_1$-集合 A,B は $A\cap B=\varnothing$ であるが，ボレル集合で分離できないとする．簡単のため $A,B\subset\mathcal{N}_{0,1}$ とする．するとある $\mathcal{N}$-計算可能関係 R_A,R_B について

$$f\in A\Leftrightarrow \exists g\,\forall n\, R_A(\bar{f}(n),\bar{g}(n))$$
$$f\in B\Leftrightarrow \exists h\,\forall n\, R_B(\bar{f}(n),\bar{h}(n))$$

となる．

ここで，$t,s\in{}^{<\omega}\omega$ について

$$f\in A_{t,s}:\Leftrightarrow t=\bar{f}(lh(t))\,\&\,\exists g[s=\bar{g}(lh(s))\,\&\,\forall n\, R_A(\bar{f}(n),\bar{g}(n))]$$
$$f\in B_{t,s}:\Leftrightarrow t=\bar{f}(lh(t))\,\&\,\exists h[s=\bar{h}(lh(s))\,\&\,\forall n\, R_B(\bar{f}(n),\bar{h}(n))]$$

とおく．明らかに

$$\begin{aligned}A_{t,s}&=\bigcup_{n\in\omega}\bigcup_{m\in\omega}A_{t*\langle n\rangle,s*\langle m\rangle}\\ B_{t,s}&=\bigcup_{n\in\omega}\bigcup_{m\in\omega}B_{t*\langle n\rangle,s*\langle m\rangle}\end{aligned}\tag{B.2}$$

n に関する帰納法で，$f(n),g(n),h(n)$ を

$$A_{\bar{f}(n),\bar{g}(n)} \text{ と } B_{\bar{f}(n),\bar{h}(n)} \text{ がボレル集合で分離できない}\tag{6.48}$$

ようにつくっていく．

すると特に

$$\forall n[A_{\bar{f}(n),\bar{g}(n)}\neq\varnothing\,\&\,B_{\bar{f}(n),\bar{h}(n)}\neq\varnothing]$$

であるから，これより

$$\forall n\, R_A(\bar{f}(n),\bar{g}(n))\,\&\,\forall n\, R_B(\bar{f}(n),\bar{h}(n))$$

となり，従って

$$f\in A\cap B$$

となる．

さて，(6.48) を充たすように f,g,h を構成していく．初めに $A=A_{\varnothing,\varnothing}, B=B_{\varnothing,\varnothing}$ であるから，$n=0$ では (6.48) は成り立っている．

つぎに (6.48) が n で成り立っているとする．（演習 25）と (B.2) より，自然数 i,j,k,ℓ を $A_{\bar{f}(n)*\langle i\rangle,\bar{g}(n)*\langle j\rangle}$ と $B_{\bar{f}(n)*\langle k\rangle,\bar{h}(n)*\langle \ell\rangle}$ がボレル集合で分離できないように取る．このとき $i=k$ である．なぜならもし $i\neq k$ ならば，$\{f_0:\bar{f}_0(n+1)=\bar{f}(n)*\langle i\rangle\}$ が $A_{\bar{f}(n)*\langle i\rangle,\bar{g}(n)*\langle j\rangle}$ と $B_{\bar{f}(n)*\langle k\rangle,\bar{h}(n)*\langle \ell\rangle}$ を分離するボレル集合になるからである．そこで $f(n)=i, g(n)=j, h(n)=\ell$ と決めればよい．

第 7 章

1 有限個の閉論理式の集合 Γ で，ZFC のすべての公理を論理的に導けるものを考える．このとき Γ が矛盾することを示す．

先ず反映原理 7.1.13 により，$\Gamma \vdash \exists\beta \bigwedge\{\varphi^{V_\beta} : \varphi \in \Gamma\}$ となる．するとこれは Γ で，集合となる Γ のモデル V_β の存在が導けることになり，よって，Γ から Γ の無矛盾性が証明できてしまう．よって第 2 不完全性定理 3.7.1 により，Γ は矛盾する．

第 2 不完全性定理 3.7.1 を用いないとすると，つぎのようにする．ランク $rk(a)$ が ZFC-絶対的であるから，M が ZFC の推移的モデルなら，$\alpha \in M$ について $V_\alpha^M = \{x \in M : rk^M(x) < \alpha\} = V_\alpha \cap M$ である．とくに $M = V_\beta$ ならば，$V_\alpha^{V_\beta} = V_\alpha \cap V_\beta = V_\alpha$ となる．

$\Gamma \vdash \exists\alpha \bigwedge\{\varphi^{V_\alpha} : \varphi \in \Gamma\}$ の証明を V_β に相対化して考えることにより，

$$\Gamma \vdash \bigwedge\{\varphi^{V_\beta} : \varphi \in \Gamma\} \to \exists\alpha < \beta \bigwedge\{\varphi^{V_\alpha} : \varphi \in \Gamma\}$$

となるが，他方，Γ から整礎性公理が導けるので，Γ は矛盾している．

なお，第 8 章(演習 4)と同様にカット消去と部分的真理定義による証明も可能である．

2 a は推移的集合とし，$z \in Cl\mathcal{F}(n,a)$ とする．z の推移的閉包が $trcl(z) \subset Cl\mathcal{F}(a)$ となることを $n \in \omega$ に関する帰納法で示す．

$z \in a$ なら仮定により $trcl(z) \subset a$ である．$x, y \in Cl\mathcal{F}(n,a)$ について $z = \mathcal{F}_i(x,y)$, $c \in trcl(z)$ とする．帰納法の仮定より $trcl(x) \cup trcl(y) \subset Cl\mathcal{F}(a)$ である．$i \notin \{4,7,8,9\}$ のときには $c \in \{x,y\} \cup trcl(x) \cup trcl(y)$ なのでよい．$i = 4, 7$ なら，ある $u \in x$, $v \in y$ について $c \in \{\langle v,u\rangle\} \cup trcl(\langle v,u\rangle)$ である．$\{u,v\} \cup trcl(u) \cup trcl(v) \subset Cl\mathcal{F}(a)$ で $\langle v,u\rangle = \{\{v\},\{v,u\}\}$ であるので，$c \in \{\langle v,u\rangle, \{v\}, \{v,u\}\}$ の場合のみ考えればよいが，このとき $c \in \{\mathcal{F}_1(\mathcal{F}_1(v,v), \mathcal{F}_1(v,u)), \mathcal{F}_1(v,v), \mathcal{F}_1(v,u)\}$ なのでやはりよい．

$i = 8, 9$ なら，ある $\langle u,v\rangle \in x$, $w \in y$ について

$$c \in \{\langle u,v,w\rangle, \langle u,w,v\rangle, \{u\}, \{u,\langle v,w\rangle\}, \{u,\langle w,v\rangle\}, \langle v,w\rangle, \langle w,v\rangle, \{v\}, \{w\}, \{v,w\}\}$$

の場合のみ問題になるが，これらはいずれも $u, v, w \in Cl\mathcal{F}(a)$ から $\mathcal{F}_1$ による構成できるからよい．

3(a) $x \in H_\kappa$ として，$rk(x) < \kappa$ を示せばよい．$X = \{rk(y) : y \in trcl(x)\}$ とおくと，X は順序数であることが分かる．$card(trcl(x)) < \kappa$ より $X < \kappa$ となり，$x \subset trcl(x) \subset V_X$ であるから $rk(x) \leq X < \kappa$.

3(e) $trcl(x) = x \cup \bigcup\{trcl(y) : y \in x\}$ による．

3(f) 置換公理が成り立つことは(演習 3(e))より分かる．選択公理が成り立つことを示すには $\forall x \in H_\kappa \exists R \in H_\kappa [R$ は x 上の整列順序$]$ を示せばよい．「R は x 上の整列順序」が Π_1 だからである．そこで $x \in H_\kappa$ 上に選択公理により整列順序 R を取る．すると(演習 3(e))より $R \in H_\kappa$ となる．$\kappa > \aleph_0$ なら $\omega \in H_\kappa$ であるから無限公理も成り立つ．

4(a) $f \in \mathcal{N}$ とする．

初めに凝集性補題 7.2.20 により，ある論理式の有限集合 $\mathsf{BSL}_{abs} + (V = L)$ について，$f \in L$ は，可算かつ推移的集合 A で $\langle A; \in\rangle \models \mathsf{BSL}_{abs} + (V = L)$ かつ $f \in A$ となる A の存在と同値である．

そこで Mostowski つぶしを考えて，$\langle M; \in^M\rangle$ が推移的な $\langle A; \in\rangle$ と同型になるのは，$\in^M$ が整礎的で $\langle M; \in^M\rangle$ が外延性公理を充たすことであるから，$f \in L$ は，ある可算モ

デル $\langle M;\in^M\rangle$ が，整礎的で外延性公理を充たし，しかも f が $\langle M;\in^M\rangle$ と同型なモデルに属せばよい．

可算モデル $\langle M;\in^M\rangle$ は $F\in\mathcal{N}$ でコードでき，そのときの充足関係は補題 6.5.17 より Δ^1_1 であった．よって外延性公理や $\mathsf{BSL}_{abs}+(V=L)$ が正しいことは Δ^1_1 な条件で，「$\in^M$ が整礎的」は Π^1_1 な条件である．

最後に，f が $\langle M;\in^M\rangle$ と同型なモデルに属すためには，$f\in\mathcal{N}$ を集合論の Δ_0-論理式 $\varphi_0(f)$ で書き，ある $a\in M$ が $\langle M;\in^M\rangle\models\varphi_0(a)$ であると言っておき，この a が f に対応していることを言えばよい．それには「x は n-番目の順序数」に対応する Δ_0-論理式 $\psi_n(x)$ を用意して，$\forall n,m\in\mathbb{N}[f(n)=m\leftrightarrow\langle M;\in^M\rangle\models\exists x,y[\psi_n(x)\wedge\psi_m(y)\wedge\langle x,y\rangle\in a]]$ とすればよい．ここは $\langle M;\in^M\rangle\models\mathsf{BS}$ でありさえすれば十分である．

4(b)　(演習 4(a))と同様に $f,g\in\mathcal{N}$ の $f<_L g$ を整礎的で外延性公理と $\mathsf{BSL}_{abs}+(V=L)$ と $f<_L g$ (cf. 補題 7.2.19.3)が正しい可算モデル $\langle M;\in^M\rangle$ と同型なモデルに f,g が属すと書けばよい．

6　ZF の有限部分 Γ_{sh} として，整礎性公理図式以外の BS に加えて，Σ^1_2-集合の正規形定理 6.5.6 の証明に必要な ZF の公理(集合の元の有限列全体の集合の存在 $\forall a\exists z[z={}^{<\omega}a]$ や可算な整礎集合から ω_1 へのランク関数の存在等)と集合上の整礎関係の絶対性，命題 7.1.10，の証明で必要だった ZF の公理を取る．

Σ^1_2 である $A\subset\mathcal{N}$ に対して，Σ^1_2-集合の正規形定理 6.5.6 による関数 $\alpha\mapsto T^\alpha$ $(\alpha\geq\omega, T^\alpha\subset{}^{<\omega}(\mathbb{N}\times\alpha))$ を考えると，その定義(6.26)より，$\alpha\mapsto T^\alpha$ は Γ_{sh}-絶対的であることが分かる．さらに(6.24)での $(T,f)\mapsto T(f)$ $(T\subset{}^{<\omega}(\mathbb{N}\times\alpha), T(f)\subset{}^{<\omega}\alpha)$ も Γ_{sh}-絶対的である．

よって $\omega_1\subset M$ なる Γ_{sh} のモデル $\mathcal{M}=\langle M;\in\rangle$ と $f\in M$ について

$$\begin{aligned} f\in A &\Leftrightarrow \exists\alpha[\omega\leq\alpha<\omega_1\wedge T^\alpha(f)\text{ は整礎的でない}]\\ &\Leftrightarrow \exists\alpha\in M[\omega\leq\alpha<\omega_1\wedge\mathcal{M}\models T^\alpha(f)\text{ は整礎的でない}]\\ &\Leftrightarrow \mathcal{M}\models f\in A \end{aligned}$$

$\Delta^1_2(f_0)$-一点集合 $\{f\}$ がパラメタ $f_0\in\mathcal{N}\cap M$ から定義されているとする．Σ^1_2-論理式 $A(f_0,g)$ を

$$\{f\}=\{g\in\mathcal{N}:A(f_0,g)\}$$

と取る．すると Σ^1_2-集合の絶対性より $g\in M$ を $A(f_0,g)$ と取れば，$f=g\in M$ となる．

7(c)　どの $n<\omega$ についも $\{U^n_{\alpha,n}:\alpha<\omega_1\}$ は $\diamondsuit$-列でないとする．$X_n\subset\omega_1$ を $\{\alpha<\omega_1: X_n\cap\alpha=U^n_{\alpha,n}\}$ が定常でないように選ぶ．$X=\bigcup\{X_n\times\{n\}:n<\omega\}$ とすると，$\{\alpha<\omega_1: X\cap(\alpha\times\omega)=U^n_\alpha\}$ も定常でない．ω_1 の定常でない集合の可算和も定常でないので，$\{\alpha<\omega_1:X\cap(\alpha\times\omega)\in U_\alpha\}$ も定常でないことになり矛盾である．

8(a)　$\langle X_1;<_1\rangle$ が可分なら，X は X_1 で稠密だから X も可分になる．X_1 の可算鎖条件は X の稠密性から分かる．

8(b)　(演習 8(a))より擬 Suslin 直線をつくればよい．(7.18)-(7.21)を充たす Suslin 木 $\langle T;\prec\rangle$ を取る．条件(7.19)より任意の $x\in T$ について，$\{y\in T:y$ は x の子$\}=\mathbb{Q}$ としてよい．

T での枝全体の集合を $B\subset{}^{<\omega_1}\mathbb{Q}$ として，その元を辞書式順序で並べる：$b,c\in T$ とし

て条件(7.21)を用いて

$$b < c :\Leftrightarrow \exists \alpha < \min\{\ell(b), \ell(c)\}[b \restriction \alpha = c \restriction \alpha \wedge b(\alpha) <_{\mathbb{Q}} c(\alpha)]$$

とおく．ここで $q <_{\mathbb{Q}} r$ は $\mathbb{Q}$ 上の順序である．

すると $\langle B; < \rangle$ が求める擬 Suslin 直線になる．端点のない稠密な線形順序 (DLO) になっていることは，$\mathbb{Q}$ がそうだからである．

B の可算鎖条件を見よう．$\{(b_i, c_i) : i \in I\}$ を互いに交わらない空でない開区間の集まりとする．各 $i \in I$ について，$\alpha_i = \min\{\alpha : b_i(\alpha) <_{\mathbb{Q}} c_i(\alpha)\}$ とおき，$f_i \in T_{\alpha_i+1}$ を，$b_i \restriction \alpha_i = f_i \restriction \alpha_i$, $b_i(\alpha_i) <_{\mathbb{Q}} f_i(\alpha_i) <_{\mathbb{Q}} c_i(\alpha_i)$ と取れば，$\{f_i : i \in I\}$ は T での反鎖になる．よって I は可算である．

最後に B の可算部分集合 $\{b_n : n \in \omega\}$ を取り，これが稠密にならないことを示す．ω_1 の正則性より $\alpha = \sup\{\ell(b_n) : n \in \omega\} < \omega_1$. $x \in T_\alpha$ を枝分かれするふたつの枝 c_0, c_1 に延ばす: $c_0(\alpha) <_{\mathbb{Q}} c_1(\alpha)$, $x \prec c_i(\alpha) \,\&\, c_i \in B\ (i = 0, 1)$. すると $(c_0, c_1) \cap \{b_n : n \in \omega\} = \varnothing$ となり，$\{b_n : n \in \omega\}$ は稠密ではない．

8(c) 小節 4.3.4 の区間縮小によって Suslin 木 $\langle T, \prec \rangle$ をつくる．$T \subset {}^{<\omega_1}\omega$ と S の開区間(含む $(-\infty, \infty) = S, (-\infty, b), (a, \infty)$)によるラベル付け I を帰納的につくっていく．$f \in T_\alpha \subset {}^{\alpha}\omega$ に対して $I(f)$ は S の空でない開区間である．

初めに $T_0 = \{\varnothing\}, I(\varnothing) = S$,（7.18)とする．$f \in T_\alpha$ として，各 $n > 0$ について $f_n = f \cup \{(\alpha, n)\} \in T_{\alpha+1}$,（7.19)，(7.18)とする．$I(f) = (a, b)$ として，S の稠密性より増加列 $\{a_n\}_{n>0}$ を $a = a_1 < a_2 < a_3 < \cdots < b$ と取り，$I(f_n) = (a_n, a_{n+1})$ と決める．さらにもし，$a_0 = \sup\limits_{n>0} a_n < b$ なら，$f_0 = f \cup \{(\alpha, 0)\} \in T_{\alpha+1}$, $I(f_0) = (a_0, b)$ とする．

極限順序数 $\alpha < \omega_1$ を考える．$T \restriction \alpha$ の(長さ α の)枝 $f \in {}^{\alpha}\omega$ に対し，$I(f \restriction \beta) = (a_\beta, b_\beta)\ (\beta < \alpha)$ は区間の縮小列である: $\beta < \gamma < \alpha \Rightarrow (a_\gamma, b_\gamma) \subset (a_\beta, b_\beta)$. そこで S の順序完備性より $a = \sup\limits_{\beta<\alpha} a_\beta$, $b = \inf\limits_{\beta<\alpha} b_\beta$ とおくと，$a \leq b$ である．$a < b$ の場合に限り，$f \in T_\alpha$, $I(f) = (a, b)$ とする，(7.21)．T_α は可算である，(7.18)．なぜなら，$\{I(f) : f \in T_\alpha\}$ が，互いに交わらない空でない開区間族だから S の可算鎖条件による．

T が Suslin 木であることを見る．可算鎖条件は，上で見た通り，S の可算鎖条件による．これと(7.19)により，T の枝の長さが可算であることも分かる．

最後に $h(T) = \omega_1$ を見る．$T_\gamma \neq \varnothing$ であることを γ に関する超限帰納法により示す．$\forall \alpha < \gamma (T_\alpha \neq \varnothing)$ であるとする．γ は極限順序数であるとしてよい．$I(f) = (a_f, b_f)$ とおいて，$E = \{a_f, b_f : f \in T \restriction \gamma\} \subset S$ を考えると，これは可算集合であるから，S が可分でないことにより，ある区間 $(c, d)\ (c < d)$ を取ると $(c, d) \cap E = \varnothing$ となる．$T \restriction \gamma$ の(長さ γ の)枝 f を $f \restriction \alpha \in T_\alpha$, $I(f \restriction \alpha) \supset (c, d)$ となるようにつくる．はじめは $f(0) = S$. $f \restriction \alpha \in T_\alpha$ が $(a, b) = I(f \restriction \alpha) \supset (c, d)$ であるようにつくられたら，$T_{\alpha+1}$ の構成で用いた増加列 $\{a_n\}_{n>0}$ を $a = a_1 < a_2 < a_3 < \cdots < b$ とする．$(c, d) \cap E = \varnothing$ で $E \supset \{a_n : n > 0\}$ であるから，$(c, d) \subset (a_n, a_{n+1})$ となる $n > 0$ が一意に存在するか，もしくは $a_0 = \sup\limits_{n>0} a_n < b$ のときには，$(c, d) \subset (a_0, b)$ となる．そこでこの $n \geq 0$ について $f(\alpha) = n$ とおくと，$f \restriction (\alpha + 1) \in T_{\alpha+1}$, $I(f \restriction (\alpha + 1)) \supset (c, d)$ となる．極限順序数 $\alpha < \gamma$ については $f \restriction \alpha = \bigcup\limits_{\beta<\alpha} (f \restriction \beta)$,

$I(f{\restriction}\alpha)=\bigcap_{\beta<\alpha} I(f{\restriction}\beta)\supset(c,d)$ である.

すると $I(f)=\bigcap_{\alpha<\gamma} I(f{\restriction}\alpha)\supset(c,d)$ なので $f\in T_\gamma$ となる.

8(d) 部分木 $T'\subset T$ は $h(T')=\omega_1$ である限り，自動的に Suslin 木になり，従って(7.18)を充たす.

初めに $T^0=\{x\in T: card(\{y\in T: x\preceq y\})=\aleph_1\}$ とする. $h(T^0)<\omega_1$ なら，ある $\alpha<\omega_1$ について $T^0\subset T_\alpha$ となってしまうから, $h(T^0)=\omega_1$ である. 同様に $x\in T^0$ なら $card(\{y\in T^0: x\preceq y\})=\aleph_1$ である.

つぎに $x\in T^0$ の内で枝分かれしている，つまり x の子がふたつ以上ある $x\in T^0$ だけ残して T^1 をつくる. 各 $y\in T^0$ に対し $card(\{x\in T^1: y\preceq x\})=\aleph_1$ である. そうでなければある $\alpha<\omega_1$ から先で T^0 は枝分かれしないことになり, T^0 に長さ ω_1 の枝があることになる. よって $h(T^1)=\omega_1$ である. また各 $x\in T^1$ は T^1 でも枝分かれしている.

そして $T^2=\{x\in T^1: h_{T^1}(x)$ は極限順序数$\}$ とすると T^2 は(7.19)を充たす. また明らかに $h(T^2)=\omega_1$ である.

さらに T^2 での長さが極限順序数 α になっている鎖 C で，ある $x,y\in T^2$ について, $C=\{z\in T^2: z\prec x\}=\{z\in T: z\prec y\}$ だが, $x\neq y$ となっているすべての C を考える. このような C に対して下から，つまり α に関する超限帰納法で, x_C を $C=\{z\in T^2: z\prec x_C\}$ と順に選ぶ. 順に選ぶとは, D がより短い鎖 C について $\exists y\in D[x_C\preceq y]$ となっている場合のみ x_D を取って残すということである. こうして極限順序数の高さのところで絞って T^3 を得る. 明らかに $h(T^3)=\omega_1$ で T^3 も(7.19)を充たす.

最後に $h(T)=\omega_1$ と(7.18)より, $x_0\in(T^3)_0$ をひとつ任意に取り, $T'=\{y\in T^3: x_0\preceq y\}$ とすれば(7.20)も充たされる.

9 $g\in M\cap({}^\omega 2)$ に対して $D_g=\{p\in Fnc_{fin}(\kappa\times\omega,2):\exists n[\langle\alpha,n\rangle\in dom(p)\wedge p(\alpha,n)\neq g(n)]\}$ を考える.

10 M を ZFC+GCH の可算推移的モデルとする. 可算鎖条件を充たす poset$P=Fnc_{fin}(\omega,2)$ によるジェネリック拡大 $M[G]$ を考える. $L^{M[G]}=L^M\subset M\subsetneq M[G]$ であるから $(V\neq L)^{M[G]}$. GCH が $M[G]$ で成り立っていることを見るため, λ を M での無限基数とする. 系 4.4.28 より $\theta=(\lambda^+)^M=(\aleph_0^\lambda)^M$ とおく. 補題 7.3.19 において $\kappa=\aleph_0$ としているので $(2^\lambda\leq\theta)^{M[G]}$ となる. $\theta=(\lambda^+)^M=(\lambda^+)^{M[G]}$ よりこれは $(2^\lambda\leq\lambda^+)^{M[G]}$ を意味する.

11(a) $\alpha>\omega$ が M で正則基数ならば, $cf(\alpha)^{M[G]}=cf(\alpha)^M=\alpha$ であるから, α は $M[G]$ でも正則である. $\alpha>\omega$ が M で極限基数なら, α は M で正則基数の極限であり，上で見たことから $M[G]$ でも正則基数の極限になり，やはり極限基数となる.

11(b) 補題 4.4.25 を用いる. 極限順序数 $\alpha\in M$ について $(\kappa=cf(\alpha))^M$ とする. κ は M で正則であるから，仮定と ω の絶対性より κ は $M[G]$ でも正則である. 共終関数 $f:\kappa\to\alpha$ を増加かつ $f\in M$ とする. このとき $f\in M[G]$ は $M[G]$ で正則な κ から α への 共終関数なので $cf(\alpha)^{M[G]}=\kappa$ となる.

11(c) P が共終度を保存しないとする. (演習 11(b))により $\kappa>\aleph_0$ を M では正則基数だが $M[G]$ では正則でなくなるとする. $\alpha<\kappa$ と 共終関数 $f:\alpha\to\kappa$ を $M[G]$ で取る.

補題 7. 3. 15 より，$M \ni F : \alpha \to \mathcal{P}(\kappa)$ を $\forall \beta < \alpha [f(\beta) \in F(\beta) \wedge (card(F(\beta)) \leq \aleph_0)^M]$ となるように取れば，$X = \bigcup_{\beta < \alpha} F(\beta) \in M$ は κ の非有界集合で $card(X) \leq \max\{\aleph_0, card(\alpha)\} < \kappa$ となり，κ は M においても正則基数ではない．

11(d)　M を ZFC の可算推移的モデルで $\kappa \in M$ は M において弱到達不能基数であるとする．ここで，V での弱到達不能基数(正則基数)は L でも弱到達不能基数(正則基数)だから，必要なら M での構成可能集合 L^M を考えることにより，M は GCH を充たすとしてよい(従って κ は M で到達不能基数である)．$P = Fnc_{fin}(\kappa \times \omega, 2) \in M$ によるジェネリック拡大 $M[G]$ を考える．P は M で可算鎖条件を充たすから，(演習 11(c))により P は共終度を保存する．特に M で極限正則基数である κ は $M[G]$ においても弱到達不能基数のままである．他方，系 7. 3. 21 より $(2^{\aleph_0} = \kappa)^{M[G]}$ である．

15(a)

$$\langle \pi, r \rangle \in \tau :\Leftrightarrow \exists q \in A[\pi \in dom(f(q)) \wedge r \leq q \wedge r \Vdash \pi \in f(q)]$$

を考える．$\tau \in M^P$ は明らかである．$q \in A$, M-ジェネリックフィルター G を $q \in G$ とする．$\tau_G = (f(q))_G$ を示したい．

$\pi_G \in \tau_G$ として，$\langle \pi, r \rangle \in \tau$ としてよい．$r \in G$ で，ある $q' \in A$ により $r \leq q' \wedge r \Vdash \pi \in f(q')$ となる．ここで $\{q, q'\} \subset A \cap G$ となり A は反鎖なので $q' = q$．よって $r \Vdash \pi \in f(q)$ より $\pi_G \in (f(q))_G$．

逆に $\pi_G \in (f(q))_G$ なら $\pi \in dom(f(q))$ で，$p \Vdash \pi \in f(q)$ となる $p \in G$ が取れる．q, p の共通拡張 $r \in G$ を取れば $\langle \pi, r \rangle \in \tau$ で $\pi_G \in \tau_G$．

15(b)　定義可能性定理 7. 3. 10 の証明での(7. 28)により $p \Vdash \exists x \varphi(x)$ なら，$\{q : \exists \sigma \in M^P[q \Vdash \varphi(\sigma)])\}$ が p 以下で稠密である．そこで

$$\forall q \in A(q \leq p \wedge \exists \sigma \in M^P[q \Vdash \varphi(\sigma)])$$

となる極大反鎖 $A \in M$ を考える．$M \ni f : A \ni q \mapsto f(q) \in M^P$ を $\forall q \in A[q \Vdash \varphi(f(q))]$ となるように選択公理により取り，(演習 15(a))から $\tau \in M^P$ を $\forall q \in A[q \Vdash \tau = f(q)]$ と取る．

すると $\forall q \in A[q \Vdash \varphi(\tau)]$ となる．$p \Vdash \varphi(\tau)$ を示すには(演習 12)より $\{q \in P : q \Vdash \varphi(\tau)\}$ が p 以下で稠密であればよい．$q_0 \leq p$ として，$q_1 \leq q_0$ を $\exists \sigma \in M^P[q_1 \Vdash \varphi(\sigma)]$ となるように取る．A の極大性により，q_1 はある $q \in A$ と両立する．$q \Vdash \varphi(\tau)$ であるから，q_1, q の共通拡張 r に関して $r \Vdash \varphi(\tau)$．

16(c)　$\gamma < \kappa$ について $\{X_\alpha\}_{\alpha < \gamma}$ を互いに交わらない零集合族で，$\mu(\bigcup_{\alpha < \gamma} X_\alpha) = m > 0$ であるとする．$f : \bigcup_{\alpha < \gamma} X_\alpha \to \gamma$ を

$$f(x) = \alpha :\Leftrightarrow x \in X_\alpha$$

で定め，$Z \subset \gamma$ に対し

$$\nu(Z) := \frac{1}{m} \mu(f^{-1}(Z))$$

とすれば，ν は $\gamma < \kappa$ 上の測度になってしまう．

16(d)　測度が正の集合から成る二分木 T をつぎのようにつくる．根には S を置く．各節 X で $X = Y \cup Z$ と X を測度が正のふたつの集合に分割する．$Y \cap Z = \varnothing$, $\mu(Y), \mu(Z) > 0$.

極限順序数では，枝 $\{X_\xi\}_{\xi<\alpha}\,(h_T(X_\xi)=\xi)$ を取って，$\mu(\bigcap_{\xi<\alpha} X_\xi)>0$ の場合に限り，$\bigcap_{\xi<\alpha} X_\xi \in T_\alpha$ とする．(演習 16(a))により，T の枝の長さはたかだか可算である．同様に T_α は互いに交わらない集合から成るので $card(T_\alpha)\le\aleph_0\,(\alpha<\omega_1)$．よって T の枝全体 $\{b_\alpha:\alpha<\kappa\}$ の濃度 $\kappa\le 2^{\aleph_0}$．ここで $Z_\alpha=\bigcap\{X:X\in b_\alpha\}\neq\varnothing$ となる枝だけ考える．すると $\{Z_\alpha\}_{\alpha<\kappa}$ は S の分割で，しかも $\mu(Z_\alpha)=0$ となっている．そこで $f:S\to\kappa$ を

$$f(x)=\alpha:\Leftrightarrow x\in Z_\alpha\ (x\in S)$$

として

$$\nu(Z)=\mu(f^{-1}(Z))$$

とすれば，ν は κ 上の測度になる．

最後に $X\subset 2^{\aleph_0}$ について $\rho(X)=\nu(X\cap\kappa)$ とすれば，これが求める $2^{\aleph_0}$ 上の測度となる．

17 「v は長さ n 以上の $\in$ に関する下降列」を意味する論理式 $\varphi_n(v)$ をつくって，(Th($Ult(V,U)$) に関する)タイプ $p(v)$ を

$$p(v)=\{\varphi_n(v):n\in\omega\}$$

とする．

超フィルター U は可算完備でない，つまり $\aleph_1$-完備でないとすると，定理 5.4.8 により超ベキ $Ult(V,U)$ は $\aleph_1$-飽和であるから，$p(v)$ を実現する元 $f_U\in Ult(V,U)$ を取ればよい．

18 $f^{-1}(X)\in U$ iff $f(\alpha)\in X a.e.$ iff $[f]_U\in j_U(X)$.

19(a) $x\in[\lambda]^\omega$ を，順序数の ω-型の上昇列 $\{x_n\}_{n\in\omega}$, $x_0<x_1<\cdots<\lambda$ とみなす．$x=\{x_n\}_n, y=\{y_n\}_n\in[\lambda]^\omega$ の同値関係 $x\cong y$ を，それぞれの列の初めのいくつかの項を消すと同じ列になってしまうことと定める：

$$x\cong y:\Leftrightarrow \exists N,M\,\forall n\,\forall m[x_{N+n}=y_{M+m}].$$

選択公理により，この同値関係 $\cong$ による x の同値類から代表元 x' を取る．$x=\{x_n\}_n\cong x'=\{x'_m\}_m$ であるから $G:[\lambda]^\omega\to\lambda$ を，

$$\begin{aligned} G(x)&=\min\{\alpha:\forall\beta>\alpha[\beta\in x\leftrightarrow\beta\in x']\}\\ &=\begin{cases} 0 & x=x' \text{ のとき}\\ x_N & \exists M[\forall n>0\,\forall m>0(x_{N+n}=x'_{M+m})\wedge x_N>x'_M] \text{ のとき}\\ x'_M & \exists N[\forall n>0\,\forall m>0(x_{N+n}=x'_{M+m})\wedge x_N<x'_M] \text{ のとき}\end{cases}\end{aligned}$$

で定める．

このとき，サイズ λ の λ のある部分集合 A で

$$\forall B\subset A[card(B)=\lambda\to rng(G\restriction[B]^\omega)\supset A] \tag{B.3}$$

となるものの存在を言えばよい．なぜなら $F:[A]^\omega\to A$ を，$G(x)\in A$ なら $F(x)=G(x)$ とし，そうでなければある $a_0\in A$ をひとつ予め取っておいて $F(x)=a_0$ と定めれば，この F が，(7.46)を λ の代わりに A で充たしている．あとは A と λ の間の全単射により F を調整すればよい．

(B.3)を充たすサイズ λ の部分集合 A が存在しないとする．A_n, x_n を $card(A_n)=\lambda$, $A_n\supset A_{n+1}$, $x_{n+1}\in A_n$ となるように帰納的につくる．$A_0=\lambda$, $x_0=0$．仮定より，$A_n\setminus(x_n+1)$ のサイズ λ の部分集合 A_{n+1} が存在して $rng(G\restriction[A_{n+1}]^\omega)\not\supset(A_n\setminus(x_n+1))$ とな

る．$x_{n+1} \in (A_n \setminus (x_n+1))$ を $x_{n+1} \notin rng(G \upharpoonright [A_{n+1}]^\omega)$ と選ぶ．$x = \{x_n\}_n$ とおく．このとき $G(x) = \alpha$ について $N = \min\{n > 0 : x_n \geq \alpha\}$ で決めれば $G(\{x_n\}_{n>N}) = x_N$ であるが，$\{x_n\}_{n>N} \in [A_N]^\omega$ なのでこれは矛盾である．

19(b)　$\{j(\alpha) : \alpha < \lambda\}$ のサイズ λ のある部分集合 B が $B \in M$ であるとする．(演習19(a))の(7.46)を充たす $F : [\lambda]^\omega \to \lambda$ を取る．$j(F)$ が $j(\omega) = \omega$, $j(\lambda) = \lambda$ について，同じ(7.46)を充たしているから，$B \in M$ と $\kappa < \lambda$ について $s \in [B]^\omega$ を $j(F)(s) = \kappa$ と取る．ここで $B \subset \{j(\alpha) : \alpha < \lambda\}$ であるから，$s = j(t)$ となる $t \in [\lambda]^\omega$ が取れる．すると $\kappa = j(F)(j(t)) = j(F(t))$ と表せてしまうが，これはあり得ない．

20　κ 上の正規測度 D を取り，$M_D \cong Ult(V, D)$ を考える．$\{\alpha \in \kappa : \alpha$ は基数$\}$ は閉非有界なので D に属すことに注意して，もし $\{\lambda \in \kappa : 2^\lambda = \lambda^+\} \in D$ ならば，$M_D \models 2^{[d]_D} = [d]^+$ となる．D は正規なので $[d]_D = \kappa$ であるから，これは $\mathcal{P}(\kappa) = \mathcal{P}^{M_D}(\kappa)$ と $(\kappa^+)^{M_D} = \kappa^+$ の間に全単射 $f \in M_D$ が存在することを意味する．よって $2^\kappa = \kappa^+$．

21　$P : [\kappa]^{<\omega} \to {}^\omega 2$ とする．$Q : [\kappa]^{<\omega} \to 2$ を，自然数上の Cantor の対関数 $J(n, m)$ (定義 1.1.2)を用いて，$k = J(n, m) \geq n$ について $Q(\alpha_1, ..., \alpha_k) = (P(\alpha_1, ..., \alpha_n))(m)$ により定める．

$H \subset \kappa$ を順序型 α の Q-均質列とすると，H は P-均質でもある．

22(a)　$\lambda < \kappa$ として分割 $P : [\kappa]^{<\omega} \to \lambda$ を考える．これより分割 $Q : [\kappa]^{<\omega} \to 2$ をつぎのように定める：偶数の長さの $\alpha_1 < \cdots < \alpha_k < \alpha_{k+1} < \cdots < \alpha_{2k} < \kappa$ に対して，

$$Q(\alpha_1, ..., \alpha_k, \alpha_{k+1}, ..., \alpha_{2k}) = 1 \Leftrightarrow P(\alpha_1, ..., \alpha_k) = P(\alpha_{k+1}, ..., \alpha_{2k})$$

これ以外ではすべて $Q(x) = 0$ とおく．

$H \subset \kappa$ を Q-均質な順序型が κ の列とする．この H が P-均質でもあることを示そう．

初めに $k \geq 1$ と $x \in [H]^{2k}$ について $Q(x) = 1$ となることを見る．H が Q-均質だから，$Q(y) = 1$ となる $y \in [H]^{2k}$ の存在を言えばよい．$card(H) = \kappa > \lambda$ であるから，H のある無限部分集合 I が存在して，P は $[I]^k$ 上で一定である．I から長さ $2k$ の増加列 $\alpha_1 < \cdots < \alpha_k < \alpha_{k+1} < \cdots < \alpha_{2k}$ を取れば，$P(\alpha_1, ..., \alpha_k) = P(\alpha_{k+1}, ..., \alpha_{2k})$ となる．

H から長さが等しい列 $\alpha_1 < \cdots < \alpha_k$, $\beta_1 < \cdots < \beta_k$ を取る．これに対して H から列 $\gamma_1 < \cdots < \gamma_k$ を $\max\{\alpha_k, \beta_k\} < \gamma_1$ となるように取ると

$$Q(\alpha_1, ..., \alpha_k, \gamma_1, ..., \gamma_k) = Q(\beta_1, ..., \beta_k, \gamma_1, ..., \gamma_k) = 1$$

より

$$P(\alpha_1, ..., \alpha_k) = P(\gamma_1, ..., \gamma_k) = P(\beta_1, ..., \beta_k).$$

22(b)　(演習 22(a))と第 4 章(演習 34)と補題 5.5.5 による．

23(a)　EM 集合 Σ の定義 7.5.4 より，Σ' のモデルがすぐにつくれる．逆に Σ' が無矛盾，従って(可算)モデルを持てばそのモデルから補題 7.5.5 の証明と同様に $\Sigma = \Sigma(\mathcal{M}, I)$ なる $(\mathcal{M}, I)$ がつくれる．

23(b)　「Σ が EM 集合」は(演習 23(a))で見た通り，Σ から再帰的につくられる Σ' の無矛盾性と同値で，これは Π^0_1 な条件である．つぎに EM 集合が顕著であることは，論理式(7.43), (7.44)を含むことであり，これは再帰的な条件である．

最後に「EM 集合 Σ が整礎的」を考える．これは補題 7.5.7 により「任意の $\omega_1 > \alpha \geq \omega$ について，(Σ, α)-モデルは整礎的」と同値である．可算順序数 α に対して (Σ, α)-モ

デル $(\mathcal{M}, I)$ は可算モデル $\mathcal{M}=\langle M;\in^{\mathcal{M}}\rangle$ であるから，補題 6. 5. 17 でのようにひとつの $F_{model}=\langle F_M, F_\in\rangle\in\mathcal{P}(\mathbb{N})\times(F_M\times F_M)$ でコードできる．また順序型 α の識別不能列 $I\subset ORD^{\mathcal{M}}$ も $F_I\subset F_M$ でコードでき，$I\subset ORD^{\mathcal{M}}$ は Δ^1_1 である $(I\subset ORD^{\mathcal{M}})^F :\Leftrightarrow \forall x\in F_I(Sat(F_{model}, \ulcorner \mathsf{v}\in ORD\urcorner, x))$ に言い換えられる．また $(\mathcal{M}, I)^F$ で，(F_{model}, F_I) が (Σ, α)-モデル(α は F_I の $F_\in$ に関する順序型)であること，つまり Σ はEM集合, $\Sigma=\Sigma(\mathcal{M}, I)$, $\mathcal{M}=H(I;\mathcal{M})$ を Δ^1_1 である充足関係 Sat を用いて書いたものを表す．

すると「EM集合 Σ が整礎的」は

$$\forall F_{model}=\langle F_M, F_\in\rangle\,\forall F_I\subset F_M$$
$$[(I\subset ORD^{\mathcal{M}})^F\wedge(\mathcal{M}, I)^F\wedge(F_\in \text{ は } F_I \text{ 上で整列順序})\to F_\in \text{ は整礎的}]$$

と書ける．ここで $(I\subset ORD^{\mathcal{M}})^F\wedge(\mathcal{M}, I)^F$ は Δ^1_1 であり，「$F_\in$ は F_I 上で整列順序」「$F_\in$ は整礎的」はともに Π^1_1 であるから，これは Π^1_2 である．

第 8 章

3 完全性を示すには，定理 8. 1. 5 の[証明]に倣って証明探索木をつくれ．但しこの木は，葉条件を「リテラルばかりから成る」つまり $Seq_0(\sigma)=\varnothing$ に変えることで，常に有限となる(その深さは与えられた推件中の論理式の深さ $\mathrm{dp}(A)$ で抑えられる)ことを見よ．

4 部分的真理定義は，第3章(演習 11)で説明したように，定理 6. 3. 11 でと同じようにつくれる．

$I\Phi_n$ を，PA で数学的帰納法

$$A(0)\wedge\forall x[A(x)\to A(x+1)]\to\forall x A(x)$$

において論理式 $A\in\Phi_n$ と制限した公理系とする．

カットを消去して部分的真理定義を経て，どんな n についても

$$\mathsf{PA}\vdash \mathrm{CON}(I\Phi_n)\ (\text{consistency statement for } I\Phi_n)$$

となる．

(8. 28)を充たす A に対し，n を十分大きく取って $I\Phi_n\vdash A$ とすれば $I\Phi_n\vdash\mathrm{CON}(I\Phi_n)$ となってしまう．

これは PA が無矛盾と仮定しているから，第2不完全性定理 3. 7. 1 に反する．

6

$$\boldsymbol{G}\vdash[\varphi(R)\wedge R(\vec{x})]\to[\varphi(Q)\to Q(\vec{x})]$$

に定理 8. 2. 4 より補間 $C(\vec{x})$ を取れ．

7 $\boldsymbol{G}\vdash[\forall\vec{x}[Q(\vec{x})\to R(\vec{x})]\wedge\varphi(Q,\vec{x})]\to\varphi(R,\vec{x})$ に定理 8. 2. 4 より補間 $\theta(R,\vec{x})$ を取ると，$\boldsymbol{G}\vdash[\forall\vec{x}[Q(\vec{x})\to R(\vec{x})]\wedge\varphi(Q,\vec{x})]\to\theta(R,\vec{x})$, $\boldsymbol{G}\vdash\theta(R,\vec{x})\to\varphi(R,\vec{x})$ で $R\notin Rel^-(\forall\vec{x}[Q(\vec{x})\to R(\vec{x})]\wedge\varphi(Q,\vec{x}))$ より，$R\notin Rel^-(\theta(R,\vec{x}))$ となる．

$\boldsymbol{G}\vdash\varphi(R,\vec{x})\to\theta(R,\vec{x})$ を見るには，$\boldsymbol{G}\vdash[\forall\vec{x}[Q(\vec{x})\to R(\vec{x})]\wedge\varphi(Q,\vec{x})]\to\theta(R,\vec{x})$ で Q に R を代入する．

逆は R-正な θ の構成に関する帰納法によれ．

16 サイクル

$$(x_0=u_0)<(x_1=u_1)<\cdots<(x_m=u_m)<(x_0=u_0)\ (m\geq 0)$$

が E_k に含まれているとして，E_k の単一子を τ とすると，$x_i\tau=u_i\tau$ であり，x_{i+1} が $x_{i+1}\neq u_{i+1}$ に現れているから

$$\mathrm{dp}(u_i\tau) > \mathrm{dp}(u_{i+1}\tau) \pmod{m+1}$$

となり

$$\mathrm{dp}(u_0\tau) > \mathrm{dp}(u_0\tau)$$

という矛盾が生じる.

19 $d=\max(\{\mathrm{dp}(A): A\in\Gamma\}\cup\{\mathrm{dp}(\mathcal{S})\})$ とおく．与えられた Γ の証明中の論理式でその子孫が終件 Γ にあるかまたはその祖先にリテラルを持っているものについては，深さが d で抑えられるのは明らかである．問題は始件

$$\Gamma, \bar{L}, L$$

中の Γ に(のみ)含まれ，しかもカットで消える論理式である．Γ に含まれる論理式 B でその子孫および子孫の祖先と辿っていって，ひとつでも終件かリテラルに当たったらその深さ $\mathrm{dp}(B)$ は d で抑えられる.

それ以外の論理式で始件に含まれるのは命題変数で置き換えることができるのでよい.

20 定理 8.3.17 の証明と同様に，骨組み $\mathcal{S}$ の与えられた推件 Λ の $\boldsymbol{G}_0+(cut)$ での証明を探していく．ここで考える単一化問題での変数はカット論理式を表しており，従って補題 8.3.19 の証明で用いた関数記号(から $\exists x, \forall x$ を除く)上の式での単一化問題になる.

22 小節 8.1.1 と同様の証明探索によれ.

23(b)

$$\cfrac{\cfrac{\cfrac{x\notin N, x\in N}{x\notin N, S(x)\in N}\,(S)}{x\notin N\vee S(x)\in N}\,(\vee)}{\forall x\in N(Sx\in N)}\,(\forall)$$

23(c)

$$\cfrac{\cfrac{\cfrac{\cfrac{a\neq b, a=b \quad b\notin N, b\in N}{a\neq b, b\notin N, a\in N}\,(eq_N)}{(N)\vdash^4_0 a=b\wedge b\in N\to a\in N}\,(\vee)}{(N)\vdash^5_0 \forall y[a=y\wedge y\in N\to a\in N]}\,(\forall)}{(N)\vdash^6_0 \forall x\forall y[x=y\wedge y\in N\to x\in N]}\,(\forall)$$

23(d)

$$\cfrac{(N)\vdash^4_0 \forall x\in N(Sx\in N) \qquad \cfrac{(N)\vdash^0_0 0\in N \quad \boldsymbol{G}\vdash^n_0 0\notin N, \neg\forall x\in N(Sx\in N), \neg\forall x\forall y[x=y\wedge y\in N\to x\in N], \neg\mathrm{Hyp}, f^{(k)}(0)\in N}{(N)\vdash^{n+1}_1 \neg\forall x\in N(Sx\in N), \neg\forall x\forall y[x=y\wedge y\in N\to x\in N], \neg\mathrm{Hyp}, f^{(k)}(0)\in N}\,(cut)}{(N)\vdash^{n+5}_3 \neg\forall x\forall y[x=y\wedge y\in N\to x\in N], \neg\mathrm{Hyp}, f^{(k)}(0)\in N}\,(cut)$$

$$\cfrac{(N)\vdash^6_0 \forall x\forall y[x=y\wedge y\in N\to x\in N] \quad (N)\vdash^{n+5}_3 \neg\forall x\forall y[x=y\wedge y\in N\to x\in N], \neg\mathrm{Hyp}, f^{(k)}(0)\in N}{(N)\vdash^{n+7}_5 \neg\mathrm{Hyp}, f^{(k)}(0)\in N}\,(cut)$$

ここで $\mathrm{dp}(0\in N)=0$, $\mathrm{dp}(\forall x\in N(Sx\in N))=2$, $\mathrm{dp}(\forall x\forall y[x=y\wedge y\in N\to x\in N])=4$.

23(e) $t\notin N$ がいかなる推論規則の主論理式でもないからよい.

よって

$$(N)\vdash_0^{2_5(n+7)} \neg\mathrm{Hyp}, f^{(k)}(0)\in N.$$

23(f) 論理式の深さに関する帰納法によれ．

23(g) k に関する帰納法による．

初めに Δ が (N) の始件のときを考える．Δ が論理的始件 $\Gamma,\bar{L},L$ なら何も示すことは無い．Δ を始件 (zero)$\Gamma,0\in N$ とせよ．$0\in\mathbb{N}_{1+k}$ なので $\mathbb{N}_{1+k}\models 0\in N$.

次に Δ が (cut) 以外の推論規則の下件とする．その上件は N-正であるから帰納法の仮定により，その推論規則は (S) としてよい：$m<k$

$$\frac{(N)\vdash_0^m \Gamma, t\in N, S(t)\in N}{(N)\vdash_0^k (\Delta=)\Gamma, S(t)\in N}\ (S)$$

自由変数へのある割当の下で，帰納法の仮定より Γ, $t\in N$, $S(t)\in N$ のいずれかが $\mathbb{N}_m$ で成立する．

(演習 23(f))より，それは $t\in N$ としてよい．すると $k>m$ だから $S(t)\in N$ が $\mathbb{N}_k$ で成立する．

23(h)

$$(N)\vdash_0^{2_5(n+7)} \neg\mathrm{Hyp}, f^{(k)}(0)\in N$$

より

$$\mathbb{N}_{1+2_5(n+7)}\models \neg\mathrm{Hyp}, f^{(k)}(0)\in N$$

となる．

どんな m についても $\mathbb{N}_m\models\bigwedge\mathrm{Hyp}$ なので，これは $f^{(k)}(0)<1+2_5(n+7)$ を，つまり $2_k(0)\le 2_5(n+7)$ を意味する．よって $k\ge 5$ について $2_{k-5}(0)-7\le n$.

24 $\boldsymbol{G}+(cut)$ で議論する．(8.31)の論理式 A_n は

$$\mathrm{dp}(A_n)=2n$$

となっている．

n に関する帰納法で容易に

$$\exists e\forall n\{\boldsymbol{G}+(cut)\vdash^{en+e}\neg\mathrm{Hyp}^+,\forall x\forall y[x=y\wedge A_n(y)\to A_n(x)]\}\tag{B. 4}$$

[(8.32)の証明]

Case 0 $n=0$：このとき $A_0(0)\equiv 0\in N$ で $0\in N$ は仮定 Hyp^+ に入っている．

Case 1 $n=1$：Hyp^+ と $y\in N$ と仮定する．f の定義(8.29)より $f(y,0)=Sy$. 仮定 Hyp^+ から $Sy\in N$.

Case 2 $n>1$：$A_{n-1}(y)$ を仮定する．(B.4)より $A_{n-1}(Sy)$ を示したい．そこでさらに $A_{n-2}(z)$ を仮定して $A_{n-2}(f(z,Sy))$ を示そう(cf. (8.31))．

$A_{n-1}(y)\leftrightarrow\forall w[A_{n-2}(w)\to A_{n-2}(f(w,y))]$ であり $A_{n-2}(z)$ としているから $A_{n-2}(f(z,y))$, よって $f(z,Sy)=f(f(z,y),y)$ により $A_{n-2}(f(f(z,y),y))$. (B.4)を使って $A_{n-2}(f(z,Sy))$.

25 Hyp^+ を仮定して $k=n+m$ とする．$A_n(f^{(m)}(0))$ を $m\le k$ に関する帰納法で示す．

(8.32)から $m=0$ の場合が分かる．$m>0$ として $f^{(m)}(0)\equiv f(0,f^{(m-1)}(0))$. 従って $A_n(f^{(m)}(0))$ が(8.31)，帰納法の仮定 $A_{n+1}(f^{(m-1)}(0))$ と $A_n(0)$ から従う．

26 推件 $\neg\mathrm{Hyp}^+, f^{(k)}(0)\in N$ のサイズは k について線形で抑えられること，

$$\mathrm{dp}(P)\le length(P)\le 2^{\mathrm{dp}(P)}$$

さらに $A_n(x)$ に変数 x は一箇所にしか現れていないので，ある定数 c について，どんな式 t でも

$$size(A_n(t)) \leq 2^{cn} + size(t)$$

となるので，推件 $\neg\mathrm{Hyp}^+$, $f^{(k)}(0)\in N$ の(演習 24)でつくった証明 P_k のサイズは，適当な定数 d について

$$size(P_k) \leq 2^{dk}$$

となることに注意すればよい．

28(b) 補題 8.5.1 による．

30 初めに $\psi\Omega\leq\alpha<\Omega\to\psi\alpha=\psi\Omega$ を示す．補題 8.5.7 より $\psi\Omega=\mathcal{H}_\Omega(0)\cap\Omega$ であるから $\beta\in\mathcal{H}_\Omega(0)\Rightarrow\beta\in\mathcal{H}_\alpha(0)$ を示す．$\mathcal{H}_\Omega(0)\cap\mathcal{H}_\alpha(0)\ni\beta<\Omega$ なら $\beta<\psi\Omega$ なので $\alpha\geq\psi\Omega$ より $\beta\in\mathcal{H}_\alpha(0)\cap\alpha$ であるから $\psi\beta\in\mathcal{H}_\Omega(0)\cap\mathcal{H}_\alpha(0)$．よって $\psi\Omega=\mathcal{H}_\Omega(0)\cap\Omega=\mathcal{H}_\alpha(0)\cap\Omega=\psi\alpha$.

$\psi\alpha=\alpha<\Omega$ とすると $\mathcal{H}_\Omega(0)=\mathcal{H}_\alpha(0)$ となる．$\mathcal{H}_\alpha(0)\ni\beta\in\mathcal{H}_\Omega(0)\cap\Omega$ なら $\beta\in\mathcal{H}_\alpha(0)\cap\Omega=\psi\alpha=\alpha$ となり $\psi\beta\in\mathcal{H}_\alpha(0)$ となるからである．よって $\alpha=\psi\alpha=\psi\Omega$.

$\forall\alpha\leq\psi\Omega[(\psi\alpha=\varepsilon_\alpha)\,\&\,(\alpha<\psi\Omega\to\alpha<\psi\alpha)]$ を α に関する超限帰納法で示す．$\lambda\leq\psi\Omega$ が極限順序数の場合には，帰納法の仮定からどんな $\alpha<\lambda$ についても $\psi\lambda\geq\psi\alpha>\alpha$ つまり $\alpha\in\mathcal{H}_\lambda(\psi\lambda)\cap\lambda$ だから $\psi\alpha<\psi\lambda$．よって帰納法の仮定から $\psi\lambda\geq\sup\{\psi\alpha:\alpha<\lambda\}=\varepsilon_\lambda$. また帰納法の仮定から $\psi\lambda=\mathcal{H}_\lambda(0)\cap\Omega\subset\varepsilon_\lambda$，よって $\psi\lambda=\varepsilon_\lambda\geq\lambda$．$\lambda<\psi\Omega$ なら $\lambda<\psi\lambda$.

32 (N.2) と (N.3) による．

33 最小の非可算順序数 $\Omega=\omega_1=cf(\omega_1)>\omega$ 上の狭義増加関数 $f:\Omega\to\Omega$ について，それが正規であることと，その値域が閉非有界であることは同値であった(補題 4.5.25)．補題 4.5.26 より，正規関数 f の不動点 $Fix(f):=\{\alpha<\Omega:f(\alpha)=\alpha\}$ もまた閉非有界であるから，それを数え上げる関数 f' もまた正規関数となる．上記と補題 4.5.23 より $\alpha<\Omega$ なら $rng(\varphi_\alpha)=\bigcap\{Fix(\varphi_\gamma):\gamma<\alpha\}$ は閉非有界であることが分かる．

35 (演習 34)による．

37 連続性は(8.33)による．他方，$0<\varphi_\alpha 0$ より $\varphi_\alpha^n 0<\varphi_\alpha^{n+1}0$ であるから $\varphi\alpha 0<\varphi(\alpha+1)0$.

38 $\varphi\alpha 0=\alpha$ なら対角共通部分に入っているのは(演習 34)から分かる．逆に $\alpha>0$ が対角共通部分に属すとして，$\forall\beta,\gamma<\alpha[\varphi\beta\gamma<\alpha]$ を示すため，$\alpha=\varphi\beta\gamma\,(\beta,\gamma<\alpha)$ としてみる．$\alpha=\varphi(\beta+1)\delta$ とすると，$\alpha>\gamma=\varphi(\beta+1)\delta=\alpha$ となり矛盾する．

39(a) 補題 4.5.23, 4.5.26.1 による．

39(b), **39(c)** いずれも β に関する帰納法による．

41 $\mathrm{dg}(\exists\xi A(\xi))=\mathrm{dg}(\forall\xi A(\xi))=\max\{\Omega+1,\mathrm{dg}(A(0))+1\}$, $\mathrm{dg}(n\in\mathcal{I}_P^{<\alpha})=\omega\alpha$ と定める．すると $P[X,x]$ に依存してある数 $n_P<\omega$ があって，$\mathrm{dg}([\neg]P[\mathcal{I}_P^{<\alpha},n])=\omega\alpha+n_P$ となる．

付録C　文献案内

ここでは本書を読了後に読むのに適していると思われる主に教科書を挙げておく．また書き漏らしたことや出典を少し補う．原論文は教科書の文献で辿れるものはすべて省く．

数学基礎論全般の定評ある教科書として

J. R. Shoenfield, Mathematical Logic, ASL reprint, 2001.

がある．

近刊では

P. G. Hinmann, Fundamentals of Mathematical Logic, AK Peters, 2005.

がよいと思う．大部(800 ページ超)であるため説明は本書より丁寧で，内容も豊富であるが，証明論に関する記述がまったく無い．

あるいは

Yu. I. Manin, A Course in Mathematical Logic for Mathematicians, second edition with collaboration by B. Zilber, Springer, 2010.

は，第2版に B. Zilber によるモデル論の章が付け加わっている．

また

K. Gödel, Collected Works vol. I–V, in S. Feferman, et al eds., Oxford UP, 1986–2003.

には，K. Gödel の論文の英訳とその解説，未発表論文などが集められており，いま読んでもたいへん参考になると思う．

第1章

この章の内容は数学基礎論を学ぶうえで必須の事項である．この章の執筆は主に

J. Barwise, An Introduction to First-Order Logic, in J. Barwise, ed., Handbook of Mathematical Logic, North-Holland, Amsterdam, 1977, pp. 5–46.

を参考にした．

J. Barwise, ed., Handbook of Mathematical Logic, North-Holland, Amsterdam, 1977.

は数学基礎論の様々な分野の短い紹介から成る本で，本書程度の基礎知識を身につけてから，興味の湧いた章を眺めるとよい．

また定理の自動証明に重きを置いた入門書として

A. Nerode and R.A. Shore, Logic for Applications, second edition, Graduate Texts in Computer Science, Springer, 1997.

を挙げておく．

第2章

計算理論は Computability Theory の訳のつもりだが，これは旧来は Recursion Theory (帰納的関数論)と呼ばれていた．

この章の執筆は主に

J. R. Shoenfield, Recursion Theory, Lecture Notes in Logic vol. 1, Springer, 1993.

を参考にした．この他に優れた計算理論の入門書としては，形式言語とオートマトンなども含む

M. D. Davis, R. Sigal and E. J. Weyuker, Computability, Complexity, and Languages, second edition, Academic Press, 1994.

やより新しい

S. B. Cooper, Computability Theory, Chapman & Hall, 2003.

を薦める．

第 3 章

不完全性定理はもちろん K. Gödel によるが，その証明を完全に書き切ることは容易なことではなかった．不完全性定理に関する教科書はたくさんあるが，

G. Boolos, The Logic of Provability, Cambridge UP, 1993.

だけ挙げておく．Boolos の本は不完全性定理の詳しい説明のみならず，そこから派生した結果(ある様相論理)に関する著述も豊富である．しかし不完全性定理から派生した理論に特段の興味が無いのなら本書のこの章程度の知識でほぼ足りると思う．

第 4 章

数学基礎論の一分野である集合論を学習する準備段階としての素朴集合論には

A. Levy, Basic set theory, Dover reprint, 2002.

と

K. Hrbacek and T. Jech, Introduction to set theory, third edition, revised and expanded, Monographs and text books in pure and applied mathematics 220, Marcel Dekker, 1999.

がよいと思う．ただしこれは集合論を本格的に勉強するために必要ということであって，そうでなければ本書のこの章に少し補えば，当座は足りるだろう．

和書としては

斎藤正彦, 数学の基礎, 東京大学出版会, 2002.

が上記の洋書を読む前の準備として優れている．

この章の集合生成に関する説明は

J. R. Shoenfield, Axioms of Set Theory, in J. Barwise, ed., Handbook of Mathematical Logic, North-Holland, Amsterdam, 1977, pp. 321–344.

を参考にした．

第 5 章

モデル論全般の古典的教科書に

C. C. Chang and H. J. Keisler, Model Theory, North-Hollland, 1990.

がある．

W. Hodges, Model Theory, Cambridge UP, 1993.

にも多様なモデル構成法が紹介されている.

近刊でよりコンパクトな入門書としては,

D. Marker, Model theory: An introduction, Graduate Texts in Mathematics 217, Springer, 2002.

B. Poizat, A Course in Model Theory, UT, Springer, 2000.

A. Marcja and C. Toffalori, A Guide to Classical and Modern Model Theory, Kluwer, 2003.

がよいようである.

また安定性理論(stability theory)に焦点を当てた

A. Pillay, An Introduction to Stability Theory, Dover reprint, 2008.

や代数幾何への応用を解説した

E. Bouscaren(ed.), Model Theory and Algebraic Geometry, An introduction to E. Hrushovski's proof of the geometric Modell-Lang conjecture, Lecture Notes in Mathematics 1696, Springer, 1998.

この章の執筆では, 主に Marker の本を参考にした. また, この章の前半の公理系の完全性と量化記号消去は A. Tarski の古典的結果である.

日本語で読めるモデル論の解説として, 坪井明人氏による簡明かつ要領を得た

坪井明人, モデルの理論(数学基礎論シリーズ 3)河合文化教育研究所, 河合出版, 1997.

坪井明人, モデル理論とコンパクト性, ゲーデルと 20 世紀の論理学 第 2 巻 完全性定理とモデル理論 第 II 部, 東京大学出版会, 2006, pp. 111–190.

を薦める.

第 6 章

この章の前半でも前掲書 J. R. Shoenfield, Recursion Theory を参考にした.

また次数理論(degree theory)の教科書は

R. I. Soare, Recursively Enumerable Sets and Degrees, Perspectives in Mathematical Logic, Springer, 1987.

がよいと思う.

最近の動向も含む計算理論全般の概観を得るには

E. R. Griffor, ed., Handbook of Computability Theory, North-Holland, 1999.

がよいだろう.

後半の解析的階層などは, generalized recursion theory や記述集合論(descriptive set theory)あるいは definability theory に属す話題である. これらについては

Y. N. Moschovakis, Elementary Induction on Abstract Structures, Dover reprint, 2008.

Y. N. Moschovakis, Descriptive Set Theory, second edition, AMS, 2009.

A. S. Kechris, Classical Descriptive Set Theory, Graduate Texts in Mathematics 156, Springer, 1995.

J. Barwise, Admissible Sets and Structures, Perspectives in Mathematical Logic, Springer, 1975.

などを読まれるとよい．

第 7 章

集合論を勉強するのに定評のある教科書は

K. Kunen, Set theory, North-Holland, 1980.

邦訳：藤田博司訳, 集合論, 日本評論社, 2008.

と

T. Jech, Set theory, third millennium edition, Springer, 2003.

Kunen の本は強制法を主に解説しているが，なんといっても藤田博司氏による邦訳があるのが嬉しい．また Jech の本は集合論全般への入門書で巨大基数や無限組合せ論などに関する説明も豊富である．

このほか，基数演算(cardinal arithmetic)を中心に S. Shelah の pcf theory 入門まで書いてある

M. Holz, K. Steffens and E. Weitz, Introduction to Cardinal Arithmetic, Birkhäuser, 1991.

もよい本のようである．

また最近

M. Foreman and A. Kanamori, eds., Handbook of Set Theory, 3 volumes, Springer, 2010.

が出版された．3 冊で 2000 頁を超える大部で，現在の集合論の大パノラマのようである．集合論を志すなら一度は手に取ってみるのがよいであろう．

第 8 章

証明論に関するいろいろなことが適度な厚さの一冊に納まっている

A. S. Troelstra and H. Schwichtenberg, Basic Proof Theory, second edition, Cambridge Tracts in Theoretical Computer Science 43, Cambridge UP, 2000.

を先ず挙げる．その他

S. R. Buss, ed., Handbook of Proof Theory, North-Holland, 1998.

に含まれる S. R. Buss, S. Wainer, J. Avigad and S. Feferman, P. Pudlák らの章も読まれるとよい．また

J.-Y. Girard, Proof Theory and Logical Complexity, vol. I, Bibliopolis, 1987.

は ω-論理に関する記述が詳しい．

小節 8. 3. 2 単一化とその応用は

J. Krajíček and P. Pudlák, The number of proof lines and the size of proofs in first order logic, Arch. Math. Logic 27(1988), pp. 69–84.

によるが，単一化を証明の長さの問題に最初に応用したのは

R. Parikh, Some results on the length of proofs, Trans. Amer. Math. Soc. 177(1973), pp. 29–36.

である．

命題論理の証明の長さには，計算量理論の未解決問題と深く関係する問題が多い．こ

れを勉強されるなら

A. Beckmann and J. Johannsen, Bounded Arithmetic and Resolution Based Proof Systems, ESSLLI 2003, Course Material III, Kurt Gödel Society Collegium Logicum, vol. VII, KGS Wien, 2004.

がよい．

順序数解析を勉強されるなら，先ず

W. Pohlers, Proof Theory, The First Step into Impredicativity, Springer, 2009.

がよい．

節 8. 5 の証明は

W. Buchholz, A simplified version of local predicativity, P. H. G. Aczel, H. Simmons and S. S. Wainer(eds.), Proof Theory, Cambridge Univ. Press, 1992, pp. 115–147.

によった．

付録 A

第 A. 1 節の RCF の量化記号消去のアルゴリズムは,

J. Bochnask, M. Coste and M.-F. Roy, Real Algebraic Geometry, Springer, 1998.

によって紹介した．

その他

紙幅の関係でほとんど触れることができなかった話題について最後に少し紹介しておく．

自然数の公理系 PA に関する研究には，先ず

P. Hájek and P. Pudlák, Metamathematics of first-order arithmetic. Perspectives in Mathematical Logic, Springer, 1993.

を見ておくのがよいだろう．

制限された手法(論理や公理)でどこまで数学を展開できるかという問題は，様々に変奏されて研究されてきた．

公理から見ていくのが Reverse Mathematics(逆数学)で

S. G. Simpson, Subsystems of second order arithmetic, Perspectives in Logic, ASL, Cambridge UP, 1999.

ここで一番必要になる予備知識は計算理論である．

また，論理を変更すると構成的論理，様相論理，線形論理などの多種多様な非古典的論理(non-classical logics)ができあがる．

それには先ず

小野寛晰, 情報科学における論理, 日本評論社, 1994.

を読まれるとよい．

索　　引

記号

$\forall$　任意　1
$\leftrightarrow, \Leftrightarrow$　同値　1
$\to, \Rightarrow$　ならば　1
$\subset$　部分集合　1
$\forall x \in a, \exists x \in a$　1
$\exists$　存在　1
$\wedge$　かつ　1
$\subsetneq$　真部分集合　1
$\{x : P(x)\}$　1
$a \setminus b$　差集合　2
$\varnothing$　空集合　2
$\{x_1, ..., x_n\} = \{x : x = x_1 \vee \cdots \vee x = x_n\}$　2
$\vee$　または　2
$\{x, y\}$　非順序対　2
$\{x\}$　一点集合　2
$\langle x, y \rangle$　順序対，二重対　2
$\vec{x}$　有限列　2
$x \cup y$　x, y の合併　2
$\bigcup_{i \in I} x_i$　集合族 $\{x_i\}_{i \in I}$ の合併　2
$x \cap y$　x, y の共通部分　3
$\bigcap_{i \in I} x_i$　集合族 $\{x_i\}_{i \in I}$ の共通部分　3
V　全集合から成るクラス　3
$a \times b$　a, b の直積　3
a^n　a の n 個の直積　3
$\mathcal{P}(a)$　ベキ集合　3
$\exists !$　一意的に存在　3
${}^a b$　a から b への関数全体の集合　3
$\sum_{i \in I} x_i$　直和　3
$\prod_{i \in I} x_i$　直積　3
x^I　${}^I x$ と同じ　4
$\mathbb{N}$　自然数全体の集合　4
${}^{<\omega} X$　X の元の有限列全体の集合　4
J, J_i　Cantor の対関数とその逆　4
$lh(x)$, $(x)_i$　有限列 x の長さと i 番目の成分　5
$s \subset t$　s は列 t の始切片　11
Tm_{L}　L-式全体　19
Fml_{L}　L-論理式全体　20
$\mathcal{M} \models \varphi$　$\mathcal{M}$ は φ を充たす($\mathcal{M}$ satisfies φ)，φ は $\mathcal{M}$ で正しい(φ is true in $\mathcal{M}$)　20
c_a　a の名前(name of a)　21
$t^{\mathcal{M}}$　閉式 t の構造 $\mathcal{M}$ での値(value of closed term t in a structure $\mathcal{M}$)　21
$\mathcal{M} \models \mathrm{T}$　$\mathcal{M}$ は T のモデル　23
$\mathrm{T} \models \varphi$　φ は T の論理的帰結　23
$\models \varphi$　φ は論理的に正しい　23
φ^S　φ の Skolem 標準形　25
$s[x := t]$　式 s 中の x のすべての出現に t を代入した結果　38
$\varphi[x := t]$　論理式 φ 中の x のすべての自由な出現に t を代入した結果　38
(MP)　Modus Ponens　39
$\boldsymbol{H}$ での ($\exists$)　Generalization　39
$\mathrm{T} \vdash \varphi$　φ は T から証明可能(φ is provable in T)　40
$e\downarrow$　定義される　58
$e\uparrow$　定義されない　58
$e \simeq f$　ともに定義されていて値が等しい

かともに定義されない 58
$\mu x.R(x)$ 最小化作用素(minimization, μ-operator) 58, 59
I_i^k 射影関数(projection function) 60
Sc 後者関数(successor function) 60
$zero$ ゼロ関数 60
Seq コードの集合 60
$\langle x_0, ..., x_{n-1}\rangle$ 列 $(x_0, ..., x_{n-1})$ のコード 60
$(x)_i$ 列 x の i 番目 60
$lh(x)$ 列 x の長さ 60
$x*y$ 並置(concatenation) 61
p_n n 番目の素数 61
$exp(x,i)$ x を割り切る p_i の最大ベキ 61
$\bar{F}(y,\vec{x}) = \langle F(0,\vec{x}), ..., F(y\dot{-}1,\vec{x})\rangle$ 63
$T_n(e,\vec{x},y)$ Kleene の T-述語(Kleene T-predicate) 65
$U(y)$ 計算結果(result extracting function) 65
F_k^P プログラム P が計算する k-変数の部分関数 67
Σ Turing 機械のテープ記号 73
$\Sigma^* = {}^{<\omega}\Sigma$ 74
$D \to_M E$ Turing 機械 M により時点表示 D が E に変化 76
$\{e\}^n$ プログラム e が計算する n-変数部分関数 79
S_n^m S-m-n 定理 80
$\{e\}_s$ 計算数を s で抑えた関数 81
W_e $\{e\}$ の定義域，指標 e の半計算可能関係 81
$U_{RE}(x,\vec{y})$ 半計算可能関係を枚挙する半計算可能関係 81
Σ_1^0 82
$\lambda x.t$ Church のラムダ記法 84, 284
$(n)_{i,j} = ((n)_i)_j$ 95
Con(T) 無矛盾性命題 109
$\mathrm{RFN}_\Gamma(\mathrm{T})$ T の Γ-論理式健全性原理(uniform reflection principle for Γ-formulas in T) 113
$\cup a = \{x : \exists b \in a(x \in b)\}$ 118
$dom(r)$ 関係 r の定義域 118
$rng(r)$ 関係 r の値域 118
$f[c] = \{y : \exists x \in c(f(x) = y)\}$ 119
$f{\restriction}c$ f の c への制限 119
ω 最小の超限順序数 121
ZF Zermelo-Fraenkel の集合論 123
ZFC 選択公理付きの ZF 123
$tran(a)$ a は推移的集合 128
$trcl(a)$ a の推移的閉包 128
$clps(x)$ Mostowski つぶし 129
$x+1$ 後続者 131
ORD 順序数全体のクラス 132
$\cong$ 同型 133
$otyp$ 順序型 133
$rk_<$ $<$ に関するランク 135
rk $\in$ に関するランク 135
V_α α までの累積的階層 135
$<_{lex}$ 辞書式順序 137
$son_T(x)$ x の子 139
$h_T(x)$ x の木 T での高さ 139
T_α T の α-レベル 139
$T{\restriction}\alpha = \bigcup_{\beta<\alpha} T_\beta$ 139
$h(T)$ 木 T の高さ 139
$\ell(b)$ 枝 b の長さ 139
$|T|$ 木 T の深さ 139
${}^{<\lambda}A = \bigcup_{\alpha<\lambda} {}^{\alpha}A$ 140
$A \simeq B$ 等濃 141
$card(a)$ 濃度 142
$Y \subset_{fin} X$ 有限部分集合 142
$\mathcal{P}_{fin}(X)$ 有限部分集合全体の集合 142
α^+ α より大きい最小の基数 142
$\aleph_\alpha$ α 番目の無限基数 143
$cf(\alpha)$ 共終数 148

I_φ　単調関数 φ の最小不動点　150
$I_\varphi^{<\alpha} = \bigcup_{\beta<\alpha} \varphi(I_\varphi^{<\beta})$　150
$|a|_\varphi$　a の φ-ノルム　151
$|\varphi| = \min\{\lambda : \varphi(I_\varphi^{<\lambda}) \subset I_\varphi^{<\lambda}\}$　151
$W(<)$　$<$ の整礎部分　151
$\langle X \rangle$　X で生成される単項フィルター　152
$Ker(H)$　核　157
$a \triangle b$　対称差　157
$\triangle_\alpha C_\alpha$　対角共通部分　161
$p \leq q$　p は q の拡張(p extends q)，p は q より強い(p is stronger than q)　162
$p \perp q$　両立しない(incompatible)　163
$Fnc_{fin}(I, J)$　I から J への有限(部分)関数全体　164
$[X]^n = \{Y \subset X : card(Y) = n\}$　167
$\beth_\alpha$　2^κ の α 回繰返し　171
$\mathrm{Diag}_{el}(\mathcal{M})$　初等ダイアグラム　177
$\mathrm{Diag}(\mathcal{M})$　ダイアグラム　178
$\mathrm{Th}(\mathcal{M})$　$\mathcal{M}$ の公理系　178
$\mathcal{M} \cong \mathcal{N}$　同型　178
$\mathcal{M} \equiv \mathcal{N}$　初等的同値　178
$\mathcal{M} \subset \mathcal{N}$　部分モデル　179
$\sigma : \mathcal{M} \prec \mathcal{N}$　初等埋込　179
$\mathcal{M} \prec \mathcal{N}$　初等部分モデル　179
$\varphi(\mathcal{M}) = \{\vec{a} \in |\mathcal{M}|^n : \mathcal{M} \models \varphi[\vec{a}]\}$　182
$H(X)$　Skolem 包　185
DLO　端点がなく稠密な線形順序の公理系　188
DAG　ねじれのない可除アーベル群の公理系　188
ACF　代数的閉体の公理系　188
ACF_p　標数 p の代数的閉体の公理系　188
RCF　実閉体公理系　189
$\mathrm{T}_\forall$　T で証明できる $\forall$-論理式　191
$S_n(\mathrm{T})$　完全 n-タイプ全体　196
$\mathrm{L}(A) = \mathrm{L} \cup \{c_a : a \in A\}$　196
$\mathrm{Th}_A(\mathcal{M})$　$\mathcal{M}$ で正しい $\mathrm{L}(A)$-閉論理式全体　196
$S_n^{\mathcal{M}}(A)$　A 上の完全タイプ全体(complete type over A)　196
$\mathrm{tp}^{\mathcal{M}}(\vec{a}/A)$　A 上での $\vec{a}$ の完全タイプ(complete type of $\vec{a}$ over A)　197
$\mathrm{tp}^{\mathcal{M}}(\vec{a}) = \mathrm{tp}^{\mathcal{M}}(\vec{a}/\varnothing)$　197
$\mathrm{L}\restriction\{v_1, \ldots, v_n\}$　$v_1, \ldots, v_n$ しかパラメタを持たない L-論理式全体　198
$B_n(\mathrm{T})$　$\mathrm{L}\restriction\{v_1, \ldots, v_n\}$ 上のブール代数　198
$\langle\varphi\rangle_{\mathrm{T}} = \{p \in S_n(\mathrm{T}) : \varphi \in p\}$　Stone 空間 $S_n(\mathrm{T})$ の位相的基底　198
$tp(I)$　識別不能集合 I のタイプ　208
DH　対角均質原理　211
$\mathrm{acl}(A)$　A の代数閉包　232
$\dim_D(C)$　C の D に関する次元　235
Π_1^0　261
Δ_1^0　261
$K = \{x : x \in W_x\}$　263
$[T]$　木 T の無限枝全体　265
$A\restriction y = \{i < y : i \in A\}$　269
$\bar{A}(y) = \sum_{i<y} 2^i \chi_A(i)$　269
T_n^A　A-計算の T-述語　270
$T_{n,1}$　神託-計算の T-述語　270
$\{e\}^A$　指標 e の A-計算可能関数　270
$\{e\}_s^A$　s に制限した $\{e\}^A$　270
$\leq_T$　270
$\equiv_T$　270
$\boldsymbol{D} = (P(\mathbb{N})/\equiv_T)$　270
$\deg(A)$　A の次数　270
$\mathbf{0}$　計算可能集合の次数　270
$\mathbf{0}'$　K の次数，zero jump　270
A'　A のジャンプ　271
Rec　計算可能関係全体　273
Σ_n^0　273

Π_n^0 273
$\Delta_n^0 = \Sigma_n^0 \cap \Pi_n^0$ 273
$\boldsymbol{D}(\leq_T \boldsymbol{0}') = \{\boldsymbol{a} \in \boldsymbol{D} : \boldsymbol{a} \leq_T \boldsymbol{0}'\}$ 281
$\mathcal{N} = {}^{\mathbb{N}}\mathbb{N}$ ベール空間 282
$\mathcal{N}_{k,m} = \mathbb{N}^k \times \mathcal{N}^m$ 282
$Ap_{i,j}^{k,m}$ 適用 282
$(f)_i(\vec{x}) = f(\langle i, \vec{x} \rangle)$ 284
$\Sigma_n^1, \Pi_n^1, \Delta_n^1$ 解析的階層 285
$\boldsymbol{\Sigma}_n^1, \boldsymbol{\Pi}_n^1, \boldsymbol{\Delta}_n^1$ 射影的階層 285
$\mathcal{TR}$ $\mathbb{N}$ 上の木全体 286
$T_s = \{t \in {}^{<\omega}\mathbb{N} : s * t \in T\}$ 286
WT 整礎的な計算可能木のコード全体 288
ω_1^{CK} 最小の帰納的でない順序数，Church-Kleene ω_1 291
$WT_{<\alpha}$ 深さ α 未満の計算可能木のコード全体 292
ZF-P ZF からベキ集合の公理を取り除く 317
BS Basic Set Theory 317
Df(a) a 上定義可能集合全体 320
$\mathrm{Sat}_{\Delta_0}^a(x, y)$ Δ_0-論理式の充足関係 320
L 構成可能集合全体(constructible universe) 326
$rk_L(x)$ L-ランク 326
BSL BS に列 $\{L_\beta\}_{\beta \leq \alpha}$ の存在を加える 328
$V = L$ 構成可能性公理 330
BSL_{abs} BSL の有限部分 331
$<_L$ L 上の整列順序 333
$\langle a; \in \rangle \prec_{\Sigma_1} \langle b; \in \rangle$ Σ_1-初等部分モデル 335
$\diamondsuit$ $\diamondsuit$-列の存在 339
$M[G]$ M の G によるジェネリック拡大 346
τ_G 347
$\check{x}$ 347
$\Vdash$ 強制関係 348
$\Sigma(\mathcal{M}, I)$ 識別不能列 I のタイプ 380
$0^\#$ ゼロシャープ 383
$\mathbb{S}$ Silver 識別不能列 385
$\bar{R}$ R の補(complement) 397
$\boldsymbol{G}$ (カット無し)推件計算 398
dp(A) 論理式の論理的な深さ(depth) 401
A^H Herbrand 標準形 413
$length(P)$ 証明図の長さ 417
$\boldsymbol{G}_\omega + (cut)$ ω-論理の無限推件計算 433
ε_α α 番目の ε-数 435
$\mathsf{ID}\Omega$ $\mathbb{N}$ 上の帰納的定義の公理系 441
$\psi\alpha$ Ω の Mostowski つぶしの α 回繰返し 445
$\mathcal{H}_\alpha(X)$ X の Skolem 包の α 回繰返し 445
$\mathsf{ID}\Omega^\infty$ 作用素に統御された(operator controlled) $\mathsf{ID}\Omega$ 451

欧文

absolute 50
absolute (for classes) 315
absolute (for models) 315
Ackermann function 83
algebraic 232
  algebraic closure 232
  solution 232
algebraically prime model 191
almost disjoint, a.d. 144
  a.d. family 144
  maximal a.d. family 144
almost everywhere, a.e. 201
analytic hierarchy 284
analytical relation 284
application 282
arithmetical relation 273
arity 17
Aronszajn tree 341
atom 156

ア 行

カ 行

可算(countable, denumerable) 142
非可算(uncountable) 142
可算集合(countable set) 4
可算普遍半順序(countably universal partial order) 281
可算無限集合(countably infinite set) 4
数え上げ関数(enumerating function) 161
(κ,λ)-モデル((κ,λ)-model) 225
合併(union) 2, 118
Kanamori-McAloon 原理(Kanamori-McAloon principle, KM) 246
後退的(regressive) 246
頭均質(min-homogeneous) 246
関係(relation) 2, 118
(関係が)推移的(transitive) 6
対称的(symmetric) 5
同値関係(equivalence relation) 7
合同関係(congruence relation) 7
代表元(representative) 7
同値類(equivalence class) 7
両立する(compatible) 7
反射的(reflexive) 5
反射的閉包(reflexive closure) 6
反対称的(antisymmetric) 5
非対称的(asymmetric) 6
非反射的(irreflexive) 5
関係記号(relation symbol) 11, 17
還元可能(many-one reducible) 263
関数(function) 119
関数記号(function symbol) 11, 17
完全(な公理系)(complete theory) 187
不完全(な公理系)(incomplete theory) 108
完全不連結(totally disconnected) 158
Cantor 標準形(Cantor normal form) 137
木(tree) 138
A 上の木(tree over A) 286
枝(branch) 139
n-分岐(n-branching) 139
親(parent) 138
(木の)可算鎖条件(c.c.c.) 341
共終(cofinal)な枝 139
子(son, child) 10, 139
子孫(descendent), 後者(successor) 138
整礎的(well-founded) 139
祖先(ancestor), 前者(predecessor) 138
高さ(height) 139
根(root) 10, 138
葉(leaf) 10, 139
深さ(depth) 139
節(node) 10, 138
部分木(subtree) 139
有限木(finite tree) 10
有限分岐(finitely branching) 139
記号列(expression) 19
擬式(semi term) 398
基数(cardinal number, cardinal) 142
可測基数(measurable cardinal) 369
強極限基数(strong limit cardinal) 368
強到達不能基数(strongly inaccessible cardinal) 175, 367
極限基数(limit cardinal) 143, 367
後続基数(successor cardinal) 143
弱到達不能基数(weakly inaccessible cardinal) 367
正則基数(regular cardinal) 148
特異基数(singular cardinal) 148
基数演算(cardinal arithmetic), $\kappa+\lambda, \kappa\cdot\lambda, \kappa^\lambda$ 143
基底(basis) 235
帰納的(inductive) 289
帰納的順序数(recursive ordinal) 291
強極小(集合または論理式)(strongly min-

imal)　233
強極小公理系(strongly minimal theory)　233
共終数(cofinality)　148
　共終関数(cofinal map)　148
強制法(forcing method)　345
　基数保存(preserves cardinals)　351
　基礎モデル(ground model)　345
　強制関係(forcing relation)　348
　強制言語(forcing language)　348
　Cohen ポセット(Cohen poset)　350
　　Cohen 実数(Cohen real)　350
　ジェネリック拡大(generic extension)　346
　P-名(P-name)　347
　ほとんど素な強制概念(almost disjoint forcing notion)　361
共通部分(intersection)　3
極小集合(minimal set)　233
極小論理式(minimal formula)　233
切り口(section)　289
均質(homogeneous)，単色(monochromatic)　167
　対角均質(diagonal-homogeneous)　211
　　対角均質原理(diagonal homogeneous principle)　211
　尾均質(prehomogeneous)　168
均質モデル(homogeneous model)　227
空集合(empty set)　2
区間(interval)　124
クラス(class)　1
グラフ(graph)　3
Kleene-Brouwer 順序(Kleene-Brouwer ordering)　173
clopen set　158
(関係が)計算可能(computable relation)　58
(汎関数が)計算可能(computable functional)　282
計算可能(computable)
　Turing 機械計算可能(computable by a Turing machine)　75
　レジスター機械により計算可能，R-計算可能(computable by a register machine)　68
計算数(computation number)　65
(公理系が)決定可能(decidable)　190
決定不能(undecidable)　107
決定問題(decision problem)　249
　決定可能(decidable)，可解(solvable)　249
　決定不能(undecidable)，非可解(unsolvable)　250
　公理系の決定問題(decision problem for theories)　255
　タイル貼り問題(tiling problem, domino problem)　258
　停止性問題(halting problem)　250
　半群の語の問題(word problem for semigroup)　252
　　辞書(dictionary)　252
Gödel 文(Gödel sentence)　107
言語(language)　17
原始再帰的関数(primitive recursive function)　60
原子モデル(atomic model)　247
健全性原理(uniform reflection principle)　113
顕著(remarkable)　377
(関係の)合成(composition)　123
項数(arity)　17
構成可能集合(constructible set)　326
構成可能性公理(Axiom of Constructibility)　330
構成木(construction tree)　151
構造(structure)　18
後続者(successor)　131

後退的(regressive)　162
抗体持ち(immune)　267
公理化可能(axiomatizable)　13, 55
公理系，理論(theory)　23
コンパクト性論法(compactness argument)　175

サ 行

再帰的可算(recursively enumerable)　262
再帰的定義(primitive recursion)　59
再帰的独立(recursively independent)　280
再帰的部分関数(partial recursive function)　60
再帰的分離可能(recursively separable)　263
再帰的分離不能(recursively inseparable)　264
(集合の)サイズ(size)　142
差集合　2
算術的関係(arithmetical relation)　273
式(term)　19
識別不能集合(indiscernibles)　206
　識別不能集合のタイプ　208
　対角識別不能集合(diagonal indiscernibles)　210
(Σ,α)-モデル((Σ,α)-model)　380
Σ^0_1-完全(Σ^0_1-complete, RE-complete)　263
次元(dimension)　235
辞書式順序(lexicographic order)　137
　逆辞書式順序(reverse lexicographic order)　137
(Turing)次数(Turing degree)　270
　低次数(low degree)　272
　　低集合(low set)　272
(モデルの)始切片(initial segment)　50
始切片(initial segment)　123
指標(index)
　計算可能関数の ——　80
　半計算可能関係の ——　81
射影関係(projective relation)　285
射影的階層(projective hierarchy)　285
ジャンプ(jump)　271
(モデルの)終延長(end extension)　50
集合代数(field of sets)　154
集積公理(Axiom of Collection)　135
充足可能(satisfiable)　23
(命題論理で)充足可能(satisfiable)　26
(論理式の集合が)充足可能(satisfiable)　186
充足関係(satisfaction relation)　20
収束する(converge)　271
自由な出現(free occurrence)　37
自由に現れる(変数)(freely occur)　20, 37
自由半群(free semigroup)　251
　アルファベット(alphabet)　251
　語(word)　251
自由変数(free variable)　20, 398
縮小(reduct)　31
述語記号(predicate symbol)　11, 17
順序(order)　6
　下界(lower bound)　10
　下限(infimum)　10
　帰納的順序集合(inductive ordered set)　10
　極小元(minimal element)　10
　極大元(maximal element)　10
　鎖(chain)　6
　最小元(minimum)　10
　最大元(maximum)　10
　順序集合(ordered set)　6
　上界(upper bound)　10
　上限(supremum)　10
　線形順序(linear order)　6
　線形順序集合(linearly ordered set)

6
全順序(total order)　6
全順序集合(totally ordered set)　6
(半順序集合の)反鎖(antichain)　6
半順序(partial order)　6
半順序集合(partially ordered set)　6
比較可能(comparable)　6
比較不能(incomparable)　6
順序位相(order topology)　124
順序完備(order complete)　124
順序完備化(order completion)　124
順序極小な公理系(o-minimal theory)　242
順序型(order type)　133
順序数(ordinal)　132
極限順序数(limit ordinal)　133
後続順序数(successor ordinal)　133
自然数(natural number)　133
超限順序数(transfinite ordinal)　133
順序数演算(ordinal arithmetic)，$\alpha+\beta, \alpha\cdot\beta, \alpha^\beta$　136
順序対(ordered pair)　2
準同型写像(homomorphism)　178
(***H*** での)証明(proof)　39
証明可能(provable)　40
初期関数(initial function)　60
初等埋込(elementary embedding)　179
部分初等埋込(partial elementary embedding, partial elementary map)　186
初等鎖(elementary chain)　182
初等再帰的関数(elementary recursive function)　84
初等ダイアグラム(elementary diagram)　177
初等的同値(elementarily equivalent)　178
初等部分モデル(elementary submodel)，初等拡大モデル(elementary extension)　179
Σ_1-初等部分モデル(Σ_1-elementary submodel)　335
Silver 識別不能列(Silver indiscernibles)　385
神託(oracle)　268
神託構成(oracle construction)　279
真理定義(truth definition)　111
部分的真理定義(partial truth definition)　112
真理表(truth table)　27
推移的集合(transitive set)　128
(集合の)推移的閉包(transitive closure)　128
推移的閉包(transitive closure)　124
推件計算(one-sided sequent calculus)　398
下件(lowersequent)　399
カット(cut)　400
カット消去定理(cut-elimination theorem)　402
カット論理式(cut formula)　400
固有変数(eigenvariable)　399
始件(initial sequent)　398
終件(endsequent)　400
主論理式(principal formula, main formula)　399
上件(uppersequent)　399
証明可能(provable, derivable)　400
証明木(proof tree)　400
証明図(proof figure, derivation, deduction)　400
証明探索(canonical proof search)　402
推件(sequent)　398
中件(midsequent)　406
副論理式(auxiliary formula, minor formula)　399
変数条件(eigenvariable condition)

399
数字(numeral) 52
スコープ(scope) 37
Skolem 関数(Skolem function) 25
Skolem 標準形(Skolem normal form) 25
Skolem 化(Skolemization) 184
Skolem 関数(Skolem function) 184
Skolem 包(Skolem hull) 185
Suslin 仮説(Suslin Hypothesis, SH) 341
Suslin 木(Suslin tree) 341
Suslin 直線(Suslin line) 341
正規関数(normal function) 160
正規測度(normal measure) 374
正規フィルター(normal filter) 374
生産的(productive) 266
　生産的関数(productive function) 266
正出現(positively occur) 410
整礎的(well-founded) 123
整礎部分(well-founded part) 151
整列順序(well-order) 123
絶対的(absolute) 50
(公理系に関して)絶対的(absolute) 315
(モデルに関して)絶対的(absolute) 315
ゼロシャープ(zero-sharp) 383
線形順序(linear order)
　(線形順序の)可算鎖条件(c.c.c.) 341
全射(surjection) 3
全称閉包(universal closure) 23
前進的(progressive) 434
選択公理(axiom of choice), AC 122
　選択関数(choice function) 122
全単射(bijection) 3
創造的(creative) 266
(ブール代数の)双対原理(duality principle) 155
束縛された出現(bound occurrence) 37
束縛変数(bound variable) 398
素モデル(prime model) 224
素モデル拡大(prime model extension) 224

タ 行

ダイアグラム(diagram) 178
◇-列(diamond sequence) 339
対角共通部分(diagonal intersection) 161
対角線論法(diagonal method) 142
代数的(algebraic) 232
　解(solution) 232
　代数閉包(algebraic closure) 232
代数的素モデル(algebraically prime model) 191
タイプ(type) 196
　完全タイプ(complete type) 196
　元の完全タイプ(complete type of elements) 197
　孤立タイプ(isolated type) 199
　タイプを実現する(realizing type) 196
　タイプを排除する(omitting type) 196
　(論理式がタイプを)孤立させる(isolate) 199
単一化(unification) 420
　最汎単一子(most general unifier) 422
　代入(substitution) 421
　単一化可能(unifiable) 422
　単一化問題(unification problem) 422
　単一子(unifier) 421
単射(injection) 3
単純半計算可能集合(simple semicomputable set) 268

単調関数(monotonic function)　150
端点(endpoint)　124
Church のテーゼ(Church's thesis)　65
Church のラムダ記法(Church's λ-abstraction)　84, 284
(順序位相で)稠密(dense)　124
稠密な線形順序(dense linear order)　124
Turing 還元可能(Turing reducible)　270
Turing 機械(Turing machine)　73
　空白記号(blank)　73
　時点表示(instantaneous description)　76
　状態(state)　73
　初期状態(initial state)　73
　遷移関数(transition function)　73
　テープ記号(tape symbol)　73
　停止状態(halting state)　73
　入力記号(input symbol)　73
超限帰納法(transfinite induction)　125
超算術的集合(hyperarithmetical sets)　303
(PA の)超準モデル(nonstandard model)　52
超初等的(hyperelementary)　290
超積(ultraproduct)　202
超ベキ(ultrapower)　202
直積(Cartesian product)　3
(モデルの)直積(direct product)　201
直和(direct sum)　3
対関数(pairing function)　4
ZF の公理　122, 313
　外延性公理(axiom of extensionality)　1
　合併公理(axiom of union)　118
　整礎性公理(axiom of foundation)または正則性公理(axiom of regularity)　122
　置換公理(axiom of replacement)　118
　対公理(axiom of pair)　117
　分出公理(axiom of separation)　117
　ベキ集合公理(power set axiom)　120
　無限公理(axiom of infinity)　120
定義可能集合(definable set)　320
定義による拡張(definitional extension)　47, 48
定常集合(stationary set)　161
定数(constant symbol, individual constant)　11, 17
適用(application)　282
Δ-システム(Δ-system)　144
　Δ-システムの根(root)　144
同型(isomorphic)　178
同型写像(isomorphism)　178
等号公理(equality axiom)　32
同時再帰的定義(simultaneous recursion)　59
等濃(equipotent)　141
特徴関数(characteristic function)　58
(代数的に)独立(independent)　234
トートロジー(tautology)　26
　1 階論理のトートロジー(tautology of first-order logic)　30

ナ 行

内部モデル(inner model)　330
(記号列の)長さ(length)　19
(証明図の)長さ(length)　417
名前(name)　21
2 値測度(two-valued measure)　368
濃度(cardinality)　142
ノルム(norm)　151

ハ 行

場合分けによる定義(definition by cases)　59
Π^0_1-クラス(Π^0_1-class)　265

Π^1_1-完全(Π^1_1-complete) 288
Π^1_1-正規形(Π^1_1-normal form) 286
Bar 帰納法(Bar induction) 290
鳩の巣原理(pigeon-hole principle) 166
はみ出し(overspill) 55
パラメタ(parameter) 20
Paris-Harrington 原理(Paris-Harrington principle, PH) 245
半計算可能(semicomputable) 81
範疇的(categorical) 187
万能プログラム(universal program) 79
非順序対(unordered pair) 2
標準構造(canonical structure) 32
標準的な証明可能性述語(standard provability predicate) 110
(PA の)標準モデル(standard model) 52
非論理記号(non-logical symbol) 11
(集合上の)フィルター(filter (over sets)) 152
　極大フィルター(maximal filter) 152
　生成されるフィルター(generated filter) 153
　単項フィルター(principal filter) 152
　超フィルター(ultra filter) 152
　　可算完備(countably complete), σ-完備(σ-complete) 204
　　κ-完備(κ-complete) 204
　　非自明な超フィルター(non-principal ultra filter) 154
　非単項フィルター(non-principal filter) 152
　フレッシェフィルター(Fréchet filter, cofinite filter) 152
　有限交叉性(finite intersection property) 152
(ブール代数の)フィルター(filter) 156
　生成されるフィルター(generated filter) 157
　単項フィルター(principal filter) 156
　超フィルター(ultra filter) 156
負出現(negatively occur) 410
付値(truth assignment) 26
部分モデル(submodel), 拡大モデル(extension) 179
部分論理式(subformula) 409
ブール代数(Boolean algebra) 154
　準同型写像(homomorphism) 157
　　核(kernel) 157
　商代数(quotient algebra) 174
　対称差(symmetric difference) 157
　同型写像(isomorphism) 157
　半順序(partial order) 155
分割(partition), 彩色(coloring) 167
Peano 構造(Peano structure) 128
PA Peano 算術, 1 階の自然数論 51, 92, 213, 432
閉式(closed term) 19
閉非有界(closed unbounded) 160
　閉(closed) 160
　閉非有界フィルター(closed unbounded filter) 160
ベキ集合(power set) 3
ベート(beth) 171
Veblen 関数(Veblen function) 462
ベール空間(Baire space) 282
Henkin 拡張(witnessing expansion) 30
Henkin 公理(Henkin axiom) 31
Henkin 定数(witnessing constant) 31
飽和モデル(saturated model) 205
Post の問題(Post's problem) 275
poset 162
　強制法の条件(forcing condition) 162
　稠密(dense) 163
　　以下で稠密(dense below) 163
　(poset の)反鎖(antichain) 163
　　(poset の)可算鎖条件(countable

chain condition, c.c.c. (in poset)) 163
(poset の)フィルター(filter)　163
ジェネリックフィルター(generic filter)　163
生成されるフィルター(generated filter)　163
両立する(compatible)　163
保存拡大(conservative extension)　23
Vaught 対(Vaughtian pair)　220
ほとんど至る所(almost everywhere, a.e.) 201
ほとんど素(almost disjoint, a.d.)　144
極大にほとんど素な族(maximal a.d. family)　144
ほとんど素な族(a.d. family)　144
骨組み(skelton)　425
補有限(cofinite)　142

マ 行

Martin の公理(Martin's Axiom, MA) 166
無限集合(infinite set)　121
無矛盾(consistent)　107
1-無矛盾性(1-consistency)　107
(命題論理で)無矛盾(consistent)　44
命題変数(propositional variable)　25
命題論理で同値(truth functionally equivalent)　26
命題論理の論理式(propositional formula) 25
積和標準形(Conjunctive Normal Form, CNF)　54
素論理式(prime formula)　25
和積標準形(Disjunctive Normal Form, DNF)　54
Mostowski つぶし(Mostowski collapse) 129
モデル(model)　12, 23
モデル完全(model complete)　241
モデルの公理系(full theory of a model) 178

ヤ 行

約積(reduced product)　202
有界量化記号(bounded quantifier, restricted quantifier)　49
有限公理化可能(finitely axiomatizable) 13, 55
有限集合(finite set)　121
有限列(finite sequence)　2
始切片(initial segment)　11
優先論法(priority argument)　275
覆す(injure)　277
注意喚起(require attention)　278
優先度(priority)　277
余帰納的(coinductive)　290

ラ 行

ランク(rank)　135
リテラル(literal)　397
領域(universe)　19
量化記号(quantifier)　11
量化記号消去(quantifier elimination) 190
量化記号なし(quantifier-free)　24
量化公理(quantifier axiom)　31
両立する(compatible)　119
累積再帰的定義(course-of-values recursion)　63
累積的階層(cumulative hierarchy)　135
レジスター機械(register machine)　66
連続体仮説(Continuum Hypothesis, CH) 144
Rosser 文(Rosser sentence)　108
論理結合子(logical connective)　11
論理式(formula)　19
∃-論理式(existential formula)　24

$\forall$-論理式(universal formula) 24
冠頭標準形(prenex normal form) 24
(冠頭標準形の論理式の)母式(matrix) 24
原子論理式(atomic formula) 19
Σ_n-論理式(Σ_n-formula) 49
正論理式(positive formula) 56, 410
Δ_0-論理式(Δ_0-formula) 49
Δ_1-論理式(Δ_1-formula) 50
Π_n-論理式(Π_n-formula) 50
否定標準形(negation normal form) 24
負論理式(negative formula) 56, 410
閉論理式(closed formula, sentence) 12, 20
有界論理式(bounded formula, restricted formula) 49
リテラル(literal) 19
論理積(conjunction) 20
論理的帰結(logical consequence), 定理(theorem) 23
論理的に正しい(logically valid) 23
論理的に同値(logically equivalent) 23
論理和(disjunction) 20

■岩波オンデマンドブックス■

数学基礎論

2011年5月18日　第1刷発行
2013年5月24日　第4刷発行
2016年8月16日　オンデマンド版発行

著　者　新井敏康（あらい としやす）

発行者　岡本　厚

発行所　株式会社　岩波書店
〒101-8002 東京都千代田区一ツ橋2-5-5
電話案内 03-5210-4000
http://www.iwanami.co.jp/

印刷／製本・法令印刷

ISBN 978-4-00-730459-0　Printed in Japan